英德汉常用科技缩写词大全

张　洋　主编

同濟大學出版社
TONGJI UNIVERSITY PRESS

内 容 提 要

本书是国内首部英德汉三元合璧的缩写词检索释义工具书，书中汇总了与日常生活密切相关的电信、医药、外贸、汽车和制造业等英文科技专业缩略语和最新书信报刊、网络视频常见西文缩写词，同时也收编了德文机电、化工、冶金、兵工、原子能、气象、电信、医药等门类及其相关边缘学科的专业术语缩写。

藉此可以查阅随处可见的西文缩写和字母网络用语，识别各国技术标准、汽车附件标记、电子读物中出现的各类缩写以及化验单和处方签等所列英、德、拉丁语和汉语拼音缩写的含义，检索涵盖35个以上门类的专业术语缩写和缩略语。

本书是英、德文翻译人员、大专院校师生和经常阅览科技文献以及网际交流频密者案头不可或缺的工具书。

图书在版编目(CIP)数据

英德汉常用科技缩写词大全/张洋主编.--上海：同济大学出版社，2016.1

ISBN 978-7-5608-5847-0

Ⅰ.①英… Ⅱ.①张… Ⅲ.①科技词典—缩略语—英语、德语、汉语 Ⅳ.①N61

中国版本图书馆CIP数据核字(2015)第108183号

英德汉常用科技缩写词大全

张　洋　主编

责任编辑 孙丽燕　**责任校对** 徐春莲　**封面设计** 陈益平

出版发行　同济大学出版社　www.tongjipress.com.cn

(地址：上海市四平路1239号　邮编：200092　电话：021-65985622)

经　　销　全国各地新华书店

印　　刷　江苏启东人民印刷有限公司

开　　本　850 mm×1168 mm　1/32

印　　张　15.625

字　　数　420 000

版　　次　2016年1月第1版　　2016年1月第1次印刷

书　　号　ISBN 978-7-5608-5847-0

定　　价　78.00元

主　编：张　洋

总编审：王洪祥

参编人：谢振芬　刘昊权　陈冠华　薛　煜
朱金锋　黄烜峤　王　鹏　孟泽龙
陈冠峰　姜兴宇　缪佳祺

主要编译者简历

主　编　张　洋　1945年生，资深德文翻译；主译有VDI《传热手册》与《中国麻将竞赛规则》（中译德）等；曾主编《精编德汉化学化工词典》、《精选英德汉·德英汉基础词典》；在《中国科技术语》等报刊上发表译作和论著十余篇。

总编审　王洪祥　1944年生，高级工程师；掌握英、德两门外语；曾参与齐鲁石化多项化工和化纤纺丝的技术谈判和翻译。主编并出版了《英汉化纤词汇》词典，曾任《精编德汉化学化工词典》主审和《精选英德汉·德英汉基础词典》的主编审。

目　录

前　言

在这个速度和效率日益成为人们普遍认同的价值取向的社会中，缩写词和缩略词融入到各类文献、视频和日常生活交流之中，无疑是社会发展的必然趋势。翻开各种读物，收看日常影视节目，缩写词和缩略词几乎无处不在。大量的西文缩写词已经成为一个全新的词汇门类——字母词语，进入到最权威的汉语辞书中。这些由西文字母构成或开头的常用词语，已成为中华文化的重要组成部分。

我们这本《英德汉常用科技缩写词大全》，首先重在“常用”，然后侧重“科技”。简而言之，本书既为读者提供检索常见通用西文缩写词和日常接触最为频繁的电信、医药、汽车和制造行业英文专业缩写词的工具，同时也为驾驭德文的读者创造了方便查阅电信、医药、汽车、机电、化工等 30 多个门类的专业缩写词汇的条件。

本书是编辑者经过三十多年翻译实践的积累，同时又协同有心的参编者花费近六载光阴，检索 50 多本英汉、德汉和英德汉通用科技和专业技术词典，并查阅多种现行报刊后精心收集编撰而成的。诚然，我们还要衷心感谢在本书编写过程中所参考的所有工具书的编著者，感谢上海科技情报所陈文龙研究员在收集各类资料期间所提供的大力支持和具体指导。

在本书的成书过程中，尽管我等竭尽全力、倍加细心，但囿于水平，释义不当和挂一漏万之处在所难免，敬请读者和专家不吝赐教！

编　者

2014 年仲秋于上海

编 写 凡 例

一、本书收入了西文和汉语拼音缩写词(包括缩写词与缩略语)约 4.2 万条,内容包括:

英文(约 1.9 万余条):通用缩写词,包括报刊、网络、书信中的英文缩写词和西文字母词语中的英文缩略词,以及电信、计算机、医药、汽车、制造业及外贸等多个门类的专业缩写词。

德文(约 2.1 万余条):通用缩写词以及电信、医药、汽车、广播电视、计算机、机电、化工、石油炼制、纺织、矿业、冶金、兵工、无线电、雷达、导航、航空航天、电子材料与元件、半导体与集成电路、激光与红外技术、燃气轮机、微波技术、光纤通信、核能与核物理、气象、测量、道路工程(含轨交、铁道)、水利、林业、农机等 35 个以上门类的专业缩写词。

中文(约 2 100 余条):汉语拼音缩写 + 西文字母词语 + 西文字母网络用语。

二、本书收入的词条,分为西文缩写词和缩略语、汉语拼音缩写词以及国际公认的标准化缩写词四大类:

1. 西文缩写词,例如:

A/B　answer back　应答

ä. A　ältere Ausgabe　较早的版本

conc.　concentration　浓缩,缩合

Hbf.　Hauptbahnhof　火车总站

2. 西文缩略语,例如:

PVC　polyvinyl chloride /Polyvinylchloride　聚氯乙烯

MODEM　Modulator and Demodulator　调制解调器,猫

NATO　North Atlantic Treaty Organization/Nordatlantikpakt　北约,北大西洋公约组织

OPEC　Organization of Petroleum Exporting Countries　欧佩克,石油输出国组织

3. 汉语缩写词,例如:

HSK　hanyu shuiping kaoshi 汉语水平考试

4. 标准化缩写词,例如化学元素符号,专利文献用语和汽车附件标记等,编列于词典正文中。国际单位、各国国家标准代号缩写、国际车辆登记标志缩写、国家与地区的缩写符号、互联网通信的域名后缀等,作为附录置于本书正文之后。

三、大多缩写词条分为三项,首项为缩写文本,次项列外文全称,末项为中文释义;少量暂缺全称的词条,以缩写文本和中文释义两项标出。缩写形式沿用德、英文文献中常见形式,并用的缩写之间以分号隔开:

1. 单语种缩写词 + 全称 + 中文释义,例如:

DW　doppelte Weiche　双分向滤波器;双[铁路]道岔

dw　doppeltwirkend　双作用的;复动式的

HBW　Health by water　水疗法,放松保养疗法

GNH　Gross National Happiness　国民幸福总值,国民幸福指数

RMB　renmin bi　(中国)人民币

2. 双语种缩写词+外文全称(原始德/英语文本在前,相应英/德语全称在后,中间用斜线隔开)+中文释义,例如:

EBCDIC　extended binary coded decimal interchange code / erweiterter BCD-code　扩充的二进制编码的十进制交换码

ECC　Error Correcting Code /Fehlerkorrekturcode　纠错码,纠错电码

EDA　elektronischer Datenaustausch/electronic data interchange　电子数据交换

3. 缩写词(缺全称)+中文释义,例如:

MERS　中东呼吸综合症

PBR　股价净值比

SBIRS　天基红外系统

此类缩写词放在带有全称的同拼写词条的最后,有多个中文释义的,以首个汉字的拼音字母顺序排列。

四、词目中的西文期刊名、团体或机构名、地名等,一律按照来源文和所属专业习惯排出和译出。

五、除了单一释义的词条外,同一缩写词有几种意义时,不同意义的释义之间用分号";"分开,相近或相同意义的释义之间用逗号","分开,较通用者置前。

六、圆括号与方括号的使用:

1. 圆括号中的内容大多为注释性的,例如:在"Cbar Zentibar 厘巴(压强单位)"中,"压强单位"就是注释性的。也有表示替换词的,例如:在"CIF Common Intermediate Format 公共(通用)中间格式"中,其中的"通用"可以替换为"公共",本词条可译为"公共中间格式",也可译为"通用中间格式"。又如:在"FFSp(F. Fsp. ,F. Fspr.)　Feldfernsprecher 战地电话机"中,圆括号中的 F. Fsp. 和 F. Fspr. 可以替换 FFSp 而且释义不变。也可以表示中文释义中的文字可予省略,例如:"c chauffage 温热(处理)"可以理解为"c chauffage 温热",也可以理解为"c chauffage 温热处理"。

2. 方括号表示外文释义中的字母可予省略,例如:在"CAS　CPE Alert[ing] Signal 用户终端设备提示信号"中,"Alert[ing]"可以写成"Alert"也可以写成"Alerting",对译文没有影响。

3. 粗体的方框号表示相关语种与所属国家的简称,例如:"**【英】**"表示英语或英国,**【德】**表示德语或德国。

七、英、德文全称,一般不改变原有的大小写形态。除必须使用复数外,一般用单数。

八、缩写词和缩略语用黑体标出,按字母顺序排列;字母相同而大小写不同时,视为相同(即大小写混排),并按照首字母所代表的西文全称中的字母顺序排列;带附加数字和符号的缩写字母,不影响它们按照前述规则排序。

九、在缩写字母相同,西文全称不同时,按照不同词条,依据上述规则排序。

A

A Abfall 废料,沉淀,下脚料;落差;后沿

A Abflussmenge 排水量,排流量,排流率

A Abfrage 询问,查询;请求

A Abschnitt 章,节,段;工段;部分;截面;截距

A Absetzer 多斗式挖土机,(履带式)排土机;电铲式筑路机,挖掘平土机;澄清器

A Abspannmast 耐张塔杆,锚式电杆,拉杆,双撑杆

A Abteilung 部分,组,科,室,股,分队,支队

A Abzweigstück 支管,弯管;分支;退刀;分接头,抽头;分配;划拨

A accessory cell 副卫细胞;(翅)副室

a acre 英亩(合 4 046.87 平方米=6.07 亩)

A Additionsreaktion 加成反应

A Adenine 腺嘌呤;腺(嘌呤核)苷

A adrenalin 肾上腺素

A Affinität/Affinity 亲和力,亲合性

A A-Formstück 支管,分管;抽头

A Aggregat 集合体,聚集体;成套设备,机组

ä ähnlich 相似的,类似的,近似的

A Akten 文件,公文

A Aktivierungsenergie 活化能,激活能

A Albumin 朊;蛋白

A3 Algorithm 3 算法 3,鉴权算法(用于个人身份的鉴权)

A5 Algorithrn 5 算法 5,加密算法(用于数据的编码/解码)

A8 Algorithrn 8 算法 8,密钥生成器(用于生成 Kc)

A38 Algorithrn 38 执行 A3 和 A8 功能的一个单一算法

A Alkohol 醇;乙醇;酒精

a alkohollöslich 溶于酒精的

A Allrad 全轮

A Alphabetfaktor 字母要素;信息分辨

a. alt 老的,旧的

A alterungsbeständig 耐老化的,耐时效的(标准代号)

a. am (an dem) 在……旁边;在……方面;在……时间

A Ampere 安培,安(培)

A Amperemeter 安培表,电流表,安培计

A Amplitude 振幅,幅度

A Amplitudenmodulation 调幅

A Amt 局,站,所,台;机关,协会,部门

a. an 在……旁边;在……方面;在……时间

A Änderung 修改;修正;更改

A angelassener Stahl 回火钢

A Angriffspunkt 啮合点;作用点

Å Ångström (einheit) 埃(原子与波长单位,10^{-8}厘米$=10^{-10}$米)

A Anhänger 拖车;挂车;牵引器;钩;联合器;(服装上的)挂件;悬挂式标签

A Anion 阴离子;负离子

A Anker 衔铁,电枢;锚

A Anleitung 指南,说明书

a anno/Anno 年

A Anode 阳极

a. anonym 匿名的,未署名的

A Anordnung 装置,设备;排列;规定

A Anschluss 接线,连线,接通;中继站,交换台

a. ante 在……以前

A Anthrazit 无烟煤

A Antrag 申请,建议

A. Anwalt 律师,诉讼代理人

A aortic second sound 主动脉瓣第二音

a Ar 公亩($1a=100m^2$)

A Arbeit 功;工作,操作;作业,运转

a Arbeitskontakt 工作接点,动作接点,负荷接点,动接点

A Argent 阿根特锌白铜

A. Argon 氩,氩气

A Art 样式,样品;种类,类别,类型;性质,特性;方式,方法

A. Arterie 动脉

A Artillerie 炮兵,火炮

A38 A single algorithm performing the functions of A3 and A8 执行 A3 和 A8 功能的一个单一算法

a. asymmetrisch 不对称的

Ä Äthanol 乙醇,酒精

Ä Äther 以太;醚;二乙醚

A Äthylalkohol 酒精;乙醇

Ä Äthyläther 二乙醚;乙基醚

A Atom 原子

A Atomgewicht 原子量

A Attenuation 衰减

a Atto 渺,阿(托),微微微($1a=10^{-18}$ Einheiten)

A Attomol 阿(托)摩尔,$=10^{-18}$摩尔(Mol)

a. auf 在……以上

A Auftrieb 浮力,上升力,扬程,动压头,压头,抽力

A Auftriebskraft 浮力,升力

A　Aufzeichnung　记录,记载
a.　aus　从…….出来,离开
A　Ausgabe　开支;发行,版,刊;输出
A　ausgelassen　省略的,错过的;熔化的,熔解的;排出的
a　Ausladung　卸载;伸出部分;伸距;半径,工作半径
A　Auslass　放出,排出,排出口,出口
A　Auslassschlitz　排气口
A　Auslassventil　排气阀
A　Auslösung　释放,启爆,触发;熄灭;断开,脱扣;溶出
a.　außen　在外面
ä.　äußerer, äußerlich　外部的,外表的,表面的
A　Aussteuerungsfaktor　调制因数,调节因子
A　Ausstoßladung　抛射药,爆炸药
a　Ausströmgeschwindigkeit bei Raketen　火箭喷气速度
A　Austastsignal　消隐信号
A　Auswahlprüfung　选择试验
A3　Authentication algorithm A3　认证算法 A3
A　Autobahn　高速公路
A　Automatik　自动学;自动化技术;自动装置,自动化机构;自动变速器箱
A　Automatisches Getriebe　自动变速器箱
A　Axiallader　轴流式增压机
A　Azetat　醋酸酯,醋酸纤维
2a　Bekanntgemachte Patentanmeldungen　展出专利
a　Beschleunigung　加速,加速度;促进,催化
A8　ciphering key generating algorithm A8　密码索引生成算法 A8
a　Dicke　厚度,浓度
A5/1　Encryption algorithm A5/1　加密算法 A5/1
A5/2　Encryption algorithm A5/2　加密算法 A5/2
A5/X　Encryption algorithm A5/0-7　加密算法 A5/0-=-7
3a　Erteile Patente　批准专利
4a　Gebrauchsmuster　实用型式
A　Interface the interface of BSC-MSC　移动交换中心与基站子系统间接口
a.　Nutzeffekt, Wirkungsgrad　效率
1a　Offengelagte Patentanmeldungen　公开专利
a　spezifische Arbeit　单位功,比功
@　at　每个,每人,每件,每……;电子邮件地址中的标识符号
@　each　商品单价符号
AA　Absolute Address　绝对地址
AA　Access Agent　访问代理
AA　Acrylamid　丙烯酰胺
a. a.　ad acta/zu den Akten　完结的,归档的
AA　Advertising Association　广告协会
AA　Agent Advertisement　代理广告
AA　Aldamin　乙酰胺
a. A.　aller Art　各种样式,各种类型
aa　Allradantrieb　全轮驱动
a. A.　alte Ausgabe　旧版本
a. A.　alter Art　旧式的,旧样的;照旧
ä. A　älter Ausgabe　较早的版本
a. A.　am Anfang　开始
AA　America Lines　美国航空公司,美航
AA　amino acid　氨基酸
aa.　ana　所有的,一切的;全部的,整个的;各(种)的,仅有的,任何的
A-A　Analog-Analog　模拟-模拟
Aa (aa.)　Ana partes aequales/zu gleichen Teilen　平分,以相等的份额
a. A.　anderer Ansicht　从另一观点来看,另外的观点
AA　Anonymous Access　匿名访问
AA　Anycast Addressing　任意广播地址
A. A　aplastic anemia　再障,再生障碍性贫血
AA　Appearance Approval　外观批准
aa　Arbeit-Arbeitskontakt　工作接点,动作接点,负荷接点,动接点
AA　Arbeitsanteil　工作空间,作业地带,工作段,劳动应得份额
AA　Arbeitsanweisung　工作说明,工作指南
AA　Arbeitsauftrag　工作任务
AA　Arbeitsausschuss　工作委员会
AA　Arrival Angle　入射角
Aa.　Arterien　动脉
AA　Assistenzarzt/-ärztin, Assistenzärzte/-ärztinen　助理医师
a. A.　auf Abruf　随时提取
a. A.　auf Anfrage　询问时
a. A.　auf Anordnung　按规定,据整理
a. A.　auf Anraten　根据建议
a. A.　auf Antrag　根据提议
AA　Aufgabeart　托运方式
A. A.　Aufklärungsabteilung　侦查科
AA　Ausbildungsabteilung　教育科
AA (Ausf Anw)　Ausführungsanweisung　施工说明;制造说明
AA　Auslandsabteilung　外事科
AA　Auswärtiges Amt　外事机构,外交部
AA　Automatic Alarm call　自动报警呼叫
AA　Automatic Answer　自动应答
A. A.　Automobile Association　汽车协会
aa.　of each　各种的,各自的
aa　spezifische Arbeit　单位功
aa　aa. pt. aegu. ana partes aequales/zu gleichen

Teilen 用相同剂量
AAA Abdominal aortic aneurysm 腹主动脉瘤
AAA Akademisches Auslandsamt 大学的外国学生管理机构
AAA American Arbitration Association 美国仲裁协会
AAA Authentication/Authorization and Accounting 鉴权/授权与计费,验证/授权和账户
AAAMP Ausschuss für Apotheken, Arzneimittelwesen und Medizinprodukte 药店、药剂和药品协会
AAAS American Association for the Advancement of Science 美国科学发展协会
AAB Allgemeine Ausführungsbestimmungen 一般实施规定,一般技术规定
AAB Anweisung für die Abnahme von Betonfahrbahndecken 混凝土路面验收说明(规范)
AAB Automatic Alternative Billing 自动更换记账
AAB Automatic Answer Back 自动应答
AABB Nylon 双组分尼龙
AAC Active Address Code 有效地址码
AAC Advanced Audio Coding/fortgeschrittene Audio-Kodierung 高级音频编码
AAC Aeronautical Administrative Communication 航空管理通信
AAC alkali-activated concrete 碱激活矿渣混凝土
AAC automatic air conditioner 自动空调装置
AAC automatic air conditioning 自动空调
AACS Asynchronous Address Communication System 异步地址通信系统
AAD Adaptive Arithmetic Decoder 自适应算术码译码器
AAD Auftastimpuls Auslösediode 选通脉冲释放二极管
A2AD 反介入与区域拒止
AADC All Application Digital Computer 通用数字计算机
AAE Agent Advertisement Extension 代理广告扩展
AAEE American Association of Electrical Engineers 美国电气工程师协会
AAF Access Adaption Function 存取自适应功能
AAF Analog Antialias Filter 模拟去假频滤波器
AAFEB anaerobic attached-film expanded bed 厌氧附着膜膨胀床法
ÄAG Änderungs-und Anpassungsgesetz 修改和调整法
A. A. G Antennenanpassungsgerät 天线匹配器,天线耦合器
AA/G Application Agent/Gateway 应用代理/网关
AAIC Accounting Authority Identification Code 结算机构识别码,财务机构识别码
AAK Atemalkoholkontrolle/-konzentration 呼气中酒精检查/酒精浓度
AAKK Amtliche Anstalt für Kartographie und Kartendruck 地图制图与地图印刷的官方机构
AAL Armee Artillerielager 炮兵军营;军械库
AAL ATM Adaptation Layer 异步转移传递模式适配层,ATM 适配层
AAL ATM Adaption Layer/bei ATM 异步转移传递模式适配层,ATM 适配层
AAL1 ATM Adaptation Layer 1 ATM 适配层 1
AALM ATM Adaptation Layer Module ATM 适配层模块
aam acrylamide 丙烯酰胺
AAM (A. AM) angeborener auslösender Mechanismus 遗传诱发机理,固有的触发作用原理
AAM application activity model 应用活动模型
AAMA American Apparel Manufacturers Association 美国服装生产商协会
AAN All Area Network/Oberbegriff aller Netzwerke LAN, MAN u. s. w. 全域网络
AAN Aristolochic acid nephropathy 马兜铃酸肾病
AAN Ausstattungsanweisung 装备使用说明
a. a. O. an anderen Orten 在别处,在他处
a. a. O an angeführten Ort 引用处,出处
a. a. O am angegebenen Ort 在指定的地点
AAP akustischer Akzeptanzpegel 声音的接受电平
AAP alanine peptidase 丙氨酸氨基肽酶
AappO Approbationsordnung für Apotheker 药剂师开业许可规定
AAPSS American Academy of Political and Social Sciences 美国政治和社会科学院
AAQS Atbeitsausschuss Qualitätssicherung Folientastaturen 薄膜型键盘质量保证工作协会
a. a. r. against all risk/gegen jedes Risiko 全险
AAR Angular Adjusted Roller 斜角传动轴,角度调整的罗拉
AAR Antigen-Antikörper-Reaktion 抗原抗体反应
AAR Association of American Railways 美国铁路协会
AAR Automatic Alternative Routing 迂回接续,自动迂回路由
AARe Application Association Response 应用联合响应

AARQ Application Association Request 应用联合请求
AAS acrylonitrile-acryloid-styrene 丙烯腈-丙烯酸酯-苯乙烯共聚物
AAS Advanced Administration System 先进管理系统
A. A. S. American Academy of Science 美国科学院
AAS American Astronomical Society 美国天文学会
AAS Atomabsorptionsspektrometrie 原子吸收光谱法
a. a. S. auf angeführter/angegebener Seite 出处同上页
AAS Automatic Addressing System 自动寻址系统
AAS Automatic Announcement Subsystem 自动通知子系统
AAS Automatic Audio Switching system 自动音频交换系统
AASHO American Association of State Highway Officials 美国各州公路工作者协会
AASR Antriebsschlupfregelung 驱动滑动调节
AAT Automatic Answer Trunk 自动应答中继
AAT average access time 平均存取时间
AATCC American Association of Textile Chemists and Colorists 美国纺织化学家和染色家协会
AATS Alerting Automatic Telling Status 自动报警状态
AATT American Association for Textile Technology 美国纺织工艺协会
AAU Automatic Answering Unit 自动应答单元
AAVD Automatic Alternate Voice/Data 语音/数据自动交替使用
ÄAWI Ärzte-und Apotheker-Wirtschafts-Institut 医师和药剂师经济学院
AAZ Allgemeine Automobilzeitung 综合汽车报
AAZ Armeeausbildungszentrum 军事培训中心
AAZVO Apotheken- und Arzneimittel-Zuständigkeitsverordnung 对药房和药剂的主管权限规定
Ab. Abend 晚上
ab. abends 在傍晚,在晚上
Ab Abflacher 平滑装置
Ab Abflachschaltung 滤波平滑电路
ab. abgefertigt 已办理的
ab. abgegangen 已走开,已离开
ab. abgesandt 发出的,寄出的
ab. abonnieren, abonniert 预订(的),预约(的)
Ab Absperrventil 关断阀,截止阀,断流阀,单向阀
AB Abwurfbehälter 航空炸弹箱,可投油箱,副油箱
AB Access Burst 接入(短)脉冲序列
AB air bag 安全气囊
AB Aktiebolag/Aktiengesellschaft 股份公司
AB Aligned Bundle 调准的光纤束
AB Altbau 旧建筑,旧住宅,老房子
AB Amplitudenbegrenzer 限幅器
AB amtierter Beton 钢筋混凝土
AB Anfangsbestand 起始状态
AB Anodenbatterie 阳极电池组
A/B answer back 应答
Ab. antibody 抗体
AB Arbeitsbereich 劳动范围,操作范围;工作波段
AB Armierter Beton 钢筋混凝土
AB Audio Bandwidth 音频带宽
a. B. (A. B.) auf Befehl 根据命令,按照命令
a. B. auf Bestellung 根据订货
AB Aufsichtsbehörde 监督机构
AB Ausführungsbestimmung 施行细则,实施规定,技术条件
a. B. außer Betrieb 停工,停机,停产
AB aussetzender Betrieb (发动机)断续工作,间歇运行,断续运转
AB Autobahn 高速公路
ABA Abhandlungen der Berliner Akademie der Wissenschaften 柏林科学院论文集
ABA Abwasserbehandlungsanlage 污水处理装置
ABA Allgemeine Bedingungen für Anschlußbahnen 铁路连接线的一般条件
ABA aminobutyric acid 氨基丁酸
ABAO Arbeits- und Brandschutzanordnung 安全工作法规与防火规定
Abb Abbildung 插图
Abb. Abbindung 交织,扎绞
ABB Anweisung für den Bau von Betonfahrbahndecken 混凝土路面施工规范
ABB Arbeitsgemeinschaft für Blitzschutz und Blitzableiterbau 避雷和避雷针制造工作协会
ABB Ausschuss für Blitzableiterbau 避雷器械制造委员会
Abbaustr Abbaustrecke 开采巷道
AbbF Anweisung für den Bau von bituminösen Fahrbahndecken 沥青路面施工规范
Abbl. Abblasung 排气;淬火;吹刷;喷砂
abbl. abblenden 使暗淡,加光阑,折光
abbr. (abbrev.) abbreviated 缩写的

Abbr. Abbreviation 缩写,缩写词
Abbr Abdruck 副本,抄本,复制品
ABBVO Autobahnbetriebs- und Verkehrsordnung 高速公路交通运行条例
ABC absolute basophil count 嗜碱性白细胞绝对值计数
ABC active body control 活性体控制,有源体控制
ABC Address Bus Control 地址总线控制
ABC Advance-Booking-Charter 车船包租预定
ABC Advanced Broadband Communications 高级宽带通信
ABC aktives Baustellen-Controlling 有效式工地管理;主动式工地控制
ABC American Broadcasting Corporation 美国广播公司
ABC Analog Baseband Combiner 模拟基带合并器
ABC atomare, biologische und chemische (Waffen) 原子、生物和化学(武器)
ABC atomische, biologische, chemische 原子的,生物的,化学的
ABC Auto Billing Calling 自动记账呼叫
ABC Automatic Background Control 自动背景控制
ABC Automatic Bandwidth Control 自动带宽控制
ABC Automatic Bias Compensation 自动偏置补偿
ABC Automatic Bias Control 自动偏置控制
ABC Automatic Broadcasting Control system 自动广播控制系统
ABC American Born Chinese 美籍华人
ABC 活动车身控制器
ABCC Atomic Bomb Casualty Commission 原子弹受害者协会
ABC-Krieg Atom-, biologischer und chemischer Krieg 原子、生物和化学战争
ABC-Waffen Atom-, Bakterien- und chemische Waffen 原子、细菌和化学武器
ABD Abbreviated Dialing 缩位拨号
Abd. Abdeckung 覆盖,保护层,封板
abd. abdomen 腹部
ABD Answer-Back Device 应答信号设备
ABD Automat Bremsdifferential 自动制动差动器
ABDL Automatic Binary Data Link 自动二进制数据链路
Abdr. Abdruck 副本,抄本,复制品
ABE acute bacterial endocarditis 急性细菌性心内膜炎
ABEI Allgemeine Bedingungen für Entwicklungsverträge mit Industriefirmen 与工业公司签订开发协定的一般条件
ABEP Advanced Burst Error Processor 高级突发误差处理器
ABER Average Bit Error Rate 平均误比特率,平均误码率
Abest. Ausführungsbestimmung 技术条件,实施细则
Abf. Abfahrt 离开
Abf. Abfall 废料,释放,后沿,副产品
Abf. Abfassung 撰写;抓获
ABF Abfertigung (办理托运、海关和邮寄等手续的)服务处
Abf. Abfindung 满足,赔偿
Abf. Abforderung 要求
Abf. Abfuhr 运出,输出,转运,排出
Abf. Abfüllung 浇注,装填,出渣
ABF Air Blown Fiber 充气光纤
ABF Arbeiter-und-Bauern-Fakultät 工农学院
ABF Arbeitsausschuss für Beriffe im Fertigungsverfahren im DNA 德国加工术语标准委员会
AbfG Abfallbeseitigungsgesetz 废物处置法
Abfl. Abflug 起飞,飞去
Abfr. Abfrageeinrichtung 检索装置
Abfr. Abfragung 检索,查询
Abf-Rest-ÜberwV Abfall- und Reststoff-Überwachungs verordnung 废料和余料监控规定
Abf. -S. Abfindungssumme 赔偿总额
Abf. -Vorschr. Abfertigungsvorschrift 服务规范
Abg. Abgabe 交付,输出,产量
Abg. Abgang 分接头,抽头
Abg. Abgase 废气
abg. abgeändert 修改的
abg. abgefasst 撰写的
abg. abgekürzt 缩写的
abg. abgeordnet 派遣的
abg. abgerissen 不连贯的,断续的
abg. abgeschlossen 密闭的,闭路的,闭合的
abg. abgesichert 带保护的,装熔断丝的
abg. abgestempelt 盖印的,盖戳的
abg. abgestürzt 坠落的
Abg. Abguss 放出,浇铸
ABG Allgemeines Berggesetz 普通矿山法
ABG arterial blood gas 动脉血气
ABGB Allgemeines Bürgerliches Gesetzbuch 【奥】民事法典
abgedr. abgedrängt 挤出的
abgedr. abgedruckt 印刷的,复制的
abgedr. abgedrückt 压下,盖印,按动
abgef. abgefahren 驶出,运走,移动

abgef. abgefasst 撰写的,抓获的
abgef. abgefertigt 办理的,服务的
abgef. abgeführt 输出的,引出的
abgeg. abgegeben 输出,交出,发射
abgeh. abgeheftet 系上,缝合
abgeh. abgehoben 提起,提升
abgeh. abgeholt 取,取出,提取,接
abgek. abgekürzt 缩写的,简略的,缩略的
abgel. abgelassen 排出,排空;回火,退火
abgel. abgelichtet 晒图的,复制的,影印的
abgel. abgelöst 松开的,溶解的
abger. abgerechnet 结算的,计算的
abger. abgerissen 拆卸的,拆除的,中断的
abges. abgesagt 取消的,拒绝的,放弃的
abges. abgesandt 发出的,寄出的
abges. abgesondert 分出的,析出的,隔离的
abgeschl. abgeschlagen 敲掉的,拆除的,拒绝的
abgeschl. abgeschlossen 封闭的,闭路的
abgest. abgestattet 做的,举行的
abgest. abgestempelt 盖印的,盖戳的
AbgG Abgabengesetz 税法
Abg. -St.(AbgSt) Abgangsstation 出发站,发话局
Abh. Abhandlung 专论;论文;会报
Abh. Abhang 斜坡,倾斜
abh. abhängen 依赖于
abh. abhängig 依赖的,从属的;联机的,联立的
abh. abheben 拿下,取走;升空
Abh. Abholung 提取
abh. abhören 监听,窃听;听诊
Abi Abitur 高级中学毕业考试
ABI Application Binary Interface 应用二进制接口
ABI Arbeitsgemeinschaft Betriebliches Informationswesen 企业情报协会
ABIEG Amtsblatt der Europäischen Gemeinschaft 欧洲共同体公报
ab in.(ab init.) ab initio/von Anfang an 从一开始
ABIN Azobisisobutyronitril 偶氮二乙丁腈
Abis Abis interface 基站控制器和基站收发信机间接口,Abis 接口
Abk. Abkommen 协定,合同
Abk. Abkunft 出身,来源
abk. abkürzen 缩写
Abk. Abkürzung 缩写,简写
ABK Autobahnknotenpunkt 高速公路节点
ABKK Allgemeine Betriebskrankenkasse 一般疾病保险机构,一般疾病储蓄金管理机构
Abk. R. Abkommrohr 内膛炮
Abk. -Verz. Abkürzungsverzeichnis 缩写词列表,缩略语索引
abl. abladen 卸下,放电,卸荷
Abl. Ablage 储藏室,资料室;文件,档案
abl. ablagern 沉积,存放
Abl. Ablauf 出水口;期满,到期;起跑线
abl. ablehnen 拒绝,否定
Abl. Ablehnung 拒绝
abl. ableiten 排出,导出
Abl. Ableitung 排出,漏电,接地电容;导数
Abl. Ablesung 读数,示数
abl. ablichten 晒图,复制,影印
Abl. Ablieferung 交付,供应,提供
Abl. Ablösung 截断,剥落;偿还;分离
ABl. Amtsblatt 公报
A. B. L. Armeebetriebsstofflager 军用物资仓库;军用燃油润滑油库
ABL 外部灯光
Abl. Fr. Ablieferungsfrist 发货日期;交付期限;交货期限
ABLP Allgemeine Beförderungsbedingungen für den Luftverkehr (Güter) 航空运输(货运)的一般运输条件
Abl. -Pl Abladeplatz, Ablagerungsplatz 卸货场
Abl. -pl Ablieferungspflicht 交货义务
Abl. -S Ablösesumme, Ablösungssumme 偿还全额
Abl. -Sch.(ABlSch.) Ablieferungsschein 交货单
Abl. -Term.(Abl. -Termin) Ablieferungstermin 交货期限
Abl. -Term.(Abl. -Termin) Ablösetermin, Ablösungstermin 偿还期限
ABlVO Ablösungsverordnung 偿还规定
ABM Arbeitsbeschaffungsmaßnahmen 就业促进措施
ABM Asynchronous Balanced Mode/gleichberechtigter Spontanbetrieb 异步平衡模式(DIN ISO3309 号标准)
ABM Asynchronous Bolanced Mode/Kommunikationsmodus von HDLC 异步平衡方式/通信模式的高级数据链控制规程
ABMA American Boiler Manufacturer's Association 美国锅炉制造者协会
abmho absolut-mho 绝对姆欧
Abn. Abnahme 接收,验收;下降;交货站,接收站
Abn. Abnahmestelle 选取点,取样点
abn. abnehmen 取下,接收,验收,减少
Abn. Abnehmer 用户,消费者,摘钩工,转车扳工,集电弓,集电刷
abn. abnorm 反常的,变态的,不规则的
abn. abnormal 异常的,反常的,变态的
Abn. Abnutzung 摩损,耗损

Abnutz. zuschl. Abnutzungszuschlag 磨损余度
Abo Abonnement 预订,订阅
ABO Allgemeine Bauordnung 普通建筑法规
ABOBA Asynchronous Bidirectional Optical Branching Amplifier 不对称双向光支路放大器
A-Bombe Atombombe 原子弹
Abp arterial blood pressure 动脉压
ABPM ambulatory blood pressure monitoring 动态血压监测
Abpr. Abpraller 跳弹;反跳
ABPV Allgemeine Bergpolizeiverordnung 矿山公安一般规定
abr. abrichten 修整,校正,矫直
Abr. Abriss 草图;概要;拆除
abr. abrunden 旋光,使成圆形,使成整数,倒棱角
Abr. Abrüstung 裁军,缩减军备;解除武装
ABR Acrylester-Butadien-Kautschuk 丙烯酸酯-丁二烯橡胶
ABR Address Buffer Register 地址缓冲寄存器
ABR agglutination test for brucellosis 布鲁氏杆菌凝集试验
ABR Answer Bid Ratio 应答试占比
ABR Area Border Router 区域边界路由器
ABR Available Bit Rate/garantierte verfügbare Bitrate 可用比特率
ABRA Abteilung Behandlung Radioaktiver Abfälle 放射性废物处理部(属德国卡尔斯鲁厄核研究中心)
AbrPA Abrechnungspostamt 结算邮局,结账邮局
ABRS Automatic Bit Rate Selection 自动比特率选择
Abs. Absatz 段落;沉淀,沉积物;中断
Abs Absender 发报机,发送机;发信人,发货人,汇款人
Abs. absent 缺席的,缺勤,旷工(与 präsent 相对)
Abs. Absetzung 调移,沉淀
ABs. Absicherung 保险装置,用保险丝保护
abs. absolut 绝对的
abs. absondern 分泌出,分离
Abs. Absorption 吸收,吸取,吸附,浸渍
ABS Access Barred Signal 接入禁止信号,接入受阻信号
ABS Acrylnitril-Butadien-Styrol 丙烯腈-丁二烯-苯乙烯
ABS Acrylnitril Butadien Styrol Copolymere 丙烯腈-丁二烯-苯乙烯共聚物,ABS 塑料
ABS Acrylonitrile-butadine-styrene 丙烯腈-丁二烯-苯乙烯三元共聚物
ABS Air Break Switch 空气开关
ABS Akrylnitril-Butadien-Styrol-Kopolymer 丙烯腈-丁二烯-苯乙烯共聚物,ABS 塑料
ABS Alkylbenzensulfonat, Alkylbenzolsulfonat 烷基苯磺酸钠
ABS Alternate Billing Service 可选计费业务
ABS Anodenbasisschaltung 共阳极电路
ABS anti lock breaks system/Antiblockiersystem 防抱死制动系统
ABS Antipodal Baseband Signaling 对应基带信号
Abs. Absolute Altitude 绝对高度
Absch. Ger. Abschussgerät 掷弹筒
Abschn. Abschnitt 段落,章节,部分
Abschr. Abschrift 副本,复本
Abs. febr. Absente febri 不发烧时
Absorpt. Absorption 吸收
Absp. Absperrung 关闭,封锁,隔断
Abst Abstand 距离;间距;差距
Abst. Abstieg 下降
abst. abstimmen 调谐;调整;平衡,均衡;使匹配
Abst. Abstimmung 校准,调节
abst. abstufen 分级,分段,分层开采
Abst. Abstufung 分层次,分阶段,分级
abs. Temp absolute Temperatur 绝对温度
abstr. abstract 摘要
Abst. Zd. Abstandszünder 近炸引管,低空爆炸信管
absz Absolute Zero 绝对零点
Absz. Abszisse 横坐标
Abt. Abteil 列车车厢的隔间
Abt. Abteilung 部分;部门,科,室;分册
ABT ATM Block Transfer ATM 块转移
ABT A wire/B wire Trunk 模拟二线中继板,A/B 线中继
Abt. ccen. Ante coenam 晚饭前
ABT/DT ATM Block Transfer/Delayed Transmission ATM 块传输/延时传送
ABTI A wire/B wire Trunk In A/B 线中继入板
ABT/IT ATM Block Transfer/Immediate Transmission ATM 块传输/立即发送
ABTO A wire/B wire Trunk Out A/B 线中继出板
Abtr. Abtragung 移去,拆除;磨蚀,损耗
Abtr. Abtreibung 分离;蒸馏;漂流;精炼法
Abtr. Abtrennung 裂开,脱离,分开,分离,切开,剥下,分选
Abtr. Abtrieb 采伐;蒸馏;馏出物;从动轴
Abtr. Abtrift 偏流,偏向,航差
ABU Asian Pacific Broadcasting Union/Asia-

tisch-Pazifischer Rundfunkverband 亚太广播联盟
ABU asymptomatic bacteriuria 无症状性细菌尿
ABUA Ausrüstung von Bergbau und Schwerindustrie 矿山及重工业设备
ABUS (AB) Address Bus 地址总线
ABUS Volkseigene Betriebe für die Ausrüstung von Bergbau und Schwerindustrie 【前民德】国营矿业及重工业设备制造企业
ABV Arbeitsgemeinschaft Baufachverlage 建筑业出版社协会
ABV Automatische Regelungder Bremsdraftverteilung 制动力分配自动调节
Abw. Abwärme 废热,余热
abw. abwärts 向下
Abw. Abwasser 废水,污水,废液
abw. abwechseln 更替
abw. abwechselnd 轮流的
Abw. Abwechslung 交替,互代,变换
Abw. Abwehr 防御;防卫
abw. abweichen 偏差,偏离
abw. abweichend 误差的,偏离的
Abw. Abweichung 偏向,偏转;误差
Abw. Abwurf 卸载,倾卸
ABW Außenbogenweiche 外弧形道岔
ABW 间隔报警器
Abwatt absolutes watt (功率)绝对瓦特
Abw.-St. (Abwst) Abwicklungsstelle 展开点
A-BZ alkalische Brennstoffzelle 碱性燃料电池
Abz. Abzeichen 符号
abz. abziehbar 可扣除的,可减去的
abz. abziehen 放出,排出;蒸溜,萃取;脱膜
Abz. Abzug 扣除,撤离,排出
AbzG Abzahlungsgesetz 分期付款法
abzgl. abzüglich 扣除
Abzk. Abzugsknopf 击发按钮
Abz. Vor. Abzugsvorrichtung 击发机,击发装置
Abzw. Abzweigstelle 分支点
Abzw. Abzweigung 分支,支线
AC Access Class 接入分类
AC Access Code 访问码;接入码;存取码
AC Access Concentrator 接入集中器
AC Access Condition 接入条件
AC Access Control 访问控制,接入控制
AC Access Coupler 通路耦合器;接入耦合器
AC Access Cycle 存取周期
a/c account 账目
A/C account current 往来账户
AC Accounting Function 计费功能
Ac Accumulateur/Accumulator 累加器;存储器;蓄电池
Ac Aceton 丙酮
AC Achseschenkel 转向节
Ac. Acidum/acid 酸
ac Acre 英亩(=4046.87 m^2)
Ac Acyl 酰基
AC adaptive control 自适应控制
AC Adult Contemporary 成人当代音乐
AC (AOC) Advice of Charge 付款通知书,计费通知,话费通知
AC (A/C) Air-Condition 空调,空调设备
Ac Aktinium 金属锕
ac Akustik 声学
AC Alternating Current/Wechselstrom 交流电
Ac Altocumulus 高积云
ac anni currentis 今年,本年
a. c. Ante cibos/before meals 饭前
AC Application Channel 应用信道
AC Application Context 应用关系,应用上下文
AC Apply Charging 申请计费
AC Area Code 电话地区号
AC Armored Cable 铠装电缆
AC Asymmetric Communications 非对称双路通信
AC Asynchronous Capsule 异步包
AC Asynchronous Computer 异步计算机
AC Authentication Centre 鉴权中心,认证中心
AC Authentication Code 认证码,鉴权码
AC Automobilclub 汽车俱乐部
ac Azetat 醋酸盐,乙酸盐
ACA Accounting Analysis 结算分析
ACA Adaptive Channel Allocation 自适应信道分配
ACA Adjacent Channel Attenuation 相邻信道衰减
ACA Automated Cable Analysis 电缆自动分析
ACAD Automated Chart Analysis Device 【美】全自动解析测图装置
ACARS [飞]机载应答器和通信寻址与报告系统
ACB Access Control Block 接入控制块
ACB Amplifier Control Board 放大器控制板
ACB antibody-coated bactia 抗体包被的细菌
ACB Automatic Call Back/Verbindungsbeendung und Rückruf 自动回叫
Acc. acceptance 已承兑
ACC Account Card Calling 记账卡呼叫
ACC Accounting collection 账单收集
ACC Adaptive Cruise Control 自适应巡航控制,车距自动控速器
ACC Adenoid cystic caracinoma 腺样囊腺癌
Acc Akkumulator 电瓶,蓄电池,蓄压器,蓄力

器，蓄气罐，蓄油器

Acc. Akzept 汇票，期票；承兑；受领

ACC Allosite Catalytic Cracking 阿罗希特重质油催裂化工艺

ACC Asynchronous Communication Control 异步通信控制

ACC Automatic Carrier Control 载波自动控制

ACC Automatic Colour Control 自动颜色；色彩控制

ACC Automatic Congestion Control 自动拥塞控制，自动拥挤控制

ACC Automatic Congestion Control Information Message 自动拥塞控制信息消息

ACC automatische Farbregelung 自动颜色；色彩控制，自动色度；（增益）控制

ACC 美国化学委员会

ACCA Accounting Class Administration 结算分类管理

Ac cas Altocumulus castellanus 堡状高积云

ACCF Access and Call Control Function 接入和呼叫控制功能

ACCH Associated Control Channel 随路控制信道

ACCM Asynchronous Control Character Map 异步控制字符映射

ACCR active carbon catalytic reduction/katalytische NOx-Reduktion an Aktivkohle 活性炭催化还原

ACCS Account Card Calling Service 记账卡呼叫业务

ACCS Automatic Calling Card Service 自动呼叫卡业务

ACCU accurate-roll-mill 精密轧管机，Accu-roll 轧管机

Ac cug Altocumulus cumulogenitus 积云性高积云

ACD acid-citrate dextrose 酸-柠檬酸盐葡萄糖（储血稳定剂）

ACD anemia of chronic disease 慢性病贫血

ACD Automatic Call Distribution 自动呼叫分配

ACD Automatic Call Distributor 自动呼叫分配器

ACDMA Advanced CDMA 高级码分多址

Ac du Altocumulus duplicatus 复云辏高积云

ACE Access Connection Element 接入连接单元

ACE Access Control Entry 访问控制条目，访问控制属性

ACE Adaptive Communication Environment 自适配通信环境

ACE Advanced Computing Environment 先进计算环境

ACE airbus concurrent engineering “空中客车”并行工程项目

ACE angiotensin converting enzyme 血管紧张素转化酶

ACE Animated Computer Education 计算机动画教育

ACE Auto Club Europa 欧洲汽车俱乐部

ACE Automatic Calling Equipment 自动呼叫设备

ACE Automatic Computing Engine 自动计算机，电子计算机

ACE Auxiliary Control Element 辅助控制元件

ACEA Europäische Vereinigung der Automobilhersteller 欧洲汽车制造厂联合会

ACELP Algebraic Codebook Excite Linear Prediction 代数码本激励线性预测

ACELP Algebraic Code Excited Linear Prediction 代数码激励的线性预测

ACF Access Control Field 访问控制字段

ACF Admission Confirm 接入确认

ACF Advanced Communications Function 高级通信功能

ACF Authentication Control Function 鉴权控制功能

ACF Automatic Color Filter 自动彩色过滤器

Ac flo Altocumulus floccus 絮状高积云

ACG Asymptotic Coding Gain 渐进编码增益

ACH Abteilungschef 部门负责人；科长；处长；司长

ACH Access Channel 访问信道，接入信道，入网信道

Ach. acetylcholine 乙酰胆碱

ACH. adrenal cortical hormone 肾上腺皮质激素

ACH Answer Charge 应答计费

AChE acetycholinesterase 乙酰胆碱脂酶

ACHEMA Apparate- und Chemieausstellung, Frankfurt 法兰克福化学和仪器设备展览会

ACHEMA（Achema） Ausstellung chemischer Apparate 化工设备展览会

ACHI Application Channel Interface 应用信道接口

AChR acetylcholine receptor 乙酰胆碱受体

ACI Access Control Information 接入控制信息

ACI acute cerebral infarction 急性脑梗死

ACI Adjacent Channel Interference 邻频干扰，邻道干扰，相邻信道干扰

ACI Adjacent Interference 相临干扰

ACI American Concrete Institute 美国混凝土协会

ACI Association Cartographique International 国际制图协会

ACI Asynchronous Communication Interface 异步通信接口

ACIA Asynchronous Communication Interface Adapter, Asynchronübertragungs- Schnitt- stellenanpasser 异步通信接口适配器

ACID Atomicity, Consistency, Isolation, Durability 原子性、一致性、隔离性、耐久性

Acid. acidum 酸

ACIMIT Associazione Construttori Italiani di Macchinario per l'Industria Tessile 意大利纺织机械制造协会

ACIR Adjacent Channel Interference Ratio 相邻信道干扰比

ACIS 3D-Modellierenkern-System der Fa. Spacial Technology Inc. USA 美国空间技术公司的 3D 建模核心系统

ACIT Association des Chimistes de l'Industrie Textile 法国纺织化学家与染色家协会

ACK Acknowledgement 应答,确认,证实,鸣谢,致谢

ACK Acknowledgement Message 认可消息

ACK Acknowledgement Signal 肯定应答信号,确认应答信号

ACK Automatic Color Killer/automatische Farbabschaltung 自动消色器,自动彩色抑制电路

ACL Access Control List 访问控制表;存取控制表

ACL Advanced Communication Link 高级通信链路

ACL Application Control Language 应用控制语言

ACL Authorized Component List 授权成分表

Ac len Altocumulus lenticularis 荚状高积云

ACLR Adjacent Channel Leakage Power Ratio 相邻信道泄漏功率比

ACM Access Control Module 访问控制模块

ACM Acryester-2-Chlorvinyläther-Kautschuk 丙烯酸脂-2-氯乙烯醚-橡胶

ACM Address Complete Message 地址全消息(TUP),地址完整信息

ACM Alarm Control Module 报警控制模块

A/cm Ampere/Zentimeter 安培/厘米

ACM Application Control Management system 应用控制管理系统

ACM Association for Computing Machinery 美国计算机协会

ACM Automatic Coding Machine 自动编码机

ACM Auxiliary Control Module 辅助控制模块

ACME Acme-Trapezgewinde 爱克米螺纹,梯形螺纹

ACMI American Cotton Manufacturers' Institute 美国棉业协会

ACN Application Context Name 应用上下文名称

ACN Application Context Negotiation 应用上下文协商

ACO Alarm Cut-Off 报警切断

ACOLTEX Asociacion Colombiana de Tecnicos de Acabados Textiles 哥伦比亚纺织技术协会

ACOM Antenna Combiner 天线合路器

Ac op Altocumulus opacus 蔽光高积云

ACP acid phosphatase 酸性磷酸酶

ACP Action Point 作用点

ACP Acyl-Carrier-Proteine 酰基载体蛋白

ACP Agent Creation Point 代理生成点

ACP American Chemical Paint 美国化工油漆

Ac pe Altocumulus perlucidus 漏隙高积云

ACPM ATM Central Process Module ATM 中央处理模块

ACR Access Control Register 访问控制寄存器

ACR Accounting Registration 结算登记

ACR Advanced Combat Rifle 【美】一种先进的战斗步枪

ACR Allowed Cell Rate 允许的信元速率(在 MCR 与 PCR 之间)

ACR Apply Charging Report 申请计费报告

ACR Attenuation-to-Crosstalk Ratio/Dämpfungs-Nebensprechverhältnis 衰减串音比

ACR Autologous Cellular Rejuvenation 自体细胞再生

ACR Automatic Call Recording 自动呼叫记录

ACR Automatic Character Recognition 自动字符识别

ACR Available Cell Rate 可用信元率

ACR Average Cell Rate 平均信元率

Ac ra Altocumulus radiatus 辐辏状高积云

ACRE Automatic Call Recording Equipment 自动呼叫记录设备

ACS Access Control Server 接入控制服务器

ACS Access Control System 接入控制系统

ACS Acute Coronary Syndrome 急性冠脉综合征

ACS Add-Compare-Select 相加-比较-选择,加选比运算

ACS Adjacent Channel Selectivity 相邻信道选择性

ACS Admission Control Service 许可控制服务

ACS advanced communication system 新型通信系统

ACS Advanced Cryptographic System 高级密码系统

ACS Alarm Call Service 告警呼叫业务;电话唤醒服务;报警电话服务
ACS All Channel Signaling 全信道信令
ACS Asynchronous Communication Server 异步通信服务器
ACS Audio Communication System 音频通信系统
ACS Automatic Call Sender 自动呼叫发送器
ACS automatic clutch system 自动离合器系统
ACS Automatic Coding System 自动编码系统
ACS Automobilklub der Schweiz 瑞士汽车俱乐部
ACS Mischungen aus Acrylnitril-Styrol-Copolymer mit chloriertem Polyäthlen 丙烯腈-苯乙烯-氯化聚乙烯共聚物
ACSA American Cotton Shippers Association 美国棉花船运协会
ACSB amplitude companied SSB 振幅压扩单边带
ACSE Association Control Service Element 相关控制服务元素,关联控制服务单元
ACSG Association Canadienne Des Sciences Géodésiques 加拿大测量协会
ACSR automatic child seat recognition 儿童座椅自动识别系统
Ac str Altocumulus stratiformis 成层状高积云
ACT Actiniden und Töchter 锕系元素及其子体
ACT action game 动作类游戏
ACT active coagulative time 活化凝血时间
ACT Automatic Computer Testing 自动计算机测试
ACT 美国大学入学标准测试,大学入学考试之一
ACTA America's Carriers Telecommunications Association 美国电信运营公司协会
ACTH adrenocorticotropic 促肾上腺皮质激素
ACTH adrenokortikotropes Hormon 促肾上腺皮质激素
Ac tr Altocumulus translucidus 透光高积云
ACTS Advanced Communication Technologies and Services 先进的通信技术与服务
ACTS Automatic Tracking Control System/automatische Spurlagenregelung 自动跟踪控制系统
ACTS automatische Spurlagenregelung Vorgang 自动跟踪控制过程
ACTS automatische Spurlagenregelung System 自动跟踪控制系统
ACTTAB Action TABle 动作表
ACU Access Control Unit 接入控制单元
ACU Acknowledgement signal Unit 信号单元
ACU Antenna Combining Unit 天线组合单元
ACU Automatic Calling Unit 自动呼叫装置
Ac un Altocumulus undulatus 波状高积云
ACV acyclovir 无环鸟苷,羟乙氧甲鸟嘌呤(抗病毒药),开糖环鸟苷
ACV Arbeitsgemeinschaft Chemische Verfahrenstechnik 【德】化学工艺研究协会
ACV Automobil-Club Verkehr BRD 德国交通汽车俱乐部
ACZ Agrochemisches Zentrum 【德】农业化学中心
AD Ablaufdiagramm 流程图,过程图
AD Adapter 转接器,适配器,附加器
a. d. (**ad**) a dato 自即日起,自开具之日起
A/D Add/Drop 分插(在电信网络的接点上,经常需要把部分信号流从节点上“分”出来)
ad. (**add.**) addieren 加
Ad. (**Add.**) Addition 加法,加成;添加,追加;添加剂
AD Address Decoder 地址译码器
AD Administrative Domain 管理域
AD Aerodynamik 空气动力学
AD Agent Discovery 代理发现
AD Alzheimer's disease 阿尔茨海默病,老年痴呆病
A/D analog/digital 模拟/数字
A/D (**ADC**) Analogue-to-Digital Converter 模数转换器
a. D. an der Donau 多瑙河畔
AD Andrehmoment 起动转矩,扭转转矩
A. D. Anno Domini 公元
a. d. Ante decubitum 睡前
AD Aortic dissection 主动脉解剖
AD Arbeitsgemeinschaft Druckbehälter 【德】压力容器协会
AD Arbeitsgemeinschaft Druckbehälter, Essen 埃森压力容器专业组
AD Art Director 艺术总监
AD Artilleriedivision 炮兵师
AD ASTLA Documents AD 报告(美国军事技术情报处科技文献报告)
AD Aufsichtsdienst 监督管理服务处(卡尔斯鲁厄核研究中心)
AD Aufstelldach 加装天窗
AD Außendienst 外勤
a. D. außer Dienst 退伍的,退休的;不合用的,过时的
äD äußerer Durchmesser 外径
AD autoimmune disease 自身免疫病
AD autosomal dominant 常染色体显性
ad. us. ext. 外用
ADA adenosine deaminase 腺苷脱氨酶

ADA American Diabetes Association 美国糖尿病协会

ADA Arbeitsgemeinschaft Deutscher Aufbereitungsingeniure 德国选矿工程师协会

ADABAS adaptierbares Datenbanksystem 可配接的数据库系统

ADAC Allgemeiner Deutscher Automobil Club 全德国汽车俱乐部

ADAC Automatic Data Acquisition Center 自动数据采集中心

ADAMO Adsorption an Molekularsieb 分子筛吸附法

ADAPT Adaption of automated programmed tools 自适应自动编程工具

ADAU Analogerfassungsmodul 模拟数据采集单元,模拟数据采集块

ADB Abteilung Dekontaminationsbetrieb 去污操作部(属卡尔斯鲁厄核研究中心)

adb. adiabatisch 绝热的

ADB Arbeitsgemeinschaft Deutscher Betriebsingenieure 德国企业工程师协会

ADB Asian Development Bank 亚洲开发银行

ADC Address Complete 地址完整(报),地址收全

ADC Address-Complete Signal 地址全信号

ADC administration center 管理中心

ADC Analog-to-Digital Converter 模拟数字转换器

ADCC antibody-dependent cellular cytotoxicity 抗体依赖性细胞介导细胞毒作用

ADCC Asynchronous Data Communication Channel 异步数据通信信道

ADCCP Advanced Data Communication Control Protocol 高级数据通信控制协议

ADCCP Advanced Data Communications Control Procedure 高级数据通信控制规程

ADC/DAMPS North America digital cellular system 北美数字蜂窝系统 ADC 或 DAMPS

ADCP Advanced Data Communication Protocol 高级数据通信协议

ADCP 声学多普勒流速剖面仪

ADD attention deficit disorder 注意力缺乏症(即多动综合征)

add. Gew.-% additives Gewicht-Prozent 添加剂重量百分比

ADDMD Administration Directory Management Domain 管理部门号码簿及管理域

ADDR address 地址

a. d. E. an der Elbe 易北河畔

ADE Arbeitsgemeinschaft der Elektrowirtschaft 电力协会

ADE Automatic Data Entry system 自动数据输入系统

ad effect. ad effectum 直到有效

AdEW Arbeitsgemeinschaft der Landesverbände der Elektrizitätswerke 【德】州发电站协会联合会

ADF Adressierungsfehler 编址错误

ADF Application Dedicated File 应用专用文件

ADF Authentication Data Function 鉴权数据功能,认证数据功能

ADF 高级动态血流成像

ADG Alarmdrahtglas 警报铁丝网玻璃

Adh Adhäsion 粘附,附着,结合

ADH alcohol dehydrogenase 粘合(结)剂,胶水

ADH antidiuretic hormone/antidiuretisches Hormon 抗利尿激素

ADH Asynchronous Digital Hierarchy 异步数字系列

ADH Average Delay till Handling/durchschnittliche Wartezeit von Anrufern bis zur Bedienung 处理之前的平均时延

ADH1B 乙醇脱氢酶

ADHGB Allgemeines Deutsches Handelsgesetzbuch 全德商务法典

ADI Abteilung Datenverarbeitung und Instrumentierung 数据处理和仪表装置部(卡尔斯鲁厄核研究中心)

ADI acceptable daily intake/duldbare tägliche Aufnahmemenge 每日允许摄入量

ADI Address Incomplete signal 地址不全信号

ADI Address Incomplete 地址不全

ADI Alternate Digit Inversion 数字交替反转

ADI Apple Desktop Interface 苹果机接口

ADI austempered ductile iron/Austenitisch-ferritisches Gusseisen mit Kugelgraphit 奥氏体铁素体球墨铸铁,等温淬火球墨铸铁

AdIA (**AIA**) Aerodynamisches Institut in Aachen 【德】亚琛空气动力学研究所

ADIA 【美】阿布扎比投资管理局

adiab. adiabatisch 绝热的

ADIBKA Forschungsreaktor in der KFA, Jülich 于利希核研究中心研究堆

ADIS Automatic Data Interchange System 自动数据交换系统

ADIX Advanced Digital Information exchange 先进的数字信息交换

ADIZ 防空识别区

adj. adjustieren 调准,调节

Adj. Adjektiv 形容词

ADK Arbeitsgemeinschaft Deutscher Kraft- und Wärmeingenieure 德国热电工程师协会

ADKI Arbeitsgemeinschaft Deutscher Konstruktions-Ingenieure 德国设计工程师协会

ADL Administration Description Language 管理描述语言
ADL Application Development Language 应用开发语言
ADL Automatic Data Link 自动数据链路
ADLC Advanced Data Link Control 高级数据链路控制
ADLC Analogue-Digital Line Converter 模拟-数字线路变换器
ad lib. (**ad l.**) ad libitum/nach Belieben 随意，听便
ADLS Arbeitsgemeinschaft für elektronische Datenverarbeitung und Lochkartentechnik 电子数据处理和穿孔卡技术工作委员会
ADLWR Hochenergiebeschleuniger-Unterstützter LWR 高能加速器支持的轻水反应堆
ADM Adaptionsmodul 自适应模块
ADM Adaptive Delta Modulation 自适应增量调制
ADM Add/Drop Multiplexer 分插复用器
Adm admin, administration 管理，实行；行政机关
ADM Amplituden-Demodulation 振幅解调，反调幅
ADM Asynchronous Disconnected Mode 异步拆线方式
ADM Automated Data Management 自动数据管理
ADM Automatic Drive-Train Management 自动传动系统管理
ADM automatic simming inside rearview 自动防眩内后镜
ADM unabhängiger Wartebetrieb DIN ISO 3309 独立待机模式
ADMD Administration Management Domain 公用管理域/行政管理域
ADMI American Dye Manufacturers Institute 美国燃料制造厂协会
ADMOSS Advanced Multifunctional Operator Service System 高级多功能话务员服务系统
ADMV Allgemeiner Deutscher Motorsportverband 德国摩托车运动联合会
ADN Abbreviated Dialing Numbers 按字母顺序排列的电话号码薄，简化拨号号码
ADN Adavanced Digital Network 高级数字网
ADN 亚丁(汽车附件标记)
ADN Administration Data Network 管理数据网络
ADN Allgemeiner Deutscher Nachrichtendienst 德国通讯社(简称：德通社)，德国公共信息服务
ADN Ammoniumdinitramid 二硝基苯胺；二硝酰胺铵
ADN ATM DATA Network 异步传输模式数据网络
ADNSC Automatic Digital Network Switching Center 自动数字网交换中心
ADO ActiveX Data Object ActiveX 数据对象(一组基于对象的数据访问接口)
a. d. O. an der Oberfläche 在表面
ADOCS Advanced Digital Optical Control System 高级数据光控制系统
ADP Acoustic Data Processor 声音数据处理器
ADP Adenosindiphoshpat 腺嘌呤核苷二磷酸，二磷酸腺苷
ADP Adenosindiphosphorsäure 二磷酸腺甙
ADP Advanced Digital Processing 高级数字处理，高级数字加工
ADP Airborne Data Processor 航空(机载)数据处理机
ADP Ammoniumdihydrogenphosphat ($NH_4H_2PO_4$) 磷酸二氢铵
ADP Analogue-Digital Processor 模拟-数字处理器
ADP Answer Detection Pattern 应答检测图形
ADP Associative Data Processing 关联数据处理
ADP Automatic Data Processing 自动数据处理
ADP Automatic Data Processor 自动数据处理器
ADPCM Adaptive Delta Pulse Code Modulation 自适应 Δ 脉冲编码调制
ADPCM Adaptive Differential PCM 自适应差分脉码调制
ADPCM Adaptive Differential Pulse Code Modulation 自适应差分脉冲编码调制
ADPCM Adaptive Digital Pulse Code Modulation 自适应数字脉冲编码调制
ADPE Automatic Data Proccssing Equipment 自动数据处理设备
ADPE Auxiliary Data Processing Equipment 辅助数据处理设备
ADPLL All Digital Phase-Locked Loop 全数字式锁相环
ADPM Automatic Data Processing Machine 自动数据处理机
ADPP Automatic Data Processing Program 自动数据处理程序
ADPS Automatic Data Processing System 自动数据处理系统
ADPS Auxiliary Data Processing System 辅助数据处理系统
ADR Accord Européen Relatif au Transport In-

ternational des Marchan-dises Dangereuses par Route 欧洲危险物品国际陆运协定
ADR Adapterregler 自适应调节器,自适应控制装置
ADR Address Digit Receiver 地址数字接收机
ADR adverse drug reaction 药物不良反应
ADR Advisory Route 建议路由
ADR Analogue Data Recognition 模拟数据识别
ADR Analogue-Digital Recorder 模拟-数字记录器
ADR Astra Digital Radio/Digitaler Satelliten-Hörfunk 阿斯特拉数字广播,数字卫星音频广播
ADR Automatisch-Distanzregelung 距离自动调节
Adr. Adressat 收件人,收信人
Adr. Adresse 地址,通信处
a. d. R. an der Ruhr 鲁尔河畔
ADRC Automatic Call Distribution Remote Capture 自动呼叫分配(分布)远程截获
ADRG Automatic Data Routing Group 自动数据路由组,自动数据路由群
ADRV Arbeitsgemeinschaft Deutscher Rechenzentrumsverbände 德国计算中心协会
ADS Abbreviated Dialing Service 简化拨号业务
ADS Active Double Star 有源双星
ADS adaptive damping system 适配减震系统
ADS Adaptiven-Dämpfung-System 适配阻尼系统
ADS Address Data Strobe 地址数据选通
ADS Address Display Subsystem 地址显示子系统
ADS Advanced Debugging System 先进程序调试系统
ADS Advanced Display System 高级显示系统
ADS Allgemeine Deutsche Seeversicherungsbedirgungen 德国海上保险条件
ADS Analog Display Service interface 模拟显示服务接口
a. d. S. an der See 海滨
ADS Application Development System 应用开发系统
ADS Asynchronous Data Service 异步数据业务
ADS Ausschuss für Durchstrahlungsprüfung und Strahlenschutz 透视检验和辐射保护协会
ADS Automatic Digital Switch 自动数字开关
ADS Arbeitsgemeinschaft Deutscher Schafzüchter; Arbeitsgemeinschaft Deutscher Schweinezüchter 德国养羊者协会;德国养猪者协会
ADS 自动减震装置
ADSI Active Directory Service Interface 现用目录服务接口
ADSK Abfeuer- und Durchladeschaltkasten 发射和装弹转换开关箱
ADSL Asymmetric (al) Digital Subscriber Line/asymmetrischer digitaler Teilnehmer -Anschluss 不对称数字用户线路(系统),非对称数字用户线路
ADSL Asymmetric Digital Subscriber Loop 不对称(非对称)数字用户环路
ADSL-1 Asymmetric Digital Subscriber, Loop-1 不对称数字用户线-1型
ADSL-Anschluss Asymmetric Digital Subscriber Line Anschluss 不对称数字用户线连接
Adsorpt Adsorption 吸附
ADSp Allgemeine Deutsche Spediteurbedingungen 全德运输承包商条件
ADSR Attack, Decay, Sustain, Release 上冲,衰减,保持,释放
ADSS Advanced Subscriber Service 高级用户业务
ADSS All Dielectric self-support 全介质自承式
ADSS All-Dielectric Self-Supporting optic fiber cable 全介质自承式光缆
ADSS Automatic Data Switching System 自动数据交换系统
ADT Additional Trunk 备用中继线,附加干线
ADT Arbeitsgemeinschaft Deutscher Textilingenieure 德国纺织工程师协会
ADT Arbeitsgemeinschaft Deutscher Tierzüchter 德国畜牧家协会
ADT Assured Data Transfer 有保证的数据传送
ADT Asynchronous Data Transfer 异步数据传送,异步资料传送
ADT Automatic Data Test system 自动数据测试系统
ADT Automatic Data Tracking 自动数据跟踪
ADT Automatic Data Translator 自动数据变换器,自动译码器
ADT Automatic Diagnostic Test 自动诊断测试
ÄDTE Äthylendiamintetraessigsäure 乙二胺四醋酸
ADU Ammoniumdiuranat 重铀酸铵
ADU Analog-Digital-Umsetzer 模数变换器,模拟数字转换器
ADU Analogue Delay Unit 模拟延迟装置
A. d. Ü Anmerkung des Übersetzers 译者注
ADU Automatic Dialing Unit 自动拨号装置,自动拨号设备
ADU Auxiliary Display Unit 辅助显示装置(单

元）

Ad us. ext Ad usum externum/for external use 外用

Ad us. int. Ad usum internum/for internal use 内服

ADV Adaptive Digital Vocoder 自适应数字声音合成器（或音码器）

Adv. Adverb 副词

adv. adverbial 副词的

ADV allgemeine/automatische Datenverarbeitung 通用/自动数据处理

AdV Arbeitsgemeinschaft der Vermessungsverwaltungen der Länder der Bundesrepublik Deutschland 德国土地测量协会

AdV Arbeitsgemeinschaft der Vermessungsverwaltungen 【德】测绘局工作协会

ADV Arbeitskreis Datenverarbeitung 数据处理工作组

ADV automatische Datenverarbeitung 数据自动加工（处理）

ADV automatische Datenverarbeitungsanlage 数据自动加工设备（装置）

ADV automatische Daten-Verarbeitungssystem 数据自动加工（处理）系统

ADV Automatisierte Datenverarbeitung 自动化数据处理

ADVA automatische Datenverarbeitungsanlage 数据自动加工（处理）设备

A. d. W Akademie der Wissenschaften 科学院

ADW Analog-Digital-Wandler 模拟数字变换器

a. d. W. an der Weser 威悉河畔

ADX Automatic Data Exchange 自动数据交换

ADXS Automatic Data Exchange System 自动数据交换系统

AE Access Equipment 接入设备

AE Actinoelectric Effect 光化电效应

AE Adaptive Equalization 自适应均衡

AE Analogie-Eingabe 模拟输入

AE Ancillary Equipment 辅助设备，外部设备，附加设备

AE Angström, Ängströmeinheit 埃（波长单位，等于 10^{-10} 米）

AE Animation Editor 动画编辑器

AE Anrufeinheit 呼叫装置，呼叫单元

AE Anschlußeinheit 接线单位

AE Aperture Effect 孔径效应

AE Application Entity 应用实体

AE Arbeitseinheit 功的单位，能量单位

AE Arbeitselektrode 工作电极

AE Archiv für Elektrotechnik 电气技术档案

A. E. Armstrongeinheit 阿姆司特朗单位，埃（光波长度单位）

AE Ascheelementaranalyse 灰分基本分析

AE Assemble-Schnitt 源自录音和/或录像的汇编剪辑

AE astronomische Einheit 天文单位（太阳和地球间的平均距离）

Ae Äther 醚；二乙醚

AE Atomenergie 原子能

AE Audio Equipment 音频设备

AE Ausfuhrerklärung 货物出口公告，出口说明

AE Äußere Einwirkung 外部影响，外部作用

A＋E Aus- und Einbau 拆出（拆除）与装入

AEA Atomic Energy Authority 原子能管理局

AEC Acoustic Echo Controller 声回波控制器

AEC Adaptive Echo Cancellation 自适应回波抵消

AEC architecture engineering construction 建筑工程结构

AEC Atomic Energy commission 【美】原子能委员会

AEC Automatic Error Correction System 自动纠错系统

A. E. C. B. Atomic Energy Control Board 原子能检查协会

AeCS Aeroclub der Schweiz 瑞士航空俱乐部

AeCvD Aeroclub von Deutschland 德国航空俱乐部

AED Atomkernenergie-Dokumentation 原子核能文献

AeDTA（ÄDTA） Dinatriumäthylendiamintetraazetat 二钠乙烯二胺四缩醛

AeDTE（ÄDTE） Äthylendiamintetraessigsäure 乙撑二胺四醋酸

AEF Additional Elementary Functions 补充基本功能

AEF Ausschuss für Einheiten und Formelgrößen 单位和公式委员会（属德国标准委员会）

AEG Allgemeine Elektrizität-Gesellschaft 德国通用电气公司

AEG Allgemeines Eisenbahngesetz 普通铁路法

A. Ehttw. Archiv für das Eisenhüttenwesen 钢铁冶金文献

AEI Application Entity Invocation 应用实体调用

AEI Associated Electrical Industries 联合电气工业公司

AEI Associazione Elettrotechnica ed Elettronica Italiana 意大利电工电子学会

AEI Atomic Energy Institute 原子能学会

AEIR Application Entity Installer and Remover 应用实体安装和拆除

AEK Atomenergiekommission 原子能委员会

A & EM Alarm & Event Management 报警与事件管理
AEM Application Software Element Manager 应用软件单元管理
AEN affaiblissement équivalent pour la netteté 【法】清晰度等值衰耗
aengl. altenglisch 古英语的,古英语时期的
AEO Arbeitsgemeinschaft für Elektronenoptik 【德】电子光学联合会
AEP accrued expenditure paid 已付的应付费用
AEP Acoustic Echo Path 声音回波通道
AEP Air Energy Plants (System) 生态建筑节能(系统)
AEP American Electric Power Co. 美国电力公司
AEP aminoethylprolyl 氨基乙基脯氨酰
AEP auditory-evoked potential (s) 听觉诱发电位
AEP 典型序列渐近均分性
AEPDS acrylonitrile-ethylene-propylene-diene-styrene 丙烯腈-乙烯-丙烯-二烯烃-苯乙烯
Aeq äquivalent 等价的;当量的
AERE Atomic Energy Research Establishment 原子能研究所
Aero. (Aeron) Aeronautik 航空学
aero Flugwesen 航空
AES Advanced Encryption Standard 高级加密标准(取代 DES 的新标准)
AES Atomemissionsspcktrometrie 原子发射光谱法
AES Audio Engineering Society/Interessenvertretung der Toningenieure 声频工程协会
AES Automatic Electronic Switch 自动电子交换机,自动电子转换开关
AESA ATM End System Address ATM 末端系统地址
AESA 有源电子扫描阵列雷达,有源相控阵
A. E. S. C American Engineering Standards Committee 美国工程标准委员会
AEST Automated Enhanced Security Tool 自动强化安全工具
AET Arbeitsgemeinschaft Entstörungstechnik 防干扰技术协会
AET Average Execution Time 平均执行时间
AEÜ Archiv für elektrische Übertragung 电力传输技术档案
AEV Arbeitsgemeinschaft Erdölgewinnung und Verarbeitung (Hamburg) 【德】汉堡采油和加工协会
AEW&C 空中预警与控制系统
AEZ Allgemeine Elektrotechnische Zeitschrift 普通电气技术杂志
AF Ablenkfaktor 偏转系数
AF Absorptionsfaktor 吸收因数
AF Access Barred Processing Function 接入禁止处理功能
AF Access Facility 接入设备
AF Access Function 接入功能
AF Ackerfläche 耕地面积
AF Adaptation Function 适配功能
AF Adaption Facility 适配设施,适配设备
AF alle Fahrt 全速航行
AF Alternativ-Frequenz 备用频率,替代频率
a. f. anni futuri 明年的,来年的
AF Artilleriefährprahm 炮兵登陆艇
a. f. (af) aschefrei 无灰的
AF Assured Forwarding 确定的转发(转送)
Af atrial fibrillation 心房颤动
AF atrial flutter 心房扑动
AF Audio-Frequency 音频
AF Audiofrequenz/audio frequency 音频
AF Auslandsfernamt 国外长途电话局
AF Autofokus 自动聚焦
AF Alternative Frequencies/alternative Frequenzen 选择频率
AfA Absetzung für Abnutzung (税法)折旧,计提折旧
AFAIK as far as I know 据我所知
AFB Abraumförderbrücke 露天(采煤用)输送桥
AFB acid-fast bacillus 耐酸杆菌
AFB Aluminium Foam Body 泡沫铝车身
AFB amtliches Fernsprechbuch 公用电话号码簿
AFB Automatische Fahr- und Bremssteuerung 自动行驶和自动制动控制
AFC Alkaline Fuel Cell 碱性燃料电池
AFC Asymmetric Flow Control 不对称流量控制
AFC automatic frequency control of a super heterodyne receiver 超外差式接收机的自动频率控制
AFC Automatic Frequency Control 自动频率控制
AFC automatic frequency fine control 自动频率微调
AFD Amplitude-Frequency Distortion 振幅频率失真
AfD Amt für Datenverarbeitung 数据处理局
AFD Average Fade Duration 平均衰落时间
AFDB African Development Bank 非洲开发银行
AFDW Active Framework for Data Warehousing 现用数据库技术框架

AFE amniotic fluid embolism 羊水栓塞
AFE Analogue Front-end 模拟前端
AFE Arbeitsgemeinschaft zur Förderung der Elekrowirtschaft 电力经济促进协会
A. f. E. Archiv für die Elektrotechnik 电工技术文献,电工论文集
AFE 车道自动识别装置
AfEP Amt für Erfindungs- und Patentwesen DDR 【前民德】发明专利局
AFF Amt für Fernnetze 城市间通信局;长途电话局
AFF Ansteuerungsfunkfeuer 无线电导航,无线电指标,定位无线电信标
AFF Automatic Fault Finding 自动故障查找
AFGL Air Force Geodetic Laboratory 美国空军大地测量实验室
AFGWC Air Force Global Weather Center 美国空军全球天气中心
AFI Authority and Format Identifier 权限和格式标识符
AFI Authority Format Identifier 权限格式标记符
AFIPS American Federation of Information Processing Society 美国信息处理协会联合会
AFIR Ausschuss für industrielles Rechnungswesen 工业会计委员会(属德国工程师协会)
AfK Arbeitsausschuss für Klassifikation 分类工作委员会(属德国标准委员会)
AfK Arbeitsgemeinschaft für Kerntechnik 核技术协会
AfK Arbeitsgemeinschaft für Korrosionsfragen 腐蚀问题学会
AFK Away From Keyboard 暂离键盘,不在电脑旁,走开片刻(网络交谈用语)
AFL Antisymmetric Filter 反对称滤波器
AFL After Fader Listening/Abhören nach Regler 衰减器后监听
Afl. Artillerieflieger 炮兵侦察飞行器
AFL 美国室内橄榄球联盟
AFLT Advanced Forward Link Trilateration 高级的前向链路三角定位
AFM Access Network Fault Manager 接入网故障管理员
AFM Advanced Frequency Modulation 高级调频,高级频率调制
AFM Arbeitsgemeinschaft für Fertigungstechnisches Messwesen im VDI 工艺计量协会(属德国工程师协会)
AFM Außenhandelsverband für Mineralöl e. V. (汉堡)石油外贸联合会
AFMS Advanced Flexible Access Multiplex System 高级的灵活接入复用系统
AFN Active Filter Network 有源滤波器网络
AFN Anzeigegerät für Funknavigation 无线电导航指示器
AfN Arbeitsausschuss für Netzplantechnik 网络设计技术工作委员会
AFN Automatische Frequenznachstellung 自动频率调节,自动调频
AFN Automatische Frequenznachstimmung 自动频率微调
AFN Average Failure Number 平均故障数
AFNOR Assotiation Francaise de Normaliastion 法国标准化协会
AFÖB Arbeitsgemeinschaft zur Förderung der österreichischen Bauwirtschaft 奥地利建筑经济促进会
AFP Advanced Function Printing 先进的功能打印
AFP alpha-fetoprotein 甲胎蛋白,甲种胎儿球蛋白
AFP Arbeitsflugplatz 工作机场
AFP Arbeitsgemeinschaft Flughafenplanung 机场设计工作小组
AFPA Automatic Flow process Analysis 自动流程分析
AF-PHB Assured Forwarding PHB group 可确定的转发 PHB 组
AFR Absolute Frequency Reference 绝对频率参考
AFR Aggressive Frequency Reuse pattern 更紧密频率覆用方式
AFR Anechoic Frequency Response 无回声频率响应
AFR Automatic Flexible Routing 自动可变路由
afrik. afrikanisch 非洲的
afrz. altfranzösisch 古法语的,古法语时期的
AfS Amt für Standardisierung 【前民德】(工业)标准化局
AfS Absetzung für Substanzverringerung (税法)折耗
AFS Active Function Set 有效功能组
AFS adaptive Frontscheinwerfer 自适应前大灯
AFS Advanced Free Phone Service 高级免费电话业务
AFS American Foundrymen's Socity/amerikanische Gießereiverband 美国铸造师协会
AfS Amt für Standardisierung 标准化局
AfS Arbeitsausschuss für Sensitometrie 感光学工作委员会(属德国标准化委员会)
AFS automatisierte Fertigungssteuerung 自动生产控制

AFSK Audio Frequency Shift Keying 声频频移键控
AFSS Association des Filatures de chappe Suisses 瑞士绢纺厂协会
AFT Adapter Fault Tolerance 适配器容错
AFT Alternative Frequencies for TMC/altenative Frequenzen für TMC 交通信息通道中的替换频率
AFT Asynchronous Frame Technology 异步帧技术
AFT Automatic Fine Tuning 自动微调
AFT Automatic Frequency Tuning 自动频率调谐
AfuG Amateurfunkgesetz 业余无线电法
AfuVK Außerordentliche Funkverwaltungskonferenz 无线电管理特别会议
AFZ Ausbildungsförderungszentrum 教育促进中心
AG Absitzguss (塑态装药)凝固法铸装药
α-AG α-acid glycoprotein α酸性糖蛋白
AG Aktiengesellschaft 股份公司,合资公司
A/G albumin-globulin ratio 白蛋白-球蛋白比值
Ag Alfagras 芦苇草
Ag Alfogras (Esparto) 针茅纤维
AG Amtsgericht 初级法院,地方法院
AG anion gap 阴离子间隙
Ag antigen 抗原
AG Application Gateway 应用网关
AG Arbeitsgang 工作程序,工序
AG Arbeitsgemeinschaft 协会,工作小组
AG Arbeitsgruppe/working group 工作组
Ag Argentum 银
AG Argongas 氩气
A. G. Artilleriegeschoss 炮弹
AG Aschegehalt 灰分含量
AG Atomgewicht 原子量
AG Aufbaugesetz 营造法,建设法
a. G (a. G) auf Gegenseitigkeit 相互性;相关性;互惠
AG Aufwertungsgesetz 增值法
AG Ausschuss Gebrauchstauglichkeit 使用适应性委员会(属德国标准委员会)
AG Automatikgetriebe/Automatic Transmission 自动变速器
AG autonomes Gebiet 自治区
AG available gain 有效增益
Ag Landtechnik 农艺学
Ag Silber 银
AGA Advanced Graphics Adapter 高级图像适配器
AGA AGA Getronics AG 【瑞典】阿加股份公司
AgA Arbeitsgruppe Automation in der Kartographie 制图自动化工作小组
AGA N-Acetylglutamat N-乙酰基谷氨酸盐;N-乙酰基谷氨酸酯
AGA Co. Svenska Aktiebolaget Gasaccumulator Company Stockholm 【瑞典】斯德哥尔摩测距仪公司
AGARD Advisory Group for Aerospace Research and Development 航空航天研究与发展咨询小组
AGB (AGBD) Allgemeine Geschäftbedingung 一般交易条件
AGC Automatic Gain Control/automatische Verstärkungsregelung 自动增益控制
AGC automatic gain control characteristic 自动增益控制特性
AGCH Access Granted Channel 接入允许信道
AGD Australian Geodetic Datum 澳大利亚大地原点(基准点)
AGE Arbeitsgemeinschaft Energie 能量协调委员会
AGE Arbeitsgemeinschaft Entwicklungsländer 发展国家协调委员会
A. Ger. Pk. Armeegerätpark 陆军部队器械库
A-Geschoss Atomgeschoss 原子炮弹,原子弹头
A. Gew. Atomgewicht 原子量
AGF Arbeitsgemeinschaft Futter und Fütterung 【德】饲料和饲养协会
AGFA AG für Anilinfarbenfabrikation 苯胺染料制造股份公司
A. G. F. A. (AGFA, Agfa) Aktiengesellschaft für Anilinfabrikation 【德】苯胺制造股份公司,阿克法公司
AGFlurbG Arbeitsgemeinschaft Flurbereinigungsgesetz 土地归整法规协会
AgfV Aktiengesellschaft für Versorgungsunternehmen, Ruhr 鲁尔供应服务股份公司
agg agglutination 凝集
Aggr. Aggregat 机组,集合体,成套设备
A. G. I Acute gastroenteritis 急性胃肠炎
Agi. Agitator 搅拌器
AGIFA Aachener Gießer-Familie 亚琛工大铸造科
AGK Access Gatekeeper 接入网守
AGK Arbeitskreis der Gesamtausbildung für Kartographie 制图学普及教育工作组
AGL Arbeitsgemeinschaft Luftfahrtausrüstung 航空设备协会
Agl Ausstellungsgelände 展览(会)场地,陈列场地
a. gl. O. am gleichen Ort 在同一地点
AGM Asynchronmotor gesteuert durch

Magnetverstärker 磁放大器控制异步电动机
AGM gummiertes Außenkabel mit Bleimantel 带铅皮的橡胶室外电缆
AgmbH Aktiengesellschaft mit beschränkter Haftung 有限股份公司
AGN acute glomerulonephritis 急性肾小球肾炎
AGN astronomisch-geodätisches Nivellement （测量）天文大地水准
AGN Automatische Getriebe Nutzfahrzeug 载货车自动变速器
AGNS astrogeodätisches Geoid um die Nordsee 沿北海的天文大地水准面
AGO atmospheric gas oil 常压粗柴油；中间馏分
AGP Accelerated Graphic Port 加速图形端口
AGP Arbeitsgemeinschaft Personenverkehr 客运交通协会
AGP Armeegerätepark 集团军军械库；军械库
AGPL. Arbeitsgemeinschaft Planung 设计协会，规划协会
AGPS Assisted GPS 网络辅助 GPS
AGR Abgasrückführung 尾气回流；烟道气循环；废气再循环
AGr Acker-Grünland 耕地牧场轮作地
A. Gr. Armeegruppe 集团军
AGR fortgeschrittener, gasgekühlter Reaktor 改进型气冷堆
AGRAM Die astrometrische und geodätisch-geophysikalische Nutzung radioastronomischer Methoden 射电天文法在天文和大地地球物理学上的应用
AGRD Axial-Gleitringdichtung 轴向滑环密封圈
AGS adaptive Getriebesteuerung 自适应换挡
AGS Advanced Graphic System 高级图形系统
AGS Advanced Guidance System 高级制导系统
ags. angelsächsisch 盎格鲁萨克逊的
AGs Anschießgeschoss 试射弹
AGS Application Generator System 应用发生器系统
AGT Aggregatträger 机组底座
AGt Ausschuss Gebrauchstauglichkeit 使用适应性委员会（属德国标准委员会）
AGU American Geophysical Union 美国地球物理联合会
AGU Arbeitsgemeinschaft für Umweltfragen 环境问题专业组
AGV Automatic Guided Vehicle 自动引导车
AGW Access Gateway 接入网关
AGW Auslandsgruppenwähler 国际自动电话选择器（开关）
AGZ Auslösegesamtzeit 总触发时间
AH Abstandshalter (bei Brennelementen) （燃料元件的）定位件，定位架
AH Active Homing 主动追踪，主动导航
AH Ahorn 槭属；槭树；枫树
A. H. allgemeines Heeresgerät 普通军用器械
a. h. Alternis horis 每 2 小时，每隔 1 小时
a. h. ampere-hour 安培-小时
Ah. Anhang 附件，附录；补遗
Ah. Anhänger 拖车
AH Außenhandel 对外贸易
AH Authentication Header 鉴别头，认证头
AH auxiliary heater 辅助加热器
AHA Abhörapparat 监听装置；窃听装置
AHA American Heart Association 美国心脏学会
ahd. althochdeutsch 古高地德语时期的
AHD Australian Height Datum 澳大利亚高度基准
AHF antihemophilic factor 抗血友病因子
AHG antiiheomphilie globulin 抗血友病球蛋白
AHK Anhängekupplung 挂车连接装置，挂钩
AHLF Additional High Layer Function 附加高层功能
AHR Agglutinationshemmungsreaktion 凝集抑制反应
AH-Salz Hexamethylendiammoniumsalz der Adipinsäure 己二酸己撑二胺盐
AHT Arbeitsgemeinschaft Härtereitechnik 淬火技术协会
AHT Arbeitsgemeinschaft Heizungs- und Lüftungstechnik 加热和通风技术协会（属德国工程师协会）
AHT Average Handling Time 平均处理时间
AHT Average Holding Time 平均保持时间
AHV 拖车挂接装置
AHW 高超音速武器
AHZV Anhängerzugvorrichtung 拖车牵引装置
AI Absorptions-Index 吸收指数
AI Acquisition Indicator 捕获指示器
AI Action Indicator 动作指示符
AI Adapted Information 适配信息
AI aerodynamisches Institut 空气动力研究所
AI Alarm Indication 报警指示
AI aortic insufficiency 主动脉瓣关闭不全
AI artificial insemination 人工授精
AI Artificial Intelligence 人工智能
AI Automatic Inspection 自动检验
AI Automobil Industrie 汽车工业
AIA Aerodynamisches Institut in Aachen 德国阿亨空气动力研究院

AIAG Aluminium-Industrie AG Schweiz 瑞士制铝工业股份公司

AIB Abdichtung von Ingenieurbauwerken 工程建筑物的密封

AIB Aerodynamisches Institut Braunschweig 【德】不伦瑞克气体动力研究所

AIB Audio Interface Board 音频接口板

AIC application interpreted construct 应用解释结构

AIC Asian Info-Communications Committee 亚洲信息通信委员会

AICC Autonomous-Intelligent-Cruise-Control 自主智能巡航控制系统

AICH Acquisition Indicator Channel 捕获指示信道

AICTC Associazione Italiana de Chimica Tessile e Coloristica 意大利纺织化学家和染色家协会

AID Aerodynamisches Institut Darmstadt 德国达姆施塔特空气动力学研究所

AID Agency for International Development 联合国国际开发署

AID Allgemeiner Informationsdienst 普通情报(信息)服务

AID Anzeige- und Inspektions-Diode 显示和检验二极管

AID Application Identifier 应用标识符

AID artificial insemination with donor's semen 非配偶间人工授精,使用捐赠者精子的人工授精

AIDOS automatisiertes Informations- und Dokumentationssystem 自动情报文献系统

AIDS acquired immune deficiencysyndrome 获得性免疫缺陷综合症,艾滋病

AIDS Advanced Interactive Display System 高级交互式显示系统

AIE Air Interface Evolution 空中接口技术(俗称 3.9 G)的演进

AIEE American Institute of Electrical Engineers 美国电气工程师协会

AIF Arbeitsgemeinschaft Industrieller Forschungsvereinigungen 【德】工业研究联合会

AIF Atomic Industrial Forum 原子工业论坛

AIF 未来单兵武器

AIFF Audio Interchange File Format 音频交换文件格式

AIG Association Internationale de Géodésie 国际大地测量协会

AIH artificial insemination with husband's semen 使用丈夫精液的人工授精

AIH Autoimmune hepatitis 自身免疫性肝炎

AIHA Autoimmune hemolytic anemia 自身免疫性溶血性贫血

AIIB 亚洲基础设施投资银行

AIIE American Institute of Industrial Engineers 美国工业工程师协会

AIJE Association des Industries du Jute Europeennes 欧洲黄麻工业协会

AIL Artificial Intelligence Language 人工智能语言

AIL Audio Interface Library 音频接口库

AIM Address Indexing Method 地址检索方法

AIM Advanced Image Management system 高级影像管理系统

AIM Advanced Information Manager 高级信息管理程序

AIM Advanced Interface Module 高级接口模块

AIM application interpreted model 应用解释模型

AIM Association Internationale de Meteorologie 国际气象学协会

AIM Asynchronous Interface Module 异步接口模块

AIM Automatic Identification Manufacturers 自动识别制造商

AIMUX ATM Inverse Multiplexing ATM 反向复用

AIN Acute interstitial nephritis 急性间质性肾炎

AIN Advanced IN 高级智能网

AIN Advanced Intelligent Network 高级智能网,先进的智能网

AIN Asia Internet Network 亚洲因特网网络

AIP Acute intermittent porphyria 急性间歇性血卟啉病

AIP acute interstitial pneumonitis 急性间质性肺炎

AIP Advanced Intelligent Peripheral 增强智能外设

AIP air independent propulsion 不依赖空气推进装置

AIP Antenna Installation Part 天线安装部分

AIP Application Innovation Park 应用创新园区,新技术开发园区

AIP Application Interchange Profile 应用交互特征

AIP Application Intrusion Prevention 应用入侵防护系统

AIPC Association Internationale des Ponte et Charpentes 国际桥梁工程和房屋建筑协会

AIPCR Association Internationale Permanente des Congrès de la Route 国际道路协会常设协会

AIPP A-Interface Peripheral Processor A 接口

外围处理器

AIR secondary air injection 二次空气喷射

AIRE American Institute of Radio Engineers 美国无线电工程师协会

AIRS Automatic Image Retrieval System 自动影像检索系统

AIS Advanced Information System 高级信息系统

AIS Alarm Indication Signal 告警指示信号

AIS application interface specification 应用界面规范

AIS Automatic Information System 自动信息系统

AIS Automatic Intercept System 自动截取系统

AIS automatisches Identifikationssystem 自动识别系统

AIS3 Asia Info System Security Service 亚洲信息系统安全服务

AISI American Iron and Steel Institute 美国钢铁学会

AIT advanced information technology for design and manufacturing 用于设计与制造的先进信息技术

AIT 美国在台协会

AITA Association Internationale des Transports Aériens 【法】(联合国)国际航空运输协会

AITT Internationale Vereinigung der Textilveredelungsindustrie 国际纺织整理工业协会

AIU A-Interface Unit A 接口单元

AIU Alarm Interface Unit 告警接口装置

AIU ATM Interface Unit ATM 接口单元

AIUR Air Interface User Rate 空中接口用户速率

AIV Architekten- und Ingenierverein 建筑师与工程师协会

AIV Automatische Informationsverarbeitung 自动信息处理

AIX Advanced Interactive executive 高级交互执行程序

AIZ Automation im Zug 列车的自动化装置

AJ Alignment Jitter 校正抖动

a. j. ante jentaculum 早饭前

AJ Assembly Jig 装配夹具,装配用设备,装配架

AJB Astronomischer Jahresbericht 天文年报

AJC anti-jerk control 防车身抖动调节

AJF Anti-Jam Frequency 抗干扰频率

AK abgeflachte Kante 修平的边缘

A. K. Absorptionskoeffizient 吸收系数

AK Abzugsknopf 击发按钮

AK Acknowledgment 确认,肯定,证实

AK Adapter-Konsole 自适应控制台

Ak. Akademie 专科院校,学会,研究院

Ak. Akademiker 科学院院士,大学教师,受过大学教育者

ak. akademisch 属于或关于科学院或大学的,学会的

AK Akond 牛角瓜韧皮纤维

AK Aktienkapital 股本

A. K. Aktivitätskoeffizient 放射性系数

Ak. Akustik 声学

ak. akustisch 声学的

AK akustische Kapazität 声容

Ak Angora (kanin) wolle 安哥拉兔毛

A-K Anode-Kathode 阳极-阴极,阳阴极

AK Anonymity key 匿名密钥

AK Anrufsschaltknopf 呼唤按钮

AK Anschaffungskosten 初始成本,购置成本

AK Arbeitskontakt 闭路接触点;工作触点

AK Arbeitskräfte 劳动力,人工

AK Arbeitskräfteeinheit 计算劳动量的单位

AK Arbeitskreis 工作组,专业组,研究小组

AK Arbeitsstromkontakt 工作电流接点,闭路接触点

AK Armeekorps 军团;军(介于集团军与师之间的陆军单位)

a. K. auf Kohle-basis 以碳基

Ak Auslasskanal 排气槽,排气管;排出槽,排泄管

AK Auslasskante 外边缘,泄放缘口

a. K. außer Kraft 失效

AK äußerste Kraft 最外力

A+K Austenit + Karbid 奥氏体 + 碳化物

AK Autokarte 自动测图

AK Autokran 汽车式起重机

AK automatische Mittelpufferkupplung 自动中间缓冲离合器

AKA Absorptionskälteapparat 吸收式冷却装置

AKA also known as 正如你所知道的

AKA Ausfuhrkredit Gesellschaft GmbH 出口信贷股份有限公司

AKA Automatische Kohlenaufbereitung 自动选煤

Akad. Akademie 专科院校,学会,协会,研究院

Akad. Akademiker 科学院院士,大学教师,受过大学教育者

Akad. d. Wiss. Akademie der Wissenschaft 科学院

A-Kanone Atomkanone 原子炮,原子加农炮

AKB Allgemeine Kraftverkehrsversicherungsbedingungen 普通汽车运输保险条件

AKB Allgemeine Kundendienstbedingungen 普通顾客服务条例

AKb Arbeitskraftstunde 劳动力小时
AKB Artillerie-Konstruktions-Büro 火炮设计局
a. K. B. außer Kriegsbereitschaft 取消战争准备状态
AKDI Arbeitsgemeinschaft Deutscher Konstruktions-Ingenieure 德国设计工程师协会
Ak. d. Wiss Akademie der Wissenschaft 科学院
A_key Authentication Key 鉴权保密键;A密钥;鉴权密钥
AKF Aktiv Kohle Filter 活性碳过滤器
AKF Autokollimationsfernrohr 自准直望远镜
A. K. F. Autokorrelationsfunktion 自相关函数
AKI acute kidney injury 急性肾损伤
AKI Arbeitsgemeinschaft deutscher Kunststoffindustrie 德国塑料工业协会
AKI Arbeitsgemeinschaft keramischer Industrie 陶瓷工业协会
Akk.(Akku) Akkumulator 蓄电池;(计算机的)累加器,累积器,寄存器;储气罐;蓄油器
Akk Akkusativ 第四格
Akkubatt Akkumulatorenbatterie 蓄电池组
Akku-E-Lok Akkumulatorenelektrolokmotive 蓄电池机车,电瓶机车
Akku Lok Akkumulatorenlokomotive 蓄电池机车;电瓶机车
AKL Anrufkontrollampe 振铃指示灯
AKL automatisches Kleinteilelager 自动化小件物品仓库
A-K-Maschine Arbenz-Kammerermaschine 阿别兹-卡门路面轨道移动器,阿别兹-卡门路面移道机
A-Kohle Aktivkohle 活性炭
AKOTECH Arbeitsgemeinschaft für Auslands- und Kolonialtechnik 国外和殖民地工程协会(属德国工程师协会)
AKP Analysenkontrollprobe 分析控制试样
A. K. P. Armeekraftwagenpark 军用汽车场;集团军属汽车场
AKP/ALP alkaline phosphatase 碱性磷酸酶
AKR Ausrüstungskombinat für Rinderanlagen 养牛设备总厂
AKR 爆震传感器系统
AKRA Arbeitsgemeinschaft Kraftwagenspedition 汽车运输协会
AKS Arbeitsgemeinschaft Kernkraftwerk Stuttgart 德国斯图加特核能发电站
AKS Arbeitskreis Kernkraftwerk Stuttgart 斯图加特核电厂专业组
AKS automatisierte kartographische Systeme 自动制图系统
AKS TÜV-Fachausschuss, Kerntechnik und Strahlenschutz", Essen 【德】技术监督联合会核技术与辐射防护专业委员会,埃森
AKSE 自动控制核子座识别器
Akt. Aktion 作用,效应,反应
akt. aktive/aktiv 活性的;活泼的;主动的;有效的
Akt. Aktivität 活性,活度,活动性,放射性
AktG Aktiengesellschaft 股份公司
AKTG Aktiengesetz 股份法
Akt. R. Aktionsradius 活动半径,作用半径,行动半径
Akust Akustik 声学,音响学
AKV Aachener Kohlenverkaufs-Gesellschaft 亚琛售煤公司
AK voraus äußerste Kraft voraus 全速前行
AKW Atomkraftwerk 原子能发电厂
Akz. Akzeleration 加速度
Akz Akzession 加入,附加
AK zurück äußerste Kraft zurück 全速后退
AL Abschnittlänge 剪切长度,区间长度
AL Acoustic-Log 声音测井,声音测量
AL Address Line 地址线
A-l Aggregat Eins 德国A-1型液体推进剂火箭弹
AL akustischer Leitwert 声导纳
AL Alginat 海藻酸盐,藻朊酸长丝,阿尔几纳特纤维(英国产一种蛋白纤维的商品名称)
AL. Alginatchemieseide 藻脘酸人造丝
AL Alginatfaserstoff 藻酸纤维;海藻纤维
Al. Alinea [新]段落,另起一行(用符号"‖"表示)
AL Alkalilöslichkeit 碱溶解度,碱溶性
AL Alpakaswolle 阿尔帕卡毛,羊驼毛
Al Aluminium 铝
AL Ambience Listening 环境监听
AL Amplitude Limiter 限幅器
AL Anfangsladung 起爆炸药
a. L. angesaugte Luft 吸风(风泵抽风量和压缩空气消耗量的测量单位)
Al Anlasser 起动机,起动器
AL Anruflampe 呼叫信号灯
AL Anschlussleitung 分支线,用户线,中继线,连接管道
AL Application Layer 应用层
a. L. atmosphärische Luft 大气
AL Audio Language 音频语言
AL Audio Library 音频库
a. L. auf Lieferung 交货中
Ala Alanin a-丙氨酸;a-氨基丙酸
ALA aminolevulinic acid 氨基酮戊酸(卟啉前体)
ALA automatic linkage adjuster 自动连接调节

器
ALA 美国图书馆协会
ALAN Advanced Local Area Network 高级局域网
ALB albumin 白蛋白
ALB Anti-Lock Brake 防锁死制动器
ALB Arbeitsgemeinschaft für Landwirtschaftliches Bauwesen e. V. 农业建筑事业联合会
ALB automatic load sensitive break pressure control 自动负荷感应制动压力控制
ALB Automatic Loop Back 自动回环
ALB Automatisch Lastabhängige Bremskraftverteilung 随负荷自动调节的制动力分配器
Al-Bd Aluminiumband 铝带
ALBZ (AlBz) Aluminiumbronze 铝铜合金(总称)
ALC Adaptive Logic Circuit 自适应逻辑电路
ALC alcohol/Alkohol 乙醇,酒精
ALC Analog Line Card 模拟用户卡,模拟用户线插件,模拟线插件
ALC Analog Line Circuit 模拟用户线电路
ALC Assembly Language Coding 汇编语言编码
ALC Audio Logic Control 语音逻辑控制
ALC Auto Level Control 自动电平控制
ALC Automatic Level Control 自动电平控制
ALC Automatic Light Control 自动光控制
ALCAP Access Link Control Application Part 接入链路控制应用部分
ALCAP Access Link Control Application Protocol 接入链路控制应用协议
ALCOM ALGOL Compiler 算法语言编译程序
ALCU Aluminium-Cuprum 铝-铜
ALcup Aluminium mit aufgeschweißter Kupferschicht 表层焊铜的铝(件)
ALD aldolase 醛缩酶
ALD 肾上腺脑白质失养症
ALDA 进气增压调整
ALDEPHI Allgemeine Deutsche Philips Industrie GmbH 德国菲利浦工业股份有限公司
ALE Automatic Laser Encoder 自动激光编码器
ALE Automatic Link Establishment 自动链路建立
ALE Average Life Expectancy 平均寿命预期值,平均期望寿命
alem. alemannisch 阿雷曼族的
ALF Application Level Framing 应用层帧协议
ALG antilymphocyte globulin 抗淋巴细胞球蛋白
Alg. Algebra 代数
alg. algebraisch 代数学的
Alg. Algorithmus 算法,运算法则
ALGOL Algebraic Oriented Language 代数导向语言,面向代数的语言
ALGOL Algorithmic language (计算机)算法语言
ALI Asynchronous Line Interface 异步线路接口
ALI Automatic Line Identification 自动线路识别
ALI Automatic Location Identification 自动位置识别
ALIM ATM Line Interface Module ATM 线路接口模块
aliph aliphatisch 脂肪族的
Aliz. Alizarin 茜素;1,2-二羟蒽醌
Alk Alkali 碱性,碱
Alk. Alkalie 碱
alk. alkalisch 碱的,碱性的
Alk. Alkyl 烷基(有时指烃基)
ALK Automatisierung der Liegenschaftskarte 房地产图自动化
alkoh. Lös. alkoholische Lösung 酒精溶液,乙醇溶液
Alky. Alkalinity 碱度,碱性
ALL acute lymphatic leukemia 急性淋巴细胞白血病
Al-Leg. Aluminiumlegierung 铝合金
ALLF Additional Low Layer Function 附加低层功能
allg. allgemein 普通的,共同的,一般的
allj. alljährlich, alljährig 每年的
Alm Alarm 警报,报警(信号)
ALMBz Mehrstoffaluminiumbronze 多元铝青铜(合金)
Alnico Aluminium-Nicki I-Kobalt 铝镍钴合金
A. L. Nr Ausrüstungsliste Nummer 设备单号
ALO arithmetische logische Operation 算术运算和逻辑运算
ALOHA Additive Links Online Hawaii Area 夏威夷地区分组无线网,阿罗哈网
ALP Abstract Local Primitive 抽象本地原语
ALP Automated Learning Process 自动学习过程
ALPOTH Aluminium-Polyäthylen 铝-聚乙烯
Alr. Aluminiumröhre 铝管
ALR automatische Lautstärkeregelung 自动音量调节
ALR Reinstaluminium 高纯铝
ALRT Arbeitsgemeinschaft Luftfahrt- und Raumfahrttechnik 航空与航天技术协会(属德国工程师协会)
ALS Alginatseide 海藻酸长丝,藻朊酸长丝

ALS Amyotrophic lateral sclerosis 肌萎缩性脊髓侧索硬化症,运动神经元慢性进行性萎缩症,又称卢·格里克症(Lou Gehrig's disease),俗称渐冻人症
ALS antilymphocyte serum 抗淋巴细胞血清
ALS Arbeitsgemeinschaft lichttechnischer Spezialfabriken 照明技术专门工厂联合会
ALS Automated Location System 自动定位系统
ALS Automatic Laser Shut-down 激光器自动关闭
ALS Automatic Leveling System 自动车身水平系统
Al-Si Aluminium-Silizium 铝硅合金
ALSI Application Level Subscriber Identity 应用电平用户标识
ALT Adult T cell leukemia 成人T细胞白血病
ALT Algorithmic Learning Theory 算法学习理论
ALT Arbeitsgemeinschaft Luftfahrttechnik 航空技术协会
ALT Automatic Line Test 自动线路测试
Alt. die.(a. d.) Alternis diebus (alterno die) 隔日
ALT alanine aminotransferase 丙氨酸氨基转移酶(丙氨酸转氨酶)
alt. 2h. 每隔2小时一次
Alto-Stahl Aluminiumberuhigter Stahl 加铝镇静钢
Alu Aluminium 铝
ALU Arithmetic and Logic Unit 算术逻辑部件,运算逻辑单元,运算器
ALU arithmetic-logic unit/Arithmetisch logische Einheit 算术逻辑单元
ALU Rechenwerk 算术逻辑部件,算术部件
ALW Always 一直,总是
AM Abdichtungsmittel 止水剂,密封剂,填充剂
AM Abrechnungsmaschine 计算机
AM Access Module 接入模块
AM Accounting Management 账号管理,计费管理
AM Acknowledged Mode 确认模式,应答模式,层必须响应模式,确认模式数据传输
AM Address Mark 地址标记
Am Americium 镅
a. M. am Main 美因河畔
AM ammonia 氨,阿摩尼亚
Am Ammonsalpeter 硝酸铵
AM Amperemeter 安培表,电流表
A/m Ampere/Meter 安培/米
a-m ampere-minute 安(培)-分
A/m² Ampere/Quadratmeter 安培/平方米
AM Amplitudenmodulation 调幅
am. amorph 无定形的,非晶体的;无效基因
a. M. angewandte Mathematik 应用数学
AM Anmeldestelle für Fernmeldeeinrichtungen 电信设备登记处
a. m. Ante meridiem 上午,午前
AM Auslegungsmerkmale 设计标志
A. M. (Am) Auswanderungsmesser 提前修正量测定仪器;漂移(或偏移)测量仪
A/M Automatic/Manual 自动/人工
AM before noon 上午
AM Luftmasse 空气量,空气质量;气团
AMA Abgasmessanlage 废气测量装置
AMA Action Media Adapter 自动媒体适配器
AMA Automatic Message Accounting 通话自动计费,自动付费计算
amagn. amagnetisch 无磁的
AmateurFG Amateurfunkgesetz 业余无线电法
AMB Allgemeine Montagebedingungen 【前民德】总装配规范,总安装条件
amb ambulance 救护车
AMB Attenuation Match [ing] Board 衰减匹配板,衰减模板
A. m. b. H Aktiengesellschaft mit beschräenkter Haftung 股份有限责任公司
AMBW all my best wishes 带给你我所有的祝福
AMC adaptive modulation and coding 自适应调制和编码
AMC Alternate Media Center 备用媒体中心
AMC Asset management companies 资产管理公司
AMC ATM inter-Module Connector ATM 模块间连接器
AMCC Apparel Manufacturers' Council of Canada 加拿大服装厂商联合会
AMCP Advanced Multimedia Communication Protocol 高级多媒体通信协议
AMCR Adaptive Multimedia Communication Routing 自适应多媒体通信路由算法
AMD (amd) Advanced Micro Devices 超威半导体
AMD Arbeitskreis Mittlere Datentechnik 工作电路平均计算技术
AMD 通用并行计算技术
AME Advanced Modeling Extension 高级造型扩展功能
AME Atommasseneinheit 原子质量单位
AMES ATM Mobility Extension Service ATM 移动性扩展服务
AMesb Einseitenband-Amplitudenmodulation 单边带振幅调制

AMF Authentication Management Field 鉴权管理域
AMF Authentication Management Function 认证管理功能
AMF goodbye, adios my friend 再见，我的朋友
A. M. H. S. Admiralty Manual of Hydrographic Surveying 英国海军水道测量手册
AMHS Automatic Message Handling System 自动信息处理系统
AMI acute myocardial infarction 急性心肌梗死
AMI Alternate Mark Inversion 交替传号反转，双极性传号
AMI Alternately mark Interchange 传号交替变换
AMI Alternate Mark Inversion code 交替传号反转码
AMI Application Management Interface 应用管理接口
AMI 美国海军事务分析公司
A-min ampere-minute 安(培)-分
Amin Arbeiterminute 工分
AMIS Audio Message Interactive Specification 声讯交互规范
AMK Arbeitsmittelkarte 操作方法卡
AML Active Mode Lock 活动模锁定
AML acute myelogenous leukemia 急性髓细胞性白血病
AML anisotroper Magnetowiderstand 各向异性磁阻
AML/AMS amylase 淀粉酶
amm amalgam 汞齐，汞合金
Amm. Ammoniak 氨，阿摩尼亚
AMMA Acrylnitril-Methylmethacrylat-Copolymere 丙烯酸-甲基丙烯酸甲酯共聚物
AMME Automatic Multi-Media Exchange 自动多媒体交换
AMMOL acute myelo monoblastic leukemia 急性骨髓单核细胞性白血病
Ammon Strp Ammonstreifenpulver 硝酸铵条状发射火药
AMMRA Arbeitsgemeinschaft mittelständiger Mineralölraffinerien 【慕尼黑】中等石油炼油厂协会
AMO Automatic Maintenance Operation 自动维护运行(操作)
AMOL acute monoblastic leukemia 急性单核细胞性白血病
AMP Address Management Protocol 地址管理协议
AMP Adenosinmonophosphat 腺甙一磷酸盐
AMP adenosine monophosphate 一磷酸腺苷
AMP American melting point/amerikanischer Schmelzpunkt 美洲熔点
Amp Ampere 安培
Amp. ampoule/Ampulle 安瓶(瓿)
AMP Ausschuss für motorische Prüfung 发动机试验委员会
AMPE Automated Message Processing Exchange 自动信息处理交换
AMPK 关键能量传感器；一种在细胞能量降低时就会被激活的基因
AMPS acid mucopolysaccharide 酸性粘多糖
AMPS advanced mobile phone service 先进移动电话服务
AMPS advanced mobile phone system 高级移动电话系统
AMPS-D Advanced Mobile Phone System-Digital 【美】数字式高级移动电话系统
Amp. St. Amperestunde 安培小时
AMQ Analogue Multiplexer Quantizer 模拟复用(器)量化器
AMR Adaptive Multi Rate 自适应多速率
AMR Adaptive Multiple Rate 自适应多速率
AMR Automatic Meter Reading 自动抄表
AMRC Adaptive Multirate Codec 自适应多码率编译码器
AMR-WB AMR Wide Band 自适应多速率宽带
AMS acute mountain sickness 急性高山病
AMS Adaptive Modulation System 自适应调制系统
AMS American Meteorological Society 美国气象学会
AMS Anlassstufenschalter 起动步进开关
AMS Application Management Specification 应用管理规范
AMS atypical measles syndrome 非典型麻疹综合征
AM1Sb Einseitenband Amplitudenmodulation 单边带振幅调制
AMSIA Audio-Visual Multimedia Service Implementation Agreement 音像多媒体业务执行协议
Am-Sup Ammoniumsuperphosphat 过磷酸铵
AMT Address Mapping Table 地址映射表
AMT advanced manufacturing technology 先进制造技术
amtl. amtlich 官方的
AMTS Advanced Mobile Telephone System 高级移动电话系统
AmtsG Amtsgericht 初级法院，地方法院
Amu atomare Masseeinheit (1amu = 1.659750×10^{-27}kg) 原子质量单位

AMV assistierte Beatmung 辅助通气
AMV Atemminutenvolumen 每分钟换气量
AM-VSB Amplitude Modulation Vestigial Side-Band 残留边带振幅调制
AMW Auslandsmischwähler 国际长途混合选择器
Amzsb Zweiseitenband-Amplitudenmodulation 双边带振幅调制
AN Access Network 接入网,用户网,本地网,存取网络
AN Access Node 接入节点,入口节点
AN Active Network 有源网络
AN Active Node 有源节点/现用网点
An Afinium 金属鈌元素
An Aktion 行动;动作;作用;主动;作用量;反应
AN Alignment Network 校正网络
AN Ammonsalpeter 硝酸铵
a. N am Neckar 内卡河边
AN Analgesic nephropathy 肾痛觉缺失病
An. Analyse 分析,解析
An Anisol 茴香醚;苯甲醚;甲氧基苯
An. Anmerkung 解释,说明
an. anormal/anomal 反常的,异常的
an. anorganisch 无机的
AN Anpassungsnetzwerk 匹配网络
An Anpeilung 探向,定向
AN Arbeitsnorm 劳动定额
AN astronomisches Nivellement (测量)天文水准
An Audion 三极检波管,三极管,再生栅极检波器
An normale Atmosphäre 标准大气压
ANA antinucleus antibody 抗核抗体
ANA Assign Network Address 分配网络地址
ANA Atomic Navigation Apparatus 原子钟钟控导航仪
ANA Automatic Number Analysis 自动号码分析
ANA. Anesthesia 麻木,麻醉
A. Nachr. Astronomische Nachrichten 天文学新闻
ANACOM analog Computer 模拟计算机
ANAE α-naphthol acetate esterase α-醋酸萘酚酯酶
Anal analgesic 镇痛药
anal. analog 类似的,同类的,模拟的
Anal. Analogie 类似物,模拟
Anal. Analyse 分析,解析
Anal. analytisch 分析的;分解的
ANAS ATM Network Access Subsystem ATM网接入子系统
Anat. Anatomie 解剖学,人体结构
ANATEL Agency National de Telecommunications 国家电信管理局
ANC Active Noise Control 有效噪声控制
ANC Adaptive Noise Cancellation 自适应噪声消除
ANC All Number Calling 全号码呼叫
ANC Ammoniumnitrat-C 硝酸铵和炭粉制成的混合炸药
ANC Answer Charging 应答计费
ANC Answer signal, Charge 应答信号,计费
ANCC Access Network Control Center 接入网控制中心
ANC-Sprengstoff Ammoniumnitrat-Kohlenstoff-Sprengstoff 硝酸铵-碳-混合炸药
and. andauernd 持久的,连续的
Änd. Änderung 变化,改变,修改
AND any day now 任何时候,随时
AND Automatic Network Dialing 自动网络拨号
Änd. G Änderungsgesetz 修正法,修正案
AndR (A. n. d. R.) Abfuss nach der Regelung 调节后流出(排出)
Änd. V. Änderung von Vorschriften 规范改变,指令改变
ANE Anzeige 指示
ANF Anforderung 请求,要求
ANF Anforderung Teilkanal 分通道请求
Anf. -Bil. Anfangsbilanz 起始平衡,初始平衡
AnfGeschw Anfangsgeschwindigkeit 初速
AN/FO Ammonium Nitrate/Fuel Oil 由硝酸铵和液体燃料制备的最简单的炸药
Anfr. Anfrage 询问
Ang. Angabe 说明,陈述;数据
ang. angular 角度的
Angeb. Angebot 供应;供应(商品)量
angem. angemessen 测量的;合适的
anger. angerissen 有裂痕的,微裂的
anger. angerostet 生锈的,锈蚀的
angeschl. angeschlossen 闭锁的,封入的;接通的
angesch. angeschrieben 记录的,记载的
angeschw. angeschweißt 焊接的,熔接的
angeschw. angeschwemmt 冲积的,堆积的
angew. angewandt 应用的,运用的
Angew. Bot. Angewandter Botanik 应用植物学(德刊)
Angew. Chem. Angewandter Chemie 应用化学(德刊)
Angl. Angleich, Angleichung 同化,类似化
Angl. Angliederung 合并,附属,归属
Angr. Z. Angriffsziel 攻击目标,进攻目标

angw. angewandt 应用的
Anh. Anhalt 车站；支持点，根据
Anh. Anhalter 把手，障碍物，调节器
Anh Anhang 附录，附则，附件
anh. anhängend 附属的，悬挂的
Anh. Anhänger 拖车，挂车
Anh. anhydride 酐
anh. (**anhydr.**) anhydrisch 无水的；失水的；干的
Anh. F. Eg. Anhänger für Entgiftung 消毒挂车
ANI Advanced Network Integration 高级网络集成（综合）
ANI Automatic Number Identification 自动号码识别
ANID Access Network Identifiers 接入网标识
Ank. Anker 电枢，簧片
Ank. Ankunft 到达
Ank VSt Ankunftsvermittlungsstelle 终端电话终局
Anl Anlage 设备，装置；附件
Anl. Anlasser 起动装置，起动变阻器
Anl Anlauf 起动，开动；加速
ANL Anlaufschritt 启动步
anl. anlegen 敷设，设立，加上，装上
Anl. Anleitung 前言，引言；说明书；指示
anl. anliefern 供给，交货，运输
ANL Argonne National Laboratory 【美】阿贡国立实验室
ANLE Adaptive Non-Linear Enhancer 自适应非线性增强器
Anlk (**Anl. -K.**) Anlagekosten 设备费
Anl. z. Gebr. Anleitung zum Gebrauch 使用说明；勤务指南
Anm Anmelder 申请人，呈报人
Anm. Anmerkung 注释，说明
ANM Announcement Machine 通知机，录音通知机
ANM Answer (ed) Message 应答消息
ANMP Account Network Management Program 账目网络管理程序
ANMS AN Management System 接入网管理系统
Ann Annahme 接受，采纳
Ann. Annalen 年报，年鉴
ann. annealed 退火的
ANN Answer No Charging (charge) 应答免费
ANN Answer Signal, No charge 应答信号，不计费
ANN Artificial Neural Network 人工神经网络
ANNA Army, Navy, NASA, Air Force 安娜美国测地卫星
Ann. Hydr. Annalen der Hydraulik 水力学年刊
Ann. Meteor. Annalen der Meteorologie 气象学年刊
AnO Anordnung 整顿，配置，编制，调整
anod. anodize 阳极（氧）化（电镀，处理）
AN-Öl-gemisch Ammonnitrat-Dieselöl-Gemisch 硝酸铵-柴油-混合炸药
anorg. anorganisch 无机的，无生命的
anorg. Chem. anorganische Chemie 无机化学
A-Norm Materialverbrauchsnorm 材料消耗定额
ANOVA analysis of variance/Analyse von Varianzverfahren 方差分析（法）
Anp. Anpassung 适应，适合；配合
ANP atrial natriuretic peptide 心房利钠肽，心钠素
anp. -f. anpassungsfähig 能适应的
ANPP Aircraft Nuclear Propulsion Project 核推进飞机设计
an. pt aniline point/Anilinpunkt 苯胺点
ANRZ Alternating Non-Return-to-Zero 交替不归零制
ANS Access Network System 接入网系统
ANS Advance Networks and Services 高级网络和服务
ANS aktives Geräuschreduzierungssystem 主动降噪系统
ANS American National Standard 美国国家标准
Ans. Ansage 广播节目预告
Ans. Ansicht 视图
Ans. Ansiegelung 盖印，火漆加封加印
ANS Area Networking System 区域网络系统
ANSA Advanced Network System Architecture 高级网络系统体系结构
ansch anschießen 试射，射中，击伤
Ansch Patr Anschießpatrone 试射弹药
anschl. Anschließend 紧接着
Anschl. Anschluss 联系，接通
ANSI American National Standard for Information System 美国信息系统国家标准
ANSI American National Standards Institute 美国国家标准研究所（原名美国标准协会）
ANSM Access Network System Management 接入网系统管理
AN-SMF Access Network System Management Function 接入网系统管理功能
AN-SMF AN system management function 接入网系统管理功能
anspr. anspringen 转动，跳动
Anspr. Anspruch, Ansprüche 要求
ANSS Access Network Support System 接入网

支持系统

Anst Anstalt 专门机构(例如:教育机构,疗养机构)

anst. anstellen 安装,调整,启动

anst. ansteuern 操舵

Anst. anstich 戳孔

ANSYS FEM-Programming der Fa. ANSYS Inc. 美国 ANSYS 公司的有限元程序

AnT Anlasstaste 起动按钮

Ant Anteil 部分,组分,成分

Ant. Antenne 天线

Ant. Antiklinale 背斜(层)

ANT Ausschuss Normungstechnik 标准技术委员会(属德国标准化委员会)

ANTC Advanced Network Test Center 高级网络测试中心

Anthr. Anthrazen 蒽;并三苯

Anthr. Anthrazit 无烟煤

Anthrop. Anthropologie 人类学

Anti-HBc antibody to hepatitis B core antigen 乙型肝炎核心抗原的抗体

Anti-HBe antibody to hepatitis B e antigen 乙型肝炎 e 抗原的抗体

Anti-HBs antibody to hepatitis B surface antigen 乙型肝炎表面抗原的抗体

antr. antreiben 驱动,传动,开动

Antr. Antrieb 驱动,开动,传动,推进;传动装置

Ants. Anstich 戳孔

AntV Automatenversicherung 自动装置保险

Antw. Antwort 答复

ANU Access Network Unit 接入网络单元,接入控制点

ANU Answer signal, unqualified 应答信号,计费未说明

ANU Australian National University 国立澳大利亚大学

ANUG acute necrotizing ulcerative gingivitis 急性坏死性溃疡性齿龈炎

AnV Anlassventil 起动阀门

AnV. Druckluftanlassventil 压缩空气起动阀

Anw Anweisung 指示,规定,规程;说明,说明书;语句

Anw Postanweisung 邮政汇兑

AnwAbk. Postanweisungsabkommen 邮汇协定

Anwes. Anwesenheit 在场,出席

ANWO Abbrand nachwärrmofen 再加热炉烧损

Anw.-Techn Anwendungstechnik (er) 应用技术(人员)

Anz Anzahl 数目

Anz. Anzeige 通知,广告;指示,指示器

Anz. Anzeiger 学报;指针;指示器;通知者

ANZ-29 Anzünder 29 摩擦式点火具(引燃器)

AO Abgabenordnung 纳税条例,捐税法

AO Acousto-Optic 声光的

A.ö Altöl 旧油,用过的油

AO Always On 始终接通,一直在线,一直在上面

AO amplifier output 放大器输出

AO Anordnung 布置;装置;程序;指令;处理;支配

AO Arbeitsordnung 操作规则,工作程序,现行规程,工作规章

AO Artillerieoffizier 炮兵军官;炮兵指挥员

AO Associated Object 相关目标

A ö Auslass öffnet (内燃机)排气开始

A. ö. Auslassventil öffnet 排气门打开

a. o. außerordentlich 特殊的;临时的,非常的

AOA Angle of Arrival 到达角度

AOC ADSL Overhead Control Channel ADSL 架空控制信道

AoC Advice of Charging [charge] 付款通知书

AOC All-Optical Communication 全光通信

AOC Automated Output Control 自动输出控制

AOC Automated Overload Control 自动过载控制

AoCc Advice of Charge for charging 充电交费通知

AoCC Advice of Charge, Charging Level 计费通知,按充电电平通知交费

AoCI Advice of Charge Information 信息计费通知

AOD Active Optical Device 有源光器件

AOD argon-oxygen-decarburization 氩氧脱碳法

AOD Audio On Demand 音频点播,按需点播音频

AOF Active Optical Fiber 有源光纤

AOFC Aerial Optical Fiber Cable 架空光纤电缆

Aohell America Online Hell 美国在线地狱

AOK Allgemeine Ortskrankenkasse 大众疾病保险储金管理处,综合医疗保险公司

AOK Armeeoberkommando 陆军总司令部

AOL America Online 美国在线(公司)

AOM Acousto-Optic Modulator 声光调制器

AOM Automatic Operation Monitor 自动操作监控器

AON Active Optical Networks 有源光网络

AON All Optical Network 全光网络

AOPP Acute organic phosphorus pesticide poisoning 急性有机磷农药中毒

ao. Prof. (**a. o. Prof.**) außerordentlicher Profes-

sor 杰出教授
AOS Acousto-Optic Switch 声光开关
AOS Acquisition Of Signal 信号捕获
AOS Addressable Optical Storage 可设定地址的光存储器
AOS Advanced Operating System 高级操作系统
AOS Always On Server 始终接通服务器
AOTA All-Optical Towed Array 全光牵引阵列
AOTF Acoustic-Optic Tunable Filter 声光可调滤波器
AOWC All-Optical Wavelength Converter 全光波长转换器
AOX adsorbierbares organisch gebundenes Halogen 可吸附有机卤素
AP accelerator pedal 油门踏板
AP Access Point 接入点
AP Access preamble 接入前导
AP Access Priority 访问优先权
AP Access Protocol 访问协议
A/p. account of 记入……账户
AP Acute pancreatitis 急性胰腺炎
AP Adapter 适配器,衔接器,附加器,适配卡,网络适配卡,网卡
AP. additional premium 附加保险
AP after pouring 补浇法
Ap Alpakawolle 阿尔帕卡毛,羊驼毛
AP alternate pathway 旁路途径(补体活化)
A. P. Amerikanisches Patent 美国专利
AP Ammoniumperchlorat 高氯酸铵
AP Ammonpulver 铵炸药
AP Amsterdamer Pegel 阿姆斯特丹海平面测量仪,阿姆斯特丹水平仪
AP Analysis Point 分析点
AP angina pectoris 心绞痛
A. P. Anhaltspunkt 控制点,基点;支点
AP Anilinpunkt 苯胺点;阿尼林点
AP Anlasspumpe 启动泵
AP Anschweißplatte 焊接板
a. p. ante parndium 午饭前
α2-AP α2-antiplasmin α2-抗纤溶酶
AP Applikationsprotokoll/application protocol 应用协议
AP Arbeitsplanung 制定工作计划
AP Arbeitsproduktivität 劳动生产率
AP Arbeitsprogramm 工作程序
AP Armour-Piercing 穿甲弹
A. P. Artilleriepunkt 炮兵方位物,基准点,试射点
AP Asbestpappe 石棉板
AP Äthylen-Propylen 乙烯-丙烯
AP Äthylen-Propylen-Kautschuk 乙烯-丙烯橡胶
A. P. Aufnahmepunkt 航空摄影测量站
a. P. auf Probe 试验
A. P. Auftreffpunkt 会合点;命中点,弹着点
AP Aufweitepresse 扩口压力机,扩径压力机
a. p. außerplanmäßig 计划外的
AP Aussichtspunkt 制高点
A. P. Austrittspupille 出射光瞳
AP automatic Programming 程序自动化,自动程序设计
APB All-Path-Busy 通路全忙
APB ATM Process Board ATM 处理板
APB atrial premature beat 房性早搏
APC actived protein C 活化蛋白 C
APC acute pharyngoconjunctival fever 急性咽结膜热
APC Adaptive Power Control 自适应功率控制
APC Adaptive Predictive Coder 自适应预测编码器
APC Adaptive Predictive Coding 自适应预测编码
APC Amplitude Phase Conversion 幅度相位变换
APC Angle Plane Connection 斜角平面连接
APC antigen-presenting cell 抗原呈递细胞
APC Armour-Piercing Capped 带风帽的穿甲弹,被帽穿甲弹
APC aspirin, phenacetin and caffeine 复方阿司匹林
APC automatic pallet changer 自动托盘交换装置
APC Automatic Phase Compensation 自动相位补偿
APC Automatic Phase Control/automatische Phasenregelung 自动相位控制
APC Automatic Picture Control 自动图像控制,自动图像清晰度控制
APC Automatic Polarization Control 自动偏振控制
APC automatic power control 自动功率控制
APC Automatic Program Control 自动程序控制
APC Avalanche Photodiode Coupler 雪崩光电二极管耦合器
APC-AB APC with adaptive bit allocation 具有可适应比特分配的自适应预测编码
APCC Armour-piercing carbide core 带碳化物弹心的穿甲弹,高速硬心穿甲弹
APCM Adaptive Pulse Code Modulation 自适应脉码调制
APCN Asia-Pacific Cable Network 亚太电缆网络

APCO Association of Public Safety Communication Officials international 国际公共安全通信官员协会

APCS Advanced Personal Communication System 高级个人通信系统

APD AC Power Distribution Module 交流配电模块

APD Amplitude Probability Distribution 幅度概率分布

APD Avalanche Photo Detector 雪崩光电检测器

APD Avalanche Photo Diode 雪崩光电二级管

APDS Armour-Piercing Discarding Sabot 脱壳穿甲弹

APDU Application Protocol Data Unit 应用协议数据单元

APE Adaptive predictive Encoding 自适应预测编码

APE Animation Production Environment 动画制造环境

APE Application Protocol Entity 应用协议实体

APEC Asian and Pacific Economic Cooperative 亚太经合组织(会议)

Apec Asiatisch-Pazifische Wirtschaftgemeinschaft 亚洲—太平洋经济共同体

APF Allpassfilter 全通滤波器

APFD Aggregate Power Flux Density 总功率流密度

APGW Access Point Gateway 接入点网关

APHA American Public Health Association 美国公共卫生协会

API Accurate Position Indicator 精确位置指示器

API air pollution index 空气污染指数

API American Petroleum Institute 美国石油学会

API Application Process Invocation 应用程序请求

API Application Programming Interface 应用编程接口/应用程序接口

APII Asia Pacific Information Infrastructure 亚太信息基础设施

APK Additionspolymerisation als Kettenreaktion 连锁加成聚合反应

APK Amplitude and Phase Keying 振幅与相位键控

APK amplitude phase keying 幅相键控

APK Äthylen-Propylen-Kautschuk 乙烯-丙烯橡胶

APL a programming language 程序设计语言,即 Iverson 语言

apl. außerplanmäßig 计划外的;附加于计划的

A. Pl. Ausweichplatz 备用机场;避让站

APL Automatic Phase Lock 自动锁相,自动相位同步

APL Average Picture Level 平均图像电平

Apl Panzersprengbrandgranaten 穿甲燃烧弹

APM Amplitude-Phase modulation 振幅-相位调制

APMT Asia Pacific satellite Mobile Telecommunication 亚太卫星移动通信系统

APN Access Point Name 接入点名称

APNA-CC Asian Pacific Networking Group-Chinese Characters 亚太地区网络-中文分组

APO Allgemeine Prüfungsordnung 一般测试规则,一般检验规则

APO Außerparlamentarische Opposition 议会外的反对派

APO Tris-(1-aziridinyl)-phosphinoxid 三-(1-氮丙啶基)-膦化氧(阻燃剂)

Apob airplane Observation 美国气象台站飞机观测

APOF All Plastic Optical Fiber 全塑光纤

APON ATM Passive Optical Network ATM 无源光网络,异步传输模式无源光网络

A-PON Passive Optical Network Based on ATM 基 ATM 的无源光网络

APP Accelerated Parallel Processing AMD 加速并行处理技术

APP acute-phase protein 急性期蛋白

App apparat 仪器,器械,器具,装置

App. Apparatur 设备,仪器,器械

App. Appendix 附录,附属物

APP (app) Application, application 申请,要求;索取,函索

APP approach 靠近,接近,相似

APP Armor Piercing Proof 穿甲试验

APPC Advanced Peer-to-Peer Communications 高级点对点通信,高级对等通信

Appl. Applikation 使用,应用

APPN Advanced Peer-to-Peer Networking 高级对等网络

Appr (approx.) approximately 大约

APPR Army Package Power Reactor 陆军小型动力反应堆

Approx. Approximation 近似(值)

APR Airborne Profile Recorder 空中断面记录仪

Apr. April 四月

APr Asbestpapier 石棉纸

APR Automatic Position Reporting 自动位置报告

APR Automatic Power Reduction 自动功率减

小

APR Automatic Programming and Recording 自动程序设计与记录

APRT adenine phosphoribosyltransferase 腺嘌呤磷酸核糖转移酶(嘌呤回收途径)

APRV Airway Pressure Release Ventilation 气道泄压排放

APS Additionspolymerisation als Stufenreaktion 逐步加成聚合

APS Addressed Packet System 编址的分组系统

APS Advanced Photo System 高级摄像系统

APS advanced planning system 先进计划系统

APS Air-Pump-System 气泵系统

APS Application Program System 应用程序系统

APS Automatic Phase Shifter 自动移相器

APS automatic pilot system 自动导航系统

APS Automatic Protection Switching test 自动保护切换测试

APS Automatic Protection Switching 自动保护开关,自动保护转换

APS automatisierte Produktionssteuerung 生产自动控制

APS Auto-Pilot-System 汽车自动巡导航系统

APS Auxiliary Power Source 辅助电源

APS das allgemeine Zollpräferenzsystem 关税普惠制

APS 自动导航系统

APSD Automatic Power Shut Down 自动电源关断

APSK Absolute Phase Shift Keying 绝对相移键控

APT Asia-Pacific Telecommunity 亚(洲)太(平洋)电讯组织

ÄPT Äthylen-Propylen-Terpolymer 乙烯-丙烯三元共聚体;三元乙丙橡胶

ÄPT Äthylen-Propylen-Terpolymerisat-Kautschuk 乙烯-丙烯三聚物橡胶,三元乙丙橡胶

APT automatic picture transmission/automatische Bildübertragung 自动图像传输,自动传真发送

APT Automatic Programming for Tools 机床自动程序设计

APT automatic programming tool/automatically programmed tools 自动编程工具,自动程序设计工具

APTK Äthylen-Propylen-Terpolymer-Kautschuk 乙烯-丙烯三聚物橡胶

APTS Automatic Picture Transmission System 自动图像传输系统

APTT activated partial thromboplastin time 活化部分凝血活酶时间

APU Audio Processing Unit 音频处理单元

APU Automatic Program Unit 自动程序控制单元

APUD amine precursor uptake and decarboxylation 胺前体摄取和脱羧作用

APWS Automation Placement Wiring Subsystem 自动化布局布线子系统

AQ Adaptive Quantization 自适应量化

AQ adversity quotient 逆境商数,面对逆境的抗衡能力

aq aqua 【拉】水

äq. äquatorial 赤道的

Äq Äquivalent 当量,等值,等效

äq äquivalent 相当的,等值的,等效的

Äq Äquivalenz 当量,等值,等效

Aq. bull Aqua bulliens 开水,沸水

Aq. cal. Aqua calida 热水

Aq. com Aqua communis 普通水

Aq. dest. Aqua destillata 蒸馏水

Aq. ferv. Aqua fervens 热水

Aq. font. Aqua Fontana 泉水

AQI Air Quality Index 空气质量指数

AQL annehmbare Qualitätsgrenzlage 可接收的质量等级

Aq. steril. Aqua sterilisata 无菌水

Äquipot Äquivalentpotentialtemperatur 等效的潜在温度

äquiv. äquivalent 相当的,等值的,等效的

Äquiv. Äquivalent, Äquivalenz 当量(性),等值(性),等效(性)

Ar Abraum 垃圾;废物;表层;剥离物;废石;剥离工作;净化室;净化空间

AR Abstimmanzeigeröhre 调谐指示管

AR Access Rate 接入速率

AR acrylic rubber 丙烯酸酯橡胶

AR (ADR) Addresse-Register 地址寄存器

AR Agent Request 代理请求

AR akkumulatives Register 累加寄存器

Ar Aktionsradius 活动半径,作用半径,行动半径

A/R. all risks 全险

AR (ALRT) Alternative Routing 迂回路由选择

a/R am Rhein 莱茵河畔

AR Analogrechner 模拟计算机

A. R analytical reagent 分析试剂

AR Anreizrelais 控制继电器,励磁继电器

AR Anzeigeröhre 指示管;电眼管

AR aortic regurgitation 主动脉瓣反流

AR Arbeitsausschuss Rohrverschraubungen 螺纹管接头工作委员会

ar Arbeits-Ruhekontakt 闭路和断路触头组,工

作静止接点
Ar Arcatomschweißen 原子弧焊接
AR Ardein 花生蛋白,花生朊
AR Ardeinfaser Erdnußeiweißfaser 花生朊纤维,花生蛋白纤维
Ar Argon 惰气氩
ar. aromatisch 芳香族的
AR Artificial Reality 人工现实
Ar Aryl 芳基
a. R. außer Reichweite 有效距离之外的,续航距离之外的
AR automatische Regelung 自动调节
AR automatischer Regulator 自动调节器
AR Automobil Revue 汽车周报
AR autosome recessive 常染色体隐性遗传
AR Rektaszension 赤经
AR Rohrableiter 放电管;管形避雷器
ARA Antwerp, Rotterdam, Amsterdam 是安特卫普/鹿特丹/阿姆斯特丹的简称,是国际性石油现货交易市场,又是世界最大的炼油中心所在地。
ARA Average Response Amplitude 平均响应幅度
ARA-A adenine arabinoside 阿糖腺苷(抗病毒药)
Ar. Ge (ARGE) Arbeitsgemeinschaft 联合会,协会,工作小组;招标联营
ARAMCO Arabian American Oil Company 阿(拉伯)美石油公司
ARAS ascending reticular activation system 上行网状激活系统
ARB All Routes Busy 路由全忙
Arb Verordnung zum Schutze der Arbeitskraft 劳动力保护条例
Arb. Anw. Arbeitsanweisung 工作说明;工作指示
ARBD Allgemeiner Radiobund Deutschlands 德国普通无线电协会
ArbEG Arbeitsnehmererfindungsgesetz 雇员发明法
Arbeitsbr. Arbeitsbreite 工作幅宽
Arbeitssch. Arbeitsschutz 劳动保护
Arbeitsstd. Arbeitsstunde 工时
Arbf. Arbeitsführung 施工
ARBG Arbeitsgang 工序
ArbG Arbeitsgericht 劳动法院
Arb. -Gr. Arbeitsgröße 工作量
Arbit Arbeitsgemeinschaft der Bitumenindustrie 德国汉堡沥青工业协会
ArbUSt Arbeitsuntersuchungsstelle 工作试验处
Arb. Vo Verordnung zum Schutze der Arbeitskraft 劳动力保护条例
ArbZ Arbeitszeit 工作时间
ArbZO Arbeitszeitordnung 工作时间制度
ArbZVO Arbeitszeitverordnung 工作时间规则
ARC Administrative Radio Conference 无线电管理会议
ARC AIDS-related complex 艾滋病情结,艾滋病综合症
ARC Alternative Route Cancel 消除迂回路由
Arc arcus/Arkus 弓,弧,弧线
ARC Augmentation Research Center 扩大研究中心
ARC Automatic Remote Control 自动遥控
arcos (arc cos) Arkuskosinus 反余弦
arccot (arc cot) Arkuskotangens 反余切
Arch. Architekt 建筑师
Arch. Architektur 建筑学,建筑物
Arch. Archiv 文集;文献收集;档案,案卷;档案馆
Archäol. Archäologie 考古学
Arch. E. Archiv für Elektrotechnik 电工技术文献(杂志),电工论文集
Arch. Pharm. Archiv der Pharmazie 药物文献(德刊)
ARCNet Attached Resource Computer Network 附加资源计算机网络
ARD acute respiratory disease 急性呼吸道病
ARD Arbeitsgemeinschaft der öffentlich-rechtlichen Rundfunkanstalten der Bundesrepublik Deutschland 德国合法的无线电广播电台协会
A. R. D. -extractor asymmetric rotating disk extractor/asymmetrischer Drehscheibenextraktor 不对称转盘抽提塔(器)
ARDS acute respiratory distress syndrome 急性呼吸窘迫综合症
ARDT Automatic Remote Data Terminal 自动远端数据终端
ARF Access link Relay Function 接入链路转接功能
ARF Access to the Resources Function 资源访问功能
ARF acute renal failure 急性肾功能衰竭
ARF acute rheumatic fever 急性风湿热
ARF Alternative Routing From 迂回来路选择
ARFCN Absolute Radio Frequency Channel Number 绝对射频信道号,纯粹无线频道编号
ARFCN absolute RF channel number 绝对射频信道号,纯粹无线频道编号
ARFF Allrichtungsfunkfeuer 全向无线电导航
ARFOR 航空区域预报
ARFOR AMD 航空区域订正预报
ARG Allgemeine Rohrleitung Aktiengesellschaft 通用管道(股份)公司

ARG Amerikanische Rundfunkgesellschaft 美国广播公司
ARG Applied Research Group 应用研究小组
Arg Arginin 精氨酸;胍基戊氨酸;2-氨基-5-胍基戊酸
Arg arginine 精氨酸
Arge Arbeitsgemeinschaft 研究小组,工作组;协会,联合会
ARGEOS Arbeitsgemeinschaft der Geodäsie-Studenten in der BRD 德国大地测量学生协会
ARGM autoradiogram 自动射线照相,自动放射造影照片
ARGSS Advanced Rapid Geodetic Survey System 先进的快速大地测量系统
ARGUS 超高清晰度监视系统,又称百眼巨人
a. Rh. am Rhein 莱茵河畔
Arh Anreizhilfsrelais 励磁辅助继电器,激发继电器
ARI Access Rights Identity 存取权识别
Ari Artillerie 炮兵;火炮,炮学
ARI Assist Request Instruction 辅助请求指令
ARI Autofahrer-Rundfunk-Information 汽车驾驶员无线电信息系统
ARIB Association of Radio Industry Businesses 无线行业企业协会
ARIS Architektur Integrideter Informationssysteme der Fa. IDS Prof. Scheer GmbH 希尔教授有限责任公司 IDS 分公司开发的集成信息系统体系结构
Aristo Aristo Giaphic Systeme GmbH & Co. KG Hamburg 德国汉堡阿里斯托制图系统两合公司
Arith. Arithmetik 算术
ARJ Admission Reject 接入拒绝
Ar. K (Ar/K) Abraum/Kohle 剥离岩石量和煤产量之比,采剥比
ARK Amateur-Radio-Klub 业余无线电俱乐部
Ark. Arktikmunition 北极地区用弹药
ARL Acceptable Reliability Level 可接受的可靠性水平
ARL Aeronautical Research Laboratory 宇航研究实验室
ARL Die Akademie für Raumforschung und Landesplanung 空间研究与土地规划研究院
ARM Spontanbetrieb DIN ISO 3309 自动运行模式
ARM Anreizmelder 激励警报器,激励信号器,激励探测器
ARM application reference model 应用参考模型
ARM Application Resource Manager 应用资源管理器
Arm. Armatur 装备,附件,电枢
Arm. Armierung 装备,钢筋,电枢
ARM ARM processor ARM 处理器
ARM Asynchronous Response Mode 异步响应模式
ARMIN 安全气袋带综合紧急传呼系统
arom. aromatisch 芳香的,芳(香)族的
arom. aromatisieren, aromatisiert 芳构化的,芳香化的,加香料的
ARP Address Resolution Protocol 地址分辨协议
ARP 亚洲零售合伙人公司
ARPA Advanced Research Projects Agency 美国国防部高级研究计划署
ARPANET Advanced Research Project Agency Network 【美】国防部高级研究计划署网络
ARPANET ARPA Network 美国国防部高级研究计划署网络
ARPG act rule play game 动作角色扮演类游戏
ARPO 航空区域预报
ARPS Advanced Real-Time Processing System 高级实时处理系统
ARQ Admission Request 接入请求
ARQ Automatic Repeat Request 自动重发请求;自动要求重发
ARQ Automatic Request for Retransmission 自动请求重发
ARQ error detecting and feedback system 误差监测及反馈系统
ARR Automatic Rerouting 自动重选路由
Arr. Arrangement 排列,配置
ARS Address Resolution Server 地址解析服务器
ARS Anrufrelaissatz 呼唤继电器组,呼叫继电器组
Ars Arsenal 兵工厂,军火库
ARS Arsenik 砷
ARS Automatic Route Selection 自动路由选择
ARS automatischer Regalstapler 自动升降叉车
ARS Automatisches Regelsystem 自动控制系统
ARS Auto Rate Selection 自动速率选择
ARS Auto Response System 自动响应系统
arsin Areasinus 反双曲线正弦
Arsol aromatisches Solvens 芳香族溶剂
ARSpL Automatische Regelung der Spannung des Lichtbogens 电弧电压自动调节
ARStrS Automatische Regelung des Speisestroms 电源电流的自动调节
ART AASHO-Road-Test 美国公路工作者协会道路试验标准
ART Alarm Reporting Telephone 报警电话

ART Alternative Routing To 迂回去路选择
Art. Artikel 项目;制品,物品;文章;冠词
Art. Artillerie 炮兵;火炮
ART Average Restoration Time 平均恢复时间
Art. Ars. Artilleriearsenal 兵工厂,军械库
Artan Areatangens 反双曲线正切
Artl-Geschoss Artilleriegeschoss 炮弹
Art. S. Artillerieschule 炮兵学校
ArtSchPl Artillerieschießplatz 炮兵射击场
ARV AIDS-related virus AIDS相关病毒
A. S. Abfeuerschütz 发射继电器
As Abraumschnitt 覆盖层断面,剥离层断面
AS Abschluss-Schaltung 终端电路(反应堆保护系统)
AS Absent-Subscriber 缺席用户
As Absetzer 多斗式排土挖掘机,履带式排土机,沉淀池,沉淀器
AS Absperrschieber 气门;闸门;关断闸阀;滑动闸板阀
AS Abzweigstück 支管,弯管,分支;退刀;分接头
AS Access Signaling 存取信令,接入信令
AS Access Stratum 接入层
A/s. account sales 售货清单
AS Ackerschlepper 农业拖拉机,耕作拖拉机
AS Ackerschlepperreifen 农用拖拉机轮胎
A/S (ACT/STBY) Active/Standby 主用/备用,主/备
AS Active State 活动状态,激活状态,主动状态
AS Activity Scanning 活动扫描
AS Agent Solicitation 代理请求
AS Alarm Surveillance 报警监视
A-S Altostratus 高层云
AS American Standard 美国标准
AS Ammonsalpetersprengstoff 硝铵炸药
AS Amperesekunde 安培秒
AS Amperestunde 安培小时
AS Änderungsstand 更改状态
AS Anflugführungssender 导航无线电台,归航无线电台
AS ankylosing spondylitis 强直性脊柱炎
AS Anrufsucher 呼叫选择器;寻线机
As Anschluss 接线,接通
AS antenna system 天线系统
AS Anti-Schleuder-Bremssystem 防滑制动系统
AS Anti-Spoofing 反电子欺骗
AS Antriebsseite 原动侧,驱动侧
AS aortic stenosis 主动脉瓣狭窄
AS Arbeitsschutz 劳动保护
AS Arbeitssicherheit 劳动安全
AS Arias-Stella reaction A-S 反应,阿-斯反应
As Arsen 砷
As Arsenal 兵工厂
A. S. Artillerieschule 炮兵学校
As Asbest 石棉
AS Aspe 山杨
AS Assured Service 确保服务
as. asymmetrisch 非对称的
AS atherosclerosis 动脉粥样硬化
AS Aufbauschraube 装配螺栓
AS Ausgangssprache 出发语,起始语;原文语言
AS Auslass schließt (内燃机)排气结束
A. s. Auslassventil schließt 排气门关闭
AS Ausschalter 断路器,断路开关
AS Außenstation 露天车站;外面车站
AS Australian Standard 澳大利亚国家标准
AS Authentication Server 认证服务器
AS Auto System 自动系统
AS Autonomous System 自治制
As Azetzlenschweißen 乙炔焊
As Schwenkabsetzer 回转式推土机
AS 牵引传感器
ASA acetylsalicylic acid 乙酰水杨酸,阿斯匹林
ASA Acrylnitril-Stryrol-Acrylester 丙烯腈-苯乙烯-丙烯酯
ASA Acrylnitril-Stryrol-Acrylester-Copolymere 丙烯腈-苯乙烯-丙烯酯共聚物
ASA American Standard Association 美国标准协会
ASA Angewandte Systemanalyse 应用系统分析
ASA Arbeitsspeicher-Anfangsadresse 内存起始地址
A. S. A. Atomic Scientists' Association 原子科学家协会
ASA Automatische Scharfabstimmung 自动微调,自动精调
ASA 后视镜自动变光装置
ASA 防护服装
ASAO Arbeitsschutzanordnung 劳动保护规定
ASAP Application Service Access Point 应用业务接入点
ASAP as soon as possible 尽快
ASAT Arbeitsgemeinschaft Satellitenträger 卫星运载火箭研究小组
ASAT 人力截击卫星,反卫星
ASB Antrieben-Steuern-Bewegen 驱动-控制-运动
ASB Arbeitsschutzbestimmung 劳保保护条例
Asb Asbest 石棉
ASB Asymmetric Switched Broadband 非对称宽带交换
ASB Aussetzschaltbetrieb 间歇开关操作
ASB Autoschienenbahn 自动铁路线
AS-Boot Artillerieschnellboot 火炮快艇;炮艇

ASBR Autonomous System Border Router 自治域边界路由器
ASBS Anti-Schleuder-Bremssystem 防滑制动系统，防甩制动系统
ASC Acceleration Skid Contol 加速滑转控制
ASC Access Service Class 接入服务级别
ASC Active/Standby Changeover 主/备变换
ASC Active/Standby Conversion 主/备转换
ASC Assistance Service Control 辅助业务控制
ASC Automatic Selectivity Control 自动选择性控制
ASC Automotische Stabilitäts-Kontrole 汽车稳定性控制
ASCC automatic sequence controlled computer 自动程序控制计算机
ASCE American Society of Civil Engineers 美国土木工程师协会
ASCI Advanced Speech Call Items 先进的语音呼叫项目
ASCII American National Standard Code for Information Interchange 美国国家信息交换标准代码
ASCII American Standard code for information interchange 美国信息交换标准代码(由 ANST 制定)
As/cm² Amperesekunde/Quadratzentimeter 安培秒/平方厘米
ASCO 美国临床肿瘤学会
ASD Alzheimer's senile dementia 阿尔茨海默症，老年性痴呆症
ASD atrial septal defect （心）房间隔缺损，房缺
ASD Aufklärungs- und Sicherheitsdienst 侦察与反侦察勤务，情报和安全局
ASD Automatic Service Discover 自动业务发现
ASD Automatic Synchronized Discriminator 自动同步鉴别器
ASD automatisches Sperrdifferential/automatic locking differential 自动锁闭差速器，自动滑转控制差速器
ASD 自动闭锁差速器
As du Altostratus duplicasus 复高层云
ASE Abteilung von Stahl und Eisen 【德】钢铁管理局
ASE Alkylsulfonsäure-Ester 烷基磺酸酯
ASE Amplified Spontaneous Emission 放大的随机发射/放大自发辐射
ASE Application Service Element 应用业务单元
ASE Application System Entity 应用系统实体
ASE Arbeitsgemeinschaft Solarenergie 太阳能专业组
ASE ATM Switching Element ATM 交换元件
ASEA Allemänna Svenska Elektriska Aktiebolaget 瑞典通用电气公司
ASEAN Association of Southeast Asian Nations 东南亚国家联盟，东盟
ASEA-SKF-Verfahren ASEA 和 SKF 法，电弧加热盛钢桶精炼法(ASEA 和 SKF 分别是瑞典的一家钢厂和轴承厂)
Asec Amperesekunde 安培秒
ASEN Amplified Spontaneous Emission Noise 放大自发辐射噪声
ASET Adaptive Subband Excited Transform 自适应子频带激励变换
ASF Access to the Services Function 访问服务功能
ASF Advanced Streaming Format 先进流媒体格式，高级串流格式
ASF Air-Supported Fiber 空气间隙光纤
ASF DSV 系统截流阀，驾驶认可关闭气门截流阀
ASFB Application Specific Functional Block 专用功能块
ASG Automatisiertes Schaltgetribe 自动换档变速器
A-SGW Access Signaling Gateway 接入信令网关
ASH American Society of hypertension 美国高血压协会
ASHAY Antarctic and Southern Hemisphere Aeronomy Year 南极和南半球高层大气物理年
ASI Aktuator/Sensor-Interface 执行器/传感器接口
ASI Alternate Space Inversion 隔位空号翻转
a-Si amorphes Silizium 无定形硅；氢化无定形硅
ASI Arbeitsschutzinspektion 劳动保护监察局
ASIC Application Specific Integrated Circuit 专用集成电路
ASIG Analog Signaling Unit 模拟信令单元
ASIM Asynchronous Interface Module 异步接口模块
ASIP Application Specific Integrated Processor 专用综合处理器
ASIS American Society for Information Science 美国情报科学学会
ASK Amplitude Shift Key 振幅移位键
ASK amplitude shift keying 振幅移位键控法，幅度漂移键控法
ASK Arbeitsschutzkleidung 劳动防护服装
ASK Arbeitsschutzkommission 劳动保护委员会
ASK Armeesportklub 军人体育俱乐部

Askania Askania GmbH 德国阿斯卡尼亚股份有限公司
ASKL Anruf- und Schlusskontrollampe 振铃话终控制灯
ASL age、sexuality、location 年龄、性别、位置
ASL Anruf- und Schusslampe 振铃话终灯
ASL Atomsicherheitslinie 原子安全线
ASL Ausgewählter Schreib-Lese-Spalt 选择写读列
ASL 排挡锁定装置
ASLC Analog Subscriber Line Circuit 模拟用户线电路
ASLE American Society of Lubrication Engineers 美国润滑工程师协会
ASLT advanced Solid logic Technology 先进固体逻辑技术
ASM Algorithm State Machine 算法状态机
ASM American Society for Metals 美国金属学会
As/m² Amperesekunde/Quadratmeter 安培秒/平方米
ASM Analogue Subscriber Module 模拟用户模块
ASM Association For Systems Management 系统管理协会
ASM ATM Switching Mode 异步传输模式交换
ASME American Socity for Mechanical Engineers 美国机械工程师协会
ASMS Automatisches Stabilitäts-Management-System 汽车稳定性自动管理系统
ASMT Schweizerischer Verband der Tapeziermeister-Dekorateuer und des Möbel-Detailhandels 瑞士裱糊-装饰师和家具零售商人联合会
ASMW Amt für Standardisierung, Messwesen und Warenprüfung 德国标准、计量与商品检验局
ASN Abstract Syntax Notation 抽象语法记法
ASN Access Service Network 接入服务网
Asn asparagine 天门冬酰胺酸
ASN Asynchronous Sequential Network 异步时序网络
ASN ATM Switching Network 异步传输模式交换网
ASN Automatic Switching Node 自动交换节点
ASN. 1 Abstract Syntax Notation number one 第一抽象语法记法
ASNA ATM-based Signaling Network Architecture 基于ATM的信令网络结构
ASN-GW Access Service Network Gateway 接入服务网网关
ASO antistreptolysin-O 抗链球菌溶血素O
ASO Application Service Object 应用服务目标
ASO Arbeitsschutzobmann 劳动保护监察员
ASO Arteriosclerosis obliterans 闭塞性动脉硬化
ASOI Application Service Object Invocation 应用服务目标请求
ASON Automatic Switched Optical Network 自动交换光网络
As op Altostratus opacus 蔽光高层云
ASP Abstract Service Primitive 抽象服务原语
ASP Active Server Pages 动态服务器页面技术,动态服务器主页
ASP Adapter Signal Process 适配器信号处理
ASP Advanced Speech Processing 高级语音处理
ASP American Society of Photogrammetry 美国摄影地形测量学会
ASP Analog Signal Processor 模拟信号处理器
ASP Analogue Signal Processing 模拟信号处理
ASP Application Server Process 应用程序服务器进程
ASP Application Service Provider 应用(程序)服务提供者,应用(软件)服务供应商
ASP Application Software Package 应用软件包
Asp Arbeitsspeicher 操作存储器,工作存储器
Asp Asparaginsäure 天冬氨酸;a-氨基丁二酸
Asp. Aspekt 样子,外表;方位
ASP Assignment Source Point 分配资源点
ASPEC Adaptive Spectral Entropy Coding/Digitales Codierverfahren für Tonsignale 自适应谱熵编码
Asph Asphalt 沥青,地沥青,焦油
asph. asphaltieren, asphaltiert 上沥青的,上柏油的,铺沥青的
ASPL abgesperrte platte für die Luft-fahrtindustrie 航空工业用胶合板
ASprK Atomsprengkörper 原子爆炸物
ASQ Arbeitsgemeinschaft für statistische Qualitätskontrolle 统计质量检验协会
ASQS Application Specific Quality of Service 特定应用服务质量
ASR acceleration slip regulation 加速防滑控制
ASR Access Service Request 访问服务请求
ASR Amplitudensignalregelung 振幅信号调整
ASR Antriebsschlupfregelung 驱动防滑调节
ASR Automated Speech Recognition 自动语音识别
ASR Automatic Send and Receive 自动收发
ASR Automatic Speech Retrieval 自动语音检索
As ra Altostratus radiatus 辐辏状高层云
ASRTE Alternative Select Route 替代路由选择

ASS. Abteilung von Strahlenschutz und Sicherheit 辐射防护和安全科
ASS Administrative Support System 管理支持系统
ASS Aktive Service System (机油更换)主动服务系统
ASS Aluminiumschaum-Sandwich 泡沫铝夹层结构
ASS Analogue Switching Subsystem 模拟交换子系统
ASS Assembler 汇编语言,汇编程序
Ass. Assimilation 同化(作用),吸收(作用)
ASS Audio Subsystem 音频子系统
ASS Sendersortierung 发射机分类
ASS 全功能座椅系统
ASSFIBRE Associazione Italiana Produttori Fibre Chimiche 意大利化纤生产厂协会
ASSP Application Specific Standard Product 专用标准产品,特殊应用标准产品
ASSYST active service system 主动服务系统
ASt Abfragetaste 应答电键
ASt Abfragestöpsel 应答插塞
ASt Abgasturbine 废气透平
ASt alterungsbeständiger Stahl 无时效钢;抗时效钢;耐老化钢
ASt Amtsstelle 办公处
AST Aspartate aminotransferase 天门冬氨酸氨基转移酶(谷草转氨酶)
AST Asynchronous Shared Terminal 异步共享终端
ASt Auswertenstelle 计算站(所)
Ast. Auswertungsstelle 计算站(所)
AST Authoring Software Tools 著作软件工具,编辑软件工具
AsT Systemauslösetaste 系统断开电键
A. S. T. 皮试
ASTA Advanced Software Technology and Algorithm 高级软件技术与算法
ASTM American Society for Testing and Materials 美国材料试验协会
ASTM American standard of Testing Materials 美国材料试验标准
AstM Aussteuerungsmesser 调制计;调制表;测量调制电压峰值的电子管电压表
ASTP Standards of American Society of Tapered Pipe 美国标准异径管
As tr Altostratus translucidus 透光高层云
Astr. Astronaut 宇宙航行员
Astr Astronautik 宇宙航行,宇宙航行学
astr. astronautisch 宇宙航行的
astr Astronomie 天文学
astr. Einh. astronomische Einheit 天文单位
ASTRA Adaptierter Schwimmbecken-Tank-Reaktor Austria 奥地利池槽式反应堆
astro. astrophysics 天体物理学
Astrol. Astrologie 星占学,占星术
Astron. Astronom 天文学家
Astron. Astronomie 天文学
astron. astronomisch 天文学的,天体的
Astro N Astronomische Nachrichten 天文学期刊,天文学通报
Astrophot. Astrophotographie 天体照相术
ASU Abgassonderuntersuchung 废气排放专项测试,废气专项研究
ASU Answer Signal/Unqualified 应答信号/不合格,不合格应答信号,无效应答信号
ASU ATM Service Unit ATM 服务单元
ASU ATM Subscriber Unit ATM 用户单元
ASU Automatic Synchronizing Unit 自动同步设备(单元)
ASU automatische UKW-Stör-Unterdrückung 自动超短波干扰抑制
ASU Auxiliary Storage Unit 辅助存储单元
As un Altostratus undulatus 波状高层云
ASV anodic-stripping analysis/Voltampertrie 阳极溶出分析法,阳极解析产物分析
Asv. Anschlussvorrichtung 接通装置
ASV Armeesportverein 军人体育协会
ASV ATM-based Scalable Video 基于 ATM 的可控视频
AsV Die Arbeitsgemeinschaft selbständiger Vermessungsingenieure 非政府测量工程师协会
ASVD Analog Synchronous Voice Data 模拟同步语音数据
ASVO Arbeitsschutzverordnung 劳动保护条例
ASW Acoustic Surface Wave 声表面波
ASW Auxiliary Switch 辅助开关
ASYI Asynchronous Interface 异步接口
asym. (**asymm.**) asymmetrisch 不对称的
asyn. (**asynchr.**) asynchronisch 异步的,不同步的
ASYNCH asynchronous 异步的
AT Abfragetaste 查询电键
AT Abgastemperatur 废气温度,排气温度,尾气温度
AT Abgasturbine 废气涡轮
AT Abgasturbolader 废气涡轮增压器
AT Acceptance Test 验收试验
AT Access terminal 接入终端
AT Access Trunk 接入中继线
AT Achtertelegraphie 超幻象电路电报,双幻想电路通信
AT Active Tester 有源测试器

AT Active Timer 激活定时器/有源定时器
AT acutalase time 蕲蛇酶时间
AT Address Template 地址模板
AT Advanced Technology 先进技术,先进工艺
AT Allgemeiner Teil 总则,通则
AT Altes Testament 旧约全书
AT aluminthermisch 铝热的
AT Analog Trunk 模拟中继
AT Analog Trunk Terminal 模拟中继终端
AT Anfangstaste 开始电键,初始按钮
AT angiotensin 血管紧张素
At Antenne 天线
α1-AT α1-antitrypsin α1-抗胰蛋白酶
ÄT äquatoriale Tiefdruckrinne 赤道低压槽
AT Astatine/Astatin 砹
AT Asynchronous Transmission 异步传输
At. Atmosphäre 大气,大气压,大气层
At Atom 原子
At Atomgewicht 原子量
AT atomic time/Atomzeit 原子钟时间
AT atrial tachycardia 房性心动过速
AT Aufschaltetaste 接通电键
at auf Tausend 一千
At Ausgangstext 原文
AT Auslösetaste 断开电键
äT äußerer Totpunkt (内燃机)上止点
AT Aussichtsturm 瞭望塔
AT Automated Tunneling 自动化的隧道工程
AT automatic transmission 自动变速箱
AT automatic typewriter 自动打字机
AT Autotransformator 自耦变压器
at technische Atmosphäre (工程)大气压
at technischer Atmosphärendruck 工程大气压
Ata (ata) absolute Atmosphäre 绝对大气压
ATA Advanced Technology Attachment 高级技术附件
ATA anti-theft alarm 防盗警报系统
ATA Anwendungstechnische Abteilung 应用技术科
ATA Asynchronous Terminal Adapter 异步终端适配器
ATA AT Attachment 高级技术附件
ATA Automatic Trouble Analysis 自动故障分析
Ata technische Atmosphäre 工程大气压,工业大气压
at abs. Atmosphäre, absolute 绝对大气压
ATAG Aerodynamische Versuchsanstalt in Göttingen 哥廷根空气动力试验所
AtAnlV Atomanlagenverordnung 原子能设备规范,原子能装置法规
ATB Address Translation Buffer 地址转换缓冲器
ATB All Trunks Busy 中继线全忙
ATB All-Terrain-Bike 多用途自行车,适用所有地形的自行车
ATBM Average Time Between Maintenance 平均维修间隔时间
ATC Adaptive Transform Coding/Sprachcodierverfahren 自适应变换编码
ATC air traffic control 空中交通管制
ATC ATM Transfer Capability ATM 传输能力
ATC Automatic Telephone Call 自动电话呼叫
ATC Automatic Timing Control 自动定时控制
ATC Automatic Timing Corrector 自动时间校正器
ATC Automatic Tone Control 自动音调控制
ATC Automatic Tone Correction 自动音调校正
ATC Automatic Tracking Correction 自动跟踪校正
ATC Automatic Tuning Control 自动调谐控制
ATC Auto-threshold Control 自动阈值控制
ATCS Advanced Communication Technologies and Services 先进的通信技术和服务
atd absoluter Druck 绝对压力
ATD Asynchronous Time Division 异步时分
ATD Audio Tone Decoder 声调译码器
ATD Average Time Delay 平均时延
ATD 先进技术验证机
ATDE Adaptive Time Domain Equalizer 自适应时域均衡器
AtDeckV Verordnung über die Deckungsvorsorge nach dem Atomgesetz (Deckungsvorsorgeverordnung) 按原子能法规定的掩蔽条令
ATDM Asynchronous Time Division Multiplexing 异步时分复用
ATDPICH Auxiliary Transmit Diversity Pilot Channel 辅助发送分集导频信道
Ate Alfred teves 阿尔弗雷·切韦斯(制动液牌号)
ATE Automatic Test Equipment/automatische Testeinrichtung 自动测试设备
ATEV ansteuerbares thermostatisches Expansionsventil 可控热膨胀阀
ATF agrotechnische Forderung 农业技术要求
ATF Automatic Track Following 自动跟踪
ATF Automatic Transmission Fluid/Getriebeöl für Automatikgetriebe 自动变速器油
ATF automatische Spurnachführung 自动跟踪控制
AtG Atomgesetz 原子能法
AtG Atomgewicht 原子量
ATG Auftastgenerator 选通脉冲发生器;选择

脉冲发生器
ATG Austauschgetriebe 备用变速器
ATG Automobil- und flugtechnische Gesellschaft 汽车和航空技术协会
ATG Aviation Turbine Gasolin 航空涡轮机汽油
At-Gew Atomgewicht 原子量
ATH acetylenetetrahalide 四卤化乙炔
ATH August Thzssen-Hütte 奥古斯特-蒂森冶金厂
Äth. Äther 醚,以太
äth. ätherisch 醚的,似醚的
äth. ätherisieren 醚化
at. ht atomic heat 原子热容
ATI Additional Tuning Informalion/zusätzliche Abstimminformation 附加调谐信息
ATI Alarm Transmission Interface 报警传输接口
ATI Analog Trunk Interface 模拟中继接口
AT-III antithrombin-III 抗凝血酶 III
ATIS Automatic Terminal Information Service 自动终端信息服务
ATK aviation turbine kerosene 航空燃气轮机煤油,简称航煤
AtKostV Atomrechtliche Kosten-Verordnung 原子能法成本条例
ATL Abgasturbolader 废气涡轮增压器
ATI acetylenetetraiodide 乙炔化四碘
ATL Active Template Library 活动样板库
ATL Actual Transmission Loss 实际传输损失,实际传输损耗
ATL Agrartechnische Lehrbriefe 农业技术函授信
ATL anodische Elektrotauchlackierung 阳极电泳浸漆
ATLAS 超环面仪器
ATM Abstract Test Method 抽象测试法
ATM Address Translation Memory 地址翻译存储器,地址翻译记忆
ATM alternative test method 替代测试法
ATM Archiv für Technisches Messen 技术测量文献
ATM asynchronous transfer mode/asynchroner Datenübertragungsmodus 异步传递模式,异步传输模式
ATM Asynchronous Trunk Module 异步用户模块
Atm (**atmos.**) Atomosphäre 大气,大气压
atm. atmosphärisch 大气的
ATM Austauschmotor 备用发动机,修理用发动机,替换发动机
ATM automatic teller machine 自动柜员机,自动出纳机
ATM connection to barometric pressure compensation 气压补偿接头
atm physikalische Atmosphäre, 1 atm = 101325 N/m^2 物理大气压,标准大气压
A. T. M. A. American Textile Machinery Association 美国纺织机械协会
Atm. abs. Atmosphäre absolute 绝对大气压
atm. /atmos. atomsphere 大气压
ATME automatic transmission measuring and signaling testing equipment 自动传输测量和信令测试设备
ATME Automatic Transmission Measuring Equipment 自动传输测量设备
ATME-I American Textile Machinery Exhibition-International 美国国际纺织机械展览会
ATMI American Textile Manufacturers' Institute 美国纺织厂商协会
ATM-NIC Asynchronous Transfer Mode-Network Interface Card 异步转移模式-网络接口卡
ATM-NIC ATM-Network Interface Card 异步转移模式-网络接口卡
ATMOS ATM Optical Switching ATM 光交换
AT-Motor Austauschmotor 备用马达,备用发动机
ATM-PON ATM-Passive Optical Network ATM 无源光网络
ATMS Advanced Text Management System 高级文本管理系统
ATMS assumption based truth maintenance system 基于假设的真值维护系统
ATMS Automatic Teletype Message Switching System 电传电报自动报文交换系统
ATM-SDU ATM Service Data Unit 异步传输模式业务数据单元
ATM-SLIC ATM Subscriber Line Interface Circuit 异步传输模式用户线接口电路
ATM-SW ATM Switch ATM 交换机
ATM-UNI ATM User Network Interface 异步传输模式用户网络接口
ATM-XC ATM-Cross-Connect ATM 交叉连接
ATN acute tubular necrosis 急性肾小管坏死
ATN Addition Transition Network 增加转移网络
ATN astronomisch-trigonometrisches Nivellement 天文三角高程测量
ATN attenuation 衰减
ATN Augmented Transition Network 扩充转移网络
ATN Ausbildungstätigkeitsnachweis 培训证明
ATO Autotransportordnung 汽车运输规则

Atomgew. Atomgewicht 原子量
ATP Acceptance Test Procedure 验收测试程序
ATP Adenosintriphosphat 三磷酸腺苷
ATPG Automatic Test Pattern Generator 自动测试图形发生器
ATP-LT adenosine triphospate liberate test 三磷酸腺苷释放试验
ATR Answering Time Recorder 应答时间记录器
ATR Answer To Reset 复位回答,复位应答
ATR Arbeitsausschuss Transportrationalisierung 运输合理化工作委员会
ATR Arbeitsausschuss Transportrationalisierung durch Elektrofahrzeug 电机车运输合理化工作委员会
ATR Asynchronous Transfer Region 异步传输区
ATR Audio Tape Recorder/Tonbandmaschine 音频磁带录音机
ATR Automatic Traffic Recorder 自动交通记录器
ATR automatischer Thermoreformer 自动热重整器
ATRAC Adaptive Transform Acoustic Coding 自适应变换声音编码
ATRAC Adaptive Transform Audio Coding/digitales Codierverfahren für Tonsignale 自适应变换音频编码
Atro absoluttrocken 绝对干燥的
ATS Advanced Technology Satellite 先进技术卫星
ATS Advanced Teleprocessing System 高级远程信息处理系统
ATS Automatic Testing System/automatisches Prüfsystem 自动测试系统
ATS Automatic Translation System 自动翻译系统
ATS Automatic Tuning System/automatische Abstimmung 自动调谐系统
ATS. antitetanic serum 破伤风抗毒血清
ATS 天线系统
AtSachV Atomrechtliche Sachverständigen-Verordnung 原子法专家条例
ATSC Advanced Television Systems Committee/US-amerikanische Arbeitsgruppe für digitales TV 美国数字电视制式委员会
ATSC Automatic Tape Tensioning Control/automatische Bandspannvorrichtung 磁带松紧度自动控制
At-Schweißen aluminothermisches Schweißen 铝热焊接
AtSichV Atomrechtliche Sicherungs-Verordnung 原子能法安全条例
ATT Address Translation Table 地址转换表
AT & T American Telephone and Telegraph Company 美国电话电报公司
ATT aspirin tolerance test 阿司匹林耐受试验
ATT Attach 附着,加上,连接
ATT Automatic Test Terminal 自动测试终端
ATT Automatic Toll Ticketing 自动收费票务
ATT Automatic Trunk Testing 自动中继线测试
AT & T 美国电话电报公司
Att. Attachment 附加设备,附件
Attr. Attraktion 吸引,吸引力
attr. attraktiv 吸引的
Attr. Attrappe 试验模型;作为替代物的模拟物
attr. attributive 作定语的,属性的;定语
Atts Austauschteilsatz 交换机组
ATTU Analogue Trunk Termination Unit 模拟中继终端单元
Atü Atmosphärenüberdruck 计示大气压,表压力,超过压力
atu Atmosphärenunterdruck 负压
Atü atmosphärischer Überdruck 计示压力,计示大气压,表压
ATU Audio Terminal Unit 音频终端设备
ATU-C ADSL transceiver unit-central office 非对称数字用户线路收发机-交换机
ATU-R ADSL Transceiver Unit-Remote terminal 非对称数字用户线路收发机-远程终端
ATU-R ADSL Transmission Unit-Remote 非对称数字用户线路通话单位-远端
ATU-T ADSL transceiver unit, remote terminal end 非对称数字用户线路收发机-远端
ATV Abwassertechnische Vereinigung 【德】废水技术联合会
ATV Allgemeine Technische Vorschriften 通用技术规程
ATVEF Advanced Television Enhancement Forum/TV-Forum 高级电视增强论坛/电视论坛
ATVF Arbeitsgemeinschaft für das Technische Verfahren in der Flurbereinigung in der BRD 德国土地整理技术方法工作协会
AtVfV Atomrechtliche Verfahrensordnung 原子法诉讼程序
AtVO Atomverordnung 原子能条例
atw Atomwirtschaft-Atomtechnik 原子经济-原子技术(核技术协会专刊)
ATX Analog Telephone Exchange 模拟电话交换机
ATZ automatische Telephonzentrale 自动电话总机

ATZ Automobiltechnische Zeitschrift 汽车技术杂志(德刊)

AU Abgasuntersuchung 废气研究,废气试验

AU Access Unit 接入单元;访问单元

AU Adaptive Unit 适配单元

AU Administrative Unit 管理单元

Äu Angströmunit Angströmeinheit 埃(波长单位 $=10^{-8}$厘米)

AÜ Anpassungsübertrager 匹配变压器

Au (AU) Arbeits-Umschaltekontakt 闭路和转换接点组,工作转换接点

au Arbeitsumschaltekontakt Relais 继电器闭路和转换接点组;继电器工作转换接点

Au Audion 三极检波管,三极管,再生栅极检波管

Au Aurum, Gold 金,黄金

AU Ausgangsübertrager 输出变压器

Au Auspuff 排气,排出,泄出

AU Authentication of User 用户认证

AU Automatenstahl 易切削钢

Au Gold 金

AU Polyurethan-Kautschuk auf Polyester-Basis 聚酯基聚氨酯橡胶

AU PTR Administration Unit Pointer PTR 管理单元指针

AU 地球与太阳间的平均距离,称为一个天文单位,相当于1.5亿公里。

a. u. a. auch unter andern 也在其中;包括其他等

AuAg Australia antigen 澳大利亚(肝炎相关)抗原,即 Anti-HBs 澳抗

a. u. agit Ante usum agitetur 用时须摇匀

AU-AIS Administrative Unit-Alarm Indication Signal 管理单位告警指示信号

AUAP AU Access Point 接入单元的接入点

aubo außenbord 机身外的,舷外的,外接的

Aubo-Motor Außenbordmotor 舷外发动机

AUC area under concentration curve 浓度曲线下面积

AUC (AC) Authentication Center 认证中心/鉴权中心

AuC Authorization Center 鉴权中心

AUC automatische Umluftkontrolle 自动空气循环控制

AUDETEL Audio Description of Television/Zusatzinformationen für Sehbehinderte 音频描述电视/为视障人士添加的信息

AUDIMES graphisch-interaktives Programmierungssystem zur Entwicklung von Messprogrammen für KMM der fa. VW-GEDAS 德国大众汽车公司所属 VW-GEDAS 公司用于三坐标测量仪测量程序开发的图形交互编程系统

Audiogr. Audiogramm 闻阈(或听力)图

Audiom. Audiometer 听度计,听力计

audiom. audiometrisch 听力测定的

Aufb. Aufbau 建设

Aufb. (Aufbew.) Aufbewahrung 保管,储藏

Aufber. Aufbereitung 选矿;浓缩

Aufber.-Techn. Aufbereitungs-Technik 选矿技术;浓缩技术

Aufbr. Aufbruch 断裂,裂缝

Auff. Auffüllung 装填

Aufg. Aufgang 上升,上冲程,斜坡

Aufhgg Aufhängung 吊挂装置,悬挂,吊挂

Aufkl. Aufklärung 说明,解释

Aufl Auflage 版次,印次;垫块,支座,涂层

Aufl. Auflockerung 翻松,翻土

Aufl. Auflösung 分解,溶解,溶液;解法,解算;分辨率

AuFL Ausgabe-Freigabe Löschen 输出-释放指令清除

Auft. (Auftlg.) Aufteilung 分类,区分,分配,分裂

Auftr.-Verg. Auftragsvergabe 发出订货单

Aufn. Aufnahme 容纳,接受,吸收,录音;照片,摄影,摄谱,照相;夹紧,保护套管

Aufn.-Nr Aufnahmenummer 照相号

Aufr. Aufriss 设计,图样,结构

Aufsch. Aufschüttung 填满,填实,装料,装入

Aufschl. Aufschluss 分解,溶解,增溶,粉碎

Aufst. Aufstellung 装配,安装,排列,陈列

AufT Aufschaltetaste 接通按钮

Auft. (Auftlg.) Aufteilung 分类,区分,分配,分裂

Auftr Auftreff 弹着;冲击,撞击

AuftrAbk. Postauftragsabkommen 邮局代收款项委托协议

Auftr.-N. Auftragsnummer 订单号

Auftr.-Verg. Auftragsvergabe 发出订货单

Aufz. Aufzeichnung 制图,标记,记录

Aufz. Aufzug, Aufzüge 提升,升降机,卷扬机,吊环

Aufz.-Bed. Aufzugsbedienung 升降机操作

Aufz.-Nr. Aufzugsnummer 起重机号码

AufzV Aufzugeverordnung 起重规定

AUG Administrative Unit Group 管理单元组

Aug. August 八月

AUI Attachment Unit Interface 附加单元接口,附加单元界面

AUL Average Useful Life 平均使用寿命

AUM Asynchronous User Module 异步用户模块

AUMA Ausstellungs-und Messeausschuss der deutschen Wirtschaft 德国经济展览和博览会

委员会

a. Umf. am Umfang 在圆周上

AU-n Administrative Unit-n 管理单元 n

AU-n n order Administrative Unit n 阶管理单元

AUP Acceptable Use Policy 可接受使用策略

AUPTR Administration Unit Pointer 管理单元指针

aus. ausgeschaltet 已切断的,关掉的,排除的

AUS Ausschalten 断开,断电,关闭,脱扣

Ausb. Ausbeute 收益,增益;浸出率;收获率;回收率;产额,产量;生产率;效率;开采,开采量

Ausb. Ausbildung 形成,生成;训练,教育

Ausbr. Ausbrennung 烧蚀,烧灼

Ausf. Ausfahrt 驶出,启程

Ausf. Ausfall 脱落,短少,沉淀,沉淀物,下降

Ausf. Ausfällung 沉淀作用,凝结

Ausf. Ausfuhr 出口,输出

Ausf. Ausführung 实行,施行;出口,输出;设计;规格;装置,结构,引出线

Ausf. Anw. Ausführungsanweisungen 施工规程

Ausf. Best. Ausführungsbestimmungen 制造技术规范

ausf. -Nr Ausführungsnummer 型号号码

Ausfsig Ausfahrsignal 出站信号

AusfV (AusfVO) Ausführungsverordnung 施行细则,实施细则,实施条例

Ausg. Ausgabe 版本,出版;支出

Ausg. Ausgang 输出,输出端,出口

ausgegl. ausgeglichen 平稳的,平衡的

ausgen. ausgenützt, ausgenutzt 利用的

ausgesch. ausgeschieden 沉淀的,分离的

ausgeschl. ausgeschlossen 闭锁的,排除的

Ausgest. Ausgestaltung 组织,安排,形成,装备,发展

ausgest. ausgestattet 装备的,设备的

ausgest. ausgestellt 展览的,填发的

ausgest. ausgestopft 填塞的,剥制的

ausgew. ausgewählt 选择的,选拔的

ausgew. ausgewogen 称重量的,评价的

ausgew. ausgewuchtet 平衡的,补偿的

ausgez. ausgezählt 点过数的,数完的

Ausgl. Ausgleich 调整,平衡,补偿,均值

Ausg. -Nr Ausgangsnummer 出口编号

Ausgp. Ausgangspunkt 路线始点,起始点,出发点,原始位置,最初位置

Ausg. Stg. Ausgangsstellung 出发阵地,出发位置;原始位置,最初位置

Ausl Ausladung 卸货

Ausl. Auslegung 设计参数,基本数据,设计,计算

AuslPAnw Auslands-Postanweisung 国外邮汇

Ausl. -Term Auslieferungstermin 发货日期

Ausl. -Vertr. Auslieferungsvertrag 发货协定

AuslVSt Auslandsvermittlungsstelle 国外交换台

Ausn. Ausnahme 例外

Ausn. Ausnützung, Ausnutzung 利用,使用

AusnT Ausnahmeaufschaltetaste 特殊情况接通电键

Ausn. -Zust. Ausnahmezustand 特殊情况,例外情况

ausr. ausreichend 够用的,足够的

Ausr. Ausrichtung 矫直,对准

Ausr Ausrüstung 设备,装备,配备

äuß. äußerlich 在外的;外部的

Aussch. Ausschuss, Ausschüsse 废品,废件;切头;委员会

Ausschl. Ausschlag 偏转,偏振,偏摆,振幅

ausschl. ausschliesslich 独有的,专有的;唯一的,仅有的

Ausspr. Aussprache 发音

Ausst. Ausstattung 装置,装备,设备

Ausst. Ausstellung 展览会,展览,展出

Ausst. Ausstattung 装置,装备,设备;装潢;家具

Ausstatt. (Ausstattg.) Ausstattung 装置,装备,设备;装潢;家具

AusT Auslösetaste 快门按钮

Aust. -Nr Ausführungsnummer 型号号码

austr. australisch 澳洲的,澳大利亚的

Ausw. Ausweckselung 交换,变换

Ausw. Ausweitung 扩张,伸展

Ausw. Auswertung 计值,求值,计算;测图;处理;分析结果

Ausz. Auszählung 计数,数毕

Ausz. Auszug, Auszüge 提取物,抽头,引线,摘录,拉伸,拉长

Aut. Automat 自动装置,自动机床,自动开关,自动器

Aut. Automation 自动化

Aut. Automobil 汽车

Aut Automotive Engineering/Kraftfahrzeugtechnik 汽车工程学

Aut. Autor 作者

AUTAP System zur automatischen Arbeitsplanung (亚琛技术大学机床和生产工程研究所开发的)加工工艺规程自动编制系统

AUTEVO Automatisierung der technologischen Produktionsvorbereitung 工艺生产准备自动化

AUTHR Authentication Response 鉴权响应

AUTN Authentication token 鉴权标记

auto automatic 自动(化)的

auto automatisch 自动的,无意识的

Autocad CAD System der Fa. AutoDesk 美国

AUTODESK公司的计算机辅助设计系统
Autom. Automatik 自动化;自动装置
Autom. Automation, Automatisation, Automatisierung 自动化
autom. automatisch 自动化的
autom. Gew automatisches Gewehr 自动(武器)步枪
AUTOMEASURE System zur graphischinteraktiven Programmierung von KMM 三坐标测量机的交互式图形编程系统
AUTZC Authorization Code 特许码
AUV 水下自主航行器,无人潜航器
AUX Auxiliary Equipment 辅助设备
A. V. abhängiges Visier 非独立式瞄准具
AV. Absperrventil 止流阀,截止阀
AV alle Fahrt voraus 全速航行
AV Allgemeiner Vertrag 一般合同
A/V Ampere/Volt 安/伏
AV Analog Video, Analogue Video 模拟视频,模拟电视
AV. Arbeitsvorbereitung 工作准备
AV Architektenverein 建筑师协会
AV arteriovenous 动静脉的
A/V Audio/Video 音频/视频
AV Audio-Visual 音频与视频,视听
AV Aufzugsverordnung 起重(提升)规定
a. V. Ausbildungsvorschrift 培训条例
AV Ausführungsvorschrift 实施规范
AV Auslassventil 排气阀;泄放阀
Av. average 平均数
av. average 平均的
av Avoirdupois 常衡(1磅=453.59克)
AVA Aerodynamische Versuchsanstalt 空气动力学研究所
AVB Allgemeine Bedingungen für die Versorgung mit elektrischer Arbeit aus dem Niederspannungsnetz des Elektrizitätsversorgungsunternehmens 供电企业低压电网供电的一般条件
AVB Allgemeine Versicherungsbedingungen 一般保险条款
AVB atrioventricular block 房室传导阻滞
Avbr automatische Vakunmbremse 自动真空制动机(闸)
AVC Audio for Video-Conferencing 视频会议用的音频
AVC Audio Visual Connection 音像连接
AVC Aural and Visual Code 听觉与视觉信号编码
AVC Automatic Voltage Clamp 自动电压箝位
AVC automatic volume control 自动音量控制
AVCD Audio Video Compression Disk 音频视频压缩光盘
AVD Alternate Voice and Data 交变语音和数据
AVD Audio Video Driver 音频视频驱动器
AVD Automobilclub von Deutschland 德国汽车俱乐部
avdp Avoirdupois 常衡
AvdR Abfluss vor der Regelung 调节前的排放
AVDS Automatic Voice Data Switching 自动语音数据交换
AVDSP Audio Video Data Signal Processor 音频视频数据信号处理器
A & VE Audio/Video Editor 音频/视频编辑器
AVE Audio Video Engine 音频视频引擎
AVF augmented voltage, left leg 增加电压,左腿
AVG adventure game 冒险类游戏
avg. average 平均的
AVG-Diagramm A = normierte Fehlertiefe, V = normierte Fehlerechohöhe, G = normierter Fehlerdurchmesser 标准缺陷深度-回波高度-缺陷直径关系图
AvH-Stiftung Alexander von Humboldt-Stiftung 洪堡基金会,洪堡奖金
AVI Audio Video Interactive 音视频交互作用
AVI Audio Video Interlaced 音视频数据交叉(交织)
AVI Audio-Video-Interleave 音频视频交错
AVID Advanced Visual Information Display 高级视频信息显示
AVIS Angebots-, Verkaufs- und Information system 供应、销售和信息系统
AVIS Audio-Visual Information System 视听信息系统
AVIS Audio-Visual Interaction Service 视听互动服务
AVK Arbeitsgemeinschaft Verstärkte Kunststoffe e. V 【德】增强塑料协会
AVK Artillerieversuchskommando 火炮试验指挥部
AVK Audio Video Kernel 音频视频核心
AVL Anstalt für Verbrennungsmotor prof. Dr. h. c. Hans List 汉斯·李斯特内燃机研究所
AVL Audio Video Library 音频视频库
AVL augmented voltage, left arm 增加电压,左臂
AVL Automatic Vehicle Location/Automatische Standortbestimmung von Fahrzeugen 车辆自动定位
Avl automatische Vakuumbremsleitung 自动真空制动管

AVL-Drive 李斯特内燃机传动研究所
AVLN Automated Vehicle Location and Navigation 车辆自动定位和导航
AVM Arteriovenous malformations 动静脉畸形
AVM Audio-Visual Modulator 音像调制器
AVN Allgemeine Vermessungs-Nachrichten 测量学通报
AV node atrioventricular node 房室结,田原氏结
AVOPLAN System zur Arbeitsvorbereitung/Prozessplanung 生产准备和工艺设计系统(属欧盟科技项目 ESPRIT6805COMPLAN)
AVP Advanced Video Products 先进的视频产品
AVP Analog Video Processor 模拟视频处理器
AVP arginine vasopressin 精氨酸抗利尿激素
A/VP Audio/Video Panel 音频视频控制板
AVR Arbeitsgemeinschaft Versuchsreaktor GmbH. 【德】试验反应堆联合会
AVR Atomversuchsreaktor 原子试验反应堆
AVR augmented voltage, right arm 增加电压,右臂
AVR Automatic Voice Recognition 自动话音识别
AVR Automatic Voice Relay 自动话音中继
AVR automatische Verstärkungsregelung 自动放大调节,自动增益调节
AVS Aided Video System 辅助视频系统
AVS Application Visualization System 应用可视化系统
AVS Arbeitsvorbeteitungssystem 工作准备系统
AVS Audio/Video Server 音像服务器
AVS automatische Vorwahlschaltung 自动预选电路
Avsbr automatische Vakuumschnellbremse 快速自动真空制动
AVSS Audio Video Subsystem 音频视频子系统
AVSS Audio Video Support System 音频视频支撑系统
AVTUR Aviation Turbine Fuel 航空燃气轮机燃料,航空涡轮燃料
Avus Automobil-, Verkehrs- und Übungsstraße 汽车教练公路
AVVFStr Allgemeine Verwaltungsvorschrift für die Auftragsverwaltung der Bundesfernstraßen 联邦长途公路管理规范
AVW Amtliche Vermessungswerke 【瑞士】国家测量全集
A. V. Z. Abwurfverteilerzentrale 中央弹药库
AW Abwehrwerfer 防御火箭筒
a. W. ab Werk 工厂交货
AW Addierwerk 加法装置
AW Alarmwecker 警钟
AW allgemainwahlpflichtig 具有普选义务的
AW (A. W.) Amperewindung 安培匝数
AW Anpassungsnetzwerk 匹配网络
AW Anschaffungswert 购买价值
AW Antiklinalwände 背斜(峭)壁,背斜隔墙
Aw Arbeitswalze 工作辊
AW Arbeitswert 配件安装工时费用
A. W. Atemwiderstand 呼吸的阻力
A/W Aufnahme/Wiedergabe 录制/放送
AW Ausbesserungswerk 修理车间
ä. W. äußere Weite 外直径,外径
Aw. Auswertung 求值,计算,测图,处理,分析结果
AW ausziehende Wetter 出风流,回风流
AWA All Wave Antenna 全波天线
AWA Arbeitsgemeinschaft Waagen 度量衡工作委员会
AWA ATM Wireless Access ATM 无线接入
AWACS ATM Wireless Access Communication System ATM 无线接入通信系统
A-Waffen Atomwaffen 原子武器
AWAG automatisches Wähl- und Ansagegerät 自动拨号与传声装置
AWB Apparatewerke Bayern 德国巴伐利亚仪器厂
AWB Atomwirkungsberater 原子作用顾问
AWC Australian Wool Corporation 澳大利亚羊毛协会
Aw/cm Amperewindungen/cm 安匝/厘米
AWD All-Wheel Drive 全轮驱动
AWE Advanced Wave Effect 移动波影响
AWE Arbeitsgruppe Werbung Elektroindustrie 电气工业宣传工作组
AWE automatische Wiedereinschaltung 自动重合闸,自动再次接入
AWE Automobilwerke Eisennach 艾泽纳赫汽车制造厂
AWF Ausschuss für Wirtschaftliche Fertigung e. V. 德国经济生产委员会,德国工业制造委员会
AWG Arrayed Waveguide Grating 阵列波导光栅
AWG Außenwirtschaftsgesetz 涉外经济法
AWG Gauss channel 高斯信道
AWGN Additive White Gaussian Noise/zusätzliches Rauschen mit Gauss-Verteilung 加性白高斯噪声
AWIDAT Abfallwirtschaftsdatenbank 废物管理(经济)数据库
AWIS automatisches Wartungsinformationssys-

tem 自动等待信息系统
AWK Ausschuss für Wärme-und Kraftwirtschaft 热力和动力经济委员会
AWL Anweisungsliste 指令列表,程序列表
AWL Arbeitsausschuss Wälzlager 滚动轴承工作协会
AWM Advanced-Wave-Memory-Synthesis 移动波存储器合成
AWP Abfallwirtschaftsprogramm 废物管理程序;垃圾处置程序
AWP Adria-Wien-Pipeline 亚得里亚(意大利)-维也纳(奥地利)输油管
AWR axle weightrating 轴负荷额定值
AWR 距离警告雷达
AWRC Australian Wool Research Commission 澳大利亚羊毛研究委员会
A. W. R. E. Atomic Weapons Research Establishment 原子武器研究机构
AWS Advance-Wave-Synthesis 超前波合成
AWSF atmosphärische Wirbelschichtfeuerung 常压流化床焚烧
AWT Actual Work Time 实际占用时间
AWT Arbeitsgemeinschaft Warmbehandlung und Werkstoff-Technik 热处理与材料技术研究组
A. W. T. A. Australian Wool Testing Authority 澳大利亚羊毛试验管理局
AWUG automatisches Wähl- und Übertragungsgerät 自动拨号与通话装置
AWV Ausschuss für wirtschaftliche Verwaltung e. V. 【德】经济管理委员会
AWV Außenwirtschaftsverordnung 涉外经济条例
AWZ Automobilwerk Zwickau 茨维考汽车制造厂
AXC ATM Cross Connect ATM 交叉连接
AYSA American Yarn Spinners' Association 美国纱厂协会
AZ Abendzeitung 晚报
AZ Abstandszünder 近炸引管,低空爆炸信管
AZ Abweisender Zustand 拒收状态
Az Aktenzeichen 文件号码
AZ Alkalitätszahl 碱值
AZ Alkoholzahl 酒精值
AZ Allgemeine Zeitung 汇报
AZ Aluminium-Zink-Überzügen 铝锌镀层
AZ Amerikanische Zone 美国时区
Az Amtszeichen (电话局)应答信号
AZ Arbeitsausschuss Zeichnungen 制图工作委员会(属德国标准化委员会)
AZ Arbeitszeit 工作时间,劳动时间
AZ Arbeitszyklus 工作循环
AZ Asbestzement 石棉水泥
AZ Asphaltzement 沥青水泥
AZ(Az.) Aufschlagzünder 触发引信
aZ auf Zeit 暂时,临时
AZ Azimut 方位,方位角
AZDU Azidouridin 叠氮尿苷
AZE Arbeitszeiterfassung 工作时间采集,劳动工时收录
AZF aufeinanderfolgendes zusammengefasstes Feuer 逐渐蔓延的火灾
AZf Hbgr AZ für Haubengranate 带帽榴弹用触发引信
AZflWM AZ für leichte Wurfmine 轻投掷地雷用触发引信
AZfmExmR AZ für mittlere Exerziermine, Rauch 中型教练用发烟地雷触发引信
AZG Artilleriezielgebergerät 炮兵瞄准器,目标指示器
AZH Arbeitsgemeinschaft Zubehör, Heiz-, Koch- und Wärmegeräte (电)加热器,煮沸器和热装置附件研究协会
AZ39K Aufschlagzünder 39, Klappensicherung 带摆动式保险装置的39式触发引信
AZKW Amt für Zoll und Kontrolle des Warenverkehrs 来往货物关税和检查局
AZM Alternativ zulässige IAS-Methode 允许选用的国际会计标准方法
Az. -Mun. Aufschlagzündermunition 带触发引信的弹药
AZmV(Az. m. V.) Aufschlagzünder mit Verzögerung 延时触发引信
AZmVfKGrmP AZ mit Verzögerung für Kanonengranate mit Panzerkopf 装甲弹头加农炮弹用延时触发引信
AZO Allgemeine Zollordnung 普通海关规则
Azo- (词头)偶氮基
Az. o. V. Aufschlagzünder ohne Verzögerung 瞬时触发引信,无时延触发引信
AZ 269 oV mSto Aufschlagzünder ohne Verzögerung mit Stößel 不带撞针延时的269式触发引信
AZP das Allgemeine Zeichenprogramm 通用绘图程序
AZRL Anzeigeregister Löschen 清除显示寄存器
Az. -Schießen Aufschlagzünderschießen 触发射击
AZSP Adressenzähler-Sperre 地址计数器闭锁
AZ 38 St Aufschlagzünder 38, Stahl 38式钢制触发引信
AZT Anforderungszähler-Takt 请求计数器节拍
AZT azidothymidine/Azidothymidin 叠氮胸苷

Azubis Auszubildende 受培训者

AzuBZ Aufschlagzünder und Brennzünder 触发引信和燃烧引信

AZ 23 umg AZ 23 umgeändert mit zwei Verzögerungen 改进的23式双延期触发引信

AZV (AZVO) Arbeitszeitverordnung 劳动时间制度,工作时间规定

AZV (AZVO) Atemzugvolumen 呼吸量

AZV automatische Zielverfolgung 自动目标跟踪

AZ 23 v 0.15 AZ 23 vereinfacht mit 0.15 Sekunden Vezögerung 简化的23式0.15秒延时触发引信

AZ 23 Zn Aufschlagzünder 23, Zink 23式锌制触发引信

B

B Abweichbereich 偏差范围

B bacillus 杆菌

B. Baden 浸液,浸入

B. Bahn 道路,轨道,弹道

B. Band 卷,册;范围,段,带;带钢;波段

b Bandbreite (频)带宽(度);通带宽(度);带钢宽度

B Bandeisenbewehrung 带钢配筋

B. Bank 钳工台,工作台,架座,机床;层,矿层,岩层

B Bar 巴(大气压力单位)

b Barn 靶恩(核作用效果的截面单位,1靶恩=10^{-24} cm^2)

B (b) Barometerstand 气压值,气压高度,气压计读数

B Barometrie 大气压

B Basis 基础;基准;基线;基数;基座;基面;底

B Basisanschluss 基极引线;基极接头;基本速率接入,基本速率接口

B basisch 碱性的(标准代号)

b basisches Futter 碱性炉衬

B Basizitätsgrad der Schlacke 炉渣碱度

B Batterie 一排;一组;放热器;暖气包;电池(组),蓄电池(组),电瓶

B Bau 建筑,建筑物

B Baumwolle 棉花,棉线,棉布

B Baumwolle Kabel 纱包电缆

B4 before 的简写与谐音,意即以前

b. bei 在……,当……,靠近

B Beitrag 份额;部分;量值

b (B) Bel/bel 贝(尔)(音量、音强、电平单位)

B Berge 废石,矸石,脉石,不含矿的岩石;充填材料

B Bericht 报告,情报,记录

B Besatz 炮泥,堵塞物,封泥;负荷,负担;镶边

B Beschleunigung 加速度,加速;促进,催化

B Bessemerstahl 酸性转炉钢(标准代号)

B beste Bearbeitbarkeit 加工性能最好(标准代号)

B Beton 混凝土

B Beutel 袋,包

B B-Formstück 承插管接头,接合器分支锥形弯管,接线盒分支锥形弯管

B (b) bit 比特,二进制位

B blasende Bewetterung 压入式通风,鼓风机通风

B Blindleitwert 电纳

B Blinker 光电信号装置;指示器;闪光灯;闪光器

B Bohrung des Zylinders 圆柱体直径;缸径

B Bor 硼

B Boxermotor 对置气缸发动机

B Braunkohle 褐煤,褐炭

B Breite 宽度,(布的)幅宽,(船)幅;晶体粒径,纬度;符号宽度

B Breitflansch-Profil 宽边断面,宽边外形,宽边型材;宽腿工字钢

B Bremsberg 轮子坡

B Brennstoff 燃料;可燃物质

B Brennstoffverbrauch 燃料消耗(率)

B Bruchlast 断裂负荷

B Brunnen (油嘴)盛油槽;井;水槽;升降道坑

B Bruttogewicht 毛重;总重量

B Buche 山毛榉

B Büchse 步枪;霰弹筒;鸟枪;锡罐,套筒;活塞杆筒

B Bund 束,股,箍,凸缘,轴环

B Bundesstraße 联邦公路

B Byte 二进位组,字节

B cell bone marrow-derived lymphocyte 骨髓源淋巴细胞

b Kolbenbeschleunigung 活塞加速

B Kraftstoffverbrauch 燃料消耗;燃油消耗

B Leuchtdichte 亮度;辉度;光密度

B magnetische Flussdichte 磁通密度

B Schiffsbreite 船宽

B Spektralband 光谱带

B Walzgurtbreite 轧辊皮带宽度

B Werkstückbreite 毛坯宽度;工件宽度
Ba Back (海员用)钵,碗,盆;(修补船只用)小平底船;橱;库;(车船上的)寝台;架床
BA backup assist 数据备份工具
Ba. Baden 浸液,浸入
Ba Bakelit 电木,酚醛塑胶
Ba. Barium 钡
BA basilar artery 基底动脉
Ba. Batterie 电池,电池組
BA Bauabweichungsantrag 结构偏差建议书
BA Bauamt 建筑处,营建处
BA BCCH allocation 广播控制信道划分
BA Bergakademie 矿业学院
BA Bergamt 矿业部;矿山管理局;矿业监察局;矿山技术监察局
bA betriebliche Anordung 生产程序,操作规程
BA Betriebsabteilung 生产部门;车间;采区;矿段
BA Betriebsamt 营业办公室,厂部
BA Betriebsanleitung 操作手册;操作说明;使用指南
BA Betriebsanweisung 使用说明;操作说明;使用细则
BA Betriebsausgaben 经营支出,经营费用
BA Bezirksamt 分局
BA Bildaustastung 帧消隐
BA Binding Acknowledgement 绑定应答
BA Biometric Authentication 计量生物学认证
BA Blockauflage 钢坯台,钢锭台
BA Bodenanteil 地面部分
BA Bohraggregat 钻机,钻具
BA Booster Amplifier 自举放大器,高频前级放大器
BA Bremsassistent 刹车辅助装置,制动助力器
BA Bremsflüssigkeit-Ausgleichsbehälter 制动液平衡罐
BA BTS Allocation 基站分配
BA Building Automation 建筑自动化
BA Bunkerstandsanzeiger 贮料仓料位指示器
BA Business Audio 商用音频
BAA Bundesanstalt für Arbeit 【德】国家劳工署
BAA Bundesaufsichtsamt 【德】国家监督局
BaAs Basisanschluss 基本速率接口;基本速率接入;基极引出端
BAB Betriebsabrechnungsbogen 企业结算表,企业结算曲线图
BAB Bundesautobahn 【德】国家高速公路
Bac bacteria 细菌
BAC Balanced Asynchronous Class 异步平衡类别
BAC Bus Adapter Control 总线适配器控制
Bacc. Baccalaureus 学士(学位)
BACP Broadband Assign Control Protocol 带宽分配控制协议
BACP Broadcasting Authorization Control Protocol 广播授权控制协议
B. A. E. A. British Atomic Energy Authority 英国原子能管理局
BAEP brain-stem auditory evoked potential 脑干听觉诱发电位
BAERE British Atomic Energy Research Establishment 英国(哈维尔)原子能研究中心
BAF Beratender Ausschuss Fusion der EG 欧洲共同体(核)聚变咨询委员会
BAfEV öster. Bundesamt für Eich-und Vermessungswesen 奥地利联邦计量与测量局
BAFG Bundesausbildungsförderungsgesetz 【德】国家教育促进法
BAfög. (联邦教育促进法中规定的)贷学金
BAFT Beratender Ausschuss für Forschung und Technologie des BMFT, Bonn 联邦研究技术部(BMFT)研究和技术咨询委员会(德国波恩)
BAG Bayernwerk AG 拜尔(化学)股份公司
BAG Bundesanstalt für Güterverkehr 【德】联邦货物运输局
BAIC Barring of All Incoming Calls 闭锁全部来话,禁止所有入呼叫
BAIC Barring of All Incoming Calls supplementary service 闭锁所有入呼叫附加业务
BAICD Blind Anchored Interference-Cancelling Detector 盲区固定消干扰探测器
BAIC-Roam Barring of All Incoming Calls Roam 漫游时限制所有入呼叫
bair. bairisch 气压的
Baj. Bajonett 刺刀
BAJ Berliner Astronomisches Jahrbuch 柏林天文年历
BAK back at keyboard 回到电脑旁
BAkWVT Bundesakademie für Wehrverwaltung und Wehrtechnik 【德】联邦军事管理和军事技术科学院
BAL British anti-lewisite dimercaprol 英国抗路易士毒气剂(二巯基丙醇)
Ball. Ballistik 弹道学
Ball. Ballon 气球;灯泡;球形瓶
Ball. AK Ballon Abwehr Kanone 防气球火炮
Bals. Balsamum 香脂
Balta. ballistische Tageseinflüße 弹道的气候影响
Balta-Sekunden ballistische Tageseinflüsse gestaffelt nach Flugzeitsekunden 对弹道的日影响按飞行时间秒划分
BAM British Air Ministry 英国空军部
BAM Bundesanstalt für Materialprüfung 【德】

联邦材料检验局

BAM Bundesanstahlt für Materialprüfung und -forschung 【德】国家材料检验研究机构

BAM Bundesanstalt für mechanische und chemische Materialprüfung 【德】联邦机械与化学材料试验所

BAN Broadband Access Network 宽带接入网

BAN 在 IRC 中的一个命令即把聊天者剔除出聊天室

Bankw. Bankwesen 银行业

BaNS Ba-Nonylnaphthalinsulfonat 钡-壬萘磺酸盐

BAO Basal acid output 基础胃酸排出量

BAOC Barring of All Outgoing Calls supplementary service 闭锁所有去话呼叫附加业务

BAOC Barring of All Outgoing Calls 禁止全部去话呼叫

BAOC-Exec Blocking All Outgoing Calls Except Home Country 闭锁除归属国外的全部去话呼叫

BAP Bandwidth Allocation Protocol 带宽分配协议

BAP bedingte Anforderung an die Programmsteuerung 向程序控制提出的有条件请求

BAP Broadband Access Point 宽带接入点

BA/PA Booster/Power Amplifier 增压/功率放大器

bar Bar 巴(压力单位,1 巴=0.987 大气压)

Bar. Barometer 气压计,气压表

Bar. Barometerstand 气压读数,气压高度

bar barye (气压单位)巴列($=10^{-5}$ N/c^2);(声压)微巴(等于 1 达因/厘米^2)

Barb. Barbiturat, Barbitursäure 巴比妥酸盐,巴比妥酸,丙二酰脲

BARE barometric pressure 大气压力

barn Barn 靶(恩)(核反应截面单位,等于10^{-24}平方厘米)

BARTOP 标准等压面温度、湿度和风的报告

Bas. Basis 基础,基线,基数

Bas Bildaustastsynchronsignal 帧消隐同步信号

BAS Bit Allocation Signal 比特分配信号

BAS Bit-rate Allocation Signal 比特率分配信号

BAS brake assist system 制动辅助系统

BAS Bremsassistent 制动助力器

BAS Broadband Access Server 宽带接入服务器

BAS Building Automation System 建筑自动化系统,建筑设备自动化系统

Basa Bahnselbstanschlussanlage 铁道自动连接装置,铁路自动电话机

BASF Badische Anilin und Sodafabrik 巴登苯胺纯碱工厂,巴斯夫(公司)

BASF Badische Anilin und Sodafabriken AG 巴登苯胺苏打股份公司

BASIC beginner's all-purpose symbolic instruction code 初学者通用符号指令代码(一种程序设计语言)

Bast. Betriebsstoffausgabestelle 燃料和润滑油料发放站;加油站

BAST Bundesanstalt für Straßenwesen 【德】联邦公路局

Bat. (**Batt**, **Battr.**) Batterie 电池(组)

BAT Bundesangestelltentarif 【德】联邦职员工资表

BAT Bundesangestelltentarifvertrag 【德】联邦职员工资标准协定

BAT in Batches 成批地,分批地

BATHY 英国深水温度计观测报告

BAU Broadband Access Unit 宽带接入设备

Bauabtlg. Bauabteilung 建筑部门

Baud Baudot (多路通报用)博多机

BauG Baugesetz 建筑法规

Bauges. Baugesellschaf 建筑公司

Bauing. Bauingenieur 建筑工程师

Bauk. Baukosten 建筑费用

Bauk. Baukunst 建筑艺术

BAUMA (**Bauma**) Baumaschinenausstellung 建筑机械展览会

BauNVO Baunutzungsverordnung 建筑利用(效用)规定

BauO Bauordnung 建筑条例,工程条例

Baupl. Bauplan, Baupläne 装配图,建筑平面图;建筑计划

Baupr. Baupreise 建筑价格,建筑工程造价

Bauw. Bauweise 结构方式,结构,制造方法,施工方法,采掘方法

Bauw. Bauwesen 建筑,建筑业

BAV Bundesaufsichtsamt für das Versicherungs- und Bausparwesen 德国联邦保险及建房互助储金事务监督局

BAW biologisch abbaubarer Wertstoff 生物可降解物质

BAW Bundesanstalt für Wasserbau 联邦水利工程研究所

Bayer Farb. Rev. Bayer Farben Revue 拜耳染料评论(德刊)

BAZ Bodenabstandszünder 对地面目标射击用的非触发引信

BB Backbone Bearer 骨干网载体

BB Backbord 左舷

Bb. Baubeschreibung 建筑说明,工程说明

BB Baukastenbohreinheit 标准构件钻机

BB BB-Formstück 带两个套管接头的承插管

BB Bereitschaftsbetrieb 应急服务

BB Bergbehörde 矿务局;矿务署
BB Besondere Bedingungen 特别条件
BB Bibliotek 图书馆
Bb. Bildband 画册
B. B bill book 出纳簿
BB Block-Basis-Schaltung 共基极线路
B-B Boden-Boden 地-地
BB Braunkohlenbrikett 褐煤砖
BB Breitband 宽频带;宽带;宽带钢
BB Buchungsbeleg 账单
BB buffer base 缓冲碱
Bb Bündel 线束,串;射束;捆
BB Bundesanstalt für Bodenforschung 【德】联邦土壤研究所
BB Bundesbahn 【德】联邦铁路
Bb. Bundesbeamter 联邦公务员,国家官员
BB Bus Bar 汇流条,母线
B2B (B to B) business to business 电子商务中企业对企业的交易方式
BB Butan-Butylen 丁烷-丁烯
BB Butan-Butylen-Gemisch 丁烷-丁烯混合物
BBA Base Band Arrangement 基带安排
BBA Betriebsbremsanlage 运转制动装置,行车制动系统
BBA Broad Band Adapter 宽带适配器
BBA Broadband Access 宽带接入
BbauG Bundesbaugesetz 【德】联邦建筑法
BBB Allgemeine Bedingungen für Bohararbeiten im Braunkohlenbergbau 【德】褐煤工业凿岩作业一般条件
BBB blood-brain barrier 血脑屏障
BBB Bremer Baumwollbörse 不来梅棉花交易所
BBB Bundle branch block 束支传导阻滞
BBBBB 陆地测站天气转好报告
BBBBB SHIP 海洋测站天气转好报告
BBC British Broadcasting Company/Britische Rundfunkgesellschaft 英国广播公司
BBC Broad Band Coupler 宽带耦合器
BBC Brombenzylcyanid 溴苯乙腈,溴苄基腈
BBC Brown-Boveri (油料抗氧化稳定性)布朗-博维里试验
B-BCC Broadband Bearer Connection Control 宽带承载连接控制
BBCC Broadband Communication Channel 宽带通信信道
Bbd. Backbord 船左舷
BBD Bundesbahndirektion 【德】联邦铁路管理局
BBE Background Block Error 背景块误码,背景数据块错误
BBER Background Bit Error Ratio 背景误码率,背景误比特率
BBF Base Band Filter 基带滤波器
BBG Bodenbearbeitungsgeräte 耕作机具
BbG Bundesbahngesetz 【德】联邦铁路法
BBH Blend-Brand-Handgranate 发烟燃烧手榴弹
BBHZ Entscheidungen des Bundesgerichtshofes in Zivilsachen (Ztschr) 联邦法院民事判决(德刊)
BBIAB be back in a bit 马上回来
BBIAF be back in a few 以后见
BBINF be back in a few minutes 一会回来
BBL Be Back Later 稍后便回,过一会就回来
BBM break-before- make 先断后连,先开后合
Bb.-Maschine Backbordmaschine 左舷机;左舷舵
BBN Broadband Network 宽带网
BBN bye bye now 拜拜啦
BBo Bugsierboot 拖曳船
BBO Gesamtverband Büromaschinen, Büromöbel und Organisationsmittel 办公机械、办公家具和机关财产总协会
BBOC Broad Band Operation Center 宽带运行中心
BBP bedside blood purification 床边血液净化
BBP Benzyl-Butyl-Phthalat 苄基钛酸丁酯
BBR Brown Boveri Reaktor GmbH 布朗·博维里反应堆公司
Bbrt Betriebsbruttotonne 开采毛重吨位,生产总吨位
BBS Band-Betriebssystem 频带工作系统
BBS barbitone buffer 巴比妥缓冲液
BBS Bedienungsblattschreiber 控制台页式打字机,控制台滚筒式打字机
BBS Betriebsberufsschule DDR 【前民德】企业职业学校
BBS Bi-Directional Bus 双向总线
BBS BTS Baseband Subsystem 基站基带子系统
BBS Bulletin Board Service 电子公告牌服务,电子布告栏服务
BBS Bulletin Board System 电子公告牌系统,电子布告栏系统
BBS-Maschine Braunkohlenbruch-Schlitzmaschine 顶板冒落法开采的褐煤层用截煤机
BBT. basal body temperature 基础体温
Bbtg Bearbeitung 加工,处理;耕作;编辑;切削
BBU Bundesverband Bürgerinitiativen Umweltschutz, Karlsruhe 卡尔斯鲁厄联邦公众环境保护协会
BBZ Bergbaubedarf-Beschaffungszentrale 矿用设备供应总局
BC Bearer Capability 承载能力

BC Bearer Control 承载控制
BC binärer Code 二进码,二进制编码
BC Bordcomputer 机载计算机,船用计算机
BC Büro-Computer 办公(室)计算机
B2C (B to C) business to customer 电子商务中企业对消费者的交易方式
BCAPC barometric pressure charge air pressure compensation 气压增压补偿
BCC Bearer Channel Connection 荷载信道连接
BCC Block Character Check/Blockzeichenprüfung 块字符校验
BCC block check character 信息组检查字符
BCC Blocked Call Cleared 阻塞呼叫清除
BCC British Colour Council 英国颜料染料委员会
BCC BTS Color Code 基站收发信机色码
BCCH Broadcast Control Channel 广播控制信道
BCCI bankcard consumer confidence index 银行卡消费信心指数
BCD binär kodierte Dezimaldarstellung 二-十进制记数法
BCD binär kodierte Dezimalzahl/Binary Coded Decimal 二进制编码的十进制数
BCD binär kodierte Dezimalsystem 二-十进制编码,二进制编码的十进制
BCD binary-coded decimal BCD-code, Binary Coded Decimal Code 二-十进制码
BCD Blocked Called Delay 阻塞呼叫延时
BCDI-Code Binary Coded Decimal Interchange Code 二-十进制交换码
B-CDMA Broadband CDMA 宽带码分多址
BCDS Broadband Connectionless Data Service 宽带无连接数据服务
BCF Bandwidth Confirm 带宽确认
BCF Base station Control Function 基站控制功能
BCF Basic Control Function 基本控制功能
BCF bulked continuous filament 膨化变形长丝
BCFE Broadcast Control Functional Entity 广播控制功能实体
BCG bacillus Calmette-Guérin 卡介苗
BCGA British Cotton Growing Association 英国植棉协会
BCH Broadcast Channel 广播信道
BCG bromocresol green 溴甲酚绿
Bchst. Buchstabe 字母
BCIE Bearer Capability Information Element 承载容量信息单元
BCIRA British Cast Iron Research Association 英国铸铁研究学会
BCIRA British Cotton Industry Research Association 英国棉纺织工业研究协会
BCIS Bureau Central international de Sismologie 国际地震中央局
BCM Basic Call Manager 基本呼叫管理器
BCN Broadband Communication Network 宽带通信网
BCNU be seeing you 正在看;正在观察;再见
BCNU bis-chloroethyl-nitrosourea 氯乙亚硝脲,卡氮芥(抗癌药)
BCO Binary Coded Octal 二-八进制
BCOB Broadband Connection Oriented Bearer 面向宽带连接的承载
BCP Basic Call Processing 基本呼叫处理
BCPN Business Customer Premises Network 商业用户产权网
BCPS Basic Call Processing Subsystem 基本呼叫处理子系统
BCPS beam candlepower seconds 光束烛光秒
BCS Block Check Sequence 块校验序列
BCS BTS Communication Subsystem 基站通信子系统
BCSM Basic Call State Model 基本呼叫状态模型
BCST Broadcasting Module 广播模块
BCUG Bilateral Closed User Group 双边闭合用户组
BCUP Basic Call Unrelated Process 基本呼叫不相关处理
BCUSM Basic Call Unrelated State Model 基本呼叫无关状态模型
Bcwl Schiff Breite in der Konstruktionswasserlinie 设计吃水线的船宽
Bd. Bad, Bäder 电解槽,池,浴;溶液,电解液;染浴;纺丝浴;浸渍池
Bd Band 卷,册;带,带材;波段;磁带;频带
Bd Bandstreifen 钢带;纸带;焊管坯
B/D Bank Draft 银行汇票
Bd Baud 波特(信号速度单位)
2B+D B Channel, Rate: 64kb/s ISDN 的基本速率接入,相当于两个B通路和一个D通路组成的接口
30B+D B Channel, Rate: 64kb/s; D Channel, Rate: 64kb/s ISDN 的基群速率接口,2048 kb/s
BD Bergungsdampfer 打捞船;救生船
BD Bleidraht 铅丝
Bd Blockdiagramm 方块图,框图;流程示意图
BD Blu-ray Disc 蓝光光盘
Bd. bond. 债券
BD Bonner Durchmusterung 波恩星表
Bd Bündel 丝束,纱束,捆,小包;簇

BD Bundesbahndirektion 联邦铁路管理局
BD Bus-duct 母线槽,母线管道
Bd Frequenzband 频带;波段;频谱;频率范围
B. d. A. Befehlshaber der Aufklärungsschiffe 侦察舰舰长
BdB Bundesverband der Betonsteinindustrie 联邦混凝土制品工业协会
BDC bottom dead center 下死点
B-DCS Broadband DCS 宽带交叉连接系统
Bde Bände 册,卷(复数)
BDE Betriebsdatenerfassung 操作数据检测,生产数据获取
BDE Borland Database Engine Borland 数据库引擎
BdF Bund Deutscher Farbberater 【德】联邦染色顾问协会
BDF Bundesverband des Deutschen Güter-fernverkehrs 【德】联邦长途货运联合会
Bdg (BDG) Bedienungsgerät 操作设备,操作仪器
Bd-gerüst Breakdown-Gerüst 开坯机架,粗轧机架
BDGP Broadcasting Data packet Grouping Protocol 广播数据包分组协议
Bd. Gr. Brandgranate 燃烧弹
BDI Bund Deutscher Ingenieure 德国工程师协会
BDI Business Data Interchange 商务数据交换
B-Dienst Beobachtungsdienst 观察业务
BDLI Bundesverband der Deutschen Luft- und Raumfahrtindustrie 德国航空与宇宙航行工业联合会
Bdm Bohrdezimeter 钻进分米
BDN Barred Dialing Number 禁止拨号
BDN Bundesverband des Deutschen Güternahverkehrs 德国短途运输联合会
bdo Bundesverband Deutscher Omnibusunternehmer 德国客车企业协会
BDPSK binary differential phase shift keying 二相差分相移键控
Bds. Boards 董事会
BDS Bundesverband Deutscher Stahlhandel 德国钢铁贸易协会
BDS Buttress mit Dichtsitz und Stoß 带密封面和接口的梯形螺纹;石油套管和油管螺纹
BDSG Bundesdatenschutzgesetz 德国联邦数据保护法
B-DSL (BDSL) Broadband Digital Subscriber Loop 宽带数字用户环,宽带数字用户回线
BDT Backmann differential thermometer 贝克曼差示温度计
BDT Blendomat 程序控制混棉开棉机
BDTS Bescheid-Teilnehmerschaltung 查询用户线路
B. d. U. Befehlshaber der Unterseeboote 潜艇艇长
BDV Bund Deutscher Verkehrsverbände 德国交通协会联盟
BDV Bundesverband der Diplomingenieure für Vermessungswesen 【德】联邦特许测量工程师联合会
BDVI Bund der öffentlich bestellten Vermessungsingenieure 政府任职的测量工程师协会
BdW Bootsmann der Wache 执勤的船员;执勤的水手长
Bd. Z. (Bdz) Bodenzünder 弹底引信,地面起爆器
BdZd 3.7 **cm Pzgr** Bodenzünder der 3.7 cm Panzergranate 37 毫米穿甲弹用弹底引信
Bd. Z. o. V. Bodenzünder ohne Verzögerung 弹底瞬发引信
Bdz u Kz Bodenzünder und Kopfzünder 弹底引信和弹头引信
B. E. Bachelor of Engineering 工学士
BE base excess 碱过剩
BE Bauelement 构件,部件;标准元件,结构元件;标准电池
Bé (Be) Baumégrad, Beaume 波美度,波美液体比重计
BE Beobachtungsentfernung 观察距离
BE berührungsloser Endschalter 无接触终端开关,无接触极限开关
Be Beryllium 铍
BE Besondere Einflüsse 特殊影响
BE Betriebseinheit 操作装置,运算装置
BE Betriebserde 运转接地,零点接地
B/E. bill of exchange 汇票
BE biological Engineering 生物工程学
BE biologische Einheit 生物学单位
BE Border Element 边缘元素
BE Brennelement 燃料元件
Be Excess burst size 超释放量,超裂解量
BEA Befelabfertigung 指令发送
BEA British European Airways 英国欧洲航空公司
BEAM brain electrical activity mapping 脑电位分布图,脑电活动映射
BEAN Bordelektronik-Autonetzwerk 车身电子区域网络
bearb. bearbeitet 经过加工的,修改的,修订的
Bearb. Bearbeitung 加工,处理;编辑;栽培,开垦
Beb. Behandeln 处理;处置;加工
BEB Brennelementbündel 燃料元件束

BEC Business English Certificate 商务英语证书
BECN Backward Explicit Congestion Notification 后向显式拥塞通知
Bed. Bedarf 耗量,需要量;需要,需用;必需品
Bed. Bedeutung 意义,重要性
bed. bedienen 从事,操作
Bed. Bedienung 服务,操作;管理,运行;调整,控制
BEE basal energy expenditure 基础能量消耗量
Bef. Befeuerung 加热,点火
Bef. Beförderung 搬运,运输;促进,加速
Bef. Beförderungsbuch 运行表,运输时间表
Bef. Befund 检验结果;目录
Bef. -Beschr. Beförderungsbeschränkung 运输限制
Bef. -Fr. Beförderungsfrist 运输期限
Bef. Kw. Befehlskraftwagen 指挥汽车
Bef. Pl. Beförderungsplan, Beförderungspläne 运行表,运输时间表
Bef Pz Befehlspanzer 指挥坦克
Befst Befehlsstelle 指令位,指令室,指令台
Befstw Befehlsstellwerk 集中调度室,指令信号塔,指令信号装置
BefZReg Befehlszählregister 指令计数记录器
Beg. Beginn 开始,开端
BEG Bodeneffektgerät 地面效应交通器,气垫交通设施
BEG Luftkissenfahrzeug 气垫车,气垫船
begr. begradigen 使路平直,找平,找正
begr. begrenzt 受到限制的,划定界限的
Begr. Begrenzung 限制,挡块,极限,界限,晶界
Begr. Begriff 概念,观念,理解
begr. begründen 建立,论证
begr. begründet 已建立的,经过论证的
Begr. Begründung 创立,建立,论证
BeGr Betongranate 混凝土爆破弹
Beh. Behälter 容器,槽,储槽,蓄水池,油槽
beh. behandeln 处理,处置,使用
beh behandelt 经过处理的,经过治疗的
Beh. Behandlung 处理,加工,操作;维护;医疗
Beh. Behelf 补助,辅助方法,辅助设备
beh. behelfsmäßig 紧急的,应急的;临时的
BEI Betriebforschungsinstitut 企业研究院
Beibl. Beiblatt 副刊,附录,补编
beif. beifolgend 附于信中的
beif. beifügen 附加,增补
Beih. Beiheft 副本,副刊
Beil. Beilage 附件,附录,附则
beil. beiläufig 附带的;beiliegend(随信)附寄的
Beildg Beiladung 额外装载;起爆充气
Beis. Beisatz 附加物,混合物,合金
Beisp. Beispiele 例子,例证,范例
beisp.(bspw.) beispielsweise 例如,举例来说
Beist. Beistellung 横向给进,给水,给气调节
Beitr.(Bg.) Beitrag 文章,稿件;贡献
Beitr. Beitragsbemessungsgrundlage 量值测定基础
Beitr. -Bem. -Gr. Beitragsbemessungsgrenze 量值测定极限
Beitr. -Erh. Beitragserhöhung 量值提高
BEK Bayer. Kommission f. d. Internationale Erdmessung 巴伐利亚国际地球测量委员会
BEK Betriebsmitteleingabekarte 操作通知输入卡
bel. beladen 加载,装载,装料,充电,带电
Bel. Belag, Beläge 层,衬层,沉淀,铺板,涂层,垫底层
bel. belasten 加负载,装料
bel. belastet 加载的,加负荷的
Bel. Belastung 负荷,负载,装料
Bel. Beleg 证据,证明,凭证;例证;引证的出处
Bel. Belege 涂料,油漆,衬里,表面电荷,电容器片
bel. belegen 覆,被,盖,镶边
bel. beleuchten 照明,照射;阐明,说明
Bel. Beleuchtung 照明,照度,照明设备
bel. belichtet 被照射的,被照明的;曝光的
Bel. -Gew. Belastungsgewicht 荷重
Bel. -M.(-Messer) Belichtungsmesser 曝光表
Bel. -Pr. Belastungsprobe 负荷试验
Bel. -St. Belastungsstärke 负荷强度
Bel-St. Beleuchtungsstärke 照度
Bel. -Zeit. Belichtungszeit 曝光时间
Bem Bemerkung 备注;附注;评语
Bem. Bemessung 定尺寸,测量,测定
BEM boundary-elemente-methode 边界元法
Bema Bewertungsmaßstab 评价尺度,计价比例
Bem. -Gr. Bemessensgrenze, Bemessungsgrenze 测量极限
Bem. -Grundl. Bemessensgrundlage, Bemessungsgrundlage 测量基础
Bemi Betriebsmittel 生产装备
Bem. -Richtl. Bemessungsrichtlinien 测量方针,测量准则
Ben. Benotung 说明,注解
Ben. Benutzung/Benützung 利用,使用
BENELUX Belgique, Nederlands, Luxemburg 比利时,荷兰,卢森堡
Benz Daimler-Benz AG 戴姆勒-奔驰公司
Benzit 1,3,5-Trinitrobenzol 1,3,5-三硝基苯
BeO Beryllerde 氧化铍
beob. beobachten 观察,研究,观测
Beob. Beobachter 观测者

beob. beobachtet 观察的;监视的
Beob. Beobachtung 注意;观察;观测;监视
Beob. Ger. Beobachtungsgerät 观测仪器
Beob. P. Beobachtungspunkt 观测点
Beob Pz Beobachtungspanzer 侦察坦克,观察坦克
Beob. St. Beobachtungsstand 观察所
Beob. W. Beobachtungswagen 观察车
BEPO (Bepo) British Experimental Pite O 英国实验性O型反应堆
BEPP 基础工艺设计软件包
BER Basic Encoding Rules 基本编码规则
ber. berechnet 计算的;估计的
Ber. Bereich 范围;幅度;波段,量程
ber. bereinigen 清洁,清算
Ber. Bereinigung 清洁,清算
Ber. Bericht 报告,报道
Ber. Berichtigung 更正,校正
BER Berliner Experimentier-Reaktor, HMI 柏林实验堆(属哈恩·迈特纳研究所)
BER Bit Error Rate 误码率,误比特率,数元误差率
BER Bit Error Ratio 误比特率,误码率,比特差错率
berat. Ing. beratender Ingenieur 顾问工程师
Ber. deut. pharm. Ges. Berichte der deutschen pharmazeutischen Gesellschaft 德国药物协会简报(德刊)
Ber. -Dienst Beratungsdienst 咨询服务
BerechVO Berechnungsverordnung 计算规则
Bergakad Bergakademie 矿业学院,矿业研究院
Bergb. Bergbau 矿山开采,矿床开采
Bergbau-Akt. -Ges. Bergbau-Aktien-Gesellschaft 采矿工业股份公司
Bergbau-Arch. Bergbau-Archiv 矿业文献,矿业文集
Bergbau-Rdsch. Bergbau-Rundschau 矿业周报
Bergbautechn. Bergbautechnik 矿业技术
Bergbauwiss. Bergbauwissenschaften 采矿工艺规程
Bergd Bergungsdampfer 打捞船;救生船
Ber. Geol. Ges. DDR Berichte der Geologischen Gesellschaft in der Deutschen Demokratischen Republik 德国地质协会通报
Ber. ges. Physiol. experl. Pharmakol. Berichte über die gesamte Physiologie und experimentelle Pharamakologie 生理学和实验药学汇报(德刊)
Berggew. Berggewerkschaft 矿工工会
Berging. Bergingenieur 采矿工程师
Ber. -Grundl. Berechnungsgrundlage 计算基础
Bergs-M Bergungsmotorschiff 打捞船;救生船
Bergvermessungstechn. Bl Bergvermessungstechnische Blätter 矿山测量简报
Bergw. Bergwerk 矿山企业;矿山;矿井
Bem. Bemerkung 注释,附注
BERT Bit Error Rate 误码率,数元误差率
BERT Bit Error Rate Testing 误码率测试
Bes Besatzung 船员(总称)
bes. besichtigen 参观,勘测,检阅
bes. besondere Vorschrift 特殊规范;特殊规定
bes. besonders 尤其是,特别的,特殊的
bes. besonnen 受日光照射
BESA British Engineering Standard Association 英国工程技术标准协会
Besch. Beschichtung 涂层,涂敷,涂膜
Besch. Beschuss 照射,轰击,射击
beschl. beschleunigen 加速
Beschl. Beschluss 决定;决议
beschr. beschränkt 受到限制的
Beschr. Beschränkung 限制
Beschr. Beschreibung 叙述,描写
Beschr. Beschriftung 标记,符号,代号,记号;图例,图注
BesL Besetztlampe 忙线信号灯,占线信号灯
BESM Berechnung der auf den Satelliten wirkenden Kräfte von Erde Sonne und Mond 地球、太阳、月球对卫星作用力的计算
Besp. Bespannung 张紧,拉紧
BESPO Berufs- und Sportbekleidung 工作服及运动服
bespr. besprühen 喷洒,浇灌
Betr. Betrag 总计;总数
Betr. betreffend 关于;有关
Betr. Betrieb 运转,操作;企业
BESSY Brennelement-Schutzsystem des SNR-300 SNR-300的燃料元件防护系统
Best. Bestand 持续,持久;保有量;库存
Best. Bestandteil 零件;成分;组分;构件;分力
Best. Bestandteile 成分,组分;构件,零件
best. bestehen 存在;由……组成
Best. Bestellungen 定货,定单
Best. Bestimmung 确定,指定;目的,目的地
BEST Böhler elector slag topping 电渣补铸冒口
Best. Nr. Bestellnummer 订货号
bestr. R. bestrichener Raum 扫射范围,扫掠范围
Bestrw. Bestreichungswinkel 扫掠角度,射击扇面
bes. V. besondere Vorschriften 特殊规范,专业规范
BET Balanced Emitter Transistor 平衡发射极晶体管

B-ET Broadband Exchange Termination 宽带交换终端
BET Brunner-Emmett-Teller method 布鲁瑙厄-埃梅特-泰勒表面积测定法;BET(测定催化剂或吸附剂表面积)法
Betgr. Betongranate 混凝土爆破弹
Bet.-Quote Beteiligungsquote 参加部分,参加数
Betr. Betrag 总计;总数,和
betr. betreffend 有关的,涉及的,提到的
betr. betreffs 关于,有关的
betr. Betrieb 企业,工厂,车间;生产;运转,操作
Betr.-Ber. Betriebsberater 企业顾问
Betr.-Ber. Betriebsberatung 企业咨询
Betr.-Min. Betriebsminute 分计生产时间
Betr. O.(Betro, Betr.-Ord.) Betriebsordnung 使用规程,操作程序
Betr.-Pr. Betriebsprüfung 生产检验
Betr. Spg Betriebsspannung 工作电压
Betr.-St. Betriebsstätte 工场,车间,修理车间
Betr.-St. Betriebsstatut 生产条例
Betr.-St. Betriebsstoff 生产原料,内燃机燃料
Betr-Std. Betriebsstunden 工作小时,作业小时,工时
betr.-techn. betriebstechnisch 生产技术的,操作技术的
Betr.-Ver. Betriebsvereinbarung 生产协议
Bett. Bettung 固定炮架,基座,底座
Bett. Besch. Bettungsgeschütz 固定炮架式火炮
Bet.-Verh. Beteiligungsverhältnis 参与关系,参加比例
Beutelkart Beutelkartusche 装入药包的发射药
BEV Beratungsgruppe für Entwicklungshilfe im Vermessungswesen 援助发展中国家测量事业咨询组
BEV Bergbau-Elektrizitäts-Verbundgemeinschaft 矿业及电力康采恩
Bev. Bevollmächtigter 全权代表
Bev. Bevormundung 监视,监护,监督
BeV Billion Elektronenvolt 千兆电子伏特,10^9电子伏;倍夫
BEV Böschungsentfernungsverhältnis 坡度与水平距离比;坡度比
Bew. Bewaffnung 装备,武装;军备,武器,军械,军火
Bew. Bewährung 证实,证明
Bew. Bewässerung 湿润,洒水,灌溉
bew. beweglich 可移动的,活动的
Bew. Beweis 证明,论证;显示,表示
bew. bewertet 估过价的,评过价的
Bew. Bewertung 评价,估价,估算
bew. bewiesen 已经证明的,得到证实的
BEW Blockeinlegewagen 钢坯送进小车,送钢坯小车
BEWAG Berliner Elektrizitäts-Werke AG 柏林电力股份公司
Bewi Dienstanweisung für Betriebswirtschaft 企业经济业务指示
Bew. Tankst. bewegliche Tankstelle 移动加油站
BEX Broadband Exchange 宽带交换
BEX Broadband Switched Service 宽带交换业务
BEZ Bezirk 小区,居民区
bez bezogen auf 指……而言,涉及……
BEZ Regeln für elektrische Zähler 电气计数器规则
bez. Bezahlt 已付
bez. bezeichnen 标记,表示
bez. bezeichnet 加以标记的,给予标志的
bez. beziehungsweise 或,和/或,以及
bez. beziffern 编号,以数字或符号作标记
bez. beziffert 编了号的,加以索引的
bez. bezogen auf 指……而言,涉及,关于
Bez. Bezuge, Bezüge 覆盖层,涂层,关系
Beza Bezügeanzeige 涂层标志,包装层标志
bezgl. bezüglich 有关的,关于,就……言
BezTfLtg BezirksTrägerfrequenz-Leitung 分局载波线路
bezw. beziehungsweise 或者;同样还有,以及
Bf Bahnhof 火车站
BF Band filter 带通滤波器
BF Basisfrequenz 基频
Bf Bastfaser 韧皮纤维
BF Beschaftungsfreigabe 购置许可
BF Betriebsfläche 工作平台,工作场地
Bf Blattfeder 钢板弹簧,板簧
BF Bodenfreiheit 车底距地高
BF Bombenflugzeug 轰炸机
BF Brikettfabrik 煤砖厂
Bf. Beförderung 搬运,运输;促进,加速
B/F Busy/Free 忙/闲
BF Feinbohreinheit 精钻元件
BfA Bundesstelle für Außenhandelsinformation 【德】国家对外贸易情报局
BfB Bundesanstalt für Bodenforschung 【德】联邦土壤研究所
Bfbtl Briefbeutel 信袋;邮袋
BFCFC Broadcast Feedback Channel Flow Control 广播反馈信道流控制
BFD Bedienungsfeld 操作面板
BfE Bundesstelle für Entwicklungshilfe 【德】国家发展援助局
BfE Büro für Erfindungs- und Vorschlagwesen

【前民德】创造发明和合理化建议局
Bfg. Befähigung 技能
Bfg. Beifügung 附加,增补,附加语
BFH Bundesfinanzhof 【德】联邦财税法院
BFHR baseline fetal heart rate 基础胎心率
BFI Bad Frame Identity 坏帧标识
BFI Bad Frame Indication 坏帧指示
BFI Betriebsforschungsinstitut 工艺研究所,企业研究所
BFK Borfadenkunststoff 硼纤维增强塑料
Bfk Briefkasten 信箱
Bfk Brikettfabrik 煤砖厂
BfL Briefliste 邮件单
BfL Bundesanstalt für Landeskunde 【德】联邦地方志局
BfLR Bundesforschungsanstalt für Landeskunde und Raumordnung 【德】联邦地方志与土地规划研究所
Bfm Briefmarke 邮票
bfn (b. f. n.) brutto für netto (Preisberechnung nach dem Bruttogewicht) 按毛重计价
BfN Büro für Neuererwesen 企业革新运动办公室
BFN bye for now 再见
BFPl Buchfahrplan 行驶时刻表
BFR Bragg Fiber Reflector 布拉格光纤反射器
B-Frame Bidirectional-Frame 双向帧;双向画面
BfS Beauftragter für Standardisierung 标准化全权代表
BFS Bundesanstalt für Flugsicherung 【德】航空安全局
BfS Büro für Standardisierung 【前民德】标准化办公室
BFSK binary frequency shift keying 二进制频移键控
BFSTG Bundesfernstraßengesetz 【德】联邦道路法
BFT Binary File Transfer 二进制文件传输
BFTP Broadcasting File Transfer Protocol 广播文件传送协议
Bg Bagger 挖掘机;挖土机;挖泥船
BG ballistisches Galvanometer 冲击电流计
BG Bandgerät 磁带录音机
BG Bandgeschwindigkeit 磁带速度
Bg Basisgerät 主机
Bg. Bedienungsgerät 控制器,操作仪,操纵仪
b. g. bedingt gestattet 有条件地允许
Bg. Beigung 弯曲,曲率,曲度,挠度,衍射
Bg. Beitrag 份额,部分,量值;贡献;会费;保险费
Bg Berg 山,山脉
BG Bergbau-Gasschutzgerät 矿山救护用氧气呼吸器
BG Berggesetz 采矿工业法规,采矿法规;矿山条例
BG Berufsgenossenschaft 同业工伤事故保险联合会
Bg Bindegewebe 包装织物,包扎织物
Bg Blechschraubengewinde 自攻螺纹
BG blood group 血型
Bg Bogen 弧,弧线,圆弧,电弧;单张纸
BG Bohrgerät 钻机,凿岩机,钻探机械
BG Border Gateway 边界网关、边界关口
bg Bremsgitter 抑制栅;保护栅
Bg Brigade 旅
Bg Buchungsstelle für Fernmeldegebühren 电信费用簿记处
BG Bulletin Géodésique 国际大地测量公报
BG Bundesgericht 【德】联邦法院
BG1 Bureau Gravimetriqe International 国际重力测量局
BGA Ball-Grid-Array 球阵列封装
BGA Bundesverband des deutschen Groß- und Außenhndels 德国批发和对外贸易国家协会
Bgb Bergdau 采矿学;矿业;采矿工程;矿床开采;矿山企业,矿山
BGB Bürgerliches Gesetzbuch 民法法典
Bgesch Beobachtunggeschoss 试射
BGF Gewindefräsbohren 铣螺纹孔
BGH Bundesgerichtshof 【德】联邦最高法院
BGI Bibliographie Géodésique Internationale 国际大地测量学文献目录
BGIWP Barring of GPRS Interworking Profiles 闭锁通用分组无线业务(GPRS)互通文件
bgl. beglichen 平衡过的,补充了的
BGL Bundesverband Güterkraftverkehr und Logistik 德国货物运输及物流协会
BGM biological growth medium/biologische Grundmasse 生物培养基
BGMP Border Gateway Multicast Protocol 边界网关多点传送协议
BGP Border Gateway Protocol 边界网关协议
BGP-MP Multiprotocol Extension for BGP-4 BGP4的多协议扩展
Bg Pz Bergepanzer 山地坦克
bgr. begradigen 找平,使齐平
Bgr. begradigt 找平了的
bgr. begründen, begründet 建立(了的),创立,论证
BGR Bundesanstalt für Geowissenschaften und Rohstoffe 【德】联邦地球科学和原料局
BGRAN Broadband Generalized Radio Access Network 通用宽带无线接入网络

Bgrz. Begrenzung 限制；挡铁；极限，界限，晶界
bgrzt. begrenzt 受到限制的
BGS Bundesgrenzschutz 德国联邦边境防卫处
BGT Block Guard Time 轮挡保护时间
Bgw Bergwerk 矿山企业；矿山；矿井
BH (B. H.) Bauhöhe 楼层高度；建筑高度；设计高度
Bh. Beiheft 增补，补足，追加，增刊，补遗
Bh. Bewährungshelfer 验证助手，检验助手
BH Bohrhammer 凿岩机，钻孔机，冲击钻机
Bh Bohrium 前苏联对105号元素的命名；105号元素
BH Brinell-Härte 布氏硬度
BH Bulletin Horaire du BIH 【法】国际时间局授时公报
BH Büstenhalter 胸罩，乳罩
Bh 107号元素，由前苏联命名
BHB Betriebshandbuch 运行手册，操作手册
BHC Benzenhexachlorid/Benzolhexachlorid 六六六；六氯化苯杀虫农药
BHC Busy Hour Call 忙时呼叫
BHCA Busy Hour Call Attempt 忙时呼叫尝试，忙时试呼
BHCA Busy Hour Calling Amount 忙时呼叫次数
BHCC Busy Hour Call Completed 忙时呼叫完成
Bhf Bahnhof 铁路车站，火车站
BHI Bureau Hydrographique International 国际水道测量局
BHKW Blockheizkraftwerk 中央热电站
BHP biologisches Gefährdungspotential 潜在生物危害性
BHP (bhp) brake horsepower 制动马力
Bhrg. Bohrung 孔，孔腔，孔眼，穿孔
Bhr. Ptr. Bohrpatrone 爆破药筒，爆破药块
BhrPatr 88 Bohrpatrone 88 式爆破弹(含苦味酸)
BHS Batteriehauptschalter 电池总开关
BhSkL Behelfssockellafette 辅助旋座式固定炮架
BHT Braunkohlenhochtemperatur 高温褐煤
BHT-Koks Braukohlen-Hochtemperaturkoks 褐煤高温焦炭
BHZ Berliner Handelszentrale 柏林贸易中心
BI all Barring of Incoming call 全闭锁入呼叫
Bi Benzin 汽油
BI Betriebsingenieur 企业工程师，生产工程师，制造工程师
Bi Biot (1Bi＝10Ampere) 电流单位(1毕奥＝10安培)
BI Birke 白桦
Bi Bismutum，Wismut 铋
BI Business Intelligence 商业情报，商业智能化
BI Bus Interface 总线接口
B/I Busy/Idle 忙/闲
BIAG. Braunkohlen-Industric-Aktien-Gesellschaft 【德】褐煤工业股份公司
BIB Bekleidungsindustrie-Berufsgenossenschaft 【德】服装工业同业公会，服装工业职业同盟
BIBB Bundesinstitut für Berufsbildung 【德】联邦职业教育学院
Bibo Benzin-Benzolgemisch 汽油和苯混合物
BIC Baseline Implementation Capabilities 设备能力基线
BIC-Roam barring of incoming calls when roaming outside the home PLMN country 当漫游到原籍 PLMN 国家以外时禁止所有入呼叫
BID Binding Identity 包装识别，见包装盒说明
BID Board Inward Dialing 话务员转接的呼入
bid. (b. i. d.) zweimal am Tage/twice a day 每日二次
BIDI Binary Coded Decimal Interchange 二-十进制交换
BIDS Broadband Integrated Distribution Star network 宽带综合分配星形网
BIE Base Station Interface Equipment 基站接口设备
BIE Bundesverband Industrieller Einkauf 联邦工业采购协会
BIE Bureau International d'Electrothemie 【法】国际电热局
BIF basis in fact 以事实为依据
BiF Biegeform 弯曲样板，弯曲形状；弯曲磨具
BIFOA Betriebswirtschaftlichen Instituts für Organisation und Automatisierung (德国科隆大学)企业经济结构及自动化研究所
BIGFON Broadband Integrated Fiber Optic Network 宽带综合光纤通信网
B. I. H. Bureau International de l'Heure 国际时间局
Biko Bikomponentenfaser 双组分纤维
BIL Bus Interface Logic 总线接口逻辑
Bild. Bildung 形成，生成，组成，构成；教育，培养，训练
Bild Fpl bildlicher Fahrplan 列车运行图；图示计划表(调度表、日程表、安排表)
bildl. bildlich 图解的，图示的，形象的，明了的
Bild. -Progr. Bildungsprogramm 教育方案，教育规划
Bild. -Ref. Bildungsreform 教育改革
BILI bilirubin 胆红素
Bill. (Bio) Billion 万亿，10^{12}(德与英)；十亿，10^{9}(法与美)

billi. billionth 第一万亿的
BIMCO Schiffahrtskonferenz der Trampschiff-fahrt 波罗的海国际不定期航行海运同盟
BImSchG Bundes-Immissionsschutzgesetz 【德】联邦污染控制法
Bin. Binnenschiff 内河船
B-IN Broadband IN 宽带智能网
BIN Business Information Network 商业信息网络
Bing Betriebsingenieur 车间管理工程师,生产工程师
BinnSchSO Binnenschiffahrtsstraßen-Ordnung 内河航道法规
Biochem. Z. Biochemical Zeitschrift 生物化学杂志(德刊)
Biol. Biologie 生物学
biol. biologisch 生物的
BIOS Basic Input/output System 基本输入/输出系统
Bio-Tech. Biotechnologie, Biotechnik 生物技术
BIP Bit Interleaved Parity 比特间插(交错)奇偶校验
BIP-8 Bit Interleaved Parity order 8 8位比特间插奇偶检验
BIP Bruttoinlandsprodukt 国内生产总值
BIP-ISDN Broadband, Intelligent and Personalized ISDN 宽带化、智能化和个人化的ISDN(综合服务数字网)
BIPM Bureau International des Poids et Mesures 国际度量衡局
BIPP aBis Interface Peripheral Processor Abis接口外围处理器
BIP-X Bit Interleaved Parity of depth X X位比特间插奇偶校验
BIRE Benzin-Redestillation 汽油再蒸馏
BIS betriebswirtschaftliches Informationssystem 企业经济信息系统
BIS Business Information System 商业信息系统
B-ISDN Breitband/Broadband-Integrated Services Digital Network 宽带综合服务数字网络
BISPO Bring Into Service Performance Objective 交付使用性能指标
Bist Biegestanze 弯曲模具,弯曲冲压机
BISUP (B-ISUP) Broadband ISDN User Part 宽带综合业务数字网用户部分
bisw. bisweilen 有时,间或
Bit basic information unit/Einheit für den Informationsgehalt einer Nachricht 基本信息单位,比特
BIT Basic Interconnection Test 基本互连测试
bit Binary Digit 比特,二进制位
Bit. Bitumen 沥青
BitBlt Bit-Block-Transfer 位块传输
BITDP Diisotridecylphthalat 邻苯二酸二异十三癸酯
BITEs Backward Interworking Telephone Events 后向互通电话事件
Bit/s Bit pro Sekunde, Einheit der Übertragungsgeschwindigkeit 每秒比特数(传输速度单位)
BITS BIT Synchronization 比特同步,位同步
BITS Building Integrated Timing Supply 大楼综合定时供给
BITS Building Integrated Timing System 大楼综合定时系统
BIU Abis Interface Unit Abis接口单元
BIV Bovine Immunodeficiency Virus 牛免疫缺陷病毒
BIZ Bank für Internationalen Zahlungsausgleich 国际支付平衡银行
Bj. Baujahr 建筑年份,制造年份,出产年份
BJ (BJP) Bence Jones Protein 本周氏蛋白
BJ Besselsches Jahr 贝塞尔年
Bk Bake 标杆;浮标,航标;路标
Bk. Bank 工作台,车床,架座,岩层
Bk. bank-book 账簿
Bk Bark 阉猪
BK Basiskomponinte 基础元件,基本元件
BK Basiskraftstoff 基础燃料,基准燃料
BK Batteriekasten 蓄电池箱
Bk. Baukunst 建筑艺术
BK (Bk) Berkelium 锫
BK Betriebskontrolle 生产检查;操作管理;业务监督;技术监督
BK Betriebskosten 运转费用;物业费
BK biologische Kampfmittel 生物战剂
B. K. Blendkörper 烟幕筒,烟幕弹
Bk Blockstelle 信号站,信号台
BK. Bogheadkohle 沥青煤,藻煤
BK Bordkanone 机上或舰上火炮
BK bradykinin 缓激肽,血管舒缓激肽
BK Bremsklotz 制动蹄,制动块
BK Brikettierkohle 制煤砖用煤;制煤砖煤矿
BK Kastenständerbohrmaschine 箱形截面立柱式钻床
BK zugblank hart 硬光亮拔制的
BKA Bereichsknotenamt 区域电话交换局
BKA Bundeskartellamt 【德】联邦卡特尔局
BKE Betriebskontrolleinrichtung 生产检查设备;运行控制设备
BKE Brechkrafteinheit 遮光单位
Bkg. BANKING 银行业

BKGG Bundeskindergeldgesetz 【德】联邦家庭津贴法
BKH Bikarbonathärte 碳酸氢盐硬度
BKK Braunkohlenkombinat 褐煤联合企业
BKKS Braunkohlenkoks 褐煤焦炭
Bkl. Bekleidung 加套,加衬,加外壳,加盖,覆盖物
BKL Belegungskontrollampe 占线检测灯
BKL Brennstoffkreislauf 燃料循环
BKM geschweißt und maßgewalzt 焊接的和定径轧制的
B-Krad Beiwagenkrad 带边车的摩托车
BKS Benutzerkoordinatensystem 用户坐标系统
Bksig Blocksignal 闭塞信号
BKSS Bergbau-Kosten-Standard-System 矿业成本计算标准制度
BKV Berufskrankheiten-Verordnung 防治职业病的规定
BKV Betriebskollektivvertrag 企业集体合同
BkVA Blindkilovoltampere 无功仟伏安
BKW Beobachtungskraftwagen 观察车
BKW Bernische Kraftwerke 【瑞士】伯尔尼发电厂
BkW Blindkilowatt 无功千瓦
BKW Braunkohlenwerk 褐煤矿
BKW zugblank weich 软光亮拔制的
BL Belegtlampe 占线信号灯
BL Betriebsstofflager 燃料和润滑剂的存储设备
B/L bill of lading 提货单
Bl. (**bk.**) blank 光亮的,抛光的,平滑的,无绝缘的
bl. blanko 空白的
Bl. Blasé 气泡,气孔;烧瓶,蒸馏釜
Bl. Bläser 鼓风机,风箱,风扇,通风器,加压机,压缩机,吹塑成型机
Bl. Blatt 叶,页,张,刊物,标准活页
Bl. Blattfaser 叶纤维
Bl Blattfeder 板簧,钢板弹簧
BL Blatt Norm 标准活页
bL blau 蓝色的
Bl. Blech 板,叶片,薄板,铁皮,板材,钢板,金属板
Bl. Blei 铅
bl. blind 盲的,无光泽的
Bl. Blindgänger 不爆炸炮弹,不爆炸弹,哑弹
Bl. Blinker 闪光器,闪光信号器
Bl. Block 块,堆,锭,部件,分程序,滑车,闭锁
Bl. Blockade 封锁,闭塞
Bl. Blocklänge 信息组长度
Bl. Bluse 女上衣,女衬衣
B-L Boden-Luft 地-空
BL Bondlänge 压接长度
BL Bordlafette 机上或舰上炮架
BLA Blocking-Acknowledgement Signal 闭塞确认信号
BLA Boden-Luft-Abwehr 地-空防御,地面防空
BLAST Layered Space Time 分层的时空技术
Blasvers. Blasversatz 风力充填,装满空气
Blätt. Blättchen 薄片;薄层;薄板
Bld. Bild 图像,图画,插图
Bld Blechdose 白铁盒,洋铁罐
BLD blood 血液
Bldg Beladung 装载,装货,装料;装填,装弹;充电
BLER Block Error Ratio 块误码率,误块率,码组差错率
BLERT Block Error Rate Testing 块错误率测试
Blf blätterförmig 成叶状或片状的
BLG Baulandgesetz 建筑用地法
Blickp. Blickpunkt 视点
Blickw. Blickwinkel 视角
Blk. Balken 影线,细线条,梁,柱,(螺纹的)牙顶
Blk. Balkon 阳台,楼座
BLK Bayerische Landesbodenkreditanstalt 巴伐利亚州地产贷款银行
BlK Blaukreuz 蓝十字(德国喷嚏性毒剂的标号)
BLK. Blinkfeuer 闪烁信号灯;闪光
BLK Block 字组,信息组;程序块;存储块
BLLG Blocklänge 钢坯长度,钢锭长度,管坯长度;实心长度,实心高度;区间长度
BLM bleomycin 博来霉素,争光霉素
BLM Blindleistungsmaschine 相位变换器,进相机
BLMO Blockeinsatz/Monat 月投料量
Bl.-Nr. Blattnummer 页码
BLNT Broadband Local Network Technology 宽带局部网技术
BLO Blocking Signal 闭塞信号
BLOB Binary Large Object 大数据块,二进制大对象
BLOBID Binary Large Object Identifier 大数据块标识符
BLOGS web logs 网络日记,博客
BlP Blättchenpulver 片状药粉
Bl. P. Blechpulver 片状火药
BLP Bypass Label Processing 旁路标号处理
BLR Blocking Request 阻塞请求
BLRA British Launderers' Research Association 英国洗衣业研究协会

BLS Betriebsluftschutz 【前民德】企业防空
Bls Blaugasschmelzschweißen 水煤气熔焊
BLS Broadband Local Switch 宽带市话本地交换
BlScht Blindschacht 盲井
BLSR Bi-directional Line Switching Ring 双向线路倒换环
BLSV Bundesluftschutzverband 联邦防空协会
Blt. Blatt 叶,片,板;刀片,锯片;报刊;钢筘,针板条
Blt Blättchen 薄片,薄层,薄板
BLV Bayerischer Luftsportverband 【德】巴伐利亚航空运动联合会
Bl. Vbdg Blinkverbindung 闪光信号(联系)
Bl. -Verschl. Bleiverschluss 铅封
BlWaff blanke Waffen 白刃武器
BLZ Bankleitzahl 银行账号
BM basal metabolism 基础代谢
BM Baseband Modem 基带调制解调器
BM base module 基本模数
b. M. bei Montage 安装时
Bm Belastungsziffer 负荷系数
BM Belichtungsmesser 曝光表,露光计
BM Beschreibungsmuster 规范样式
BM Bildermelder 图画报警器
BM Bohrmaschine 钻探机;钻床
Bm Bohrmeter 凿岩米数
BM Bohrsches Magneton 玻尔磁子
BM Bordmechaniker 随机(船)机械师
b. m. (br. m.) brevi manu/kurzerhand 断然地,迅速地,干脆地,直截了当地
BM Buffer Memory 缓冲存储器
BM Bureau of Mines 【美】矿物局
BM Business Management 商业管理
BM Bytemaschine 信息组机
Bm Full-rate traffic channel 全价电报信道
BM Mehrspindelbohrkopf 多轴钻床
BM 电源电脑
BMA Block Matching Algorithm 块匹配算法
BMA Braunschweigische Maschinenbau-Anstalt 布劳恩施魏克机器制造厂
BMA Bundesministerium für Atomfragen 【德】联邦原子能发展部
B. max. maximale Breite 最大宽度
BMBau Bundesministerium für Raumordnung, Bauwesen und Städtebau 【德】联邦区域规划、土木建筑与城市建设部
BMBF Bundesministerium für Bildung, Wissenschaft, Forschung und Technologie 【德】联邦教育、科学、研究和技术部,联邦教育和科技部
BMBW Bundesministerium für Bildung und Wissenschaft 【德】联邦教育与科学部
BMC Broadcast/Multicast Control 广播/多点传送控制
BMC Bulk-Moulding-Compound 预制整体模塑料
BMC Bus Master Controller 总线主控制器
BMCI Bureau of Mines Characterisation Index 矿业特性鉴定标准局
BMCP Basic Mode Control Procedure 基本方式控制过程
BME biomedical engineering 生物医学工程
BMF bone marrow failure 骨髓功能衰竭
BMF Bundesministerium der Finanzen 【德】联邦财政部
BMFT Bundesministerium für Forschung und Technik 【德】联邦研究技术部(现为联邦研究和教育部)
BMG Bordmaschinegewehr 舰(机)装机枪
BMI body mass index 体重指数,身体质量指数
BMI Bundesministerium des Innern 【德】联邦内政部
Bmin Betriebsminute 最小生产时间,最少工时
BMK Ballistische Messkamera 弹道测量摄影机
BML Bundesministerium für Ernährung, Landwirtschaft und Forsten 【德】联邦粮食、农业和林业部
BML Business Management Information Layer 商务管理信息层
BML Business Management Layer 企业管理层,商业经营层
BMMFF British Man-Made Fibres Federation 英国化学纤维联合会
BMP Billing Management Point 记账管理点
BMP Bill Management Platform 计费管理平台
BMP Bit Map Protocol 位映象协议,数元映象协议
BMP bone morphogenic protein 骨形态形成蛋白
BMR basal metabolic rate 基础代谢率
BMR Biomembranreaktor 生物膜反应堆
BMR bone marrow 骨髓
BMS Billing & Management System 计费和管理系统
BMSR-Technik Betriebsmess-, Steuerungs- und Regelungstechnik 企业(生产)测量、控制和调节技术
Bmstr. Baumuster 样品,模型,式样
BMT bone marrow transplantation 骨髓移植
BMU basic measurement unit 基本测量单位
BMV Bundesministerium für Verkehr 【德】联邦交通部
BMVg Bundesverteidigungsministerium 【德】联

邦国防部

BM Vtdg Bundesministerium für Verteidigung 【德】联邦国防部

BMW Bayerische Motoren Werke AG 巴伐利亚汽车股份公司,宝马股份公司

BMWF Bundesministerium für Wissenschaftliche Forschung 【德】联邦科学研究部

BMWi Bundesministerium für Wirtschaft 联邦经济部

Bmxtr. Baumuster 样品,模型,式样

BMZ Bundesministerium für wirtschaftliche Zusammenarbeit 【德】联邦经济合作部

BN Bariumnitrat 硝酸钡

BN Baumuster-Nummer 模型号码

BN Betriebsnorm 【德】企业标准

BN bit number 比特号码

BN Bundesbahn-Norm 【德】联邦铁路标准

Bnd Bandeisen 带钢

BND Bundesnachrichtendienst 【德】联邦情报局,联邦情报服务处

Bnd E Bandeisen 扁铁,条铁,扁钢,包装铁带,钢箍

BNF Backus Nauru Form 巴科斯诺尔范式

BNN Boundary Network Node 边界网络结点

BNP Brain natriuretic peptide 脑利钠肽

BNR Baunummer 出厂号

BNR Brennstoff-Natrium-Reaktion 燃料-钠-反应

B.-Nr. Buchnummer 书号

Bns Benzolschweißen 苯焊接

BNS British Nylon Spinners 英国尼龙纺织工人联合会

BNS Broadband Network Services 带宽网络服务

B-NT Broadband Network Termination 宽带网络终端

Bnzn. Benzin 汽油;挥发油

BO all Barring of Outgoing call 闭锁全部出呼叫

BO Bauordnung 建筑规程

BO Benutzeroberfläche 用户界面

BO Benutzungsordnung 使用规定,使用制度

Bo Benzol 苯;安息油

BO Betriebsordnung 生产制度

BO Bit Oriented 面向比特的

Bo Bohrschablone 钻模

Bo Bohrung 钻井,钻孔,圆筒内经

Bo Eintrittshöhe (水轮机)进口高度

BOA Bau- und Betriebsordnung für Anschlussbahnen 铁路支线的铺设和作业条例

BOA Benzyl-Octyl-Adipat 苄基己二酸辛酯

BOAN Business-oriented Optical Access Network 面向企业的光接入网

BOB Bau- und Betriebsordnung für Werkbahnen im Braunkohlenbergbau 褐煤工业企业专用铁路的铺设与管理规程

BOB Bau-und Betriebsordnung für Werkbahnen im Braunkohlenbergbau über Tage 露天褐煤矿专用铁路线的铺设和作业条例

BOC Bell Operating Company 贝尔运营公司

BOC black oil conversion/Umwandlung asphaltischer Rückstände 重油转化,黑油转化

BOD biochemical oxygen demand/biochemischer Sauerstoffbedarf 生化需氧量

bodstg. bodenständig 久居的,不常迁徙的;固定于某地的;有依托的

BO-EOC Bit-Oriented Embedded Operations Channel 面向比特的嵌入式操作信道

BOF Basic oxygen furnace 碱性吹氧转炉

BOF Birds of a Feather 专题讨论小组

BoGesch Bohrgeschoss 压模钢制爆破弹

Bohrg Bohrung 钻孔,凿岩

Bohrm Bohrmaschine 钻探机,采凿机

Bohrm. Bohrmeter 凿岩米数

Bohr. Patr. Bohrpatrone 爆破弹,爆破筒

Bohrtechn. Bohrtechnik 钻探技术,采凿技术

BOIC Barring of Outgoing International Calls 闭锁出局国际呼叫,禁止国际的去话呼叫

BOIC-exHC Barring of Outgoing International Calls except those directed to (towards) the Home PLMN Country 闭锁除直接到 PLMN 归属国以外的国际出呼叫

BOIC-Exhc BOIC Except Those Directed To The Home Plmn Country 除了指向本地 PLMN 国家外的 BOIC

Bola Bodenlafette 机枪旋转枪架

BOLT 可广泛运用的语言翻译

BOM Beginning of Message 消息开始

BON Building-Out Network 附加网络

BONT Broadband Optical Network Termination/Schnittstelle optisch-elektrischer Wandlung 宽带光网络终端

BOOM Binocular Omni-Orientation Monitor 双眼监视器

BOOTP Bootstrap Protocol 引导程序协议

BOP basic oxygen process 碱性转炉吹氧炼钢

BOP Bit-Oriented Protocol 面向比特的协议

BOP Bus Out Parity 总线输出奇偶校验

BOPP biaxial orientiertes Polypropylen 双向拉伸聚丙烯

Bord-MG Bord-Maschinengewehr 舷上机枪

BORSCHT Battery Feeding, Overvoltage Protection, Ringing, Supervision, Codec, Hybrid Circuit, Test 用户线基本功能:馈电,过压保

护,振铃,监视,编译码,混合电路,测试
BOS Basic operating System 基本操作系统
BoS Bohrschablone 钻模样板
BOSN Bit-Oriented Switching Network 比特交换网
BOSS Business Operation Support System 业务运营支撑系统
Bo. Stg Bohrgeschoss, Stahlgranate 铸钢弹
BOT beginning of tape 磁带始端
Bot. Botanik 植物学
BOT 建设-经营-移交方式的投资建设项目
BoV Bohrvorrichtung 钻机,凿岩机
BP Bahnpost 铁路邮政
BP Bandpass 带通,带通滤波器
BP Baupolizei 建筑警察部
BP Bedienungspult 操纵台,控制台
BP Beeper 无线寻呼机
BP Bergpolizei 矿警,矿山技术监督
BP (Bp.) Betriebsprüfung 生产检验
BP blood pressure 血压
BP British Patent 英国专利
BP British Petroleum Company 英国石油公司
BP (BPh) British Pharmacopoeia 英国药典
BP Bundespost 【德】联邦邮政
BP Bunkerpendelwagen 梭形料斗矿车
BP Burst Period 爆发期间,爆炸时间
BP 图形测试信号
BPA Bahnpostamt 铁路邮政局
BPA beginnender Paraffin-Ausscheidungspunkt 石蜡开始析出点
BPA Beratender Programmausschuss 计划咨询委员会
BPA Bisphenol A 双酚 A
BPA Bundespatentamt 联邦专利局
BPatr Beobachtungspatrone 试射弹药
B. P. B bank post bill 银行汇票
BPC barometric pressure compensation 气压补偿
bpd barrels per day 桶/日
BPD biparietal diameter 双顶径
BPDU Bridge Protocol Data Unit 桥接协议数据单元,网桥协议数据单元
BPF Band pass filter 带通滤波器
BPH benign prostatic hyperplasia 良性前列腺增生症
BPh British Pharmacopoeia 英国药典
BPI Bekleidungsphysiologisches Institut Hohenstein e. V. 霍恩斯泰因服装生理学研究所
bpi bits per inch/Bits pro Zoll 每英寸位数,每英寸比特数
BPIM Basic Primitive Interface Model 基本的简单接口模型
BPKM-REQ 密钥管理请求
BPKM-RSP 密钥管理响应
Bpl Bauplatz 建筑场地;建筑工地
BPLV Badisch-Pfälzischer Luftfahrtverein 【德】巴登-法尔茨航空协会
BPM ballistic particle manufacturing 喷射微粒制造
BPM beats per minute/Schläge pro Minute 次/分(每分钟心跳);每分钟节拍数
Bpm beats per minute/Schlagzahl Musik 每分钟节拍数
BPO Benzoylperoxid 过氧化苯酰
BPO Betriebsprüfungsordnung 生产检验顺序
BPON Broadband Passive Optical Network 宽带无源光网络
BP/PLC blood platelet count or platelet count 血小板计数
BPr. (B. -Pr). Betriebsprüfung 生产检验
BPR Business Process Reengineering 企业过程再工程,企业流程再造
bps(Bps) bits per second/Bits pro Sekunde 每秒位数,每秒比特数,比特每秒
BPS Bytes Per Second 字节/秒
B. P. S. Bremspferdestärke 制动马力,制动功率
Bps Characters Per Second 每秒字符数
BPSD barrel per stream day; Barrel je Produktionstag 桶/生产日,桶/开工日
BPSK Binary Phase Shift Keying/digitales Modulationsverfahren 二进制移相键控,双相调制
BPT Borderline Pumping Temperature 边界泵送温度
BP-UP BP-UP 保密协议的上行帧
BPV bergpolizeiliche Vorrichtung 矿山警察规章
BPV Bergpolizeiverordnung 采矿工业安全规程,矿井技术管理规程
BPW Bahnpostwagen 铁路邮车
BPW Blechetikettenprägewerk 铁皮标签压印机
BPW Bunkerpendelwagen 梭形料斗矿车
BPX Broadband Packet exchange 宽带分组交换
bpy barrels per year 桶/年
Bq becquerel 贝克勒尔(放射强度单位)
2B1Q 2 Binary 1 Quaternary, 2 Bits of Binary Code is Replaced by A Quaternary or 4-Level Bit Code 两个二进制一个四进制编码
2B1Q Two Binary-To-One Quaternary Line Code 2B1Q 线路码
B/R. bank rate. 银行贴现率
BR Baureihe 结构系列,模型,样机

BR Bayerischer Rundfunk 巴伐利亚广播电台
BR Befehlsregister 指令寄存器
BR Belastungsregler 负荷调节器
BR Berliner Rundfunk 柏林广播电台
BR bestrichener Raum 危险界,杀伤界,毁伤界
BR Betriebsrechner 生产管理计算机
BR Biegerolle 弯曲辊
B. rec. bill reoeivable. 应收票据
BR Binding Request 绑定请求
BR Border Router 边界路由器
Br. Brand 燃烧,火焰,煅烧,烧制
br. braun 褐色的;棕色的
br. breit 宽的
Br Breite 宽度;纬度
Br. Bremse 制动,闸,刹车
BR Bremsedruckeregeler 制动压力调节器
br. bremsen 闸住,刹住
Br. Brenner 燃烧器,喷嘴,烧嘴,炉头
Br Brennschneiden 气割,火焰切割,氧气切割,电弧切割
Br Brennstoff 燃料;可燃物质
Br. Brett 板,架
Br Brom 溴
Br. Bronze 青铜
br. bronzen 青铜制的,青铜色的
Br. (**Brk.**) Brücke 桥,桥接,电桥
Br Brückenhaus 守桥屋
Br Brunnen 井
br. brutto 总重,毛重
BR burning rate 燃烧速度
BR butadiene rubber/Butadienkautschuk 丁二烯橡胶
BR Polybutadien-Kautschuk 聚丁二烯橡胶
BR Radialbohrmaschine 摇臂钻床
BR Reihe von Versuchsreaktoren in der UdSSR 苏联试验堆系列
BRA Basic Rate Access 基本速率接入
BRAM Brennstoff aus Müll 废物转化得到的燃料
Bramo Brandenburgische Motorenwerke 勃兰登堡发动机制造厂
BRAN Broadband Radio Access Network 宽带无线接入网
Br. AO Anordnung zur Verhütung und Bekämpfung von Grubenbränden auf Steinkohlengruben 煤矿井下火灾消防条例
BRAS Broadband Remote Access Server 宽带远程接入服务器
Brau Brauerei 啤酒厂,酿造厂,酿造业
Braunk. Braunkohle 褐煤
bräunl. bräunlich 带褐色的
BRB be right back 马上回家
Br(Bd) Brand 燃烧
Br. Bomb. Brandbombe 燃烧弹
BrBV Braunkohlenbergbauvorschriften 褐煤开采规范
BRD Bergungs- und Rettungsdienst 救助和逃生
BRD Bundesrepublik Deutschland 德意志联邦共和国
Brd. Billiarde 千万亿,10^{15}
Brdg Brandung 激浪,激岸波
Brd. Gesch. (**BrG**) Brandgeschoss 燃烧弹
Brennst. V. Brennstoffverbauch 燃料消耗,油耗,油耗率
B-Rep boundary representation 边界表示
BRF Betriebslaboratorium für Rundfunk und Fernsehen 无线电与电视工作实验室
BrFl Breitflachprofil 宽扁钢,齐边扁钢
Brgr o L'spur Brandgranate ohne Leuchtspur 不带曳光弹光迹的燃烧弹
BRH Bundesrechnungshof 【德】国家审计院
BRI Basic Rate Interface 基本速率接口
Brill. Brillant 金刚石,金刚钻,钻石
Brill. Brillanz 亮度
BRICS 金砖国家,即巴西、俄罗斯、印度、中国和南非
Bris Brisanz 爆炸力,高度的爆炸性,震力
BRJ Bandwidth Reject 带宽请求拒绝
Brk Braunkohle 褐煤
BrK Bruno Kanone 布鲁诺列车炮
Brldg Brandladung 燃烧弹装药
Brlg. Brennlänge 焦距
Brm. Barometer 气压表
Brm Bettuligsreinigungsmaschine 碎石清洗机
BRM biological response modulator 生物反应调节剂
br. m. brevi manu/kurzerhand 断然地,迅速地,干脆地,直截了当地
Brm Brückenmeisterei 桥梁工厂
BrMrs Bronze Mörser 青铜臼炮
BrNK Bruno N Kanone 勃鲁诺铁道炮
brosch. broschiert 纸面平装的
Brpzgr Brandpanzergranate 穿甲燃烧弹
BRQ Bandwidth Request 带宽请求
B. R. R. A. British Rayon Research Association 英国人造丝研究协会
BRRAT 疾控中心反生物恐怖主义快速反应和先进技术处
Br. -Reg. -T. Bruttoregistertonne 登记总吨位
BRS Betriebsrichtungsschalter 运转方向开关
Brs Brandschiefer 油页岩,沥青页岩
BRS Binaural Room Scanning/virtuelle Tondarstellung 双耳声房间

BrSatz Brandsatz 易燃物,可燃物
Br. -Sch. Brandschutz 防火,消防
BrSchrGrPatr Brandschrapnell Granate Patrone 燃烧榴霰弹
BrSpgr Brandsprenggranate 高爆燃烧弹
Brspgr. Patr. Brandsprenggranatpatrone 爆炸燃烧弹
BrSprgrPatr m Zerl Brand Sprenggranate Patrone mit Zerlegung 自炸式高爆燃烧曳光弹
BRST burst 爆炸(破,裂,发);脉冲
Brstf Brennstoff 燃料
Br. Str. Bruchstrecke 崩落法回采时的切割平巷;冒落平巷
BRSU Broadband Remote Switch Unit 宽带远端交换单元,宽带远程开关单元
BRT Bruttoregistertonne 船注册总吨位;总登记吨位(1 BRT = 2 832 m^3)
BRT. Brutto-Tonne 毛重吨;总吨位
BRT Bus Rapid Transit 快速公交系统
Brtkm Bruttotonnenkilometer 毛重吨公里
Brüa (Br. ü. a.) Breite über alles 最大宽度
Bruchfestigk. Bruchfestigkeit 断裂强度
Bruchstr. Bruchstrecke 崩落法回采时的切割平巷;冒落平巷
BrüPz Brückenlegepanzer 架桥坦克
BrV Brennstoffventil (柴油机)燃油阀,燃油管道上的阀门
BrZ Brennzünder 燃烧引信,包装物
BrZ Britische Besatzungszone 英国占领区
BRZ Bruttoraumzahl (船舶)总容积数
Bs Back Space 退位;(打字机的)退格,返回
B. S. balance sheet 资产负债表
BS Bandsperre 带阻滤波器
BS Base Station/Mobilfunk Basisstation (移动通信的)基站
BS Bear Service 承载业务
BS Beobachtungsschalter 观察开关
BS Berstsicherung 抗爆破,抗破裂
Bs Beschuss 射击
BS Beschussstrecke 射击地段,射击距离
BS Betriebsschutz 劳动保护,生产保护
BS Betriebsstoffsatz 生产原料成分
BS Betriebssystem 操作系统,工作系统
BS Bildsender 图像发射机;视频发射机
BS Billing System 计费系统
B. S. biologischer Sauerstoffbedarf 生物需氧量
BS. blood sugar 血糖
BS Bodensatz (储罐或容器的)底部沉积物
Bs Bohrstange 钻杆;钎子
BS Bremsstrecke 制动距离
BS Brennschluss 燃烧结束
BS Brennschneidmaschine 火焰切割机
BS bright stock/extrahiertes hochviskoses Schmieröl 光亮油料,重质高粘度润滑油料
B. S. British Standard 英国标准
BS Broadcast Satellite 广播卫星
Bs Buckelschweißen 凸焊
BS Bus System 总线系统
bs spezifischer Schmierölverbrauch 润滑油单位耗量
Bs. 磅
BSA Betonspritzautomat 移动式自动喷浆装置
BSA body surface area 体表面积
BSA bovine serum albumin 牛血清白蛋白
BSA Business Software Alliance/Softwareschutzverband 商业软件联盟
BSAO Brandschutzanordnung 防火条例
BSAP Broadband Service Access Point 宽带业务接入点
BSB Baggerstrossenband 挖掘机阶梯式输送带
BSB biochemischer Sauerstoffbedarf 生物化学需氧量
BSC Base Station Controller/Basisstations-Steuereinheit 基站控制器
BSC Binary Synchronous Communication 二进制同步通信
BSC bisynchrone Übertragung 双同步传输
BSC Britisches Grobgewinde 英制粗螺纹
BSC British Steel Corporation 英国钢铁公司
B. -Sch. (BSch.) Binnenschifffahrt 内河航运
Bsch Brennschiefer 油页岩,沥青页岩
Bschr Beschreibung 说明,描写
BSD barrels per stream day 桶/开工日,桶/运转日
BSD Berkeley Software Distribution 伯克利软件分配
BSE bovine spongiforme Enzephalopathie 牛海绵状脑炎;疯牛病
BSF bewegliches Sperrfeuer 移动拦阻射击
BSF rückseitiges Feld 近面电场,后电场
BSF Whitworth-Feingewinde 英制惠氏细螺纹
BSFA British Steel Foundryman Association 英国钢铸工协会
BSG Basic Service Group 基本业务群
BSG Betriebssportgemeinschnf 企业体协
BSG Bundessozialgericht 【德】国家社会福利法院
BSH Brettschichtholz 叠层模板,胶合板
BSHR Bi-directional Self-Healing Ring 双向自愈环
BSI Base Station Interface 基站接口
BSI Britisch Standards Institute 英国标准协会
BSIC base station identity code 基站识别码

BSIC BTS Identity Code 基站收发信机识别码
BSIC-NCELL BSIC of an adjacent cell 小区附近基站识别码
BSK Blocksicherungskontrolle 程序段保护检查
BSL Bohrschrämlader 钻孔采煤机
BSM Backward Set-Up Message 反向设置法信息
BSM Base Station Module 基站模块
BSM Besonderes Spaltbares Material 特种可裂变物质
BSMAP Base Station Management Application Part 基站管理应用部分
BSN Backward Sequence Number 逆序号
BSN Broadband Service Node 宽带业务节点
BSN Broadcast and Select Network 广播及选择网络
BSN Broadcast Serving Node 广播服务节点
BSNT Backward Sequence Number to be Transmitted 要传送的逆序号
BSO Blindschachtordnung 盲井人员升降规程
BSP Board Support Package 板级支持包,板卡支持包
BSP bromsulphalein 酚四溴肽磺酸钠,磺溴肽钠(肝功能试验)
BSP Bruttosozialprodukt 国民生产总值
BSP Bulk-Synchronous Parallel 大容量同步并行
Bsp. Beispiel 例子,例证,范例
BsPatr Beschusspatrone 试射弹
B-Spline basis-spline B样条
BSPP Britisches zylindrisches Rohrgewinde 英制直管螺纹
bspw. beispielsweise 比方说,举例说,例如
BSR Back-Surface-Reflector 背面反射器
BSR blood sedimentation rate 血球沉降率
BSR Bootstrap Router 引导路由器,自举路由器
BS-Rohr Blankspiegel Rohr 光亮镜面管
BSS Base-Station System 基站系统
BSS Bedienungssystem 操作系统
BSS Bernard-soulier syndyome 巨大血小板综合征
BSS Broadband Switching System 宽带交换系统
BSS Broadcasting Satellite Service 广播卫星业务
BSS buffered salt or saline solution 缓冲盐或盐溶液
BSS Bulk Storage System 大容量存储系统
BSS Business Support System 商业支持系统
BSS Broadcasting Salellite Service/Rundfunksatellitendienst 卫星广播业务
BSSAP Base Station Application Part 基站应用部分
BSSAP Base Station Subsystem Application Part 基站子系统应用部分
BSSAP+ Base Station System Application Part + 基站系统应用部分加
BSSGP Base Station Subsystem GPRS Protocol 基站子系统 GPRS(通用分组无线业务)协议
BSSGP BSS GPRS Protocol 基站系统通用分组无线业务协议
BSSMAP Base Station Subsystem Management Application Part 基站子系统管理应用部分
BSSMAP BSS Management Application Part 基站系统管理应用部分
BSSOMAP Base Station Operation and Maintenance Application Part 基站操作维护应用部分
BSSOMAP Base Station System Operation and Maintenance Application Part 基站系统操作维护应用部分
BSSTE Base Station Subsystem Test Equipment 基站子系统测试设备
BST Base Station Transceiver 基站收发信机
BST Betriebssicherungstaste 保护装置按钮;安全设备按钮
Bst Bohrstütze 凿岩支柱,风动钻架,钻台架
Bst. Bahnstation 车站
Bst. Baustoff 建筑材料;支护材料,坑木
BSt. Beschaffungsstelle 采购站
BStbMi B-Stabmine 隐蔽的棍状雷
B-Stelle Beobachtungsstelle 观测站
B-Stoff Bromaceton 溴丙酮
BSU Bypass Switch Unit 旁路开关装置
BSV Braunkohlenstrecken-Vortriebsmaschine 褐煤矿平巷掘进机
BSVC Broadcast Signaling Virtual Channel 广播信令虚通道
BS & W Bottom Sediment and Water, Bottom Settlings and Water, Bottom Sludge and Water (油罐或容器)底部沉积物及水
BSW Whitworth-Gewinde 英制惠氏螺纹
Bt Baumwolle-Typ 棉型
BT Belegungstaste 占线电键
BT Bildtelegrafie 传真电报
BT Bildtelegraphie 图象传送,传真电报
BT Bildträger 图像载波
BT bleeding time 出血时间
BT Blocktaste 闭锁按钮
BT Bombentorpedo 水雷炸弹
Bt. bought 购入
B. T. Boyle-Temperatur 波义耳温度
BT Brennstofftechnik 燃料技术,燃料工程

BT Bundestag BR Deutschland 联邦德国联邦议会
BT Busy Tone 忙音
B/T Breiten-Tiefengrad 宽-深度
BTI Basic Tuning Information/Abstimminformation 基本调整信息
BTA Betriebstechnische Abteilung 生产技术科
BTÄ Bleitetraäthyl; tetraethyllead 四乙基铅
B-TA Broadband Terminal Adaptor 宽带终端适配器
BTA Bureau of Telecom Administration 电信总局
BTB Branchentelefonbuch 部门电话薄
BTB bromothymol blue 溴麝香草酚兰
BTC Bitcoin 一种加密电子虚拟货币,由化名为中本聪的人首先提出
BTC Block Turbo Coding 分组 Turbo 编码
BTCP Broadcasting Transfer Control Protocol 广播传送控制协议
B-TE B-ISDN Terminal 宽带综合业务服务网终端
B-TE Broadband Terminal Equipment 宽带终端设备
BTE Bundesverband des Deutschen Textileinzelhandels 德国纺织品零售商联合会
B.-Techn. Bautechnik (er) 建筑技术(建筑师)
btechn. bautechnisch 建筑技术的,建筑工程的
BTEQ Bridged Tap Equalizer 桥接抽头均衡器
BTFD Blind Transport Format Detection 盲目传输格式检测
BTG Brennstofftechnische Gesellschaft 燃料工程公司
B-TGT Bigg's thromboplastin generation test Bigg's 凝血活酶生长试验
BTL Bell Telephone Laboratories 贝尔电话实验室
Btl Beutel 袋,囊
BTM Bleitetramethyl 四甲铅
B. T. M. British Tufting Machinery 英国簇绒机械设备
BTM BTS Test Module 基站收发台测试模块
BTMA British Textile Machinery Association 英国纺织机械协会
BTO Blocking-Tube Oscillator 电子管间歇振荡器
bto. brutto 毛重,总重
BTP Bromtrifluorid-Prozess 三氟化溴流程
BTP Bulk Transfer Protocol 成批传输协议,大容量传输协议,海量传输协议
BTPS Body Temperature, Pressure, Saturated 饱和的体温、压力
BTr Bautrupp 建筑队
Btr. Beitrag, Beiträge 份额,部分,量值
Btr. Betrag, Beträge 总数,总计,和数
Btr. Betreuung 维护,保养,看管,操作,检修
Btr. Betrieb 企业,矿山;矿井,;回采或长壁工作面;运转,操作;开采;传动,传动装置
Btr Betriebsgelände 工业用地,工矿地区
Btr.-Ing. Betriebsingenieur 管理工程师,运转工程师
Btr.-Insp. Betriebsinspektion 企业检查
Btr.-Insp. Betriebsinspektor 企业检查员
Btr.-Ob. Aufs. (**BtrOAufs.**) Betriebsoberaufseher 企业监督官,企业检查官,企业高级管理人员
BTS Base Transceiver Station/Basisstation 基站,基站收发台
BTS Boden-Transport-System 地面传送系统
BtsK Bootskanone 快艇突击炮
BTSM BTS Site Management 基站收发台的站址管理
BTSOOM bears the shit out of me 让我大吃一惊
BTT Braunkohlentieftemperatur [-koks] 褐煤低温焦
Btu British thermal unit 英国热量单位(1 Btu = 252 卡)
Btu/h British thermal unit/hour 英热单位/小时
BTW big tail wolf 大尾巴狼,常用来代指骗子,虚伪的人
BTW Bild/Ton-Weiche 图像/伴音转换开关
BTX Benzol, Toluol, Xylolen 苯、甲苯、二甲苯
BU Bandumsetzer 变频器
BU Bandumsetzung 波道转换,频率转换
BÜ Befehlsübermittlung 指令传送
BU Betriebsunterbrechung 生产间歇,生产中断,操作中断
BU Binding Update 绑定更新
BU Branching Unit 支路单元,分路器,分向装置
BU Breitenunterschied 纬度差,宽度差
BU Buche 山毛榉
Bü Büchse 步枪;散弹筒;鸟枪;锡罐
Bu Buna-Gummifaden 丁钠橡筋纱
bü bündig 负责的;确凿的;简明的;整平的
Bu Bunker 矿槽,矿仓,料仓,料槽,贮斗
Bu Buntrauch 有色烟幕
Bua Bahnunterhaltungsarbeiter 养路工人
BUA blood uric acid 血尿酸
B. ü. A Breite über alles 最大宽度
BUB Betriebsunterbrechungsversicherungsbedingungen 生产中断保险条件
BuB Bumper und Bett/bumper and bed 缓冲层

BUBIAG Braunkohlen-und Brikett-Industrie Aktiengesellschaft 褐煤和煤砖工业股份公司
Buchb Buchbinderei 装订业,装订工厂,装订车间
Buchw. Buchwesen 书籍业
Buck Bl Buckelblech 压花板;凹凸板,浮雕板
B. u. E. Berichtigungen und Ergänzungen 修改与补充
BUED Bereichesüberschreitung der Datensteurung 数据控制区的超越
B. u. G. Betriebsstoff und Gerät 燃料、润滑油和技术器材
Bug-MG Bug-Maschinengewehr 船首机枪,前机枪
Bühn. Bst Bestimmungen über den Betrieb schwebender Bühnen in Schächten 井筒吊盘使用须知
B. u. L. Bildmessung und Luftbildmessung 摄影测量与航空摄影测量(德刊)
B. u. L. Bildmessung und Luftbildwesen 地面摄影测量和航空测量学工程(德刊)
bulg. bulgarisch 保加利亚的
BuMa Buchungsmaschine 会计计算机
BüMa Büromaschine 办公用计算机,行政管理计算机
BUN blood urea nitrogen 血液尿素氮
Buna Butadien + Natrium 丁二烯+钠
Buna Butadien und Natrium 丁钠橡胶
BUND Bund für Umwelt- und Naturschutz Deutschland e. V. 德国环境和自然保护联合会
Bundesrep. Bundesrepublik 联邦共和国
B-UNI Broadband User Network Interface 宽带用户网接口
Buntr. Buntrauchsprengladung 有色发烟药
BÜR Befehlübernahmeregister 指令接收寄存器
Bus Autobus 客车,公共汽车
BUS Batterieumschalter 电池转换开关
BUS Binary Utility System/Verbindungssystem zur Daten übertragung 数据传输的连接系统
BUS Broadcast and Unknown Server 广播与未知服务器
BÜS Brückenübersetzstelle 桥渡场,桥渡口
BUS Bus 总线
BuT Bergbau unter Tage 矿床地下开采法;地下采矿
BuT beweglicher Transformator unter Tage 地下移动式变压器
BUT Button 按钮
BUTICS Building Total Information and Control System 楼房总信息及控制系统
Buvo Betriebsunfallvorschrift 安全技术规程
BV bacterial vaginosis 细菌性阴道病
BV Bahnverbindung 轨道连接
BV Bandverstärker 频带放大器
BV Bauvorschrift 建筑规范
BV Bedienungsvorschrift 使用说明书,使用指南,保养规程
B. V. Benzin-Benzol-Verband 汽油和苯生产供应联合企业
BV Benzolverband 苯制造协会,苯业协会
B. V. Betriebsstoffvorrat 生产原料储备量,燃料储备量
B. V Blohm & Voss 公司制造的飞机代号
BV Bergbauvorschriften 采矿规程
BV Betonverflüssiger 混凝土增塑剂
bV betriebliche Vorschrift 操作规程
BV Betriebsvereinbarung 企业协定,生产协定
BV Betriebsvermögen 企业资产,生产能力
BV Betriebsvorschriften 运行规范,操作规程
BV Bettvolumen 床体积,柱容(吸附柱)
BV Branchenverzeichnis 专业目录,分类目录
BV Bypass-Ventil 旁通阀
BVA Bundesversicherungsamt 【德】联邦保险局
BVC BSSGP Virtual Connection 基站系统通用分组无线业务协议虚拟连接
BVCI BSSGP Virtual Connection Identifier 基站系统通用分组无线业务协议虚拟连接标识符
BVE Beobachtung der Vorzeichen der Einschläge 炸点符号的观察
BVF Bauvorschrift für Flugzeuge 飞机制造规程
BVG Berliner Verkehrsgesellschaft 柏林交通公司
Bvh. Bauvorhaben 建筑计划
Bvl Bahnbusverkehrsleitung 电车运输线路
BVO Berechnungsverordnung 计算制度
BVQ Betriebsstoffverbrauchsquote 生产原料消耗部分,燃料消耗部分
BVS Bauvorschriften für Segelflugzeuge 滑翔机制造规则
BVS Betriebssystem für virtuelle Speicher 虚拟存储器操作系统
BvT Betriebsrichtrngstaste 运转方向按钮
BVV Bochumer Verein Verfahren (德国波鸿钢铁公司发明的)滴流真空脱气法
Bw Bahnbetriebswerk 机务段,铁路工厂
B. W. Bahnwärter 铁路巡视房,(铁路)巡道工,道口看守员
BW Bandwaage 输送机自动秤,输送带秤
BW Batteriestromkreiswiderstand 电池回路电阻
Bw Baumwolle 棉,原棉

BW Baumwollwachsdraht 涂蜡纱包线
Bw. Bauwagen 建筑车辆
Bw. Bauwesen 建筑业
Bw. Beiwagen 摩托车边车
BW Beobachtungswinkel 观察角
BW Betriebsrechner Warmteil 热轧区管理计算机
BW Betriebswirt 企业经济学家
BW Betriebswirtschaft 企业经济学
B. W. Bettungswagen 带炮床的炮车
b. w. bitte wenden 请翻阅(后面),请翻页,请翻过来;注意转弯
BW Blockwaage 钢坯秤,钢坯称重装置
BW. body weight 体重
BW Bogenweiche 弧形道岔;弯道道岔
Bw Bohrlochwirkungsgrad 炮眼利用系数
BW Bohrwagen 钻车;移动式钻机
BW Both Way 双向
Bw Bundeswehr 联邦部队
BWA Betriebswirtschaftsakademie 企业经济研究院
BWA Broadband Wireless Access 宽带无线接入
BWA Broadband Wireless Access system 宽带无线接入系统
B-Waffe biologische-Waffe 生物武器
BWAN Broadband Wireless ATM System 宽带无线 ATM 系统
BWC British Wool Confederation 英国羊毛联合会
B/W/D Browser/Webserver/DBMS 以浏览器-服务器-数据库三者构成的网络计算平台
B. W. E. besondere und Witterungseinflüsse 特殊弹道和大气气象影响
bwf. bewaffnet 武装的,军械的
BWF Broadcast Wave Format/Dateiformat für Audio-Daten 音频数据的数据格式
B. Wg. Beobachtungswagen 侦察汽车
Bwg. Bewegung 运动,移动
BWG Birmingham-Wire-Gauge 伯明翰线径规
bwgl. beweglich 活动的,移动的,运动的
BWI Betriebs-wirtschaftliches Institut der Eisenhüttenindustrie 冶金工业企业经济研究院
BWK Brennstoff-Wärme-Kraft 燃料的燃烧热,燃料的发热量
BWL Betriebswirtschaftslehre 企业管理学,企业经济学
BWLL Broadband Wireless Local Loop 宽带无线本地环路
BWLV Baden-Württembergischer Luftsportverband 【德】巴登-符腾堡航空运动联合会
BWR Reference Bandwidth 参考带宽
BWSC Broadband Wireless Service Center 宽带无线业务中心
B. W. Sp. Betriebswasserspiegel 运营(或工作)水位
BWT Block Waiting Time 块等待时间
BWT Both Way Trunk 双向中继
BWVO Binnenwasserstraßenverkehrsordnung 内河航运交通规则
B. W. Z. Bombenabwurfzone 投弹区,投弹地带
Bx Boxer motor 对置气缸发动机
B-Y Blaudifferenzsignal 蓝色差信号,缺蓝亮度色差信号,B-Y 信号
BYSYNC Binary Synchronous Protocol 二进制同步协议
BZ Bauzuschuss 建筑附加设施
BZ Bearbeitungszugaben 加工余量
BZ Bedienungszeit 操作时间;管理时间
BZ Befehlszähler 指令计数器
BZ Benz 奔驰汽车
BZ Besetzzeichen 占线信号
BZ Bestellzettel 定货单
BZ Betriebszentrale 电话中心站,运转中心站
Bz. Bezeichnung 标记,符号,名称标记
Bz. BBz. Bezirk 【奥地利】州,区;【前民德】行政区,专区
Bz Bezug 比例,关系,涂层,基准,参考
BZ Blechschraube mit Zapfen 锥体自攻螺钉
BZ Blutzucker 血糖
BZ Blut-Zuckersenkend 降血糖的
BZ Bodenzahl 基数,层数
BZ Brennelement-Zwischenlager 废燃料临时贮藏装置
BZ Brennstoffzellen 燃料电池
BZ (Bz.) Brennzünder 爆炸物,燃烧引信
Bz Bronze 青铜
B. Z. A. Bombenzielapparat 轰炸瞄准器
B. z. B. Bord zu Bord 空对空
BZE Brennzünder E 柠檬式手榴弹用摩擦点火具
bzf. beziffert 标号的
BZG Bombenzielgerät 轰炸瞄准具
bzgl. bezüglich 有关的,涉及……,就……而言
BZK Bandzugkraft 钢带拉力,带材拉力
BZK Bezirkskabel 地区电缆
BZK Brennstoffzykluskosten (核)燃料循环费
Bzl Benzol 苯
Bzn. Benzin 汽油,挥发油
BZR Befehlszahlregister 指令计数寄存器
b. z. R. bitte zur Rücksprache 请求回答
B8ZS Binary 8-Zero Substitution 二进 8-0 替

换(一种线路编码)

BZT Brüsseler Zolltarifschema 布鲁塞尔税则商品分类目录

bzw. beziehungsweise 或者,或者更确切一些,或即,亦即

C

c Absolutgeschwindigkeit 绝对速度

c Altocumulus lacunosus 网状高积云

C Ausnutzungsfaktor 利用系数

c/. case; currency 现金、息单

C candle 烛光

C. capacitance/elektrische Kapazität 电容

C carbon/Kohlenstoff 碳

C7 CCITT No. 7 signaling 国际电话与电报顾问委员会(CCITT)第七号信令

C cell 细胞

C Celsius 摄氏(温标)

C. centigrade 摄氏的,摄氏温度计的

C Centum 罗马数 100

C C-Formstück 耳形件,带一个呈 45°角支管的承插管接头

c chauffage 温热(处理),烙热法

c Chromatschutzschicht 铬保护层

C. circa 大约

C Code 电码,编码,色码;规则,标准

C3 complement C3 补体第三部分

C Computer 计算机

C3(3C) Computer, Communication, Control 计算机、通信、控制

C5(5C) Computer, Communication, Content, Customer and Control 计算机、通信、容量、顾客和控制

C constant domain of heavy (light) chain 重(轻)链稳定区

C Coulomb 库(仑)(电量,电荷单位)

C Coupé 二门二座轿车,跑车

C Curie 居里(放射单位)

C Funktionsorientierte Programmier-Sprache 针对功能的编程语言

℃ Grad Celsius 摄氏度

C Kapazität 容积,容量;电容

C Karat 克拉(宝石重量单位,=0.2053 g),开(含金量的单位)

C Kohlenstoff 碳

c Kolbengeschwindigkeit 活塞速度

C Kollektoranschluss 集电极引线;集电极端子

C Kompression 压缩;凝聚

C Kondensator 电容器

C Konstruktion 构造,设计

c Konzentrat 浓缩物

C Konzentration 浓缩,浓度

μC Mikrocurie 10^{-6} 居里,微居里

C++ Objektorientierte hybride Programmier-Sprache 针对对象的混合编程语言

C Problemorientierte höhere Programmier-Sprache 面向问题的高级程序语言

c. spezifische Warme 比热

c Zenti (词头)厘-(=10^{-2}),例如:Zentimeter 厘米

C14 射碳;放射性碳

C2C (C to C) consumer to consumer 电子商务中消费者对消费者的交易方式

C & P copy and paste 复制加粘贴,网上最常见的一种灌水手段

CA Acetat 醋酯纤维,醋酸酯

Ca Cabrio, Cabriolet 软敞篷轿车,单马双轮轻便车

Ca Calcium/Kalzium 钙

CA Call Agent 呼叫代理

CA Capacity Allocation 容量配置

C/A. capital account 资本帐户

Ca carcinoma/cancer 癌

CA Care of Address 转交地址

Ca Cauchy-Zahl 柯西数

CA Cell Allocation 小区配置,小区划分

CA Celluloseacetat 醋酸纤维素,纤维素醋酸酯,乙酸酯纤维素

CA Certificate Authentication 证书认证

CA Certificate Authority 证书权威

CA Certification Authority 认证机构,认证权限,证书颁发机构

CA Charging Analysis 计费分析

CA Chemical Abstracts 化学文摘(美刊)

ca. cirka/zirka/zorka 大约,大概

CA closing assist 关门辅助

CA Collision Avoidance 防碰撞,防止空中相撞

CA Comité d'Action 【法】执行委员会

C & A Computer and Automation 计算机与自动化

CA Condyloma acuminatum 尖锐湿疣

CA Congestion Avoidance 拥挤避免

CAA Capacity Allocation Acknowledgement

容量分配确认
CAA Computer-Aided Assembling 计算机辅助装配
CAA Computer Assisted Animation 计算机辅助动画片制作
CAAD Computer Aided Architecture Design 计算机辅助结构设计
CAA-Prozess 乙酸铜氨法(从 C4 馏分分离丁二烯)
CAAS Computer-Assisted Animation System 计算机辅助动画系统
CAB Zelluloseacetobutyrat 乙酰丁酸纤维素
CABG coronary artery bypass graft surgery 冠状动脉搭桥术
CABP cubic average boiling point 立方平均沸点
CABRI Versuchsreaktor, Frankreich 法国试验堆
CAC Call Admission Control 呼叫允许控制
CAC Collision Avoidence Calculator 防撞计算器
CAC computer-aided calculation 计算机辅助计算
CAC Computer-Aided Creating 计算机辅助制造
CAC Computer-Assisted Composition 计算机辅助创作(作曲)
CAC Computer-Assisted Counseling 计算机辅助咨询
CAC Connection Admission Control 连接接纳控制
CACH Common Assignment Channel 公共分配信道
CACM Zentralamerikanischer Gemeinsamer Market 中美洲共同市场
C/A-Code Coarse/Acquisition Code 粗码/捕获码
CAD Call Authorized by Dispatcher 调度授权电话
CAD Call Authorized by the Dispatch Console 调度台授权电话
CAD Chart Analysis Device 图表分析装置
CAD Computer-Aided Design/ computerunterstützte Konstruktion 计算机辅助设计
CAD Computer-Aided Diagnosis 计算机辅助诊断
CAD coronary artery disease 冠状动脉病
CAD/CAM computer-aided design 计算机辅助设计
CADEX standardisierte Schnittstellen für den Datenaustausch zwischen unter schiedlicher
CAE Computer-Aided Education 计算机辅助教育
CAE Computer Aided Engineering 计算机辅助工程,机助工程
CAE Customer Application Engineering 用户应用工程
CAF cellulose-acetatfilm 醋酸纤维薄膜
CAF Communication Auxiliary Facility 通讯配套设备
CaF2 Flussspat 氟石;氟化钙
CAFL 中国美式橄榄球联盟
CAG Computer-Aided Graph 计算辅助制图,机助制图
CAGR Compound Annual Growth Rate 复合年均增长率
CAH congenital adrenal hyperplasia 先天性肾上腺皮质增生
CAI Charge Advice Information 计费通知信息
CAI Common Air Interface 公共空中接口
CAI Computer Analogue Input 计算机模拟输入
CAI Computer-Assisted Instruction 计算机辅助教学
CAI Computer-Assisted Interrogation 计算机辅助审讯
CAID computer-aided industrial design 计算机辅助工业设计
CAIRS Computer-Assisted Information Retrieval System 计算机辅助情报检索系统
cal. caliber 口径,弹径
Cal. calorie/Kalorie 卡(热量或热能单位)
CAL Computer-Aided Lighting 计算机辅助照明
CAL Computer-Assisted Learning 计算机辅助学习
cal Gramm calorie (克)卡,小卡(热量单位)
Cal Kilogrammkalorie 大卡,千卡
calc. kalziniert 煅烧的;焙烧的
cal/G Calorie per Gramm 卡/克
C-ALG data Confidentiality Algorithm 数据保密算法
Cal/Grad Calorie per Grad 千卡/度
CALLAS computeranschlusses Lernleistungsanalysesystem 连接计算机的学习成绩分析系统
CALS computer-aided acquisition and logistic support 计算机辅助采办和后勤支持,计算机辅助获取和物流管理支持
Cal Tech California Institute of Technology 【美】加里弗尼亚工程学院
Calutron California University Cyclotron 加州大学回旋加速器
CAM computer-aided management 计算机辅助

管理

CAM Computer-Aided Manufactur (ing) 计算机辅助制造

CAM Content-Addressable Memories 内容寻址存储器

CAM convergent angularity mill 收敛角磨机

CAM Core Access Module 核心接入模块

CAMA Centralized Automatic Message Accounting 集中式自动消息会计

CAMC Customer Access Maintenance Center 用户接入维护中心

CAMEL Customized Application for Mobile Enhanced Logic 移动增强逻辑的用户指定应用

CAMEL Customized Application for Mobile network Enhanced Logic 移动网增强逻辑的客户指定应用

CAM-I consortium for advanced manufacturing-international 先进制造业的国际合作(团体)

cAMP cyclic adenosine monophosphate/zyklisches Adenosinmonophosphat 环状单磷酸腺苷

CAMPER Computer-Aided Movie Perspectives 计算机辅助电影画面制作

CAN Cable Area Network 电缆区域网络

CAN Campus Area Network 校园区域网络

CAN Cancel 撤销

CAN Changing Number Acknowledge 改号确认

CAN City Area Network 市区网络

CAN Compact Access Node 密集的接入结点

CAN Controlled Area Network 控制区网络

CAN controller area network 控制器区域网络

CAN Customer Access Network 用户接入网

cand. candidate/Kandidat 候选人,候补者

Can. Pat. Canadian Patent 加拿大专利

CAO chief art officer 首席艺术官

CAO computer-aided office 计算机辅助办公

CAP Cable Access Point 电缆接入点

CAP CAMEL Application Part CAMEL 应用部分

Cap Cape/capiat 应服用

Cap. capsule 囊

CAP carrier less amplitude and phase modulation 抑制载波幅相调制

CAP Carrier less Amplitude Phase 抑制载波幅度和相位

CAP catabolite gene activator protein 分解代谢基因活化蛋白

CAP cellulose acetate phthalate 醋酸邻苯二甲酸纤维

CAP Celluloseacetopropionat 丙酰丙酸酯纤维素

CAP Channel Assignment Problem 信道分配问题

CAP Circuit Access Point 电路入口点,电路接入点

CAP community acquired pneumonia 社区获得性肺炎

CAP Competitive Access Provider 竞争性接入提供商

CAP Computer-Aided Planning 计算机辅助规划

CAP Computer-Aided Production Planning 计算机辅助生产计划

CAP Computer-Aided Publishing 计算机辅助出版

CAPD continuous ambulatory peritoneal dialysis 持续性非卧床式腹膜透析

C-APDU Command APDU 澳珀杜命令

CAPE Communications Automatic Processing Equipment 通信自动处理设备

CAPEX Capital Expenditure 资本支出,基本建设费用

CAPP computer-aided process planning 计算机辅助工艺计划,计算机辅助过程计划

CaPS Ca-Alkylphenolatsulfid 钙-烷基酚盐硫化物

CAPS Call Attempt Per Second 每秒试呼数

Caps. amyl. Capsula amylum 淀粉囊

Caps. dur. Capsula dura 硬胶囊

Caps. gelat. Capsula gelatinosa 胶囊

Caps. moll. Capsula mollis 软胶囊

CAPTAIN Character And Pattern Telephone Access Information Network system 图文电话信息网络系统

CAQ Computer-Aided Quality Assurance 计算机辅助质量保证

CAQ Computer-Aided Quality Control 计算机辅助质量控制

CAQ computer-aided quality management 计算机辅助质量管理

CAR Channel Assignment Register 信道分配寄存器

CAR Committed Access Rate 承诺的接入速率

CAR Computer-Aided Robotics 计算机辅助机器人技术

CAR Computer-Assisted Retrieval 计算机辅助检索

CAR Computer-Augmented Reality 计算机扩大的现实

CAR contractor's all risks insurance/Bauleistungs versicherung 建筑工程全额保险

CARB carburetor 化油器

CARBITOL Äthylenglykoldibutyläther 乙二醇二丁醚

CARD Channel Allocation and Routing Data 信道分配与路由选择数据
CARICOM Karibische Gemeinschaft 加勒比共同体
CARIFTA Karibische Freihandelsorganisation 加勒比海自由贸易组织
CARP Cache Array Routing Protocol 缓存集群路由协议
CARS Compensatory anti-inflammatory response syndrome 代偿性抗炎性反应综合症
CAR-T Chimeric Antigen Receptor T-Cell Immunotherapy 嵌合抗原受体T细胞免疫疗法
CARTOS Cartographic optical satellite 制图光学卫星
CaS Ca-Alkylsulfonat 钙-烷基磺酸盐
CAS Channel Associate Signaling 随路信令
CAS Coexistent Address Solution 混合地址解决方案,共存的解决方案
CAS Communication Automation System 通信自动化系统
CAS Computer Aided Styling 计算机辅助(车身)造型,计算机辅助式样设计
CAS CPE Alert[ing] Signal 用户终端设备提示信号
CASE Common Application Service Element 公共应用服务单元
CASE Computer Aided Software Engineering 计算机辅助软件工程
CASE Computer Aided Systems Evaluation 计算机辅助系统评价
CASE Computer Auxiliary Software Engineer 计算机辅助软件工程师
CASLE Commonwealth Association of Surveying and Land Economy 英联邦测量与土地经济协会
CaSS Kupferdraht mit doppelter Seidenumspinnung 双层丝包铜线
CAST Centre d'Actualisation Scientifique et Technique 法国科学技术实现中心
CAST Codetabelle-Adressen-Steuerung 字码表的地址控制
CAT calcium antagonist 钙拮抗药
Cat. catalogue 目录,样本
CAT Category 种类,部门,类目,类别
CAT clear air turbulence 晴空湍流
CAT computer-aided test[ing] 计算机辅助试验
CAT Computer-Aided Tomography 计算机辅助的断层扫描术,计算机辅助的X射线断层摄像术
CAT Computer-Aided Translation 计算机辅助翻译
CATA Computer-Assisted Traditional Animation 计算机辅助传统动画片制作
Cat-A Katalysator Aktivitätstest 催化剂活性试验
Catapl. Cataplasma 泥敷剂
CATH Kupfer in Kathodenform 阴极铜
CATIA Computer-Aided Three Dimensional Interactive Application 计算机辅助三维交互应用程序
CATS Cable Transfer Splicing 电缆传输剪接
CATS Computer-Aided Terminology System 计算机辅助术语系统
CATV Cable Antenna Television 有线电视
CATV Cable TV 电缆电视;有线电视
CATV Common Antenna Television 共用天线电视
CATV Community Antenna Television 社区天线电视
CAU Cell Antenna Unit 小区天线单元
CAU Control Arithmetic Unit 控制运算单元
CAU Crypto Auxiliary Unit 加密辅助单元
CAV Constant Angular Velocity/konstante Rotations- geschwindigkeit 恒定角速度
CAVE cave automatic vitual environment 洞穴自动虚拟环境
CAVE Cellular Authentication & Voice Encryption algorithm 蜂窝认证和语音加密算法
CAVG Computer Assisted Video Generation 计算机辅助影像生成
CAVH continuous arteriovenous hemofiltration 连续动静脉血液滤过
CAVHD continuous arteriovenous hemodialysis 连续动静脉血液透析
CAVHP continuous arteriovenous hemoperfusion 连续动静脉血液灌流
CAVP continuous arteriovenous plasmapheresis 连续动静脉血浆
CAVU ceiling and visibility unlimited 晴朗,能见度极好(原词系美国气象台站的用语)
CAW Call Waiting 呼叫等待
Cax Computer-Aided-allgemein 计算机辅助(泛指)
Cax Sammelbegriff für alle CA-Technologien 所有计算机辅助技术的统一概括表示
CAx-Software-ESPRIT ESPRIT 开发的不同CAx软件之间进行数据交换的标准接口
C. B. cash book 现金簿
CB Cell Broadcast 小区广播
CB central battery in telephone 电话的中央电池
CB citizens band 民用频带
CB Common Battery 共电制中央电池组

CB Common Battery System 共电制
CB Communication Bus 通信总线
CB Control Bus 控制总线
Cb Cumulonimbus 积雨云
CBA Chargeback Acknowledgement signal 扣款确认信号
CBA Chinese Basketball Association 全国男篮甲级联赛
CBAIPI CMM-Based Appraisals for Internal Process Improvement 用于内部过程改进的基于 CMM 的评价
C-Band Conventional-wavelength Band 常规波段
Cbar Zentibar 厘巴(压強单位)
CBC Cell broadcast center 小区广播中心
CBC Complete Blood Cell [Count] 全血细胞(计数)
CBC Complete Blood Count 全血计数
CBC Connectionless Bearer Control 无连接承载控制
CBC Cornering Brake Control 转弯制动控制装置
Cb cal Cumulonimbus calvus 堆积雨云
Cb cap Cumulonimbus capillatus 鬃积雨云,毛(状)积雨云
CBCH Cell Broadcast[ing] Channel 小区广播信道
CBCH Cell Broadcasting Control Channel 小区广播控制信道
Cbcm cubic centimeter/Kubiczentimeter 立方厘米
CBD cash before delivery 交货前付款
CBD Central Business District 中央商务区,商务中心区,中央商业区
CBD Chargeback Declaration signal 拒付声明信号
CBDS Connectionless Broadband Data Service 无宽带数据业务连接
CBE Cell Broadcast Entity 小区广播实体
CBF cerebral blood flow 脑血流量
CBG corticosteroid binding globulin 皮质甾类结合球蛋白
C/B GF call/bearer gateway function 呼叫/承载网关功能
Cb inc Cumulonimbus incus 砧状积雨云
CBK Call Back 回叫,回台,回台呼叫
CBK Clear-Back Signal 挂机信号,后向折线信号
cbkm Kubikkilometer 立方千米
Cbm (kbm, m^3) cubic meter/Kubikmeter 立方米
CBMA Computer-Based Music Analysis 基于计算机的音乐分析
cbm/h Kubikmeter pro Stunde 每小时立方米
CBMI Cell Broadcast Message Identifier 小区广播消息识别
Cbmm cubic millimeter/Kubikmillimeter 立方毫米
CBMS Computer-Based Message System 基于计算机的电函系统
cbm/sek Kubikmeter pro Sekunde 每秒立方米
CBN Kubisches Bornitrid 立方氮化硼
CBO chief business officer 首席商务官
CBQ Cell Bar Qualify 小区禁止限制
CBQ Class-Based Queuing 基于级别的排队
CBR constant bit rate service 固定比特率业务
CBR Constraint Based Routing 基于约束的选路/约束路由
CBR Content Based Retrieval 基于内容的检索
CBR Continuous Bit Rate 连续比特率,连续位率
CBS Cell Broadcast Service 小区广播业务
CBS central battery signaling telephone 中央电池信令电话
C/B/S Client/Browser/Server 客户机/浏览器/服务器
CBSG Central Bureau of Satellite Geodesy, Athen 雅典卫星大地测量中央局
CBSMS Cell Broadcast Short Message Service 小区广播短消息业务
CBSRP Capacity-Based Session Reservation Protocol 基于容量的对话保留协议
CBT Core-Based Tress 有核树组播路由协议
CBTS Compact Base Transceiver Station 紧凑的基地收发站
CB-Verfahren Cold-Box Verfahren 冷芯盒法
CBX Computerized Branch exchange 计算机化的小计算机,计算机化的交换分机
CC Call Collision 呼叫冲突,呼叫碰撞
CC Call Connect Confirm 呼叫连接确认
CC Call Connection control 呼叫连接控制
CC Call Control 呼叫控制
CC CC-Formstück 带两个呈 45°角支管的承插管接头
CC Central Clock 中央时钟
CC Central Controller 中央控制器,系统控制器
CC Chairman Control 主席控制
CC Chance Cut-off 意外中止
CC chief complaint 主诉
CC Chip Carrier 芯片载体
CC choriocarcinoma 绒毛膜癌
Cc Cirrocumulus 卷积云
Cc Cirrocumulus castellanus 堡状卷积云

C1-C5 Class No. 1 - Class No. 5 第一级至第五级
CC Color Compensation 彩色补偿
CC Color Correction 彩色校正
CC Command Center 指挥中心
CC Compression and Coding 压缩与编码
C & C Computer & Communication 计算机与通信
CC Connection Confirmation 连接确认
CC Connectivity Check 连续性检测
CC Convolution Coding 卷积编码
C. C. Cotton Count 英制棉纱支数
CC Country Code 国家代码
CC Courtesy Copy 副本,抄件
CC Credit Card 信用卡
CC cruise control 巡航系统
CC Kupferzellwolle 铜氨纤维
cc Neusekunde 十进位秒,新秒,百分秒
CC 巡航控制
CC 浅表器官彩超
CCA Call Control Agent 呼叫控制代理
CCA Common Communication Adapter 公用通信适配器
CCA Common Cryptographic Architecture 公用密码结构
CCAF Call Control Access Function 呼叫控制接入功能
CCAF Call Control Agent Function 呼叫控制代理功能
CCAMP Common Control And Measurement Plane 公共控制和测量平面
CCAP Call Control Agent Point 呼叫控制代理点
CCB Call Control Block 呼叫控制块
CCB Configuration Control Board 配置控制板
CCB Connection Control Block 连接控制块
CCB Customer Care and Billing 客户服务和计费
CCBS Completion of Call to Busy Subscriber 至忙用户的呼叫完成;遇忙呼叫完成
CCC Central Control Cabinet 中央控制柜
CCC Chlorcholinchlorid 氯化氯代胆碱
CCC Color Cell Compression 色彩单元压缩
CCC Command Control Center 指挥控制中心
CCC Communications Control Center 通信控制中心
CCC Computer Communication Converter 计算机通信转换器
CCC Credit Card Calling 信用卡呼叫
CCC Customer Care Center 顾客关怀中心
CCCH Common Control Channel 公共控制信道
CCD charge coupled device 电荷耦合器件
CCDIR Call Control Directive 呼叫控制指示
CCDM Comité consultatif pour la Définition du Metre 米制定义协商委员会
CCDMA Cooperative CDMA 协作 CDMA
CCDN Corporate Consolidation Data Network 企业合并数据网络
CCDU CES Channels Dispatch Unit 电路仿真业务信道分配单元
CCE Cooperative Computing Environment 协作计算环境
Ccen. Coena 晚饭
CCF Call Control Function 呼叫控制功能
CCF Carotid-Cavernous Fistula 颈动脉海绵窦瘘
CCF Communication Control Field 通信控制字段
CCF Conditional Call Forwarding 条件呼叫前转
CCF Connection Control Function 接续控制功能
Cc flo Cirrocumulus floccus 絮状卷积云
CCH Common Channel 公共信道,共用信道
CCH Control Channel 控制信道
CCHF Comite' Consultatif International Telegraphique 国际电报咨询委员会
CCI Carrier to Carrier Interface 载波-载波接口
CCI Co-Channel Interference 同频干扰,同波道干扰
CCI Comite' Consultatif International 国际咨询委员会
CCI Conference Call Indicator 会议电话指示器
CCIB China Commodity Inspection Bureau 中国商品检验局
CCIC Comite' Consultatif International du Coton 国际棉花咨询委员会
CCIR Comité Consultatif International des Radiocommunications 国际无线电通信咨询委员会(属联合国)
CCIR International Radio Consultative Committee 国际无线电咨询委员会
CCIS Coaxial Cable Information System 同轴电缆信息系统
CCIS Common-Channel Interoffice Signaling 共路局间信令
CCITT Comité Consultatif International Telegraphique et Téléphonique 国际电讯咨询委员会
CCITT Consultative Committee for International Telegraph and Telephone 国际电报电话咨询

委员会

CCITT International Telegraph and Telephone Consultative Committee 国际电报电话咨询委员会

CCK Corporate Control Key 合并控制键,共同控制键

CCK-PZ cholecystokinin-pancreozymin 缩胆囊素-促胰酶素

CCL Calling Party Clear Signal 主叫用户挂机信号

Cc la Cirrocumulus lacunosus 网状卷积云

CCLDD Call Cleared Down 呼叫清除

Cc len Cirrocumulus lenticularias 荚状卷积云

CC. list critical condition list 临界条件列表

CCLN CDMA Cellular Land Network CDMA 蜂窝陆地网络

CCM Consultative Committee for Mass and Related Quantities 质量与相关量咨询委员会

CCM Certificate Configuration Message 证书配置消息

CCM combination control module 组合开关控制模块

CCM computer colour matching system 计算机配色系统

CCM Corn-Cob-Mix/Maiskolbenschrot 玉米籽粒和芯混合物

ccm cubic centimeter/Kubikzentimeter 立方厘米

CCM Current Call Meter 当前通话统计器,当前的呼叫表

CCM 多功能控制模块

CCMP Coordinating Committee for the Moon and Planets 月球和行星协调委员会

CCNTRL Centralized Control 集中控制

CCNU cyclohexyl-chloroethyl-nitrosourea/lomustin 环己亚硝脲,洛莫司汀(商品名)

CCO chief cheat officer 首席宣传官

CCP Call Confirmation Procedure 呼叫确认过程

CCP Call Control Procedure 呼叫控制过程

CCP Call Control Processor 呼叫控制处理器

CCP Capability Configuration Parameter 能力配置参数

CCP Communication Control Processor 通信控制处理器

CCP Compression Control Protocol 压缩控制协议

CCP critical controll point/kritischer Kontrollpunkt 临界控制点

CCP Cross-Connection Point 交叉连接点

CC3P zyklisch-katalytisches 3-Phasen-Verfahren 周期性催化三段法

CCP 上控制面板

CCPC City-lever Clearance and Processing Center 城市级清算和处理中心

CCPCH Common Control Physical Channel 公共控制物理信道

CCPIT China Council for the Promotion of International Trade/Chinesischer Rat zur Förderung des Internationalen Handels 中国国际贸易促进委员会

CC/PP Composite Capability/Preference Profiles 综合能力/偏好概要文件

CCR Call Congestion Ratio 呼叫阻塞率

CCR Continuity Check Request 连续性检查的请求

CCR Continuity-Check-Request signal 连续性检查请求信号

CCS Cable Connector Seal 电缆接头封套

CCS Call Connected Signal 呼叫接通信号

CCS Call Control Server 呼叫控制服务器

CCS Central Controller Station 中心控制站

CCS Century Call Seconds 百呼秒

CCS Common Channel Signaling System 公共信道信令系统

CCS Control Coordination System 控制协调系统

CCSA Common-Control Switching Arrangement 公用控制交换方案

CCSDS Consultative Committee on Space Data System 空间数据系统咨询委员会

CCSM Common Channel Signaling Module 公共信道信令模块

CCSN Common Channel Signaling Network 共路信令网,公共信道信令网

C/CSO 载波复合二次差拍比

CCSS Common Channel Signaling System 公共信道信令系统

Cc str Cirrocumulus stratiformis 成层卷积云

CCT Computer Compatible Tape 计算机兼容磁带

CCT chorionic corticotropin 绒毛膜促性腺激素

CCT Conradson carbon test/Koksrückstand nach Conradson 康拉逊残炭试验

C/CTB 载波复合三次差拍比

CCTrCH Coded Composite Transport Channel 编码组合传输信道

CCTV Closed-Circuit Television 闭路电视

CCU cardiac care unit 心脏病监护中心

CCU Channel Coding Unit 信道编解码单元

CCU Communication Control Unit 通信控制单元

CCU Consultative Committee for Unit 单位咨

询委员会
CCU. Coronary care unit 冠心病监护室
Cc un Cirrocumulus undulatus 波状卷积云
Cd Cadmium 镉
CD. caesarean delivered 剖腹产
CD Call Deflection 呼叫改向
CD Call Distribution 呼叫分配
cd Candela 烛光(光强单位)
cd Candela/Internationale Kerze 国际烛光(光度单位)
CD Capacity Deal location 容量释放
CD Carrier Digits 运营商数字,用于传输 CIC 信息的参数
CD Cell Delay 信元延时
CD Change Directory 改变目录
CD cluster of differentiation 分化抗原簇
C/D Coder/Decoder 编码器/译码器,编码解码器
CD Collision Detection 冲突检测,碰撞检测
CD Compact Disc 光盘,激光唱盘
CD Compressed Data 压缩数据
C/D Control/Data 控制/数据
CD Cordoba Durchmusterung 科尔多巴巡天星表
CD Count-Down counter 递减计数器
C. d. cum dividendo. 附股息报关单
C/D custome declartion 现金账
Cd 48号元素镉的符号
CDA Capacity Deal location Acknowledgement 容量释放位置确认
CDAA 2-Chlor-N, N-diallylazetamid 2-氯-N, N-二烯丙基乙酰胺
CDB Common Data Base 公用数据库
CDB Common Data Bus 公共数据总线
CDB Configuration Database 配置数据库
CDBA Configuration Database Agent 配置数据库代理
CD-Brenner compact disc Brenner 光盘刻录器
CDC. calculated date of confinement 预产期
CdC Carte du Ciel 天图,星图
CDC CD changer 激光唱机自动换碟装置
CDC Centers for Disease Control and Prevention 【美】疾病预防控制中心,疾控中心
CDC Control Data Corporation 【美】控制数据公司
CDCDN Customer-Dedicated Network/kundenangepasstes Telefonnetz 用户专用网络
CDCD-ROM Compact Disc-Read Only Memory/CD mit Nur-Lese-Speicher 只读存储器光盘
CDCD-RW Compact Disc-Rewriteable/wiederbeschreibbare CD 可重写光盘
cd/cm² Candela/Quadratzentimeter 新烛光/平方厘米
CD-DA Compact Disc Digital Audio 数字音频光盘
CDDI Common Distributed Data Interface 通用分布式数据接口
CDDI Copper Distributed Data Interface 铜缆分布式数据接口
CD-DV Compact Disc Digital Video 数字视频光盘
CDE Collaboration Development Environment 协同开发环境
CDE Compact Disc Erasable 可擦光盘
C. deF. Charbonnagesde France 法国煤矿联合会
CDF Combined Distributing Frame 组合配线架,综合配线架
CDF Command Dispatch Function 命令分发功能
CDF Communication Data Field 通信数据字段
CDF Cumulated Distribution Function 累积分布函数
CDF 一种探测器
CDFM Compact Disc File Manager 光盘文件管理程序
CDFS Compact Disc File System 光盘文件系统
CDG Carl Duisberg Gesellschaft 卡尔-杜伊斯堡协会
CDG CDMA Development Group CDMA 开发组
CD-G Compact Disc-Graphics 图形光盘
CD+G Compact Disk Plus Graphics 光盘加图形
CDH Congenital Dislocation Of The Hip 先天性髋关节脱位
CDHS Comprehensive Data Handling System 综合数据处理系统
CDI Called Line Identity 被叫线路鉴别
CDI Common-Rail-Direkteinspritzung 共轨柴油直喷技术
CD-I Compact Disc (Disk)-Interactive 交互式光盘
CDI Kursversatzanzeige 航线偏差指示器;航线偏差指示刻度
CDI 柴油喷射器
CDIS Common Data Interface System 公共数据接口系统
CdL Club der Luftfahrt 航空俱乐部
CDL Common channel Data Link 公共信道数据链路
CDLI (CDI) Called Line Identity 被叫线路鉴别
cd/m² Candela je Quadratmeter 每平方米坎德

拉

CDM Code Division Multiplex[ing] 码分复用

CDMA Code Division Multiple Access 码分多址,一种在无线通讯上使用的数字通信技术

CDMB china digital multimedia broadcasting 手机电视标准

CD-MO Compact Disk Magnet Optical 磁光盘

CDN Content Delivery Network 内容交付网

CDNM Cross-Domain Network Manager 跨域网络管理程序

CDO chief download officer 首席下载官

CDP Code Domain Power 码域功率

CDP Customer Data Processing 用户数据处理

CDPC Central Data Processing Computer 中央数据处理计算机

CDPD Cellular Digital Packet Data 蜂窝数字分组数据

CDPS Central Data Processing System 中央数据处理系统

CDR Call Data Recording 呼叫数据记录

CDR Call Detail Record Charging ID 呼叫详细记录计费标识,话单

CDR Call Detail Record 呼叫细节记录,呼叫详细记录,详细话单;计费详单

CDR Call Data Record 呼叫数据记录

CDR Capacity to Demand Ratio 容量需求比

CD-R CD-Recordable 可写入光盘,刻录光盘;可读写光盘机

CDR Charging Data Recording 计费数据记录

CD-R Compact Disc Recordable 可写(录)光盘

CD-R Compact Disc-Recorder 光盘写入机

CDRAM Cache Dynamic Random Access Memory DRAM 高速缓存

CD-R/E compact disc recordable and eraisable 可擦写式光盘

CD-Re CD-Recycling (废旧)光盘回收利用

CD-ROM Compact Disc-Read Only Memory 只读数据光盘,光盘只读存储器

CD-ROM-Treiber CD-read only memory-Treiber 光盘只读存储器驱动程序

CD-ROM XA CD-ROM Extended Architecture CD-ROM 光盘扩展体系

CDRS Common Digital Radio System 通用数字射频系统

CDRS Conceptual Design Rendering System der Fa. Parametric Technologies 【美】参数技术公司的概念设计图示系统

CDRTOS Compact Disc Real Time Operating System 光盘实时操作系统

CD-RW Compact Disc Rewritable 可重写光盘,可擦洗光盘

CdS Cadmiumsulfid 硫化镉

CDS Compressed Data Storage 压缩数据存储

CDS Computerized documentation Service 计算机化的文献服务

CDSA Common Data Security Architecture 公共数据安全架构

CDSN Central Digital Switching Network 中心数字交换网络

CDSS Compressed Data Storage System 压缩数据存储系统

CDSU Channel/Data Service Unit 信道/数据服务单元

CdTe Cadmium-Tellurit 亚碲酸镉

CDTV Commodore Dynamic Total Vision Commodore 公司的动态全视视盘

CDU Christlich-Demokratische Union 【德】基督教民主联盟

CDU Classification Decimale Universelle 通用的十进分类法

CD-UDF Compact Disc Unified Disk Format 统一格式的光盘

CDV Cell Delay Variation 信元迟延变化

CD-V Compact Disc-Video 视频光盘

CDV Compressed Digital Video 压缩数字视频

CDVT Cell Delay Variation Tolerance 信元迟延变化容差,信元时延变化容限

CD-WO Compact Disc Write Once 一次写入光盘

CD-WOEA Compact Disc Write Once Extend Area 一次写入光盘扩充区

CD-WORM Compact Disc-Write Once Read Many 一次写入多次读出光盘

Cdyn dynamic compliance 动态顺应性

CE Call Establishment 呼叫建立,呼叫建立过程

Ce (Cer) Cerium/Zerium 铈

CE Channel Element 信道单元

CE Circuit Emulation 电路仿真

CE Computing Environment 计算环境

CE concurrent engineering 并行工程

CE Connecting Element 连接单元

CE Connection End-Point 连接端点

CE Convolution Encoder 卷积编码器

CE Customer Edge 用户边缘

CE Tetranitromethylanilin 特屈儿,三硝基苯甲硝胺

CEA carcinoembyonic antigen 癌胚抗原

CEAG Concordia Elektrizitäts-Aktiengesellschaft, Dortmund 多特蒙德协和电气股份公司

CEAL Cambridge Electron Accelerator 【美】坎布里奇电子加速器

CEB Channel Element Board 信道单元板

CEBus Consumer Electronics Bus 用户电子总线
CEC Cell Error Control 信元差错控制
CEC Commision of European Community 欧洲共同体委员会
CEC Coordinating European Council for the Devolopment of Performance Tests for Lubricants and Engine Fuels 润滑剂及发动机燃料性能试验欧洲协调发展委员会
CECE Verfahren zur Anreicherung von Tritium 氚的浓缩方法
Cer Cerium/Zerium 贵金属元素铈
CED Called Station Identifier 被呼叫站标识符
CEE Communaute Economique Europeenne 欧洲经济共同体
CEE 3-cyclopentyl-17-ethinyl estradiol ether 炔雌醇-环戊醚
CEF Comite Electrotechnique Francais 法国电工委员会
Cefa Schwefelzementschmelzanlage 硫化水泥熔化设备
C. E. G. B. Central Electricity Generating Board 中央电力管理局,中央发电局
CEG-Chip Continuous Edge Graphics-Chip 连续边缘图像芯片
CEI converting enzyme inhibitor 转化酶抑制剂
CEIR Central Equipment Identity Register 中心设备识别寄存器
CEL Central European Line 欧洲输油总管(线)
Cell.（Celloph.） Cellophan, Cellophane 玻璃纸
Cell Cellulose 纤维素,纤维素化合物
CellID（CI） Cell Identity 小区识别,小区身份,信元识别
Celloph. Cellophan, Cellophane 玻璃纸
Celltriac. Zellulosetriäzetat 三醋酸纤维素,纤维素三醋酸酯,纤维素三乙酸酯
CELP Code Excited Linear Prediction coding 激励码线性预测编码
CELP code-excited LPC 码激励线性预测编码
CEM Compaqnie Electro-Mecanique 【法】机电公司
CEMA Comite Europeen de la Machinisme Agricoleder/Europäische Verband der Landmaschinen und Ackerschlepper-Hersteller 欧洲农业机械和拖拉机厂商协会
CEMS cost, efficiency, management, security 成本效率管理安全计算的产品和服务
CEMT Europäische Konferenz der Verkehrsminister 欧洲交通部长会议
CEN Cell Error Number 信元差错数
CEN Central Switch 中央交换机
CEN Comité Européen de Normalisation 【法】欧洲标准化委员会
CEND end of charge point 收费点的末端
CENELEC Comité Européen de Normalisation Electrotechnique 【法】欧洲电工标准化委员会
CENELEC Europäisches Kommitee für elektrotechnische Normung 欧洲电工技术标准化委员会
C. Eng. Chief-Engeneur 总工程师
CENRc calling forward on mobile subscriber not reachable 当移动用户不可及时的呼叫转移
CENTAR Anlage zur Uran-Anreicherung durch das Zentrifugenverfahren 【美】离心法铀浓缩工厂
CENTEC Gesellschaft für Zentrifugentechnik GmbH, Bensberg 本斯贝格离心技术有限公司
CEO chief executive officer 执行总裁,首席执行官
CEOT Circuit Emulation Over Transport 传送电路仿真
CEP Call set-up Error Probability 呼叫建立差错概率
CEP chronic eosinophilic pneumonia 慢性嗜酸细胞增多性肺炎
CEP Connecting（connection）End Point 连接端点
CEPA Closer Economic Partnership Arrangement （中国内地与香港澳门）关于建立更紧密经贸关系的安排
CEPT Conference of European Post Et De Telecom 欧洲邮电会议
CEPT European Conference of Postal and Telecommunications Administrations/Gremium der europäischen Post- und Fernmeldeverwaltungen 欧洲邮电管理会议
CER Cell Error Rate/Ratio 信元误码率,信元差错率
CER Cell Error Ratio bei ATM ATM 的信元误码率
Cer Ceramid 神经酰胺;N-脂酰基神经鞘氨醇;脑苷脂
Cerchar Centre d'Etudes et Recherches des Charbonnages de France 法国煤炭科学研究院
CERCO Comité Européen des Responsables de la Cartographie Officielle 官方制图主管人欧洲委员会
CERGA Centre d'Etudes et Recherches Géodynamiques et Astronomiques 【法】地球动

力学与天文学研究中心

CERN Committee European Research Nuclear/Conseil Eüropéen pour la Recherche Nucléaire 欧洲原子核研究组织

CERN European Laboratory For Particle Physics 欧洲粒子物理实验室

CERN-CAST-Workshop Committee European Research Nuclear-Centre d'Actualisation Scientifique et Technique-Workshop 欧洲核子研究委员会科技实现中心工作组

CERNET China Education and Research Network 中国教育和研究网络

Cert. certificate 说明书

CES Channel Element Subsystem 信道单元子系统

CES Circuit Emulation Service 电路仿真业务

CES Coast Earth Station 海岸地球站

CES Comitée Electrotechnique Suisse 瑞士电工学会

CES Communication Engineering Standard 通信工程标准

CES Consumer Electronic Show 民用电子设备展览会

CESI Centro Elettrotecnico Sperimentale Italiano 意大利电工试验中心

CEST Coast Earth Station Telex 海岸地球站用户电报

CET China Education Tours 中国教育游,现指教育项目的策划和管理

CETC Cholesterinestertransfer-Komplex 胆固醇转移复合物

CETOP Comiteé Europeen des Transmissions Oleohydrauliques et Pneumatiques 【法】欧洲液压气动委员会

CETP Cholesterinestertransfer-Protein 胆固醇转移蛋白

CEUS 超声造影

CF all Call Forwarding services 全呼叫前转业务

Cf Californium, Kalifornium 金属锎的元素符号

CF Call Forwarding 呼叫前转,呼叫转移,呼叫转送,来电转驳,呼叫转发电话

CF cardiac failure 心衰

CF Carrier Frequency/Trägerfrequenz 载波频率,载频

c./f. carrige forward 转下页

CF chemotactic factor 趋化因子,向化因子

CF Compact Forte 紧带,紧环

CF complement fixation 补体结合

cf confer 参照,比较,参看

CF Connection Fragment 连接段

CF convenience feature 方便特性,舒适性能

CF Conversion Facility 转换设施

CF Core Function 核心功能

C & F cost and freight 成本加运费价格,离岸加运费价格

CF cystic fibrosis 囊性纤维化

CF Konzentrierungsfaktor 浓缩因数,浓集因数

CF Kresol-Formaldehyd-Harze 甲酚甲醛树脂

CFA Capacity and Flow Assignment 容量和流量分配

CFB Call Forward (ing) Busy 遇忙呼叫前转

CFB Call Forward (ing) on Busy 遇忙呼叫前转

CFB Call (ing) Forwarding on mobile subscriber Busy 移动用户忙呼叫前转

CFBI Central Fiber Bus Interface 中心光纤总线接口

CFC chlorofluorocarban 氯氟烃

CFC Call Forwarding Conditional 有条件呼叫转移,有条件呼叫前转

CFD Call Forward[ing] Default 呼叫前转缺省

CFDB Customer Feature Register Database 用户属性寄存器数据库

CFF kritische Fusionsfrequenz des Auges (电视)临界视觉停闪频率

CFI CAD Framework Initiative Inc CAD 框架创始公司

CFI Canonical Format Indicator 规范格式指示符

CFI continuous fuel injection system (mechanical) 连续式燃油喷注系统(机械)

CFK Chemiefaserarmierte Kunststoffe 化学纤维增强的塑料

CFK Chemiefaserarmierte Kunststoffe oder Kohlenstoff- faserarmierte Kunststoffe 化学纤维增强的或者碳纤维增强的塑料

CFK Chemiefaserkombinat 【前民德】化学纤维联合企业

CFN Carrier Frequency Net 载频网

CFN Connection Frame Number 连接帧号

CFNA Call Forwarding- No Answer (Reply)/Call Forwarding on No Answer (Reply) 无应答呼叫前转

CFNR Call Forward (ing) on Not Reachable 不可到达呼叫转移,不可及呼叫前转

CFNRc Call (all) Forwarding on mobile subscriber Not Reachable supplementary service 移动用户没有补充业务呼叫(全部)前转

CFNRy Call Forwarding on No Reply supplementary service 补充业务无应答呼叫前转

CFNRy Call Forward when No Reply 无应答呼

叫前转

CFO chief finance officer 财务总监,首席财务官

C. F. P. Compagnie Francaise des Pe'troles 法国石油公司

CFPP Cold Filter Plugging Point 低温过滤机堵塞点

CFR Call Failure Ratio 呼叫失败率

CFR Channel Failure Ratio 信道失效比

CFR Code of Federal Regulations 美国联邦法典

CFR Compagnie Francaise de Raffinage 法国精制公司

CFR Conditional Frame Replenishment 条件帧间修补法

CFR Constant Failure Rate 恒定故障率

CFR Coordinating Fuel and Equipment Research Committee 【美】燃料及设备协调研究委员会

CFR Cost and Freight/Kosten und Fracht 成本加运费,到岸价

CFR Crest Factor Reduction 波峰因数减小技术

CFR Customer Feature Register 用户属性寄存器(是为了满足运营商网络智能化的需求而研制的,与交换机配合的外置数据管理设备)

CFS Call-Failure Signal 呼叫故障信号;呼叫失败信号

CFS chronic fatigue syndrome 慢性疲劳综合症

CFS Container Freight Station 集装箱转运站,集装箱货运站

CFS Continuity-Failure Signal 导通故障信号

CFU Call Forward[ing] Unconditional[ly] 无条件呼叫前转

CFU Call Forwarding Unconditional supplementary service 无条件呼叫前转补充业务

CFU colony forming unit 集落(群落)形成单位

CFW Chemiefaserwerk 化学纤维工厂

Cg (c. g.) Centigramma/Zentigramm 厘克,百分之一克

CG Charg[ing] Gateway 计费网关

CG code generator 代码生成器

CG Computer Graphics/Computergrafik 计算机制图,电脑绘画

CG. control group 对照组

CGA Color Graphics Adapter 彩色图形适配器

CGB Circuit Group Blocking (request) 电路群闭塞(请求)

CGBA Circuit Group Blocking Acknowledgement 电路群闭塞确认

CGC Charge Generation Control 计费生成控制

CGC Circuit-Group-Congestion (Signal) 电路群阻塞(信号)

CGD chronic granulomatous disease 慢性肉芽肿病

CGE Canadian General Electric Company 加拿大通用电气公司

Cge. carriage 运费

C-Gesch C-Geschoss 流线型弹丸

C-Geschoss zigarrenförmiges Geschoss 雪茄形炮弹

CGF Charging Gateway Functionality 计费网关功能性

CGG 巴西粮食公司

CGH Computer-Generated Holograms 计算机生成的全息图

CGI Cell Global Identification 全球小区识别,小区全球识别

CGI Common Gateway Interface/Allgemeine Vermittlungs- rechner-Schnittstelle 公共网关接口

CGI compacted graphite iron 紧密石墨铸铁,儒墨铸铁

CGI Computer Graphic Interface 计算机图形接口

CGI-Script common gateway interface Script 公共网关接口脚本

CGK Cable Grounding Kit 电缆接地组件;电缆接地卡

CGL chronic garnulocytic leukemia 慢性粒细胞性白血病

CGM Computer Graphics Metafile 计算机图形元文件

CGN chronic glomerulone phritis 慢性肾小球肾炎

CGO chief government officer 首席沟通官

CGP Computer vision Graphics Processor 计算机视觉图像处理器

CGS (C. G. S.) Centimeter-Gramm-Sekunde 厘米-克-秒(单位)

CGS Civil GPS Service 民用 GPS 服务

CGSE Zentimeter-Gramm-Sekunde elektrostatisches System 厘米-克-秒静电(单位)制,绝对静电单位制

CGSIC Civil GPS Service Interface Conunittee 民用 GPS 定位服务界面委员会

CGSM (cgsm) Zentimeter-Gramm-Sekunde elektromagnetisches System 厘米-克-秒-电磁(单位)制

CGS-System Zentimeter-Gramm-Sekunde-System 厘米-克-秒制

CGU Circuit Group Unblocking 电路群解除闭塞

CGU computergesteuerter Unterricht 计算机

控制教学

CGUA Circuit Group Unblocking Acknowledgement 电路群闭塞解除确认

CH Call Handler 呼叫处理器

CH Charriere 法国衡量尺度

Ch. Chassis 底盘,底架,机架

Ch Chaussee 公路,汽车路线

ch Chemie, chemische Technik 化学;化学技术,化工

ch. chemisch 化学的

Ch. Chiffre 密码,暗号,暗语

CH compromized host 免疫力低下寄宿主

C. H. custom house 海关

CH Kombinationshump 组合峰

CH4 Methan 甲烷

CHA Call Hold with Announcement 带通知的呼叫保持

CHA cold hemaglutination test 红细胞冷凝集试验

CHA Component Handling 分量处理

ChAd3 黑猩猩腺病毒3型

CHAN Charge Analysis 计费分析

chang. changierend 变换的,现虹色或晕色的,闪光的

CHAP Challenge Handshake Authentication Protocol 质询握手认证协议,挑战握手认证协议

Char. Charakter 特性,特点,特性曲线

char. charakterisieren 描述特性,表示特性,表征,赋予特性

char. charakteristisch 特有的,表示特性的

Char. Charge 负荷,负载,电荷;充电,充气;加料,加注

CHAS Channel Associated Signaling 随路信令

ChAT chemische Aufklärungsgruppe 化学侦查组

CHC Channel Controller 通道控制器

CHD Call Handling 呼叫处理

CHD catalytic hydrodesulphurization 催化加氢脱硫

CHD Channel Decoder 信道解码器

CHD Computerhaus Darmstadt 达尔姆施塔特计算机房

CHD Coronary Atherosclerotic Heart Disease 冠状动脉粥样硬化性心脏病,冠心病

CHD/CP Call Handling/Call Processing 呼叫处理

CHE Channel Encoder 信道编码器

CHE cholinestetrase 胆碱脂酶

Chefkerr. Chefkorrektor 主任校对,总校对

chem. Ber. Chemische Berichte 化学报告

Chem. Flab chemisches Feldlaboratorium 化学野战实验室

ChemG Chemikaliengesetz 化学制品法

Chemie-Ing. -Techn. Chemie-Ingenieur-Technik 化学工程技术

ChemR Chemierat 化学会议

chem. Rein. chemische Reinigung 化学提纯

CHF congestive heart failure 充血性心力衰竭

CHG Charge 计费,收费,充电,负荷,电荷

CHG Charging Message 收费告示,计费通知

CHI Channel Interface 通道接口

chi. (**chiff.**, **chiffr.**) chiffrieren, chiffriert 译成密码,译成密码的

CHILL CCITT High Level Language CCITT 高级语言,切尔语言

Ch. -Ing. Chefingenieur 总工程师

Chir. Chirurgie 外科,外科学

CHK Check 校验

Chl Chloride 氯化物

Chl Chloroform 氯仿,三氯甲烷

CHM Changeover and change back Message 转换和改变消息

CHM Channel Processing Module 信道处理模块

CHM-95 Channel Processing Module for IS-95 CDMA-ONE BSS 系统中所用的信道处理模块,采用 CSM1.5 芯片,支持 IS-95 空中接口标准

CHM complete hydatidiform mole 完全性葡萄胎

CHMA 1,4- Cyclohexan-bis-methylamin 1,4-环己烷-双甲胺

CHM-1X Channel Processing Module for CDMA2000 CDMA2000-1X BSS 系统中所用的信道处理模块,采用 CSM5000 芯片,支持 IS-2000 空中接口标准

Ch-mZ Chemisch-mechanischer Zünder 化学机械点火具

CHO carbohydrate 碳水化合物,糖类

CHO chief hack officer 首席黑客官

CHO cholesterol 胆固醇

CHP Charging Point 收费点

Ch. -Pl. Chefplaner 总计划师,总设计师

CHR Charging Rate 计费费率

Chr. Chromium 金属元素铬

Chr. Chronometer 精密时计,经线仪,航行表

CHR Contemporary Hit Radio 当代无线电广播,当代广播电台

CHRFLAG Charging Flag 计费标记

CHRMT Charging Method 计费方法

chrom. chromatisch 色彩的,颜色的

Chronogr. Chronograph 计时器

CHRP Common Hardware Platform 公共硬件

参数平台
CHS Call Hold Service 呼叫保持业务
CHS Charging Subsystem 计费子系统
Chs Chausseehaus 公路护路房
CHS Chronic hepatitis 慢性肝炎
CHT Call Holding Time 呼叫保持时间
C. H. U. calorie heat unit 大卡热单位
C. H. U. centigrade heat unit 百分温标热单位,摄氏热单位
CHUB Control HUB 控制流集线器
CHV Card Holder Verification Information 持卡人验证信息
CHW Communication Highway 通信高速公路
CHX Charge index 计费指数
CHX Charge rate index 费率指数
ChZtr Chemisches Zentralblatt 化学文摘(德刊)
CI cardiac index 心脏指数
C/I Carrier-to-Interference ratio 载波干扰比/载干比
CI Cell Identifier 小区标识符
CI cerebral infarction 脑梗死
C/i. certificate of insurance 保险说明书
CI Characteristic Information 特征信息
Ci Cirrus 卷云;细雨
CI Cluster Interface 群接口
CI Colour Index 染料索引,颜料指数,比色指数
C3I Command, Control, Communication and Intelligence 指挥、控制、通信和情报
C4I Command, Control, Communication, Computer and Intelligence 指挥、控制、通信、计算机和情报
CI Command Identifier 指令标识符
CI Common Interface/standardisierte Schnittstelle 标准接口
CI Computer Interconnect 计算机互连
CI Congestion Indication 拥塞指示
CI Corporate Identity 企业形象设计
CI Corporate image/einheitliches Erscheinungsbild 企业形象,企业标识,企业标志
C. I. Correlationsindex 关联指数
C&I cost insurance 保险费在内价
CI Crossbar Interconnection 交叉互联
CI CUG index CUG 标志
CI Customer Installation 用户装置
CIA Central Intelligence Agency (美国总统下属的)中央情报局
CIA Corporate Identity System 企业形象标识系统
C. I. A. Cotton Insurance Association 棉花保险协会
CIB Circuit-bearer Interface Board 电路承载通道接口板
CIC Carrier Identification Code 运营商标识码
CIC Carrier Interface Controller card 载频接口控制板
CIC Circuit Identification Code 电路识别码
CIC circulating immune complex 循环免疫复合物
CIC Communications Intelligence Channel 通信智能信道
Ci cas Cirrus castellanus 堡状卷云
CICS Customer Information Control System 客户信息控制系统
CICT Conseil International du Cinéma et de la Télévision 国际电影电视委员会
CID Caller Identification 主叫识别
CID Caller (ing) Identity Delivery 来电显示
CID Call Instance Data 呼叫实例数据
CID Channel Identifier 信道标识符
CID Conference Identifier 会议标识符
CID Consecutive Identical Digit 连续相同数字
CID Schaltung mit lokaler Ladungsinjektion 带局部电荷注入的电路
Ci dens Cirrus densus 密卷云
CIDFP Call Instance Data File Point 呼叫实例数据文件段
CIDFP Call Instance Data File Pointer 呼叫实例数据字段批示语
CIDR Class Inter-Domain Routing 分级域间路由选择
CIDR Classless Inter Domain Routing 无级域间路由选择
Ci du Cirrus duplicatus 复卷云
CIE Commission Internationale de l'Eclarrage 国际照明委员会
CIE countercurrent immunoelectrophoresis 对流免疫电泳
Cie. Kompanie 公司
CIF Common Intermediate Format 公共(通用)中间格式
CIF (cif, C. I. F.) cost, insurance and freight/Kosten, Versicherng und Fracht 到岸价格(成本加保险费及运费后的价格)
Ci fib Cirrus fibratus 毛卷云
Ci flo Cirrus floccus 絮状卷云
CIFS Common Internet File System 公用因特网文件系统
CIG Cell Interconnection Gateway 信元互连网关
CIG Computer Image Generator 计算机图像发生器
CIG Computerized Interactive Graphics 计算

机化交互制图学

CIG Comité International de Geophysique 国际地球物理学委员会

CIH [计]陈英豪病毒,切尔诺贝利病毒

CIG Chip in Glas 玻板内芯片接合

Ci in Cirrus intortus 乱卷云

CIL Call Identification Line 呼叫识别线路,呼叫识别行

C. I. L. P. E. Conférence Internationale de Liaison entre Producteurs d'Energie Electrique 国际电力生产者联席会议

CIM Common Information Model 公共信息模型

CIM Computer Input Media 计算机输入媒体

CIM Computer Input Microfilm 计算机输入微缩胶片

CIM Computer Integrated Manufacturing 计算机集成制造

CIM Control Interface Module 控制接口模块

CIMAG Conseil Internationale des Machines a Combustion Internationaler Verbrennungskraftmaschinen Kongress 国际内燃机委员会

CIMO Commission on Instruments and Methods of Observation 仪器和观测方法委员会

CIMS Computer Integrated Manufacturing System 计算机集成制造系统

CIN cervical intraepithelial neoplasia 宫颈上皮内瘤样病变

CIN Chronic interstitial nephritis 慢性间质性肾炎

C-INAP China-Intelligent Network Application Protocol 中国智能网应用协议

CINDA Computer-Index für Literatur über neutronenphysika- lische Daten 中子物理数据(文献)计算机索引

Ci not Cirrus nothus 伪卷云

CIO Chief Information Officer 信息主管,首席信息官

CIO Conventional International Origin 国际习用原点,国际协议原点

CIP Call Information Processing 呼叫信息处理

CIP Cataloguing in publication 在版编目,预编目录

CIP Congestion Indication Primitive 拥塞指示原语

CIP Durchlauf reinigung 连续净化,连续清洗

CIPA Comité International de Photogrammétrie Architectural 国际建筑摄影测量委员会

CIPC Chlorpropham 氯苯胺灵

CIPM Comité International des Poids et Measures 国际计量委员会

CIPOA Classical IP Over ATM ATM 上的传统IP, ATM上支持传统IP

CIPS Contraves Interactive Program System 康特拉威斯交互程序系统

CIPS Kartographische interaktive Programmiersystem 制图交互程序系统

CIR Calling-line-Identity-Request 主叫线路识别请求

CIR Carrier to Interference Ratio 载波干扰比

CIR Committed Information Rate 承诺的信息速率,待发信息速率

Ci ra Cirrus radiatus 辐辏状卷云

CIRED Congrés International des Réseaux Electrigues de Distribution 国际配电网会议

CIRM Comité International Radio-Maritime 国际海上无线电通讯委员会

CIS Canadian Institute of Surveyors 加拿大测量师协会

Cis Card Information Structure 卡片信息结构

CIS carcinoma in situ 原位癌

CIS CDMA Interconnect Subsystem CDMA 互连子系统

CIS cerebral ischemic stroke 缺血性脑卒中

CIS Contact-type Image Sensor 接触式传真图像传感器

Cis Copper-Indium-Diselenide/Kupfer-Indium-Diselenid 铜铟联(二)硒化物

Cis Copper-Indium-Selenite 铜铟亚硒酸盐

CIS corporate identify system 企业识别系统

CIS Customer Information System 客户信息系统

CIS Kupfer-Indium-Diselenid 铜铟联硒化合物

C^3 I-Sys. Command, Control, Communication, Intelligence, System 指挥、控制、通信与情报系统,(军队)自动化指挥系统

CISC Complex Instruction System Computer 复杂指令系统计算机

CISN chronic interstitial nephritis 慢性间质性肾炎

CISPR Comite International Special des Perturbations Radioelectriques 国际无线电干扰专门委员会

C^4 ISR Command, Control, Communication, Computer, Intelligence, Surveilance und Reconnaissance-System 指挥、控制、通信、计算机、情报、监视与侦察系统,(军队)自动化指挥系统

Cit. Cito 快

CITA Internationale Vereinigung der Landwirtschaftsingenieure und-techniker 国际农业工程师和技术员联合会

CITIS contractor integrated technical informa-

tion service 承包商综合技术信息服务
CIU Cell Input Unit 信元输入单元
CIUS Conseil International des Unions Scientifiques 国际科学联合会理事会
Ci ve Cirrus vertebratus 脊状卷云
CIW Customer Information Warehouse 用户信息仓库
CIX Commercial Internet exchange 商用因特网交换中心
CJO chief joy officer 首席娱乐官
CK Check bit 检验码,校验比特,校验位
CKA crank angle 曲轴转角
CKCD Central Clock and Communication Driver 中心时钟和通信驱动器
CK/CPK creatine kinase/phosphokinase 肌酸(磷酸)激酶
CKD Chronic kidney disease 慢性肾脏疾病
CKD Completely knocked Down 全部拆散的,完全分解的
CKE Chinese Keypad Entry 中文键盘输入法
CKG Clock Generator 时钟板,时钟发生器
CKI Clock benchmark Interface 时钟基准接口板
CK-MB creatine kinase-MB 肌酸肌酶同工酶
CKO Chief Knowledge Officer 首席知识官
CKP crankshaft position 曲轴位置
CKSN Ciphering Key Sequence Number 密码本索引序列号
CKW Chlorierte Kohlenwasserstoffe 氯化碳氢化合物
c. l. anni currentis 今年的
Cl. Calme 抗敏
Cl Clarit 亮煤;硫砷铜矿
Cl Mattkohle 暗煤
CL central locking 中央门锁
Cl Chlor 氯元素符号
CL chlorine, chloride 氯化物、氯元素化合物
CL Circuit Layer 电路层
Cl Clausius 克劳(熵单位)
Cl clearance 清除(率)
CL compliance of lung 肺顺应性
CL Connectionless 无连接型,无连接方式
CLA Class 级,等级;类,类别
CLAN cordless local area network 无绳局域网
CLASS Customized Local Access Signaling Service 定制的本地接入信令服务
CLASS Custom Local Area Signaling System 用户局域信令系统
CLBM Classical Broadcasting Model 传统的广播模型
CLC Close Logical Channel 关闭逻辑通道
CLC Commercial Letter of Credit 商业信用证
CLCA Close Logical Channel Acknowledge 关闭逻辑通道确认
CLCD Clear Confirmation Delay 拆线证实延迟
CLCR Close Logical Channel Reject 关闭逻辑通道拒绝
CLD Called number 被叫号码,被叫用户号码
CLD Cell Loss Detection 信元损失检测
CLDATA cutter location data 刀位数据
CLEC Competitive Local Exchange Carrier 竞争性地区通信运营商
CIEM Conseil International pour l'Exploration de la Mer 国际海洋开发理事会
CLF Clear Forward 前向拆线,正向拆线
CLF Clear-Forward Signal 前向拆线信号,正向清除信号
CLI Calling Line Identification 主叫线路识别,主叫线识别
CLI Command Line Interface 指令线路接口
CLI callable level interface 可调用层接口,公共层界面
CLIF Called Line Identification Facility 被叫线路识别设备
CLIMAT 陆站地面观测月平均报告
CLIMAT TEMP SHIP 海洋站高空观测月平均报告
CLIMMAR Centre de Liaison International des Marchands de Machines Agricoles et Reparateurs 国际农业机械商与维修商联络中心
CLINO climatological normals 气候平均值
CLINP 北太平洋海区观测月平均报告
CLIP Calling Line Identification Presentation 主叫线路识别显示,主叫用户线识别提示,呼叫线标识显示
CLIP Connected Line Identification Presentation 被叫连接线识别提供
CLIR Calling/Connected Line Identification Restriction 主叫/被接线识别限制
CLIR Connected Line Identification presentation Restriction 被叫连接线识别限制(补充业务)
CLIRI Calling Line Identification Request Indication 主叫线路识别请求指示
CLIS Called Line Identification Signal 被叫线路识别信号
CLISA 大西洋海区观测月平均报告
CLK Clock 时钟
CLKD CLOCK Distributor 时钟批发商
CLKG CLOCK Generator 时钟发生器,脉冲发生器
CLL chronic lymphocytic leukemia 慢性淋巴细胞性白血病

CLLM Consolidated Link Layer Management 强化链路层管理,统一链路层管理
CLM Connectionless service Module 无连接业务模块
CLMS Connectionless Message Service 无连接消息业务
CLNAP Connectionless Network Access Protocol 无连接网络接入协议
CLNP Connectionless Network Protocol 无连接网络协议
CLNS Connectionless Network Layer Service 无连接网络层服务
CLNS Connectionless Network Service 无连接网络服务,无连接网络业务
CLO chief language officer 首席语言官
CLO chief lawyer officer 首席律师
CLP Call Loss Priority 呼损优先级
CLP Call Processor 呼叫处理机
CLP Cell Loss Priority 信元丢失优先权
CLP Cell Loss Probability 信元丢失概率
CLP Communication Link Part 通信连接部分
CLPC Code-Excited LPC 码激励线性预测编码
CL-PDU Connectionless Protocol Data Unit 无连接协议数据单元
CLPI Cell Loss Priority Indication 信元丢失优先级指示
CIPM Comité International des Poidset Mesures 国际度量衡委员会
CLR Cell Loss Rate (Ratio) 信元损失率
CLR Computer Language Recorder 计算机语言记录装置
CLR Coordinating Lubricant and Equipment Research Committee 【美】润滑剂及设备研究协调委员会
CLRD clear request delay 清除请求延迟
CLS Contour Laser Scanner 激光仿形扫描器
CLS Channel Load Sensing 信道负载检测
CLS Clearing Screen 清屏
CLS Controlled Load Service 受控负载业务
CLS Customer Link Service 用户链路业务
CLSA 经纪公司里昂证券
CL-SCCP Connectionless SCCP 无连接 SCCP (信令连接控制部分)
CLSF Connectionless Service Function 无连接服务功能
CLSP Channel Load Sensing Protocol 信道负载检测协议
CLSS Communication Link Subsystem 通信链路子系统
CLT Communication Line Terminal 通信线路终端
CL+T compliance of lungs and thorax 肺-胸廓顺应性
CLTP Connectionless Transport Protocol 无连接型传送协议
CLV konstante Lineargeschwindigkeit 恒定的线性速度
CM Cable Modem 电缆调制解调器
CM Call Management 呼叫管理
CM Call Manager 呼叫管理程序
CM Call Monitor 呼叫监控器
CM Cell Merger 信元归并
CM Central Module 中心模块
CM China Mobile 中国移动通信
CM Code Modulation 电码调制
CM Coherence Multiplexing 相干复用
CM Communication Management 通信管理
CM Computer Module 计算机样机,计算机模型
CM Configuration Management 配置管理
CM Connection Management 连接管理,接续管理
CM Connection Manager 连接管理器
CM Connection Matrix 连接矩阵
CM Connectivity Manager 连通管理器
CM Continuous Media 连续性媒体
CM Control Memory 控制存储器
CM core memory 磁心存储器
Cm Coulombmeter 库仑计;电量计
Cm Curium 金属锔元素符号
Cm³ Kubikzentimeter 立方厘米
Cm² Quadratzentimeter 平方厘米
cm Zentimeter 厘米,公分
CMA Coherence Multiple Access 相干多址访问
CMA constant Modulus Algorithm 恒模算法
CMA conventional moisture allowance/handelsüberlicher Feuchtigkeitszuschlag 公定回潮率
CMAC Control Mobile Attenuation Code 控制移动衰减码
CMB Combiner 合路器,组合器,合并器
CMBS Circuit Mode Bearer Service 电路模式承载业务
CMC Call modification Completed 呼叫修改完成
CMC Call Modification Completed message 呼叫改变完成消息
CMC Carboxymethylcellulose/Karboxylmethylzellulose 碳甲基纤维素
CMC Chlormequatchlorid 氯化氯代胆碱;矮壮素
CMC Coherent Multi-Channel 相干多信道
CMC Colour Measurement Committee 颜色测

量委员会
CMC Concurrent Media Conversion 并行媒体转换
CMC CUG Management Center 闭合用户群管理中心
CMCB Communication Control Block 通信控制功能块
CMD Command 命令
CMDB Composit modifizierten zweibasigen Treibstoffen 改进型复合双基发射药
CME Communication Management Entity 通信管理实体
CME Conformance Management Entity 一致管理项目
CME Connection Management Entity 连接管理实体
CMEA Council for Mutual Economic Assistance 东欧经济互助委员会,经互会
CMF Center Module Frame 中心模块框架
CMF Connection Monitor Function 连接监控功能
CMF Creative Music File 创新音乐文件,CMF格式,CMF音频文件格式
CMG cystometrogram 膀胱压力容积曲线,膀胱内压测量图
CMI Call Management Information 呼叫管理信息
CMI cell-mediated immunity 细胞介导免疫
CMI Coded Mark Inversion 编码传号反转
CMI Code Mark Inversion 代码标记转换
CMI Coding Method Identifier 编码方式标识符
CMIP Common Management Information Protocol 公共管理信息协议
CMIP Common Management Interface Protocol 公共管理接口协议
CMIS Common Management Information Service 公共管理信息服务
CMIS Common Management Interface Service 公共管理接口服务
CMISE Command Management Information Service Element 命令管理信息业务元素
CMIS/P Common Management Information Service/Protocol 公共管理信息服务/协议
CML chronic myeloid leukemia 慢性髓样白血病
CML current mode logic 电流型逻辑
CMM Capability Maturity Model 能力成熟度模型
CMM Cell Management Module 信元管理模块
CMM Channel Mode Modify 信道模式修改
cm/M.S Zentimeter pro Mann und Schicht 工班厘米(掘进效率)
CMO chief marketing officer 首席市场官
CMOS Complementary Metal-Oxide-Semiconductor 互补金属氧化物半导体,互补性氧化金属半导体,一种可记录光线变化的半导体
CMOS 一种图像传感器
CMP computer match prediction 计算机配色预测
CMP Content Management and Protection 内容管理和保护
CMP Customer Management Plan/Platform/Point 用户管理计划/平台/点
CMP Refinerholzstoff mit chemischer Vorbehandlung 化学预处理精制纸浆
CMP 轮轴位置
CMR Call Modification Request [message] 呼叫改变请求(信息/通知)
CMR Common Mobile radio 公用移动无线电
CMRFI Cable Modem RF Interface 电缆调制解调器射频接口
CMRJ Call Modification Rejected 呼叫修改拒绝
CMRM Call Modification Reject Message 呼叫改变拒绝信息
CMRR common-mode rejection ratio/Gleichtaktunterdrückung 共模抑制比
CMRTS Cellular Mobile Radio Telephone System 蜂窝移动无线电话系统
CMS Call Management System 呼叫管理系统
CMS Cellular Mobile System 蜂窝移动系统,蜂窝状移动电话系统
CMS Cluster Management System 群集管理系统
CMS Conversational Monitor System 会话式监控系统
cm/s Zentimeter/Sekunde 厘米/秒
CMS 紧凑μ子螺线管,紧凑缪子线圈
CM/SCM Coherence Multiplexing/Subcarrier Multiplexing 相干复用/副载波复用
CMT Cellular Message Telecommunications 蜂窝消息电信业务
CMT Comité Mixte International du matériel de Traction Èlectrique 【法】国际牵引电气设备调剂委员会(属联合国)
CMTS Cable Modem Termination (Terminal) System 电缆调制解调器端接系统
CMTS Centralized Maintenance Test System 集中式维护测试系统
CMV cytomegalovirus 巨细胞病毒
CMW Common Middleware 公共中间件
cm WS Zentimeter Wassersäule 厘米水柱
CMY cyan magenta yellow 蓝红黄

CMYK Cyan, Magenta, Yellow and Black 青色、洋红、黄色和黑色
CMZ 41 Chemisch-mechanischer Zünder 41 41式化学机械点火具
C/N Carrier-to-Noise ratio 载波噪声比，载噪比，信噪比
CN Cellulosenitrat 硝酸纤维素，硝酸人造丝
cN centi-newton 厘牛顿
C.N. cetane number/Cetanzahl 十六烷值
CN Chromnickel 铬镍
CN Core Network 核心网
CN Nitratchemieseide 硝酸人造丝
C-n n-order Container 阶容器
CNA Communication Network Architecture 通信网络体系结构
CNA Cooperative Networking Architecture 协作式联网体系结构
CNAP Calling Name Presentation 主叫名称显示
CNAT Computing Network Architecture Technology 计算机网络结构技术
CNC computerized numerical control 计算机数字控制
CNC Congestion Notification Cell 拥塞通知信元
CNCC Customer Network Control Center 用户网控制中心
CND Calling Number Display 主叫号码显示
CNDP Communication Network Design Program 通信网络设计程序
CNES Centre National d'Etudes Spatiales 法国国家空间研究中心
CNFGG Comité National Francais de Géodésie et Géophysique 法国大地测量和地球物理国家委员会
CNG Calling Tone 呼叫单音
CNG compressed natural gas/komprimiertes Erdgas 压缩天然气
CNIF Conseil National des Ingénieurs Francais 法国工程师协会
CNII China National Information Infrastructure 中国国家信息基础设施
CNIP Calling Name/Number Identification Presentation 主叫姓名/号码识别显示
CNIR Calling Number Identification Restriction 主叫号码禁止显示，主叫号码识别限制
CNIROver Calling Number Identification Restriction Over 超越主叫号码识别限制
CNL Cooperative Network List 合作操作网络表
CNLP Connectionless Network Layer Protocol 无连接模式网络层协议
CNM Centralized Network Management 集中式网络管理
CNM Circuit Network Management message group 电路网络管理消息组
CNM Customer Network Management 用户网管理
CNMc Customer Network Management interface using CMIP 使用通用管理信息协议的用户网络管理接口
CNMe Customer Network Management interface using EDI/MHS 使用电子数据交换/消息处理系统的用户网络管理接口
CNMe EDI Management based interface realization for CNM service 用户网络管理业务的基于电子数据交换管理的接口实现
CNMI Communications Network Management Interface 通信网络管理接口
CNN Cable News Network 【美】有线电视新闻网
CNN Cellular Neural Network 蜂窝神经网络
CNN 【美】有线电视新闻国际公司
CNNIC China Network Information Center 中国网络信息中心
CNNS Connectionless Node Network Service 无连接节点网络服务
CNO Cable Network Operator 电缆网络运营商
CNO chief negotiating officer 首席谈判官
CNO chief net officer 首席网络官
CNP Communications Network Processor 通信网络处理器
CNP Connection-Not-Possible Signal 连接不可能信号
CNR Canadian National Railway 加拿大国家铁路
CNR Carrier Noise Ratio 载噪比
CNRS Centre National de la Recherche Scientifique 法国国家科学研究中心
CNS central nervous system 中枢神经系统
CNS Communications Network System 通信网络系统
CNS Connection-Not-Successful Signal 连接不成功信号
CNS 通讯和导航系统
CNT 碳纳米管
CO cardiac output 心输出量
C/o. cash of; carried over. 转交
CO Central Office 中心局，市话局
CO (CHO) cholesterol 胆固醇
Co Cobalt, Kobalt 金属钴元素符号
Co. Company 公司，商号
Co. Compcitus 复方

Co. compound 复方的
CO Computing Object 计算对象
CO Connection-Oriented 面向连接的
Co Coupé 双座轿车
CO_2 Kohlendioxid 二氧化碳
CO Kohlenmonoxid 一氧化碳
C/O. cost order 现金汇票
COA Care Of Address 转交地址
COA Certificate of Authenticity 真品证书
COA Changeover Acknowledgement (signal) 转换确认信号
COA coarctation of aorta 主动脉缩窄
COA Codieradresse 编码地址
CoA coenzyme A 辅酶 A
CoA Koferment A 辅酵素 A
COAT Coherent Optical Adaptive Technique 相干光自适应技术
COB chip on board/Chip auf Platte 板上芯片
cobapress-Verfahren coulée, basculé pressé à chand/Gießen, Schwenken Warmpressen 铸造毛坯旋转热压成形法(法国一铸造厂的方法)
COBOL Common Business Oriented Language 面向商业的通用语言
COC Central Office Connection 中心局连接
COC Consolation Calling 协商呼叫
COCF Connection-Oriented Convergence Function 面向连接的会聚功能
COCOMO Constructive Cost Model 构造性成本模型
CO_2CP carbon dioxide combiding power 二氧化碳结合力
COD (c. o. d.) cash on delivery 货到付款,现款交货
COD chemical oxygen demand/chemischer Sauerstoffbedarf 化学需氧量
CODAR 飞机高空观测报告(指非气象侦察机的报告)
CODASYL Conference on Data Systems Language 数据系统语言会议
CODATA Standing Committee for Data on Science and Technology 科技数据常务委员会
CODEC Code/Decode 编码/解码
CODEC Coder and Decoder 编码器和译码器
CoEX coextrudiert 共挤的
CoEX-Kopf 共挤口模;共挤机头
COF cursor off 光标隐匿
COFDM Coding Orthogonal Frequency Division Multiplex 正交编码频分复用
CO-FSR CO-Filter-Selbstretter 带有一氧化碳过滤器的自给式呼吸器
COH Connection Overhead 连接开销
COHB carboxyhemoglobin 碳氧血红蛋白
COI Central Office Interface 中心局接口
COIP Connection-Oriented Internet Protocol 面向连接的网际协议
COIR Connected line Identification Restriction 被叫连接线识别限制
COIU Central Office Interface Unit 中心局接口单元
COL Computer-Oriented Language 面向计算机的语言
COL Connect Line identity 连接线路识别
COLI Connected Line Identity 被连接线路识别
Collum. Collunarium 洗鼻剂
Collut. Collutorium 漱口剂
Collyr. Collyrium 洗眼剂
COLP Called Line Identification Presentation 被叫线路识别表示
COLR Called Line Identification Restriction 被叫线路识别限制
Co., Ltd. Company Limited 有限公司
COM Centralized Operation and Maintenance 集中的操作和维护
Com. commerical 商业;佣金
COM Common Management 公共管理
COM Common Object Model 公用对象模型
COM Complete 完全的,全部的,完成,结束
COM Component Object Model 组件对象模型
COM Continuation Of Message 报文续
Com 指网络,有时指网络经济,网络公司
COM 指在网络行业工作的人群
COMAND 驾驶室信息和数据显示器系统
COMBAR 战斗机气象报告
COMC Centralized Operations and Maintenance Center 集中的操作和维护中心
Com. CM Computing Configuration Management 计算配置管理
COMECON Council for Mutual Economic Assistance 经互会
COMI Communication Interface board 通信接口板
COMIC Colorant-Mixture Computer 配色电子计算机
COMM Communication 通信,通讯
COMOS-IC complementary MOS integrated circuit 互补金属氧化物半导体集成电路
COMP Comparing Unit 比较器,比较单元
CompactSN/IP Compact Service Node/Intelligent Peripheral (Lucent) 紧凑业务接点/智能外设(朗讯)
COMS Connection Oriented Message Service 面向连接消息业务
COMT catechol-O-methyltransferase 儿茶酚氧

位甲基转移酶
COMURHEX Unternehmen zur Verarbeitung von Uran, Pierrelatte 法国皮埃尔拉特铀加工厂
CON Connect, Connection 连接
Con contract 合同
CON cursor on 光标显现
Con. CM Connect Configuration Management 连接配置管理
CONF Conference calling 会议呼叫
CONF Configuration 配置
CONG Congestion 拥塞
CONNACK Connect Acknowledgement 连接确认
CONP Connection Oriented Network layer Protocol 面向连接的网络层协议
CONS Connection Oriented Network (Layer) Service 面向连接的网络(层)服务
Cons Consperus 撒布剂粉,扑粉
const. constant 恒定的,不变的;常数,常量
cont Regelungstechnik 控制工程学
Conti Continental-Gummiwerke (德国汉诺威)大陆橡胶制造厂
Cont.-Schiff Containerschiff 集装箱船
Cont.-Term. Containerterminal 集装箱码头
COO Changeover Order signal 改变命令信号
COO chief operation offiecer 首席运行官
COO Cost Of Ownership 拥有成本,购置成本,经营成本
COP Character-Oriented Protocol 面向字符的协议
COP Coherent Optical Processor 相干光处理器
COP Continuation Of Packet 分组的连续性
Cop Copolymere 共聚物
COPD chronic obstructive pulmonary disease 慢性阻塞性肺病
COPS Common Open Policy Service 通用开放策略服务
COQ Channel Optimized Quantizer 信道最佳化量化器
CORAL Kritische Anordnung für kernphysikalische Unter- suchungen Spanien 西班牙核物理研究用临界装置
CORBA common object request broker architecture 公共对象请求中介代理机构
CORIUM Zircaloy-UO_2-Stahl-Legierung 锆合金-二氧化铀-钢合金(堆芯材料)
COR-PSK correlative phase shift keying 相关相移键控
Cort. Cortex 皮质
COS Cell Output Switch 信元输出交换
COS chip operating system 芯片操作系统
CoS Class of Service 业务等级,业务类别
COS Communications-Oriented Software 面向通信的软件
COS Cooperation for Open Systems 开放系统协作
Cos (cos) cosine/Kosinus 余弦
CO-SCCP Connection-Oriented SCCP 面向连接的SCCP(信号/信令连接控制部分)
cosec Kosekans 余割
cosh Hyperbelkosinus 双曲线余弦
COSPAR Committee on Space Research 空间研究委员会
COSS Common Object Services Specifications 公共对象服务规范
COT Central Office Terminal/Termination 中央局终端
COT Class Of Traffic 运输等级(快慢)
COT Class Of Trunk 中继类别
COT Continuity 导通
COT Continuity Signal 导通信号
Cot (cotg) Kotangens 余切
COT Customer Oriented Terminal 面向用户终端
cotb Hyperbelkotangens 双曲线余切
COTS Connection Oriented Transfer Service 面向连接的传送业务
COUNT Call History Parameter 呼叫历史参数
Cout. Couturier 女服装设计师,女裁缝师
Cout. Couture 时髦女装业
COVQ Channel-Optimized Vector Quantization 信道最佳化矢量量化
CP Call Processing 呼叫处理
Cp Cassiopeium 元素镥旧用符号
CP Cellulosepropionat 丙酸纤维素,纤维素丙酸酯
Cp centipoise/Zentipoise 厘泊(物理粘度单位)
CP Central processor 中央处理器
CP Chikago Pile 芝加哥实验性反应堆
CP chronic cholecystitis 慢性胆囊炎
CP classic pathway 经典途径
CP Collision Presence 出现冲突
CP Common Part 公共部分
Cp Compactlimousine 紧凑型轿车,小型轿车
CP Confirmation Prototype 样品论证
CP Connection Point 连接点
CP Consolidation Point 集合点
CP Content Provider 内容提供商
CP Contre Pente (轮辋)峰;轮辋斜肩上凸缘,轮辋胎圈上凸缘
CP control programm 控制程序
CP cor pulmonale 肺原性心脏病

CP Customer Premise 用户所在地
CP Cyclic Prefix 循环前缀
CP2 doppelseitiges Contre Pente （轮辋）双峰；轮辋双斜肩上的凸缘
Cp konstantes Potential 等电势；等位；静电位
cP kontinentale Polarluft 极地大陆气团
cP Zentipoise 厘泊
cp zusammengesetzt 组合的；混合的
CPA Calico Printer's Association 棉布印花工作者协会
CPA certified public accountant 注册会计师
CPA Computer Performance Analysis 计算机性能分析
CP-AAL Common Part-AAL ATM 适配层公共部分
CPAI Canvas Products Association International 国际蓬帆布制品协会
CPAP continuous positive airway pressure 风道持续正压
CPB Channel Program Block 信道程序块
CPBX Centralized Private Branch exchange 集中式用户电话交换机
CPC Call Processing Control 呼叫处理控制
CPC card programmed calculator 卡片程序计算机
CPC computer process control 计算机过程控制
CPCCH Common Power Control Channel 公共功率控制信道
CPCH Common Packet Channel 公共分组信道
CPCR cardio-pulmonary-cerebral resuscitation 心肺脑复苏
CPCS Common Part Convergence Sublayer 公共聚合子层部分
CPCS-SDU CPCS-Service Data Unit 公共部分会聚子层业务数据单元
CPD Cape Photographic Durchmusterung 好望角摄影星表
CPD cephalopelvic disproportion 头盆不称
CPD Cross-Roll-Piercing-Diescherwalzwerk 斜轧穿孔-狄舍尔轧管机
CPDD cis-platinum-diamino dichloride 顺铂二氨基二氯化物
CPE chloriertes Polyethylen 氯化聚乙烯
CPE Customer Premises Equipment 用户室内设备，用户端设备
CPE-Anlage Cross-Roll-Piercing and Elongating-Anlage 斜轧穿孔延伸机组
CPF carbon producing factor 炭生产要素，生炭因素
CP-FSK Continuous Phase Frequency Shift Keying 连续相位频移键控
CPG Call Progress 呼叫进展
CPH Call (ing) Party Handling 呼叫方处理
CPH Computergesteuerte Programmierhilfe 计算机控制的程序设计辅助工具
CPHCH Common Physical Channel 公共物理信道
CPHD Chronic Pulmonary Heart Disease 慢性肺心病
CPI Characters Per Inch 字符数/英寸
CPI Common Part Indicator 公共部分指示器
CPI consumer price index 消费者价格指数，居民消费价格指数
C. P. I.（**c. p. i.**） courses per inch 每英寸横列数
C. P. I.（**c. p. i.**） crimps per inch 每英寸卷曲数
CPI Zeichen pro Zoll 每英寸字符数
CPI 公职人员廉洁研究所
CPICH Common Pilot Channel 公共导频信道
Cpl Caprolactam 己内酰胺
CPL Computer Program Library 计算机程序库
CPLD Complex Programmable Logic Device 复杂可编程逻辑器件
cplt. complete/komplett 齐全的，全套的，全的
CPM Call Processing Model 呼叫处理模式
CPM Call Processor Module 呼叫处理机模块
CPM Call Progress Message 呼叫进程消息
CPM Call Protocol Message 呼叫协议信息
CPM Call Protocol Module 呼叫协议模块
CPM Calling Processing Module 呼叫处理模块
CPM certified property manager 国际注册资产管理师
CPM Common Signaling Process Module 共路信令处理部件
CPM Continuous Phase Modulation 连续相位调制
CPM Control Protocol Message 控制协议消息
CPM Core Packet Module 核心分组模块
CPM Critical Path Method 关键路径方法
CPM Cross Phase Modulation 交叉相位调制
cpm counts per minute 每分钟计数
CPM Customer Profile Management 客户资料管理
CPN Closed Private Network 封闭专用网络
CPN Customer Premise Network 用户驻地网
CPO chief privacy offiecer 首席隐私官
CPO katalytische Teiloxidation 催化部分氧化
CPP Call Processing Program 呼叫处理程序
CPP Calling Party Pay 主叫付费
CPP Core Processor Part 核心处理器部分
CPP Spinnpapier und Cellulon 纺织纸带和赛璐纶

CPPV continuous positive pressure ventilation 连续正压通气给氧
CPR cardiopulmonary resuscitation 心肺复苏术
CPR Chirp-to-Power Ratio 啁啾与功率比
CPR common pool resources 公共池塘资源
CPR computer-based patient record 电子病历的一种
CPR Cost-Performance Ratio 价格性能比
CPR Cost Per Response 网络广告形式换算的新类型,即按照每用户的反馈成本
CPR curved plannar reconstruction 曲面重建
CPRMA Centralized PRMA 集中式分组预留多址
CPS Call Privacy Service 呼叫隐私业务
CPS Call Processing (Sub) system 呼叫处理(子)系统
CPS Cassette Program Search 磁带搜索功能,磁带程序控制搜索
CPS Cellular Packet Switching 蜂窝分组交换
CPS Central Processing System 中央处理系统
CPS Certification Practice Statement 认证声明
CPS Character Per Second 每秒字符数
CPS Common Part Sublayer 公共部分子层
CPS conversational programming system 会话程序设计系统
cps counts per second 每秒计数
CPS-PDU Common Part Sublayer Protocol Data Unit 公共部分子层协议数据单元
CPS-PH Common Part Sublayer Packet Header 公共部分子数据包标头
CPS-PP Common Part Sublayer Packet Payload 公共部分子数据包的有效载荷
CPT camptothecin 喜树碱
CPT Cellular Paging Telecommunications 蜂窝寻呼电信业务
CPT Compatibility Test 兼容性测试
CPT Control Packet Transmission 控制数据包传输
CPT Cost Per Thousand 每千人次访问收费
CPT Critical Path Technique 临界路径技术
CPT frachtfrei 免付运费的
CPU Central Processing Processor/Unit 中央处理单元,中央处理器
CPVA Chemisch-Physikalische Versuchsanstalt 物理化学研究所
CPVC chloriertes Polyvinylchlorid (PVC) 氯化聚氯乙烯
CPWDM Chirped-Pulse Wavelength Division Multiplexing 啁啾脉冲波分复用
CPZ chlorpromazine 氯丙嗪
CQ creation quotient 创造力
CQI Channel Quality Indication 信道质量指示
CQM Circuit Group Query 电路群询问
CQO chief quality officer 首席质量官,质量总监
CQPSK Complex Quaternary Phase Shift Keying 复杂的四相相移键控
CQR Circuit Group Query Response 电路群询问响应
CQT Call Quality Test (ing) 呼叫质量测试
CR Calling Rate 呼叫率
CR Call Reference 呼叫参考值
CR Call Report 呼叫报告
CR carriage returm 倒车,回车
CR Cassettenrecorder 卡式(盒式)录音机
CR Change Request 变更请求
CR Channel Reservation 信道保留
CR child-resistance 儿童保护,保护儿童
CR chloroprene rubber/Chloropren-Kautschuk 氯丁二烯橡胶
Cr Chrom 金属铬元素符号
CR clot retraction 血块收缩
C/R Command/Response 命令/响应
C/R Command/Response bit 命令/响应比特
C/R Command/Response field bit 命令/响应字段比特
C/R Command/Response Indicator or Bit 命令/响应指示器或比特
CR Common Rail, HDI-Einspritzsystem 高压共轨柴油直喷系统
CR complement receptor 补体受体
CR complete remission 完全缓解
CR compression ratio 压缩比
CR Connect (ion) Request 连接请求
CR controlled rectifier 可控整流器
CR crease-recovery 折皱恢复度
CR creatinine (clearance) 肌酐(清除率)
Cr. credit, creditor 贷方
CRA Circuit group reset — acknowledgement message 电路群复位确认信息
CRA crease recovery angle 折皱恢复角
CRA Customerized Record Announcement 客户规定的记录通知
CRAC Channel Reservation for Ahead Cell 前信元信道预留
CRADA cooperative research and development agreements 协同研究与开发协议
CRAM card random access memory 随机存取磁卡存储器
CRBA Common Request Broker Architecture 公共请求代理体系结构
CRBT Color Ring Back Tone 彩铃业务
CRC Centralized Resource Control 集中资源

控制
CRC Common Routing Channel 公共路由选择信道
CRC Coordinating Research Council 美国协调研究委员会
CRC Cyclic Redundancy Check/zyklische Blockprüfung 循环冗余校验、循环冗余码校验
CRCA Cyclic Redundancy Code Accumulator 循环冗余码累加器
CRCC Cyclic Redundancy Check Code/zyklischer Redun- danz-Prüfcode 循环冗余校验码
CRCM Commission on Recent Crustal Movements 近代地壳运动委员会
CRD Call Rerouting Distribution 呼叫重选路由分配;重选呼叫路由分布
CRD Clock Recovery Device 时钟恢复设备
CRD Collision Resolution Device 碰撞检测设备
CRD 共轨柴油机
CRE Cell Reference Event 信元参考事件
CRE creatine 肌氨酸
CREF Connection Refused 连接拒绝
Crem. Cremor 乳剂,乳膏
CREN Corporation For Research and Educational Networking 研究与教学连网组织
CREST Ausschuss für wissenschaftliche und technische Forschung der EG 欧洲共同体科技研究委员会
CREST calcinosis, Raynaud's phenomenon, esophageal dysfunction, sclerodactyly, telangiectasia 钙质沉着—雷诺氏现象—食管功能失调—硬皮病指(趾)—毛细管扩张(综合症)
CRF Channel Repetition Frequency 信道重复频率
CRF chronic renal failure 慢性肾功能衰竭
CRF Command Resolve Function 命令解析功能
CRF Connection Related Function 连接相关功能
CRF crease resistant finish 防皱整理
CRI Call Request with Identification 识别呼叫请求
CRI Collective Routing Indicator 集群路由选择标志
CRL Certificate Revocation List 废止证书列表,证书撤销列表
CRM Call Recording Monitor 呼叫记录监视器
CRM Customer Relationship Management 客户关系管理
CRN Call Return 呼叫返回
CRNC Controlling Radio Network Controller 控制无线网络的控制器
CRNET China Railway Net 中国铁路互联网
CrNiST Chromnickelstahl 铬镍合金钢
C-RNTI Cell Radio Network Temporary Identity 小区无线网络临时标识
CRO Cell Reselection Offset 小区重选偏置
CRO chief research officer 首席分析官
CRP Call Request Packet 调用请求包
CRP C-reactive protein C反应蛋白(测定)
CRP Currently Recommended alternate Path 当前推荐的迂回路由
Crr Übertrag 进位
CRS Call Redirection Server 呼叫再定向服务器
CRS Call Redirection Supervisor 呼叫再定向监视器
CRS Call Routing System 呼叫路由选择系统
CRS Cell Relay Service 信元中继业务
CRS Central Radio Station 中心射频站
CRS Circuit group reset message 电路群复原消息
CRSS Call Related Supplementary Services 呼叫相关辅助业务
CRT Call Request Time 呼叫请求时间
CRT Call Retention/call hold/call holding 呼叫保持
CRT Cathode Ray Tube 阴极射线管
CRT clot retraction time 血块收缩时间
CRT Continously Regenerating Trap-System 连续再生式过滤系统;连续颗粒捕捉系统
CRTP Compressed Real-Time Protocol 实时压缩协议
CRU Capsule Resource Unit 包装/胶囊资源单位
crud crude 未分选的,普通的,未加工的
CRV Call Retention Value 呼叫保留值
CRV City Recreation Vehicle 城市休闲车
CR-Verfahren Croning Verfahren 壳型铸造法
CrySTINA Cryptographic ally Secured TINA 密码安全 TINA
CS Call Segment 呼叫段
CS Capability Set 能力集
Cs Casein-kunststoff 酪朊塑料
CS Cell Station 小区站
cS（c. s., cSt） centistokes/Zentistokes 厘斯(运动粘度单位)
CS Central Station 中心站
Cs cesium 金属铯元素符号
CS Channel Selector 信道选择器
CS Channel Switching 信道交换
CS Character Strings 字符串
CS Chip Selection 芯片选择

CS Circuit Switched 电路交换
CS Circuit Switched Service 电路交换业务
CS Client-Server 客户机-服务器
CS Compression System 压缩系统
CS Connection Server 连接服务器
CS Control [Sub] system 控制(子)系统
CS Convergence Sub-layer 会聚子层
CS Cross 交叉
CS Cylinder System 筒(缸,圆柱体)系统
CS Kernschmelzen 堆芯熔化
CS Zentisekunde 百分之一秒
CSA Call Segment Association 呼叫段关联
CSA Carrier Service Area Or Carrier Serving Area 电信公司服务区或营运服务区
CSA cell surface antigen 细胞表面抗原
CSA Chromsäure-Anodisation 铬酸阳极电镀
CSA Client Server Architecture 客户机服务器体系结构
CSA Canada Standards Association 加拿大标准委员会
CSA Common Scrambling Algorithm/Verschlüsselungsalgorithmus [DVB] 通用扰码算法
CS-ACELP Conjugate Structure-Algebraic Code Excited Linear Prediction 共扼结构-代数码激励线性预测编码
CSAGI Comité Spécial de l'Année Géophysique Internationale 国际地球物理年特别委员会
CSAT 印度国家公务员考试
CSB Chemischer Sauerstoffbedarf 化学需氧量
CSB Cross-Connection Board 交叉连接板
CSC Centralized Service Control 集中业务控制
CSC Circuit Supervision Control 电路监控
CSC Circuit Switching Center 电路交换中心
CSC Combined Switching Center 组合交换中心
CSC Common Signaling Channel 公共信令信道
CSC Common-channel Signaling Controller 公共信道信令控制器
CSC Communication Service Center 通信业务中心
CSC Control Signaling Code 控制信令码
CSC Customer Service Center 用户服务中心
CSCE Centralized Supervisory and Control Equipment 集中监控设备
CS-CELP Conjugate-Structure Coded-Excited Linear Predication 共轭结构码激励线性预测
CSCF Call Server Control Function 呼叫服务器控制功能
CSCF Call State Control Function 呼叫状态控制功能
CSCM Coherent Subcarrier Multiplexing 相干副载波复用
CSCS Common Signaling Channel Synchronizer 公共信令信道同步器
CSCT Circuit-Switched Connection Type 电路交换连接类型
CSCW Computer Support Cooperative Work 计算机支持协同工作
CSD Call Set-up Delay 呼叫建立延迟
CSD cat scratch disease 猫抓病
CSD Circuit Switched Data 电路交换数据
CSDN Circuit Switching Data Network 电路交换数据网
CSE Camel Service Environment Camel 业务环境
CSE Common Channel Signaling Equipment 公共信道信号设备,共路信令设备
CSE Controlled Switching Equipment 控制交换设备
CS1E Cross 155Mb/s Enhanced 加强型交叉155Mb/s
CSEI Common channel Signaling Equipment Interface 公共信道信令设备接口
CSELCable-SELect 电缆选择
CSERO Commonwealth Scientific and Engineering Research Organization 英联邦科学和工程研究组织
CSES Continuous Severely Error Second 连续严重误码秒
CSF Cell Site Function 信元位置功能
CSF cerebral spinal fluid 脑脊液
CSF Channel Selection Filter 信道选择滤波器
CSF colony stimulating factor 集落刺激因子
Cs fib Cirrostratus fibratus 毛卷层云
CSG Chronic superficial gastritis 慢性浅表性胃炎
CSG Constructive Solid Geometry 构造实体几何
CS-GW Circuit Switched Gateway 电路交换网关
CSH Called Subscriber Hold 被叫用户保持
CSHL 美国科尔德斯普林实验室
CSI Called Subscriber Identification 被叫用户识别
CSI CAMEL Subscription Information CAMEL 签约信息
CSI Carrier Scale Internetworking 载波级互通
CSI Channel State Information 信道状态信息
CSI Convergence Sublayer Indication 会聚子层指示
CSIC Customer Specific Integrated Circuit 用户专用集成电路

CSK Code Shift Keying 码移键控
CSKAE Tschechoslowakische Atomenergiekommission 捷克斯洛伐克原子能委员会
CSL Component Sub-Layer 成分子层
CSL Computer Structure Language 计算机结构语言
CSLIP Compressed Serial Line Internet Protocol 压缩的串行线路因特网协议
CSM Call Segment Model 呼叫段模型
CSM Call Set-up Message 呼叫建立消息
CSM Call Supervision Message 呼叫监视消息,呼叫监控信息
CSM Cell Site Modem 基站调制解调器
CSM Central Subscriber Multiplex 中心用户复用
CSM Centre Switch Module 中心交换模块
CSM Circuit Supervision Message 电路监控消息
CSM Clock Supply Module 时钟供给模块
CSM constructive solid model 构造立体模型
CSM Customer Service Management 用户服务管理
CSMA Carrier Sense Multiple Access 载波检测多址,载波侦听多路访问,载波检测多址访问
CSMA/CA Carrier Sense Multiple Access with Collision Avoidance 载波侦听多址访问/碰撞避免
CSMA/CD Carrier Sense Multiple Access with Collision Detection 带冲突检测的载波多路监听
CSN Circuit Switching Network 电路交换网
CSN Common Services Network 公共服务网
Cs neb Cirrostratus nebulosus 薄幕卷层云
CSNET Computer Science Network 计算机科学网络
CSNP Complete Sequence Numbers Protocol data unit 完整序号协议数据单元
CSO chief system officer 首席系统官
CSO Composite Second Order distortion 组合二次失真
CSP Call Signal Processing 呼叫信号处理
CSP Chip Scale Packages 晶片型构装
CSP Commerce Service Provider 商业性服务供应商
CSP Competitive Service Providers 竞争业务提供者
CSP Control Signal Processor 控制信号处理机
CSP Chip-Scale-Package 芯片级封装
CSP Count Strength Product 支数强力乘积
CSP 聚光太阳能热发电
CSPDN Circuit Switched Public Data Network 公用电路交换数据网
CSPE Chlorsulfoniertes Polyäthylen 氯磺化聚乙烯
CSPF Constrained Shortest Path First 约束最短路径优先
CSPM Call & Signaling Process Module 呼叫和信令处理模块
CSR Campus Switch Router 园区交换路由器
CSR Cell Start Recognizer 信元起始识别程序
CSR Cell Switch Router 信元交换路由器
CSR Centrex Station Rearrangement 中心站调整
CSR Customer Service Representative 客户服务代表
CSS Cascading Style Sheets/Ergänzungssprache für HTML 层叠样式表
CSS Cell Site Switch 信元位置转换
CSS Channel Signaling System 信道信令系统
CSS Chemieschutzschicht 化学保护层
CSS Connection-Successful Signal 连接成功信号
CSSE Computer zur Steuerung der Sicherheitseinri- chtungen 控制安全装置的计算机
CSSR Ceskoslovenská Socialistická Republika 捷克斯洛伐克社会主义共和国
cSt centistokes/Zentistokes 厘斯(运动粘度单位)
CST Chip Select Timer 芯片选择定时器
CST contraction stress test 收缩应力试验
CST Euratom-Ausschuss für Wissenschaft und Technik 欧洲原子科技委员会
CSt static compliance 静态顺应性
CST 敞篷车软顶
CSTA Computer-Supported Telecommunications Applications 计算机支持的电信应用
Cstat static compliance 静态顺应性
CSTG The Commission on International Coordination of Space Techniques for Geodesy and Geodynamics 大地测量和地球动力学空间技术国际协调委员会
CSU Channel Service Unit 信道服务单元
CSU Christlich-Soziale Union 基督教社会联盟
CSU Circuit Switching Unit 电路交换单元
CSU Common Service Unit 公共业务单元
CSU Customer Service Unit 用户业务单元
CSUBANS Called Subscriber Answer 被叫用户应答
CSUD Call Set-Up Delay 呼叫建立延迟
CSU/DSU Channel Service Unit/Data Service Unit 信道服务单元/数据服务单元
Cs un Cirrostratus undulatory 波状卷层云
CSV Cathodic-Stripping-Voltammetrie 阴极溶出伏安法

CSV Computer-Stromversorgung 计算机电源
CSV chemische Sauerstoffverbrauch 化学耗氧量
CSW channel status word 通道状态字
CT calcitonin 降血钙素
CT Call Transfer 呼叫转移
CT Call Transfer supplementary service 呼叫传送补充业务
CT Cellulosetriacetatfasern/Zellulosetriacetatfasern 三醋酸纤维,三醋酸酯纤维
CT Channel Tester 信道测试仪
CT Channel Type 信道类型
CT chorionic thyrotropin 绒毛膜促甲状腺素
CT Clock Time and Date/Zeit und Datum bei RDS 时钟时间与日期
CT coagulation time 凝血时间
CT computed (-terized) tomography 计算机(X线)断层成像,计算机层析成像
CT Computertelefonie 计算机电话(业务)
CT Computer Telephony 计算机电话
CT Configured Tunneling 配置隧道
CT Cordless Telecommunication 无绳电信
CT Cordless Telephone/schnurloses Telefon 无绳电话
CT-2 cordless telephone system second generation 第二代无绳电话系统
c. t. cum tempore (德国大学)允许比规定时间迟到十五分钟
c. t. cutis test 皮试
c. t. sentre tap 中心抽头
CT Gusstoleranz 铸件公差
cT kontinentale Tropikluft 热带大陆气团
CT Zündtransformator 点火变压器
Ct Centurium 钲(镄 fermium 的旧称)
CTA Call Transfer Attendant 呼叫转移服务
CTA Cellulose-Triacetat 三醋酸酯纤维素
CTA Cordless Terminal Adaptor 无绳终端适配器
CTB Chemisch-Technische Beratungsstelle 化学技术咨询处
CTB Composite Triple Beat 复合三次差拍,复合三次拍频
CTC Carbon Tetrachloride Tetrachlorkohlenstoff 四氯化碳,四氯甲烷
CTC Cell Type Checker 信元类型检测器
CTC centralised traffic control 交通控制中心
CTC Channel Traffic Control 信道业务量控制
CTC Convolution Turbo Coding 卷积 Turbo 码
CTC Crosstalk Cancellation 串扰消除
CTCA Channel To Channel Adaptor 信道间适配器
CTCF Channel and Traffic Control Facility 信道与通信量控制设备
CTCH Common Traffic Channel 公共业务信道
CTCP Computer-to-conventional-Plate 在传统 PS 版上进行计算机直接制版
CTCSS Continuous Tone Coded Squelch System 连续单音编码静噪系统
CTD Cell Transfer Delay 信元传输延时,信元传送迟延
CTD Connective tissue disease 结缔组织病
CTD Kobiniertes Transportdokument 联运单据
CTD 温盐深剖面仪
CTDM Cell Time Division Multiplexing 信元时分复用
CTDMA Code Time Division Multiple Access 码时分多址
CTDS Code-Translation Data System 码转换数据系统
CTE Cable Termination Equipment 电缆终端设备
CTE Channel Translating Equipment 信道转换设备
CTE Circuit Terminating Equipment 电路终端设备
CTE Customer Terminal Equipment 用户终端设备
CTEG Communication Test Equipment Group 通信测试设备组
CTEL 蜂窝式电话
CTF Cable Termination Frame 电缆终端配线架
CTF Click to Fax 点击传真,点击发送传真
CTF Computer-to-Film-Technik 计算机薄膜技术
CTF Conducting Test Flag 导通测试标志
CTF Control Frame 控制架
Ctge. cartage 车费
CTI Canada Textiles Institute 加拿大纺织学会
CTI Chemiefasern-Textilindustrie 化学纤维与纺织工业
CTI Computer Telecommunication Integration 计算机电信集成
CTI Computer Telephone Integrated server 计算机-电话集成服务器
CTI Computer Telephony Integration 计算机电话集成
CTI Institut für chemischtechnische Untersuchung 【德】化工研究所
CTIA Cellular Technology Industry Association 蜂窝技术工业协会
CTIA Cellular Telecom Industry Association 蜂

窝通信工业协会
CTL Controller 控制器
CTL cytotoxic T lymphocyte T 型淋巴细胞毒素
CTLU Control Unit 控制单元
CTM Circuit Transfer Mode 电路转移模式,电路传送模式
CTM Clock and Tone Module 时钟和信号音模块
CTM Computertechnik Müller GmbH 米勒计算机技术有限公司
CTMP chemicothermal-mechanical pulp/Refinerholzstoff mit chemisch-thermischer Vorbehandlung 化学热(磨)机械浆
cTNT troponin T T型肌钙蛋白
CTO Chief Technology Officer 首席技术主管,技术办主任,技术总监
CTO Combined Transport Operator/Kombinationstransport -Unternehmer 联运经营人
C to B Customer to Business 消费者对企业电子商务
CTOP Cooperative Tidal Observations Program 潮汐观测合作计划
CtP Computer-to-Plate 计算机直接制版
CtP Computer-to-Plate-Technologie 计算机直接制版技术
CTP 节流阀关闭位置
C-TPDU Command TPDU 体波杜命令,体波杜指令
CTR Chemisch-Technische Reichsanstalt 国家化工研究院
CTR Common Technical Regulation 公共工程细则
CTR Connect to resource 提供资源,接受援助
CTR critical temperature resistor 临界温度电阻器
CTR Counter 计数器
CTRL Control 控制
CTRL Control Layer 控制层
CT/RT Central Terminal/Remote Terminal 中央终端/远程终端
CTS Channel Time Slot 信道时隙,通路时隙
CTS Clear To Send 清除发送
CTS Communications Technology Satellite 通信技术卫星
CTS Computer Telegram System 计算机电报系统
CTS Conti-Tire-System 陆地轮胎监控系统
CTS Cordless Telephone System 无绳电话系统
CTS Credit Telephone Service 信用卡电话业务
CTTE Common TDMA Terminal Equipment 通用 TDMA(时分多址)终端设备
CTU 总触发器
CTX Centrex 中央交换机,市话交换分局
CTX Customer Telephone exchange 用户电话交换机
CTX Cyclophosphanide 环磷酰胺
CU Compound ulcer 复合性溃疡
CU Count-Up counter 递增计数器
Cu Cumulus 积云
Cu Cuprum/Kupfer 铜
CU see you 再见
CU (CUR) urea clearance 尿素清除(廓清)率
CuB Kupferdraht mit einfacher Baumwollumflechtung 单层纱包铜线
CuBB Kupferdraht mit doppelter Baumwollumflechtung 双层纱包铜线
Cu con Cumulus congetus 浓积云
Cuene cupriethylene diamine hydroxide 氢氧化铜乙二胺溶液
CUES 海上意外相遇规则
CUF Channel Utilization Factor 信道利用因素
Cu fra Cumulus fractus 碎积云
CU. ft. 立方英尺
CUG Closed User Groups/geschlossene Benutzergruppen 封闭用户群
CUGOA Closed User Group with Outgoing Access 带向外访问口的闭合用户群
CuHp kupferkaschiertes Hartpapier 复铜箔的硬纸板
Cu hum Cumulus humilis 淡积云
CUI Carrier Unit Interface 载频单元接口
CUI Character User Interface 字符用户接口
CUID Called User Identification number 被叫用户识别号
CuL Kupferlackdraht 漆包铜线
CUMAT SHBP 海洋站地面观测月平均报告
Cu med Cumulus mediocris 中(展)积云
Cummins Cummins Engine Company 寇明斯发动机公司
CUN Common User Network 公共用户网络
CUO chief union officer 首席联盟官
CUR urea clearance 尿素清除(廓清)率
Curt. current 本月,现金
CuS Kupfersulfid 铜蓝,靛铜矿
CUSF Call Unrelated Service Function 呼叫不相关的业务功能
CUU Computerstützter Unterricht 借助计算机的教学
CUV Crossover 融轿车、MPV 和 SUV 特性为一体的多用途车
CuZ Kupferzahl 铜值
CuZn15 Goldtombak 铜锌 15(成分为 85% Cu 和 15% Zn 的合金,用于镀金)

CV closing volume 闭合容积
CV Coding Violation 编码破坏,编码违例
CV coefficient of vaviation 变异系数
Cv Colorverglasung 染色玻璃
CV Connection View 连接可视
cv Control-Vertex 控制顶点
Cv Steuerspannung 触发电压,控制电压,激励电压
CV Viskose 粘胶
CV Viskosefasern 粘胶纤维
CV 活动软车顶
CVA cerebrovascular accident 脑血管意外
CVBS Composite Video, Blanking and Sync/FBAS-Signal 复合电视、消隐和同步信号
CVC card verification code 信用卡验证码
CVC continuously variable crown 连续可变的凸面(齿冠,轮周,拱顶)
CVD Cerebral vascular disease 脑血管疾病
CVD chemical vapour deposition/chemische Aufdampfung 化学汽相淀积
CVD China Video Disc 中国视频光盘
CVD compact video disc 超级视频光盘
CVID common variable immunoglobulin deficiency 常见变异性免疫缺陷
CVIP Computer Vision and Image Processing 计算机视觉与图像处理
CVO chief value officer 首席价值官
CVO_2 oxygen content of mixed blood 混合静脉血氧含量
CVP central venous pressure 中央静脉压
CVP-Index Climate-Vegetation-Production-Index 气候植物生产指标
CVPTV Crypto-Vision Pay Television 加密收费电视
CVR Computer Voice Response 计算机语音响应
CVR 舱声录音器,电子飞行数据记录仪(黑匣子)构成的两台设备之一
CVS Connection View State 连接可视状态
CVS constant volume sampling 定容取样
CVS Creating Virtual Studios 创办虚拟工作室
CVSD Continuously Variable Slope Delta modulation 连续可变斜率增量调制
CVT Circuit Validation Test 电路验证测试,电路有效测试
CVT Continuously Variable Transmission 连续变速器,无级变速器
CW (CAW) Call Waiting 呼叫等待
CW Codewort 编码字
CW Continuous Wave 连续波
CW Continuous Wave unmodulated signal 连续波无调制信号
CW Control Word 控制字
CW Kondensator/Widerstand 电容器/电阻
CW Konuswechsel 筒管传动变换齿轮,铁炮变换齿轮
CWDM Coarse Wavelength Division Multiplexing 粗波分复用
CWI Character Waiting Integer 字符等待整数
CWL Konstruktionswasserlinie 设计(吃)水线
CWO chief web officer 首席网络官
CWP coal worker's pneumoconiosis 煤矿工人尘肺
CWP Company Wide Planning/Verfahrenseigenname 全公司计划
CWP Computer Word Processing 计算机文字处理
CWT Character Waiting Time 字符等待时间
CWTS China Wireless Telecommunication Standard 中国无线通信标准
Cw-Wert 空气阻力系数
C70 **Wx** unlegierter Werkzeugstahl 非合金工具钢
CXO chief x officer 首席万能官
CY Container Yard 集装箱堆场
Cy. currrncy 货币
Cy Cycle 循环,周期
cycl zyklisch 周期的,循环的;环状的
CYCLO 热带气旋报告
CYCLOPS Experimental Laser Fusion Test Facility USA 美国激光聚变试验装置
Cyl Cylinder 圆柱面,柱体,圆筒;(多面磁盘的)同位标磁道组
CYM Chylomikron 乳糜微滴
CYO chief yellowfilter officer 首席黄色过滤官,扫黄总监
Cys cysteine/Zystein 半胱氨酸
C. Z. Cellulosezahl 纤维素值
CZ Czochralski-Verfahren 卓克拉尔斯方法
CZ-Si monokristallines Silizium 单晶硅
CZ-Si Czochralski silicon crystal 直拉单晶硅
C-Zug Zugmaschine für schwerste Artillerie 重型炮兵牵引车

D

D. Anno Domini 公元,纪元
D cholecalciferol 胆骨化醇(维生素 D)
d. Da, dentur 给予
D Daimler 戴姆勒(汽车制造厂)
D Dampfdurchsatz 蒸汽流量
D Dampfer, Dampfschiff 汽船,蒸汽轮船
D Dampfleitung 蒸汽管道
D Darstellung 制备,制取
D Daten 数据,资料
D Dauerfeuer 连续射击,长时间射击
D Dauerhub 连续行程;连续冲程
D deci 分
D Deck 甲板;盖
D Deckgebirge 上覆岩层;岩帽
D Deckgebirgsmächtigkeit 覆盖岩石厚度,剥离岩层厚度
D Deklination (磁针)偏角;偏差
D Denier 旦尼尔(纤度单位)
D. Depot 仓库;车库
D Deuterium 氘,重氢
D Deuteron 重氢核;氘核
d. dextrogyr 右旋的
d Dezi ... 十进制的
D D-Formstück 180°的弯管头
D Diagonale 对角线,对角杆,斜杆
D Diamant 金刚石,钻石
2,4-**D** 2,4-Dichlorphenoxyessigsäure 2,4-二氯苯氧基乙酸
d. dicht 稠密的,浓厚的,紧密的,密封的
d Dichte 密度,浓度
D Dicke 浓度,厚度
D Dienst 业务
D Dienstanweisung 工作手册,操作规程
D Dienstleitungstaste 业务线路电键
D Dieselmotor 柴油发动机,狄塞尔内燃机
D Differential 微分,差动
D Differentialgetriebe 差动传动
D(**Dk**) Diffusionskoeffizient 扩散系数
D Diffusionsschweißen 扩散焊
D 1,25 dihydroxycholecalciferol 1,25-双羟胆骨化醇
D Dimension 尺寸,尺度,量纲
2 1/2**D** 2 1/2-dimensional 两维半的
D Diode 二极管
D Diodenanode 二极管阳极
D Dioptrie 屈光度,折光度
D Director 导向偶极子,导向器,控制器
D Direktor Antenne 定向天线
D Displacement in Tonnen 以吨计算的排水量
D Division 除法;分度;刻度;部门;部分;分割
D. Donarit 德纳立脱炸药
D Doppel 副本,复本
D Doppelgelenkachse 双转向轴
D. Doppelkrümmer 180° 弯管
D Doppelschluss 双接线
d. doppelt 加倍的,成双的,翻番的
D Doppeltorbagger 双柱式多斗挖掘机.双跨门式多斗挖掘机
D doppeltwirkend 双作用的;两性的
D Dose 剂量,箱,盒,罐
D Drahtanschluss 接线
D Drahtfunk 有线广播;高频有线通信
D Drehen 旋转;车削;扭转
D Drehmaschine 车床
D Drehstrom/Dreiphasenstrom 三相电流
3**D Film** dreidimensionaler Film 立体电影
D dringendes Telegramm 加急电报
D Druck 印花,压力,压头
D Druckluftantrieb 压缩空气驱动机构
D Druckluftleitung 压缩空气管
D Druckseite 压缩面;加压面;压力侧
d. dünn 薄的,稀释的,瘦的
D Durchdringlichkeit 渗透性,透气性
D Durchfall 筛下品,筛选
D Durchgangsbohrung 直通孔;通孔
D Durchgangszug 直达车
D Durchgriff 渗透;渗透系数;渗透率;透射;放大系数倒数
D Durchhieb 联络巷道;贯穿巷道
D Durchlauf 流动,流过;水道,导水沟;出口
D Durit 微暗煤
D duritisch 暗煤的
D dynamisch 动力学的;动态的
1**d** Eingan von Pruefungsantregen 请求鉴定
D elektrische Flussdichte 电通量密度
D ergocalciferol 麦角骨化醇(维生素 D)
D fünfhundert 500
D Masseneffekt 质量效应
D Propellerdurchmesser 螺旋桨直径
D rechtsdrehend 向右旋转的
D Rohraußendurchmesser 管外径
D Schiffsgewicht 船重
D Schnellzug 快车(短途快速列车)
6**D** sechsdimensional 六维的

6D Sechsdimensional/6 Freiheitsgrad 六(级)自由度
D spezifischer Dampfdurchsatz 单位蒸汽通过量
d day/Tage 白天;日
3D Three Dimensions 体积的,立体的
3D Three Dimensions/dreidimensional 三维,立体,三度
D Verlustfaktor 损耗因数
2D zweidimensional 二维的
DA anodische Stromdichte 阳极电流密度
Da Außendurchmesser 外径
Da Dach 屋顶
DA Data Access 数据存取
DA Data Acquisition 数据采集
DA Dauerauftrag 常年订单
Da Deka .../dek .../Dek ... (在复合词中表示)十(如 Dekameter 十米)
DA Demand Assignment 按需分配
d. Ä. der Ältere 老年人
DA Destination Address, Destinationsaddress 目的地址
DA Deutsche Akademie 德国科学院
DA Deutscher Ausschuss 德国委员会,德语委员会
DA Deutsches Arzneibuch 德国药典
d. a. dicti anni 去年
DA Dienstanruf 业务通话
DA Dienstanweisung 业务指示,使用说明书
DA Differentialanalysator 微分分析器
D/A Digital-Analog 数字-模拟
D/A Digital-Analog Converter 数模转换器
DA Directional Antenna 定向天线
DA Direkte Aktion 瞬发(引信)
DA Dispersion Accommodation 色散调节
DA Distribution Area 分配区
DA Doppelader/Koppellader 双芯导线
D. A. Dornstangenauszieher 脱棒机,脱棒装置
DA Drehscheibenaufgeber 转盘给矿机
DAA Data Access Arrangement 数据存取装置
DAA Deutscher Aufzugsausschuss 德国升降(起重)机委员会
DAA Direct Access Arrangement 直接存取装置
DAAD Deutscher Akademischer Austauschdienst 德国学术交流业务;德国科学院交流业务(很少用 DAAD,常用 DEAKA)
DAB Dauerbetrieb mit aussetzender-Belastung 间歇负载持续运行状态;断续负载下连续运行
DAB Diazoaminobenzol 重氮氨基苯,苯氨基重氮苯
DaB Dienst an Bord 舰艇服役(规则)
DAB Digital Audio Broadcast (ing)/Digitales Hörfunk- system 数字音频广播
DAB Durchlaufbetrieb mit Aussetzbelastung 断续负载下连续运行
DAB-T Digital Audio Broadcasting-Terrestrial 地面数字音频广播
DABUS Data/Address BUS 数据/地址总线
DAC Data Acquisition Center/Computer/Controller 数据采集中心/计算机/控制器
DAC design augmented by computers 计算机增强设计
DAC Digital (to) Analogue Converter/Digital-Analog-Wandler 数模转换器
DAC Dispatch (ing) Agent Client 调度台客户端
DAC Dual-Attached Concentrator 双连接集线器
DAC Dynamic Astigmatism Control 动态象散控制
DAC 下坡行车辅助控制系统
DACI Direct Adjacent Channel Interference 相邻信道的直接干扰
DACN Desk Area Computer Network 桌域计算机网
DACS Digital Access and Cross-connect System 数字接入与交叉连接系统
DAD Destination Address 目的地址
DAD Digital Audio Disk 数字音频磁盘
DA, D. A Dienstanweisung 指示,指南,手册,规程,业务指示
dad. gek dadurch gekennzeichnet 借以标识,以……标志
dad. verurs. dadurch verursacht 由此造成,由此招致
DadW Deutsche Akademie der Wissenschaft 德国科学院
DAE Data Acquisition Equipment 数据采集设备
DAE Deutscher Ausschuss für Eisenbeton 德国钢筋混凝土委员会
DAE Distributed Agent Environment 分布式代理环境
DaeC Deutsche Aeroclub 德国航空俱乐部
DAF Destination Address Field 目的地址字段
Daf Deutsch als Fremdesprache 德福考试
DAF Geliefert Grenze 边境交货
DAG Deutsche Astronautische Gesellschaft 【前民德】德国宇航协会
DAG diacylglycerol 甘油二脂
DAG Dynamit-Aktiengesellschaft 炸药股份公司
DAGK die Deutsche Arbeitsgemeinschaft Kyber-

netik 德国控制论联合会
DAGV Deutsche Arbeitsgemeinschaft Vakuum 德国真空协会
DAI Data Adapter Interface 数据适配器接口
DAI Deutscher Architekten- und Ingenieur-Verband 德国建筑师与工程师协会
DAI Digital Audio Interface 数字音频接口
DAI Distributed Artificial Intelligence 分布式人工智能
DAK Deutsche Atom-Kommission 德国原子能委员会
DAL Data Access Line 数据存取线路
DAL Dedicated Access Line 专用接入线路
DAL Deutsche Akademie der Landwirtschaften 德国农业科学院
DAL Deutscher Arbeitsring für Lärmbekämpfung 德国消除噪音联合工作组
DAL（DaL） Dienstanruflampe 振铃呼叫信号灯
DAL Drahtfunk-Anschlussleitung 有线广播连接线
dalm Dekalumen 十流明
Dalsp Drahtfunktanschlussspeiseleitung 有线广播连接供电线路
DAM Data Addressed Memory 数据寻址存储器，数据定址存储器
DAM DECT Authentication Module DECT鉴权模型，DECT认证模块
DAM Deutsches Amt für Messwesen 【前民德】德国计量局
DAM 3,3´-Diamino-4,4´-dimethoxydiphylmethan 3,3´-二氨基-4,4´-二甲氧基二苯甲烷
DAMA Demand Assignment Multiple Access 按需分配多址，按需分配多路存取，按需分配多址访问
DAMG Deutsches Amt für Maß und Gewicht 【前民德】德国度量衡局
DAMNU Deutscher Ausschuss für den mathematischen und naturwissenschaftlichen Unterricht 德国数学和自然科学教学委员会
DAMOKLES Struktuell Objektorientierter Datenbanksystem -Prototyp 结构化面向对象的数据库原型
DAMP Deutscher Ausschuss für Materialprüfwesen 德国材料检验委员会
DampfkV Dampfkesselverordnung 蒸汽锅炉规程
D-AMPS Digital-Advanced Mobile Phone System 数字式现代移动电话系统
DAMW Deutsches Amt für Messwesen und Warenprüfung der DDR 【前民德】德国计量与产品检验局
dän. dänisch 丹麦(造)的
daN Dekade Newton 十牛顿
DANATOM Dänisches Atomforum 丹麦原子论坛
D. Anw. Diallylphthalat 邻苯二甲酸(二)烯丙酯；酞酸二烯丙酯
D. Anw. Dienstanweisung 实务手册；执行规程；业务指南
DAO Disc-At-Once-Modus 一次刻录整张光盘法，以整张光盘为单位进行刻录的方法
Dap. Dapolin 发动机燃料的商标
DAP Data Access Point 数据接入点
DAP Data Access Protocol 数据存取协议
DAP Data Acquisition Processor 数据采集处理器
DAP Deutsche Ausschließungspatent 【前民德】德国保障(特有)专利
DAP Deutsches Apothekerbuch 德国药典
DAP Diallylphthalat 邻苯二甲酸二烯丙酯
DAP Diallylphthalat-Harze 邻苯二甲酸二丙烯树脂
DAP Directory Access Protocol 目录访问协议，号码簿访问协议
DAR Dynamic Alternate Routing 动态迂回路由
DARA Deutsche Arbeitsgemeinschaft für Rechenanlagen 德国计算装置研究会
DARC Data Radio Channel 数据无线信道
DARC Deutscher Amateur-Radio-Club 德国业余无线电爱好者俱乐部
DARCData Radio Channel/Datenübetragung im analogen FM-Radio 无线电调频广播中的数据发送
DARPA Defense Advanced Research Projects Agency 高级国防研究项目署，国防部高级研究计划局
Darst. Darstellung 表示，图示，展示，制备
das. daselbst 在该处，在同一地方，同上
DAS Deutsche Auslegeschrift Pat. 德国专利说明书
DAS Deutscher Ausschuss für Stahlbau 德国钢结构委员会
DAS Deutscher Automobilschutz 德国小汽车保护
DAS Dispatch（ing）Agent Server 调度台服务器
DAS Dual Attachment Station 双向连接站，双连接站
DASC Dual Attach System Connection 双附属系统连接，双连接系统连接
DASD Deutscher Amateur-Sende-und Empfangsdienst 德国业余收发报服务

DASP Doppelarmspektrometer am DESY, Hamburg 德国汉堡电子同步加速器上的双臂谱仪
DASS Daiwabo's Automated Spinning System 大和纺自动化纺纱系统
DAST Datenstation 数据站
DASt Deutscher Ausschuss für Stahlbau 德国钢结构委员会
Dat. Daten 数据,参数
dat Datenverarbeitung 数据处理
Dat. Dativ 第三格
Dat. Datum 日期
DAT Dauertest 寿命试验
DAT Deutsch-Atlantische Telegrafengesellschaft 德国大西洋电报公司
Dat Dienstabfragetaste (话务员用的)送受话器按钮
DAT digital audio tape 数字音频磁带
DATAS Datenbanksystem 数据库系统
DataServicePLICF Data Service Physical Layer Independent Control Function 数据服务的物理层独立控制功能
DatK Deutsche Atomkommission 德国原子能委员会
DATSCH, Datsch Deutscher Ausschuss für technisches Schulwesen 德国技术教育委员会
Dat.-Verarb. Datenverarbeitung 数据处理(加工)
DAU Digital-Analog-Umsetzer 数字-模拟转换器
DAU Digitalausgabe 数字输出
DAV data above voice transmission 话上数据传输
DAV Deutscher Arbeitskreis Vakuum 德国真空研究小组
DAV Deutscher Automatenverband 德国自动机协会
DAVIC Digital Audio/Video International Council 国际数字音频/视频理事会
DAVID Digital Audio/Video Interactive Decoder 数字音频/视频交互式解码器
DAW Deutsche Akademie der Wissenschaft 德国科学院
DAW Dienstanweisung 操作规程;工作细则
DAWM Deutsches Amt für Messwesen und Warenprüfung 德国测量和商品检验局
DAWS Digital Advanced Wireless Service 数字高级无线服务
Dax deutsche Aktienindex 德国股票行情
DAX 道琼斯工业平均指数
d. a. Z. dicht am Ziel 靠近目标
DB Daimler-Benz AG 戴姆勒奔驰股份公司
Db Dämpferbein 减振支柱
DB Database 数据库
DB Data Bus 数据总线
DB Datenbank 数据库
DB Datenbestand 数据状态
DB Dauerbelastung 连续荷载
DB Dauerbetrieb 连续工作,持久运转
Db (dB) decibell 分贝
DB Deutsche Bahn 德国铁路
DB Deutsche Bank 德意志银行
DB Deutsche Bundesbahn 德国联邦铁道
DB Deutsche Bundesbank 德国国家银行
2,4-**DB** 2,4-Dichlorphenoxybuttersäure 2,4-二氯苯氧基丁酸;2,4-滴丁酸
2,4-**DB** 4-(2,4-Dichlorphenoxy) buttersäure 4-(2,4-二氯苯氧基)丁酸
DB Dienstbeschädigung 工伤
DB direct bilirubin 直接胆红素
Db Doppelboden 假底;双底;双层地板
DB Doppelspielband 双层循环传送带
DB Drehbohrmaschine 回转式钻机;回转式凿岩机械
DB Drehstrombrückenschaltung 三相电流桥接电路
DB Dreibein 三脚架
DB dummy burst 伪突发
DB Durchführungsbestimmung 施行条例,实施细则
DB Durchlassbereich 通频带,通带;穿透范围
Db 105号元素
D2B 光纤通信,数码数据电路
DBA Database Administrator 数据库管理程序
DBA Database Agent 数据库代理
DBA Deutsche Bauakademie 德国建筑学院
DBA Doppelbesteuerungsabkommen 避免双重征税协定
DBA Dynamic Bandwidth Allocation 动态带宽分配
DBA Dynamic Bandwidth Assignment 动态带宽分配
DBC Dynamic Bandwidth Controller 动态带宽控制器
DBD data base description 数据库说明
DBD Doppelbasisdiode 双基极二极管
Dbd. Doppelband 双传送带
D. Best. Durchführungsbestimmung 施行条例,实施细则
DB-FM Data Base Fault Management 数据库故障管理
DBG Deutsche Baugemeinschaft 德国建筑联合会
DBGM Deutsches Bundes-Gebrauchsmuster 德意志联邦商品注册样本

DBH Data Buffer Handler 数据缓冲处理器
DBIO Database Input & Output 数据库输入输出
D-bit delivery confirmation bit 发货确认位
DBIV Deutscher Braunkohlen-Industrie-Verein 德国褐煤工业联合会
DBK Deutsche Beamtenkrankenversicherung 德国职员医疗保险
DBM Datenbankmanagement 数据库管理
Dbm Dezibel bezogen auf lmW 以一毫瓦为参考量得到的分贝
DB2M 2Mb/s Digitals Branching Board 2M数字分支板
DBMS Databank/Database Management System 数据库管理系统
DBN Database Network 数据库网络
DBO Deutsche Bauordnung 德国建筑条例
DBOL Database Overload 数据库溢出
DBP Deutsche Bundespost 德国联邦邮政
DBp diastolic blood pressure 舒张压
DBP Dibutylphthalat 苯二甲酸二丁酯
DBPa (DBPang.) Deutsches Bundespatent angemeldet 已登记过的联邦德国专利
DBPSK Differentially coherent Binary PSK 差分相干二进制相移键控
DBR Deterministic Bit Rate 确定性比特率
DBR Deutsche Binnenreederei 德国内河船舶航运业;德国内河船舶公司
DBR Distributed Bragg Reflector 分布布拉格反射器
DBS Database Subsystem 数据库子系统
DBS Datenbanksystem 数据库系统
DBS Datenbankverwaltungssystem 数据库管理系统
DBS Digital Broadcast Satellite 数字广播卫星
DBS Direct Broadcast Satellite 直播卫星
DBS Direct Broadcasting Satellite Service 直播卫星业务
DBS Dodezylbenzolsulfonat 十二烷基苯磺酸酯
DBS Domestic Base Station 国内基站
DBS Direct Broadcast Satellite 直接广播卫星
DBUF Data Buffer 数据缓冲器
DBV Deutscher Bauernverband 德国农民协会
dBW Dezibel bezogen auf ein Watt 以一瓦为参考量得到的分贝
DBX Digital Branch exchange 数字分支交换机
DBX Digital Branching & Cross-connect equipment 数字分路和交叉连接设备
DBZ Deutsche Bau-Zeitschrift 德国建筑杂志
DBz Deutsches Bauzentrum 德国建筑中心
DC Daimler-Chrysler AG 戴姆斯-克莱斯勒股份公司
DC Data Compression 数据压缩
DC Dedicated Control SAP 专用控制(SAP)
DC Descending Chromatography/absteigende Chromato- graphie 下行色谱分析
D/C deviation clause 贴现
DC diagonal conjugate 对角径,对角结合径
DC differential count of leucocyte 白细胞分类计数
DC digital camera 数字相机
DC Digital Center 数字中心
DC digital Computer 数字计算机
DC Digital Convergence 数字汇聚
DC digit control 数位控制
D & C dilatation and curettage 扩张和刮宫术
DC Direct Current 直流
DC Director Control 导演控制
DC Dispersion Compensation 色散补偿
DC Down Compatibility 向下兼容
DC Dränkoeffizient 排放系数;排放率
DC Driving Circuit 驱动电路
DC Drop Cable 分接电缆,分支电缆,引入光缆,引入电缆
DC Dünnschichtchromatographie 薄层色谱分析法
DCA Distributed Communication Architecture 分布式通信体系
DCA Dynamic Channel Assignment 动态信道分配
DCB Data Control Block 数据控制块
DCC Data Communication Channel 数据通信信道,数据通信通道
DCC Data Country Code 数据国家码
DCC Digital Color Code 数字色码
DCC Digital Control Channel 数字控制信道
DCC Digital Cross Connect 数字交叉连接
DCC Digital Cross Connection Equipment 数字交叉连接设备
DCC Digital Cross-Connection Unit 数字交叉连接单元
DCCH Dedicated Control Channel 专用控制信道
DCCN Distributed Computer Communication Network 分布式计算机通信网络
Dcctra Decca Tracking and Ranging 台卡跟踪和测距导航(系统)
DCD Data Communication Device 数据通信装置
DCD 循环衰竭死亡捐献,心脏停搏后的器官捐献
DCE Data Circuit Equipment 数据电路设备
DCE Data Circuit terminating Equipment 数据电路端接设备

DCE Data Communication Equipment 数据通信设备
DCE Distributed Computing environment 分布式计算环境
DCF Data Communication Function 数据通信功能
DCF Disengage Confirmation 脱离确认，退出确认
DCF Dispersion Compensation Fiber 色散补偿光纤
DCG Deutsche Chemische Gesellschaft 德国化学学会
DCH Dedicated Channel 专用信道
D-channel data channel 数据通道
DchIV Deutscher Chemieingenieur-Verband 德国化学工程师协会
Dchs. Durchsicht 检查，校对，验算，透视
DCL Data Control Language 数据控制语言
DCL Diagnosis Control Link 诊断控制链路
DCL Digital Channel Link 数字信道链路
DCLU Digital Carrier Line Unit 数字载波线路单元
DCM Data Communication Module 数据通信模块
DCM Data (Digital) Communication Multiplexer 数据(数字)通信复用器
DCM Dilated Cardiomyopathy 扩张型心肌病
DCM Dispersion Compensator Module 色散补偿模块
DCM Distributed Connection Management 分布式连接管理
DCM Dynamic Connection Management 动态连接管理
DCM 车门控制模组
DCMA Data Communication Mesh Architecture 数据通信网状结构
DCME Digital Circuit Multiplication Equipment 数字电路倍增设备，数字线路多路复用器
DCME-ADPCM Digital Circuit Multiplication Equipment Adaptive Differential Pulse Code Modulation 数字电路倍增设备-自适应差分脉冲编码调制
DCN Data (Digital) Communication Network 数据(数字)通信网络
DCNA Data Communication Network Architecture 数据通信网络体系结构
DCOM Data Center Operation Management 数据中心运行管理
DCOM distrituted common object model 分布式公共对象模型
DCOM Distributed Component Object Model 分布式构件对象模型
DCP Data Communication Processor 数据通信处理器
DCP Data Coordinating Point 数据协调点
DCP Dicapryl-Phthalat 邻苯二甲酸二辛酯，过氧化二异丙苯
DCP Digital Communication Protocol 数字通信协议
DCP Distributed Communication Processor 分布式通信处理器
DCPA Distributed Call Processing Architecture 分布式呼叫处理结构
DCPI Dual Circuit/Packet Interface 双电路/分组接口
DCPN Domestic Customer Premises Network 国内用户驻地网
DCPS Data Compression Processing System 数据压缩处理系统
DCPSK Differentially Coherent Phase-Shift Keying 差分相干相移键控
DCR Dedicated/Common Router 专用/公用路由器
DCR Destination Calling 目的地呼叫
DCR Distribution Call Routing 分配呼叫路由选择
DCR Dynamically Controlled Routing 动态控制路由
DCRO Dyers and Cleaners Research Organization 英国染色与干洗业研究组织
DCS Desktop Conferencing System 桌式会议系统
DCS Digital Cellular System 数字蜂窝系统
DCS digital code scheme 数据编码方案
DCS digital code squelch 数字编码将净躁制
DCS Digital Communication System 数字通信系统
DCS Digital Cross-Connect System 数字交叉连接系统
DCS Distributed Control System 分散型控制系统
DCS Dynamic Channel Selection 动态信道选择
DCS Dynamic Channel Stealing 动态信道挪用
DCT Data Communication Terminal 数据通信终端
DCT Discrete Cosine Transformation 离散余弦变换
DCT 装饰裁切技术
DCTU Directly Connected Test Unit 直接连接测试单元
DCU Data Channel Unit 数据信道单元
DCU Digital Connection Unit 数字连接单元
DCU Diversity Control Unit 分集控制单元
DCU Dual Carrier Unit 双载波单元

DD Dampfdichte 蒸汽密度
DD D-dimer D-二聚体
d. d De die 每日，白天
Dd. delivered 交付
DD desmophen-desmodur 铸钢丘宾筒防腐漆
DD Detergent-Dispersant 清净分散剂；洗涤剂用分散剂
DD. differential diagnosis 鉴别诊断
DD differential dyeing 差异染色
DD Divident 被除数；利息，股息
D. D. Doppeldecker 双层汽车
DD doppelt dick/doppelte Dicke 双厚度
DD Dynamikdehner 动态扩展器
DDA Detergent-Dispersant-Additive 洗涤剂、分散剂、添加剂
DDA Deutscher Dampfkesselausschuss 德国蒸汽锅炉委员会
DDA digital differential analyzer/Digitale Differenz-Analysatoren 数字微分分析器
DDA Direct Transmission Application Part 直接传输应用部分
DDa Drahtfunkanschaltdose 有线广播插座
DDB Dialogue Data Block 对话数据块
DDB Distributed Database 分布式数据库
DDC Data Display Control 数据显示控制
DDC· Digital Data Communication 数字数据通信
DDC Digital Data Converter 数字数据转换器
DDC Digital Down Converter/Direkt-digital-Kontrolle 数字下变频器，直接数字控制器
DDC Direct Digital Control 直接数字控制
DDC ductility dip cracks 失塑裂纹，失延裂纹
DDCE digital data conversion equipment 数字数据转换设备
DDCMP Digital Data Communications Message Protocol 数字数据通信消息协议
DDCS Digital Data Circuit Service 数字数据电路业务
DDD Digital Data Demodulator 数字数据解调器
DDD Direct Distance Dialing 长途直拨，国内长途直拨
DDE Dynamic Data Exchange 动态数据交换
DD-EDFA Dispersion-Decreasing Erbium Doped Fiber Amplifier 低色散掺铒光纤放大器
DDF Digital Distribution Frame 数字配线架，数字分配架
DDF Dispersion-Decreasing Fiber 色散补偿光纤
DDG Deutsche Daten-Gesellschaft für Datenfernverar- beitung 德国数据远距离处理的数据通讯协会
DDH Developmental Dysplasia of the Hip 发育性髋关节脱位
DDHB Distributed Dynamic Hypermedia Browser 分布式动态超媒体浏览器
DDI Direct Dial [ing]- In 直接拨入
DDI (DID) Direct Inward Dialing 直接拨入
DDI Double Defect Indication 双缺陷指示
DD-IM Direct Detection-Intensity Modulation 直接检测-强度调制
DDL Data Definition Library 数据定义库
DDL Data Description Language 数据描述语言
DDL Digital Data Line 数字数据线
DDL Digital Data Link 数字数据链路
DDM Direction Division Multiplexing 方向分割复用
DDN Defense Data Network 防卫数据网
DDN Digit Data Network 数字数据网
DDN Distributed Data Network 分布式数据网
DDNP Diazodinitropheno 重氮二硝基苯酚
DDNS Dynamic Domain Name System 动态域名系统
DDO dynamic data object 动态数据对象
DDOS Distributed Deny Of Service 分布式拒绝服务
DDOV Digital Data Over Voice 话音传送数字数据
DDP geliefert verzollt 完税后交货
DDP Datagram Delivery Protocol 数据报投递协议
DDP Distributed Data Processing 分布数据处理
DDP Distributed Data Processor 分布式数据处理器
DDP Di-decyl-Phthalat 邻苯二甲酸二癸脂
DDQ deep drawing quality 深拉伸品级
DDR Deutsche Demokratische Republik 德意志民主共和国
DDr Doktor + Doktor 【前民德】双学位博士
DDR. Ing. Doktor techn., Dr. Ing 技术兼工程博士
DDS Data phone Digital Service 数据电话数字业务
DDS diaminodiphenylsulfone 氨苯砜
DDS Digital Data Service 数字数据业务，数字数据服务
DDS Digital Data System 数字数据系统
DDS Digitaler Differenzensummator 数字差分累加器
DDS Direct Digital Satellite 直播数字卫星
DDS Direct Digital Synthesizer 直接数字式频率合成器

DDS 药物输送系统
DDSN Double DSN16K 网板
DDT dichloro-diphenyl-trichloroethane/Dichlor-diphe-nyltrichloräthan 双对氯苯基三氯乙烷，滴滴涕
DDT Doppeldrehtransformator 对偶转换变压器
DDU Delivered Duty Unpaid/geliefert unverzollt 未完税交货
DDv Dahtfunk-Verzweigungsdose 有线广播支线插座
DDV direkte Datenverarbeitung 直接数据处理
DDVP dichlorvos 敌敌畏
DE Dampferzeuger 蒸汽发生器
DE Dänische Energie-Agentur 丹麦能源机构
DE Datenend 数据终端
DE Datenerfassung 数据收集；数据测定；数据获取
DE decision element 逻辑元件
De Decke 顶，天花板
De De Dion-Achse 代第戎车桥
De Demodulator 解调器；饭调制器；检波器
De Detektor 探测器；检波器
DE Dielektrizitätskonstante 介电常数；介质常数；电容率
DE dieselelektrisch 柴油电动的
DE Digitale Eingabe 数字输入
DE Digital Exchange 数字交换机，数字交换局
DE Discard Eligibility 丢弃合适；废弃适合度
DE Direkteinspritzer 直接喷射器
DE Doppel-Ellipsoid 双椭圆面
DE Drahterkennbarkeit 导线可识别性
DE Dreiphasen-Gegeninduktivität am Empfänger 接收机三相互感
DEA Deutsche Erdöl-Aktlengesellschaft 德国石油股份公司
DEA diethanolamine/Diäthanolamin 二乙醇胺
DEAC Deutsche Edison-Akkumulatoren Company GmbH 德国爱迪生蓄电池股份有限公司
DEAKA Deutscher Akademischer Austausch-dienst 德国科学院交换业务(很少用 DAAD)
Deb. Debit; Debitor 债务人；负债者
DEBEG Deutsche Betriebsgesellschaft für drahtlose Telegraphie 德国无线电报营业公司
DEBENELUX Deutscb-Belgisch-Niederländisch-Luxemburgische Kooperation 德国-比利时-荷兰-卢森堡(核能)合作
Debriv Deutscher Braunkohlen-Industrie-Verein 德国褐煤工业联合会
dec. decimal 小数
Dec. Decoctum 煎剂
Dec.（**DEC**） Dekort 折扣，回扣
DEC diethylcarbamazine 乙胺嗪(抗丝虫药)
DEC Digital Equipment Corporation 数字化设备公司
DECB data event control block 数据事件控制块(软件)
DECHEMA Deutsche Gesellschaft für chemisches Apparatewesen e. V. 德国化学仪器设备协会
DECT Digital Enhanced Cordless Telecommunications 数字增强型无绳通信，数字增强型无绳电信
DECT Digital European Cordless Telephone 欧洲数字无绳电话，泛欧数字无绳电话系统
DED Dynamically Established Data link 动态验证数据链路
DED Deutscher Entwicklungsdienst 德国开发业务
DEDF Distributed Erbium-Doped Fiber 分布式掺铒光纤
DEDFA Distributed Erbium-Doped Fiber Amplifier 分布式掺铒光纤放大器
DEE Datenendeinrichtung 遥控终端装置
def. defekt 有缺陷的，失灵的，出故障的
Def. deferred 延期
def. definieren; definiert 解释，阐明，确定，下定义；经过解释的，下了定义的
Def. Definition 定义，清晰度，分辨力
def. definitiv 确定的，最终的
Def. Deformation 形变，变形
def. deformiert 变形的，应变的
Def. Deformierung 应变
DEF Defroster 除雾器
DEF Deutsche Format 德制规格
DEFT 文本深度探索与过滤
Deg. Degeneration, Degenerierung 退化，衰变，衰减，变异，负回授
deg. degeneriert 退化的，衰减的，变异的
DeR. degradation reaktion 降解反应
Deg. Deglutio 吞服
Deg. degree 等级
DEG Deutsche Entwicklungsgesellschaft 德国发展协会，德意志开发协会
DEGEBO（**Degebo**） Deutsche Gesellschaft für Bodenmechanik 德国土壤力学学会
degr. degressiv 递减的
DEHP Diethyhexylphthalat 邻苯二甲酸二乙基己基酯；邻苯二甲酸二异辛酯，一种致癌物
DEI Digitale Eingabe 数字输入
DEK Data Encryption Key 数据加密密钥
Dek. Dekameter 十米
Dek. Dekor 装饰
DEK Deutsche Einheitskurzschrift 德国单位

缩写
DEK Deutsche Elektrotechnische Kommission 德国电工委员会(属德国标准化委员会,法兰克福)
Dekl. Deklination 变格,词尾变化;偏角
DEKO Dekontamination, Dekontaminationsbetrieb 去污,净化;去污操作
Dekr. Dekrement 减缩,减量,减幅,衰减
DEL Delete 删除
DEL Direct Exchange Line 直接交换线
DELBAG Deutsche Luftfilter-Baugesellschaft 德国空气过滤器设计和制造协会
dely. delivery 交付
Dem. Demodulator 解调器
Dem. Demontage 分解,拆解,拆除
Dem. Demarkation 划定境界,境界,限界
Dem. Demonstration 证明,显示
dem. demontieren 拆卸
Dem Dezimeter 分米
DEMAG Deutsche Maschinenfabrik-Aktiengesellschaft 德国机器制造股份公司
Dem. Ampl. demodulator amplifier 反调制放大器
DEMINEX Deutsche Erdölversorgungsgesellschaft mbH 德国石油供应公司,一般译为“德米奈克斯”公司
DEMOD Demodulation 解调
demz. demzufolge 所以,因此
Den Denier 旦尼尔(化纤和合成丝的纤度单位)
DEN Directory-Enabled Networking 目录激活网络
D. Eng. Doctor of Engineering 工程博士
Denkschr. Denkschrift 备忘录
DEOS Daten-Erfassung-Organisation-System 数据收集组织系统
Dep. Depesche 紧急公函,电报
DEP Di-äthyl-Phthalat 邻苯二甲酸二乙酯
DEPA Europäisches Patentamt 德国欧洲专利管理局
Depos. Depositorium 储蓄所,储存室,仓库
dept. department 部门,系,学部;车间
DEQ geliefert ab Kai 目的港码头交货
Der Derivat 衍生物;诱导剂
Der. Derivation 诱导法,导出,派生词
DERA Darmstädter elektronische Rechenanlage 达姆施塔特的电子计算装置
dergl. dergleichen 诸如此类,相同的
Deriv Derivat 衍生物,诱导体
DES data encryption standard 数据加密标准
DES Deutsches Elektronen-Synchrotron 德国同步电子加速器
DES Dieselelektroschiff 柴油电动船
DES diethylstilbestrol 已烯雌酚(乙芪酚)
DES 定向能系统
Deschimag Deutsche Schiffs- und Maschinenbau AG 德国(不来梅)船舶机器制造厂股份公司
desgl.(dsgl.) desgleichen 相同的,类似的
dest. destilliert 蒸馏过的
Dest. Destillat 蒸馏液,蒸馏物
Dest. Destillateur 蒸馏操作者,蒸馏器
Dest Destillation 蒸馏
DESY Deutscher Elektronensynchrotron, Hamburg 德国汉堡电子同步加速器
DET Detach 分离,分开;除去
Det Detektor 检波器;探测装置
Det. Determinante 行列式
Det. detonierend 起爆的,爆炸的;爆燃的
DET Deutsche Format 德制规格
DET Differenzfrequenz 差频
DET Durchgangsfernamt 市间电话中继站
DET Dynamische Elektronische Tachymetrie 动态电子速测术
DeTeWe Deutsche Telephonwerke 德国电话工厂
detto Drehstrom 三相电流
DEUCE digital electronic universal calculating engine 通用电子数字计算机
deul Drehung entgegen dem Uhrzeigerlauf 逆时针转动
DEULA Deutsche Lehranstalten für Agrartechnik 德国农业技术学校
Deut. Deuteron 氘核,重氢核
DeutGesch Deutgeschoss 指示弹(爆炸时有彩色烟指示)
DeutPatr Deutpatrone 指示弹
DEV Deutscher Exportband 德国出口协会
Dev. Deviation 偏差,偏移,漂移,偏向
DEVV Deutscher Eisenbahn Verkehrsverband 德国铁路运输协会
DEW Deutsche Edelstahlwerke 德国合金钢厂
DEW 定向能武器
DEWA Demobile Wasteanlage (核化学冶金公司)可移动放射性废物固化装置
Dez. Dezentralisation 分散
Dez. Dezentralisierung 分散化
Dez. Dezernat 局,科
Dez. dezimieren 值十抽一
DF Daimler Flugmotor 戴姆勒航空发动机
DF Data Form 资料记录表
DF Data Frame 数据帧
DF Datenfeld 数据场,数据区段,数据项
DF decimal fraction 十进制小数
DF Dedicated File 专用文件

DF Dekontaminierungsfaktor 去污因子
DF Designated Forwarder 指定转发路由器
Df Deutsche Format 德制,德制规格
DF Deutsches Fernsehen 德国电视
DF diabetic foot 糖尿病足
DF differentiation factor 分化因子
DF Differenzfrequenz 差频(率)
DF Dispositionsfreigabe 最终认可,批量采购认可
DF Distribution Frame 配线架
D. F. Doppelfernrohr 双筒望远镜
DF Dreifuß 三脚架
DF Durchgangsfernamt 市间电话中继站
Df. Durchführung 实施,施行;施工
DFA Dispatcherfunkanlage 调度站无线电装置
DFA duodenal fluid analysis 十二指肠液分析
DFAS Distributed Frame Alignment Signal 分布式帧排列信号,分散式帧定位信号
DFB Deutscher Formermeister Bund 德国造型工联合会
DFB Distributed Feed Back 分布反馈
DFB Druckfeuerbeständigkeit 高温抗压性能,高温荷重转化点
DFBLaser Distributed Feedback Laser 分布反馈式激光器
DFB-LD Distributed Feedback Laser Diode 分布反馈激光器二极管
DFC Data Flow Control 数据流控制
DFC Disconnect Forward Connection 切断前向连接
DFCF Dispersion Flat Compensation Fiber 色散平坦补偿光纤
DFDT Difluorodiphenyltrichloräthan 二氟二苯三氯乙烷
DFE Decision Feedback Equalizer 判决反馈均衡器
D. F. E. Directional Friction Effect (羊毛的)定向摩擦效应,差示摩擦效应
DFF Deutscher Fernsehfunk 德国电视广播
DFF Dispersion Flattened Fiber 色散平坦光纤
DFF Drehfunkfeuer 旋转式无线电指标
DFFB Deutsche Film- und Fernsehakademie Berlin 柏林德国电影电视研究院
DFG Deutsche Forschungsgemeinschaft 德国研究协会
DFG Deutsche Pulvermetallurgische Gesellschaft 德国粉末冶金协会
dfg. dienstfähig 可服兵役的
DFG Differential-Frequency-Generation 差分频率产生
DFG diode function generator 二极管函数发生器
DFH Deutsche Forschungsanstalt für Hubschrauber und Vertikalflugtechnik 德国直升飞机和垂直起落技术研究所
DFI Digital Facility Interface 数字设备接口
DFI 柴油机喷射系统,电控转子泵燃油喷注系统
DFK Deutsch-Französische Kommission für Fragen der Sicherheit kerntechnischer Einrichtungen 联邦德国-法国核技术装置安全委员会
DfK Durchführungskondensator 套管式电容器
DFKG Deutsche Fernkabel-Gesellschaft 德国长途电缆协会
DFL Data Flow Controller 数据流控制器
DFL Deutsche Forschungsanstalt für Luftfahrt 德国航空研究所(1961年前的名称)
DFLR Deutsche Forschungsanstalt für Luft- und Raumfahrt 德国航空与宇航研究所(1961—1968的名称)
DFM digitale Flächenmodell 数字化曲面模型
DFMS Disk-File-Management-System 磁盘文件管理系统
DFN discrete fracture network 离散岩体裂隙网络
DFN Data File Number 数据文件号
DFOS Distributed Fiber Optic Sensing 分布式光纤传感
DFP Defluorinated Phosphate 脱氟磷酸酯
DFP Diisopropylfluorphosphat 氟磷酸二异丙酯,二异丙基氟磷酸
DFP Distributed Function Plane 分布功能平面,分布式功能平面
DFS Deutsche Funkschule 德国无线电学校
DFS Decision Feedback System 判决反馈系统
DFS Dedicated File Server 专用文件服务器
DFS Deutsche Forschungsanstalt für Segelflug 德国滑翔研究所
DFS Distributed Fiber Sensor 分布式光纤传感器
DFSK Differential Frequency Shift Keying 差分频移键控
DFSK Double Frequency Shift Keying 双频移键控
DFSM Dispersion Flattened Single Mode 色散平坦单模
DFSp Dünnschicht-Filmspeicher 薄膜存储器
DFT Delayed-First-Transmission 延迟优先传输
DFT Discrete Fourier Transform 离散傅氏变换
Dft. draft 汇票
DfTln Drahtfunk-Teilnehmer 有线广播用户
DFTV Deutscher Funktechnischer Verband 德国无线电技术协会

DFU Data Facilities Unit 数字设备单元
DFÜ Datenfernübertragung 远距离数据传输
DFV Datenfernverarbeitung 数据远距离处理
DFV Deutscher Fernsehverband 德国电视协会
DfV Durchführungsverordnung 操作规程
DFVLR Deutsche Forschungs- und Versuchsanstalt für Luft- und Raumfahrt 德国航空与宇航研究试验所(DFL与DVL在1968年合并后的名称)
DG Dachgeschoss 屋顶室,阁楼,亭子间
DG Deutsche Gesellschaft für Galvanotechnik e.V. 德国电镀协会
Dg. Dichtung 密封,充填,填料,垫圈,气密
DG Diesel-Generator 柴油发电机组
DG Drehfeldgeber 自动同步发送器,自整角机
DG Drehmomentgenerator 转矩发生器
DG Drehwinkelgeber 转角传感器
DG Druckguss 压铸金属
Dg Durchgang 通过,行程,走刀
Dg. Durchschlag 击穿,冲孔机,打孔器,过滤器,通道,渗透
DGaO Deutsche Gesellschaft für angewandte Optik 德国应用光学协会
DGB Deutsche Gesellschaft für Betriebwirtschaft 德国企业经济协会
DGB Deutscher Gewerkschaftsbund 德国工会联合会
DG-Bank Deutsche Genossenschaftsbank 德意志合作银行
DGBW Deutsche Gesellschaft für Bewässerungswirtschaft 德国灌溉协会
DGD Deutsche Gesellschaft für Dokumentation 德国文献协会
DGD Differential Group Delay 差分群时延
DGEG Deutsche Gesellschaft für Eisenbahngeschichte 德国铁路史协会
DGEG Deutsche Gesellschaft für Erd- und Grundbau 德国土方工程与基础工程协会
DGF Degree Fahrenheit 华氏温度
DGF Deutsche Genauguss Forschungs- und Vertriebsgesellschaft 德国精密铸造研究及推广协会
DGF Deutsche Gesellschaft für Fettwissenschaft e.V. 德国油脂科学协会
DGF Deutsche Gesellschaft für Flugwissenschaft 德国飞行科学协会
DGFB Deutsche Gesellschaft für Betriebswirtschaft 德国企业经济协会
DGfH Deutsche Gesellschaft für Holzforschung 德国木材研究学会
DGFI Das Deutsche Geodätische Forschungsinstitut 德国大地测量研究所
DGfK Deutsche Gesellschaft für Kartographie 德国制图协会
DGfM Deutsche Gesellschaft für Metallkunde 德国金属学协会
DGfP Deutsche Gesellschaft für Photogrammetrie 德国摄影测量协会
DGG detailliertes gravimetrisches Geoid 详细的重力大地水准面
DGG Deutsche Geologische Gesellschaft 德国地质协会
DGG Deutsche Glastechnische Gesellschaft 德国玻璃技术公司
DGGNA-77 Detailliertes gravimetrisches Geoid des Nordatlantik 1977年北大西洋详细重力大地水准面
dGH deutscher Gesamthärtegrad 德国普通硬度等级
DGIP Deutsches Geodätisches Institut Postsdam 【前民德】波茨坦德国测量研究所
DGK Deutsche Geodätische Kommission 德国测量委员会
DGK Deutsche Gesellschaft für Kybernetik 德国控制论协会
DGK 5 Deutsche Grundkarte 1:5,000 1:5 000比例的德国基础地图
dgl dergleichen/desgleichen 诸如此类
DGL Differentialgleichung 微分方程式
DGLR Deutsche Gesellschaft für Luft- und Raumfahrt 德国航空与宇宙航行协会
DGLRM Deutsche Gesellschaft für Luft- und Raumfahrtmedizin 德国航空与宇宙航行医学协会
DGM Deutsche Gesellschaft für Materialkunde 德国材料学协会
DGM Deutsche Gesellschaft für Mineralölforschung 德国矿物油研究协会
DGM Deutsches Gebrauchsmuster 德国享有小专利的日用品造型设计
DGM Digitales Geländemodell 数字地形模型
DGMA Deutsche Gesellschaft für Messtechnik und Automatisierung 德国测量技术和自动化协会
DGMK Deutsche Gesellschaft für Mineralölwissenschaft und Kohlechemie 德国矿物油科学及煤炭化学学会
DGNA Dynamic Group Number Assignment 动态组号分配
DGNL Diagonal 对角线,对顶线
DGON Deutsche Gesellschaft für Ortung und Navigation 德国定位与导航协会
dgoN diagonal ohne Naht 无缝漆布
DGPI Deutsche Gesellschaft für Produktinfor-

mation GmbH 德国产品信息中心(公司)
DGPS Difference Global Positioning System 差分全球定位系统
DGQ Deutsche Gesellschaft für Qualitätsforschung 德国质量研究协会
d. Gr. der Große 大人物,伟人
DGRR Deutsche Gesellschaft für Raketentechnik und Raumfahrt 德国火箭技术与宇宙航行协会
DGRS Deutsche Gesellschaft zur Rettung Schiffbrüchigen 德国海上遇难者救援协会
DGS Deutsche Gesellschaft für Sonnenenergie e. V. 德国太阳能学会
DGS Deutsche Gesellschaft für Stereoskopie 德国立体观察法协会
Dg. Str. Durchgangsstraße 干线,路线
DGT Deutsche Geodätische Tagung 德国大地测量会议
DGT Deutscher Geodätentag 德国大地测量工作者会议
DGT Diglykolterephthalat 对苯二甲酸乙二酯
DGU Deutsche Gesellschaft für Unternehmungsforschung 德国运筹学学会
DGV Deutsche Gesellschaft für Vakuumtechnik 德国真空技术协会
DGV Deutscher Giessereiverband 德国铸造厂联合会
DGW Dosisgrenzwert 剂量限值
DGW Gruppenwähler für Dienstverkehr, Dienstgruppenwähler 业务通讯选组器
DGWK Deutsche Gesellschaft für Warenkennzeichnung 德国物品标识协会
DGZ Deutsche gesetzliche Zeit 德国标准时间
DGZfP Deutsche Gesellschaft für Zerstörungsfreie Prüfung e. V 德国无破坏检验协会,德国无损探伤公司
d. h. das heißt 亦,即,即所谓
D. H. deutscher Hartegrad 德国硬度
D. H. Deutscher Härtegrad beim Wasser 德国水硬度
DH Diensthabender 值班者,当班人
DH dieselhydraulisch 柴油机液压的
DH Doppelheft 双柄,双把手
DH Doppelhub 双冲程
Dh Doppeltorhochbagger 上向挖掘的双柱式多斗挖掘机,上向挖掘的双跨门多斗挖掘机
DH Druckhalter 稳压器
DH Durchfahrthöhe 穿行高度,通过高度
DHA dehydroepiandrosterone 脱氢表雄酮
DHA Dialogue Handling 对话处理
DHA Dihydroxyaceton 二羟基丙酮
DHA 二十二碳六烯酸,俗称脑黄金
DHAS dehydroepiandrosterone sulfate 硫酸脱氢表雄酮
DHC 高压加氢裂化
DHCP Dynamic Host Configuration Protocol 动态主机配置协议
DHCP Dynamic Host Control Protocol 动态主机控制协议
DHCP Server Dynamic Host Configuration Protocol Server 动态主机配置协议服务器
DHDN das Deutsche Hauptdreiecksnetz 德国一等三角网
DHEA dehydroepiandrosterone 脱氢表雄甾酮
DHF Druckhalter-Füllstand 稳压器水平
DHG Deutsche Handelsgesellschaft 德国贸易协会
DHH Doppelhaushälfte 半独立屋
DHHS 美国健康与人类服务部
DHI das Deutsche Hydrographische Institut 德国水文研究所
DHM digitale Höhenmodelle 数字高程模型
DHN Digital Home Network 数字家庭网
DHO Diversity Handover 分集切换
DHO Drehherdofen 转底炉,环形炉,盘式炉
DHP Dehydrierungspolymerisat 脱氢聚合物
DHP Di-heptyl-phthalat 酞酸二庚酯,邻苯二甲酸二庚酯
DHSN das Deutsche Hauptschwerenetz 德国基本重力网
DHT dihydrotestosterone 二氢睾丸酮
DHTML Dynamic HTML 动态 HTML
DHÜ Drahtfunkhauptübertrager 有线广播主变压器
DH-Verfahren Dortmund-Hörder Huttenunion Verfahren, Teilmengenbehandlungsverfahren 【德】多特蒙德钢铁厂发明的提升脱气法
DHVSt Doppelhauptvermittlungsstelle 双主交换台
DHW Down Highway 下行公共信道
DHWG digital home working group 数字家庭工作组
DHXP Di-hexyl-phthalat 酞酸二己酯,邻苯二甲酸二己酯
D & I Abstrecktiefziehen 变薄拉伸
d. i. das ist 这就是
DI Data Input 数据输入
DI Decision Intelligence 决策情报
DI Deutsches Industrieinstitut 德国工业研究所
DI diabetes insipidus 尿崩症
DI Diagonallenker 对角横拉杆
Di Diamant 金刚石
D. I. Diesel-Index 柴油指数,狄塞尔指数
DI Digital Interface 数字接口

DI Diplomingenieur 特许工程师,工学硕士
DI Direct Injection 直接喷射
DI Dispersion-Increasing 色散增加
Di dividend 红利
Di division 部门
D/I Drop/Insert 分插,分出/插入,分路/插入
DI Dynamic ISDN 动态 ISDN
Di Innendurchmesser 内径
DI 分电式点火系统
DIA Deutsche Innen- und Außenhandel 德国内外贸易
Dia Diapositiv 反底片;透射幻灯片,幻灯片,透明正片
DIAC diode alternating current switch 二极管交流开关
DIAG Deutsche Industrie-Anlagen-Gesellschaft Unternehmen in Berlin 德国柏林工业设备公司
Diag. diagnosis 诊断
Diag. diagonal 对角线的
Diagr. Diagramm 图表,图解,曲线图
Diam. Diamant 金刚石,金刚钻
Diam. Diamantgitter 金刚石点阵;金刚石晶格
DIANE Deutsche Intensitätsmodulierte Anlage für Neutronen-Experimente 德国中子实验强度调节装置
DIB Data Input Bus 数据输入总线
DIB Deutsche Investitionsbank 德国投资银行
DIB Deutsches Institut für Betriebswirtschaft 德国企业经济研究所
DIB Device Independent Bitmap 设备无关位图
DIB Directory Information Base 号码簿信息库,目录信息库
DIBP Di-isobutyl-Phthalat 酞酸二异丁酯,邻苯二甲酸二乙丁酯
DIC disseminated intravascular coagulation 弥漫性血管内凝血
DIC Dreieckimpulscharakter 三角形脉冲特性
DICH Dedicated Information Channel 专用信息信道
DICS Digital Image Correction System 数字图像校正系统
d. i. d Dies in dies 每日,日日
DID Digital Information Display 数字信息显示
DID Direct In-Dialing 直接拨号
DID Direct Inward Dialing 直接拨入
DIDA Diisodecyladipat 己二酸二异癸酯
DID (D. I. N., Din) Deutsche Industrie Norm 德国工业标准,DIN 标准
DI/DO Data Input-Data Output 数据输入-输出
DIDO Schwerwasser- und Forschungsreaktor, Harwell und Jülich (哈威尔和于利希)重水研究堆
DIDP Di-isodecyl-Phthalat 钛酸二异癸基酯
Dieb. alt Diebus alternis 间日,每隔一日
DIF Data Intermediate Frequency Module 数字中频模块
DIF Digital Inferface/digitale Schnittstelle 数字接口
DIFAD Deutsches Institut für angewandte Datenverarbeitung 德国应用数据处理研究所
Diff. Differential 微分,差动齿轮
diff. differentiell 差别的,微分的,差速的
Diff Differenz 差值,差分,差别
diff. differenzieren 求微分,微分,区别,分化
diff. differenziert 求微分的,有区别的
Diff Differenzierung 微分(法)
diff. diffus 弥漫的,扩散的,漫射的
Diff. -Getr. Differentialgetriebe 差动齿轮,差动传动装置
Diff. -Gl. Differentialgleichung 微分方程(式)
Diff. -Quot. Differentialquotient 微商,导数
Diff. -Rechnung Differentialrechnung 微分计算
diff-serv Differentiated services 区分服务
Diff. -tran. Differential transformator 差动变压器
Dig Digit 数字;数位
DigAS Digitaler Aktualitätenspeicher Digitales Audioaufzeichnungs- und Bearbeitungssystem der Fa. David 大卫公司数字录像和处理系统
DigiTAG Digital Terrestrial Television Action Group/Interessenvertretung Digitales Terrestrisches Fernsehen 数字电视地面行动组
Digl. Diglykolnitrat 二羧硝酸盐
Digl. Diglykolpulver 二甘醇药
Digl BlP Diglykol Blättchenpulver 片状二甘醇药
DiglPV Diglykolpulver, verbessert 改进的二甘醇药
Digl RGP Diglykol Ringpulver 环形二甘醇药
Digl RP Diglykol Röhrenpulver 管状二甘醇药
Digl StrP Diglykol Streifenpulver 带状二甘醇药
DIHT Deutscher Industrie- und Handelstag 德国工商会
DII Dynamic Invocation Interface 动态调用接口
DIIK damned if I know 我真的不知道
DIL Deutsches Institut für Luftverkehrsstatistik 德国空运统计学研究所
Dil Dienstleitung 业务线

Dil. dilue, dilutus 稀释,稀的
DIM Deutsche Industriemesse 德国工业交易会
Dim. Dimension 大小,尺度,量纲;因;次;维,元
dim. dimensional 尺寸的,因次的,量纲的
Dim. Dimidius 一半的
dim. diminutiv 缩小的
dim. dimorph (同质)二形之一
DIMPLE Deuterium Moderated Pile Low Energy 氘小功率反应堆,氘中级堆
D/I MUX Drop/Insert MUX 分插复用设备,分出和提取复用设备
DIN Deutsche Industrie-Norm 德意志工业标准(1945年后为德国工业标准)
DIN Deutsches Institut für Normung e. V. 德国标准化研究所
DINA Digital Network Analyzer 数字网络分析程序
d. in amp. da in ampullis 给安瓿
DIN-Berg Deutsche Industrie-Norm Bergbau 德国采矿工业标准
d. in caps. da in capsulis 给胶囊
DINOS Distributed Network Operating System 分布式网络操作系统
DINP Di-isononyl-Phthalat 酞酸二异壬酯,邻苯二甲酸二异壬酯
DIN-PS Deutsche Industrienormung-Pferdestärke 德国工业标准马力
DINTA.(Dinta) Deutsches Institut für Technische Arbeitsschulung 德国技工训练研究所
DIORIT Forschungsreaktor, Würenlingen, Schweiz DIORIT 瑞士维伦林根研究堆
DIP Digital Image Processing 数字图像处理
DIP distal interphalangeal 远指间关节
DIP Dual In-line Package 双列直插式封装
DIP rachtfrei versichert 运费已付确认
Dipl. Diplom 公文,证书,证件,文凭
Dipl.-Berging. Diplom-Bergingenieur 特许采矿工程师
Dipl-Ing. Diplom-Ingenieur 大学全学制工程师(相当于英美国家的工学硕士)
Dipol Doppelpol 双极
dir. direct 直接的,直的
DIR Directory 目录
DIR direkte interne Reformierung 直接内部重整
Dir. Direktor 厂长,经理,校长,主任
DIRA Digitales Radio/Digital Radio System 数字广播系统
Dir.-App. Direktapparat 直读仪器
DIRMA Digital Impulse Radio Multiple Address 数字脉冲无线多址
Dir.-Nr Direktnummer 直读数
Dir.-Sdg. Direktsendung 直接发射,直接发送
Dir.-Ubertr. Direktübertragung 直接传输
DIS Digital Identification Signal 数字识别信号
DIS Draft International Standard 国际标准草案
DISA Data Interchange Standard Association 数据交换标准协会
DISA Defense Information system Agency 国防信息系统局
DiSEqC Digital Satellite Equipment Control/Steuerprotokoll für die bidirektionale Verbindung zwischen der Set-Top-Box und der Außeneinheit einer Satellitenantenne 数字卫星设备控制
diskr. diskret 不连续的,离散的,无联系的,分立的
Diskr. Diskriminierung 识别,区别,鉴别
DISP Directory Information Shadowing Protocol 目录信息隐匿协议
Disp. Dispatcher 调度员
Disp. Dispergens, Dispersion 分散,弥散,色散,漂移,离差
disp. dispergieren 分散,传播
disp. dispers 分为极细的,分散的,弥散的
disp. dispositiv 非确实的,非正的
Diss. Dissertation 学位论文,专题论文
Diss. Dissonanz 不协和,不和谐,不一致
Diss. Dissoziation 解散,解体,分离,解离
diss. dissoziativ, dissoziiert 离解的,分解的,解体的
Dist. Distanz 距离
DIT diiodotyrosine 二碘酪氨酸
DIT Direct Image Technique 直接成像技术
DIT Directory Information Tree 号码簿信息树,目录信息树
DITDP Di-isotridecyl-Phthalat 酞酸二异三癸酯,邻苯二甲酸二异三癸酯
DITR Deutsches Informationszentrum für technische Regeln 德国技术控制情报中心
DIU Digital Interface Module 数字接口模块
DIV Data-In-Voice 话内数据
Div. divergent, divergierend 分散的,发散的
Div. Divergenz 分歧;发散;散度;发散量;发散度
Div. divers 各种不同的
Div. Divide 分开,分离
Div. Division 除法;分度;刻度;部门;部分;分割;师;师团
Div. Divisor 除数,因子;作分压器用的自耦变压器
Div. in p. Divide in partes 分……次服用

Div. inpar. aeg Divide inpartis aegualis 分成等分

Div.-Verf. Divisionsverfahren 除法,分配法,划分法

DIW Deutsches Institut für Wirtschaftsforschung 德国经济研究所(柏林)

DIZ Deutsche Industriefilm-Zentrale 德国工业电影中心

d. J. der Yüngere 年轻人

d. J dieses Jahres 今年

DJD degenerative joint disease 退行性关节病(即骨性关节病)

DJDisc Jockey/Disk-Jockey 圆薄膜,圆膜片

DJI Dow-Jones Index 道-琼斯指数

DJT Deutscher Juristentag 德国律师公会

DJV Deutscher Journalisten Verband/German association of journalists 德国记者协会

DK Dämpferkammer 缓冲室

DK Dampfkontamination 蒸汽污染

DK Dampfkraft 汽力,蒸汽力

DK Data Key 数据密钥

D_K DBS Kernel Module 数据库核心模块

DK Deutsches Konsulat 德国领事馆

DK Dezimalklassifikation (国际)十进分类制,十进位分类法

Dk (dk) dielektrische Konstante 介电常数,介质常数;电容率

DK Dieselkraftstoff 柴油,柴油机动力燃料

Dk Diffusionskoeffizent 扩散系数

DK Diffusionskoeffizient des Kernbrennstoffes 核燃料扩散系数

DK Doppelköppel 双碗头,双连接杆

DK Doppelkurbelsieb 双曲柄筛

DK Drehkondensator 可变电容器,旋转式电容器

DK Drosselklappe 节气门

DK Drosselklappenöffnung 节气门开度

DK (Dl.) Druckluft 压缩空气

DK Durchgangskennzeichen 列车通过信号

D. K. Düsenkanone 动力火箭炮;无座力炮

DK Throttle Valve 节气门(TV)

D:K Verhältnis von Deckgebirge zu Kohle 煤层剥离系数,剥采比

DKA Deutscher Koordinierungs-Ausschuss im CEC 欧洲共同体德国协调委员会

DKA diabetic ketoacidosis 糖尿病酮症酸中毒

DKAN Datenkanal 数据通道

DKB Dauerbetrieb mit kurzzeitiger Belastung 短时负载下连续运行

DKBL Deutsche Kohlenbergbau-Leitung 德国煤炭工业管理总局

DKE Deutsche Elektrotechnische Kommission 德国电工委员会

DKE Deutscher Kleinempfänger 德制小型接收机

DKEW Deutsches Komitee für Elektrowärme 德国电热委员会

DKEZ Deutsches Komitee für Elektrotechnische Zusammenärbeit 德国电工合作委员会

DKF dreiphasige Kurzschlussfortschaltung 三相快速自动重合闸

DKfW Deutsche Kommission für Weltraumforschung 德国宇宙研究委员会

DKFZ Deutsches Krebsforschungszentrum 德国(海德堡)癌症研究中心

dkg Dekagramm 十克

DKG Deutsche Keramische Gesellschaft 德国陶瓷公司

DKI Deutsche Kommission für Ingenieurausbildung 德国工程师教育委员会

DKI Deutsches Kunststoff-Institut 德国塑料研究所

d. Kl. der/die Kleine 小者

d. Kl. der/dieser Klasse 这一级的,本级的

Dkm Denkmal 纪念碑

DKM Drehkolbenmaschine 旋转活塞发动机,转子活塞式发动机

DKM Drehkolbenmotor 旋转活塞发动机

DK-Messer 介电常数测定仪

D. kn Durchladeknopf 装弹按钮

DKP Deutsche Kommunistische Partei 德国共产党

DKR Durchmesser Kontirohr 连轧管直径

DKrW doppelte Kreuzungsweiche 双线复式道岔,双十字花道岔

DKS Deutsche Kraftwagen-Spedition 德国卡车货运

DKS Deutsches Kontor für Seefrachten 德国海运事务所

DKS Drosselklappesteller 节气门调节器

Dkst Denkstein 纪念碑,墓碑

DKT Dieselkraftstoff 柴油;柴油机燃料

DKT Dikaliumtartrat 酒石酸钾

DKÜ Drahtfunkkanalverstärkerübertrager 有线电广播波道放大器变压器

DKV Deutscher Kohlen-Verkauf 德国煤炭销售机构

DKVG Deutsche Kernreaktor-Versicherungsgemeinschaft 德国核反应堆保险协会

DKVO Dampfkesselverordnung 蒸汽锅炉规范

DKW Dampfkraftwagen 蒸汽机车

DKW Dampfkraftwerk 热电厂

DKW das Klein-Wunder, Deutscher Klein-Wagen 德国微型车辆(微型汽车和摩托车牌

号）

DL Dampfleitung 蒸汽管线

DL Dampflogger 蒸汽动力小帆船

DL data language 数据语言

DL Data Layer 数据层

DL Data Link 数据链路

Dl Dekaliter 十升(现为 dal)

DL Demarkationslinie 分界线,边界线

Dl Deziliter 分升

Dl Dienstleitung 业务线路

DL Dienstleitungslampe 业务线信号灯

DL Distribution List 分发表

DL Doppellafette 双联装置炮架;双重炮架

DL Dosisleistung 剂量率

DL Down Link 下行链路

DL Downlink Forward Link 下行链路 前向链路

DL download 下载(文件)

DL Druckluft 压缩空气

DL Dynamic Link 动态链接

DLA Deutscher Luftfahrzeugausschuss 德国航空器委员会,德国飞机委员会

D-Lampe Doppelwendellampe 双螺旋线灯丝灯

DLB Deutscher Luftfahrt-Beratungsdienst 德国航空咨询服务

DLC Data-Link-Connection 数据链路连接

DLC Data Link Control 数据链路控制,数据链路层控制

DLC Digital Line Circuit 数字线路板

DLC Digital Loop Carrier 数字环路载波

DLC Dynamic Load Control 动态负载控制

DLCI Data Link Connection Identifier 数据链路连接标识,数据链路连接标识符

DLCI Digital Loop Carrier Interface 数字环路载波接口

DL-Control Data Link-Control 数据链路控制

DL-CORE Data Link-Core 数据链路核心层

DLCP Digital Line Circuit Port 数字用户电路端口

DLCU Data Link Control Unit 数据链路控制单元

DLD Data Link Discriminator 数据链路鉴别器

DLD Drug induced liver disease 药物性肝病

DLE Data Link Entity 数据链路实体

DLE Data Link Escape character 数据链路转义字符

DLE Destination Local Exchange 目的地本地交换

DLE Digital Local Exchange 本地数字交换

DLE Discoid lupus erythematosus 盘状红斑狼疮

DLE Distributed LAN Emulation 分布式局域网仿真

DLF Deutschlandfunk 德国无线电

DLG Datenlesegerät 数据阅读器

DLG Deutsche Landwirtschaftsgesellschaft 德国农业协会

DLG Deutsche Lichtbildgesellschaft 德国幻灯片公司

DLH Deutsche Lufthansa AG 德国汉莎航空公司

DLI Data Link Interface 数据链路接口

DL-IGJ Deutscher Landesausschuss für das Internationale Geophysikalische Jahr 国际地球物理年德国国家委员会

D-Linie. gelbe Doppellinie des Natriumspektrums 钠光谱的黄色双线

DLIS Digital Link Interface Software 数字链路接口软件

DLL Data Link Layer 数据链路层

DLL Delay Lock Loop 延迟锁定环路

DLL Digital Leased Line 数字租用线,数字租用线路

DLL Digital Local Line 数字本地线路

DLL Dynamic Link Library 动态链接库

DLL Dynamic Linked Library 动态链接程序库

DLM Data Link Connection Order Message 数据链路连接命令消息

Dlm Dekalumen 十流明(发光单位)

d. l. M. des laufenden Monats 下月

DLM Digital Label Mode 数标方式

DLM Direktorenkonferenz der Landesmedienanstalten 【德】各州媒体联合会主席会议

DLN Double Loop Network 双环网络

dLOS Loss of Signal defect 信号丢失缺陷

DLP Deutscher Luftpool 德国航空(保险)集团

DLP digital light processing 数字光处理

DLR Deutsche Luftreederei 德国航空运输公司

DLR Deutsches Zentrum für Luft- und Raumfahrt 德国航空航天中心

DLR（DR） Deutschland Radio German broadcasting organization 德意志电台,德国电台

DLRFB Deutsche Luft- und Raumfahrt Forschungsbericht 德国航空和宇航局研究报告

DLS Data Link Service 数据链路服务

DLS Datenleitstelle 数据调度台,数据分发台

DLS Digital Line Section 数字线路段,数字有线段

DLSAP Data Link Service Access Point 数据链路服务接入点

DLSDU Data Link Service Data Unit 数据链路服务数据单元

DLSV Deutscher Luftsportverband 德国航空体

育协会
DLT Digital Linear Tape 数字线性磁带
DLT Digital Link Tester 数字链路测试器
DLTG Deutsche Lichttechnische Gesellschaft 德国照明技术协会
DLTU Digital Line and Trunk Unit 数字线路和中继线单元
DLTU Digital Line-Termination Unit 数字线路终端单元
DLV Deutscher Luftpostverband 德国航空邮政协会
DLW Dienstleitungswähler 业务线路选择器
D. L. Z. Die Landtechnische Zeitschrift 农业技术杂志(德刊)
DLZ Durchlaufzeit 周期时间,全程运行时间
Dm Damm 密闭墙,矸子窝,巷旁石带;堤坝;路基;填方
DM Dampfmühle 蒸汽碾磨机
DM data management 数据管理
DM data mining 数据挖掘
DM Data Multiplexer 数据多路复用器
DM Delta Modulation 增量调制
Dm Denkmal 纪念碑
DM dermatomyositis 皮肌炎
DM Deutsche Mark 德国马克
d. M. deutsche Meile 德国里
DM diabetes mellitus 糖尿病
DM. diastolic murmur 舒张期杂音
DM Dieselmotor 柴油发动机,狄塞尔内燃机
d. M dieses Monat 本月
DM Disconnection Mode 断开方式
DM Dispersion Management 色散管理
Dm Drehmaschine 车床
DM Dynamotor 电动发动机
DM 诊断模块
DMA Defence Mapping Agency 美国国防部测绘局
DMA deferred maintenance alarm 延缓维护告警
DMA Dimethylaniline 二甲苯胺
DMA dimethyl acetamide 二甲基乙酰胺
DMA Direct Memory Access/Direkter Speicherzugriffohne Mitwirkung des Mikroprozessors 直接存储器存取
DMAAC Defence Mapping Agency Aerospace Center 【美】国防部测绘局宇航中心
DMAC dimethyl acetamide/Dimethylazetamid 二甲基乙酰胺
DMAC Distributed Multi-Agent Coordination 分布式多代理协作,分布式多智能体协调
D2-MAC Duobinary Multiplex Analogue Components 双二进制复用模拟分量
DMAPO Tris-1-2,2-dimethyl-aziridinyl-phosphinoxid 三-(1-(2,2-二甲基)-氮丙啶基)-膦化氧(阻燃剂)
DMB Digital Media Broadcasting 数字媒体广播
DMC Data Multiplex Channel 数据复用信道
DMC Desktop Multimedia Conferencing/PC-basierte Videokonferenz 计算机多媒体会议
DMC Digital Media Center 数字媒体中心
DMC Discrete Memoryless Channel 离散无记忆信道
DMC dough-molding compound 膏团模塑料
DMCH Dedicated MAC Channel 专用介质访问控制信道
DMCI Digital Media Control Interface 数字媒体控制接口
DMCSS Data Mining for Customer Service & Selling 客户服务和客户行销的资料挖掘
DMCWS Distributed Multimedia Cooperative Writing System 分布式多媒体协同编著系统
DMD Differential Mode Delay 差分模式时延
DME Dieselmotoremissionen 柴油机排放;柴油机排污
DME Digital Motor Electronics/Digitaler Motor Elektronik 数字发动机电子系统
DME Digital Multiplex Equipment 数字复用设备
DME Distributed Management Environment 分布式管理环境
DME Entfernungsmessanlage 测距装置;测距设备
DME 乙醚
DMF Digital-Manufacturing 数控制造
DMF dimethyl formamide/Dimethylformamid 二甲基甲酰胺
DMF Dispersion-Managed Fiber 色散管理光纤
DMFC Direktmethanol-Brennstoffzelle 直流甲醇燃料电池
DMG Deutsche Maschinentechnische Gesellschaft 德国机械技术协会
DMG Deutsche Meteorologische Gesellschaft 德国气象学协会
DMH Data Message Handling 数据消息处理
DMH Dimethylhydrazin 二甲基肼,二甲基联氨
DMI Desktop Management Interface 桌面管理接口
DMI Deutsches Mode-Institut 德国时装研究所
DMI Dimethyl isophthalate 间苯二甲酸二甲酯
DMIF Delivery Media Integrated Framework 传送媒体综合框架
DMIS dimensional measuring interface specification 尺寸测量接口规范

DMIS Distributed Multimedia Information System 分布式多媒体信息系统
DMJ Deutsches Meteorologisches Jahrbuch 德国气象年报
DMK Deutsche Meereskarte 德国海图
DMK Distributed Multimedia Kiosk 分布式多媒体亭
DMK Dosiermengenkontrolle 剂量控制,涂胶量控制
DML Data Manipulation Language 数据处理语言,数据操作语言
DML Data Manipulation Library 数据处理库
DML Dieselmotorenwerk Leipzig 莱比锡柴油机制造厂
DML direct memory access 直接内存存取
DMM Dimethoxymethan 二甲氧基甲烷
DMNL 诊断手册
DMO Direct Mode Operation 直通工作模式,脱网直通
D. M. P Dimethylphthalat (邻)苯二甲酸二甲酯
DMPU Dimethylolpropylene urea/Dimethylolpropylenharnstoff 二羟甲基丙撑脲
DMR Dieselmotorenwerk Rostok 罗斯托克柴油机制造厂
DMR Digital Mobile Radio 数字无线移动
DMS Data Multiplexing System 数据复用系统
DMS Dehnungsmessstreifen 伸长计;应变计;电阻应变片
DMS Demand Multimedia System 多媒体点播系统
DMS Digital Multipoint Microwave System 数字多点微波系统
DMS Dimethylsulfid 二甲基硫化物(硫醚)
DMS Dispatch and Management System 集群调度管理系统
DMS Distributed Multimedia Service 分布式多媒体服务
DMS Dokumentenmanagementsystem 文档管理系统
DMS Duplex-Mikro-Struktur 双显微组织
DMSD Digital Multi Standard Decoder 数字多标准译码器
DMSO Dimethylsulfoxid 二甲亚砜,二甲基硫氧
DMSS Data Multiplexing Subsystem 数据复用子系统
DMT Data Message Transmission 数据消息传送
DMT Di-methyl-Terephthalat 对酞酸二甲酯,对苯二甲酸二甲酯
DMT Dimethyltriptamin 二甲基色胺
DMT Discrete Multi-Tone 离散多音
DMT Dispersion Multitone 离散多音
DMTF Distributed Management Task Force 分布式管理任务组
DMU digital mock-up 数字化原型技术,数字实体模型
D. M. U Distance Measuring Unit 测距单位
Dm U/min mittiere Drehzahl in der Minute 每分钟平均转数
DMUX De-Multiplexer 去复用
DMV Deutsche Mathematiker-Vereinigung 德国数学家协会
DMV Deutscher Markscheider-Verein 德国矿山测量师协会
DMW Dezimeterwelle 分米波
DMZ Demilitarized Zone 非军事区
D/N. debit Note 借项清单
DN Destination Network 目的网络/目标网络
DN Deutsche Notenbank 德国纸币发行银行
DN Diabetic nephropathy 糖尿病肾病
DN Directory Number 电话簿号码
DN Distinguished Name 可识别名
DN Distributed Network 分布式网络
DN Distribution Network 分配网
DN Domain Name 域名
D. -N Doppelnummer 双数
DN Downstream Node 下行结点
DN Subscriber Directory Number 用户目录号
DNA Data Network Address 数据网络地址
DNA deoxyribo nucleic acid/Desoxyribonukleinsäure 脱氧核糖核酸;遗传基因
DNA Destination Node Address 目标结点地址
DNA Deutscher Normenausschuss 德国标准委员会
DNA Digital Network Architecture 数字网络结构
DNA Distributed internet Application Architecture 分布式互联网应用结构
DNA Distributed Network Architecture 分布式网络结构
DNase deoxyribonuclease 脱氧核糖核酸酶
DNB departure from nucleate boiling 偏离泡核沸腾
DNB Deutsche Notenbank 德国纸币发行银行
DNB Dinitrobenzene 二硝基苯
DNBR Dialing Number 拨号号码
DNC direct numerical control 直接数字控制
DNC Dynamic Network Collection 动态网络收集
DNCC Data Network Control Center 数据网络控制中心
DNCS Distributed Network Control System 分布式网络控制系统

DNC-Mehrrechnersystem 多台通用计算机直接数字控制系统
DNC-System direct numerical control system 直接数字控制系统
DND Do-Not-Disturb service 不要打扰服务
DNDG Dinitrodiglykol 硝化二乙二醇,一缩二乙二醇二硝酸酯
DNG Digital News Gathering 数字新闻采访
DNHR Dynamic Non-Hierarchical Routing 动态无级选路
DNI Data Network Interface 数据网接口
DNI Desktop Network Interface 桌面网络接口
DNI Distributed Network Interface 分布式网络接口
DNI Dual Node Interconnection 双节点互连
DNIC Data Network Identification Code 数据网标识码
DNID Data Network Identifier 数据网络标识符
DNJENER Dutch-Norwegian Joint Establishment for Nuclear Energy Research 荷兰-挪威原子能联合研究联合机构
DNK Deutsches Nationales Komitee der Weltenergiekonferenz, Düsseldorf 杜塞尔多夫世界能源会议德国国家委员会
DNL Doppelnutläufer 双槽转子
DNM Distributed Network Management 分布式网络管理
DNMEP Data Network Modified Emulator Program 数据网络改进型仿真程序
DNN Dinitronaphthalin 二硝基萘
DNP Dinitrophenyl 二硝基苯
DNP Di-nonyl-phthalat 酞酸壬酯,邻苯二甲酸壬酯
DNR Digital Noise Rejection 数字噪声抑制
DNS Data Network Service 数据网络业务
DNS Desoxyribonukleinsäure 脱氧核糖核酸
DNS Directory Name Service 目录名称业务
DNS Distributed Network System 分布式网络系统
DNS Domain Name Server 域名服务器
DNS Domain Name Service 域名服务
DNS Domain Name System 域名系统
DNS (D. N. -Strecke) Doppelnadel-Stabstrecke 交叉针板式针梳机
DNS-Server Domännamenserver 域名服务器
DNT Dinitrotoluol 二硝基甲苯
DNT-2,4 Dinitrotoluol-2,4 二硝基甲苯
DNTS Data Network Test System 数据网络测试系统
DO Data Object 数据对象
DO data output 数据输出
D/O Delivery/Oder 交货指示,交货单
d. O der Obige 上述
do (dto) detto, ditto 同上,同样地
DÖ Dieselöl 柴油机燃料
DO Distraction osteogenesis 牵张成骨
Do. Donnerstag 星期四
D. O. A dead on arrival 到达时已死亡
DOA Di-octyl-Adipat, Di-2-äthylhexyl-Adipat 己二酸二辛酯
DOA Direction Of Arrivals 到达方向
DOB Damenoberbekleidung 妇女外衣
DOB. date of birth 出生日期
Do. -Bd. Doppelband 双频带,双频道
Do-Befehl 循环指令
DOC Data Optimizing Computer 数据优化计算机
DOC 11-deoxycorticosterone 11 型脱氧皮质酮
DoC Declaration of Conformity 一致性声明
DOC Diesel-Öl-Cement 含有柴油机燃料和表面活性掺料的胶结物混合剂
DOC Dissolved Organic Carbon/gelöster organischer Kohlenstoff 溶解有机碳
DOC Document 文档,资料,证件,公文
DOD Data On Demand 按需提供数据
DoD Department of Defense 【美】国防部
DOD Deutsches Ozeanographisches Datenzentrum 德国海洋学资料中心
DOD Direct Out Dialing 直接拨出
DOD Direct Outward Dialing 直拨外线,直接向外拨号
DÖDOC Deutsch-Österreichische Dopplermesskampagne 德奥多普勒测量活动
DOE design of experiments 试验设计
Do. -H. Doppelheft 双柄,双把手
DOI Domain of Interpretation 解释域
DoIP Di-octyl-isophthalat, Di-2-äthylhexylisophthalat 间苯二甲酸二辛酯
DO/IT Digital Output/Input Translator 数字输出输入转换器
Dok Dokumentation 文献
DOKA Doppelkurzschlussanker 双鼠笼转子
Dols. dollars 美元
DOM Dosisleistungsmessgerät 剂量率计,剂量率表
DOM Document Object Model 文档对象模型
DOMSAT Domestic Satellite 国内卫星
DON distribution octane number 分配辛烷值
DONA Decentralized Open Network Architecture 分散开放式网络体系结构
DOP degree of polarization 偏振度
DOP dilution of Precision 精度系数,精度因子

DOP Di-octyl-Phthalat, Di-2-äthylhexyl-Phthalat 酞酸二辛酯,邻苯二甲酸二辛酯

Dopa dihydroxyphenylalanine 二羟苯丙氨酸,多巴

dopol doppelseitig poliert 两面抛光的

dopp. doppelt 成双的,加倍的,翻番的

Doppelz. Doppelzentner 100 公斤

Dopp. L Doppellafette 双联装炮架

Dopp. T Doppelturm 双层炮塔;双联装炮塔

Dopp. Z. Doppelzünder 复动信管,两动引信

DoppZmK Doppelzünder mit Klappensicherung 带折叠式保险装置的复动引信

Dopp. Z. n. A Doppelzünder neuer Art 新式两动引信

DoppZnF Doppelzünder neuer Fertigung 新式复动引信

DoppZ S60 Fl Doppelzünder Sekunden60, Fliehkraftantrieb 离心力驱动的 60 秒复动引信

DoppZ S/60Geb Doppelzünder, Sekunden60, Gebirgsgeschütz 山炮用 60 秒复动引信

DoppZ S/60s Doppelzünder, Sekunden60, schwere 重型 60 秒复动引信

D2O-R D2O-Reaktor schwerem Wasser Reaktor 重水反应堆

DORIS Doppelring-Speicheranlageam DESY, Hamburg 双环贮存装置(汉堡,德国电子同步加速器上的装置)

Dornier Dornier GmbH 【德】多尼尔飞机制造公司

DOS Denial Of Service 拒绝服务

DOS Di-octyl-Sebazat, Di-2-äthylhexyl-Sebazat 癸二酸二辛酯

DOS Disk Operation System 磁盘操作系统

Dos. Dosierung 称量,剂量测定

dos. let. Dosis letalis 致死量

DOSYS Dokumentations- und Informationssystem 文献情报系统

DoT Doppelgelenktriebwagen 双轴节传动车

DOT. Dotierung 添加;掺杂;配料混合

DOT Department fo Transportation 美国交通部

DOTP Di-octyl-Terephthalat, Di-2-äthylhexyl-Terephthalat 对酞酸二辛酯,对苯二甲酸二辛酯

DOTS 直接督导短程化疗

DOV Data Over Voice 话音传数据

DOZ Di-octyl-Azelat, Di-2-äthylhexyl-Azelat 壬二酸二辛酯

Doz. Dozent 大学讲师

Do. -Ztr. Doppelzentner 100 公斤

DP Data Processing 数据处理

DP Datenübertragungsprogramm 数据传输程序

DP Deckpeilung 用杆测水深或测方位

DP Deckplatte 盖板

DP Defect Prevention 缺陷预防

DP Detect[ion] Point 检测点

DP Deutsche Post 德国邮政

DP Deutsches Patent 德国专利

DP Deutsches Patentgericht 德国专利法庭

DP Dial/Dialed Pulse 拨号脉冲

2,4-**DP** α-(2,4-Dichlorophenoxy) Propionsäure) 2-(2,4-二氯苯氧基)丙酸;2,4-滴丙酸

d. P. dichteste Packung 紧密装填

DP Dienstprogramm 业务程序,辅助程序

DP discharge precautions 放电预防

DP Dispatscherapparat 调度机

DP Distribution Point 分配点,信号分配点

Dp. Doppel 二倍的,双重的

3DP 3D-printing 三维印刷

DP Drill Pipe 钻杆,钻管

DP Dual Phase-Feinblech 双相薄钢板

DP Durchschnittspolymerisationsgrad 平均聚合度

DP Dynamikpresser 音量压缩装置

dpa Deutsche Presse-Agentur 德国出版社

DPA Deutscher Personalausweis 德国身份证

Dpa Diagonal Pendelachse 对角摆动轴

2,4-**DPa** 2,4-Dichlorophenoxy Propionsäure 2,4-二氯苯氧基丙酸;2,4-滴丙酸

DPA Diphenylamin 二苯胺

DPA Distributed Power Architecture 功率分配结构

Dp. -Bd. Doppelband 双频带,双频道

DPA Deutsches Patentamt 德国专利局

DPA digital pre-assembly 数字化预装配

DPA-VO Verordnung über das Deutsche Patentamt 德国专利局的规定

DPBX Digital Private Branch exchange 数字专用分机交换

DPC data processing center 数据处理中心

DPC Destination Point Code 目的地代码

DPC Destination Signal Point Code 目的地信令点编码

DPCCH Dedicated Physical Control Channel 专用物理控制信道

DPCCH/D Dedicated Physical Control Channel/Downlink 下行专用物理控制信道

DPCF Diphenyl-kresyl-Phosphat 二苯基甲苯基磷酸酯

DPCH Dedicated Physical Channel 专用物理信道

DPCM Differential Pulse Code Modulation 差分脉冲编码调制,差分脉码调制

DPCN Digital Private Circuit Network 数字专用电路网
DPCS distributed process control system 分布型过程控制系统
DPD Digital Pre-Distortion 数字预失真
DPDCH Dedicated Physical Data Channel 专用物理数据信道
DPDCH/D Dedicated Physical Data Channel/Downlink 下行专用物理数据信道
DPE Distributed Processing Environment 分布式处理环境
Dpf. Dampf 蒸汽，汽
d. p. f. denier per filament 单丝旦数
Dpf [g] Deutscher Pfennig 德国芬尼
Dpf. -Lok Dampflokomotive 蒸汽机车，蒸汽火车头
Dpf. -T. (Dpf. -Turb.) Dampfturbine 蒸汽轮机，蒸汽涡轮，汽轮机
DPG Deutsche Physikalische Gesellschaft 德国物理学会
DPG Deutsche Pulvermetallurgische Gesellschaft 德国粉末冶金公司
DPG Digital Pair Gain 数字线对增益
DPG diphosphoglyceric acid 二磷酸甘油酸
DPH Vickers-Härte 维氏硬度
DPHCH Dedicated Physical Channel 专用物理信道
Dpi (DPI) dots per inch 每英寸点数
DPK dual-purpose kerosine 两用煤油(既可当普通煤油又可当航空煤油使用的两用煤油)
DPL Data Protection Layer 数据保护层
DPLL Digital Phase Lock Loop 数字锁相环
DPN Deutsche Postnorm 德国邮政标准
DPN Digital Path Not Provided Signal 数字路径不提供信号
DPN diphosphopyridine nucleotide 二磷酸吡啶核苷酸，脱氧核苷酸
DPN Diphosphopyridiniumnukleotid 焦磷酸吡啶核甙酸
DPN Dual-Private Network 双向专用网络
DPN Dynamical Path Network 动态路径网
DPNSS Digital Private Network Signaling System 数字专网信令系统
DPOF Diphenyl-octyl-phosphat 磷酸辛基二苯酯
DPON Domestic PON 国内无源光网络
dpp. doppelt 双的，复的，两级的，二元的，成双的
DPRAM Double Port Random Memory 双口随机存储器
DPS Distributed Packet Switching 分布式分组交换
Dps. Doppelsalz 复盐
DPS Dynamic Packet State 动态分组状态
DPSK differential phase shift keying 差分相移键控
DPSK Differential Phase Shift Modulation 差分移相调制
dpt Dioptrie 屈光度(光焦度单位)
DPT Diphosphothiamin 二磷硫胺素；焦磷酸硫胺素
DPT Dynamic Packet Transmission (Transport) 动态分组传输
DPV Deutscher Postverband 德国邮政协会
DP-Wert degree of polymerization 聚合度
Dp. Ztr. Doppelzentner 100公斤
DQ Durchschnittsquadrat 平均平方的(偏差)
DQDB Distributed Queue Double/dual Bus 分布式队列双总线
DQl Dreieck Querlenker 三角横拉杆
DQM Double Quaternary Modulation 双四相调制
DQPSK Differential Quarter Phase-Shift Key 差分四相移相键控
DQPSM Differential Quaternary Phase Shift Modulation 差分四相移相调制
Dqu Doppel querlenker 双横拉杆
DR Deflection Routing 偏射路由
d. R. der Reserve 后备的，预备役的
D/R. deposit receipt 存款收条
DR Designated Router 指定路由器
DR Deutsche Reichsbahn 德国国有铁络
DR Deutsches Reich 德意志帝国
DR Diabetic retinopathy 糖尿病视网膜病变
DR Differentialrelais 差动式继电器
DR Digital Radio 数字收音机
DR Digitalrechner 数字计算机
DR Direct Route 直达路由，直达线路
DR Disconnect Request 断开请求
Dr. dobit 借方
Dr. (Dokt.) Doktor 博士；医生
Dr (Dr.) Draht 线材
Dr Drehstabfeder 扭杆弹簧，扭力弹簧，扭力轴
Dr. Drilling 三管猎枪，三胞胎中的一个
Dr. Drossel 节流阀，电抗器，扼流圈
Dr. Druck 压力，压强，压缩，压下量
dr. drückend 按压的，压迫的
Dr Drucker 打印机，印刷机，压力表，按钮，按键
Dr Druckraum 压力室，增压室
DR Dynamic Routing 动态选路
Dr Faserholz-Unterklasse 纤维木材亚级
DRAC Deutscher Radio-Amateur-Club 德国无

线电业余爱好者俱乐部

DRAC Dynamic Resource Allocation Control 动态的资源分配控制

DRAGON Hochtemperatur-Versuchsreaktor-Winfrith, Großbritannien 英国温夫里斯龙堆高温试验堆

DRAM Dynamic Random Access Memory 动态随机存取存储器

Drb Dreibein 三角架

DRC Data Rate Control 数据速率控制

DRC direct robotic control 直接机器人控制

Drcks. Drucksachen 印刷品

Dr. der. nat. Doktor der Naturwissenschaften 自然科学博士

DRDMS Distributed Relation Data Base Management System 分配关系数据库管理系统

Dr. Dr. Doktor Doktor 博士博士,双学位博士

Dr. E. h. (Dr. h. c.) Doktor Ehren halber 名誉博士

Drehko Drehkondensator 可变电容器

DREM Direction des Recherches et Exploitations Miniéres 【法】有用矿物矿床勘探和开采管理局

d. Res. der Reserve 贮备物;潜力;储藏量

Drf. Gest. Dreifußgestell 三脚架,支架

DRFV Deutscher Radio- und Fernsehfachverband 德国无线电和电视协会

DRG Deutsche Röntgen-Gesellschaft 德国伦琴射线(X射线)协会

DRG Deutsche Rheologische Gesellschaft 德国流变学协会

DRG (D. R. G. M.) Deutsches Reichsgebrauchsmuster 德国注册图案,德国国家享有小专利的日用品造型设计

drgl. dergleichen 同样的,类似的,如此的

D. R. G. M. Deutsches Reichs-Gebrauchsmuster 德国注册图案,德国国家享有小专利的日用品造型设计

Dr. habil. Doctor habilitatus/habilitierter Doktor 取得大学教授资格的博士

Dr. h. c. Doctor honoris causa Ehrendoktor 名誉博士

DRID Destination Routing Identifier 目的路由选择标识符

Dr-Ing Doktor-Inginieur 工学博士,工科博士

DRJ Disengage Reject 退出拒绝

DrL Drängelampe 电话占线信号灯

DRM Digital Right Management 数字版权管理

DRMA 动态随机存取存储器

Dr. mont. Doktor der montanistischen Wissenschaften 采矿学博士

DRNC Drift Radio Network Controller 漂移无线网络控制器

Dr. -Nr. Drucknummer 印刷号

DRNS Drift RNS 变动的 RNS, RNS 漂移

DRO Durchmesser Rohr 管子直径

DRP Deutsche Reichspost 德国国家邮局

DRP Deutsches Reichspatent 德国国家专利

DRP Distribution Resource Planning 分配资源计划

DRP Diverse-Routed Protection 多路由保护,不同路由保护

Drp. Druckpunkt 压力中心;压缩点

DRP Dynamic Routing Protocol 动态选路协议

DRPa. Deutsches Reichspatent angemeldet 已经登记的德国国家专利

Dr. phil. nat. Doctor philosophiaenaturalis 自然哲学博士

DRQ Disengage Request 脱离请求,退出请求

Dr. rer. mont. doctor rerum montenium 地质科学博士

DRS Dead Reckoning System 推算航行定位系统

DRS Digital Radio System 数字无线系统,数字无线电系统

DRS digital reference sequence 数字参考序列

DrS Druckstreifen 打印纸带

Dr. sc Doctor seientiae/Doktor der Wissenschaft 【奥】科学博士

DrSL Druckstreifenleser 打印纸带读数器

Dr. -Sp. Druckspiegel 压力水平

DRT Doppelstrom-Ruhestrom-Telegrafie 双向电流-静电流电报,双工静电电报

DrT Drehtransformator 旋转变压器,感应调压器

DRT Dual-Rate Tran coder 双速率码型变换板

Dr. techn. Doktor der technischen Wissenschaften 技术科学博士

Druck. Kw. Druckereikraftwagen 印刷厂汽车

Druckl. Druckluft 压缩空气

Druckl. Erz. Drucklufterzeuger 压缩机

Drucksp. Druckspiegel 压力水平

DRV Drive-amplify Board 驱动放大板

DRV Drollelventil 节流阀

Dr. Vbdg. Drahtverbindung 有线通信,接线

Dr. -Verm. Druckvermerk 印刷注解

Dr. -Vorschr. Druckvorschrift 印刷规定

DRX Discontinuous Reception 非连续接收,不连续接收

DRZ Deutsches Rechenzentrum 德国计算中心

D. S. Dampfschiff 汽船

DS Dampfschiffahrt 轮船航运

DS Data Store 数据存储

DS Data Stream 数据流
DS Data Switching 数据交换
DS Datensatz 数据组
DS Deckschicht 覆盖层,表层
D. S. Deutsche Seewarte 德国海洋气象台
DS Deutschlandsender 【前民德】德国电台
DS Dial Service 拨号服务
DS Dial System 拨号系统
DS Differentiated Service 区分业务
Ds Diffusinskoeffizient der schnellen Neutronen 快中子扩散系数
DS-0 Digital Signal Level 0 数字信号-0级,传输速率为64 kb/s
DS-1 Digital Signal Level 1 数字信号-1级,传输速率为1.544 Mb/s
DS-3 Digital Signal Level 3 数字信号-3级,传输速率为44.736 Mb/s
DS Digital Synchronization 数字同步
DS diode Switch 二极管开关
DS Direct Sequence 直接序列
DS Direct Sequence Spread Spectrum 直接序列扩频
DS Directory Services 目录服务
DS Directory System 目录系统,号码系统
DS Disconnecting Switch 切断开关
DS Dispersion Shift 色散位移
DS Distant Surveillance 远距离监视
DS Document Storage 文件存储
DS Doppelsternschaltung 双星形连接
Ds (DS) Doppeltorschwenkbagger 双跨门回转挖掘机
Ds Drehstrom 三相电流;多相电流
Ds Drucksache (邮政)印刷品
d. S Normale Sicherheit 标准可靠性
D. S 给予标记
DSA Digital Signature Algorithm 数字签名算法
DSA Digital subtracted angiography 数字减影血管造影
DSA Directory Service Agent 目录服务代理
DSA Directory System Agent 目录系统代理
DSA Dispatch[ing] Service Area 调度区域
DSA Dynamic Safety Fahrwerk 动力安全底盘
DSAA DECT Standard Authentication Algorithm DECT标准认证算法
DSA-ACK DSA-ACK 动态业务增加确认消息
DSAMA Dynamic Slot Allocation Multiple Access 动态时隙分配多址接入
DSAP Data link Service Access Point 数据链路业务接入点
DSAP Destination Service Access Point 目的业务存取点,目的业务存入点
DSA-REQ DSA-REQ 动态业务增加请求消息
DSA-RSP DSA-RSP 动态业务增加响应消息
DSB Datenschutzbeauftragter 数据保护受委托者
DSB Direct Satellite Broadcast 直接卫星广播
DSB Durchlaufschaltbetrieb 直通式启动状态,连续启动状态
DSBSC Double Side-Band Suppressed Carrier 双边带抑制载波
DSC Decision Support Center 决策支持中心
DSC Differential Scanning Calorimetry 微分扫描量热法
DSC Digital Satellite Center 数字卫星中心
DSC Digital Service Channels 数字业务信道
DSC Digital Service Circuit 数字业务电路
DSC Digital Subscriber Controller 数字用户控制器
DSC Direct Satellite Communications 直接卫星通信
DSC Disconnection 中断
DSC Distant Station Connected 远端站连接
DSC District Switching Center 区域交换中心
DSC Dynamische Stabilitätscontrol 动态稳定性控制(器)
DSC 车距车速控制
DSC 车身动态控制系统
DSCA DECT Standard Cipher Algorithm DECT标准密码算法
DSC-ACK dynamic service change acknowledge 动态业务改变确认消息
DS-CDMA Direct Sequence CDMA (Code Division Multiple Access) 直接序列码分多址
DSCF Dispersion Slope Compensating Fiber 色散斜率补偿光纤
DSCG disodium cromoglycate 色甘酸钠(过敏反应介质阻释药)
DSCH Dedicated Signaling Channel 专用信令信道
DSCH Downlink Shared Channel 下行共享信道
D/schn Durchschnitt 断面,剖面,横断面;平均值,平均指标
DSCP Differential Services Code Point 差别服务编码点
DSC-REQ dynamic service change request 动态业务改变请求消息
DSC-RSP dynamic service change response 动态业务改变响应消息
DSCS Digital Simulator Computer System 数字模拟计算机系统
DSD Data Service Division 数据服务部门
DSD Data Storage Device 数据存储器

DSD Disk Storage Device 磁盘存储器
DSD-REQ dynamic service delete request 动态业务删除请求消息
DSD-RSP dynamic service delete response 动态业务删除响应消息
DS0-DS3 Digital Signal Level 0—Digital Signal Level 3 零阶数字信号-三阶数字信号
DSE Data Storage Equipment 数据存贮设备，数据存贮器
DSE Data Switching Exchange 数据交换机
DSE Deutsche Stiftung für Entwicklungshilfe 德国发展援助基金会
DSE Institut für Datensystementwicklung 数据系统开发研究所
DSend Drahtfunksender 有线广播发射机
DsendA Drahtfunk-Sendeamt 有线广播局
DSF Dispersion Shifted Fiber 色散位移光纤
DSG destructive/deforming solid geometry 破坏/变形立体几何
dsgl. desgleichen 同样，一样，同一的
DSGN76 Das Schweregrundnetz1976 der Bundesrepublik Deutschland 联邦德国1976年基本重力网
DSH deliberate self harm 蓄意自伤
DSH Deutsche Studiengemeinschaft für Hubschrauber 德国直升机研究学会
DSI Digital Speech Interpolation 数字话音插空，数字话音内插
DSI Doppelschräglenker 双斜拉杆
DSI Dynamic Skeleton Interface 动态框架接口
D-Sicherung Diazed-Sicherung 塞式熔断器
DSK Deutsch-Schweizerische Kommission für die Sicherheit kerntechnischer Einrichtungen 德国-瑞士核技术装置安全委员会
DSK Disk 磁盘，光盘，圆盘
DSK Doppelketten-Katalysator 双链（结构）催化剂
DSL Data Set Label 数据集标号
DSL digital Simulation language 数字模拟语言
DSL Digital Subscriber Line 数字用户线路
DSL Digital Subscriber Line board 数字用户板
DSL Distributed Service Logic 分布业务逻辑
DSl Doppelschräglenker 双斜拉杆
DSLAM Digital Subscriber Line Access Multiplexer 数字用户线接入复用器
DSLC Digital Subscriber Line Circuit 数字用户线电路
DSLM Dynamic Single-Longitudinal Mode 动态单纵模
DSLTU Digital Subscriber Line Terminating Unit 数字用户环路终接单元
DSM Data Service Module 数据服务模块
DSM Deutsche Schiffsmaklerei 德国船舶经纪业
DSM Diagnostic and Statistical Manual of Mental Disorders 《精神障碍诊断统计手册》
DSM Digital Switch Module 数字交换模块
DSM Direct-Sequence Modulation 直接序列调制
DSM Doppelstern-Motor 双排星形发动机
DSM Dynamic Single Mode 动态单模
DSM Dynamische System-Modellierung 动力系统模块化
DSM Projekt Deutsche Sammlung von Mikroorganismen Deutschland 德国微生物收集计划
DSMA/CD Digital Sense Multiple Access with Collision Detection 带碰撞检测的数字侦听多址访问
DSMP Data Service Management Platform 数据业务管理平台
DSN Deep Space Networks 外层空间网
DSN 62 Deutsche Schweregrundnetzes 1962 1962年德国重力基础网
DSN Digital Service Network 数字服务网
DS-n Digital Signal/level n 数字信号/n级
DSN Digital Switching Network 数字交换网络
DSN Distributed Switching Node 分布式交换结点
DSNI Digital Switching Network Interface 数字交换网络接口
DSozV Deutsche Sozialversicherung 德国社会保险
DSP Data Signal Processor 数据信号处理器
DSp Datenspeicher 数据存贮器
DSP Datensystemplanung 数据系统设计
DSP device stop 设备停止
DSP Diagonalsperrholz 对角线胶合板
DSP Digital Signal Processing/digitale Signalverarbeitung 数字信号处理
DSP Digital Signal Processor/Prozessor zur digitalen Signalverarbeitung 数字信号处理器
DSP Digital Sound Processor 数字声音处理器
DSP Directory System Protocol 目录系统协议
DSP Domain Special Part 域特殊部分
DSP Domain Specific Part 专用域部分
DSP Dynamisches Schaltprogramm 动态换档程序
DSPC direct shell production casting 直接壳形铸造生产
DSPU Digital Signal Processing Unit 数字信号处理单元
DSR Dampfgekühlter Schneller Reaktoreingestelltes Vorhaben der KFK, Karlsruhe 卡尔斯鲁厄核研究中心蒸汽冷却快中子堆

DSR Deutsche Seereederei 德国海洋船舶运输业
DSR Digitales Satellilen Radio/digital satellite radio 数字卫星广播
DSR Dispositionssteuerrechner 配置控制计算机
DSR Dynamic Source Routing 动态源路由
DSRK Deutsche Schiffsrevision und Klassifikation 德国船舶检查和分类
DSRS Data Signal Rate Selection 数据信号速率选择
DSS Darwin Streaming Server 达尔文串流服务器
DSS Data Storage System 数据存储系统
DSS Datensichtstation 数据直视站
DSS Decision and Support System 决策和支持系统
DSS Digital Satellite System 数字卫星系统
DSS Digital Signature Standard 数字签名标准
DSS Digital Subscriber Service 数字用户业务
DSS Digital Sound System/digitales Tonsystem 数字声音系统
DSS Digital Switching System 数字交换系统
DSS Direct Satellite System 直播卫星系统
DSS Directory Service System 目录服务系统
DSS Dispatch[ing] SubSystem 调度子系统
DSS1 Digital Signalling System No. 1 1号数字信令
DSS1 Digital Subscriber Signaling No. 1 1号数字用户信令
DSS1 Digital Subscriber Signaling system No. 1 1号数字用户信令系统
DSS Dokumentstammsatz 文档基本记录
DSSA domain specific software architecture 特定领域软件体系结构
DSSG Decision Support System Generator 决策支持系统生成器
DSSI Digital Subscriber Signalling System No. One 第一数字用户信令系统
DSSMAN Data Service Specific Metropolitan area network 数据业务专用城域网
DS-SMF Dispersion Shifted Single Mode Fiber 色散位移单模光纤
DSSS（DS） Direct Sequence Spread Spectrum 直接序列扩频
DSSSMA DSSS Multiple Access 直接序列扩频多址接入
DST Datenstation 数据站
DST Daten structure 数据结构
DST Destination host 目标主机
DST device start 设备启动
DST dexamethasone suppression test 地塞米松抑制试验
Dst. Dienst 服务,勤务
DSt Dienststelle 服务处,服务站
DST Dispersion Supported Transmission 色散支持传输
DST Doppelstern-Motor 双排星形发动机
DST Dünnschichttransistor 薄面结型晶体管
DST Dynamic Signaling Tracing 动态信令跟踪
DST Dynamic Soliton Transmission 动态孤子传输
DSTC distributed systems technology center 分布系统技术中心
DStG Deutsche Statistische Gesellschaft 德国统计学协会
DSTM Dynamic Synchronous Transfer Mode 动态同步转移模式
DStSp Dünnschichtstäbchenspeicher 小的棒状薄膜存储器
DStV Deutscher Stahlbau-Verband 德国钢结构联合会
DSU Data Service Unit 数据业务单元
DSU Data Switch Unit 数据交换单元
DSU Digital Service Unit 数字业务单元
DSU Digital Switching Unit 数字交换单元
DSU-R Digital Service Unit-Radio 用户无线数字业务单元
DSV Datensofortverarbeitung 数据立即处理
DSV Data Steal into Voice 数据插入语音
DSV 驾驶认可关闭气门
DSVD Digital Simultanous Voice and Data/gleichzeitige digitale Sprach-und Datenübertragung 数字同步语音和数据
DSVMA Data Steal into Voice Multiple Access 数据插入语音多址接入
DSX Digital Signals Cross-connect 数字信号交叉连接
DSZ Deutsche Sommerzeit 德国夏季时
Dt Dammtor 坝门,防水墙门
DT Dampfturbine 汽轮机;蒸汽透平
DT Data Terminal 数据终端
DT Data Transfer 数据传送
DT Data Transmission 数据传输
DT Datenträger 大量数据存储体,信息存储体,数据载体
DT delirium tremens 震颤性谵妄,震颤性神智昏乱
Dt Deuton 氘核
dt. deutsch 德国的,德国人的,德语的
dt Dezitonne 十分之一吨
DT Dial Tone 拨号音
D4T Didehydrothymidin 双脱氢胸苷
DT Dienstleitungstaste 业务线路电键

DT Digital Terminal 数字终端
DT Digital Trunk 数字中继
DT Diphterie-Tetanus-Impfstoff 白喉-破伤风疫苗
DT Doppeltest 双车对比试验
Dt Doppeltortiefbagger 双跨门式下向多斗挖掘机
DT double track 双重磁道
DT Drahtlose Telegraphie 无线电报
DT Drive Test 路测,驱动器测试
DT Duden-Taschenbuch 杜登袖珍手册
Dt Durchgetriebwagen 快速机动车
DT Toleranzdosis (核)容限剂量
DTA differential thermal analysis 示差热分析,差热分析
DTAG Deutsche Telekom AG/German Telecom 德国电信
DTAM document transfer and manipulation user 文件传送和管理操作用户
DTAP Direct Transfer Application Part 直接传输应用部分
DTAP-CM Direct Transfer Application-Connection Management 直接传输应用-连接管理
DTAP-MM Direct Transfer Application-Mobile Management 直接传输应用-移动管理
DTB Digital Trunk Board 数字中继板,远端用户单元接口板
DTC design to cost 根据成本要求进行设计
DTC Deutscher Touring Automobil Club 德国旅游汽车俱乐部
DTC Diagnostic Trouble Code 诊断故障代码
DTCH Dedicated Traffic Channel 专用业务信道
d. t. d Da tales doses 给予此量
DTD Document Type Definition 文档类型定义
DTE Data Terminal Equipment/digitales Endgerät 数字终端设备
DTE Data Terminating Equipment 数据终端设备
DTEC Digital Trunk Echo Cancel 数字中继回声消除
Dtex decitex 分特,分号
DTF Delayed Transfer 延迟转移
DTF Digital Tape Format/digitales Bandformat 数字磁带格式
DTF Digital Transmission Facility 数字传输设备
DTF Dispersion-Tailored Fiber 特制色散光纤
DTF Dispersion-Tapered Fiber 色散锥形光纤
DTFI Deutsche Teppich-Forschunginstitut 德国地毯研究所
DTFY draw textured feed yarn 拉伸变形喂入丝
D. T. G. A. differential-thermogravimetrische Analyse 差热重量分析
DTH delayed-type hypersensitivity 迟发型超敏反应
Dth Diffusionskoeffizient der thermischen Neutronen 热中子扩散系数
DTH Direct-To-Home/Satellitendirektempfang SAT (卫星信号)直接接收
DTI Dansk Textil Institute 丹麦纺织学会
DTI Data Transmission Interface 数据传输接口
DTI Digital Terminal Interface 数字终端接口
DTI Digital Transmission Interface 数字传输接口
DTI Digital Trunk Interface 数字中继接口,数字中继板接口
DTI Digital Trunk Interface Element 数字中继接口单元
DTI 【美】防务技术倡议
DTI 美印军事贸易和技术合作计划
DTIC dimethyl imidazole carboxamide 二甲基咪唑酰胺,氮烯咪胺(一种抗癌药)
DTIM Digital Transmission Interface Module 数字传输接口模块
DTL Data Transmission Line 数据传输线路
DTL Dioden-Transistor-Logik 二极管晶体管逻辑电路
Dtld. Deutschland 德国
DTLM Digital Trunk Line Module 数字中继线路模块
DTLZ Dioden-Transistor-Logik mit Zenerdioden 具有齐纳二极管的二极管晶体管逻辑电路
DTM Data Transfer Mechanism 数据传送机制
DTM Diagnose and Test Module 诊断测试模块
DTm Digital Tandem 数字汇接
DTM Digital Terrain Model 数字地形模型
DTM Digital Trunk Module 数字中继模块
DTM Distributed Test Manager 分布式测试管理器
DTM Dynamic synchronous Transfer Mode 动态同步转移模式
DTMF Dual-Tone Multi-Frequency/Multiple Frequency [System] 双音多频(制)
DTMFR Dual Tone Multi-Frequency Receiver 双音多频接收器
DTN Digital Telephone Network 数字电话网络
DTNW Deusches Textilforschungszentrum Nord-West e. V., Krefeld 德国西北部(克雷菲尔德)纺织中心
DTO Data Transfer Operation 数据转移操作

dto detto, ditto 同上,同样地
dto Drehstrom 三相电流
DTP Data Transfer Phase 数据传输阶段
DTP Data Transfer Protocol 数据传输协议
DTP desktop Publishing 桌面排版
DTP Diphterie-Tetanus-Pertussis-Impfstoff 白喉-破伤风-百日咳疫苗
DTP Drahtfunktiefpass 有线广播低通滤波器
DT-PDU Data Protocol Data Unit 数据协议数据单元
DTR Data Terminal Ready 数据终端就绪
DTR Digital Trunked Radio 数字集群无线电
DTR 定速巡航控制
DTR-Verfahren Diffusions-Transfer-Reversal-Verfahren 扩散转印反转法
DTS Dense Tar Surfacing 稠焦油沥青面层
DTS Decoding Time Stamp/Information zur zeitlich richtigen Decodierung der Datenpakete DVB 解码时间标记
DTS Digital Termination Service 数字终端业务
DTS digital test sequence 数字测试序列
DTS Digital Theatre System 数字影院系统
DTS Digital Transmission System 数字传输系统
DTSA Dynamic Time Slot Allocation 动态时隙分配
DTSWCH Digital Trunk SWitCH 数字中继交换
DTT Data Transmission Technique 数据传输技术
DTTB Digital Television for Terrestrial Broadcasting/terrestrisches digitales Fernsehen 地面广播数字电视
DTU Data Terminal Unit 数据终端单元
DTU Digital Trunk Unit 数字中继单元
DTV DeskTop Video 桌面视频
DTV Deutscher Transportversichererverband 德国运输保险商协会
DTV Deutsche Treuhandverwaltung 德国托管局
DTV Deutscher Techniker-Verband 德国技术人员协会
DTV Digital Television/digitales Fernsehen 数字电视
3DTV Three-Dimensional TV/dreidimensionales (stereoskopisches) Fernsehen 三维立体电视
DT-WDMA Dynamic Time Wavelength Division Multiple Access 动态时间波分多址接入
DTX Discontinuous Transmission 不连续传输
DTY draw texturing yarn 拉伸变形丝
DU Dampfumformer 蒸汽转换器
DÜ(Dü) Datenübertragung 数据传递
Dü Differenzübertrager 差动变压器
dü. dilutus 稀释的
DU direkt-umgekehrt 反比例
DU Dispersion-Unshifted 非色散位移
DU duodenal ulcer 十二指肠溃疡
Du. Duplex 双重,两倍
DÜ Düse 喷嘴,喷管;风口
DUA Directory User Agent 目录用户代理,号码簿代理
DÜb Drahtfunkhauptübertrager 有线电广播主变压器
Dub. Dubios/Dubiös 可疑的
DUB dysfunctional uterine bleeding 功能失调性子宫出血
Dubl. Dublette 副本,复制本
DUC Digital Upper Converter 数字上变频
DÜE Datenübertragungseinrichtung 数据传输设备,数据传输装置
DÜE Datenübertragungseinheit 数据传输单元
DüFA Datenübertragung-und Fernwirkanlage 数字传输和遥控设备
DUGG Deutsche Union für Geodäsie und Geophysik 德国大地测量与地球物理联合会
DÜh Drahtfunkhauptübertrager 有线广播主变压器
DUI Data Unit Interface 数据单元接口
Duko Durchführungskondensator 穿心旁路电容器
DUP Data User Part 数据用户部分
DUP Destination User Prompter 目的地用户提示器
DUP Destination User Prompting 目的地用户提示
DUP Duplexer 双工器
DUP Di-undecyl-phthalat 酞酸十一(烷)基二酯
Dupl. Duplikat 副本,复本
Dup duplication 复制,重复
Dur Al Duraluminium 杜拉铝
Durchf. -Verord. (DurchfVO) Durchführungsverordnung 实施规定
Durchl. durchlässig 可通过的,可渗透的
Durchschl. Durchschlag 击穿,打穿
Durchschn. Durchschnitt 切断,截断,截面,平均值,交点
durchschn. durchschnittlich 平均的
Durchst. Durchstich 凿穿,凿开;掘进修筑隧道
Durchw. Durchwahl 通过中继站的选择,(电话)直通拔号
Dur. i. L. Durchmesser im Lichten 净直径
DÜS Datenübertragungssystem 数据传输系统
DÜS Drahtfunk-Sonderübertrager 有线广播特

种变压器

DÜST Datenübertragungssteuereinheit 数据传输控制装置

DUT Device Under Test 被测设备

DUV Data-Under-Voice 话下数据

DUV data under voice transmission 话下数据传输

DÜVOEDV Verordnung über Datenübermittlung in den gesetzlichen Rentenversicherungen; Datenübermittlungsverordnung 法定年金保险数据传输规定;数据传输规定

DüW Düsenwaffe 喷气式武器

DUZ Deutsche Universitätszeitung 德国大学学报

DÜz Drahtfunkzapfübertrager 有线广播抽头变压器

DV Datenverarbeitung 数据处理

d. V der Verfasser 作者

DV Desktop Video-conference 桌面视频会议

DV dielektrischer Verlustfaktor 介电损失因数

DV Dienstvorschrift 服务守则;操作规程

DV Digital Video 数字视频,以数字视频格式记录音像数据的数字摄像机

DV Digital Video Videoformat 数字视频格式

DV. Divisor 除数,因子;分压器

DV Doppelverglasung 双层玻璃

DV Doppelversicherung 双重保险

DV Drosselventil 节流阀,节汽阀

DV Druckverfahren 印刷方法

DV Druckvorschrift 印刷规定

DV Durchführungsverordnung (工作)细则;规范,规则

DV Durchgangsvermittlung 中继机交换中心,转接通信,串联式交换中心

DVA Datenverarbeitungsanlage 数字处理设备,数字处理机

DVA Deutscher Verdingungsausschuss für Bauleistung 德国建筑工程招标委员会

DVA Deutsche Verkehrsausstellung 德国交通展览(会)

DVA Deutsche Verlagsanstalt 德国出版公司

DVB Digital Video Broadcast [ing] 数字视频广播

DVB-C Digital Video Broadcasting Cable 数字视频广播电缆

DVB-MC Digital Video Broadcasting MVDS below10 gigahertz 数字视频广播微波视频分配系统(10 G以下)

DVB-S Digital Video Broadcasting Satellite 卫星数字视频广播

DVB-T Digital Video Broadcasting-Terrestrial 地面数字视频广播

DVC Desktop Video Conference 桌面视频会议

DVC Digital Video Compression 数字视频压缩

DVC Digital Video Controller 数字视频控制器

DVCH Dedicated Voice Channel 专用话音信道

DVD Digital Versatile Disc 数字通用光盘

DVD Digital Video Compact Disc 数字视频光盘

DVD Digital Video Disc 数字(激光)视盘,数码影碟

DVD-Laufwerk digital video disc Laufwerk 数字多功能影碟驱动器

DVD-ROM DVD-read only memory 数字多功能只读光盘

DVDS Digital Video Display System 数字视频显示系统

DVE Digital Video Effect 数字视频效果

DVEllok Dienstvorschrift für elektrische Lokomotiven 电机车操作规程

DVFA Deutsche Vereinigungs für Finanzanalyse und Anlageberatung 德国财政分析和投资咨询联合会

DVFFA DeutscherVerband Forstlicher Forschungsanstalten 德国林业研究机构联合会

DVfLR Deutsche Versuchsanstalt Forschungsanstalt für Luft- und Raumfahrt 德国航空和宇航研究所

DVG Deutsche Vergaser Gesellschaft 德国汽化器公司

DVG Deutsche Volkswirtschaftliche Gesellschaft 德国国民经济协会

DVGW Deutscher Verein von Gas-und Wasserfachmännern 德国煤气与水务专家协会

D-VHS VCR Daten-VHS-Recorder 数据家用视频系统录像机

DVHT Digital Video Home Terminal 数字电视家庭终端

DVI Digital Video Interaction 交互式数字视频,交互式数字视频系统

DVI Drahtfunk-Verbindungsleitung 有线广播连接线

DVK Deutsche Verein für Kristallographie 德国结晶学会

DVKB Deutsche Verkehrs-Kreditbank 德国交通信贷银行

DVL Deutsche Versuchsanstalt für Luft- und Raumfahrt 德国航空和宇航研究所

DVM Data Voice Multiplexer 数据语音复用器

DVM Deutscher Verband für die Materialprüfungen der Technik 德国工业材料

试验联合会
DVM Deutscher Verband für Materialprüfung e. V., Dortmund 德国多特蒙德材料试验联合会
DVM digital voltmeter 数字电压表
DVM Projekt Datenverarbeitung in der Medizin BR Deutschland 联邦德国医学数据加工项目
DV-MCI Digital Video-Media Control Interface 数字视频媒体控制接口
DVMF Deutscher Verband für Materialprüfung-Flachprobe 德国材料试验-扁平试样联合会
DVMP Data Voice MultiPlex 数据话音多路复用
DVMRP Distance Vector Multicast Routing Protocol 距离矢量组播路由协议
DVMRP Distance Vector Multiple Routing Protocol 距离矢量多路由协议
DVN Digital Video Network 数字视频网
DVO Data Voice Outlet 数据语音引线出口
DVO Dampfkesselverordnung 蒸汽锅炉守则
DVOH Deutscher Verband für Oberflächenveredelung und Härtung 德国表面调质处理和淬火联合会
DVP Deterministic Virtual Path 确定性虚通路
DVS Desktop Video Studio 桌面视频演播室
DVS Deutscher Verband für Schweißen und verwandte Verfahren 德国焊接应用法协会
DVS Deutsche Verkehrsfliegerschule 德国交通飞行员学校
DVS Deutscher Verband für Schweißtechnik, Düsseldorf 德国(杜塞尔多夫)焊接技术联合会
DVS Digital Video System 数字视频系统
DVST-P Datenvermittlungsstelle mit Packetvermittlung 分组交换的数据交换站
DVT Dynamic Vehicle Test 汽车动态试验
DVT deep vein thrombosis 深静脉血栓形成
DVT Deutscher Verband Technisch-Wissenschaftlicher Vereine, Düsseldorf 德国杜塞尔多夫技术科学协会联合会
DVT [WV] Deutscher Verband Technisch-Wissenschafter Vereine 德国科技协会联合会
DVV der Deutsche Verein für Vermessungswesen 德国测量协会
DVV Deuscher Verzinkerei Verband e. V 德国镀锌协会,德国镀锌厂联合会
DVVI Data Voice Video Integration 数据话音视频集成
DVW Deutscher Verlag der Wissenschaften 德国科学出版社
DVW Dienstvorwähler 业务预选器
DVWG Deutsche Verkehrswissenschaftliche Gesellschaft 德国交通科学协会
DVWK Deutscher Verband für Wasserwirtschaft und Kulturbau 德国水资源与耕作协会
DVWW Deutscher Verband für Wasserwirtschaft 德国水资源协会
DVXS Digital Visual eXchange Service 数字可视交换业务
DVZ Deutsche Verkehrszeitung 德国交通报
DVZ Datenverarbeitungszentrale 数据处理中心,数据加工中心
DW Data Warehouse 数据仓储,数据仓库
DW data word 数据字
dw dead weight 静载荷,固定负载
d. W. der Wissenschaft 科学的
DW Deutsche Welle 德国电台(设在慕尼黑)
DW device wait 设备等待
D/W dextrose in water 葡萄糖液
DW Dienstwähler 业务(台)选择器
DW Digital Wrapper 数字包封器
DW distilled water 蒸馏水
D/W. dock warrant 码头仓单
DW Dokumentation Wasser 打印墨水
DW doppelte Weiche 双分向滤波器;双(铁路)道岔
dw doppeltwirkend 双作用的,复动式的
DW Drahtwiderstand 线绕电阻
DW Druckwächter 压力监控器
Dw. Durchwahl 通过中继站的选择,(电话)直通拨号
DWA Burglar Alarm 防盗警报系统
DWa Drahtfunkamtsweiche 有线广播局预选器
DWA 变压吸附
DWAS Drehzahlwächterauswahlschaltung 转速监制选择开关
DWD Deutscher Wetterdienst 德国气象服务台
DWD Deutscher Wirtschaftsdienst 德国经济事务处
DWDM Dense Wave [length] Division Multiplexing 密集波分复用
DWFI Deusches Wollforschungsinstitut 德国羊毛研究所
DWG Deutsche Weltwirtschaftliche Gesellschaft 德国世界经济协会
DWI Deusches Wollforschungsinstitut an der Technischen Hochschule Aachen e. V. 德国亚琛工业大学羊毛研究所
DWI Tiefziehen und Abstreckziehen 深冲和变薄拉深
DWK Deutsche Gesellschaft für Wiederaufarbeitung von Kernbrennstoff mbH. 德国核燃料后处理公司
DWK Deutsche Weltkarte 德国世界地图
DWK Deutsche Wirtschaftskommission 【前民

德】德国经济委员会

DWL Druckwellenlader 压力波增压器

DWLL Digital Wireless Local Loop 数字无线本地环路

DWM Deutsche Waffen- und Munitionsfabriken 德国军械弹药厂

DWMS Data Warehouse Management System 数据仓库管理系统

DWMT Discrete Wavelet Multi-Tone 离散小波多音

D. W. O. Dornstangenwärmofen 芯棒加热炉，芯棒预热炉

DWP Deutsches Wirtschaftspatent 【前民德】德国经济专刊

DWR Domain Wide Report 域范围的报告

DWR Druckwasserreaktor 压水堆，高水反应堆，加压水反应堆

DWR Distance Warning Radar 距离警报雷达

DWRR Dynamic Weighted Round-Robin 动态加权轮询

DWSF druckbelacene Wirbelschichtfeuerung 增压流化床燃烧

DWT dead weight tonnage （船舶的）载重吨位

Dwt deadweight tons 总载重吨位

DWT Discrete Wavelet Transform 离散小波变换

DWT Doppelstrom-Wechselstromtelegraphie 双向交流电报

DWT doppeltes Widerstandsthermometer 双电阻温度计

DWt Drahtfunkteilnehmerweiche 有线广播用户预选器；有线广播用户转接设备

DWT Wechselstromtelegrafie mit Doppelton-modulation 双音调制交流电报

DWt/f Drahtfunkteilnehmerweiche für Freileitung 架空线有线广播用户预选器；架空线路有线广播用户转接设备

DWV Deutscher Wissenschafter-Verband 德国科学家协会

DX Duplex 二重的，双工的，双向的，双的

DXC Digital Cross Connection 数字交叉连接

DXC（DCC） Digital Cross Connection Equipment 数字交叉连接设备

DXC Digital Cross Connect system 数字交叉连接系统

DXF drawing exchange format 图形交换格式

DXI Data exchange Interface 数据交换接口

Dy Dysposium 镝，66号元素符号

Dyn. Dynamik 力学，动力学；动力，动态

dyn. dynamisch 动力学的；动态的，动力的

Dyn Dynamit 狄那米特，达纳炸药；达纳马特

Dyn. Dynamo （直流）发电机

DYNAMO Dynamic Models 动态模型

Dyn. Bl. Dynamoblech 电机用铁片

Dyn. St. Dynamostahl 电工用钢，电工钢

DZ Datenzentrale 数据中心

dz derzeit 目前

Dz. derzeitig 当时的，现在的，目前的

DZ Dienzahl 二烯值

DZ doppeltwirkender Zweitaktmotor 双作用式二冲程发动机

dz Doppelzentner 公担（＝100公斤）

D. Z. Doppelzünder 双点火器，双引信，双点火装置，双雷管

DZ Durchfluss-Zählrohr 流量计

Dzd. Dutzend 一打，十二个

DZF digital-zyklische Fernwirkanlage 数字循环式遥控装置

DZG Deckungszielgerät 掩蔽瞄准器

DZI Drahtfunkzuführungsleitung 有线广播馈电线；有线广播输电线

DZ-K. Durchhang-Zug-Kurve 下垂度-拉力曲线

DZK Durchlaufzeitkarten 扫掠时间卡片

DZU Differenz-Zeituhr 时差钟

D-Zug Durchgangszug 直达列车

DZW Deutsche Dokumentationszentrale Wasser 德国水利文献中心

DZW Drehzahlwächer 转速监控器

E

E 406 Agar-Agar 琼脂（增塑剂）

e Basis der natürlichen Logarithmen 自然对数底，自然对数根

E Beleuchtungsstärke 照度

E 407 Carrageenan 角叉菜胶

E 330 Citronensäure 柠檬酸

E East/Ost 东；东方

E Edelgas 惰性气体，稀有气体

E Edison-Gewinde 爱迪生螺纹

E effektiv 有效的；实际的

E E-Formstück 带法兰盘承插管接头，异径管连接件（一端为法兰盘，另一端为喇叭口）

E Eiche 标准量器
E Eilzug 快车,普通快车
E Einbauhöhe 安装高度
E Eindringstiefe 渗透深度
E Eindringtiefe 渗透深度,有效肤深,透入深度,超肤深度
E einfachwirkend 简单动作的;单动的;单作用的
E Einfeuer 单发射击
E Einfuhr 进口,入口,输入
E Eingabe (数据)输入;给料,喂料;进刀,走刀
E Eingang 入口;输入;输入端
E. eingeführt 采用的,引用的,引入的
E Eingriffspunkt 嵌接点;结合点;啮合点
E Einheit 单位,单元
E Einheitsmaß 标准尺寸;标准容量
E Einlass 放入;进气入口;进入,通入
E Einlassschlitz 进气口,入口槽
E Einlauf 进口;入口;接受;启动
E Einphasenstrom 单相电流
E einsatzgehärtet 渗碳硬化的(标准代号)
E Einsatzwagen 装料车
E. Einschlag 命中弹;地面炸点
E Eintorbagger 单跨门式多斗挖掘机
E Einzelgelenkachse 单转向轴
E Einzelhub 单行程
E Eisensatz 铁料批量
E. Elastizitätsgrenze 弹性限度/极限
E. Elastizitätsmodul 弹性模量/模数
E elektrische Feldstärke 电磁场强度
E elektrischer Betrieb 电力传动;电力牵引
E Elektrizität 电,电学
E Elektro … 电……,电气……
E Elektrogewinde 电螺纹,爱迪生螺纹
E Elektrolokomotive 电气机车
E Elektrolyt 电解质;电解液
E Elektromotorische Kraft 电动势,电动力
E elektronische/electronic 电子的
E Elektrostahl 电炉钢
E (e) Elementarladung 元电荷,基本电荷
E Eliminierungsreaktion 消去反应
E Emission 发射;放射
E Emissionsvermögen 辐射率,发射本领
E Emitter 发射极;发射体;发射层
E Emitteranschluss 发射极连接
E Empfang 接收
E Empfänger 接收机;接收器;受话器;听筒;收报机
E Empfangsseite 接收端,接收方面
E empfindlich 灵敏的,敏感的
E (E.) Empfindlichkeit 灵敏性,灵敏度;响应
E Ende 终结,末端,终端
E Endmast 终端电杆
E. Energie 能,能量
E Engineer 工程师
E Englergrad 恩氏粘度,恩格勒度
E. English 英语
E Engspalt 最小间隙
E Entfernung 距离,射程
E Entflammbarkeit 易燃性,可燃性,燃烧性
E Entmagnetisierung 退磁,去磁
E Entwurf 草图,草稿,草案;设计,计划
E Entzerrer 修正器;校正器;补偿器
E Enzyme 酶
E Erde 地球;(大)地;土壤;接地
E Erdung 接地
E Erdungsgerät mit einseitiger Erdungseinrichtung 单面接地的接地装置
E Erg 尔格(功或能的单位)
E erhaben 凸出的,凸形的
E Erregeranode 激励阳极
E. Ersatz 代替,备用品,备件,代用品
E (E.) Erstarrungspunkt 凝固点,冰点,凝结点,冻点,变硬点
E. Essigsäureäthylester 醋酸乙酯
E2 Estradiol 雌二醇
E3 Estriol 雌三醇
E estrone 雌酮
E Europa 欧洲
E Expansion 扩大;扩展;扩张,膨胀
E Extinktion 消光;熄灭
E 40 Goliathgewinde 爱迪生螺旋插口
°E Grad Engler 恩氏(粘)度
E 412 Guarkernmehl 瓜尔豆胶(稳定剂)
E Isolierei 蛋形绝缘子,拉线绝缘子
E Lichtbogenschweißen 电弧焊接
E 270 Milchsäure 乳酸
E 500 Natriumcarbonat 碳酸钠
E 440 Pektin 胶质(稳定剂)
E Schraubsockel 螺口灯头,爱迪生灯头
E Schwerwassermoderierter und -gekühlter Materialtestreaktor 重水减速、冷却的材料棒试验反应堆
E 420 Sorbit 山梨胶,山梨糖
E spezifische Energie 单位能量,比能
1e Unwirksamkeit von Pruefungsantragen 申请经鉴定无效
E 415 Xanthan 黄源胶(稳定剂)
E 1018 Exa 艾(可萨)
E 160a Carotin 胡萝卜素
ea. (Ea.) each 每,各,各个地
EA Einanker 单铁心……;单电枢……
E/A Ein-Ausgabe 输入-输出
EA Einzelantrieb 单独传动

Ea Einzelradaufhängung 单轮独立悬架
e. a. ejusdem anni 同年
EA elektrische Abzugvorrichtung 电击发装置
EA elektrische Anlage 电气设备
EA Elektroaffinität 电亲合力
E. A. Elektronenaffinität 电子亲合性,电子亲合势
EA elektronischer Analogrechner 电子模拟计算机
EA Empfängerausgang 接收机输出端
EA Empfangsamt 收信台,接收站
EA Empfangsantenne 接收天线
EA Endamt 交换台,终端站
EA Ergänzungsausstattung 补充装备
EA Expedited data Acknowledgement 加急数据确认
EA Extended Address 扩展地址
EA External Access equipment 外部接入设备
EA External Alarms 外部报警
EA 电子控制加速器
EAA around the anus eczema 肛周湿疹(肛门周围湿疹)
EAA Eingabe/Addieren/Ausgabe 输入-相加-输出
EAA Ergebnisablaufanalyse 结果流程分析
EA-Bus Eingabe/Ausgabe-Bus 输入/输出母线
EABV effective arterial blood volume 有效动脉血容量
EACA epsilon-aminocaproic acid ε-氨基己酸(纤溶酶激活剂抑制药)
EACH Enhanced Access Channel 增强接入信道
EACH_SLOT Enhanced Access Channel slot number 增强接入信道时隙
EACP E-Business Advanced Communication Platform 先进的电子商务通信平台
EAC-rosette erythrocyte-antibody-complement rosette 红细胞-抗体-补体玫瑰花结
EAD Ein/Ausgabe-Decoder 输入/输出译码器
E-ADPCM Embedded Adaptive Differential Pulse Code Modulation 嵌入式自适应差分脉冲编码调制
EADS 欧洲航空防务和航天公司
EAE experimental allergic encephalomyelitis 实验性变应性脑脊髓炎
EAEC European Automotive Congress 欧洲汽车会议
EAEG Europäische Atom-Energie-Gesellschaft 欧洲原子能协会
EAES (E. A. S.) European Atomic Energy Society 欧洲原子能协会
EAFE Europäischer Ausschuss für Forschung und Entwicklung der EG in Brüssel, Belgien 欧洲研究发展委员会
EAG Europäische Atomgemeinschaft 欧洲原子能共同体
EAGL Europäischer Ausrichungs- und Garatiefonds für Landwirtschaft 欧洲农业建设及保证基金
EAHV europäische Autohersteller 欧洲汽车制造商协会
EAIM E1 ATM Interface Module E1 ATM 接口模块
EAK Eingabe-Ausgabe-Kanal 输入-输出频道
EAL (EA1) Aluminium für die Elektro-technik 电工用铝
EAL (EA1) Leitaluminium 铝导体,传导铝,铝(导)线
EAM Einseitenband-Amplitudenmodulation 单边带振幅调制,单边带调幅
EAM Electrical Absorption Modulation 电吸收调制
EAM Electro-Absorb Modulator 电吸收调制器
EAM External Alarm Module 外部报警模块
EAN Europaeinheitliche Artikelnummer 欧洲通用商品代码
EAN Europäische Artikelnummerierung 欧洲物品编号系统
EAN External Access Network 外部接入网络
EAO Eingabe-Ausgabe-Operation 输入-输出运算
EAP Extensible Authentication Protocol 可扩展认证协议
EAPOL EAP Over LANs 局域网上的可扩展认证协议
EAR Electronic Audio Recognition 电子声音识别
EARL elektronischer automatisierter roboterisierter Leuchtturm 自动化电子灯塔
EAROM Electrically Alterable Read-Only Memory 电可改写的只读存储器
EARSeL European Association of Remote Sensing Laboratories 欧洲遥感实验室协会
EAS Eingabe-Ausgabe-System 输入-输出系统
EASTATOM Dokumentationsstelle für die östliche Literatur in der KFA, Jülich 于利希核研究中心东方(原子能)文献中心
EATC electronic automatic transmission control 电子自动控制变速箱
E-ATL elektrisch angetriebener Abgasturbolader 电动废气涡轮增压器
EAU Einankerumformer 单枢旋转变流机;单枢旋转换流器
EA-Uhr Entfernungs- und Aufschlagmelde-Uhr

声测秒表
E-Ausr. Elektrische Ausrüstung 电气设备
EAW Eingabe-Ausgabe-Werk 输入-输出机构
EAW Eisenbahnausbesserungswerk 铁道修理厂
EAW Elektroapparate Werk 电器设备工厂
EAWAG Eidgenössische Anstalt für Wasserversorgung, Abwasserreinigung und Gewässerschutz 【瑞】联邦供水、污水净化和水源保护联盟
EAZ elektronische Abrechnungszentrale 电子计算中心
E. A. Z. empfindlicher Aufschlagzünder 击发式灵敏信管
EB Bolzen der Eisenbahn 铁道测量栓
EB Ebenheit 平面度
EB e-business 电子业务
Eb Edellbohrung 一级精度钻孔
EB Eigenbewegung 固有运动
EB Einfuhrbewilligung 进口许可,准入证
EB Einheitsbohrung 基孔;单位钻孔
EB Einheitsbus 标准公共汽车
EB Einspritz-Beginn 喷射开始
Eb. Eisenbahn 铁道,铁路
EB Emitter-Basis-Schaltung 发射极接地电路;共发射极电路
EB Endbestand 最终状态
Eb Energy per information bit conveyed by the signal 信号传输的每比特信息的能量
EB Error Block 错误字组,错误块
EB Experimental Breeder 实验性增殖反应堆
EBA Entwicklungsprogramm „Brennstoffaufarbeitung und -endlagerung“ BR Deutschland 联邦德国“燃料后处理和最终贮存”开发计划
EBA epidermolysis bullosa acquisita 获得性大疱性表皮松解症
EBBO Eisenbahn-Bau-und-Betriebsordnung 铁路建设和经营规则
EBCDIC Extended Binary Code Decimal Code 扩充的二进制编码的十进制代码
EBCDIC extended binary coded decimal interchange code/erweiterter BCD-code 扩充的二进制编码的十进制交换码
EBD electronic brakeforce distribution 电子制动力分配系统
ebd. ebenda (引文出处)同上
EBER Equivalent Bit Error Ratio 等效误码率
EBER Excessive Bit Error Rate 过高误比特率
Ebf Einschreibbrief 挂号信
EB-Förderer Eickhoff-Bischoff-Förderer 爱果夫-彼索夫双链式输送带
EBGP External Border Gateway Protocol 外部边界网关协议
EBHC Equated Busy Hour Call 等效忙时呼叫
EBK Einbauküche 装有嵌入式家具(设备)的厨房
EBL Erprobungsstelle der Bundeswehr für Luftfahrtgerät 联邦国防军航空仪器试验场
EBLOE Externes Brennelementelager für Österreich 奥地利外部燃料元件库
EBM Eisen-Blech-und Metallwarenimdustrie 钢铁、板材和金属制品工业
EBM Fachnormenausschuss Eisen-, Blech- und Metallwaren im DNA 德国标准委员会钢铁、板材和金属制品专业标准委员会
EBO Eisenbahn-Bau-und-Betriebsordnung 铁路建设和经营规程
EBP eosinophilic basic protein 嗜酸细胞碱性蛋白
EBPV-Bo Bergpolizeiverordnung des Oberbergamtes Bonn für die Erzbergwerke 波恩矿区矿山企业法规
EBR Electron-Beam-Recorder 电子束记录器
EBR Experimental Breeder Reaktor 实验性增殖反应堆
EBR 发动机拖动扭矩调节
EBR 特种车辆多功能控制模块
EBS Elektronische Bremssteuerung 电子制动控制装置
EBS Elektronisches Bremssystem 电子制动系统
EBS Error Block Second 误块秒
EBSG Elementary Basic Service Group 基础单元业务群
EBSR Error Block Second Rate 误块秒率
EBT Electron Beam Texturing 电子射束结构
EBU European Broadcasting Union 欧洲广播联盟
EBV elektronische Bremskraftverteilung 电子制动力分配
EBV Epstein-Barr virus 埃-巴二氏病毒
EBV Erdölbevorratungsverband 【德】石油储备联合会
EBV Eschweiler Bergwerks-Verein 【德】爱斯外勒矿山工业联合会
EBW Elektronenstrahlschweißen 电子束焊接
EBWR Experimental Boiling Water Reactor 实验性沸水反应堆
EC Äthyl-Cellulose 乙基纤维素
e. c. beispielshalber, beispielsweise 例如
EC echo canceling (Cancellation) 回声消除
ec Economy/Ökonomie 经济学
E/C E3/creatinine 雌三醇/肌酐
EC Electronic Commerce 电子商务
EC Electronic Computer 电子计算机

EC Elektromechanische Komponente 机电元件
EC eosinophil count 嗜酸性粒细胞计数
EC Error Control 差错控制
EC European Commission 欧洲委员会
EC European Community 欧洲共同体
e. c. ex concluso 按照决定
EC Executive Committee 执行委员会
e. c. exempli causa 例如
EC external conjugate 骶耻外径
EC extreme counting 极值计数
ECA Economic Commission for Africa 非洲经济委员会(直属联合国)
ECA Electronic Classified Advertising 电子分类广告
ECA Electronic Commerce Association 电子商务协会
ECA Emergency Changeover Acknowledgement signal 紧急倒换证实信号
E-CAD Elektrik/Elektronik-CAD 电气/电子 CAD
E call emergent call 紧急传呼
ECAN Entertainment Center Area Network 娱乐中心局域网络
ECB Electronic Code Book 电子码书
ECB Error Control Block 差错控制块
ECB event control block 事件控制块(软件)
ECC Embedded Communication Channel 嵌入式通信信道
ECC Embedded Control Channel 嵌入控制通路(通道,信道)
ECC Error Check and Correct 差错校验和纠正
ECC Error Control Code 差错控制码
ECC Error Correcting Code/Fehlerkorrekturcode 纠错码,纠错电码
ECC error correction coding 纠错编码
ECCA European Coil Coating Association 欧洲卷材涂料协会
ECCC European Communications Coordinating Commitee 欧洲通信协调委员会(属北大西洋公约组织)
ECD extend concept design/Anlagenvorplanung 扩展的概念设计
ECE Economic Commission for Europe 欧洲经济委员会
ECE Europäisch-Continental Echtheitskonvention 欧洲大陆关于染色牢度的协定
ECF elementarchlorfrei 不含氯元素的
ECF extracellular fluid 细胞外液
ECFA Economic Cooperation Framework Agreement 海峡两岸经济合作框架协议,两岸经济合作架构/框架协议
ECF-A eosinophil chemotactic factor of anaphylaxis 过敏反应嗜酸细胞趋化因子
ECG electrocardiogram 心电图
ECH Echo Cancellation Hybrid 回波抵消四端网络
ECH Echo Cancelled Hybrid system 回波抵消混合系统
ECHO echocardiography 超声心动图
ECHO echogram 音响测深图
ECHO-virus enteric cytopathogenic human orphan virus 人类肠道细胞病变孤儿病毒
ECI Echo Control Indicator 回波控制指示器
ECIS Error Correction Information System 纠错信息系统
ECK Elektrochemisches Kombinat 【德】电化学联合企业
ECL External Cavity Laser 外腔激光器
ECL External Clock 外部时钟
ECLA Economic Commission for Latin American 拉丁美洲经济委员会(直属联合国)
ECM Echo Canceling Method 回声消除法
ECM elektrochemische Abtragung 电化侵蚀
ECM elektrochemische Metallbearbeitung 金属的电化学加工
ECM Emergency Change back Message 紧急转回消息
ECM Emergency Change over Message 紧急转换消息
ECM Error Correction Mode 纠错模式
ECM Error Correction Mode facsimile 错误校正模式传真
ECM erythema chronicum migrans 慢性游走性红斑
ECM external cardiac massage 胸外心脏按压
ECMA European Computer Manufacture Association 欧洲计算机制造协会
ECN Electronic Communication Network 电子通信网
ECN Electronic Serial Number 电子序列号
ECN Emergency Communications Network 应急通信网络
ECN Explicit Congestion Notification 显式拥塞通知
Ec/No radio of energy per modulating bit to noise spectral density 每调制比特的射频能量对噪声频谱密度比
ECO Emergency Changeover Order (signal) 紧急倒换命令(信号)
ECO engineering change order 工程更改单
ECO Engineering Computing Object 工程计算对象

ECO Epichlorohydrin 表氯醇,环氧氯丙烷
E-Commerce electronic commerce 电子交易
ECOSOC Economic and Social Council UNO 经济和社会理事会(联合国组织)
ECPS effective candlepower seconds 有效烛光秒
ECR Electronic Cash Register 电子现金出纳机
ECR engineering change request 工程更改请求
ECR Explicit Cell Rate 显性信元率
ECS Embedded Computer System 嵌入式计算机系统
ECS Encrypt [ion] Control Signal 加密控制信号
ECS Enterprise Communication System 企业通信系统
ECSC Early Class mark Sending Control 早期的类标记发送控制
ECSC European Coal and steel Community 欧洲煤钢联盟
ECSD Enhanced Circuit Switched Data 增强的电路交换数据
ECT Echo Cancellation Technique 回波消除技术
ECT electroconvulsive therapy 电惊厥疗法,电抽搐疗法(即电休克疗法)
ECT Electronic Cash Technology 电子货币技术
ECT emission computed tomography 发射计算机断层成像
ECT Explicit Call Transfer supplementary service 显式呼叫转移附加业务
ECT Explicit Call Transfer 显式呼叫转接
ECT Kantenstauchversuch 边缘破碎测试
ECT 发动机冷却液温度
ECT 发射性计算机断层扫描
E-CTL Error Controller 差错控制器
ECTRA European Committee of Telecommunication Regulatory Affairs 欧洲通信事务管理委员会
ECTS Echo Canceller Testing System 回声消除器测试系统
ECU Applikationsschnittstellen von Steuergeräten 控制器应用接口
ECU european currency unit 欧洲货币单位(现已改为 Euro 欧元)
ECu Leitkupfer 导电铜,铜导体
ED early deceleration 早期减速
ED Edge Device 边缘设备
Ed. Edition 版,版本,版次
E. D. (ED) Eindecker 单层公共汽车;单翼飞机
ED Einschaltdauer 起动时间;启动时间;接通时间
ED Einzeldosis 一次剂量
ED erectile dysfunktion 男性勃起功能障碍
E. D. electron device 电子器件
ED end of data 数据结尾
ED error detecting 错误检测
ED Etikettendrucker 标签打印机
ED Europäisches Datum 欧洲坐标系基准
E. D. ex dividend 股息除外
e. D. exklusive Dividende 唯一被除数
ED Expanded Display 扩大显示
ED Expedited Data 加速数据,快速数据
ED Glas mit einfacher Stärke 普通抗压玻璃
ED Male erectile dysfunction 男性勃起功能障碍
ED relative Einschaltdauer 相对闭合时间,相对起动时间
ED TUNNEL Edge Device 图内尔边缘设备
EDA elektronischer Datenaustausch/electronic data interchange 电子数据交换
EDA Electronic Design Automation 电子设计自动化
EDA Electronic Document Authorization 电子文件授权
EDA Embedded document Architecture 嵌入式文档结构
EDA ethylenediamine 乙二胺
EDANA European Disposables and Nonwovens Association/Europäischer Verband für Wegwerfartikel und nicht gewebte Stoff, Sitz Brüssel 欧洲耗材和非织造织物协会(驻布鲁塞尔)
EDB engineering data base 工程数据库
EDB Evolvable Database 可展开的数据库
EDB Extensional Database 外延数据库
EDC electronic damper control 电子减振控制
EDC elektronische Dieselregelung 柴油机电子控制
EDC Elektronische Steuerung 电子控制
EDC Error Detection Circuit 差错检测电路
EDC Error Detection Code byte 错误检测代码字节
EDC Error Detection Code/Fehlererkennungscode 错误检测码
EDC Esprit de Corp 埃斯普利特的一个衍生品牌,于 1997 年推出
EDC Every Day Carry 个人随身装备系统
EDD/C expected date of delivery/confinement 预产期
EDDN Äthylendiamindinitrat 乙二胺二硝酸盐,R-盐
EDDQ extra deep drawing quality 超深拉伸品级

E-DET Error Detector 误码检测器
EDF Electricité de France 【法】法国电力公司
EDF Erbium-Doped-Fiber 掺铒光纤
EDFA Erbium-Doped-Fiber Amplifier 掺铒光纤放大器
EDFL Erbium-Doped-Fiber Laser 掺铒光纤激光器
EDFLS Erbium-Doped-Fiber Laser Source 掺铒光纤激光源
EDFPS Expended Delta Fast Packet Switching 扩展增量快速分组交换
EDFRL Erbium-Doped Fiber Ring Laser 掺铒光纤环形激光器
EDG Electrodermogram 皮肤电阻图
EDGE enhanced data for GSM evolution GSM 演进的增强数据
EDGE Enhanced Data rate for GSM Evolution GSM 演进的增强数据速率
EDGE Enhanced Data rates for Global Evolution 全球演进增强数据速率
EDI electronic data interchange/elektronischer Datenaustausch 电子数据交换(技术)
EDI Enterprise Data Integration 企业数据集成
EDI-AU EDI Access Unit 电子数据交换存取单元
EDIF EDI Format 电子数据交换格式
EDIFACT EDI For Administration, Commerce and Transport 行政、商业和运输用电子数据交换
EDIM EDI Message 电子数据交换信息
EDIME EDI Messaging Environment 电子数据交换通信环境
EDIMS EDI Message Storage 电子数据交换信息存储
EDIMS EDI Messaging System 电子数据交换信息处理系统
EDIN EDI Notification 电子数据交换通知
EDI-UA EDI User Agent 电子数据交换用户代理
EDK elektronische Daten-Kommunikation 电子数据通信
EDLC Ethernet Data Link Control 以太网络数据链接控制
EDM electrical discharge machining/funkenerosives Abtragen 放电加工
EDM Electronic Data Management 电子数据管理
EDM elektroerosive Abtragung 电腐蚀加工
EDM elektronische Distanzmessung 电子测距
EDM engineering data management 工程数据管理
EDNA Äthylendinitramin 乙撑二硝胺
EDOC European Doppler Observation Campaign 欧洲多普勒观测运动
EDP electronic data processing 电子数据处理
EDP Event Detection Point 事件检测点
EDPC electronic data processing center 电子数据处理中心
EDPE electronic data processing equipment 电子数据处理设备
EDPM electronic data processing machine 电子数据处理机
EDP-N Event Detection Point (DP)-Notification 事件检测点-通知
EDP-R Event Detection Point (DP)-Request 事件检测点-请求
EDPS electronic data processing system 电子数据处理系统
EDR Einkaufsring Deutscher Rundfunkhändler 德国无线电广播器材商采购组织
EDRFs endothelinum-derived relaxing factor 血管内皮细胞舒张因子
EDRL Erbium-Doped Ring Laser 掺铒环形激光器
EDS Eisenbahndienstsache 铁路服务事业
EDS elektrodynamisches Schwebesystem 电动力学悬浮系统
EDS Elektronische Differentialsperre 电动差动锁止装置(包括防抱死机构)
EDS elektronisches Datenvermittlungssystem 电子数据转接系统
EDS 电控柴油发动机系统
EDSL Ethernet Digital Subscriber Loop 以太网数字用户环路
EDT ethylen-diamin-tartrat/Äthylen-Diamin-Tartrat 乙烯-乙胺-酒石酸盐
EDT Electron Discharge Texturing 电子放电结构
EDTA ethylene diamine tetraacetic acid/Ethylendiamintetraessigsäure 乙二胺四乙酸
EDTV Extended Definition Television/Fernsehen mit höherer Bildauflösung 扩展清晰度电视
EDU Energiedirektumwandlung 能量直接转换
edul entgegen dem Uhrzeigerlauf 逆时针方向
EDV Elektronische Datenverarbeitung/Data Processing 电子数据处理
EDVA Elektonische Datenverarbeitungsanlage 电子数据处理设备
EDWA Erbium Doped Waveguide Amplifier 掺铒波导放大器
Ee (EE) Einfuhrerklärung 进口报关单
EE Einspritz-Ende 喷射结束

Ee Elektroenzephalograf 脑电图检查仪,脑电仪
EE Energieeinheit 能量单位
EE Entseuchungs- und Entgiftungsgerät 净化和消毒设备
EE Entropieeinheit 熵单位
EE Erdungsgerät mit zweiseitiger Erdungseinrichtung 双面接地的接地装置
EE ethinyl estradiol 炔雌醇
EE Europäische Eichlinie 欧洲校准线
EEA Äthylen-Äthylacrylat 乙撑丙烯酸乙酯
EEA Einheitliche Europäische Akte 欧洲联盟统一法令
EEA Elektro-Einzelantrieb 电气单独传动
EEC Electric Echo Canceller 电回波消除器
EEC European Economic Community/Europäische Wirtschaftsgemeinschaft 欧洲经济共同体,欧共体
EEF Europäischer Entwicklungsfonds 欧洲发展基金
EEG electroencephalogram 脑电图
EEG Elektroenzephalografie 脑电图;脑电波诊断学
EEG Erneuerbare-Energien-Gesetz 可再生能源法
EEL Electric Echo Loss 电回波损耗
EE-LED Edge-Emitting LED 边发射发光二极管
EELS Edge-Emitting Laser 边发射激光器
EEP endexspiratorischer Druck 呼气末压
EEP Experimental-Elektro-PKW 实验电动轿车
EEP Equal Error Protection/gleichwertiger Fehlerschutz 均等错误保护
EEPROM Erasable Electrical Programmable Read-Only Memory/mehrfach programmierbarer Nur-Lese-Speicher 可电擦除可编程只读存储器
EERM extended entity relationship model 扩展实体关系模型
EEROM Electronically Erasable Read-Only Memory 电可擦只读存储器
EESS Earth Exploration Satellite Service 卫星地球勘测服务
EETDN End-to-End Transit Delay Negotiation 端对端传输延迟协商
EE-VPC End-to-End Virtual Path Connection 端对端虚拟路径连接
eF Edelfestsitz 一级精度重迫配合
EF Eigenfrequenz 固有频率
E. F. Eimerfüllung 多斗装料;盛钢桶或浇包的注入
E. F. Eisenbahnfähre 铁路渡轮
EF Einzelfehler 单项误差
E. F. Einzelfeuer 单发射击
EF ejection fraction 射血分数
EF Elektrofilter 电滤尘器;静电过滤器
EF Elementary File 基本文件
EF Elementary Function 基本功能
EF Endfernamt 国际通信终端局,终端长途台
EF Expedited Forwarding 加速转发
EFA E-Lokfunkanlage 矿山电机车用无线电设备
EFA essential fatty acid 必需脂肪酸
EFBGL Erbium Fiber Bragg Grating Laser 铒光纤布拉格光栅激光器
EFCI Explicit Forward Congestion Indication (Indicator) 显式前向拥塞指示(指示符)
EFCN Explicit Forward Congestion Notification 显式前向拥塞通知
EfD Einfalldosis 入射剂量
EFD elektrisches Faltdach 电动天窗
EFD Event Forwarding Discriminator 事件转发鉴别器
EFDR Erprobter Fortgeschrittener Druckwasserreaktor Reaktor der NS Otto Hahn 奥托·哈恩试验性先进压水堆(商用核子堆)
Eff effektiv 有效的;实际的
eff Effektivwert 有效值
Eff. Effekt 效果,效力,作用
Eff. Effizienz 效率,效能,实力
EFG Elektrizitätsförderungsgesetz Österreich 【奥】电力输送法规
EFH Einfamilienhaus 单户住宅,独宅
EFH elektrische Fensterheber 电控窗玻璃升降器
EFI electronic continuous fuel injection system 电子连续式燃油喷注系统
EFI Electronic Fuel Injection 电子燃油喷射
EFK Einzelfehlerkriterium 单项误差判据
EFK Europäische Föderation Korrosion 欧洲腐蚀联合会
EFL (Efl) Endfernleitung 长途(电话)终端线路
EFL Erdölfernleitung 长距离输油管线
E-Flak Eisenbahn-Flugzeugabwehrkanone 铁道防空炮
EFM Einzelkanalfrequenzmodulation 单通道频率调制,单路调频
EFO elektronische Abflammung 电子灭弧
EFP Electronic Field Production/elektronische Außenübertragung 电子现场制作
EFPHB Expedited Forwarding PHB 加速转发PHB

EFR Enhanced Full Rate 增强型全速率
EFR Extra Frame Rate 额外帧率
EFRE Europäischer Fonds für regionale Entwicklung 欧洲地区开发基金
EFS Error-Free One-Second Intervals 无错一秒间隔
EFS Error Free Seconds 无误码秒
EFT Electrical Fast Transient 电快速瞬变
EFT Electronic Fund[s] Transfer 电子资金转账
EFTA European Free Trade Association 欧洲自由贸易联盟
EFTP Ethernet File Transfer Protocol 以太网文件传送协议
EFTS Electronic Funds Transfer System 电子资金转账系统
E. F. V equilibrium-flash-vaporization 平衡闪蒸汽化
EFWZ Europaischer Fonds für Währungspolitische Zusammenarbeit 欧洲货币政策合作基金
EG die Europäische Gemeinschaft 欧洲共同体,欧共体
Eg Edelgas 惰性气体,稀有气体
eG Edelgleitsitz 一级精度滑动配合
EG Einfuhrgenehmigung 进口许可
EG Eingabgerät 输入设备,输入装置
e. G. eingetragene Gesellschaft 已注册登记的公司
Eg Eisessig 冰醋酸
EG enge Gabel 窄夹叉
Eg Entgiftung 脱气;消毒,去毒
EG Erdgeschoss 底层,一层楼
EG Erweiterungsgerät 扩展装置
Eg. Essigsäure 醋酸;乙酸
EG ethylene glycol Äthzlenglzkol 乙二醇
EG Ethylenglykol 乙二醇
EG Europäische Gemeinschaft, Brüssel und Luxemburg (驻布鲁塞尔和卢森堡的)欧洲共同体
EG European Community; Europäische Gemeinschaft 欧洲联盟,欧盟
e. G ewiges Gefrörnis 永久冻层,常年冻结
e. g. exempli gratia/zum Beispiel 例如
EG Gewindeeinsatz 螺旋套,螺旋插入;螺旋
EG Gewindeeinsatz aus Draht 螺旋套,螺旋插入;螺旋
EG Hüllkurvengenerator 包络发生器
EGA Enhanced Graphics Adapter 增强型图像适配器
EGAFE Economic Commission for Asia and the Far East 亚洲和远东经济委员会(属联合国)
EGC Equal Gain Combining 等增益组合
EGC Equality Gain Control 等增益控制
EGD Equal Gain Diversity 等增益分集
EGD esophagogastroduodenoscopy 食管胃十二指肠镜检
E-Geschütz Eisenbahngeschütz 铁路火炮
EGF epidermal growth factor 表皮生长因子
EGG Eingliederungsgesetz 分类原则
EGG Elektrogastrogramm 胃电图
EGGA European General Galvanizers Association 欧洲镀锌协会
E-GGSN Enhanced GGSN 增强型 GGSN
E. G. I. G. Expedition Glac. Internat. Grönland Internat. Glaziologische Grönlandexpedition 国际格陵兰冰川考察
EGKS. Europäische Gemeinschaft für Kohlen und Stahl 欧洲煤钢联营(法、意、德、荷、比、卢)
Eg. Kw. Entgiftungskraftwagen 消毒汽车
EG-M EG-Metrisches ISO-Regelgewinde 欧盟国际普通螺纹
EGM Enhanced Graphics Module 增强的图形模块
eGmbH(e. G. m. b. H.) eingetragene Genossenschaft mit beschränkter Haftpflicht 注册的有限责任合作社
EGOSOG Economic and Social Council 经济及社会理事会(属联合国)
EGP Exterior Gateway Protocol 外部网关协议
EGP External Gateway Protocol 外部网关协议
E-GPRS EDGE-based GPRS 基于 EDGE 的 GPRS
EGPRS Enhanced GPRS 增强型 GPRS, EDGE 的另一种称谓
EGR Abgasrückführung 废气再循环
EGR elektrische Gasreinigung 煤气的电净化
EGR Elektrogasreiniger 电动煤气净化器
E-Grenze. Elastizitätsgrenze 弹性极限
EGRI enterogastric reflux index 肠胃反流指数
EGS Einheitliche Graphische Schnittstelle 统一图形接口
EGS Electronic Transmission Control 电子传输控制
EGT Entwicklungsgemeinschaft, Tieflagerung-BR Deutschland 【德】深贮存开发协会
EG-UNF EG-Unified-Feingewinde 欧共体统一细螺纹
EGW Endamtsgruppenwähler 终端局选组器
eH Edelhaftsitz 一级精度轻迫配合
eh ehrenhalber 名誉的(如 Dr. eh. 名誉博士)
E. h. Ehren halber in Titeln 名誉;头衔
EH Einpresshilfe 辅助压入
Eh Eintorhochbagger 上向挖掘的单跨门多斗

挖掘机

EH Elin-Hafergutschweißen 爱林焊接法

E. H Erste Hilfe 急救

E. -Handrad Entfernungshandrad 距离调节手轮

EHB Einschienenhängebahn 单轨悬浮铁路

EHB Elektrohängebahn 电动悬浮铁路

EHB elektrohydraulische Bremse 电子液压制动器

EHB Ethernet HUB Board 以太网集线器板

ehem.（ehm.） ehemalig 从前的，以前的

EHF Extremely High Frequency 极高频

E-HL Einzelhalbleiter 分立半导体

EHL Electronic Home Library 电子家庭图书馆

E-HLR Enhanced HLR 增强的 HLR

EHP extra high performance 超高性能

EHPS electro hydrolic power steering 电动液压助力转向

EHS 环境健康与安全

EHT Einhärtetiefe 淬火深度，硬化深度

Eht Einsatzhärtungstiefe 表面硬化深度，硬化层深，渗碳层深

EHV Elin-Hafergut-Verfahren 爱林(焊接)法

EHVS Elektrohydraulische Ventilsteuerung 电动液压气门控制

EHW Eisen- und Hüttenwerk Köln 科隆黑色冶金工厂

EHZ. bew. empfindlicher Haubitzzünden mit beweglichem Schlagbolzen 带活动撞针的榴弹炮瞬发引信

EI Eiche 标准量器

Ei Einschießgeschoss 射击子弹

EI eosinophilic index 嗜伊红细胞指数

EIA Electronic Industries Association/Handels u. Normungsorganisation der Elektronik-Industrie 电子工业协会

EIA enzyme immunoassay 酶免疫测定

eiah. einheitlich 统一的；一致的；均匀的

EIAJ Electronic Industries Association of Japan/Japanische Handels- und Normungsorganisation der Elektronik-Industrie 日本电子工业协会

EIB Electrical Interface Board 电接口板

EIB Europäische Investitionsbank 欧洲投资银行

EichO Eichordnung 检定规则

EID End point Identifier 端点标识符

E-IDE Enhanced-IDE 增强型 IDE 接口

EIES Electronic Information Exchange System 电子信息交换系统

EIF Elektrische Isolierfolie 绝缘膜，绝缘箔

Eig Eigenschaft 性质，性能，特性，本性

eig. eigentlich 本来的，本身的，内在的；真的，自然的；狭义的

eigenh. eigenhändig 亲手的，亲笔的

Eigenw. Eigenwert 本征值，特征值

Eihgr Eierhandgranate 蛋形手榴弹

EIM Exchange Interface Module 交换接口模块

Ein eingeschaltet 接通的

Ein Einschalten 接通，合闸

EIN endometrial intraepithelial neoplasia 子宫内膜上皮内瘤样病变

Ein. Einige 一些

Einb. Einbau 安装，配套，嵌入，砌入

Einbauschr. Einbauschrank, Einbauschränke 装配柜

Ein. -Beh. Einheitsbehälter 标准油箱，标准容器

Einbr. Einbruch, Einbrüche 干扰，破坏

eindr. eindringen 渗入，进入；渗透，浸透；压入；贯穿

Eindr. Eindruck, Eindrücke 压印，压痕

Einf. Einfahrt 入口，驶入

einf. einfallen 入射；落入；破裂

Einf. Einfügung 适合，适应；插接，接合，插人

Einf. Einführung 导入，进入，导板，采用

Einf. W. Einfallwinkel 落角，入射角

Einfl. Einfluss, Einflüsse 影响

Einfsig Einfahrsignal 进站信号，驶入信号，输入信号

Eing. Eingang 入口；输入；输入端

eingedr. eingedruckt 印入的，插印的

eingef. eingefallen 入射的，落下的

eingef. eingefasst 镶嵌的，装配的

eingel. eingleisig 单线的

einger. eingerichtet 已建立的，已装配的

einger. eingerückt 已插入的，已合闸的

eingeschl. eingeschliffen 已爬入的，已潜入的

eingl. eingleisig 单线的

Eingl. -Verf. Eingliederungsverfahren 插入法

Eing. -Nr. Eingangsnummer 输入号

Eingr. Eingruppierung 分级

EingrVO Eingruppierungsverordnung 分级规则

Eingw Eingangsweg 输入途径

einh. einheitlich 统一的，一致的，一元的，均匀的

Einh. Einheitlichkeit 统一性，一致性，均匀性

einh. einhundert 一百

EinhW Einheitswert 单位值

Einl. Einlage 填料，填充物；衬里，衬垫；镶入，装入

Einl. Einlagerung 插入，储藏；地层；淀积

einl. einlassen 准许进入，放入，通入；进气

einl. einlegen 放入,贮藏,浸渍,镶嵌,插入
einl. einleiten 导入,引入
EinlR Einlegerohr 插入管,插入炮管
einpol. einpolig 单极的
Einr. Einrichtung 设备,装置
EINS Enterprise Information Network System 企业信息网络系统
Eins. Einsatz 接头;嵌件;表面硬化;炉料;渗碳;全套;使用;开动
Eins. Einsetzung 置入,放入,插入;表面硬化,表面淬火
Eins. Einsitzer 单座车辆,单座飞机
eins. einsitzig 单座的
einschl. einschlägig 所属的,有关的
einschl. einschließlich 包括在内的
Einschr. Einschränkung 限制,抑制,紧缩,约束
Einschr. Einschreibung 登记;注册;记录
Eins F Erste Flottille 第一小舰队
einsp. einspaltig 单列的
Einspr. Einspritzung 喷射,注射
einst. einstampfen 捣入,夯实,捣碎
einst. einstellen 调解,调节
Einst. Einstellung 调整,调节
einst. einstoßen 推进,推入;装填弹药
einst. einstufig 单级的
Einst. Einstufung 分级
einstr. einstrahlig 射入的
Einst. -Vorschr. Einstellungsvorschrift 调节规定
eint. eintauchen 浸入,浸渍,浸润,插入
eint. eintausend 一千,1 000
Eint. Einteilung 分离,划分,分类,分配,分布
einw. einwirken 起作用,产生影响
Einw. Einwirkung 影响,作用
Einz. Einzahl 单数,单个
Einz. Einziehung 拉入,引入,伸缩,拉拔
Einzelh. Einzelheit 单一,单独,个别;单个事件
Einz. -Prüf. Einzelprüfung 单个检验,单个考试
Einz. -Unt.(Einz. -Unters.) Einzeluntersuchung 单个检查,逐个检查
EIP endinspiratorisches Plateau 终端吸气中止
EIP Enterprise Information Portal 企业信息门户
EIR Eidgenössisches Institut für Reaktorforschung, Würenlingen, Schweiz 瑞士符伦林根联邦反应堆研究所
EIR Equipment Identifier/Identification/Identify Register 设备识别寄存器
EIR Equipment Identity Centre 设备识别中心
EIR Excess/Excessive Information Rate 过量的信息速率
EIR External Identification Register 外部识别寄存器
EIRP Effective Isotropic Radiated Power 有效全向辐射功率
EIRP equivalent isotropic ally radiated power in a given direction 给定方向的等效全向辐射功率
EIRP Equivalent Isotropic ally Radiated Power 等效全向辐射功率
EIRP Equivalent Isotropically Radiated Power/äquivalente Strahlungsleistung bezüglich isotropem Kugelstrahler 等效全向辐射功率
EIS Electronic Image Stabilizer/elektronischer Bildstabilisator 电子影像稳定器
EIS executive information system 执行信息系统
EIS 起动机开关控制模块;电子点火;电子点火开关
EISA Extended Industry Standard Architecture 扩展工业标准体系结构
EISA 总线标准
EISA-Bus Extended ISA-Bus/Weiterentwicklung des ISA-Bus 扩展的ISA总线
Eis. -Bet. Eisenbeton 钢筋混凝土
Eisenb. Eisenbahn 铁路
Eisenbahn-Gesch. Eisenbahn-Geschütz 铁路火炮
Eisenb. -Br. Eisenbahnbrücke 铁路桥
Eisenbr. Eisenbrücke 铁桥
eisenh. eisenhaltig 含铁的
eisenh. eisenhart 铁般坚硬的
eisenverarb. eisenverarbeitend 铁加工的
E-ISS Enhanced Internal Sub layer Service 增强的内部子层服务
EIT Encoded Information Type 编码信息类型
EIT Event Information Table/DVB-SI-Tabelle 事件信息表
EIU Economist Intelligence Unit 经济学家情报单位
Ei. Z. Einschießziel 试射目标
EK Edelkorund 高质量电炉刚玉;人造氧化铝
EK Einlasskanal 进气道
EK Eintorkratzbagger 单内式挖掘机
E. K. Eisenbahnkanone 铁路加农炮
EK Elektrokardiograf 心电仪,心电图描记器
EK Elektrokardiografie 心电图学,心电图描记术
EK Elektrokarren 电瓶车,蓄电池小车
E. K. elektromotorische Kraft 电动势
EK Entnahmekondensationsturbine 抽气凝气式汽轮机
EK Ersatzkasse 社会健康保险机构
EK Kegelelektrode 锥形电极

eK. Kartenentfernung 地形测量的距离;图上距离

E-Kat elektrisch beheizter Katalysator 电加热催化器

Eka-Tl Eka-Thallium 类铊,113 元素 Tl

EKC epidemic keratoconjunctivitis 流行性角结膜炎

EKD Eisen-Kohlenstoff-Diagramm 铁碳平衡图

EKG Einheitliches Gesetz über den Internationalen Kauf beweglicher Sachen 国际货物买卖统一法

EKG Electrokardiogramm 心电图

EKG Elektrokardiografie 心电图学,心电图描记术

EKI Einkarten-Interface 单节插接板接口

EKM Elektronische Kupplungsmanagement 离合器电子管理

EKM Energie- und Kraftmaschinenbau 动力机械制造

EKM Volkseigene Betriebe des Energie- und Maschinenbaus 【前民德】国营动力机器制造厂

EKN Europäisches Komitee für Normung 欧洲标准委员会

EKO Eisenhüttenkombinat《Ost》 东方钢铁冶炼联合企业

EKO Ekonomiser 节油器,节热器,给水预热器

EKO Elektronengekoppelter Oszillator 电子耦合示波器

EKONS einheitliches Kontonummernsystem 统一账号系统

EKP Electric Fuel Pump 电动油泵(FP)

EKR Edelkorund rosa 粉红色人造氧化铝刚玉

EkrW einfache Kreuzungsweiche 简易交叉转辙器;简易交叉道岔

EKS Eidgenössische Kommission für Strahlenschutz, Schweiz 瑞士联邦辐射防护委员会

EKS Elektrischer Kathodenschutz 电气阴极保护

EKS Entwicklungsgruppe Kernmaterialsicherung (卡尔斯鲁)核材料安全开发组

EKS Erfassungs- und Kennzeichnungs-System 检测标记系统

EKu elektrische Kupplung 电耦合

EK-Verfahren Elektrolyse-Kavitation-Verfahren 电解气蚀酸洗法

EKV CE-II 外大气层杀伤飞行器功能增强型

EKW Eisenbahnkesselwagen 油罐车,油槽车

EKW Elektrokorund weiß 白色人造氧化铝,白色电炉刚玉

Eky Elektrokymogramm 电脉搏曲线记录

EKZ Einkaufszentrum 购物中心

EKZ Elektrozugkarren 电动牵引小车,电动小车

EKZ empfindlicher Kanonenzünder 加农炮用瞬发引信

EKZ empfindlicher Kopfzünder 头部灵敏信管,弹头灵敏信管

EKZ. Erkennungszeichen 识别标志,识别符号

E. K. Z. bew. empfindlicher Kanonenzünder mit beweglichem Schlagbolzen 带活动撞针的加农炮瞬发引信

EL Echo Loss 回声损耗

El Einlegelauf 次口径炮管或枪管

EL. Einstecklauf 插入炮身,嵌入过程

el. elastisch 弹性的

EL Elastizität 弹性

EL Elastomereinsatz 弹性体插入件,弹性体镶衬件

el elektrisch 电气的

EL Elektrolokomotive 电机车,蓄电池机车

EL Elektrolumineszenz 电致发光

EL Elektron 电子

El. Elektronenmikroskop 电子显微镜

el Elektronik 电子学

el Elektrotechnik 电气工程学

El. Element 元素;元件,部件;电池

EL Element Layer 单元层

EL Elevation 仰角,射角;高度,海拔;升级,上进;正视图

El. Elevator 升降机,电梯,提升机

el. elitär 精华的

EL Elongator 延伸轧机,碾轧机

EL Endamtsleitung 终端局线路

EL enger Laufsitz 紧配合

El Entlüftung 排气;排空,放空

EL Erdkampflafette 地面用炮架

EL Erkennungslicht 识别信号灯

EL Ersatz Lafette 替换炮架

EL Etikettenleser 标签阅读器

EL Europa Linienbus 欧洲专线客车

EL exterior lighting 外部照明

EL Extraleichtöl 轻级重油,粘度从 1.1 到 1.85E°

Ela Elektroakustik 电声;电声学

ela elektroakustisch 电声的;电声学的

ELA 车身高度调整

ELAG Elektroakustikanlage 电声装置

ELAN Emulated LAN 仿真局域网

E-Latte Entfernungslatte 瞄准标杆,测距板,视距尺

ELAZ elektricher Abstandzünder 电定时引信

El. A. Z. elektricher Aufschlagzünder 电击发引信

ELBENA Elektronenbeschleuniger im Nanosekundenbereichim HMI, Berlin 毫微秒范围的电子加速器(属柏林哈恩·迈特纳研究所)
ELC extra low carbon 超低碳
ELC 电子水平控制器
EL-Casing Extreme line-Casing 流线型套管
elcktromech. elektromechanisch 电机的
ELC-Steel extra low carbon steel 特低碳钢
ELD Elektrolumineszenzdisplay 电致发光显示器,ELD显示器
ELDO European Space Vehicle Launcher Development Organisation 欧洲宇航发射器发展机构
ELED edge-emitting light emitting diode 边缘发射发光二极管
elektr. elektrifizieren 起电,带电,电气化
elektr. elektrifiziert 带电的,电气化的
Elektr. Elektrizität 电,电学
Elektr. Elektronik 电子学
Eleker. Elektroniker 电子学专家/技师
elektr. elektronisch 电子的
Elektr. Elektrotechnik 电子技术
Elektr. -Mikr. Elektronenmikroskop 电子显微镜
elektrol. elektrolytisch 电解的
elektromagn. Elektromagnetisch 电磁的
elektr. -techn. Elektrotechnik 电气工程
Elev. Elevator 升降机,电梯,提升机
ELF Elektronisch geregelte Luftfederung 电子调节气垫(气压式缓冲器)
ELG Elektrizitätslieferungsgesellschaft 供电公司
ElHz elektrische Heizung 电加热,电热
Elim Elimination 除去,消去,消除
El. -Ind. Elektroindustrie 电气工业
El. -Inst. Elektroinstallateur 电气安装工
El. -Inst. Elektroinstallation 电气安装
ELISA enzyme-linked immunosorbent assay 酶联免疫吸附测定法
Elka. Elektrokarren 电瓶车
ELKE Elektrolytische Kolonnen-Extraktion 电解萃取柱
E1KO (Elko) Elektrolytkondensator 电解电容器
Ell. Ellipse 椭圆
el. m. Elektromaschinenbau 电机制造
Elm. Elektrometall 电冶金属
ELMA Einrichtung zur Lagerung mittelaktiver Flüssigkeitsabfälle in der WAK, Karlsruhe 中等放射液体废物贮存设施(卡尔斯鲁厄后处理厂)
elmag. elektromagnetisch 电磁的
ELMCFI Ethernet in the Last Mile Call for Interesting 有趣的最后一英里呼叫以太网
elm-egs Centimeter-Gramm-Sekundem-Einheiten im elektromagnetischen Massystem 电磁单位制中的厘米克秒单位
El. -Mikr. Elektronenmikroskop 电子显微镜
El. -Mod. Elastizitätsmodul 弹性模数(模量)
ELO Epoxiediertes Leinöl 环氧化亚麻(籽)油
E-Lok elektrische Lokomotive, Elektrolokomotive 电气机车
Elomag elektrisch oxydiertes Magnesium 电氧化镁
ElOS extended input/output system 扩展的输入/输出系统
Eloxal elektrisch oxydiertes Aluminium 电氧化铝
Eloxal elektrolytische Oxydation des Aluminiums 铝电解氧化
Eloxal-Verfahren elektrolytische Oxydation des Aluminiums 铝电解氧化法;草酸阳极法
ELR Entwicklungsring für Luft- und Raumfahrt GmbH 【德】航空与航天开发有限公司
ELR 电子怠速控制装置
Elrasal Elektron-Raffinations-Salz 电子精炼盐
ELS Einlage-Stahl 单层钢片(密封垫)
ELSI Extremely Large Scale Integrated circuit 超大规模集成电路
ELSP Ethernet LAN Simulation Package 以太网局域网模拟分组
ELSR Edge LSR 边缘标签交换路由器
ELT euglobulin lysis time 优球蛋白溶解时间
Eltbetrieb elektrotechnischer Betrieb 电工企业
El. -Techn. Elektrotechniker 电工,电技师
Eltwerk Elektrizitätswerk 发电厂(站)
El. -Vers. Elektrizitätsversorgung 供电
El. W. Elektrizitätswerk 发电厂,发电站
El. -W. (El. -Wirtsch.) Elektrizitätswirtschaft 电力经济
Elyt Elektrolytkondensator 电解电容器
ELZ (eLZ) Elektrischer Zünder 电引信
El. Zt. Z elektricher Zeitzünder 电定时引信(雷管)
E & M Ear and Mouth signaling E和M信令
EM Edelmetall 贵重金属
EM Ehrenmitglied 名誉会员
EM Einseitenbandmodulation 单边带调幅
EM Einzelmaß 单个尺寸,单个规格,单个容量
EM Electronic Mailbox 电子信箱
EM Electronic Market 电子市场
EM elektromechanisch 机电的
EM Elektromotor 电动机,马达

EM Elektronenmikroskop 电子显微镜
EM Element Management 网元管理
EM Element Manager 单元管理者,基础管理者
Em. Email, Emaille 瓷釉,珐琅
em. emailliert 上了釉的
Em Emanation 射气,辐射,射流
em. emeritiert 已退休的
em. eminent 优秀的
em. emittiert 发射的,辐射的,发行的
EM Empfohlene IAS-Methode 推荐的国际会计标准方法
EM Emulsion 乳剂,乳状液,乳浊液,感光乳剂
Em.(emuls) Emulsum, emulsio 乳剂
EM Entfernungsmesser 测距仪;测距器
EM Entfernungsmessgerät 测距仪
Em Entfernungsmessung 测距,距离测量
EMA Einbruchmeldeanlage 盗窃警报装置
EMA Entmagnetisierungsanlage 消磁装置,退磁装置
EMA Eßkohlen-, Magerkohlen- und Anthrazit — Zechen 锅炉煤、贫煤和无烟煤矿井
E-Mail electronic mail 电子邮件
EMAS 环境生态管理及稽核计划制度
EMB elektromagnetische Beeinflussung 电磁干扰
EMB elektronisch gesteuertes elektromechanisches Bremssystem 电控机械电子制动系统
Emb. Emballage 包装,捆扎,打包
EMBA Executive Master of Business Administration 在职(高级)工商管理硕士
EMBL Europäisches Laboratorium für Molekularbiologie 欧洲分子生物学实验室(海德堡)
EMC Electromagnetic Compatibility/elektromagnetische VerträglichkeitEMV 电磁兼容
EMCEQ Emergency Call Equipment 紧急呼叫设备
EMD Edelmetallmotordrehwähler 贵金属马达旋转式选择器
EMD Equilibrium Modal power Distribution 平衡模式功率分布
EMD Equilibrium Mode Distribution 平衡模式分布
emE(EME, E. M. E.) elektromagnetische Einheit 电磁单位
EME email to me 给我发邮件
E-Messer Entfernungsmesser 测距仪;测距器
E-Messmann Entfernungsmessmann 测距人员
EMF Electromagnetic Field/elektromagnetisches Feld 电磁场
EMF electromotive force/elektromotorische Kraft 电动势
EMF Network Element Mediation Function 网元中介功能
EMG Elektromyografie 肌(动)电(流)描记器
EMG Elektromyogramm 筋电图,肌电图
EMH Expedited Message Handler 加急报文处理程序
EMHB Expedited Message Handler Buffer 加急报文处理程序缓冲器
EMI Electromagnetic Interference 电磁干扰
EMI/RFI Electromagnetic Interference/RF Interference 电磁干扰/射频干扰
E-Mittel Estermittel 酯剂
E. Mi. Z. elektricher Minenzünder 地雷电引信
EMK Edelmetall-Motor-Koordinatenwähler 贵金属电机坐标选择器
E. M. K(EMK) elektromotorische Kraft 电动势
e. M. kl. W. erhöhtes Mittelkleinwasser 提高的平均低水位
EML Electronic Engine Power Control 电子引擎功率控制
EML Element Management Layer 单元管理层
EMLPP enhanced Multi-Level Precedence and Pre-emption service 增强多优先级与强插和强拆服务
EMLPP enhanced Multi-Lever Precedence and Pre-emption 增强多优先级与强插和强拆
EML-TC Element Mgt Layer Topology Configuration 单元管理层拓扑结构
EMMA Elektrolytische Mehrstufen-Mischabsetzer der WAK 电解多级混合澄清槽(卡尔斯鲁厄后处理厂)
EMMI Electrical Man Machine Interface 电的人机接口
EMNID Erforschung, Meinung, Nachrichten, Informations- dienst 调研,意见,信息,情报服务
EMO Entfernungsmessoffizier 测距人员
E-Modul Elektrizitätsmodul 电模数,电模量
EMOS Elemente-Modelliersystem 元件建模系统
EMP electromagnetic pulse 电磁脉冲
EMP Embden-Meyerhof-Parnas Abbau-Weg-pathway 糖原,酵解途径工艺,恩布登糖酵解法
EMP Embden-Meyerhof-Parnas Weg 糖原,酵解工艺,单纯乳酸发酵法
EMP Empty 空的
emp. empirisch 实验的,经验的
Emp. Emplastrum 硬膏剂
EMP Erma-Maschinenpistole 艾尔玛式自动手枪

EMPA Eidgenössische Materialprüfungsanstalt 瑞士联邦材料实验所
EMPB Erstmusterprüfbericht 首批样件检验报告
Empf Empfinden 感觉,知觉
Empf. Empfang 接待;接收
Empf. Empfänger 接收人;接收机;受话器;收报机
Empf. Empfindlichkeit 感度
EMRP effective monopole radiated power (in a given direction) (给定方向)有效单极辐射功率
EMS electromagnetic susceptibility 电磁敏感性,电磁敏感度
EMS Electronic Mail Service (System) 电子邮件服务(系统)
EMS Elektromagnetische Schnellbahnsysteme 电磁高速铁道系统
EMS elektromagnetisches Schwebesystem 电磁悬浮系统
EMS elektronische Motorleistungs-Steuerung 发动机功率电子控制
EMS Element Management System 网元管理系统
EMS Enterprise Message System 企业信息系统
EMS European Mobile Satellite system 欧洲移动卫星系统
EMS Expanded Memory Specification 扩展的存储器规格
EMSC 电动后视镜;电动方向盘调节;加热后视镜
EMSR elekt. Messen-Steuerung-Regeln 电气测试的控制和调节
EMSS emergency medical service system 急诊医疗服务系统
EMT E & M Trunk E/M 中继
EMT Elektromesstechnik 电测量技术,电测试技术
EMT European Mean Time 欧洲平均时间
EMT Executive Management Team (华为公司)管理团队
EMU Environment Monitor Unit 环境监控单元
EMUI EM User Interface EM 用户界面
Emuls. Emulsion 乳状液,乳剂,乳胶漆
EMV elektromagnetische Verträglichkeit 电磁兼容性
EMV Ende menschlicher Vernunft 人类智慧终端
EMV-Festigkeit elektromagnetische Verträglichkeit Festigkeit 电磁兼容强度
EMVM EMS Memory Viewing Module EMS 内存观察模块
EMVS Elektromagnetische Ventilsteuerung 电磁气门控制
emw elektromagnetische Welle 电磁波
EMW elektromechanische Werke 电力机械厂
EMZ elektromagnetischer Zuteiler 电磁给料机
EMZ Ertragsmesszahl 产量百分比
En Äthylendiamin 乙撑二胺;乙二胺-(1,2)
EN Enterprise Network 企业网
EN Entkopplungsnetzwerk 去耦网络
EN Equipment Number 设备号
EN Europäische Normen 欧洲标准
EN Hydrantenfußkrümmer 有脚消火栓弯管
En. Energie 能,能量
ENBD Endoscopic naso-biliary drainage 经内镜鼻胆管引流术
END endorphin 内啡肽
Endo Endonuclease 核酸内切酶
Endprod. Endprodukt 最终产物
Ends Endsatz 终端成套设备
Endst. Endstation 终点站
Endst. Endstelle 终端站
ENDT End trigger 端触发器
ENEA European Nuclear Energy Agency/Europäische Kernenergieagentur 欧洲核能办事处
ENEL Ente Nazionale Energia Elettrica Italy 意大利国家电力局
ENGDAT engineering data 工程数据
Engl. Englisch 英语
ENI Ente Nazionale Idrocarburi 【意】国家碳氢化合物公司
ENIAC electronic numerical integrator and computer 电子数字积分计算机
ENL erythema nodosum leprosum 麻风结节性红斑
ENQ Enquiry 询问
ENR Elektronische Niveau Regelung 电子水平调节
ENS E-mail Notifying Server 电子邮件通知服务器
ENS Enterprise Network Services (Strategy) 企业网络服务(战略)
ENSAT Environment, Natural Science and Appropriate Technology 环境、自然科学和适用技术
ENSO 厄尔尼诺-南方涛动
ENT ear, nose and throat 耳鼻喉科
ENT Elektrische Nachrichtentechnik 电气通讯技术
entb. entbinden 自由,游离;排气;免除,脱离
Entd. Entdecker 发现者

Entd. Entdeckung 发现,发觉,揭示
Entf. Entfaltung 展开,发展
entf. entfernen 移去,除去,删除
Entf. Entfernung 距离;清除,去除;离开,移去
Entg. Entgiftung 消毒,去毒
entggeg. entgegengesetzt 相对的,相反的,反对的,相对抗的
entgl. entglitten 滑脱的,滑落的
enth. enthält 包含;包括;含有
enth. enthaltend 含有的
Enth. Enthaltung 含有,包含
entl. entladen 放电,放空,排空
Entl. Entladung 放电,放空,排空
ents. entsichern 取下保险装置,置于待击位置
ents. entsichert 已取下保险装置的
Ents. Entsicherung 去掉保险装置
Entschl. Entschluss 决定,决心,决断
entsp. entsprechend 相应的,相当的
entsp. entsprenchen 响应,符合,相当,相符
Entspr. Entsprechung 相应,相当,相符,符合
entst entstört 去干扰的
entst. entstehen 成立,产生,形成
entst. entstören 抗干扰,去干扰
Entst. Entstörung 抗干扰,去干扰,消除干扰
entw. entwässern 排水,脱水
Entw. Entwässerung 排水;脱水
entw. entweder 非……,即……;或……
entw. entwerfen 起草,作略图,投影,投射
entw. entwickeln 发展,展开,显影,演进,进化
entw. entwickelt 显影的;展开的;发展的
Entw. Entwicklung 发展,开展,研制,开发,显影
entw. entworfen 已起草的,已投影的
Entw. Entwurf 设计,设计书;计划书,草案,方案
entw. entwurzelt 拔除的,开方的
Entw.-Ges. Entwicklungsgesellschaft 开发公司,发展公司
Entw.-Kan. Entwässerungskanal, Entwässerungskanäle 排水渠道,排水管道
Entw.-Pl. Entwicklungsplan, Entwicklungspläne 发展计划,开发计划,研制计划
Entw.-Progr. Entwicklungsprogramm 发展纲要,研制项目
entz. entziffern 破译,读懂,辨认
Entz. Entzifferung 译码,解码
entz. entzogen 拔出的,除去的,取出的
Entz. Entzug 排出,接出,引出,分接,抽头,退刀
entz. entzünden 点火,使燃
Entz. Entzündung 点火,点燃,发火,着火
EnVU Energieversorgungsunternehmen 能源供应企业
Enz. Enzyklopädie 百科全书
Enz. Enzyme 酵素;酶
EO Eichordnung 校准程序
E. ö. Einlass öffnet 进气阀开启
Eö Einlassventil öffnet 进气阀打开
E/O Electrical/Optical 电/光
E/O Electro-Optical conversion 电/光转换
EO elektrischer Omnibus 电车
EO Elektronikoffizier 电子办公人员
EO End Office 端局
EO Essigsäureordnung 醋酸等级
EO ethylene oxide 乙撑氧
EOB End of Block 块结束符
EOC Embedded Operation Channel 嵌入操作通道
EOD Education On Demand 教育点播
EOEPROEEPE European Organization for Experimental Photogrammetric Research 欧洲摄影测量研究实验组织
EOF end of file/End of File 文件结束;外存储器终端
EOF End of Frame 帧结尾,帧结束
EOG Engineering Object Group 工程对象组
EOI End of Image 图像的结束
EOM End of Message 信息结束(符)
EOP End of Packet 数据包的终点
EOP End of Production 生产终止
EOP endogeneous opioid peptide 内源性阿片肽
EOQC European Organization for Quality Control 欧洲质量管理组织
EOR End Of Record 记录结束,记录尾部
EOS elektrooptisches Streckenmessgerät 光电测距仪
EOS Elektronenstrahloszillograph 电子示波器
EOS Embedded Operating System 嵌入式操作系统
EOS End Of Signaling 信令结束
EOS eosinophil 嗜酸性粒细胞
EOS I'Ènergie de I'Ouest Suisse 【法】瑞士西部电力网
EOS. Elektro-optischer Scanner 光电扫描器
EOT End Of Tape 带结束,带端
EOT End Of Text 正文结束,文本结束
EOT End Of Transmission 传输结束符;通话结束
EOTD Enhanced Observation Time Difference 增强观察时间差
EoVDSL Ethernet over VDSL 基于以太网的甚高数字用户环路

EOW Engineering Order Wire 工程联络线，工程指令线
EOX End of SysEx-Byte 系统专用信息结束符
EP effektive Pferdestärke 有效马力
EP Einheitspulver 标准火药
EP Einschießpunkt 反射点；注入点
EP Einspritzpumpe 喷油泵，喷水泵，注入泵
E. P. Eintrittspupille 射入瞳孔，射入光瞳
EP Electronic Purse 电子钱包
EP electrophoersis 电泳
EP Elektrisches Prüfamt 【德】电气试验局
EP elektrostatisches Pulver 静电粉
EP endogenous pyrogen 内源致热原
EP endorphin 内啡肽
EP Endpentode 末级五极管；输出五极管
EP Endpoint 端点
e/p ends/picks 经纬密度比
E. P. Englisches Patent 英国专利
EP Engpass 狭道，隘口，关卡，薄弱环节
EP enteric precautions 肠道病预防措施
EP epilepsy 癫痫
EP epinephrine 肾上腺素
EP Epoxid 环氧化物
EP Epoxidharz/epoxy resin 环氧树脂
EP Epoxyd 环氧
EP Erdungsplan 接地图
EP Ersatzröhrenpulver 备用管状发射药
EP Erstarrungspunkt 凝结点，凝固点，冰点，冻点
E. P. Erweichungspunkt 软化点
EP Europäisches Parlament 欧洲议会
EP European Patent Organization 欧洲专利组织
EP Extended Play 密纹唱片，慢速唱片
EP extreme pressure/Hochdruck 极端压力
EP Hochdruck Schmiermittel 高压润滑剂
EPA Eicosapntemacnioc Acid 二十碳五烯酸，鱼油的主要成分
EPA electron probe analyzer 电子探针分析仪
EPA elektrisch-pneumatisches Abzugventil 电动气动排液阀
EPA Environmental Protection Act 环境保护法
EPA Environmental Protection Agency 环境保护局
EPA Environment Protection Agency 【美】环保署
EPA Ethernet for Plant Automation 商用计算机通信领域的主流技术
EPA Europäisches Patentenamt 欧洲专利管理局
EPAP End-Expiratory Positive Airway Pressure 呼吸末正压通气
EPB Elektro-Pneumatisches Bremssystem 电气制动系统
EPB Elektrotechnische Prüfstelle Berlin 柏林电工检验站
EPB elektromechanisch betätigte Parkbremse 电动机械式驻车制动
EPC Evolved Package Core 演进的分组核心网
EPC electrostatic powder coating 静电粉末喷涂
EPC EPC-Verfahren 静电粉末喷涂工艺（方法）
EPC 电子油门控制器
EPD Early Packet Discard 早期包丢弃
EPD elektrisch-pneumatisches Durchladeventil 电动气动装弹阀
EPDCC European Pressure Die Casting Committee 欧洲压铸委员会
EPDM Athylen-Propylen-Dien Monomer 乙烯-丙烯-二烯单体
EPDM Äthylen-Propylen-Terpolymer-Kautschuk 乙烯-丙烯三聚物橡胶
EPDM enterprise product data management 企业产品数据管理
EPDM Ethylen-Propylen-Terpolymer 三元乙丙橡胶；乙烯丙烯三元共聚物
EPEC enteropathogenic escherichia coli 致病性大肠杆菌
E. P. F. electromagnetic position fixing 电磁定位
EPFD Equivalent Power Flux Density 等效功率流密度
EPFL Ecole Polytechnique Federale de Lausanne; Eidgenössische Technische Hochschule Lausanne 瑞士联邦洛桑工业大学
EPG Abgasbremse 废气制动
EPG Electronic Program Guide 电子节目指南
EPG Electronic (TV) Program Guide 电子（电视）节目指南
EPGL'sp Exerzierpatrone Granate mit Leuchtspur 带曳光的教练弹
EPHS Electrically Powered Hydraulic Steering 电动液力转向器
EPI electronic position indicator 电子定位指示器
EPIC Electric Powered Interurban Commuter 电动城际通勤
EPIRB emergency position-indicating radio beacon 应急示位无线电信标
EPL essentielle Phospholipide 多未饱和卵磷脂，基本磷脂
EPLD Erasable Programmable Logic Device 可

擦除可编程逻辑器件
EPM Äthylen-Propylen-Kautschuk 乙烯-丙烯橡胶
EPM Enterprise Performance Management 企业绩效管理
EPM Ethylen-Propylen-Copolymer 乙烯丙烯共聚物
EPNS electroplated nickel-silver 电镀镍银
EPO Erythropoietin 红细胞生成素
EPOC Enhanced Paging Operators Code 增强型寻呼运营商代码
EPP Error Performance Parameter 差错性能参数
EPP Europäischer Plaettenpool 欧洲托盘货运联营
EPP expanded Polypropylene/geschäumtes Polypropylen 发泡聚丙烯
EPR Echtzeit-Prozessrechner 实时程序计算机
EPR Einfache Prozessregelung 简单工艺调整
EPR electron paramagnetic resonance/elektronenparamagnetische Resonanz 电子顺磁共振
EPR ethylene propylene rubber/Äthylen Propylen Kautschuk 乙丙橡胶
EPRI Electric Power Research Institute 电力研究协会
EPRMA Extended Packet Reservation Multiple Access 扩展的分组预留多址访问
EPRML Extended Partial Response Maximum Likelihood 扩展的部分响应最大似然
E2PROM Electrically Erasable and Programmable Read-Only Memory 电可擦和可编程只读存储器
EPROM Erasable Programmable Read Only Memory/mehrfach programmierbarer Nur-Lese-Speicher 可擦除可编程只读存储器
EPS effektive Pferdestärke 实际马力，有效马力
EPS effektive Schlepp-Pferdestärke 有效牵引功率
EPS Eingabe-Peripherie-Start 输入外围设备启动
EPS Electric Power Storage 电力储存
EPS Electronic Payment System 电子付款系统
EPS Elektronisch-Pneumatische Schaltung 电子气动换挡
EPS elektrostatisches Pulversprühen 静电粉末喷涂
EPS Emergency Power Supply 应急电源
EPS Evolved Package System 演进的分组系统
EPS Expanded polystyrene 膨胀型聚苯乙烯
EPS Expandierbares bzw expandiertes Polystyrol 可膨胀的或膨胀的聚苯乙烯
EPS expandierter Polyethylenschaum 泡沫聚乙烯，膨胀性聚乙烯
EPS expressed prostatic secretion 前列腺液
EPS geschäumtes Polystyrol 发泡聚苯乙烯
EPSCS Enhanced Private Switched Communication Service 增强的专用交换通信业务
EPSF Restpferdestärke 剩余马力，残余马力
EPSR Reibungspferdestärke 摩擦功率，摩擦马力
EPT Athylen-Propylen-Terpolymer 乙烯-丙烯三聚物，三元乙丙橡胶
EPT ethylene propene trimer rubber/Äthylen-Propylen-Terpolymer-Kautschuk 乙烯-丙烯三聚物橡胶
EPT ethylene propylene terpolymers/Äthylen-Propylen- Terpolymere 乙烯-丙烯与第三成分之共聚体；三元乙丙橡胶
EPT European Project TETRA 欧洲 TETRA 项目
EPTA Expanded Programme of Technical Assistance 技术援助扩大方案
EPTC 丙草丹，扑草灭
ePTFE expandiertes Polytetrafluorethylen 泡沫聚四氟乙烯
EPTR ethylene propene trimer rubber/Äthylen-Propylen-Terpolymer-Kautschuk/Athylen- Propylen-Terpolymer-Kautschuk 乙烯-丙烯三聚物橡胶
EPÜ Europäisches Patentübereinkommen 欧洲专利公约
E-PVC Emulsions-PVC 聚氯乙烯乳胶
EPW Equivalent Planar Waveguide 等效平面波导
EPXC Electrical Path Cross Connect system 电路交叉连接系统
EPZ Eisenportlandzement 矿渣波特兰水泥，矿渣水泥
EPZ Europäische Produktivitätszentrale 欧洲生产效率中心
EQ Emotionalquotient/emotional quotient 情商
EQ Entzerrer 修正器，校正器，补偿器
EQ EQ-Formstück 带法兰盘支管的管接头
EQ Equalize 均衡
Eq. equivalent 等值
EQN EQN-Formstück 带法兰盘的承插弯管，五指弯管，承口-凸缘
EQN Extended Queuing Network 扩展的排队网络
EQUATOR Kernfusionversuchsanlage der CEA in Fontenayaux-Roses, Frankreich 法国原子能委员会在封特耐欧罗兹核研究中心的核聚变

试验装置
ER Edge Router 边缘路由器
ER Einzelrahmen 单框架,单个部件框架
ER Elektronenrechner 电子计算机
Er Elektronenröhre 电子管
ER Elektronische Rechenanlagen 电子计算机(德刊)
ER Emergency Routing 应急路由选择
ER Empfangsrelais 接收继电器
Er Erbium 金属元素铒
ER ER-Formstück 法兰盘承插异径管接头
ER Erle 赤杨
ER Erregerrelais 励磁继电器
ER estrogen receptor 雌激素受体
ER Europarat 欧洲议会
ER Explicit Route 显式路由
ER. emergency room 急诊室
Er. Erstarrungspunkt 凝固点
ERA Elektronische Rechenanlagen-Studiengesellschaft für wissenschaftliche Datenverarbeitung 处理科学数据的电子计算装置研究学会
ERB Event Report BCSM BCSM 事件报告
ERB Event Request Broker 事件请求代理
erb. erbauen 建造完成,造成
erb. erbaut 建成的
Erb. Erbauung 建造,建立
ErbbauVO Verordnung über das Erdbaurecht 土方工程法细则
ERC Equal-Ratio Channel 等比率信道
ERC European Radio communications Committee 欧洲无线通信委员会
ERC expiratory reserve capacity 用力呼气容量
ERCP Endoscopic retrograde cholangiopancreatography 内镜逆行胰胆管造影术
ERD End Routing Domain 端点路由选择范围
ERD entity relationship diagram 实体关系图
ERD Error-Rate Detector 误码率检测器
ERE Europäische Rechnungseinheit 欧洲计算单位,欧洲记账单位(1ERE=2.50 德国马克)
Erf. Erfinder 发明者
Erf. Erfindung 发明,创造
Erf. Erfolg 结果,效果,成效
erf erfolgen 随之产生,得出,结果,实现
erf. erfolgt 产生的,得出的
erf erforderlich 需要的,必要的
Erf. Erfordernis 要求,需求
erf erforschen 研究,探讨
erf erforscht 经过研究的,探讨过的
erf erfüllen 满足,填满,完成
erf. erfüllt 已安成的,得到满足的
Erf. Erfüllung 完成,满足
erf erfunden 发明的,创造的
ERF Event Report Function 事件报告功能
erfdlf.(erfdlfs.) erforderlichenfalls 在需要的情况下,必要时
ERFT E-rosette forming test E 玫瑰花环形成试验
ERG Earth Oriented Research Group 地球定向研究组
ERG Elektroretinografie 视网膜电图
erg Energieeinheit 尔格(能量单位)
Erg. Ergebnis 结果,产量,得数,答案
Erg. Ergänzung 补充物,补充说明
ErgA Ergänzungsanordnung 补充规定,补充说明
Erg.-Bd Ergänzungsband 续编,补遗
Erg.-H Ergänzungsheft 增刊,号外
erh. erhalten 保存,保持;得到
Erh. Erhebung 提升,上升,突起部分
erh. erhitzen 加热
erh. erhitzt 经加热的
Erh. Erhitzung 加热,升温
Erhöhg. Erhöhung 上升,升高;增长,增加;加强
ERI Engineering Research Institute 工程研究所
ERIAG(Eriag) Erdölraffinerie Ingolstadt Aktiengesellschaft 因戈尔施塔特石油炼制股份公司
ERICA Explicit Rate Indication for Congestion Avoidance 避免拥塞的显式速率指示
ERIPS earth resources image processing system 地球资源图象处理系统
ERK Erweichungspunkt nach Ring und Kugel 环球法软化点
erk. erkalten 冷却,渐冷,变冷
Erk. Erkaltung 冷却,降温
Erk. Erkennung 识别,标识,辨别;诊断,检定
Erk. Erkundung 勘探,勘查,侦察
Erkl. Erklärung 说明,解释,注释
erkl. erklingen 发出响声,鸣响
Erk. M. Erkennungsmarke 指示(识别)标志
Erk.-S. Erkennungssignal 识别信号
Erk.-Z. Erkennungszeichen 识别记号,识别标记
ERL Environment Research Laboratory 环境研究实验所
erl. erläutern 说明,讲解,注解
Erl. Erläuterungen 说明,讲解,注释
ERM Elektronische Rechnenmaschine 电子计算机
ERM Enterprise Relationship Management 企业关系管理
ERM enterprise resource management 企业资

源管理
ERM entity relationship model 实体关联模型
Erm. Ermessen 测量,测得,量出
Erm. Ermittlung 求得,测定,调查
erm. ermöglichen 能够,使可能
ERM Explicit Rate Marking 显式速率标记
ERMF Event Report Management Function 事件报告管理功能
ErmV Ermittlungsvorschriften 测试规定
ERN Erdölraffinerie Neustadt Donau 多瑙河新城石油精炼厂
Ern. Erneuerung 更新,复原
ERNO Entwicklungsring Nord der deutschen Flugzeugindustrie 【德】飞机制造工业北方开发协会
ERNO Entwicklungsring Nord 【德】北方发展集团公司
EROLD earth rotation by lunar distances 地-月距离法测定地球自转
EROM Erasable Read Only Memory 可擦只读存储器
EROS Earth Resource Observation Satellite 地球资源观测卫星
EROS European range observation satellite 欧洲范围观察卫星
E-rosette erythrocyte rosette 红细胞玫瑰花结,e-玫瑰花结
ERP Ear Reference Point 耳参考点
ERP effective radiated power (in a given direction) (给定方向的)有效辐射功率
ERP effective refractory period 有效不应期
ERP enterprise resource planning 企业资源计划
ERP Equivalent Radiated Power 等效辐射功率
E. R. P. Ersatz-Röhrchenpulver 代用小型管状火药
ERP estrogen receptor protein 雌激素受体蛋白
ER-PDU Error Protocol Data Unit 差错协议数据单元
ER-PDU Error Report Protocol Data Unit 差错报告协议数据单元
ERPF effective renal plasma flow 有效肾血浆流量
ERQ Echo Request 回响请求
ERQ-PDU Echo Request Protocol Data Unit 回响请求协议数据单元
ERR Error 差错,误差
Err. Erreger 激励器,励磁机,激磁机
err. erregt 受到激励的
Err. Erreichung 到达
Err. Errichtung 建立,建造
ERS Electronic Retailing System 电子零售系统
Ers. Ergebnis 结果,产量,得数,答案
ERS Ersatz 取代,代替;代用品,备件
ers. ersetzen 代替,置换,补充
Ersch. Erscheinung 现象,出现,发生
Ersch. Erschöpfung 耗尽,用尽,耗竭,采尽
Ersch. Erschütterung 振动,摇动,振荡
Erschw. Erschwerung 加重,增加困难
Ers. d. z. Ersatz durch Zeichnung 图纸替代
Ers. f. z. Ersatz für Zeichnung 代替图纸
ErsRP Ersatzröhrenpulver 备用管状发射药
Ersst Ersatzstück 备用品
Erst. Erstellung 完成,设置,准备,供应
Erst. p. (**Erstp.**) Erstarrungspunkt 凝固点
Erstaust. Erstausstattung 第一个装备,第一个装置
erstkl. erstklassig 一级的,头等的,一流的
erstm. erstmalig 首次的,第一次的
erstm. erstmals 首次,第一次
Erstp. Erstarrungspunkt 冰点,凝结点
Ert. Ertönung 发声,发响
ERTS earth resources technology satellite 地球资源技术卫星
ERV expiratory reserve volume 补呼气量
ERVC Efficient Reservation Virtual Circuit 有效预留虚电路
ERW electric (electrical) resistance welding 电阻焊
erw. erwärmt 加温的,升温的
Erw. Erwärmung 加热,预热,升温
erw. erweitert 增订的,扩充的
Erw. Erweiterung 扩展,扩大,扩建,加宽
ERw ERw-Formstiick 异径管,凸缘-承口,带法兰盘承插异径管
erw. erwiesen 经证实的,证明了的
erw. erwirkt 起作用的
Erw. -Pl. Erweiterungsplan; Erweiterungspläne 扩建计划,扩展计划
ERZ Elektrischer Raketenzünder 火箭的电点火引信
ERZ Elektrischer Randdüsenzünder 电边缘喷孔引信
Erz. Erzeuger 生产者,制造者;发生器,发生炉,发电机
Erz. Erzeugnis, Erzeugnisse 产品,成品,制品
erz. erzeugt 已生产的,已制造的
Erz. Erzeugung 生产,制造,产生,发生,发电,产量,开采量
Erzmetall Zeitschrift für Erzbergbau und Metallhüttenwesen 采矿学和冶金学杂志
ES Earth Station 地球站

ES Echo Suppressor 回波抑制器
Es echte Seide 天然丝,纯丝织物
eS Edelschiebesitz 一级精度滑动配合
ES Edge Switch 边缘交换机
ES Einfachstromrichter 单向整流器
Es Einlassventil schließt 进气门关闭
ES Einschalt . . . 接通
ES Einschaltdauer 启动时间
Es Einschießgeschoss 试射弹
Es Einsteinium 锿
Es Eintorschwenkbagger 单门旋转挖掘机
ES Einziehschacht 入风井,进风井
ES elektrischer Steuerwagen 电控车
ES elektromagnetischer Speicher 电磁存储器
ES Elektroschlackeschweißen, Elektroschlacke-Schweißung 电渣焊
ES Element Synchronism 码元同步,网元同步
ES Element Synchronization 码(网)元同步化
ES Empfangssieb 接收滤波器,接收滤波网络
ES End System 端系统
ES Endensäge 切头锯
eS entgangene Schichten 工作完毕的班
ES Environment Subsystems 环境子系统
e. s. erhöhte Sicherheit 增强可靠性,增强安全性
ES Erkennungssignal 识别信号,鉴别信号
ES error second In-service condition 在服务条件的误码秒
ES Error Second 误码秒,错误秒
ES Esche 高梣;梣树
ES E-Schicht E层,第五层
ES Expert System 专家系统
ES extra schwer 极重
ES Exzenterschubrichtung 偏心推作用力方向
ES Schraubenelektrode 螺旋电极
ES Steuerwagen für Elektrotriebwagen 电力牵引车辆的控制车
ESA Environmental Services Agency 环境服务局
ESA European Space Agency 欧洲空间局,欧洲太空局
ESA Steuerwagen für Akkumulatorenfahrzeug 蓄电池机动车辆的控制车
ESA 座椅电动调整
Es-As Essener Asphalt 冷铺细粒地沥青
ES-Auftragsschweißen Elektro-Schlacke-Auftragsschweißen 电渣堆焊
ESB Einseitenband 单边带
ESB Einseitenbandbetrieb 单边带工作
ESB Ethernet Switch Board 以太网交换板
ESBS erweitertes Stabilitäts-Bremssystem 扩展式稳定制动系统
ESC End Session Command 结束会话命令
ESC Engineering Software Consortum 工程软件协会
ESC environmental stress cracking 环境致裂
ESC Escape Character 换码符
Esc Escape/Unterbrechen 退出键
ESC Escape 逃逸
ESC European Seismological Commission 欧洲地震委员会
ESC Exchange Servicing Center 交换服务中心
ESC 转向柱电动调整
ESCDIC Extended Binary Coded Decinal Interchange Code 扩充的二-十进制交换码
E-Scheibe Entfernungsscheibe 距离刻度盘
E-Schw. Elektroschweißen 电焊
E-Schw. Elektroschweißer 电焊工;电焊设备
ESCM 发动机系统控制模块
ESCON Enterprise Systems Connection 企业系统互联
ESD Electrostatic (Electronic Static) Discharge/elektrostatische Entladung 静电放电
ESD elektrisches Schiebedach 电动顶篷,电动滑动天窗
ESDL Expert System Definition Language 专家系统定义语言
E. S. E. Elektrostatische Einheit 静电单位制
ESE Ostsüdost 东-南-东
ESEM Elasto-Statik-Element-Methode 弹性-静力学-构件方法
ESER einheitliche Systeme der elektronischen Rechentechnik 电子计算技术统一系统,电子计算技术标准系统
ESF European Science Foundation 欧洲科学基金会
ESF Extended Super-Frame 扩展超级帧
ESFA 英格兰学校足球协会
ESFI Epitaxial-Silicon-Film auf Isolatoren 绝缘体上的外延硅膜
ESG Einschichten-Sicherheitsglas 单层安全玻璃
ESG Electronic Service Guide 电子服务引导,电子业务指南
ESG Elektronisches Steuergerät 电子控制器
ESG Europäische Singulärsicherung 欧洲独特的保险装置
ESH-PDU End System Hello Protocol Data Unit 端系统呼叫协议数据单元
ESHT electro slag hot topping 电渣热补缩冒口
Esi Einzelsicherung 单保险丝
ESI End System Identifier 端系统标识符
ESI Ethernet Serial Interface 以太网络串行接口

ESI-Bus Enhanced System Intelligence Bus 增强的系统智能总线

ESIDR Erased Silence Descriptor Rate 擦除的静音描述符率

ES-IS End System to Intermediate System Routing Exchange Protocol 终端系统和中间系统路由交换协议

ES-IS End System-to-Intermediate System routing 端系统对中间系统的路由选择

ESK Edelmetall-Schnellkontakt 贵金属快速接触

e. Sk. erhöhter Sicherheitskoeffizient 提高的安全系数,提高的可靠性系数

ESK Europäische Schnellbrüter-Kernkraftwerksgesell- schaft mbH 欧洲快中子增殖堆核电厂公司

eskim. eskimoisch 爱斯基摩人的

ESL elektronische Servolenkung 电子助力转向系统

ESL 电子束光刻技术

ESM Ethernet Switching Module 以太交换模块

ESMA Elektronenstrahlmikroanalyse 电子束显微分析

ESME Extended Short Message Entity 扩展短消息实体

ESME Agent Extended short Message Entity Agent 扩展短消息实体代理

EsMi Eismine 冰矿

ESMiZ Elektrischer S-Minenzünder 防步兵地雷用电点火引信

E-SMR Enhanced Specialized Mobile Radio 增强的专用移动无线电

ESMTP Extended Simple Mail Transfer Protocol 扩展的简单邮件传送协议

ESN Einzelsternpatrone 单星药筒

ESN Electric Sequence Number 电子序号

ESN Enterprise Storage Network 企业存储网络

ESN 电子换档杆模块

ESO Epoxidiertes Sojaöl 环氧化豆油

ESOC European Satellite Operation Center 欧洲卫星运算中心

ESOC European Space Operations Centre/Europäisches Raumfahrtoperationszentrum in Darmstadt 达姆斯塔特欧洲空间运行中心

ESp Echosperre 回波抑制器,反射信号抑制器

ESP Elektronisches Stabilitäts-Programm 电子稳定性程序

ESP Encapsulating Security Payload 封装安全载荷

ESP Encapsulating Security Protocol 封装安全协议

ESP Exchange Software Package 交换软件包

ESP 电控车辆稳定行驶系统

ESP 电子稳定性程序

ESR einheitliches System der Rechentechnik 计算技术统一系统,计算技术标准系统

ESR Elektronenspinresonanz 电子自旋共振

ESR Elektronenstrahlgeschweißte Rohrelemente für Brennelmente 燃料元件电子束焊接管段

ESR Error (Erroneous) Second Rate (Ratio) 误秒率

ESR erythrocyte sedimentation rate 红细胞沉降率

ESRD End stage renal disease 晚期肾病

ESRO European Space Research Organisation 欧洲空间研究组织

ESRV Experimental Safety Research Vehicle 试验性安全研究车辆,安全研究试验车

ESS Electronic Switching Signal 电子交换信号

ESS elektrisches Schnellschweißen 快速电焊

ESS environment stress screening 环境应力筛选

Ess. Essigsäure 醋酸

ESSA environment survey satellite 环境调查卫星

ESSA-Aufnahme 环境调查卫星照片

ESSY Einheitliches Schmiersystem 统一(标准)润滑系统

E. St. Eisenbahnstation 铁路车站

EST Endoscopic sphincterotomy 内镜下十二指肠乳头括约肌切开术

E-St. Edelstahl 特殊钢

ESTA elektrostatisch 静电的

ESTA elektrostatischen Spritzen 静电喷涂

ESTD Exchange Signaling Transfer Delay 交换信令传送时延

E-Stelle Entschärfungsstelle 磨钝部位

E-Stelle Erprobungsstelle 试验处,试验站

ESTM European Standard Test Method 欧洲标准试验方法(用以测定柴油低温流动性)

ESU electrostatic unit 静电单位

ESU Elektro-Schlacke Umschmelzen 电渣重溶

ESU Exchange Signaling Unit 交换信令单元

ESU Extended subscriber unit 扩展用户单元

ESU-Stahl Elektro-Schlacke-Umschmelz-Stahl 电渣重熔钢

ESV elektronische Spätverstellung 电子点火延迟调节

ESV elektrische Sitzverstellung 电动座椅调节装置

ESV 座椅调整

ESWL Extracorporeal shock wave lithotripsy

体外冲击波碎石术

Esx Beliebiges Erzeugersystem 应用系统的统称

ET Eiltriebwagen 快速机动车

ET Einpresstiefe 车轮偏置距

ET Eintontelegrafie 单音电报

Et Eintortiefbagger 单门深挖掘机

ET Einzel-Titer 单丝纤度

ET Electrical Tributary board 电支路板

ET elektrischer Triebwagen 电机动车

ET Elektron-Thermit 电子-铝热剂

ET Elektrotauch 电泳

ET Elektrotechnik 电气工程，电子技术

ET endothelin 内皮素

ET Endteufe 最终深度

ET Endtriode 末级三极管，输出三极管

ET Erreger-Transformator 励磁机变压器

ET Ersatzteil 备品备件

ET Ersatzteilliste 备件表

ET estriol test 雌三醇试验

Et. Etage 阶段，水平

ET Exchange Termination 交换终端，交换机终端

E. T. Extra-Terrestrial 美国某科幻电影中主角名缩写，泛指外星人

ET-AAS electrothermal atomic absorption spectrometry 电热原子吸收光谱测定法

ETACS European Total Access Communication System 欧洲全接入通信系统

ETACS Extended Total Access Communication System 扩展的全接入通信系统

ETAD Ecological and Toxicological Association of the Dyestuffs Manufacturing Industry/Vereinigung der Farbstoffhersteller für Fragen des Umweltschutzes und der Toxikologie 燃料制造工业生态和毒理研究协会

et al et alia, et alibi 以及其他(人)等等

et. al. et alibiund anderswo 以及其他地方

et. al. et aliound anderes 以及其他等等

ETB Einheitliche Technische Baubestimmungen 建筑技术统一规定

ETB End of Transmission Block 码组传输结束

ETC earth terrain camera 地面摄影机

ETC electronic toll collection system 电子不停车收费系统

ETC Electronic Tuning Control 电子调谐控制

ETC Elektronenstrahl 电子射线

ETC Escuela Topograficoy Catastro in Costa Rica 哥斯达黎加地形测量和地籍测量学校

ETC Establish Temporary connection 建立临时连接

etc. et cetera 等等

ETC Exchange Terminal Circuit 交换机终端电路

ETC 电子自动变速箱控制

etCO2 endexspiratorische CO_2— Konzentration 呼气末二氧化碳浓度

ETDM Electronic TDM 电子时分复用

ETE End To End 端到端

ETE Elektrotauchemaillierung 电泳浸釉

ETE (E-E) End-To-End 端到端/端对端

ETEC enterotoxigenic E. coli 产肠毒素大肠杆菌

E-Teilung Entfernungsteilung 距离分划，表尺分划

Etel Erdtelegraphie 地传送脉冲系统

ETF eingebaute Temperaturfühler 内装温度传感器

ETF einheitliche Trägerfrequenz 统一载频

ETF 交易型开放式指数基金

ETF&ETP (全球交易所)交易基金与交易产品

ETFGI (全球交易基金与交易产品)独立咨询机构(公司)

ETFE Äthylen-Tetrafluoräthylen-［Copolymere］乙烯-四氟乙烯(共聚物)

ETG Elektrotechnische Gesellschaft 电气技术公司，电工学会

Etg. -Hzg. Etagenheizung 分段加热，多层加热

ETH Eidgenössische Technische Hochschule Zürich 瑞士苏黎世联邦技术大学

ETL Elektro-Tauch-Lackieren 电泳涂漆

ETL Elektrotauchlackierung 电泳涂漆

ETM Einheitstrimmoment 单位微调瞬间

ETM Embedded Transmission Module 嵌入式传输模块

ETNS European Telecommunications Numbering Space 欧洲通信编号空间

ETO Ephemeris Transit für O^h 历书时中天

ETO European Telecommunications Office 欧洲电信局

ETO European Transport Organization 欧洲运输组织

ETOM Electro Trapping Optical Memory 可重写光盘，电刻光存贮器

ETP 黄金交易所交易产品

ETP/S Electric Tributary PDH2Mb/s Socket PDH 2Mb/s 电支路插槽

ETP/T Electric Tributary PDH2Mb/transformer PDH 2Mb/s 电支路转换器

ETR ETSI Technical Report ETSI 技术报告

ETR 安全带拉紧器

E-Trommel Entfernungstrommel 距离分划筒，表尺分划环

ETS elektronisches Traktions-System 电子控制

牵引系统

ETS European Telecommunication Standard 欧洲电信标准

ETSI European Telecommunication Standards Institute 欧洲电信标准协会,欧洲通信标准研究院

E-TSt Endtelegraphenstelle 电报终端局

ETT Eintontelegraphie 单音电报

ETt Endtetrode 末级四极管,输出四极管

ETU EDSL Transceiver Unit EDSL 收发器单元

ETU Elementary Time Unit 基本时间单元

ETU-C ETU at the Central office end 局端 EDSL 收发器单元

etul entgegen gesetzt dem Uhrzeigerlaufend 反时针方向运行的

ETU-R ETU at the Remote terminal end 远程终端 EDSL 收发器单元

ETV Elektrotechnischer Verein 电气技术联合会

ETVA Elektrotechnische Versuchsanstalt 【奥】电工实验所

ETW Eigentumswohnung 私房,自有产权房

ETW elektronisches Telegraphenwählsystem 电子电报选择系统

etw. etwas 少许,有些

ETZ Elektrotechnische Zeitschrift 电工杂志,电子学杂志

EU Einankerumformer 单枢旋转换流器,旋转变流器

EU End User 最终用户,末端用户

EU Entfernungsunterschied 距离差

Eu Euronorm 欧洲标准

EU Europäische Union 欧洲联盟,欧盟

Eu Europium 稀有金属铕

E. U. Extrauteringravidität 子宫外孕

EUA Europäische Umweltamt 欧洲环境局

EUCEPA European Committee for Cellulose and Paper 欧洲纤维素和纸张委员会

E. u. M. Elektrotechnik und Maschinenbau 电气技术和机器制造

EUM Extended Unsuccessful backward setup information Message 扩展的后向建立不成功信息消息

EuR Europarecht 欧洲法(律)

Euratom Europäische Atomenergiegesellschaft 欧洲原子能协会

Euratom Europäische Atomgemeinschaft 欧洲原子委员会

EURO-COST European Cooperation in EUROSPACE; Europäische Industrie-Studien Gruppe für Weltraumfragen 欧洲宇宙课题工业研究小组

Euro-NCAP 欧洲新车安全评鉴协会

EUT Equipment Under Test 被测设备

EUTEL-SAT European Telecommunications Satellite Organization/Satellitenbetreiber Gesellschaft 欧洲通信卫星组织

EU-Trinkwasserstandard 欧盟饮用水标准

EU-Tubing External Upset Tubing (油井用)外加厚油管

EUV Emission of Ultraviolet 紫外线辐射

EU-Widerstand Eisen-Urdox-Widerstand 铁-二氧化铀电阻

EV Eilvorlauf 快速送给

e. V. eingetragener Verein (向政府)登记(注册)过的社团(协会)

EV Einlassventil 进气阀,进气门

Ev Einstellvorschrift 调节规定

EV Electro Vehicle 电动车

eV Elektronenvolt (Messeinheit der Energie) 电子伏(能量测量单位)

EV Elektrotechnischer Verein 电工协会,电气技术联合会

EV Emaniervermögen 射气能力,放射本领

EV Empfangsverstärker 接收放大器

EV Endverschluss 终端接头

EV Endverstärker 末级放大器,功率输出放大器

EV Endverzweiger 终端分线板

EV Endverzweigung 终端分线,终端分接

EV Energieversorgungseinheit 能源供应单位,供电单位

EV Entwicklungsvorschlag 开发建议

ev. eventuell 或许的,可能的

Ev Evolventenfunktion 渐伸线函数

EV expandiertes Vermiculit 片状蛭石

EV Fuel Injector 喷油嘴

EVA Eingabe/Verarbeitung/Ausgabe 输入-处理-输出

EVA Einwirkungen von außen 外作用,外影响

EVA Elektronischer Verkaufsassistent 电子销售助理

EVA Ethylene vinylacetate/Äthylen-Vinylacetat-Copolymere 乙烯-醋酸乙烯酯共聚物

EVAP 燃油挥发排放控制装置

EVB Exhaust Valve Brake 排气阀制动

EVCS Enhanced Video Connector Standard 强化的视频连接器标准

EVD enhanced versatile disk 高密度数字激光视盘

eve Compact Video Cassette 紧凑型盒式磁带

EVF elektroviskose Flüssigkeit 电黏性液体

EVG elektronisches Vorschaltgerät 电子镇流

器

EVG Europäische Verteidigungs-Gemeinschaft 欧洲防务共同体

EVI External Video Interface 外部视频接口

EVL endoscopic esophageal varix ligation 内镜下食管曲张静脉结扎术

EVN Energieverbrauchsnorm 能耗标准

EVN Eurovision news exchange/europäischer Nachrichtenaustausch 欧洲电视新闻交换

EVN 伸延信息联网系统

EVO Eisenbahnverkehrsordnung 铁路交通规章

EVö Elektronischer Verein Österreichs 奥地利电子联合会

1xEV-DO 1x evolution Data Optimized 1x 演进数据优化

1X EV-DV 1X Evolution Data & Voice 1X 增强-数据与语音

EVP Endverbraucherpreis 最终用户价格

EVR electronic video recording 电子录像

EVRC Enhanced Variable Rate CODEC 增强性可变速率编解码器

EVRC Enhanced Variable Rate Coder 增强型可变速率编码器

EVs Endverschluss (电缆)终端接头

EVSIDR Erased Valid Silence Descriptor Rate 删除有效沉默描述符率

EVST Endvermittiungsstelle 终端交换台

EVT Eignungs- und Verwendungstest 合格和应用试验

EVT Ersatz- und Verschleißteiltypung 备用件和磨损件的标准化

evt.(evtl.) eventuell 可能的,万一的,在某种情况下

EVU Elektrizitätsversorgungsunternehmen 供电企业

EVV Europäischer Vliesstoff-Verband in München 【慕尼黑】欧洲非织造织物协会

EW einfache Weiche 普通道岔,普通转辙器

e. W.(E. W.) eingetragenes Warenzeichen 注册的商标

EW Einheitswelle 单位波;基轴

EW Einheitswert 单位值

EW Einweggleichrichter 半波整流器

EW Einweggleichrichtung 半波整流

EW einziehendes Wetter 入风流;新鲜风流,进风流

EW Eisenwasserstoff-Widerstand 铁氢电阻

EW Electronic War 电子战

EW Elektrizitätswerk 电厂,电站

EW elektromechanisches Werk 电机厂

E. W. Entschärferwerk 消毒车间,消毒工作,磨钝工作

EW Erdschlusswächter 接地继电器,漏泄继电器

EW Fernmeldewart 长途电信值班

e. W lichte Weite 净宽,净直径

EWA effektives Warmausbringen 有效热输出

EWA Europaische Werkzeugmaschinen Ausstellung 欧洲机床展览会

EWA Europäisches Währungsabkommen 欧洲货币协定

E-Wagen Einsatzwagen 加班车辆

EWC Either-Way Communication 半双工通信

EWG Europäische Wirtschaftsgemeinschaft 欧洲经济共同体

EWI Elektrowärmes Institut, Essen 【德】埃森电热研究院

EWI Energiewirtschaftliches Institut an der Universität Köln 【德】科隆大学能源经济研究所

E-Wirtschaft Elektrizitätswirtschaft 电业,电力行业

EWIV Europäische Wirtschaftliche Interessenvereinigung 欧洲经济利益联合体

EWM Elektronenwellenmagnetron 电子波磁旋管

EWM 电子换档杆模块

EWP Elektrowärmepumpe 电热泵

EWP Europäischer Wagenbeistellungsplan 欧洲车辆提供计划

EWR Elektronenwellenröhre 电子波管

EWR Europäischer Wirtschaftsraum 欧洲经济区

EWS elektronisches Wählsystem 电子选择系统

EWS Emergency Warning System/bei RDS und Daß 紧急告警系统

EWSD 德语数字交换系统

EWSF elektronisch gesteuertes Fernwählsystem 电子遥控选择系统,电子遥控自动交换系统

EWSO elektronisch gesteuertes Ortswählsystem 市内电子遥控选择系统,市内电子遥控自动交换系统

EWT Elektrizitätswerktelephonie 发电站的电话通信

EWT Expected Waiting Time 预计等待时间

EWZ Ersatzteile, Werkzeuge und Zubebör 备品,工具和附件

ex. exakt 精确的,精密的,严密的,确切的

Ex. Exaktheit 正确性,精密度,严正性

Ex. Examen 考试,试验,审查,检查

EX Exchange 交换机,交换局

Ex. Exemplar 标本,样本,样品

Ex. Exerziergeschoss 教练弹,练习弹

Ex explosionsgeschützt 防爆的

Ex explosionssicher 防爆的
EX Exponent 样本,样品;指数,阶
EX Extinction Ratio 消光比
EXAPT extended subset of APT 扩展的 APT 子集
ExB Exerzierbombe 试爆炸弹
Exd. examined 已检查
EXE executable 可实行的
EXEC executive control System 执行控制系统
Exempl exemplarisch 示范的,做样子的
exempl. exemplifizieren 举例说明
exempl. exemplifiziert 举例说明的
Exempl. /h Exemplare pro Stunde 每小时复印数
ex. gr. exempligratia 例如
Exh. Exhibition 展览,显示;展览会
Ex. Mun. Exerziermunition 训练用(实习用)弹药,教练用弹药
EXP excretion precautions 排泄物隔离
Ex. P. Exerzierpatrone 教练弹药筒
Exp. Expander 扩展器,扩展电路
Exp. Expansion 扩张,展开,膨胀,扩大;发展,展开式
exp. expansive 膨胀的
exp. expedieren 发送,运送
Exp. Experiment 实验,试验
exp. experimentell 实验的
exp. experimentieren 实验,试验,鉴定,检验
Exp. Experte 专家;能手
Exp. Exponat 展品,陈列品,展览,陈列
Exp. Exponent 代表,典型,样品,解说者;指数
exp Exponentialfunktion 指数函数
exp. exponieren 使曝露,使曝光;说明,解释
Exp. Export 输出,出口,出口商品
Exp. Exposition 解释,说明,展览会
ExpA Exportausschuss 出口委员会
Ex. Patr. (ExPatr) Exerzierpatrone 教练弹药筒
Expl. Exemplar 标本,样本,样品
expl. explodieren 爆炸,爆发
Expl. explodiert 爆炸的
Expl. Exploration 探查,探索,研究,确定
Expl. Explosion 爆炸,爆破
expl. explosiv 爆炸的,炸药的
Expr. Express 特别快车
EXRZ flWM Exerzierrauchzünder für leichte Wurfmine 轻迫击炮弹用教练发烟引信
EXS Expandable Switching system 可扩展的交换系统
EXS ex ship 船上交货
Ext externus 外部的
Ext. Extension 伸长,延长,扩大;牵引;电话分机
Ext. Extensität 扩张之程度
Ext. Extensitivität 伸长性
ext. extensiv 广泛的,广阔的,广大的
ext. extern 外部的,表面的
Extr. Extractum 浸膏
Extr. Extrakt 提取物,摘要,内容提要
Extr. Extrusion 挤压,挤出,推出
EXU Extension Unit/Erweiterungseinheit 扩展单元
EXW ex works 工厂交货
Exz. Exzentrizität 偏心率,离心率
exz. exzentrisch 偏心的
exz. exzerpieren 摘要,提要
exz. exzerpiert 摘要的
Exz. Exzerpt 摘要,提要
EYAS Erbium Ytterbium Amplifier Scheme 铒钇放大器方案
EYDFA Erbium-Ytterbium-Doped Fiber Amplifier 掺铒钇光纤放大器
EZ Ehrenzeichen 识别标志,识别符号
EZ Einheitszeit 单位时间
EZ Einheitszumischer 标准混合器
EZ elektronische Zündung 电子点火
EZ empfindlicher Zünder 瞬发引信
EZ Entstehungszeit 形成时间
Ez Entwurfszeichnung 设计图纸
Ez Entzerrer 校正器,补偿器
EZ Erinnerungszeiger 存储显示器
EZ Erstzulassung 初次验收
EZ Esterzahl 酯价,酯化值
EZA Eisenbahnzentralamt 铁路总局
Ezb Europäische Zentralbank 欧洲中央银行
E-Zeichnung Entwurfszeichnung 设计图
EZEV Equivalent-Zero-Emission-Vehicle 当量零排放汽车
EZU Europäische Zahlungsunion 欧洲支付联盟
E-Zug Eilzug 直快列车
E-Zünder elektrischer Zünder 电动引信,电发火引信

F

F Activitätskoeffizient 活度系数
F4 Bildfunk 无线电传真电报
F Brennweite 焦距
F Fach 专业,学科,区分,区域
f. fachlich 专门的;专业的;本职的
F Faden 灯丝;丝;线
F Fahrabteilung 交通科;乘务科
f Fähre 渡船
°F Fahrenheit 华氏温标,华氏温度,华氏度
F Fahrer 驾驶员
F Fahrstuhl 电梯
F Fährte 足印,足迹
F Faksimile 传真,无线电传真
F Fallschirm 降落伞
F Fang 捕获物;收集器;接受器;陷阱
F Farad 法拉(电容单位)
F Faraday 法拉第
F Faradaykonstante 法拉第常数
F. Faradaysche Aquivalentladung 法拉第等效电荷
F. Februar 二月
F Federbein 弹簧支柱
F Federung 弹性;弹力;挠曲性
F fein 细的,薄的;良好的(质量评价用语)
F Feind 敌人
F Feindflug 敌机
F feindlich 敌人的,敌对的
F Feine 零星货物,小东西,细粒产品,细粒级,细末,粉末;筛下品
F2 Feinkornbrikett mit der Körnung 0 bis 3 mm 0－3毫米粒度的细粒团矿
F Feld 场;区域;战场;野外
F Femininum 阴性;阴性名词
f Femlo 毫微微(10^{-15})
F Fermi 费米
F Fern 长途
F Fernaufklärer 远距侦察员
F Ferngeschoss 远射程弹
F Ferngespräch 长途通话,远距离通话
F Fernhörer 耳机,受话机,听筒
F Fernladung 远距离充电
F Fernmelde 通讯,电信
F Fernmeldedienst 通讯业务;电信业务
F Fernmeldetechnik 通讯技术
F Fernmeldewesen 长途电信业
F Fernschnellzug 长途快车
F Fernsprech 长途电话
F Fernsprechdienst 长途电话服务
F Fernsprecher 电话机
F Fernsprechleitung 电话线
F. Fernsprechwesen 电话学;电话术
f fest 固定的;固体的,固态的;稳定的;坚固的
F Festfeuer 固定照明
F Festformat 固定规格;固定形式
F Festigkeit 强度,决固性,稳定性;韧性
F Festigkeitswert 强度值
F Festsitz 紧合;紧接;二级精度重迫配合
F Festung 要塞,堡垒
f feucht 潮湿的
F Feuer 火,火焰,火灾;火力,射击;灯火
F. Feuerwerker 烟火制造技师
F F-Formstück 带法兰盘平端的管接头
F(f) filament/Heizfaden 灯丝;灯丝;单纤维/加热丝
F Filter 过滤器,滤光器,滤波器
F Final 最后,最终
F Fischereifahrzeug 捕鱼船;渔船
F Fläche 面(积);表面;晶面
F Flächeninhalt 面积
f flächenzentriert 面心的
F Flag 标志;标志码
F Flammofen 火焰炉;倒焰式炼焦炉;反射炉
F Flanke 侧壁,侧面;齿形,齿面
F Flasche 瓶
F Flieger 飞行员
F Fliehbolzen 离心保险销
F Fließpunkt 降伏点;流动点;屈服点
F flink 无惰性的
F Flint 火石
F Flottille 小舰队,小船队
F Flug 飞行
F Flugdauer 飞行时间
F Flügelfläche 翼面;(螺旋桨)桨叶面积
F Flugzeugführer 飞行领航员
F Fluid 流体
F Fluor 氟
F Fluoreszenz 荧光
F Fluss 河,河流
F Föhre 欧洲赤松
F Fokus 焦点
F Folge 次序,系列;后果,效果
f. folgende 以下的,其后的
f.(ff.) folgende Seiten 以下各页
F folic acid 叶酸

F Folio 对开本
F. Folio Papierformat 对开纸的纸张规格
F Force/Kraft 力
F Fördersohle 运输水平,运输水平巷道
F Förderstrecke 运转平巷,运输区段
f. Form 样式;形状;状态;模型;轮廓;砂型;铸模
F Former 造型机
F1 formula 1 一级方程式锦标赛
F. Forschungsabteilung 研究部门
F. Forschungsanstalt 研究所;研究单位
F Forst (营造的)森林
F Förster 森林管理员
F Fort 外堡;防御工事
f forte (音乐中表示)强
F Fortsetzung 继续;续页,续篇,续表
F Frage 问题;疑问;课题
F freie Energie 自由能
6F 6 freiheitsgrad 六自由度的
F Freiluftausführung 露天架设;室外架设
F fremderregt 他励的,外励的
F Fremderregung 他励,外励
f Frequenz 频率
F Frequenzmodulation 调频;频率调制
F Frischwassergebiet 淡水区
F frontal 前面的;正面来的;前额的
F Füllung 充气;填充(物)
f fundamental 基础的,基本的
F Funk 无线电
F Funktion 函数;性能;作用
F Fusionspunkt 熔点
F Futterrohr 套管,管套
F9 gemischte Übertragungen 混合传输
f Impulsfolgefrequenz 脉冲重复频率
F Kolbenfläche 活塞面积
F Kraft 力
1f Lizenzbereitschaft von der Bekanntmachungen 准备出售许可证
μF Mikrofarad 微法(拉)
μμF Mikromikrofarad/picofarad 皮法,微微法(拉)
F Mindestzugfestigkeit 最小抗拉强度
f Pfeilhöhe 垂度,拱高
F respiratory frequency 呼吸频率
F Schaltfrequenz 开关频度;转换频率
F Schmerzpunkt 熔点
f senkrecht fallend Schweißnaht 垂直焊缝
F2 Telegrafie; tönend 音调电报
FA Fachabteilung 专业部门
FA Fachausschuss 专家委员会,专业委员会
FA FA-Formstück 带法兰盘支管的管接头
FA Fallschirmleuchtbombe 降落伞照明弹
fa fallweise festgelegt 视情况而定
FA Fax Adaptor 传真适配器
FA Fehleranzeige 误差指示,故障指示
Fa Feines in der Aufgabe 入选原煤的灰分含量
FA Feldartillerie 野战火炮
FA Fernamt 长途电话局
FA Fernantrieb 远距传动;遥控传动;远距驱动
FA Fernanzeige 远程显示,远程显示装置
FA Fernmeldeamt 长途电话局;电信局
FA Fernsehabtaster 电视扫描器
FA Fernsprechanschluss 电话进线连接
FA FernsprechanschlussVerbindung 电话进线连接
FA Fernwirkanlage 遥控设备;遥控装置
FA Fertigungsaufgabe 生产任务
FA Fertigungsautomation 制造自动化,装配自动化
FA Fiber Adaption 光纤适配
FA Finanzamt 财政局
Fa Firma 厂家,公司,商号
FA fixed analyzer 固定分析器
FA Fließadjustage 流水作业精整线
Fa Flottenaufnahme 轧液率,吸液率
FA Flugabwehr 防空
FA Foreign Agent 外地代理,国外代理人
FA Forschungsabteilung 研究部门
FA Forschungsamt 研究局
FA Forschungsanstalt 研究所,研究单位
FA Fotoaufklärungsflugzeug 摄影侦察飞机
FA Frame Aligner 帧定位器;帧调整器
FA Frame Alignment 帧校准,帧定位
Fa Francium 钫
FA Frequenzabgleich 频率调整
FA Full Allocation 全配置
FA •工厂自动化
FAA FAA-Formstück 法兰盘平端带两个支管的承插管接头
FAA Facility Accepted 可接受设施
FAA Federal Aviation Administration 【美】联邦航空管理局
faa Folge-Arbeit-Arbeitskontakt Relais 顺次闭合的触头组
faa Folgearbeits-Arbeitskontakt 顺序动作的常开触点,顺次闭合的触头组
Fab antigen-binding fragment 抗原结合片断(免疫球蛋白)
FAB Fernmeldeanlagenbau 通信设备制造
FAB Fernmeldeanlagenbaubetrieb DDR 【前民德】电讯设备制造厂
FAB Fiber Array Block 光纤阵列块
f. a. B frei an Bord 船上交货,离岸价格
Faberg Fachnormenausschuss Bergbau 矿业专

业标准委员会
FABM Fiber Amplifier Booster Module 光纤放大器增强模块
Fabr, Pr. Fabrikpreis 工厂价格
Fabr. Fabrikant 制造厂,生产厂
Fabr. Fabrikation 制造,生产
Fabr. Fabrikbesitzer 工厂主
Fabr. Fachbereich 专业范围
Fabr. Fachbericht 专业报告
Fabr. Fachbuch 专业书籍
F.-Abt. Forschungsabteilung 研究部门
FAC Facilities 设备,设施
Fac. facsimile 复印件
Fac Factor 因子,因数,系数
FAC Final Assembly Code 最后的汇编代码,最后装配号
FAC Foreign Agent Challenge 外地代理质询
FAC Forward Acting Code 前向作用码
FACCH/H Fast Associated Control Channel/Half rate 快速相关控制信道/半速率
Fäch Fächer 扇形
FACH Forward Access Channel 前向接入信道
Fachausschussber. Fachausschussbericht 专业委员会报告
Fachb. Fachberater 专业顾问(人员)
Fachb. Fachberatung 专业顾问;专业咨询
Fachb. Fachbibliothek 专业图书馆
Fachb. Fachbuch 专业书
Fachber. Oberflächentech. Fachberichte für Oberflächentechnik 表面技术专业报告(德刊)
Fachbl. Fachblatt 专业报纸
FaChemFa Fachgruppe Chemische Herstellung von Fasern 化学纤维制造专业组
Fachgeb. Fachgebiet 专业领域
Fachh Fachheft 专业册子
Fachl. Fachliteratur 专业文献
Fachsch. Fachschule 专业学校
Fachz. Fachzeitschrift 专业杂志,专业期刊
FACS Fluoreszenz-aktivierter Zellsorter 荧光活化的细胞分选器
FAD Fernsehabtaster für Dia positiv 用于幻灯(正片)的电视扫描器
FAD Fernsprechauftragsdienst 电话委托服务
FAD fetal activity acceleration determination 胎儿活动加速测定
FAD Feuerabwehrdienst 防火服务
FAD flavin adenine dinucleotide 黄素腺嘌呤二核苷酸(黄酶辅基)
FAD Freiwilliger Arbeitsdienst 志愿劳动服务
FAF flexible automatisierte Fertigung 柔性自动制造
f. a. f. frei ab Fabrik 工厂交货
FAG Feldarbeitsgerät 战地工作仪器;野外工作仪器
FAG Fernmeldeanlagengesetz (Gesetz über Fernmeldeanlagen) 长途电信设备法
FAG Flughafen Frankfurt/Main AG 【德】法兰克福(美因河)机场股份公司
FAGS Federation of Astronomical and Geophysical Service 天文与地球物理服务联合会
FAH (Fah) Fahrenheit 华氏度
f. a. H. frei ab Haus 公司交货,家中交货
f. a. h. frei ab hier 就地交货
Fahi Fahrrad mit Hilfsmotor 有辅助电动机的自行车
Fähigk. Fähigkeit 能力,才干
Fähnr Fähnrich 候补士官,见习士官
fahrb. fahrbereit 做好行驶准备的,做好开车准备的
Fahrber. Fahrberechtigung 行驶权
Fahrber. Fahrbericht 行驶报告
Fahrerl. Fahrerlaubnis 行驶许可
Fahrg.-Nr. Fahrgestellnummer 底盘编号
Fahrgest. Fahrgestell 底盘,底架;活动部分;升降罐笼
Fahrgest.-Nr. Fahrgestellnummer 底盘号;底架号
Fahrs. Fahrseil 提升钢绳
Fahrsp. Fahrspiel 移动间隙
Fahrv Fahrvorschrift 行驶规定
Fahrw. Fahrwasser 水道,水路,航道
Fahrw. Fahrweg 路程,行程
Fahrw. Fahrwerk 起落架;移动机构,行走机构
Fahrz. Fahrzeug 运输工具(车、船、飞机等)
Fahrz.-Nr. Fahrzeugnummer 运输工具编号
Fahrz. TVO Fahrzeugteileverordnung 运输工具零件规定
Fahrz. Zul. Fahrzeugzulassung 运输工具许可(证)
FAI Federation Aeronautique Internationale 国际航空协会
FAITH Fiber Almost Into The Home 准光纤到家
FAK Fabrikabwasserkanal 工厂污水管道
FAK Facharbeitskreis 专业工作界
Fak. Fakultät 阶乘;(大学的)院、系、科
fak. (fakult.) fakultativ 选修的;进修的
FAK Fernseh-Abtast-Kombination 电视扫描组合
FAK Fibre Analysis Knitting-Machine 纤维分析用针织机
F. A. K. Fliegerabwehrkanone 高射炮
Fa. Kat. Firmakatalog 公司(产品)目录,公司(产品)样本

FAKAU Fachnormenausschuss Kautschukindustrie im DNA 【德】标准委员会橡胶工业专业标准委员会

FAKAU Normenausschuss Kautschuktechnik DIN 【德】标准化协会橡胶技术标准委员会

FAKI Fachnormenausschuss Kinotechnik für Film und Fernsehen im DNA 【德】标准化协会电影和电视技术专业标准委员会

FAKK Fachausschuss für Kernforschung und Kerntechnik 核研究和核技术专业委员会

FAKRA Fachnormenausschuss Kraftfahrzeugindustrie 【德】汽车工业专业标准委员会

FAKRA Normenausschuss Kraftfahrzeuge 汽车专业标准委员会

FAKS. Faksimile 无线电传真

Faks. St. Faksimilestempel 传真冲压

fakt faktisch 事实的，确实的

Fakt. Faktor 因素；因子，因数，系数

Fakt. Faktura 货单，发票

fakt. fakturiert 开货单的，开发票的

FAL Förderanlagensteuerung 输送设备控制；运输设备控制

FAL Forschungsanstalt für Landwirtschaft 【德】农业研究院

FAL Frame Alignment Loss 帧定位丢失

FAL Frequency Allocation List 频率分配表

Fäll. Fällung 沉淀，跌落，下降，凝固

Fällbark. Fällbarkeit 可沉淀性

Fallsch. Fallschirm 降落伞

FALR Fla-Abfanglenkrakete 防空截击导弹

FALU Fachnormenausschuss Luftfahrt im DNA 德国标准化协会航空专业标准委员会

FAM Fachausschuss Mineralöl- und Brennstoffnormung 【德】矿物油和液体燃料标准专业委员会

FAM Fault Alarming Module 故障报警模块

FAM Forward Address Message 前向地址消息

FAM Frame Alignment Module 帧定位模块

FAM pulse amplitude modulation/Frequenz- und Amplitudenmodulation gleichzeitig 频率和振幅同时调制

Fam. Familie 家庭，家族

FAMA Fahrbare Anlage für mittelaktive Abfälle der STEAG 中放废物(处理)可移动式装置(属埃森煤炭电力公司)

FAME fatty acid methyl ester 脂肪酸甲酯

FAME Flexible Automatic Meshing Enviroment 柔性自动网络环境

FAMOS Fast Multitasking Operating System 快速多任务操作系统

FAN Fiber in the Access Network 接入网光纤

FAN 高音喇叭系统

FANA Fachnormenausschuss Akustik und Schwingungstechnik im DNA 德国标准委员会声学和振动技术专业标准委员会

FAO Food and Agriculture Organization 联合国粮(食和)农(业)组织

FAO_2 fraction of alveolar oxygen 肺泡氧分数

F-APICH Forward Auxiliary Pilot Channel 前向辅助导频信道

FAQ Frequently Asked Questions/häufig gestellte Fragen 经常提问的问题

FAR Facility Request Message 设备请求消息

FAR Fernrufrelaissatz 电话接通继电器组

far Folge-Arbeit-Ruhekontakt Relais 顺次闭合的触头组(继电器)

far Folgearbeits-Ruhekontakt 顺序动作的常闭触点

Färb Färberei 染坊，印染厂，印染术

FArb Fernmeldearbeiter 长途电讯操作员

Farb. Farbe 颜色

farb. farbig 带色的，彩色的；着色的，有色的

Färbeverf. Färbeverfahren 染色方法

farbl. farblich 带颜色的

farbl. farblos 无色的

Farbst. Farbstoff 颜料，染料；着色剂，染色剂

FarbV Farbstoffverordnung 颜料规定，颜料规范

Farhz. TVO Fahrzeugteileverordnung 运输工具零件规定

FART Frame Alignment Recovery Time 帧同步恢复时间

Farw Fahrweg 干线；通路，人行道；路程；行驶路线

FAS Facility Associated Signaling 设施相关的信令

FAS fernbedienbares Antennenanpassgerät 可遥控的天线匹配器

FAS Fertigungsabschnitt 生产阶段，加工阶段

FAS fetal alcohol syndrome 胎儿酒精综合征

FAS Fiber Access System 光纤接入系统

FAS Flexible Access System/System mit flexiblem Zugriff 灵活存取系统，灵活接入系统

FAS Forschungsanstalt für Schiffahrt, Wasser- und Grundbau 海运、水利和基础工程研究院

FAS Fragen-Auswertungs-System 问题解答系统

FAS Frame Aligning Signal 帧定位信号

f. a. s free alongside ship/frei längsseits Schiff 船边交货(价格)，靠船价格

FAS Fußabblendschalter 脚踏光强弱控制开关

Faserforsch. Faserforschung 纤维研究

Faserst. Faserstoff 纤维，纤维材料

Faserstofftechn. Faserstofftechnik 纤维材料

技术
Fasp Fernmeldeaspirant 电讯实习生
FASS Fachausschuss für Strahlenschutz und Sicherheit 辐射防护和安全专业委员会
Fass Fernmeldeassistent 电讯助教(或助手)
Fass. Fassung 容量;座;框架;夹子;卡盘;灯座
Fass.-Verm. Fassungsvermögen 容量,容积
FASt Fernsprechanmeldestelle 电话登记处
FAST Fiber At Subscriber Terminal 用户端光纤
FaStöMD Funkstörungsmessdienst 无线电干扰测量业务
FAT Flexible Access Termination 灵活存取终端,灵活接入终端
FAT File Allocation Table; Dateizuordnungstabelle 文件分配表
FAT Filmabtaster/telecine 电视电影
FAT Forschungsvereinigung Automobiltechnik e. V 汽车工程研究联合会
FATDDL Frequency And Time Division Data Link 频分与时分数据链路
FATT fracture appearance transition temperature 脆性转变温度
FAUNA Forschungsanlage zur Untersuchung Nuklearer Aerosole 核气溶胶研究设备
FAUSCH Fast Uplink Signaling Channel 快速上行链路信令信道
FAuT Fliegeraufklärungstafel 飞行员侦察表
FAV Flugabwehrvorschrift 防空规范
FAW First Automobile Works 【中】第一汽车制造厂
FAW Fortbildungsakademie der Wirtschaft 【德】经济界从业人员进修学院
FAW Frame Alignment Word 帧定位字
f. a. W. frei ab Werk 工厂交货
Fax facsimile/Telefax 传真(机)
FAX Faksimile-Funkschreiber 传真电报设备
FAX (Fax) Faksimilegerät 无线电传真设备,无线电传真仪器
FAXIWF FAX Interworking Function 传真互通功能
Faz Fernanrufzeichen 长途电话信号,长途线路呼叫信号
FAZ Filmaufzeichnung/telecine recording 电视电影记录
FAZ Frankfurter Allgemeine Zeitung 法兰克福汇报
Fb. Fabrik 工厂
Fb. Fabrikat 制品,产品
Fb. Fabrikation 制造,生产
FB Fachbereich 专业范围,专业领域
FB Fahrbahn 公路,跑道,干线,路线
Fb (fahrb.) fahrbar 可行驶的;可航行的;活动的
FB fahrbare Bohranlage 自行式钻机,轻便钻机,装在汽车上的钻机
Fb fahrbereit 准备行驶的;做好行驶准备的
Fb Fahrbericht 运转报告;运行报告;行驶报告
FB Faserbruch 纤维断裂
FB Faserinstitut Bremen e. V. 不来梅纤维研究所
FB FB-Formstück 法兰平端带两个支管的管接头
Fb. Feldbahn 窄轨,窄轨铁道
FB Fernbedienung 远程控制,遥控
FB Fernbildschreiber 无线电传真记录器
FB Fernmeldebau 电讯工程,电讯建筑
FB Fernseh-Bohrlochsonde 钻井壁勘查用电视探头
Fb Fernsprechbezirksverbindung 电话通话地段连接
FB Fernsteuerbetrieb 远距离控制运行
f. B. fertiger Beton 预制混凝土
FB Fertigteilbauweise 预制件制造方法
FB Fiber Booster 光纤增强器
FB Fiber Bundle 光纤束
Fb Flockenbast 棉化麻纤维,絮状纤维
Fb. Flugbetrieb 飞行驱动;航空企业
Fb Flugbetriebsstoff 航空燃料
Fb. Formenbau 模具制造
FB Forschungsbericht 研究报告
FB Forschungsbetreuung 研究管理
Fb. Fortbildung 进修
FB Frachtbrief 装箱单
Fb. (Fbd) Freibord 干弦高度,干弦(载货最重吃水线与最高甲板之间的距离)
FB Frequency correction Burst 频率校正短脉冲串,频率校正突发
FB Frühjahrsbestellung 春耕
FB Führungsband 导向带
FB Funktionsblock 功能块,执行方块,作用方块
FB Furnierband 胶合带
FB Fußboden 地板
fb gefärbt 染色的,着色的
FBA Farbbildaustastung 彩色图像消隐
FBA Fehlerbaumanalyse 故障树分析
FBA Fernmeldebauamt 电讯建筑局;电讯工程局
FBA Feststellbremsanlage 停车制动装置
FBAbt Fernmeldebauabteilung 电讯建筑科;电讯工程科
FBAR 薄膜体声波谐振器
FBAS Farbbildaustastsynchronsignal/composite

colour video signal 复合彩色电视信号
Fbau Fernmeldebau 电信建筑，电信工程
FBB FBB-Formstück 法兰平端带两个承插支管的管接头
FBb Fertigbauweise, bewehrt 钢筋结构的预制件建筑形式
FBB Fiber Backbone 光纤干线
FBBz Fernmeldebaubezirk 电信建筑区，电信工程区
F-BCCH Forward Broadcast Control Channel 前向广播控制信道
F-BCH Forward Broadcast Channel 前向广播信道
FBCN Fuzzy Backward Congestion Notification 模糊反向拥塞通知
FBD Fernmeldebaudienst 通信线路工程业务
Fbd. Farbband 色带
FBE Fernbetriebseinheit 远距离操作单元
FBe Fernsprechbezirksverbindung für elektrische Zugförderung 用于电动机车运输的电话通话地段连接
Fbf. Farbfilm 彩色影片，彩色胶卷
Fbf. Fernbahnhof 远距车站
FBG Fernbediengerät 远距操纵装置
FBG Fernmeldebaugerät 长途电话工程器材
FBG Fiber Bragg Grating 光纤布拉格光栅
FBGLS FBG Laser Sensor FBG 激光传感器
FBI Feedback Information 反馈信息
FBI Fiber Bus Interface 光纤总线接口
FBI Fiber Interface 光纤接口
FBL First- und Bodenlot 双向测深仪
Fbl. Faltblatt 折页
fbl. farblos 无色的
Fbl. Formblatt 卡片，表格纸
FBO Fernmeldebauordnung 电信工程规定
FBO Fernmeldebetriebsordnung 长途电信操作规程
FBO Funkbetribsordnung 无线电通信操作规程
F. Boot Fernlenkboot 远距离操纵船
FBP final boiling point/Siedeendpunkt 终馏点，终沸点
Fbr (Fab) Fabrik 工厂
FBR Fiber Bragg Reflector 光纤布拉格反射器
FBR Fixed Bit Rate 固定比特率
Fbr. (Fab) Fabrikant 制造厂，生产厂，制品，产品
Fbr. Fabrikation 制品，产品，制造，生产
F. B. S. fasting blood sugar 空腹血糖
FBS Federbandschelle 弹簧带夹
FBS Fernbetriebssystem 远距离操作系统
FBS Flexible Bandwidth Sharing 灵活带宽共享
FBS Funktionsbaustein-Sprache 功能模块图语言
FBSS Fast BS Switching 快速 BS 切换
Fbt Fernsprechbezirksverbindung der technischen Dienste 用于技术服务的电话通话地段连接
FBTD Feedback Transmit Diversity 反馈发射分集
FBTr Fernmeldebautrupp 电信建筑队，电信工程队
FBV Fahrbetriebsvorschrift der Werkbahnen des Braunkohlenbergbaues 褐煤采区内轨道运输管理规程
FBV Funkbetriebsvorschrift 无线电通信规定
FBZ Fernmeldebauzeug 通讯器材
FBZ Fernmeldebetriebszentrale 通信中心站
FBz Fernmeldebezirk 电信区，通信地段
FBZ Fernsehbetriebszentrale 电视中心站
FBzL Fernmeldebezirksleiter 电讯区领导
Fc crystallizable fragment 可结晶片断
FC FC-Formstück 法兰平端承插管的管接头
FC Fiber Channel/Lichtwellenleiter 光纤信道
FC Fiber Connector 光纤连接器
FC Flip-Chip-Technik 倒装芯片技术
f. c. foot candle 英尺烛光
FC Forward Compatibility 前向兼容性
FC Frame Control Field 帧控制域
FC Fußballklub 足球俱乐部
fc Grenzfrequenz 临界频率
FCA Fixed Channel Allocation 固定信道分配
F-CACH Forward Common Assignment Channel 前向公共指配信道
FCAL Fiber Channel Arbitrated Loop 光纤信道仲裁环路
F-CAPICH Forward-Common Auxiliary Pilot Channel 前向公共辅助导频信道
FCAPS Fault Configuration Accounting Performance Security 故障配置财务性能安全
FCAS 未来空战系统
FCB File Control Block 文件控制块
FCC Facsimile Control Channel 传真控制信道
FCC FCC-Formstück 法兰平端带两个支管的管接头
FCC Federal Communications Commission/Telekommunikations- und Rundfunkbehörde USA 【美】联邦通信委员会
FCC Fluid cat cracker 流化催化裂化装置
FCC Frequency Channel Code 频道编码
F-CCCH Forward Common Control Channel 前向公共控制信道
FCCH Frequency Correction Channel 频率校正信道
FCFS First Come First Served 先来先服务

FCGU fernseh-und computerunterstützter Gruppenunterricht 利用电视和计算机的小组教学
FCH Facsimile Channel Handling 传真信道处理
FCH Flottillenchef 舰长,船长
FCH fluid catalytic hydroforming 流化催化临氢重整
FCI File Control Information 文件控制信息
Fci Flusswechsel pro Inch 每英寸磁通变化
FCI Furnish Charging Information 提供计费信息
FCIP Fiber Channel over IP 在 IP 上的光纤信道
FCKW Fluorchlorkohlenwasserstoffe 氟氯碳氢化合物;氟氯化碳;卤代烃;氟氯碳气体
FCL Freescape Command Language Freescape 命令语言
FCL Full Container Load (集装箱运输的)整箱,整箱货
FCL FU to CU Link 帧单元与载频单元接口链路
FCLK Frame Clock 帧时钟
FCLU Frame Clock Unit 帧时钟单元
FCM Fuzzy Cognitive Map 模糊认知图
PCM Pulskodemodulation 脉冲编码调制
FCM Signaling Flow Controlled Message 信令流控制消息
FCN Fail Call Notice 漏话提示
FCN Frequency-Converting Network 频率转换网络
FCN Full Connected Network 全连接网络
FCP Flow Control Protocol 流量控制协议
FCP fluid catalytic process 流化催化过程
FCP Frequency Control Program 频率控制程序
F-CPCCH Forward Common Power Control Channel 前向公共功率控制信道
F-CPHCH Forward Common Physical Channel 前向公共物理信道
FCR Forwarder's Certificate of Receipt 运输代理收货证明
FCS Fast cell selection 快速小区选择
FCS Fast Circuit Switching 快速电路交换
FCS Fiber Channel Standard 光纤信道标准
FCS Field bus Control System 现场总线控制系统
FCS Frame Check Sequence 帧检验序列
FCS Blockprüfzeichenfolge 信息组校验序列
F-CSCH Forward Common Signaling Channel 前向公共信令信道
FCT Fixed Cellular Terminal 固定蜂窝终端
FCT Tokamak mit gleichbleibendem Magnetfeld 托卡马克磁场守恒(定律)
FCU Fan Control Unit 风扇控制单元
FD Diskette 软盘
Fd Durchgangsferngespräch 转接电话,中继电话
Fd Faden 线;纤维;灯丝,丝极
Fd. Faden 英寸,水深单位,1 英寸 = 6 英尺 = 1.828 m
FD Fahrdraht 滑接线,电车线,接触导线
FD Fahrzustands-Diagramm 行驶状态曲线图
FD Falschdraht 假捻
Fd Farad (电容单位)法拉
FD Farbdifferenz 色差
FD Fehlerdetektor 探伤仪
Fd Feind 敌人
fd. feindlich 敌对的
Fd Feld 场;间格;范围;采区;井田;矿层;野外
FD Fern Express 远途快车
FD Ferndurchgangszug 远程直达列车
FD Fernmeldedienst; Fernsprechdienst 电信业务,电话业务
FD Ferro-Dielektrika 铁电介质
FD Fiber Duct 光纤管道
FD Flussdiagramm 流程框图,程序框图
FD Frame Disassemble 帧分解
f. D. frei Dock 船头交货
FD Frequency doubler 倍频器
FD Frequenzmodulations-Diskriminator 调频鉴别器
FD Frischdampf 活蒸汽
FD Froschdosis 青蛙致死剂量
FD (FDX) Full Duplex 全双工
FD Functional dyspepsia 功能性消化不良
FDA U. S. Food and Drug Administration 美国食品与药物管理局
F-DAPICH Forward Dedicated Auxiliary Pilot Channel 前向专用辅助导频信道
FDAU Frequency Data Acquisition Unit/Frequenzerfassungsmodul 频率数据采集单元
Fd-Basa Fahrdienst Bahnselbstanschlussanlage 轨道自动连接装置调配
FDBK feedback 反馈;回授
FDBR Fachverband Dampfkessel-, Behälter- und Rohrleitungsbau e. V. Düsseldorf (杜塞尔多夫)蒸汽锅炉、容器和管道制造专业协会
F-DCCH Forward Dedicated Control Channel 前向专用控制信道
FDCT Forward Discrete Cosine Transformation 前向离散余弦变换
FDD Floppy Disk Drive/Diskettenlaufwerk 软盘驱动器
FDD Frequency Division Duplex 频分双工

FDDI Fiber Distribute Data Interface 光纤分布数据接口
f. d. e. B für den eigenen Bedarf 为了本身的需要
FDF Full-duplex Data Flow 全双工数据流
Fdg. Federung 弹性,弹力,挠曲性
Fdg. Förderung 输送,运送;采掘量
FDGB Freier Deutscher Gewerkschaftsbund 【前民德】德国工会自由联盟
FDGW Ferndienstgruppenwähler 长途通信选组器
FDHM full duration half maximum of a pulse 脉冲幅度大于其最大值之半的时间间隔
FDI Fédération Dentaire Internationale 【法】国际牙科联合会
FDI Feeder Distribution Interface 馈线分配接口
FDI Foreign Direct Investment 外商直接投资
Fdl feindlich 敌对的
FDL Fiber Delay Line 光纤延迟线
FDL Fieldbus Data Link 现场母线数据链路
FDL Frischdampfleitung 新汽管道
Fd. Laz. Feldlazarett 战地医院
FDM Fehlerdämpfungsmesser 失配衰耗计
FDM Finite-Differenzen-Methode 有限差分法
FDM Frequency Division Multiplexing 频分复用,频分多路复用
FDM Frequenzdemodulation 频率解调;鉴频
FDM Frequenzmultiplexverfahren 频分复用法,频分复用技术
FDM fused deposition modeling 熔化沉积制模
FDMA Frequency Division Multiple Access/Vielfachzugriff im Frequenzmultiplex 频分多址接入
F-DMCH Forward Dedicated MAC Channel 前向专用 MAC 信道
FDN Fixed Dialing Number 固定拨号号码
FDNB Fluordinitrobenzol 氟二硝基苯
FDNB 1-Fluor-2,4-dinitrobenzol 1-氟-2,4-二硝基苯
FDP Fiber Distribution Point 光纤分布点
FDP fibrinogen degradation product 纤维蛋白原降解产物
FDP Freie Demokratische Partei 自由民主党
F-DPHCH Forward Dedicated Physical Channel 前向专用物理信道
FDR Fahrdynamikregelung 行驶动力学控制,动态行驶控制
FDR False transmit format Detection Ratio 假传送格式检波比率
FDR fortschrittlicher Druckwasserreaktor 先进的压水反应堆
FDR Forward Deflection Routing 前向改向路由选择
FDR Flugdatenschreiber 飞行数据记录器黑匣子
f. d. R für die Richtigkeit 就正确性而言
F-DSCH Forward Dedicated Signaling Channel 前向专用信令信道
FD-SS Frequency-Diversity Spread Spectrum 频率分集扩频
FD/SSMA Frequency Diversity/Spread Spectrum Multiple Access 频率分集/扩展频谱码分多址
FDSt Fernmeldedienststelle 通信业务服务处
FDt Fernschnelltriebwagen 远程快速机动车
F-DTCH Forward Dedicated Traffic Channel 前向专用业务信道
FDV Fachberat für Datenverarbeitung 数据处理专业顾问
FdW Fahrt durch Wasser 对水速度,对水船速
FDX Full Duplex 全双工
FDY fully drawn yarn 全拉伸丝
FDYAG frequenzverdoppelter Neodym-Yttrium-Aluminum-Garnet-Laser 双倍频钕钇铝石榴石激光
FD-Zug Ferndurchgangszug 远程直达列车
FE Frequenzgangentzerrung 频率响应曲线的校正
FE Fast Ethernet 快速以太网
Fe. Fehler 差错,缺陷
Fe Feines im Entstaubten 洗选后煤中的灰分含量
FE Feldeisenbahn 战地铁路
Fe Fernsprechdienst 电话服务
Fe Ferrum/Eisen 铁
fe fest 硬的;固体的,固态的
FE Fetteinheit 油脂单位,1FE=10g 牛奶油脂
Fe Feuerstellungsentfernung 火位距离,炮目距离
FE Filtereinsatz 滤器插头,过滤器芯子
FE Filtereinschub 过滤器底盘
FE finite element 有限元
FE Fischdampfer 渔轮
FE Flächeneinheit 面积单位
Fe Flüssigkeit 流体,液体
FE Fotoelement 光敏电阻,光敏器件
FE (F & E, F+E) Forschung und Entwichlung 研究和开发,研发
Fe Fracto- Cumulus 碎积云
FE Frequenz, extern 外部频率
FE Frequenzgangentzerrung 频率响应曲线的校正
FE Frischdampf 活(蒸)汽;新汽
FE Front End 前端,射频收发前端

FE Function Element 功能单元
FE Function[al] Entity 功能实体
F. E. Futtereinheit 饲料单位,饲料单元
FEA Federal Energy Agency 【美】联邦能源局
FEA Function[al] Entity Action 功能实体动作
FEAD Fernsprechauftragsdienst 电话委托服务
FEADST Fernsprechauftragsdienststelle 电话委托服务处
FEAM Functional Entity Access Management 功能实体接入管理
FEAN Fédération Européenns d'Associations Nationales d, Ingénieurs/Europäischer Verband nationaler Ingenieurvereinigungen 国家工程师协会欧洲联合会
FeAs Fernsprechanschluss 电话连接
FeAsS Arsenkies 毒砂,含砷黄铁矿
Feb. urg Febri urgente 发烧时
f. e. B. für eigenen Bedarf 为了本身的需要
Feba Feldbahn 窄轨,窄轨铁路
FEBE Far End Block Error 远端字节错误,远端块误码
Febr. Februar 二月
FEC Forward Error Control 前向差错控制
FEC Forward Error Correction 前向纠错,前向错误纠正
FEC Forwarding Equivalence Class 转发等价类
FECC 远端回声消除
FECC-F Forward Error Correction Count-Fast data 前向纠错快速计数数据
FE-CDMA Frequency-Encoded CDMA 频率编码 CDMA
FECG fetal electrocardiography 胎儿心电图
FECN Forward Explicit Congestion Notification 前向显式拥塞通知
FECO$_2$ exspiratorische CO_2-Konzentration 呼气二氧化碳浓度
FeCrAl Ferro-Chrom-Aluminium 铁-铬-铝
Fed Feder 弹簧
FED Flugzeugerkennungsdienst 飞机识别勤务
FED Forward Error Detection 前向检错
F-EDFA Forward pumped EDFA 前向泵激励掺铒光纤放大器
FEE Frontplatteneinbauelement 面板嵌装零件
Fe-Elektrode hocheisenpulverhaltige Elektrode/Eisenpulverelektrode 铁粉焊条
FEF Fischeiweiß-Faser 鱼蛋白质纤维
FEF flexibler Elastomerschaum 软质的弹性泡沫材料
FEF Flugeilfunkdienst 航空广播服务
fe:fl fest zu flüssig 固液比,固体比液体
Fe. Flpl. Feld Flugplatz 战地飞机场
FEFO First Ended First Out 先结束先出
FEG Fernsprechgruppe 电话组
FEGE Feingeräteelektroniker 精密仪器电子技术员
FeGeb Fernsprechgebühren 电话费
FeGV Fernsprechgebührenvorschrift 电话费规定
FeH Fernsprechhäuschen 电话间
FEI Frame Erase Identity 帧擦除标识
FEI Funktionseinheit 功能单元,功能元件;功能设备
FEIK Funktionseinheitenkomplex 综合功能单元,综合功能元件
feindl. feindlich 敌人的,敌对的
Feing. Feingold 精炼金,纯金
Feingeh. Feingehalt 纯度,纯含量
Feinmech. Feinmechaniker 精密机械师
FEIS Funktionseinheitensystem 功能单元系统,功能元件系统
FEK Funktionseinheitenklasse 功能单元级,功能元件级
F-EKG Funktion-Elektrokardiogramm 心电图
Felda Feldartillerie 野战炮兵,野战炮
FeldaG Feldartilleriegerät 野战炮设备
Feldp. Feldpost 战地邮政(局)
FELIX Versuchsanlage zur Untersuchung thermonuklearer Vorgänge im CRL, Livermore, USA 美国利弗莫尔研究图书馆中心的热核过程研究试验装置
Felsmech. Felsmechanik 岩石力学
FEM Finit-Element-Methode 有限元法
Fem. Femininum, weibliches Geschlecht 阴性,女性
FEME Fernmeldeelektroniker 长途通讯电子技术员
FEMI Fernmeldeinstallateur 长途通讯安装师
FEN natürliche Fasereinlage 天然纤维填料
FeO Fernsprechordnung 电话使用规定
FEP Film Epoxypolyamide 环氧聚酰胺膜
FEP fluorinated ethylene propylene 氟化乙丙烯
FEP Forschungs-, Erfindungs- und Patentwesen 研究、发明和专利
FEP fotoelektrisches Pyrometer 光电高温计
FEP Front End Processor 前端通信处理机
FEP (**PFEP**) Polytetrafluoräthylenperflourpropylen 聚四氟乙烯四氟丙烯
FER Fehlerregister 故障记录器,误差记录器
FER Frame Erase (Erasure) Rate 帧擦除率
FER Frame Error Rate 误帧率

FERAB Anlage zur Einengung fester radioaktiver Abfälle 固体放射性废物压缩装置
Ferak Feststoffrakete 固体推进剂火箭，火药火箭
FERF Far End Receive Failure 远端接收故障，远端接收失效
FERM Fehler-Erfassung-Registierung und Meldung 故障收集存储和报告，俗称黑匣子
ferm fermentieren 酶化，发酵
Ferm. Fermentation 酶化，发酵
Ferm. Fermente 酵母
ferm. fermentiert 酶化的，发酵的
Ferm. Fermet 酵素，酶
Fernf Fernfeuer 远射程射击
ferngest. ferngesteuert 远距离操纵的，遥控的
Fernichrom Eisen-Nickel-Chrom-Legierung 铁镍铬合金
Fernk. Gesch. Fernkampfgeschütz 远射程炮
Fernl. Fernleitung 长途通讯线路，长途线路
Fern-LW Fernleitungswähler 长途终接器；长途(通讯)拨号盘
FernmAnlG Fernmeldeanlagengesetz 长途通讯设备法
Fernmeldetech. Fernmeldetechnik 通讯技术
Fernmg. Fernmeldegesetz 长途通讯法
FernmG Gesetz über Fernmeldeanlagen 长途通讯设备法
Fernr. Fernruf 长途电话通话
Fernrohr. Abn. V. Fernrohrabnahmevorschrift 光学仪器验收细则
Ferns. Ap. Fernsehapparat 电视接收机，电视机
Fernschr. Fernschreiben 电传电报；电传打字
Fernschr. Fernschreiber 电传打字电报机；印字电报机；报务员
Fernschr. Fernschreiberin 女报务员
Fernschr. Kw. Fernschreib-Kraftwagen 电报汽车，汽车电报局
Fernspr Fernsprecher 电话机
Ferns. Verb. Fernsehverbindung 电视通讯，电视联络
Fern VSt Fernsprechvermittlungsstelle Post 电话交换台
Fern VSt Hand Fernsprechvermittlungsstelle mit Handbedienung 手动电话交换台
Fern VSt W Fernsprechvermittlungsstelle mit Wählbetrieb 自动电话交换台
Ferromagn. Ferromagnet 铁磁
FERS Personalinformationssytem 人工信息系统
Fertigungstech. Fertigungstechnik 加工技术，制造技术
FERVO Fertigungsvorbereitung 制造准备，生产准备
FES Fachnormenausschuss Stahl und Eisen 钢铁专业标准委员会
FES Fixed Earth Station 固定地球站
FES Führungsring, Sintereisen 烧结铁导向环
Fese Fernsehanlage 电视设备
Fe. Spr. Fernspruch 电话记录，话传电报
FessB Fesselballon 系留气球
Fest. Festung 要塞，保垒
Festb. Festungsbau 永久建筑物
Festigk. Festigkeit 强度，稳定性，坚固性
Festktsl. Festigkeitslehre 材料力学，强度理论
Festpr. Festprogramm 固定程序
Fests. Festsetzung 固定，安置；规定，定义
FET field effect transistor 场效应晶体管
Fettchem. Fettchemie 油脂化学
fetthalt. fetthaltig 含油脂的
Fetthärt. Fetthärtung 油脂硬化
Fett. i. T. Fettgehalt in der Trockenmasse 干料中油脂含量
Feu Feuer 灯具；照明；火；炉子
F/E/Ü Forschung, Entwicklung und Überleitung 研究、开发和应用
Feuchtigk Feuchtigkeit 湿度，潮气
Feuer. Feuerung 生火；燃烧；加热；射击；炉子，熔炉，炉膛
feuerg. Feuergefährlich 有火灾危险的，易燃危险的
Feuerl. Feuerleitung 保险丝，导火线
Feuerw. Feuerwaffen 火器，兵器，射击武器
Feurw. Feuerwehr 消防；消防队
FEUST Fernsprechunterhaltungsstelle 电话维修站
FEV1 forced expiratory volume in one second 一秒钟用力呼气量
FEV Fotoelektronenvervielfacher 光电倍增器
FEV Methode der finiten Elemente 有限元法
FeVD Fernsprechvermittlungsdienst 电话交换服务
Fever Fuel Cell Powerd Electric Vehicle for Efficiency and Range 提高效率和行程的燃料电池电动车
FEW Führungsring, Weicheisen 熟铁导向环
Fewa Feinwaschmittel 高级清洗剂
Fewewa Feldwetterwarte 野战气象站
FEXT Far-End Crosstalk 远端串音
FeZ Fernsprechzelle 电话电池
F. F. Ansteuerungsfunkfeuer 着陆无线电指标
F2F face to face 的谐音缩写，面对面
Ff Fahrzeugführer 汽车驾驶员，车辆驾驶员
ff feinfädig feinfaserig 细纤维的，细丝的

ff feinfein 极细的

fF femto Farad 飞(母托)法拉,10^{-15}法拉(电容单位)

Ff Fernsprechfernverbindung 电话连接

FF Festungsflak 要塞高射炮

Ff feuerfest 耐火的

FF Filtrationsfraktion 过滤部分

FF Finger Flexion 手指屈曲

FF Fix-Fokus (固)定焦(点)

FF Fliegerführer 机长

FF Flip-Flop 触发器

Ff Flockenflachs 片状亚麻纤维

ff. folgende Paragraphen 下节

ff. folgende Seiten 下页

FF Formfläche 型面

FF Forschungen und Fortschritte 研究与进步(德刊)

ff fortissimo 用极高音

F. f. Fortsetzung folgt 后续,待续

FF freie Fläche 自由面

FF Füllfaktor 填充(占空)因子/因数

FF Funkfernsprecher 无线电话机

FF Funkfeuer 无线电指向标,无线电指向台

ff. sehr fein 优(质量评级)

FF (ff) sehr fein (Qualität) 优质,极好质量

Ff Strömungslehre 流体力学

FFA Fokus-Filmabstand 焦点-底片距离

FFA. free fatty acid 游离脂肪酸

FFAG Maschine fixed frequence alternating gradient machine 固定频率交变梯度设备

FFB Funkfahrbetrieb 无线控制的列车运行

F-FCH Forward Fundamental Channel 前向基本信道

FFD Fokus-Filmdistanz 焦点-底片距离

FFD Freiformdeformation 自由变形技术

FfE Forschungsstelle für Energiewirtschaft München 慕尼黑能源经济研究所

FFE Free Filament Ends 自由加工长丝纱,剥离型长丝纱

FFF (fff) äußerst fein (Qualität) 极好质量

FFF Fernfunkfeuer 远程无线电导航台

FFF Film, Funk, Fernsehen 电影、无线电、电视

FFG Freifettgehalt 游离脂肪含量

FFH Fast Frequency-Hopping 快速跳频

FFH Feldflughafen 前线空军机场

FFI Flexible Fertigungsinsel 柔性制造岛,弹性制造岛

FFK Feldfernkabel 野战长途电缆,军用干线电缆

FFK Freund-Feind-Kennung 敌友鉴别(装置)

FF-Kanone Flugzeug-Flügelkanone 安装在机翼上的加农炮

FFLMM 没有火箭发动机的轻型多用途导弹

FFM fat-free mass 不含脂肪物质

FFM Fertigfuttermittel 成品炉衬料

FFMK Maschinenkanonen im Flügel eines Flugzeuges 机翼机关炮

FFm. r. S. Funkfeuer mit rotierendem Strahl 转动发射无线电指向台

FFP Feldflugplatz 野战飞机场,军用机场

FFP Fiber Fabry-Perot 光纤法布里-珀罗

FFPF Fiber Fabry-Perot Filter 光纤法布里-珀罗滤波器

FFPI Fiber Fabry-Perot Interferometer 光纤法布里-珀罗干涉仪

FFP-TF Fiber Fabry-Perot Tunable Filter 光纤法布里-珀罗可调滤波器

FFR Fahrzeugführungsrechner 汽车引导计算机

FFR FFR-Formstück 法兰盘异径管,偏心法兰盘异径管

FFRN Four-Fiber Ring Node 四纤环节点

FFS Flachfolienschlauch 平卷薄壁软管

FFS flexibles Fertigungssystem 灵活的制造系统,柔性制造系统

FFS For Further Study 进一步研究

FFS Funkfernsteuersystem 无线电遥控系统

FFS Funkfernsteuerung 无线电遥控

FFSK Fast Frequency Shift Keying 快速移频键控

FFSp (F. Fsp., F. Fspr.) Feldfernsprecher 战地电话机

FFT Fast Fourier Transform 快速傅立叶变换

FFW Füllung Fertigware 紧密组织成品布

FFZ Flexible Fertigungszelle 柔性制造单元

Ffz Flurförderzeug 陆上运输工具

FFZ/IFZ (RFL/RCL) 收音机频率锁住/中央遥控锁住

Fg abgehendes Ferngespräch 中断通话,切断通话

FG Fachgruppe 专业组

FG Fahrgeschwindigkeit 运行(行驶)速度

Fg (Fgst.) Fahrgestell 底盘,底架;活动部分;升降罐笼

FG Fahrradgewinde 自行车螺纹

FG Fallschirmjäger Gewehr 伞兵步枪

FG Farbträgergenerator 色彩(副)载波振荡器

FG Feingewinde 细螺纹

Fg Feingold 纯金(含量>99.6 %)

Fg Feldgeschütz 野战炮

fg Femtogramm 毫皮克(=10^{-15}克)

FG Ferngespräch 长途通话

FG Fernschaltgerät 遥控开关装置

FG Fernsprechgerät 电话机
Fg Fliehgewicht 离心配重
Fg Fliehgewichtsantrieb 离心配重的驱动
FG fibrinogen 纤维蛋白原
Fg Frachtgüterzug 运货列车
FG freiwillige Gerichtsbarkeit 志愿审判权
FG Funktionsgenerator 函数发生器
FG Funktionsglied 功能环节;功能元件
FG Funktionsgruppe 功能组
FG Geometriefaktor 几何因子
FG Gewichtmomenthebel 重力平衡杆
FG Rückstreufaktor 反散射系数
Fg. Forschung 研究
F-GE Frühgetreideernte 春播谷物收获
FGeb Fernmeldegebühr 电讯费用,电话费
FGeb Fernsprechgebühren 电话计费
FGesch Feldgeschütz 野战炮
FGew Fallschirmjäger-Gewehr 伞兵步枪
FGG Führungsgrößengeber 指令参数发送器,主要数值发送器
FGGE First GARP Global Experiment 全球大气研究计划第一期全球试验
FGH Forschungsgemeinschaft für Hochspannungs-und Hochstromtechnik 高压强电流技术研究联合会
FGI Das Finnische Geodätische Institut 芬兰大地测量研究所
FGK Fertigungsgemeinschaftskosten 生产综合费用
FG L Formgedächtnislegierung 形状记忆合金
FGM Fischgrätenmelkstände 鱼骨式挤奶台
FGN Fleet Group Number 集团群组号码
Fgn Forschungen 研究
FGO Fernsprechgebührenordnung 电话费规定
Fgr Fachgruppe 专业组
F. Gr. Feldgranate 野战加农炮榴弹
FGR Finger 手指
FGR fortgeschrittener gasgekühlter Reaktor 先进的气冷式反应堆
FGS Fischereifahrzeug- und -gerätestation 机动渔船与捕鱼工具站
Fgst. -Nr. Fahrgestellnummer 底盘号码,底架号码
FGt Fernschaltgerät 遥控开关装置
FGU Fachgruppe für Untertagbau 地下工程专业组
Fgut Frachtgut 运载的货物
FGV Fernsprechgebührenvorschriften 电话费规定,电话收费条例
FGW Fernverkehr-Gruppenwähler 市间通话群选择器
FGW Gruppenwähler für Fernverkehr 电话选组器
FgW Festungswerfer 要塞迫击炮
FgWgl Frachtgutwagenladung 货车装载
FH2 doppelseitiger Flat-Hump 双侧平峰型
FH einseitiger Flat-Hump 单侧平峰型
FH Fachhochschule 高等专科学校,专业学院
Fh. Fähre 渡船,渡轮
FH Fahrerhäuser 驾驶室
FH Fensterheber 电动车窗
Fh Fernsprechhauptverbindung 电话总接线
FH Flat-Hump 平峰型
Fh Flockenhanf 棉化大麻
FH Flughandbuch 飞行手册
Fh Flugstunde 飞行小时
FH Flugzeug Handbuch 飞机手册,航空手册
FH Frame Handler 帧处理器
FH Frame Header 帧头
FH Frequency Hopping 跳频
FH Full Hole 全井孔,贯眼
FH tetrahydrofolate 四氢叶酸
FH 中控电动镜
FHandw Fernmeldehandwerker 电讯工人
FHArb Fernmeldehilfsarbeiter 电信辅助工人
FH-CDMA Frequency Hopping Code Division Multiple Access 跳频码分多址
FH-CDMA Frequency-Hopped CDMA 跳频CDMA
FHD Farben-Helligkeits-Diagramm 颜色-亮度图
FHD Fokushautdistanz 焦点皮肤间距
FHEC 远端信头差错控制
Fhf Friedhof 公墓,墓地
FHG fliegendes Horchgerät 飞行截听器
FhG Fraunhofer Gesellschaft 弗朗霍夫协会
FhG Fraunhofer-Gesellschaft zur Förderung der angewandten Forschung e. V. 弗朗霍夫应用研究促进会
FHGr Nb Feldhaubitzgranate Nebel 野战榴弹炮烟幕弹
FHGr Stg Feldhaubitzgranate, Stahlring 钢环野战榴弹
F. H. L. Feldhaubitzenlafette 野战榴弹炮炮架
FHMA Frequency Hopping Multiple Access 跳频多址
F. H. M. W. Feldhaubitz-Munitionswagen 野战榴弹炮用弹药车
FHP friction horsepower; Reibungspferdestärke 摩擦功率,摩擦马力
FHR fetal heart rate 胎心率
FHR Fixed Hierarchical Routing 固定的分层路由
Fhr. Fahrer 驾驶员,司机

Fhr. Führer 领导者,导航仪

Fhrw. Fahrwasser 航路,水路,航道

Fhrw. Fahrwerk 移动装置,行走机构;底盘,底架

Fhrz. Fahrzeug 运输工具,汽车,车辆

FHS Fernmeldehauptsekretär 电信主管秘书

FHS Fertigungshilfsstoff 生产助剂;生产用辅助材料

FHSchr Feldhaubitzschrapnell 野战榴霰弹

FHSP Frame Handler Subpart 帧处理程序子端口

FHSS Frequency Hopping Spread Spectrum 跳频扩频

FHU Frequency Hopping Unit 跳频单元

Fhz Fahrzeug 运输工具,汽车,车辆

FHZ Freihandelszone 自由贸易区

Fhz/h Fahrzeuge pro Stunde 交通车辆/小时

FI Fachinformation 专业消息,专业情报

F. I. Färbenindex 色指数

FI Farbidentifikations Signal 颜色鉴定(识别)信号

FI Fehlerstrom 故障电流;泄漏电流

FI Fernmeldeingenieur 电讯工程师

FI Fernmeldeinspektor 电讯检查员

FI Fertigungsingenieur 制造工程师

Fi Fichte 云杉,松树

FI FI-Formstück 法兰盘平端的弯管

Fi Film 膜,薄膜;软片,影片

Fi Filter 滤波器,过滤器

Fi Fique-Faser 菲奎叶纤维

FI Flugingenieur 航空工程师

FI Format Identifier 格式标识符

FI Forschungsinstitut 研究所

FIA Fluoreszenz-Indikator-Adsorptionsverfahren 荧光-指示剂-吸收过程,荧光-指示剂-吸收法

FIA Fluoreszenzindikatoranalyse 荧光指示(剂)分析

FIA fluoroimmunoassay 荧光免疫测定

FIA Forschungsinstitut für Aufbereitung 选矿研究所

FIABCI International Real Estate Federation 国际房地产联合会

FIAw Fernmeldeinspektoranwärter 电讯检察员候选人

FIB Forward Indicator Bit 前向指示器比特

FIB Forwarding Information Base 转发信息库

FI-BAN Physikalisches Institut der Bulgarischen Akademie der Naturwissenschaften Bulgarien 保加利亚自然科学院物理研究所

Fi. Br. Filterbrunnen 渗流井,排水井,排水孔,降水孔

FIBTP Fédération Internationale du Bâtiment et des Travaux Publics 国际民用建筑和地下工程协会

FIC Fiber Interface Card 光纤接口卡

FICON Fiber Connection 光纤连接

FICS Facsimile Intelligent Communication System 传真智能通信系统

FID Fédération International de Documentation 国际文献联合会

FID Filter Identifier 过滤器标识符,滤波器标识符

FID Flammen-IonisationsDetektor 火焰电离探测装置

Fid Fluginformationsdienst 飞行信息服务

FID Freiluft-Innenraum-Durchführung 户外-户内-套管,穿墙套管

FIDO (Fido) fog investigation dispersal Operations 研究性的消雾系统

FIFA 国际足联,国际足球联合会

FiFo (FIFO) First in, First out 先进先出

Fifo-Prinzip First-In-First-Out-Prinzip 先进先出原则

FIFS First In First Served 先到先招待

FIG Fédération Internationale de Géometrés 国际测量工作者联合会

Fig Figur 图形,样式,模式,形象;位数

FiG Fischereigesetz 渔业法

fig. figürlich 图形的,图解的,比喻的

FIGO Federation International of Gynecology and Obstetrics 国际妇产科联合会

FIL Filament 灯丝,长丝

Fil (Flr) Filter 滤波器;滤光镜;过滤器;滤纸

Fil. Filiale 分店,分行,分支机构

Filmtech. Filmtechnik 薄膜技术

filn. Filtration 过滤

FILO Firs In Last Out 先进后出

filt. Filtrate 滤(出)液

filt. filtrieren 过滤,滤除,滤波

Fil. Tr. Filament Transformer 灯丝变压器

FIM Feature Interaction Manager (Management) 特性交互管理

FIM Fiber Interface Module 光纤接口模块

FIM Flügelmine 翼形炮弹

FIM Frequenz-Intermodulations-Verzerrungen 频率互调失真

FIM/CM Feature Interactive Management & Calling Management 特性交互管理与呼叫管理

FIMS Feature Interaction in Multimedia System 多媒体系统特性交互

FKM 氟橡胶

FIN Fiber net In building Network 建网中的光

纤网络
FIN Full Interconnection Network 全互联网络
fin. Finance/Finanzwesen 金融学
FINEBEL Frankreich-Italien-Niederlande-Belgien 法国-意大利-荷兰-比利时四国
F. Ing. Flotteningenieur 海军工程师
FinJ Finanzjahr 财政年度
Finkl-Mohr-Verfahren 真空吹氩电弧精炼法(是美国 Finkl 父子公司与 Mour 公司共同研制的)
finn. -ugr. finnisch-ugrisch 芬兰-乌戈尔人的
FiO_2 fraction of inspire O_2 吸入气中氧浓度分数
FIP Fédération Internationale de la Précontrainte 国际预应力(材料)联合会
FIQ financial IQ 财商,理财天赋与能力
FIR facility interference review 设备干扰检查
FIR fernes Infrarot 远红外线
FIR finite impulse responce 有限脉冲响应(特性曲线)
FIR flight information region 飞行信息区域
FIR Full Intra Request 完全内部请求
Firm. St. Firmenstempel 公司印鉴
FIS Fachinformationssystem 专业信息系统
FIS Fiber Instrument Sales, Inc 光纤仪表销售公司
FIS Flughafen-Informationssystem 航空港信息系统
Fischd Fischdampfer 渔轮
Fischereif Fischereifahrzeug 渔船
FISU Fill In Signal Unit 填充信号单元
F. i. T. Fett in Trockenmasse 干料中的油脂
FIT Forderkreis Isotopentechnik 同位素技术联合小组
Fi. t. free of income tax 免所得税
FITB fill in the blank 填空
FITEs Forward Interworking Telephone Events 前向互通电话事件
FIU Facilities Interface Unit 设备接口单元
FIV Feline Immunodeficiency Virus 猫免疫缺陷病毒
fix Fixation 聚焦,固定,固结
Fixier. Fixierung 定影;固定,定位
FIZ Fachinformationszentrum 专业情报中心
Fiz Fahrerinformationszentrum 驾驶员信息中心
Fj Fallschirmjäger 伞兵
FJ Fiber Jack 光纤插孔
FJP Fünfjahresplan 五年计划
Fk ankommendes Ferngespräch 打来的电话
F+K Bereich der Bildung eines nichtmetallischen Eutektoids 非金属类低共熔体的形成区域
FK3 Dritter Fundamentalkatalog des Berliner Astronomischen Jahrbuches 柏林天文年历第三基本目录
FK Facettenklassifikation 磨光面级别
FK Fachausschuss Kunstoffe 塑料专业委员会
FK Fachausschuss Kunststoffe im VDI 德国工程师协会塑料专业委员会
FK Fachkollegium 专业技术委员会
Fk fachkundig 有专门学识经验的,懂行的,老练的
FK Fadenzugkontakt 拉丝触头
FK Fahrzeug + Karosserie 车辆与车身(德刊)
FK Fallklappe 呼唤吊牌;信号牌;下落式风门;炉门
Fk Faserkohle 丝碳,纤维状碳
FK Federkapsel 弹簧帽
FK Feldkanone 野战加农炮
FK Feldklappenschrank 战地吊牌交换机
FK ferngelenkter Körper 遥控体,遥控目标;. 导弹
Fk Fernkabel 远距离通讯电缆,市间电缆
Fk Fernschrank 市间交换台
FK Fernschreiber-Koppeleinheit 电传打字机-耦合单元
FK Fernsehkamera 电视摄影机
FK Festigkeitsklasse 强度等级
FK Feuerkohle (Feuerungskohle) 燃料煤
FK FK-Formstück 法兰盘平端的弯管
FK Fliegerkammer 飞行员座舱
FK Fliegerkorps 航空兵
FK Flugkörper 导弹 飞行体
FK flüssige Kristalle 液晶
FK Förderkorb 罐笼,提升罐笼
FK Frachtkarte 运货单,货物单
FK Führerkompass 驾驶员罗盘
FK Füllung Kette 全幅衬经
FK Fundamentalkatalog 基本目录
FK Funk 无线电
Fk Funker 值机员;报务员;话务员
FK Funktionskontrolle 功能检验
Fk. Fahrkarte 车票
FKA Flüssigkristallanzeige 液晶显示
FKB Flachkegelbrecher 短头型圆锥破碎机
FKBT Feldkanonenbatterie 野战炮连
FKE Festkörperelektrode 固体电极
Fke Flüssigkristalle 液晶
FK-EV Fernkabel-Endverschluss 长途电缆终端接头,轻便电缆终端接头
fkg feinkörig 细粒的,小粒(组成)的
FKG Forschungskuratorium Gesamttextil 德国全国纺织研究协会
FKGr Feldkanonengranate 野战炮弹

FKH Forschungskommission für Hochspannungsfragen 【瑞士】高压课题研究委员会
Fki Feinkies 精矿,细矿;碎黄铁矿
Fkl. Funklenk 无线电控制
Fkm Fernkabelmessstelle 长途电缆测量站
F-km Fiber-km 光纤-公里
FKM 氟橡胶
Fko Ortsfernkabel 本地远程电缆,区域远程电缆;市内和长途电话电缆
F-Kohle Filterkohle 过滤器木炭
FKP Fettsäurekondensationspunkt 脂肪酸冷凝点
F. Kpfw Kampfwagen mit Funkeinrichtung 装有无线电台的坦克
FKR Festkörperreibung 固体摩擦
FKR Flugkörperrakete 导弹火箭
FKrS Fräsmaschine mit Kreuzschiebetisch 带交叉移动工作台的铣床
FKS Festkörperschaltkreis 固体开关电路;固体转换电路
FKS Fluorokieselsäure 氟硅酸
FKT Fernseh + Kino Technik 电视电影技术(德刊)
FKtr Fischkutter 捕鱼单桅帆船;渔船
Fktr Frachtenkontrolleur 装运货物检验员
FkVL Fernkabelverlängerungsleitung 长途电缆的加长线路;远距离通信电缆加长线路;市间电缆加长线路
FKW Fluorkohlenwasserstoff 碳氟氢化合物,氟烃
FL Facelift 换型,改型
FL Fachausschuss Lebensmitteltechnik im VDI 德国工程师协会食品技术专业委员会
Fl Fahrleitung 架空线
F1 Feinkornbrikett mit der Körnung 0 bis 4 mm 0-4毫米粒度的细粒团矿
F. L. Feldlafette 野战炮架
Fl Fernleitung 长途线路;输电线路;远距离电讯线络
FL Fernlenk 遥控
F. L. fernlenkbar 远距离操纵的,遥控的
Fl Fernlenkung 遥控
Fl Fernmeldeinspektor 电信视察员
FL feste Landfunkstelle 固定地面无线电台
FL Feuerleitung 射击指挥
Fl Feuerwerklaboratorium 烟火实验室
FL Fiber Laser 光纤激光器
FL Filter 过滤器,滤光器,滤波器;滤纸
F. L. Fischlogger 捕鱼小帆船
fl. flach 扁平的,平坦的;浅的
Fl Fläche 面积
FL Flächenform 平面形状
Fl Flachprofil 平面型材
Fl Flachs 亚麻
FL Flachstahl 扁钢
Fl Flak 高射炮
FL Flamme 火焰
Fl. Flanke 齿形,齿面;侧壁,侧面
Fl Flasche 瓶,烧瓶;钢瓶,钢筒;滑轮,滑车
FL FL-Formstück 法兰盘平端的弯管
fl. fliegen 飞,飞行
fl. fliegend 飞行的
Fl. Flieger 飞行员
Fl. Fliehgewicht 离心配重
fl. fließen 流动;熔化;渗透
fl. fließend 流动的,连续的;熔化的
FL Fließlinie 流水线,屈服线,滑移线
Fl. Flower 花
Fl Flöz 矿层;煤层
fl. flüchtig 挥发性的
Fl flüchtige Bestandteile 挥发组分
Fl. Flug 飞行
FL Fluid 液体
Fl Fluorit 氟石,荧石
Fl. Fluss 熔剂;流动性;氟石,萤石;搪瓷;数据流
fl flüssig 液体的,流体的,流态的
Fl Flüssigkeit 液体,流体,溶液
FL Folgeladung 串联充电
FL Forward Link 前向链路
FL (Fl) Frässcheibenlader 耙盘式装载机
FL Frontlader 正面装载机
FL Fülleitung 加油管线,注油管线
Fla Fliegerabwehr 空防
FLA Fliegeralarm 空袭警报
FLa Flugzeuglafette 高射炮炮架
Fla. A. O. Flugabwehrartillerieoffizier 高射炮兵指挥员
Flab. Kan. Flugabwehrkanone 高射炮
Flabo Flugabwehroffizier 防空军官
Flabrakete Flugabwehrrakete 防空火箭,防空导弹
Flabrakete Flugzeugabwehrrakete 防空火箭
Flachdr. Flachdruck 轧扁压力;平板印刷
Flachf. Flachfeuer 平射
FlaDrMG Fliegerabwehr-Dreifachmaschinengewehr 三联高射机关炮
FLAG Fiber Link Around the Globe 环球光纤链路
FlaggRG Flaggenrechtsgesetz 旗权法
Flak. -Art. Flugabwehr-Artillerie 高射炮兵(部队),防空炮兵(部队)
Flak-Ltanl. Flakleitanlage 高射炮导向装置
Flakmust Flakmunitionsausgabestelle 高射炮弹

发送站
Flak-R-Waffe Flakraketen-Waffen 高射火箭武器
FLAL Flaklafette 高射炮炮架
Flam Fliegerabwehrmaschinenkanone 防空机关炮
FlamB Flammenöl Bombe 燃油弹
Flambo Flammenbombe 航空照明弹,照明弹
Fla-Mg Fliegerabwehrmaschinengewehr 高射机枪
Flamk Flugabwehrmaschinengewehrkanone 自动高射炮
FLAPHO Flammenphotometer 火焰光度计
FlaPz Fliegerabwehrpanzer 防空坦克
FlaPz Flugabwehrpanzer 自行高炮,高射坦克
Fla-R Flugabwehr-Rakete 防空火箭;地对空火箭
Fla-R Flugzeugabwehrrakete 地对空火箭,防空火箭
Fla-R-Waffe Flugabwehrraketenwaffe 防空火箭武器
Flaschein. Fliegerabwehrscheinwerfer 对空探照灯
Flash fast low-latency access with seamless hand-off 具有无缝切换的快速低延迟访问
FLASH Flash Memory 闪存
FLASH 网络动画设计软件,也指用该软件设计的动画作品
Flaso Flaksondergerätewerkstatt 防空武器专修所
Flata Flammenwerfertank 喷火坦克
FlB Fernleitungsbeobachtung 长途线路观察
flb flacher Boden 平地
Flb Flugbericht 飞行报告
Flb Flugboot 水上飞机,飞艇
FLB funktionale Leistungsbeschreibung 功能性效能说明
Flb. Flugbahn (飞行)轨道;弹道;轨迹
Fl. B. M. D. Flieger-Beobachtungs- und Melde-dienst 飞行员观察报导业务
FLBP Filter, Bandpass 带通滤波器
FLC forming limit curve 成形极限曲线
FLCD Ferroelectric Liquid Crystal Display 铁电液晶显示器
FLCD 远端信元定界丢失
Fld. Feld 场;区域;战场;野外
FLD Flammenionisationsdetektor 火焰离化探测器
FLD Fluid 流体,液体
Fldart. Feldartillerie 野战炮兵(部队)
Fl. -Dr. Flachdruck 轧扁压力,平板印刷
Fldsch Fahrladeschaffner 铁路货车押运员
FlDü Flügeldüse 机翼喷管,机翼喷气发动机
FLehrl Fernmeldelehrling 长途电讯见习生;长途电讯学徒工
Fleiper-Verkehr Flugzeug-Eisenbahn-Personenve-rkehr 飞机-火车-客运交通
FlEisMi Flascheneismine 玻璃瓶杀伤地雷
Fleiverkehr Flugzeug -Eisenbahn-Güterverkehr 飞机-铁路-货运
FlEsMiz Flascheneisminen Zünder 玻璃瓶杀伤地雷用引信
Fleucht Fallschirmleuchtpatrone 降落伞空投信号弹
flex. flexibel 柔曲的,柔韧的,可弯曲的
Flex. Flexibilität 可弯曲性,韧性,挠性
Flex. Flexion 揉曲,弯曲
Flexible-Rate Flexible Data Rate 灵活的数据速率
FlF fliegende Fähre 飞行渡轮
FLF Foul-Language-Filter 脏话过滤器
FlFuO Flugfunkordnung 航空无线电规定
FLG Feuerlöschgerät 灭火器
Flg Fliehgewichtsantrieb 离心重力作用
FLG Funkleitstrahlgerät 定向无线电台,制导雷达
FLG (F. L. G.) Funkleitstrahlgerät 定向无线电台;制导雷达;引导雷达
flg. fliegend 飞行的
Flg. Flieger 飞行员
flg. fliegerisch 飞行员的
F. L. G. Funkleitstrahlgerät 无线电导向仪,无线电指标发射设备
Flgpl. Flugplatz 飞机场,航空港
FLgr mD Fischereilogger mit Dampfmaschine 带有蒸汽机的捕鱼机帆船
Fl. g. T. Flammpunkt im geschlossenen Tigel 闭杯闪点
Flgze Flugzeuge 飞机
Fl. -H Fliegerhorst 军用机场
Fl. -H Flottenhafen 军港
Fl. -H Flughalle 飞行大厅
FLH Hauptfernleitung 中央电话局线路,电话总局线路
Fl. -Hf. Flughafen 飞机场,航空港
FlHKdo Fliegerhorstkommando 军用机场指挥部
FlHrd Flachhalbrundprofil 半圆扁钢
Fl. Hst. Fliegerhorst 军用机场
FliBe Fluor-Lithium-Beryllium 氟锂铍
FLIBE Fluor-Lithium-Beryllium-Salzschmelze in Fusionsreakto- ren 氟化锂-氟化铍熔盐堆
Flibo Fliegerbombe 飞机炸弹
Flieger-Abwehr-MG Flieger-Abwehr-

Maschinengewehr 高射机枪
Flimi Fliegermine 飞雷
Fl. -Ing Flotteningenieur 海军工程师
Fl. -Ing Flugzeugingenieur 飞机工程师
FLIP Flexible Image Processor 灵活图象处理机
Fl J Flakjäger 防空歼击机
Flk Fahrleitungskolonne 架空线维修队
Flk Fernleitungskabel 长途通讯线路电缆;地区电缆
FLK Flammenkammer 火焰箱
Flk Flanke 侧面,侧壁
FlK Flözkohle 层状煤
Fl. -K (Flk.) Flugkörper 导弹
fl. k. u. w. W fließend kaltes und warmes Wasser 自来凉水和热水
Fl. Ks Feuerlöschkraftspritze 灭火器
Flkw. (Fl. Kw.) Flakkraftwagen 高射炮卡车,高射炮汽车
FLL Fiber in the Local Loop 局域环路光纤
Fllg. Füllung 进汽度;充气,注入,充填;填充料
Fl. Lstg. Flugleistung 飞行效率
FLM Fiber Loop Mirror 光纤环镜
FLM Film 膜,薄膜;胶片
FlMi Flügelmine 翼形雷
Flm Pz Flammenwerferpanzer 喷火坦克
FlMW (Fl. M. W, FlM. W.) Flügelminenwerfer 迫击炮
FLNPs Fiber Link Negotiation Pulses 光纤链路协商脉冲
FLOPS Gleitkommaoperationen pro Sekunde 每秒浮点操作次数
Fl. Ort. Flugzeugortung 飞机定位
Flot. Flotation 浮选
FLP Fast Link Pulse 快链路脉冲
FLP Festlegepunkt 固定点
Flp. Flammpunkt 闪点,燃点;着火点,发火点
FLPC Forward Link Power Control 前向链路功率控制
FLPL Flugplan 飞行计划
F. L. R. fahrbare Laderampe 移动加料台
FLR Flüssigkeitsreibung 液体摩擦
FLR Foreign mode Location Register 外部模式位置寄存器
FLR Frame Loss Ratio 帧丢失率
FLS Fertigungsleitsystem 制造调度系统,生产调度系统
FLS Feuerleitsystem (炮兵)射击指挥系统
Fls Flüssiggasschmelzschweißen 液化气体熔焊
Fls Flüssigkeitssäule 液柱
FlSA Flüssigkeitssymbolanzeige 液体符号指示
Fl. -Sch Fliegerschule 航校,飞行员学校
Fl. -Sch Flugschein 飞行证书
Flsp. Festlegespiegel 瞄准镜
FlSt Flachstanze 扁冲头,扁冲模
Flst Flurstück 田块;田地,地块
FLT Filter 过滤器,滤波器,滤光器
Fl. T. Flugzeugträger 航空母舰
FLT Freileitungstelegrafie 架空线路电报,明线电报
FlTMi Flusstreibmine 漂雷
Fl. -Tr. Flugzeugtransport 飞机运输,航空运输
FLU Fernleitungsübertrager 长途线路传送装置
FLÜ Fernleitungsübertragung 远距线路传送
F1Ü Flankenschutzüberwachungsrelais 侧面保护装置控制继电器
Flu influenza 流行性感冒
Fluat Fluorsilikat 氟硅酸盐
Flugb Flugboot 飞船
Flugh. Flughafen 飞机场,航空港
Flugtech. Flugtechnik 飞行技术,航空技术
Flugw. Flugwesen 航空事业,航空学
Flugwiss. Flugwissenschaft 飞行科学,航空科学
Flugzeug-MG Flugzeug-Maschinengewehr 防空机枪
Fluk Flugkörper 飞行体,导弹
FLUKA das Programmsystem Flurkartenerneuerung 地籍图更新程序系统
Fluma Flugmeldeabteilung 防空警报部门
Flumast Flugmeldeauswertungsstelle 航空信息处理中心
Flunast Flugnachrichtenstelle 飞行通讯站
Fluorforsch. Fluorforschung 氟研究
Fluorier Fluorierung 氟化作用
Flürak Flüssigkeitsrakete 液体火箭;液体燃料火箭
FlurbG Flurbereinigungsgesetz 土地整合法
FLW Fernleitungswähler 长途线路选择器
Flw. Flammenwerfer 火焰喷射器
Flw Fliegwerkstoff 航空材料
fl. W. fließendes Wasser 自来水
Flw. Flugwinkel 航向角,航路角,舷角
FLW Leitungswähler für Fernverkebr 长途线路选择器,市间通信选线器
Fl-Wb Flugzeugwasserbombe 深水航空炸弹
Flz. Fehlzerspringen 故障爆炸,未爆炸
FLZ Zubringerfernleitung 远距离馈电线,远距离传输线
Flzg. Flugzeug 飞机
Flzg. Ind. Flugzeug-Industrie 航空工业
Flzg. Schl Flugzeugschleuder 飞机弹射器
Flz. K. Flugzeugkanone 高射炮

FM Fachnormenausschuss Maschinenbau 【德】机械制造专业标准委员会
FM Facilities Management 设施管理
FM Fault Management 故障管理
FM feature model 特征模型
FM Fehlermeldung 故障报警
FM Feinheitsmodul 粒度模数
fm Femtometer 飞米(=10^{-15}米)
Fm Fermium 化学元素镄
Fm Fernmeldemeister 电信技师
fm Festmeter 实方;实积立方米;固体立方米
FM fetal movement 胎动
FM Feuermelder 火警报警器
FM Fischereimotorschiff 捕鱼机帆船
FM Flächenmaß 面积尺度
Fm. Flächenminimum 最小面积
FM Flotationsmaschine 浮选机
FM Födermaschine 升降机,提升机;运输机械
FM Fördermotor 卷扬电动机,提升电动机
fm (fmn, frmn) Formation 形成;赋能
FM Forward Monitoring 前向监控
FM Freimelderelais 不占线继电器
FM Frequency Modulation/Frequenzmodulation 调频
Fm frequenzmoduliert 调频的,频率调制的
Fm Funkmeister 无线电技师
Fm Höchstzugkraft 最大拉力
4-level FM 4-level frequency modulation 四电平调频
FM Paraffinmasse 石蜡块
FMA Fernmeldeamt 长途电话局
FMA Fernmeldeanschluss 长途电话连接
Fma Fernmeldearbeiter 长途电讯工人
FMA Fieldbus Management 现场母线管理
FMAIN file maintenance 文件维护
FMBS Frame Mode Bearer Service 帧模式承载业务
FMC Fixed Mobile Convergence 固定移动融合
FMCW frequency modulated continuous wave 调频连续波
FMD fluoreszierende Mehrschichten-CD 荧光多层光盘
FMD Follow-Me-Diversion 跟我转移
FMD foot and mouth disease 口蹄疫
FMD Frame Mode Data 帧模式数据
FMD Function Management Data 功能管理数据
FMDEM Frequenzmodulation-Demodulator 频率调制解调器
FMDI Function Management Data Interpreter 功能管理数据解释程序
fmdl. fernmündlich 电话的
FME Fehlermeldung, extern 外接误差信号,外接故障信号
FMEA fault modes and effects analysis 故障模式和影响分析
FMEA Fehler-Möglichkeits- und Einfluss-Analyse 故障可能性及影响分析
FMECA fault modes, effects and criticality analysis 故障模式、影响和严重性分析
FMF familial mediterranean fever 家族性地中海热
FMF Fault Management Fragment 故障管理段
FM/FDMA Frequency Modulation/FDMA 调频/频分多址
FMG Fernmeldegesetz 长途电讯法
FMG Fernmessgerät 远距测量仪,遥测仪
FMG Flugzeugabwehrmaschinengewehr 高射机关炮
FMG Funkmessgerät 无线电探测仪,雷达;无线电测量仪器
Fm Gerät Fernmeldegerät 长途通信仪
FMH Fernmeldehundertschaft 电讯百人小组
FMI Fiber optics Marketing Intelligence 纤维光学营销情报
FMK Fernmeldekabel für Schiffe 船用通讯电缆
FMK Fernmeldekabel 通信电缆
FmL Fernmeldeleitung 通讯线路
FmL Fernmeldemessordnung 长途电讯测量规定
FML-Verfahren FM method with lower capacity 小功率 FM 法
FMM Finite Message Machine 有限消息机
FMM Flächenmassmessgerät 面积尺度测量仪
Fm-Material Fernmelde-Meterial 长途通讯器材
fm^3/M. S Festmeter pro Mann und Schicht 每工班立方米数
FMMS Fixed Media Mass Storage 固定媒体大容量存储器
FMN flavin mononucleotide 黄素单核苷酸,黄酶辅基
FMO Fernmeldemessordnung 长途通讯测量规范
fm. o. R. Festmeter ohne Rinde 无外皮(树皮)的实方
FMP File Management Part 文件管理部分
FMQ. frequenzmodulierte Quarzschaltung 调频石英晶体线路
FMR Fahrzeug-Motor-Regelung 车辆发动机调节
FMR Feinmessraum 精密测量室
FMR Forschungs- und Messreaktor 研究与测

量反应堆

FMRS KMI's Fiber optics Market Research Service KMI 的纤维光学市场研究服务

FMS Fabrikmotorschiff 加工电动船

FMS fibromyalgia syndrome 纤维肌痛综合征

FMS File Management Subsystem 文件管理子系统

FMS File Management System 文件管理系统

FMS Fixed/Mobile Service 固定/移动通信业务

FMS flexible manufacturing system 柔性制造系统

FMS Flugmanagementsystem 飞行管理系统

FMS Funkmessstation 无线电探测站;雷达站

FMS 飞行管理系统

FMSR Fachnormenausschuss Messen, Steuern, Regeln im DNA 【德】标准委员会测量、控制和调节专业标准分会

FMSR FP-Mode Suppression Ratio 法布里-珀罗特模式抑制比

FMT Fernmeldeturm 长途电讯塔

FMT Fiber Management Trays 光纤管理托盘

Fmt Formatbezeichnung 格式名称

FM/TDMA Frequency Modulation/TDMA 调频/时分多址

FMUX Flexible Multiplexer 灵活复用器

FMV Fachnormenausschuss Meschanische Verbindungselemente 【德】机械连接件专业标准委员会

FMV Full-Motion Video 电视图像

FM-Verfahren free from Mannesmann effect method 无曼内斯曼效应锻造法

FMW Fernmeldewerk 电讯工厂

FMW Fernmeldewesen 长途电讯,长途电讯事业

FMW Fernmischwähler 长途混频选组器

FmW Flammenwerfer 火焰投射器

FMWT frequenzmodulierte Wechselstromtelegrafie 调频交流电报

FN, FN(A) Fachnormenausschuss 【德】专业标准委员会(常用 FNA 缩写)

FN Fernnetz 长途通信网,通讯网络

Fn Fernsprechnahverbindung 电话近距通讯

FN Ferrit-Nummer 铁素体数

FN Fiber Node 光纤节点

FN fibronectin 纤维粘连蛋白

FN Fleet Number 集团号码

FN Forwarded-to-Number 前转号码

FN Frame Number 帧号,帧号码

FN Functional Network 功能网络

FN Funknavigation 无线电导航

FNA Fachnormenausschuss der Gießereien 【德】铸造厂专业标准委员会

FNA Financial Network Association 金融网络协会

FNA (FNAB) fine needle aspiration biopsy 细针穿刺活检

FNA Flexible Networking Architecture 灵活的网络结构

FNA Free Network Address 空闲网络地址

FNA percutaneons fine needle aspiration 经皮细针穿刺

FNAE Free Network Address Element 空闲网络地址元素

FNAEBM Fachnormenausschuss Eisen Blech- und Metallwaren im DIN 【德】钢板及金属制品专业标准委员会(属德国标准化委员会)

FNAFuO Fachnormenausschuss Feinmechanik und Optik 【德】精密机械及光学仪器专业标准委员会

FNAS Frame relay Network Access Subsystem 帧中继网络接入子系统

FNB KMT's Weekly Fiber optics News brief Service KMI 的纤维光学每周新闻简报服务

FNBau Fachnormenausschuss Bauwesen 【德】建筑专业标准委员会

FNCA Fachnormenausschuss Chemischer Apparatebau in DIN 【德】化学设备制造专业标准委员会(属德国标准化委员会)

FNCA Fachnormenausschuss Chemischer Apparatebauim DIN 【德】化学仪器制造专业标准委员会(属德国标准化委员会)

FNE Fachnormenausschuss für Elektrotechnik 【德】电工专业标准委员会

Fne D Funkenstörungsdienst 无线电干扰业务

FNErg Fachnormenausschuss Ergonomieim DIN 【德】人机工程学专业标准委员会(属德国标准化委员会)

FNF Fachnormenausschuss Farbe 【德】染料专业标准委员会

FNFW Fachnormenausschuss Feuerlöschwesen im DIN 【德】消防专业标准委员会(属德国标准化委员会)

FNH Fachnormanausschuss Heiz-, Koch- und Wärmgarat 【德】采暖装置、蒸煮器和加热器专业标准委员会

FNH Focal nodular hyperplasia 局灶性结节性增生

FNHL Fachnormenausschuss Heizung und Lüftung 【德】采暖通风专业标准委员会

FNK Fachnormenausschuss Kältetechnik 【德】制冷技术专业标准委员会

FNK Fachnormenausschuss Kunststoffe 【德】塑料专业标准委员会

FNL Fachnormenausschß Lichttechnik 【德】照明技术专业标准委员会
FNL (FNLa) Fachnormenausschuss Laborgeräte 【德】实验室仪器专业标准委员会
FNLa Fachnormenausschuss Laborgeräte und Laboreinrichtungenim DIN 【德】实验室仪器和实验室设备标准委员会(属德国标准化委员会)
FNM Fachnormenausschuss Materialprüfung 【德】材料试验专业标准委员会
FNN Fuzzy Neural Network 模糊神经网络
FNNE Fachnormenausschuss Nichteisenmetalle 【德】有色金属专业标准委员会
FNP Fachnormcnausschuss Pulvermetallurgie 【德】粉末冶金专业标准委员会
FNP Frontend Network Processor 前端网络处理机
FN-Plan Flächennutzungsplan 平面利用图
FNPS Fachnormenausschuss Persönliche Sicherheits- und Schutzausrüstung 【德】个人安全和防护设备专业标准委员会
FNR Fachnormenausschuss Radiologie 【德】放射学专业标准委员会
F-Nr. 工厂编号,产品顺序号,出厂号
FNS Fachnormenausschuss Schiffbau 【德】造船专业标准委员会
FNS Fachnormenausschuss Schweißtechnik 【德】焊接技术专业标准委员会
FNS Fujitsu Network Switching 富士通网络交换
FNS Network File Server 网络文件服务器
FNS/E Fachnormenausschuss Schiffbau/Elektrotechnik 【德】造船/电工技术标准委员会
FnSE Funksenderempfänger 无线电收发机
Fnsta. Funkstation 无线电台
FNTS Fujitsu Network Transmission Systems Inc 富士通网络传输系统公司
FNUR Fixed Network User Rate 固定的网络用户速率
FNV Fachnormenausschuss Vakuumtechnik 【德】真空技术专业标准委员会
FNW Fachnormenausschuss Wasserwesen 【德】水利专业标准委员会
FO Fernmeldeordnung 电信规定
FO Fernsprechordnung 长途电话条例
FO Fiber Optics/Fiberoptik 纤维光学
F/o for orders 准备出售
Fo Formungseigenschaften Legierung 合金的生成特性
FO Fourier-Zahl 傅里叶准数
FO Funkortung 无线电定位(测向用)
Fo ohne Festsitzgewinde 无紧配合螺纹
fo Resonanzfrequenz 谐振频率
FOA Fiber Optic Amplifier 光纤放大器
FOA Fokus Obejektabstand 焦点物距
FoA Fotoarchiv 照片档案
FOAN Fiber Optic Access Network 光纤接入网络
FOAF friend of a friend 朋友的朋友
FOB FDM Output Buffer 频分多路复用输出缓冲器
F. O. B. (f. o. b.) free on board/frei Bord 离岸价,船上交货价
FOC Fiber Optic Cable 光缆
FOC Fiber Optic Communication 光纤通信
FOCC Forward Control Channel 前向控制信道
FOCD 远端信元定界失同步
FOCN Fiber Optic Communication Network 光纤通信网
FOCUS Fiber Optic Connection Universal System 光纤连接通用系统
FoDokAB Forschungsdokumentation zur Arbeitsmarkt- und Berufsforschung 劳动力市场和职业研究的研究文献
FOE Fiber Optic Extender 光纤扩展器
FOF Fluorescent Optical Fiber 发光光纤
FOFP Fiber Optic Faceplate 光纤面板
FOG Fehlerortungsgerät 缺陷定位仪,故障定位仪
FOG Fiber-Optic Ground 光纤地线,地下光缆
FOGRA Deutsche Gesellschaft für Forschungen im graphischen Gewerbe 德国版画行业研究协会
FOI Fernmeldeoberinspektor 电讯高级检察员
FOI Fiber Optic Isolator 光纤隔离器
FOI Freedom of Information 信息自由
FOID Fiber Optic Interface Device 光纤接口设备
FoIP Fax over IP IP传真
FOIRL Fiber Optic Inter-Repeater Link 光纤中继器链路
Fok. Fokus 焦点
FOK Fußbodenoberkante 地板上沿
FOL Fiber Optic Laser 光纤激光器
Fol Folie 箔,薄膜
Fol. Folio Papierformat 对开本
Fol. Folium, folia [Folien] (植物的)叶
FOLAN Fiber Optic LAN 光纤局域网
folg. folgend 以下的,下述的,随后的
folger. Folgerung 推论,结论
FOLS fiber Optics LAN Section 光纤局域网段
FOM Fiber Optic Modem 光纤调制解调器
FOM Stichting voor Fundamenteel Onderzoek der Materie 【荷】物质基础理论研究所

FOMAU Fiber Optic Medium Attachment Unit 光纤媒介附属单元
FOMC the Federal Open Market Committee 【美】联邦开放市场委员会
FOMS Fiber-Optic Microscope 光纤显微镜
FONS Corp Fiber Optic Network Solutions Corp 【美】光纤网络承包公司
FOP Failure Of Protocol 协议失效
FOPMA Fiber Optic Physical Medium Attachment 光纤物理媒体连接
for free on rail 铁路交货
FOR (for) Formation 形成 赋能
Ford Ford Motors Company 福特汽车公司
Förd. Förderung 输送,运送;采掘量
Ford. Forderungen 需要,要求
Förderg. Fördergut 采掘的材料;待运材料
FORM Format 形成;尺寸,大小;纸张规格,图纸篇幅;存储器中信息的安排格式
form. formal 形式的;正式的
Form. Formalitäten 形式;仪式,手续
form. formieren 造型,成型;形成,构成;赋能;组合
form. formiert 成型的;已赋能的
Form Formular 式,公式,化学式;表格
form. formulieren 列出公式;阐述
Form. formung 形成,造型
Formier. Formierung 造型,成型,形成,构成;赋能;组合
formn Formation 形成;赋能
Forsch. Forschung 研究
Forsch. Forschungen 研究,探索,探讨
Forsch. -Ber. Forschungsberichte 研究报告
Forsch. -Gem. Forschungsgemeinschaft 研究协会
Forsch. Ingenieurwes. Forschung und Ingenieurwesen 研究与工程(德刊)
Forschr. Phys. Fortschritte der Physik 物理进展(德刊)
Forsch. -Sat. Forschungssatellit 科研卫星
Forschungsarb. Forschungsarbeit 研究工作
Forschungsergeb. Forschungsergebnis 研究成果,研究结果
Forschungsgem. Forschungsgemeinschaft 研究联合会
Forstw. Forstwirtschaft 林业经济
Fort. Fortissimo 强,很强
FORTET FORTRAN-orientierte Entscheidungstabellen 面向公式翻译程序语言的决定表
Fortf. Fortführung 复制;继续
fortl. fortlaufend 继续的,连续的
FORTRAN Formula Translator 公式翻译程序语言
Forts Fortsetzung 继续
Fortschr. Fortschritt 进步
Fortschr. Hochpolym-Forsch Fortschritte der Hochpolymern- Forschung 高聚物研究进展(德刊)
Fortschrittsber. Fortschrittsbericht 进展报告
Fortschr. Mineral Fortschritte der Mineralogie 矿物学进展(德刊)
Forts. f. Fortsetzung folgt 后续,待续
FOS Fachoberschule 高等职业学校
FOS Fernmeldeobersekretär 高级电讯秘书
FOS Fiber Optic Sensor 光纤传感器
FOS freedom of speech 言论自由
FOSDIC film optical sensing device for input to computer 计算机输入用的胶片光传感装置
foss. fossil 矿物的;化石的
FOT Forward Transfer Message 前向转移消息
FOT Forward-Transfer Signal 前向转移信号
FOT Free Of Tax 免税
Fot. Fotografie 摄影术,照相术
FOTA Fiber Organizer Tape Application 光纤编织带涂敷机
FOTC Fiber Optic Trunk Cable 干线光缆
FOTIC Fiber Optic Transmitter Integrated Circuit 光纤发射机集成电路
FOTN Fiber Optic Transmission Network 光纤传输网络
fotogr. fotografisch 摄影的,照相的
FOTP Fiber Optic Test equipment and Procedure 光纤测试设备与测试程序
FOTS Fiber Optic Temperature Sensor 光纤温度传感器
FOW Fernmeldeoberwart 高级电讯监察员
FOX Fiber Optic extender 光纤扩展器
FOY fully-oriented yarn 全取向丝
FOZ Frontend-Oktanzahl 汽油馏分头部辛烷值
FP einseitiges Flat-Pente 外侧平峰轮辋;外侧胎圈座平峰
FP Feldpost 战地邮政
Fp Fernsprechpostanschlussverbindung 长途电话邮局接线连接
F. P. Festlegepunkt 固定点,安置点
FP Festpreis 固定价格
F. P. (FP) Festpunkt 固定点
FP flash Point 闪点
Fp Flammpunkt 燃点,闪点
FP Flexible Point 活动点
FP Flexschlauch Produkion 揉曲软管生产
Fp Fließpunkt 流点,熔点;屈服点,降伏点
F. P. Flusspunkt 熔点
FP Format Prefix 格式前缀
FP Formprofil 异型断面

FP Frame Protocol 帧协议
FP Französisches Patent 法国专利
Fp Füllpulver 填充粉末;炮弹填料
F. P. fully paid 付讫
FP Function Point 功能点
FP Function Processor 功能处理机
FP Funkpeilgerät 无线电探向器
FP Funktionsplan 功能图
FP Funktionsprinzip 功能原理
Fp Fusionspunkt 熔点,软化点
F. P. Fußpunkt 基点,垂足点;(叶根)最低点
FP 燃油泵
FPA fibronopeptide A 纤维蛋白肽 A
FPAD Facsimile Packet Assembly/Disassembly 传真分组组合/拆卸
FPB fibronopeptide B 纤维蛋白肽 B
FPBS Fiber Polarization Beam Splitter 光纤偏振分束器
F-PCH Forward Paging Channel 前向寻呼信道
FPD Flat-Panel-Display 平板显示
FPDC Fiber Passive Dispersion Compensator 光纤无源色散补偿器
FPDF gefrierpunktssenkender Faktor 凝固点下降因素
FPE Fallbügelpunktschreiber-Einfachschreiber 落弓点式记录仪-简单记录仪
FPG Fischereiproduktionsgenossenschaft 渔业生产合作社
FPGA Field Programmable Gate Array 可编程门阵列(技术)
FPGAs Field-Programmable Gate Arrays 现场可编程序门阵列
FPH Free Phone 被叫集中付费,免费电话
F-PICH Forward-Pilot Channel 前向导频信道
Fpl Fahrplan 行驶时刻表,运行图;矿井工作班升降图表
Fpl. Festplatz 庆祝会会场
Fpl Flugplatz 飞机场,航空港
FPL Flugwegplanung 航道计划
FPL Functional Programming Language 函数程序设计语言
Fplä Fahrplanänderung 行驶时刻表改变,工作计划改变
FP-LD Fabry-Perot Laser Diode 法布里-佩罗特激光二极管
FPLL Frequency and Phase Locked Loop 锁频和锁相环
FPLMTS Future Public Land Mobile Telecommunication System 未来公用陆地移动通信系统
Fplo Fahrplanordnung 行驶时刻规范
F. Plsk. Feuerplanskizze 火力分布略图
FPM Fallbügelpunktschreiber-Mehrfachschreiber 落弓点式记录仪-复式记录仪
FPM Fast Packet Multiplexing 快速分组复用
FPM Foundation for Performance Measurement 性能测量基础
FPM Four Photon Mixing 四光子混合
FPM Vinylidenfluorid-Hexafluorpropylen-Kautschuk 偏氟乙烯-六氟丙烯橡胶
FPM-Test Fließpapiermikrotest 滤纸微测试
Fp. -Nr. Feldpostnummer 野战邮政号
FPOL Fiber Polisher 光纤抛光机
FPP Fast Pattern Processor 快速模式处理机
FPrakt Fernmeldepraktikant 电信实习生
Fps Einzelbilder pro Sekunde 每秒帧数
FPS Fast Packet Scheduling 快速包调度
FPS Fast Packet Switching 快速分组交换
FPS Festplattenspeicher 磁盘文件
FPS Flexibel Programmierte Steuerung 挠性编程控制
FPS Forschungsinstitut für Physik der Strahlantriebe E. V. 【德】喷气动力物理研究所
FPS Frames Per Second 每秒帧数
FPSA Fiber-to-the Power Supply serving Area 光纤到供电服务区
FPSC Field Programmable Systems Chip 现场可编程序系统芯片
FPSLA Fabry-Perot Semiconductor Laser Amplifier 法布里-珀罗半导体激光放大器
F. P. S. -System Fuß-Pfund-Sekunde-System 英尺-英镑-秒制
F. P. St. Funkpeilstelle 无线电测向站
F-PTF trockendichtendes kegeliges Rohrgewinde 干密封锥型管螺纹
FPT/FPS Fast Packet Transfer/Switching 快速分组传送/交换
Fq Fertigungsanweisung 操作规程
FQN FQN-Formstück 一端带法兰盘的五支承插管接头
F-QPCH Forward Quick Paging Channel 前向快速寻呼信道
FR Fachrichtung 专业方向
FR Fahrzeugregelung 车辆调整
FR Fehlerregister 误差记录器,故障记录器
FR Fernmelderechnung 电信账单
FR Fernrakete 远程火箭
Fr. Flammenwerfer 火焰喷射器
FR Flüssigkeitsraketenstrahltriebwerk 液体燃料火箭喷气发动机
FR Folgeregler 随动调节器,跟踪调节器
FR Forschungsreaktor 研究(性反应)堆
FR Fortführungsriss 复制草图
FR Fourierreihe 傅里叶级数

Fr. Frage 问题
fr Fragmentation 碎块,碎片,碎屑
FR Frame Relay 帧中继
fr Franc (法国、比利时、卢森堡)法郎
Fr Francium 钫
Fr. Franken 【瑞士】法郎
fr franko 邮资已付
fr. französisch 法国的
Fr. Frau 女士,夫人
fr frei 自由的
Fr. Freitag 星期五
FR FR-Formstück 一端带法兰盘的异径管接头
fr. frisch 新鲜的
FR Front 前面,前部;工作面;工作线
Fr Fruchtfaser 果实纤维
Fr. Fructus 果实
Fr. Führer 领导者;驾驶员,司机;手册
FR Full Rate 全速率
FR Funkraum 无线电室
FR Normenausschuss Rohre, Rohrverbindungen und Rohrleitungen 管子、管子连接和管道专业标准协会
Fr. Praxis 实践
Fr Wärmestromdichte 热流密度,单位热负荷
FRA File Relative Address 文件相关地址
FRA Fixed Radio Access 固定无线接入
fra Folge-Ruhe-Arbeitskontakt Relais 顺次断开工作接点的继电器
F. R. A. Funkenrichtungsanlage 无线电定向设备
FRAD Frame Relay Access Device 帧中继接入装置,帧中继接入设备
FRAD Frame Relay Assembly Disassembly 帧中继装拆
Frag Fragment 局部图,碎块,碎片
FRAG Fragmentation 局部图,碎块,碎片
FRAG 分段帧
fragm. fragmentarisch 碎片的,断片的;零碎的,不全的
Frakt. Fraktion 分馏;部分;馏份;分数
frakt. fraktionieren 分馏
F-RAMA Fair Resource Assignment Multiple Address 合理资源分配多址
FRB Fernröntgenbild 远X光片
FRB Forschungs-Reaktor Berlin 柏林研究性反应堆
frb. fahrbar 移动的;自行的;可行驶的
frb. farblos 无色的;苍白的;单调的
FRBS Frame Relay Bearer Service 帧中继承载业务
FRC free carrier 自由载流子;向承运人交货
FRC functional residual capacity/funktionale Residualkapazität 功能残气量
F/R-CCCH Forward/Reverse Common Control Channel 正/反向公共控制信道
Frd. Flachrund 扁圆
F/R-DCCH Forward/Reverse Dedicated Control Channel 正/反向专用控制信道
frdl. freundlich 友好的
FRDTS Frame Relay Data Transmission Service 帧中继数据传输业务
FRe FRe-Formstück 一端带法兰盘的偏心异径管接头
Frech. Freischnitt 无导向冲裁模;自由切削
Fremdst. Fremdstoff 异物,杂质
Fremess Frequenzmesser 频率计
Freq. -Mess. Frequenzmessung 频率测量
Freq. Z. Frequenzzahl 频率数
FRF Forschungsreaktor Frankfurtam Main 法兰克福(美因河畔)研究堆
FRF Frame Relay Forum 帧中继论坛
F/R-FCH Forward/Reverse Fundamental Channel 正/反向基本信道
Frg. Feuerung 燃烧;射击;生火;加热;炉子;熔炉
FRG Flachriemengetriebe 扁皮带传动装置
FRG Forschungsreaktor Geesthacht 格斯塔赫特研究堆
F. Rgt. W. Feldröntgenwagen 野外X光车
FRH Forschungsreaktor Hamburg 汉堡研究堆
Frhf. Freihafen 自由港
FRI Frame Relaying Information 帧中继信息
FRIF Frame Relay Information Field 帧中继信息字段
Fritalux Frankreich-Italien-Luxemburg 法-意-卢三国
FRJ Facility Reject 设施拒绝
FRJ Facility Reject ISUP 设施拒绝 ISDN 用户部分
FRJ Forschungsreaktor Jülich 于利希研究堆
FRk Flachreedkontakt 平板封闭式触点
FRK funktionelle Residual-Kapazität 有功剩余容量
Fr. Kpt. Fregattenkapitän 海军中校;军舰副舰长
FRL Finland-Russia Line 芬兰至俄国光缆线路
FRLME Frame Relay Layer Management Entity 帧中继层管理实体
FRM Forschungsreaktor München 慕尼黑研究性反应堆
FRMO Fertigrohrerzeugung/Monat 月成品管产量
FRMR Frame Reject［Rejection］ 帧拒绝
FRMZ Forschungsreaktor Mainz 美因茨研究

堆

FRN Forschungsreaktor Neuherberg 联邦德国诺伊赫尔贝格研究(反应)堆

fro. franko 邮资已付

FROB freight Remaining on Board 船上未卸货物

FROG Finland-Russia Optical Gateway 芬兰俄国光通路

FROPPED fucking dropped 别胡闹

Froz. Prozent 百分率,百分比

FRP Fast Reservation Protocol 快速保留协议

FRP Fast Resolution Protocol 快速分辨协议

FRP fiberglass reinforced plastics 玻璃纤维增强塑料

FRP Fiberglass Rodent Protection 玻璃光纤齿咬防护

FRP/DT Fast Reservation Protocol with Delayed Transmission 具有延迟传输的快速保留协议

FRPH Frame Relay Packet Handler 帧中继分组处理程序

F/R-PICH Forward/Reverse Pilot Channel 正/反向导频信道

F-R-Q Frank-Read-Quelle 弗兰克·里德源

FRS Fernröntgenseitenbild 远X光侧面照片

FRS Fernsehrundfunksatellit 电视广播卫星

FRS Frame Relay Service 帧中继业务

FRS Führerraumsignalisierung 驾驶室信号化

F/R-SCCH Forward/Reverse Supplemental Code Channel 正/反向补充码信道

F/R-SCH Forward/Reverse Supplemental Channel 正/反向补充信道

Fr.-Sch. Frachtschiff 货船

Frsch. Freischnitt 无导向冲裁模;自由切削

FRSE Frame-Relay Switching Equipment 帧中继交换设备

FRSF Frame Relay Service Function 帧中继业务功能

FR-SSCS Frame Relaying Service Specific Convergence Sub layer 帧中继业务特定会聚子层

FRSt Fernmelderechnungsstelle 长途电讯计算台,电信账目结算处

Frt. Fracht 运货;货物;重量;运费

FRT Frame Relay Terminal 帧中继终端

Frt. freight 运费

FRTE Frame-Relay Terminal Equipment 帐中继终端设备

FRTT Fixed Round-Trip Time 固定往返时间

FrV Fräsvorrichtung 铣刀夹具,铣刀装置

FrW Frischwasser 淡水,新鲜水

FRW Füllung Rohware 紧密组织坯布

Frwe FRwe-Formstück 一端带法兰盘的偏心异径管接头

Frwk Feuerwerk 烟火技术,烟火制造术

Frwk Feuerwerker 烟火制造者

Frz. Frühzerspringer 早炸

FS Fachausschuss Staubtechnik 【德】防尘技术专业委员会

FS Fachverband für Strahlenschutz e. V. 【瑞士】辐射防护专业联合会

FS Fallschirm 降落伞

FS Fax Server 传真服务器

fS Feinsand 细砂(粒度0.1~0.2 mm)

Fs Feinsilber 纯银;碎银

FS Fernmeldesekretär 长途电讯秘书

Fs Fernschreib[en] 电传打字

FS Fernschreiber 印字电报机,电传打字机

FS Feststoff 固体物质

Fs Festung 要塞

F. S. Feuerschutz 火力掩护;消防

FS Fiber Sensor 光纤传感器

FS Final Status 最终状态

FS Fixed Service 固定业务

FS Fliehkraftschalter 离心开关

FS Flugsicherung 空中安全

FS Flussschnellboot 内河快船

FS Formstoff 造型材料,模制材料

FS Forschungsschiff 科研船

FS Frame Start signal 帧起始信号

FS Frame State 帧状态

FS Frame Status field 帧状态字段

FS Frame Storage 帧存储器

FS Frame Switching 帧交换

FS Frequency Synthesizer/Frequenzsyntheser 频率合成器

FS Führschiff 渡船

FS Führungssystem 导向系统

FS Füllung Schuss 全幅衬纬

FS Funkenstrecke 火花间隙,火花隙

F. S. Funkstelle 电台,无线电台

FS Fußanlasserschalter 脚踏起动开关,脚踏起动电门

FSA Fehlersuchalgorithmen 误差寻找计算法,故障寻找计算法

FSA Fernmeldeschulamt 长途电信训练机构

FSA Fernsehantenne 电视天线

FSA Ferritstabantenne 铁氧体磁棒天线

FSA Fiber to the Serving Area 光纤到服务区

FSA Funkfernsteueranlage 无线电遥控设备

FSAN Full Service Access Network 全业务接入网

FSB Feldstromsollwertbildung 磁场电流理论值构成

FSB Frequency Synthesizer Board 频率合成器板

FSBS Frame Switching Bearer Service 帧交换承载业务
FSC Fiber Storage Center 光纤存储中心
FSch Fernmeldeschule 长途电讯学校
F-SCH Forward Supplemental Channel 前向辅助信道
F. -Sch. Führerschein 驾驶证
Fschm Fallschirm 降落伞
Fschr. Fernschreiben 电传打字,电报
fschr. fernschriftlich 电传印字的,电传打字的
Fschrb. Fernschreiber 电传打字机
F. Schr. Patr Feldschrapnell-patrone 野战用榴霰弹弹药筒
Fsch. Spr. Fallschirmspringer 跳伞员
FSE Fernschalteinrichtung 遥控开关装置
FSE Fernsehempfänger 电视接收机
FSEV Fotosekundärelektronenvervielfacher 光电二次电子倍增器
FSF Fachnormenausschuss Schienenfahrzeuge im DNA 【德】标准委员会有轨车辆专业标准委员会
FSF Free Software Foundation 自由软件基金会
FSG Flusssuchgerät 磁通监视仪表
FSH follicle stimulating hormone 卵泡刺激素
FSH-RH follicle stimulating hormone releasing hormone 卵泡刺激素释放激素
FSI (ESI-profile) equivalent step index profile 等效突变型折射率分布
FSI Flugsicherheits-Inspektor 航空安全检查员
FSI Fluorhaltiger Silicon-Kautschuk 含氟硅橡胶
FSJG Fallschirmjäger-Gewehr 伞兵步枪
FSK Fertigungssystem Kleben 粘接生产系统
FSK Frequency Shift Keying/Frequenzumtastung 移频键控
FSK frequency shift telegraphy 频移电报
FSK Tape-Sync-Verfahren 磁带同步法
FSL Flexible System Link 灵活系统链路
FSLC Far distance Subscriber Line Circuit 远距离用户线电路
FSLP Feature Service Logic Program 特征业务逻辑程序
FSM FDDI Switching Module 光纤分布式数据接口转换模块
FSM FDM-channel Selector Module FDM 信道选择器模块
FSM Feldstärkemessplatz 场强测量位置,场强测试台
FSM Finite State Machine 有限状态机
FSM Finite State Module 有限状态模型
FSM Forward Set-Up Message 前向建立消息
FSME Frühsommer-Meningoenzephalitis 春夏季脑炎,中欧脑炎,蜱传脑炎
FSM-Technik Feldstärkemesstechnik 场强测量技术
FSMU Far Sub Multiplexing Unit 远端子复用单元
FSN Forward Sequence Number 前向序号
FSN Full Service Network 全业务网络
Fs. -Nr. Fernschreibnummer 电传号码
FSOL Fernseh-Ortsleitung 电视市区线路
FSP Fernschaltpult 遥控开关台
FSP Fernspeisung 远距供电,远距馈电
Fsp. Fernsprecher 电话机
FSP Festspeicher 固定存储器
FSP Feststellungsprüfung 预科毕业考试
FSP Fiber Service Platform 光纤服务平台
F. S. P. Funkseitenpeilung 无线电侧向定位,无线电边缘定位
FSP Funktionsschaltplan 功能线路图
FspE Fernspeise-Einsatz 远距馈电接头
Fsp. -Ger Fernsprechgerät 电话设备
FSPP Far Sub multiplexing Peripheral Processor 远端子复用外围处理器
Fspr. Fernspruch 话传电报;记录电话
Fspr. -Buch Fernsprechbuch 电话簿
Fspr. -Kb. Fernsprechkabel 电话电缆
FSPRO Fehlersuchprogramm 寻找故障程序;诊断程序
Fspr. Verb. Fernsprechverbindung 电话连接
FspW Fernspeiseweiche 远距馈电转接设备
FSR Fällungsschnellreaktion 跌落快速反应,沉淀快速反应
FSR Filterselbstretter 过滤式自救器
Fss. Fassungen 灯头;灯座,管座;插座;筒夹
FSS Fixed Satellite Service 固定卫星业务
FSS Flexibles-Service-System 挠性伺服系统
FSS Flying Spot Scanner 飞点扫描器
FSS Frame Synchronous Scrambling 帧同步扰码
FSS Full Service Set 全业务集
FsSt Fernschreiber-Steuereinheit 电传打字机控制单元
Fsst Fernschreibstelle 电传印字电报局
Fst Fernsprechstelle 电话局
Fst. Fernsteuerung 遥控
FST Fertigungssteuerung 生产控制
Fst Festung 要塞
FSt Feuerstellung 燃烧室;炉灶
FSt (F. St.) Funkstelle 无线电台,广播电台
FSt. (F. St.) Feuerstelle 燃烧中心;炉膛,炉灶
Fstgut Frachtstückgut 装运货物
Fstm. Festmeter 实方,实积立方米;固体立方

米

F. Str. Fahrstrecke 人行平巷,人行道;运输平巷

FSTR Fallschirmtruppe 降落伞部队

FStrG Bundesfernstraßengesetz 联邦长途公路法规

FSU Fernsehumsetzer 电视转换器;电视转播站

FSU final signal unit 最终信号单元

FSU Fixed Subscriber Unit 固定用户单元

FS-VDSL Full-Service Access Transmission VDSL 全业务接入传输的甚高速数字用户环路

Fsvm Fernschreibvermittlung 电传打字交换(装置)

FSW Fachverband der Stricker und Wirker 针织工作者专业协会

FSW Forced Switch 强制倒换

FSW Frame Synchronization Word 帧同步字

FSYN Frame Synchronization signal 帧同步信号

F-Sync. Farbsynchronisierung 色同步

F-SYNC Frame Synchronizer 帧同步器

F-SYNCH Forward Sync (Synchronous) Channel 前向同步信道

FT Fahrstraßentaste 进路按钮

FT Farbträger 颜色载体

Ft Faserkohle 丝炭;纤维状煤

F. T. Feldtelegraf 战地电报

FT Ferroresonant Transformer 铁磁谐振变压器

Ft Fett 油脂,脂肪,润滑剂

FT Fiber Termination 光纤终端

FT Fixed radio Terminal 固定式无线电终端

FT Fixed Terminal 固定终端

F/T Frachttonne 货运吨(位)

FT France Telecom 法国电信公司

FT frequency tripler 三倍频器

FT Frequenzteiler 分频器

FT Funkentelegraph 无线电报

FT Funktelegraphie 无线电报学

FT Funkturm 无线电铁塔,无线电发射塔

FT Funk- und Telegraphenstation 无线电台和电报局

Ft Fusinit 丝炭质;丝质体

Ft Triazetatfolie 三乙酸酯薄膜;三醋酸脂纤维薄膜

FTA fault tree analysis 故障树分析

FTA Fernsehteilnehmeranschluss 电视用户接线

FTA Fernteilnehmeranschluss 远距离用户连接

FTA Final Type Approval 最终全面型号认证

FTA free trade agreement 自由贸易协定

FTA free trade area 自由贸易区

FtA Funktechnische Arbeitsblätter 无线电技术工作报

FTA-ABS fluorescent treponemal antibody absorption 荧光梅毒螺旋体抗体吸收

FTAAP 亚太自由贸易区

FTAM File Transfer (Transmission) Access and Management 文件传输访问和管理,文件传送存取和管理

FTAMS File Transfer Access and Management Services 文件传递访问及管理服务

FTB Fiber Transceiver Board 光纤收发器板

FTBOMH from the bottom of my heart 发自内心地

FTC Facsimile Transport Channel 传真传送信道

FTC Fault Tolerant Computer 容错计算机

FTC Federal Trade Commission 美国联邦贸易委员会

FTC Forward Traffic Channel 前向业务信道

FTC 前轮驱动变速箱控制

FTD Frame Transfer Delay 帧传送延迟

FTD funktechnischer Dienst 无线电技术勤务

FTDA Flamethrower Distribution Amplifier Flamethrower 分配放大器

FTF Face To Face 面对面

FTF Fiber Termination Frame 光纤终端架

FTF Fiber To Feeder 光纤到馈线,光纤馈线

FTG Fernsehtechnische Gesellschaft 德国电视技术公司

FTG Fertigbearbeitung 精加工,终加工,最后加工

Ftg. Fertigung 制造,加工生产;完成,成就;整理

ftgn fertigen 制造,加工

FTI Fellow of the Textile Institute 纺织研究所研究员

FTK Flugturbinenkraftstoff 航空涡轮用燃料

FTL Fiber-in-The-Loop 光纤环路

FTLA Fiber to The Last Active 光纤到最后一个放大器

FTM FDM Transmitter Module FDM 发送器模块

FTM Fiber Terminal Module 光纤终端模块

FTM Fiber Transfer [Transmission] Module 光纤传送模块

FTM File Transfer Manager 文件传送管理器

FTM Frequenz-Zeit-Modulation 频率时间调制

FTMB Flamethrower Mini-Bridger Flamethrower 小型桥接器

FTM-M Point To Multi-point, Multicast 点对多点组播

FTN Facsimile Transmission Network 传真传输网
FTN FEC To NHLFE map FEC 至 NHLFE 的映射
FTN Forward To Number 转送号码
FTN Four-Terminal Network 四端网络
FTÖ Fachverband der Textilindustrie Österreichs 奥地利纺织工业专业协会
FTO fat mass and obesity associated 肥胖等位(基因),被认为与肥胖关系最大的基因
FTO Funktechnischer Offizier 无线电技术军官
FTP Fiber Twisted Pair 光纤双绞线
FTP File Transfer (Transmission) Protocol 文件传输协议
FTP flash-temperature parameter/Blitztemperaturparameter 闪蒸温度参数,闪点温度参数
FTP site 向 FTP 服务器发送 site 命令
FTPC Fiber-to-The Passive Coaxial Network 光纤到无源同轴 网络
FTP-CONS PTP Connection-mode Network Service 点对点面向连接网络业务
FTP Service Point To Point Service 点对点业务
FTr Flugzeugträger 航空母舰
FTR Full Text Retrieval 全文检索
FT-Raum Funktelegrafie-Raum 无线电报室
FTS Composite-Festtreibstoffe 复合固体动力燃料
FTS Fahrerloses Transportsystem 无人运输系统
FTS Fast Track Selector 快速磁道选择器
FTS Festtreibstoff 固体燃料;固体推进剂
FTS Frame Transport System 帧传送系统
FTSA Fiber-To-the-Service Area 光纤到服务区,服务区光纤
FTSE100 the Financial Times Stock Exchange top100 companies 泰晤士金融股票交易 100 家顶级公司
FTSMSTR Frame Transport System Master 帧传送系统主程序
F. T. -Sperre Funkentelegrafensperre 无线电报封锁
F. T. St. Funkentelegraphenstation 无线电报局
FTTA Fiber To The Apartment 光纤到公寓,公寓光纤
FTTB Fiber To The Bridge 光纤到桥梁,桥梁光纤
FTTB Fiber To The Building 光纤到大楼,光纤到楼宇;楼宇光纤
FTTC Fiber To The Curb 光纤到路边;道路光纤
FTTCab Fiber To The Cabinet 光纤到接线柜/箱;接线柜/箱光纤
FTTD Fiber To The Desk 光纤到办公桌;办公桌光纤
FTTF Fiber To The Feeder 光纤到馈线;馈线光纤
FTTF Fiber To The Floor 光纤到楼层;楼层光纤
FTTH Fiber To The Home 光纤到家,光纤到户;入户光纤
FTTH/B Fiber To The Home/Business 光纤到家/单位
FTTN Fiber To The Node 光纤到节点;节点光纤
FTTO Fiber To The Office 光纤到办公室;办公室光纤
FTTP Fiber To The Pedestal 光纤到人行道;人行道光纤
FTTR Fiber To The Remote 光纤到远端;远端光纤
FTTR Fiber To The Remote module 光纤到远端模块;远端模块光纤
FTTR Fiber To The Rural 光纤到农村;农用光纤
FTTS Fiber To The Subscriber 光纤到用户;用户光纤
FTTSA Fiber To The Service Area 光纤到服务区;服务区光纤
FTTT from time to time 有时,偶然,时常,间或
FTTV Fiber To The Village 光纤到村,光纤到乡村;乡村光纤
FTTx Fiber To The … 光纤到……
FTTZ Fiber To The Zone 光纤到小区,光纤到服务区;区域光纤
FTV Fahrzeugteileverordnung 运输车辆零件规范
FT-Verbindung Funktelegrafieverbindung 无线电报连接
FTY fully drawn texturing yarn 全拉伸变形纱
FTZ Fernmeldetechnisches Zentralamt 【德】通信技术总局
FU Fehlerspannung 故障电压
FU Fehlerunterbrechung 故障中断
FÜ Fernübertragungssystem 远距传输系统
FU Frequenzumsetzer 变频器,频率变换器,调制器
FU Flugunfall 飞行事故
5-FU 5-fluorouracil 5-氟尿嘧啶(抗癌药)
FU Frequenzumformer 变频器
FU fucked up 搞糟了
Fü Führer 领导者,驾驶员,手册
Fü Führung 导向装置;控制,操纵;导轨,导板,卫板

Fu Funk 无线电
Fu Funker 无线电值班员,无线电报务员,无线电话务员
FU Funkgerät 无线电台,无线电设备
Fü Funküberwachungsstelle 无线电监听(站)
Fu Funkwesen 无线电,无线电技术,无线电学
Fu Futter 衬里,衬垫;卡盘,套筒;充填物,密封物
FUA Fachübersetzerausbildung 专业译员培训
FUA Fachunterausschuss 专业分会
Fua Fernmeldeunterhaltungsarbeiter 长途电信维修工
FuA Funkamt 无线电通讯管理局
FuÄ Funkämter 无线电通信管理局
FuAnl.(**Fu. -Anl.**) Funkanlage 无线电台,无线电装置
FuAsp Funkaspirant 无线电进修生
Fu. Ausw. Kw. Funkauswertekraftwagen 无线电跟踪车
Fub Fernsprechunfallbezirksverbindung 电话通话故障地段连接
Fube Funkblindlandgerät 盲目着陆装置无线电台
Fu. Beschr. Funkbeschränkung 无线电通信限制
Fu. Betr. Kw. Funkbetriebskraftwagen 无线电台汽车
FuBK Funkbetriebskommission 无线电通讯委员会
FUBR fucked up beyond recognition 糟透了
FuBZ Funkbetriebszentrale 无线电通讯中心
FUC Frame Unit Controller 帧单元控制器
FUD fear uncertainly doubt 恐惧;不确定,怀疑
FuD Funkdienst 无线电业务
FuE(**F. u. E.**) Forschung und Entwicklung 研究和发展
Fue D Funkentstörungsdienst 消除无线电干扰业务
FuEO Funk-Entstörungsordnung 消除无线电干扰规定
FüG Fahrt über Grund 地上行驶速度
FuG Funkergerät 无线电装置,无线电仪器;无线电设备
FuG Futterrohrgewinde 套管螺纹
Fugr. Fachuntergruppe 专业小组
Führg. Führung 导向装置;控制,操纵;导轨,导板,卫板
FUI Frame Unit Interface 帧单元接口
FÜiH Europäisches Übereinkommen über die internationale Handelsschiedsgerichtsbarkeit 欧洲国际商业仲裁公约
FuK MD Funkkontroll-Messdienst 无线电监听业务
FuKMSt Funkkontroll-Messstelle 无线电监听台
Fu. Kp Funkkompanie 无线电公司
Fu. Kw. Funkdraftwagen 无线电通讯车
Fu. Kwg. Funkkampfwagen 无线电坦克
Füll. Füllung 填充,装入;注入;充填
Füllst. Füllstoff 填充物;填料;填充剂
FuLS Funkleitstelle 无线电指标站
FuM Funkmess 无线电监测
FuM Funkmesstechnik 无线电探测技术;雷达技术
FuMA Funkmessabteilung 无线电探测部门
FuMB Funkmessbordgerät 舰载雷达
FU M. B. Funkmess- und -beobachtungsgerät 无线电监测和观察仪
FuME Funkmesserkennungsgerät 雷达识别器;无线电探测仪
FuM-Empfänger Funkmessempfänger 无线电测量接收机
Fu. Mess Ger. Kw. Funkmessgerätkraftwagen 雷达车
FuMG Funkmessgerät 无线电探测仪,雷达
Fu. M. G. Flak Funkmessgerät der Flak-Artillerie 高射炮兵雷达
FuMO Funkmessortungsgerät 雷达设备;无线电定位仪器
FuMS Funkmessstörsender 雷达干扰发射机
FuMSt Funkmessstation 无线电探测站,雷达站
FuMV Funkmessvisier 雷达瞄准具
FuMZ Funkmesszusatzgerät 无线电探测附加仪器
FUN Fleet User Number 集团用户短号码
FUN Function 功能
Funa Flugnachrichtenabteilung 飞行信息科
FUND Fundamental 基础的,基本的;基本,原理,基础
FUNE Funkelektroniker 无线电电子技术员
FuNG Funknavigationsgerät 无线电导航仪
FUNI Frame User Network Interface 帧用户网络接口
FUNI Frame-based User-to-Network Interface 基于帧的用户网络接口
Funkm. Funkmeister 无线电技师
Funks. Funkstelle 无线电台,广播电台
Funkt. funktionell 功能的,函数的
Funkt. funktionieren 作用,工作,动作
Funkt. Funkturm 无线电发射塔
Funkw. Funkwesen 无线电,无线电技术
FuO Fachnormenausschuss Feinmechanik und Optik 【德】精密机械及光学仪器专业标准委员会

FUO. fever of unknown origin 不明原因发热
FuP Funkprüfgerätzusatz 无线电检验设备附属装置
FuPA Funkpeilanlage 无线电探向装置
FuPB Funkprüfbatteriesatz 无线电测试电池组
FuPrakt Funkpraktikant 无线电实习生
FuPSt Funkpeilstelle 无线电定向台
FuPz Funkpanzer 无线电装甲车
FUS Fiber optic Undersea Systems 海底光缆系统
FUS frequently used 经常用的
Fus Funksignale 无线电信号
Fus. Fusion 熔化;结合,合并;聚变
fus. fusionieren 合并,联合
fus. Fusioniert 合并的,联合的
FUSC Full Usage of Sub Channels 子信道充分利用
FU-Schutzschalter Fehlerspannungsschutzschalter 故障电压保护开关
FuSD Funksignaldienst 无线电信号服务
FuSE Funksenderempfänger 无线电收发报机,无线电发射-接收机
F. u. S. f. Fortsetzung und Schluss folgen 未完待续
Fusp. Fusionspunkt 熔点
Fu. Spr. Funkspruch 无线电通话;无线电报
Fussb. Fussballspiel[en] 足球比赛,足球运动
Fußn. Fußnoten 脚注
FuSt Funkstation 无线电台,广播电台
FuSt Funkstelle 无线电台;广播电台
FuStö Funkstörung 无线电干扰
FuStöMD Funkstörungs-Messdienst 无线电干扰探测业务
FuStöMSt Funkstörungs-Messstelle 无线电干扰探测服务台
FuSZ Funksendezentrale 无线电发射中心
FuTu Funkturm 无线电发射塔
Fu. Überw. Funküberwachung 无线电监督
FuV Funkverbindung 无线电通信,无线电联络
Fu. Verb. Funkverbindung 无线电通信;无线电联络
fUW fahrbares Unterwerk 可移动的分站(电话支局,用户话机)
FuZentr Funkzentrale 无线电中心
FuZO Funkzeugnisordnung 无线电证书规定
FV Fachausschuss Verfahren im VDI 【德】工程师协会工艺专业委员会
FV Fachverband 专业联合会;专业协会
FV Fahrdienstvorschriften 铁路调度规程
Fv Fahrstraßenverschließen 进路闭锁
FV Fernverkehr 市间交换;市间通信业务
FV Fertigungsvorschrift 加工规则
F. V Feuer Verteilen 火焰分布
FV Flottenverhältnis 浴比
f. v. folio verso/auf der Rückseite 见背面
FV Freiflächenverschleiß 表面磨损
FV Frequenzverstellung 调频
FV Frequenzvervielfacher 倍频器
FV Tetramethylolcyclopentanontetranitrat 四羟甲基环戊酮四硝酸酯
FVA Forschungsvereinigung Antriebstechnik 传动学研究联合会,驱动技术研究会
FVA (PVAC) Polyvinylacetat 聚醋酸乙烯酯
FVAE Fernschreiber-Verriegelungs- und Anschalteinrichtung 电传打字机止动和接通装置
FVB Funkverkehrsbuch 无线电通信簿
FVC forced vital capacity 用力肺活量
FVC Forward Analog Voice Channel 前向模拟语音信道
FVC forward voice channel 前向话音信道
FVD Fernsprechvermittlungsdienst 电话交换服务;接转电话服务
FVE Fernverkehrseinheit 长途通话单位;长途通讯单位
F. -Verb. Fernverbindung 市间通信
FVF Flimmerverschmelzungsfrequenz 闪光停闪频率
FVK Fachvereinigung Kohle 煤炭专业联合会
FVM Frequenzversatz-Messgerät 频率漂移测量仪,频率偏移测量仪
FVO Festungsverwaltungsoffizier 要塞管理军官
FVSt Fernvermittlungsstelle 长途通讯台;市间通信站
FVT Fahrzeug- und Verkehrtechnik 车辆和交通工程
Fvt. Feuerverteilung 火力分布
FVV Forschungsvereinigung Verbrennungskraftmaschine 内燃机研究联合会
FVW Faserverbundwerkstoff 纤维复合材料
FVZ Fernvermittlungszusatzgerät 市间通讯附加设备
FW Fachnormenausschuss Wärmebehandlungstechnik metallischer Werkstoffe 【德】金属材料热处理技术专业标准委员会
Fw Fahrwegsignal 行车道信号
Fw. Fahrwerk 移动装置,行走机构;底盘,底架
Fw Fehlweisung 读数误差;指示误差
FW Fernmeldewart 长途电讯值班
Fw Fernmeldewerkstätte 长途电信工作间
FW Festwertspeicher 固定值存储器
F. W. Feuerwalze 炮火支援,移动射击
FW Feuerwehr 消防队

Fw. Feuerwerk 烟火技术,烟火制造术
FW Feuerwerks-Laboratorium 烟火制造试验室
Fw. Flammenwerfer 火焰投射器
FW flammwidrig 防火的,耐火的(运输皮带标准代号)
F. W. Fliegerwarte 飞行员调度室
FW Frühwarnflugzeug 预警飞机,远程警戒飞机
FW Füllstandwächter 液位观测员
Fw Funkwerk 无线电厂
FWA Fernwählamt 长途自动电话局
FWA Fernwirkanpassung 遥控匹配
FWA Fixed Wireless Access 固定无线接入
FWA fluorescent whitening agent 荧光增白剂
FWAN Fixed Wireless Access Network 固定无线接入网
FwB Temperatur-Wechselbeständigkeit 耐温度交变性,热稳定性
FWC Frequency and optical Wavelength Converter 频率和光波长变换器
FWD Free World Dial-up 世界随意拨号,全球随意拨号
FWE Fernwirkempfänger 遥控接收机
F-Wellen Flatterwellen 振动波
F-Wellen Flimmerwellen 闪烁波
F-Wert Festigkeitswert 强度值
FWG Fernwirkgeber 遥控发送器
FWHM Full Width at Half Maximum 半峰全宽,半极值处全宽
FWIW for what it's worth 不论真伪,不论真假
Fwk. Feuerwerk 烟火技术,烟火制造术
FWL Fernwahlleitung 长途自动电话线路
FWM Fachnormenausschuss Werkzeugmaschinen 机床专业标准委员会
FWM Four Wave Mixing 四波混频
FWN Fixed Wireless Network 固定无线网络
FWPCS Future Wireless PCS 未来无线个人通信系统
FWS Fachnormenausschuss Werkzeuge und Spannzeuge 【德】工具及夹具专业标准委员会
FWS Fast-Wavelength-Switched 快速波长交换
F. W. St. Feldwetterstation 野战气象站
FWT Fernwirktechnik 遥控技术
FWT Fixed Wireless Terminal 固定无线终端
FWUs Fernwahlumsetzer 长途选择转换器,长途拨号转换器
F. W. W. Feldwetterwarte 野外气象站,战地气象站
FX fax 传真
FX Foreign Exchange 外汇
FX. fracture 骨折
FY fiscal year 财政年度
FYA for your amusement 以供娱乐,以供消遣
FYI For Your Information 供参考
FZ Fachzeitschrift 专业杂志,专业期刊
Fz (Fz.) Fahrzeug 运输工具,车辆
FZ Farbzahl 颜色数,色率
FZ. (F. Z.) Feldzeugmeisterei 训练与军械部
FZ Fernbedienzusatz 遥控附属设备
FZ Fernmeldezeug 电信器材
FZ Fernsprechzentrale 电话总局
Fz Fernsprechzugmeldeverbindung 电话铁路信号连接
FZ Fertigungszeichnung 加工图纸,制造图
FZ Festlegezahl 规定数,设定量
Fz. Formelzeichen 形式符号
FZ Forschungszentrum 研究中心
FZ Freizeichen (电话)空线信号
FZ Frequenzzeiger 频率指示器
FZ Funkzentrale 无线电中心
FZA Fernmeldezeugamt 电信器材局;通讯器材局
FZA Funktechnisches Zentralamt 广播技术中心局
Fz. Dep. Feldzeugdepot 军械仓库
F. Zentr. Fernmeldezentrum 长途电信中心
FZG Forschungsstelle für Zahnräder- und Getriebebau 齿轮与传动结构研究所
Fzg Funkzielgerät 无线电瞄准器
FZJ. Farbzahl gegen Jod 碘值;碘色率
FZL Feldzeuglager 军械仓库
FzLG Panzerleichtgeschütz 轻型装甲炮
FZM Forschungszentrum für Mechanisierung 机械化研究中心
FZ-Si Float-Zone gezogenes Silizium 浮动区法拉制的硅
Fz. St. Fahrzeugstaffel 车队
Fzt Fahrzeit 行驶时间,运输时间,运行时间
FZZÄ Fernmeldezentralzeugämter 电信器材总局

G

3G BTS 3G Base Station Transceiver 支持 IS-2000 空中接口标准的 BTS

g Grammen Goldgehalt pro Kubikmeter 每立方米含金克数,Au/m3
g Erdbeschleunigung 重力加速度
G freie Enthalpie 自由焓,吉布斯自由能
G (Ga) Gabel 叉形插头;转换装置;分支电路;叉形连接
G Gabelschaltung 分支电路;叉形连接
G. Ganze 全部,总数,总额
G Garage 汽车库
G Gartenland 庭园
G Gas/gas 气体,瓦斯,煤气
g gasförmig 气态的,气体的
G Gaskohlen 气煤,瓦斯煤(含28%~35%挥发物的煤)
G Gasschweißen 气焊
G Gauß 高斯(磁感应单位,1高斯 = 10^{-4} 特斯拉)
G Geber 发送器,发射器;发报机;施主
G Gebläse 通风机,送风机;鼓风机
G Gegenwendel 反螺旋线
G geglüht (钢标准代号)退过火的;已加热的
G Gegnerpunkt 敌方位置,对手位置
G gegossen 铸造的(钢铁调质代号);浇铸的
G gegossener Magnet 铸造的磁体
G. Geiger-Zähler 盖革计数管
g geländegängig 越野的,高通行性的
G Gelblichweiß 淡黄白色
G Generator 发生器;发电机
G Geophon 地质听音器,地声仪
G. Geräte 器械,仪器,技术装备
g geschlossen 闭合的,接通的
G. Geschütz 炮,火炮
G Geschwader 骑兵中队;中型舰队;飞行大队
G Geschwindigkeit 速度
G Gesellschaft 公司;协会,团体,协会
G Gesetz 定律,规律,法则,定理
G Gewehr 枪,武器
G Gewicht 重量
G Gewichtskraft 重力
G Gewichtsschwerpunkt 重心
g Gewindeschneiden 切削螺纹;攻丝
G Gewinn 利润,盈利
G giftig 有毒的
G Giga 十亿,千兆,10^9
G glatt 光滑的;磨光的,抛光的
G Gleichschlag (绳索)同向捻
G Gleichstrom 直流电
G Gleitmodul 滑移模数;刚性模数;剪切弹性模数;切变模数;抗剪模数
G Gleitsitz 二级精度滑动配合
G Gon 德国度(直角百分制的度)
G Graphitkohle 石墨碳
G- gram negative 革兰氏阴性
g Gramm 克
G+ gram positive 革兰氏阳性
G. Granate 榴弹
G granuliert 粒状的;成粒的
G graphisch 图解的
G Graphitkohle 石墨炭
G grau 灰;灰色的
G Gravitation 引力,重力
G Gravitationskonstante 万有引力常数
G grob 粗(糙)的;不精密的;粗大的;大粒的
G Grobsitz (德国旧式工业标准)4级精度配合;粗配合
G. Großbohrlochsprengverfahren 深孔装药法;深孔崩矿法;深孔爆破法
G Größe 值
G Großfunkstation 强功率无线电台,大型无线电台
G größter P-oder S-Gehalt 最高含磷或含硫量(标准代号)
G Grubenlokomotive 矿用机车
G Grund (各种容器的)底;土地,地产,田地;基础
G Grundbohrung 不透孔,未穿孔,死孔;地下钻孔,地层钻孔
G Grundfläche 地面,底面,基面
G Grundlinie 基线,基准线;原则
G Grundstrecke 下部运输平巷道;(光)基距
G Gruppe (周期表)类,族;基;团;组;群,簇,束
G Guanin 鸟嘌呤;2-氨基-6-羟嘌呤
G Gummidraht 橡皮绝缘导线
G Gummiisolation, Gummiisolierung 橡皮绝缘
G Guss 浇铸
G Gusslegierung 铸造合金
G Gut 财产;货物;农场;材料,原料
G Güteklasse (产品)质量等级;品质等级
G Güter 财产;货物;农场;材料,原料
G Güterflugzeug 货运飞机,运输机
G Güterzug 运货列车
G Konduktivität 电导
G Leitwert 电导;磁导;跨导
3G LTE 3G Long Term Evolution 3GPP 长期演进LTE项目
μg microgram/Mikrogramm 微克
G mit Gleitlagereinsatz 带全套滑动轴承
g Neugrad 百分度
g Pt/m3 Grammen Platingehalt pro Kubikmeter 每立方米含铂克数
g Querbeschleunigung 侧向加速度,横向加速度
G Rohrgewinde für nicht im Gewinde dichtende Verbindungen 非螺纹密封连接的管螺纹
G Sandguss 砂模铸造;砂模铸件

G Schubmodul 剪力模数,切变模量
2G Second Generation 第二代移动通信
g Steuergitter 控制栅极
G Stiftsockel 小型管管座
3G Third Generation 第三代移动通信
G weichgeglüht 软化退火的;球化退火的;不完全退火的
G Wirkleitwert 有效电导
G Zahn-Grund 齿根
g Zeichen für Erd-Fallbeschleunigung 重力加速度的符号
G zylindrisches Rohraußengewinde 直管外螺纹
GA Außengewindeschneidmaschine mit Schneidkopf 带切割头的外螺纹切割机
Ga Gabelschaltung 分叉线路,分枝电路
Ga Gallium 元素镓
Ga Garage 汽车库
GA gastric analysis 胃液分析
GA Gefechtsabschnitt 作战地段;作战地域
GA Gemeinschaftsanlage 共用设备,合用设备
GA Gemeinschaftsanschluss 公用线;合用线
GA Gemeinschaftsantenne 公用天线
GA Gemeinschaftsantennenanlage 公用天线装置
GA Genossenschaftsanteile 合住式
G. A. Geradlaufapparat 直线运动设备
GA Geräteauslastung 仪器满负荷
G-A Gitter-Anode 栅极-阳极
GA Global Address 全局地址;全球地址
GA Go Ahead (通信)开始(的信号);继续;你先做;向前
G. A. Grammäquivalent 克当量
GA Größtwertauswahl 最大值选择
GA Gruben-Akkulokomotive 矿用电瓶机车,矿用蓄电池电机车
GA Grubenakkumulatorenlokomotive 矿用电瓶机车,矿用蓄电池电机车
GA Grundausstattung 基本设备
GA Grundsignalschalter 背景信号开关
GA Gruppenautomatik 组合自动机
Ga Güterabfertigung 货物托运手续
GAA Gewerbeaufsichtsamt 企业劳动保护监查局
GAAP Generally Accepted Accounting Principles 公认会计原则
GaAs Galliumarsenid 砷化镓
GAB Gesellschaft zur Aufsuchung von Bodenschätzen 【德】资源勘测公司
GABA gamma-aminobutyric acid/γ-Aminobuttersäure γ-氨基丁酸
GAC Government Advisory Committee 政府顾问委员会
GaDE Güterabfertigungen mit Datenerfassung 货物托运手续连同数据收集
GAEB Gemeinsamer Ausschluss Elektronik im Bauwesen 建筑业电子学联合会
GAG glycosaminoglycan 糖氨聚糖,粘多糖
GAI generalized application interface 通用应用接口
GAINS Growth And Income Securities 增长和收入证券
Gal galactose 半乳糖
Gal Galeasse 三桅大桡帆船
Gal. galvanisiert (已)电镀的
GAL Generic Array Logic 通用阵列逻辑(电路)
GAL Global Access Ltd 全球接入有限公司
GA1 Gussaluminium 铸铝,铝锭
GALA geschwindigkeitsabhängige Lautstärkeanpassung 自动音量控制
G-AlBz Gussaluminiumbronze 铸铝青铜
Gall. Gallone (液量单位)加仑
GALT gut-associated lymphatic lymphoid tissue 肠道相关淋巴组织
Galv galvanisch 电镀的;电流的
GALV Galvanometer 电流计,检流计
Galv. Galvanisation 电镀,电蚀刻
galv. galvanisieren 电镀,电蚀刻,镀锌
GaM Gebühr für die amtliche Materialprüfung 官方材料试验费用
GAM Gesamtarbeitsmenge 总工作量
GAM Graphic Access Method 图形存取方法
GAMM Gesellschaft für Angewandte Mathematik und Mechanik 应用数学力学协会
Gamma-Mrs Gamma Mörser 420毫米重迫击炮
GAN Generalauftragnehmer 总代表,总受托者
GAN Global Area Network/weltweites Netz 全球范围网络
GANUK Gesellschaft zur Auslegung von Nuklearkomponenten mbH 核部件设计公司
GAP call Gapping 呼叫间隙
GAP General Assembler Program 通用汇编程序
GAP Generic Access Profile 通用访问应用
GAP glaciological antarctic Programme 南极冰川学计划
GAP the Group of Applied Physics 应用物理组
GAPC Global Alternative Propulsion Center 全球替代促进中心
g-Äqui. Grammäquivalent 克当量
Gar. Garantie 保证,担保
gar. garantieren 保证,担保
gar. garantiert 已保证的,已担保的

Garagenbetr. Garagenbetrieb 汽车库经营,汽车库营业所
Garg. Gargarisma 含漱药
GARP General Attribute Registration Protocol 一般属性注册协议
GARP global atmospheric research programme 全球大气层研究计划
GARP PDU GARP Protocol Data Unit GARP 协议数据单元
Gartenb. Gartenbau 园艺
GarVo Garagenverordnung 汽车库规定
Gar. -W Garagenwagen 汽车库车辆
Gas. Gasmeter 气量计,煤气表
GAS Gateway Access Service 网关接入服务
GAS grenzflächenaktive Stoffe 界面活性材料
Gasaufkohl. Gasaufkohlung 气体渗碳
Gasbeleucht. Gasbeleuchtung 煤气灯,气体照明
Gasentw. Gasentwicklung 煤气发生,气体开发
Gaser Gammastrahlen-Laser γ射线激光器
gasf. gasförmig 气态的,气状的,具有气体形态和性质的
Gasm. Gasmaske 防毒面具
Gasm. Gasmesser 气量计,气表,煤气表
Gasm. Gasmotor 煤气发动机,燃气发动机
Gaso. Gasolin 汽油,挥发油
Gasspür. Kw. Gasspürkraftwagen 化学侦察汽车
GAST Codetabelle-Adressen-Steuerung 字码表的地址控制
GAST Geräteausgabestelle 仪器发送站
Gastech. Gastechnik 煤气工程;煤气技术
Gasw. Gaswerk 燃气厂,煤气厂
GAT generalized algebraic translator 通用代数翻译程序
GAT Generic Application Template 通用应用模板
g-Atom Grammatom 克原子
GaTP Gabeltiefpass 叉形低通滤波器
GATS General Agreement on Trade in Service 贸易服务总协定
GATSGlobal Automotive Telecommnunication Standard/Standard für die Übertragung von Daten ins Automobil 汽车通信标准
GATT Allgemeines Zoll- und Handelsabkommen 关税及贸易总协定,关贸总协定
GATT General Agreement on Tariffs and Trade 关税和贸易总协定
gau Getrennt-Arbeit-Umschaltekontakt Relais 分离操作换向触点继电器
GAU größter anzunehmender Unfall 最大接受事故
GAV Gasabgabevermögen 放气能力;排气能力
GAV Güterabfertigungsvorschriften 货物托运手续规章
Gaveg Gasverarbeitungsgesellschaft 气体处理公司
GAVO Gasvorwärmer 气体预热器
GAZ Gemeinschafts-Antennenanlage mit Zusatzübertragung 带附加传输的共用天线设备
GB biegbarvorgeglüht 可弯曲预退火
GB Britischer Gebrauch 英国习惯
GB gain-bandwidth 增益带宽
GB Gasbombe 毒气炸弹,化学炸弹
gb gebeizt 酸洗过的
Gb. Geber 发报机,发射机
Gb Gebirge 岩块
GB Genehmigungsbescheid 许可通知,许可证
GB Gerätbit 仪器比特
GB Gerichtsbezirk 法院管辖区
GB Geschäftsbedigung 贸易条件
GB Gesteinbohrmaschine 岩石钻机
Gb Gigabit 千兆比特
GB Gigabits 千兆比特
GB Gigabyte 千兆字节
Gb Gilbert 吉伯(磁通势单位)
GB (GBS) Gitterbasisschaltung 栅极接地(线路),共栅极线路
GB Gitterbatterie 栅极电池组,偏栅压电池组
GB Global Bus 通用总线
GB Great Britain 英国,大不列颠
GB Grenzschichtbeeinflussung 临界层影响,边界层影响,交界层影响
gB Grobbohrung 四级精度的基孔(德国旧工业标准)
GB Großlochbohrmaschine 大直径钻井机
GB Großlochbohrwagen 大型移动式钻井用钻机
GB game boy 手掌游戏机
GBA Geologische Bundesanstalt 【奥】联邦地质局
Gba Grabenbagger 挖沟机,开沟机
GB-AB Gitterbasis-Anodenbasis-Schaltung 共栅极-共阳极电路
GBAG Gelsenberg AG Essen 格尔森贝格公司(德国埃森)
GBAG Gelsenkirchene Bergwerks-Aktien-Gesellschaft 格尔森基兴矿业股份公司
GBC game boy colour 彩色手掌机
Gbd Gebäude 建筑物
GBE Giga Bit Ethernet 千兆比特以太网
Gbf Gebäudefläche 建筑物面积
GBFA Gebührenbuch für den Fernsprechauslandsdienst 国际长途电话服务价目册

Gbg. Gebirge 山脉

GBG Geräuschboje, große Ausführung 大型水声浮标

GBG geschlossene Benutzergruppe 已关闭的用户群

GBH Graphics-Based Hypermedia 基于图形的超媒体

Gbh Güterbahnhof 货站

GBIC Gigabit Interface Converter 吉比特接口转换器

GBK blankgeglüht 光亮退火的;无氧化退火的

GBK geglüht 退火的

gbl gebläut 涂成蓝色的;发蓝处理的

GBL General-Betriebsleitung 开采总局,生产管理总局

GBl Gesetzblatt 法律公报

Gbm Gebrauchsmuster 享有小专利的日用品造型设计;试样;样品

GBM Geräuschboje, mechanische 机械水声浮标

GBMD Guaranteed Bandwidth Minimum Delay 保证带宽的最小延迟

GB-Net Golden Bridge Network 金桥网

GBOGO Grundbuchordnung 土地登记条例

Gbomb Gasbome 化学炸弹,毒气炸弹

GBP gain-band product/gain-bandwidth product 增益带宽乘积

GB-PS Genehmigungsbescheid-Patentschrift 专利许可证书

GBPS Gigabits Per Second 每秒千兆比特,千兆位/秒

gbr gebräuchlich 通用的,惯用的

gbr. gebraucht 用过了的,用旧的

gbr. gebrochen 破碎的,残破的

GBR gelenkte ballistische Rakete 受控弹道火箭

GbR Gesellschaft des buergerlichen Rechts 合伙

GBR Gross Bandwidth Request 总带宽请求

GBR Guaranteed Bit Rate 保证比特率

GBS Grundbetriebssystem 基本操作系统,基本运转系统

GBS Guillain-Barr syndrome 吉兰-巴雷二氏综合征

GBSVC General Broadcast Signaling Virtual Channel 通用广播信令虚信道

GBT Gebührenbuch für Telegramme 电报价目册

GBT Geräuschbojenturbine 水声浮标透平

2G BTS 2G Base Station Transceiver 仅支持IS-95空中接口标准的BTS

GBV Güterbeförderungsvorschrift 货物运送规章

GB_W (GBW) Gain Bandwidth 增益带宽

GBW Guaranteed Bandwidth protocol 保证带宽协议

Gbz Gebührenzettel 收据

GBz Gussbronze 铸青铜

GC Gaschromatografie 气体色谱法,气相色谱法,气体色层分离法

GC Gas Chromatograph 气体色层分离;气体比色;气体彩谱

GC Gaschromatographie 气体色层分离法

GC Gaussian Channel 高斯信道

GC General Control 通用控制,一般控制

GC gonococcus 淋球菌

GC granular cast 颗粒管型

GC Group Coupler 群耦合器

GCAC 通用连接接纳控制

Gcal Gigakalorie 千兆卡

Gcal Grammkalorie 克卡,小卡

Gcal/h Gigakalorie pro Stunde 千兆卡/小时

GCAG 通用连接接纳控制

GCAR generalized Computer aided route selection 广义机助选线

GCC Generic Conference Control 通用会议控制

GCE Ground Communication Equipment 地面通信设备

GCF Gatekeeper Confirm [Confirmation] 网守确认

GCF Glass-Ceramic Ferrules 玻璃陶瓷套圈

GCF GSM Certification Forum GSM认证论坛

GCH Gruppenchef 组长

GCHQ 英国监视机构政府通信总部

GCI General Command Interface 通用命令接口

GCI General Communication Interface 通用通信接口

GCI Global Cell Identity 全球小区识别码

GCI Global connection ID 全局连接ID

GCM Global Call Model 全局呼叫模型

GCM GPS Control Module GPS 控制模块

GCN Gateway Connection Network 网关连接网络

GCN Generalized Connection Network 通用连接网络

GCP Good Clinical Practice 药品临床试验管理规范

GCR Group Call Register 群呼寄存器

GCRA Generic Cell Rate Algorithm 通用信元速率算法

GCS Global Communication Semiconductors Inc 全球通信半导体公司

GCS Ground Communication System 地面通信系统
GCSR Grating Coupler Sampled Reflector Lasers 光栅耦合取样激光反射器
GCSS Global Communication Satellite System 全球通信卫星系统
GCTS Ground Communication Tracking System 地面通信跟踪系统
GCu Kupferguss 铜铸件,铸铜
GD Diffuse toxic goiter Graves 病毒性弥漫性甲状腺肿
GD Druckguss 压铸
Gd Gadolinium 钆
GD Gegendruck 反压,倒压,反作用
GD Gegendruckturbine 背压透平;背压式汽轮机
GD Generaldirektor 总厂长,总经理
GD Geodätischer Dienst 大地测量局
G. D. Geschützdepot 炮场
G/D (g/d) Gramm pro Denier 每旦克数(克/旦)
GDA Gemeinschaft deutscher Automobilfabriken 德国汽车制造厂联合会
GdB Gesellschaft des Bauwesens 建筑工程学会
GDB Grundstücks-Datenbank 地产数据库
GDBH Gesellschaft Deutscher Berg- und Hüttenleute 【前民德】德国矿冶行业协会
GDC Gesellschaft für Datensysteme und Computer 数据系统和计算机协会
GDC Graphical Display Controller 图形显示控制器
GDCh Gesellschaft Deutscher Chemiker 德国化学家协会
GDCI General Data Communication Interface 通用数据通信接口
GDG Gemeinschaft Deutscher Großmessen 德国大型博览会协会
GDH Gesellschaft deutscher Hüttenleute 德国冶金工作者协会
GDH Glutamate dehydrogenase 谷氨酸脱氢酶
GDHS Generalized Dynamic Hypermedia System 广义动态超媒体系统
GDI Graphical Device Interface/System für die Anzeige von graphischen Elementen in MS Windows (微软视窗的)图形设备接口
GDM Gesamtverband Deutscher Metallgießereien 德国金属铸造业联合总会
GDM Gesamtverband Deutscher Sturzguss, Niederdruck-Kokillenguss, Metallgießereien 德国壳型铸造、低压金属型铸造、金属铸造厂联合总会
GDM Gleichstrom-Datenübertragung mit niedrigem Sendepegel 使用低传输电平的直流数据传输
GDM Grid Dip Meter 栅流陷落式测频仪
GDM Grid Dip Modulator 栅陷式调制器
GDMB Gesellschaft Deutscher Metallhütten- und Bergleute 德国矿冶工作者协会
GDMB Gesellschaft Deutscher Metallhütten- und Erzbergleute 德国冶金采矿工作者协会
GDMO Guideline of Definition for Managed Object 管理对象定义指南
GD-Ms Druckgussmessing 压铸黄铜
Gdn Graduation 刻度,分度,分等级,蒸浓
GDO Gesellschaft für Datenverarbeitung und Organisation 数据处理和组织协会
GDOP Geodätische Doppler-Satelliten Positionsbestimmung 多普勒卫星大地测量定位
GDOP Geometric Dilution of Precision 几何精度因子
GDP Global Descriptor Table 全局描述符表
GDP Gross Domestic Product 国内生产总值
GDPS Global Data Processing System 全球数据处理系统
GD & R grinning, ducking & running 笑,跑开,闪避(常用于挖苦语之后)
GDrH Gasdruckhülse 气压药筒
GDSN General Data Serving Node 通用数据服务节点
GDSU Global Digital Service Unit 全球数字业务单元
GdT Gemeinschaftsausschuss der Technik 【德】技术联合委员会
GDT Global Data Table 全局数据表
GDTI Gesamtverband der Deutschen Textilveredlungsindustrie e. V. 德国纺织染整工业联合总会
GDU Gleichstrom-Drehstrom-Umformer 直流交流变换器,交直流转换器
GDV Gasdynamische Versuchsanstalt 【德】气体动力学实验所
G. D. V. General-Durchschaltversuch 总依次导通试验
GDV Gesamtverband der Deutschen Versicherungswirtschaft e. V. 德国保险业总会
GDV graphische Datenverarbeitung 图解数据处理
GDVA grafische Datenverarbeitungsanlage 图解数据处理机
Gdw Gradierwerk 刻度器,分度器
GE Gateway Exchange 联网交换机,联网处理机
Ge (GG) Gebirge 岩体,岩石;山,山区
GE Gegenelektrode 反电极

ge gelb 黄色的
Ge Generator 振荡器;高频振荡加速器;发电机
GE Geradheit 直线度
GE Geräuschempfänger 噪音接收机
Ge Germanium 元素锗
Ge Germaniumdiode 锗二极管
GE Geruchseinheit 嗅觉单元
GE Getreideeinheit 谷物单位
GE Gewichtseinheit 重量单位
GE Gigabit Ethernet 千兆比特以太网
GE Giga Ethernet 千兆以太网
Ge Gusseisen 铸铁
GEA gas evolution analysis/Gasentwicklungsanalyse 气体放出分析
GEAK grafische Eingabe/Ausgabe-Kontrolle 图解输人输出检验
Geb Gebühr 价目;工资,费用
Geb. Gebäude 建筑物,房屋
geb. gebaut 建筑的,建成的
geb. gebogen 被弯曲的,弯曲的
geb. geboren 出生的,先天的,天赋的
Geb. Gebühr 价目,工资,费用
geb. gebunden 化合的,结合的
Ge. B geographische Breite 地理纬度
GebBTel Gebührbuch für Telegramm 电报费用表
GEBCO general bathymetric chart of the oceans/allgemeine bathymetrische Karte der Ozeane 一般的海洋等深线图
Geb. Flak Gebirgs-Flugabwehrkanone 山地高射炮
Geb. Gesch. Gebirgsgeschütz 山地火炮
GebGr Gebirgsgranate 山地榴弹
Geb. H. Gebirgshaubitze 山地榴弹炮
GebIG Gebirgsinfanteriegeschütz 步兵山炮
Geb. K. Gebirgskanone 山地加农炮
GebLdg Geballteladung 集束手榴弹
GebO Gebührenordnung 费用规范
gebr. gebräuchlich 通用的,常用的,惯用的
Gebr. Gebrüder 弟兄
Gebr. -A Gebrauchsanweisung 使用说明,使用方法
Geb. Schr. Gebirgsschrapnell 山地炮兵榴霰弹
Geb. -Tar Gebührentarif 费用税率,费用价目表
GEC General Electric Corporation 【美】通用电气公司
ged gedämpft 经衰减的,阻尼的
ged. gedeckt 遮盖的,封闭的
ged gediegen 自然的,天然的;纯的
Ge-Dio Germaniumdiode 锗二极管
gedr. gedrängt 紧迫的,推挤的
gedr. gedreht 旋转的,转动的;车削的
ged. Z. gedecktes Zeil 隐蔽目标
GEE geoelektrischer Effekt 地电效应
GEF Gain Equilibrium Filter 增益均衡滤波器
Gef. Gefälle 坡降,路差;水头
gef. gefälscht 伪造的
gef. gefertigt 生产的,制造的
gef. gefestigt 加强的,巩固的,固定的
gef gefunden 找到,感到,认为
Gef. Ldg. Gefechtsladung 战斗用炸药
Gef. p. Gefrierpunkt 冰点,凝固点
gefr. gefroren 冻的
GefStoffV Gefahrstoffverordnung 危险材料规范
geg. gegeben 已知,给出的
geg. gegen 大约;对待;反对;交换;比较;朝……方向
Gegenw. Gegenwart 现代,当代;在场,出席
gegl. geglüht 已退火的
gegr. gegründet 建立的,创办的
GEH Regeln für elektrische Hochspannungsgeräte 高压电器规程
Geh Gehalt 含量,容积,容量;内容;价值;工资
Geh Gehäuse 外壳,机箱
geh. geheftet 简装的
geh. geheim 秘密的
Geh. Geheimnis 秘密
geh. gehoben 举起,提升,除去
GEIN German Environmental Information Network 德国环境信息网
gek. gekennzeichnet 表示特征的
gek. gekocht 干燥的
gek. gekoppelt 耦合的,交联的,成对的,偶的
gek. gekürzt 简写的,缩写的
GEKO Gebläsekonvektor 鼓风对流器
Geko geschützter Kontakt 保护触点,保护接点
Gekofusta Generalkommandofunkstation 总发令电台
Geko-Relais geschützter Kontakt-Relais 保护触点继电器
gel. geladen 充电的,有负荷的
Gel. Gelände 地形;地面;地域;地势
gel. geländegängig 越野的
Gel. Geländegängigkeit 越野能力
Gel Gelbkreuz 黄十字(德国腐蚀性毒剂的标记)
gel. geliefert 已提供的;已发出的
gel gelocht 打孔的,穿孔的
gel. gelöscht 清除的;熄灭的;消磁的;放电的;清除代码的
gel. gelöst 液解的;松开的;解决的
ge. L. geographische Länge 地理经度
gelat. gelatinös 凝胶的,似凝胶的

Gelbf. Gelbfilter 黄色滤光镜
Gel Bl gelochtes Blech 钻孔钢板
Gel. Don. Gelatine-Donarit 骨胶-德纳立脱炸药(开矿用)
geleg. gelegentlich 偶尔的,凑巧的
Gel. -Fl. Geleitflottille 护卫小舰队
GeLi-Detektor Germanium-Litium-Detektor 锗锂检波器
Gelk Gelbkreuz 黄十字(德国腐蚀性毒剂的标记)
Gel. Pkw. Geländepersönenkraftwagen 越野小轿车
GeL. Wink. Geländewinkel 地面高低角
gem. gemahlen 研磨的,粉碎的
gem. gemäß 按照,根据
gem. gemessen 测量过的
gem. geminal 双生的;成对的
Gem. Gemisch 混合物,混合料;混和剂,搀和剂;混合,搀和
gem. gemischt 掺和的,混合的
GEM Goddard Earth model 戈达德宇航中心地球模型
GEMA Gesellschaft für musikalische Aufführungs- und mechanische Vervielfältigungsrechte/German association for the administration of musical Performance and mechanical duplication rights 德国音乐演出与机械复制权管理协会
GEMK (gEMK) gegenelektromotorische Kraft 反电动势
Gemo gewerblicher Otto-Zweitaktmotor 工业用二冲程汽油发动机
GEMS global environmental monitoring systems 全球环境监测系统
GEMS Goodyear electronic mapping system 古德伊尔电子测图系统
Gem. -Str. Gemeindestraße 地区道路
Gen genannt 所谓的;名为,称为
Gen. Generator 振荡器;发生器;发电机
Gen. Genitiv 第二格
gen. genormt 标准化的,定标准的
gen. genügend 足够的
ge. N. geographischer Nord 真北,地理北方
GEN Global European Network 欧洲全球网络
GEO Geostationary Earth Orbit 静止地球轨道
GEO Geostationary Orbit 静止轨道,静止地球轨道
GEO Geosynchronous Earth Orbit 同步地球轨道
GEOCEIVER Geodetic Receiver 大地测量接收机
Geod. Geodäsis 大地测量学
geod. geodätisch 大地测量学的
GeodB Geodätisches Institut, Technische Universität Berlin 柏林工业大学大地测量研究所
GeodBN Institut für Theoretische Geodäsie, Universität Bonn 波恩大学理论大地测量研究所
GeodDA Institut für Physikalische Geodäsie, Technische Hochschule Darmstadt 达姆施塔特工业大学物理大地测量研究所
GeodH Institut für Theoretische Geodäsie, Technische Universität Hannover 汉诺威工业大学理论大地测量研究所
Geodimeter Geodetic Distance Meter 大地测距仪
GeodKA Geodätisches Institut, Universität Karlsruhe 卡尔斯鲁厄大学大地测量研究所
GeodM Institut für Astronomische und Physikalische Geodäsie, Technische Universität München 慕尼黑工业大学天文和物理大地测量研究所
Geogr. Geographie 地理学
geogr. geographisch 地理学的
geogr. L. geographische Länge 地理经度
Geol Geologie 地质学
Geol. Abt. Geologische Abteilung 地质部门
Geol. Ges Geologische Gesellschaft 地质工作协会
Geol. Jb Geologisches Jahrbuch 地质年历
Geol. Rdsch. Geologische Rundschau 地质周报
geolog. geologisch 地质的,地质学的
Geom. Geometrie 几何学
geom. geometrisch 几何的
Geomagn. Geomagnetismus 地磁
GEOP Geodäsie der festen Erde und Physik der Ozeane 固体地球大地测量及海洋物理
GeophCLZ Institut für Geophysik, Technische Universität Clausthal 克劳斯塔尔工业大学地球物理教研究所
Geoph F Institut für Meteorologie und Geophysik, Universität Frankfurt a. M. 美因河法兰克福大学气象和地球物理研究所
Geoph HH Institut für Geophysik, Universität Hamburg 汉堡大学地球物理研究所
GeophKl Institut für Geophysik, Universität Kiel 基尔大学地球物理研究所
GeophM Institut für Allgemeine und Angewandte Geophysik, Universität München 慕尼黑大学普通和应用地球物理研究所
Geophys. Geophysik 地球物理学
geophys. geophysikalisch 地球物理的
Geophys. Geophysiker 地球物理学家

GEOREF geographical reference system/geographisches Referenzsystem 地理坐标参考系
GEOS Geodetic Earth Orbiting Satellites 大地测量地球轨道卫星
GEOS Geostationary Operational Environmental Satellite 地球同步环境卫星
GEOS Geosynchronous Earth Orbit Satellite 地球同步轨道卫星
geoth. geothermisch 地温的,地热的
GEP Gegentaktendpentode 推挽输出五极管;全波输出五极管
gep. gepanzert 装钢板的;装甲的;铠装的;包铁皮的
gep.(gepr.) geprüft 已审查的,已审核的,已检验的
gepfle gepflegt 经常性维修
gepr. gepresst 压制的;挤压的;模压的
gepr. u. gen. geprüft und genehmigt 检查许可的
GEQ fiber grating-type Gain Equalizer 光纤光栅型增益均衡器
Ger. Gerade 直线
Ger Gerät 工具,器材,仪器
Ger. Geräusch 噪声
Ger Geringstland 未开垦的闲置地
Ger Gerüst 支架,手脚架;轧机机架;井架
GERAN GSM/EDGE Radio Access Network GSM/EDGE 无线接入网
Ger. Beschr. Gerätebeschreibung 仪器说明
GERD Gastroesophageal reflux disease 胃食管反流病
GERDA Geradrohrdampferzeuger-Versuchsanlage 直管蒸汽发生器试验装置
GerMech Gerätemechaniker 仪器机械师
GES Gateway Earth Station 网关地球站
Ges gesamt 全部的,总计
GES Gesellschaft für elektronische Systemforschung 电子系统研究协会
Ges. Gesamtheit 总体,全部;全局
ges. gesandt 派遣的,寄送的
ges. gesättigt 饱和了的
Ges. Gesellschaft 协会,学会;公司
Ges. Gesenk 暗井,溜井,锻模,模具
Ges. Gesetz 法律
ges. gesichert 安全的;已保险的
ges. gesucht 检查的,检索的,查找的
GES Ground Earth Station 地面站,地面地球站
ges. Abh. gesammelte Abhandlungen 论文汇编
GESAMTTEXTIL Gesamtverband der Textilindustrie in der Bundesrepublik Deuschland 德国纺织工业联合总会
Gesch. Geschoss 炮弹,子弹
gesch. geschüttet 倾注的;灌注的
Gesch. Geschütz 炮,火炮
gesch geschützt 受保护的
Gesch. Abn. V. Geschützabnahmevorschrift 火炮验收细则
GeschFabr Geschützfabrik 火炮厂
GeschGieß Geschützgießerei 火炮铸造所
geschl. geschlossen 闭路的,关合的,封闭的
geschm geschmolzen 熔解的,熔化的
geschr. geschraubt 螺纹连接的,拧螺丝的
Gesch. T. Geschützturm 炮塔
Geschw. Geschwindigkeit 速度
Geschw. -Beschr. Geschwindigkeitsbeschränkung 速度限制
Geschw. -Kontr. Geschwindigkeitskontrolle 速度检查;速度控制
ges. gesch. gesetzlich geschützt 受到法律保障的
Ges. -Gew Gesamtgewicht 总重量
gesp. gespart 节省的,节俭的
Ges. Pr. Gesamtproduktion 总生产(量)
Ges. St. Gesamtstärke 总强度,总厚度
Gest. Gestänge 杆,棒,拉杆
Gest. Gestell 台座;支架;框架;机座;机架;底盘;底座
gest. gestickt 刺绣的,绣花的
gest. gestochen 刺入的,穿刺的,雕刻的
gest. gestorben 死亡的,消失的
Gestapo Geheime Staatspolizei 国家秘密警察,盖世太保
gestr. lg gestreckte Länge 展开长度
GES VSS 车辆速度信号
ges. W. gesammelte Werke 汇编
GET Gegentaktendtriode 推挽末级三极管;推挽输出三极管
GeT Germanium transistor 锗晶体三极管
GeT Greenwich Electronic Time 格林尼治电子时间
Getr. Getriebe 传动;传动齿轮;减速器;传动机构
getr. getrieben 传动的,推进的,(矿山)掘进的,提升的;(化工)分馏的,精炼的
getr. getrocknet 干燥的
GETT Gruppe Europäischer Turbinentechnik 欧洲汽轮机技术集团
GeV Gigaelektronenvolt 千兆电子伏特,十亿电子伏特,吉电子伏特
Gew Gegenwart 现代,当前
GEW Geländeentgiftungswagen 地段消毒车;越野消毒车
gew. gewachsen 长大的,生长的

gew. gewachst 打蜡的,上蜡的
Gew. Gewährleistung 保证,担保
gew. gewaschen 洗涤过的
Gew. Gewässer 河流,水域
gew. gewässert 沾水的,水洗过的
Gew. Gewebe 织物,布料,织物组织
Gew Gewicht 重量;砝码
Gew Gewicht-Prozent 重量百分比
Gew. Gewinde 螺纹;绕组;绕线,线圈
Gew Gewinnung 开采,回采,崩矿;回收;采出量,产量
gew. gewöhnlich 通常的,惯常的,一般的
Gew. Gran. Patr. Gewehrgranatpatrone 枪榴弹筒
GewGrGew Gewehrgranatengewehr 发射枪榴弹的枪,掷弹筒
GewGrPz Gewehrgranate Panzer 反坦克枪榴弹
Gew. -HL-Gr. Gewehr-Hohlladungsgranate 枪空包弹
Gew. Kl. Gewichtsklasse 重量等级
Gew O Gewerbeordnung 操作规程
Gew. Prop. Gr. Gewehrpropagandagranate 宣传枪榴弹
Gew. -Proz. (**Gew %**) Gewichtsprozent 重量百分数
Gew. Pzgr. Gewehrpanzergranate 防坦克枪榴弹
Gew. -Schicht Gewinnungsschicht 采矿班
GewSprgr Gewehrsprenggranate 高爆枪榴弹
Gew. T. Gewichtsteil 重量部分;按重量计的分量
gew. Temp. gewöhnliche Temperatur 常温
Gew. Z. F. Gewehrzielfernrohr 步枪光学瞄准具
GEZ Gebühreneinzugszentrale/German licence fee Clearing house 德国牌照费的结算所
gez. gezählt 计数的
gez. gezeichnet 由……签名的,由……署名的,图示的,绘图的,制图的
Gez. Gezeiten 涨落潮
gez. gezogen 拉拔的,拉伸的,拔制的
Gez. -Krw. Gezeitenkraftwerk 潮汐电站
Gez. -W. Gezeitenwechsel 涨落潮变化,涨落潮交替
gezw. gezwirnt 捻线的
GF Galois Field [数]伽罗华域,有限域
gf. gasförmig 气状的;似煤气的
GF fertiggeglüht 成品退火,最终退火
g. F. gegenbenenfalles 在一定情况下,必要时,在适当时
GF General Flow Chart 综合流程图
GF General Function 一般功能
GF Germanium Content Fiber 含锗光纤
Gf. (**G. F.**) Geschossfabrik 炮弹工厂
G. f (**G. f.**) Geschützfabrik 火炮制造厂
GF Gewindefräser 螺纹铣刀
GF girl friend 女朋友
GF Glasfaser-Kunststoffe 玻璃纤维塑料
gf grobfädig, grobfaserig 粗纤维的,粗丝的
GF Große Fahrt 长途旅行
GF growth factor 生长因子
GF Grubenfahrleitungslokomotive 矿用架线电机车
Gf. Grundform 基本形式
GF Grundlagenforschung 基础研究,基础理论研究
Gf Gummifederelement 橡胶弹簧元件
GFA General Frame Allocation 通用帧分配
GFA Grubenfahrleitungs-Akkulokomotive 矿用架线式蓄电池电机车
GFAAS graphite furnace atomic absorption spectrometry 石墨炉原子吸收光谱测定法
GFAVO Großfeuerungsanlagenverordnung 大型燃烧设备规程
GFBS Gesellschaft zur Förderung der Forschung auf dem Gebiete der Bohr-und Schießtechnik 凿岩爆破技术科学研究促进协会
GFC Generic (General) Flow Control 一般流控制,基本流量控制
GFC Global Flow Control 总流量控制
GfD Gesellschaft für Datenverarbeitung 数据加工协会,数据处理协会
Gfds Gesellschaft für deutsche Sprache 德意志语言学会
GFE Gesellschaft für Elektrometallurgie mbH, Düsseldorf (杜塞尔多夫)电冶金有限公司
GFFs Gain Flattening Filters 增益平坦滤波器
GFG Güterfernverkehrsgesetz 远距货运法(律)
GFID General Format Identifier 普通格式标识符
GfK Gesellschaft für Kernforschung Karlsruhe 卡尔斯鲁厄核研究协会
GfK Gesellschaft für Kohlentechnik 【德】煤炭技术协会
GFK glasfaserverstärktes Kunststoff 玻璃纤维增强塑料
GFK Kurzgewindefräsmaschine 短螺纹铣床
GFKF Gesellschaft zur Förderung der Kernphysikalischen Forschung e. V. 【德】核物理研究促进协会
GFK-Rohr glasfaserverstärktes Kunststoffrohr 玻璃纤维增强塑料的塑料管
GfKV Gesellschaft für Kernforschung Karlsru-

he, Versuchsanlagen 卡尔斯鲁厄核研究协会试验装置
GFK/VA Gesellschaft für Kernforschung mbH/Versuchsanlagen 核研究有限责任公司试验装置
GFL Glasfaserlaminat 玻璃纤维层压板
GFL Langgewindefräsmaschinc 长螺纹铣床
GFLS Langgewindeschlagzahnfräsmaschine 长螺纹旋风铣床
GFNA Fachnormenausschuss Gießereiwesen 【德】铸造业标准委员会
GFP General Function Platform 一般功能平面
GFP Generic Framing Procedure 通用成帧过程
GFP Generic Framing Protocol 通用成帧协议
GFP glasfaserverstärkte Plaste 玻纤增强的塑料
GFP glasfaserverstärkte Polyesterharz 玻璃纤维增强聚酯树脂
GFP glasfaserverstärkter Polyester 玻璃纤维增强聚脂
GFP Globe (Global) Function Plane 总功能平面,全局功能平面
GfpE. Gesellschaft für Praktische Energiekunde 【德】能源应用客户协会
GF-PE Glasfaser-Phenolharz-Kunststoffe 玻璃纤维苯酚树脂塑料
GfPh Die Gesellschaft für Photogrammetrie in der DDR 民德摄影测量学会
GFR glomerular filtration 肾小球滤过率
GFS Gemeinsame Forschungsstelle 联合研究中心(属欧洲原子能联盟)
GfS Gesellschaft für Sicherheitswissenschaft 【德】(乌珀塔尔)安全科学学会
GFSK Gauss Frequency Shift Key 高斯频移键
GFSK Gaussian Frequency Shift Keying 高斯移频键控
Gfuk. Großfunkstelle 大功率无线电台
G. Funkstation Großfunkstation 大型电台
GF-UP Glasfaserarmierte ungesättige Polyesterharze 玻纤增强不饱和聚脂树脂
GfürO Gesellschaft für Organisation (工业企业)管理组织协会
GFV Güterfernverkehr 长途货运
GfW Gesellschaft für Weltraumforschung 【德】宇宙研究协会
GFZ Geschossfläche 层面积
GFZ Großforschungszentrum 大型研究中心
GFZ weichgeglüht und entzündert 软化退火和除氧化皮的
GFZfP Gesellschaft zur Förderung zerstörungsfreier Prüfverfahren 无损检验法促进会
Gg Gang (变速)挡
GG Gas-Graphit-Reaktor 气冷石墨(反应)堆
gg Gauge 量规;量计;测量仪器
Gg Gegengewicht 平衡重物;平衡锤;平衡
g-g gerade-gerade 偶(数)-偶(数)的
GG Gesamtgewicht 总重
Gg Geschossgewicht 弹重
Gg Geschützgießerei 兵工厂
Gg Gestängerohrgewinde 杆式管螺纹
Gg Gewehrgranate 枪榴弹
GG Gleichstromgenerator 直流发电机
G3G Global 3G 全球第三代
GG Grauguss 灰口铸铁件(标准代号)
GG Grobgestalt 粗笨的外形
GG Grubenholz-Gesellschaft 坑木质量协会
GG Grundgesetz für die Bundesrepublik Deutschland 德意志联邦共和国基本法
GG Grundgesetz 【德】基本法
GG Grauguss 灰铸铁,灰口铸铁件(标准代号)
G. G. Graugussgeschoss 灰铸铁炮弹
G. G. Grundgeschütz 基准炮,主炮
GG Grundgleichung 基本方程(式)
GG Lamellengraphitguss 片状石墨铸铁
GG good game 好游戏
GG gotta go 走了
GGA Groß-Gemeinschaftsantennen-Anlage 大型公用天线设备,大型公用天线装置
GGDn gategesteuerte Dioden 栅控二极管
ggf gegebenenfalls 在有的情况下,必要时
GGG Global Gateway GSM GSM 全球网关
GGG Gusseisen mit Kugelgraphit 球墨铸铁
GGG Kugelgraphitguss 球墨铸铁
GGG Sphäroguss 可延展铸铁
Gg. -Gew. Gegengewicht 平衡锤;平衡;配重
G-GIT Geflecht-GIT 编织织物
GGL Grauguss mit Lamellengraphit 层状石墨铸铁
GGNS gravimetrisches Geoid im Bereich der Nordsee 北海区域重力大地水准面
GGP Gateway to Gateway Protocol 网关到网关协议
GgP Gewehrgranatepanzer 反坦克枪榴弹
G. Gr. Gasgranate 毒气弹,化学炮弹
GGR Gas-Graphit-Reaktor 石墨气冷反应堆
GGRF GSM Global Roaming Forum GSM 全球漫游论坛
Ggs. Gegensatz 对比,对照,敌对,相反
G. G. S. Einheit Zentimeter-Gramm-Sekunden-Einheit 厘米·克·秒单位
GGSN Gateway GPRS Support[ing] Node 网关 GPRS 支持节点

GGS-System Zentimeter-Gramm-Sekundcn-System 厘米·克·秒制
GGT gama glutamyltransferase 伽马谷胺酰基转移酶
ggT größter gemeinsamer Teiler 最大公约数
GGV Grauguss mit Vermiculargraphit 含蠕虫状石墨的铸铁
GGVE Gefahrgutverordnung Eisenbahn 对铁路输送的危险物品的规定
GGVS Gefahrgutverordnung Straße 对传送装置线传送的危险物品的规定
Ggw. Gegenwart 现在,目前;现代
Ggw. Gutegewicht 货物重量
GH Gasetagenheizung 煤气多级供暖
G. H. Gebirgshaubitze 山地榴弹炮
Gh Gehalt 含量,容量,容积
GH Gesamthärte （水）总硬度
GH Gesamthochschule 综合大学
Gh. Gesamthöhe 总高度
GH Großhandel 批发贸易
GH growth hormone 生长激素
GH Hartguss 冷硬铸件（标准代号）;白口铸铁;硬模铸造
GHG Großhandelsgesellschaft 批发公司
GHG Gruppenhorchgerät 成组截听器,成组窃听器,无线电监听设备
GHH Gute Hoffnungshütte 【德】好望冶金厂
Ghl. Gehilfe 助手,副手
GHP gute Herstellungspraxis 良好的制造业实践
GHS Green Hills Software 绿色希尔斯软件公司
GHT Gesellschaft für Hochtemperaturtechnik mbH 高温技术有限责任公司
GHTR gasgekühlter Hochtemperaturreaktor 气冷式高温反应堆
GHTR Gulf Hochtemperaturreaktor 海湾高温堆
GHz Gigahertz 千兆赫
GI Garching Instrumente GmbH 伽兴仪器有限公司
GI gastrointestinal 肠与胃的
GI Gegeninduktivität 互感量;互感系数
GI Group Identification 群识别
GI Group Identifier 群标识符,组标识符
GI Innengewinde 内螺纹,阴螺纹
GI Innengewindeschneidmaschine 内螺纹切割机
GI lichtelektrischer Impulsgeber 光电脉冲发送器
GIAP Graphisch-Interaktiv Arbeitsplatz 图形交互式工作台
GIBS GPS Informations- und Beobachtungsdienst GPS信息与观测服务
GID GARP Information Declaration GARP 信息发布
GID Gesellschaft für Information und Dokumentation 【德】情报文献协会
GID Group ID 组标识
GID1 Group Identifier level 1 组标识符（级别1）
Gie Gießbarkeit 铸造性能;可铸性
GIE Global Information Exchange 全球信息交换
Gießh. Gießharz 浇铸树脂
GIF Gesellschaft für Industrieforschung mbH, Achen 亚琛工业研究有限责任公司
GIF Graded Index Fiber 渐变型光纤
GIF graphics interchange format 图形交换格式
GIFT gamete intra fallopian transfer 配子输卵管内移植
gift. giftig 有毒的
GiftG Giftgesetz 毒品法（律）
Giftigk. Giftigkeit 毒性
GiftVO Giftverordnung 毒品规定
3GIG 3rd Generation Interest Group 第三代兴趣小组
GIGO Garbage In/Garbage Out 垃圾进垃圾出
GigSTAR Gigabit/sec Serial Transmitter And Receiver 千兆位/秒的串行发射机与接收机
GII Global Information Infrastructure 全球信息基础结构,全球信息基础设施
GIL gasisolierte Leitung 气体绝缘半导体
GIM 基准脉冲波检验
GIMM Graded Index Multimode 渐变折射率多模
Gin Gleichungen 联立方程式
GINA Fachnormenausschuss Gießereiwesen 【德】铸造业标准委员会
Gi. No（Gi. N.） Gitternord 座标北
GIOC Guilin Institute of Optical Communications 桂林光通信研究所
GIOP general inter-ORB protocol 通用对象请求代理间通信协议
GIP GARP Information Propagation GARP 信息传播
GIP gastric inhibitory peptide 抑胃肽
GI-PCF Graded-Index Plastic-Cladding Fiber 渐变折射率塑料包层光纤
GI-POF Graded-Index Polymer Optical Fiber 渐变折射率聚合物光纤
GIRL Graph Information Retrieval Language 图形信息检索语言

GIS Geographic Information System 地理信息系统
GIS Global Information System 全球信息系统
GISW Graded-Index Slab Waveguide 渐变折射率平面波导
GIT Gasinjektionstechnik 气体辅助注塑工艺
GIT Glas- und Instrumenten-Technik 玻璃和仪表技术(德刊)
GITH Gigabit Internet To Home 到户千兆位因特网
GITHG Geodätisches Institut der Technischen Hochschule Graz 【奥】格拉茨技术大学大地测量研究所
GITS. gastrointestinal therapy system 胃肠治疗系统
GIUL Geophysikalisches Institut der Universität Leipzig 莱比锡大学地球物理研究所
GIWIST Gee, I wish I said that! 啊,但愿我说得没错!
G/IW MSC Gateway/Interworking MSC 关口互通 MSC
GIX Global Internet exchanged 全球因特网交换
GJP Graphic Job Processor 图形作业处理器
gk abgehend und ankommend 离去的和来到的,输出的和输入的
GK Gatekeeper 关守,网闸,网守
G. K. Gebirgskanone 山地加农炮
gk. gekürzt 简写的,缩写的
GK Genauigkeitsklasse 精度级
GK Gerätekasten 仪器箱
GK Gesamtkalkulation/total calculation 总数计算
GK Gesamtkatalog 总目录
GK Gipskartonplatte 纸面石膏板
GK Girokonto 转账账户
G-K Gitter-Kathode 栅极-阴极
GK Gleitkomma 浮点
GK Glühkathode 热电子阴极,热离子阴极
GK Grad Grubenklima 矿井大汽有效温度的度数
GK Gummikabel 橡胶电缆
GK Güteklasse (产品)质量等级,品质等级
GK Kokillenguss 模铸
Gkal Gigakalorie 千兆卡
Gkal/h Gigakalorie pro Stunde 千兆卡/小时
Gkart Gewehrkartusche 弹壳,弹药筒
G-KAT geregelter Katalysator 受控催化剂
GKc GK for service Control 业务控制网守
GKE gesättigte Kalomelelektrode 饱和甘汞电极
GKF Gatekeeper function 网守功能
GKF gepanzerte Kampffahrzeuge 装甲车辆,装甲战车
GKF Gipskarton-Feuerschutzplatte 防火纸面石板膏
GKFS Gemeinsame Kernforschungsstelle 联合核研究中心(欧洲原子能联盟下属)
gkg grobkörnig 粗粒的
Gki Grobkies und Schotter 大石子与碎石
GKK Glühen auf kugelige Karbid 碳化物球化退火
GKL Gesellschaft für Kunststoffe in der Landwirtschaft 农用塑料协会
GKM Großkraftwerk Mannheim AG 曼海姆大型电厂股份公司
GK-Ms Kokillengussmessing 模铸黄铜
GKN Gemeinschaftskraftwerk Neckar GmbH 埃斯林根内卡尔联营电厂有限公司
GKP Gipskarton-Putzträgerplatte 纸面石膏板抹灰底层板
G. -Kr. Gauß-Krüger (摄影)高斯-克吕格
GKR Gemeinschaftskontenrahmen 【德】工业企业共同会计科目(表)
GKR Gütegemeischaft Kunststoffrohre 塑料管质量协会
GKS Graphical Kernel System 图形核心系统
GKS-3D grafisches Kernsystem für drei Dimensionen 三维图形核心系统
GKSS Gesellschaft für Kernenergieverwertung in Schiffbau und Schiffahrt mbH 格斯塔赫特造船和航运核能利用有限责任公司
GKT Gemeinschaftskernkraftwerk Tullnerfeld 【奥】图尔乃费尔德联营核电厂
GKTG Gemeinschaftskernkraftwerk Tüllnerfeld GmbH 【奥】图尔乃费尔德联营核电有限公司
GKw (**G. Kw.**) Geschützkraftwagen 拖炮载重汽车,火炮牵引车
GKZ Glühen auf kugeligen Zementit 渗碳体球化退火
GL Gas Laser 气体莱塞,气体激光器
Gl Gegeninduktivität 互感(系数),互感量
gl. geländegängig 越野的,高通行性的
Gl Gelenklager 曲轴轴承
GL Geräteliste 仪器表,仪器清单
GL Germanischer Lloyd 德国劳埃德船级社
Gl Geschiebelehm 漂砾(粘)土
GL Gestellampe 座灯;台灯
gl Glanz 光亮
gl glänzend 光辉的,灿烂夺目的
Gl. Glas 玻璃
GL Glasfaser 玻璃纤维;玻璃丝
Gl. Glasur 釉,珐琅,假漆

Gl glatt 平滑的
gl. glaze 釉料;上釉的表面
gl. gleich 相等的,同一的,平直的
Gl Gleichrichter 整流器;检波器
Gl Gleichung 方程(式);等式;反应式;公式
Gl Gleis 轨道运输线路;轨道;钢轨
Gl Gleisrelais 拨轨(用)继电器
Gl. Gletscher 冰川,冰山
GL Glimmlampe 辉光灯,氖管
Gl. Glutaminsäure 谷氨酸;氨基戊二酸
GL Guiding Layer 引导层
Gl lichttelektrischer Impulsgeber 光电脉冲发送器
Gl Arb Gleisarbeiten 铺轨工程
Glas. Glashüttenwesen 玻璃烧制业
glas. glasiert 涂釉的
glas. glasig 玻璃状的
glasf. Glasfaser 玻璃丝,玻璃纤维
Glasg Glasgewinde 玻璃螺纹
Glasind. Glasindustrie 玻璃工业
Glasphalt Glass+Asphalt 玻璃+沥青
Glastech. Glastechnik 玻璃技术
Glastech. Ber. Glastechnische Berichte 玻璃技术报告(德刊)
Glasw. Glaswaren 玻璃产品,玻璃制品
Glasw. Glaswerk 玻璃厂
GLC gas-liquid chromatography/Gas- Flüssig-Chromatografie 气/液相色谱法
Glc glucose 葡萄糖
Gldg geländegängig 越野的,野外驰骋的
Gldg Gewichtladung 实弹重
Gl-Dio Gleichrichterdiode 整流二极管
GLEEP Graphite Low Energy Experimental Pile 低功率石墨实验性反应堆
Gleisk Gleiskettenfahrzeug 履带车
GleiskPr Gleisketten-Panzerfahrzeug 履带装甲车
Glfl. Gleitflug 滑翔飞行
GLG goofy little grin 愚蠢的微笑
Gl Gesch Glattes Geschütz 滑膛炮
Gl. -Gew. (Glgew.) Gleichgewicht 平衡
GLI GE Line Interface GE 线接口
Gli Großraumlimosien; Minivan 箱式轿车
GliF Glimmerfeingewebeband 云母精编带
Glk Glanzkohle 闪光煤,辉煤,亮煤
Gln Gleichungen 联立方程式
Gln glutamine 谷酰胺
GLO graphite lubricating oil 石墨润滑油
GLONASS Global Navigation And Satellite System 全球导航卫星系统
GLP 药物非临床研究质量管理规范
GLR Gateway Location Register 网关位置寄存器
GLRD Gleitringdichtung 滑环密封
GLS Gasverteilungschromatografie 煤气分配分层法;煤气分配分离法;煤气分配层折法
GLS Glaskunstseide 玻璃人造丝
GL'spur, Glspur Glimmleuchtspur 辉光曳光剂
glt. gültig 有效的
gltd geltend 现行的,有效的
gLTD generic Top-Level Domain/höchste Hierarchie im Internet 一般顶级域
GLTN Glycerinmonolactattrinitrat 单乳酸甘油三硝酸酯
GLU Gleichstrom-Linien-Umpolung 直流线极性转换
Glu glutamic acid 谷氨酸
Glu Glutaminsäure 谷氨酸;2-氨基戊二酸;麸胺酸
Gluc glucuronic acid 葡萄糖醛酸
Glühz Glühzünder 白热点火具
Gl unc Cirrus uncinus 钩卷云
GLV Gebietslastenverteiler 区域负荷分配器
GLVs Grating Light Valves 光栅光阀
GLW gleichwertiger Wasserstand 等值水平面
GLW Großsammelleitungswähler 大型多线路用户终接器
Glw. Geländewinkel 地面高低角
glWM glatte Wurfmine 滑膛迫击炮
Gly glycine/Glysin 甘氨酸;氨基醋酸
Glyz. Glyzerin 甘油;丙三醇
glz glänzend 光辉的;发光的
glz. gleichzeitig 同时
Gm Gasmaske 防毒面具
GM Gebrauchsmuster 试样,样品;享有小专利的日用品造型设计
G. M. Geiger-Müller-Zähler 盖革-缪勒计数器,盖革-缪勒计数管
GM Geldmarkt 货币市场
GM genmanipuliert 转基因的
GM Geräuschspannungsmesser 噪声电压表
GM Geschwindigkeitsmesser 测速计;速度表
GM Geschwindigkeitsmessgerät 速度表,速度指示器
Gm Gigameter 十亿米
GM Goldmark 金马克
g/m³ Grammen pro Kubikmeter 每立方米克,克/米³
GM Gummifaden 橡筋纱
GMA Gasmessanzeiger 瓦斯指示器,气体测量仪
GMA Gefahrenmeldeanlage 危险警报装置
GMAT Graduate Management Admission Test (美国等)管理专业研究生入学资格考试

GMAT Greenwich mean astronomical time 格林尼治天文时
G. m. b. H. Gesellschaft mit beschränkter Haftung 有限责任公司
GMC General Motors Corporation 通用汽车公司
GMD Gesellschaft für Mathematik und Datenverarbeitung mbH 波恩数学和数据处理有限责任公司
GMDN Group MDN（Mobile Directory Number） 群组移动电话号码
GMDSS Global Maritime Distress and Safety System 全球海上遇险和安全系统
Gme Geschiebemergel 漂砾泥灰石
G. M. G. Großmaschinengewehr 大口径机枪
GMI General Messaging Interface 通用信息接口
GMI Generic Management Information 通用管理信息
GMII Gigabit Media Independent Interface 千兆比特媒体独立接口
GMIS General Multimedia Information System 通用的多媒体信息系统
g. mit. gut mittel 中等质量的
G. M. K. Gebirgs-Munitionskolonne 山地弹药运输队
GMK geomorphologische Karte 地貌图
GML Generalized Markup Language 通用标记语言
g/ml Gramm pro Milliliter 克/毫升
GMLC Gateway Mobile Location Centre 网关移动位置中心
GMM galvanomagnetische Methode 电磁法
GMM Global Multimedia Mobility 全球多媒体移动性
GMM GPRS Mobility Management GPRS 移动性管理
GMM/SM GPRS Mobility Management and Session Management GPRS 移动性管理和会话管理
GMO genmanipulierte Nahrungsmittel 转基因食物
g-Mol. Grammolekül 克分子
GMP Geomagnetic Meridian Project 地磁子午工程
GMP good manufacturing practice 药品生产管理规范
GMP 药品生产质量管理规范
GMPCS Global Mobile Personal Communications by Satellite 全球移动个人卫星通信
GMPCS Global Mobile Personal Communications Services 全球移动个人通信服务
GMR Automatische Regelung des Giermomentes 偏转力矩自动调节
Gmr Geschwindigkeitsmesser 里程表，速度表，车速里程表
GMR Gesellschaft Mess- und Regelungstechnik 【德】测试调节技术协会
GMR Giermomenten-Regelung 偏航力矩调整
GMR Riesenmagnetowiderstand 巨磁阻
GMRP GARP Multicast Registration Protocol GARP 组播注册协议
GMS General Micro Systems 通用微系统
GMs（G-Ms） Gussmessing 铸铜，铸造黄铜
GMSC Gateway Mobile-services Switching Center 网关移动业务交换中心
GMSC Gateway Mobile Switch[ing] Center 网关移动交换中心
GMSCe Gateway MSCe 网关移动交换中心
GMSK Gaussian-filtered Minimum Shift Keying 高斯滤波最小移位键控
GMSK Gauss（Gaussian）Minimum Shift Keying 最小高斯频移键控
GMSS Global Mobile Satellite Service 全球移动卫星服务
GMT Glasmatte 玻璃纤维网
GMT Greenwich Mean Time 格林尼治标准时间
GMT Group Multiplexer Terminator 群复用器终端
GmuH Gesellschaft mit unbeschränkter Haftung 无限责任公司
G. M. V Gramm-Molekül-Volumen 克分子体积
GmvH Gewichtsteile von Hundert 重量百分数
G. M. W Gramm-Molekülgewicht 克分子量
GMZ Geiger-Müller-Zahlrohr 盖革-弥勒计数管
GN gelenkig-nachgiebig 铰接挠性的
GN Generator 发电机；振荡器；发生器
GN geometrisches Nivellement 几何水准
GN glomerulonephritis 肾小球肾炎
GN glomerulonephropathy 肾小球肾病
GN gram's negative 革兰氏阴性
GN Group Number 群组号码
Gn Nassgewicht 湿重
GND druckfeste Sprengstoffe 耐压的炸药
GND Ground 接地，地
GNE Gateway Network Element 网关网元
GNH Gross National Happiness 国民幸福总值，或称作国民幸福指数
GNL Global Network Locator 全球网络定位器
GNM generic network information model 通用网络信息模型
GN-Motor Gleichstrom-Nebenschlussmotor 直

流并激电动机

GNN Global Network Navigator 全球网络导航器

GNP gross national product 国民生产总值,国民生产总量

GnRH gonadotropin-releasing hormone 促性腺激素释放激素

Gn-RH-a gonadotropin releasing hormone agonist analogue 促性腺素释放激素激动剂类似物

GNS Gateway Name Server 网关名称服务器

GNS gelenkig-nachgiebiger Türstockausbau mit Senkstößen 减少冲击的铰接可缩棚式支架

GNS Global Network Service 全球网络服务,全球网络业务

GNS Global Network Solutions 全球网络解决方案

GNSS Global Navigation Satellite Systems 全球导航卫星系统

GNT Gesellschaft für Nukleartransporte mbH 埃森核运输有限公司

GNT Güternahverkehrstarif 短途货物运输运价

GNTPDN 授权掉电

GNV Gesellschaft für Nukleare Verfahrenstechnik mbH 本斯贝格核处理技术有限责任公司

GNV Güternahverkehr 短途货物运输

GO Gemeindeordnung 乡镇法规

GO Glühofen 退火炉

GO Goniometer 测角计,测向器

GO Großsichtoszillograf 大视野示波器

GO Grundbuchordnung 土地登记册条例

GO Grundordnung 土地法规

GO idealgeometrische Oberfläche 理想几何表面

GOA 全方位车体吸撞结构

GOD Game On Demand 随选游戏

GOD glucose oxiddase 葡萄糖氧化酶

GOD Guided-wave Optical Device 光波导器件

GOELRO Staatliche Kommission für Elektrifizierung Russlands 俄罗斯国家电气化委员会

GOF Glass Optical Fiber 玻璃光纤

GOI Gebührenordnung für Ingenieure 工程师费用规定

GOK god only knows 只有上帝知道

gold. golden 金(黄)色的

GOP group of pictures/Gruppe MPEG-codiener Bilder 图像组

Gopher Gopher Kunstwort aus Go For 互联网服务程序

GOS global observing system 全球观测系统

GOS Grade of Service 服务级别

GOST russischer staatlicher Allunionsstandard 苏联国家标准

GoTa Global Open Trunking Architecture 全球开放式集群架构

GOTV (G. O. T. V.) go on TV 上电视

GÖV Gas-Öl-Verhältnis 气-油比

GP Gallwirtz Pulver 加尔维兹火药

Gp Gefrierpunkt 冰点;凝固点;冻点

GP Gegenparallelschaltung 反向并联电路

GP Gegenprobe 对照试验,对比试样

gp. gepanzert 装甲的;披上铠甲的

G. P. Geschützpark 炮场

Gp Glykoprotein 糖蛋白;糖蛋白类

Gp Government Publication 【美】政府出版物报告

G. P. graphischer Punkt 图形点,图示点

G. P. Grundrichtungspunkt 主要方位点,基本方向点

GP Guard Period 保护时间,保护时段,防护周期

Gp Güteprüfung 质量检验

GP idealgeometrisches Profil 理想几何剖面

GP postalagernd (信封上附注的)留局待领邮件

GP Schutzzeit 保护时间,保护时段,防护周期

GPA Generalpostamt 邮政总局

GPA Gesamtprozessanalyse 全过程分析

Gpa GSM PLMN Area GSM 公用陆地移动通信网覆盖面积

GPAC General Purpose Analog Computer 通用模拟计算机

GPB gram's positive bacillus 革兰氏阳性杆菌

GPC Gel-Permeation-Chromatographie 凝胶渗透色谱法

GPCM General Purpose Chip-select Machine 通用芯片选择机

GPCS Global Personal Communication System 全球个人通信系统

G6PD glucose-6-phosphate dehydrogenase 葡萄糖6磷酸脱氢酶

GpD Güteprüfdienst 质量检验业务

GPE Gewindepasseinheit 螺纹配合单位

GPF General Protection Fault 一般性保护错误

GpF Güteprüfung im Fernmeldewesen 电信质量检验

GPH Gasphasenhydrierung 气相氢化

GPI General Purpose Interface 通用接口

GPIB General Purpose Interface Bus/Bussystem 通用接口总线

G. P. II Guinier-Preston-Zonen II 纪尼埃-普雷斯顿区Ⅱ

G. P. K. Geschützprüfungskommission 火炮试

验委员会

gp. Kfz gepanzertes Kraftfahrzeug 装甲车

GPL gaz de petrole liquifie 稀薄石油气

GPL General Purpose Language 通用语言

g. p. m. Gallonen pro Minute 每分钟加仑,加仑/分

gpm geopotentielles Meter 地电势表;地电势计

GPM Gestalt-Photomapper 光外形制图仪

GPM Gruppen pro Minute 组数/分钟

gp. MTM gepanzerter Mannschaftstransportwagen 装甲人员运输车

GPP General Peripheral Processor 通用外围处理器

3GPP Third Generation Partnership Projects 第三代伙伴组织计划

3GPP2 3rd Generation Partnership Project 2 3G协作组2

GPPS general purpose polystyrene 通用聚苯乙烯

GPR Gasphasenreaktor 气相反应器

gpr. gepresst 冲压的,挤压的,压缩的

gpr. geprüft 经过试验的,经过检验的

G. Prop. Gr. Gewehrpropagandagranate 宣传枪榴弹

GPRS General Packet Radio Service 通用无线分组业务

gprsSSF GPRS Service Switch Function 通用分组无线业务交换功能

gpr. u. gen. geprüft und genehmigt 验查许可的

GPS Geometrische Produktspezifikation 几何形状产品的规格

GPS Global Positioning Satellite 全球定位卫星,全球卫星定位系统

GPS Global Position[ing] System/globales Navigationssystem 全球定位系统,全球卫星定位系统

GPS Global Professional Services 全球专业服务

GPS Graphic Programming Services 图形编程服务

gp. SFL gepanzerte Selbstfahrlafette 装甲自行火炮,装甲自行炮架

GPSIC GPS Information Center GPS 信息中心

GPS ICD GPS Interface Control Document GPS 界面控制文档

GPSR Global Position System Receiver 全球定位系统接收机

GPSR GPS Receiver GPS 接收机

GPSS General Purpose Simulation System 通用模拟系统

GPSTM GPS Timing Module GPS授时模块

GPT (ALT) 丙氨酰转氨酶

GPÜ Gemeinschaftspatentübereinkommen 共同体专利公约

G. Pulver Gallwirtz Pulver 加尔维兹火药

GPV Großpumpversuch 大型泵试验

GPWS Bodenannäherungs-Warnsystem 地面接近告警系统

G. Pz. Gr. Gewehr-Panzergranate 穿甲枪榴弹

GQ green quotient 绿商,人类在环境保护方面的意识、知识及能力

GQoS Guaranteed Quality of Service 保证的服务质量

GR Gasentladungsröhre 气体放电管

GR Generalreparatur 全修,大修

GR Genfer Konferenz-Reaktor 日内瓦会议(反应)堆

Gr gerundet 倒角的

GR Gleichrichter 整流器,检波器

GR Glimmerrelais 云母继电器

GR GPRS Register GPRS 寄存器

GR Grabenrollgerät 壕沟碾平装置

Gr. Grad 度;程度;级,等级;阶段;比率

Gr. Grain 谷物;格令(重量单位)

Gr. Granate 榴弹

gr. granuliert 粒状的,成粒的

gr. graphisch 图解的

Gr. Graphit 石墨

Gr Grashof-Zahl 格拉斯霍夫准则,格拉斯霍夫准数

gr. grau 灰,灰色的

Gr. Greenwich 格林威治

Gr. Grenze 极限,限度;晶界;相界;边缘

Gr. Größe 大小;尺寸;容积;数量

GR Großrechner 大型计算机

Gr Grube 矿井;矿山;矿山企业;露天矿

gr. grün 绿色的

G. R. Grundrichtung 基本方向

Gr Grünland 草地,牧场

GR Gummirohr 橡皮管

GRA circuit Group Reset Acknowledgement message 电路群复原确认消息

GRA Geschwindigkeits-Regelanlage 调速装置

GRA Großrechenanlage 大型计算机,大型计算设备

GrA Grünland-Acker 牧场,耕地轮作地

Grad. Gradation 等级;层次;渐进;刻度

grad Gradient 陡度,梯度,倾斜度

grad. gradual 逐次的,逐渐的

grad. graduieren 分度,刻度,分级,分层

grad. graduiert 授予学位的

Grad. Graduierung 分度,分级,级配,选分

Grad. -W Graduierwerk 刻度器,分度器

Gramm. Grammatik 语法

graph graphitiert 石墨化的;析出石墨的

Grav. Gravimeter 重力计

Grav. Gravimetrie 重量测量

Grav. Gravitation 重力,引力

Gr. Az Granate mit Aufschlagzünder 装有起爆信管的榴弹

Gr. B. Granatbecher 榴弹筒

Gr. B. Granatbüchse 防坦克枪榴弹 掷弹筒

Gr. B. grobes Blättchenpulver 厚片状火药

GrBe Granate Beton 混凝土爆破弹

grBlP grobes Blättchenpulver 厚片状火药

Grbr. Gebrauch 使用;应用

Gr. Bz. Granate mit Brennzünder 装有定时信管的榴弹

grch. griechisch 希腊的

GRD Gleitringdichtung 滑环密封,机械密封

Grd Grad 比率,程度,等级,度,度数

Grd. Grund 底板

Grdb. Grundbuch 地籍簿,地产册

Grdl. Grundlage 基础

Grdl. Grundlast 基本负荷,基本负载

Grdr Grundrichtung 主要方向,基准方向

Grdr(G. R.) Grundriss 平面图;概要,概论;鸟瞰图;轮廓线

Grdst. Grundstock 基础,底座,基块

Grdst. Grundstoff 元素;原料

Grdst VG Grundstücksverkehrsgesetz 田地产交易法

Grdwsp Grundwasserspiegel 地下水位

GRE Generic Routing Encapsulation 通用路由封装

GRE Graduate Record Examination (美国等国)硕士研究生入学资格考试

Greif. Bst. Bestimmungen über die Ausführung von Greiferanlagen 掘进装置设计规程

GreisGr Gewehr Reichsweite Granate 远射程枪榴弹

grenz Grenzwert 极限值,界限值

Grf. Granatfüllung 榴弹装药

Gr. Fo. Elnr. Großforschungseinrichtung 大型研究设施或机构

GRGS Groupe de Recherche de Geodesie Spatiale 【法】空间大地测量研究组

GRH GH-releasing hormone 生长激素释放激素

GRIC the Global Reach Internet Connection 可通达全球因特网连接

Gr. -Ind. Großindustrie 大型工业

GRIL GPS/GLONASS Receiver Interface Language 全球定位系统接收器接口语言

GRJ Gatekeeper Reject 网守拒绝

Gr. Kr. Kol. große Kraftwagenkolonne 大型汽车运输纵队

Grkz Grünkreuz 绿十字(窒息剂品牌)

grL besonders große Luken 特大天窗

GRL Gamma-Ray-Log 伽马射线测井

Gr. L 3.6 Kaliber lange Granate 长度口径比为3.6的榴弹炮

grLdg große Ladung 大负荷,大负载

GRM Circuit Group Supervision Messages 电路群监视消息

GRM gear recognition module 齿轮识别模块

Gr. m. P. Granate mit Panzerkopf 穿甲弹

Gr. n. gramnegativ 革兰氏阴性的

GRN Group Routing Node 群路由节点

grobk P grobkörniges Pulver 粗粒状火药

Grof großer Flammenwerfer 大型火焰喷射器

großkal. großkalibrig 大口径的

GrPatr Granate Patrone 手榴弹弹药筒

GRQ Gatekeeper Request 关守请求

GRQ General Request Message 一般请求消息

GrRG Grundräumgerät 沿底扫雷具

Gr. R. P. Grundrichtungs punkt 主要方位点,主要地标

GRS Circuit Group Reset 电路群复原

GRS Gesellschaft für Reaktorsicherheit mbH 反应堆安全有限公司

Grst. Grundstock 基脚,底座,基块

GRU Gas Recovery Units 气体回收装置(单元)

Gru. Gruppe 组,群;系,层系

gründl. gründlich 根本的,彻底的

Grundldg Grundladung 基本负荷,主要填充剂,基本装药

Grundst. Grundstoff 元素;原料

GRV Gateway Routing Vector 网关路由向量

Gr. W. Granatwerfer 迫击炮;火箭炮

Gr. W (GW) Grenzwelle 极限波(长);临界波(长);边界波

Grw. Grobwähler 粗选择器

Gr. W. Grudespülwasser 焦炭渣洗涤水

Gr. W. Grundwasser 地下水

GrW51ing Granatwerferfünfling 五管式自动迫击炮

gr. wt. Gefechtsstand 战斗指挥部;作战司令部;指挥所

gr. wt. /gr. Wt. gross weight/Bruttogewicht 毛重

Gr. Z. Granatzünder 榴弹引信

GRZ Großrechenzentrum 大型计算中心

GRZ Grundflächenzahl 楼层(数)

Gr. Z. Grundzahl 基数;(对数的)底数

Grz. Grenze 界线,界限,限度

grZdlg große Zündladung 高起爆药

Gs. Gasmotor 煤气机;煤气发动机;燃气发动机

Gs Gasschmelzschweißen 气体熔焊;气焊

GS Gasschutz 毒气防护

Gs Gauß 高斯(磁感应强度单位)

GS Gebersignal 发送器信号

GS Gefechtsstation 战场

GS Geleitschiff 护卫舰

GS General Synthesizer-Standard 通用合成器标准

GS generatorseitig, Generatorseite 发电机侧的,发电机侧

GS Geräteschutzsicherung 仪器保险丝

GS Gesamtschwefel 总硫量

gs geschlichtet 上浆的

gs geschweißt, schwarz 焊接的,黑色的

GS Getriebsteuerung 变速器控制

GS Gitterspektrometer 光栅摄谱仪

Gs Glasseide 玻璃丝

Gs Gleichspannung 直流电压

Gs Gleichstrom 直流(电);平行流

Gs Gleissperre 阻块,道栏

Gs Grenzschicht 临界层;交界层;边界层

gS Grobsand 粗砂

GS Gruppensignal 成组信号

GS Gruppensteuerung 组合控制

GS Guaranteed Service 保证业务

GS Gussstahl, Stahlguss 铸钢,钢铸件(标准代号)

gs gut schweißbar 可易焊的,可好焊的

GS mit Gleichstrom in Schwefelsäure 以直流电通入硫酸内

GS Gussstahl 铸钢

GS Stahlguss 钢铸件(标准代号)

GSA Außengewindeschleifmaschine 外螺纹磨床

GSA Gegenspannungsanalysator 反向电压分析器

GSA Ground-State Absorption 基态吸收

GSA GSM System Area GSM 系统区域

GSB Gasgekühlte schnelle Brutreaktoren 气冷快中子增殖堆

GSC Gasadsorptionschromatografie 气体吸附色层分离法

GSC Ground Switching Center 地面交换中心

GSD glycogen storage disease 糖原贮积病

Gs-Ds-Umformer Gleichstrom-Drehstrom-Umformer 直流-交流-变流器

GSE gemeinsam benützte Speichereinheit 共用存储器单元

GSE Gerätesteuereinheit 仪器控制单元

GSE Grundeinheit Sender 基本单元发送器

GSF Gesellschaft für Strahlenforschung mbH 辐射研究有限责任公司(现在为辐射和环境研究协会)

G. Sf selbstfahrendes Geschütz 自行火炮,装在自行炮架上的火炮

GSFC Goddard Space Flight Center 【美】戈达德宇航中心

GSG galvanized sheet gage 镀锌铁板厚度

GSH glutathione reduced 还原的谷胱甘肽

GSI Gesellschaft für Schwerionenforschung mbH, Darmstadt 达姆施塔特重离子研究有限公司

GSI Innengewindeschleifmaschine 内螺纹磨床

GSIM GSM Service Identity Module GSM 业务识别模块

Gsk Glanzstreifenkohle 条纹亮煤

GSK 葛兰素史克,英国最大制药公司

GSKB Gruppe Schweizerischer Kernkraftwerksbetreiber 瑞士核电厂运行集团

GSL Gigabit Serial Logic products 千兆位串行逻辑产品

GSL Global (Globe) Service Logic 全局服务逻辑,总业务逻辑

GSM General Forward Set-Up Information Message 一般前向建立信息消息

GSM Generic Software Module 通用软件模块

GSM Global System [for] Mobile [Communications] 全球移动通信系统

GSM Group Special Mobile communication 移动通信特别小组

GSM Pan-European digital cellular land mobile telecommunication system 泛欧数字蜂窝移动通信系统

GSMA 全球移动通信系统协会

GSMCCF GSM Call Control Function GSM 呼叫控制功能

GSMP General Switch Management Protocol 通用交换管理协议

GSM PLMN GSM Public Land Mobile Network GSM 公共陆地移动网

GSMSCF GSM Service Control Function GSM 业务控制功能

GSMSRF GSM Special Resource Function GSM 专用资源功能

GSMSSF GSM Service Switch Function GSM 业务交换功能

GSMT Global System for Mobile Telecommunication 全球移动通信系统

GSM TAAB GSM Type Approval Advisory Board GSM 型号审批咨询委员会

GSN Gateway Service for Network 网络网关服务

GSN Gigabyte System Network 千兆字节系统网络
GSN Global multi-Satellite Network 全球多卫星网
GSN GPRS Support[ing] Node GPRS 支持节点
GSN Group Selection Network 群选择网络
GSN Group Switching Network 群交换网络
G-SnBz Gusszinnbronze 铸造锡青铜
Gs. Ns-Motor Gleichstromnebenschluss-Motor 直流并激电动机
GSO Geostationary Earth Orbit Satellite 地球静止地球轨道卫星
G-SoMs Gusssondermesing 铸造特种黄铜
GSP generalized system of preferences 普遍优惠制,普惠制
GSP (GSp) Großspeicher 大容量存储器
G. Sp. Grundwasserspiege 地下水位
GSP 药品经营质量管理规范
G. Spr. Gr. Gewehrsprenggranate 爆炸枪榴弹
GSQ Guaranteed Service Queue 保证服务队列
GSR Gigabit Switch Router 千兆位交换路由器
GSR Global Shared Resource 全球共享资源
GSS Geodetic Survey Squadron 大地测量中队
GSS Geostationary Satellite 对地静止卫星,地球静止卫星
Gß Great Britain/Großbritannien 英国
GSSAP 同步空间态势感知项目
GSSG glutathione oxidized 氧化谷胱甘肽
G. St. Gefechtsstand 指挥所;作战司令部
GSt Gerätesteuerung 仪器控制
GSt Gewindeschneidmaschine 螺纹切割机床
GST Greenwich sideral time 格林尼治恒星时
Gst. Grundstück 地皮,地产
GSTG gemeinsame Steuergruppe 共同控制组
GSTN General Switched Telephone Network 通用交换电话网
GSU Group Switch Unit 群交换单元
GSU Universalgewindeschleifmaschine 万能螺纹磨床
Gs. V. Gasvergiftung 煤气中毒,毒气中毒
GSW Gesellschaft für Weltraumforschung mbH 波恩宇宙航行研究有限公司
G/T gain-to-temperature ratio 增益温度比
GT Gasturbine 气体透平,燃气轮机
Gt Gerät 仪表
Gt Gerätetafel 仪表板
GT Geräteträger 仪器支座
gT gesamter Titer 总旦尼尔数,总纤度
g. T. geschlossener Tiegel 闭杯(闪点试验器)
GT Gewichtsteil 份(重);按重量计分量
GT Gleichstromtelegrafie 直流电报
GT Global Title 全局名,总称,总标题
GT Gramm jeTonne 克/吨
G/T(g/t) Gramm pro Tex 每特克数,每号克数(克/特)
GT Greenwich time 格林尼治时间
GT Gruppentaste 分组按钮
G/T ratio of Gain to Temperature 增益温度比
GT Temperguss 可锻铸铁;韧性铸铁(标准代号)
GT Tiefziehbarvorgeglüht 深冲预退火
GTA Gasturbinenanlage 燃气涡轮装置
GTB Gewerkschaft Textil und Bekleidung 纺织和服装工会
GTC General Timeslot Cross-connection 通用时隙交叉连接
GTD gestationaI trophoblastic disease 妊娠滋养细胞疾病
GTD Getting Things Done 完成每一件事情;一种行为管理方法;一个时间管理系统
GTFM generalized tamed frequency modulation 广义平滑调频
GTG got to go 要走了,不聊了
GTKW Gasturbinenkraftwerk 燃气透平发电厂
GTM glasmattenverstärkter thermplastischer Kunststoff 加强玻璃钢的热塑塑料
GTMS Gasturbinenmotorschiff 燃气透平机动船
GTO gate turn-off 闸门电路断开
γ-GTP γ-glutamyl-transpeptidase γ-谷氨酸转肽酶
GTP GPRS Tunnel[ing] Protocol GPRS 隧道协议
GTP Group Terminal Point 群终接点
GTP perlitischer Temperguss 珠光体可锻铸铁(标准代号)
GTPNet U. N. Global Trade Point Network 联合国全球贸易网络
GTP-U GPRS Tunneling Protocol for User Plane GPRS 隧道协议用户平面
GTS Gemeinschaft thermisches Spritzen 热喷涂联盟
GTS General Traffic Shaping 通用业务整形
GTS Global Telecommunication System 全球电信系统
GTS Guss-Temper-Schwarz, schwarzerTemperguss 黑心可锻铸铁
GTS schwarzer Temperguss 黑心可锻铸铁
gtt. Drops/Tropfen 滴
GTT gestationaI trophoblastic tumor 妊娠滋养细胞肿瘤
Gtt. G. , Gi. Gitter 栅极;点阵,晶格;格子;栅条;光栅;斜架;炉栅

GTT Global Title Translation 全局名翻译
GTT Globe Text Telephone 全球文本电话
GTT glucose tolerance test 葡萄糖耐量试验
GTTH Gigabit To The Home 千兆位到户
Gtu Gasturbine 燃气透平,燃气轮机
GTU Group Terminal Unit 群终端单元
GTV Gebirgstrachtenverein 山村服装联合会
GTW Gesellschaft für Technik und Wissenschaft 技术经济协会
GTW Global Trading Web 全球贸易网络
GTW Guss-Temper-Weiß 白心可锻铸铁(标准代号)
GTZ Deutsche Gesellschaft für Technische Zusammenarbeit 德国技术协作公司
GU Gabelumschalter 叉形转换开关,叉形换向器
GÜ Gebührenüberwachung 收费监督
GU Generalunternehmer 总承包人,总承包企业
GU genitourinary 泌尿生殖
g-u gerade-ungerade 偶奇的
GU Gruppenumsetzer 群调制器
GU Gruppenumsetzung 群调制;组合变换
Gu Guanakowolle 原驼毛
Gu Gudolpulver 古多火药
Gu Gummi 橡胶
GU. gastric ulcer 胃溃疡
GÜA Gemeinsamer Überlagerungsantrieb 集体叠加传动,集体叠加传动装置
Gua Guanin 鸟嘌呤,2-氨基-6-羟嘌呤
GuBlp Gudolblättchenpulver 古多片状火药
GUB SBE 安全带扩张器
GUC Group Unit Center 群单元中心
GUD Gas- und Dampfturbinenanlagen 气体和蒸汽轮机组合装置
GuD Gas- und Dampfturbinenwerk 气体和蒸汽轮机厂
GuD kombinierte Gas- und Dampfturbine 组合的气体和蒸汽轮机
GUGK Die Hauptverwaltung für Geodäsie und Kartographie 测绘总局
GUI Graphical User Interface 图形用户界面
GUID Global Unique Identifier 全球唯一标识符
GÜKG Güterkraftverkehrsgesetz 货运交通法规
GULS Generic Upper Layers Security 通用上层安全性
Gum Umschalter für Gemeinschaftsanschlüsse 公用线路连接转换器
GUNF Gulf United Nuclear Fuels Corporation 【美】海湾联合核燃料公司
GUP Glasfaserverstärkte Ungesättigte Polyesterharz 玻璃纤维加强的不饱和的聚酯树脂
Gup Gudolpulver 古多火药
Gu pil Cumulus pileus 堆状积云
GuRP Gudolröhrenpulver 古多管状火药
GUS Gemeinschaft Unabhängiger Staaten 独立国家联合体(苏联解体后,由一部分原加盟共和国成立的组织,简称"独联体")
GUS Volkseigene Betriebe für Guss- und Schmiedeerzeugnisse 【前民德】国营铸件锻件厂
GUS ETR 紧急伸展收缩装置
GÜSt Gebührenüberwachmgsstelle 收费监督处
GUT Geschwindigkeitsumsetzer für Telegrafie 电报速度变换器
GuV Gewinn- und Verlustrechnung 增益损耗计算
GÜW Geräte für Überwachung und Wartung 控制与维护仪器
g. v. galvanische Verzinkung 电镀锌
Gv Garnverarbeitung 纱线加工;纱线整理
GV glasfaser-verstärkt 玻纤增强的
GV Grundsignalverschließer 基本信号闭锁装置
GV Gruppenverstärker 组合放大器
GVA Garnveredlungsanlage 纱线整理装置
GVA Gesamtverband Automobile-Handel 汽车商总会
GVD Group Velocity Dispersion 群速色散
GVE Großvieheinheit 大牲畜单位(1个大牲畜单位为活重500公斤)
GVH graft-versus-host 移植物抗寄主(疾病)
GVK Gesamtverkehrskonzeption 总体运输概念
GVK Gesetz über den Verkehr mit Kraftfahrzeugen 卡车交通法规
GVNS Global Virtual Network Service 全球虚拟网业务
Gvp Gruppenverbindungsplan 组合连接图
GVPN Global Virtual Private Network 全球虚拟私人网络
GVT Forschungsgesellschft Verfahrenstechnik 工艺研究会
GVt Gruppenverteiler 分组器
GVU Gasversorgungsuntmehmen 煤气厂;煤气供应企业
GVW Gemeinschaftsvorwähler 共用预选器
GVW Geräteverwaltung 仪器管理
GVW Gesamtverbundwerkzeuge 组合工具
GW Gaswechsel 气体交换
GW Gaswerk 煤气厂
GW Gateway 网关,信关,入口;途径

GW Gateway router 网关路由器
GW gebrauchter Wagen 旧汽车
Gw. Geländewinkel 地面高低角
GW Gerätewagen 仪器车
Gw. Geschützwagen 火炮自行底盘；火炮牵引车
GW Gewinde 螺纹，螺线
GW gewöhnlicher Wasserstand 正常水位
GW Gigawatt 吉瓦，千兆瓦
GW Gleichspannung-Wechselspannung 直流电压-交流电压
GW Gleichstromwandler 直流互感器，直流变流器
GW Gleichstrom/Wechselstrom 直流电-交流电
GW Gleichwelle 等幅波，连续波
G. W. größter Wert 最大值
G. W. Grundwerfer 基准迫击炮
GW Gruppenwähler 群选择器；选组器
GWA Großtechnische Wiederaufarbeitungsanlage 大型后处理工厂
GWAS 全基因组范围关联分析
GWb Gewölbe 炉顶，拱顶
G. W. B. Gr. Gewehrblendgranate 烟幕枪榴弹
G. W. Fs. Lt. Gr. Gewehrfallschirmleuchtgranate 降落伞照明枪榴弹
GWG Gesamtwerkzeug-Gemeinkosten 全部刀具费用
GWGött Gesellschaft der Wissenschaften, Göttingen 【德】哥廷根科学协会
GwGrGer Gewehrgranategerät 枪榴弹设备
GWh Gigawattstunde 吉瓦小时，十亿度
GWh Gruppenweiche 分组叉
GWK Gesellschaft zur Wiederaufarbeitung von Kernbrennstoffen mbH 核燃料后处理有限公司(利奥波德港)
GWK Grubenwetterkühler 矿井空气冷却装置
G. W. N. Großwähl-Nebenstellenanlage 大型自动电话交换机
GWP Gateway Processor 网关处理器
Gwr. Gewinderohr 螺纹管
GWR Graphitmoderierter leichtwassergekühlter Reaktor 石墨慢化轻水冷却反应堆
G. W. Sp. Grundwasser 地下水位
GWT Gewichtsanteil 重量分数
Gw v H Gewichtsteile von Hundert 重量百分数
GX Gleichstrom in Oxalsäure 以直流电通入草酸内
Gy gray 戈瑞(放射吸收剂量)
Gylon Gehäusedichtungsmaterial 外壳密封材料商品名
Gz Gefährdungswertzahl 危害性指标
GZ Gesamtzeit 总时间
GZ Gesprächszeit 通话时间
G. Z. Granaten zünder 榴弹引信
GZ Grundzahl 基数；对数的底数
Gz Güterzug (铁路)货车
GZF geglüht und entzündert 退火和除氧化皮的
GZM Gesprächszeitmesser 通话时间记录器，通话记时器
GZVO Gütezeichenverordnung 质量标记规定

H

H² Deuterium 氘，重氢
H einseitiger Rund-Hump 单侧圆峰
H Enthalpie 焓；热含量
H Förderhöhe der Pumpe 泵的扬程
H gehärtet 淬火的(标准代号)
H Haften 附着，粘着，粘和
H Haftsitz 轻迫配合；紧配合
H halbberuhigt 半镇静的(标准代号)
H Halde 瓦砾堆；废石场；露天堆放场
H Halt 停，中止
H Haltestelle 汽车站
H Handantrieb 人工操作，手动操纵机构
H Hannover 汉诺威
H hart 用手加工特硬和韧硬材料(标准代号)；硬的
H Härte 刚度，硬度
H Härteprüfung 硬度检验，硬度试验
H Haspel 丝框，纱框，摇纱机；卷轴
H. Haubitze 榴弹炮
H Haupt… 总……；主……
H Hauptschluss 总线路
H Haushalt 家政；家务；财政，预算
H Hauteur 毫特长度，纤维根数平均长度
H. Heft 册，集，期，辑
h. heiß 炎热的；灼热的；激烈的
H. Heizung 灯丝；加热；暖气，供暖；加热装置，采暖装置
H Heizwert 热值

H Hekto . . . 百
H Helium 氦
H Helligkeit 亮度,发光度,透明度
H Henry 亨利(物理单位)
H Heptode 七极管;五栅管
H Hersteller 制造者,制造商,制造厂
H Hexode 六极管
H Hexogen 黑索金,环三次甲基三硝基胺
H H-Formstück 异径管件,支管,分叉管
H Hilfsarbeiter 辅助工
h. hinten 后面
h hin- und hergehend 走来走去;来来回回;往复的
H Hochbagger 上向挖掘机
H Hochdruck 高压;高气压
H Hochdruckgerät 高压设备
H. Hochdruckseite 高压侧
H Hochspannungsleitung 高压线路,输电线路
H Höhe 高度;地平纬度;总数
H Höhenregler 高度调节器,高音调节器
H hohl 中空的;空心的;凹的;中凹的
H Hohlladung 空心装药
H. Holz 木材
H Holzung 小树林;伐木
H home telefon 住宅电话,家居电话
H Homogenität 均一性,均匀性,均质性
h. Hora 小时
H horizontal 水平的,地平的,地平线的
H Hötte 小屋;铸造厂
H Hub 举起;上升;冲程;活塞行程
H Hubschrauber 直升飞机
H Hundert 百,10^2
H Hüttenaluminium 原生铝,冶金铝,商业纯的铝材,一级铝材
H Hüttenwerklokomotive 冶金厂用机车
H Hydrogen, Hydrogenium/Wasserstoff 氢
H Hydrolysis 水解(作用)
h Hyperbolbahn 双曲线轨道
H magnetische Feldstärke 磁场强度
H Planck'sche Konstante, Plancksches Wirkungsquantum 普朗克常数
H Rund-Hump 圆峰
H Sockel oben 灯座上置
H Stunde 小时
H Wald 森林
H Wasserstoff 氢
1h Zurücknahmen, Zurückweisungen und sonstige Erbedingungen 撤销、拒绝及其它
Ha absolute Hypermetropia 绝对远视
HA ausgehärtet 时效硬化的
Ha Ausnahmehauptanschluss 加急通话
Ha. Hafen 港口
Ha. Hamburg 汉堡
HA Handapparat 听筒,送受话器
Ha Hanf 大麻
HA Hartasphalt 硬沥青,硬柏油
ha hauptamtlich 总局的,总站的
HA Hauptpostamt 邮政总局
Ha Hauptsignalankündigung 主信号预告
HA Hausanschluss 用户引入线
HA Heißabscheider 热分离器
ha Hektar 公顷
HA hemagglutination 血细胞凝集
HA hemolytic anemia 溶血性贫血
HA Hexogen-Aluminium 含铝黑索金
HA Hilfsantenne 辅助天线
HA Hinterachse 后轴
HA Home Address 标识(住所,内部)地址
HA Home Agent 本地代理
HA Home Automation 家庭自动化
HA Hybrid Access 混合接入
HA-Ag hepatitis A antigen 甲型肝炎抗原
HAARP 美国阿拉斯加大气电离层研究设施
HAB Handbetrieb 手工操作,人工操作
HAB Hohlgezogener Automaten-Blankstahl 空心拔制的易切削光亮钢
Habil. Habilitation 取得大学教师资格
HAB-Stelle Hauptbeobachterstelle 总观察员位置
HAbt. Haupt-Abteilung 主要采区,主采区
HACCP Hazard Analysis and Critical Control Points 危害分析及关键控制点
HACE high-altitude cerebral edema 高原脑水肿
HACH hypertensive atherosclerotic cerebral hemorrhage 高血压动脉硬化性脑出血
HACMP High Availability Cluster Multi-Processing 高可用集群多处理
HACMS 高可靠性网略军事系统
HAD Hauptanschluss für Direktruf 直接呼叫主机线
Haf. (H) Hafen 港口;码头
HAF-black high abrasion furnace black 高耐磨炉黑
HAF-Russ 高耐磨碳黑
Haft Hafthohlladung 磁体反坦克空心装药
Haft H3 Hafthohlladung, Hexogen 3kg 3公斤黑索金磁体空心装药
Haf.-Verw. Hafenverwaltung 港口管理
HAIT hemoagglutinationinhibition test 血球凝集抑制试验
HAIZY Hamburger Isochron-Zyklotron 汉堡等时回旋加速器
Haka Hafenkapitän 军港监督

HaKa Herren- und Knabenoberbekleidung 男人和男孩服装
Hako Hafenkommandant 要塞指挥官
HAKS Hauptkühlsystem 主冷却剂系统
Hal Halde 山坡,废石堆,瓦砾堆
Hal Halogan 卤素
H. A. L. Hamburg-Amerika-Linie 汉堡-美国航线
HAL Hardware Abstraction Layer 硬件抽象层
HAL Hauptanschlussleitung 主机线
HAL Hauptanschlusslinie 主机线路
h. a. 1 hoc anno 在这一年
Hal. Hologen 齿素
HAL 后轴转向
Halbf. Halbfabrikat 中间产品,半成品,半制品
Halbf. Halbfertigware 半制成品
halbj. halbjährig 半年的
Halbl. Halbleiter 半导体
Halbpzger Halbpanzergranate 半穿甲弹
HALEX Halogenkohlenwasserstoff-Extraktion 卤代烃萃取
Halt. Halterung 夹具;支架,托座
HAM Hypertext Abstract Machine 超文本抽象机
Hamma Hamburger Maschinenfabrik 汉堡机器厂
HAN Hauptauftragnehmer 主要受委托者
HAN Home Area Network 家庭区域网络
HAN Hydroxylaminnitrat 硝酸羟胺
HAND have a nice day 祝你一切顺利
Handb. Handbedienung 手工操作
Handb. Handbuch 手册,指南
HA NE hereditary angioneurotic edema 遗传性血管神经性水肿
Hanomag (HANOMAG) Hannoversche Maschinenbau AG 汉诺威机器汽车制造厂股份公司
HAP Hospital acquired pneumonia 医院获得性肺炎
HAPAG Hamburg-Amerika-Linie 汉堡-美国航线
HAPE high-altitude pulmonary edema 高原肺水肿
HAPO Hanford Atomic Products Operation 汉福特原子工厂
HAPRO Hauptprogramm 主程序
HAPS High Altitude Platform Station 高空平台电信系统
Harb. Hilfsarbeit 辅助工作
HArb. (H-Arb). Hilfsarbeiter 辅助工
hard Hardware 计算机硬件;五金器具;武器装备
Harm. Harmonie 和谐,调和,一致
harm. harmonisch 和声的,和音的;和谐的,一致的
HARPS 高精度径向速度行星搜索器
HARQ Hybrid Automatic Repeat Request 混合自动重复请求
Härt. Härtung 硬化;淬火,淬硬
HAS Hauptabfuhrstrecke 主要运输线;运输干线
HASTP Hauptsteuerprogramm 主控制程序
HASTRA Hannover-Braunschweigische Stromversorgungs- Aktiengesellschaft 汉诺威-布朗斯韦克供电股份公司
HAT hypoxanthine, aminopterin, thymidine 次黄嘌呤-氨基蝶呤-胸腺嘧啶核苷(培养基)
Haub. Gr. Haubitzgranate 榴弹炮炮弹,榴弹
HAUCH Halbtechnische Anlage zur Untersuchung chemisch-physikalischer Vorgänge im Head-End-Abgas der Wiederaufarbeitung 研究核燃料后处理首端排气中的化学物理过程的半技术装置
Haupt-B-Stelle Hauptbeobachtungsstelle 主观察所
Hauptkart Hauptkartusche 主弹药筒
Haupt-WA Hauptwärmeaustauscher 主热交换器,主换热器
Hauwewa. Hauptwetterwarte 气象总站;中央气象站
HAV hepatitis A virus 甲型肝炎病毒
HAW High Active Waste 高放(射性)废物
HAW hochaktive Spaltproduktlösung 高放射性的裂变产物溶液
HAWC High Active Waste Concentrate 高放废液浓缩物
HAWK Horizontalachswindkraftanlage 水平轴风力发电站
HAZ Heiße Abfall-Zellenanlage 热废料室处理装置(属于利希核研究中心)
Hazemag Hartzerkleinerungs- und Zementmaschinenbau-Gesellschaft 硬岩破碎和水泥设备制造公司
HB Brinellhärte 布氏硬度
HB Brinellhärtezahl 布氏硬度值
H. B. Hafenbecken 港内泊船所
HB Hainbuche 鹅耳枥
Hb halb 一半
HB "Half-brillant"-Qualität-Eisen 半光亮镀锡薄板
Hb Haube 盖,帽
Hb Haubitze 榴弹炮
HB Hauptbrenner 主燃烧器
HB heart block 心传导阻滞

HB heinz bodies 海因茨小体
HB hemoglobin 血红蛋白
Hb. Herba 草本植物，香草，药草
Hb. Heutbesichtigung 今天看房
HB high-bulk 高膨体纱
HB Hochbau 土木建筑，建筑工程；高空（高层）建筑
HB Hochbohrmaschine 上向深孔钻机，钻巷机
HB Hochbrisanzgranate 高爆弹
H/B Höhen-/Breiten-Verhältnis 高宽比，扁平率
HB Home Banking 家庭银行业务
HB Hot Billing 准实时计帐
H. -B. Hypochlorit-Bleichechtheit 次氯酸盐漂白强度
HbA adult hemoglobin 成人型血红蛋白
HBA Hardware failure oriented group blocking acknowledgement message 面向硬件故障的群闭塞证实消息
HBA Hilfsbremsanlage 辅助制动装置
H-Band Härtbarkeitsstreuband 可淬透性分散带
HbcAb hepatitis B core antibody 乙型肝炎核心抗体
HbcAg hepatitis B core antigen 乙型肝炎核心抗原
HBCI Home Banking Computer Interface 家庭银行计算机接口
HBDH hydroxybutyrate dehydrogenase 羟丁酸脱氢酶
HBdz Hochbrisanzgranate mit Doppelzünder 带双引信的高爆榴弹
HBE His bundle electrocardiogram 希氏束心电图
HbeAb hepatitis B e antibody 乙型肝炎 e 抗体
HbeAg hepatitis B e antigen 乙型肝炎 e 抗原
Hbf Haupfbahnhnf 火车总站，主要车站
HB-F hemoglobin fetal form 胎儿型血红蛋白
HBG Heißdampfreaktor-Betriebsgesellschaft mbH 过热蒸汽堆运行有限公司
HBG Heizstrombegrenzer 加热电流限制器，灯丝电流限制器
Hbgr Haubengranate 被帽弹，带帽的炮弹
HBH Hauptbuchhalter 总会计员，总记账员
Hbj. Halbjahr 半年
HBK Hochtemperaturreaktor-Brennstoffkreislauf 高温堆燃料循环
HBL Harnstoff-Bisulfit-Löslichkeit 脲-亚硫酸氢酯溶解度（染整）
HBL Heeresbetriebsstofflager 总指挥部燃滑油料库
HBl Hochbrisanzleuchtspurgranate 高爆曳光弹
HBldz Hochbrisanzleichtspurgranate mit Doppelzünder 带双引信的高爆曳光弹
HBLG Hohlblocklänge 空心坯长度
Hbmr Halbmesser 半径
H-Bombe Hydrogenbombe 氢弹
HBp. high blood pressure 高血压
HBr Bromwasserstoff 溴化氢
HBr. Hangendbrunnen 上盘渗流井，上盘降水井
hbr. hellbraun 浅棕色的
HBR High Bit Rate 高比特率
HBR Hochblockreduzierwalzwerk 空心坯减径轧机
HB-S hemoglobin，from found in sickle cell 镰刀型红细胞中发现血红蛋白
HBS Home Base Station 家庭基站
HbS sickle hemoglobin 镰状细胞贫血珠蛋白
HbsAb hepatitis B surface antibody 乙型肝炎表面抗体
HbsAg hepatitis B surface antigen 乙型肝炎表面抗原
Hbschr. Hubschrauber 直升飞机
HBT Halbleiterblocktechnik 半导体固体电路技术，半导体固体电路工艺
HBT Heterobipolar-Transistor 异质结双极性晶体管
HBT Hoch-Beta-Anordnung 高ß配置或布置
HBV hepatitis B virus 乙型肝炎病毒
HB-Verfahren Hot-Box-Verfahren 热芯盒法
HBW Health by water 水疗法，又称放松保养疗法
Hbwk Hubwerk 提升机构；提升设施
HC HC-Formstück 有套管的分叉管接头
HC heavy chain 重链
HC High Carbon 高碳
h. c. honoris causa/ehrenhalber 名誉（头衔）
HC Host Computer 主计算机
HC hyaline cast 透明管型
HCC Houdriflow catalytic cracking 胡得利移动床催化裂化
HCCM High performance CCS7 Module 高性能七号公共信道信令模块
HCCP Houdry catalytic cracking process 胡得利催化裂化过程
HCD heavy chain disease 重链病
HCD High density Compact Disc 高密度光盘
HCF Hermetically Coated Fiber 密封涂覆光纤
HCF hochzyklische Ermüdung 高循环疲劳；高度疲劳
HCG human chorionic gonadotropin （人）绒毛膜促性腺激素
HCH Hexachlorzyklohexan 六氯环己烷，六六

六

HCH Hygroscopic Condenser Humidifier 吸湿的冷凝器增湿器

H-Chef Halbflottillenchef 半分舰队舰长

HCHF Hygroscopic Condenser Humidifier Filter 吸湿的冷凝器增湿器的滤器

HCHO Formaldehyd 甲醛,蚁醛

HCI Human Computer Interaction 人机交互

HCI Human-Computer Interface 人-机接口

HCL hairycell leukemia 毛细胞白血病

HCMTS High-Capacity Mobile Telecommunications System 大容量移动通信系统

HCN Heterogeneous Computer Network 多机种计算机网络

HCS Header Check Sequence 信头校验序列,标题校验序列

HCS Hierarchical Cell Structure 分层小区结构

HCS Higher order Connection Supervision 高阶连接监督

HCS Hundred Call Seconds 百秒呼叫

HCS 大灯清洁系统

H-CSCF Home CSCF 归属 CSCF

HCSDS High Capacity Satellite Digital Service 大容量卫星数字业务

HCSOF Hard Clad Silica Optical Fiber 硬包层石英光纤

HCT hematocrit 分血器,血球容积计

HCT Home Communication Terminal 家庭通信终端

HCT human chorionic thyrotropin (人)绒毛膜促甲状腺激素

HCTDS High Capacity Terrestrial Digital Service 大容量地面数字业务

HCV Header Convertor 信头变换器

HCV hepatitis C virus 丙型肝炎病毒

HD Duroskophärte 以硬度计测得的硬度

HD Hafendirektion 港务管理局

HD Halbleiterdetektor 半导体检波器

Hd Hand- 手动-,手动的

HD Hard Disk 硬盘

HD Harmonisierungsdokumente 相应文件,协调文件

HD Hauptdeck 主盖

HD Hauptdüse 主量孔,主喷嘴

HD Head end 前端,头端

HD heavy-duty/Hochleistung 高功率,重型

HD Heißdämpfe 过热蒸汽

HD hemodialysis 血液透析

HD Hochdichte 高密度

HD Hochdielektrizitätskonstand 高介质常数

HD Hochdrehung 高捻度

H. D. Hochdruck 高压

HD Hochdruck-Dampf 高压蒸汽

HD Hochdruck-Dampfturbine 高压汽轮机

HD Hochdruckstufe 高压级

HD Hochleistungsdrucker 高功率印刷机

HD Hodgkin disease 霍奇金病

h. d. Hora decubitus 睡觉时,就寝时

H/D Steigungsverhältnis 斜度比

HDA Head-Disk-Assembly 磁头磁盘组件

Hdb Handbuch 手册,指南

HDB Heterogeneous Database 异构数据库

HDB High Density Bipolar 高密度双极性码

HDB Home Database 家庭数据库

HDB Hypermedia Database 超媒体数据库

Hdbr. Handbremse 手制动器,手闸,手刹车

HDBS Unterbrechungssignal 中断信号

HDC 坡道控制系统

HD-CD High-Density-Compact-Disc 高密度光盘

HDD hard disk drive 计算机硬盘驱动器,硬盘

HDD Horizontal Directional Drilling 水平定向钻孔

HDDC Hydrogen-Donor-Diluent-Cracking 供氢稀释裂化

HDDT High density digital tape 高密度数字磁带

HDDV Hydrogen-Donor-Diluent-Visbreaking 供氢稀释减粘裂化

HdE Haus der Elektrotechnik 电气技术之家

HDF High Dispersion Fiber 高色散光纤

HDF RTR 车尾行李箱盖遥控打开

HDFS High Density Fixed Service 高密度固定服务

HDFS (RTC) 遥控的车尾行李箱盖关闭

Hdfw Handfeuerwaffe 轻兵器,手持式武器

HDG Hell-Dunkel-Grenze (前照灯)明暗界限

hdgest. handgesteuert 手控的,手操纵的

hdgew. handgewebt 手工织的,手编的

Hdgr Handgriff 手柄,把手

Hdhbg. Handhabung 操作

HDK Hochdispersionskieselerde 高分散性二氧化硅

HDK Hochdruck-Kessel 高压锅炉

HDK Hochdruckkompressor 高压空气压缩机

HDK hohe Dielektrizitätskonstante 高介电常数,高介质常数,高电容率

HDL Hardware Description Language 硬件描述语言

Hdl Hauptdispatcherleitung 总调度线路

HDL high density lipoprotein 高密度脂蛋白

HDL höchste Dauerleistung 最高持续功率;最高长期运转效率;最高连续输出

HDLC bitorientierte Steuerungsverfahren zur

Datenübermittlung 数据传输面向比特的控制方法

HDL-C high density lipoprotein (HDL) cholesterol 高密度脂蛋白胆固醇

HDLC High level Data Link control procedure 高级数据链路控制程序

HDLC High speed Data Link Control 高速数据链路控制

HDM Heb-Drehwähler 上升旋转式选择器

HDMCD High Density Multimedia Compact Disc 高密度多媒体光盘

HDMI High Definition multimedia interface 高清晰度多媒体接口

HDML Handheld Device Mark-up Language 手持设备标记语言

HDN Hauptdreiecksnetz 主三角网

HDN hemolytic disease of newborn 新生儿溶血病

HDN hydrodenitrification 加氢脱氮

HD-Öl Heavy-Duty-Öl 高负荷机油，重型发动机油

HD-Öle Hochleistungsöle 高效油

HDOP horizontal dilution of precision/horizontale Präzisionsminderung der Position (位置的)水平精度降低

HDP Hauptdruckprüfung 总压力试验，总耐压试验

HDPCM Hybrid Differential Pulse Code Modulation 混合差分脉冲编码调制

HDPE high density polyethylene; Polyäthylen hoher Dichte 高密度聚乙烯

HDR Heißdampfreaktor 热蒸汽反应堆

HDR High Data Rate 高数据速率

HDR hot direct rolling 直接热轧制

HDR Hot-Dry-Rock-Verfahren 干热岩工艺

HDRP Hybrid Dynamic Reservation Protocol 混合动态预留协议

HDS hydrodesulfurization/hydrierende Entschwefelung 加氢脱硫

Hd. Sch. W. Handscheinwerfer 轻便探照灯

HDSL High-Bit-Rate Digital Subscriber Line 高速率数字用户线，高比特率数字用户线

HDSL High-data-rate Digital Subscriber Line 高数据速率数字用户线

HDSS High Dust Selective-filtering System 高粉尘选择性过滤系统

HdT Haus der Technik 技术馆

HDT Hochdruckturbine 高压透平

HDT Host Digital Terminal 主机数字终端

HDTIC Host Data Transmission Interface Controller 主机数据传输接口控制器

HDTM Half-Duplex Transmission Module 半双工传输模块

HDTP Handheld Device Transfer Protocol 手持设备传输协议

HDTV High Definition TV 高清晰度电视

HDTV High resolution Digital Television/hochauflösendes Fernsehen 高分辨率数字电视，高清数字电视

HDÜ Hochspannungs-Drehstromübertragung 高压三相电流输送

HDV hepatitis D virus 丁型肝炎病毒

HDVS High Definition Video System 高清晰度视频系统

HDVTR High Definition Video Tape Recorder 高清晰度磁带录像机

Hdw. Handwagen 手推车

HDW Heb-Drehwähler 上升旋转式选择器

HDWA Hardware 计算机硬件；五金器具；武器装备

HDWDM High-Density Wavelength Division Multiplexing 高密度波分复用

HD-Welle Welle des Hochdruckteils 高压缸轴

HDX Half Duplex 半双工

HDZ Hochdruckzylinder 高压汽缸

HE Hackfruchternte 块根作物收获

HE Head-End 前端

He. Hebeschuss 上向发射

HE Hektolitereinnahme 以百升计的产量

He Helium 元素氦

HE hematoxylin eosin 苏木精伊红(染色剂)

He Henequen 赫纳昆纤维，剑麻

HE hepatic encephalopathy 肝性脑病

HE High Explosive 烈性炸药

HE Hilfseinrichtung 辅助装置，辅助设备，备用设备

HE hochexplosiv 强爆炸的；特别有爆炸危险的

HE Home Environment 原始环境

HE Hydraulikeinheit 液压机组；液压系统

HE Hypertensive emergencies 高血压急症

HE hypertensive encephalopathy 高血压性脑病

HEA Hauptberatungsstelle für Elektrizitätsanwendung 电能应用总咨询机构

HEAT High Explosive Anti-Tank Shell 高爆反坦克破甲弹

HEAT 自动加热器装置

HEAT 自动采暖装置

HeBA Heizungsbetriebsanweisung 暖气运行说明

HEC Header Error Check (Correction) 信头差错校验(校正)

HEC Header Error Control (Field) 标题错误控制(字段)

HEC hybrid error control 混合差错控制
HEC Hybrid Error Correction 混合纠错
HEC Hydroxyäthylzellulose 羟乙基纤维素
HED Hauteinheitsdosis 皮肤单位剂量
HED Head-End for Distribution services 分配业务前端
Hefl. Heeresflieger 陆军航空兵,陆军航空兵飞行员
Hei Heide 沼泽,沼泽地,荒地
HEI High Explosive Incendiary Shell/Sprengbrandgranat 高爆燃烧弹
Hei. K. P. Heimatskraftfahrpark 后方汽车基地
Heim. Heimat 祖国;故乡
Heiz. -Ing. Heizungsingenieur 采暖工程师
Hekt. Hektoliter 百升
HEL Header Extension Length 扩展头部长度,信头扩展长度
HEL Heizöl EL (extra-leicht) 最轻型燃料油
HELLP syndrom hemo1ytic anemia, elevated liver function and low platelet count syndrome 溶血、肝酶升高及血小板减少综合征
HeNCE Heterogeneous Network Computing Environment 异构型网络计算环境
HEO High Earth Orbit 高地球轨道
HEO High Ellipse Orbit 高椭圆轨道
HEP High Explosive Plastic 塑性烈性炸药
HEPA 抽屉式过滤器件组
HEPA filter high efficiency particulate air filter 高效微粒空气过滤器
Her. Heraldik 纹章学,徽章学
HERA Hadron-Elektron-Ring-Anlage 强子电子环加速器
Herb. Herbarium 植物标本
herg hergestellt 制造的
Herkon hermetisch abgeschlossener Kontakt 密封接点
Herst. -Gen. Herstellungsgenehmigung 生产许可(证),制造许可(证)
Herst. -K Herstellungskosten 生产费用,制造费用
Herst. -Verf. Herstellungsverfahren 制造方法,生产方法
HESH High Explosive Squash Head 爆震弹,碎甲弹
HEU hochangereichertes Uran 高浓缩铀
HEV hepatitis E virus 戊型肝炎病毒
HE-VASP Home Environment Value Added Service Provider 家庭环境的增值服务提供商
HEW Hamburgische Elektrizitätswerke AG 汉堡电力股份公司
HEX Hexadecimal 十六进制
hex. hexagonal 六角形的,六边形的
Hexyl Hexanitrodiphenylamine 六硝基二苯胺
HEZ Haupteinflugszeichen 飞机进入机场主要信号
HF Fallhärte 肖氏硬度,回跳硬度
HF flammgehärtet 表面经火焰淬火的(标准代号)
HF Fluorwasserstoff 氟化氢
HF Flussäure 氟化氢,氢氟酸
Hf. Hafen 港口
Hf Hafnium 105号元素铪
HF Hageman factor 哈格曼氏因子,凝血因子
HF Hands-Free 免提,非手持式的
H, f hart zu flüssig 固体与液体之比,固液比
H. F. Hauptfeuerstellung 主要发射阵地
Hf. Heeresfahrzeug 军用汽车
Hf Heizfaden 灯丝,发热丝
HF hemorrhagic fever 出血热
HF hepatic failure 肝功能衰竭
HF Herzfrequenz 心率
HF High Frequency 高频
hf hochfest 高强力的
hf hochfrequent 高频率的
HF Hochfrequenz 高频(率)
Hf Hof- und Gebäudefläche 庭院和建筑物面积
HF Hüllfläche 封面;包面
HF Human Factors 人因素
HF Hüttenwerk-Fahrleitungslokomotive 冶金厂用电机车
HF Hüttenwerklokomotive 冶金厂用机车
HF hydrofluoric acid/Fluorwasserstoffsäure 氢氟酸
Hf Hydropneumatische Federung 液压弹性
HF Oberflächenflammengehärtet 表面火焰淬火的(标准代号)
HFA Health for All 人人享受健康服务
HFAL Hüttenwerk-Fahrleitungs-Akkulokomotive mit Ladung 冶金厂滑接馈电线式充电电瓶车
HFB Hamburger Flugzeugbau GmbH 【德】汉堡飞机制造有限公司
HFBC High Frequency Broadcast Conference 高频广播会议
HFC Fluorkohlenwasserstoff 碳氟化合物
HFC Hybrid Fiber and Coax (Coaxial) Network 光纤同轴混合网
HFC Hybrid of Fiber and Coax 光纤同轴混合网
HFD Hüttenwerk-Fahrleitungs-Diesellokomtive 冶金厂滑接馈电线式柴油机车
HFDF Huffduff 胡夫杜夫无线电定位仪

HFG Hochfrequenzgesetz (Gesetz über den Betrieb von Hochfrequenzanlagen) 高频法规(关于高频设备运行的法规)
HFH Harnstoff-Formaldehyd-Harze 尿素-甲醛树脂
HFH Hybrid Frequency Hopping 混合跳频
HFI Hochfrequenzenimpuls 高频脉冲
H. Fi. Br. Hangendfilterbrunnen 上盘渗流井,上盘降水井
HFK Hochfestigkeit 高强度,高坚牢度
Hfl. Halbflottille 半分舰队
HFl Hauptfernleitung 主输电线路;总局线路
Hfl Hauptflöz 主要矿层
HFL Hochfrequenzlitze 高频绞合线
HFlak Heeresflugabwehrkanone 陆军高炮
HFM Heißfilm-Luftmassenmesser (发动机进气)热膜空气质量测量计
HFM SFI 热膜式多点顺序燃油喷注点火系统
HFM SFI 燃料喷射和点火系统
Hfn. Hafen 港口
HFO Halbleiterwerk Frankfurt/Oder 法兰克福半导体厂(奥得河畔)
HFO Hochfrequenzoszillator 高频振荡器
HFP Hochfrequenzpeilung 高频导向
HF-PS-HF Hartfaser-Polystyrol-Hartfaser 硬纤维-聚苯乙烯-硬纤维
HFR Hochflussreaktor 高通量反应堆
HFR Höhenforschungsrakete 高空探测火箭
HFR homogener Flüssigkeitsreaktor 单相液体反应堆;均质液体反应堆
h'fr holzfrei 无原木的
HFRDF High Frequency Repeater Distribution Frame 高频中继器配线架
HFRS hemorrhagic fever with renal syndrome 肾综合征出血热,流行性出血热
Hfrzbd. Halbfranzband 半牛皮面(装订本)
HFS Hilfs-Durchflutung mit Stromstoß 辅助电流脉冲励磁
HFS Hochfrequenzschranke 高频柜
HFS Hyperfeinstruktur 高度精细结构,超精细结构
HFS (电话机)免提装置
HFS 手动释放系统
HFT Hands-Free Telephone 免提电话
HF-TR HF-Telefonrundspruch 高频无线电广播
HFu Heeres-Funkstelle 陆军无线电台
HFV Hochfrequenzbeatmung 高频呼吸,高频通气
HFV Hochfrequenzverstärker 高频放大器
HF-Verschw. Hochfrequenzverschweißung 高频焊接
HFW Hilfs-Durchflutung mit Weckselstrom 辅助电路交流励磁
HFW Hochfrequenzwandler 高频变频器
HFW Hybrid Fiber Wireless System 混合光纤无线系统
HG Handelsgesellschaft 贸易公司
H. G. Haubitzengranate 榴弹炮炮弹
HG Hauptgetriebe 主变速器;主传动箱
Hg Heeresgerät 军用仪器
HG Heißgas 热气
HG Heißgaslüfter 热气通风器
hg Hektogramm 百克
HG Herstellungsgenauigkeit 制造精度,生产精度
Hg. Höchstgeschwindigkeit 最高速度
Hg Holzschraubengewinde 木螺钉螺纹
HG Horchgerät 截听器;检声测位器;音响探测器
Hg Hügel 丘陵
Hg Hydrargyrum 汞,水银
HG (MT) Manual Transmission 手动变速箱
Hg- Quecksilber 水银,汞
Hg Quecksilbersäule 水银柱
HGA Hochgewinnantenne 高效天线
H-Gas 高能天然气
HGB Handelsgesetzbuch 【德】商务法典
HGB Hardware Failure Oriented Group Blocking Message 面向硬件故障的群闭塞消息
HGB hemoglobin 血红蛋白
hgb. herausgegeben 出版,刊行
Hgds. Hangendes 上盘;顶板
HGG human gamma globulin (人)丙种球蛋白
HGH human growth hormone (人)生长激素
Hgi Hartgummi 硬胶皮,硬橡皮,硬橡胶
HGL High Gain Link 高增益链路
Hgl Hügel 丘陵
Hglz hochglänzend 高度光泽的;镜面光泽的
HgN Heeresgerätenorm 军用仪表标准
HGO Die Hessische Gemeindeordnung 【德】黑森州乡镇条例
HGP human genome project 人类基因组计划
HGPRT hypoxanthine-guanine phosphoribosyl transferase 次黄嘌呤-鸟嘌呤磷酸核糖转移酶
H. Gr. Heeresgruppe 军团
H. Gr. W. höchster Grundwasserstand 最高地下水位
HGS Hauptgefechtsstand 总指挥部;作战总司令部
HGs Holzgeschoss 木制教练弹
HgS Quecksilbersulfid 硫化汞,辰砂;朱砂
HGU Hardware Failure Oriented Group Unblocking Message 面向硬件故障的群闭塞解除

消息

HGÜ Hochspannungs-Gleichstromübertragung 高压直流电输送

HGV 高超音速滑翔飞行器

Hgw Hartgewebe 布胶板

HGW Hauptamtsgruppenwähler 总局选组器

H. G. W höchster Grundwasserspiegel 地下水最高水位

HH Header Hub 信头中心

HH Hochspannungs-Hochleistungs-Sicherung 高压大功率熔断器;高压大功率保险丝

h'h holzhaltig 木质的

HHBT high temperature high humidity biased testing 高温高湿偏置试验

HHC Hand-Held Computer 手持计算机

HHI Heiürich-Hertz-Institut 海因里希·赫兹(振荡研究)所

Hhl Höhle 洞穴,窑洞,岩洞

HHL Hypophysenhinterlappen 垂体的后叶

Hhll Hohlladung 空心装药

HHN Haupthöhennetz 一等水准网,主高程网

HHNK hyperglycemic, hyperosmotic nonketotic coma 高血糖高渗性非酮症性昏迷

HHO hard handoff 硬切换

HHO Hard Handover 硬切换

HHQ höchstc Quantität höchste Hochwassermenge 最大洪水量,洪峰流量

hhr. hellbraun 浅棕色的

HHS Handhabungssystem 搬运系统,机器人系统

HHS 加热后窗玻璃

HHT Hand-Held Terminal 手持终端

HHT Heliumturbine-Hochtemperaturreaktor 氦气轮机高温堆

HHT Hochtemperatur-Heliumturbine 高温氦透平

HHT 手提式检测器/测定仪

HHV Helium-Hochtemperatur-Versuchsanlage 氦高温试验装置

HHVB Hochtemperatur-Helium-Versuchsanlage Betriebs gesellschaft mbH 高温氦试验装置运行公司(属于利希核研究中心)

HHW höchstes Hochwasser 最高水位

Hhz Hochdruckdampfheizung 高压蒸汽暖气

H. I. Halbinsel 半岛

HI Hängeisolator 悬式绝缘子

Hi8 Highband Video-8 8毫米高分辨率录像带,Hi8带

Hi. Hilfs- 辅助的

HI Hydrographisches Institut 水文研究所

HI induktionsgehärtet 感应淬火的(标准代号)

HI oberflächeninduktionsgehärtet 表面感应淬火的(标准代号)

5-HIAA 5-hydroxyindoleacetic acid 5-羟基吲哚乙酸,5-羟色胺脱氨产物

HIB High-speed Integrated Bus 高速综合总线

HIC Highest Incoming Channel 最高入局信道

HIC Hybrid Integrated Circuit 混合集成电路

HIC Kopfverletzungsrisiko 头部伤害危险

HICAPCOM High Capacity Communication 大容量通信

HICN 氰化高铁血红蛋白

HID Helium-Ionisation-Detektor 氦电离检测器

HIE hypoxie-ischemic encephalopathy 新生儿缺氧缺血性脑病

Hiez. -Ing. Heizungsingenieur 采暖工程师

Hi-Fi high fidelity/hohe Wiedergabetreue 高保真度

Hi-Fix high frequency high accuracy fixing 高频高精度定位

Hifo high in first out (商法,税法的)高进先出

Hifo High initial force 高初始力

High-Tech. high-technology 高技术

HII-Blech Hersteller II-Blech 制造厂Ⅱ号钢板

Hi-L Hilfsleitung 辅助管道

HILAC 海拉克加速器,美国加利福尼亚大学伯克利重离子直线加速器

HIM Host Interface Module 主机接口模块

Himi Hilfsmittel 辅助工具

HIN Hybrid Integrated Network 混合综合网络

hind. hindustanisch 印度斯坦语的

Hint. H. Hinterhang 反斜面,反面斜坡

HIP Heiß-Isostat-Pressen 热等静压

HIPEFOLAN High Performance Fiber Optic LAN 高性能光纤局域网

HIPERLAN High Performance European Radio LAN 欧洲高性能无线局域网

HIPERLAN High Performance Radio LAN 高性能无线局域网

HIPS high impact polystyrene 高抗冲聚苯乙烯

HiQNet High intelligence Quotient Network 高智商网络

Hiran High Precision Shoran 高精度肖兰导航系统,高精度近程无线电导航系统

HIRS High-speed Interconnect Router Subsystem 高速互连路由子系统

His histidine/Histidin 组氨酸

HIS Home Information System 家庭信息系统

HIS Hospital Information System 医院信息系统

HISP Hilfsspeicher 辅助存储器

Hiss Human Interface Supervision System 人界

面监视系统
HIT Highway Information Terminal 高速公路信息终端
HIT Home Intelligent Terminal 家庭智能终端
HIV human immunodeficiency virus 人免疫缺陷病毒
HIV 艾滋病病毒
Hjhr halbjährig 半年的
HK Halbedelkorund 半纯度的电熔刚玉次等宝石
HK Hämatokrit 血细胞容量器,血球容积计
HK Handwerkskammer 手工业同业公会
HK Hartkern 硬核,硬心
HK Hefnerkerze 亥夫纳(标准)蜡烛
Hk. Heizkosten 采暖费,取暖费
H. K. Hilfskessel 辅助锅炉
H. K. Hilfskreuzer 辅助巡洋舰
HK Hilfskühler 辅助冷却器
HK Hochgeschwindigkeitskanal 高速信道
HK Hochspannungskabel 高压电缆
HK Hülsenkartusche 药筒
HK Knoop-Härte 努普硬度
HKE Hörkopfersatzschaltung 放音头等效线路;放音头等效电路
Hke Ludwik-Härte 路德维克氏硬度
HK-Eisen Holzkohlen- Eisen "木炭"级镀锌薄板,"木炭"级白铁皮
HKF Halbkettenfahrzeug 半履带车
HKF Hauptkampffeld 主要防御地带
HKf Heereskettenfahrzeug 军用履带车辆
HKG Hochtemperatur-Kernkraftwerk GmbH 高温核电站公司
HKI Heiz- und Kochgeräte-Industrie 加热及蒸煮器具工业
HKL Hauptkampflinie 主要战线
HKL Hauptkühlmittelleitung 主冷却剂管道
H. K. P. Hauptkraftfahrpark 主要停车场
HKPpe Hauptkondensatpumpe 主冷凝泵
Hkrz Hilfskreuzer 辅助巡洋舰
H. K. S. Hilfskriegsschiff 辅助战舰
HKTV Hong Kong Television 香港电视
H-Kug H-Kugel-Formstück 球形分叉管接头
HKVV Die Hessische Kataster- und Vermessungsverwaltung 黑森州地籍与测量管理局
HKW Hauptkühlwasser 主冷却水
HKWP Hauptkühlwasserpumpe 主冷水泵
HKZ halbkontinuierliches Zentrifugenspinnverfahren 半连续离心纺丝法
HKZ Hochspannungs-Kondensatorzündung 高压电容放电点火
HL Halbleiter 半导体
HL Hängelafette 悬挂炮架
HL Hansa Luftbild 【德】汉莎航空摄影测量公司
HL Hartlegierung 硬质合金
Hl Hauptamtsleitung 总局线路
Hl Hauptlager 总仓库,中心仓库
HL Heavily Loaded 重负荷的
H. L. Heavy Lift 重量货物,重件
HL Hecklafette 飞机尾炮架
hl. heilig 神圣的,庄严的,圣洁的
HL Heizöl leicht 轻质燃料油
HL hepatische Lipase 肝脏脂肪酶
h. L. herrschende Lehre 通说
HL Hilfsschlusslampe 辅助尾灯
HL. hinteres Lot 后垂线
HL Hochleistung 高功率,高效能
HL Hochleistungsmotor 高性能发动机,大功率发动机
HL Hochspannungsleitung 高压线路
HL Hodgkin Lymphoma 霍奇金淋巴瘤
HL Höhenlader 高空增压器
Hl Hohlladung 空心装药
hl holoedrisch 全对称晶形的
HL Hot Line 热线,直接联络热线服务电话
HL Hyperlipidemia 高脂血症
HL Hypertext Links 超文本链路
HL Leuchtenhöhe 照明高度
Hl lichte Höhe 净高度
HLA human leukocyte antigen 人类白细胞抗原
HLAN Helical LAN 螺旋型 LAN
HLAN High-speed Local Area Network 高速局域网络
HLBS Halbleiterblockschaltung 半导体线路方块图
HLC High Layer Compatibility 高层兼容性
Hldg Hohlladung 空心装药
HLF High (Higher) Layer Function 高层功能
HL-Geschoss Hohlladungsgeschoss 空心装药弹,聚能弹
Hl. Gr. Hohlladungs-Granate 空心装药弹,聚能弹
HLH Heizungs-Lüftung-Klimatechnik-Haustechnik 采暖通风空调技术住房技术期刊
HLIPS High Level Image Processing System 高级图像处理系统
HLK Heizung-Lüftung-Kühlung 采暖、通风、冷却
HLK Heizungs-, Lüftungs- und Klimaanlage 供热、通风和空调设备
HLKO die Hessische Landkreisordnung 黑森州县条例
HLKS Heizung-Lüftung-Klima-System 采暖通

风空调系统
HLL High Level Language 高级语言
Hlm Hefner-Lumen 亥夫纳流明(照度单位)
HLM Heterogeneous LAN Management 异构局域网管理
HLM Hydraulik-Linear-Maschine 液压线性拉坯机(水平连铸)
HLN High Level Network 高级网络
HLP Help 帮助
HLP High Level Protocol 高级协议
HLP hyperlipoproteinemia 高脂蛋白血症
HL-Pak-Geschoss Hohlladungs-Panzerabwehrkanonen-Geschoss 反坦克聚能弹
HLPI Higher Layer Protocol Identifier 高层协议标识符
HLPI High Layer Protocol Interworking 高层协议互通
HLR Home Location Register/Heimatdaten 归属位置寄存器
HLR Home Location Registration 归属位置登记
HLRe Home Location Register emulator 归属位置寄存器仿真器
HLS Farbton-Helligkeit-Sättigung 色调,亮度,饱和度
Hl. Sprengladung Hohlsprengladung 空心装炸药
Hlt Halt 停止,暂停
HLVA das Hessische Landesvermessungsamt 黑森州土地测量局
HLw. Halbleinwand 半亚麻织物,棉麻交织品,毛麻交织品
HLW Halbleiterleistungswiderstand 半导体高功率电阻
HLW Halbleiterwandler 半导体互感器,半导体变压器,半导体换能器
HLW Höhenleitwerk (飞机)升降舵
Hlx Hefner-Lux 亥夫纳-勒克司(烛光单位)
HM Hammerbohrmaschine 平柱式凿岩机,锤式凿岩机
h. M. harmonisches Mittel 协调手段
HM Härte nach Mohs, Mohs-Härte 莫氏硬度
Hm Hartmatte 胶布板
HM Hartmetall 硬质合金,硬金属
h. M. herrschende Meinung 主流意见
HM Hochleistungsmotor 高效率发动机
HM Hochmodul 高模数
h. m. hoc mense/in diesem Monat 在这个月
HM Höhenmarke 高(度测)标;高度基准,高程网基点,标高点
H. M. Höhenmesser 高度表,测高仪
HM Höhenmessgerät 高度测量仪
HM Holographic Memory 全息照相存储器
h. m. huius mensis/dieses Monats 这个月的
HM Hybrid Mail 混合邮件
HM hydatidiform mole 葡萄胎
HM Hyper Media 超媒体
Hm manometrische Höhe 气压表的测量压力
HM Meyer-Härte 迈氏硬度
HMA halber Mittenabstand 半中心距
HMA Heeresmunitionsanstalt 陆军弹药局
HMA High Memory Area 高存储区
HMA Human Machine Adapter 人机适配器
HMA human-machine adaption 人机适配
Hman manometrische Höhe 气压表的测量高度
Hmax Höhenmaximum 最大高度
HMB Hochohm-Messbrücke 高阻测量电桥
HM-Blatt Hartmetall-Blatt 硬质合金锯片
H. M. Boot Hilfsminensuchboot 辅助扫雷船
HMD head mounted display/Datenhelm 头盔显示器
HMD Hexamethylendiamin 乙二胺
HMDE Quecksilbertropfenelektrode mit hängendem Tropfen 悬汞电极
HMDSO hexamethyldisiloxane 六甲基二硅醚
HME Feuchte-Wärme-Tauscher 热-湿交换器
hMe Halbmetall 半金属
HMF Handmikrofon 手携式话筒,手携式送话器,手携式微音器
HMF hydroxymethylfuraldehyde 羟甲基糠醛
HMFA Hochmagnetfeldanlage 高磁场设备,强磁场装置
HMFL Harmonically Mode-locked Fiber Laser 谐波锁模光纤激光器
H. M. G. Handmaschinengewehr 轻机枪
HMG Hanseatische Motoren-Gesellschaft 汉萨发动机公司
HMG human menopausal gonadotropin (人)绝经期促性腺激素
HMG-CoA Hydroxy-methyl-glutaryl-Coenzym A 羟甲基戊二酰辅酶A
HM-Gerät Heeres-Messgerät 军用测量仪器
HMI Hahn-Meitner-Institut für Kernforschung Berlin GmbH 柏林哈恩-迈特纳核研究所
HMi Holzmine 木雷
HMI Human-Machine Interface 人-机接口
HMI hygerium metallic iodide-lamp/Halogen Metall Iodide-Lamp 金属碘化物灯
HMIC Hybrid Microwave Integrated Circuit 混合微波集成电路
HMM hexamethymelamine 六甲密胺
HMN Heptamethylnonan 七甲基壬烷
HMOM Hyper Media Object Manager 超媒体

对象管理器

HMP hexose monophosphate 一磷酸己糖

HMP Host Monitoring Protocol 主机监控协议

HMPT Hexamethylphosphorsäuretriamid 六甲基磷酸三胺

HMR High-speed Multimedia Ring 高速多媒体环

HMSC home mobile services switching center 国内移动业务交换中心

HMT HTTP Message Transform HTTP 消息转换

HMT Hypermedia Tool 超媒体工具

HMTD Hexamethylentriperoxydiamin 六亚甲基三过氧化二胺

HMVA Hausmüllverbrennungsanlage 生活垃圾焚烧场

HMWK high molecular weight kininogen 高分子量激肽原

HMWPE Linear-Polyäthylen mit hohem Molgewicht 高分子量线性聚乙烯

HMX Cyclotetramethylentetranitramin 奥克托金,环四亚甲基四硝胺

HN Hauptnenner 公分母

HN Hg-Niederdruck 汞低压

HN Home Net, Home Network 家庭网络

HN Normalhöhe 正常高;法高

HNA Handelschiffbaunormenausschuss 商船制造专业标准委员会

HNA/E Handelschiff-Normenausschuss/Elektrotechnik 商船标准委员会/电气技术

HNAB Hexanitroazobenzol 六硝基偶氮苯

HND have a nice day 祝你一切顺利

HNDC Hyperosmolar Non-ketosis Diabetic Coma 高渗性非酮症糖尿病昏迷

HNDPhA Hexanitrodiphenylamin 六硝基二苯胺

HNDS Hexanitrodiphenylsulfon 六硝基二苯砜

HNG Härtenormalgerät 硬度标准测量仪

HNN Hybrid Neural Network 混合神经网络

HNO Hexanitrooxanilid 六硝基草酰苯胺

HNO-Arzt Hals-Nasen-Ohrenarzt 颈鼻耳科医生

HNR hydrogenated natural rubber 氢化天然橡胶

hnRNA heterogeneous nuclear RNA 异质核RNA(核糖核酸)

HNS Hexanitrostilben 六硝基芪,六硝基二苯乙烯

Hnst Hühnenstein 墓碑;石碑

H. N. W. höchster Niederwasserstand 最高低潮水位

Ho Brennwert 燃烧值,发热量,热值

HO Handover 切换,转移,移交,交换

Ho Heizwert, oberer 较高的热值

HO Hilfsoszillator 辅助振荡器

HO Hochofen 高炉

Ho Holmium 元素钬

Ho oberer Heizwert 高热值

HOA Higher Order Assembler 高阶的汇编语言

HOA hypertrophic osteoarthropathy 肥大性骨关节病

HOB Head of Bus A or B 总线 A 或 B 字头

HOBEG Hochtemperatur-Brennelement GmbH 高温释热元件有限公司(哈瑙)

HOC Highest Outgoing Channel 最高输出信道

Hochbg Hochbagger 上向挖掘机

Hochfrquenztech. Hochfrequenztechnik 高频技术

Hochpolym. Hochpolymer 高聚物

Hochsp. Hochspannung 高压

Höchstbel. Höchstbelastung 最大荷载或负荷

Höchstgeschw. Höchstgeschwindigkeit 最高速度,最大速度

Höchstgew. Höchstgewicht 最大重量

Hochtemp. Hochtemperatur 高温

Hochvak. Hochvakuum 高真空

Hochw. Hochwasser 洪水;洪水位

17-**HOCS** 17-hydroxycortico steroid 17-羟类固醇

Hod Hodie 今日

HODC Handover Dedicated Channel 切换专用信道

HOE Holographic Optical Element 全息光学元件

HOECHST Farbwerke Hoechst-Frankfurt a. M. (美因河畔)法兰克福赫斯特染料公司

höfl. höflichst (最)客气的,周到的

Höhe ü. M Höhe über Meeresspiegel 海平面以上高度,海拔,标高

HOI Higher Order Interface 高阶接口

HOK Herdofenkoks 平炉焦炭

HOKO Hochofen-Konverter 高炉-转炉

HOLD Call Hold 呼叫保持

Holl. P. holländisches Patent 荷兰专利

Holmag Holsteinsche Maschinen-Aktiengesellschaft 荷尔斯泰恩机器制造股份公司

HOM Homöopathisches Arzneibuch 顺势疗法医疗手册

Homa Holzmessanweisung 木材测量说明书

HomePNA Home Phone line Networking Alliance 家庭电话线网络联盟

HOPL Higher Order Path Layer 高阶通道层

hopolf hochglanzpolierfähig 可以磨光的;可以

镜面抛光的

HoQ house of quality 质量屋

HOR Horizont 地平线,水平线;地平;视界

Hor Horizontale 等高线,水平线,水平位置

HORN 喇叭信号系统

H. O. S. Heeresoffiziersschule 陆军军官学校

HOT Haut subsonique Optiquement téléguidé tiré dún Tube "霍特"反坦克导弹,高亚音速光学跟踪管式发射反坦克导弹

HOVC Higher Order Virtual Container 高阶虚容器

HOW Hand-Over-Word 移交指令

hoz Hochofenzement 矿渣硅酸盐水泥,波特兰矿渣水泥

HOZ Hydroxylzahl 氢氧基数,羟基数

Hp Haltepunkt 车站,小车站;支持点,停止点,临界点

HP Handpumpe 手动泵

Hp Hartpapier 纸胶板

HP Hauptprogramm 主程序

HP Hermann-Pressschweißen 海尔曼压焊

HP Higher order Path 高阶通道

HP high power 高倍(显微镜用语)

HP Hilfsprogramm 辅助程序

Hp Hochdruckpumpe 高压泵

HP Hochpass 高通

HP Hochpolymer 高聚物

HP Höhenfestpunkt 高空固定点

H. P. Höhenpunkt 标高点,高程点,极点,峰点,顶点

HP Holland-Profil 荷兰型钢

HP Homepage 主页,首页

HP Horchposten (对空或对海的)潜听哨,听音哨

HP (H. P.) horse-power 马力

HP Hüllprofil 包络轮廓;包容断面

HPA axis hypothalamic-pituitary-adrenal axis 下丘脑-垂体-肾上腺轴

Hpa Hauptprüfungsamt 总检验局,总试验局,总测试局

HPA Higher order Path Adaptation 高阶通道适配

HPA High gain Power Amplifier card 高增益功放卡

HPA High Power Amplifier 高功放,大功率放大器

HPB High Level Processor Board 高档处理器板

HPBW Half-Power Beam Width 半功率波束宽度

HPC Handheld PC 手持式个人电脑

HPC Higher order Path Connection 高阶通道连接

HPC High Performance Computing 高性能计算

HPC Hydroxpropyl-Cellulose 羟基丙基纤维素

HPCC High Performance Computing and Communication 高性能计算和通信

HPCS Hard Plastic Clad Silica optical fiber 硬塑料包层石英光纤

HPCS Heterogeneous Personal Communication Services 异质性的个人通信服务

HPD Haematoporphyrin derivative 血卟啉衍生物

HPDU 高功率耦合器

h-PE Hart-Polyäthylen 硬聚乙烯

HPE Hochdruckpolyäthylen 高压聚乙烯

HPETE hydroperoxy-eicosatetraenoic acid 过氧化氢二十碳四烯酸

HPF High Pass Filter/Hochpassfilter 高通滤波器

HPF high power field 高倍视野(显微镜用语)

HPFS High Performance File System 高性能文件系统

HPG human pituitary gonadotropin (人)垂体促性腺激素

HPGL Hewlett-Packard Graphics Language 惠普公司图形语言

HPI Host Processor Interface 主机处理器接口

HPI hydrocarbon processing industry/Erdölverarbeitungsindustrie 烃加工工业,石油加工工业

HPL High Power Laser 大功率激光器

HPL human placental lactogen (人)胎盘催乳素

HPLC high performence liquid chromatography/Hochleistungs-Flüssig-Chromatographie 高效液相色谱法

HPLC high-pressure liquid chromatography 高压液相色谱法

HPLMN Home PLMN (Public Land Mobile Network) 归属公共陆地移动网

HPL-Rohr Hydraulik-Pneumatik-Leitung-Rohr 液压和压缩空气管线管

HPN High Pass Network 高通网络

H. P. N. horse-power nominal 标称马力

HPOM Higher order Path Overhead Monitor 高阶通道开销监视器

HPP Higher order Path Protection 高阶通道保护

HPPASS High-Performance Packet-Switching System 高性能分组交换系统

HPPI High Performance Parallel Interface 高性能并行接口

HPPL Hybrid Passive Phonic Loop 混合无源声音环路
HPR high-performance rayon 高性能人造丝
HP-RDI Remote Defect Indication of Higher order Path 高阶通道远端缺陷指示
HP-REI Remote Error Indication of Higher order Path 高阶通道远端误码指示
HPS Handover Path Switching 切换路径交换
HPS 气液压悬挂
HPSK Hybrid Phase Shift Keying 混合相移键控
HPSN High-Performance Scalable Networking 高性能可伸缩网络
Hpt Haupt 主要(的);总(的);头;首脑
HPT High (Higher) order Path Termination 高阶通道终端
HptA Hauptamt 总局
HptKart Hauptkartusche 主要弹药筒
Hpt Ldg Hauptladung 主要装药
HPTR Hilfsprogramm auf Trommel 磁鼓中的辅助程序
hpts. hauptsächlich 主要的
Hptst. Hauptstadt 首都
HPU Hand Portable Unit 手提装置
HPV human papilloma virus/Human Papillomvirus 人类乳头瘤病毒
HPV muskelgetriebenes Fahrzeug 人力车辆,人力车
HPzgr Halbpanzergranate 半穿甲弹
HPZ-Rohr Hydraulik-und Pneumatik-Zylinder-Rohr 液压和气缸用管
HQ Hochwasserquantität 洪水流量
HQ (H-Q) Hochqualitäts 高质量
HQa Hauptquerschlag 主要横向巷道;主要横向冲击
HQI Halogen-Metalldampflampe 卤化金属蒸气灯
HQI hydrargyum quartz iodide 碘化汞石英(灯)
HQL Hochdruck-Quecksilberdampflampe 高压水银蒸汽灯
HR Half Rate 半速,半速率
HR Handelsregister 商业登记,商业注册
HR Hand Radar 携带式雷达
HR Handregelung 手动调节,手动控制
H. R. Hauptrichtung 主要方向
HR. heart rate 心率
HR Heißwiederzündung 热态再点燃
HR Heizstromregler 加热电流调节器,灯丝电流调节器
HR hemorrheology 血液流变学
HR Hessischer Rundfunk 黑森无线电台
HR High Resolution 高分辨率
HR Hilfsregister 辅助记录器;辅助寄存器
HR Hilfsrelais 辅助继电器
HR Hohlraumresonator 空腔谐振器
HR Hohlrohr 波导管
HR Human Resources 人力资源
HR Hybridrechner 混合计算机
HR Rockwellhärte 洛氏硬度
HRAK halbrunde abgeflachte Kante 倒圆角
HRB Hochtemperatur-Reaktorbau 高温堆建造(公司)
HRB Rockwell Härte B 洛氏硬度 B
HRB Rockwellhärteskala B 洛氏硬度 B 刻度
HbB 血红蛋白
HRC Hybrid Ring Control 混合环路控制
HRC Hypothetical Reference Circuit 假设参考电路
HRC Rockwell-Härte C 洛氏硬度 C
HRC Rockwellhärteskala C 洛氏硬度 C 刻度
Hrd Halbrundprofil 半圆型材
HRD Hertzsprung-Russell-Diagramm 赫罗图(天文)
HRDP Hypothetical Reference Digital Path 假设参考数字通道
HRDS Hypothetical Reference Digital Section 假设参考数字段
HRE Homogenous Reactor Experiment 均匀反应堆试验
HRE Hypothetical reference endpoint 假想参考点
HREP earth resources experimental package 地球资源试验组件
HRg Haltering 固定环
HRgP Haubitz-Ringpulver 榴弹炮用环状药
HRK halbrunde Kante 圆角
HRL Hochdrucklampe 高压灯
HRM High Rate Multiplexer 高速率复用器
HRM Hoch-Reduktions-Maschine 大减径量轧管机
H. R. P. Hauptrichtungspunkt 主要方位点,主要地标
HRP Hauptspeicherresidentes Programm 主存储器驻留程序
HRP horseradish peroxidase 辣根过氧化物酶
HRP Hypothetical Reference Path 假设参考通道
HRPD High Rate Packet Data 高速率分组数据
HRPT High Resolution Picture Transmission 高分辨率图像传输
HRR Handover Resource Reservation 切换资源预留

HRS Home location Register Subsystem 归属地址寄存器子系统
HRS hybrides Rechensystem 混合计算系统
HRS 后座椅加热
Hrsg Herausgegeber 出版商，编著者
hrsg. herausgegeben 出版的
Hrst. Hersteller 制造者，制造商，制造厂
Hrst. Herstellung 制造，生产
HRStr Hauptrichtstrecke 主方向地段；主方向线段
H. Rüst Heeresrüstung 军械
HRV Healthy, Recreational, Vigorous 健康的、休闲的、有活力的
HRW Hauptrichtungswähler 主方向选择器；主方向拨号盘；主方向寻线器
HRW Hochblockreduzierwalzwerk 空心坯减径轧机
HS halbdurchlässiger Spiegel 半透明镜（面）
HS Handschaltung 手动变速
H. S. Hängestütze 吊挂装置，吊架
Hs Hasenhaar 兔毛
HS Hauptschalter 中央控制台；中央操纵台；总开关
Hs Haus 房屋，住房
HS Heißwasserspeicher 热水存储器
HS Heizelementstumpfschweiß 加热元件对焊
HS Heizöl, schwer 重质燃料油
HS heparin sulfate 硫酸肝素
HS Highway-multiplexed Structure 干线复用结构
HS Hochschule 高等学校，大学
h. s. Hora somni 睡觉时
HS horizontale Stabilisierung 水平稳定，水平稳定装置
HS Hubschrauber 直升飞机
HS Hyperschall 超声
HS Shorehärte 肖氏硬度
HS 座位加热
Hs 新发现元素鍶
HSA Hören-Sprechen-Aufnehmen 听说录音
HSA-Labor Hör-Sprech-Aufname-Labor 听说录音实验室
HSAP heat stable alkaline phosphatase 耐热性碱性磷酸酶
HSB Handschweißbetrieb 手动焊接作业
HSb Hefner-Stilb 亥夫纳熙提（表面亮度单位，$=10^4$坎德拉每平方米）
HSB High-Speed Bus 高速总线
HSB Hochleistungsschnellbahn 高效高速轨道
HSB Hochleistungsschnellbahnsystem 高效高速轨道系统
HSBN High Speed Backbone Network 高速骨干网
HSB-Stahl hochfester schweißbarer Baustahl 高强度可焊接结构钢
HSC Home Shopping Channel 家庭购物信道
Hschr Haubitz-Schrapnell 榴弹炮发射的榴霰弹
HSCP High Service Control Point 高业务控制点
HSCSD high speed circuit switched data 高速电路切换数据
HSCX High Level Serial Communication Controller With Extended Feature and Functionality 具有扩展特性和功能性的高阶串行通信控制器
HSD High-Speed Data 高速数据
HSDB High-Speed Data Bus 高速数据总线
HSDPA High Speed Download Packet Access 高速下行分组接入
HSDS High-Speed Data System 高速数据系统
HSE herpes simplex encephalitis 单纯疱疹病毒性脑炎
HSE High-Speed Encoder 高速编码器
HSE High Speed Signal Control Equipment 高速信号控制设备
H. S. F. Hafensicherungsfahrzeug 港口安全车
HSFB Handschweißbetrieb 手动焊接作业
HSG High-Sierra-Gruppe CDROM （只读光盘）标准
HSG Hochspannungsgenerator 高压发电机
HSG hysterosalpingography 子宫输卵管造影
HSh Rückprallhärte Shore 回跳硬度；肖氏硬度
HSi Hauptsicherung 总保险丝；总熔断器
h. s. l. heiß sehr löslich 加热极易溶解的
HSL Hochspannungslaboratorium 高压实验室
HSLA hochfest mikrolegiert 高强度微合金的
HS-Labor Hör-Sprech-Labor 听-说试验室
HSLC high speed liquid chromatography 高速液相色谱
HSLN High Speed Local Network 高速本地网络
HSM Hierarchical Storage Management/hierarchisches Speicher-management 分层存储管理
HS/MS Hochspannung/Mittelspannung 高压/中压
HSN Hierarchically Synchronized Network 分层同步网络
HSN High Speed Network 高速网络
HSN Hopping Sequence Number 跳频序列号码
HSOG Hessisches Gesetz über die öffentliche Sicherheit und Ordnung 黑森州公共安全与秩序法
HSOTN High-Speed Optical Transfer Network

高速光传输网络
HSP Halbstufenpotential 半阶电位
HSP Hauptspeicher 主存储器
HSP Henoch-Schonlein purpura 享舍二氏紫癜,过敏性紫癜
HSP Hilfsspeicher 辅助存储器
HSP Hintergrundspeicher 后台存储器
HSP Hochsiedende Produkte 高沸点产物
Hsp Hörspiel 广播剧
Hsp. Hospitant 大学旁听生;临时听讲者
HSP Host Service Provider 主机服务提供商
HSPD High-Speed Packet Data 高速分组数据
HSPDA High Speed Downlink Packet Access 高速下行分组接入
HSPFN High-Speed Plastic Fiber Network 高速塑料光纤网
H. Sp. P. hohe Sprengpunkt 高炸点
HSP-Ppe Hauptspeisewasserpumpe 主给水泵
HSR Haftschichtenreibung 粘着层摩擦,粘附层摩擦
HSR high Speed printer 高速印刷机,高速打印机
HSR Hidden-Surface-Removal 隐藏面清除
HSRC hot strip reversing compact 紧凑型可逆式热带钢轧机
HSRC Hypothetical Signaling Reference Connection 假定信令参考连接
HSS High-Sierra-Standard CDROM (只读光盘)标准
HSS High Speed Switch 高速交换机
HSS Hochleistungsschnellschnittstahl 高效高速切削钢
HSS Home Subscriber Server 归属用户服务器
h. s. s Hora somni sumendus 睡觉服用
HSS Schnellarbeitsstahl 高速车刀
H. S. S. Ger. Heeressauerstoffschutzgerät 陆军供氧装置,陆军氧气设备
HSSI High Speed Serial Interface 高速串行接口
H St Hauptstellung 主阵地
HSt Hilfsstelle 救援处;救济处
HST Hinterspritztechnik 后注塑技术
Hst Hintersteven 后艏柱
Hst. Handsteuerung 手动控制,手控;手操作,人工操作
HstD Höchstdruck 最高压力
HSTP Hauptsteuerprogramm 主控程序
HSTP High Level Signaling Transfer Point 高阶信令转发点
HSTP High Signaling Transfer Point 高级信令转接点
HSTPR Hilfssteuerprotramm 辅助控制程序
HSTR High Speed Token Ring 高速令牌环
HSUPA High Speed Upload Packet Access 高速上行分组接入
HSV Farbton-Helligkeit-Intensität 色调-亮度-强度
HSV herpes simple virus 单纯疱疹病毒
HSV HSV-Farbmodell HSV色调模型
HSV Hue-Saturation-Value 色调饱和值
HSVO Hafensicherheitsverordnung 港口安全规程
HSW Hauptsteuerwert (超声波检验的)主控值
HSW Heckscheibenwischer 后窗玻璃刮水器
HSW High Way Switch 高路开关
HSW 方向盘加热器
HT Hardtop 硬顶汽车
HT Haubitz-in-Turm 塔式榴弹炮
HT Hausteil 自制件
HT High Terrain 山区
HT Hochtemperatur 高温
HT hochtemperaturbeständig 耐高温的,抗高温的
HT Hochtiefbaggerung 高纵深挖掘,高纵深开采
HT Treffpunkthöhe 切点高度
5-HT 5-hydroxytrptamine serotonin 5-羟色胺血清素
5-HT 5-hydroxy-tryptamince 5-羟色胺
HT Hyper Text 超文本
HTA Haupttelegraphenamt 电报总局
HTA Hexogen-Trotyl-Aluminium 黄索金炸药三硝基甲苯铝
HTA Hochspannungstelephonie Anlag 高压电话设备
Hta Holztränkanstalt 木材浸渍设备,坑木浸渍设备
HTB Hochtemperaturreaktor-Brennelement-und Materialentwicklung 高温堆燃料元件和材料研制
HTBP Hyper Text Broadcasting Protocol 超文本广播协议
HTBSL Hypermedia Time Base Structuring Language 超媒体时基结构语言
HTC Hydrographic/Topographic Center 水文/地形测绘中心
HTCP Hypertext Cache Protocol 超文本缓存协议
HTH Hochtemperaturhydrierung 高温氢化,高温水合
HTH hope this helps 愿对你有所帮助
HTI HALOMET-Lampe 短弧金属卤化物灯
HTLV human T cell leukemia virus 人类T细胞白血病病毒

HTLV human T lymphotropic virus 人类T淋巴细胞病毒
HTMB Hochtemperatur-Thermomechanische Behandlung 高温形变热处理
HTML Hyper Text Markup Language 超文本标记语言
HTML-Editor Hyper Text Makeup Language Editor 超级文本标记语言编辑器
HTOL Horizontalstart und -landung 水平起降
HTP high-temperature pyrolysis/Hochtemperaturpyrolyse 高温分解
HTP Hochtemperaturplasma 高温等离子体
HTP Hochtemperatur-Polymerisation 高温聚合
HTP Hochtemperaturpyrolyse 高温热解
HTR Hochtemperaturreaktor 高温反应堆，高温反应器
HTRB Hochtemperaturreaktor-Brennelemente 高温反应堆燃料元件
HTS Hilfstragseil 辅助支持钢绳，辅助吊绳
HTSL Hochtemperatursupraleiter 高温超导体
H-TSt Haupt-Telegraphenstelle 电报总局
HTT Home Television Theatre 家庭电视剧场
HTTP Hypertext Transfer Protocol/Client-Server-Protokoll für den Zugriff auf Informationen aus Datennetzen 超文本传输协议
HTTPS HTTP over Secure Sockets Layer/Sonderform des HTTP 安全套接字层上的超文本传输协议
HTTPS Hyper Text Transfer Protocol Secure 超文本传输协议安全
HTU Home Terminal Unit 家庭终端设备
HTW Hubtriebwerk 提升传动机构，提升驱动装置
HU Hakenumschalter 杠杆开关；叉簧
HU Hauptuhr 母钟
HU Hauptuntersuchung 总调查，总检验，总探测
HU Hebelumschalter 杠杆式转换开关
HU hochunempfindlich 很不敏感的，灵敏度极差的
HU Home Unit 家庭单元，归属单元
Hu Hupe 电笛，汽笛；警报器
Hu Hutung 牧场
HU hydroxyurea 羟基脲(抗癌药)
Hü Steckerhülse 插座
HU Universalhärte 通用硬度
Hu unterer Heizwert 低热值
HUA Hardware Failure Oriented Group Unblocking-Acknowledgement Message 面向硬件故障的群闭塞解除确认消息
Hub/Min Hubzahl pro Minute 每分钟活塞往复次数
Hubbr. Hubbrücke 升降桥
H. üb. M Höhe über Meeresspiegel 海拔高度
H. üb. M. N. Höhe über Meeresniveau 海平面以上高度，海拔高度
H. üb. N. N. Höhe über Normalnull 标准零点以上高度
Hubr. Hubraum 汽缸工作容积
Hubschr. Hubschrauber 直升飞机
HUD Headup-Display 平视显示，挡风玻璃显示
Hue Hausübertragung 家庭转播
HUMA Hüttenwerk Maschinenbau GmbH【德】冶金机械制造有限公司
HUS hemolyticuremic syndrome 溶血性尿毒症综合征
Hüttenind. Hüttenindustrie 冶金工业
hüttenmänn. hüttenmännisch 冶金人员的
Hüttenwes. Hüttenwesen 冶金业
HV Handelsverbindung 商业联系
HV Handelsverkehr 商业交往
HV Handelsvertrag 商业合同，贸易合同，商约
HV Handeslvertretung 商务代办处
HV Handventil 手控阀，手动阀门
HV Handvermittlung 人工电话局
HV Handwerkerversorgung 手工业工人供应
Hv. Hauptvariante 主变量
HV Hauptvermittlung 主机接线
HV Hauptverstärker 主放大器
HV Hauptversuch 主要试验
HV Hauptverteiler 总配线架，主配线架
HV Hauptvertrag 总合同
HV Hauptverwaltung 管理局
HV Hochvakuum 高真空
HV Höherversicherung 高可靠
HV hydraulischer Vorzieher 液压推进机
Hv Hydrogas-Verbundfederung (氮气囊)液压复合式悬架
HV Hyperventilation 换气过度，强力呼吸
HV Vickershärte 维氏硬度
HV Vorschriften betreffend Erstellung, Betrieb und Instandhaltung elektrischer Hausinstallation 家用电气设备安装、使用和维护规程
HVA homovanillic acid 高香草酸(多巴胺代谢产物)
H-V-Anordnung Horizontal-Vertikal-Anordnung 水平-垂直布置
HVB Hochvakuumbitumen 高真空沥青，硬质沥青
HVC Horizontal-Vertical-Control 水平-垂直控制
HVers. Höherversicherung 高可靠
HVertr. Handelsvertrag 商业合同，贸易合同

HVFe Hauptverwaltung für Fernmeldewesen 长途电信管理总局
HV-Fuge Halb-V-Fuge 半 V 形坡口
HVG Händelsvertretergesetz 商业代表法(律)
HVGO high vacuum gas oil 高真空瓦斯油，高真空柴油
HVI high viscosity index/hoher Viskositätsindex 高粘度指数
HVI High Visibility Image 高可见度图像
HVL Vickershärte unter Last 维氏负载硬度
HVP Hauptverwaltung für das Postwesen 邮政管理局
HVP Heeresversuchsanstalt Peenemünde 【德】庇尼门德军用研究所
HVP High Vision Projector 高清投影仪
HVP Hilfsvierpol 辅助四极
HVPF Hauptverwaltung für das Post-und Fernmeldewesen 邮政及电信管理总局
HVS Human Vision System 人类视觉系统
HVStHand Hauptvermittlungsstelle mit Handbedienung 人工操作电话总局
HVSt Hauptverkehrsstunde 高峰交通时间
HVst Hauptverteilungsstelle 总配电所
HVstW Hauptvermittlungsstelle mit Wahlbetrieb 自动电话总局
HVT, HVt Hauptverteiler 总配线架，主配线架
HVZL Hauptverwaltung der Zivilen Luftfahrt 民航管理总局
HW Halbwelle 半波
Hw Hammerwerk 锻工间，锻工车间
HW Handelsware 商业货物
HW Handwerker 手工业(者)
H. -W Handwinde 手动绞车，人力绞盘·
Hw Hauptwagen 主车
HW Hauptwerkstatt 主要车间，主要工场
HW Hauptwert 主值
HW Heizwendel 螺旋线灯丝
Hw Heizwert 热值；卡值
hW Hektowatt 百瓦
HW High speed data Way 高速数据通道
HW Highway 干线，总线；公共通路，高速通道
Hw Hittenwerk 冶金工厂
h. W höchster Wert 最大值，最高值
H. W. Hochwasser 洪水；高潮；高水位
Hw Holzwolle (包装、衬用的)木刨花
HW Horizontalwinkel 水平角
HW Vickers-Härte 维氏硬度
HWB HW-signal process Board 半波信号处理板
HWD Halbwertdicke 半值厚度
HWD halbwertsdosis 半数致死计量
HWDP überschweres Bohrgestänge 重型钻杆
HWE Heißwassererzeuger 热水发生器，热水发生炉
Hw-Empf Höhenweiser-Empfänger 高度指示器-接收器
Hw. -Empf. -Zeiger Höhenweiser-Empfänger-Zeiger 高度指示器-接收器-指针
HWF Halbwertflächengewicht 半值单位面积重量
HWg Handwagen 手推车
H. W. H. Hochwasserhöhe 洪水高度
H. W. I. Hochwasserintervall 高潮太阴间隙
HWK Handwerkskarte 工艺卡
H. W. L. Hauptwiderstandslinie 总电阻线
HWM Hauptwachtmeister 总值班长
HWM High Wet Modulus 高湿模量
HWMenge Hochwassermenge 洪水流量
HWMstr Hauptwerkmeister 总车间主任，总工长，总工段长
HWS Halbwertschicht 半减弱层，半衰减层，半吸收层
HWS Highway Switch 总线开关，高速信道交换，干线交换
HWS Hyper Works System 超级作业系统，超作品系统
HWSp Hochwasserspiegel 洪水水位
H. W. S. T. Hochwasser der Springtide 大潮高水位
H. W. St. Hochwasserstand 洪水高度
HWT Halbwertstiefe 半值深度
HWU Hochspannungs-Wechselstrom-Übertragungs-Anlagen 高压交流输电设备
H. W. Z. Hauptwetterzentrale 总气象台
HWZ Hochwasserzeit 汛期，洪水时间；涨潮期，高(满)潮时间
HX hexokinase 己糖(磷酸)激酶
HX histiocytosis X 组织细胞增生症 X
H-Y antigen histocompatibility Y antigen 组织相容性 Y 抗原
HYBNET Hybrides Diensteintegrierendes Breitbandübertragungsnetz/hybrid Service integrating broadband network 混合服务综合宽带网络
hybr. hybridisch 混合的
HYCON Hybrid Least Squares Frequency Domain Convolution 混合最小二乘频率域卷积
Hydr. Hydrat 水化物，水合物
Hydr. Hydrologe 水文学家，水文地理学家
hydr. hydrologisch 水文学的，水文地理学的
Hydr. Hydrolyse 水解
Hydr. Hydrolysis 水解
hydrat. hydratisiert 水合的；水化的
Hydrier. Hydrierung 水合，水化

Hydrodyn. Hydrodynamik 流体动力学
Hydrogr. Hydrographie 水文学,水文地理学
Hydrom. Hydrometer 液体比重计;浮秤;流速计
hydrom. hydrometrisch 液体比重测量的;流速测量的
Hydromech. hydromechanisch 流体力学的
HY-Naht Halb-Y-Naht 半Y形坡口焊缝
Hyp Hydroxyprolin 羟基脯氨酸
Hyp. Hyperbel 双曲线
hyperb. hyperbolisch 双曲线的
HYPO High Power Output Reactor 大功率输出反应堆
Hypo. hypodermic injection 皮下注射
Hypoth. Hypothese 假设,假定,假说
hypoth. hypothetisch 假想的,假定的
HYS Hydraulischer Standard 液压标准
Hz Haar der gewöhnlichen Ziege 普通山羊毛
H. Z. (**Hz.**) Haubitzenzünder 榴弹炮引信
Hz. Hauptzähler 主计数器
HZ Hausziegenhaar 家(养)山羊毛
HZ herpes zoster 带状疱疹
HZ Hertz or Cyclic Per Second 每秒赫兹或周期
Hz Höhe des Ziels 目标高度
Hz horizontal 水平的
HZ Zeithärte, Herbert-Pendelhärte 计时硬度;赫氏硬度
HZD die Hessische Zentrale für Datenverarbeitung 黑森州数据处理中心
HZgA Heereszeugamt 陆军军械与军需部
HZK höchstzulässige Konzentration 最高容许浓度
Hzl Heizleitung 热力管路;热力网;热管道
HZS TAL 车尾行李盖辅助锁住

I

I Binnenfahrt 内河航运
I Elektrostahl aus dem Induktionsofen 感应加热电炉钢(标准代号)
I. Enthalpie 热焓
I Flächenträgheitsmoment I 面积惯性矩
I I-Eisen I 字形钢,工字形钢
I I-Formstück 一端带承插管的弯管接头
i imprägniert 浸渍的,浸渗的,浸制的,浸润的
I Induktivität 电感,电感量,自感,感抗
I Industrie 工业
I Inerts 惰性气体组分
i Information 情报,消息,信息
I Informationsgehalt 情报(内容),消息(内容);信息(含量),信息(内容)
I Infra- 在下,在下文
I Inhalt 体积,内容
I Inhibition 禁止;阻止,抑制
I Inhibitor 防蚀剂;抑制剂;缓蚀剂
I Initial 起始(的)
I Inklination 俯角,倾角,偏角,倾斜
i. innen 在内部,里面
I. Innen Durchmesser 内径
I Innenraumausführung 户内装置,户内式,内腔型
I Innenraumkabel 室内电缆
I Innere Quantenzahl 内部量子数
i. innerhalb 在……之内
i. innerlich 在内(部)的
I Input 输入
I. Insel 岛
I. Inspektion 检查;检验
I Institut 学院;研究院,研究所
I Instrument 仪器,仪表;工具
i instrumental 仪器的,仪表的;工具的
i intern 内部的
I Iod (Jod) 碘,53号元素符号
I Ion 离子,游子
I Ionisation 电离;离化
I I-Profil 工字形型材
I Isonisationsenergie 电离能
I_0 Leerlaufstrom 空载电源电流;空载电流
I Lichtstärke 光强
I Schaltstärke 声强
i Stromdichte 电流密度
I Strom, Stromstärke 电流;电流强度
I Trägheitsmoment 惯性力矩;转动惯量
1i Verschiedenes 其它
iA im Auftrag 受……委托
IA Importauftrag 进口合同
IA Impulsanzahl 脉冲数
IA Information Access 信息存取
IA Informationsausgang 信息输出端
IA Intelligence Appliance 智能家电
IA Internal Authentication 内部认证
IA International Alphabet 国际电码表
I. A. Internationales Angström/lnternationale

Angströmeinheit 国际埃(波长单位,等于10^{-8}厘米,符号为Å)

IA Internet Address 因特网地址

IAA Internationale Automobil Ausstellung (法兰克福)国际汽车博览会

IAB International Academy of Broadcasting/internationale Rundfunkakademie 国际广播研究院

IAB International Advisory Board 国际咨询委员会

IAB Internet Activities Board 因特网活动委员会

IAB Internet Architecture Board Organisation; zur Dokumentation von Internet-Netzstruktur und Abläufen 国际互联网机构组织

IABG Industrieanlagen-Betriebsgesellschaft 【德】工业设备服务公司

IABO International Association for Biological Oceanography 国际生物海洋学协会

IAC Image Attenuation Coefficient 图像衰减系数

IAC in any case 总之

IAC ISDN Access Control 综合服务数字网接入控制

IAC 怠速进气控制

IAC FLEET 国际分析电码(简式)

IACK Info RequestACK/Info Request Ack 信息请求确认

IAD Integrated Access Device 综合接入设备

IAD internet addiction disorder 互联网成瘾综合症

IAE in any event 无论如何

IAE 齿轮油

IAEA International Atomic Energy Agency/Internationale Atomenergieagentur 国际原子能机构

IAEO Internationale Atomenergie Organisation 国际原子能组织

IAE-Pr IAE-Prüfmaschine 英汽车工程师协会试验机

IAF Image Analysis Facility 图像分析设备

IAF Intelligent Access Function 智能接入功能

IAF Internationale Astronautische Föderation 国际航天联合会

IAF Internet Aware Fax 能直接连在IP网上的传真机

IAF Internet Facsimile Protocol 因特网传真协议

IAG International Association of Geodesy 国际大地测量学协会

IAG Internationaler Analysen-Schlüssel 国际分析电码

IAGA International Association of Geomagnetism and Aeronomy/Internationale Assoziation für Erdmagnetismus und Luftelektrizität 国际地磁学与高空大气物理学协会

IAGC instantaneous automatic gain control/unverzögerte automatische Verstärkungsregelung 瞬时自动增益控制(雷达)

IAGO international Association of Geological Oceanography 国际地质海洋学协会

IAHS International Association of Hydrological Sciences 国际水文科学协会

IAI Initial address (message) with Additional Information 带有附加信息的初始地址(消息)

IAK Institut für Angewandte Kernphysik 应用核物理研究所(属卡尔斯鲁厄核研究中心)

IAK Internationale Aerologische Kommission 国际高空气象学委员会

IAL Intel Architecture Labs Intel 公司构架实验室

IAL international algebraic language 国际代数语言

I-ALG data Integrity Algorithm 数据完整性算法

i. Allg. im Allgemeinen 一般的,总的,大体上

IAM Initial Address Management 初始地址管理

IAM Initial Address Message 初始地址消息

IAM lmpuls-Amplitudenmodulation 脉冲-振幅调制

IAM International Association of Meteorology 国际气象学协会

IAN Integrated Analog Network 综合模拟网

IAN International Article Numbering 国际物品编号

IAN Irregularly Activated Network 不规则激活网络

IANA Internet Assigned Number[ing] Authority 互联网地址分配机构

IAO Internationale Arbeitsorganisation 国际劳工组织

IAP Integrated Application Portal 综合应用门户

IAP Internet Access Point 因特网访问点

IAP Internet Access Provider 因特网接入服务供应商

IAPC International Association for Pollution Control 国际污染控制协会

IAPG Institut für Astronomische und Physikalische Geodäsie der Technischen Universität München 慕尼黑工业大学天文与物理大地测量教研室

IAPSO International Association of the Physical Sciences of the Oceans/Internationale Assoziation für die physikalischen Wissenschaften der Weltmeere 国际海洋物理学协会

IAQ Indoor Air Quality 室内空气质量

IAQ International Academy for Quality 国际质量学会

IAR Institute for Atomic Research 【美】原子研究所

IAR instruction address register 指令地址寄存器

IAR Intelligent Automatic Rerouting 智能型自动重选路由

IARC 国际癌症研究机构

IARU Internationale Amateur Radio Union 国际业余无线电爱好者联合会

IAS Institute for Atmospheric Sciences 【美】大气科学研究所

IAS Institut für Angewandte Systemanalyse 应用系统分析研究所(属卡尔斯鲁厄核研究中心)

IAS Integrated Access Server 综合接入服务器

IAS Interactive Application Server 交互应用服务器

IAS International Accounting Standards 国际会计标准

IASH International Association of Scientific Hydrology; Internationale Assoziation für wissenschaftliche Hydrologie 国际水文学协会

IASPEI(AISPIT) International Association of Seismology and Physics of the Earth's Interior/Internationale Assoziation für Seismologie und Physik des Erdinnern 国际地震学与地球内部物理学协会

IASR Institut für Angewandte Systemtechnik und Reaktorphysik 应用系统技术和反应堆物理研究所

IAT International Atomic Time 国际原子时间

IAT Ionenaustauschers Eingangstemperetur 离子交换器进气温度

IATA International Air Transport Association 国际航空运输协会

IATME International Association of Terrestrial Magnetism and Electricity 国际地磁与地电学协会

IAU International Astronomical Union 国际天文学联合会

i. Ausb. im Ausbau 在改建中,在扩建中,在卸拆中

i. Ausb. in Ausbildung 在训练中,在培训中

1AVC instantaneous automatic volume control/unverzögerte automatische Verstärkungsregelung 瞬时自动音量控制

IAVCEI Internationale Assoziation für Vulkanologie und Chemie des Erdinnern 国际火山学与地球内部化学协会

IAW Isar-Amperwerke 慕尼黑伊萨尔-安培工厂

ib.(ibd., ibid.) ebenda, ebendort 出处同上

i. b. im Bau 在建筑中,在制造中,在建设中

i. b. im besonderen 特别是,尤其是

i. B. in Betrieb 开动,开车;运转,运行;投产

IB Indication Bit 指示比特

IB indirect bilirubin 间接胆红素

IB Industriebauten 工业建筑物

IB Industriebericht 工业报告

IB Informationsbank 信息库

IB Informationsblatt 信息小报

IB Ingenieurbereich 工程范围,界区

IB Ingenieurbüro 工程师办公室

IB innere (Internale) Bremsstrahlung 内部的阻滞辐射;内部的韧致辐射

IB Instandsetzung von Baugruppen (电路)单元的维修,部件(组件)的维修

IB Intelligent Building 智能大厦

IB Internationales Büro 国际局,国际办公处

I. B. Invoice-book 发票簿

IB 车内灯光控制器

IBA Isobutanol 异丁醇

I-Bahn Infobahn 信息高速公路

IBAS Integrated Broadband Access System 综合宽带接入系统

IBC Information Bearer Channel 信息承载信道

IBC Integrated Broadband Communication 综合宽带通信

IBC Internal Bus of Control 内部控制总线

IBC International Broadcasting Convention 国际广播会议

IBCN Integrated Broadband Communication Network 综合宽带通信网

IBCN International Broadband Communication Network 国际宽带通信网络

IBD Impulsbreitendiskriminator 脉冲宽度鉴别器

IBD Inflammatory bowel disease 炎症性肠病

IB-DCA Inference-Based Dynamic Channel Allocation 基于推理的信道动态分配

IBDN Integrated Building Distribution Network 建筑物综合布线网络

IBG Internationales Büro für Gebirgsmechanik 国际岩石力学委员会

I. B. G. E. Instituto Brasileiro de Geografia es Estatistica 巴西地理统计学院

IBGP Internal Border Gateway Protocol 内部

边界网关协议

IBI Integrated Building Intelligent 集成智能大厦

IBIS Integriertes Bord-Informations System 舰船信息综合系统

IBK Internationale Beleuchtungskommission 国际照明委员会

IBK-Farbtafel Internationale Beleuchtungskommission-Farbtafel 国际照明委员会比色图表

IBKS Informations-Betriebsdaten-Kontroll-System 信息运转参数控制系统

I-Block Information Block 信息块,信息码组

IBM International Business Machine [Corp.] 国际商业机器公司,国际商用计算机公司

IBMG internationales Büro für Maße und Gewichte 国际度量衡局

IBMS Intelligent Building Management System 智能大厦管理系统

IBN Integrated Broadband Network 综合宽带网

Ibp (IBP) initial boiling point/Siedebeginn, Siedeanfang 初沸点,初馏点

IBP iron binding protein 铁结合蛋白

IBR Image Based Rendering 基于图像的绘制

IBR Internationale Bibliographie der Rezensionen 国际书评文献目录

IBRD international bank for reconstruction and development/Internationale Bank für Wiederaufbau und Entwicklung 国际复兴开发银行

IBS Informations-Bereitstellungs-System 信息准备系统

IBS innere Bremsstrahlung 内部的阻滞辐射,内部的轫致辐射

IBS Intelligent Building System 智能大厦系统,智能化大楼布线系统

IBS Irritable bowel syndrome 肠易激综合症

IBt Infanterieboot 步兵登陆艇

IBT Institut für Biotechnologie 生物技术研究所

IBT Internet Browsing Terminal 因特网浏览终端

IBU Internationale Binnenschilfahrtsunion 国际内河航运联盟

i-Butan 异丁烷

IBV Internationaler Bergarbeiter-Verband 国际矿工联合会

IBW Innenbogenweiche 内弧转辙器;内弧道岔

IBWM International Bureau of Weight and Measures 国际度量衡局

IBWN Indoor Broadband Wireless Network 室内宽带无线网络

IBZ Internationale Bibliographie der Zeitschriftenliteratur 国际杂志文献目录

IC Image Check 图像检验

IC Image Compression 图像压缩

IC immune complex 免疫复合物

IC Include Call 包容呼叫

IC inspiratory capacity 吸气量

IC instruction counter 指令计数器

IC Integrated Circuit/Integrierte Schaltung 集成电路

I2C Integrated Circuit Interface Circuit 集成电路接口电路

IC Inter City 城际快车

Ic Intercooler 中间冷却器

IC intercristal diameter 髂嵴间径

IC Interexchange Carrier 长途通信公司,交换局间载波

IC Intergroup Coordination 组间协调

I2C Inter Integrated Circuits/serieller Datenbus zum Datentransport zwischen ICs 内部集成电路,集成电路之间进行数据传输的串行数据总线

IC Interlock Code 连锁码

ICA ignition control additive/Kraftstoffzusatz zur Verhinderung von Bleiablagerung 引燃控制添加剂,防止铅沉积的燃料添加剂

ICA Initiate Call Attempt 启动试呼

ICAC International Cotton Advisory Committee 国际棉业咨询委员会

ICAN International Commission for Air Navigation 国际航空导航委员会

ICAO International Civil Aviation Organization 国际民航组织,国际民航协会

ICB Incoming Call Barred 呼入受阻

ICB Incoming Calls Barred within the CUG 在闭合用户群中呼入受阻

ICB Institut für Chemo- und Biosensorik 化学生物传感器技术研究所

ICBI Inter-Channel inter-Block Interference 信道间信息组间的干扰

ICBM intercontinental ballistic missile/interkontinental ferngelenkte Rakete 洲际弹道导弹

ICC immunological competent cell 免疫活性细胞

ICC Instantaneous Channel Characteristics 信道瞬态特性

ICC Integrated Circuit Card 集成电路卡

ICC Intelligent Cruise Control 智能巡航控制器

ICC International Cartographic Conference 国际制图会议

ICC International Computation Center 国际计算中心

ICC International Climatological Commission 国际气候学委员会

ICC Internationale Handelskammer 国际商会

ICC Internet Call Center 因特网呼叫中心

ICC 国际刑事法院

ICCP International Commission on Cloud Physics 国际云雾物理学委员会

ICD implantierbarer Kardioverter-Defibrillator 埋藏式心律转复除颤器

ICD International Classifiction of Diseses 国际疾病分类

ICD International Code Designator 国际代码命名符

ICDN Integrated Communication Data Network 综合通信数据网络

ICE In-Circuit Emulation 在线仿真

ICE Inter City Express/Intercity-Expresszug 城际高速列车

ICE Interconnect Equipment 互连设备

ICE Interface Configuration Environment 接口配置环境

ICE 冰情报告

ICE 洲际期货交易所

ICES International Council for the Exploration of the Sea 国际海洋考察理事会

ICET International Centre of Earth Tide/das Internationale Zentrum für Erdgezeiten 国际地球潮汛中心

ICF Information Conversion Function 信息转换功能

ICF Interkostalfelder 肋间区

ICF intracellular fluid 细胞内液

ICG indocyanine green 吲哚氰绿试验(肝排泌功能试验)

ICG Interim Coordination Group 临时协调组

ICG Inter-Union Commission on Geodynamics 地球动力学国际联盟委员会

ICGC Instituto Cubano de Geodesia y Cartografia 古巴大地测量与制图研究所

ICGW Incoming Call Gateway 呼入网关,来话呼叫网关

ICH Incoming Channel 来话信道

ICH Intermediate Charging 中间计费

ICH (primary)intracerebral hemorrhage (原发性)脑出血

ICI Imperial Chemical Industries Ltd 英国化学工业公司

ICI Intelligent Communications Interface 智能通信接口

ICI Inter-Carrier Interference 载波间干扰

ICI Inter Channel Interference 信道间干扰

IC-Ins. 集成电路仪表,IC 表

I. C. I. D. International Commission on Irrigation and Drainage/Internationale Kommission für Be- und Entwässerung 国际灌溉与排水委员会

ICL 内部中央门锁

ICM Image Compression Manager 图像压缩管理器

ICM Incoming Call Management 来话呼叫管理

ICMP Internet Control Message Protocol 因特网控制报文协议,网际控制消息协议

ICNDT International Committee of Non-Destructive Testing 国际非破坏检验委员会

ICO International Commission on Oceanography 国际海洋学委员会

ICP IMA Control Protocol IMA 控制协议

ICP Incoming Call Packet 呼入分组

ICP Internal Connection Protocol 内部连接协议

ICP Internet Cache Protocol 因特网缓存协议

ICP Internet Content Presenter/provider 因特网内容提供商,互联网信息提供商

ICP Interworking Control Protocol 互通控制协议

ICP intracranial pressure 颅内压

ICP intrahepatic cholestasis of pregnancy 妊娠肝内胆汁淤积症

IC Phone Internet Connection Phone 因特网连接电话

ICPM International Commission on Polar Meteorology 国际极地气象学委员会

IC pref Interlock Code of the preferential CUG 优先的闭合用户群连锁码

ICR Initial Cell Rate 初始信元率

ICRCM International Center of Recent Crustal Movements 近代地壳运动国际中心

ICRM International Carpet and Rug Market 国际地毯与车毯市场

ICRP International Commission on Radiological Protection 国际辐射防护委员会

ICRU International Commission on Radiological Units 国际放射学单位委员会

ICS immotile cilia syndrome 纤毛不动综合症

ICS Implementation Conformance Statement 实现一致性声明

ICS Incoming Call Screening 来话呼叫筛选

ICS Incoming Call Service 来话呼叫业务

ICS ISDN Control Sub layer 综合服务数字网控制子层

ICS 信息及通讯系统

ICSA International Computer Security Association 国际计算机安全协会

ICSID International Centre for Settlement of Investment Disputes 解决投资争端的国际中心
ICSU International Council of Scientific Unions 国际科学联合会理事会
ICT Incoming Trunk 入中继线,来话中继线
ICT Information and Communication Technology 信息和通信技术
I. C. T. Institut für Chemie der Treib- und Explosivstoffe 动力燃料、炸药化学研究所
ICT Institut für Chemische Technologie 化学工艺研究所
ICT International Critical Tables 国际常数表
ICTSD 国际贸易和可持续发展中心
ICU intensive care unit 重症监护病房
ICUG International Closed User Group 国际闭合用户群
ICV Integrity Check Value 完整性校验值
ICVD Ischemic cerebral vascular disease 缺血性脑血管疾病
ICVS Intelligent Community Vehicle System 智能公共汽车系统
ICW Internet Call Waiting 因特网呼叫等待
Id idiotype 独特型,个体基因型,个体遗传性
id. ideal 理想的,完美的
id,(id.) Ide-the same/idem 同上,同前
ID Identification 鉴定,识别,身份证明
ID Identifier 鉴别器,识别符
ID Identifikation 鉴定;证实;识别
ID Identifikator, Identificationsnummer 标识或标识号
ID Identifizierer 识别器,鉴别器
Id.(Ident.) Identität 恒等(性),同一(性);恒等式
ID Identity 标识,身份
i. D. im Dampf 在蒸汽中
i. D. im Dienst 值班,在职
i. D. im Durchschnitt 平均
I+D Information + Dokumetation 情报 + 文献
ID Informationsdienst 情报服务
ID Innendienst 内部工作;内部服务
I. D (ID) Innendurchmesser 内径
ID Internet Draft 因特网草案
ID intradermal 皮内的
I. d 皮内注射
IDA Integrated Digital Access 综合数字接入
IDA Interchange of Data between Administrations 机构间的数据交换
IDA International Development Association/ Internationale Entwicklungsorganisation 国际开发协会
IDA Internet Direct Access 因特网直接接入
IDA Intrusion Detection Agent 入侵检测代理
IDA iron deficiency anemia 缺铁性贫血
IDAK intergriertes Datenverarbeitungs- und Auskunftssystem für die Krankenkassen 疾病保险(机关)用的集成数据处理和询问系统
IDARA Improved Distributed Adaptive Routing Algorithm 改进的分布式自适应路由算法
IDAS Individual Digital Announcement System 个人数字通知系统
IDAS interaktives Datenbank-Abfrage-System 交互询问数据库系统
IDB Informationsdienst Bibliothekswesen 图书馆业情报服务
IDC Instantaneous Deviation Controller 瞬时偏移控制器
IDC Insulation Displacement Connection 绝缘位移连接
IDC Internet Data Center 因特网数据中心,互联网数据中心
IDC 仪表板内部控制器
IDCC Integrated Data Communication Channel 综合数据通信信道
IDCT Inverse Discrete Cosine Transform 离散余弦逆变换
IDD International Direct Dialing 国际直拨(电话)
IDDD International Direct Distance Dialing 国际长途直拨
IDDM Insulin dependent diabetes mellitus 胰岛素依赖性糖尿病(1型糖尿病)
IDE integrated data environment 集成数据环境
IDEAL Initiating-Diagnosing-Establishing-Acting- Leveraging 启动、诊断、建立、行动、推行
IDEN Instituto de Engenharia Nuclear 【巴】核子工程研究所
ident. Identifizierte 鉴定的,证实的;识别的
Ident. Identifizierung, Identification 鉴定,证实,识别
ident. identisch 全等的,恒等的,同一的
Identifizier. Identifizierung 辨认;鉴定;证实
IDES Interessenvereinigung der EDV-Benutzer 电子数据处理机用户联合会
IDF Intermediate Distribution Frame 中间配线架,中间分配帧
i. d. Fa in der Fassung 在插座中
IDFT Inverse Discrete Fourier Transform 离散傅里叶反变换
IDH innerdeutscher Handel 【德】国内贸易,国内商业
IDI Indirekteinspritzverfahren 间接喷射法,间接喷射方式

IDI Initial Domain Identifier 初始域标识符
IDK I don't know 我不知道
IDKY I don't know you 我不认识你
IDL Interactive Distance Learning 交互式远程学习
IDL Interface definition language 接口定义语言
IDL Interface Description Language 接口描述语言
IDL intermediate-density lipoprotein 中间密度脂蛋白
IDL International Data Line 国际数据线路
IDLC Integrated Digital Loop Carrier 综合数字环路载波
i. d. M. (**i. d. Min.**) in der Minute 在一分钟之内,一分钟
IDM induktive dynamische Messanlage 感应式动态测量装置
IDM Integrated Document Management 综合文件管理
IDMS Integrated Database Management System 综合数据库管理系统
IDN Integrated Data Network/Integriertes Datennetz 综合数据网
IDN integriertes Text- und Datennetz 综合文本和数据网
IDN Intelligent Data Network 智能数据网络
IDN International Directory Network 国际目录网络
IDNET Identification Network 认证网
IDOM Integrated Document and Output Management 综合文件和输出管理
IDP Initial detection point 初始监测点
IDP integrated data processing 综合数据处理
IDP Internet Directory Provider 因特网目录服务供应商
IDPR Inter-Domain Policy Routing 域间策略路由选择
i. d. R. in der Regel 在通常情况下,在一般情况下
i. d. R in der Reserve 备用
IDR Intermediate Data Rate 中等数据速率
I. D. R. C. International Dry Cleaning Research Committee/Internationaler Zusammenschluss der Chemischreinigungsforschung 国际干洗研究协会
IDRP Inter-Domain Routing Protocol 域间路由协议
i. d. S. im Sinne 在这种意义上,按照这个意思
IDS Industry Distribution System 产业分布系统
IDS integrierte Datenspeicherung 综合数据存储
IDS Intrusion Detection System 入侵检测系统
IDS Isochronous Data Services 等时数据业务
IDSE Internetworking Data Switching Exchange 互连网数据交换机(局)
i. d. Sek. in der Sekunde 在一秒钟以内,每秒钟
IDSL ISDN digital subscriber Line 综合服务数字网数字用户线路
IDSP Intelligent Dynamic Service Provisioning 智能型动态业务提供
IDSS Intelligent Decision Support System 智能决策支持系统
i. d. Std. in der Stunde 每小时
IDT Institut für Datenverarbeitung in der Technik 技术数据处理研究所(卡尔斯鲁厄核研究中心)
IDT Integrated Device Technology 综合设备技术
IDT Integrated Digital Terminal 综合数字终端
IDT Interactive Data Terminal 交互数据终端
IDTC International Digital Transmission Center 国际数字传输中心
IDTS I don't think so 我不这么认为
IDU Idle Signal Unit 空闲信号单元
IDU idoxuridine 碘苷,疱疹净(抗病毒药)
IDU Indoor Unit 室内单元
IDU Interface Data Unit 接口数据单元
i. Durchm. im Durchmesser 直径为
IDV Institut für Datenverarbeitung 数据处理研究所
IDVS integriertes Datenverarbeitungs- und Anzeigesystem 综合数据处理与指示系统
IDW Informations- und Dokumentationswissenschaft 情报和文献科学
IDW Institut für Dokumentationswesen 文献研究所
IDWR Integrierter Druckwasserreaktor 一体化压水堆
IDWS integriertes Datenverarbeitungssystem 集成数据处理系统
IdZ Identifizierzähler 鉴定计数器;识别计数器
I. e. idest-that is 即,就是
i. E. im Entstehen 建立中
i. E. im Entwurf 设计中
IE immune electrophoresis 免疫电泳
IE infective endocarditis 感染性心膜炎
IE Information Element 信息元素,信息元
IE Internet Explorer IE 浏览器;因特网测试员
I/E intern/extern 内部的/外部的
IE Streifenleser 纸带阅读器
ie. that is 即
IEA Internationale Energie-Agentur 国际能源

组织,国际能源署

IEC Integrated Ethernet Chip 集成以太网电路芯片

IEC Interexchange Carrier 局间载波

IEC International Electro technical Commission/Internatio nale Elektrotechnische Kommission 国际电气委员会,国际电工技术委员会

IEC invasive E. coli 侵袭性大肠杆菌

IEE Institute of Electrical Engineers 英国电气工程师学会

IEEE Institute for Electrical and Electronics Engineers 美国电子和电器工程师学会

I-Effekt induktiver Effekt 电感效应/感应效应

IEI Information Element Identify (Identifier) 信息元素标识(标识符)

i. E. (IE) Internationale Einheit 国际单位

IEKP Institut für Experimentelle Kernphysik 实验核物理研究所

IEN Internet Experiment Note 因特网实验备忘录

i. Entw. im Entwurf 设计中

i. Entw. in Entwicklung 发展中,开发中,研制中

IEQ Indoor Environmental Quality 室内环境质量

IEP immunoelectrophoresis 免疫电泳

IEP Internet Equipment Provider 因特网设备供应商

IEP isoelektrischer Punkt 等电(离)点

IEPG Internet Engineering and Planning Group 因特网工程和规划组

i. e. S. im engeren Sinne/im eigentlichen Sinn 就狭义而言/就本义而言

IES Indol-3-Essigsäure 吲哚乙酸,异植物生长素

IES Inflight-Entertainment-System 机舱娱乐系统

IES ISDN Earth Station 综合业务数字网络地球站

IESG Internet Engineering Steering Group 因特网工程指导组

IETF Internet Engineering Task Force 互联网工程任务组

I-ETS Interim European Telecommunications Standard 欧洲通信临时标准

IEU Internal External Upset (钻杆管)内外加厚

IEW Intelligent and Electronic Warfare 智能和电子战

IF Impulsformer 脉冲形成器

i. F. in der Fassung 在插座中

i. F. in Firma 在公司里

IF Information 信息;消息

IF Information Flow 信息流

IF Infrastructure 底层结构,基础设施

IF inhibiting factor 抑制因子

IF intermediate frequency 中频

IF Internal Flush 内平,内啮合

IF Isotrop-Feinblech 均质薄钢板

IFA immune fluorescence antibody 免疫荧光抗体

IFA Immunfluoreszenzassay 免疫荧光分析

IFA indirect fluorescent antibody 间接荧光抗体

IFA Industrieverwaltung Fahrzeugbau 【前民德】汽车制造业管理局

IFA Institut für Arbeitswissenschaft 【德】科学工作研究所

IFA Institut für Automation 自动化研究所

IFA integrated file adapter 集成文件适配器

IFAC. International Federation of Automation Controll/Internationaler Verband für Automatische Regelung 自动控制国际协会

IFAD Internationaler Funds für landwirtschaftliche Entwicklung 国际农业发展基金

IfAG Institut für Angewandte Geodäsie 应用测量研究所

IfahrDy Interaktive Fahr-Dynamikberechnung 交互行驶动力计算

IFAM (IfaM) Institut für Angewandte Materialforschung 应用材料研究所

IFAN Internationale Föderation der Ausschüsse Normenpraxis 国际标准实践促进委员会

IFATCC International Federation of Textile Chemists and Colourests 国际纺织化学家及染色家联合会

IFBM Papierbaumwollkabel mit Bleimantel 带铅皮的纸棉纱电缆

IFC International Finance Corporation 国际金融公司

IFCATI International Federation of Cotton and Textile Industries/Internationaler Verband der Baumwoll- und verwandten Industrien 国际棉花与纺织工业联合会

IFCS International Federation of Computer Sciences 国际计算机科学联合会

IFD Interface Device 接口设备

IFE Institut für Technische Forschung und Entwicklung 【奥】技术和开发研究所

IFF Impulsfolgefrequenz 脉冲重复频率,脉冲串

IFF Institut für Festkörperforschung 固体研究所

IFF wenn und nur wenn 当且仅当
IFFA Institut für forstliche Arbeitswissenschaft 【德】森林劳动科学研究所
I-Fffekt induktiver Effekt 电感效应,感应效应
IfG Institut für Grubensicherheit 【前民德】矿业劳动保护研究所
IFGS integriertes Flugführungssystem 综合飞行制导系统
IFH Intelligent Frequency Hopping 智能跳频
IFH internationales Flughandbuch 国际航空手册
I. F. I. International Fabricate Institute/amerikanisches Wäscherei- und Chemischreinigungs-Forschungsinstitut 美国洗涤和化学清洗研究所
IFI 柴油机喷射系统
IFIP International Federation for Information Processing 国际信息处理协会
IFITL Integrated Fiber In The Loop 综合光纤环路
IFK Installations-Fragen-Kommission 安装问题委员会
IFK Institut für Kartoffelforschung 马铃薯研究所
IFK Institut für Kernphysik 【德】核物理研究所
Ifl Infanterieflieger 步兵飞行员
IFL instandhaltungsfremde Leistungen 维修外加功率
IFLA International Federation of Library Association 国际图书馆协会联合会
IFM Impulsfrequenzmodulation 脉冲频率调制
IFN-β Beta-Interferon 干扰素β
IFN Information 信息,消息
IFN interferon 干扰素
IFNR In-Furnace-NOx-Reduction 炉内氮氧化物还原
i folg. im folgenden 如下
IfÖTI Institut für Ökonomie der Textilindustrie 纺织工业经济研究所
IFP Institut Francais du Pétrole 【法】石油研究院
IFP Institut für Plasmaphysik 等离子体物理研究所
IFP Interfacial Polycondensation 界面缩聚
IFPH Inter-network Free Phone 网间免费电话
IFpon Interface of PON PON 的专用接口
IfPUS Institut für Photogrammetrie der Universität Stuttgart 斯图加特大学摄影测量教研室
I. Fr. im Freien 野外,室外
IFR In-Furnace-Reduction 炉内还原
IfR Institut für Regelungstechnik 调节技术研究所
IFR Instrumentenflugregeln 仪表飞行规则
IFRB International Frequency Registration Board/Internationaler Ausschuss zur Registrierung von Frequenzen 国际频率登记委员会
IFS Impuls-Fernwirk-System 脉冲遥控系统
IFS Information Field Sizes 信息域大小,信息字段大小
IFS Initial Frame Separation 初始帧间隔
IFS intelligentes Fertigungssystem 智能制造系统
IFS Interactive Financial Services 交互式金融服务
IFS Interface Specification 接口规范
IFS International Free phone Service 国际免费电话服务
IFSC Information Field Size[s] for the UICC UICC 信息域大小
IFSD Information Field Size for the Terminal 终端的信息域大小
IFT Industrie, Forschung und Technologie-Informationsdienst 工业研究和技术情报服务
IfTC Institut für Textiltechnologie der Chemiefasern, Rudolstadt-Schwarza 化学纤维纺织工艺研究所(在德国鲁道耳城-徐瓦查)
IFTCV Internationale Föderation Textilchemischer und Coloristi-scher Vereine 国际纺织化学家与染色家协会
IfTF Stuttgart Institut für Textil- und Faserforschung, Stuttgart 斯图加特纺织与纤维研究所
IFTWA International Federation of Textile Workers' Association 国际纺织工人协会联合会
IFV Internationaler Fernmeldeverein 国际电信联盟
IFU Interworking Functional Unit 互通功能单元
IFV Internationaler Fernmeldevertrag 国际电信协定
IfW Institut für Wasserwirtschaft 水利研究所
IfW Institut für Wirtschaftsforschung 德国经济研究所
IFWS Internationale Föderation von Wirkerei und Strickerei 国际针织工艺联合会
IFZ RCL 红外线遥控中央锁住
Ig Immunglobulin 免疫血球素,免疫球蛋白
IG Impulsgeber 脉冲发送器
IG Industriegewerkschaft 工业联合会
I. G. Infanteriegeschütz 步兵炮
IG Informationsgewinnung 信息获得,情报获得

IG Informationsgruppe 信息组
IG Ingenieurgeodäsie 工程测量
iG. in Gold 金制
IG Integriergetriebe 积分传动装置,整合传动装置
IG Interactive Graphics 交互式图形
IG Interessengemeinschaft 利益组合
IG Interessen-Gemeinschaft Farbenindustrie Aktiengesellschaft 颜料化学工业联合会
IG International Gateway 国际网关
IgA immunoglobulin A 免疫球蛋白 A
IGB International geodetic bibliography 国际大地测量文献目录
IGB International Gravimetric Bureau 国际重力局
IGB Internationales Güterkursbuch 国际货运行车时刻表
IG Bergbau Industriegewerkschaft Bergbau 矿业工人联合会
IGBT 绝缘栅双极型晶体管
IGC International Geophysical Cooperation 国际地球物理协作
IgD immunoglobulin D 免疫球蛋白 D
IGD Interaction Graphics Display 交互式图形显示
IGD Internationale geodätische Dokumentation 国际大地测量文献
IGDM International Commission on Dynamic Meteorology 国际动力气象学委员会
IGDR Interim geophysical data record 临时的地球物理数据记录
IgE immunoglobulin E 免疫球蛋白 E
IGE lnvestgrundsatzentscheidung 投资原则决定
IGEDO Interessengemeinschaft Damenoberbekleidung 德国妇女服装协会
IGES Initial Graphics Exchange Specification 初始图形交换规范
IGFarben Interessengemeinschaft Farbenindustrie 染料工业协会
IG-FET Isolierschicht-Feldeffekttransistor 绝缘场效应晶体管
IGF-I insulin-like growth factor I 胰岛素样生长因子 I
IgG immunoglobulin G 免疫球蛋白 G
IGGU Internationale Geodätische und Geophysikalische Union 国际大地测量与地球物理学联合会
IGH Interessengemeinschaft für Handweberei 手工制造业利益联盟
IGJ Internationales Geophysikalisches Jahr 国际地球物理年
IGK Ingenieurgemeinschaft Kernverfahrenstechnik Köln 核处理工艺工程师协会(科隆)
IGK internationales Güterkursbuch 国际货运行车时刻表
IGL Interactive Graphics Library 交互式图形库
Igloo 伊格卢(贝伐特朗加速器的防护体)
IgM immunoglobulin M 免疫球蛋白 M
IGM Industrie Gewerkschaft Metall 德国金属加工业工会
IGM Institute Geografica Militar 意大利军事地理研究所
IGMP Internet Group Management Protocol 互联网组管理协议
IGMP Internet Group-Membership Protocol 因特网组成员协议
IGMP Internet Group Message Protocol 互联网组管理协议
IGN Institut Geographique National 法国国家地理研究院
IGP Interior Gateway Protocol 内部网关协议
IGP Internationale Gesellschaft für Photogrammetrie 国际摄影测量协会
IGP International Geophysical Publication 国际地球物理年出版
Igr Grenztief 最大深度
Igr Infanteriegranate 步兵炮弹
IGR inkrementales Gerät 增量仪
IGRF Internationales Geomagnetisches Bezugsfeld 国际地磁基准场
IGRP Interior Gateway Routing Protocol 内部网关路由协议
IgrZ Infanteriegranate-Zünder 步兵炮弹用引信
IGS Information Group Separator 信息组分隔符
IgsFH lange schwere Feldhaubitze 身管加长的重野战榴弹炮
IGSN das Internationale Gravimetrische Standardnetz 国际重力测量标准网
IGSN Internet GPRS Support Node 因特网通用分组无线业务支持节点
IGT Impaired glucose tolerance 糖耐量受损
IGT Institut für Genetik und Toxologie von Spaltstoffen 裂变物质遗传学和毒物学研究所
IGT Internationaler Eisenbahngütertarif 国际铁路货运价目表
IGU Internationale Geographische Union 国际地理联合会
IGW Integrated Gateway Boards 综合网关模块
IGY International Geophysical Year 国际地球

物理年

i. H. in Hauptamt 在总局

i. h. injectio hypodermatica 皮下注射

IH International Harvester Company 国际收割机公司

IH Investitionshilfe 投资帮助

IHA indirect hemagglatination 间接血凝反应

IHB Internationales Hydrographisches Büro 国际水文地理测量局

IHCh Institut für Heiße Chemie 热化学研究所

IHD Impulshöhendiskriminator 脉冲高度鉴别器,脉冲振幅鉴别器

IHD Ischemic heart disease 缺血性心脏病

IHDL Input Hardware Descriptive Language 输入硬件描述语言

IHEP Institut für Hochenergiephysik 高能物理研究所(前苏联谢尔普霍夫)

IHG Investitionshilfegesetz 投资帮助法(律)

IHK Internationale Handelskammer 国际贸易协会

IHKR-F3 电脑恒温系统

iHL in Haubitz-Lafette 在榴弹炮架上

IHL Internet Header Length 因特网报头长度

IHM invasive hydatidiform mole 侵袭性葡萄胎

IHNI I have no idea 我没有任何想法,我不知道

IHOSS Internet Hosted Octet Stream Service 因特网主机字节流服务

IHP Institut für hydraulische und pneumatische Antriebe und Steuerung 液压气动驱动和控制研究所

I-HQ I-HQ-Bandeinmessung 智能高质量磁带测量,智能高质量磁带校准

IHU Innenhochdruckumformen 内高压成型

IHV Independent Hardware Vendor 独立硬件商

II Image Information 图像信息

IIA Interactive Instructional Authoring 交互式教学写作

IIA Internet Image Appliance 网络影像家电

IIASA Internationales Institut für Angewandte Systemanalyse, Laxenburg bei Wien 国际应用系统分析研究所(维也纳近郊拉克森堡)

IIC Incoming International Center 入局国际中心

IIC International Institute for Cotton/Internationales Baumwoll-Institut 国际棉花协会

IICN Image Incoming Trunk 图像入中继线

IID Image Intensifier Device 图像增强设备

IIF incoming interface 入接口

IIH An Hello packet defined by the IS-IS protocol 由IS-IS协议定义的An Hello数据包

IIIN Intelligent Integrated Information Network 智能化综合信息网

IIM Idiopathic inflammatory myopathy 特发性炎症性肌病

IIOP internet inter-ORB protocol 互联网对象代理间通信协议

IIP Interface Information Processor 接口信息处理器

IIR indirect internal reforming 间接内部重整

IIR Infinite Duration Impulse Response 有限区间脉冲响应

IIR Institute for International Research 国际(关系)研究所

IIR Isobutylene-Isoprene-Rubber/Isobutylen-Isopren-Kautschuk 异丁烯-异戊二烯

IIS Institute of Information Scientists 【美】信息科学家协会

IIS Internationales Institut für Schweißtechnik 国际焊接技术研究所

IIS Internet Information Server 互联网信息服务器

IISP Interim Inter-switch Signaling Protocol 临时交换机间的信令协议

IITA Information Infrastructure Technology and Application 信息基础设施技术及应用

IITF Information Infrastructure Task Force 信息基础设施任务组

IIW International Institute of Welding 国际焊接协会

i. J. im Jahre 在年内,在……年

IJIRA Indian Jute Industries' Research Association 印度黄麻工业研究协会

IK Impulskontakt 脉冲接点

IK Informationskreis Kernenergie (波恩)核能情报网

IK Integrity Key 完整性密钥

IK Internationale Kerze 国际烛光(＝1.019坎德拉)

IK inverse Kinematik 反向运动学

IK Ionisationskammer 电离室,电离箱

IK Isolationskoordination 绝缘配合

I. K. Vereinigung Industrielle Kraftwirtschaft 【德】工业动力联合会

IKA Innovations- und Kooperationsintiative Automobilzulieferindustrie 汽车供应工业改革及协作倡议会

ika Institut für Kraftfahrtwesen Aachen 亚琛汽车业研究所

IKA Internationales Komitee für Architekturphotogrammetrie 国际建筑摄影测量委员会

IKA Volkseigene Betriebe für Installation, Ka-

bel und Apparate 国营设备、电缆和仪器工厂
IKAMA Internationaler Kongress mit Ausstellung für Messtechnik und Automatik 国际测量技术和自动学展会
i. Kas. L. in Kasemattenlafette 暗堡炮架的，在暗堡炮架上的
iKasLaf in Kasematten-Lafette 在暗炮台炮架上
IKB Institut für Kerntechnik der Technischen Universität Berlin 柏林工科大学核技术研究所
IKBS Intelligent Knowledge Based System 基于知识的智能化系统
IKD Internationaler Kongress für Datenverarbeitung 国际数据处理会议
IKE Institut für Kernenergetik 核能研究所
IKE Internet Key Exchange 互联网密钥交换
IKF Institut für Kernphysik Frankfurt/M. 美因河畔法兰克福核物理研究所
IKHW Industrie-Kernheizwerke 工业核热电厂
IKK Informationen zur Kernforschung und Kerntechnik 核研究和核技术情报
IKL Im-Kopf-Lokalisation 头内定位
iKL in Kasematten-Lafette 在暗炮台炮架上
IKM Impulskennwertmesser 脉冲参数测量仪
IKN Informationen kerntechnischer Normung, herausgegeben vom Nke 核技术标准情报(核技术标准委员会编辑出版)
IKO Instandhaltungskosten 维修费用
IKOSS IKO Software Service GmbH 技术管理组织软件服务公司
IKR Industriekontenrahmen 工业会计科目
iKstLaf in Küsten-Lafette 在海岸炮架上
IKV Internationale Kartographische Vereinigung 国际制图学协会
IKVt Institut für Kernverfahrenstechnik 核处理技术研究所
IKZ Impulskennzeichen 脉冲符号
IL Illinium 钷
i. I. illustriert 用插图装饰(说明)的
i. L. im Lichten 净尺寸
iL in Ladestreifen 在弹夹中
I/L import licence 进口许可证
IL Insertion Loss 插入损耗
IL Institut für Landeskunde 【德】地理研究所
IL interleukin 白细胞介素
IL intermittierendes Luftstrahltriebwerk 间歇空气喷气发动机
I^3L isoplanare integrierte Injektionslogik 等平面集成注入逻辑
ILA International Laundry Association/Internationler Zusammenschluss der Wäscherei Verbände 国际洗濯协会
ILC instruction length code 指令长度码
ILC Intelligent Line Card 智能线路卡
ILD Individual Line Downtime 个人的停线时间
ILD injection laser diode 注入式激光二极管
ILD Insertion Loss Deviation 插入损耗偏差
ILD interstitial lung disease 肺间质病
Ile isoleucine 异亮氨酸
ILEC Incumbent Local Exchange Carrier 在业的本地交换运营公司
ILI Idle Line Indicating 空闲线路指示
ILI interfacial level indicator/Trennschichtanzeiger 界面指示计
ILIS integriertes Leistungs- und Informationssystem 综合功率信息系统
ILL Illuminating 照明
ill. illustriert; Illustration 用插图说明的；用插图装饰
ILL Institut Max von Laue-Paul Langevin, Grenoble 【法】格勒诺布尔·劳厄-朗芝万研究所
ILM Impulslängenmodulation 脉冲宽度调制
ILM Incoming Label Map 输入标签映射
ILM integrale Lichtleit-Messtechnik 集成光导测量技术
ILm internationales Lumen 国际流明(光通量单位)
ILMI Integrated Local Management Interface 综合本地管理接口
ILMI Interim Local Management Interface 临时本地管理接口，过渡期本地管理接口
ILO International Labour Organization 国际劳动组织
ILS Instrumenten-Lande-System 仪表着陆系统
ILS International Latitude Service 国际纬度服务
ILSLA Injection Locked Semiconductor Laser Amplifier 注入锁定的半导体激光放大器
ILT Institut für Landmaschinentechnik 农业机械技术研究所
IL-Triebwerk intermittierendes Luftstrahltriebwerk 脉动式空气喷气发动机
IM ideale Modulation 理想调制
IM Identifikationsmerkmal 确认标记
IM Image Mixing 图像混合
Im. Imitation 模拟
im imitiert 模拟的
IM Impulsmodulation 脉冲调制
IM In-call Modification 呼叫中修改
IM infectious mononucleosis 传染性单核细胞增多症

IM Information Model 信息模型
i. m. injectio musculosa 肌肉注射
IM Instant Messaging 即时传信
IM Integrated Model 集成模式
IM Integrated Modem 集成调制解调器
IM intensitätsmoduliert 强度调制的
IM Interface Module 接口模块
IM interfacial migration 界面迁移
IM intermodulation 相互调制,交叉调制
IM Intermodulationsverzerrungen 互调失真,互调畸变
IM interne Mitteilung 内部消息,内部报告,内部通知
i. m. intramuskulär 肌肉内的
IM Inverse Multiplexing 反向复用
im. intramuscular 肌内的
I_m kleinster Betriebsstrom 最小工作电流
IMA Interactive Multimedia Association 交互式多媒体协会
IMA International MIDI Association 国际 MIDI 协会
IMA International Mohair Association 国际马海毛协会
IMA Inverse Multiplexing on ATM ATM 上的反向复用
IMAB IMA Board 库存管理辅助系统板
IMAG Internationaler Messe- und Ausstellungsdienst GmbH 国际博览会和展览事务有限公司
IMAP Interactive Mail Access Protocol 交互邮件访问协议
IMAP Internet Messag[ing] Access Protocol 因特网消息存取协议
IMASKA Interministerieller Ausschuss für Standortfragen bei Kerntechnischen Anlagen 【德】核设施选址问题部际委员会
IMA-Unegaltät Innen-Mitte-Außen-Unegalität (卷装)内、中、外染色不匀性
IMAX image maximum 一种巨幕电影放映系统
IMBA International Master of Business Administration 国际工商管理硕士
IMBE Improved Multi-Band Excitation 改进的多带激励
IMC In-Mould-Coating 模内涂敷
IMC Instrument Meteorological Conditions 仪表气象条件
IMC Inter-Module Connector 模块间连接器
IMC International Maintenance Center 国际维护中心
IMCC Inter-Module Communication Controller 模块间通信控制器
IMD immunologically mediated diseases 免疫介导性疾病
IMD 瑞士洛桑管理学院
IME Institution of Mechanical Engineers 【英】机械工程师学会
IMEI International Mobile Equipment Identity [Identifier] 国际移动设备标识(标识符)
IMEI International Mobile station Equipment Identity 国际移动台设备身份
IMEISV International Mobile Equipment Identity Software Version 国际移动设备识别软件版本
IMEKO Internationale Messtechnik-Konföderation Budapest, Ungarn 匈牙利布达佩斯国际测量技术联合会
IMEKO Internationale Messtechnische Konferenz Konförderation 国际测量技术会议/联合会
IMF Institut für Material- und Festkörperforschung 材料和固体研究所
IMF Intermediate Fiber 中间型纤维
IMF International Monetary Fund 国际货币基金组织,国际货币基金会
IMGI International Mobile Group Identity 国际移动组标识
IMHO in my humble opinion 依我浅见
i. Mi. im Mittel 平均
IMIS Integrated Management Information System 综合管理信息系统
imit. imitieren/imitiert 模拟/模拟的
Imit. Imitation 模拟
IMM 防启动装置
IMNI Internal Multimedia Network Infrastructure 多媒体网络内部基础设施
IMNS International Number of Mobile Station 移动电台国际号码
IMNSHO in my not so humble opinion 依我拙见
IMO Industriemontage 工业安装
IMO in my opinion 据我看
IMO International Meteorological Organization 国际气象组织
IMP (imp) Implementation 供给器具,装置,仪器,履行,安装
IMP Import 进口
imp. importiert 进口的
IMP Impuls 脉冲
IMP Institut für Management-Praxis 管理实践研究所
IMP Interface Message Processor 接口报文处理器,接口信息处理机
IMP Interface Module Processor 接口模块处理器

IMPACT inventory management program and control techniques 库存管理程序与控制技术
IMPLS Impulse 脉冲
impr imprägniert/imprägnieren 浸透过的，浸染的/浸透，浸染
Impr. Imprägnation，Imprägnierung 浸染，浸渍
Imprägnierbark. Imprägnierbarkeit 可浸渍性，可浸渗性
Imp.-St. Importsteuer 进口税
iMrsLaf(i. Mrs. Laf.) in Mörserlafette 在臼炮炮架上
IMS information management system 信息管理系统
IMS Interactive Multimedia Service 交互式多媒体服务
IMS Internationale Monatsschrift 国际月报（德刊）
IMS International Magnetospheric Study 国际磁性层研究
IMS Internet Multimedia Subsystem 因特网多媒体子系统
IMS 车内活动传动器
IMSI International Mobile Station Identity [Index] 国际移动台标识/指数
IMSI International Mobile Subscriber ID (Identity) 国际移动用户识别
IMSI_M MIN-based IMSI 基于移动标识码的国际移动台标识
IMT Inspektions-Mann-Tag 观察-人-日
IMT Intelligent Multimode Terminal 智能多模式终端
IMT Inter-Machine Trunk 机器间干线
IMT International Mobile Telecommunications 国际移动电信
IMTC International Multimedia Television Committee 国际多媒体电视委员会
IMTNAP International Meteorological Telecommunication Network in Asia and the Pacific 亚太地区国际气象电信网
IMTS Improved Mobile Telephone Service 改进的移动电话业务
IMTV Interactive Multimedia Television 交互式多媒体电视
IMU Inertial Measurement Unit/Inertiale Messeinheit 惯性测量单元
IMU Internationale Mathematische Union 国际数学联盟
IMUK Internationale Mathematische Unterrichts-kommission 国际数学教学委员会
IMUN International Mobile User Number 国际移动用户号
IMUX Input Multiplex 输入复用
i. N. im Normalzustand 在正常状态下；以标准状态
in inakt，inaktiv 不活泼的，惰性的，钝的，不易化合的
IN Indanthren-Normalfärbeverfahren （阴丹士林）甲法染色法
In Indium 铟
In Induktor 感应器，感应转子；手摇发电机
In Informationsnutzung 信息利用；情报利用
IN Integrated Network 综合网络
IN Intelligent Network/Intelligentes Netz 智能网络
IN Internal Node 内节点
IN Interrogating Node 咨询节点
IN inverter 反演器，倒相器
in Fü Innere Führung 内导向装置；内控制，内操纵；内导轨，内导板，内卫板
In. Inspektion 检查，视察
INA Information Network Architecture 信息网体系结构
INA Integral Network Arrangement 整体网络布局
INA Integrated Network Architecture 综合网络体系结构
INA Internationale Normalatmosphäre 国际标准大气压
INAK Info Request NAK 信息请求无应答
INAP Intelligent Network Application Part (Procedure，Protocol) 智能网应用部分（程序，协议）
INB Internationale Natrium-Brutreaktor-Bau GmbH 国际钠冷增殖堆建造公司
INC Institut für Nuklearchemie 核化学研究所
INC Integrated Network Connection 综合网络连接
INCC International Network Controlling Center 国际网络控制中心
incli 印度洋海区月平均报告
INCLUDE Integrated Clutch Design 一体式离合器设计
INCM Intelligent Network Conceptual Model 智能网概念模型
Incoterms international commercial terms 国际商业用语，国际贸易术语解释通则
INCS-1 Intelligent Network Capability Set-1 智能网能力组1
Ind Index 指标，指数；索引，目录；下标
Ind Indikator 指示器；示踪机；指示剂
Ind. Index 指标，指数；索引，目录；下标
Ind. Indikation 指示，示踪
Ind. Indikatorstoff 示踪物

ind. indiziert 可取的,适当的;适应症的;指示的
ind. induktiv 感应的
ind. induzieren 感应
Ind. A. Industrieanlage 工业设置;工业设备
Ind. -Anz. Industrie Anzeiger 工业指针(德刊)
Ind. -B. Industriebahn 工业铁路支线
INDB Intelligent Network Database 智能网数据库
ind. Bel. indirekte Beleuchtung 间接照明
Ind. -Betr. Industriebetrieb 工业企业
INDBMS Intelligent Network Database Management System 智能网数据库管理系统
Ind. -Elektrik Elektron Industrie-Elektrik und Elektronik 工业电气设备和电子学(德刊)
Indik. Indikator 指示器,显示器,指针,指示剂
Ind. mag. Industriemagazin 工业画报(德刊)
Ind. -Ök Industrieökonomie 工业经济学
Indox 英多克斯钡磁铁(永磁材料)
Indusi induktive Zugsicherung 列车感应保险装置
INE Institut für Nukleare Entsorgungstechnik 核废物处理和处置技术研究所
INE Intelligent Network Element 智能网元素
INEA Internationaler Elektronik-Arbeitskreis 国际电子学协会
INEF Informationseingabe 信息输入
INEF Informationselektroniker 信息电子技术员
INEL Internationale Fachmesse für industrielle Elektronik 国际工业电子学专业博览会
INER Informationswissenschaft, Erfindungswesen und Recht 情报科学、发明和权利
INEX Industrieanlagen-Export 工业装备出口
INF Information 信息
INF Information Field 信息域,信息字段
INF Information Message 信息报文
Inf. Infinitiv 不定式
inf. Infiziert; Infizierung; infizieren 传染的;传染
Inf. Information 信息;情报
inf. informativ 情报的
inf. informatorisch 提供情报的
inf. informieren 报告,通告;调查,考查
inf. informiert 报告的,通告的
inf. Infra 以下,以后
Inf. Infusion 浸剂
INFA Informationsausgabe 信息输出
INFAR Informationsausgaberegister 信息输出寄存器
INFARVGL Informationsausgaberegistervergleicher 信息输出寄存器比较器
inf. Bild. Wiss. Informationen, Bildung, Wissenschaft 信息、教育、科学(德刊)
inf. -Bl. Informationsblatt 信息小报
INFE Informationselektroniker 信息电子技术员
INFE Informationseingabe 信息输入
INFER Informationseingaberegister 信息输入寄存器
INFERVGL Informationseingaberegistervergleicher 信息输入寄存器比较器
Inf. Fernfeuer Infanterie-Fernfeuer 步兵的远距离射击
Inf. Flab. Infanterie-Flab 步兵的高射武器
Inf Flab Kan Infanterie-Flabkanone 步兵装备的高射炮
Inf. -Geschütz Infanterie-Geschütz 步兵火炮
INFLEX induktives Frequenzreflexionssystem 电感频率反射系统;电感频率回波系统
INFM Intelligent Network Functional Model 智能网功能模型
INFO Integrated Network using Fiber Optics 采用光纤的综合网
INFOKOM Gesellschaft für Informations- und Kommunikationstechnik 信息和通信技术协会
INFORCHIN Internationales Zweiginformationssystem für Chemie und Chemische Industrie 化学和化学工业国际分支情报系统
Informationsbl. Informationsblatt 信息活页,情报活页
Ing. -Arch. Ingenieur-Archiv 工程师档案(德刊)
Ing. -Dig. Ingenieur-Digest 工程师文摘(德刊)
Ingenieurgeol. Ingenieurgeologe 工程地质学
Ingenieurwes. Ingenieurwesen 工程
IngG Ingenieurgesetz 工程师法
INGROS integriertes Großhandelsystem 综合大型商业系统
Ing. -S. Ingenieurschule 工程学院
IN-GS interaktives numerisch-graphisches System 交互的数字制图系统
Inh. Inhaber 所有者,持有者
INH. inhalation 吸入
Inh. Inhalt 内容;容积,体积;含量
inh. inhaltlich 内容的
INH isonicotinic acid hydrazide isoniazid 异烟肼
Inh. -Ang. Inhaltsangabe 内容提要,摘要,概要
Inh. -Verz. Inhaltsverzeichnis 目录
ini Initiator 起始器
INI Intelligence Network Interface 智能网络接口
INIC ISDN Network Identification Code 综合

服务数字网标识码

INIS Internationales Nuklear-Informationssystem 国际核子信息系统

Inj Injection/Injektion 灌注,灌浆,注射

Inj. Injectio 注射剂

inj. injizieren 注射,注入

inj. injiziert 注射的,注入的

ink. inkorrekt 不准确的,不正确的,有缺点的;不妥当的,不合规矩的

inkl. inklusive 包括在……内

Inkorp. Inkorporation 兼并,合并

inkorp. inkorporiert 兼并的,合并的

INM Integrated Network Management 综合网络管理

INM Intelligent Network Module 智能网络模块

Inmarsat International Maritime Satellite Organization 国际海事卫星组织

INMC International Network Management Center 国际网络管理中心

INMOS IN service Management and Operation System 智能网业务管理及运行系统

INMS Integrated Network Management System 综合网络管理系统

INMS Intelligent Network Management System 智能网络管理系统

inn. innerlich 内部的,里面的

INN Intermediate Network Node 中间网络节点

INNO IN Network Operator 智能网运营商

InP Indiumphosphid 磷化铟

INP Intelligent Network Processor 智能网络处理器

Inpadoc internationale Patentdokumentation 国际专利文献

INPOL Informations- und Auskunftssystem der Polizei 警察信息和询问系统

INPR Initialisierungsprogramm 预置程序;起始程序

INQ index of nutritional quality 营养质量指标

INR Information Request 信息请求

INR Institut für Neutronenphysik und Reaktortechnik Karlsruhe 卡尔斯鲁厄中子物理和反应堆技术研究所

INS Inbord-Navigationssystem 机载导航系统

ins. inches 英寸

INS Inertial Navigation System/Trägheitsnavigationssystem 惯性导航系统

INS Information Network System 信息网络系统

INS Information Systems 信息系统,消息系统

ins. insgesamt 合计的,总共的

INS Institut für Nukleare Sicherheitsforschung 核安全研究所

INS Intelligent Network Service 智能网络服务

INS 惯性导航系统

INSAT International Satellite 国际卫星

InSb Indiumantimonid 锑化铟

Insb insbesondere 特别,尤其是

INSES IN Services Emulation System 智能网业务仿真系统

insges. insgesamt 总共

IN-SL IN Service Logic 智能网业务逻辑

IN-SM IN Switch [ing] Management (Manager) 智能网交换管理(管理器)

INSOS IN Service Operation System 智能网业务操作系统

Insp. Inspecktion 检验,检查

Insp. Inspektor/Inspekteur 检察员,检验员

Insp. Inspiziert 检查过的,视察过的

Insp. Inspizierung 检验,检查

INSP Intelligent Network Service Provider 智能网服务供应商

Insp.-Pr Inspektorprüfung 检查员考试

INSS Intelligent Network Service Subscriber 智能网业务用户

IN-SSM Intelligent Network Switching State Manager [Model] 智能网交换状态管理器/模型

Inst. Installateur 安装师,设计师

Inst. Installierung 安装,装置;修理

Inst. Instandsetzung 修理,校正,调整

Inst. Instanz 主管部门,当局

INST (Inst) Institution 设立,创立;制定

INST Instrument 仪器,工具,仪表

Install Installation 安装;装修,装置;设备;陈列

Inst. Kw. Instandsetzungskraftwagen 修理工程车

instr. Instruieren 指示,指令,说明

Instr. Instrumentarium 成套工具,成套仪器

Instr. Instrumentierung 测量仪表设施(指整体)

INSTS IN Surveillance and Testing System 智能网监视和测试系统

INT Hochtemperatur-Reaktor in integrierter Bauweise 一体化高温(反应)堆

INT (int) initial 起始的

INT Integral 积分,整数

INT Integrator 积分仪,求积仪

Int. Integrierung 求积分

Int. Intensität 强度,程度

int. intensiv 强烈的

int. intensivieren 加强,提高

INT Interactive News Television 交互式电视

新闻
Int. interest 利息
Int. Interjektion 感叹词
INT (int) internal 内的，内部的
Int. international 国际的
INT Interphon 通话设备
INT interpreter 翻译机；转换机；解译程序
Int. Intern 住院实习医生
INTB IN Tested 经过试验的智能网
INTCO International Code of signal 国际信号码
Int. Elektron. Rundsch. (Int ELRU) Internationale Elektronische Rundschau 国际电子展望（德刊）
INTELSAT International Telecommunication Satellite 国际通信卫星(网)
INTER Inter-Frame Model 帧间模型
Interatom Internationale Atomreaktorbau GmbH 国际原子反应堆建造股份有限公司
Interkama Internationaler Kongress mit Ausstellung für Messtechnik und Automatik 国际测量技术和自动学会议及展览会
intern internal 内的，内部的
Internet Interactive Network 交互网络
INTERNET Interconnected Network 互连的因特网
InterNIC Internet Network Information Center 国际互联网网络信息中心
interp. Interpolation 内插法，插入法，内插补
interp. interpolieren 插补
interp. interpoliert 插补的
Interpol Internationale Kriminalpolizei-Kommission 国际刑警委员会
Interpr. Interpret 解释，理解，诠释，口译
interpr. interpretieren 解释，说明，口译
interpr. interpretiert 解释的，说明的
INTERTEL International Television 国际电视
interv. intervenieren; intervention 干涉；调停
INTIP Integrated Information Processing 综合信息处理
int. joul International joule 国际焦耳
Int. KL. Internationale Klassifizierung 国际分类
Int. Liter International Liter 国际升
into Intention 打算，目的，企图，计划
INTPH Interphon 通话设备
INTPN Interpretation 解释，说明；翻译；表演，演绎
INTPOL Interpolation 内插法，插入法，插补
intr. intransitiv 不及物的
Intr. Introduction 介绍，序言，导言；引进
INTRA Intra-Frame Model 帧内模型
INTREQ Interruption Request 中断请求
INTS Integrated National Telecommunication System 国家综合电信系统
INTS International Switch 国际交换
INTS International transit switch 国际转接交换局
INTS Inter-Network Time Slot 网络内部时隙
INTSE Intelligent System Environment 智能系统环境
IntServ Integrated Services 综合服务
Inv. Invalidität 伤残，残废
inv. invariabel 不变的，固定的
Inv. Invasion 侵略，入侵
Inv. Inventar 财产目录(清单)
Inv Inventur 盘存，盘货，盘点存货
INV (inv) Inversion 反演，反映，倒演；逆转，反转；转换
inv. Investieren; Investition 投资
Inv. invoies 发票
invent. Inventarisieren; Inventarisation 财产目录或货物清单的编制；清点财产；盘点
InvHG Investitionshilfegesetz 投资帮助法
inzw. inzwischen 在这期间
i. O. in Ordnung 好，满意的，可接受的，正常
I/O Input/Output/Eingabe/Ausgabe 输入/输出
IO Input/output Equipment 输入/输出设备
IO Integrated Optics 集成光学
Io Ionium 锾
IO Istoberfläche 实际表面
IOA I/O Address 输入输出地址
IOAS Intelligence Office Automatic System 智能办公室自动化系统
i. O. b. in Ordnung befunden 处于正常状态
IOBB Input Output Broadband 宽带输入输出
IOC Input/Output Controller (Channel) 输入/输出控制器/信道
IOC Integrated Optical Circuit 集成光路
IOC INTELSAT Operations Center 国际通信卫星组织操作中心
IOC Intergovernmental Oceanographic Commission 政府间海洋委员会
IOC International Olympic Committee 国际奥林匹克委员会
IOC Interoffice Channel 局间信道
IOC Inter-Office Communication 局间通信
IOCA Image Object Content Architecture 图像对象内容体系结构
I-OCU ISDN-Office Channel Unit ISDN 的局内信道单元
IOD Information On Demand 信息点播
IODC International Operator Direct Calling 国

际接线员直接呼叫

IODE International Oceanographic Data Exchange 国际海洋数据交换

IOG Impulse Oszillograph 脉冲示波器

IOL intraokulare Linse 内目镜透镜

IOLA Input/Output Link Adapter 输入/输出链路适配器

IOLC Input/Output Link Control 输入/输出链路控制

IOM Image-Oriented Memory 面向图像的存储器

IOM Input/Output Multiplexer 输入/输出多路复用器

IOM Integrated-Optic Modulator 集成光学调制器

ION Integrated On-demand Network 综合按需服务网络

ion. ionisieren 电离

ion ionisiert 电离的

IONI ISDN Optical Network Interface ISDN 光网络接口

Ionis Ionisation 电离,离子化

Ionis. Ionisierung 电离(作用)

IOP Input Optical Power 输入光功率

IOP Input/Output Processor 输入输出处理器

IOP Inter ORB Protocol 对象请求代理间协议

IOPDS Integrated-Optic Position/Displacement Sensor 集成光学位置/位移传感器

IOR Interoperable Object Reference 共享对象参考

IOS Institute of Oceanographic Sciences 海洋科学研究所

IOS Integrated [Intelligent] Office System 集成/智能办公室系统

IOS Internet (Internetwork, Interactive) Operating System 英特网(网间,交互式)操作系统

IOSB Input/Output Status Block 输入/输出状态块

IOSC Input/Output Switching Channel 输入/输出交换通道

IOSN Intelligent Optical Shuttle Node 智能光梭节点

IOT Intra Office Trunk 局内中继

IOTB Input/Output Transfer Block 输入/输出传送块

I. O. U. Iowe you 借据,欠条

IOW in other words 换句话说,换言之

IOZV Internationale Organisation für Zivilverteidigung (日内瓦)国际民防组织

IP Image Processing 图像处理

IP Industrieproduktion 工业生产

IP Information Processing 信息处理

IP inorganic phosphorus 无机磷

IP Installationsplan 安装图,安装计划

IP Institute of Petroleum London 【英】(伦敦)石油学会

IP Intelligence (Intelligent) Peripheral 智能外设

IP Internet Protocol 因特网协议

IP Internetwork(ing) Protocol 组网协议,网际协议

IP Interpolationsrechner 内插法计算机

IP Interworking Protocol 互通协议

IP italienisches Patent 意大利专利

IP-Add. Internetwork(ing) Protocol Address 网络协议地址,IP 地址

IPA Image Processing Algorithm 图像处理算法

IPA Interworking by Port Access 通过端口接入互通

IPA Isopropanol 异丙醇

IP-Adresse Internet Protocol Adresse 英特网协议地址 ,

IPB IP Process Board IP 处理板

IPBI warmgewalzter breiter I-Träger mit parallelen Flanschflächen leichter Ausführung 轻型热轧平行宽翼工字梁

IPBM Papierbaumwollkabel mit Bleimantel 铅皮纱包纸电缆

IPB-Träger Breite I-Profile mit parallelen Flanschflächen 平行宽翼工字梁

IPBX International PBX 国际专用分组交换机

IPC Industrial PC 工控个人计算机,工业用 PC 机

IPC Integrated Peripheral Channel 集成外围通道

IPC Intelligent Peripheral Controller 智能外设控制器

IPC Interpersonal Communications 个人间通信

IPC interprocess communication 进程间通信

IPC Inter-Processor Communication 处理器间通信

IPCDN IP over Cable Data Network 电缆数据网传送 IP

IPCE International Path Core Element 国际通路核心单元

IPCOM IP Communication IP 通讯

IPCP Internet Protocol Control Protocol 网际协议控制协议

IPCP Internet Protocol Control Protocol 网际协议控制协议

IP-car. internetwork(ing) protocol carte 网络协议卡,电话卡

IPCSM Input Port Controller Sub Module 输入端口控制器子模块
IPD inflammatory pelvic disease 盆腔炎症性疾病
IPD Integriertes Prozess-Datenmanagement 全过程数据管理
iPD interaktive Phasenverzerrung 交互式相位失真
IPDC IP Device Control IP 设备控制
IPDM integrated product development/design and manufacturing 集成产品开发/设计与制造
IPDV IP packet delay variation IP 包时延变化
IPE In-band Parameter Exchange 带内参数交换
IPEI International Portable Equipment Identity 国际便携式设备标识
IPER IP packet error ratio IP 包误差率
IPF Idiopathic pulmonary fibrosis 特发性肺纤维化
IPF Image Processing Facility 图像处理设备
IPF Institut für Post und Fernmeldewesen 邮电学院
IPG immobilized pH gradient 固定化 pH 梯度
IPG Institut für Physikalische Geodäsie 物理大地测量研究所
IPG Interactive Program Guide 交互式节目指南
IPG Inter-Packet Gap 分组信息间隙
IPH idiopathic pulmonary hemosiderosis 特发性肺含铁血黄素沉着症
IPI Information Protocol Identifier 信息协议识别符
IPI Initial Protocol Identifier 初始协议标识符
IPI Intelligent Peripheral Interface 智能外围接口
IPI IP bearer Interface IP 承载接入板
IPK Internationale Patentklassifikation 国际专利分类
IPL Initial Program Load 初始程序装入
iPL in Panzer-Lafette 在带防盾的炮架上
IPLB IP Load Balancing IP 负载平衡
IPLC International Public Leased Circuit 国际公用出租线路
IPLI Internet Private Line Interface 因特网专用线接口
IPLR IP packet loss ratio IP 包丢失率
IPLTC International Private Leased Telecommunication Circuit 国际专用租线通信电路
IPM Impulse per Minute 脉冲/分
IPM Impulsmodulation 脉冲调制
IPM Institut für Praktische Mathematik 应用数学研究所
IPM interpersonal messaging (service) 人际消息传递(业务)
IP-M IP Multicast IP 多址广播
IPME Inter-Personal Messaging Environment 人际传信环境
IPM-EOS Inter-Personal Message Element Of Service 人际报文业务单元
IPM-MS Interpersonal Messaging- message store 个人间通信-消息存储
IPMS International Polar Motion Service 国际极移服务
IPMS Inter-Personal Messaging System 人际传信系统
IPMS-MS Inter-Personal Messaging System Message Store 人际传信系统信息存储
IPMS-UA Inter-Personal Messaging System User Agent 人际传信系统用户代理
IPM-UA Inter-Personal Messaging User Agent 人际传信用户代理
IPN Instant Private Network 瞬时专用网络
IPN Inter-Personal Notification 人际通知
IPN Isopropylnitrat 硝酸异丙酯
IPng Internet Protocol next generation 下一代因特网协议
IPNP Inter-Paging Networking Protocol 高速寻呼联网协议,国际米兰寻呼网络协议
IPO initial public offering 首次公开募股
IPOA classical IP over ATM 异步传输模式上的传统 IP
IPoA IP over ATM ATM 上的网际协议
IPOT Octet based IP packet throughput 基于 IP 数据包的吞吐量字节
IPP Institut für Plasmaphysik der MPG, Garching 等离子体物理研究所(属马克斯普朗克学会,伽兴)
IPP Intergrationsprüfplatz 整体试验台
IPP Internet Payment Provider 因特网支付业务提供商
IPP Internet Platform Provider 因特网平台供应商
IPP internet presence provider 互联网业务提供商
IPPOS IP Packet over SDH IP 数据包在 SDH 网上运行
IPPR Image Processing and Pattern Recognition 图像处理和模式识别
IPPT IP packet throughput IP 数据包吞吐量
IPPV intermittent positive pressure ventilation 间歇正压通气给氧
IPR Intellectual Property Right 知识产权
IPRE IP packet transfer reference event IP 包

传输参考事件
IP-Regler Integration-Proportion Regler 比例积分调节器
IPS Image Processing System 图像处理系统
Ips. Impuls 脉冲,冲量
IPS indizierte Pferdestärke 指示的马力
IPS inertial positioning system 惯性定位系统
IPS Information Processing [Protection] System 信息处理/保护系统
IPS Intelligent Packet Solution 智能分组解决方案
IPS Intelligent Protection Switching 智能保护交换
IP-SCP SCP based on IP 基于 IP 的 SCP
IPsec IP security protocol IP 安全协议
IPSF IP Service Function IP 业务功能
IPSS International Packet Switched Service 国际分组交换业务
IPT Information Processing Technique 信息处理技术
IP-tel. internetwork[ing] protocol[tele] phone 网络电话,IP 电话
IPT Information Providing Terminal 信息提供终端
IPTS Internationale praktische Temperaturskala 国际实用温标
IPTV internetwork(ing) protocol television 网络电视,基于 IP 协议的电视广播服务
IPU International Postal Union 国际邮政联合会
IPUI International Portable User Identity 国际便携式用户标识
IPv4 Internet Protocol v4 互联网协议 第 4 版
IP-VPN IP Virtual Private Network 虚拟 IP 专用网
IPX Internet Packet exchange Internet 分组交换/互联网数据包交换
IPX Internetwork Packet Exchange (Protocol) 网络间分组交换(协议)
IPX Interposes Packet exchange 插入数据包交换
IPXCP Internetwork Packet Exchange Control Protocol 网间数据包交换控制协议
IQ Information Query 信息查询
IQ Intelligenzquotient/intelligence quotient 智商
IQC integral Quality Control 整体质量控制
IQL Interactive Query Language 交互式查询语言
IQSY International Quiet Sun Year 国际宁静太阳年
IQUE invariante quadratisch unverzerrte Schätzung 不变二次无偏估量
Ir immune response/Immunreaktion 免疫响应
i. R. im Ruhestand 退休的
IR Incoming Route 入路由
i. R. in der Regel 通常,一般情况下
IR Index register 变址寄存器
IR Industrieroboter, Industria Robot 工业机器人
IR Information Retrieval 信息检索,情报检索
IR Informationsreproduktion 信息再现
IR infrared radiation 红外辐射
IR Infrared/Infrarot 红外线
IR Instandhaltung und Reparatur 维修
IR Insulin resistance 胰岛素抵抗
IR Integrierte Raffination 综合精炼
IR Intelligent Robot, 智能机器人
IR Internal Router 内部路由器
IR Inter Region 区域间
Ir Iridium 铱
IR isoprene rubber/Isopren-Kautschuk 异戊二烯橡胶
IRAO Aktion zur Förderung der Bestrahlungstechnik der Euroisotop mit der fahrbaren Bestrahlungsanlage IRMA 利用可移动辐照装置 IRMA 发展欧洲同位素辐照技术的措施
IRB Institut für Reaktorbauelemente 反应堆部件研究所
IRB Integrated Routing and Bridging 综合路由桥接
IRBM intermediate range ballistic missile 中程弹道导弹
IRC Internet Relay Chat/Internet-Protokoll für Echtzeit-Kommunikation 互联网多线聊天
IRCH Institut für Radiochemie 放射化学研究所
IRCL Infrared Remote Central Locking 红外线遥控中央门锁
IRD ICMP Router Discovery 因特网控制报文协议路由器发现
IRD immune renal disease 免疫性肾病
IRD Integrated Receiver decoder/integrierter Empfangsdecoder 集成接收器解码器
IRD International Research and Development 【美】国际研究与开发(公司)
IrDA Infra-red Data Association 红外数据协会
IRDS idiopathic respiratory distress syndrome 突发性呼吸窘迫综合征
IRE Institut für Reaktorentwicklung 反应堆发展研究所
IRED infrarotemittierende Diode 红外发射二极管

I-Regler Integralregler 积分调节器
IRFU Integrated Radio Frequency Unit 综合无线电频率单位
IRG Inter-Conference Representative Group 会议间代表组
IRG Internationale Rohstoff-Gemeinschaft 国际原料资源组织
IRHD international rubber hardness degree/Internationaler Gummi-härtegrad 国际橡胶硬度等级
IRI Infrared Image 红外图像
IRI Institut der Rundfunktechnik 无线电广播技术学院
IRI international reference ionosphere 国际参考电离层
IRIM Inferred Interface Module 推断接口模块
IRIS Integrated platform for Regional Information System 地区信息系统用综合平台
IRK Internationales Rotes Kreuz 国际红十字会
IRL in real life 在现实生活中
IRL Inter-Repeater Link 中继器间链路
iRLaf in Rad-Lafette 在轮式炮架上
IRLAP Infrared Link Access Protocol 红外链接存取协议
IrLAP IrDA Link Access Protocol IrDA 链路接入协议
IRM independent particle model 独立粒子模型
IRM Integrated Reference Model 综合参考模型
IRM International Roaming MIN 国际漫游移动标识码
IRMA immnnoradiometric assay 放射免疫试验
IrMC Infrared Mobile Communication 红外移动通信
IRN Information Resource Network 信息资源网络
IRN Intermediate Routing Node 中间路由选择节点
iRNA informational RNA 信息核糖核酸
IRP Integration (Internal) Reference Point 综合(内部)参考点
IRP International Routing Plan 国际路由规划
IRQ InfoRequest 信息查询
IRQ Information Repeat request 信息重传请求
IRQ Interrupt-Request/Unterbrechungsanforderung an den Prozessor 中断请求
IRR Info Request Response 信息请求响应
irreg. irregulär 不规则的,无规律的,紊乱的
Irrt. Irrtum 错误,差错;疏忽
Irrt. irrtümlich 错误的
IRS Injektor-Rohrbrenner mit Schlitzen 有隙缝的注射器管状燃烧器
IRS Institut für Reaktorsicherheit der Technischen Überwachungsvereine e. V., Köln 科隆技术监督联合会反应堆安全研究所
IRS Intermediate Reference System 中间参考系统
IRS interrupt signal 中断信号
IRSG Internet Research Steering Group 因特网研究指导组
IRSID Verfahren Institut de Recherches de la Sidérurgie Francaise 【法】法国钢铁研究院
IR-Strahlung Infrarot-Strahlung 红外辐射
IRSU ISDN Remote Subscriber Unit ISDN 远端用户单元
IRT Institut für Rundfunktechnik; Institute for Broadcasting Technology 广播技术学会
IRT Schwimmbeckenreaktoren zur Isotopenerzeugung 生产同位素的游泳池式反应堆(苏联,梯比利斯)
IRTF Internet Research Task Force 因特网研究课题组
IRV inspiratory reserve volume/inspiratorisches Reservevolumen 吸气储备量
IRV Internationale Rundfunkvereinigung 国际广播联合会
IRW Institut für Reaktorwerkstoffe 反应堆材料研究所
IS Imaging System 成像系统
Is immune suppressor 免疫抑制基因
IS impulssender 脉冲发射器
i. S. im Sinne 在……方面;就……来说;按照……
IS Information Science 信息科学
IS Information Separator 信息分隔符
IS Information Service 情报服务,信息服务
IS Information System 信息系统
IS Ingenieurschule 技术学校
i. S. in Sonderstellung 在特殊位置
IS Institutssektion 学院区,研究所区
IS Integrated Service 综合业务
IS Integrierter Schalterkreis 积分开关电路
Is (IS) Integrierte Schaltung 集成电路
IS Intelligence System 智能系统
IS Interactive Service 交互式业务
IS Interactive Signal 交互信号
IS Interconnection Subsystem 互联子系统
IS Interim Standard 临时标准,暂定标准
IS Intermediate System 中间系统
I. S. Internationales Signalbuch 国际电码本;

国际信号本

IS interspinal diameter 髂棘间径

Is (ISLN) Isolation 绝缘;隔离;隔绝;绝热

IS Isolationsstrecke 绝缘段;隔离段;绝缘距离,隔离距离

Is Isolator 绝缘子;绝缘体;隔音装置

is. isoliert 绝缘的,隔离的

Is. Isolierung 绝缘

I/S Stromdichte 电流密度

ISA Industry Standard Architecture/Industriestandardarchite- ktur 工业标准结构

ISA Information System Architecture 信息系统结构

i. Sa. in Summa 总计

ISA Interim Standard Architecture 临时标准体系

ISA International Federation of the National Standardizing Associations/Internationaler Verband der Nationalen Normenausschüsse 国家标准协会的国际联合会

ISA International Standard Asynchronous Bus 国际标准异步总线

ISA Internationale Seismologische Assoziation 国际地震学协会

ISA internationale Standardatmosphäre 国际标准大气压

ISA International Standard Ausschuss 国际标准委员会

ISAAA 国际农业生物工程应用技术采办管理局

ISAD-System Integated Starter Alternator Damper-System 起动机、发电机、缓冲器一体化系统

ISAGEX international satellite geodesy experiment 国际卫星大地测量实验

ISAIV integriertes System der automatischen Informationsverarbeitung 自动信息处理综合系统

ISAKMP Internet Security Association and Key Management Protocol 互联网安全连接和密钥管理协议

ISAN Integrated Service Access Network 综合业务接入网

ISAN Integrated Service Analog Network 综合业务模拟网

ISAP Interactive Speech Application Platform 交互语言应用平台

ISAPI Internet Server Application Programming Interface 因特网服务器应用编程接口

ISAS Informationssystem zur administrativen Steuerung 管理控制用信息系统

ISAS integriertes Speditionsabrechnungssystem 整体承包货物运送结算系统

ISB independent sideband 独立边带

ISB Intelligent Signaling Bus 智能信令总线

ISB Interface Scheduling Block 接口调度块

ISB International Society of Biometeorology 国际生物气象学会

ISB Stromsollwertbildung 电流理论值的产生,电流理论值的形成

ISBN international Standard book number/Internationale Standardbuchnummer 国际标准书号

ISDN integrated services digital network 综合业务数字网

ISC International Science Committee 国际科学委员会

ISC International Sericultural Commission 国际蚕业委员会

ISC International Soft switch Consortium 国际软交换联盟

ISC International Switching Center 国际交换中心

ISC Internet Software Consortium 因特网软件联盟

ISC Interstellar Communications 星际通信

ISC 怠速自动调节

ISCC International Service Coordination Center 国际业务协调中心

ISCCI International Standard Commercial Code for Indexing 国际标准商用索引代码

ISCEP Integrated Service Creation Environment Point 综合业务生成环境点

ISCF Integrated Service Control Function 综合业务控制功能

ISCII International Standard Code for Information Interchange 国际标准信息交换代码

ISCP Integrated Service Control Point 综合业务控制点

ISCP Interference Signal Code Power 干扰信号码功率

ISCP International Service Control Point 国际业务控制点

ISCP ISDN Signaling Control Part ISDN 信令控制部分

ISDB Integrated Service Digital Broadcasting 综合业务数字广播

ISDCN Integrated Service Digital Center Network 综合业务数字中心网

ISDN Integrated Service Data[Digital] Network 综合业务数据/数字网络

ISDN-BA ISDN Basic rate Access ISDN 基本速率接入

ISDN-BRI ISDN Based Rate Interface ISDN 基

本速率接口

ISDN-PRA ISDN Primary Rate Access ISDN 基本速率接入

ISDN-PRM ISDN Protocol Reference Model ISDN 协议参考模型

ISDN-SN ISDN Subscriber Number ISDN 用户号码

ISDP Integrated Service Data [Digital] Point 综合业务数据/数字点

ISDS Integrated Switched Data Service 综合交换数据业务

ISDT Integrated Service Digital Terminal 综合业务数字终端

ISDU Isochronous Service Data Unit 等时业务数据单元

ISDX Integrated Service Digital exchange 综合业务数字交换

ISE Integrated Service Exchange 综合业务交换

ISE Integrated Switch Element 综合交换单元

ISE Intelligent Synthesis Environment 智能综合环境

ISEC Internet Service and Electronic Commerce 因特网服务和电子商务

ISEE international Sun-Earth explorer 国际太阳地球探测器

ISF Institut für Nukleare Sicherheitsforschung 核安全研究所

ISF Institut für schweißtechnische Fertigungsverfahren 焊接技术加工方法研究院

ISG immune serum globulin 免疫血清球蛋白

ISH An Hello packet defined by ISO 9542 由国际标准 9542 定义的 An Hello 数据包

ISH Information Super Highway 信息高速公路

ISH Internationales Symposium Hochspannungstechnik 国际高压技术报告会

ISI industrielles Steuerungs-und Informationssystem 工业控制与信息系统

ISI Inter Symbol interference 符号间干扰,码间干扰

ISIDE Interactive Satellite Integrated Data Exchange 交互式卫星综合数据交换

IS-IS Intermediate System to Intermediate System 中间系统到中间系统

IS-IS Intermediate System to Intermediate System Routing Exchange Protocol 中间系统到中间系统路由交换协议

ISIS International Scientific Information Service 国际科学情报服务

ISK integriertes Satelliten-Kontrollsystem 综合卫星控制系统

I. S. L. Deutsch-Französischen Forschungs Instituts St. Louis 圣路易斯德法研究所

I. S. L. initial seizure load (润滑油在轴承中的)初始咔咬负荷

iSL in Schirm-Lafette 在带防盾的炮架上

ISL Inter-Satellite Link 卫星之间的链路

ISL Inter-Switch Link 交换机间链路

ISLAN Integrated Services Local Area Network 综合业务局域网

ISM I interface Subscriber Module I 接口用户模块

ISM induktive statische Messanlage 感应式静电测量装置

ISM Industrial Scientific Medicine 工业科学医学

ISM Informationssystem für Werkstoffkennwerte 材料参数信息系统

ISM Institut für Steuerungstechnik der Werkzeugmaschinen und Fertigungseinrichtungen der Universitat Stuttgart 斯图加特大学机床和加工设备控制技术学院

ISM Integrated Service Module 集成业务模块

ISM Integrated Software Management 集成软件管理

ISM Intelligent Synchronous Multiplexer 智能同步复用器

ISM Interactive Storage Media 交互式存储媒体

ISM Interface Subscriber Module 用户接口模块

ISM Internet Server [Service] Manager 因特网服务器/服务管理器

ISMA Idle Signal Multiple Access 空闲信号多址

ISMAN Integrated Services Metropolitan Area Network 综合业务城域网

ISMAP Integrated Service Management Access Point 综合业务管理接入点

ISMC International Switching Maintenance Center 国际交换维护中心

ISMF Integrated Service Management Function 综合业务管理功能

ISMG Internet Short Message Gateway 互联网短信网关

ISMN Internationale Standardnummer für Musikalien 国际标准乐谱符号

ISMP Integrated Service Management Point 综合业务管理点

ISMS Image Store Management System 图像存储管理系统

ISMSC Intelligent Short Message Service Center 智能短消息业务中心

ISN Impedance Stable Network 阻抗稳定网络
ISN Information System Network 信息系统网络
ISN Integrated Services Network 综合业务网
ISN Integrated Synchronous Network 综合同步网
ISN International Signaling Network 国际信令网
ISN Internet Shopping Network 英特网购物网络
ISN Internet Support Node 英特网支持节点
ISO International Soil Museum 【荷】国际土壤博物馆
ISO International Organization for Standardization or International Standards Organization/Internationale Standar disierungs-Organisation 国际标准(化)组织机构
ISO Isolated Site Operation 孤立的现场操作
ISOC Internet Society/Organisation für Aufgaben im Internet 互联网协会
ISODE ISO Development Environment ISO 开发环境
ISO-Gewinde ISO 米制螺纹
Isp Impulssperre 脉冲封闭,脉冲阻塞
ISP Information Service Provider 信息业务提供者
ISp Informationsspeicherung 信息存储
ISP Institut für Angewandte Systemforschung und Prognose 应用系统研究和预测研究所
ISP Integrated Service Provider 综合服务提供者
ISP Interactive Session Protocol 交互式会晤协议
ISP Intermediate Service Part 中间业务部分
ISP International Signaling Point 国际信令点
ISP International Standardized Profile 国际标准化轮廓
ISP Internet Service Provider/Internetdienstanbieter 互联网服务供应商,英特网服务提供商
ISP Interoperable Systems Project 可互操作的系统工程
ISPBX Integrated Services PBX 综合业务专用分组交换机
ISPC International Signaling Point Code 国际信令点码
ISPOS integrierendes System für die Projektierung optimaler Schiffe 理想船只设计的整体系统
ISR Initial Submission Rate 初始提交率
ISR interkristalline Spannungsrisskorrosion 晶间应力裂缝腐蚀
ISR International Simple Resell 国际简单转卖
ISR Interrupt Service Routine 中断服务程序
ISR 情报、监视和侦察
ISRC International Standard Recording Code/eindeutige Kennzeichnung von Tonaufzeichnungen wie ISBN für Bücher 国际标准记录码,国际标准音像制品编码
ISRO Indian Space Research Organization 印度太空研究组织
ISRU International Scientific Radio Union 国际无线电科学联合会
ISS Impulseingang für Schrittsteuern 步进控制的脉冲输入
ISS inertial surveying system/Inertialvermessungssystem 惯性测量系统
ISS Internal Sub layer Service 内部子层服务
ISS International Signaling Service 国际信令业务
ISS Internationale Raumstation 国际空间站
ISSA International Signaling Service Access 国际信令业务接入
ISSDN Integrated Service Satellite Digital Network 综合业务卫星数字网
ISSI Inter-Switching System Interface 交换系统间接口
ISSKEP lnforamtionspeichersystem für den konstruktiven Entwicklungsprozess 设计发展过程信息存储系统
ISSLL Integrated Services over Specific Link Layer 专用链路层上的综合业务
ISSN Internationale Standardnummer für fortlaufende Serienwerke 国际标准序列号
ISSN international standard serial number 国际标准期刊号
ISSP International Service Switching Point 国际业务交换点
ISSP international solar system program 国际太阳系计划
ISSS Interactive Subscriber Service Subsystem 交互式用户服务子系统
IST Informationssystem Technik 信息系统技术
IST Integrierte Schaltungen Taschen-Tabelle (Franzis-Verlag) 集成电路手册表(富蓝齐斯出版社)
IST Intelligenzstrukturtest 智能结构试验
IStB Institut für Strahlenbiologie 辐射生物学研究所
ISTC International Satellite Transmission Center 国际卫星传输中心
ISTC International Switching and Testing Center 国际交换和测试中心
IS-Technik integrierte Schaltungstechnik 集成

电路技术

ISTHB Institut für Strömungsmechanik der Technischen Hochschule Braunschweig 不伦端克技术大学流体力学学院

ISTL Institut für Strahlentechnologie der Lebensmittel 食品辐照技术研究所

ISTN Integrated Switching and Transmission Network 综合交换与传输网

ISTP International Signaling Transfer Point 国际信令转接点

ISTV Integrated Service Television 综合业务广播电视

ISU initial signal unit 初始信号单元

ISU Integrated Service Unit 综合业务单元

ISU Isochronous Slot Utilization 等时隙利用

ISUP Integrated Services User Part 综合业务用户部分

ISUP ISDN-User Part（Protocol） 综合业务数字网-用户部分(协议)

ISV Independent Software Vender 独立软件供应商

IsV（Is. V.） Isotopieverschiebung 同位素移动

ISVR Inter Smart Video Recorder 国际智能视频录像机

ISVRSL Indiana State University Remote Sensing Laboratory 印第安那州立大学遥感实验室

ISW Informationssystem für Werkstoffkennwerte 材料参数信息系统

ISW Institut für Steuerungstechnik der Werkzeugmaschinen und Fertigungseinrichtungen der Universität Stuttgart 斯图加特大学机床和工艺装备控制技术研究所

ISWTI Internationales System für wissenschaftliche und technische Informationen 国际科学和技术情报系统

IT Impuls-Taster 脉冲键控器

IT Impulstelegrafie/Impulstelegraphie 脉冲电报

i. T. im Trockenzustand 在干燥的状态下

IT Inactivity Test 不活泼性测试

i. T. in der Trockenmasse 以干燥量；以干燥物质

IT Information Technology/Informationstechnik 信息技术；信息工程

IT Informationsträger 信息载波，信息载体

IT information theory 信息论

iT innerer Totpunkt 下止点

IT Integration 积分；整合，结合

I2T Intelligent Interface Technology 智能接口技术

IT International Transit 国际转接

IT intertrochanteric diameter 股骨粗隆间径

IT Irrungstaste 改错按钮，误差按钮

IT ISA-Toleranzreihe 国际标准协会的公差系列

It 石棉板

ITA International Telegraph Alphabet 国际电报字母表

ITA 全球性削减关税机制

ital. italienisch 意大利的

ITB International Textile Bulletin 国际纺织通报

ITB Interner Technischer Bericht 内部技术报告

ITC Information Transfer Capability 信息传送容量

ITC Information Transfer Channel 信息传递信道

ITC Intelligent Terminal Controller 智能终端控制器

ITC International Institute for Aerial Survey and Earth Sciences 国际航测与地学学院

ITC International Telecommunication Center 国际电信中心

I. T. C.（ITC） International Telecommunication Convention；Internationaler Fernmeldevertrag 国际电信公约

ITC International Telephone（Television，Transit，Transmission）Center 国际电话(电视，转接，传输)中心

ITC Interrupt Controller 中断控制器

ITC Iodotetrazolium chloride 氯化碘四唑

ITCC International Telecommunication Control Center 国际电信控制中心

ITCZ intertropische Konvergenzzone 热带辐合区，热带辐合带

ITDM Intelligent Time-Division Multiplexer 智能时分多路复用器

ITE information technological equipment 信息技术设备

ITE Informations- und Energietechnik 信息和能量技术(德刊)

ITE International Telephone Exchange 国际电话交换

ITE Technische Informationen Euroisotop 欧洲同位素技术情报

ITER Internationaler Thermonuklearer Testreaktor 国际热核测试反应堆

ITF Information Transport Function 信息传送功能

ITF Institut für Textil- und Faserforschung, Stuttgart 斯图加特纺织与纤维研究所

ITF Institut Textile de France 法国纺织研究院

ITG Institut für Theoretische Geodäsie 【德】理

论大地测量研究所
ITG Internet Telephone Gateway 因特网电话网关
ITGH Institut für theoretische Geodäsie T. U. Hannover 【德】汉诺威工业大学大地理论测量教研室
ITGWF International Textile and Garment Workers' Federation 国际纺织品和服装工人联合会
ITM Institut für Textil Messtechnik 纺织测量技术研究所
ITM ISDN Trunk Module 综合业务数字网中继模块
ITMA I. T. M. A. Internationale Textilmaschinenausstellung 国际纺织机械展览会
ITMC International Transmission Maintenance Center 国际传输维护中心
ITN Integrated Teleprocessing Network 综合远程处理网络
ITN Intelligent Telecommunication Node 智能电信节点
ITO indium tin oxide/Indium-Zinnoxid 锡铟氧化物
ITO International Trade Organization/Internationale Handelsorganisation 国际贸易组织
ITO internet technology officer 网络技术长官
ITP idiopathic thrombocytopenic purpura 特发性血小板减少性紫癜
ITP ingenieur-technisches Personal 工程技术人员
ITP inosine triphosphate 三磷酸肌苷
ITP Institut für Technische Physik 技术物理研究所
ITPC International Television Program Center 国际电视节目中心
ITR Instantaneous Transmission Rate 瞬时传输速率
ITR Institute for Textile Technology, Reutlingen/Denkendorf 罗伊特林根/登肯多夫纺织技术研究院
ITR Internet Talk Radio 英特网通信式收音机
ITREC Wiederaufarbeitungsanlage 意大利罗通德拉的后处理厂
ITS Independent Television Service 独立电视服务
ITS Information Transfer [Transmission] System 信息转换/传输系统
ITS Insertion Test Signal 插入测试信号
ITS integriertes Transportsteuersystem 整体运输控制系统
ITS Intelligent Transport System 智能运输系统
ITS International Telecommunication Service 国际电信业务
ITSC International Telephone Service Center 国际电话业务中心
ITSO International Telecommunications Satellite Organization 国际电信卫星组织
ITSP Internet Telephony Service Provider IP电话业务提供商
ITTP Intelligent Terminal Transfer Protocol 智能终端传输协议
ITTS Intelligent Target Tracking System 智能目标跟踪系统
ITÜ Inspektion der Technischen Überwachung 技术监督的检查
ITU International Telecommunications Union/Internationaler Fernmeldeverein 国际电信联盟
ITU-R ITU-Radio communications sector 国际电信联盟无线电通信部
ITU-T (ITU_TSS) International Telecommunication Union-Telecommunication Standardization (Sector) 国际电信联盟-电信标准化(部门)
ITV industrial television 工业电视
ITV Interactive TV 交互式双向电视
IU Impulsunterdrücker 脉冲抑制器
IU Impulsunterdrückung 脉冲抑制
i. ü. im übrigen 此外
i. U. im Umbau 在改装中
IU Induktor-Umschalter 电感转换器
IÜ Informationsübertragung 信息传输
IU Interface Unit 接口单元
IU Internal Upset 内加厚(钻杆管,石油油管)
I. U. 国际单位
IÜA Individueller Überlagerungsantrieb (张力减径机)单独叠加传动
IUA ISDN Q. 921 User Adaptation Layer ISDN Q.921 用户适配层
IUAPPA International Union of Air Pollution Prevention Association 国际防止空气污染联盟
IUC 间隔使用编码
IUCM International Union Commission for the Study of the Moon 国际月球研究联盟/联合会
IUCN 世界自然保护联盟,国际自然保育联盟
IUCRM Inter-Union Commission of Radio Meteorology 无线电气象学国际联盟/联合会
IuD Information und Dokumentation 情报与文献
IUD intrauterine device 宫内节育器
IuD-Programm Information und Dokumentation-Programm 情报与文献程序
IÜG Internationales Übereinkommen über den

(Eisenbahn) güterverkehr 国际(铁路)货运协议

IUGG Internationale Union für Geodäsie und Geophysik 国际大地测量学与地球物理学联合会

IUGR intrauterine growth retardation 宫内发育迟缓

IUI Intelligent User Interface 智能用户接口

IUI International USIM Identifier 国际 USIM 标识符

IUI Inter-User Interference 用户间干扰

IUI intra-uterine insemination 宫腔内人工授精

IuK Information und Kommunikation 信息与通信

IUO Intelligent Underlay Overlay 智能双层网

IUPAC International Union of Pure and Applied Chemstry/Internationale Union für Reine und Angewandte Chemie 国际纯化学及应用化学联合会

IUPAP International Union of Pure and Applied Physics 国际应用物理学与纯粹物理学联合会

I. u. R. Instandhaltung und Reparatur 维护与修理

IUR Internes Unterbrechungsregister 内中断记录器

IUR Internet Usage Record 因特网使用记录

IUT Implementation Under Test 被测实现

IUT Implication Under Test 蕴含在测试

IUT Instrument Under Test 被测仪器

IV Industriekooperation 产业联合

IV Informationsverarbeitung 信息处理

IV Initial Vector 初始向量

i. v. Injectio venosa 静脉注射

IV Innenvolumen 内体积

i. V. innere Verbindung 内部连接

IV Integrierverstärker 积分放大器

IV Interactive Video 交互式视频

IV Interface Vector 接口向量

i. v. intravenös 静脉内的

IV. intravenously 静脉注射地

IV Invalidenversicherung 伤残保险

i. V. in Verbindung 与……相联系

i. V. in Vertragung 代表,受某人委托

i. V. in Vertretung 代理,代表

i. V. in Vollmacht 作为……的全权代表

Iv verstellbare Induktivität 可调电感

IVA Ingenjörsvetenskapsakademien 瑞典技术科学院

IVA Initial Video Address 初始视频地址

IVA Isotopenverdünnunganalyse 同位素稀释分析

IVANS Insurance value Added Network Services 保险增值网络服务

IVAP Internal Videotext Application Provider 内部可视图文应用供应商

IVBC International Videoconference Booking Center 国际电视会议预订中心

IVC Independent Virtual Channel 独立虚拟信道

IVC Industrievereinigung Chemiefaser 【德】化学纤维工业联合会

IVC International Videoconference Center 国际视频会议中心

IVD Interactive Video Disk 交互式光盘

IVD Interpolated Voice Data 内插语音数据

I. V. derp(I. V. drip, I. V. gu) 静脉滴注

IVDA intravenös Drogenabhängiger 静脉嗜毒者

IVDS Interactive Video Database Services 交互式视频数据库服务

IVDT Integrated Voice Data Terminal 综合话音数据终端

IVE International Videotext Equipment 国际可视图文设备

IVE Investitionsvorentscheidung 投资预决定

IV-ET in vitro fertilization and embryo transfer 体外受精与胚胎移植

IVF innerer Verzögerungsfaktor 内延迟因子

IVF in vitro fertilization 体外受精

IVG Industrieverband Gießerei-Chemie 铸造化学工业协会

IVG Interactive Video Game 交互式视频游戏

Ivgtt intravenously guttae 静脉滴注

IVHS Intelligent Vehicle and Highway System 智能车辆和公路系统

IVIG intravenöse Immunglobulingabe 静脉内免疫球蛋白应用

IVIS Interactive Video Information System 交互视频信息系统

IVK Institut für Verbrennungsmotor und Kraftfahrwesen 【德】内燃机和汽车研究所

IVL Independent VLAN Learning 独立的 VLAN 学习

IVL Internationale Vereinigung der Lehrerverbände 国际教师协会联合会

IVM Informationsverarbeitungsmaschine 信息处理机

i. V. m. in Verbindung mit 与……有联系

IVMS Integrated Voice-Messaging System 综合语音信息系统

IVN Interactive Video Network 交互式视频网络

IVOD Interactive Video On Demand 交互式视

频点播

IVP Intravenous pyelography 静脉肾盂造影术

IVPN International Virtual Private Network 国际虚拟专用网

IVR Integrated Voice Response 综合语音响应

IVR Interactive Voice Response 互动式语音应答

IVRU Interactive Voice Recording Unit 交互式语音记录装置

IVRU Interactive Voice Response Unit 交互式语音应答单元

IVS Informationsverarbeitendes System 信息处理系统

IVS Intelligent Video Smoother 智能视频平滑器

IVS Interactive Videodisc System 交互式视盘系统

IVS Interactive Video Service 交互式视频业务

IVST Industrie-Versuchs-Stelle 工业试验室

IVU Intravenous urography 静脉尿路造影术

IVV Internationale Vereinigung der Vermessungsingenieure 国际测量工程师联合会

IW Impedanzwandler 阻抗匹配变压器

IW Impulswähler 脉冲选择器

IW Indanthren-Warmfärbeverfahren (阴丹士林)热染色法

IW Informationswandlung 信息变换

IW Information War 信息战

IWAN Integrated services Wireless-Access Network 综合业务无线接入网络

I-Way Information Superhighway 信息高速公路

IWBNI it would be nice if 果真如此就好了

IWBS Importwarenbegleitschein 进口货物运货单

IWC Indoor Wireless Channel 室内无线信道

IWCS Integrated Wideband Communication System 综合宽带通信系统

IWF Internationaler Währungsfonds/International Monetary Fund 国际货币基金组织

IWF Interworking Facility 互通设备

IWF Interworking Function 互通功能,互连功能

IWFB Interworking Function Board 互通功能板

IW/GMSC Interworking/Gateway MSC 互通/网关 MSC

IWGW Interworking Gateway 互联网关

IWK Internationale Weltkart 1:1000000 国际百万分之一世界地图

IWK Issuer Working Key 发行卡的工作密钥

IWL Institut für gewerbliche Wasserwirtschaft und Luftreinhaltung e. V. 工业供水和空气净化研究所

IWMed Instandsetzungswerkstatt für medizinische Geräte 医疗仪器维修车间

IWMSC Interworking MSC 互通 MSC

IWRS Instandhaltung, Wartung, Reparatur und Sanierung 保养、维护、修理和修复

i. w. S. im weiteren Sinne 在广义上;在其它意义上

IWS Intelligent Work Station 智能工作站

IWS Intelligent Workstation Support 智能工作站支持

IWS Internationales Wollsekretariat 国际羊毛咨询处,国际羊毛秘书处

IWSG Internationale Wollstudiengruppe 国际羊毛研究组织

IWSR 国际葡萄酒和烈酒研究所

IWSV Ingenieur-Verband für Wasser- und Schiffahrts- Gesellschaften 水利、航运协会工程师联合会

IWT Informations system der Wissenschaft und Technik 科学技术情报系统

IWT Internationaler Wettbewerb Tonbandaufnahmen 磁带录音国际竞赛

IWTO(I. W. T. O.) International Woll Textile Organization 国际毛纺组织

IWU Interworking Unit 互通单元,互通装置

IWV Impulswählverfahren 脉冲选择法

I. W. v im Werte von ……值,其值为

IWV Internationale Wollvereinigung 国际毛纺联合组织

IWW integrierte Werkzeugwechseleinrichtung 整体工具更换装置

IXC Inter-exchange Carrier 长途交换运营商,长途电话公司

IXIT Implementation Extra Information 执行额外信息

IXP Internet exchange Point 因特网交换点

IZ Industriezweig 工业部门

IZ Informationszentrum 信息中心,情报中心

IZ Ingenieurtechnische Zentralstelle 工程技术中心

Iz Innenzünder 内部雷管,内引信

IZ Internationale Zusammenarbeit 国际合作

IZCV Internationaler Zusammenschluss der Chemischreiniger-Verbände 国际化学清洗联合会

IZDV internationale Zusammenarbeit zur Dokumentation über Verkehrswirtschaft 交通经济文献国际合作

IZE Informationszentrale der Elektrizitätswirtschaft 电力经济情报中心

IZFP Institut für Zerstörungsfreie Prüfverfahren

无损检验技术研究所
IZG Impulszusatzgerät 脉冲升压附加器
IZH Interzonenhandel 关内贸易,前东西德之间的贸易

J

J Jagdflugzeug 歼击机,驱逐机,战斗机
J Jäger 歼击机,驱逐机,狙击手
J jährlich 每年的
J Jet 喷气流,喷嘴
J Job 作业
J Jod 碘
J Joule 焦耳(功或能的单位)
j jüdisch 犹太的
j jugoslawisch 南斯拉夫的
J Magnetierungsstärke 磁化强度
J Massenträgheitsmoment 质量惯性矩
J Trägheitsmoment 转动惯量,惯性力矩
JA Jahresausgleich 年平衡
JA Java Application Java 应用程序
J/A joint account 共同帐户
Jabo Jagdbomber 歼击轰炸机
Jaborei Jagdbomber mit Reichweite 远程歼击轰炸机
JAC Joint Advisory Council for the Carpet Industry 地毯工业联合咨询委员会
Jahrb. Jahrbuch 年鉴
Jahresverz. Jahresverzeichnis 年度目录
Jahrg Jahrgang 年度
Jahrh. Jahrhundert 世纪
JAIN Java APIs for Integrated Networks 综合网络的 Java API
JAM just a minute 请稍等一会儿
JAN Japanische Artikelnummer 日本标准商品条形码
Jan. Januar 正月
jap. japanisch 日本的,日本语的
Jap. P. Japanese Patent 日本专利
JAR file Java Archive File Java 档案文件
JAS Juvenile ankylosing spondylitis 幼年强直性脊柱炎
JASSM 联合防区外空地导弹
jato Jahrestonnen 以吨计年产量
JATO-Rocket Jet-Assisted Take-Off-Rocket 射流辅助起飞火箭
Jber. Jahresberichte 年度报告(德刊)
JBIC 国际协力银行
JBIG Joint Bi-level Image Group 联合双值图像组,联合双水平像组
JBKM Johannisbrotkernmehl 长豆角胶,刺槐豆胶
JC Jitter Compensation 抖动补偿
JCA Java Component Architecture Java 组件结构
JCA juvenile chronic arthritis 青年慢性关节炎
JCALS jointed computer-aided acquisition and logistic support 联合计算机辅助采办与后勤支持
JCFA Japan Chemical Fibres Association 日本化学纤维协会
JCL job control language 作业控制语言
JCP Jitter Compensation Priority 抖动补偿优先
JCP Job Control Program 作业控制程序
JCP Junction Call Processing 中继呼叫处理
JCPS Jitter Compensation Processor Sharing 抖动补偿处理器共享
JCT junction 结,中继,连接,接续,汇接点,汇接局
JD Jahresdurchschnitt 年平均值,年平均数
JD John-Deere Company 约翰-迪尔公司
JD Joint Detection 联合检测,联合检波
J. D. Julianisches Datum 【古罗马】儒略纪日
JDAM 联合致导攻击武器
JDBC Java Database Connectivity Java 数据库连接
JDC Japan digital cellular system 日本数字蜂窝系统
JDF Job Definition Format 作业定义格式
JDK Java Development Kit Java 开发工具
JDMK Java Dynamic Management Kit Java 动态管理工具包
JE Japanese encephalitis 日本脑炎
JE Junction Equipment 连接设备
JEE Java Platform Enterprise Edition Java 平台企业版
JEEP Joint Establishment Experimental Pile (荷兰-挪威)原子能联合研究中心的实验性反应堆
J. Ein. Jagdeinsitzer 单座歼击机
JEM Junkers Flugzeug- und Motorenwerke 容克公司飞机和发动机制造厂
JENER Joint Establishment for Nuclear Energy Research (荷兰-挪威)原子能联合研究中心

JEPI Joint Electronic Payment Initiative 联合电子支付计划
JES Job Entry System 作业输入系统
JESA Japanese Engineering Standards Association/Japanischer Normenausschluss 日本工程标准协会
JET Joint European Torus 【英】联合欧洲环(欧洲大型托卡马克核聚变装置)
JEV Japanese encephalitis vaccine 日本脑炎疫苗
JF Jumbo Fiber 巨型光纤
JFET Sperrschicht-FET 结型场效应晶体管
JFK Jagdfliegerkräfte 歼击机部队
JFPM Joint Frequency-Phase Modulation 联合频率相位调制
Jg. Jäger 歼击机,驱逐机;狙击手
JG Jägergeschütz 歼击机火炮
Jg. Jahrgang 年度
JG Jitter Gain 抖动增益
JGA juxtaglomerular apparatus 近血管球复合体
JgdPz Jagdpanzer 装有反坦克炮的装甲车
Jgr (JGr) Jägergranate 歼击机用榴弹
JgrZ Jägergranatzünder 歼击机榴弹用引信
Jh. Jahrhundert 百年,世纪
JHI Josef-Humar-Institut 西德土地、土木、农业、环保学院
JICA Joint Information Center for Low Energy Atomic Collision Phenomena 【美】低能原子碰撞现象联合情报中心
JIS Japanese Industrial Standard 日本工业标准
JISC Japanese Industrial Standard Committee 日本工业标准协会
JIT just in time 准时制生产
JJMMTT Jahr-Monat-Tag 年-月-日
JK Jack 插孔,插座;弹簧开关;起重器,千斤顶
JK just kidding 只是开玩笑
JKZ Jahreskennziffer 年指标
j. M. jeder Monat 每月
JMAPI Java Management Application Programming Interface Java 管理应用程序接口
jmdn. jemanden 某人(第四格)
JME Jones Matrix Eigen analysis 琼斯矩阵本征分析
JMG Joch-Magnetisierung mit Gleichstrom 极靴直流磁化
JMPS Japanese Mobile Phone System 日本移动电话系统
JMR-TD 联合多用途-技术验证机
JMS Java Message Service Java 消息服务
JMS Joch-Magnetisierung mit Stromstoß 极靴脉冲磁化
JMSC Japan Midi Standards Committee 日本乐器数字接口标准委员会,日本 MIDI 标准委员会
j. M. u. Sch. je Mann und Schicht 每工班
J. -N. (J-Nr.) Journalnummer 杂志期号
JNDI Java Naming and Directory Interface Java 命名与目录接口
J. Oberflächentch. Journal für Oberflächentechnik 【德】表面技术期刊
JOE Java Objects Everywhere Java 对象无处不在,泛在 Java 语言对象
JORB Java Object Request Broker Java 目标请求代理
JOS Java Operating System Java 操作系统
JP Java Platform Java 平台
Jp Jumper 跨接线
JP Ungesättigte Polyester-Harze 不饱和聚酯树脂
JPEG joint Photographic [Picture] expert group 联合图像专家组
JPI Japan Petroleum Institute 日本石油学会
JPL Jet Propulsion Laboratory 喷气推进实验室
JPO Joint Program Office 联合项目办公室
J. prakt. Chem. Journal für praktische Chemie 实用化学(德刊)
J/S Jamming-to-Signal ratio 干扰信号比
JSA Japanese Standard Association 日本标准协会
JSCMM Java Supply Chain Management Module Java 供应链管理模块
JSF Jabber Software Foundation 亚贝尔软件基金会
JSF Japan Special Fund 日本专项基金
JSF Java Server Faces (application framework) 两者(应用框架)
JSF Java Server Faces 新一代 Java Web 的应用技术标准
JSF Jitter Suppression Factor 抖动抑制因子
JSF Joint Sparse Form Representation 联合稀疏形式表示
JSF Joint Strike Fighter 联合轰炸战斗机
JSF Joint Strike Force 联合打击力量
JSF Joubert Syndrome Foundation 尤贝尔特综合症的基础
JSOW 联合防区外发射武器
J. St jamming Station 干扰电台
JT Jitter Tolerance 抖动容限
J. T. Julianischer Tag 儒略日
JT Juncture Terminal 连接终端
Jt Jute Typ 黄麻型,黄麻品种
JTAPI Java Telephony Application Programming Interface Java 电话的应用程序接口

JTB Junction Terminal Board 接线端子板
JTC Joint Technical Committee 联合技术委员会
JTE Junction Tandem Exchange 中继汇接局，接点串联交换机
JTE Junction Test Equipment 连接测试设备
JTF Jitter Transfer Function 抖动传递函数
J. T. I. (J. Text. Inst.) Journal of the Textile Institute 纺织协会会志
JTLYK just to let you know 只想让你知道
JTRE Joint Tsunami Research Effort 海啸联合研究
JTS Java Transaction Service Java 事务服务
JTS-Verfahren Japan Tateno Shikano forging method 中心压实法，硬壳锻法
Ju. Junkers 容克(飞机型号)
Ju Jute 黄麻
JUBPM Justier- und Belichtungseinrichtung Projektion Mikrostrukturen 校准和曝光装置投影显微组织
JUI Java Unit Interface Java 部件接口
Jumo Junkers Motor 容克发动机
Jumo Junkers Motorenwerke 容克发动机制造厂
JUPITER Jülicher Pilotanlage für Thorium-Element Reprocessing 于利希钍元素处理试验装置
jur. juristisch 合法的
JuS Jugoslavenski Standard 南斯拉夫国家标准
JVM Java Virtual Machine Java 虚拟机
J. Z. Jodzahl 碘值

K

k boltzmannsche Konstante 波尔兹曼常数
K cells killer cells 细胞杀手细胞
K Code für die Isotopentrennanlagen in Oak Ridge 美国橡树岭(铀)同位素分离工厂用的代码
K Constraint length of the convolution code 卷积码的约束长度
K Druckfestigkeit 抗压强度，耐压强度
1K Einkomponent 单组分
K elektrolytische Dissoziationskonstante 电离常数，电解常数
K Faktor der Dosisleistung von Gammastrahlern γ射线剂量率因子
K Grad Kelvin 开氏度，绝对温标
K Kabel 电缆，导线，多股线，粗索
K Kabel mit Bleimantel 铅皮电缆
K Kabelsockel 电缆插座
K Kabiler 内径；孔，孔型；规，量规
K Kali 苛性钾；钾碱；碳酸钾 K_2CO_3；氧化钾 K_2O；钾
K Kalium 钾
K Kalorie 卡(热量单位)，卡路里
k kalt 冷的
K Kaltelektrode 冷电极
K kaltgezogen 冷拉的；冷拔的
K Kaltmiete 冷房租(不包括暖气费等费用)
K kaltverformt 冷变形的
K Kamera 照相机，摄影机；(电视)摄像机
K Kammer 小室；内胎；隔间
K. Kampf 战斗，搏击
K Kampf flugzeug 战斗机
K Kanal 电路；管道；槽；运河；信道，波道
K Kanone 加农炮，平射炮，炮
K Kanonenboot 炮船
K. Kanonier 炮手
K Kapital 资本
K Kapitaldienst 基建费用的折旧
K Kapitän 船长，舰长
K Kappenisolator 盘形悬式绝缘子；罩形绝缘子；帽状绝缘子
K. Karabiner 卡宾枪
K Karat 克拉(钻石重量单位，1 克拉 = 0.2 g)；开(含金量的单位)
K. Kartätsche 霰弹
K Karton 硬纸盒，包装纸箱
K. Kasten 盒，箱
K Kathode/Katode 阴极
K. Kavallerie 骑兵
K Kegel 锥体，圆锥
K Kegelbohrung, keglige Bohrung 圆锥孔
K Kegelkuppe 螺栓的锥端
K Kelvin 绝对温度，开氏温度，开尔文
K Kelvintemperatur 开氏温度
K Kenngröße 特征值；特征参数
K Kerbzähigkeit 冲击韧性；缺口韧性；缺口冲击值
K Kern 芯，芯子；芯线；(物)原子核；泥芯；(冶)炉芯；(电)铁心；(矿)岩心；核心；本质
K-粉 ketamine 粉，氯胺酮粉，一种常见毒品
K Kettenlänge 链长

K K-Formstück 导管支管(R=10D)
K Kilo 千克;千(词冠)
K Kilogramm 千克,公斤
KΩ (kohm) Kiloohm 千欧(姆)
K Kippstelle 卸车地点,卸料点
K Kirche 教堂
K Kiste 箱子
K Klarwasser 清澈的水,净水,澄清水
K K-Leim 脲醛胶
K Kleinstmaß 最小尺寸
K Klirrfaktor 失真因数
K3 Klirrfaktor 3 Ordnung 三次谐波失真因数
K Knüppelschaltung 手柄变速
K Kohle 煤
K Kohlenmächtigkeit 煤层可采厚度
K Kokillenguss 金属模铸造(铸件标记)
K Kokskohle 焦煤
K Kolben 活塞
K Köln 科隆
K Kombi 箱式轿车,客货两用车
K kombinierte Bewetterung 联合通风
K Kommandant 司令官,指挥官
K Kompressibilitätskoeffizient 压缩系数
K Kompressionsmodul 压缩模量
K Kompressor 空气压缩机,空压机
K Kondensat 凝液;冷凝物;缩合物
K Konstante 常数,恒值
K Kontrolle 控制,操纵;检验,检查,对照
K Kontrolleur 检验员
K Konzentration 浓缩,浓度;集中,聚焦
K Koordination 同等,同格;配位
K Köperbindung 斜纹组织
K Kopplungsfaktor 耦合系数
K Körper 身体;机架,床身
K Korrosionsschutz 防腐
K Korrosionsverlust 腐蚀损失
K Kosten 开支,费用,成本
K Kostpreis 成本价
K Kraftfahrer 卡车司机
K Kraftfahrwesen 汽车学,汽车业
K Kraftrad 机器脚踏车,摩托车
K Kreis 圆
K Kreuzmodulations faktor 交叉调制因数,交扰调制因数
K Kreuzschlag 交叉拳
K Kristall 结晶,晶体
k künstlich 人造的,人工的;艺术的
K Kunstseide 人造丝
K Kurbelwelle 曲轴,曲拐轴
k kurz 短的
K Kutikula (某些动植物的)表皮,角质层,护膜
K Schwarz 黑色
K Stoßzahl 冲击系数,碰撞次数
K 存储容量单位(1K 字=1024 字)
Ka Abfrageklinke; Amtsklinke 应答塞孔
ka kaltausgehärtet 时效硬化的
Ka. Kammersprengverfahren 硐室装药爆破法,硐室装药法,药室崩矿法
KA Kapaitätsangebot 容量提供
Ka Kartenart 卡片种类
KA Kasein 酪素
KA Kaseinfasern 酪蛋白纤维
K-A Kathode-Anode 阴极-阳极
KA Kationenaustauscher 阳离子交换剂
KA Kesselrohradjustage 锅炉管精整
KA Keyed Address 键入地址
kA Kiloampere 千安
KA King-Armstrong (磷酸酶的)金-阿姆斯特朗(单位)
KA Knotenamt 电话枢纽站;中继局;汇接局
KA Knowledge Acquisition 知识获取
KA Knüppelauflage (钢坯)上料,上料台
KA Koeffizient der Abweichung 偏差系数
KA Kommando Abgabeeinrichtung 发令装置
KA Kommandoabgaberelais 指令启动继电器
KA Kraftmessdose 测压元件;压力计;功率计
KA Kühlanlage 制冷设备,冷冻设备
KA Künstliche Aktivität 人工放射性
Kab. Kabine 室;舱;司机房
Kab Kommandoabgabe-Relais 指令启动继电器
KABCE Kanal-belegt-Speicher-CLEAR-Eingang 通道存储器清除输入端
KAbnA Kohleabnahmeamt 煤验收局
KAB-Speicher Kanalbelegtspeicher 通道存储器
Kab. -Tr. Kabeltrage 电缆托架
KAE Kabelabschlusseinrichtung 电缆终端套
KAF Kaseinfaser 酪素纤维
Kaf Kosten, Assekuranz (Versicherung) und Fracht 到岸价格(成本加保险费及运费后的价格)
KAF (RHR) 后端罩限制降下
KAG Kapitalanlagegesellschaft 资本投资公司
KAG Kassettengerät 盒式录音机
KAG Katalog der Astronomischen Gesellschaft 天文学会目录
KAh Kommandoabgabehilfsrelais 指令发送辅助继电器
KAHTER Kritische Anlage zum Hochtemperaturreaktor, KFA Jülich 于利希高温堆临界装置
K. A. K. (K. Ak.) Kriegsakademie 军事学院
K. A. K. Küstenabschnittskommando 沿海地域司令部
kal Grammkalorie 克卡

KAL Kanalanruflampe 通路呼叫灯
Kal. Kaliber 量规,卡钳;口径,孔;孔型;(板材)厚度;(线材)直径
Kal. Kalium 钾
KaL Kettenauflagelänge 履带接地长度
K-ALG Key management Algorithm 密钥管理算法
Kaliw Kaliwerk 钾盐矿山;钾盐公司;钾盐加工厂
Kaltbrüchigk. Kaltbrüchigkeit 冷脆性
Kälteausrüst. Kälteausrüstung 冷设备,冷冻设备
Kälte-Klima-Prakt. Kälte-Klima-Praktiker 冷(冻)-气候-实践家(德刊)
Kältetech. -Klim Kältetechnik-Klimatisierung 制冷技术-空气调节(德刊)
Kältetechn. Kältetechnik 制冷技术,冷冻技术,制冷工程
Kalz. kalziniert 煅烧的
KAM Knowledge Acquisition Module 知识获取模块
KÄMET 欧洲区域陆地测站地面雷达天气观测报告
KAN (Kan) Kanal 电路,波道,线路;运河;通道
Kan. Kanone 加农炮,平射炮,炮
Kanone FF Flugzeugflügelkanone 装在飞机机翼上的加农炮
Kap Kapazität 容量;电容;功率;生产能力;能量
Kap. Kapillare 微血管,毛细管
Kap. Kapitel 章,篇,节
Kapaz. Beleg. Kapazitätsbelegung 容量占用
KAPG Kommission der Akademien der Wissenschaften für Planetare geophysikalische Forschungen 行星地球物理研究科学委员会
KAPL Knolls Atomic Power Laboratory 诺尔原子能实验室
KAPPOS Karlsruher Programmsystem 卡尔斯鲁厄程序系统
KAR Kabelauswahlregister 电缆选择记录器
Kar Karabiner 卡宾枪
KAR Kleinanalogrechner 小型模拟计算机
KARIN Karlsruher Ringionenquellen-Neutronengenerator 卡尔斯鲁厄环形离子源-中子发生器
Kart. Kartätsche 霰弹
Kart. Kartei 卡片外存储器;卡片集
Kart. Kartenspiel 纸牌游戏
kart. kartoniert 以纸板装订的;硬面平装的
Kart. Kartusche 药筒,药包
Kartb Kartuschbeutel (发射)药包
KartMu Kartuschenmunition 分装式弹药,药筒式弹药
Kartogr. Kartographie 制图学;绘图学
Kartvorl Kartuschenvorlage 弹药筒样品
KAS Kaseinkunstseide 酪蛋白人造丝
KAS Knowledge Acquisition System 知识获取系统
Kas. L. Kasemattenlafette 军舰上的炮塔炮架
Kat Abgaskatalysator 废气催化剂
Kat Kaltklebekitt 冷胶粘油灰,冷胶粘剂
Kat. Katalog (书籍,商品等的)目录
kat. katalytisch 催化的
Kat. Katastrophe 灾害
KAT Kationenaustauscher 阳离子交换剂
kath. katholisch 天主教的
KATRIN komplexe Auswertung trigonometrischer Netze 三角网复合计算
KAusw Kommandoauswahlrelais 指令选择继电器
Kaut. Kauterium 腐蚀剂
Kaut. Kautschuk 橡胶
Kaut. Gummi Kunstst. Kautschuk und Gummi Kunststoffe 橡胶橡皮和塑料(德刊)
Kb Kabel 电缆,电线;缆索,钢缆
Kb. Kalkbrei (石)灰浆
KB Kamerabediengerät 摄影机操作器
KB Kapazitätsbedarf 容量需求
KB Kappschienen auf Bergekasten 岩石垛上的钢轨顶梁
KB Katodenbasisschaltung 阴极接地线路;共阴极线络
KB Katodenbasisstufe 阴极接地级;共阴极级
KB K Bytes 千字节,千二进位组
KB Kernbohrprobe 岩芯钻进试验
KB Kernbrennstoff 核燃料
K. B. Kettenbahn 链路;链轨
KB Kettenbreite 链条宽度
Kb kilobase 千碱基对
Kb Kilobit 千比特
KB Kilobyte 千字节
KB Kirschbaum 樱属,樱亚属;樱桃树
KB Knowledge Base 知识库
KB Kommisionbericht 委员会报告
KB Konstruktionsbüro 设计局,设计处
KB Kontrollbild 控制图像;检验图像
K. B. Konzessionsbetrieb 领有官方许可证的企业
KB Kraftstoffbehälter 燃料箱;燃料容器
KB Kurzzeitbetrieb 短时运行
Kb. Kurzbenennung 简称
KBA Kernkraftwerk Biblis A 比布利斯 A 核电厂

KBA Kraftfahrt-Bundesamt 联邦汽车局

KBA Kraftfahrzeug-Batterieanschluss 汽车电瓶接线

KBA Kurbelwellenbenzinanlasser 曲轴汽油起动机

KB-AB Katodenbasis-Anodenbasis-Schaltung 阴极接地-阳极接地线路;共阴极-共阳极线络

KBANN Knowledge-Based Artificial Neural Networks 知识库人工神经网络

KBAV Kurzschluss-und Bürsten-Abhebe-Vorrichtung 转子和电刷升降绕组的短路装置

KBB Kernkraftwerk Biblis B 比布利斯 B 核电厂

KBC Kern-, bakteriologische und chemische Waffen 核子、细菌与化学武器

kbdm Kubikdezimeter 立方分米

KB-DSS Knowledge Based Decision Support System 基于知识的决策支持系统

kb-Elektrode kalkbasische Elektrode 碱性焊条

KBES Knowledge-Base Expert System 知识库专家系统

KBett Kanone in Bettung 装在炮床上的火炮

KBG Kernkraftwerk-Betriebsgesellschaft 卡尔斯鲁厄核电厂运行公司

KB-GB Katodenbasis-Gitterbasis-Schaltung 阴极接地-栅极接地线路;共阴极-共栅极线络

KBI Betrieberausschuss der Kernbrennstoffindustrie 核燃料工业经营者委员会

KBIF kommerzieller Bildfernsprecher 商业传真电话机

KBK Kupplungs-Brems-Kombination 离合-制动-组合

Kbl. Kabel 电缆,电线;缆索,钢缆

KBL Kleinbuchungsautomat mit Lochbandausgabe 带穿孔带输出的小型薄记自动机

Kblg. Kabellänge 电缆长度

KBM Knowledge-Based Machine 基于知识的机器

KBM Knowledge Base Management [Module] 知识库管理/模块

KB-MMS Knowledge-Based Model Management System 基于知识的模型管理系统

KBMS Knowledge Base Management System 知识库管理系统

K-Bombe Kobaltbombe 钴弹(氢弹之一种)

KBPS Kilobits Per Second 每秒千比特,千位/秒

KBPS Kilobytes Per Second 每秒千字节数

KBR Kernkraftwerk Brokdorf GmbH 布洛克多夫核电厂

KBS Kärn-Bränsle-Säkerhet Schwedischer Sicherheitsbericht 瑞典安全报告

KBS Kathodenbasisschaltung 阴极接地线路,共阴极线路

KBS Knowledge Based System 基于知识的系统

KBS Knowledge Base System 知识库系统

KBS Kompensationsbandschreiber 补偿带记录器

KBST Kernbrennstoff 核燃料

Kbt. Kanonenboot 炮舰,炮艇

KBV Kali- und Steinsalzbergbauvorschriften 钾盐和岩盐开采安全规程

KBV Vorschriften für die technische Sicherheit und den Arbeitsschutz im Kali- und Erzbergbau 钾矿与金属矿开采的技术安全与劳动保护条例

Kbw Kraftwagenbetriebswerk 汽车传动机构

Kc ciphering Key 加密键

Kc Cryptographic Key 密钥,密码键

KC Kampfstoffe, cylindrische 筒装/钢瓶装化学毒气

KC Kombicoupe 双门厢式轿车,双门客货两用车

Kc Kupferkunstseide 人造铜丝

K/CC 仪表资讯简单自诊

KC Flam Kampfcylindrische Flammenöl-Bombe 圆筒式化学燃油弹

Kd Dienstleitungsklinke 业务线络插孔

KD Kick Down 换低档

kD Kilodalton 千道尔顿

KD kleine Dehnung 小延伸,小膨胀

KD Knowledge Discovery 知识发现

KD Kontrolldienst 控制工作;检验工作;调整工作

kd Kreppdrehung 紧捻,绉捻

KD Kundendienst 客户服务

KD künstlicher Diamant 人造金刚石(磨料标号)

Kda Dienstabfrageklinke 业务应答插孔

K. D. B. Kristalldrehbasisgerät 晶体接收声定位计

KDC Key Distribution Center 密钥分配中心

KDD Knowledge Discovery in Database 数据库中的知识发现

KDF Kaltdruckfestigkeit 冷态抗压强度

KDG Kieler Determinationsgerät 克拉氏测定仪

KDK Knit-de-Knit 编织拆散(变形),假编(变形)

Kdo. Kommando 指令,命令

Kdo. Ger. Kommandogerät 指令装置;控制器;管理装置

KDP Kaliumdihydrogenphosphat 磷酸二氢钾

KD+P DKDP Kaliumdideuteriumphosphat 磷酸二氘钾,KD_2PO_4
KDr Kurzschlussdrosselspule 短路轭流线圈
KDS Kalidüngesalz 钾盐肥料
KDS Kontinuierliche Drahtstraße 连续式线材轧机
KDS Kurzschlussdrosselspule 短路扼流线圈
KDT Kammer der Technik DDR 民德技术协会
KDT Knowledge Development Tools 知识开发工具
Kdt. Kommandant 指挥官,司令员
KdW Kurs durch Wasser 航向,航线
kdyn Kilodyn (1 kdyn= 10^3 dyn) 千达因
KE Kaliber-Einheit 量规(卡钳)的刻度单位
KE Kalomel-Elektrode 甘汞电极
KE Karteneinheit 卡片组,卡片单位
KE Kathodenelektrode 阴极电极
ke keramisch 陶瓷的
KE Kern 芯,磁芯;核,原子核
KE Kernenergie 核能
Ke. Kessel 锅炉
Ke. Kesselschuss 包围战,围剿
Ke Kette 电池;链
K. E. Kinetische Energie 动能
KE Knowledge Engineering 知识工程
KE Kohlenelektrode 碳极,碳电极,碳精电极
KE Kommandoempfänger 指令接收机
KE Kommandoempfangsrelais 指令接收继电器
KE Konstruktionselement 结构元件
KE konventionelle Emaillierung 普通上釉
KE Koordinatenentfernung 坐标距离
KE Kühlmitteleinheit 冷却剂单位,制冷剂单位
KEB Ketteneinzelbit 链接单个二进位
KEE Knowledge Engineering Environment 知识工程环境
KEE Koppelnetzendeinrichtung 耦合网络终端装置
KEG Kabelendgestell 电缆终端架
keg kegelig 锥形的
KEG Knowledge Engineering Group 知识工程组
KEG Kommission der Europäischen Gemeinschaften 欧洲共同体委员会
KELAG Klagenfürter Elektrizitäts AG 克拉根福电力股份公司
KEM Kartoffelerntemaschine 马铃薯收割机
KEMA Keuring van Elektrotechnische Materialien Arnheim 荷兰电工材料研究所
KEMA Köln-Ehrenfelder-Maschinenbau-Anstalt 科隆-艾伦费德机器制造联合企业
KEMA kontinuierlicher elektromagnetischer Antrieb 连续的电磁驱动
KEMOL Rechenprogramm „Kernmodell" für LWR 轻水堆堆芯模型计算机程序
Kennz. Kennzeichen 标志,记号;特性
Kennz. Kennziffer 指数,指标
KEOPS Key Element for Optical Packet Switching 光分组交换的关键元素
KEP Konstruktiver Entwicklungsprozess 结构研制过程
Ker. Keramik 陶瓷,陶瓷学
ker. keramisch 陶瓷的
KERA keratinase 角蛋白酶
Keram. Z. Keramische Zeitschrift 陶瓷期刊
KeraölRec-Verfahren KERAMCHEMIE GmbH Öl-Rückgewinnungs-Verfahren 陶瓷化学公司发明的油回收方法
Kernenerg. Kernenergie 核能
Kernenergieverwert. Kernenergieverwertung 核能应用,原子能应用
Kernforsch. Kernforschung 核研究
Kernphys. Kernphysik 核物理
Kerntech. Kerntechnik 核技术
KES Künstlicher Erdsatellit 人造地球卫星
Kess. Kw. Kesselkraftwagen 蒸汽汽车;油槽汽车
Kess. W. Kesselwagen 锅炉车
KEST Kernenergie-Studiengesellschaft 核能研究协会
KET Ketone-bodies 酮体
KET Kettenbaustein 链式组件
Kettfz. Kettenfahrzeug 履带式运输工具
KEV Kabelendverteiler 电缆终端分配器;电缆终端配电盘;电缆终端分线架;电缆终端分压器
keV Kiloelektronenvolt 千电子伏,开夫,10^3电子伏
KEWA Kernbrennstoff-Wiederaufarbeitungsgesellschaft mbH 【德】核燃料后处理股份有限公司
KEWB Kinetic Experiments on Water Boilers 对锅炉水的动力学试验
KEZ Kettenzeitglied 链路时节
Ke. -Zif. Kennziffer 标记,标志,特性,特征
Kf Fernleitungsklinke 远距离电讯线路插孔;输电线路插孔
KF kältebeständiges Fett 耐寒油脂
KF Karl-Fischer- Lösung 卡尔-费舍尔溶液
KF Kationenfilter 阳离子过滤器
Kf Kenaf (=Bimli, Gambo, Java-Jute) 洋麻,槿麻,南方型洋麻
KF Kernforschung 核研究
KF Kernfusion 核聚变

KF Kettfaden 经纱
KF Kleine Fahrt 短途航行
KF Kohlefaser 碳素纤维
KF Kohlenstoffaser 碳纤维,碳素纤维
K. F. Kommutationsfaktor 整流系数
KF Kompensationsfilter 补偿滤波器
KF Korrelationsfunktion 相关函数
KF Korrosionsfestigkeit 腐蚀强度,抗蚀性,耐蚀性
Kf. Kraftfahrer 汽车司机
KF (Kfz) Kraftfahrzeug 机动车,汽车
Kf Kufe 大桶;桶(德国旧时的啤酒计量单位)
KF Kühlflansch 冷却凸缘
KF Kurzschlussfortschaltung 短路重接
KFA Kernforschungsanlage 核研究设备
KFB 方便部件
KfG Kraftfahrzeuggesetz 汽车法(规)
KfI Kuratorium für Isotopentechnik 同位素技术委员会
KFK graphitfaserverstärkte Kunststoffe 石墨纤维增强塑料
KfK Kernforschungszentrum Karlsruhe GmbH 卡尔斯鲁厄核研究中心
KFK kohlenstofffaserverstärkter Kunststoff 碳纤维增强塑料
KFK Kunstfeinkorn 人造细颗粒;塑料细晶粒
KFK-Nachr. Kernforschungszentrum Karlsruhe Nachrichten 卡尔斯鲁厄核研究中心报(德刊)
KFL Karl-Fischer-Lösung 卡尔-费舍尔-溶液
K. Flak. Kraftwagenfliegerabwehrkanone 安装在汽车上的高射炮
KFM kapazitiver Feldänderungsmelder 电容式场变化报警器
Kfm. Kaufmann 商人
kfm. kaufmännisch 商业的;商人的
KfPist Kampfpistole 战斗用手枪
Kf. -Pr. Kaufpreis 购买价
KfR Kommission für Raumfahrttechnik 宇航技术委员会
Kfrg. Kesselfeuerung 锅炉燃烧室
Kfrwf. Kraftwagenführer 汽车司机
Kfs Koordinierungsstelle für Standardisierung 标准化协调局
KFS Kugelfunkenstrecke 球形电极火花隙
KFS Küstenfunkstelle 海岸无线电台
KFSTn Koppelfeldsteuerungen 耦合场控制
kftechn. kraftfahrtechnisch 汽车技术的
KFÜ Kernreaktor-Fernüberwachungssystem 核反应堆远距离监控系统
KFV Kraftfahrzeugvollversicherung 汽车全险
KfW Kreditanstalt für Wiederaufbau 复兴银行
KFW Kuratorium für Wasserwirtschaft 计划用水管理委员会
KfwABwG Kampfwagenabwehrgeschütz 反坦克炮
Kfz. Autostellplatz 车位
KFZ Kernforschungszentrum 核研究中心
Kfz Kraftzug 拖拉机
Kfz kubisch-flächenzentriert 面心立方的
Kfz. -Mech. Kraftfahrzeugmechaniker 汽车机械师
Kfz. Nr. Kraftfahrzeugnummer 车牌
KFZK Kernforschungszentrum Karlsruhe 卡尔斯鲁厄核研究中心
Kg Kammgarn 精梳纱
KG Kampfgruppe 战斗群
K-G Kathode-Gitter 阴极-栅极
KG Kavaleriegeschütz 骑兵炮
kG kilogauß 千高斯
Kg Kilogramm 千克,公斤
KG Kleingebläse 小型鼓风机;工作面通风机
K. G. Kohlenhandels-Gesellschaft 煤炭销售公司
KG Koksgas 焦炉煤气
KG Kommanditgesellschaft 两合公司,合资公司
KG Kommandogerät (火炮射击)指挥仪
KG Kopfgruppenauswahl 磁头选择
K. G. (Kg) Kraftwagengeschütz 汽车底盘自行火炮
KG Kristallisationsgeschwindigkeit 结晶速度
Kg. Kugel 球;球体;滚珠,弹丸,钢球
KG Kugelgraphit 球状石墨
Kg Kühlgas 冷却气体
KG 卡片式无匙启动功能;无钥匙驾驶系统
KGaA Kommanditgesellschaft auf Aktien 股份两合公司
KGB Komitet Gosudarstvennoi Bezopasnosti 【俄】国家安全委员会克格勃
kgcal Kilogram Calorie 千克卡
kgcm Kilogrammzentimeter 公斤厘米
Kgeh. Kurbelgehäuse 曲轴箱
K. -Geschoss Kerngeschoss 核弹
kgf Kilogramm-Kraft 公斤力
Kgg Gegenkurs 反航线
kg/kWh Kilogramm je Kilowattstunde 公斤/千瓦·小时
Kgl Konglomerat 结系物,胶合物;砾岩
Kg. m² Kilogramm. m² 千克平方米
KgmB Kilogramm mit Beutel 带药包重量
Kgps (kg/s) Kilogramm per second 千克每秒
kg/PSh Kilogramm pro Pferdestärke-Stunde 千克/马力小时

K. Gr. Kanonengranate 加农炮使用的榴弹
Kgr Kiesgrube 露天采石场
K. Gr. M. P. Kanonengranate mit Panzerkopf 穿甲弹
KGrPatrPz Kanonengranate Patronen Panzer 定装式杀伤榴弹
KGrRotAl Kanonengranate, rote Sprengwolke, Aluminium (一种)含铝的、爆炸时伴有红色烟云的高爆弹
KGRZ Kommunale Gebietsrechenzentren 市区计算中心
kg/s Kilogramm per second 千克/秒,公斤/秒
17-KGS 17-ketogenic steroid 17-生酮类固醇
KGst. Kommunale Gemeinschaftsstelle für Verwaltungsverein fachung 市政社区精简机构办事处
kg/t Kilogramm je Tonne 公斤/吨
kgV kleinstes gemeinsames Vielfaches 最小公倍数
KGV Kurs-Gewinn-Verhältnis 市盈率
KGW Knotenamts-Gruppenwähler 电话自动交换局选组器
kg Z e/m3 f. B. kg Zement auf 1 m^3 fertigen Beton 公斤水泥/立方米混凝土
Kh andere grobe Tierkörperhaare (除羊毛外)其它粗的动物毛
Kh Hilfsklinke 辅助插孔
KH Karbonathärte (水的)碳酸盐硬度
KH Kernhärte 泥芯硬度;(材料)心部硬度
KH Kipphebel 翻转杠杆;摇杆;摇臂;气门摇杆
KH Kohlenhydrat 碳水化合物
KH Konstruktionshöhe 建筑高度
KH Kunstharz pressstoff 合成树脂(模压塑料)
KHB Kritische Heizflächenbelastung 临界单位面积传热量
KHD Klöchner-Humboldt-Deutz AG 克勒克纳-洪堡-道依茨公司
KhLdg Kammerhülsenladung 中心式起爆管装药
K. H. Q. katastrophale Hochwasserquantität 灾难洪水流量
K. H. S. Kennely-Heaviside-Schicht 电离层;肯涅利-亥维赛层
KHW Katastrophenhochwasser 灾难洪水
K. H. W. Kriegshilfswerk 战时辅助企业
KHz Kilohertz 千赫;千周/秒
Ki individual subscriber authentication key 个人用户鉴权键,个人用户认证密钥
KI Kiefer 松树;颚骨
Ki Kilogramm 千克
KI Kreuzspulinstrument 交叉动圈式测试仪表
KI Künstliche Intelligenz 人工智能
Ki Subscriber Authentication Key 用户鉴权密钥
Ki. Kimme 表尺缺口;枪的准星
KI 仪表板
KIB Kohlen-Industrie-Beirat 煤炭工业顾问
KIB Konstruktions- und Ingenieur Büro 工业设计局
KID Kraftfahrzeug-Identifikation 汽车鉴定,汽车识别
KIF knowledge interchange format 知识交换格式
Klg Kugellager 滚珠轴承
K. i. H. Kanonenrohr in Haubitzenlafette 加农榴弹炮
K. i. K. L. Kanone in Kasemattenlafette 暗堡加农炮,装在暗堡炮架上的加农炮
kin. kinetisch 动的,动力学的
Kinematogr. Kinematograf 电影摄影机(或放映机)
kinet. kinetisch 动力学的
K. inMrs. Laf. Kanone in Mörserlafette 安装在臼炮架上的加农炮
K. I. P. L. Kanone in Panzerlafette 装于坦克底盘上的炮,自行火炮
KIREM Kernstrahlungs-, Impuls-und Reaktor-Messtechnik GmbH, Frankfurt 法兰克福核辐射、脉冲和反应堆测量技术公司
KiRL Kanone in Radlafette 安装在轮架上的加农炮
KISS keep it simple, stupid 请长话短说
KITLG 干细胞生长因子蛋白
KIWZ Konferenz über Internationale Wirtschaftliche Zusammenarbeit 国际经济合作会议
k. J. künftigen Jahres 明年,来年
KJ/K Kilojoule per Kelvin 千焦耳/开氏度
KJ/Kg Kilojoule pro Kilogramm 千焦耳/千克
KK Kamerakopf 摄影机头
Kk Kännelkohle 烛煤
KK Kanone-Kasematte 火炮炮塔
K. K. Kasemattenkanone 暗堡炮
KK keramischer Kondensator 陶瓷电容器
KK Key Enciphering Key 密钥加密密钥
KK Kleinkaliber 小量规,小卡钳,小口径
KK Koaxialkabel 同轴电缆
KK Kompasskurs 按罗盘确定的方位航行;罗经航向
KK Kontaktkopieverfahren 接触复制法
k, K Kontrolleur 检验员
KK Korrekturkoeffizient 修正系数
K. K. Kraftwagenkolonne 汽车车队
KK Kraftzug-Kanone 机械牵引炮,自行火炮

KKA Kernkraftantriebsanlage 核动力驱动设备
kkal/mh ℃ 千卡/米·小时.摄氏度
KKB Kernkraftwerk Beznau 【瑞士】贝茨瑙核电厂
KKB Kernkraftwerk Brunsbüttel 布龙斯比特尔核电厂
KKB Kunststoff-Kraftstoffbehälter 塑料燃料箱
KKE Kernkraftwerk Emsland Lingen 埃姆斯兰林根核电厂
KKF Kreuzkorrelationsfunktion 互相关函数
KKG Kernkraftwerk Gösgen-Däniken 【瑞士】格斯根-德尼肯核电厂
KKG Kernkraftwerk Grafenrheinfeld 格拉芬莱因费尔德核电厂
KKG Knallkörpergerät 雷管仪
KKG KristallisationskenngröBe 结晶特征参数,晶化特征参数
KKH Kernkraftwerk Hamm 哈姆核电厂
KKI Kernkraftwerk Isar, München 慕尼黑伊萨尔核电厂
KKK Kernkraftwerk Kaiseraugst 凯泽奥斯特核电厂
KKK Kernkraftwerk Krümmel 克吕梅尔核电厂
KKL Kernkraftwerk Leibstadt 【瑞士】莱布斯塔特核电厂
KKL Kleinkartenleser 小卡片阅读器
KKM kapazitiver Kopplungsmesser 电容耦合测试器,电容串音测试器
KKM Kreiskolbenmaschine 旋转活塞发动机;转子发动机
KKM Kreiskolbenmotor 旋转活塞式发动机
KKM Master Key Enciphering Key 主密钥加密密钥
KKN Kernkraftwerk Niederaichbach 下艾希巴赫核电厂
K. Kond. Keramische Kondensator 陶瓷电容器
KKP Kernkraftwerk Philippsburg 菲利普斯堡核电厂
KKPt Kernkraftwerk Pleinting/Donau 普莱廷/多瑙核电厂
Kkr Richtkreis 罗盘,量角器,刻度盘,分度盘
KKS kathodischer Korrosionsschutz 阴极防腐,阴极腐蚀防护
KKS Kernkraftwerk-Kennzeichnungssystem 核电站标识系统
KKS Kernkraftwerk Stade 施塔德核电厂
KKT kleiner Konzentrator (化)小型浓缩器,小型聚焦器,小聚焦线圈;小型集线器
KKT Kleinkühlturm 小型冷却塔
KKTE kleine Konzentrator-Einrichtung 小型浓缩机装置
KKU Kernkraftwerk Unterweser 下威悉河核电厂
KKV Kernkraftwerk Vahnum 瓦努姆核电厂
KKV Klotz-Kurzverweil-Verfahren 短暂堆置染色法
KKVerm Kontaktkreis deutscher Vermessungsgremien 德国测量团体联络组
KKW Kernkraftwerk 核电站
K. Kw. Kesselkraftwagen 蒸汽汽车,油槽汽车
Kkwgn Kleinkraftwagen 小排量汽车,微型汽车
KKW-Nord Kernkraftwerk Nord bei Greifswald, DDR 【前民德】格赖夫斯瓦尔德北部核电厂
KL Abfrageklinke 应答塞孔;询问塞孔
KL Kabellänge 电缆长度
K 1. Kalorie 卡
KL Kanone Lauflänge ... 倍口径的火炮
KL Kartenleser 卡片阅读器
Kl Kartenlocher 卡片穿孔器
K. L. Kasemattenlafette 暗堡炮炮架
K. L. Kastenlafette 箱形炮架
kl Kioliter 千升
Kl. Klafter 奥地利沙绳
Kl. klasse 级,等级
Kl. Klassifikation 分级,分类
Kl Kleinwagen 小型矿车
Kl. Klemme 夹钳,夹子,夹爪;(电)接线柱,端子,连接器;(冶)压折(缺陷)
Kl. Klinge 刀口;刀刃;刀片
kl. klingeln 铃响,钟响,作叮铃声
KL Klirrfaktor 失真因数;畸变因数
KL Kombilimousine 四门箱式轿车,高级客货两用车
KL Kondensatorleitung 高通滤波器;高通滤波链;电容性电纳
KL Kondensatorlinse 聚光镜,聚焦透镜
KL Kontrollampe 指示灯;监视灯
KL Kraft-Längenänderung 力-长度变化
KL Kurzschussläufer 鼠笼式转子,鼠笼式电枢
Kl Leitungsklinke 导线插孔
KLA 自动恒温控制系统
KLA-Schornstein kombinierter Luft-Abgas-Schornstein 空气废气合用烟囱
klAZ kleiner Aufschlagzünder 小型着发引信
Klb Kleinbahn 窄轨,窄轨铁道
KlC Kleincomputer 小型计算机
Kld. Kunstleder 人造革
KLE Kassettenleser 盒式阅读器,盒式读数器

kleiF kleiner Flammenwerfer 小型火焰投射器
klf klassifiziert 分等的,分类的;筛分过的
Kl. F. W. Kleiner Flammenwerfer 小型火焰喷射器
Klg. Kugellager 滚珠轴承
kl. Inst. Kw. kleiner Instandsetzungskraftwagen 轻型修理车,轻型移动式汽车修理间
klLdg kleine Ladung 小型装药,减装药;小载荷,小加载;小装载,小装料;小充电,小充气
Klm Kilolumen 千流明(照度的单位)
KLM Königlich Niederländische Luftverkehrsgesellschaft 荷兰皇家航空公司
Klm-h Kilolumen-Stunde 千流明小时
Klnb. Kleinbahn 窄轨,窄轨铁道
Klopffestigk. Klopffestigkeit 抗爆性;(燃烧的)稳定性;抗震性
KLP Kanonenlenkprojektil 制导炮弹子弹头
Kl. -Pack. Kleinpackung 小包装
kl. Pz. Fn. Wg. kleiner Panzer-funkwagen 装有无线电台的小型坦克
KLR Kursstabilisierender Lenkrollraduis 行车稳定的转向滚动半径
KLR Kurs- und Lagereferenzsystem 航线与位置参考系
k. l. s. kalt sehr löslich 冷易溶的
KLS Kurzschluss-Leerlauf-Schalter 短路空运转开关
KLS 装有空气调节器座
KLT (K-L-T) Konzentrations-Leistungs-Test 浓缩功率试验
KLtg. Kabelleitung 电缆导线
klV kleine Verzögerung 短延期
KLZ Kühlzelle 冷藏间
kl. Zdg. kleine Zündung 小点火,小点燃,小发爆;小点火系统
klZdlg kleine Zündladung 小型传爆药或助爆药
K. M. Kamelhaarwolle 驼毛
KM Keimzahl 晶核数目,晶核生成率;细菌数
KM Kilo-Megen = Giga 10^9 十亿
km Kilometer 公里,千米
KM Knowledge Management 知识管理
Km Kolbenmotor 活塞式发动机;柱塞马达
KM Komplettmotor 长发动机
KM Konfigurationsmanagement 配置管理
KM Kontaktmechanismus 触头机理,接触机理
KM Kontrollmarke 检验标志
KM Kontrollmonitor 检验控制器
KM Kraftmagnet 电磁铁;吸力磁铁
Km Kreiskolbenmotor 旋转活塞发动机
KM Kriegsmarine 海军;舰队
k. M. künftigen Monats 下月,来月
KM Kupplungsmotor 带离合器的电动机;复式发动机
Km Michaelis constant 米氏常数
Km Mithörklinke 监听塞孔;窃听塞孔
km^2 Quadratkilometer 平方千米
KMA Key Management Algorithm 密钥管理算法
KMA Kriegsmarine-Arsenal 海军兵工厂
KMB Konstruktions- und Montagebetrieb 建筑安装管理局
KMD Kühlmitteldruck 冷却剂压力
KMD Kühlmitteldurchsatz 冷却剂流量
Kmdo. Kommando 指令,命令
KMF künstliche Mineralfaser 人造矿物纤维
km/h Kilometer pro Stunde 千米/小时,公里/小时
KMHz Kilomegahertz 千兆赫(=吉赫=10^9赫)
KMK Kabelmesskoffer 电缆测量箱
KMK Kulturministerkonferenz, ständige Konferenz der Kulturminister der Länder 文化部长会议(各州文化部长常设会议)
KML Kurz-, Mittel-und Langwellenbereich 短波、中波和长波波段
KMM Koordinaten-Messmaschine 坐标测量仪
KM N D Kühlmittel [nieder] druck 冷却剂(低)压力
KMO kilomegohm 千兆欧(姆)(=吉欧=10^9欧)
Kmol Kilomol 千摩尔,千克分子
KMR kernmagnetische Resonanz 磁芯谐振
K. MrsL Kanone in Mörser Lafette 装在迫击炮架上的火炮
KMR-Spektroskopie kernmagnetische Resonanz-Spektroskopie 磁芯谐振光谱学;磁芯谐振频谱学
Km/s Kilometer pro Sekunde 千米/秒
KMßea Kabelmessamter 电缆测试员
km-st Kilometestunde 千米小时,公里小时
kmt Kilometertonne 吨公里
KMT Kontinuierliches Mitarbeiter-Training 人员继续培训
KMT Kühlmitteltemperatur 冷却剂温度
KMTK Kühlmitteltemperaturkoeffizient 冷却剂温度系数
KMU kleine und mittlere Unternehmen 中小型企业
KMU Kleinmessumformer 小型测量变流器(变换器、变量器)
K. Mun. Munition mit Kern 钢心穿甲弹
KMV Kühlmittelverlust 冷却剂流失
KMW Kriegsmarine-Werk 海军制造所

KMZ Karboxymethylzellulose 羟甲基纤维素
KN Kaltverformt/normalgeglüht 冷变形的/标准退火的
Kn Kaninhaar 兔毛
Kn. Kanone 加农炮,平射炮,炮
KN Kartennull 卡片零点;卡片零位
KN Kartographische Nachrichten 制图通报
KN Keilfedernut 楔形键槽,盘簧槽
KN Keilnut 键槽
KN Kernnotkühlung 堆芯(事故)冷却,堆芯应急冷却
kN Kilonewton 千牛顿
Kn Knallkörper 发爆剂,爆轰剂
Kn (kn) Knoten 结,节,节点;波节;接头;海里
KN Kohlenorm 煤炭定额
KN kommerzieller Nachrichtensender 商业电台
Kn Kraftstoffnormverbrauch 燃料正常耗量;燃料标准耗量
KN Krumbach Nitrat 含少量硝酸钾的二甘醇二硝酸酯硝化纤维(DEG DN-NC)发射药
KN Kurzwellennachrichtensender 短波通信电台
KnA Knotenamt 汇接局,中继局,电话支局
KNA Koppelnez-Abtaster 耦合网络扫描器
Knallzd. Knallzünder 爆发点火装置,爆发雷管
Knitt. Internat. Knitting International 国际针织(英刊)
KNK Kompakte Natriumgekühlte Kernreaktoranlage, Karlsruhe 卡尔斯鲁厄紧凑型钠冷核反应堆装置
KNK kompakt natriumgekühltes- und Landessystem 坚固的钠冷却的陆地系统
Knl Kanal 波道;信路;电路;管道
KNL Kombiniertes Navigations- und Landesystem 组合导航与着陆系统
KNN Künstliche Neuronale Netze 人造神经原网络
K.-Nr. Katalognummer 目录号码
KNS Kompakter Natriumsiedekreislauf 紧凑型钠沸腾回路
KNT Kalium-Natrium-Tartrat 钾-钠-酒石酸盐
KNV Katalytische Nachverbrennung 催化加力燃烧,催化补烧
Knz U Konzessionsunternehmung 有许可证企业
KnZdSchn Knallzündschnur 导爆索
K. O. Kalkofen 石灰窑
KO Kathodenstrahloszillograph 阴极射线示波器
KO Koaxialtität 同轴度
Ko Kokos 椰壳
Ko Kokosfaser 椰壳纤维
Ko Koks 焦炭
Ko Kombi 客货两用车
Ko Kompass 罗盘指南针
Ko Kompression 压缩;凝聚
Ko Kondensator 电容器;冷凝器;聚光器
Ko Korn 准星;药粒,颗粒
Ko Korrosionsbeständigkeit gegen Seewasser 对海水的耐腐蚀性
Ko Korund (天然)氧化铝(磨料代号)
Ko. Kontrolle 控制,操纵;检验,检查,对照;调整,调节;控制器,控制机构,操纵装置
Ko. Kontrolleur 检验员,监察员
Ko Ortsklinke (电话)本席插孔,应答插孔
Koax-StV Koaxialsteckverbinder 同轴接头
Kob. Konstruktionsbericht 设计报告;结构报告
Kobü Konstruktionsbüro 设计局
Kochk. Kochkunst 烹饪术,烹饪法
KOD Karaoke On Demand 卡拉 OK 服务,卡拉 OK 点播
KOD kolloidosmotischer Druck 胶体渗透压(力)
KODAS kommunales Datenanalyse-System 公共数据分析系统
KODAS Koordinatendauerspeicher 坐标长期存储器
Koeff. Koeffizient 系数;率;因数;常数
K. Oe. Z. Kathoden-Öffnungs-Zuckung 阴极断路颤动
Ko-Funktion komplementärfunktion 补函数
Kogasin Koks-Gas-Benzin 焦炭-煤气-汽油
KOGEAN Koppel-Getriebe-Analyse 连接-传动-分析
KOGEOP Koppel-Getriebe-Optimierung 连接-传动-最佳化
koh kohärent 相关的,相干的;凝集的,凝聚的
Koh Kohäsion 内聚性,内聚力;凝聚力,亲和力,聚合力
Kohlenforsch. Kohlenforschung 煤炭研究
Kohlentech. Kohlentechnik 煤炭技术
Kol Kolonne 行;列;柱;栏
Koll Kollektion (样品的)收集;筹捐
Koll Kollektiv 集体,集合
Koll Kollision 碰撞;冲突
Koll Kollodium 胶棉,火棉胶
Koll Kolloid 胶体,胶质;胶态;非结晶物
koll kolloidial 胶状的,胶质的,胶态的
Koll Kolloquium 学术座谈
Kolloidchem. Kolloidchemie 胶体化学
Kolloid-Z. Z. Polym. Kolloid-Zeitschrift und Zeitschrift für Polymere 胶体期刊和聚合物

期刊
KOM. Kom Kraftomnibus 公共汽车
Kom Kommission 委员会
Kom Kompressor 压缩机
Komb. Kombinat 联合厂;联合企业
Komb. Kombination 组合;化合(作用);结合
komb. kombinieren 使联合,使组合,使结合
komb. kombiniert 联合的,组合的
Kombinier. Kombinierung 联合,组合
Komeg Koordinaten-Messmaschinengesellschaft 坐标测量仪公司
KOMET Komponentenmessträger 部件测试支架
Komf. Kraftomnibusführer 公共汽车司机
Komm kommando 命令
Komm. Kommission 委员会
Komm-Ber. Kommissionsbericht 委员会报告
Komp Kompanie 公司;商号;(军队的)连;连队
Komp. Komparativ 比较级
Komp Kompensation 补偿;对消;校正
Komp. Kompensationsspule 补偿线圈
komp. kompensieren 补偿
komp. kompensiert 补偿的
Komp. Komponente 成分,组分,部分;分力;分量;部件;配料
Kompens. Kompensator 补偿器
kompl. komplett 完整的;全部的
kompl. komplex 综合的,复合的
kompl. kompliziert 复杂的
kompr. kompress 压缩的,紧密的,密排的
kompr. kompressibel 可压缩的
Kompr. Kompression 压力,压缩,压迫
Kompr. Kompressor 压气机,压缩机
kon konisch 圆锥形的
Kon. Adm. Konteradmiral 海军少将
Kond. Kondensat 凝液,冷凝物,缩合物
Kond. Kondensator 电容器;冷凝器;聚光器
Kondens. Kondensation 冷凝;缩合,凝聚
Kond. -P (Kond. -Pkt) Kondensationspunkt 凝结点
KONI Kompensatornivellier 补偿器水准仪
Konj. Konjunktion 连词
Konsist. Konsistenz 稠性;坚实,密纹
Konst Konstante 常数,恒量
konst. konstant 经久不变的,稳定的
konst. konstituieren 设计,建造,建立;结构,构造;作图
konst. konstitutionell 设计的,结构的
Konst. O. W. Sp. Konstanter Oberwasserspiegel 上游稳定水位
Konstitutionsl. Konstitutionslehre 结构学,构造学
konstr. konstruieren 设计,建造,建立;结构,构造;作图
konstr. konstruiert 设计的,建造的,构造的,作图的
Konstr. Konstrukteur 设计师,结构师
Konstr. Konstruktion 结构,构造
Konstr. -Büro Konstruktionsbüro 设计局,设计院
Konstr. -Geh Konstruktionsgeheimnis 结构秘密,设计秘密
Konstr. Masch., App. Gerätebau Konstruktion im Maschinen-, Apparate- und Gerätebau 机器,设备和仪器设计(德刊)
Konstr. -Pl. Konstruktionsplan 结构图,设计图
Kont. Kontakter 接触器,开关
Kont. Kontinent 大陆,洲
kont. kontinental 大陆的,洲的
Kont. Kontur 轮廓,略图;等高线;等场强线;电路
Kontr. Kontrakt 对照;对比度;反差
kontr. kontraktlich 收缩的,缩小的;按照合同的
Kontr. Kontrast 对照;衬度,对比度;反差
Kontr. kontrastieren 对照,对比
kontr. kontrastiert 对照的,对比的
kontr. Kontrolle 控制,检查
Kontr. Kontrolleur 检验员,检察员
kontr. kontrollieren 检查,监视,监听
Konv. Konvektion 对流
konv. konvektiv 对流的
konv. konvergent 收敛的,会聚的,聚焦的
Konv. Konvergenz 收敛,会聚,聚焦
konv. konvergieren 收敛,会聚,聚焦
Konv. Konverter 变频器;换流器;换能器;变换器
Konv. Konvertierbarkeit 可转换性
konv. konvex 凸起的,凸出的
KONVER konverter 变频器;换流器;换能器;变换器
konvert. konvertierbar 可转换的;可变换的
KonvHM Konvention Hohes Meeres 公海条约,公海协定
KonvKA Konvention über das Küstenmeer und die Anschlusszone 有关领海与邻接区的规定
Konz. Konzentration 浓度;集中;聚焦
konz. konzentrieren 聚焦,集中,浓缩
konz. konzentriert 浓缩的,聚焦的
konz. konzentrisch 集中的;同心的
Konz. Konzeption 设计,方案
konz. konzeptionell 设计的,方案的
Konz. Konzern 康采恩,联合企业
KOOL Knowledge-Oriented Object Language

面向知识的目标语言
Koop. Kooperation 合作,协作
koop. kooperativ 合作的,协作的
Koord. Koordinate 坐标,坐标系
koord. koordinieren 使同等,使并列,使协调
koord. koordinierend 同等的,并列的,协调的
koord. koordiniert 同等的,并列的,协调的
Koord. Koordinierung 同等,并列,协调
Koordinat Koordination 同等,并列;协调,协作;(化学上的)配位
kop komplett 全套的,齐全的,完整的
KOP Kontaktplan 接点图
kop. kopie 副本,抄本;复制件
kop. kopieren 拷贝,复制,复印
kop. kopiert 复制的
Kopo. Kopolymerisat 共聚物;共聚体
Kopr. Koproduktion 联合制造,合作生产
KOPS Kilo Operationen pro Sekunde 千次运算/秒
k. o. p. v. Kiloohm per Volt 千欧/伏
Kor. Korona 电晕,电晕放电
Kor. Kpt. Korvettenkapitän 海军少校
KORA Konditionierung Radioaktiver Abfälle Seibersdorf, Österreich 奥地利赛贝尔斯多夫放射性废物处理(站)
KORI Koreanisches Kernkraftwerk Süd-Korea 南韩高丽核电厂
Körn. körnig 粒状的
korr. korrigiert 改正的,修正的
korr. korrodieren 腐蚀
korr. korrodiert 腐蚀的
Korr. Korrosion 腐蚀,生锈,侵蚀
KOS Koaxialschaltfeld 同轴配电盘
KOS Konstantenspeicher 常数存储器
Kos Kosinus 余弦
KOSI Koppler-Signalformsteuerung 耦合器-信号波形控制
KOSIMA Kontrollen, Signale und maschinelle Analysen 控制,信号和机械分析
kosm. kosmisch 宇宙的
KOSP Korrespondenzsprache 书信语言,通信语言
KOST Koordinierungsstelle 协调位置
Kost. Kosten 成本,费用,支出
Kost. Kostüm 服装,成套女服,化装服
KOW Rheinische Olefinwerke GmbH, Wesseling 韦塞林莱茵烯烃工业有限公司
Kp. bespultes Kabel 加感电缆
Kp. fl. Siedepunkt in flüssigem Zustand 液态沸点
KP Kaltpressschweißen 冷压焊
KP Kampfpistole 作战手枪
Kp Kapok (产于热带)丝棉树种上的一种柔毛(可用于充填枕褥等)
Kp Kappe 便帽;盖,罩,套;(巷道的)顶梁;冲帽或引信帽
KP Katalogprojektierung 目录设计
KP Key Practice 关键实践
kp Kilopond 千克重,公斤
kp Kilopulse 千脉冲
K. P. Kleinpackung 小包装,零售包装
KP Klemmhälftenpaar 对分夹紧装置对
Kp. 760 Kochpunkt, Siedepunkt bei 760 Millimeter Druck 760 mm 大气压时的沸点
Kp Kolbenpumpe 活塞泵;柱塞泵;往复式泵
KP Kommunistische Partei 共产党
KP Kompasspeilung 用罗盘方位测定;罗经定向;罗经测向
KP Kondensationspolymerisation 缩聚反应
KP Konstruktionsprozess 设计过程
KP Kontrollposten 检查哨
KP Kontrollpunkt 检查点,控制点,监视点
K. P. Kraftfahrpark 停车场
Kp Kraftpost 邮件的汽车运送;(由邮局经营,运送邮件及乘客的)邮局公共汽车
Kp Kristallisationspunkt 结晶点
Kp. Kohäsionspunkt 内聚力点
Kp. Kolbenpumpe 往复式泵,活塞泵,柱塞泵
Kp Prüfklinke 测试塞孔
KPA Key Process Area 关键过程域
KPA Key Pulse Adapter 键控脉冲适配器
kPa Kilopascal 千帕
Kpf. Kupfer 铜
Kp-FF Koppelpunkt-Flipflop 耦合点触发器
Kp. fl. Siedepunkt im flüssigen Zustand 液态的沸点
Kpf Pz Kampfpanzer 战斗坦克
KpfwAbw Kampfwagenabwehr 战车防御
KpfwAbwGesch Kampfwagenabwehrgeschütz 战车防御大炮
KpfwF Kampfwagenfalle 战车陷井
KpfwK-Stand Kampfwagenkanone-Stand 坦克炮塔座
Kpf. Z. Kopfzünder 弹头引信,顶部点火装置
Kpf. Z. P. V. Kopfzünder mit pyrotechnischer Verzögerung 药盘延期弹头引信
KPI Key Performance Indicators 关键性能指标,关键绩效指标,又称绩效评核指标
KPkt Kontrollpunkt 控制点,检查点,监视点
Kpl. Kopplung 耦合
kplt. komplett 全套的,整套的,完备的
Kpm Kilopondmeter, Meter-Kilopond 千磅米
K. P. M. Kriegspulvermagazin 战争火药库
KpN Kompassnord 指北针;罗经北

KPR Kollodium-Präzipitations-Reaktion 胶棉沉淀反应
Kps.（KPS） Kapersulfat 过硫酸钾
kPs Kilopoises 千泊（粘度单位）
Kps Korps 军，军团；社团，团体
KPS Kupfer Press-stahlführungsring 铜钢双金属弹带
KpStG Körperschaftsteuergesetz 公司所得税法
KPTT kaolin activated partial thrombplastin time 白陶土活化部分凝血酶时间
KPV Koppers-Pottascheverfahren 考佩尔斯-波塔法
KPV Kurzpumpversuch 快速泵试验；快速抽机试验
KPW Kaltpilgerwalzwerk 周期式冷轧板机
KPz Kampfpanzer 战斗坦克
KQ Kommandoquittung 指令应答信息，指令收据
KR Kaltrichtmaschine 冷矫直机
KR Keilriemen 三角皮带
K. R. Kesselraum 锅炉房
KR Koinzidenzregister 同步记录器
KR Kolbenring 活塞环
KR Korrekturregler 校正调节器
Kr Kraft 力，动力，能力，本领
Kr Kragen 衣领，女用披肩
Kr Kran 起重机
Kr Krarupkabel 连续加感电缆
KR Kreis 电路，回路；圆
Kr Krepp 绉纱，绉绸
Kr. Kreuz 十字，十字架，十字形
Kr Kreuzpulver 管内有十字架的管状火药
KR Kurz-Rundgewinde 短圆螺纹
Kr Kreuzung 交叉；跨越；岔道
Kr. Krgs. Kriegs- 军用的，军事的
Kr'krgs. Kristall 晶体，结晶
kr kritisch 临界的，极限的
Kr. Krupp-Werke 克虏伯工厂
Kr Krypton 氪
KRA Azetatkunstroßhaar 醋酸纤维毛；人造毛
KRA Kleinrechenanlage 小型计算设备
KRA Kleinabrechnungsautomat 小型结算自动机
Krabus Kraftomnibus 电车
Krad Kraftrad 摩托车，机器脚踏车
Kradf. Kraftradfahrer 摩托车驾驶员
Krad. m. B. Kraftrad mit Beiwagen 带拖斗的摩托车
Kraftfahrtech. Kraftfahrtechnik 汽车驾驶技术
Kraftfahrforsch. Kraftfahrforschung 汽车驾驶研究
Kran Kranwagen 起重机汽车
Kranf. Kranführer 起重机手
KRB Kernkraftwerk RWE-Bayernwerk，Gundremmingen 贡德雷明根核电站（属莱茵-威斯特伐利亚电力公司-巴伐利亚电厂）
KRC Keweenah Research Center 金维纳研究中心
KRD Katholische Rundfunkarbeit in Deutschland 德国天主教无线电广播工作
Krd Kraftrad 摩托车，机器脚踏车
Krd. S. BH. Krankenkraftwagen 救护车
KRE Kern-Ringschrämmaschine 核心圆环截煤机
KRETA Krypton-Entfernungs-Tieftemperaturanlage WAK，Karlsruhe 【德】卡尔斯鲁厄低温除氪装置后处理厂
krfr. kreisfrei 无回路的
Krfwf. Kraftwagenfahrer 汽车司机
KRG Kegelringgetriebe 锥环变速器
KRG Keilriemengetriebe 三角皮带传动
Kr. G. Kraftwagengeschütz 汽车大炮
Krh Kreuzerheck 巡洋舰尾部
Kripo Kriminalpolizei 刑事侦查科
krist. kristallen 水晶玻璃的，水晶的
krist. kristallin，kristallinisch 结晶的，晶质的
Krist. Tech. Kristall und Technik 晶体和技术
krit. kritisch 临界的；严格的，苛刻的
krit. Temp. kritische Temperatur 临界温度
KRITO Nullenergiereaktor für kritische Experimente Petten，Niederlande 荷兰佩腾临界实验用零功率反应堆
KrK Kreiselkompasskurs 陀螺罗经航向；回转罗经航向
KRL Kernkraftwerk RWE-LEW GmbH Augsburg RWE-LEW 奥格斯堡，莱茵-威斯特伐利亚电力公司-勒希电厂所属的核电厂公司
KRLG Kontirohrlänge 连轧管长度
KRM Kalorimeter 热量计，卡计
KrP Kreiselkompasspeilung 陀螺罗经方位测定；回转罗经方位测定
KrP Kreuzpulver 管内有十字架的管状火药
KrR Kreuz Rohr 衬管（一种由胶态发射药制成的圆管，放在药筒底部支持发射药用）
KRS Kleinrechnersystem 小型计算机系统
Krs. Kreis 电路，回路；圆
Krs. Komp. Kreiselkompass 回转罗盘，陀螺罗盘
KRT Kernreaktorteile GmbH Industrieunternehmen，Großwelzheim 核反应堆部件公司（格罗斯韦尔茨海姆）
kr. T.（kr. Temp.） kritische Temperatur 临界温度
KrV Kriegsverluste 战争损失

KRW Knotenrichtungswähler 节点方向选择器
Krw Kraftwagen 机动车,汽车
Krw (KrW) Kreuzungsweiche 交叉道岔
KrW-/AbfG Kreislaufwirtschafts- und Abfallgesetz 循环经济与废物管理法
KrwFlak Kraftwagen-Flugzeugabwehrkanone 摩托化高射炮
krwh. kristallwasserhaltig 含结晶水的
kryoskop. kryoskopisch 冻点降低测定法的;冰点测定法的
Krz. Kreuzer 巡洋舰
KRZ kubisch-Raumzentrier 体心立方(晶格)
krzf. (krzfg) kreuzförmig 十字的,交叉的,十字形的,交叉状的
KS Kampfstoff 战用物料(尤指化学战剂而言)
KS Kaposi's hemorrhagic sarcoma 卡波济氏出血性肉瘤
K/S Karten pro Sekunde 卡片/秒
KS (-Ks) Kaskade 级联,串联
Ks Kennlinieschreiber 特性曲线记录仪
KS keramische Schneidstoffe 陶器切削材料
KS Kerbstift 刻槽销
KS Kernspeicher 磁芯存储器
17-KS 17-ketosteroid 17-酮类固醇
KS Kettenschlepper 履带拖拉机
Ks. Kippschalter 搬扭开关,翻转开关,闸刀开关
KS Klassifizierungssystem 分类系统,分级系统
Ks Kleinspannung 低(电)压
KS Knotisignal 打结信号
KS Knowledge Set 知识集合
KS Knowledge System 知识系统
KS Kommandostufe 指令级,命令级
KS Kontrollsignal 控制信号,检查信号
KS Koordinatenschalter 坐标开关;坐标连接器
KS Kopierwerkschalter 仿型装置开关
KS Körperschall 固体(内传播的)声(音)
Ks Kosmische Strahlung 宇宙射线,宇宙辐射
KS Kranschiene 起重机轨,吊车轨
KS Kreissäge 圆盘锯,圆锯
KS Kreuzschlitzkopf 十字槽螺栓头
KS Kühlschmiermittel 冷却润滑剂
KS Kühlstärke 冷却强度
KS (Ks) Kunstseide 人造丝
KS Kunststoff 塑料,合成物
KS Kuppelstelle 两线相接点;两母线接点
KS Kurzschlusssicherung 短路保险
KS Kurzunterbrechungsschalter 自动重合闸
KS Küstenschnellboot 海岸快艇
KS Küstenschutz 海岸防护
KS Schnellklinke 快速手柄,快速摇柄
KS S-Köperbindung S 形斜纹组织
KSA Azetatkunstseide 醋酸纤维,人造丝
KSA Eidgenössische Kommission für die Sicherheit von Atomanlagen Schweiz 【瑞士】联邦核设施安全委员会
K-Säge Kraftsäge 机械锯
KSB Kippenstrossenband 推土梯段的输送带
K. S. -Boot Küstenschnellboot 海岸快艇
KSC Kennedy Space Center 【美】肯尼迪空间中心
KSch Koordinatenschreiber 坐标记录器
KSE Kanalsteuereinheit 波道控制单元
K-Seide Kunstseide 人造丝
KSF Kunststofftrennung durch selektive Fällung 通过选择性沉降分离塑料物质
KSFL. Künstenschutzflottille 海岸防护小舰队
KSG Kartensteuergerät 卡片控制仪
KSG Korbsuchgerät 篮形监视器,篮形搜索雷达
KSG (SEQ) 容易换档手动变速器
Ksgr Kiesgrube 采沙砾场
KSH Kernenergie-Gesellschaft Schleswig-Holstein mbH, Geesthacht 石勒苏益格-荷尔斯泰因格斯塔赫特核能公司
KSK KSB-Kernkraftwerkspumpen GmbH 【德】克莱因·山策林·贝克尔核电厂用泵公司
KSK Kupferkunstseide 人造铜丝
KSL Konzentrator-Steuerleitung 聚焦器控制线路;(化)浓缩机控制线路;(采)选矿机控制线路
KSLOC Kilo Source Lines Of Code 千行源代码
KSM Key Service Management 密钥服务管理
KSM Kunststoffmasse 塑料物质
KSN Nitratkunstseide 硝酸人造丝
KS-Nr. Kurzschlussstellennummer 短路点号码
KSÖ Korrosionsschutzöle 防腐油
KSP Kegelschmelzpunkt 锥形熔点
k. Sp. keine Spur 无磁道;无通道;无痕迹;无微量
KSP Kernspeicher 磁芯存储器
KSP Körperschwerpunkt 物体重心
KSP Kurzzeitsperre Monostabile Kippstufe 短时封锁单稳触发器
KSPS kilo-symbols per second 每秒千符号
KSpSte Kernspeicherstelle 磁芯存储器位置
KSR Kleinsteuerrechner 小型控制计算器
KSS Eidgenössische Kommission für Strahlenschutz 【瑞士】联邦辐射防护委员会
KSS Katalog von 3356 Schwacher Sternen 3356 微弱星表
KSS Küstenschutzschiff 护卫舰,护卫艇
KSS Kühlschmierstoff 冷却润滑液
KSS 防爆震控制系统
KST (KSt) Kartenstanzer 卡片凿孔机,卡片穿

孔器
17-KST 17-ketosteroid test 17-酮类固醇试
KSt Koppelstufe 耦合级,连接级
Kst Kraftstoff 燃料,燃油
Kst Küste 海岸
Kst Störungsklinke 干扰插口,故障插口
KstA Küstenartillerie 海防炮
Kstb. Kohlenstaub 煤粉
KStDV Körperschaftsteuer Durchführungsverordnung 公司所得税法实施细则
Kstfrg. Kohlenstaubfeuerung 煤粉燃烧
KstG Küstengeschütz 海岸炮
Kst. H. Küstenhaubitze 海岸榴弹炮
Kst. K. Küstenkanone 海岸加农炮
kstl. künstlich 人造的;人工的
Kst. L. Küstenlafette 海岸炮炮架
Kst. Mrs. Küstenmörser 海岸臼炮
Kstr. Kohlenstreifen 煤带,煤的自然分层,煤的夹层
KStR Körperschaftsteuer Richtlinien 公司所得税条例
Kstz Konstanz 稳定性,稳定度
Ks u Sgr Kies- und Sandgrube 砂砾石采场
KSV Viskosekunstseide 粘胶人造丝
KSW Kundensonderwunsch 用户特殊要求
KSZ Kernkraftwerk-Simulatorzentrum der Kraftwerkschule e. V. (埃森)电厂学校核电厂模拟中心
3kt Dreikant-Profil 三棱型材,三棱形棒材
KT Kabeltechnik 电缆工程,电缆技术
KT Kabeltelegramm 电缆电报,海底电报
KT Kabeltrommel 电缆盘
KT Kamerakabeltrommel 摄像机电缆盘
Kt. Karat 克拉(1 kt. = 0.2053 g),开(含金量单位)
Kt. Kartätsche 霰弹
Kt. Karte 卡片;插件,插件板
Kt. Karton 纸板盒,纸板箱;厚纸,纸板,卡纸
kt. kartoniert 硬纸板装订的
KT Kaufteile 外协件,外购件
Kt. Kaution 押金,保证金
kt Kilotonne 千吨
Kt (kt) Knoten 结,节,节点;波节;接头
KT Knowledge Tracing 知识跟踪
KT Kontaktthermometer 接触式温度计
kt. kraftfahrtechnisch 汽车技术的
KT Kreiseltheodolit 陀螺经纬仪
KT Kurztest 简易试验
KT PTFE-beschichtetes Kapton 涂敷聚四氟乙烯的卡布顿
6kt Sechskant 六边
Kt Teilnehmerklinke 用户插孔;分机塞孔
4kt Vierkant-Profil 方形型材,方形棒材
KTA Kerntechnischer Ausschuss, Köln 科隆核技术专家委员会
KTA Key Telephone Adapter 按键(键控)电话适配器
Kt. -Bl. Karteiblatt 卡片文件,卡片索引页
KTBL Kuratorium für Technik und Bauwesen in der Landwirtschaft 农业技术和建筑工程管理局
KTDF Knitted Textile Dyers' Federaton 针织染色业联合会
KTE-Plan komplex-territorialer Energiebedarfsplan 领土电力需要综合计划
ktex Kilotex 千特,千号
KTF Kleintierfell 小动物皮,小皮
KTG Kerntechnische Gesellschaft (波恩)核技术协会
KTG Konimandotelegramm 命令电报
KTL Kataphorische Tauchlack-Grundierung 电泳浸底漆
KTL kathodische Elektrotauchlackierung 阴极电浸涂漆
KTL Kathodisches Tauch-Lackieren 阴极浸入式涂漆
KTN Kernel Transport Network 核心传送网络
KTN Kontrollnummer 检验号码
KTN. CM KTN Configuration Management KTN 配置管理
KTN-Com. CM KTN Computing Configuration Management KTN 计算配置管理
KTN-Con. CM KTN Connection configuration Management KTN 连接配置管理
KTN-Pro. CM KTN Protocol Configuration Management KTN 协议配置管理
Kt. -Nr. Karteinummer 卡片文件号码,卡片索引号码
KTN-TCM KTN Topology Configuration Management KTN 拓扑配置管理
Kto Konto 账户,户头,账目
KTO Kurztunnelofen 短隧道窑
KTP kraftfahrtechnische Prüfstelle 汽车技术考试站
Ktr. Kontrakt 收缩,缩小;合同
Ktr. Kontrast 对照,对比度;反差
Ktr Kutter 单桅小船;附属于军舰的小艇
Ktr. -Ger. Kontrollgerät 控制仪表,检查仪表,控制器
KTrMi Kugeltreibmine 圆形漂雷
Ktr. -Nr Kontrollnummer 检验号
KTS Key Telephone System 按键电话系统
KTS Kühl- und Transportschiff 冷藏运输船

KTÜ Kraftfahrzeugtechnische Überwachung 汽车技术监督
KTV Kabel-Television 电缆电视
KTV-Anlage Kabelfernsehanlage oder Kabeltelevisionsanlage 电缆电视设备
KTW Kerntechnik-West TÜV-Arbeitsgemeinschaft 核技术西部小组(技术监督联合会专业组)
KU Kanalumsetzer 频道转换器;频道转换开关;波道转换开关
KU karmen unit 卡门氏单位
KU Kaskadenumformer 级联变压器;串级变流器
KÜ Kesselüberwachung 锅炉监视
KU Konzessionsunternehmung 领有许可证的企业
Ku. Kunststoff 塑料
KU Kurzarbeiterunterstützung 临时工津贴
KU Kurzunterbrechung 自动重合,自动重闭
KU Kurzzeitunterbrechung 短时中断,瞬时中断;短时断路,瞬时断路
KÜ Überwachungsklinke 监视塞孔
Kü Überweisungsleitungsklinke 长途电话转接线塞孔
KU Umschaltkontakt 转换触点
KUA Kartenunterart 地图亚种
KUB kidney, ureter, bladder 肾、输尿管及膀胱
kub kubisch 立方的;立方体的
Kub. Kubik 立方
kub. Gew. kubisches Gewicht 比重
KUE Projekt Kreislaufunterstützungs- und ersatzsysteme 循环回路支持和替代备用系统方案
KUER Eidgenössische Kommission zur Überwachung der Radioaktivität 伯尔尼【瑞士】联邦放射性监测委员会
KUF cupro staple 铜氨短纤维
KuF Konstruktion und Fertigung 设计与制造
KUG Ketten- und Umlaufrädergetriebe 链条齿轮传动
Kug Kugel 球,球体;滚珠;弹丸,钢球
KüG Kurs über Grund 地上路径;路径
Kugellager-Z. Kugellager-Zeitschrift 轴承期刊(德刊)
Kühlw Kühlwasser 冷却水
KUK Kationenumtauschkapazität 阳离子交换能力
KUK Konstruktionsunterkante 设计下缘,结构下缘,设计底边,结构底边
Kümo Küstenmotorschiff 海岸摩托艇
Künstl. künstlich 人工的;人造的
Kunst-Rundsch. Kunststoff-Rundschau 塑料展望(西德期刊)
Kunstw. Kunstwort (人造)术语,混合词
Kuppl. Kupplung 离合器,结合器,联动器,联轴节
Kurzschl. Kurzschluss 短路
Kurzw. Kurzwort 缩略语
KüS Körperschallüberwachungssystem 固体传声监控系统
KUT Kerbschlagzähigkeitsübergangstemperatur 缺口冲击韧性转变温度
KUTGW keep up the good work 好好干下去
KuTK Kasematte- und Turmkanone 暗炮台和炮塔炮
KUV Kunststoffverwendungsstelle 塑料应用位置
KUV Kurzverbinder 短程通信装置
Kuvi Kurvenvisier 弧形表尺
KV Kabelverzweiger 电缆分线器
kv kaltverformt und vergütet 经冷变形和调质处理的
KV Kanalverstärker 通路放大器,信道放大器
k. V. keine Vorschriften 无规程,无规定
KV Kerbverzahnung 锯齿(形),细齿,细牙花键
k. V. (kVA) Kilovoltampere 千伏安
Kv Kleine Verzögerung 短延期
KV Kommandoverstärker 指令放大器
KV Kontrollvorrichtung 检验装置
KV Kraftstoffvorrat 燃料储存
Kv Verbindungsklinke 复式塞孔;联接塞孔
kVA Kilovoltampere 千伏安
kVAr Blindkilovoltampere 无功千伏安
kvar Kilovar 千乏
kV/cm kilovolt per Zentimeter 千伏/厘米
KVD Kurzhub-viertakt-Deselmotor 短行程四冲程柴油机
K. -Verschl. Keilverschluss 栓闩,楔紧
KVF Kosten je Tonne verwertbarer Förderung 开采一吨商品煤费用
KVG Key Video Generator 键控视频发生器
KVI kinematic viscosity index/kinematischer Viskositätsindex 运动粘度指数
KVK Kriegsverdienstkreuz 十字形服役符号
KVL Konzentrator-Verbindungsleitung 聚焦器连接线;(化)浓缩机连接线;(矿)选矿机连接线
KVM Kontrollvolumenmethode 控制体积法
KVM Kornvertauschmechanismus 晶粒交换机理
KVO Kostenverordnung zum Atomgesetz 原子法费用条例
KVO Kraftverkehrsordnung 机动车辆交通规则

KVS Kontinue-Viskose-Seide 连续法制粘胶丝
KVS Kühlmittelverluststörfall 冷却剂流失事故,失水事故
KVSt Knotenvermittungsstelle 电话总局
KVSt Hand Kontenvermittlungsstelle mit Handbedienung 人工电话交换台
KVStG Kapitalverkehrsteuergesetz 资本交易税法
KVStw Kontenvermittlungsstelle mit Wählbetrieb 自动电话交换台
KVz Kabelverzweiger 电缆连接盒;电缆分线箱
KW Crankshaft 曲轴
KW Kaltwasser 冷水
KW Kartenwinkelmesser 制图量角尺
KW Keilwellenprofil 花键(截形)
KW Kernenergiewärme 核能热
KW Kohlenwasserstoff 烃,碳氢化合物
kW Königswasser 王水
KW Kraftwagen 汽车
KW Kraftwerk 动力设备,电站,发电厂
KW Kreditanstalt für Wiederaufbau 复兴银行
KW Kurbelwinkel [grad] 曲柄转角
KW Kurzwelle 短波
Kw. -Anh Kraftwagenanhänger 汽车拖车
Kw. G. Kraftwagengeschütz 汽车火炮
Kw. K. Kampfwagenkanone 坦克炮
Kw. K. Kraftwagenkolonne 汽车队
KWA Kernbrennstoff-Wiederaufarbeitung und Abfallbehandlung 核燃料后处理和废物处理
KwAbw Kampfwagenabwehr 防坦克,战车防御
KwABwG Kampfwagenabwehrgeschütz 反坦克炮
KWB Kernkraftwerk Borken/Schwalm 博尔肯/施瓦姆核电厂
kWB Kilowatt Bildleistung 千瓦帧扫描功率
KWE Kurzwellenempfänger 短波接收机,短波收音机
Kwf Kraftwagenfahrer 汽车司机
KWF Kuratorium für Waldarbeit und Forsttechnik 森林工作和林业技术装备监察会
K. W. Flak Kraftwagenfliegerabwehrkanone 装在汽车上的高射炮
KWG Kernkraftwerk Grohnde GmbH 格罗德核电厂
Kwg. Kesselwagen 油槽车,槽车
kWh/h Kilowattstunde/Stunde 千瓦小时/小时
KWJ Kilowattjahr 千瓦年
KWK Kälte-, Wärme-Klima 冷暖气候
KWK Kälte-, Wärme-, Klima- und Regeltechnik 冷暖气候和调节技术
KwK Kampfwagenkanone 战车炮,坦克炮
KWK Kernkraftwerk Kaiseraugst AG 【瑞士】凯泽奥斯特核电厂
KWK Kleinwasserrohrkessel 小水管锅炉
KWK Kraft-Wärme-Kopplung 力-热耦合
KwK-Stand Kampfwagenkanone-Stand 坦克炮塔座
KWL Kernkraftwerk Lingen GmbH 林根核电厂
KWL Kolbenweglinie 活塞运动曲线
KWL Konstruktionswasserlinie 设计吃水线
KW-LD Kurbelwelle-Lagerdeckel 曲轴瓦盖
kWm Kilowatt Meter 千瓦米
KWO Kernkraftwerk Obrigheim GmbH 奥布利希海姆核电厂
KWOP Kühlwasseroptimierung 冷却水最佳化
KWS Kernkraftwerk Süd GmbH 【德】(埃特林根)南方核电厂公司
KWS Knickwinkel-Steuerung 弯曲角度控制
KWS Kurzwellensender 短波发射机
KWSH Kernkraftwerk Schleswig-Holstein 石勒苏益格-荷尔斯泰因核电厂
KW-Stoff Kohlenwasserstoff 碳水化(合)物
kWT Kilowatt Tonleistung 千瓦音频功率;千瓦音响功率
KWU Kraftwerk Union AG 电站设备联合制造公司
KWV Kurzwellenvorsatz 短波附加器
KWW Kalibrierwalzwerk 定径轧机
KWW Kernkraftwerk Würgassen GmbH 维尔加森核电厂
KWW Kontiwalzwerk 连轧机
kX kilo-X-Einheiten 千 X 单位,1 X 单位≈10^{-11}厘米
Kyb. Kybernetik 控制论
KYS Klöckner-Youngtown-Stahlherstellungsverfahren 克累克纳扬城炼钢法
K. Z. Kanonenzünder 加农炮弹引信
Kz Kaschmierziegenhaar 开士米山羊毛
Kz. Kennzeichen 标记,标志;记号;特性,特征
Kz. Kennziffer 指数,指标
KZ Kerbschlagzähigkeit 缺口冲击韧性;抗扯裂强度
Kz Kerze 蜡烛
K. Z. Kompasszahl 方位角,地平径度
KZ Konzentrationslager 集中营
KZ Koordinationszahl 配位数
K. Z. Kopfzünder 弹头引信,头部引信
KZ künstlicher Zug 人工通风;强制通风
Kz Kurzzeichen 缩写符号
KZ Z-Käperbindung 山形斜纹组织
Kz Zuschalteklinke 接通插口
kz. Bd. Z. kurzer Bodenzünder 短弹底引信
Kz. 15-cm-K kurze 15 cm Kanone 150 毫米短

身管加农炮

KZD Kurzhub-Zweitakt-Dieselmotor 短行程二冲程柴油机

KZE Kurzzeiterhitzung 短时加热

KzFlak Kraftzug-Flugzeugabwehrkanone 摩托化高射炮

kzfr. kurzfristig 短期的

Kzg Kraftzug 机械牵引

Kzgm Kraftzugmaschine 牵引车,拖拉机

KZGrGeb Kanonenzünder Granate für Gebirgskanone 山炮用着发引信

kzGrW kurzer Granatenwerfer 短身管迫击炮

Kz (KZ) Kennzahl 特性数值;特征数;参数

kzL kurze Länge 短的长度

Kz. L. Kurzschlussläufer 鼠笼式转子,鼠笼式电枢

Kz. Laf. Kreuzlafette 十字形炮架

Kz. R. P. kurzes Röhrchenpulver 短管火药

kzLK kurze Länge-Kanone 短身管火炮

kzMk kurze Marinekanone 短海军炮

Kz-Motor Kurzschlussläufer Motor 鼠笼电动机

KZS Kennzahlensystem 特性数值系统,参数系统

KZS Knallzündschnur 导爆索

K. Zugflak Kraftzug-Flugabwehrkanone 机械牵引高射炮

KzW Kurzwelle 短波

KzZerl Kopfzünder mit Zerleger (自)炸弹头引信

L

L Arbeit 功;工作;操作;作业;运转

L Fernleitung 长途线;远距离输电线

L Koeffizient der Selbstinduktion 自感系数

L lackisoliert 漆绝缘的

L Ladelinienlänge 充电(特性)曲线长度

L Ladestreifen 弹夹;卡片存储装置

L Ladung 负荷,装载,电荷,充填剂,充电,装药,药包

L Ladungsfähigkeit (电池)蓄电量;负载量,载重量

L. Lafette 炮架,摇架

L. Lage 位置;环境;情况;层,覆盖层,焊层;支架

L Lager 轴承;支承;轴颈;岩层;矿体;沉积物;仓库

L Lambert 朗伯(光亮度单位)

l lang 长的

L Länge 长度,(地理)经度

L/40 Länge 40 Kaliber 身管长为口径的40倍

1 langenrissbeständig 耐碱性脆裂性的(标准代号)

L langenrissbestandiger Stahl 耐纵向裂缝钢(标准代号)

L Langstabisolator 长棒形绝缘子

l Längung 延伸;拉伸

L Langwelle 长波

L Large 服装尺寸符号,表示大号

L. Last 荷载,负荷

L Lastgang 低速档;爬坡及制动档

L Lastkraftwagen 载重汽车

L. Lauf 开动,运转,过程,路程,航程,(水之)奔流

L Läufer 转子,电枢;滑动触点,辗轮;滑块,游标,滑尺

L laufsitz 间隙配合;动配合;转合座

l. laut 根据,按照

L Läuten 发响声,鸣,按铃

L Lautsprecher 扬声器,喇叭

L Lautstärkeregler 音量调节器

L2 Layer 2 data link layer 第二层数据链路层

L3 Layer 3 network layer 第三层网络层

L1 Layer 1 physical layer 第一层物理层

L. Leder 皮,皮革

L Lehm 粘土;泥

1 (1.) leicht 轻的;容易的

L. Leichtmetall 轻金属

L Leichtöl 轻级重油(粘度2.5°E)

L Leinwandbindung 平纹组织;银幕扎带

L Leistung 生产力,生产量,劳动生产率,功率,效率

L Leistungsempfindlichkeit 功率灵敏度

L Leiter 导体,导线;导电体,传导体

L Leitsatz 原理,指导原则

L Leitspindel 丝杠,导螺杆

L Leuchtdichte 亮度,照度;辐射度

l Leuchtschirm 荧光屏

L L-Formstück 一端承插的管接头

L Librationszentrum 天平动中心

l licht 光的;净(尺寸)的

L Lichtmenge 光量

L Lift 电梯

L Limousine 四门轿车,高级轿车

l links 在左边
l links drehend 左旋的
L. Liste 目录;名单;表
l Liter 公升
L Lithium 锂
L Litze 绞合线
L Löcher 孔
L Lochkartenstelle 穿孔卡位置
L Lokomotive 机车头
L Löschmoment 熄弧瞬间
l löslich 可溶的,可解除的
L Löslichkeit 溶解性;溶解度;可解性
L Lösung 溶液;溶解;解法;溶体
L Lot 焊料,焊剂;钎料;垂直线,铅垂线;测锤;铅锤
L Lüfter 吹风机;风扇;鼓风机
L Lufterhitzer 空气加热器,空气烧热器
L Luftmenge 空气量
L Luftspülung 空气吹洗
L Lumen 流明(照度单位)
L Lupe 放大镜,透镜
L Luttenstrang 通风管道
L Messlänge der Probe 试样测量长度,样品长度测量
μl. mikroliter 微升
l spezifische Arbeit 比功
l spezifischer Luftverbrauch 单位空气消耗量
L undae longae (地震的)表面波
La Azimutlampe 方位指示灯
LA Gummi Latex 胶乳,橡胶
La Lambda-Regelung 波长调节,兰姆达调节,λ调节
La Lammwolle 羔羊毛
La Lampe 灯,灯泡,指示灯
LA Landesaufnahme 地形测量
Lä Längseingebaut 纵向装入
Lä Längstwelle 最长波(10 - 100 kM);千米波
La Lanthan 镧
La Laser 激光器,光量子放大器
LA Laserschweißen 激光束焊接
LA Lastautomatik 负载自动装置
LA Lastenausgleich 负载均衡
La Laufrad 工作轮,主动轮,滚轮,转子,涡轮盘,叶轮
l. A. laut Akten 根据卷宗
l. A. laut Angaben 根据读数,根据报告
l. A. laut Auftrag 根据委托
l. A. laut Auskunft 据报告,按消息
LA Leitungsabgleich 馈线匹配器,调谐短线;匹配短线
LA Leitungsanschluss 线路连接
LA Leitungsanschlussgruppe 管线连接组,接线端头组
LA Line Amplifier 线路放大器
LA linear-arithmetische Synthese 线性算术合成
LA Location Area 位置区,定位区
La Locher aus 打孔机退出工作,打孔机关机
LA Logablese 计程仪读数
La Überwachungslampe 指示灯;监示灯
LAA Location Authorization Agent 定位授权代理
LAAS Local Area Augmentation System 局域加强系统
lab. labil 不稳定的;易变的
Lab Labilität 不稳定性
Lab Labor 实验室
Lab Laboratorium 实验室,试验室;化验室
LAB Lade bedingt 有条件装载
LAB Leistungsverstärke Ausgabe 功率放大器输出
LAB Leitungsanschlussbaugruppe 线路连接部件
lab. tabellarisch 制成表格的,列表方式的
LABD linear IgA bullous dermatosus 线状免疫球蛋白 A 大疱性皮肤病
LABEX Laboranlage zur Plutonium-Extraktion 钚萃取实验装置
LABO Laboratoriumstechnik 实验室技术(德刊)
LABS lineares Akylbenzolsulfonate 直链烷基苯磺酸盐
LAC Link Access Control 链路访问控制,链路接入控制
LAC Local Area Code 本地区域码
LAC Location Area Code 位置区域码
LAC L2TP Access Concentrator L2TP 访问集中器
Lackfabr. Lackfabrikation 漆生产
LACN Local Area Cell Network 局域信元网络
LACN Local Area Communication Network 局域通信网
LACN Local Area Computer Network 局域计算机网络
LAD Lawinendiode 雪崩二极管
lad. laden 充电,装填,装载
L3addr Layer 3 address 第三层地址
Ladest. Ladestelle 蓄电池充电站;装卸台;加载起始点
L adg. Ladung 负荷,装载;电荷;充填剂;充电;装药,药包
Lad. R. Laderampe 加料台;装料台;炉顶平台
Lad. R. Laderaum 货舱;(车辆等的)载货容积;弹药膛,装药室

LADS Local Area Distributed System 局部分布式系统
LADT Local Area Data Transport 局域数据传送
LAF Laboratorium für Aerosolphysik und Filtertechnik 气溶胶物理和过滤技术实验室(属德国卡尔斯鲁厄核研究中心)
Laf. Lafette 炮架,摇架
LAFTA Lateinamerikanische Freihandelsvereinigung 拉丁美洲自由贸易协会
Lag. Lager 轴承;支座;仓库
Lag. Lagerung 结构;(测量仪表中的)吊架;支承,轴承,支座;定位放置,储藏,排列;(金属的)时效处理
LÄG Laständerungsgeschwindigkeit 负载变化速度
LAG Lastenausgleichsgesetz 均衡负载法则
LAg Silberlot 银焊料;银焊剂
LAGEOS Laser Geodynamics Satellite/USA 美国激光地球动力卫星
Lagerstättenforsch. Lagerstättenforschung 矿层研究
Lagerstättenkd. Lagerstättenkunde 矿层学,地质学
Lag.-Geb. Lagerungsgebühr 仓储费用
Lag.-H. Lagerhalle 仓库大厅
Lag.-H. Lagerhaus 仓库
LAGKOR-Programm Lage-Korrelation-Programm 位置相关程序
LAGO Lageroptimierung 仓库最佳化
LAH left anterior hemiblock 左前半支阻滞
LAI Aufenthaltsbereichskennung 位置区识别
LAI Location Area Identification (Identifier, Identity, Information) 位置区识别(识别码,标识,信息)
LAIA Lateinamerikanische Integrationssoziation 拉丁美洲一体化协会
LAIU LAN ATM Interworking Unit LAN ATM 协作单元
LAK lymphokine activated killer cell 淋巴因子激活的杀伤细胞
LAl Aluminiumlot 铝焊剂
l. allg. im Allgemeinen 一般地,在一般情况下
Lam. Lamelle 薄片;薄板;整流子
LAMA Local Automatic Message Accounting 本地自动消息记账
LAMPF 兰普弗,美国洛斯阿拉莫斯科学实验室 800 MeV 质子直线加速器简称
LAN Local Area Network 局域网(计算机网络)
Lan Langley 兰勒(太阳能辐射的能通量单位,克卡/厘米^2)
LANC Local Area Network Card (Chip, Controller) 局域网卡(芯片,控制器)
Landnorm Fachnormenausschuss Landwirtschaft 农业技术标准委员会
LANDSAT land satellite 陆地卫星
landsch. landschaftlich 地形的,地区的,风景的
Landw. Landwirtschaft 农业
landw. landwirtschaftlich 农业的
LANE LAN Emulation 局域网仿真
LANE Local Area Network Emulation 局域网仿真
L. Anh Lastanhänger 载重挂车,载重拖车
LANNET Large Artificial Nerve Network 大型人工神经网络
LAP LAN Access Point 局域网接入点
LAP leucine aminopeptidase 亮氨酸氨基肽酶
LAP Line Access Point 线路接入点
LAP Link Access Procedure 链路存取程序
LAP Link Access Protocol 链路接入协议
LAP-B Link Access Procedure-Balanced 平衡链路接入规程
LAPB Link Access Protocol-Balanced 链路接入协议-平衡式
LAPD Link Access Procedure[s] on [for, of] [the] D-channel D 信道链路接入程序
LAPD Link Access Protocol on D Channel D 信道上的链路接入协议
LAPDC Link Access Procedure for Digital Cordless 数字无绳链路接入程序
LAP-DL Link-Access Procedure-Data Link 链路访问程序-数据链路
LAPDm Link Access Protocol on Dm Channel Dm 信道上链路接入协议
LAP-EF Link-Access Procedure-Encapsulation Function 链路访问程序-封装功能
LAPF Link Access Procedure to Frame mode bearer service 帧模式承载业务链路接入规程
LAPM Link Access Procedure for Modem [s] 调制解调器的链路接入规程
LAPM Link Access Protocol Model 链路接入协议模式
LAPO Lehrstuhl für Astronomische und Physikalische Geodäsie, Technische Universität München 慕尼黑工业大学天文和物理大地测量教研组
LAPS Link Access Procedure-SDH 链路接入程序—SDH
LAPS Link Access Protocol-SDH 链路接入协议—SDH
LAPV5 Link Access Protocol V5 链路接入协议 V5
LAPV5-DL Link Access Protocol V5-Data Link

LAPV5 数据链路

LAPV5-EF Link Access Protocol V5-Encapsulation Function 链路接入协议—V5 封装功能

LAPX Link Access Procedure-Half-Duplex 半双工链路接入规程

LARS Laboratory for Agricultural Remote Sensing, Purdue University U. S. A. 美国普杜大学农业遥感实验室

LARS Local Area Radio System 局域无线电系统

l. Art. K. leichte Artilleriekolonne 轻型火炮列

LAS Abblendschalter 变光(调光)开关

LAS-CDMA Large Area Synchronous CDMA 大区域同步码分多址

LASER Light Amplication by Stimulated Emission of Radiation 激光,激光器,镭射器

LASG Lastenausgleichssicherungsgesetz 均衡负载安全法则

LASL Los Alamos Scientific Laboratory 洛斯-阿拉摩斯科学实验室

Last-km Last-Kilometer 载重里程(公里)

LAT geographische Breite 纬度,地理纬度

lat. lateinisch 拉丁语的

LAT latex agglutination test 胶乳凝集试验

LAT Leitungsaufschaltetaste 线路接通按键

LAT Link-Attached Terminal 与链路连接的终端

LAT Local Area Transport Protocol 本地传输协议

LAT lovely and talented 又可爱又有才华

LAT lowest astronomical tide 最低天文潮位

LATA Local Access and Transport Area 本地接入和传输区域

LATA Local Access Transport Area 本地接入运输区

LATP Layer two Tunnel Protocol 第二层隧道协议

LATS long-acting thyroid stimulator 长效甲状腺刺激素

LATT Line Attenuation 线路衰减

LAU Lade unbedingt 无条件存储

LAU Location Area Update 位置区域更新

LAUF Lochstreifenaufbereitung 穿孔纸带整理

LAV Landmaschinen- und Ackerschlepper-Vereinigung 【德】农业机械和拖拉机协会

LAV Luftabscheidevermögen 空气分离能力,空气析出能力

LAV lymphadenopathy-associated virus 淋巴结病相关病毒(同 HIV)

LAVA Lagerungs- und Verdampfungsanlage für hochaktive Lösungen 高放射性溶液贮存和蒸发装置(属卡尔斯鲁厄后处理厂)

LAW Lehrlingsausbildungswerkstatt 学徒培训车间

LAW leichtaktiver Waste 低放射性废物

LAW Leitungsaufschaltewähler 线路接通选择器

LAWN Local Area Wireless Network 局域无线网络

LAZ Lampenanzeige 灯指示

LB Bolzen des Landeshöhennetzes 国家高程网栓状水准标志

lb englisches Pfund 磅(1 lb= 0.453 592 37 kg)

L:B Längenverhältnis eines Schiffes 船的长宽比

LB Laser Bias current 激光器偏置电流

LB Laufbereich 行程范围

l. B. laut Bericht 据报告

Lb. Lehrbuch 教课书

LB Leichtbeton 轻混凝土

LB Leistungsbereich 功率范围

LB Leitungsbelegungsrelais 占线继电器

Lb. Libelle 蜻蜓;(气泡)水准仪

L. B Lichtbild 相片,照片

l. B. lichte Breite 净宽度,净跨度,净幅度

LB Linearbeschleuniger (直)线性加速器

LB local battery in telephone 自给电池式电话机

LB Local Bus 局部总线

LB Lochband 穿孔纸带,穿孔带

Lb Logberichtigung 测程仪校正;航速仪校正

LB Lokalbatterie 自给电池组;局部电池组

Lb. Luftbild 航摄照片,航空照片

L-B Luft-Boden 空对地

Lb Luftpostbriefsendung 航空信件传送,航空快信

lb Pfund 磅

LBA Leistungsspitzen-Begrenzungs-Automatik 功率峰值限制自动装置

LBA Luftfahrtbundesamt 【德】联邦航空局

L-Band Long-wavelength Band 长波段

LBBB left bundle branch block 左束支传导阻滞

LBC Location Based Charging 基于位置的计费

LBCS Local Broadcasting 本地广播

LBE Low Bit rate Encoding 低比特率编码

Lbel Leitungsbelegungsrelais 占线继电器

LBF Lichtbogenfestigkeit 耐电弧性

LBG Landbeschaffungsgesetz 土地购置法规

LBH Lichtbogenhandschweißen 手动电弧焊

LBH-Maße Länge × Breite × Höhe Maße 长×宽×高尺寸

LBIS Location Based Information Service 基于位置的信息服务
LBKn Lochbandkarte [n] 穿孔带卡片
LBL Lochbandleser 穿孔带阅读器
LBM Laborpraktikum Betriebsmesstechnik 实验室实际测量技术
LBM lean body mass 瘦体重,瘦组织群
LBME Leitungsbruchmeldung 断路信号,断路故障报告
LBN Line Balancing Network 线路平衡网络
LB-Nr. Nummer des Liegenschaftsbuchs 房地产簿的号码
LBOP Laser Back face Optical Power 激光器背光功率
LBP Link Bus Protocol 链路总线协议
LBp. low blood pressure 低血压
L. Br. Liegendbrunnen 下盘渗流井,下盘降水井
LBRV Low Bit Rate Voice 低比特率语音
LBS Blinkschalter 脉冲开关
LBS LAN Bridge Server 局域网桥服务器
LBS Leitungsbeobachtung 线路观察
LBS Location Based Service 基于位置的业务
LBS Lochbandstanzer 穿孔带冲孔机
LBS Lochbandstation 穿孔带台
LBS Lochstreifen-Betriebssystem 穿孔纸带工作系统
LbSpg Lichtbogenspannung (电)弧(电)压
LBV Laufbahnverordnung 导轨规定
LBVO Lebensmittel-Bestrahlungs-Verordnung 食品辐照规程
LBW Leichtbohrwagen 轻型钻车
LBW low birth weight 低出生体重
LC cirrhosis of the liver 肝硬化
LC Langerhan's cell 皮肤免疫细胞,郎格汉斯氏细胞(妊娠滋养细胞)
LC Laparoscopic cholecystectomy 腹腔镜胆囊切除术
LC Leased Channel 租用信道
L/C letter of Credit 信用证
LC lichtzylindrisch 圆柱形光的
LC-10 Lichtzylindrisch 10 单筒伞投照明弹
LC Line Circuit 用户电路
LC Line Communications 有线通信
LC Line Concentrator/hub 集线器,用户集中器,线路集中器
LC Line Control 线路控制
LC link connection 链路连接
LC Link Controller 链路控制器
LC Liquid Chromatography/Flüssigchromatographie 液相色谱
LC Local Control 本地控制
LC Loop Controller 环路控制器
LCA Logic Cell Array 逻辑信元阵列
2-L-Cache Second-Level-Cache 二级缓存
LCAR late cutaneous allergic reactions 晚期变态反应性皮肤反应
LCAT Lecithin-Cholesterin-Acyltransferase 卵磷脂胆固醇酰基转移酶
LCB Linear Current Booster 线性电流增压器
LCB Line Control Block 线路控制块
LC Bombe lichtcylindrische Bombe 照明(炸)弹
LCC Leased Circuit Connection 租用电路连接
LCC Line Concentration Controller 集线控制器
LCC Link Controller Connector 链路控制连接器
LCC Lost Call Cleared 丢失呼叫清除
LCCN Local Area Control Network 局域控制网
LCD liquid-cristal display/Flüssigkristallanzeige 液晶显示
LCD Loss of Cell Delimitation 信元定界丢失
LCD Low Constrained Delay 低约束时延,低限制延迟
LCD Subscriber Line Card 用户线路卡
LCD liquid-crystal display/Flüssigkristallanzeige 液晶显示器
LCD-Bildschirm liquid crystal display Bildschirm 液晶显示屏
LCD Subscriber Line Card 用户线路卡
LCE Link Control Entity 链路控制实体
LCF Link Control Function 连接控制功能
LCF Location Confirm 位置确认
LCF niederzyklische Ermüdung 低循环疲劳
LC - 50 F AusfC Lichtzylindrisch 50 F Ausführung C C形四筒式伞投照明弹
LCFS Last Come First Served 后来先服务
LCGN Logical Channel Group Number 逻辑信道组号
LCH Logical Channel 逻辑信道
LCH Lost Call Hold 丢失呼叫保持
Lcht Leucht- 照明的,发光的
Lcht. Bk. Leuchtbake 灯塔,烽火,信号台,灯标
Lcht. Tm. Leuchtturm 灯塔;标灯
LCI Logical Channel Identifier 逻辑通路标识符
LCIT Line Circuit Interface Trunk 用户电路接口中继线
LCL Less than Container Load (集装箱运输)拼箱,拼箱货
LCL Longitudinal Conversion Loss 纵向转换损失
LCM Large Capacity Memory 大容量存储器

LCM Line Control Memory 线路控制存储器
L/cm Linien pro Zentimeter 每厘米行数
LCM Location Common Module 定位公共模块
LCM Long Code Mask 长码掩码
LCM lymphocytic choriomeningitis 淋巴细胞脉络丛脑膜炎
LCN Local Communication Network 本地通讯网
LCN Logic Channel Number 逻辑信道号
LCO local central office 市内电话中心局
LCOS Line Class Of Service 线路业务等级
LCP Link Control Protocol 链路控制协议
LCP 低位控制板;下部控制面板
LCPOF Large Core Plastic Optical Fiber 大芯塑料光纤
LCR Lacoste-Romberg 拉考斯特-罗姆伯重力仪
LCR Least-Cost Route 最低成本路由
LCR Least-Cost-Router 最低成本路由器
LCS Large Complicated Systems 大型复杂系统
LCS Laser Communications System 激光通信系统
LCS Leased Circuit Service 租用电路业务
LCS Location Services; Localization Service 定位业务
LCSC Location Services Client 定位业务客户
LCSS Location Services Server 定位业务服务器
LCT Local Craft Terminal 本地维护终端
L-CTL Link Controller 链路控制装置
LCTL Longitudinal Conversion Transfer Loss 纵向变换转移损耗
LD body Leishman-Donovan body 无鞭毛体,又称利杜体
Ld. Land 陆地;土地;国;邦;行政区;地方
LD Laser Diode 激光二极管,注入式激光器
LD Laser Disc (Disk) 激光影碟机,激光视盘
LD late deceleration 晚期减速
LD Leerlaufdüse 空转喷嘴,怠速量孔
LD Leichtdestillat 轻馏出油,轻馏分,专指常压煤油馏分(干点约275℃～300℃)
LD Leistungsbereich-Detektoren 功率范围探测器
LD Leistungsdichte 功率密度
ld. leitend 导电的,传导的;领导的,引导的
LD Letaldosis 致命剂量
ld. leuchtend 发亮的,发光的
l. D. lichter Durchmesser (Lichtdurchmesser) 内径;内直径
LD Liniendrossel 线路电抗器;线路节流阀
LD Link Disconnect 链路断开
LD low density 低密度
ld luftdicht 密闭的,气密的
LD Lyme disease 莱姆病
LD50 mittlere Letaldosis/median lethal dose 半数致死剂量
LD Signaling Loop Disconnection 信令回路中断
LD50 mittlere Letaldosis/median lethal dose 半数致死剂量
LDA Laser-Doppler Anemometer 激光-多普勒风速仪
LDAP Lightweight Directory Access Protocol 轻量级目录访问协议
LDB Lieferdatenbank 供货数据库
LDC Long-Distance Communication 长途通信
LD-CELP Low Delay Codebook Excite Linear Prediction 低时延码本激励线性预测
LDCF lymphocyte-derived chemotactic factor 淋巴细胞趋化因子
LdE Linie der Entfernungsverbesserungen 距离修正量线
LDF Light Distillate Feedstock Naphtha 轻馏分进料石脑油
Ldg Landung 着陆,登陆,靠岸
LDH lactate dehydrogenase 乳酸脱氢酶
L. d. H. Länge des Hinterraumes 后舱长度
LDH 叠层车顶
LDI Liquid Direct Injection 液体直接注入
Ldk. Landkarten 地图
LdKpf Ladekopf 充电头;充电装置
LDL low-density lipoprotein 低密度脂蛋白
LDL-C LDL (low-density lipoprotein)-Cholesterin 低密度脂蛋白的胆固醇
LDN Local Distribution Network 本地分配网络
LDN Low speed Data Network 低速数据网
LDP Label Distribution Protocol 标签分发协议
LDPC Low Density Parity Check code 低密度奇偶校验码
LD-PE low density Polyethylene/Polyethylen niedriger Dichte 低密度聚乙烯
Ldr. Leder 皮革
Ldr. Linksdrall 左捻(钢绳);(枪身内的)逆时针方向膛线
LdS Linie der Seitenverbesserungen 方向修正量线
LDS Load Sharing 负荷分担
LDS Local Digital Switch 本地数字交换机
LDS Local Distribution System 本地分配系统
LDSL Low bit-rate Digital Subscriber Line 低比特率数字用户线
LDSS Low Dust Settlement System 低尘处理系

统

LDST Load Sharing Table 负荷分担表

LD-Stahl Linz-Donawitz Stahl 【奥】纯氧顶吹转炉钢,林茨多纳维茨钢

Ld. -Str. Landstraße 公路,大路

LDT Long Distance Telephone 长途电话

LDU Logical Data Unit 逻辑数据单元

LDUUV 大排水量无人航行器

LDV Linguistische Datenverarbeitung 语言数据处理

LdV Löschungsverordnung 消弧(消音,清除)规定

L. d. V. Länge des Vorraumes 前舱长度

LD-Verfahrn Linz-Donawitz-Sauerstoffaufblasverfahren 氧气顶吹转炉炼钢法

L/D-Verhältnis Länge/Durchmesser-Verhätnis 长度/直径比,冲孔比

Ldw Ladungswerfer 弹药发射器

ldw landwirtschaftlich 农业的

LE Elektrostahl aus dem Lichtbogenofen 电弧炉钢

LE Ladungseinheit 电荷单位

LE Large Enterprises 大型企业

le leicht 轻

LE Leiteinrichtung 导向装置

LE Leitelektrolyt 传导电解液

LE Leitungsentzerrer 传输线补偿器;线路失真补偿器;线路均衡器

l. E. letzten Endes 最后

LE Lichtbogen-Elektrostahl 电弧炉钢,光弧电子束

LE Local Exchange 局部交换机

Le Locher ein 打孔机投入工作

LE lupus erythematosus 红斑狼疮

LE Streifenleser 纸带阅读器

LEAF Large Effective-Area Fiber 大有效面积光纤

LE-ARP LAN Emulation Address Resolution Protocol 局域网仿真地址解析协议

LEASEDL LEASED Line 租用线路/专线

leath leather/Leder 皮革

LEB Leistungsverstärker Eingabe 功率放大器输入

LEBM linear-elastische Bruchmechanik 线性弹性断裂力学

LE-BSS Leistungselektronik-Bausteinsystem 功率电子标准组件系统

LEC LAN Emulation Client 局域网仿真客户机

LEC Local Exchange Carrier 本地交换运营商(载波,电信局)

LEC Logical Exchange Carrier 逻辑交换载体

LEC lupus erythematosus cell 红斑狼疮细胞

LECS LAN Emulation Configuration Server 局域网仿真配置服务器

led. ledger 总账簿

led. ledig 未婚的

LED Light Emitting Diode/Leuchtdiode, Lichtemissionsdiode 发光二极管

Leer-km Leer-Kilometer 空载里程(公里)

Lees Leeseite 背风面

le FH (m) leichte Feldhaubitze (mit Mündungsbremse) 带炮口制退器的轻野战榴弹炮

LEF lichtemittierender Film 光发射胶片

LEFA Lederfaserwerkstoff 人造皮革材料

Le. FF. leichtes Funkfeuer 轻便无线电指标

l eF. K. leichte Feldkanone 轻型野战加农炮

leg. legieren 炼制合金

leg. legiert 合金的

Leg. Legierung 合金,齐

leG leichtes Geschütz 轻型火炮(无座力炮,空降火炮等)

LEG Leitungsendgerät 线端仪

LEG Lochkartengerät 卡片穿孔器

le GebIG leichtes Gebirgsinfanteriegeschütz 山地步兵用轻型火炮

Legg. Legierungen 合金,齐

le. gl. Lkw leichter geländgängiger Lastkraftwagen 轻型越野载重汽车

leGrW leichter Granatwerfer 轻型迫击炮

leHT leichte Haubitz-in-Turm 轻型炮塔式榴弹炮

leIG leichtes Infanterie Geschütz 轻型步兵炮

leipz leipzigerisch 来比锡的

Leist. Leistungsprinzip 功率原理

Leistg. j. M. u. Sch. Leistung je Mann und Schicht 工班效率

Leit leitend 导电的,传导的

Leit. Leiter 导体,导线;导电体,传导体

Leit Leitung 电线,导线;线路;传导;电缆;管道,管线

Leivo Leitungsvorschriften 导线规范

leJgrZ leichter Infanteriegranatzünder 轻型步兵手榴弹引信

LEK Laborpraktikum Elektronik 试验室实践电子学

leLdgW leichter Ladungswerfer 轻型弹药投射器

LEM Laboratorium für Elektronik und Messtechnik 电子学和测量技术实验室

LEM Lagereingangsmeldung 入库报告

LEM Laser-Entfernungsmesser 激光测距仪

LEM Leichtelektromobil 轻型电动车

LEMP Lightning Electromagnetic Pulse 闪电电磁脉冲
LE-Mun Lichteinschieß Munition 曳光弹(距离校正用)
LEO Low Earth (Geostationary) Orbit/erdnahe Umlaufbahn 近地球轨道
LE-OS Local Exchange Operation System 本地交换局运行系统
LEOS Low Earth Orbit Satellite 低轨卫星,低地球轨道卫星
Lepeth lead-polyethylene 铅-聚乙烯
lePzM leichte Panzermine 轻型反坦克地雷
LER Label Edge Router 标记边界路由器
LES LAN Emulation Server 局域网仿真服务器
LES Land Earth Station 陆地地球站
leS leichtes Spitzgeschoss 轻尖头子弹
LES Lower esophageal sphincter 食管下端括约肌
leSL'spur leichtes Spitzgeschoss mit Leuchtspur 带曳光剂的轻尖头子弹
LESO Land Earth Station Operator 陆地地球站运营商
le. SPW leichter Schützenpanzerwagen 轻型装甲运输车
LET Laborpraktikum Elektrotechnik 实验室实践电气技术
LET linearer Energietransfer 线性能量转移
Leu leucine/Leuzin 白氨酸;亮氨酸;异己氨酸
LEU leukocyte 白细胞
LEU Low Enriched Uranium 低浓铀
Leuchg Z Leuchtgeschosszünder 照明弹引信
Leuchtet leuchtstoff 磷光物质,荧光材料
Leu. Feu. Leuchtfeuer 标灯
LEV Low Emission Vehicle 低排放汽车
LEV II LEV II-Abgasgesetzgebung LEV II 废气排放立法
leWMZ leichter Wurfminenzünder 轻迫击炮弹引信
Lex. Lexikon 词典,百科全书
LExM Leichte Exerziermine 轻型训练地雷
LEXMmR leichte Exerziermine mit Rauchladung 带发烟成分的轻型练习地雷
Leyland British Leyland Motors Company 英国利兰汽车公司
Lf feste Vorschaltinduktivität 固定串联电感
LF Lafettenfahrzeug 炮架车
LF Langsame Fahrt 慢车;慢行
Lf Längsblattfeder 纵向钢板弹簧
L2F Layer 2 Forwarding 第 2 层转发
L. F. leichte Feldhaubitze 轻型野战榴弹炮
LF Leistungsschalter 断路器;功率开关
Lf. Lieferer 供应者,交货者
LF Load Factor 负载因子
LF Log function 对数功能
LF Löschfahrzeug 消防车,灭火车
LF Low Frequency/Niederfrequenz, Niederfrequent 低频
LFA Loss of Frame Alignment 帧失步
Lfa Luftfahrzeugabwehrkanone 飞机防御炮
Lfb. Laufbahn (轴承的)滚道,滑道;径迹;履历
Lf. -Bed. Lieferungsbedingung 供货条件
LfbG Laufbahngesetz 导轨规定
LFBike Lackpapier-Baumwollisolierungkabel 漆纸棉纱绝缘电缆
lfd laufend 连续的,日常的,现今的,正在进行的
lfd luftdicht 密闭的
lfde. Nr. laufende Nummer (杂志等的)顺序编号,流水号
lfd. J. laufenden Jahres 本年
lfd. M. laufenden Monats 本月
Lfd. M. Laufende Meter 跑表
lfd. m laufendes Meter 每米
LFE Low Frequency Enhanced 低频增强
LFF Landefunkfeuer 地面无线电指向标;着陆无线电指示
LFF Leichtes Funkfeuer 轻型无线电指向标
Lf. -Fr. Lieferfrist 供应期限,交货期
LFG Listenprogrammgenerator 编目程序发生器
l. F. H. -Geschoss leichte Feldhaubitzengeschoss 轻型野战榴弹炮的炮弹
l. F. H. Gr. lange Feldhaubitzgranate 野战榴弹炮的加长榴弹
L. Fi. Br. Liegendfilterbrunnen 下盘渗流井,下盘降水井
L. F. K. leichtes Feldkabel 轻质轻便电缆;轻质军用电缆
LFK Lenkflugkörper 导弹,可驾驶的飞行体
L. FL. Lehrflottille 教练小舰队
LFLR Langstrecken-Fla-Lenkrakete 远程制导导弹
LFM Leipziger Frühjahrmesse 莱比锡春季博览会
LFM Local Fiber Module 局部光纤模块
LFO Niederfrequenzoszillator 低频振荡器
LFP lost-form-process 失模铸造工艺
LfSt Laufstall 围栏
Lft Lafette 炮架
Lft. F Luftfahrtfeuer 航空信号塔
LFTI Physikalisch-Technisches Institut A. F. Ioffe 约飞物理技术研究所(前苏联列宁格勒)

Lft. Kr Luftkreis 空气循环
lftr lufttrocken 风干的;空气干燥的
lftr af lufttrocken und aschefrei 风干无灰的
Lftsp. Luftspäher 航空侦察机
Lftsp. Luftsperre 空中障碍
Lftw Luftwaffe 【德】空军
LFuO Landfunkordnung 地面无线电规定
Lfv Leuchtfeuerverzeichnis 标灯目录
LFW Luftfahrtforschungsanstalt Wien 【奥】维也纳航空研究所
Lfw. Luftfahrtwesen 航空事业
Lfz Luftfahrzeug 飞机,飞船,探测气球
Lf-Zt (Lfzt) Laufzeit 渡越时间;运行时间,行驶时间;传播时间;时延,时滞;跃迁时间
Lg Lagerung 轴承结构;(测量仪表中的)吊架;支承,轴承,支座;定位放置,储藏,排列;(金属的)时效处理
LG Landgericht 地区法院
LG Lehmgrube 取土坑;砂孔
LG leicht geglättet 容易磨光的;容易整平的
LG Leichtgeschütz 轻型火炮,无坐力炮
LG Leistungsgrad 效率
LG Leitgerät 导向仪;遥控仪
Lg Leuchtgeschoss 照明弹
Lg Ligroin 里格若因;挥发油;粗汽油;高石油醚
lg Logarithmus 对数
Lg Luftwaffengerät 空军仪器
LGA large for gestational age 大孕龄,大胎龄
lgcpl Logarithmus complementi 补角对数
lgd liegend 卧式的,躺着的,水平的
Lgd Liegende 下盘,底板
L. G. E. Leitungsanpassungsgerät 线路匹配设备
Lgeh luftgehärtet 空气冷却淬火的;空冷硬化的;正火;常火
LgFbl Lagerformblatt 仓库卡片,仓库表格纸
lgfr. langfristig 长期的
LGFV 地方政府融资平台
Lggr. Langgranate 加长榴弹
lgL lange Lafette 长炮架
lgM lange Mundlochbüchse 长起爆器助爆药炮弹
LgN Luftfahrtgerätnorm 航空仪器技术标准
Lg. Nr. Lager-Nummer 轴承编号;库(房)号
LgP Leuchtgeschosspulver 发光弹药粉
Lg. -Pl. Lageplan 平面图,平面
Lgr Lehmgrube 取土坑;砂孔
L. Gr. (LGr) Leistungsgröße 功率大小,功率值
L. -Gr. (LGr.) Leistungsgruppe 功率分类,数据组
Lgr Logger 沿海岸航行的小机帆船
l. Gr. W. leichter Granatwerfer 轻迫击炮
LGT Ladegerät 充电设备;装料机,装药器
LGTH Length 数据单元的长度
LGU Leitgerät, unstetiges 非连续的导向仪;非连续的遥控仪
LGU-M Leitgerät, unstetiges mit Motorsteuerung 电动机控制的非连续的导向仪;电动机控制的非连续遥控仪
LGV lymphogranuloma venerum 性病性淋巴肉芽肿
Lgw Lackgewebe 漆布
LGW Leitungsgruppenwähler 线路组选择器
Lg. Zdr. Leuchtgeschosszünder 照明弹的引信
L1GW Level-1 Gateway 第一级网关
L/H Längen-Höhengrad 长高比
LH Langhantel 杠铃
LH Leuchtenhöhe 照明高度
LH leuteinizing hormone 促黄体生成激素
LH lichte Höhe 净高
LH Line Hunting 寻线
LH Linksgewinde 左旋螺纹
l/h Liter pro Stunde, Liter je Stunde 升/小时
LH Local Host 本地主机
LH Luftheizung 热空气采暖,气暖法,暖风采暖
LH_2 Flüssiger Wasserstoff 液态氢(−250℃)
LHG Line Hunt Group 寻线组
LHM Leipziger Herbstmesse 莱比锡秋季博览会
LHOTS Long-Haul Optical Transmission Set 长距离光传输设备
LH-RH leuteinizing hormone releasing hormone 促黄体生成激素释放激素
LHS 左方向盘
LH SFI 燃料喷射系统
LH SFI 热丝式多端顺序燃油喷注系统
LHT leichte Haubitz-in-Trurm 轻型炮塔式榴弹炮
LHT Long-Haul Transoceanic 越洋长途通信
LI Leitender Ingenieur 首席工程师;主任工程师
LI Length Indicator 长度指示器
Li Lichtmess 光点测距
Li Limousine 高级轿车,大型豪华轿车
LI Linde 椴属;菩提树
LI Line Identity 线路识别
Li. Linie 线,曲线;路线,航线;轮廓,行,条纹
LI Linienform 线轮廓,线形
LI Link Interface 链路接口
Li. Liste 表,表格
Li Lithium 锂
LI Load Index/Tragfähigkeitskennzahl 载荷指数

LIASON Lossless Integrated Active Splitters for Optical Network 光网络无损耗综合有源分离器
LIB Label Information Base 标记信息库
LIB Least Important Bit 次要的比特
Lib. Libelle 水平仪,水准仪;水准器;水位
Li. Battr. Lichtmessbatterie 闪光测距电池
LIC Line Interface Card 线路接口卡,行界面卡
LIC Line Interface Circuit 线路接口电路
LIC Link Identification Code 链路标识符
LIC Lowest Incoming Channel 最低入局信道
Lichtm. Lichtmess 光点测距
Lichtm. Ger. Lichtmessgerät 光学测量仪
Lichtm. St. Lichtmessstelle 闪光测距站
LID Lehrinstitut für Dokumentation 【德】达姆施塔特文献工作师范学院
LID Link Inhibition Denied 链路禁止否认
LID Link Interface Device 链路接口设备
LIDA Load-and-Interference-based Demand Assignment 基于负载和干扰的按需分配
LIE Line Interface Equipment 线路接口设备
LiefSch（Liefsch） Lieferschein 交付支票,交付清单
LiF Lithium Fluorid 氟化锂
LIF Kraftstoffverteilung 燃料分配
LIF laser induced fluorescence/laserinduzierte Fluoreszenz 激光诱导荧光
lifo last-in-first-out 后到达先离开,后进先出
Lign. Lignit 褐煤
Lign. Lignum 木材,木料
lIgrZ23 leichter Infanteriegranatzünder 23 23式轻型步兵炮弹用引信
lIGs leichtes Infanterie Geschütz 轻型步兵炮
l. I. H. leichte Infanteriehaubitze 轻型步兵榴弹炮
LIM call Limiter 呼叫限制器,通话限时器
LIM Line Interface Maintenance 线路接口维护
LIM Line Interface Module 线路接口模块
LIM linearer Induktionsmotor 线性感应电动机
LIM Liquid Injection Molding 液体注射成型
lim. limitieren 限定,限制
LIM 巡航变速限制器
Lima Lichtmaschine 照明发动机
LIN Link Inhibit 链路禁止
LIN Link Inhibit Signal 链路禁止信号
Lin. Lineal 直尺
lin. linear 线的,直线的,线性的,沿线的
Lin. Linimentum 擦剂
lin. linear 线型的;直线的
Lin. Linie 线;路线,航线;行,条纹;交通线,通讯线;扫描线
Lineak Linear-Akzelerator (直)线性加速器
linksdr. linksdrehend 左旋的;逆时针的
linksg. linksgängig 靠左行的
lin. m linear meter/laufendes Meter 延米
LINUX LINUs torvalds unix/UNIX-Variante mit grafischer Benutzeroberfläche 使用图形用户界面的 UNIX 版本
LIP Large Internet Packet 大型网络数据包
L. I. p life insurance policy 人寿保险单
LIP Line Interface Processor 线路接口处理器
LIP Lithium-Ionen-Polymer 锂离子聚合体
LIPS Laser Image Processing Scanner 激光图像处理扫描器
LIPS Laser Image Processing Sensor 激光图像处理传感器
LIPX Large Inter-network Packet exchange 大型网间分组交换
Liq.（Liqu.） liquid/Liquor 液体
liq. liquidus 液体的
Liqu. Liquidation 清除;清理;账单,费用计算
liqu. liquidieren 清理;除去
LIR Location Information Restriction 位置信息限制
LIS Landinformationssystem 地面信息系统,土地信息系统
LIS Laser Illuminator System 激光照明器系统
LIS Lineare integrierte Schaltung 线性集成电路
LIS Logical IP Subnet 逻辑 IP 子网
LIS Logically-independent IP Subnet 逻辑上独立的 IP 子网
LISC Link Set Control 链路组控制
LISN Line Impedance Stabilization Network 线路阻抗稳定网络
LISP list processor 表(格)处理程序;编目处理机
LIT Laboratorium für Isotopentechnik 同位素技术实验室(属卡尔斯鲁厄核研究中心)
lit. litauisch 立陶宛的
Lit. Literatur, Literaturwissenschaft 文学,文艺学,文学研究,参考文献
LiTG Lichttechnische Gesellschaft e. V. 德国光技术协会
Lith. Lithographie 石版印刷术,平版印刷术
lith lithographisch 石板印刷的
LITR Low Intensity Test Reactor 低强度实验性反应堆
Lit. -Verz. Literatur-Verzeichnis 参考文献目录
LIU Line Identification Unit 线路识别单元

LIU Link Interface Unit 链路接口单元
LIUM Links/Links-Umhängemaschine 移圈式双反面针织机
Live Lieferanten- und ProduktionsVerbund-Logistik 供应-生产联合物流技术
LIW landtechnisches Instandsetzungswerk 农业机械维修厂
liz. lizensieren 许可,准许
liz. lizensiert 许可的;准许的
Liz. Lizenz 执照,证明,许可证
Lk Ladeluftkühlung 增压空气冷却
LK5 Landesgrundkarte 1∶5,000 1∶5 000国家基本地图
L/K Länge/Kaliber (火炮)长度口径比
L. K. Langrohrkanone 长管加农炮,加农炮
LK Leichte Klasse 轻型(载货车)
LK Leitungen und Kabel 电线和电缆
Lk Leitungskarte 电线卡片
LK Leuchtdrahtklasse 灯丝发光强度级,光度级
LK Leuchtkammer 照明匣
LK Lochkarte 穿孔卡片
LK1 Lochkartenlocher 卡片穿孔机
LK Lochkreis 螺栓孔分布圆
LK Lymphknoten 淋巴结
LKA Lochkartenausgabe 穿孔卡片输出
LKA Lochkartenanlage 穿孔卡片装置
LKB Lochkartenbeschrifter 穿孔卡片标记器
LKD Leichtkassettendecke 轻型盒盖,轻质箱罩
LKF leichtes Kampfflugzeug 轻型战斗机
LKG Lochkartengerät 卡片穿孔器
LKK Lochkennkarte 穿孔标记卡片
LKL Leerlauf-Kurzschluss-Leerlauf 空载-短路-空载
Lkl. Leistungsklasse 功率级
LKL Lochkartenleser 穿孔卡片阅读器
LKM Lochkartenmaschine 卡片穿孔机
LK-M metrisches Self-Lock-Gewinde 公制自锁螺纹
LKM 灯泡烧毁监控器
LK-MF metrisches Self-Lock-Feingewinde 公制自锁细螺纹
LK/min Lochkarten pro Minute 穿孔卡片/分钟
LKR Lochkartenrechner 卡片穿孔计算机
LKS Landschaftsschutzkonzept Schweiz 瑞士风景区保护方案
LKST Lochkartenstanzer 穿孔卡片凿孔机
LKSt Lochkartenstelle 穿孔卡片位置
LKStL Lochkartenstellenleiter 穿孔卡片位置标记
LKV Lochkartenverarbeitung 穿孔卡片处理
LKV Lochkartenverfahren 卡片穿孔方法,打卡法
LKV Luft-Kraftstoff-Verhältnis 空气燃料比
Lkw Lastkraftwagen 载重汽车,货车,卡车
l. Kw Flak leichte Kraftwagen-Flugabwehrkanone 轻型自行加农炮
LKW-Motor Lastkraftwagen-Motor 载重汽车发动机
LKZ Luftkurszeiger 气流路线指示器,航向指示器
LKZSt. Lochkartenzentralstelle 穿孔卡片中心位置
LL Ladeliste 装船单,货物清单
LL Länge zwischen den Loten 测锤之间的长度
LL Längslenker 纵拉杆
LL Lederlenkrad 真皮面转向盘
LL Leerlauf/Idle Speed 怠速,空转
LL leichter Laufsitz 轻转配合
ll leicht löslich 易溶的
LL Leistungslohn 计件报酬,计件工资
L. L. Length Lift 长(行程)举升式(气缸)
LL lepromatous leprosy 瘤型麻风
l. L. lichte Länge 净长度
LL Lightly Loaded 轻负荷
L-L Link by Link 逐节,分节
LL Link Layer 链路层
LL Links/Links 双反面组织
LL. Luftland 空降
Ll Luftleitung 风管,风道,空气管道,输电架空线
L-L Luft-Luft 空-空
Ll. Luttenlänge 风管长度,通风管道长度
LLA Logical Layered Architecture 逻辑分层结构
LLAP live long and prosper 健康长寿,财源滚滚
L. L. C. Ladelinienkomitee 充电(特性)曲线研究会
L. L. C. Liquidus-Liquidus-Chromatografie 液-液色谱(分离)法,液-液色层(分离)法
LLC Logic[al] Link Control 逻辑链路控制
LLC Low Layer Compatibility 低层兼容
LLCDU LLC Data Unit LLC数据单元
LLC-IE Low Layer Compatibility Information Element 低层兼容性信息元
LLC/SNAP Logic Link Control/Sub Network Access Protocol 逻辑链路控制/子网接入协议
LLD linear low density 线型低密度
lLdgW Leichter Ladungswerfer 轻型弹药投射器

LLDR Least-Load Deflection Routing 最小负载改向路由
LLE Leased Line Emulation service 租用线仿真服务
LLF lower layer function[s] 低层功能
LLFMR Least-Loaded-First Multicast Routing 最小负载优先的多播选路
LLGS Lageos Laser Geodynamics Satellite 美国激光地球动力学卫星
LLI Link Local Inhibit 链路本地禁止
LLI Logical Link Identifier 逻辑链路标识符
LLM L-band Land Mobile L 频段陆地移动通信
LLM Local Loopback Management 本地回环管理
LLM Lower Layer Module 低层模块
LLME Low[er] Layer Management Entity 低层管理实体
LLN Leased Line Network 租用线路网
LLN Linear Light wave Network 线性光波网络
LLN Line Link Network 线路链接网
LLN Logic Link Number 逻辑链路号码
LLP Logical Light wave Path 逻辑光波路径
LLP Low Level Protocol 低级协议
LLR Leased Loaded Routing 最小负荷选路
LLR lunar laser ranging 激光测月
LLR 怠速控制装置
LLS Leerlaufsteller/idle Speed Controller 怠速调节器
LLT Link Local Inhibit Test Signal 链路本地禁止测试信号
LLT-System Lösen-Laden-Transportieren-System 脱开-装载-运输系统
LLZ Logistik-Leistungs-Zentrum 物流效果中心
LM Lademaschine 充电机
LM Landmaschine 农业机械
LM Landwirtschaftsministerium 农业部
l. m. Länge in Metern 米计长度
LM Längenmesseinrichtung 测长装置,长度测量装置
LM Lastmessung 载荷测量
LM Leipziger Messe 莱比锡博览会
LM Leitungswähler 选线器
LM Link Manager 链路管理器
L. M. Lohmühle 鞣料磨碎机
LM Lösungsmittel 溶剂
Lm Lumen 流(明)(光通量单位)
Lm Minusmeldelampe 转撤器反位监视(信号)灯
LMA Lagerung mittelaktiver Abfälle 中等放射性废物贮存
LMA Laser-Mikrospektral-Analysator 激光显微光谱分析仪
LMA left mento anterior 颏左前
LMB Leichtmetallbauweise 轻金属结构
LMC Land Mobile Channel 陆地移动信道
LMC Link Monitor and Control 链路监视器与控制
LMC Local Maintenance Control 局部(本地)维护控制
LMC Localized Multicast 局部多播
LMCA left middle cerebral artery 左侧大脑中动脉
LMCS Local Multipoint Communication System 本地多点通信系统
LMDS Local Microwave Distribution System 本地微波分配系统
LMDS Local Multi-channel Distribution System 本地多信道分配系统
LMDS Local Mulli-point Distribution System; lokales Datenverteilsystem 本地多点分配系统
LMDS Local Multipoint Distribution Service 本地多点分配业务
LME Layer Management Entity 层管理实体
LME Layer Management Entry 层管理项
LME Line Monitoring Equipment 线路监视设备
LMES Land Mobile Earth Station 陆地移动地球站
LMF Large Mode Fiber 大模光纤
LMF Leichtmetall-Felgen 轻金属轮辋
LMF Local Management Function 本地管理功能,近端管理功能
LMF Location Management Function 定位管理功能
LMFR Liquid Metal Fuel Reactor 液体金属燃料反应堆
L. M. G.(l. M. G., l. Mg.) leichtes Maschinengewehr 轻机枪
LMH Leichtmetallhybrid 轻金属混合
lm. h, lmh Lumen-Stunde 流明小时
LMI Layer Management Interface 层管理接口
LMI Local Management Interface 本地管理接口
LMID Logical Module Identifier 逻辑模块标识符
LMK Lang-, Mittel- und Kurzwelle/long, medium shortwave 长波,中波,短波
l. M. K. leichte Munitionskolonne 弹药运输小队
LMK leichtes Marinekabel 轻便船用电缆
LMKU Lang-, Mittel-, Kurz-und Ultra-

kurzwellenbereich 长、中、短和超短波(段)
LML Lagermaschinenlogik 轴承机器逻辑
L2ML Layer 2 Management Link 第二层链路管理
L3MM Layer 3 Mobility Management 第三层移动管理
L/mm Linien pro Millimeter 每毫米线(行)数
LMM Luftmassenmesser/Mass Air Flow 空气质量流量计
lm/m² Lumen pro Quadratmeter 流明/平方米
LMN Load Matching Network 负载匹配网络
LMOS Loop Maintenance Operations System 环路维护操作系统
LMP last menstrual period 最后一次月经日期
LMP left mento posterior 颏左后
LMP Leichtmetallprodukt 轻金属产品
LMP Line Maintenance and Operation Processing 线路维护与操作处理,线路维护和运行处理
LMR Land Mobile Radio 陆地移动无线电设备
LMR lasererregte magnetische Resonanz 激光器激发磁共振
LMR Lightweight Mobile Routing 次要移动选路
LMRS Local Message Rate Service 市话按次计费业务
LMS Land-Mobile Satellite 陆地移动卫星
LMS Least Mean Square 最小均方
LMS Local Message Switch 本地信息交换机
LMS Location of Mobile Subscriber 移动用户定位
LMS Luftmangelsicherung 空气不足保险,缺气保险
LMS Luftmassensensor 空气质量传感器
Lm-s (lms) Lumensekunde 流明秒
LMs Messinglot/Schlaglot 铜锌焊料;硬焊料
LMSD Legacy Mobile Station Domain 传统移动台域
LMSI Layer Management Service Interface 层管理业务接口
LMSI Local Mobile Station/Subscriber Identity 本地移动台/用户识别码
LMSS Land Mobile Satellite System 陆上移动卫星系统
LMssg Lichtmessing 光测
LMsSt Lichtmess-Stelle 光测站
LMT Layer Manufacturing Technique 分层成形技术
LMT left mento transverse 颏左横
LMT Local Maintenance (Management) Terminal 本地维护(管理)终端
LMT local mean time 地方平(均)时
LMTr Lichtmesstruppe 光测量组
LMU Leistungsmessumformer 功率测量转换器,功率测量换能器
LMU Load and Measurement Unit 负载和测量单元
LMU Location Measurement Unit 定位测量单元
L. M. V. Lichtmessverfahren 光测法
l. MW leichter Minenwerfer 轻型迫击炮
lm/W Lumen pro Watt 流明/瓦
LN Lagenorm 位置标准
LN Landwirtschaftliche Nutzfläche 农业利用土地面积
LN Leistungsnachweis 功率检定,功率证明
LN Leistungsnorm 生产定额
ln logarithmus naturalis 自然对数
LN Logical Name 逻辑名
LN Luftfahrtnormen 【德】航空标准
LN Luftnachrichten 航空通讯
LNA launch numerical aperture 发射数值孔径
LNA Local Network Architecture 局部网络结构
LNA Logical Network Address 逻辑网络地址
LNA Low Noise Amplifier 低噪声放大器
LNA-Rohr leichtes Normalabflussrohr 轻型标准下水管
LNB Low Noise Block/rauscharmer Verstärker Antenne, Frequenzumsetzer-Einheit 低噪声组件,高频头
LNC Local Node Clock 本地节点时钟
LND Last Number Dialed 最后拨的号码
LNG liquified natural gas 液化天然气
LNH Landesnivellementhauptpunkt 国家水准测量主点
LNI Local Network Interface 本地网络接口
LNIA Loop Network Interface Address 环形网络接口地址
LNMS LAN Network Management System 局域网管理系统
LNP Local Network Protocol 本地网络协议
l. n. r (lnr) links nach rechts 从左向右
L. Nr. Listennummer 表格号码,表格编号
LNS L2TP Network Server L2TP 网络服务器
l. n-s Lumensekunde 流明秒
LNSS Line Subsystem 线路子系统
LNTC Layer Network Topology Configuration 网络层拓扑结构
lnterpr. Interpretation 解释,说明;翻译;表演,演奏
Ln. Tr. Luftnachrichtentruppen 空军通讯部队
LNW Local Network 本地网/市话网
LO Anfangsmesslänge 最初测量长度,原测量

长度
LO Lagerordnung 仓库制度
L-O Lastauto und Omnibus 货车与客车(德刊)
LO Lastomnibus 大轿车
LO Lieferorder 供应指令,供应命令
LO Lower Order 低阶
LÖ Leichtöl 轻质油
Lö Löschen 消弧,放电;消音;消磁,清除,抹去;熄灭;(计)清除代码;断开
Lö Löß 黄土;磨细石英砂;(少量粘土和石灰石的)混合体
Lö Lößboden 黄土
Lo. losen Sprengstoffkörpern 散装炸药制剂
Lo Streifenlocher 纸带穿孔器
LOA left occipito anterior 枕左前
LOA Loss Of Alignment 帧失步
LOC Line Of Communication 通信线路
LOC LOCalizer/Ortungsgerät, Ansteuerungsfunkfeuer 定位器,定位仪;飞机降落用无线电信标
Loc location 定位;位置;(存贮器的)存储单元
LOC Loss Of Cell 信元丢失
LOC Loss Of Channel/Kanalverlust 信道丢失
LOC Loss of Continuity 连续性丢失
LOC Lowest Outgoing Channel 最低去话信道
LOC 低压缩比
LOC-OTS Loss of Continuity on Optical Transmission Section 光传送段连续性丢失
LOD Learning On Demand 随需学习
LOF Loss Of Frame/Rahmenverlust 帧丢失
LO-Frequenz Lokaloszillatorausgangsfrequenz 本机振荡器输出频率
LOG call Logging 呼叫记录
log Logarithmus 对数
Log Logik universell 通用逻辑
log. logistisch 逻辑的
LOH Line Over Head 高架线路
LOH Line Overhead 线路开销
LOI Letter of Intent 意向书
LOI limiting-oxygen-index/Sauerstoffindex (极限)氧指数
LOI Low Order Interface 低阶接口
Lok Lokomotive 机车,火车头,发动机,动力机车
Lok Lokomotivführer 机车司机,电机车司机
Loksch Lokomotivschuppen 机车库,电机车库
LOL laughing out loud 开怀大笑
LO/LE Streifenlocher/Streifenleser 纸带穿孔器/纸带阅读器
LOM laminated object manufacturing 分层物体制造
LOM Laser Optical Modulator 激光光学调制器
LOMC Local Operation & Management Center 本地操作维护中心
LON lokal operierendes Netzwerk 局部操作网络
LON longitude/geographische Länge 经度,地理经度
LOOP Low-cost Optimized Optical Passive components 低成本最佳光无源元件
LOP left occipito posterior 枕左后
LOP Line Oriented Protocol 面向线路的协议
LOP Loss Of Pointer 指针损失,指针丢失
LOPL Lower Order Path Layer 低阶通道层
LOPO Low Power Output Reactor 低功率输出反应堆
Lorac long-range accuracy System 远程精密导航系统
Loran (LORAN) long range navigation 远程导航
LOS Lichtstrahloszillograph 回线示波器
LOS Line Of Sight communications system 直视通信系统
LOS Line Of Sight/Sichtverbindung Richtfunk 直视通信/定向无线电通信
LOS Line of Sight System 直视系统
LOS Line-Out-Of Service Signal 线路不工作信号,线路故障信号
LoS Lochschablon 穿孔样板
LOS Logikuniversal mit Speicherfunktion 有存储功能的通用逻辑
LOS Loss Of Signal/Signalverlust 信号丢失
LOSRRL line-of-sight radio-relay link (system) 直视微波接力通信链路(系统)
Lösungsm. Lösungsmittel 溶剂,溶媒
LOSW Loss of Sync Word 同步字丢失
LOT left occipito transverse 左枕横
Lot Lotio 洗剂
Lotfe Lotfernrohr 探测望远镜
LöV Löschungsverordnung 清除规定,消音规定,消磁规定
LOVC Lower Order Virtual Container 低阶虚容器
LOWA Volkseigene Betriebe fiir Lokomotiv- und Waggonbau 【前民德】国营机车车辆制造企业
LOX liquid oxygen 液氧
LP Lackpapierdraht 漆纸线
LP Ladeprogramm 输入程序,引导程序
LP Ladepuls 充电脉冲
LP Lampenprüfung 灯检验
LP Langspielplatte/long play record 慢转唱片,密纹唱片

LP Längsprüfung 长度检验
LP Lean Production 精益生产
LP Leistungsprüfung 功率检验
LP Leiterplatte 印刷电路板
LP Leuchtpistole 信号枪
LP lineare Programmierung 线性规则,线性程序设计
LP Link Processor 链路处理器
LP Lipoprotein 脂蛋白
β-LP β-lipoprotein β-脂蛋白
LP Lochpresse 冲压机,穿孔机
LP Longplay/lange Spieldauer （唱片,录音带）长的放唱时间
LP low power 低倍(显微镜用语);低功率,小功率
LP Lower order Path 低阶通道
Lp Luftpost 航空邮政
LP lumbar puncture 腰椎穿刺,腰穿
Lp Plusmeldelampe 转辙器正位监视信号灯
LPA latex particles agglutination 乳胶颗粒凝集反应
LPA Leitpostamt 邮政总局
LPA Linear Power Amplifier 线性功放
LPA Lower order Path Adaption 低阶通道适配
LPachtG Landpachtgesetz 土地租赁法,租佃法
LPaG Landpachtgesetz 土地租赁法,租佃法
LPAK Leichtpanzer-Abwehrkanone 轻型反坦克炮
LPAM 1-phenylalanine mustard 左旋苯丙氨酸氮芥
LPAR 大型相控阵雷达
LPatr Leuchtpatrone 照明弹筒
LPb Bleilot 铅焊料
LPB Low Level Processor Board 低档处理器板
LPBike Lackpapier-Baumwolleisolierungskabel 漆纸棉纱绝缘电缆
LPC Linear Prediction Coding 线性预测编码
LPC linear predictive code 线性预测编码
LPC Link Protocol Converter 链路协议转换器
LPC Lower order Path Connection 低阶通路(通道)连接
IPC 低阶通道开锁监视
LPDU Link Protocol Data Unit 链路协议数据单元
LPE Leitungsprüfeinrichtung 导线检验装置
LPE lipoprotein electrophoresis 脂蛋白电泳
LPF Lauge-, Fäll-und Flotationsprozess 浸出-沉淀-浮选法
LPF Loop Filter 环路滤波器
LPF Low Pass Filter 低通滤波器
LPF Low Pass Function 低通功能
LPG landwirtschaftliche Produktionsgenossenschaft 【前民德】农业生产合作社
LPG liquefied petroleum gas; Autogas 液化石油气,汽车用燃气
LPG liquid propane gas 液态丙烷气
LPG Listenprogrammgenerator 报表程序发生器,编目录程序发生器
LPG Local Pair Gain 本地线对增容
LPH left posterior hemiblock 左后分支阻滞
LPH Lichtpunkthöhe 光点高度
β-LPH β-lipotropic hormone β-促脂素
lpi Linien pro Inch 行每英寸
LPICT Loop Incoming Trunk 环路来话中继
Lpl Lagerplatz 仓库地区,堆栈
LPL lipoprotein lipase; Lipoproteinlipase 脂蛋白脂酶
Lplat Ladeplatte 充电极板,装载台
LPLMN Local PLMN 本地公用陆地移动通信网络
L. P1. v vorgeschobener Landeplatz 先遣降落场
LPM Lackpapierkabel mit Bleimantel 铅包漆纸电缆
LPM Linearly Polarized Mode 线性偏振模
LPM Logical-to-physical Mapping 逻辑-物理映射
LPN Local Packet-switched Network 本地分组交换网
LPN Low Pass Network 低通网络
LPOGT Loop Outgoing Trunk 环路去话中继
LPOM Low order Path Overhead Monitor[ing] 低阶通道开销监视
LPP Leiterplattenprüfplatz 印刷电路板试验台
LPP Link Peripheral Processor 链路外围处理器
LPP Low[er] order Path Protection 低阶通道保护
LPR Local Primary Reference 区域基准时钟源
LPR 掉电
LP-RDI Remote Defect Indication of Lower Order Path 低阶通道远端缺陷指示
LP-REI Remote Error Indication of Lower Order Path 低阶通道远端误码指示
LP-RFI Remote Failure Indication of Lower Order Path 低阶通道远端失效指示
LPS lipopolysaccharide 脂多糖
LPS Local Power Supply 本地电源
LPT Line Printer 行打印机
LPT Low [er] order Path Termination 低阶通道终端

LPU Line Protocol Unit 线路协议部件
LPV Langpumpenversuch 长期抽吸试验，长期抽水试验，长期抽空试验
Lp-X (Y) Lipoprotein X (Y) 脂蛋白 X (Y)
LPZMi/lPzMi leichte Panzermine 轻型反坦克地雷
LQ love quotient 情商
LQA Link Quality Analysis 链路质量分析
LQG Large Quantity Generator 大批发电机，量产发电机
LQG Linear Quadratic Gaussian 线性二次型高斯(方程)
LQG Liquid Grams 液体克
LQG Loop Quantum Gravity 环圈量子重力
LQM Link Quality Monitor 链路质量监测仪
LQR Link Quality Report 链路质量报告
LR Laborpraktikum Regelungstechnik 试验室实践调整技术，试验室实践控制技术
Lr. Lachter 拉赫捷尔，矿用沙绳长度单位
LR. Lang-Rundgewinde 长圆螺纹
L8R later 以后，过后
LR Launch Readiness 发射准备
Lr Lawrencium 铹
L2R Layer 2 Relay 第二层中继，第二层转发
LR Leseregister 读寄存器
LR Line Repeater Equipment 线路转发器设备
LR Link Request 链路请求
LR Link Restoration 链路恢复
LR (L. R.) Lloyd's Register of Shipping 劳埃德船级社，劳埃德商船协会
LR Location Register 位置寄存器
LR Löserelais 释放继电器
LR loudness rating 响度评定
LR Lurgi-Ruhrgas- Verfahren 卢尔基-鲁尔加斯方法
LRA Laboratorium für Reaktorregelung und Anlagensicherung 慕尼黑反应堆控制和设备安全实验室
L2R BOP L2R Bit Orientated Protocol L2R 面向比特协议
LRC Longitudinal Redundancy Check 纵向冗余校验
LRCA Location Register Coverage Area 位置寄存器有效区域
LRCF Location Register Control Function 位置登记控制功能
L2R COP L2R Character Orientated Protocol L2R 面向字符协议
LRD Long Range Data 远程数据
LrDA Infrared Data Association 红外线数据协会
LRDF Location Register Data Function 位置登记数据功能
LRE Low Rate Encoding 低速率编码
L-REP Linear Repeater 线性中继器，线性转发器
LRF Local Register Function 本地登记功能
LRF luteinizing hormOne releasing factor 黄体生成激素释放因子(即 LH-RH)
LRG liquefied refinery gas 液化石油气
LRGP Loudness Rating Guard ring Position 响度等级保护环位置
LRI Link Remote Inhabit 链路远端禁止
LRI lower respiratory illness 下呼吸道病
LRJ Location Reject 位置拒绝
LRIS Land Registration and Information Service 土地登记与信息服务
LRMH Lüfter-radiai-Mittel-Hochdruck 通风器径向中压-高压
LRMN Lüfter-radial-Mittel-Niederdruck 通风器径向中压-低压
LRQ Location Request 位置请求
LRS lunar ranging system 月球测距系统
LRT Link Remote Inhibit Test Signal 链路远程禁止测试信号
LRU Large Replacing Unit 大的替代单元
LRUR Local Route Update and Recovery 本地路由更新和恢复
LRZ Leibniz Rechenzentrum 莱布尼兹计算中心
l. s. auf lange Sicht 长期的
LS Label Stack 标记堆栈
LS Label Switching 标签交换
LS Lagersystem 库存系统
Ls Längsschwingarm 纵摆臂
LS Laparoscopic splenectomy 腹腔镜脾切除术
LS Laser System 激光器系统，莱塞系统
LS Lastensegler 运输滑翔机
LS Lastschalter 负荷开关
LS Launch Sign-off 投产验收
LS Lautsprecher 扩音器；扬声器，喇叭
L/S lecithin/sphingomyelin 卵磷脂，鞘磷脂
LS lehmiger Sand 粘性沙土，沙壤土
l. S. leichtes Spitzgeschoss 轻的尖头弹
L. S. Leichtstahl 轻型钢
LS Leichtstahl-Konstruktion 轻型钢结构
LS Leistungsschalter 断路器，功率开关
LS Leistungsstecker 功率插塞
LS Leitsatz 原理，定理，指导原则
LS Leitungsschaltung 外线电路
LS Leitungsschutzsicherung 线路保险装置，线路熔断器
LS Leitungssucher 寻线机
Ls Leuchtsatzsprengladung 照明装药

LS Leuchtstoff 磷光物质,荧光材料
Ls Lichtbogenschweißen 电弧焊
Ls Lichtbogen/stabilisierender Typ 稳定(压)型电弧
Ls Lichtbogen, stabilisiert 稳压电弧
LS Lichtschranke 光档(隔)板,光栅,光障碍物
LS Lichtsperre 光闭塞
LS Lieferschein 交付支票,交付清单
LS life support 生命支持
LS Light Source 光源
LS Line System 线路系统
l. S. linke Seite 左侧
LS Link state 链路状态
Ls Linsensenk 椭圆,凸圆
LS Linsensystem 透镜系统
LS Local Switch 局部开关,局部转换,端局
LS Lochstreifen 穿孔纸带
LS Lochstreifensender 穿孔纸带发送器
L+S Lohmann und Stolterfoth 无键连接
LS Luftschall 空气传播声音,空气载声
LS Luftschraube 空气螺旋桨
Ls Luftschutz 防空,对空防御
LS Lüftungsschieber 通风节气门,通风闸门
L. S. Luftwarn- und Spändienst 防空勤务
LS (PS) 动力转向装置
LS 扩音器系统
LSA Label Switched Application 标记交换应用
LSA left sacro anterior 骶左前
LSA Leitungssystem, äußeres 外导线系统
LSA Lichtsignalanlage 光信号设备
LSA Link State Advertise 链路状态通告
LSA Link State Advertisement 链路状态广告
LSA Localized Service Area 本地化服务区
LSA Lochstreifenausgabe 穿孔(纸)带输出
LSA Lochstreifenausgabegerät 穿孔(纸)带输出装置
LSA 音响系统分部
LSA(LS) 扬声器系统
LSAN Local Service Access Node 本地业务接入节点
LSAP Link Service Access Point 链路业务接入点
LSB Least Significant Bit 最低有效位,最低有效比特
LSB lower sideband 下边带,低边带
LSBS Location Sensitive Billing System 基于用户位置的计账系统
LSC Line Service Center 线路业务中心
LSC Line Signaling Channel 线路信令信道
LSC Link State Control 链路状态控制
LSC Liquidus-Solidus-Chromatografie 液-固色谱法,液(体)-固(体)色层(分离)法
LSC Logical Signaling Channel 逻辑信令信道
LScA Left scapulo-anterior 肩左前
L. Sch. Linienschiff 战列舰
Lsch. Ger. Lauschgerät 偷听仪器,窃听器
LSCN Line Scanner 用户线扫描器,线路扫描器
LScP Left scapulo-posterior 肩左后
LSCP Low Service Control Point 低业务控制点
LSD Least Significant Digit 最低有效位
LSD Low Speed Data 低速数据
LSD lysergic acid diethylamide/ Lysergsäurediethylamid 麦角酸酰二乙胺,赖瑟酸二乙胺(致幻剂)
LSD 限滑差速器
LSDV Link Segment Delay value 链路段延迟值
LSE Layer Service Element 层服务单元
LSE Lexikon straßenverkehrsrechtlicher Entscheidungen 道路交通法规全书
LSE Line Signaling Equipment 线路信令设备
LSE Link Switch Equipment 链路交换设备
LSE Local System Environment 本地系统环境
LSE Lochstreifeneingabe 穿孔纸带输入
L. S. G. Lichtspurgeschoss 曳光弹
Lsg Losungswort 口令
LSG Lastschaltgetriebe 动力换挡变速器
LSG Luftschutzgesetz 防空法
LSGesch Lichtspurgeschoss 带曳光剂的弹丸
LSHIC Large Scale Hybrid Integrated Circuit 大规模混合集成电路
LSI Large Scale Integrated [Integration] circuit/Hochintegration 大规模集成电路
LSIC Low Speed Integrated Circuit 低速集成电路
LSIF Local Subscriber Identification 本地用户识别
LSIG Link Signature 链路标识
LSK Lochstreifenkarte 穿孔纸带卡
LSK Luftstreitkräfte 空军
LSL Link Support Layer 链路支持层
LSL Lochstreifenleser 穿孔纸条阅读器
LSLAN Low Speed LAN 低速局域网
LSLN Low Speed Local Network 低速局部网络
LSLS Leichtes Spitzgeschoss mit Leuchtspur 带曳光剂的轻尖头子弹
LSMC Location Short Message Center 定位短消息中心
L. S. m. K. Leuchtspur-Spitzgeschoss mit Stahlkern 尖头钢心曳光弹

L. S. Mun. Leuchtspurmunition 曳光弹药
LSN Link Set Number 链路组号
LSn Zinnlot 锡焊剂
LSP Label Switch [Switched/Switching] Path 标签交换路径
LSP Layer Service Primitives 层服务原语
LSP Left sacro-posterior 骶左后
LSp (LS) Lichtspur 光示踪,光显迹
Lsp Lichtspiel 电影
LSP Link Selector Parameter 链路选择器参数
LSP Link State Packet 链路状态包
LSP Link State Protocol data unit 链路状态协议数据单元
LSP Lochspalt 穿孔间隙
Lsp. Lautsprecher 扬声器,喇叭
LSpH Leuchtspurhülse 曳光剂筒管
L'spurMun Leuchtspurmunition 曳光弹
LSR Label Switch[ed] Router 标签交换路由器
LSR Local System Resources 本地系统资源
LSR. Luftschutzraum 防空洞,防空掩蔽所
LSS Landessammelstelle für radioaktive Abfälle 放射性废物的区域集中地
LSS Local Switching Subsystem 本地交换子系统
LSS Local Synchronization Subsystem 本地同步子系统
LSS Lochstreifenstanzer 穿孔(纸)带凿孔机
LSS Loss of Synchronizing Sequence 同步序列丢失
LSSGR LATA Switching System Generic Requirement LATA 交换系统一般要求
LSSU Link Status Signaling Unit 链路状态信令单元
LSSU Link Status Signal Unit 链路状态信号单元
Lst. Ladestelle 装卸台;蓄电池充电站
LST Left sacro-transverse 骶左横
Lstd Leitstand 操纵台,控制台,操纵盘,控制盘,调度台
LStDV Lohnsteuer Durchführungsverordnung 工资税实施细则
LSTP Low (level) Signaling Transfer [Transport] Point 低信令传输点
L. -Str. Landstraße 公路,大路
LSTR Listener Side Tone Rating 收听者侧音评级
LstW Längstwellen 特长波
LSU LAN Service Unit 局域网服务单元
LSU Line Signaling Unit 线路信令单元
LSU lone signal unit 单一信号单元
LSU Local Synchronization Unity 本地同步的一致性
LSÜ Lochstreifenübersetzer 穿孔纸带翻译器,穿孔纸带译码器
LT Brieftelegramm des Inlanddienstes 国内书信电报业务
LT Laser Temperature 激光器温度
LT Laser Texturing 激光结构
Lt. Laut 音;音响;声音;声调
lt laut 按照,根据
Lt Läuten 发出声响,鸣,按铃
LT Leerlaufprüftaste 空运转试验电键
LT Leistungstransformator 电源变压器,大功率变压器
lt. leitend 管理的,领导的,导电的
Lt. Leiter 导体,导线;导电体,传导体
LT Lessertest 小测试,小试验
LT Leuchtturm 灯塔
LT leukotriene 白细胞三烯
LT Line Terminal [Termination] 线路终端
LT Link Transfer 链路传递
LT Lot 焊料;垂直线,铅锤
LT Lufttorpedo 空中鱼雷
LT Lufttransport 航空运输
LT lymphotoxin 淋巴毒素
LTA Line Terminal Adapter 线路终端适配器
Ltanl Leitanlage 控制仪,导向装置
LTB luftfahrttechnischer Betrieb 航空技术企业
LtBz Leitbronze 镉锰电工青铜(含铜和少量锡、镉、硅、锰的合金)
LTC Local Telephone Circuit 本地电话电路
LTC Lowest Two-way Channel 最低双向信道
LTCA Lower order path Tandem Connection Adaptation 低阶通道串接适配
LTCC Low Temperature Cofired Ceramic 低温共烧陶瓷
LTCM Lower order path Tandem Connection Monitor 低阶通道串接监视器
LTCT Lower order path Tandem Connection Terminate 低阶通道串接终端
Ltd Limited 有限的
ltd. leitend 管理的,领导的,导电的
Ltd. KVmD Leitender Katastervermessungsdirektor 首席地籍测量处长(局长,主任,经理)
Ltd. MR Leitender Ministerialrat 部的首席处(或科)长
Ltd. VmD Leitender Vermessungsdirektor 高级测量工程师,测量处处长
LTE Lightwave Terminal Equipment 光端机
LTE Line Terminating Equipment 线路终端设备
LTE Local Terminal Emulator 本地终端仿

真器

LTE Long Term Evolution 长期演进

LTG Lichttechnische Gesellschaft 照明技术协会

LTG lokales thermodynamisches Gleichgewicht 局部热动态平衡

L. Th. Lichtmesstheodolit 测光经纬仪,光学测量经纬仪

Lthw Leitungshauptwarte 线路总观测所

LTK Kanallampentaste 隧道灯按键

Ltkm Leistungstonnenkilometer 负载吨公里,功率吨公里

LTM Line Trunk Module 用户中继模块,线路中继模块

LT-MUX Line Terminating Multiplexer 线路终端复用器

l. tn. lange Tonne 长吨(1 长吨 = 1016 kg,英制)

LTNS long time no see 好久不见

LTO Linear Tape Open 线性磁带开放,开放式线性磁带

LTOAR Licht-Radar-Technik 光雷达技术

L2TP Layer 2 Transport Protocol 第二层传送协议

L2TP Layer 2 Tunneling Protocol 第二层隧道协议

LTP Link Terminating Point 链路终接点

LTP Lipidtransferprotein 脂质转移蛋白

LtPist Leuchtpistole 信号枪

LtPV Leistungspumpversuch 功率抽吸试验,功率抽水试验,功率抽空试验

Ltr Lachter 英寸(水深单位,1 ltr = 2 码 = 6 英尺 = 1.8288 米),立方英寸(木材量度 = 6 立方英尺)

LTR Local Time Reference 本地时钟源

LT/R Regelleistungstransformator 正常功率变压器

L-Triebwerk Lorin-Triebwerk 冲压式喷气发动机动力设备

Ltr/kg Liter pro Kilogramm 升/千克

LTS Load Transfer Signal 负荷传递信号

LTS Local Telephone System 本地电话系统

LTS-Boot Leichttorpedoschnellboot 轻型鱼雷快艇

LTT Line Test Trunk 线路测试中继

LTU Line Terminating Unit 线路终接单元

LTU Logical Transmission Unit 逻辑传输单元

LTU Low Traffic User 低业务量用户

LTV literature television 文学电视

LTZ Local Time Zone 本地时区

LU Langsamunterbrecher 缓动断续器

l. U. laut Untersuchung 根据检查,根据分析,根据研究

LU Local Unit 本地单元

LU Logical Unit 逻辑单元

Lü Lademaßüberschreitung 装货尺寸超限,量载过大

Lü Laufüberwachung 运行监控

Lüa Länge über alles, Gesamtlänge 最大长度(总长度)

LUA Link Inhibit Acknowledgement Signal 链路阻塞确认信号

LUB Logical Unit Block 逻辑单元块

LUE Logical Unit Equipment 逻辑单元设备

LUF lowest useful frequency 最低可用频率

LUF syndrome luteinized-unruptured follicle syndrome 黄体化卵巢未破综合征

Lufi Luftfilter 空气过滤器

Lufo Luftforschung 空气研究

LUFS luteinized unruptured follicle syndrome 黄素化未破裂卵泡综合征

luftd. luftdicht 气密的,密封的,不透气的

Luftfed. Luftfederung 气垫,气压式缓冲器

luftgef. luftgefedert 空气弹簧的

luftgek. luftgekühlt 空气冷却的,气冷的

LuftVG Luftverkehrsgesetz 航空法,空中交通法

Lüftungstech. Lüftungstechnik 通风技术

Lufwi Luftwiderstand 空气阻力

LUI Load Update Interval 负载信息刷新间隔

LUID Local Unique IDentifier 本地唯一标识符

LUN Link UNinhibition signal 链路解除阻断信号

LUN Logical Unit Number 逻辑单元号

L. undS. Leucht- und Signalmittel 烟火信号器材

LüP Länge über Puffer 通过缓冲区的长度

LUP Location Update Protocol 位置更新协议

LUs Leitungsumsetzer 线路变换器

L. u. S. Mun. Leucht- und Signalmunition 照明弹药和信号弹药

LUT Lagenunabhangiger Torpedo 全射向鱼雷

LUT Local User Terminal 本地用户终端

Lutro lufttrocken 空气干燥的

LUTS Lower urinary tract symptoms 下尿路刺激症状(下尿路症候群)

LUVO Luftvorwärmer 空气预热器

Luvs. Luvseite 向风面,逆风面

LUXATOM Luxemburgisches Firmenkonsortium für Atomanlagen 卢森堡原子设备工业公会

Lv Ladungsverhältnis 轰击粒子的电荷重量比

LV Laser-Vision 激光视觉

LV Leistungsvergütung 功率改进,功率提高

LV Leistungsverstärker 功率放大器
LV Leistungsverteilung 功率分布
LV Leistungsverzeichnis 功率统计表,功率明细表
LV Length and Value 长度和价值
LV Leseverstärker 读数放大器
LV Liefervorschrift 供货规格,供货条件
LV Linien verzweiger 线路分接器
LV Linienverstärker 线路放大器,线性放大器
LV Livermorium 116号化学元素,原称 Ununhexium
LV Louis Vuitton 路易.威登,法国时尚设计大师及同名品牌商品,例如手提包,皮带等
LV Luftfahrtvorschriften 航空规范
LV Luftverkehr 航空交通
L. V. Luftverteidigung 防空
LV Luftvorwärmer 空气预热器
Lv Verbrennungsluftvorwärmer 燃烧空气预热器
LVA Landesvermessungsamt 【德】地形测量局
LVA left vertebral artery 左侧椎动脉
LVA Leseverstärker auswählen 选择阅读放大器
LVA Logic Virtual Address 逻辑虚拟地址
LVA Luftversuchsanstalt 空气动力试验站
LVC Label Virtual Circuit 标签虚拟电路
LVD Leistungsverteilungsdetektor 功率分配探测器
LVDE Large Volume Data Exchange 大容量数据交换
LVDT Linearen variablen Differentialtransformator 线性可变差动变压器
LVG Luftverkehrsgesellschaft 航空公司
LVGO light vacuum gas oil 轻质减压瓦斯油,轻质减压粗柴油
LVI low viscosity index 低粘度指数
LVK Lichtverteilungskurve 光的分布曲线
LVR Längsspurverfahren 纵向磁迹法;纵向跟踪程序
LVR Longitudinal Video Recording 纵向视频录像;纵向录像记录
LVSW left ventricular stroke work 左心室搏功
LVT Leichtverbrennungstriebwagen 轻型内燃机车
LVÜ Leistungsverteilungsüberwachung 功率分配监控
LVV Luftverkehrsverordnung 航空交通规范
LW Lagerware 库存货物
1W lange Wellen 长波
Lw. Leinwand 平纹亚麻布;银幕
LW Leitungswähler 选线器
Lw. Leitungswasser 自来水
LW Leitungswiderstand 导线电阻
LW. Leitwerk 控制装置
1W (**1. W.**, **l. w.**) lichte Weite 净宽度,净跨度,净幅度
LW Liegewagen (火车)卧铺车厢
LW Linienwähler 选线器,波段开关
LW Luft Widerstand 空气阻力
LWBR Leichtwasser-Brutreaktor 轻水增殖反应堆
LWC Light Wave Communication 光波通信
LWE Langwellenempfänger 长波接收机
L-Welle Oberflächenwelle (地震的)表面波
Lwg. Lastwagen 卡车
Lwg. Leihwagen 出租车
LWGR Leichtwasser gekühlter, Graphit-moderierter Reaktor 轻水冷却,石墨慢化反应堆
LWL Lade-Wasserlinie/Länge in der Wasserlinie 满载吃水线
LWL Lichtwellenleiter 光波导
LWM Landwirtschaftsministerium 农业部
LWR Landwirtschaftsrat 农业委员会
LWR Leichtwasserreaktor 轻水反应堆
LWrf Ladungswerfer 弹药投射器
LWS Langwellensender 长波发射机
LWS Location Web Server 位置 Web 服务器
lx Lux 勒(克司)(照度单位)
LX Luxustelegramm 精印电报;华丽电报
LXM subscriber Line Cross-connect Module 用户线交叉连接模块
lxs Luxsekumde 勒秒(曝光量单位)
ly Langley 蓝利(辐射热单位,克卡/平方厘米)
Ly Lysin 溶细胞素;赖氨酸
Lyb lymphocyte antigen on B cells B淋巴细胞表面抗原(鼠)
LYM lymphocyte 淋巴细胞
Lyt lymphocyte antigen on T cells T淋巴细胞表面抗原(鼠)
LYZ lysozyme 溶菌酶
LZ Leerzeichen 空格符,无用符号
LZ Leistungszulage 超额附加酬金
LZ Leitzahl 电导系数,电导率
LZ Lesezimmer 阅览室
LZ Lichtzeichen 灯光信号
LZ Lichtzeichenanlage 灯光信号设备
Lz Lizenz 许可证,执照,允许,许可,准许
LZk Laufzeitkette 延迟链,延时回路
LzL Lange zwischen den Loten 测锤间长度,铅锤间长度
LZM Langzeitzündmaschine 延时点火机
LZn Zinklot 锌焊料
LZnAl Aluminiura-Zink-Lot 铝锌焊料
LZnCd Zinklot mit Cadmium 加镉的锌焊料

LZnSn Zinklot mit Zinn 加锡的锌焊料
LZP Langzeitplanung 长期计划
LZS Leichtzuschlagstoffe 轻助熔剂；轻填充料；轻附加料
LZtZ Langzeitzünder 延时引信
LZV Leitungszwischenverstärker 线路中间放大器，线路中间增音器
Lzyl Linsenzylinder 透镜圆筒

M

M äußerer Abschirmmantel 外部屏蔽罩
M Biegenmoment 弯曲力矩
M Drehmoment 转矩
M Gegeninduktivität 互感系数，互感量
M höchste Modulationsfrequenz 最高调制频率
M Kraftmoment 力矩
M Mach 马赫
M Machsche Zahl 马赫数(速度与声速之比)
M Mächtigkeit 地层厚度；基数，势
m macrophage 巨噬细胞
M Magnet 磁铁，磁体
M magnetisch 磁性的
m magnetische Quantenzahl 磁量子数
m magnetisiert 磁化的
M Magnetron 磁控管
M Magnitudo (星的)光度，亮度
M. Main 美茵河
M Mal 次，次数
M. male 男性
M Manometer 压力表，气压表
M Mantel 壳体，膜皮，保护壳，外套
m. manuell 用手的，手工操作的
M. Marine 海军；舰队；船队
M Mark 马克
M. Markt 市场，商场
M Martensit 马氏体
M Maschine 机器；机械；机床
M Maschinenbau 机械制造
M. Maske 防毒面具
m Maskulinum 阳性；阳性名词
M Maß 尺寸，大小，比例，容量
M Masse 质量，矿体，岩石，土壤，剥离岩石，物质；坯料，型砂
M Massenbewegung 质量运动
m Massendurchsatz 质量流率，质量流量
M Massenzahl (原子)质量数
M-% Masseprozent 质量百分数
M Maßstab 尺寸，尺度，标准；比例，规模，缩尺，比例尺；刻度盘
M Mast 桅杆
M Mater 阴模，模板；矩阵；字模；基体，母体
m matt 无光泽的，暗淡的，毛的，粗糙的
M. Mattgister 硕士
M (Mx) Maxwell 麦克斯韦尔(磁通单位)
M Meer 海洋
M. Meereshöhe 海拔(高度)
M Mega 百万，兆(10^6)
M Megaohm 兆欧
M Meile 英里
M Membran 薄膜，膜片，光圈
M Menge 多量；人群；数量；总计
M Meridian 子午线
M Merker 标志
M Messfühler 测量传感器，测量探针
M Messpunkt 测量点
M Messstelle 测量点，测试台，测量部位
M Messwerk 测量装置，测试机构
m- meta- (构词成分；表示)位于……以后；继……后；在中间，偏，间(位)
M Metall 金属
M Metazentrum 定倾中心
m Meter 米，公尺
M Methode 方法
M metrisches Gewinde 米制螺纹
M metrisches ISO-Gewinde 公制螺纹；公制粗牙螺纹
M Microgranular 微粒
M Middle 中间，中部，中央；中项；服装尺寸符号，表示中号
μm Mikrometer 微米
M Mikrophon 传声器，微音器，麦克风，话筒，送话器
M Mikrotron 微波电子回旋加速器
M Militär 军队，武装力量；兵权，军权
M Mille 千
m Milli 千分之一，毫(10^{-3})
M Milliampere 毫安
mμ millimikro- 毫微，10^{-9}
M Million 百万
M. Mine 地雷，水雷；迫击炮弹
M Minengeschoss 迫击炮弹
M Minus 减，负数；负极
m Minute 分，分钟，一度之六十分之一
M Mischungsverhältnis 混合物成分比，混合比

M Mithören 监听;窃听
M Mitte 中点,中间,中部,中心;中数
M. Mitteilung 通报;告知
M Mittel 平均值,平均数;手段;方法;资料;工具;介质,媒质
m mitteldick 中等厚度(粗细)
m mitteldick umhüllt Elektrode 中等粗细包封的电极
M Mittelgut 中间产品,中等粒度产品
M Mittelöl 中级重油(粘度5°E)
M Mittelwert 平均值,中值
m mittler 中间的,平均的
m mittlerer 比较中等的
M Modell 模型,铸型;模范;型号
M Modul 模块;模数;系数
M Modulationsfrequenz 调制频率
m Modulationsgrad 调制(程)度,调制系数
M Modulator; Ringmodulator 调制器;环形调制器
M mol 摩尔,克分子
m molar 克分子浓度的;克分子的,摩尔的
M Molekulargewicht 分子量
M Molgewicht 克分子量
M Molmasse 摩尔质量
M Moment 力矩;瞬间
M. Monat 月(份)
M. Monitor 显示屏,显示器;监控器
M Monofil 单丝
M. Mörser 臼炮
M Motor 电动机;马达;发动机
M Motorantrieb 电机传动;电力拖动;电机驱动
M Motorschiff 机动船
M. Muffe 套筒,衬套,接箍,管接头
M Mühle 磨坊
M München 慕尼黑
M. Mündungsbremse 炮口制退器
M. Munition 弹药
M Muster 花样,样本;模型,花纹,图形
M Mutter 螺母
M Siemens-Martin 西门子-马丁(炉);平炉
m Vorüberträger 输入变压器
m Windungszahl 线圈数,匝数
m. A. angeschnittene Anzeige 分块广告
Ma Mach 马赫(数)(速度与声速之比)
Ma. Magnet 磁铁,磁石,磁体
Ma Manila Abaca 马尼拉麻,蕉麻
MA Manometer 压力表,压力计,气压表
Ma Maschine 机器,机械
Ma Masurium 鎷(元素锝的旧名)
Ma Mehrlenkerachse 多拉杆悬架
Ma Meldungsanzeiger 信号指示器
MA Messaufgabe 测量任务
MA Messsignal-Addierstufe 测量信号-脉冲复合级,测量信号加法级
MA Methylacetylen 丙炔
MA Methylacrylat 丙烯酸甲酯
mA Milliampere 毫安
mA Milliangström 毫埃(等于 10^{11} 厘米)
MA Mineralöl A A-型矿物油
m. Ä. mit Änderungen 有改变
M. A. Mitglied der Akademie 院士
MA Mittenabstand 中心距
MA Mobile Access 移动接入
MA Mobile Agent 移动代理
MA Mobile Allocation 移动通信地址分配
MA Montangeologische Arbeitsgemeinschaft 矿山地质学会
MA Multicast Addressing 多播寻址
MA Multiple Access 多址,多路接入,多址联接,多路存取
MA Multipoint Access 多点接入
MA (Ma) Munitionsanstalt 弹药库;弹药工厂
M/. a my account 本人帐户
ma Myria 万
MA 丙炔
MAAN metropolitan area network or municipal area network 城域网(络)
mABP mean arterial blood pressure 平均动脉压
MABP mole average boiling point 分子平均沸点
MABS Methylmethacrylat-Acrylnitril-Butadien-Styrol 甲基丙烯酸甲酯/丙烯腈/丁二烯/苯乙烯共聚物
MAC Maintenance and Administration Center 维护管理中心
MAC maximum allowable concentration 最高容许浓度
MAC Media (Medium) Access Control 媒体存取控制
MAC membrane attack complex 膜攻击复合物(补体活化产物)
MAC Message Authentication Check 消息认证检验
MAC Message authentication code encryption context 消息鉴权码(认证码)的加密背景
MAC Message Authentication Code 消息认证码,消息验证码
MAC Multi Address Call 多址呼叫
MAC Multi-function Attendant Console 多功能话务台
MAC Multiple Access Capability 多址接入能力
MAC Multiple Access Channel 多址接入信道

MACA Multiple Access Collision Avoidance 多址冲突避免
MACC Medium Access Controller 媒体接入控制器
MACE Media-Access Controller for Ethernet 以太网的媒体存取控制器
MACF Multi Association [Associated] Control Function 多相关控制功能
mach Maschinenbau 机器制造
MACN Mobile Allocation Channel Number 移动通信分配信道号码
MACNET Multiple Access Customer Network 多址访问用户网络
M-ACPA Multimedia Audio Capture and Play back Adapter 多媒体音频捕获回放适配器
MACS Multi-Access Communication System 多址接入通信系统
MACU Media Access Control Unit 媒体接入控制单元
MAD Mean Access Delay 平均接入延迟
MAD mean administrative delay 平均管理延迟
MAD Messen, Applizieren, Diagnose 测量,应用,诊断
MAD Militärischer Abschirmdienst 德国军队的反间谍组织
MAD multi aperture device 多孔径器件
MAD Multiple Access Device 多路存取设备
MAD wechselseitig gesicherte Vernichtung 双方有把握的互相摧毁
MADA Multiple Access Discrete Address 多址接入离散地址
MADE Multichannel Analogue-to-digital Data Encoder 多路模数数据编码器
MADI Multichannel Audio Digital Interface 多声道数字接口
MAD-Pool Messen, Applizieren, Diagnose-Pool 测量、应用、诊断数据存储器组合
MADS Multiple Access Data [Digital] System 多路存取数据(数字)系统
MADT mean accumulated down time 平均累积不可用时间
MADT Mikrolegierungsdiffusionstransistor 微合金扩散型晶体管
MAES Siedewasserreaktor, Dimitrowgrad, UdSSR 沸水堆(在前苏联季米特洛夫格勒)
MAF Application Management Features 管理应用功能
MAF macrophage arming activatingfactor 巨噬细胞武装活化因子
MAF Makrophagen aktivierender Faktor 巨噬细胞活化因子
MAF Management Application Function 管理应用功能
maf im Gleichgewichtswassergehalt und aschefrei 在衡定含水量和不含灰分的情况下
MAF 空气质量流量传感器
Mafo Marktforschung 市场研究
MAFOR 航海预报
MAG magnetisch 磁的,有磁性的,有吸引力的
MAG Metal-Activ-Gas-Schweißen 金属极活性气体焊
Mag. Magister 硕士
Mag. Gew. Magazingewehr 弹仓式枪
Magn. Magnesium 镁
Magn. Magnetismus 磁学,磁力;磁性
MAgnetohydrodyn. Magnetohydrodynamik 磁流体动力学
MAG-S Metal-Aktiv-Gas-Schweißen 金属极活性气体焊
MAH Mahagoniholz 桃花心木
MAH Mobile Access Hunting supplementary service 移动接入搜寻补充业务
MAHO Mobile Aided controlled Handover 移动台辅助控制的越区切换
MAHO Mobile Assisted Handoff 移动台辅助切换
MAHO Mobile Station Auxiliary Handoff 移动台辅助切换
MAI Maintenance Interface 维护接口
MAI media Attachment Interface 媒体连接接口
MA i Messsignal-Addierstufe 测量信号-脉冲复合级
MAI Multiple Access Interference 多址接入干扰
MAI Multiple Address Instruction 多地址指令
MAI Mycobacterium avium-intracellulare 鸟胞内分支杆菌
MAIS Marketing Informationssystem 市场营销信息系统
MAK (MaK) Maschinenfabrik AG, Kiel 基尔机器制造厂
MAK Maschinenkarte 机器卡片
MAK max. Arbeitsortkonzentration 工作场所最高浓度
MAK maximale Arbeitsplatzkonzentration gesundheitsschädlicher Stoffe 危害健康物质的最大工作区浓度
MAK maximal zulässige mittlere Staub Konzentration 最大容许平均粉尘浓度
MÄK Methyläthylketon 丁酮,甲基乙基酮,甲乙酮
MAK monoklonaler Antikärper 单克隆抗体
MAKO Materialkorrektur 材料校正,材料调整

Makr. Makrokosmos 宏观世界,宏观宇宙
Makro Makrobefehl 宏指令
makroskop makroskopisch 宏观的
MAK-Wert maximale Arbeitsplalz-Konzentration-Wert(e) 作业地点最大浓度值
mal. malaiisch 马来亚的,马来西亚的
Mal. Malerei 绘画,绘画艺术
MAL Marineartillerieleichter 海上火炮用驳船
Mal. Material 材料,原料
mal mit dem Uhrzeiger laufend 顺时针方向转动的
MALCT Malicious Call Tracing 恶意呼叫追踪
Male Maschinenkarte 机床说明书,机器说明书
MALF Maschinen-, Landmaschinen- und Fahrzeugbau 机器、农业机器和交通工具制造
Mali Maschinenüberwachung 机械控制
MallB Maschinenüberwachungsbeamter 机械控制员
MALU Multimedia Authoring Language for UNIX UNIX 多媒体创作语言
MAM Media Access Mode 媒体存取模式
MAMA middle muscle area 中间肌面积
MAMV maximales Atem-Minuten-volumen 每分钟最大呼吸容量
MAN Maintenance Alert Network 维护警报网
Man. Manöver 机动
MAN (**Man**, **man**) Manual 手册,指南
man manuell 用手的,用手操作的
MAN Maschinenfabrik Augsburg-Nürnberg AG 奥格斯堡-纽伦堡机器制造厂
m. A. n meiner Ansicht nach 我认为,照我的看法
MAN Metropolitan Area Network 城域网,市域网
MAN Multiple-Access Network 多址接入网络
MAN Multiservice Access Nodes 多业务接入节点
MAN Stadtbereichsnetz 城域网
MANET Mobile Ad hoc Network 移动自组网络
ManKart Manöverkartusche 机动弹药筒,演习弹药筒
MANO Manometer 气压计,压力表
MANOR multipurpose analyses of network observations and reductions 网络观测和减少综合分析
Man. P. Manöverpulver 机动装药
Man. Rg. P. Manöver-Ringpulver 机动环装药
MANPAD 单兵便携式防空导弹系统
MAO Maximal acid output 最大酸排出量
MAO monamine oxidase 单胺氧化酶
MAOI monoamine oxidase inhibitor 单胺氧化酶抑制剂
MAP Manufacturing Automation Protocol 制造自动化协议
Map Maximum a posteriori Probability 最大后验概率
MAP Medium Access Protocol 媒体存取协议
MAP Mobile [Mobility] Application Part 移动应用部分
MAP Mobile Application Protocol 移动应用协议
MAP Multimedia Access Protocol 多媒体存取协议
MAP Multiservice Access Platform 多服务接入平台
MAP 歧管绝对压力
MAP 上行带宽分配消息
MAPD Methylacetylen und Propadien 丙炔和丙二烯
MAPDU Management Application Protocol Data Unit 管理应用协议数据单元
MAPI Messaging Application Programming Interface 信息应用程序编程接口
MAPI Multimedia Application Programming Interface 多媒体应用编程接口
MAPL Maximum Allowable Path Loss 最大允许路径损耗
MAPO Tris-[1-[2-methyl]-aziridinyl]-phosphinoxid 三-[1-[2-甲基]-氮丙啶基]膦化氧
MAPPU Multimedia Authoring and Playing Platform for UNIX UNIX 多媒体创作和播放平台
MAPS Multiple Address Processing System 多地址处理系统
MAPU Multiple Address Processing Unit 多址处理单元
Mar. Marine 海事,航务,海军,舰队
MARIA Hochflussreaktor 玛丽亚堆(波兰斯维尔克高通量堆)
MARIE maximale Anzahl von Routineinspektionsmanntagen in einem Jahr 一年内例行监测最大人日数
MARISAT Maritime Satellite 海事卫星
marit. maritime, zur See gehörig 海上的;海运的;海事的;沿海的
Mar. K. Marinekanone 海军炮
mark, markieren 打标记,打印,打商标,作记号
mark, markiert 有记号的,用记号表示的
MARK Markierung 标志
Marksch. O Markscheideordnung 矿山测量规程
MARS Machine Retrieval System 机器检索系

统

MARS Makro-Assembler für Realtime-System 实时系统的宏汇编程序

MARS Military Affiliated Radio System 军用附属无线电系统

MARS Multicast Address Resolution Server 多播地址解析服务器

MARS Multimedia Audiovisual Retrieval Service 多媒体声视检索服务

MARS Multiple Access Retrieval System 多路存取检索系统

MARSOC 【美】海军陆战队特种作战司令部

MARVIS Multi-Access Realzeitverwaltung durch Interruptsteuerung 通过中断控制实现多道存取实时管理系统

MaS Makrospore 大芽胞;大胞子

MAS Maschinenausleihstation 机器出租站,农业机械出租站

MAS Mass Call 大众呼叫

MAS Mass Calling Service 大众呼叫业务,大量呼叫服务

MAS Materialausgabeschein 发料单;供料单

M. A. S. Militärisches Normungs-Amt (北大西洋公约组织)军事(技术)标准局

mAs Milliamperesckunde 毫安秒(电流单位)

MAS Multiple Access System 多路存取系统

MAS 发动机系统控制模块

MASC Moabites Asynchronous Communication 摩押人的异步通信,移动图文信息异步通信

Masch. Maschine 机器,机械

masch. maschinell 机械的,机械传动的,机动的,力学的

Masch. Maschinist 机械师,司机

Masch.-Bau Maschinenbau 机械制造,机械工程

Masch. Gew. Maschinengewehr 机枪

Maschinenbetr. Maschinenbetrieb 机器运行

Maschinenkomb. Maschinenkombination 机器组合,联合作业机

Maschinenwes. Maschinenwesen 机械工程学

Masch.-Kontr. Maschinenkontrolle 机械控制

Masch.-M Maschinenmeister 司机长,电站机械长,电站工长

maschr. maschinenschriftlich 机器打字的

Masch-Schl. Maschinenschlosser 机修钳工

Masch. Schr. Maschinenschreiben 机器打字,打字机打字

Masch. Schr. Maschinenschrift 用打字机打出的字体

Masch.-Techn. Maschinentechnik 机械工程

maschtechn. maschinentechnisch 机械技术的

Masch.-Überw. Maschinenüberwachung 机械控制

MASE Message Administration Service Element 消息管理服务单元

mask. maskieren, maskiert 掩蔽(的)

Mask. Maskulinum, männliches Geschlecht 阳性名词,男性

MASM Main Switching Network Module 主交换网络模块

Masp Maschinenaspirant 候补机械师

MASS Maintenance Subsystem 维护子系统

Mass. Massage 按摩,推拿,揉捏

mass. massieren 按摩,推拿,揉捏

mass. massiert 按摩的,推拿的,揉捏的

Mass Materialstammsatz 物料基本记录

MASS Multimedia Application Shared Service 多媒体应用共享业务

maßg. maßgebend 标准的,规定的,权威的

MaßGewG Maß- und Gewichtsgesetz 度量衡法

Maßn. Maßnahme 措施;部署

MaßO Maß- und Gewichtsordung 度量衡制度

Maßst. Maßstab 尺寸,尺度,比例;比例尺;缩尺,刻度尺;刻度,度盘;规模

MASTER Multiple Access Shared Time Executive Routine 多路存取分时执行程序

MAT Maintenance Access Terminal 维护接入终端

Mat. Material 材料;物质器材

mat. materialistisch 唯物的,物质的;具体的

mat. materiell 物质的

MAT mechanical assembly technique/Baukastenprinzip 机械装配技术,积木式设计原则

MAT Metropolitan Area Trunk 大城市中继线

MAT Mikrolegierungstransistor 微合金晶体管

Mat.-Ausg. Materialausgabe 材料消耗,材料支出

Mat.-Besch. Materialbeschaffung 材料筹措,材料购置

Mat.-K. Materialkosten 材料费用

Mat.-Phys. Semesterber. Mathematisch-Physikalische Semesterberichte 数学物理学期报告(德刊)

Mat.-Prüf Materialprüfung 材料试验,商品检验

Mat. Prüf.-A Materialprüfungsamt 材料试验局,商品检验局

Mat.-Verw. Materialverwalter 材料管理员

Mat.-Verw. Material Verwaltung 材料管理

MATABM Meterialabmessungen 材料尺寸,材料大小,材料测定

MATAUS Materialausnutzung 材料利用,材料使用

MATBED Materialbedarf 材料需要量

MATBEZ Materialbezeichnung 材料名称
MATD Maximum Acceptable Transit Delay 可接受的最大运输延迟
Materialforsch. Materialforschung 材料研究
Materialprüf. Materialprüfung 材料检验
Materialprüfungsanst. Materialprüfungsanstalt 材料检验局
Math. Mathematik 数学
Math. Mathematiker 数学家
math. mathematisch 数学的
Math.-Aufg. Mathematikaufgabe 数学题
Math.-Prof. Mathematikprofessor 数学教授
Math.-Unt. Mathematikunterricht 数学课程
4MATIC 4轮子驱动自动控制器
MATL (Mat) Material 材料,原材料
MATNRn Materialnummern 材料号码
Matr. Matritze 凹模,模子,阴模,下模,字模;矩阵
Matr. Matrose 海员,水手,水兵
MatüWa Materialüberwachung 材料监控
MATVER Materialverbrauch 材料消耗
MAU Maintenance Unit 维护单元
MaÜ Maschinenüberwachung 机械控制
MAU Media Access Unit 介质访问单元
MAU Media (Medium) Attachment Unit 媒体连接单元
MAU Multiple Access Unit 多重接入单元
MaÜB Maschinenüberwachungsbeamter 机械控制员
MAUC Main Authentication Center 主鉴权中心
MAUI Multimedia Application User Interface 多媒体应用用户接口
MAUS Mess-Auswertungs-Sprache 测量求值语言
MAV maleic anhydride value/Maleinsäureanhydridzahl 顺丁烯二酸酐值;马来酸酐值
MAVA Mittelaktive Verarbeitungsanlage für flüssige Abfälle 中等放射性液体废物处理装置(属卡尔斯鲁厄后处理厂)
MAVC Multimedia Audio Video Connection 多媒体音像连接
MAVIX Multimedia Audio Video Information exchange 多媒体音频视频信息交换
m. a. W. mit anderen Worten 换言之,换句话说
MAW mittel-aktiver Waste 中等放射性废物
MAWB Master Air Waybill 航空主运单
MAWI Materialwissenschaft 材料科学
max. maximal 最大的,最多的,最高的
max. maximieren 最大化,使最大
Max. Maximum 极大值,最大量,最大限度
Max Maxwell 麦克斯韦(磁通单位)
Max-D Maximaldosis 最大剂量
Max. Dia. Maximum Diameter 最大直径
Maxh.-Techn. Maschinentechnik 机械工程
MAXZ maximaler Zeitabstand 最大时间间隔
MAYDAY Internationales Notzeichen 国际呼救信号
MAZ magnetische Aufzeichnung 磁性记录
MAZ magnetische Bild Aufzeichnung 磁(带)录像
MAZ magnetische Bild Aufzeichnungsanlage 磁(带)录像设备
MAZ Meldeanrufzeichen 通话呼叫信号
m. a. Z mit allem Zubehör 带全部附件,配有全部附件
MAZ mobiles Aufzeichnungssystem 移动记录系统
mb Millibar 毫巴
MB Breitenmetazentrum 宽浮体定倾中心;宽浮体稳定中心
MB Magnetband 磁带
MB Magnetbremse 电磁制动器
MB Maschinenbau 机械工程,机器制造
MB Maßbild 尺寸图
MB Materialbereitstellung 材料准备
M. B. Mauerbolzen 墙螺栓
MB mechanische Bauelemente 机械元件
Mb. Meerbusen 海湾
Mb. Meeresboden 海底
Mb Megabar 兆巴
Mb Megabit 兆位,兆比特
MB Megabytes 兆字节
MB Meldung Batteriespannung 电瓶电压信号
M. B. Messband 卷尺
MB Messbasis 测量基准
MB Messbrücke 测量电桥,测试电桥
MB Mikrofonbatterie 话筒(传声器,麦克风,送话器)电池
Mb (mbar) Millibar 毫巴,千分之一巴
MB Minenbombe 地雷;水雷
MB Mineralöl B B型矿物油,B型润滑油
MB Motorboot 机动船,电动船
MB Mündungsbremse 炮口制退器
Mb myoglobin 肌红蛋白
MBA Maintenance oriented group blocking acknowledgement message 面向维护的群闭塞证实消息
MBA Master of Business Administration 工商管理硕士
MBA Material Bilance Area 物料衡算区
MBA Multipoint Broadband Access 多点宽带

接入
MBAA Multiple-Beam Adaptive Array 多波束自适应阵列
MBAN Multimedia Broadband Access Network 多媒体宽带接入网
MBAS methylenblauaktiven Substanz 亚甲基兰活性物质
M. Batr. Messbatterie 测量用电池
MBB make-before-break 先连后断
MBB Messerschmitt-Bölkow-Blohm GmbH 梅塞斯米特·伯尔科·布洛姆飞机制造股份有限公司
MBC maximal breathing capacity 最大换气量(同 MVV)
MBC Meteor Burst Communication 流星突发通信
MBC minimal bactericidal concentration 最低杀菌浓度
MBC Multicasting Balancing Circuit 多播平衡电路
Mbcr. Monatsbericht (每)月报(告)
MBCR Multi-Band Reporting 多频段报告
MBD minimal brain damage 轻微脑损伤(即多动综合征)
MBdw militärische Benutzung der Wasserstraße 军用航道
MBE Multi-Band Excitation 多带激励
M. -Ber. Marktbericht 市场报告
MBer.(M. -Ber., Mber.) Monatsbericht 月报
M Berg Kdo Marinebergungskommando 海军防险救生勤务部
MBF Magnetbandfabrik 磁带工厂
MBF Messempfänger mit Bandfiltern 带通滤波器测量接收仪
MBF Mischbettfilter 混合床过滤器
MBF myocardial blood flow 心肌血流量
MBG Magnetbandgerät 磁带录音机
MBGA Micro-Ball-Grid-Array 微型球状网阵排列
MBGP Multicast Border Gateway Protocol 组播边界网关协议
MBgr Maximalbolometergröße 热敏电阻式辐射热测定器最大测定量
mb H mit beschränkter Haftpflicht Haftung 股份有限的
MBHCA Million Busy Hour Call Attempt 百万次忙时试呼
MBL Materialprüfungstelle der Bundeswehr für Luftfahrtgerät 联邦军用航空器材料检验处
Mbl. Merkblatt (印刷的)说明性纸页,记录纸条,备忘纸条
Mbl Messtischblatt 测试台板
Mbl. Mitteilungsblatt 通知单,报告单
MBMS Multimedia Broadcast & Multicast Services 多媒体广播和多播服务
MBN Mesh-Bonding Network 网状网络
MBO Musterbauordnung 样品制造规定
MBONE Multicast Backbone 多播主干网
M-Boot Minensuchboot 探雷艇;扫雷艇
M-Boot Motorboot 摩托艇,汽艇
MBP mid boiling point/mittlerer Siedepunkt 中沸点
MBP myelin basic protein 髓鞘碱性蛋白
MBPR Magnetbandprüfsystem 磁带试验系统,磁带检验系统
MBPS Megabytes Per Second 兆字节/秒
MB-Qualität Magnetband-Qualität 磁带质量
MBR Mikrobefehlsregister 微指令寄存器
Mbr Mindestbremshundertstel 最小制动百分率
MBS Macro Block Slice 宏块片
MBS Magnetbandspeicher 磁带存储器
MBS mechanischer Binärspeicher 机械二进制存储器
MBS Methylmethaerylat-Butadien-Styrol-Copolymere 甲基丙烯酸甲酯-丁二烯-苯乙烯共聚物
MBS Mobile Broadband System 移动宽带系统
MBSp Magnetbandspeicher 磁带存储器
MBST Magnetbandsteuerung 磁带控制
MBSU Multi Block Synchronization signal Unit 多信息组同步信号单元
MBT Magnetband-Textautomat 磁带文字自动装置
MBTP Multiple Buffer Transfer Protocol 多缓冲转移协议
MBZ Materialbilanzzone 物料衡算区
MC Maintenance Center 维护中心
M/C. marginal credit (banking) 限界信贷
MC Maschinencode 机器代码
MC Master Clock 主时钟
MC Media Control 媒体控制
MC Megacycle 兆周,兆赫
m. c. mensis currentis 本月(的)
MC Message Categories 消息种类
MC Message Center 通信中心,信息中心
MC Methyl-Cellulose 甲基纤维索
MC Micro Cell 微电解池,微极化池,微型比色槽
MC Mikrokontroller 微控器
MC Mobile Commerce 移动商务
MC Mobile Computer 移动式计算机
MC Module Control 模块控制
M & C Monitor and Control 监控
MC Motion Compensation 运动补偿

MC Motorcross 跨国摩托车赛
MC Multimedia Computer 多媒体计算机
MC Multipoint Connection 多点连接
MC Multipoint Controller 多点控制器
MCA Micro Channel Architecture 微通道体系结构
MCA Multichannel Access 多路接入,多信道存取
McAb monoclonal antibody 单克隆抗体
M-CAD Mechanik-CAD 机械CAD
MCAF Multiple Channel Audio Frequency 多路音频
MCAL malicious call 恶意呼叫
MCAS Multichannel Access System 多路接入系统
MCC Main Communication Center 主通信中心
MCC Maintenance Control Center 维护控制中心
MCC MAN Control Center 城域网络控制中心
MCC Master Control Center 主控制中心
MCC Media Gateway Controller 媒体网关控制器
MCC Micro Compact Car 微型车
MCC mikrokristalline Cellulose 微晶纤维素
MCC Mobile Call Control 移动呼叫控制
MCC Mobile Country Code 移动国家码
MCC Multicast Coordination Center 多播协调中心
MCC Multichannel Communication Center 多信道通信中心
MCC Multimedia Communication Channel 多媒体通信频道
MCCC Multi-Connection Call Control 多连接呼叫控制
MC-CDMA MultiCode CDMA 多码码分多址
MC-CDMA Multiple Carrier-CDMA 多载波码分多址
MCCF Mobile Call Control Function 移动呼叫控制功能
MCCP Multimedia Computing and Communication Platform 多媒体计算及通信平台
MCCU Multiple Communication Control Unit 多路通信控制单元
MCD magnetischer Circulardichroismus 磁性循环二向色性
MCD Maximum Cell Delay 最大信元时延
MCD. mean corpuscular diameter 平均红细胞直径
mcd Millicandela 毫堪(德拉)(发光强度单位)
MCD Mobile Computing Device 移动计算设备
MCDN Micro-Cellular Data Network 微蜂窝数据网
MCDQDB Multichannel DQDB 多信道双队列数据总线
MCDT Multimedia CD-ROM Title 多媒体光盘只读存储器标题
MCE Master Communication Equipment 主通信设备
MCE Module Control Element 模块控制单元
MCEF Memory Capacity Exceeded Flag 存储能力溢出标志,内存容量满
MCF Management Communication Function 管理通信功能
MCF Message Communication Function 消息通信功能
MCF Mobile Control Function 移动控制功能
MCF Mobile Service Control Function 移动业务控制功能
MCFC Molten Carbonate Fuel Cell/Schmelzcarbonat-Brennstoffzelle 熔融碳酸盐燃料电池
MCFI Non-Canonical Format Indication 非规范的格式指示
MCG Magnetocardiogram 磁心动图
MCGA Multi-Color Graphics Adapter (Array) 多彩色图形适配卡(阵列)
MCGN mesangiocapillary glomerulonephritis 系膜毛细血管性肾小球肾炎(同MPGN)
MCGS Mobile Call Generation System 移动呼叫发生器
MCH mean corpuscular hemoglubin 平均红细胞血红蛋白量
MCH methylcyclohexane 甲基环己烷
MCH Multichannel 多信道
MCHC. mean corpuscular hemoglobin concentration 平均红细胞血红蛋白浓度
MCI Malicious Call Identification signal 恶意呼叫识别信号
MCI Malicious Call Identification supplementary service 恶意呼叫识别补充业务
MCI Media Control Interface 媒体控制接口
MCI Mobile Communication Interface 移动通信接口
MCIC Multichip Integrated Circuit 多芯片集成电路
MCID Malicious Call Identification 恶意呼叫识别
MCK Main Clock unit 主时钟单元
MCL Message Control Language 信息控制语言
MCLR Mean Cell Loss Rate 平均信元丢失率
MCLS mucocutaneous lymphnode syndrome 皮肤粘膜淋巴结综合征,川崎病
MCM Maintenance Control Module 维护控制模块

MCM Multi-Carrier Modulation 多载波调制
MCML Multi-Class Multi-Link ppp 多级多链路点对点协议
MCN Micro Cellular Network 微蜂窝网络
MCN Mobile Control Node 移动控制节点
MCNS minimal change nephrotic syndrome 微小病变性肾病综合征
MCNS Multimedia Cable Network System 多媒体有线网系统
M-Commerce mobile commerce 移动商务
MCP Mass Calling Platform 大众呼叫平台
MCP master control program 主控制程序
MCP metacarpophalangeal 掌指的
MCP 通信处理器
MCPA Multicarrier Power Amplifier 多载波功率放大器
MCPC Multiple Channel Per Carrier 多信道单载波
MCPN Mobile Customer Premises Network 移动用户驻地网
MCPP multicolour printing process 多色印花法
Mcps Megachips per second 兆芯片/秒
MCPU Multiple Call Processing Unit 多呼叫处理单元,多呼叫处理设备
MCPU Multiple Channel Processing Unit 多信道处理单元
MCR Mean Cell Rate 平均信元率
MCR Minimum Cell Rate 最低信元速率
MCS Maintenance Control Subsystem 维护控制子系统
MCS Maintenance-data Collection System 维护数据收集系统
MCS management control system 管理控制系统
MCS Maritime Communications Subsystem 海事通信子系统
MCS Master Control Station 主控制站;主控制设施
MCS Message Control System 消息控制系统
MCS Micro Code Subsystem 微码子系统
MCS Microwave Communication System 微波通信系统
MCS Multicast Server 多播服务器
MCS Multimedia Chatting System 多媒体交谈系统
MCS Multipoint Communication Service (System) 多点通信业务(系统)
MCS Multipoint Conferencing Server (System) 多点会议服务器(系统)
MCS 多种仿型座椅
MCS 分子
MCSAP Multipoint Communication Service Access Point 多点通信服务接入点
MCSB Message Control and Status Block 消息控制和状态块
mc-Si polykristallines Silizium 多晶硅
MCSO Multimedia Communication Service Object 多媒体通信服务对象
MCSS Military Communication Satellite System 军事通信卫星系统
MCT Multicast Channel Translator 多播信道转换器
MCTD Mean Cell Transfer Delay 平均信元传递时延
MCTD mixed connective tissue disease 混合结缔组织病
MC-TDMA Multicarrier Time Division Multiplexing Access 多载频时分复用接入
MCU Management and Communication Unit 管理和通信单元
MCU Management & Control Center 管理控制中心
MCU Management Control Unit 管理控制单元
MCU Master Controller Unit 主控制器单元
MCU Media Control Unit 媒质控制单元
MCU memory central unit 存储器中央部件
MCU Minimum Coding Unit 最小编码单元
MCU Module Control Unit 模块控制单元
MCU Multipoint Conference Unit 多点会议单元
MCU Multipoint Control Unit 多点控制单元
MCU Multipoint Controller Unit 多点控制器单元
M-curie Millicurie. 毫居里
MCV mean corpuscular volume 平均红细胞体积
MCV MIDI-to-CV-Konverter MIDI/CV 转换器,音乐设备数字接口到控制电压的转换器
MCVF Multiple Channel Voice Frequency 多路话频/多路音频/多信道音频
MCVFT multi-channel voice-frequency telegraphy 多路音频电报
MD DATA MiniDisc 数据微型碟片,数据小型磁盘
MD Drehmoment 扭矩,转矩
MD gemessene Teufe 测定深度
MD Make Directory 制作目录
MD Management Domain 管理域
MD manual data 人工数据
MD Maximaldosis 最大剂量
MD Maximal-Einzel-Dosis 最大单剂量
MD mechanisierte Division 机械化师
MD Mediation Device 传达设备

M/D. memorandum of deplosit 存款单
Md Mendelevium 钔
MD Message Discrimination 消息鉴别
MD Message Distributor 消息分发器
MD Messwert-Demodulator 测量值解调器
MD Methyldichlorarsin 甲基二氯砷,甲胂化二氯,二氯甲基胂
Md. Milliarden 十亿,十万万(10^9)
MD mini disc 迷你光盘,迷你唱盘机,第三代随身听
m. D mit Durchschlag 打穿,击穿
mD mitteldenier 中等纤度
MD mittlere Dichte 中密度
MD Mitteldestillat 中间馏分
MD mitteldick 平均厚度的,中等厚度的
Md Mitteldrehung 中等转矩
MD Mitteldruck 中等压力;中间压力;平均压力
MD Mitteldruckstufe 中压级
MD mittlere Dehnung 平均延伸;平均(波段)展扩;平均(音量)扩展;平均膨胀;平均张力
Md mittlere Korngröße 中等粒度
M/D Modulation/Demodulation 调制/解调
MD Modulator 调制器
MD Monatsdurchschnitt 月平均
Md Motordrehmoment 电动机转矩
MD Multimode Distortion 多模失真
MD muscular dystrophy 肌肉萎缩症
MD5 The Message Digest V5 algorithm 消息摘要 V5 算法
m. d. 口授用法,遵照医嘱
MDA Metalldeaktivator 金属钝化剂
MdA Mitglied der Akademie 院士
MDA Monochrome Display Adapter 单色显示适配卡
MDB Management Database 管理数据库
MdB (M. d. B.) Mitglied des Bundestages 联邦议院成员
MDB Multimedia Database 多媒体数据库
MDBMLS Multimedia Database Machine Learning System 多媒体数据库机器学习系统
MDBS Mobile Data Base Station 移动数据基站
MDD Mitteldruckdampf 中压蒸汽
MDD Multi-Dimensional Database 多维数据库
MDD Multimedia Database Design 多媒体数据库设计
MDDPM magnetic drum data processing machine 磁鼓数据处理机
MDDW middle distillate dewaxing 中间馏分脱蜡
MDE Maschinendatenerfassung 加工数据采集,设备数据采集
MdE Maßstab der Entfernung 距离比例尺
MdE Minderung der Erwerbsfähigkeit 部分丧失劳动能力
MDE-Gerät mobiles Datenerfassungsgerät 移动式数据采集装置
MDF Main Distribution Frame 总配线架/主配线架
Mdg Mündung 炮口,出口,开口
MDH malate dehydrogenase 苹果酸脱氢酶
MDHO Macro Diversity Handover 宏分集切换
MDI Diphenylmethan-4,4-Diiso-dyanat 二苯甲烷-4,4-二异氰酸酯
MDI Media[Medium] Dependent Interface 介质相关接口
MDI methylene diphenyl diisocyanate 二苯甲烷二异氰酸酯
MDI Multiple Document Interface 多文档界面,多文本处理界面,多文档窗口
MD-IS Mobile Data Intermediate System 移动数据中间系统
MDIV Micro Diversity 微分集
MDK Mobildrehkran 自走式旋转起重机
MDK Multimedia Development Kit 多媒体开发工具
MDK[n] Mitteldruckkompressor[en] 中压压缩机
MDL Management entity and Data Link layer 管理实体与数据链路层
MDL Mirrored Data Links 镜像数据链接
MdL (M. d. L.) Mitglied des Landtages 州议会成员
MDL mobile Management entity- Data Link Layer 移动管理实体-数据链路层
mdl. mündlich 口头的
Mdlch Mundloch 引信孔,信管孔
Mdlchb Mundlochbüchse 起爆机式引信传爆药容器
Mdlchf Mundlochfutter 起爆器;爆炸管
Mdlchsch Mundlochschraube 接合器插头
MDLP Mobile Data Link Protocol 移动数据链路协议
MDM Media Device Manager 媒体设备管理程序
MDM Message Distribution Module 消息分配模块
MDM Multimedia Data Management 多媒体数据管理
MDMF Multiple Data Message Format 复合数据消息格式
MDN Message Distribution Network 消息分配网络
MDN Mobile Data Number 移动数据号码

MDN Mobile Directory Number 移动电话号码,移动用户号码簿号码

MDNEXT Multiple-Disturber NEXT 多干扰近端串话

MDOP Multimedia Data Operation Platform 多媒体数据操作平台

MDP Modell, Daten- und Programmspeicher 模型、数据和程序存储器

MD-PE Polyäthyen mittlerer Dichte 中密度聚乙烯

MDR Message Detail Recorder 详细消息记录器

MDR Mitteldeutscher Rundfunk 中德广播电视台

MDR Voltage Dependent Resistor 压敏电阻

MDS Modulation Demodulation Sub-System 调制解调子系统

MDS Multi-access Data Server 多址接入数据服务器

MDS Multimedia Distribution Service 多媒体分布业务

MDS Multiple Data Stream 多数据流

MDS Multipoint Distribution System 多点分布系统

MDS myelodysplastic syndromes 骨髓增生异常综合征

M. D. S. 混合,给予,标记

MDSE Message Delivery Service Element 消息传递服务单元

MDSL Medium bit-rate Digital Subscriber Line 中比特率数字用户线

MDSO Multimedia Data Storage and Organization 多媒体数据存储和组织

MDSS Mass Digital Storage System 大容量数字存储系统

MDSS Mobile Data Support System 移动数据支撑系统

MDSt Motordirektstarter 电动机直接起动装置

MDT DT'S Backplane 数字中继层后背板

MDT Mean Down Time 平均故障时间

mdt. mitteldeutsch 德国中部的

MDT Mitteldruckturbine 中压透平机;中压涡轮机

MDT Mittlere Datentechnik 中等数据技术

MDT (mdt) Moderate 适度的(速度),中等的(速度)

MDT-Anlage mittlere Datentechnik-Anlage 中型数据处理技术设备

MDU Management Data Unit 管理数据单元

MDU Mitteidruckumleitstation 中(等)压(力)转接站

MDUP duplex 双工(的),双工电路

ME Endmasse einer Rakete 多级火箭的末级质量

ME Mache-Einheit/Macheeinheit 马赫单位(放射单位)

ME Magnetfeld-Erzeugung 磁场产生

ME Maintenance Entity 维护实体

ME Maßeinheit 计量(量度)单位

ME Masseneinheit 质量单位,原子质量单位,物理质量单位

ME Measurement Entity 测量实体

Me. Mechaniker 机械师

me. mechanisch 力学的;机械的

Me. Mechanismus 机械

m. E. meines Erachtens 我认为,我的意见

ME Meldung Endlagenfehler 终端误差信号

ME Melkeinheiten 挤奶器

ME Mengeneinheit 数量单位

Me Mergel 泥灰岩

ME Messebene 测量面

ME Messeinrichtung 测量设备,测量装置

Me Messerschmidt 美赛斯米特公司制造的飞机代号

Me Messing 黄铜

ME Messwerterfassung 测量值采集

Me Metallelektrode 金属电极;金属焊条

me metallisiert 金属化的;敷金属的;喷金属的

Me Methyl 甲(烷)基—CH_3

ME Minimum Elevation 最小高度,最小高程,最小仰角,最小高差

mE mit Eisenkern 带铁心的(子弹)

ME mit Entkupferungsband 带有去铜带,使用去铜带

ME Mobile Equipment 移动设备

ME Montageeinheit 安装单位

MEA maintenance entity assembly 维护实体装配

MEA monoethanol amine; Monoäthanolamin 单乙醇胺,一乙醇胺

MEA (MEN) multiple endocrine adenomatosis 多发性内分泌腺瘤

Meal Megakalorie 兆卡

MEAS Monoäthanolaminsulfit 一乙胺亚硫酸酯

MEB Methylenbau 甲基结构

ME-Band metallbedampftes Band 金属蒸镀磁带,ME磁带

MEB-S Messelektronik Berlin-Standard 测量电子学柏林标准

Mebu Maschinengewehr-Eisenbeton Unterstand 钢筋混凝土掩体内的机枪

Mech Maßempfanger mit Einzelkreisen 单回路测量接收机

mech. mechaniert 机械化的
Mech. Mechanik 机械学;力学;机械
Mech. Mechaniker 机械师
mech. mechanisch 机械的;机械学的,力学的
Mech. Mechanismus 机械;机构;机理
Med. Medikament 药品
Med medium 媒质,媒体;存储媒件;中等的
Med. Medizin 医学
MED Message Entry Device 消息输入设备
MEDOC Motion of the Earth by Doppler Observation Campaign 地球运动的多普勒观测活动
MEDUL mehrfach-Durchlauf-Konzept 多程概念
Meeresbiol. Meeresbiologie 海洋生物学,海洋生态学
Meeresforsch. Meeresforschung 海洋研究
Meereskd. Meereskunde 海洋学
MEF Maintenance Entity Function 维护实体功能
MEFO Metallforschungs-Gesellschaft 金属研究协会
MEFV maximal expiratory flow volume 最大呼气流量
Meg. Megaphon 扩音器,麦克风
MEGA (mega) Megaampere 兆安
MEGACO Media Gateway Control 媒体网关控制
m. Eg. Kw. mittlerer Entgiftungskraftwagen 中型消毒汽车
MEGO Megohmmeter 兆欧计
MEGT (megt) Megaton 兆吨
MEGW (megw) Megawatt 兆瓦
MEGWH (megwh) Megawatt-Hour 兆瓦小时
MEHDRU mehrmaliger Druck 重复印刷
MEHO Mobile evaluated handover 移动估计切换
mehrbas. mehrbasisch 多碱(价)的;多代的,多元的
mehrf. mehrfach 多倍的,多次的,多重的,多方面的,多用途的,多段的,多量程的,多路的
Mehrz Mehrzahl 多数,相重数,复度
Mehrzw. -Flgz. Mehrzweckflugzeug 多用途飞机
MEI Maintenance Event Information 维护事件信息
MEI Maschinen- und elektrotechnische Instandhaltung 机电修理
m. Einschr. mit Einschränkungen 有限制地,有条件地
MEK maximale Emissionskonzentration 最高排放浓度
MEK Mehrfacheinzelkanal 多层单路;复式单路
MEK methyl ethyl ketone/Methyläthylketon 甲乙酮,2-丁酮,甲基乙基酮,丁酮
Mel. Melinit 麦宁炸药;苦味酸
Meld. Melder 信号装置,报警器
Meld. Meldung 信号,报道
MELF Ministerium für Ernährung, Landwirtschaft und Forsten 粮食、农业和林业部
Mem memory 内存,存储器;记忆
MEMB (memb) Membran 薄膜,膜片,隔膜;光圈
MEMS Micro-Electro-Mechanical System 微电子机械系统
M. Eng. Master of Engineering 工程硕士
MEO Medium (Middle) Earth Orbit 中地球轨道,中轨道地球卫星
MEO Medium Geostationary Orbit 中地球轨道
Meos Medium-Earth-Orbit-System 中地球轨道系统
MEP Mittelenergiephysik 中能物理
Meq. milli[gram]-equivalent 毫克当量
MER Message Error Ratio (Rate) 信息错误率,消息差错率
Mer. Meridian 顶点;子午线;子午圈
MERIT measurement of earth rotation by intercomparison techniques 用比对技术测定地球自转
MERLIN Medium Energy Research Light-water-moderated Industrial Nuclear reactor 工业用中能轻水慢化核反应堆
MERS 中东呼吸综合症
MERTIK Mess- und Regeltechnik 测量和调节技术
MES magnetische Eigenschaft 磁性
M. E. S. magnetischer Eigenschutz 磁性自身防护
MES manufacture execute system 制造执行系统
MES Marketing Encyclopedia Systems 市场营销百科全书系统
MES Maschineneingabestelle 机器输入位置
MES Mobile Earth Station 移动地球站
M-ES Mobile End Systems 移动端系统
MESFET Metal Semiconductor Field Effect Transistor/Metall-Halbleiter-Feld effekttransistor 金属半导体场效应晶体管
ME SFI 电控多端顺序燃油喷注点火系统
MESP Meldespeicher 信号存储器
Mess. Messung 测定,测量
MessA Messungsamt 测量站
Messf Messfrequenzmischer 测量频率混频器
Messger Messgerät 测量仪器

Messtech. Messtechnik 测量技术
MESZ mitteleuropäische Sommerzeit 中欧夏令时间
MET metabolic equivalent 梅脱(代谢当量)
met Metallurgie 冶金学
Met. Meteor 流星,陨星
met. meteorologisch 气象学的
Met. Meteorologie 气象学
Met methione 甲硫氨酸,蛋氨酸
Met Methionin 甲硫基丁氨酸;3-甲硫基-2-氨基丁酸;蛋氨酸
metall. metallisch 金属的
metall. metallurgisch 冶金(学)的
Metallbearb. Metallbearbeitung 金属加工
Metallforsch. Metall forschung 金属研究
Metallgew. Metallgewicht 金属重量
MetallK metallisierter Kunststoff-Kondensator 金属化塑料膜电容器
Metallk. Metallkunde 金属学
Metallogr. Metallografie 金属学
Metalltech. Metalltechnik 金属技术
Metallwirtsch. Metallwirtschaft 金属经济
METAR 航空天气预报用符号或简语
MetDst. meteorologischer Dienst 气象服务
ME techn Masseneinheit, technische 技术质量单位
METEOSAT meteorological satellite 气象卫星
Meth Methode 方法,方式
Meth Methyläthylketon 甲乙酮;丁酮
MetHb methemoglobin 高铁血红蛋白
METON Metropolitan Optical Network 都市光网络
metr Meterzentner 米担
MeV Megaelektronenvolt 兆电子伏,10^6电子伏
MexE Mobile Execution Environment 移动执行环境
MexE Mobile station application execution Environment 移动基站应用执行环境
MEZ mitteleuropäische Zeit 中欧时间
MF Maintenance Function 维护功能
MF Manipulatorfahrzeug 机械手运输工具,机械手小车
MF Marktforschung 市场研究
MF Maschinenfabrik 机器制造厂
MF Massey-Ferguson 【加】麦赛-福格森公司
M. F. (**Mf.**) Mastenfernrohr 杆式望远镜
MF Master File 主文件
MF Mastfernrohr 杆式望远镜
MF Matrix-Fibrillen 基质-原纤型(双成分纤维)
MF mediation function (block) 调解功能(块)
MF Melamin FormaJdehyd-(Harz) 三聚氰胺甲醛(树脂)
MF metrisches ISO-Feingewinde 公制 ISO 细牙螺纹
Mf microfilariae 微丝蚴
MF Microfilm; Mikrofilm 微缩胶片
MF mineralischer Faserstoff 矿物纤维
mf mittelfädig, mittelfaserig 中支纱的;中细纤维的
MF Mittelfeld 中央控制板;平均场,中场
MF Mobile Forwarding 移动数据转发
M-F Mobile network to Fixed network call 移动网络对固定网络的呼叫
Mf Motorfahrzeug 摩托车辆
MF multifocal 多病灶的,由多数病灶引起的
MF Multiframe 多帧,复帧
MF Multi-Frequency 多频
MF Multiple Function (Module) 多功能(模块)
MF Münzfernsprecher 付费电话,投币式公用电话
MF mycosis fungoides 蕈样霉菌病,蕈样肉芽肿
MF myelofibrosis 骨髓纤维化
MFA medizinische Forschungsanstalt 医学研究院
MFA minimale feststellbare Aktivität 最低可测放射性,最小可测活性
MfA Ministerium für Arbeit 劳动部
MFA mittlerer Fehlerabstand 平均误差距离
MFA Multi-Frame Alignment 多帧定位,多帧对齐
MFA Multifunktionsanzeiger 多功能显示器
MF-ADR Mikrofilmadresse 微膜地址
MFAG Mikrofilmausgabegerät 微膜输出装置
MFASP Mikrofilmarbeitsspeicher 微型缩微胶片内存
MFB Mehrfunktionenbaustein 多功能组件
MfB Ministerium für Bauwesen 建工部
MFBT Multicast Forward/Backward Tree 组播向前/反向树
MFC microsoft foundation class library 微软基本类库
MFC Multicore-Fiber Cable 多芯光缆
MFC Multi-Frame Code 多帧编码
MFC Multi-Frequency Code 多频码
MFC Multi-Frequency Code signaling 多频码信令
MFC Multi-Frequency Compelled 多频迫使
MFC Multi-Frequency Controll[er] 多频控制(器)
MFC Multiple Frequency Compelling unit 多频互控单元

MFC 多功能控制模组
MFCR Minimum Free Capacity Routing 最小自由容量选路
MfcS Magnetkernspeicher 磁芯存储器
MFD Management Functional Domain 管理功能范畴
MFD Microtips Fluorescent Display 微探针荧光显示(器)
MFE Methode der finiten Elemente 有限元法
MFG Main Frequency Generator 主频发生器
MFG Messfrequenzgenerator 测量频率发生器
m. f. G. (mfG, MfG) mit freundlichen Grüßen 致以友好的问候
MFH Mehrfamilienhaus 群居房,大杂院
MFI melt flow index 熔体流动指数
MFK Metallfaserarmierte Kunststoffe 金属丝加强塑料
MFK Motorfahrzeugkontrolle 汽车控制
MFKE Mehrfunktionskarteneinheit 多功能卡片机,多效卡片单元
M.-Flak Maschinenflugabwehrkanone 自动高射炮,高射机关炮
MFLOPS Million Floating point Operations Per Second 每秒百万次浮点运算
mFl. S. Meter Flüssigkeitssäule 米水柱
MFM modifizierte Frequenzmodulation 改进的频率调制
MFM multifunktionater Speicher 多功能存储器
MFM Multifunktionsmodul 多功能模块
mFmW (m. Fm. W.) mittlerer Flammenwerfer 中型火焰喷射器
MFN Mehrfrequenznetz; Multiple Frequency Network 多频网
MFOTS Military Fiber-Optic Transmission System 军用光纤传输系统
M. F. P. Marinefährprahm 军用驳船
MFP Monofluorophosphat 一氟化磷酸酯
MFP MultiFrame Processor 复帧处理器
MFP Multi-Frequency Pulse 多频脉冲
M. f. pulv. 混合制散剂
MFPB Multi-Frequency Push Button 多频按键
MFPC Man-made Fibres Producers' Committee 化学纤维生产者委员会
MFR Maschinenfließreihe 机器流水作业线
MFR multi-filter radiometer 多滤波器辐射计,滤光片辐射计
MFREC Multi-Frequency Receiver 多频接收器
MFS Festsitzgewinde 紧配合螺纹
MFS Marinefunkstelle 海军无线电台
MFS metrisches Festsitzgewinde 公制紧配合螺纹
MFS Metropolitan Fiber System 都市光纤系统
MfS Mitteilungen für Seefunkstellen 海洋无线电台传达,海洋无线电台通知
MFS Motorfährschiff 机动渡船
MFS Multi-Frame Structure 复帧结构
MFS Multi-Frame Synchronizer 复帧同步器
MFS Multiple Frequency Shift 多频位移
MfSI Ministerium für Schwerindustrie 【前民德】重工业部
MFSK Multiple Frequency Shift Keying 多频移键控
MFSND Multi-Frequency Sender 多频发送器
MFSp Magnetfilmspeicher 磁膜存储器
MFT Mikrofilmtechnik 微膜技术
M. F. T. Militärfunktelegraphie 军用无线电报
MFT Multi-Function Terminal 多功能终端
MFTDMA Multiple Frequency Time Division Multiple Access 多频时分多址
MFTU Mehrfunktionsmagnetfilm-Einheit 多功能磁膜单元
MFU magnetic film unit 磁膜单元
MFU Maschinenfähigkeitsuntersuchung 机床能力试验(研究,分析)
MFuO Modellfunkordnung 模型无线电规范
MFV Mehrfrequenzcode-Verfahren 多频码方法
MFV Mehrfrequenzverfahren 多频方法
MfV Ministerium für Verkehrwesen 交通部
MFVSt Marinefernmeldeversuchsstelle 海军长途电讯试验站
MFWV Mehrfrequenzwahlverfahren 多频拨号法,多频脉冲选择法
Mg. Magister 硕士
Mg Magnesit 镁石烧结;镁石,菱镁矿
Mg magnesium 镁
MG Magnetbandgerät 磁带机
MG Maschinengewehr 机关枪
MG Massenwirkungsgesetz 质量作用定律;惯性作用定律
MG Medium Gateway 媒体网关
Mg Megagramm 兆克
MG Mehrfachgruppen 多组
MG Messgerät 测量仪器
β2-MG β2-microglobulin β2-微球蛋白
mG Milligauß 毫高斯(磁通量)
mμg millimicrogram 毫微克
mg mittelgrob 中等大小的;中等粗糙的
MG Molekulargewicht 分子量
MG Multicast Grouping 多播分组
MG Multiple-Groove (捻线钢领的)多沟槽
MG myasthenia gravis 重症肌无力
MGA Mittelgewinnantenne 中增益天线

mgA mittlerer geometrischer Abstand 平均几何距离

mGal Milligal 毫伽

Mg. -Aufsatz Maschinengewehraufsatz 机枪标尺,机枪瞄准具

MGB Maintenance Oriented Group Blocking Message 面向维护的群阻塞消息

MGC Medium Gateway Controller 媒体网关控制器

MGCF Media (Medium) Gateway Control Function (Part, Protocol, Unit) 媒体网关控制功能(部分,协议,单元)

MGD Magnetogasdynamik 磁气体动力学

M. G. -Doppellafette Maschinengewehrdoppellafette 双管机枪,双联装机枪

M-Geräte Maschinengeräte 机器仪器

m ger Sprldg mit geringerer Sprengladung 少量装药

MGF Management [Media, Mobile] gateway function 管理(媒体,移动)网关功能

MGFF 2cm 2cm Maschinengewehr in den Flügeln eines Flugzeuges 机翼20毫米机枪

MGG Maß und Gewichtsgesetz 尺寸和重量法

MGG Mehrfachgrundgruppen 多基础小组

MGG Metallguss Gesellschaft 德国金属铸造协会

MgH Magnesiahärte (水的)镁盐硬度

mgh Milligrammstunde 毫克时

MG-Kompanie Maschinengewehrkompanie 机枪连

M. G. Kw. Maschinengewehrkraftwagen 装有机枪的汽车

MGL Maschinen- und Geräteliste 机器和仪器清单

Mgl Mergel 泥灰岩

MGLaf. Maschinengewehrlafette 机枪架

Mg. -Lauf. Maschinengewehrlauf 机枪枪管

Mgl Gr Mergelgrube 泥灰岩采场

m. gl. Pkw mittlerer geländgängiger Personenkraftwagen 中型越野小轿车

m. gl. Zgkw mittlerer gepanzerter Zugkraftwagen 中型装甲牵引车

mg/m³ Milligramm je Kubikmeter 毫克/立方米

MG-Mann Maschinengewehr-Mann 机枪手

MG MT 手动变速器

MGN membranous glomerulonephritis 膜性肾小球肾炎

MGNTZ1N Magnetization 磁化(强度),起磁,激励

MgO Magnesiumoxid 氧化镁

MGPF Mobile Geographic Position Function 移动地理定位功能

MGPS Micro GPS 微基站GPS

Mgr. Manager 经理

Mgr. Mergelgrube 泥灰岩采场

MGr (Mgr) Minengranate 高爆炮弹

mgr. mittelgroß 中等大小的

M. Gr. Mörsergranate 臼炮榴弹

MGrW Minengranatwerfer 堑壕迫击炮

MGrW (mGrW) mittlerer Granatwerfer 中迫击炮(81毫米的)

MGS Mobile Gateway Switch 移动网关交换

MGS Multimedia Gateway Server 多媒体网关服务器

MG-Scheibe Maschinengewehr Scheibe 机枪靶

Mg. -Schild Maschinengewehr-schild 机枪防盾

M. G. -Schloss Maschinengewehrschloss 机枪枪闩

M. G. Sockel Maschinengewehrsockel 基座式机枪架

MG-Stellung Maschinengewehrstellung 机枪阵地

MGT Mobile Global Title 移动全球名称

MGTMTR Magnetometer 磁强计,地磁仪

Mg-Turm Maschinengewehrturm 机枪塔

MGU Maintenance Oriented Group Unblocking Message 面向维护的群闭塞解除消息

MGU Media Gateway Unit 媒体网关单元

mgV mit grünem Vorsignal 带绿色预告信号的

M. G. W. Maschinengewehrwagen 装运机枪的马车和汽车

MGW Media Gateway 媒体网关

MGW Messgerätewerk 测量仪表厂,量具厂

MGZ Maschinengewehrzieleinrichtung 机关枪瞄准装置

MGZ mittlere Greenwichzeit 格林尼治标准时间

M. G. -Z. F. Maschinengewehrzielfernrohr 机枪瞄准镜

M. G. -Zieleinrichtung Maschinengewehrzieleinrichtung 机枪瞄准具

m³/h Kubikmeter je Stunde 立方米/小时

MH Maleinsäurehydrazid 马来酸洗肼

MH Maleinylhydrazin 马来酰肼

MH Mend Huffman 改进的霍夫曼编码

MH Message Handler 报文处理程序

MH Message Handling 消息处理

MH Metallhydrid 金属氢化物

m/h Meter je/pro Stunde 米/小时

MH Mikrohärte 显微硬度

MH Mikrophon 麦克风;传声器

MH Mikrotelephon 微型电话

MH Mithören 监听,窃听

MH Mobile Host 移动式主机
MH Mohs-Härte 莫氏硬度,莫斯硬度
MH Multiplizieren Halbwort 半字乘法
Mh Maschine im Hinterschiff 船后舱的机械
mH Millihenry 毫亨(利)(电感单位)
mHbe mit Haube 带风帽的
MHbgr Mörserhaubengranate 带风帽的高爆榴弹
MHC major histocompatibility complex 主要组织相容性复合体
MHC Mitzubishi hydrocracking and dealkylation process 日本三菱加氢裂化及脱烷基工艺
MHD magnetohydrodynamisch 磁流体动力学的
MHD Magneto-hydrodynamische Energieumwandlung 磁流体动力能量转换
MHD Magnto-Hydro-Dynamo 磁流体发电机
MHD Meteorologischer und Hydrologischer Dienst 水文气象站
MHD-Wandler magnetohydrodynamischer Wandler 磁流体动力学互感器
MHE Message Handling Environment 消息处理环境
MHEG Multimedia and Hypermedia Information Coding Expert Group/Multimedia-Expertengruppe 多媒体和超媒体信息编码专家组
M. H. H. W. Höhe des mittleren höheren Hochwassers 平均高度的洪水水位
M & HIRS Multi-media & Hypermedia Information Retrieval System 多媒体和超媒体信息检索系统
MHK minimale Hemmkonzentration 最小抑制浓度
MHKW Müllheizkraftwerk 垃圾热电厂
MHKZ Magnet-Hochspannungs-Kondensatorzündung 电磁-高压电容点火
MHN Mannithexanitrat 甘露糖醇六硝酸酯,硝化甘露糖醇
MHN Multimedia Handling Node 多媒体处理节点
MHOTY my hat's off to you 向你脱帽致敬
MHP Multimedia Home Platform/Multimedia-Plattform für digitales Fernsehen 多媒体家庭平台,数字电视多媒体家庭平台
M. H. Q. mittlere Hochwasserquantität 中等洪水流量
MHS Message Handling Service (System) 消息处理业务(系统)
MHS-SE Message Handling System Service Element 消息处理系统业务单元
M. H. W. Mittelhochwasserstand 平均洪水位
M. H. W. mittlerer höchster Wasserstand 平均最高水位
MHw mittleres Hochwasser 中高水位;中等洪水
M. H. W. i. mittleres Hochwasserintervall 平均高潮间隙
MHWS mean high water spring tides 平均高水位大潮
MHz Megahertz 百万赫兹,兆赫(兹)
mHz Millihertz 毫赫(兹)
MI Management Information 管理信息
MI maturation index 成熟指数
MI Medizinische Informatik 医学信息学
Mi Mikrophon (Mikrofon) 传声器,微音器,麦克风,话筒,送话器
Mi. Mine 地雷,水雷;迫击炮弹
Mi. Minenwerfer 迫击炮
Mi. Mineralogie 矿物学
MI Minimum Impulse 最小脉冲
Mi Mischer 混合器,混频器,混频管
Mi Mischmetall 铈镧合金,混合稀土金属
Mi. Mischung 混频;混合,混合物
MI mitral insufficiency 二尖瓣关闭不全
Mi. Mittel 剂;药;介质,介体,媒质;中间,中部;中数;平均数,平均值;手段,方法
Mi Mittwoch 星期三
MI Multiplex Interface 复用接口
MI myocardial infarction 心肌梗塞
miad. mindestens 至少;最少
MIAS Multipoint Interactive Audiovisual System 多点交互式声视系统
MIB Management Information Base/Netzwerkmanagement- begriff 管理信息库
MIB Mundlochbüchse 起爆机式引信传爆药容器
Miba. Miniaturbahn 小型轨道(弹道,路径,铁道)
MIBC Management Information Base Chip 管理信息库芯片
MIBK Methylisobutylketon 甲基异丁基酮
MIC management information catalogue 管理信息目录
MIC Media Interface Connector 媒体接口连接器
MIC Message Identification Code 消息识别码
MIC Metall-Inertgasschweißen 金属(电极)惰性气体(保护)焊
MIC Mikrocomputer 微型计算机
MIC minimum inhibitory concentration 最低抑制浓度
MIC Mobile Interface Controller 移动接口控制器
MIC Module Interface Circuit 模块接口电路

MIC Multimode Image Coding 多模图像编码
MICA Media Information Communication Application 媒体信息通信应用程序
MICE Management Information Control Exchange 管理信息控制交换
MICR magnetic ink character recognition 磁性墨水字符识别
MID Mean Interruption Duration 平均中断时间,平均中断时长
MID Message Identification 信息识别
MID Message-Identifier 消息标识符
MID Multiplexing Identifier 复用标识符
MID Modul mit integrierter Schaltungstechnik 集成配电模块
mid. Motor-Informations-Dienst 汽车信息服务
MIDAS multivariate interactive digital analysis system 多元人机联系数字分析系统,多元互动数字分析系统
MIDI Musical Instrument Digital Interface; digitale Schnittstelle für Musikinstrumente 乐器数字接口
MIDS Management Information Dataflow System 管理信息数据流系统
MIDS Multi-function Information Distribution System 多功能信息分配系统
MIDS Multimedia Intelligent Database Systems 多媒体智能数据库系统
MIDS Multiple Functional Information Distribution System 多功能信息分配系统
MIE Micro media Information Exchange 微媒体信息交换
MIE Multipurpose Internet Extensions 多用途因特网扩充
MIF Management Information Format 管理信息格式
MIF Management Information Function 管理信息功能
MIF migration inhibitory factor 移动抑制因子
MIF Miners International Federation 国际矿工联合会
MIG measles immune globulin 麻疹免疫球蛋白
MIG Mehrscheiben-Isolierglas 多片中空玻璃
MIG metal-inertgas Welding/Metall-Inertgas-Schweißen 熔化极(或金属极)惰性气体保护焊
MIG Metall-Inertgasverfahren 金属惰性气体法
MIGA Multilaterale Investitions Garantie Agentur 多边投资担保机构
MIG-S Metall-Inertgas Schweiß 金属极惰性气体保护焊
MII Media-Independent Interface 与媒体无关的接口
MII Ministry of Information Industry 信息产业部
MII Mobile (Mobility) Information Infrastructure 移动通信基础设施
MIK maximale (max) Immissionskonzentration (烟雾、煤气、气味等的)最大侵入浓度
Mik. Mikrofon 传声器,麦克风,微音器
MIKD maximale Immissionskonzentration, Dauerwert (有害物质)最大侵入浓度(长期值)
Miko. Mikroskop 显微镜
Mikr Mikrometer 测微计,千分尺
Mikr. Mikrophon 传声器,微音器,麦克风
mikr. mikroskopisch 微观的;显微镜的;显微的;细微的
Mikrobest. Mikrobestimmung 微量测定
Mikrochem Mikrochemie 微量化学
mikrochem. mikrochemisch 显微化学的
Mikroelektron. Mikroelektronik 微电子学
Mikrof. Mikrofilm 微膜
Mikrof. Mikrofon 传声器,微音器,麦克风,话筒,送话器
Mikrow.-HL Mikrowellenhalbleiter 微波半导体
MIL Malfunction Indicator Lamp 故障指示灯
MIL management information library 管理信息库
Mil. Militär 军队,军事
mil militärisch 军事的,军队的
mil Militärtechnik 军事工程
Mil. Militärwesen 军事
MILAN Missile d'lnfanterie léger Antichar “米兰”反坦克导弹,步兵轻型反坦克导弹
MilGeo-Dienst Militärgeographischer Dienst der Bundeswehr 【德】国防军军事地理局
Mili-Antrag Minderlieferungs-Antrag 减货申请
MILLI Miniatur-Wiederaufarbeitungsanlage 小型后处理设备(属于卡尔斯鲁厄核研究中心)
MILNET Military Network/US-militärischer Bereich des Internet 美国军用网络
MILS MAC Internal Layer Service MAC 层内服务
miltechn. militärtechnisch 军事技术的
MIM magnetische Induktionsmethode 磁感应法
MIM Management Information Model 管理信息模式
MIM Management Inhibit Message 管理禁止消息
MIMD Multiple Instruction Multiple-Data 多

指令多数据

MIME Multipurpose Internet Mail Extensions/Umwandlungsverfahren von Bilddateien für den E-Mail-Versand im Internet 多用途网际邮件扩展

MIMO Multi Input Multi Output 多输入多输出,多进多出

MIN Management Interrupt 管理中断

min Mineralogie 矿物学

min minimieren 小型化

min Minimum 最小,最小值

Min. minute 分钟

MIN mobile identification number 移动识别号码

MIN Mobile Intelligent Network 移动智能网

MIN Mobile Station Identify Number 移动台识别号

MIN Multistage Interconnected Network 多级互连网

Min. Mine 地雷;水雷;迫击炮弹

MIN (Min) Mineral 矿物

Min. Mineralogie 矿物学

min. mineralogisch 矿物学的

minderw. minderwertig 劣等的,低价的

Min. Dia Minimum Diameter 最小直径

Minenw Minenwerfer 迫击炮

MINIC mini-Computer system 微型计算机系统

Min-Max Minimum-Maximum 极小-极大

MINQUE minimum norm quadratic unbiased estimator/quadratisch unverzerrte Schätzer minimaler Norm 最小范数二次无偏估计

Min-R-Pz Minenräumpanzer 扫雷坦克

Min-Su Minensucher 扫雷艇

MINT 经济学家奥尼尔提出的"薄荷四国"概念,即墨西哥、印度尼西亚、尼日利亚和土耳其

Min. W. (Minw.) Minenwerfer 迫击炮

MinWf Minenwerfer 迫击炮

Min Wsp (Min. W. Sp.) minimaler Wasserspiegel 最低水位

Mio t/a Million Tonne/anno 百万吨/年

MIP maximal inspiratory pressure 最大吸气压力

MIP Mobile Internet Protocol 移动互联网协议

MIP Mobile IP 移动 IP

MIP Multicast Internet Protocol 组播互联网协议

MIP Multimedia Information Provider 多媒体信息提供者

MIP Multiple Information Passageway 多信息通道

Mipo. Mischpolymerisat 混合聚合物,共聚物

MIPS Millionen Instruktionen pro Sekunde/Millions of Instructions Per Second 每秒百万指令数

MIRS Multimedia Information Recall System 多媒体信息检索系统

MIS Management Information System 管理信息系统

MIS mechanischer Bildstabilisator 机械式图像稳定器

Mi S150 Mine S 150 含5.5盎司苦味酸的杀伤地雷

MIS Multiple Interactive Screen 多交互式屏幕

Misch. Mischung 混频;混合

mischb. mischbar 可混合的;可混杂的;可混的

Mischb. Mischbarkeit 可混合性

MISDN Mobile Integrated Service Digital Network 移动综合业务数字网

MISFET MIS-Feldeffekttransistor 金属绝缘半导体场效应晶体管

MISPC minimum interoperability specification 最小互操作规范

Mist Meilenstein 里程碑

Mist. Mistura 合剂

Mi-Stelle Minenwerferstelle 迫击炮发射弹地

MIT Management Information Tree 管理信息树

MIT Massachusetts Institute of Technology 【美】马萨诸塞州工程学院

MIT Master of Information Technologies 信息技术硕士

MIT Metall-Inert-Schweißen 金属极惰性气体焊接

MIT Modular Intelligent Terminal 模块化智能终端

MIT MO Instance Tree MO 实例树,莫实例树

MIT monoiodotyrosine 一碘酪氨酸

mit. Ldg mittlere Ladung 中号装药,平均装料,平均载重

MITA Mobile Internet Technical Architecture 移动因特网技术结构

mitt mittels 利用,借助

Mitt. Mitteilungen 报告,通报,报导

Mitt. -Bl. d. BAW Mitteilungsblatt der Bundesanstalt für Wasserbau 联邦水工研究所通报

MIU Multi-Interface Unit 多接口装置

MIU Multimedia Information User 多媒体信息用户

Mivometer Millivoltmeter 毫伏表;毫伏计

MiW Minenwerfer 迫击炮

MiWfPr Minenwerfer-Protze 拖带迫击炮的两轮车

Mix Matrix 矩阵,方阵;真值表;母体,子宫

mix Millilux 毫勒(克斯)
mixt. mixture 合剂;混合
MIZ Materialinformationszentrum 材料情报中心,材料信息中心
Mi. Z. Minenzünder 地雷引信
MJ Megajoule 兆焦耳(能量单位、功的单位)
MJD Modified Julian Date/Datumsangabe 简化的儒略日期
MJLr Messkreis 测试电路,测试网络,测试回路
MJP Micro Java Processor 微型 Java 处理器
MK magnetische Kupplung 电磁离合器
MK Magnetisierungskennlinie 磁化特性曲线
MK Magnetkarte 磁卡,磁性卡片
MK Magnetkontokarte 磁账目卡
MK Magnetreedkontakt 磁干簧接点
MK Marinekabel/Schiffskabel 海底电缆;船用电缆
MK. Marke 测标,标点,标记,记号;商标,厂标;(机床加工时工件表面上的)波纹或斑点;邮票,种类
MK Maschinenkanone 机关炮
MK Master Key 万能钥匙
Mk Mattkohle 暗煤
MK Mehrkosten 额外费用
MK Meldekopf 通信中心,传输中心
MK Mikrofonkapsel 传声器盒,炭精盒,话筒芯子
mk mikroskopisch 微观的;显微镜的,显微的,细微的
MK Minutenkontakt 分触点
MK Mischkristall 晶体混频器;混合晶体
m. K mit Kabel 用电缆
mK mit Kappe 被帽的,带盖的
m. K. mit Karte 带卡片
mK mit Kern 带芯的,带核的
mK (MK) mit Klappensicherung 带快门式保险装置的
MK mittlere Korngröße 中等粒度
MK Morsekegel (钻头柄之)莫尔斯锥度
MK Motorkompensator 电动机补偿器
MK Multiplexkanal 多路通道
MKA Magnetbandkasseten-Aufnatenegerät 磁带盒式录音机
MKart Manöverkartusche 演习弹药筒
MKC Magnetkontencomputer 磁账目计算机
MKE metallkeramische Elektronenröhre 金属陶瓷电子管
MKF Metallkomplexfarbstoff 金属络合染料
MKG Magnetkontokartengerät 磁账目卡仪器
mkg Meterkilogramm 千克米,公斤-米
mkg mittelkörnig 中等粒度的
MKG mittlere Korngröße 中等粒度
m-kg-s-A-oK-cd System Meter-Kilogramm-Sekunde-Ampere- Grad Kelvin-Candela System 米-千克-秒-安培-开氏度-烛光制
MKK Magnetkontenkarten 磁账目卡
MKK Marinekabel mit Kunst-stoffmantel 塑料包皮(海)军用电缆
Mk 50 Kask Mark 50 Kaskade 串联式目标指示照明弹的代号
mkl. monoklin 单斜晶系的
MKL-Kondensator metallisierter Kunststoff mit Lackfolie-Kondensator 金属化塑料漆膜电容器
MKL OSB 可调节座椅靠背
MKL-Sondensator metallisierter mit Lacklolie-Konden 金属化塑料漆膜电容器
Mklw Mittelkleinwasser 中小型水电站
M. kl. W. mittleres Kleinwasser 中等小型水电站
Mk/m Marke/m 马克/米(巷道造价单位)
MKO Marinekabel (Schiffskabel) ohne Bewehrung 无铠装的海底电缆;无铠装的船用电缆
M. Ko. Marschkompass 行军(用)罗盘,行军(用)指南针
MKÖ Mathematik und Kybernetik in der Ökonomie 经济学中的数学和控制学
mkp Meterkilopond 千克米
M. -Kpf. Meldekopf 通信中心,传输中心
MKR Magnetbandkassetten-Registrierbaustein 磁带盒-记录组件
MKR magnetische Kernresonanz 核磁共振
M. Kr. Messkreis 测试回路,测试电路,测试网络
Mkr. mikroökonomisch 微观经济的
m. Krad mittleres Kraftrad 中型摩托车
MKR-Spektroskopie magnetische Keraresonanz-Spektroskopie 磁芯谐振光谱学,磁芯谐振频谱学
MKS Magnetband-Kassettenspeicher 磁带盒式存储器
MKS Magnetkartenspeicher 磁性卡片存储器
Mks. marks 商标
MKS Massekernspule 铁粉芯线圈
MKS Maul- und Klauenseuche 口蹄疫,口足病
MKS Mehrkörperdynamik 多体动力学
MKS Meter-Kilogramm-Sekunden-System 米-公斤-秒制
MKS Multimedia Kiosk Service 多媒体触摸屏服务
MKSA Meter-Kilogramm-Sekunde-Ampere 米-千克-秒-安(培)
MKSA-System Meter-Kilogramm- Sekunde-Ampere-System 米-千克-秒-安(培)制

MKT mittlerer Konzentrator 中型浓缩机;中型集线器;中型聚焦器
MKTE mittlere Konzentrator-Einrichtung 中型浓缩机装置;中型集线器装置,中型聚焦器装置
MKV Mehrzweck-Kanalverstärker 多用途信道放大器
MKW Mehrwalzenkaltwalzwerk 多辊式冷轧机
Mkw Munitionskraftwagen 弹药卡车
MKZ Materialkontrollzentrum 材料检验中心
MKZ maximal zulässige Konzentration 最大容许浓度
Mkz mechanischer Kanonenzeitzünder 炮弹的机械定时引信
ML Längenmetazentrum 纵向(轴向)定倾中心
ML Main Level 主要水平
ML Markierungsleser 标记读出装置
ML Maschinenwaffenlehrgerät 自动武器射击教练仪
ML Maximum Likelihood 最大概似法
ML Mechanische Aufladung 机械式增压
ML Mehrfachlochung 复合穿孔
ML Mehrzweck-Loop 多用途回路,通用回路
ML Messleitung 测量线;测量线路
Ml. Meterlinse 米透镜
mL Millilambert 毫兰伯(亮度单位)
Ml. Milliliter 毫升
ML Mithörlautsprecher 监听扬声器,截听扬声器
mL mit Luftvorholer 带空气余热利用装置
ML Motorluftstrahltriebwerk 空气喷气发动机,喷气发动机,涡轮螺旋桨发动机
ML Mutterlauge 母液
MLAN Multichannel Local Area Network 多通道局域网
MlAnUs Meldeleitungsanschaltumsetzer 挂号线连接变换器
MLAP MAC Level Access Protocol 媒体接入控制层接入协议
Mlb Mundlochbüchse 起爆机式引信传爆药容器
MLC Mobile Local Circuit 移动本地电路
MLC Mobile Location Center 移动位置中心
MLCCC MLCC-Kondensator 多层陶瓷贴片电容
MLD mean logistic delay 平均后勤延迟
MLD Median Lethal Dose 半数致死剂量(引起约50%被照射者死亡的辐射剂量)
Mld. Melder 警报器,信号装置
MLD minimum lethal dose 最小致死量
Mldg. Meldung 报告,情报;通知,报导;消息;通信
ML-EDF Mode-Locked Erbium Doped Fiber 锁模掺铒光纤
ML-FRL Mode-Locked Fiber Ring Laser 锁模光纤环形激光器
MLH Mehrlenker-Hinterachse 多联杆-后轴
Mlk Molkerei 奶场
MllGAiK 莫斯科测绘学院
MLLR Multi-rate Least-Loaded Routing 多速率最低负载选路
MLLRP Multi-rate Least-Loaded Routing with Packing 多速率最低负载分组选路
MLM Multi-Longitude (Longitudinal) Mode 多纵模
ml/min Milliliter per Minute 毫升/分
MLN Middle Level Network 中级网络
MLNA Micro Low Noise Amplifier 低噪声放大器
MLP Machine Language Program 机器语言程序
MLP Message Link Protocol 报文链路协议
MLP Minenlegepanzer 装甲布雷车
MLP Multi-Layer Protocol 多层协议
MLP Multi Link Procedure 多链路程序
MLP Multiple Layer Protocol 多链路协议
ML-PPP Multi-Link Point to Point Protocol 多链路点对点协议
MLR lineare Mehrkanalaufzeichnung 多通道线性记录
MLR mixed lymphocyte response 混合淋巴细胞反应
MLR Most-Loaded Routing 最多负载选路
MLS Maximum Length Sequence 最大长度序列
MLS Mehrlagen-Stahldichtung 多层钢密封
MLS Micro-length Stretching/Mikrodehnungsverfahren 微长度拉伸法
MLS Mikrowellenlandesystem; microwave landing system 微波着陆系统
MLS Mobile Location System 移动定位系统
MLS Multimedia Learning Station 多媒体学习站
MLS multiple listing service 多样的服务
MLSE Maximum Likelihood Sequence Estimation 最大似然序列估值
MLSR Maximum Length Shift Register 最大长度移位寄存器
MLSSA MLS-Spektralanalyse 最大长度序列频谱分析
Mlst Meilenstein 里程碑
MLT Motorluftstrahltriebwerk 航空喷气发动机,喷气发动机
MlUs Meldeleitungsumsetzer 挂号线变换器

mm³ Kubikmillimeter 立方毫米
MM Magnetometer 磁强计,地磁仪
MM Maintenance Management 维护管理
MM Maintenance Module 维护模块
MM Man Machine 人机
MM Mannmonate 人月
MM Mass Memory 大容量存储器
m/m Masse/Masse 质量比
MM Media manager 媒体管理
MM Megamega 兆兆
MM Messfrequenzmischer 测量频率混频器
MM Messmarke 测量标记;(显微镜的)测量刻度线
MM Messmikrofon 标准微音器,标准话筒
MM Metallmikroskop 金相显微镜
MM Methylmethakrylat 甲基丙烯酸甲酯
mM Millimol 毫摩尔
mM Millimü 纳米,毫微米
MM Mischmetall 合金;混合金属(铈属稀有金属的混合物)
mM mit Mündungsbremse 带炮口制退器的
Mm Mittelmotor 中置发动机
MM Mixed Mode 混合方式
MM MM-Formstück 双承插管接头
MM Mobility Management 移动性管理
MM Modeling Multimedia 建模多媒体
MM Monatsmiete 月租金
MM Monostabiler Multivibrator 单稳多谐振荡器
MM Motor Magnet 电动机磁铁
MM Multimedia 多媒体
MM Multimode 多模
MM Multiple myeloma 多发性骨髓瘤
MM myeloid metaplasia 骨髓组织异生
Mm Myriameter 万米
mm² Quadratmillimeter 平方毫米
M.-M. von Mitte zu Mitte 中心距,轴间距
MM Lager Marinenachrichtenmittellager 海军通讯器材仓库
MM/MMI Multimedia/Multimodal Interface 多媒体/多模式界面
MMA Methylmethakrylat 甲基丙烯酸甲酯
MMA MIDI Manufacturer Association MIDI 制造商联盟
MMA Multiple Module Access 多重模块存取
MMAA MMAA-Formstück 一端带法兰盘的承插四通管
MMAC Multimedia Access Center 多媒体访问中心
MMAP Mobility Management Application Protocol 移动性管理应用协议
mMb mit Mündungsbremse 带炮口制退器的
MMB MMB-Formstück 带承插支管的双承插管接头
MMBB MMBB-Formstück 四通承插管接头
MMBS magnetomotorischer Binärspeicher 磁势二进制存储器
MMC Maintenance, Monitoring and Control 维护、检测和控制
MMC Man-Machine Communication 人机通信
MMC Man-Machine Controller 人机控制器
MMC Meet-Me Conference 多方电话会议
MMC Multimedia Collaboration 多媒体协作
MMC Multimedia Communicator 多媒体通信器
MMC Multimedia Controller 多媒体控制器
MMC Multimedia Marketing Council 多媒体市场委员会
MMC Multimedia Multiparty Conferencing 多媒体多方会议
MMCA Message-Mode Communication Adapter 消息模式通信适配器
MMCC Multimedia Conference Control 多媒体会议控制
MMCD Multimedia Compact Disc 多媒体光盘
MMCF Multimedia Communications Forum 多媒体通信论坛
MMCM Multimedia Control Manager 多媒体控制管理器
MMCP Multimedia Mail Content Protocol 多媒体邮件内容协议
MMCS Multimedia Mobile Communication System 多媒体移动通信系统
MMCX Multimedia Communication exchange 多媒体通信交换
MMDD Management Multimedia Dynamic Data 多媒体动态数据管理
MMDS Multichannel Multipoint Distribution Service 多信道多点分配服务
MMDS Multi-point Microwave Distribution System/Signalverteilungssystem im Mikrowellenbereich 多点微波分配系统
MMDS Multipoint Multichannel Distribution System 多点多信道分配系统
MME Membranmanometer 膜式压力计
mME Millimol-Einheit 毫摩尔单位
MME Mobile (Mobility) Management Entity 移动管理实体
MME Multimedia E-mail system 多媒体电子邮件系统
MMEF maximum mid-expiratory flow 最大呼气中期流量
MMEM Multimedia Electronic Mail 多媒体电子函件

MMF MF's Backplane MF 背板
MMF Mikromikrofarad 皮法,微微法
MMF Multimode Fibre/Multimode-Gradientenfaser 多模光纤
MMG Messmarkengeber 测量标记传送器(传感器,探测器,自动发送器)
MMG Multi-Media Message Gateway 多媒体信息网关
MMH maintenance man-hours 维护工时
MMH Multimedia Hub 多媒体集线器
mmHg millimeters of mercury/Millimeter Hydrargyrum/Millimeter-Quecksilbersäule 毫米汞柱
mmH_2O Millimeter Wassersäule 毫米水柱
MMI Man-Machine Interaction 人机交互
MMI Man Machine Interface 人机接口
MMI Mismatch Indication 失配指示
MMI Multimedia Input 多媒体输入
MMI Multi-Mode Interference 多模干扰
MMIC microwave monolithic integrated circuit 微波单片集成电路
MMIC Monolithic Microwave Integrated Circuit 单片微波集成电路
Mmin Mannminute 人分
MMIO Multimedia I/O 多媒体输入/输出
MMIS Multimedia Management Information System 多媒体管理信息系统
MMK magnetomotorische Kraft; magnetomotive force 磁动势,磁通势
MMK Monatsmiete [n] Kaution 月租押金
MML Man Machine Language 人机(对话)语言
MML Multimedia Mechanism Layer 多媒体结构层
MML Multimedia Module Library 多媒体模块库
MMM moderne Marktmethode 现代市场方法
MMM Multimedia Mail 多媒体邮件
MMM Multimedia Multiplexer 多媒体复用器
MMM Multi Modem Manager 多调制解调器管理器
MMM Multiunit network Management and Maintenance message 多单元网络管理和维护消息
MMM myelofibrosis with myeloid metaplasia 骨髓纤维化伴髓外化生
MMMD Multimedia Multi-Database 多媒体多数据库
MMMMM 陆地测站天气转坏报告
MMMS Multimedia Mail Messaging Service 多媒体邮件报文服务
MMMS Multimedia Mail Service 多媒体邮政业务
m. M. n. meiner Meinung nach 按照我的意见
MMN Multimedia Network 多媒体网
MMNI Message Memory Network Interface 消息存储器网络接口
Mmol/kg Millimol per Kilogramm 毫摩尔/千克
M, MON monocyte 单核细胞
MMP Magermilchpulver 脱脂奶粉
MMP Maritime Mobile Phone 海上移动电话
MMP Module Message Processor 模块消息处理器
MMP Multiplexed Message Processor 复用信息处理器
MMP Multimedia Movie Player 多媒体电影放映机
MMPC Multimedia PC 多媒体个人计算机
MMPM Multimedia Picture Management 多媒体图像管理
MMQN MMQZ-Formstück 带凸耳双承插管接头
mmQS Millimeter Quecksilbersäule 毫米汞柱
MMR Masern-Mumps-Räteln-Impfstoff 麻疹-腮腺炎-风疹混合疫苗
MMS Marinemeldestelle 海军报警站
MMS Maritime Mobile Satellite system 海上移动卫星系统
MMS Microsoft Media Server 微软媒体服务器
MMS Middleware Message Service 中间件消息业务
MMS Minimalmengenschmierung 最少润滑量
MMS Minimalschmierung 最少润滑
MMS Model Management System 模型管理系统
MMS Multimedia Message Service 多媒体信息服务,彩信
MMS Multimedia Service 多媒体业务
MMS Multi-Modular Storage 多模块存储器
MMS Multiport Memory System 多端口存储器系统
MMSAF Multimedia Services Affiliate Forum 多媒体业务会员论坛
MMSC Multimedia Message Service Center 多媒体消息服务中心
MMSE Man-Machine System Engineering 人机系统工程学
MMSE Minimum Mean Square Error 最小均方误差
MMSER Minimum Mean Square Error Restoration 最小均方误差复原
Mmstr Motorenmeister 马达工长,动力工长
MMT Mobile Message Transfer 移动消息传递

MMT Multimedia Terminal 多媒体终端
MMTS Multimedia Transport System 多媒体传送系统
MMU Mass Memory Unit 大容量存储器
mm/U Millimeter je Umdrehung 毫米/转
MMU Multiplexing and Management Unit 复用管理单元
MMUI Multimedia User Interface 多媒体用户接口
MMV Monostabiler Multivibrator 单稳多谐振荡器
MMV Multimedia Viewer 多媒体观赏程序
mmW Milimeterwellen 毫米波
m. M. W. mittlerer Minenwerfer 中口径迫击炮
MMW Multimedia World 多媒体世界
MMX Multimedia extension 多媒体扩展
Mn Mangan 锰
MN Manual 手册,说明书,指南,细则,教本
MN. Maschinennummer 机器号
M. N. Meeresniveau 海平面
MN Meganewton 兆牛顿
mN Millinewton 毫牛顿
MN Mobile Node 移动节点
MN Mother Board of Network 网络主机板
MNB Marinenachrichtenmittelbetrieb 海军通讯器材工厂
Mn Bz Manganbronze 锰青铜
MNC Mobile Network Code 移动网络代码
MNC Multinational Company 多国公司
MNCS Multipoint Network Control System 多点网络控制系统
MND Marinenachrichtendienst 海军通信勤务
MNDA Magi Nation Deck Awards 博士国家奖
MNDA Motor Neurone Disease Association 运动神经元疾病协会
MNDA Mutual Non-Disclosure Agreement 共有保密协议
MNDA Myanmar National Democracy Alliance 缅甸国家民主联盟
MNDA myeloid cell nuclear differentiation antigen 髓细胞核分化抗原
MNDA myeloid nuclear differentiation antigen 骨髓(髓样)核分化抗原
mndrl. mittelniederländisch 地中海的,地中海各国的
MNF Multisystem Networking Facility 多系统连网设施
MNH Maschinenfabrik Niedersachsen Hannover 下萨克森汉诺威机械制造厂
MNH Minimum Number of Hops 最小跳数
MNIC Multi-service Network Interface Card 多业务网络接口卡
MN Inst Marine-Nachrichtengeräte-instandsetzung 海军通讯仪器维修
MNLager Marinenachrichtenmittellager 海军`通信器材仓库
MNLP Mobile Network Location Protocol 移动网位置协议
MNO Marinenachrichtenoffizier 海军通讯军官
MNOS metal-nitride-oxide-semiconductor 金属-氮化物-氧化物-半导体
MNOSFET MNOS-Feldeffekttransistor 金属氮化物氧化物半导体场效应晶体管
MNP Microcosm Network Protocol 微通网协议
mNp Millineper 毫奈培(衰减单位)
MNP Mobile Number Portability 移动号可携带性
MNP Mobile telephone Number Portability 移动电话号码可携
M. Np. N. W. mittleres Nippniedrigwasser 小潮平均低潮
M. Nr. Maschinennummer 机器号
M. N. R. Munitionsnachschubrate 弹药补给率
MNRF Mobile [station] Not Reachable Flag 移动台不可及标志
MNRG Mobile station Not Reachable for GPRS flag GPRS 移动台不可及标志
MNRP Mobility Network Registration Protocol 移动网登记协议
MNRR Mobile station Not Reachable Reason 移动台不可及原因
MNRU Modulated Noise Reference Unit 调制噪声参考单位
MNS Marinenachrichtenstelle 海军通讯站
MNSC Main-Network Switching Centre 主网络交换中心
Mn St Manganstahl 锰钢
M. N. W. I. mittleres Niedrigwasserintervall 平均低潮间隙
M-O Magneto-Optic 磁光
MO Managed Object 管理对象
MO Managed Objective 管理目标
MO Markscheideordnung 矿山测量规程
MO Memory Object 存储对象
MO Message Origination 消息起呼
MO Messobjekt 被测物,试样
MO Messordnung 测量顺序;测量条例;测量等级
Mo Metalloid 类金属;似金属;准金属
mO mit Oberzündung 带架空点火的
MÖ Mittelöl 中级油品,中间级油料
MO Mobile Originated 移动台始呼,移动台启

呼,移动台起呼
MO Mobile Originating 移动台发起
Mo Mohair 安哥拉羊毛,马海毛
MO Molekülorbital, molecular orbital 分子轨道
Mo Molybdän 钼
Mo. Mondag 星期一
M. O. money order 邮汇
Mo Moor 泥炭沼
Mo. Morgen 早晨
Mo Motor 电动机,发动机,原动机,引擎,汽车
MOA Maintenance, Operation, Administration 维护、运行和管理
MoAb monoclonal antibody 单克隆抗体
MOAR Measurable One-way Attenuation Range 可测单向衰减范围
MOAS Multimedia Office Automatic System 多媒体办公自动化系统
MOB Mann-über-Bord 自动救援
möbl. möbliert 配备家具的
MOC Maintenance Operations Center 维护运行中心
MOC Managed Object Class 管理对象类
MOC Mobile Originating Call 移动台起呼
MOD Magneto-Optic Disc 磁光碟片
MOD Message on Demand 点播消息
MoD Mikrowellen-Oszillator-Diode 微波振荡器二极管
Mod. Modell 模型,样品,式样
Mod. Moderator 缓和剂;减速剂
mod. modern 现代的
Mod. Modifikation 变化,变形,变态;限制,修改
Mod Modulation 调制
Mod. Modus 振荡型;(统计学)众数
MOD Movie On Demand 电影点播
MOD Music On Demand 音乐点播
ρ-Mod Phasenmodulator 相位调制器
MODAG Motorenfabrik Darmstadt GmbH 达姆斯塔特发动机制造厂
MODAL Microwave Optical Duplex Antenna Link 微波光双工天线链路
MODAS Modell-Datenbanksystem 模型-数据库系统
MODEM Modulator and Demodulator 调制解调器,调制器和解调器
MODEX Modernisierungs- und Expansionsprojekt (炼厂)现代化扩建方案
MODI Module Interface 模块接口
MODID Module Identity 模块识别
MODIF Modular Optical Digital Interface 模块化光数字接口
Modifikat Modifikation 改型;变型;变址
Mod-Nr. Modellnummer 模型号码
MODS multiple organ dysfunction syndrome 多器官功能障碍综合症
Mod. -Verst. Modulationsverstärker 调制放大器
MOF maximum observed frequency 最高观测频率
MOF MO administration Function MO 管理功能
MOF metal organic framework 金属有机骨架
Mofa Motorfahrrad 机动脚踏车,摩托车
MoGe Motorgenerator 电动发电机
mögl. möglichst 尽可能地
MOHO Mobile Originated Handover 移动台启呼的切换
MOI Managed Object Instance 管理对象实例
Mol. Refr. Molekularrefraktion 分子折射(度)
MOK Modellkatalog 模型目录
Mol Kilogrammolekül 千克分子
MOL machine oriented language 机器(用)语言,面向计算机的语言
mol Mol 克分子,摩(尔)
mol. molar (体积)克分子的;浓度的;容模的
Mol. Molekel/Molekül 分子
mol molekular 分子的,克分子的
Mol. % Molprozent 克分子百分比
Mol. Motorlafette 自行炮架
Molekularbiol. Molekularbiologie 分子生物学;分子生态学
Mol. Gew. Molekulargewicht 分子量
MO-LR Mobile Originating Location Request 移动起始位置请求
Mol. -Refr. Molekularrefraktion 分子折射(度)
Mol. W. Molekularwärme 分子热,分子热容(量)
MOM Magneto-Optical Modulation 磁光调制
MOM magnetooptische Methode 磁光学方法
MOM Magyar Optikai Müvek Ungarische Optische Werke 匈牙利光学仪器厂,莫姆厂
MOM Maintenance Operation Modules 维护操作模式
MOM Mass Optical Memory 大容量光存储器
MOM Message Oriented Media 面向消息的媒体
MOM Message-Oriented Middleware 面向信息中间件
MOM Metall-Oxid-Metall 金属-氧化物-金属
Mom. Moment 动量;矩;瞬间
MOMS Multiple Orbit-Multiple Satellite 多轨道多卫星
Mon. Monitor 监视程序,监视器,控制器

mon. monoklin 单斜晶系的
MONA Modular Navigation 组件导航
MONB Monitor Board 监控板
MONET Mobile Network 移动网
MONET Multi-wavelength Optical Network 多波长光网络
Monog. Monograph 专(题)论(文),专著
monog. monographisch 专题论文的
monok. monokular 单目的,单筒的
Mont. Montage 装配,安装
Mont. Monteur 装配,配置,安装
mont. montieren 装配,安装
mont. montiert 装配的,安装的
Mont. Montierung 装配,安装
MONT 陆地测站云况报告
Mont.-Rdsch. Montan-Rundschau 矿业周报
MOO MUD object-oriented 面向对象的多用户地牢网络游戏
MOOS Maintenance Out Of Service 停业维护
MOP Maintenance and Operation Processing (Protocol) 维护和运行处理(协议)
Moped Motorpedalfahrrad 机动脚踏车
MOPS maschinenorientierte Programmiersprache 面向计算机的程序化语言
MOPS Million Operations Per Second 每秒百万次运算
MORD magneto-optische Rotations-Dispersion 磁-光旋转色散
Moro Motor roller 机动压路机,机碾
Morph Morphium 吗啡
Morphol. Morphologie 形态学
MOS Maintenance Operation Subsystem 维护运行子系统
MOS Management Operating System 管理运行系统
MOS maschinenorientierte Systemunterlage 面向计算机的系统资料
MOS Master Operating System 主操作系统
MOS Mean Opinion Score 平均意见分,平均评价分
MOS Metal Oxide Semiconductor 金属-氧化物-半导体
MOS Metall-Oxyd-Silizium 金属-氧化物-硅
Mos. Months 月
MOS Multimedia Operation Software 多媒体制作软件
MOSFET Metallic Oxide Semiconductor Field Effect Transistor 金属氧化物半导体场效应晶体管
MOSI Master Out Slave In 主输出/从输入
MOSM milliosmol 毫渗模,毫渗透分子
MOSPF Multicast Open Shortest Path First 多播开放式最短路径优先
MOSPF Multicast OSPF 组播开放式最短路径优先
MOST medienorientierter Systemtransport 面向媒体的系统传输
MOST MOS-Transistor 金属氧化物半导体晶体管,MOS晶体管
MOT Mother Board of Optical Transmission 光传输母板
Mot. Motivation 动机
Mot. Motivierung 说明动机,说明理由
Mot. Motorik 运动学
mot. motorisch (电动机)驱动的;运动的,运动机能的
mot. motorisiert 机械化的,机动化的
Mot. Motorrad 摩托车
MOTD message of the day 当日信息
mot. gl. motorisiert auf geländegängigen Kraftfahrzeugen 对越野汽车机动化的
MOTIS Message-Oriented Text Interexchange System 面向报文的文本交换系统
moto Monatstonnen 吨每月,以吨计的每月产量
Motorw. Motorwesen 电机业,发动机业
MOTOS member of the opposite sex 异性成员
mot. Sf motorisiert auf Selbstfahrlafetten 对自行炮架机动化的
mot. Z motorisiert mit Kraftzug 使用拖拉机机动化的
MOU Memorandum Of Understanding 谅解备忘录
m. o. V. mit oder ohne Verzögerung 延期或不延期的
MOVE Maintenance and Operation System For Various ESS 各种电子交换机维护和操作系统
m. o. w. mehr oder weniger 或多或少
MOWA Mobile Wasteverfestigungsanlage 移动式废物固化装置(属德国哈瑙核化学冶金公司)
MOX Mischoxid 混合氧化物
MOY medium oriented yarn 中取向丝
MOZ Mittlere Ortszeit 平地方时
MOZ Motor-Oktanzahl 发动机油的辛烷值
MOZ Motoroktanzahl nach der Motor-Methode gemessen 用发动机法测定辛烷值
m. Ozdg mit Oberzündung 带有上部点火
MP Magnetplatte 磁盘;磁力夹盘;磁力盘
MP Magnetplattenspeicher 磁盘储存器
MP Main Processor 主处理器
MP Main Profile 基本句法子集
MP Maintenance Processor 维护处理器
MP Management Point 管理点
MP Management Process 管理过程

Mp maritime Polarluft 极地海洋气团
MP Maschinenpistole 自动手枪,冲锋枪
Mp Megapond 兆克力;吨
MP Memory Protection 存储器保护
6-MP 6-mercaptopurine 6-巯基嘌呤(抗癌药)
MP Message Passing 信息传递
MP Message Priority 消息优先级,报文优先等级
MP Metallfolienpapier 金属箔纸
M. P. Metallpapier 金属纸
MP Metallpigment 金属颜料
MP Mikroprojektion 显微投影
MP Mikroprozessor 微处理机
MP Militärpolizei 军警
Mp Millipound 毫磅
MP Minimum Phase 最小相移
MP Mischpolymerisat 混合聚合物,共聚物
MP Misrouting Probability 错接概率
Mp (m. P.) mit Panzerkopf 有穿甲弹头的
MP Mittelpunpet 中点,中心,焦点,核心,重点
MP Modellprojektierung 模型设计,模型投影
MP Module Processor 模块处理机板,模块处理器
MP Motorpotentiometer 电动机电位器,电动机电位计
MP Multilink PPP 多链路点对点协议
MP Multipath Propagation 多径传播
MP Multiphase 多相
MP Multiplexer 乘法器
MP Multipoint Processor 多点处理器
MP (mp) Multi Pole 多极
MP Multipulse 多脉冲
MP Multiservice Platform 多业务平台
MPA Materialprüfungsamt 材料检验局
MPA Master of Public Administration 公共(政策)管理硕士
MPA Meisterprüfungsausschuss 工长考试委员会
MPA Messplatzanschaltung 测试台连接
MPA Micro Power Amplifier 微功率放大器
MPa Million Pascal 百万帕斯卡
MPA Multichannel Protocol Analyzer 多通道协议分析仪
MPA Staatliche Materialprüfungsanstalt an der Universität Stuttgart 斯图加特大学国家材料研究院
MPA 高级公共行政与管理硕士学位课程
m. Pak. mittlerer Panzerabwehrkanone 中型反坦克炮
Mpatr Meldepatrone 地面照明信号弹药筒
MPB Main Process[ing] Board 主处理板
MPB Multiprogrammbetrieb 多道程序工作
MPBF Mean Print Between Failure 平均无故障打印量
Mpc Megaparsec 百万秒差距(天文)
MPC Message Passing Coprocessor 信息传送协处理器
MPC Minimum Performance Criterion 最低性能指标
MPC Mobile Position Center 移动定位中心
MPC MPOA Client MPOA 客户机
MPC Multimedia-PC (Personal Computer) 多媒体个人计算机,多媒体 PC 机
MPC Multimedia Product Council 多媒体产品协会
MPC Multiple Processor (Multi-Processor) Controller 多处理器控制器
MPCAP Mobile Positioning Capability 手机定位能力
MPCI Mobile Protocol Capability Indicator 移动协议能力指示符,移动协议能力指示器
MPCOS Multimedia Personal Computer Operating System 多媒体个人计算机操作系统
MPD Magnetoplasmadynamik 磁等离子体动力学
MPD Magneto-plasmadynamischer Konverter 磁等离子体动力学转换器
MPD Micro Power Distribution 微功率分布
MPD Mode Power Distribution 模功率分布
MPD-Antrieb Magneto-plasmadynamischer Antrieb 磁等离子动力驱动
MPDU Media Protocol Data Unit 媒体协议数据单元
MPDU Message Protocol Data Unit 消息协议数据单元
MPE Multimedia Processing Equipment 多媒体处理设备
MPEG Moving (Motion) Pictures Experts Group 运动图像专家组,动态图像专家组;运动图像压缩标准
MPE-LPC Multi-Pulse Excited LPC 多脉冲激励线性预测编码
MPF Mikroplanfilm 缩微胶片
MPF Mobile Packet processing Function 移动分组处理功能
MPG Max-Plank-Gesellschaft zur Forderung der Wissenschaften 马克思-普朗克科学促进协会(简称马普学会)
MPGA Mask Programmable Gate Array 掩模可编程门阵列
MPGN membranoproliferative glomerulonephritis 膜增殖性肾炎(同 MCGN)
mph Milliphot 毫辐透(照度单位)
MPH mobile Management entity-Physical layer

移动管理实体-物理层
MPI Main Path Interface 主通道接口
MPI Main Processor Interface Board 主处理器接口板
MPi (M. Pi.) Maschinenpistole 机枪
MPI Max-Planck-Institut 【德】马克斯·普朗克研究院
MPI Message Passing Interface 消息传递接口
MPI Multipath Interference 多径干扰
MPI Multi-point-injection 多点注射
MPI Multi point manifold injection 多点歧管注射
MPIC Message Processing Interrupt Count 信息处理中断计数
MPICC Multimedia Personal Information Communication Center 多媒体个人信息通信中心
MPI-R Main Path Interface at the Receiver 在接收机的主要路径接口
MPI-R Receive Main Path Interface reference point 接收主通道接口参考点
MPI-S Main Path Interface at the Transmitter 在发射机的主要路径接口
MPIS Multipurpose Information System 多用途信息系统
MPI-S Source Main Path Interface reference point 发射主通道接口参考点,源的主要路径接口参考点
MPIT Main Processor Interface Terminal 主处理器接口终端
MPK Metallpapierkondensator 金属膜纸介电容器
MPKE Mess, Prüf- und Kontrolleinrichtung 测量-检验和控制装置
MPKO Metallpapierkondensator 金属纸介电容器
MPL Magnetplatte 磁盘,磁力夹盘
MPL Message Processing Language 信息处理语言
MPL Modular Part Library 模块化部件库
MPL Multiple Parallel Loop 多平行环路
MPLM Multiple Polarization Modulation 多偏振(极化)调制
MPLPC Multi-Pulse Linear Prediction Coding 多脉冲激励线性预测编码
MPLPC multi-pulse LPC 多脉冲激励线性预测编码
MPLS Multiple Protocol Label Switching 多协议标记交换技术
MPM Maintenance and Peripherals Module 维护和外设模块
MPM Message Passing Model 报文传送模型
MPM Message Processing Module 消息处理模块
MPM Metering Pulse Message 计量脉冲消息
MPM Mobile Peripheral Module 移动外设模块
MPM MSC Processing Module MSC 处理模块
MPM Multi-Processor Mode 多处理器方式
M. P. M. Multi-stand Pipe Mill 限动芯棒连轧管机
MP-MLQ Multi-Pulse Maximum Likelihood Quantization Excite 多脉冲最大似然量化激励
MPMP Main Processor to Main Processor 主处理器-主处理器通信
MPMP Microwave Point to Multipoint 微波一点至多点
MP-Munition Maschinen-Pistolen-Munition 冲锋枪的弹药,自动枪的弹药
MPN Mode Partition Noise 模式分割噪声
MPNA Multiport Network Adapter 多端口网络适配器
MPO myeloperoxidase 髓过氧化物酶
MPOA Multi-Protocol Over ATM ATM 上的多协议
MPP Massively Parallel Processor/massiv parallele Prozessoren 大规模并行处理器
MPP Maximum Power Point 峰值功率点
MPP Message Passing Processing 报文传送处理
MPP Message Processing Program 报文处理程序
MPPF Multipoint Protocol Polling Function 多点协议轮询功能
MPPG Magnesium-Pyridoxal-5-phosphat-Glutaminat 5-磷酸吡哆谷氨酸镁
MPPP Main Processor To Peripheral Processor Communication 主处理器-外围处理器通信
MPR Multiple Protocol Router 多协议路由器
MPrakt Maschinenpraktkant 机器实习生
MPS Magnetplattenspeicher 磁盘存储器
MPS Magnetplatten-System 磁盘系统
MPS Maschinenprogrammsprache [system] 机器程序语言(系统)
MPS Message Processing System 信息处理系统
MPS Mikroprogammspeicher 微程序存储器
MPS Mikroprozessor-Sysyem 微处理器系统
MPS Mobile Phone Service 移动电话业务
MPS Model Processing System 模型处理系统
MPS mononuclear phagocyte system 单核吞噬细胞系统
MPS Motorpferdestärke 电动机马力
MPS MPOA Server MPOA 服务器
MPS mucopolysaccharidoses 粘多糖病
MPSC Multiprotocol Serial Controller 多协议串行控制器

MPSh Motorpferdestärkestunde 电动机马力小时
MPSK Multiple Phase Shift Keying 多相移相键控
MPSR Multipath Self-Routing 多通路自选路由
MPST Mehrprozessorsteuerung 多处理器控制
MPT Multipoint to Point Tree 多点到点树
MPTN Multi-Protocol Transport Network 多协议传输网络
MPTP Micro Payment Transfer Protocol 小额支付传输协议
MPTY Multi-Party 多方呼叫，多用户
MPTY Multi-Party telecommunication 多方通信
MPU Main Processing (Processor) Unit 主处理(器)单元
MPU medizinisch-psychologische Untersuchung 医学-心理测试
MPU Multimedia Processing Unit 多媒体处理单元
MPV mean platelet volume 平均血小板体积
MPV 多用途汽车
M-PVC PVC-Masse-Polymerisat 聚氯乙烯块状聚合物
MPVCS Multipoint Video Conferencing System 多点视频会议系统
MPX (mpx) Multiplex 多路传送，多工操作，多路转换
MPZ Messperiodenzähler 测量周期计数器
mPz mit Panzerkopf 有穿甲弹头的
MPZ mobiler Mess- und Prüfung 活动式测量和检验
MQ. Abflussmenge bei Mittelwasser 平均流量;平均流水量
MQ mental quotient 心商
MQ Message Queue 消息队列，电文队列
M. Q. Mittelwasserquantität 平均水流量
MQ MQ-Formstück 一端带承插的弯管
M-Q Multiplikation-Quotient 乘-商
MQ morality quotient 道德商数
MQF mittlerer quadratischer Fehler 平均平方误差
MQN MQN-Formstück 带承插的五支管弯管接头
MQW-DFB-LD Multiple Quantum Well Distributed Feedback Lasers 多量子阱分布反馈激光器
MR Maschinenfabrik Reinhausen 【德】莱茵豪森机器厂
M. R. Maschinenraum 机房;发动机房;电机房
MR Mehrfachreaktivierung 多次活化
MR mental retardation 智力迟钝
mR (mr) Milliröntgen 毫伦琴(测量单位)
MR mitral regurgitation 二尖瓣反流
mR mit Rauchentwickler 带发烟器的
MR Mittelrechner 中型计算机
mR mittlerer Reparaturabstand 平均修理时间间隔
MR Modulation Rate 调制速率
MR Morse Code 摩尔斯电码
MR Motorregelung 发动机调整
MR Multicast Repeater 多播复用器
MR Multiplikatorregister 乘数寄存器
MR RIM Backplane 远端接口模块的背板
Mr 分子质量
MR 脊髓造影
MRA magnetic resonance angiography 磁共振血管造影
MRA maschinelle Rauchabzugsanlage 自动除烟系统
MRA Mutual Recognition Agreements 相互认可协议
MRA 发动机余热利用系统
mrad millirad 毫拉德，10^{-3}拉德
M. Raum Munitionsraum 弹药库
MRB Media Resource Board 媒体资源板
MRB Motorrettungsboot 机动救生船
MRC Maximal Ratio Combining 最大比值合并
MRC Mobile Radio Communication 移动无线电通信
MRCP Mobile Radio Control Post 移动无线电控制站
MRCS Multiple Rate Circuit Switching 多速率电路交换
Mrd Megarad 兆拉德(吸收剂量的标准单位)
MRDA Mitsubishi Motors Reseach aml Design of America 三菱汽车美国设计研究中心
mrep milliröntgen-equivalent physical 毫伦琴物理当量
MRF Media Resource Function 媒体资源功能
MRFP Media Resource Function Processor 媒体资源功能处理器
MRI magnetic resonance imaging 核磁共振成相(像)
MRK Mannesmann-Rohr-Kontiverfahren 曼内斯曼(半浮动芯棒)连续轧管法
MRM magnetischer Ringmodulator 磁环形调节器
MRM Multiresonatormagnetron 多谐振器磁控管
MRN Minimal Routing Number 最小路由选择数
MRN Multiple Reflection Noise 多次反射噪声
Mrna messenger RNA 信使核糖核酸

MRO Maskierbarer-Halbleiter-Festwertspeicher 可掩模的半导体固定值存储器
MRP manufacturing resource planning/Management Resource Planning 制造资源计划,管理资源计划
MRP material requirements planning 物料需求计划
MRP Message Routing Process 信息路由选择过程
MRP Mouth Reference Point 口的参考点
MRR Lehrstuhl für Reaktordynamik und Reaktorsicherheit der Technischen Universität München 慕尼黑工科大学反应堆动力学和反应堆安全教研室
mRr mit Rohrrücklauf 身管后坐的
MRRC Mobile Radio Resource Control 移动无线资源控制,移动无线电资源控制
MRS Meeting Room System 会议室系统
MRS Mehrkanal-Röntgenspektrometer 多路X射线分光计
MRS Message Relay Service 消息传递业务
MRS Minenräumschiff 扫雷舰艇
MRS 发动机制动调节
MRSA methicillin-resistant Staphylococcus aureus 耐甲氧西林金黄色葡萄球菌
Mrs.-Battr. Morsebatterie 莫尔斯电池
MRT Mean Repair Time 平均修复时间
MRT Mean Response Time 平均响应时间
MRT Message Routing Table 消息路由选择表
MRTIE Maximum Relative Time Interval Error 最大相对时间间隔误差
MRTR Mobile Radio Transmit and Receive 移动无线电发射与接收
MRU Maximum Receive Unit 最大接收单元
MRVT MTP Routing Verification Test MTP(消息传输部分)路由确认测试
MRW Mannesmann-Röhrenwerke 曼内斯曼钢管厂
MRW-W-Blatt Mannesmann-Röhrenwerke-Werksnomen-Blatt 曼内斯曼钢管厂厂订标准活页
Mrz. März 三月
MS Magnetisierungsspule 磁化线圈
MS Magnetstreifen 磁带
MS Managed Solution 管理方案
MS Mann und Schicht, Mannschicht 工-班
MS Maschinensystem 机器系统
MS Massenspektrometrie 质谱测定法
MS Master-Slave 主从
Ms Maulbeerseide, echte Seide 桑树丝绸;真丝绸
MS Media Synchronization 媒体同步
MS Meisterschalter 主控制开关
ms meso 中间;中介(构词成分);内消旋;中等的;中央
MS Message Storage (Store) 消息存储
Ms Messgerät 测量仪器,测试设备
MS Messsender 标准信号发生器,测试振荡器
MS Messsignal 测量信号
MS Messstelle (工件上的)测量部位,测量点,测试台
m/s Meter pro Sekunde 米/秒
MS Microsoft 微软(公司)
MS Mikrowellen-Schranke 微波光栅
MS Milchsaure 乳酸
ms Millisekunde 毫秒
mS Millisiemens 毫西门子
MS Minensuch 寻找地雷,探雷
MS Minensucher 扫雷艇,探雷器
MS Mischstufe 混频级,混合级
Ms Mitsprechen 串话
MS Mittelsand 中等砂粒;中砂
MS Mobile Service 移动业务
MS Mobile Station 移动台,移动站
MS Mobile Subscriber 移动用户
MS Mode Scrambler 搅模器
M. S. Monate nach Sicht 见票后……月
MS Motorschutzschalter 电动机保护开关
MS Multimedia System 多媒体系统
MS Multiple sclerosis 多发性硬化
MS Multiplex[ing] Section 复用段
MS Multi-Stage 多级
MS Mutual Synchronization 互同步
MS. mitral stenosis 二尖瓣狭窄
MS(M. S.) Mitte Schiff (教堂的)正堂或中堂
m. s. 口授用法,遵照医嘱
MSA Multimedia Stream Adaptive 多媒体流的自适应
MSA Multiplex[ing] Section Adaptation 复用段适配
MS-AIS Multiplex[ing] Section Alarm Indication Signal 复用段告警指示信号
MS-AIS Multi-Section Alarm Indication Signal 复用段告警指示信号
MSAP MAC Service Access Point MAC 业务接入点
MSAP Mobility Service Application Part 移动业务应用部分
MSAP MSA-Plattform 多业务接入平台
MS-APS Multi-Section Automatic Protection Switching 多段自动保护开关
MSAT Mobile Satellite 移动通信卫星
MSB magnetisch stabilisiertes Bett 磁力稳定床,磁力稳定场

MSB Maximum Significant Bit 最高有效位
MSB Maximum Spare Bandwidth 最大备用带宽
msb Millistilb 毫熙提(10 坎德拉/平方米)
MSB Minensuchboot 探雷船,扫雷艇
MSB Most Significant Bit 最高有效位,最高有效比特
MSBD Media Streaming Broadcast and Distribution 媒体流广播和分布
MSBF fehlerfreie Wechselzyklen 无故障交变存储周期
MSBP Multiservice Billing Protocol 多业务计费协议
MSBS Multiservice Billing System 多业务计费系统
MSC Main Switching Center 主交换中心
MSC Maintenance and Supply Center 维护和供应中心
MSC Mass Storage Controller 大容量存储控制器
MSC Master Supervision Center 主监控中心
MSC Merge-Split Component 可组合分立式部件
MSC Message Sequence Chart 信息序列图
MSC Message Switching Center 信息交换中心
MSC mobile service switching center 移动业务交换中心
MSC Mobile Switch[ing] Center/Mobilvermittlungsstelle 移动交换中心,移动业务交换中心
MSC Most Signification Character 最高有效字符
MSC Multimedia Super Corridor 多媒体超级走廊
MSCe Mobile Switching Center emulator 移动交换中心模拟器
msch. maschinenschriftlich 用打字机打出的
Msch. Maschinist 机械师,机工,司机;机械员
MSCH Multiplex Sub Channel 复用子信道
MSchl Motorschlepper 电动机牵引装置
Mschr. Maschinenschreiben 打字
Mschr. Maschinenschreiberin (女)打字员
Mschr. Maschinenschrift 打字机打出来的字体
Msch. Schütze Maschinenpistolen Schütze 冲锋枪手,自动枪手
MSCI 摩根士丹利国际资本指数,摩根士丹利资本国际公司
MSCM Mobile Station Class Mark 移动台类标记
MSCM Multichannel Subcarrier Multiplexing 多信道副载波复用
MSCP Mobility and Service Control Point 移动性和服务控制点
MSCS Mass Storage Control System 大容量存储控制系统
MSCT Message Switching Concentration Technique 消息交换集中技术
MSCU Mobile Station Control Unit 移动台控制单元
MSCU Multi Station Control Unit 多点控制单元
MSD Medium Specific Decoder 中速专用译码器
MSD Most Signification Digit 最高有效数字
MS-DCC Multi-Section Data Communications Channel 复用段数据通信通道
MSDP Multicast Source Discovery Protocol 组播源发现协议
MSDSE Mobile Satellite Data Switching Exchange 移动卫星数据交换机
MSDSL Multirate Symmetrical (Single pair) DSL (Digital Subscriber Line) 多速率对称(单对)数字用户线
MSDU MAC Service Data Unit MAC 业务数据单元
MSE Maintenance Sub Entity 维护子实体
MSE Mean Squared Error 均方误差
MSe Monatssumme 月总计
m-Sequence Maximal Length Sequence 最大长度序列
MSF Mass Storage Facility 大容量存储设备
MSF Media Switching Function 媒体交换功能
MSF Mobile Storage Function 移动存储功能
MSF Multichannel Selective Filter 多信道选择滤波器
MSF Multiservice Switching Forum 多业务交换论坛
MSF 联合国相关机构与无国界医生
MSG Management Steering Group 管理指导组
MSG Message 消息
MSG Metall-Schutzgas-Schweiß 金属气体保护焊接
MSG Metallspürgerät 金属探针;金属探测器
MSG Multi-Service Gateway 多业务网关
M. S. -Gerät Minensuchgerät 探雷器
MSGS Message Switching 消息交换
MSH Mannesmann-Stahlbau-Hohlprofil 曼内斯曼钢结构用空心型材
MSH melanocyte-stimulating hormone 促黑素细胞激素,促黑素
MSI mittelausmaßminiaturintegrierte 中规模小型集成的
MSIC Medium Scale Integrated Circuit 中规模集成电路
MSID Mobile Station Identifier 移动台识别

符,移动台识别码

MSIE möglicher Stärkeertrag 可能强度量

MSignSt Marinesignalstelle 海军信号站

MSIN Mobile Station (Subscriber) Identification Number 移动站(用户)识别号码

MSIN Multistage Interconnection Network 多级互连网络

MSISDN Mobile Station (international) ISDN number 移动台(国际)ISDN号码

MSISDN Mobile Subscriber ISDN Number 移动用户 ISDN 号

MSISDN MS International PSTN/ISDN Number 移动台国际 PSTN/ISDN 号码

Msk Mattstreifenkohle 暗条纹煤

MSK Maximum Shift Keying 最大频移键控

MSK Mehr-Scheiben-Kolbenring 多片式活塞环,叠片式活塞环

MSK Minimum Frequency Shift Keying 最小频移键控

MSK minimum phase frequency shift keying 最小相位频移键控

MSK Minimum Shift Key 最小偏移键控

MSL Message Length 消息长度

MSL Micro Strip Laser 微波传输带激光器

MSL Mirrored Server Link 镜像服务器链接

MSL Multimedia Software Layers 多媒体软件层

MSL Multiplex Section Layer 复用段层

MSL Multi-Satellite Link 多卫星链路

MSLAN Middle Speed LAN 中速局域网

MSLM Micro channel Spatial Light Modulator 微信道空间光调制器

MSLR Main-to-Side Lobe Ratio 主/副瓣比

MSM magnetischer Schichtdickenmesser 涂层厚度磁性测量仪

MSM Matrix Stackable Module 矩阵式堆叠模块

MSM Media Support Module 媒体支持模块

MSM Message Switching Multiplexing 信息交换复用

MSM Mobile Station Modem 移动站调制解调器

MSM Motorsteuermonolith 发动机控制块

MSM (CTL) Message Switching Module (Controller) 消息交换模块(控制器)

MSMR Multiple Service Multiple Resource 多业务多资源

MSN Message Switching Network 消息交换网,电文交换网络

MSN microsoft network 美国微软公司的网络平台(Portal. n.)

MSN Multiple Subscriber Number 多用户号

MSN Multi-Satellite Network 多卫星网络

MSN Multi-System Networking 多系统联网

MSN Mutual Synchronization Network 互同步网络

MSNF fettfreie Milchtrockenmasse 脱脂干乳

MSNF Multi-System Networking Facility 多系统连网设备

MSNM Mother Board of SNM 交换网络模块(SNM)母板

MSNS Multimedia Service Navigation System 多媒体服务导航系统

MSO Multiple Service Operator 多业务运营商

MSOF multiple system organ failure 多系统器官功能衰竭

MSOH Multiplex[ing] Section Overhead 复用段开销

MSP Management Service Provider 管理服务提供商

MSP Master Synchronization Pulse 主同步脉冲

MSP Media Stream Protocol 媒体流协议

MSP Meldesperre 信号闭锁

MSP Metallspritztechnik 金属喷涂技术

MSP Mixed Signal Processing 混合信号处理

MSP Monoalkyl-Succinimid- Polyethylenpolyamin 单烷基丁二酰亚胺-聚乙烯聚胺

MSP Multiple (Multi-) Subscriber Profile 多用户界面,多用户分布

MSP Multiplex[ing] Section Protection 复用段保护

MSP Multi-Service Platform 多业务平台

M. Sp. H. Meeresspiegelhöhe 海拔高度,海拔

M. Sp. H. W. mittleres Springhochwasser 平均高水位大潮

MSP-MF management function MSP 管理功能

M. Sp. N. W. mittleres Springniederwasser 平均低水位大潮

MSPP Multiple Service Provisioning Platform 多服务供应平台

MSPR Maschinensprache 机器语言,计算机语言

MSR Messen-Steuern-Regeln 测量-控制-调节

MSR Mobile Support Router 移动通信支持路由器

MSR Motor-Schleppmomenten-Regelung 发动机拖动扭矩调节

MSR Multi-service Switch Router 多业务交换路由器

MS-RDI Multi-Section Remote Defect Indication 多段远端缺陷指示

MSRN Aufenthaltsrufnummer 住宅电话号码,居住地电话号码

MSRN Mobile Station Roaming Number 移动

台漫游号码,移动通信站漫游号码
MSRN Mobile Subscriber Roaming Number 移动用户漫游号码
MSS MAN Switching System 城域网交换系统
MSS Marinesignalstelle 海军信号站
MSS Maritime Satellite Service 海事卫星业务
MSS Mass Storage Subsystem 大容量存储器子系统
MSS Master-Slave Synchronization 主-从同步
MSS Maximum Segment Size 最大段尺寸
MSS Metropolitan Switching System 城域交换系统
MSS Mobile Satellite Service (System) 移动卫星业务(系统)
MSS Mobile Subscriber Station 移动用户站
MSS Mobile Support Station 移动通信支持站
MSS Mobile Switching System 移动交换系统
MSS Modellstammsatz 模型基本记录
MSS Multimedia System Service 多媒体系统业务
MSS Multi-protocol Switched Service 多协议交换服务
MSS Multi-Sensor-System 多传感器系统
MSS Multispektralscanner 多频谱扫描仪
MSSA Multi-Service Storage Architecture 多服务存储结构
MSSC Maritime Satellite Switching Center 海事卫星交换中心
MSSC Mobile Satellite Switching Center 移动通信卫星交换中心
MSSC Mobile Service Switching Center 移动业务交换中心
MSSCSG Modular Spread Spectrum Code-Sequence Generator 积木式扩频码序发生器
MSSFU Mobile Satellite Store-and-Forward Unit 移动通信卫星存储转发单元
Mssg Messung 测量,测试,度量
MS-Signal master synchronsignal 主同步信号
MSSP Magnetstreifenspeicher 磁带存储器
MS-SPRing Multiplex[ing] Section Shared Protection Ring 复用段共享保护环
MSSR Multiple Service Single Resource 多业务单信源
MSST Meldesammelstelle 信号汇集点
MSt Messstöpsel 测量插头,测量插塞
MST Mikrosystemtechnik 微系统工程
MST Minimum Spanning Tree 最小生成树
MST Ministry of Science & Technology 科学技术部
MST Monolithic System Technology 单片系统技术
MST Multi Service Terminal 多业务终端
MST Multiplexing Section Termination 复用段终结
Mst Stabilitätsmoment 稳定力矩
Mst. Muster 样品,样本;模型;型式
mstE möglicher Stärkeertrag 可能强度值
MsTh Mesothorium 新钍
MSTP Multi-Service Transmission Platform 多业务传输平台
Mstr. Meister 工长.师傅
Mstr Muster 型,样式
MSU Main subscriber unit 主用户单元
MSU Maintenance Signal Unit 维护信号单元
MSU Mass Storage Unit 大容量存储单元
MSU Message Signal Unit 消息信号单元
MSU Message-transmission and Storage Unit 报文传送及存储单元
MSU mid-stream urine specimen 中段尿标本
MSU Multiple Signal Unit 多重信号单元
MSU Multiple Subscriber Unit 多用户单元
MSVC Meta Signaling Virtual Channel 元信令虚通道
MSW Machine Status Word 机器状态字
MSW Magneto Static Wave 静磁波
MSW Message Switch 消息交换(机)
Ms. Z Messingzünder 黄铜点火器
MSZ Millisekundenzünder 毫秒延时雷管
MSZ mittlere Sommerzeit 夏令平时
Mt. Maat (联邦军)海军军士;海员;船员
MT Machine Translation 机器翻译
MT Magnetic Tape 磁带
MT Magneto Trunk 磁中继线
MT Magaettrommel (存储器)磁鼓;(自动记录器)铁磁鼓轮
MT Magnettrommelspeicher 磁鼓存储器
MT Mahltrocknungsanlage 研磨干燥装置
MT Maintenance Tree 维护树
mT maritime Tropikluft 热带海洋气团
MT Maschinentagebuch 机器记录本
Mt Maschinentechnik 机器技术,机械技术
mt maschinentechnisch 机械制造技术的,机械工程的
MT Maschinentemperatur 机器温度
MT Master Terminal 主机终端
mt matt 无光泽的;暗淡的
Mt Meitnerium 鿏,109号元素
MT Message Termination 下传消息,消息终端
MT Message Transfer 消息转换,消息传送
MT Message Type 消息类型
MT Messtaste 测量电键
MT Messtrigger 测量触发器
MT Metalldraht 金属线,金属丝
mt Metertonne 米吨

MT Mithörtaste 监听开关
MT Mittelfrequenztelegrafie 中频载波电报
mT mittlerer Treffpunkt 平均弹着点
MT Mobile Terminal 移动终端
MT Mobile Terminated 移动台被呼
MT Mobile Terminating 移动终止呼叫
MT Mobile Termination 移动(台)终止
MT Modelltechnologie 模型工艺;模型工艺规程
Mt. Motor 电动机,发动机
MT Motortanker 机动油船
MT-32 MT-32-Soundmodul n MT-32 声音模块
MT Multimedia Toolkits 多媒体工具包
MT Tanger 丹吉尔(汽车附件标记)
MT 手动变速箱
MTA Message Transfer Agent 消息传送代理
MTA Multimedia Titles and Application 多媒体产品及应用
MTA Multimedia Transport API 多媒体运送应用编程接口
MTA Multi-protocol Terminal Adaptor 多协议终端适配器
MTAE Message Transfer Agent Entity 报文传送代理实体
m/Tag (**m/Tg**) Meter je/pro Tag 米/天
MT-Anlage Maschinen-Telegrafien-Anlage 自动电报设备
MTB Melliand Textilberichte 梅利安特纺织学报
MTB Methyl-tertiär-butyläther 甲基叔丁基醚;甲基三丁醚
MTB Mitte der Telegrafenbatterie 电报电瓶中心
MTB Mountain-Bike 山地车
MTBC Mean Time Between Calls 平均呼叫间隔时间
MTBC Mean Time Between Complaints 平均投诉间隔时间
MTBD Mean Time Between Defects 平均故障间隔时间
MTBD Mean Time Between Degradation 平均衰变间隔时间
MTBD Mean Time Between Detection 平均故障检测时间
MTBE Mean Time Between Errors 平均错误间隔时间
MTBF Maximal Time Between Faults 最大无故障工作时间
MTBF mean time between failures 平均故障间隔时间,平均无故障时间
MTBI Mean Time Between Interruption 平均中断间隔时间
Mtbm Mathematik 数学
MTBM Mean Time Between Maintenance 平均维修间隔时间
MTBM Mean Time Between Malfunction 平均误动作间隔时间
MTBO Mean Time Between Overhauls 平均检修间隔时间
MTBR Mean Time Between Removals 平均拆换间隔时间
MTBR Mean Time Between Repairs 平均修理间隔时间
MTBSE Mean Time Between Software Errors 平均软件错误间隔时间
MTBSF Mean Time Between Service Failures 平均业务故障间隔时间
MTBSO Mean Time Between Service Outage 平均业务中断间隔时间
MtBt Motorboot 机动艇,摩托艇
MTC Main Test Component 主测部件
MTC Main Trunk Circuit 主干线电路
MTC Message Transmission Control 信息传输控制
MTC MIDI-Time-Code MIDI 时间代码
MTC Mobile Termination Call 移动台被叫,移动终止呼叫
MTC Multimedia Telephone Communication 多媒体电话通信
MTCF Mean Time to Catastrophic Failure 平均出现严重故障的时间
MTCM Message Transmission Control Module 消息传输控制模块
MTCM Multiple Trellis-Coded Modulation 多重网格编码调制
MTCS Multimedia Telecommunication Conference System 多媒体电信会议系统
MTD. maximale Tagesdosis 最大日剂量
MTD Maximum Transfer Delay 最大传送延迟
MTD Mittlere Temperaturdifferenz 平均温差
MTDF Mean Time to Degradation Failure 衰变故障前平均时间
MTDM Multimedia Time Division Modulator 多媒体时分调制器
MTDTE Mobile Telephone Data Transfer Equipment 移动电话数据传送设备
MTE Message Transfer Event 消息传送事件
MTE Multisystem Test Equipment 多系统测试设备
MTEX Multitude Exchange 群(组,批)交换
MTF (**MTTF**) Mean Time to Failure 平均故障间隔时间
MTF Modulation Transfer Function 调制传递

函数

MTG Magnettongerät 磁带录音机

MTG Main Traffic Group 主要业务群

MTG Meldetelegramm 信号电报

MTGM Nachrichtengerätemechaniker 通信仪器机械师

MTI Messe der Textilindustrie 【法】纺织工业博览会

MTI moving target indicator 移动靶指示器

MTI moving targets indication radar 动目标显示雷达

MTIE Maximum Time Interval Error 最大时间间隔误差

MTILT Mechanical Down tilt 机械下倾

MTJ Magnetic-Tunnel-Junction 磁隧道结

MTK Mischungstempertur, kritische 临界混合温度

MT Kug MT Kug-Formstück 球形承插三通管接头

MTL Main Telephone Line 电话主线

Mtl. Mantel、罩,壳,外套;(圆柱体的)圆周表面;(汽车)外胎(或外带);(反应堆的)辐射护板;(炉子)外壳;(电极)护筒

MTL Mantelstrom-Turbinen-Luftstrahltriebwerk 双路式涡轮喷气发动机

MTL maschinentechnische Leistungen 机器功率,机械功率

MTL (mtl) Material 材料

mtl monatlich 每月一次的;每月的

MtlK Mantelkanone 套筒炮身

MT-LR Mobile Terminating Location Request 移动终端定位请求

MTM Master Terminal Monitor 主终端监控器

MTM Mixed Transmit Mode 混合传输方式

MTM Mobile-To-Mobile call 移动到移动呼叫

MTM Multi-Task Management 多任务管理

MTMRA Multiple-Transmit Multiple-Receive Antenna 多发多收天线

MTN Managed Transmission Network 被管理的传输网络

MTN Mega Transport Network 大型运输网络

MTN Methyltrimethylolmethantrinitrat 甲基三羟甲烷三硝酸酯,三羟甲基乙烷三硝酸酯

MTOE Millionen Tonnen Öleinheiten 百万吨石油单位,百万吨油当量

mton Metertonne 吨米

MTp magneto-tellurische Profilierung 大地电磁测量剖面

MTP Mail Transfer Protocol 邮件传递协议

MTP Message Transfer (Transport) Part 消息传输部分

MTP3 Message Transfer Part-layer 3 消息传输部分-第三层

MTP metatarsophalangeal 跖趾(关节)

MTP mini-total protein 微量蛋白

MTPI Multiplex Timing Physical Interface 复用定时物理接口

MTPR Multi-Tone Power Ratio 多音功率比

MTPT Minimal Total Processing Time 最短总处理时间

MTR Magnettrommelspeicher 磁鼓存储器

MTR Material Testing Reaktor 材料试验反应堆

Mtr. Matrose 水手;水兵

mtr. metrisch 公制的;米制的

MTR Modular Tree Representation 模块化树形表示法

MTR Multimedia Task Rate 多媒体任务率

MTR Multiple track radar 多向跟踪雷达,多信道雷达

MTRF Mean Time to Repair Fault 平均故障修复时间

m. Tr. P. mittlerer Treffpunkt 平均弹着点

MTRS Mean Time to Restore Service 恢复服务的平均时间

MTRX800 Micro Transmitter & Receiver 微基站 800 M 收发信机

MTS Magnetic Tape Storage 磁带存储器

MTS magneto-tellurisches Sondieren 地磁探测

MTS Magnettrommelspeicher 磁鼓存储器

MTS Main Traffic Station 主通信站

MTS Maschinen-Traktoren-Station 机器拖拉机站

MTS Message Telecommunication Service 信息电信业务

MTS Message Transfer Service (System) 消息传递服务(系统)

MTS Message Transmission Subsystem 消息传输子系统

MTS Minentransportschiff 水雷(鱼雷)运输船

MTS Mobile Telephone Service 移动电话业务

MTS Mobile Telephone Switch 移动电话交换

MTS Mobile Telephony Subsystem 移动电话子系统

MTS Modem Termination System 调制解调终端系统

MTS Modulares Türsystem/Modulares Türsteuerung-System 模式车门控制系统

MTS Multiple Transaction System 多重事务处理系统

MTS Multiplex Timing Source 复用定时源

MTSC Mobile Telephone Switching Center 移动电话交换中心

MTSE Message Transfer Service Element 消息

传送业务单元

MTSE Message Transfer Service Environment 消息传送业务环境

MTSF Mean Time to System Failure 出现系统故障的平均时间

MTSI Master To Slave Interface 主从机接口

MTSO Mobile Telephone Switching Office 移动电话交换局

MTSR Mean Time to Service Restoral 业务恢复的平均时间

MTS-System Meter-Tonne-Sekunde-System 米-吨-秒制

MTT Magnetic Tape Terminal 磁带终端

MTT Maritime Test Terminal 海事测试终端

MTT Mean Test Time 平均测试时间

MTT Multi-Function Test Circuit 多功能测试电路

Mtt. Messerschmittwerk 美塞什密特工厂

MTTF Mean Time To Failures 平均无故障时间

MTTFF Mean Time To First Failure 首次故障平均时间

MTT Kug MTT Kug-Formstück 球形承插四通管接头

MTTM Mean Time Through Maintenance 平均维修时间

MTTO Mean Time To Overhaul 平均检修时间

MTTR Mean Time To Repair 平均故障修理时间,平均修复时间

MTTR mean time to restoration; mean time to recovery; mean time to repair deprecated 平均恢复时间

MTTR Mean Time To Restore/mittlere Reparaturdauer 平均修复时间

MTTS Multitask Terminal System 多任务终端系统

MTU magnetic tape unit 磁带机,磁带装置

MTU Maximum Transfer (Transition, Transmission, Transport) Unit 最大传输单元

MTU Mensch-Technik-Umwelt 人-技术-环境

MTU Michigan Technological Institute 密歇根技术研究所

MTU Motoren- und Turbinen-Union München GmbH 慕尼黑发动机涡轮联合公司

MTUP Mobile Telephone User Part 移动电话用户部分

MTUP MTP Test User Part MTP 测试用户部分

MTV materiell-technische Versorgung 物质技术供应

MTV Multimedia TV 多媒体电视

MTV music/Musik Television 音乐电视

MTW Mannschaftstransportwagen 人员运输车,部队运输车

MTW Marschtriebwerk 巡航发动机

MTW Mean Time to Wait 平均等待时间

MTWR Mean Time Waiting for Repair 平均等待修复时间

MTWS Mean Time Waiting for Spares 平均等待备件时间

Mtx Matrix 矩阵,方阵,真值表,母体

MTX methotrexate 氨甲蝶呤

MTX Mobile Telephone exchange 移动电话交换机

MTZ Motortechnische Zeitschrift 电动机技术期刊(德刊)

MU Mark Up 涨价,标高,记账

MÜ maschinelle Übersetzung 机器传动比;机器翻译;自动翻译

MU Materialuntersuchung 材料检验

MU Media Unit 媒体单元

MU Messstellenumschalter 测量点转换开关

MU Messwertumformer 测量值变换器

m. Ü mit Übertrager 带有变压器

MU Montanunion 煤钢联营

MU Multiuser 多用户

Mu Musterung 用图案装饰,图案,花样;观察,察看

Mu Mutter 螺母,螺帽;母亲,妈妈

MUA Maintenance Oriented Group Unblocking-Acknowled gement Message 面向维护的群解除闭塞证实消息

M3UA MTP3 User Adaptation layer 消息传递部分第三级用户适配层

MuBO Musterbauordnung 样品制造规则

Muc. Mucilago 胶浆

MUD Multi User Detection 多用户检测

MUD Multi-User Domain 多用户域

MUE Markierer und Einsteller 指示器和调节器

Mue Meldeübertragung 信号传输

MUF maximale Übertragungsfrequenz 最高发射频率,最大传输频率

MUF Maximum Usable Frequency 最高可用频率

MUF Modulationsübertragungsfunktion 调制传输功能

Müg Messübungsgerät 训练用的测量仪器

MuGAusfV Maß- und Gewichtsgesetz Ausführungsverordnung 尺寸和重量法实施条例

MuGG Maß und Gewichtsgesetz 尺度和重量法

MUI Mobile User Identifier 移动用户标识符

MUI Multi-User Interference 多用户干扰

MUIV Mobile Unit Identity Vector 移动单元鉴别矢量
MUK Multimedia Upgrade Kit 多媒体升级套件
mUL mit dem Uhrzeiger Laufend 顺时针方向转动的
Mulag Munitionslager 弹药仓库
MULDEM Multiplexer/Demultiplexer 多路器/信号分离器
MULFAC 幕莱城市战实弹射击设施
mult. multipel 多倍的,多次的
mult. multiplex 多路的,多工的,多重的;多部的,复合的,多样的,多重的;多路传输的
MULT Multiplier 系数,乘数,倍增器
Mult. Multiplikand 被乘数
Mult. Multiplikation 乘法;复制
Mult. Multiplikator 增压器;乘数;因子
multi Multivibrator 多谐振荡器
multi Pot Multiturn Potentiometer 多圈电位器
MULTR (multr) Multimeter 万用表
m. ü. M. Meter über Meer 海拔高度(米),海平面以上米数
MUM Multi-Unit Message 多单元消息
MUMS Multi User Mobile Station 多用户移动台
Mun. Munition 弹药,炮弹;枪,军火
Mun Munitionsträger 弹药运输工具
Mun. Ausr. Munitionsausrüstung 弹药配备
Mun. Bed. Munitionsbedarf 弹药需要量
MUNDI Multiplex Network Distribution and Interactive service 复用网络分布与交互业务
Mun. Ers Munitionsersatz 弹药补给
MunF Munitionsfabrik 弹药工厂
Mun. Pz Munitions-Panzerwagen 装甲弹药运输车
Mun. Verbr. Munitionsverbrauch 弹药消耗(量)
MunWg Munitionswagen 弹药车
M-uR-Patr Melde- und Rauchpatronen 地面信号弹和烟幕弹药筒
Mus Museum 博物馆
MUSE Multiple User Simulation Environment 多用户模拟环境
M. u. Sh. (M u S) Mann und Schicht 工班
MUSICAM Masking-pattern Universal sub-band Integrated Coding And Multiplexing 掩蔽模型通用子带综合编码和复用
Must. Muster 图形,样品
Must. Musterung 用图案装饰;观察,察看;花纹,图样
MUT Mean Up Time 平均正常运行时间,平均正常使用时间
MUTO Multi-User Telecommunications Outlet 多用户电信插座
MUTZ Mobiles Umwelttechnik Zentrum 车辆环卫技术中心
MUV Montanunion-Vertrag 煤钢联营合同
MUX Multiplex[ing] 复用,多工,复接,多路复用,多路传输
MV magnetische Verstärker 磁放大器
MV Magnetventil/solenoid valve (电)磁阀(SV)
MV Maschinenverstärker 电机放大器,直流放大器,放大电机
MV Messfrquenzverstarker 测量频率放大器
MV Messverfahren 测量方法
MV Mikrofonverstärker 话筒放大器
MV Mineralölverwaltung 石油管理局
MV Minutenvolumen 分钟体积;分钟容积
MV (M. V.) Mischungsverhältnis 混合物成分比,混合比
mV mit magnetischer Vorzugsrichtuisg 择优磁化方向的;择优极化方向的
m. V. mit Verzögerung 延期的,延期作用的
MV multivibrator 多谐振荡器
MV music video 一种以动态画面配合歌曲演唱的艺术形式
MVA mevalonic acid 甲羟戊酸(合成胆固醇的中间代谢物)
MVA Milchviehanlage 养奶牛装置,奶牛场
MVA Müllverbrennungsanlage 垃圾燃烧设备,垃圾焚烧厂
MVA 进歧管辅助真空装置
Mval Milligrammäquivalent 毫克当量
MVAr (Mvar) Blindmegavoltampere 兆乏,无功兆伏安
Mvar Megavar 兆乏(电抗功率单位)
MVB Multivibrator 多谐振荡器
MVC Mobile Virtual Circuit 移动虚拟线路
MVC Multimedia Virtual Circuit 多媒体虚拟线路
MVD Microwave Video Distribution 微波视频分配
MVD Motion Vector Data 移动矢量数据
MVDS Microwave Video Distribution System 微波视频分配系统
MVDS Modular Video Data System 模块化视频数据系统
MVDS Multipoint Video Distribution System 多点视频分配系统
m-Ve Vermittlungsstelle mit Wählbetrieb 自动电话局,自动电话交换机
MVEG Motor Vehicles Emission Group 汽车排放组

mv F mit vorderem Führungsring 带前弹带的
M-Verfahren Mittenkugel-Brennverfahren M过程,莫列尔过程
m verst F mit verstärkten Fliehbolzen 带加强离心保险的栓栓
MVG Magnetventil für Gas 用于气体的磁阀
MVGA Monochrome VGA 单色视频图形阵列
MVGO middle vacuum gas oil 中质减压瓦斯油,中质减压粗柴油
MVI medium viscosity index 中等粘度指数
MVI melt volume index 熔融体积指数
MVI metallverarbeitende Industrie 金属加工工业
MVIP Multi-Vendor Integration Protocol 多厂商综合协议
MVIP Multi-Vendor Integration Protokoll 多厂商集成协议
MVL Motion Video Library 移动视频库
mV/m Millivolt per Meter 毫伏/米
MVM Minimum Virtual Memory 最小虚拟存储器
MVM Multimedia Voice Modem 多媒体语音调制解调器
MVNn Materialverbrauchsnormen 材料消耗标准,材料消耗定额
MVNO Mobile Virtual Network Operator 移动虚拟网络运营商
MVO Montage vor Ort 现场装配
mVorl mit Vorlage 带原件的,带原稿的
MVP Media Vision Pocket 媒体视觉器
MVP Multimedia Video Processor 多媒体视频处理器
MVPN Mobile Virtual Private Network 移动虚拟专用网
MVS Mobile streaming service System 移动流媒体业务系统
MVS Multiple Virtual Storage/mehrfache virtuelle Speicher 多虚拟存储器
MvU 21cm 21cm Mörser vereinfachte Unterlafette 210毫米榴弹炮简化下架
mVuk mit Verzögerung und Klappensicherung 带延期和快门式保险装置的(引信)
MVV maximal voluntary ventilation 最大通气量
mV.-Wirkung mit Verzögerungswirkung (引信)延时作用
MVWW Maschine-Vorrichtung-Werkzeug-Werkstück 机器-工装-工具-工件
MVZ Messwertverarbeitungszentrale 测量值处理中心
MW Management Workstation 管理工作站
m. W. markierter Weg 有行车标志的道路
MW Maschinenwärter 值班机械师(电站)
M.-W. Maschinenwinde 机械传动的绞车
MW Maschinenwort 计算机字;打字机打的字
Mw. Massenware 成批货物
MW Maßwalzwerk 定径轧机
M. W. mechanische Werkstätten (矿山)机修厂
M. W. Minenwerfer 迫击炮
m. W. meines Wissens 就我所知
MW Microwave 微波
MW Mikrowellen-Bewegungsmelder 微波移动式警报器
MW Mischwähler 混频选择器
Mw Missweisung (磁针的)偏角;偏差
M. W. Mittelwasser 平均水平面
m. W. mit Wärmeaustauscher 带热交换器的,带换热器的
Mw. Motorwagen 汽车
MWa Marinewaffe 海军军械
MWA Mobile Wireless Access 移动无线接入
MWAN Mobile Wireless Access Network 移动无线接入网
mWb Milliweißbach 毫韦斯巴赫(通风阻力单位)
MWC Multiday Calling 多日呼叫
MWD Maximum Waiting Delay 最大等待时延
MWD Messen während des Bohrens 钻孔时测量
MWD Message Waiting Data 消息等待数据
MWe Megawatt elektrischer Leistung 兆瓦电功率
MWE Messwerterfassung 测量数据登记;测量值登记
MWG Massenwirkungsgesetz 质量作用定律
MWH 主线
MWI Message Waiting Indication 消息等待指示
MWI Message Waiting Indicator 消息等待指示器
mwK (mw Kurs) mißweisender Kurs 误指的航向;偏航;有偏差的航线
MWM Motorenwerke Mannheim AG 曼海姆发动机制造厂
m. W. M. Z. mittlerer Wurfminenzünder 中口径迫击炮弹引信
MWN Message Waiting Notification 消息等待通知
mwN missweisend Nord 磁偏北
mwP missweisende Peilung 磁偏角定向;误差定向
MWPr Minenwerfer-Protze 迫击炮弹药车
MWS Maintenance Work Station 维护工作站

MWS Messwertsender 测量数据发送器
MWS (mWS) Meter-Wassersäule 米水柱
MWSt Mehrwertsteuer 增值税
MWT Ministerium für Wissenschaft und Technik 科学技术部
MWV Mineralölwirtschaftsverband 【德】矿物油经济联合会
mwV mit weißem Vorsignal 带白色预告信号的
MX Experimental Mirror Test Facility 【美】试验镜实验设施
mx. maximal 最大的
mx Maximum 最大
Mx Maxwell 麦克斯韦(磁通量单位)
Mx Multiplex 多路传送,多路复用,多路转换
MXCH Multiplex Channel 复用信道
MXD Metaxylylendiamin 间苯二甲胺
MXMOD Multiplex Modulation 多路调制
Mxr Mixer 混频器,混音器;混合(混炼,混料,搅拌)器;混料箱,搅拌(混合,混砂)机
MXU Multiplexer Unit 复用器单元
MXU Multiplexing Unit 复用单元
My Mikron 微米
MYOB mind your own business 不关你的事
MYOG myoglobin 肌红蛋白
Myth. Mythologie 神话学
MZ Mainz 美茵兹
MZ Maschinenzeit 机械加工时间,计算机时间
MZ Massenzahl (原子)质量数
MZ Maßzahl 数值,度量值
MZ Mehrzweck 多种用途
MZ Messzahlen 测量值
MZ Mittenzentrierung 定中,定心;轮毂定中
MZ Motor-Zweigwerk 发动机分厂
MZA maximal zulässige Aktivität 最大容许放射性
MZA Meteorologische Zentralanstalt = Meteorologisches Zentralamt 中央气象研究所,中央气
MZD maximal zulässige Dosis 最大容许剂量
M. Zdr. Mechanischer Zeitzünder 机械定时电雷管,机械延时电雷管
Mz. Fernspr. Münzfernsprecher 投币式公用电话
MZFR [n] mehrzweckforschungsreaktor[en] 多用途研究反应堆
MZG Mehrzweck-Gleisunterhaltungsgerät 多功能轨道养护设备
MZK maximal zulässige Konzentration 最大容许浓度
MZL magnetischer Zeichenleser 磁性字符阅读器
MZn Mischzink 混合锌
MZR Minimalzugregelung 最小张力(抽力,牵引力,拉力)调节
mZub mit Zubehör 带附件
MZV Magnetzwischenverstärker 磁中间放大器;磁中间增音器
MZV Mineralöl-Zentralverband 【德】矿物油中央联合会

N

N (n) Anzahl 数,数月,数量
N. Ausnutzungsfaktor 利用系数
N Avogadro-Konstante 阿伏伽德罗常数
N Drehzahl 转数,转速
N elektrische Leistung 电功率
N. erneuert 修复的,换新的,更新的
N Längskraft 轴向力,纵向力
N Leerlauf 空载;空转;无负荷
N Leistung 功率
N mit Ringnut 带有环形槽;带有环形缺口
n Motordrehzahl 电动机转速
N Nachbildung 摹拟;复制;等效电路,等值电路;平衡网络;平衡
N Nachnahme (货到时通过邮局)代收货款,(通过邮件)代收货款的邮件
N Nachricht 信息;消息;情报
N Nachschub 补充物,添加物;给料推车;馈给,供给,进刀;补充推力
N Nachte 夜晚
N. Nano 纳米(10^{-9}),百万分之一毫米
n. nass 湿的,潮湿的
N Naturprodukt 天然产物,原料
N Navigation 航海,航海学;航空,导航
N Nebel 雾,烟雾
N Nebenschluss 分路;分流;分流器;并联;漏泄
N negativ 负的;阴的,阴极的;阴性的
N Negativer Leiter 负线
N Nenn 额定……;公称……;标称……
N Neper 奈培(衰耗/衰减单位,1 奈培 = 8.68 分贝)
N netto 净重
N Netz 网,网路;电网,电源;管系;骨架,晶格,

点阵
N Netzwerk 筛；网；格子；栅；格子砖；格扳孔；晶格；点阵；电网；线路
n. neu 新的，新鲜的
N neuraminidase 神经氨酸酶
N Neutral 空挡，中性的，中和的，中立的
N Neutralleiter 中性线
n Neutron 中子
N Neutronenzahl 中子数
N neutrophil 嗜中性粒细胞
N Newton 牛顿（力的单位）
N Niederschlag 沉淀物，淀积物；沉淀（作用），淀积；凝结物，冷凝 物；雨量，降水（量）；残渣，残余物
N Niederschlagshöhe 沉淀量，雨雪量，降雨量
N Nimbus 雨云
N Nitrogen 氮
N Nitrogenium 氮
N Nord, Norden 北，北方
n. nördlich 北方的；北部的
N Norm 标准；定额；规格，规范；定则，法则
N normal 标准的，正常的，正规的；普通材料（工具材料代号）
N normalgeglüht 正火的；常火的
N Normalität 规定浓度；当量浓度；分子浓度
n Normalkraft 法向力，正交力，垂直力
N（n） Normallösung 当量溶液，标准溶液
N Normalzustand 标准条件，标准状态
N Normalzustandluft 标准大气条件，标准大气状态
N Not- 预备的，后备的，应急的
N Notification 通知
n Nukleon 核子
N Null-Effekt 零效应（用示踪原子法研究地下水的流量）
N Nummer 号码
N Nürnberg 纽伦堡
n. Nutzeffekt, Wirkungsgrad 效率
N Nutzleistung 有效功率；实际生产率
N. ohne 无
N Pegel 电平；水平面，水准；测水位器，水位标
N Rauminhalt 容积
N Stickstoff 氮
N Umdrehungen je Minute 转/分
N Windungszahl 圈数；匝数
NA Nachabstimmung 微调，重调，补作投票表决
n. A nach Antrag 根据提议
Na Nachbildung 摹拟；复制；等效电路，等值电路；平衡网络；平衡
NA Nachrichtenabteilung 信息部，消息部，情报部
NA Nachrichtenaufklärung 信息分析，信息理解
Na Nadellager 滚针轴承
Na Nadir 天底（点）
nA（na） Nanoampere 纳（诺）安（培）（10^{-9}安），百万分之一安倍
NA Nassausbringen 原煤总产量中标准水分与商品煤的百分比
Na Natrium 钠
Na Naturfaser 天然纤维
NA Nebelanlage 防雾设备；防烟雾设备
NA（N. A.） Nebenanschluss 电话分机；并联；旁路
NA Network Adapter 网络适配器
NA Network Address 网络地址
nA（NA） neue Art 新式的，新型的
NA neutralizing antibody 中和抗体
NA No-Alternative Route 无迂回路由
NA noradrenaline 去甲肾上腺素
N. A. Nord Afrika 北非
N. A. Nord Amerika 北美
N. A. Normalabfluss 标准流出量
N+A normal geglüht und angelassen 普通回火的和退火的
NA Normenausschuss 标准委员会
NA North America 北美
NA Notausgang 紧急出口，太平门副门
NA numerical aperture/numerische Apertur 数值孔径
Na sodium 钠
NAA Neutronenaktivierungsanalyse 中子激活分析；中子活化分析
NAA Normenausschuss Armaturen DIN 电枢标准委员会（德国标准化委员会）
Na. Aufkl. Nahaufklärung 近距离侦察
NAB National Association of Broadcasters USA/Verband amerikanischer Rundfunkveranstalter 美国全国广播业者协会
NAB Network Adapter Board 网络适配板
NAB Network Address Block 网络地址块
NAB Normenausschuss Beschichtungsstoffe und Beschichtungen DIN 涂层材料和涂层标准委员会（属德国标准化委员会）
NABau Normenausschuss Bauwesen DIN 建筑业标准委员会（属德国标准化委员会）
NABD Normenausschuss Bibliotheks- und Dokumentationswesen DIN 图书馆和文献资料行业标准委员会（属德国标准化委员会）
NABE Aluminiumnulleiter mit Bleimantel für Erdverlegung 地下敷设的铅包铝线
NABEL Nationales Beobachtungsnetz für Luftfremdstoffe 国家空气杂质观测网

NABERG Normenausschuss Bergbau DIN 矿业标准委员会(属德国标准化委员会)

NAC Network Access Controller 网络接入控制器

NAC Network Administration Center 网络管理中心

NACA National Advisory Committee for Aeronautics 美国国家航空咨询委员会

NACC Network Administration Computer Center 网络管理计算机中心

Nachb. Nachbildung 模拟,仿造,仿型,复制;(表面)复膜;复型;等效电路,等值电路,平衡网络;平衡

Nachdr. Nachdruck 复制,重印,翻印

Nachf. Nachfolger 继承人,代替者

Nachf Nachforschung 研究,探索;调查,了解,探询

nachm. nachmittags 下午,午后

Nachm. ges. Nachmieter in gesucht 正在寻找后续房客

Nachr. Nachricht 通信,信息;电信;报导

Nachrichtentech. Nachrichtentechnik 通讯技术

Nachrichtentech. Z. Nachrichtentechnische Zeitschrift 通讯技术期刊(德刊)

Nachr. -Mech. Nachrichtenmechaniker 通讯机械师

Nachsch. Nachschub 补充物,添加物;给料推车;供给,送料,进刀;补充推力

Nachst. nachstehend 下列的,下述的

Nacht Bo Nachtbomber 夜航轰炸机

Nachw Nachweis 证实;证明;证明书;证件

Nachwsl nachweislich 可证明的,可参考的

NaCl-Prisma Natriumchloridprisma 氯化钠棱晶

NAD nicotinamide adenine dinucleotide oxidized 烟酰胺腺嘌呤二核苷酸

NAD Nikotinamid-adenin-dinukleotid 尼古丁酰胺-腺碱-二核苷酸

NAD Node Address byte 节点地址字节

NAD Noise Amplitude Distribution 噪声幅度分布

NAD Normenausschuss Stahldraht und Stahldrahterzeugnisse DIN 钢丝和钢丝制品标准委员会(属德国标准化委员会)

NAD North American Datum 北美大地基准

NADENT Normenausschuss Dental DIN 牙科标准委员会(属德国标准化委员会)

NADP nicotinamide adenine dinucleotide phosphat 烟酰胺腺嘌呤二核苷酸磷酸

NAE Aluminiumnulleiter für Erdverlegung 地下敷设的铝零线

NAE Nationale Akademie für Ingenieurwesen 美国工程院

NAE Network Addressing Extension 网络寻址扩展

NAEA North American Equal Access 北美平等接入

NA EBM Normenausschuss Eisen-, Blech-und Metallwaren DIN 钢铁、板材和金属制品标准委员会(属德国标准化委员会)

NAEKO Näherungskoordinatenberechnung 近似坐标计算

NAF Network Access Facility 网络存取设备

NAF Network Adapter Function 网络适配器功能

NAFuO Normenausschuss Feinmechanik und Optik DIN 精密机械和光学标准委员会(属德国标准化委员会)

NAG Nationale Automobil-Gesellschaft 德国汽车协会

NAG Node Address Generator 节点地址发生器

NAG 电子控制5速变速器

NAGas Normenausschuss Gastechnik DIN 煤气工程标准委员会(属德国标准化委员会)

NAGD Normenausschuss Gebrauchstauglichkeit und Dienstleistungen DIN 适用性和服务效率标准委员会(属德国标准化委员会)

NAGUS Normenausschuss Grundlagen des Umweltschutzes DIN 环境保护基础标准委员会(属德国标准化委员会)

NAHO Network-Aided controlled Handover 网络辅助控制的切换

NAI Nature of Address Indicator 地址指示器的特性

NAI Network Access Identifier 网络接入标识符

NAIP Network Administration Implementation Program 网络管理应用程序

NAK Negative Acknowledge[ment] 否定应答

NaKaVerm Nachrichten für Karte und Vermessung 【前民德】测量制图通报

NAL Normenausschuss Lebensmittel und landwirtschaftliche Produkte DIN 粮食和农产品标准委员会(属德国标准化委员会)

NALS Normenausschuss Akustik, Lärmminderung und Schwingungstechnik DIN 声学、减噪和振动技术标准委员会(属德国标准化委员会)

NAM National Area Message 国内地区使用消息

NAM Network Access Machine 网络存取机

NAM Network Access Method 网络访问方法

NAM Network Access Module 网络接入模块

NAM Network Admission Management 网络准入管理

NAM Network Analysis Model 网络分析模型

NAM Normenausschuss Maschinenbau 机械制造标准协会

NAM Number Assignment Module 号码分配模块

Namaxth maximum theoretical numerical aperture 最大理论数值孔径

NAMed Normenausschuss Medizin DIN 医药标准委员会(属德国标准化委员会)

näml. nämlich 即,也就是

NAMS Network Administration and Management System 网络经营及管理系统

Namur Arbeitskreis der chemischen Industrie für EMSR-Technik 化工电子测量控制调节技术工作电路

NAMUR Namur-Sensor 那慕尔传感器

NAMUR Normenarbeitsgemeinschaft für Mess- und Regelungstechnik 测量和自动调节技术标准委员会

Namur-Klasse II 化工仪表设备工作电路等级二级

NAN Network Access Node 网络访问节点

NAN Network Application Node 网络应用节点

NAN Normenausschuss Antriebstechnik 传动技术标准委员会

NANUS navigatorische Hinweise für NAVSTAR- Nutzer NAVSTAR 用户的导航建议

NAP Network Access Point 网络接入点

NAP Network Access Pricing 入网费

NAP Network Access Process 网络访问过程

NAP Network Access Processor 网络存取处理器

NAP Network Access Protocol 网络访问协议

Naph. Br Naphtha-Brunnen 石脑油井

NAPT Network Address Port Translation 网络地址端口转换

NAR Normanschlussregister 标准接线记录器

NAR Normenausschuss Radiologie DIN 放射学标准委员会(属德国标准化委员会)

NARD Normenausschuss Rohrleitungen und Dampfkesselanlagen 管道和蒸汽锅炉设备标准委员会

NAREC Naval Research Electronic Computer 海军研究用电子计算机

NARES non-allergic rhinitis with eosinophilia 嗜酸性粒细胞增多性非变应性鼻炎

NARK Normenausschuss Rettungsdienst und Krankenhaus DIN 救生服务和医院标准委员会(属德国标准化委员会)

NART No Alternative Route 无迂回路由

NAS Narrow-band Access Server 窄带接入服务器

NAS Network Access Server 网络存取服务器,网络接入服务器

NAS Network Administration System 网管系统,网络管理系统

NAS Network Application Support 网络应用支持

NAS Network Attached Storage/netzwerkverbundene Speichereinheit 网络附加存储

NAS Non-Access Stratum 非接入层

NAS Normenausschuss Schweißtechnik 焊接技术标准委员会

NASA National Aeronautics and Space Administration; Nationale Luft- und Raumfahrtbehörde 美国国家航空宇航管理局,美国航天局

NASG Normenausschuss Sicherheitstechnische Grundsätze DIN 安全技术原则标准委员会(属德国标准化委员会)

NASOPT Netzwerk-Analyse-System mit Optimierung 最佳化网络分析系统

NASport Normenausschuss Sport- und Freizeitgerät DIN 体育器材和业余活动设施标准委员会(属德国标准化委员会)

NASS Navigation Satellite System 导航卫星系统

Nasstemp. Nasstemperatur 湿球温度计读数

Nasz naszierend 初发的,新生的

N-a-T Nass-auf-Trocken-Druck 湿叠干印刷

nat. national 民族的,国家的

nat. natürlich 自(天)然的

NAT Network Access Table 网络存取表

NAT Network Address Transform 网址变换

NAT Network Address Translation 网络地址转换

NAT Network Attached Table 网络连接表

NAT Normenausschuss Terminologie DIN 专业术语标准委员会(属德国标准化委员会)

NATank Normenausschuss Tankanlagen DIN 槽罐设备标准委员会(属德国标准化委员会)

NATE Neutralatmosphärentemperatur 中性大气温度

NATE Neutral-Atmosphären-Temperatur-Experiment 中性大气温度试验

Natfarb. Naturfarbe 自然色,天然色

Nat. -Forsch. Naturforscher 自然科学家

NATG Normenausschuss Technische Grundlagen DIN 技术基础标准委员会(属德国标准化委员会)

NATO North Atlantic Treaty Organization; Nordatlantikpakt 北约,北大西洋公约组织

NATPD Normenausschuss Technische Produktdokumentation 技术产品文件标准委员会
NAT-PT Network Address Translation-Protocol Translation 网络地址转换-协议转换
Nat. -Sch. Naturschutz 自然保护
NatSchG Naturschutzgesetz 自然保护法
Natukund. Naturkunde 生物学,博物学;(小学)自然课
natur. naturalisieren 授予……以国籍,使入国籍;使(动植物在另一地区)顺化,使归化
Naturforsch. Naturforschung 自然科学研究
Naturgesch. Naturgeschichte 自然科学史
naturhist. naturhistorisch 自然科学史的
Naturkautsch. Naturkautschuk 天然橡胶
Naturl. Naturlehre 生物学;(小学)自然课
Naturv Naturvorkommen 天然矿藏
naturw. (**naturwiss.**) naturwissenschaftlich 自然科学的
Nat. Wiss. Naturwissenschaftler 自然科学家
NAU Network Accessible Unit 网络可存取单元
NAU Network Address Unit 网络地址单元
n. Aufl. neue Auflage 新版次,新版本
nav. naval 船舶的;军舰的;海军的
NAV (**Nav**) Navigator 导航员
NAV Nennausschaltvermögen 额定开断能力;额定断流容量
NAVC Neuer Deutscher Automobil- und Verkehrs-Club 新德国汽车交通俱乐部
NAVOCEANO Naval Oceanographic Office 【美】海军海洋局
NAVp Normenausschuss Verpackungswesen DIN 包装业标准委员会(属德国标准化委员会)
NavS Navigationsschule 导航学校
NAVS Navigation System 导航系统
NAVSTAR Navigation System Timing and Ranging 定时和测距导航系统
NAW Nationales Aufbauwerk 【前民德】国家建设工程
NAW Normenausschuss Wasserwesen DIN 水业标准委员会(属德国标准化委员会)
Nawi nicht abwickelbare Membran 不可展开的薄膜
NAZ Nachrichtenaufklärungszug 信息分析列
NaZrH natriumgekühlt, zirkonhydridmoderiert 钠冷氢化锆慢化(堆)
N. B. Nahbeobachtung 近距离观察
NB Narrowband 窄带
N-B Near-end Block 近端块
Nb Nebelgeschoss 烟幕弹
NB Nebenbahn (铁路)支线,侧线
NB Network Board 网络插件板
NB Network Bridge 网桥
NB Netzbetrieb 市电,干线供电,交流电源
NB Neubau 新房子,新住宅
Nb Nimbus 雨云
Nb Niob 铌
Nb Niobium 铌
n. B nordliche Breite 北纬
NB Normalbedingungen 标准条件
NB Normal Burst 正常突发,常规突发脉冲序列
N. B note bene 注意
N. B. nota bene/merke wohl 注意
NB Nußbaum 胡桃树
NBA National Basketball Association 【美】全国篮球协会,美国男子篮球职业联赛
NBAP Node B Application Part 节点 B 应用部分
N-BBE Near-end Background Block Error 近端背景误块
NbBZ Nebelbrennzünder 发烟燃烧引信
NBC National Broadcasting Company 【美】全国广播公司
NBC National Business Communication 国家商业通信
NbC Nebelcylindrische 圆桶形发烟炸弹
NBE Nulleiterdraht mit Bleimantel für Erdverlegung 地下敷设用的铅包零线
NBF Niederfrequenzbandfilter 低频带通滤波器
NBF Normenausschuss Bild und Film DIN 图片和胶片标准委员会(属德国标准化委员会)
NBFD no big fucking deal 没有什么了不起的
NBH Network Busy Hour 网络忙时
Nb. Hgr. Nebelhandgranate 发烟手榴弹
NBIF no basis in fact 毫无事实依据
NbK (**NbKz**) Nebelkerze 有烟蜡烛,烟雾烛
NBK normalgeglüht 正火的
NBK normalisierend blankgeglüht 常规光亮退火
Nb. K. S. Schnellnebelkerze 快速燃烧烟雾烛
NbKz Nebelkerze 有烟蜡烛,烟雾烛
NbKzS Schnellnebelkerze 快速燃烧烟雾烛
NbKzWfldg Nebelkerzen Wurfladung 发烟器发射药
NBMA Non-Broadcast Multi-Access 非广播型多址接入
NbMun Nebelmunition 发烟弹药
NBN Narrow-Band Network 窄带网络
NBPM Network-Based Project Management 基于网络的项目管理
NBR Butadien-Acrylnitril-Kautschuk 丁腈橡胶,丁二烯和丙烯腈共聚橡胶

NBR Nitrile Butadiene Rubber 丁二烯腈橡胶
NBS National Bureau of Standards 【美】国家标准局
NBS N-Brombernsteinsäureimid N-溴代丁二酰亚胺
NbS Nebelsignal 发烟信号
NBS Network Bus System 网络总线系统
NBS New British Standards 英国新标准
NBS No Buffering Shaping 无缓冲整形
NBS Nuklearbetriebssystem 核子运行系统
NbSt Nebelstoff 发烟物质
NbSt Nebelwurfgranate aus Stahl 钢烟雾弹
NbSt Nebenstelle 分机
NBSV Narrow-Band Secure Voice 窄带语音保密
NBT nitroblue tetrazolium 亚硝基蓝四氮唑
NBT Normal Bus Transit 常规公交系统
NBu Nachbrückenübertrager 输出差分变压器
Nbü Normenausschuss Bürowesen DIN 办公事业标准委员会(属德国标准化委员会)
Nb. W Nebelwerfer 烟幕弹发射器
NBW Noise Bandwidth 噪声带宽
NBZ naturkundliches Bildungszentrum 生物学教育中心
NbZst Nebelzerstaüber 烟雾喷射器
N. Bz. U.(**Nbzu**) Normalbenzinunlösliches 标准汽油不溶物
n C. Nanocurie 纳[诺]居里
NC Nebelcylindrische 发烟圆筒(炸弹)
NC Network Code (Computer, Computing, Congestion, Control, Coordination) 网络代码(计算机、计算、阻塞、控制、协调)
NC Netzcomputer 网络计算机
NC Netzwerk Computer 网络计算机
nC neue Construktion 新结构
NC Nitro-Cellulose = Cellulose-Nitrat 硝基纤维素
NC Node Computer 节点计算机
NC Noise Criterion 噪声标准
NC normalerweise geschlossen 正常闭合的,常闭(触点)
NC Not Connected 不连接
NC Numerical control/numerische Steuerung 数字控制
NCA Network Computer Architecture 网络计算机体系结构
NCA Node Communication Area 节点通信区
NCAN Network Control Access Network 网控接入网络
NCAP New Car Assessment Program 新车鉴定程序,新车安全评价规程
NCAS Non-Call Associated Signaling 非呼叫相关信令
NCB Network Connect Block 网络连接块
Ncbm Normalkubikmeter 标准立方米
Ncbm (**Nm**^{3})/**Std.** Normalkubikmeter/Stunde 标准立方米/小时
NCC Network Computer Center 网络计算机中心
NCC Network Control Center 网络控制中心
NCC Network Control Computer 网络控制计算机
NCC Network Coordination Center 网络协调中心
NCC Network PLMN Color Code 网络 PLMN 色码
NCCD Network-dependent Call Connection Delay 网络相关呼叫连接延迟
NCCF Network Communications Control Facility 网络通信控制设备
NCD Network Cryptographic Device 网络密码装置
NCD 无信元定界
N-CDMA Narrowband CDMA 窄带码分多址
NC D/SEE Nebelcylindrische D/SEE 浮动式圆筒形烟幕炸弹
NCE Network Connection Element 网络连接元件
NCE Network Control Equipment 网络控制设备
NCELL Neighboring of current serving Cell 当前服务小区的相邻
NCF Network Configuration Facility 网络配置设备
NCF Network Connection Failure 网络连接故障
NCFA neutrophil chemotactic factor of anaphylaxis 过敏反应嗜中性细胞趋化因子
NCH Network Connection Handler 网络连接处理程序
NCH NNI Call Handler 呼叫处理器
NCH Notification Channel 通知信道
Nchbr. Nachbrenner 再燃烧器,延迟爆破器
NCHO Network Control Hand-Off 网络控制切换
NCHO Network Controlled Handover 网络控制的越区切换
n. Chr. G. nach Christi Geburt 公元
Nchw. Nachweis 检定,证实
NCI Network Command Interpreter 网络命令解释器
NCI Non Code Information 非编码信息
NCIA Native Customer Interface Architecture 本地客户接口结构

NCID Network Clear Indication Delay 网络拆线指示延迟
NCK Network Control Key 网络控制键
NCK Non-acknowledgement 否定确认
NCL Network Connection Link 网络连接链路
NCL Network Control Language 网络控制语言
NCLK Network Clock 网络时钟
NCM Network Configuration Management (Manager) 网络组成管理(管理程序)
NC & M Network Control and Management 网络控制与管理
NCM Network Control Message (Module) 网络控制消息(模块)
NCM Node Computing Memory 节点运算存储器
NCM Nox-Control-Modul 氮氧化物控制模块
NCMS Network Channel Management System 网络信道管理系统
NCN Network Control Node 网络控制节点
NCP Net Control Processor 网络控制处理器
NCP Netware Core Protocol 网件核心协议
NCP Network Call Processor 网络呼叫处理器
NCP Network Control Protocol (Point) 网络控制协议(点)
NCPM Network Control Processing Module 网络控制处理模块
NC-PRMA Non-Collision Packet Reservation Multiple Access 无冲突分组信息预留多址接入
NCPS Network Call Processing Subsystem 网络呼叫处理子系统
NCPU Network Call Processor Unit 网络呼叫处理器单元
NCP/VS Network Control Program/Virtual Storage 网络控制程序/虚拟存储器
NCR Acrylnitril-Chloropren-Kautschuk 丙烯腈-氯丁二烯橡胶
NCR nicht-katalytisches Verfahren 非催化性还原反应,非催化性还原过程
NCR Nitrile Chloroprene Rubber 氯丁二烯腈橡胶
NCR Nonlinear Correlation Receiver 非线性相关接收机
NCRP National Committee on Radiation Protection 【美】国家辐射防护委员会
NCS Network Computing System 网络计算系统
NCS Network Control Station 网络控制站
NCS Network Control System 网络控制系统
NCS Network Coordinating Station 网络协调站
NCS nukleares Containerschiff 核动力集装箱船
NCSP Network Compiler Simulation Program 网络编译程序的模拟程序
NCSPL Network Configuration Services Parameter List 网络配置服务参数表
NCSS Network Control Supervisor Station 网络控制监理站
NCT Network Control and Timing 网络控制和定时
NCTE Network Channel Terminating Equipment 网络信道终端设备
NCU Network Clock (Communication, Control) Unit 网络时钟(通信,控制)单元
NCUC Network Control Unit Controller 网络控制单元控制器
NCV New Concept Vehicle 新概念汽车
ND Nachlaufdemodulator 微调解调器;跟踪解调器
ND Nachrichtendienst 通讯业务;信报工作
ND National Defence 国防
N. D. Naturdenkmal 天然纪念碑
ND Nenndruck 额定压力;公称压力
ND Nenndurchmesser 标准直径,公称直径
Nd Neodym 钕
ND net designment 网络规划
ND Network Defence 网络防卫
ND Niederdruck 低压
ND Niederdruckstufe 低压级
Nd. Niederschlag 降水;降露;降雨;降霜;降雪;降雹;沉淀物
NDB Network Database 网络数据库
NDBMS Network Database Management System 网络数据库管理系统
NDBS Network Database Subsystem 网络数据库子系统
NDBS Networked Database Service 已成网的数据库业务
NDC National Destination Code 国家目的代码
NDC Network Diagnostic Control 网络诊断控制
NDD ND-Dampfsättiger 低压蒸汽饱和器
NDD Niederdruckdampf 低压蒸汽
NDEA nukleare Dampferzeugeranlage 核蒸汽发生装置
NDF Non-Dispersion-shifted Fiber 非色散位移光纤
NDF Normal Dispersion Fiber 正规色散光纤
NDFFA Neodymium-Doped Fluoride Fiber Amplifier 掺钕氟化物光纤放大器
Ndg. Niederschläge 沉淀物;沉淀;沉积
NDG Normenausschuss Druckgasanlagen DIN

压缩气体设备标准委员会(属德国标准化委员会)

NDI nephrogenic diabetes insipidus 肾源性尿崩症

NDI Normenausschuss der Deutschen Industrie 德国工业标准委员会

NDIR nichtdispersives Infrarotgerät 不分散的红外线仪

NDIS Network Device Interface Specification 网络设备接口规范

NDIS Nissan Direktzündung 尼桑直接点火系统

NDIW Network Device Installation Wizard 网络设备安装向导

NDK Niederdruckkompressor 低压空气压缩机

NDL Network Description Language 网络描述语言

NDM Normal Disconnect Mode 正常断开模式

NDN New Data Network 新数据网络

NDOS Network Disc Operating System 网络磁盘操作系统

NDP Network Definition Procedures 网络定义过程

NDP Network Design Problem 网络设计问题

NdP Nudelpulver 面条状火药

ND-PE Niederdruck-Polyäthylen 低压聚乙烯

NDPT zerstörungsfreier Pulltest 非破坏性拉伸实验

n. d. R. nach der Regelung 调节后,调正后

Ndr. Nachdruck 复制,重印,翻印

NDR Network Data Reduction 网络数据简化

NDR Network Data Representation 网络数据表示

NDr. Niederdruck 低压

NDR Norddeutscher Rundfunk/German broadcasting Organisation 德国北部无线电广播

NDR Normaldrucker 标准打印机

NDR Normenausschuss Druck- und Reproduktionstechnik DIN 印刷和复制技术标准委员会(属德国标准化委员会)

ndrl. niederländisch 荷兰人的;荷兰的

NDS Network Directory Service 网络目录服务

NDS Non-Dispersion Shifted 非色散位移

NDSE National Data Switching Exchange 全国数据交换局

NDSF No Dispersion Shifted Fiber 无色散位移光纤

NDSS Network Design Support System 网络设计支持系统

NDSS Network Directed System Selection 网络定向系统选择

NDT Network Diagnostic Tool 网络诊断工具

NDT Niederdruckturbine 低压涡轮机,低压透平

NDT Nullzähigkeitstemperatur 无延性转变温度

NDT Tempertur Null Ductility Transition Temperature 无塑性转变温度

ND-Turbine Niederdruckdampfturbine 低压蒸汽透平;低压蒸汽涡轮机;低压汽轮机

NDUB Network Determined User Busy 网络用户忙

NDWK Normenausschuss Daten- und Warenverkehr in der Konsumgüterwirtschaft DIN 消费商品经济中数据交换和商品流通标准委员会(属德国标准化委员会)

Nd-Wss Niedrigwasser 低水;低潮

NDYAG Neodym-Yttrium-Aluminum-Garnet-Laser 钕钇铝石榴石激光

Ne Nutzleistung, effektive Leistung 有效功率

Ne englische Nummer 英制支数

NE Nachentzerrung 再校正;重校正

NE Nachrichteneinheit 信息单位;情报部门

NE Nebenecho 二次回波,二次反射波

NE Nebensprecheinheit 串音单位

NE Neigung 倾斜度

Ne Neon 惰性气体氖

NE Network Element 网络单元,网元

NE Netzeinsatz 辅助部件;辅助接头,辅助嵌件

NE Neuentwicklung 新开发

NE Nichteisen 非铁金属;有色金属

NE Nichteisenmetall 非铁金属,有色金廊

Ne Nitrozellulosepulver 硝化棉火药

NE no effects 无存款

NE norepinephrine 去甲肾上腺素

NE Normenstelle Elektrotechnik 标准电工站

NE northeast 东北

NE Nulleiterdraht für Erdverlegung 地下敷设用的零线

Ne Nutzeffekt 有效作用;效率

Ne Nutzleistung 有效功率

NEA Network Equivalent Analysis 网络等效分析

NEA Netzersatzanlage 备用电源

NEADS Network Engineering Administrative Data System 网络工程管理数据系统

NEAT New Enhanced Advanced Technologie 新增强型先进技术

NeB englische Baumwollnummer 英制棉纱支数

Neb Nebel 雾,烟雾

Neb. Nebula 喷雾剂

NEB Noise Equivalent Bandwidth 噪声等效带宽

N-EBC Nearend Error Block Count 近端误块计数
nebl. neblig 有雾的
Neb-Ma Nebenmunitionsanstalt 弹药分库
NEBS Network Equipment Building System 网络设备构建系统
Neb. St. Nebelstoff 发烟剂
NEC nerotizing enterocolitis 坏死性小肠结肠炎
NEC Nippon Electric Company 日本电气株式会社,日本电气公司
NEC No Error Check 无差错校验
NECAR New Elektric Car 新电动车
NEE Near-End Error 近端错误
NEEP Negative End-Expiratory Pressure 呼气末负压
NEF network element function (block) 网络单元功能(块)
NEF Normalgewinde extra fein 特细标准螺纹
NEF Not Expected Frame 非预期帧
NEF-MAF NE Function Management Application Function 网元功能管理应用功能
NEFZ Neuer Europäischer Fahrzyklus 新的欧洲行驶循环
neg. negative/negativ 负的;阴的,阴极的;阴性的
neg. gel. T. negativ geladene Teilchen 带负电荷的粉尘颗粒
NEHO Network evaluated handover 网络评估交接
NEI Network Entity Identifier 网络实体标识符
NEI Noise Equivalent Intensity 噪声等效强度
NEIS National Earthquake Information Service 【美】国家地震情报局
NEK Nachrichtenmittelerprobungskommando 通讯工具试验指令
NeL englische Leinennumerierung 英制亚麻支数制
NEL National Engineering Laboratory 【英】国家工程实验所
NEL Network Element Layer 网元层
NEM Nichteisenmetall 非铁金属,有色金属
NEMA National Electrical Manufacturers Association 【美】全国电气制造商协会
NEMF Network Element Management Function 网元管理功能
NEMF Network Error Management Facility 网络错误管理设施
NEMIS Network Management Information System 网络管理信息系统
NEML Network Element Management Layer 网元管理层
NEMP Nuclear Electromagnetic Pulse/nuklearer elektromagnetischer Impuls 核电磁脉冲
NEMS Network Element Management System 网络单元管理系统
NEN Network Equipment Number 网络设备编号
NEO Network Expansion Option 网络扩充选项
Ne. P. Nitrozellulosepulver 硝化棉火药
NEP Noise Equivalent Power 噪声等效功率
NERATOOM Niederländisches Firmenkonsortium zur Entwicklung der Atomenergie 荷兰原子能开发公会
NERO Netzberechnung von Rohrleitungssystem 同轴线系统网络计算,管道系统管网计算
NERO Netze bestehend aus Rohrleitungen 由同轴线组成的网络;由管道组成的管系
NES Nachterkennungssignal 夜间辨认信号
NESP Near End Signaling Point 近端信令点
NET Network 网络
NET Network Entity Title 网络实体名称
Net. no funas 无款
Netbios Network Basic Input/Output System 网络基本输入输出系统
NETBTP Network Block Transfer Protocol 网络信息组传送协议
NETD Network Driver 网络驱动器,网络驱动板
NetDDE Network Dynamic Data Exchange 网络动态数据交换
NETKOOR Netzorientiertes Koordinierungsprogramm 网络定向调整程序,网络定向配合程序
n. et. m Nocte et mane 在早晚
neulr. neutral 中和的,中性的
neutr. neutralisieren 中性化;平衡
Neutr. Neutrum, sächliches Geschlecht 中性
NEV Nenneinschaltvermögen 额定关合能力
NEV Never 决不,从来不
NEVoDa Networked Voice Data 网络上的语音数据
NeW englische Wollnummerierung 英制毛纱支数
NEWAG Niederösterreichische Elektrizitätswerke AG 下奥地利电力股份公司
NEXT near-end cross talk/Near-End Nebensprechen 近端串扰,近端串音
NF Mittelfeld 中央控制板;平均场,中场
Nf. Nachforschung 调查,研究
Nf Nachrichtenfahrzeug 通讯车
nF (nf) Nanofarad 纳(诺)法(拉)(10^{-9}法),

纳米法
Nf Naturfarben 天然颜色
Nf. Nebenform 辅助形式;辅助模形
N/f. netto (lowest) 传收人
NF Network Fragment 网络段
NF Network Function 网络功能
nF neue Fertigung 新生产,新作业;新制造(的产品);新生产(线)
n. F. neue Folge 续编,续刊
NF (n. F) neue Form 新形式
NF Neurofibromatosis 神经纤维瘤病
Nf Neuseelandflachs 新西兰亚麻
N. F (NF) Niederfrequenz 低频
nf normalfädig normalfaserig 正常细度的
NF Normalformat 标准尺寸,标准格式
Nf Nummer Französisch 法制支数
NFAP Network File Access Protocol 网络文件存取协议
NFC Noise Feedback Control 噪声反馈控制
NFD Normal-Fahrzustands-Diagramm (汽车)正常行驶特性图
NFE Network Facility Extensions 网络设施扩展
NFE Network Front End 网络前端
NFF Nahfunkfeuer 近程无线电导航台
NF-F Niederfrequenzfernsprechen 低频电话
Nfg. Nachforschung 调查,研究
NFG Niederfrequenzgenerator 低频振荡器,低频发生器
NFG no fucking good 很不好
NFK Naturfeinkorn 天然细颗粒
NFK Niederfrequenz-Koppelfeld 低频耦合场
NfL Nachricht für Luftfahrer 飞行员通报;航空通报
NFMR nichtlineare ferromagnetische Resonanz 非线性铁磁谐振
NFR Niederfluxreaktor 低磁通反应堆
N. f. S. Nachrichten für Seefahrer 海员新闻
NFS Network File System 网络文件系统
n-FSK n-condition frequency shift keying n 态频移键控
NFT Network File Transfer 网络文件传输
NF-Trafo Niederfrequenztransformator 低频变压器
NFU Network Field Unit 网络字段单元
NFV Niederfrequenzverstärker 低频放大器
NFW no fucking way 决不,别做梦了
NFZ normalisierend geglüht und entzundert 正常的退火和去氧化皮
NFZ Nutzfahrzeug 载货车,商用车,营运车
Ng Grammnummer 公制支数克重
ng Nanogramm 毫微克
N. G. Nebengeschütz 邻炮,友邻炮
NG no good 不合格,不好;(电影)重拍
Ng Nitroglyzerin 硝化甘油
NGA Niedergewinnantenne 低增益天线
NGAF Non-GPRS Alert Flag 非 GPRS 告警标识
NGC Next Generation Carrier 下一代运营商
N. g. d. F Nivellelement général de France 法国全国水准原点
n-Ge negatives Germanium 电子导电锗
NGEO Non-Geostationary Orbit 非对地静止轨道
N-Gerät Nachrichtengerät 通讯设备
N. Gesch. Nebelgeschoss 烟幕弹
n. Gew. nach Gewicht 按照重量
NGewP neues Gewehrpulver 新步枪用火药
NGHl Netzgruppenhauptleitung 区电话网中继线;区电话网干线
NGI Next Generation Internet 下一代因特网
NGL natural gas liquids 天然气液态产物,液化天然气
NGl Netzgruppenleitung 区间电话线路;区电话网
NGL Nitroglykol 硝化乙二醇,乙二醇二硝酸酯
Ngl Nitroglyzerin 硝化甘油,三硝酸甘油脂
Ngl Nitroglyzerinpulver 硝化甘油火药
NGL Normenausschuss Gleitlager DIN 滑动轴承标准委员会(属德国标准化委员会)
NGLH Netzgruppenhauptleitung 区间(电话)线路干线,区电话网干线
Ngl. P. Nitroglyzerinpulver 硝化甘油火药
Ngl. Pl. P. Nitroglvzerin-Plattenpulver 硝化甘油片状火药
Ngl. R. P. Nitroglyzerinröhrenpulver 硝化甘油管状火药
NGM Netzgruppenmittelpunkt 区间(电话)线路中点,区电话网中点
NGN Next Generation Network 下一代网络
NGN Nitroglycerin 硝化甘油
NGO non-governmental organization 非政府组织
NGP Network Graphics Protocol 网络图形协议
NgPS Nennleistung in Pferdestärken 额定功率(马力)
n. Gr nach Größe 根据大小
NGRP Nitroglyzerin Röhrenpulver 管状硝化甘油火药
NGS Amerikanisches zylindrisches Gasrohrgewinde 【美】国家燃气用管螺纹
NGS National Geodetic Survey 【美】国家大地测量局

NGS Next Generation Switch 下一代交换机
NGU nongonococcal urethritis 非淋病性尿道炎
NGV Natural Gas Vehicle 天然气汽车
Nh Naturharz 天然树脂
NH Network Handler 网络处理程序
NH Neue Hütte 【前民德】新冶金杂志
NH Normalhöhe 标准水准高程;正常高
NH (N. H.) Normalhöhenpunkt 标准高度;法向高点
Nh Nutzungsstunde 使用小时
NH. Notwurfhebel 紧急投弹杆
NHC Next Hop Client 下一跳客户
NHD non-Hodgkin disease 非霍奇金病
NHG Navigationshorchgerät 导航截听器
NHIS Network Human-machine Interface Subsystem 网络人机接口子系统
NHL non-Hodgkin lymphoma 非霍奇金淋巴瘤
NHLFE Next Hop Label Forwarding Entry 下一跳标签转发条目
NHM Normenausschuss Holzwirtschaft und Möbel DIN 木材业和家具标准委员会(属德国标准化委员会)
NHP Network-Host Protocol 网络主机协议
NHP Normalhöhenpunkt 标准高点,法高点
NHRP Next Hop Resolution (Resolvability) Protocol 下一跳解析协议
NHRP Next Hop Routing Protocol 下一跳路由协议
NHRS Normenausschuss Heiz- und Raumlufttechnik DIN 加热和室内通风技术标准委员会(属德国标准化委员会)
NHS Next Hop Server 下一跳服务器
NHS NHRP Server NHRP 服务器
NHTI Network Handler Terminal Interface 网络处理器终端接口
NHTR natriumgekühlter Hochtemperatur-Reaktor 钠冷高温堆
NHW Network Highway 网络母线,网络干线
N. H. W. niedrigster Hochwasserstand 最低洪水位
Nhz Niederdruckdampfheizung 低压蒸气暖气
Ni ideelle Leistung 理想功率
NI Nachrichtenmittelinspektion 通讯工具检查
NI Network Indicator 网络指示器
NI Network Integrator 网络综合器
NI Network Interface 网络接口
Ni Nickel 镍
n i. Niederschlag 降水
Ni Nivellier 水准仪
ni non-interlaced 非交织的
NI Normenausschuss Informationstechnik DIN 信息技术标准委员会(属德国标准化委员会)
NIB Network Interface Board 网络接口板
NIBP Non-invasive measurement of blood pressure 无损血压测量,血压无创测量
NIC Network Identification Code 网络标识代码
NIC Network Independent Clock[ing] 网络独立时钟
NIC Network Information Card (Center) 网络信息卡(中心)
NIC Network Interface Card 网络接口卡
NICAMNear Instantaneously Companded Audio Multiplex 瞬时压扩声音多路复用
NICE Network Integration Consultation Environment 网络综合协议环境
NiCrFe Ni20, Cr20, Fe60 镍铬铁耐酸合金
NiCrSt Nickelchromstah 镍铬钢
NID Network Identification 网络认证
NID Network Identifier 网络识别号
NID Network Interface Device 网络接口装置
NID Node Identifier 节点标识符
NID Not Intentionally Doped 意外掺杂
NIDDM. non-insulin-dependent diabetes mellitus II 型糖尿病,非胰岛素依赖性糖尿病
NIDL Network Interface Definition Language 网络接口定义语言
Nif. Naturforscher 自然科学研究者
NIF Network Information Files 网络信息文件
NIF Network Interconnected Function 网络互连功能
Nife Nickeleisen 镍铁合金;镍铁矿
NIGA neutroneninduzierte Gammaaktivität 中子感生的伽玛放射性
Nigu Nitroguanidin 硝基胍
n. i. H nicht im Handel 非买(卖)品
NIH U. S. National Institutes of Health 美国国立卫生研究所
NII National Information Infrastructure 【美】国家信息基础设施
Mikroelektron. Mikroelekronik 微电子学
NIL Network Interface Layer (Logic) 网络接口层(逻辑)
NI-LR Network Induced Location Request 网络诱导的位置请求
NIM Network Interface Machine (Module) 网络接口机(模块)
Ni-MH Ni-Metallhydrid 镍金属氢化物
N-i-N Nass-in-Nass-Druck 湿叠湿印刷
NIN Normenausschuss Instandhaltung 保养标准协会
n. Inf. Nur Information 仅供参考
NINT Hochtemperatur-Reaktor in nicht integri-

erter Bauweise 非一体化结构的高温反应堆
NIO Network Interface Object 网络接口对象
n. i. O nicht in Ordnung 不合格
Niperyt Nitropentaerythrit 太安,季戊四醇四硝酸酯
NIR Near Infrared 近红外
Nirosta nichtrostender Stahl 不锈钢
NIRS Nah-Infrarot-spektrometrie 近红外光谱测定法
NIS Network Information Server (Service, System) 网络信息服务器(服务,系统),
NIS Network Interface Switch 网络接口交换
NIS Number Information Service 号码信息服务
N-ISDN Narrowband ISDN (Integrated Services Digital Network) 窄带综合业务数字网
NIST National Institute of Standards and Technology 美国国家标准和技术研究院
NiST Nickelstahl 镍钢
NIT Nearly Intelligent Terminal 准智能终端
NIT Network Interface Task 网络接口任务
NIT nitrite test 亚硝酸盐试验
NITC nördliche intertropische Konvergenzzone 南北回归线之间的北部汇聚区
Nitroz. Nitrozellulose 硝化纤维
NITZ Network Identity and Time Zone 网络识别和时区
NIU Network Interface Unit 网络接口单元
Niv Niveau 级;能级;水准;海水面;水平面;水平;阶段;程序级
Niv. Nivellement 水准测量
Niv. Nivellierung 水准测量
Niv-Instr. Nivellierinstrument 水准仪
Niv. P. Nivellementspunkt 水准点
Niv. -Reg Niveauregulierung 水平调整,水平校正
n. J. nächsten Jahres 下年,次年的
NJ Network Junction 网络结点
N. J. -B. Nautisches Jahrbuch 航海年鉴
NJCL Network Job Control Language 网络作业控制语言
NJI Network Job Interface 网络作业接口
NJP Network Job Processor 网络作业处理器
NJR National Job Recording 国家作业记录
NK cell natural killer cells 细胞自然杀伤细胞
Nk Nahkampfmittel 近战武器,个人武器
NK Nebenkosten 额外费用,附加费用
NK Netzknoten 电网节点
NK Neue Kerze 新烛光
nK neuere Konstruktion 新式构造
NK Neukultur 新垦地
NK Niedergeschwindigkeitskanal 低速通道,低速管道
NK Niederspannungskabel 低压电缆
NK Nockenkontakt 鼓形触点,凸轮触点
NK Normalkerze 标准烛光
NK Normalkornbrikett 普通颗粒;标准颗粒
NK Normalkorund 普通电炉刚玉
NKE Normalkalomelelektrode 当量甘汞电极
NKF neues Kampfflugzeug 新式战斗机
NKGG Nationales Komitee für Geodäsie und Geophysik der Bundesrepublik Deutschland 西德大地测量和地球物理学国家委员会
NKH Nichtkarbonathärte (水的)非碳酸盐硬度;永久硬度
NKL Nichtkommerzieller Lokalfunk/non commercial local broadcasting 非商业本地广播
Nkm Nutz-Kilometer 载重里程(公里)
NKN Nordseeküstennivellement 北海海岸水准测量
NKS Nachlaufkontakt mit Speicherwerk 带储存器的跟踪触头
NKS Nickelkadmiumsammler 镍镉蓄电池
NKT Normenausschuss Kommunale Technik DIN 地方技术工程标准委员会(属德国标准化委员会)
NKW Nassknittererholungswinkel 湿褶皱恢复角
NL Nachlinks-Schweißen 左向焊
NL Nachruflampe 重复呼叫灯
Nl. Nahleitung 近程线路
Nl. Nebenlager 备用仓库
NL Network Layer 网络层
Nl Netzwerk für Leitungsabschluss 传输线终端网络
NL New Line 新线路
n. l. nicht löslich 不溶解的
Nl. Niederlage 沉淀物,仓库,储存品
NL Normenausschuss Luft- und Raumfahrt DIN 航空和宇宙飞行标准委员会(属德国标准化委员会)
Nl Normliter 标准升
NL Nulleiterdraht nicht für Erdverlegung 非地下敷设用中线(零线)
NL Nutzlast 有效载荷,有效负荷
NLA Network Logical Address 网络逻辑地址
NLA Next Level Aggregator 下层集合体
NLA Non-Linear Amplifier 非线性放大器
NLA Normengruppe Landmaschinen und Ackerschlepper 农业机械和农用拖拉机标准化小组
NLAID Net Level Aggression Identifier 网络层攻击标识符
NLC Kupfernulleiter nicht für Erdverlegung 非地下敷设用铜零线(铜中线)

NLC Network Link Controller 网络链路控制器
NLC Normalized Link Capacity 归一化链路容量
NLCG Non-Linear Loop Clock Generator 非线性环路时钟发生器
NLD Non-Linear Distortion 非线性失真
NLDM Network Logical Data Management 网络逻辑数据管理
NLF New Link Flag 新链路标志
NLF Nutzladefaktor 有效充电因数
Nlfg. Naturforschung 自然科学研究
NLfß Niedersächsisches Landesamt für Bodenforschung, Hannover 【德】汉诺威下萨克森州土壤研究局
NLG Non-Linear Gain 非线性增益
NLG Normenausschuss Länge und Gestalt 长度和形状标准委员会
NL-Lampe Niederspannungsleuchtstofflampe 低压荧光灯
NLM Network Link Module 网络链路模块
NLM Network Load Module 网络装载模块
NLMS Normalized Least Mean Squares 归一化最小均方(误差)
NLN Neural Logic Network 神经逻辑网络
NLO Non Linear Optics 非线性光学
NLP Network Layer Packet 网络层包
NLP Non-Linear Processor 非线性处理器
NLP Normal Link Pulse 正常链路脉冲
NLPID Network Layer Protocol Identification (Identifier) 网络层协议标识(标识符)
NLR National Luft- und Raumfahrt Laboratorium 荷兰国家航空和航天试验室
NLR negativer Lenkrollradius 负转向滚动半径
NLR Network Layer Relay 网络层转接
NLR Noise Load Ratio 噪声负载比
NLRI Network Layer Reachability Information 网络层可达性信息
NLS Narrowband Local Switch 窄带本地交换机
NLS National Language Support 本国语言支持
NLS Natriumsulfat-Dodecahydrat 十二水合硫酸钠
NLS Neodymium Laser System 钕激光系统
NLS Network Layer Signaling 网络层信令
NLSP Network Layer Security Protocol 网络层安全性协议
NLT negative Leitung durch oder mit Transistoren 通过或带晶体管的负导线
NLTS Network Load Test System 网络负载测试系统
Nlv. Niveau 水平,水准;水平仪
Nm mechanischer Wirkungsgrad 机械效率
Nm metrische Nummer 米制标号,米制数
Nm Nachlaufmodulator 跟踪调制器,同步调制器
n. m. nachmittags 下午,在下午
n. M. nächsten Monats 下月,次月的
Nm Nanometer 毫微米,纳米
NM Nennmaß 名义尺寸;标准尺寸;标称量度
NM Network Management (Manager) 网络管理(管理者,管理器)
NM Network Module 网络模块
Nm Newtonmeter 牛顿米
NM Nitromethan 硝基甲烷
Nm³ Nomalkubikmeter 标准立方米
N/m. no mark. 无商标
Nm Nummer metrisch 公制支数制
NMA Network Management Application 网络管理应用
NMC Network Management Centre (Computer) 网络管理中心(计算机)
NMC Network Measurement Center 网络测量中心
NMC Network Message Controller 网络消息控制器
NMC No-Message-Crossing 无消息交叉
NMCC Network Management & Control Center 网络管理和控制中心
NMD National Missile Defence 【美】国家导弹防御系统
NME Network Management Entity 网络管理实体
NMF Network Management Facility (Framework, Function) 网络管理设施(框架,功能)
N. M. f. S. nautische Mitteilungen für Seefahrer 海员航海通报
NMG Network Management Gateway 网络管理网关
NMHC non-methane hydrocarbon / Kohlenwasserstoffe ohne Methan 非甲烷烃,非甲烷碳氢化合物
NMI Network Management Interface 网络管理接口
NMI Non Maskable Interrupt 非屏蔽中断
NMIB Network Management Information Base 网络管理信息库
NML Network Management Layer 网络管理层
NMLTC Network Mgt Layer Topology Configurator 网络管理层拓扑结构
NMM Network Management and Maintenance signal 网络管理和维护信号
NMM Network Management Model 网络管理模型

N-mm Newton-Millimeter 牛顿-毫米
NMM Node Message Memory 节点消息存储器
NMMO N-Methylmorpholin-N-oxid N-甲基吗啉-N-氧化物
NMNL Network Module Network Link 网络模块网络链路
NMOD Near Movie On Demand 准电影点播，观看免费电影点播
NMOG Non-Methane Organic Gases/organische Kohlenwasserstoffverbindungen ohne Methananteil 非甲烷有机气体
NMP Name Management Protocol 名字管理协议
NMP Network Management Plan (Process, Processor, Protocol) 网络管理计划(过程，处理器，协议)
NMP N-Methylpyrrolidon N-甲基吡咯烷酮
NMP Normenausschusses Materialprüfung 材料检验标准委员会
NMPBC Nonlinear Multiples Block Coding 非线性多块编码
NmPS mittlere Nennleistung in Pferdestärken 平均额定功率(马力)
NMR Network Measurement Results 网络测量结果
NMR nuclear magnetic resonance/kernmagnetische Resonanz 核磁共振
NMS Network Management Signal (Software, Subsystem, System) 网络管理信号(软件，子系统，系统)
Nm/S Newtonmeter pro Sekunde 牛顿米/秒
NMSI National Mobile Station Identifier (Identity, Index) 国家移动台识别符(标识，指数)
NMT Network Management Terminal 网络管理终端
NMT Nordic Mobile Telephone 北欧移动电话
NMU Network Management Unit 网络管理单元
N. Mun. Nebelmunition 发烟弹药
NMVOC non-methane volatile organic compound/flüchtige organische Kohlenwasserstoffverbindungen ohne Methan 非甲烷挥发性有机碳氢化合物
NMVT Network Management Vector Transport 网络管理向量传输
NMWS Network Management Web Server 网络管理 Web 服务器
NN National Network 国内网
NN National Number 国内号码
N. N. nescio nomen 名称未知
NN Network Node 网络节点
NN Network Number 网络号码
NN Neural Network 神经网络
NN Normal-Niveau 标准水平，标高，平均海平面
NN Normalnull 标准零点，平均海平面
NN Normalnullpunkt 标准(基标)零点
NN Nullniveau 零位电平
NNB Netznachbildung 网络模拟，网络平衡，网络等效电路
NNC National Network Congestion 国家网络阻塞
NNC National-Network Congestion Signal 国家网络阻塞信号
NNCP Network Node Control Point 网络节点控制点
NND Nation Network Dialing 国内网拨号
NNE Non-SDH Network Element 非 SDH 网元
NNES Neural Network Expert System 神经网络专家系统
NNI Inter-Network Interface 网间接口
NNI Network Node Interface 网络结点接口
NNI Network to Network Interface 网络间接口
NNI Network to Node Interface 网络节点接口
NNM Network Node Management 网络接点管理
NNM Network to Network Management interface 网络间管理接口
NNM Node to Node Message 节点间消息
NNMC National Network Management Center 全国网络管理中心
NNP Network Node Processor 网络节点处理器
NNQ Abflussmenge bei niedrigstem Niedrigwasser 最低水位时的流量
NNRR Mobile station Not Reachable Reason 移动台不可及原因
NNS navy navigation satellites 美国海军导航卫星
NNSS navy navigation satellite system 美国海军导航卫星系统
NNTP Network News Transfer (Transmission, Transport) Protocol 网络新闻传输协议
NNU Normal Number of Users 规定的用户号码；用户的正常数量
NNW Nordnordwesten 西北北
NO Navigationsoffizer 导航军官
NO Network Operator 网络运营商
NÖ Neutralöl 中性油
No Nobelium 锘
No Nordost 东北
Nö nordöstlich 东北的，向东北的，东北部的，东北方的

NO normalerweise offen 常开的
No. Numero 号码,号数
NOA Non-linear Optical Amplifier 非线性光放大器
NOA Non-linear Optical Anti-waveguides 非线性光反波导
NOAA National Oceanographic and Atmospheric Administration 美国国家海洋与大气管理局
NÖBL nicht öffentlicher beweglicher Landfunk 非公开的移动式地面无线电
NOC Network Operations Center 网络操作中心
NOCC Network Operation Control Center 网络操作控制中心
NOCP Network Operator Control Program 网络操作员控制程序
NOD Network Out-Dialing 网外拨号
NOD News On Demand 新闻点播
NODAL Network-Oriented Data Acquisition Language 面向网络数据采集语言
N. O. d. Regt. Nachrichtenoffizier des Regiments 团通讯军官
NOF Normal Operation Frame 正常运行帧
NÖG Normenausschuss Erdöl- und Erdgasgewinnung DIN 石油和天然气制取标准委员会(属德国标准化委员会)
NOK Nationales Olympisches Komitee 国家奥林匹克委员会
NOK Nord-Ostsee-Kanal 北海-波罗的海运河
NOK normalorthometrische Korrektion 标准正交改正
NOK Normal-Ottokraftstoff 普通汽油
NOLD Non-linear Optical Laser Device 非线性激光器器件
NOLM Nonlinear Loop Mirror 非线性环路镜
Nom. Nominativ 第一格
NOP Network and Operations Plan 网络和运行计划
NOP Network Operation Procedure 网络运行过程
NOP no operation 停止操作指令;无操作
NOP no op instruction 无操作指令
NOP normale Programmierung 标准程序设计
nördl. Br. nördlicher Breite 北纬
nordw. nordwestlich 西北的
Norm. Normale 法线
norm normalisieren 使标准化,校准,标定;正火,常火
Norm. normalisiert 规范化的,标准化的
Norm. Normalisierung 标准,标准化;标定,标定法
norm. normativ 规范的,作为标准的
norm. normieren 规格化,标准化
Norm. Normierung, Normung 规格化,标准化
Normal-UG Normalumlaufrädergetriebe 标准行星齿轮传动装置
norm. konst. O. W. Sp. normaler konstanter Oberwasserspiegel 水库坝上的正常稳定水位
norm. O. W. Sp. normaler Oberwasserspiegel 水库坝上的正常水位
Norm. W. St. n. d. R. Normalwasserstand vor der Regelung 调节前正常水位
NORMAL 气象要素多年平均报告
norw. P. Norwegisches Patent 挪威专利
NOS Network Operating System 网络操作系统
NOS Node Operating System 节点操作系统
NOSFER new fundamental system for the determination of reference equivalents 测定参考当量新基准系统
NOS/VE Network Operating System/Virtual Environment 网络操作系统/虚拟环境
n. o. T. nach oberem Totpunkt 上死点之后,根据上死点
NöT Neue österreichische Tunnelbauweise 新奥地利式隧道修建法
Not Notiz 记录,笔记
not. notieren 记录
nöt. nötig 必要(需)的
NOTAM Notice to Airmen-System 航行通知系统
Not. F. Notfeuer 烽火;狼烟
Not-Aus Not-Ausschalten 紧急断开,紧急断电
Notausg Notausgang 太平门,备用出口,安全出口
Notbr. Notbremse 紧急闸,紧急制动器
Notbr. Notbremsung 紧急制动
NOTIS Network Operations Trouble Information System 网络操作故障信息系统
notw. notwendig 必要的
Nov. November 十一月
NO-VOD NO Video On Demand 非视频点播
NOW Network Of Workstation 工作站网
NOW Niederschachtofenwerk 低身竖炉
NOW Nord-West-ölleitung 西-北油管
NOx Nitrogen Oxide Emission 氮氧化物排放
NozN Nordost zu Nord 东北偏北
NOzO Nordost zu Ost 东北偏东
NP Nachgeordneter Punkt 下级点
NP Nachprodukt 副产品,再生产品
Np Neper 奈培(衰减单位,等于 8.686 分贝)
Np Neptunium 镎
NP Network Performance (Processor, Provider) 网络性能(处理器,供应商)

NP Netzplan 网络图
NP Neupreis 新价格
Np Nippzeit 小潮期，偃月潮期
N. P.（Np） Nitropenta 尼特洛培恩塔炸药；太安，季戊四醇四硝酸酯
NP（N. P） Normalpackung 标准包装
NP Normalprofil 标准断面，标准型材
NP Normenprüfstelle DIN 标准试验站（属德国标准化委员会）
NP normierte Programmierung 规格化编程序
NP（N. P） norwegliches Patent 挪威专利
N. P. notary public 公证人
NP Nudelpulver 条状火药
N. P. Nullpunkt 中性点；星形点；零点；零度；坐标原点
NP Numbering Plan 编号计划，编号方案
NP Number Portability 号码携带，移机不改号
NPA National Petroleum Association 【美】全国石油协会
NPA Network Performance Analyzer 网络性能分析程序
NPA Network Planning Area 网络规划区域
NPa Normenausschuss Papier und Pappe DIN 纸和硬纸板标准委员会（属德国标准化委员会）
NPA Numbering Plan Area 编号规划区
NPAI Network Protocol Address Information 网络协议地址信息
NPAT nonparoxysmal atrial tachycardia 非阵发性房性心动过速
NPatr Nahpatrone 近战用弹药筒
NPC National Processing Center 【美】国家处理中心
NPC Network Parameter Control 网络参数控制
NPC Network Processing Card 网络处理卡
NPCI Network Protocol Control Information 网络协议控制信息
NPCID Network Protocol Clear Indication Delay 网络协议拆线指示延迟
NPCS Narrow-band PCS 窄带个人通信系统
NPD National-Demokratische Partei Deutschlands 德国国家民主党
NPD Network Protective Device 网络保护装置
NPDA Network Problem Determination Application 网络故障检测应用程序
NPD-Kraftwerk Nuclear Power Demonstration-Kraftwerk 示范性核电站
NPDS Network Performance Design Standard 网络性能设计标准
NPDTE Non-Packet Digital Terminal Equipment 非分组数字终端设备
NPDU Network Protocol [Data] Unit 网络协议数据单元
NPE Network Protection Equipment 网络保护设备
NPF Normenausschuss Pigmente und Füllstoffe DIN 颜料和填料标准委员会（属德国标准化委员会）
NPG Neopentylglykol 新戊二醇
NpGewP Nitropentagewehrpulver 尼特罗佩恩塔步枪火药
n. p. i. needles per inch 每英寸针数
NPI Network Problem Identity 网络问题标识
NPI Network Provider Interface 网络供应商接口
NPI Numbering Plan Identifier（Indicator） 编号计划识别符（指示器）
NPI/TOA Numbering Plan Indicator/Type Of Address 编号规划指示器/地址类型
NPK Normpositionenkatalog 标准位置目录
NPL National Physical Laboratory 英国国家物理实验所
nplm. nichtplanmäßig 不按计划的
NPM Network Path Manager 网络路径管理程序
npn minusschaltend 接通负极的
N-P-N（n-p-n） negativ-positiv-negativ Halbleiter 负-正-负半导体；n-p-n 型半导体
NPN New Public Network 新的公众网
NPN. non-protein nitrogen 非蛋白氮
npn stromliefernd 电流供给型的；电流吸收型的
Np. N. W. Nippniedrigwasser 小潮低潮
NPO Network Performance Objective 网络性能目标
NPO. Nothing Per Os 禁食
NPO 非营利组织
N-Port Node Port 节点通信口
NPP Network Protocol Processor 网络协议处理器
NPP Netzplanprogramm 网络图程序
NpP Nitropentapulver 尼特洛培恩塔火药
NPPF Non-Polarization Preserving Fiber 非偏振保持光纤
NPPL Network Picture Processing Language 网络图像处理语言
n. Pr. nach Probe 根据试验
n. Pr. nach Prüfung 根据检验
N. -Pr. Nettopreis 实价，净价，出厂价
n. Pr. neue Probe 新试验
NPR Noise Power Ratio 噪声功率比
NPS Network Phone Server 网络电话服务器
NPS Network Processing Supervisor 网络处理监控器

NPS Network Product Support 网络产品支持
NPS nomiertes Programmiersyston 规格化编程序系统
NPS Normenausschuss persönliche Schutzausrüstung DIN 人身保护装置标准委员会(属德国标准化委员会)
NPSH net positive suction head 净正吸入压头
NPSI Network Packet-Switching Interface 网络包交换接口
NPT Network Planning Technique/Netzplantechnik 网络设计技术
NPT nocturnal penile tumescence 夜间阴茎勃起
NPT Non-Packet Terminal 非分组终端
NPTN National Public Telecommunication Network 国家公共电信网
NPU Network Processing Unit 网络处理单元
NPU Node Processing Unit 节点处理单元
NPV negative pressure ventilation/Beatmung mit negativem Druck 负压通气
NQ Abflussmenge bei Niedrigwasser 低水位流量
NQ Nitroguanidin 硝基胍
NQSZ Normenausschuss Qualitätsmanagement, Statistik und Zertifizierungsgrundlagen DIN 质量管理、统计和证明标准委员会(属德国标准化委员会)
NR Nachlaufregler 跟踪调整器
n. r nach rechts 向右
NR Nachrechts-Schweißen 右向焊
NR natur rubber/Naturkautschuk 天然橡胶
NR Nettoregister tonne 净重记录器(吨)
NR Network Resource 网络资源
N. R. neue Reihe 新系列
NR normal range 正常范围
NR Normalrichtung 标准方向
NRA National Regulatory Authority 国家监管当局
NRA Network Resolution Area 网络分辨区
NRA Network Resource Architecture 网络资源结构
NRBC nucleared red blood cell 有核红细胞
NRC Networking Routing Center 连网路径选择中心
NRC Network Reliability Coordinator 网络可靠性协调程序
NRC Network Route Control 网络路由控制
NRD Network Raw Data 网络原始数据
NRD Network Reference Data 网络参考数据
NREM nonrapid-eye-movement 非快动眼睡眠
NREN National Research and Education Network 国家研究与教育网
NRIM Network Resource Information Model 网络资源信息模型
NRK Normenausschuss Rundstahlketten DIN 圆钢链条标准委员会(属德国标准化委员会)
NRL Navy Research Laboratory 美国海军科研试验所
NRL Network Restructuring Language 网络重构语言
NRM Network Resource Management (Model) 网络资源管理(模型)
NRM Normalized Response Mode 归一化响应模式
NRM Normal Response Mode 普通响应模式
NRMS Network Resource Management System 网络资源管理系统
NRN no reply necessary 没有必要回复
NRR Network Restoration Ratio 网络恢复比
NRSS National Renewable Security System 国家可更新安全系统
NRT Nettoregistertonne (船舶)注册净吨,登记净吨
NRT Network Restoration Time 网络恢复时间
NRT Network Routine Test 网络例行测试
NRT Non-Real Time 非实时
nrtPS Non-Real Time Polling Service 非实时查询业务
NRTS National Reactor Testing Station 【美】国立反应堆试验站
NRTT Non-Real-Time Traffic 非实时业务
NRT-VBR Non-Real-Time Variable Bit Rate 非实时可变比特率
NRU National Research Universal 【加】国家通用研究反应堆
NRU Node Resource Unit 节点资源单位
NRV Network Routing Vector 网络路由矢量
NRX National Research Experimental 【加】国家研究实验性反应堆
NRZ Nettoraumzahl (船舶)净容积数
NRZ Non (no)-Return to Zero 不归零
NRZC Non-Return-to-Zero Change 不归零变化
NRZI Non Return to Zero Inverted 不归零反向,非归零倒置
NRZL Non-Return-to-Zero Level 不归零电平
NRZS Non-Return-to-Zero Space 不归零空号
NRZS NRZ Signal 不归零信号
NS Nachschrift 附言,又及
Ns. Nachschub 补充物,添加物;给料推车;供给,进给,进刀
ns nahtlos, schwarz 无缝,黑色的
ns nanosecond/Nanosekunde 毫微秒
NS National Security 国家安全

Ns Naturseide 天然丝
N-S Nebelsignal 烟雾信号
Ns Nebenschluss 分流器,分路,支路
NS Nebenspeicher 辅助存储器
N. S nephrotic syndrome 肾病综合征
NS Network section (Service, Synchronization) 网络段(服务,同步)
Ns Neusilber 德银,新银
Ns Neusilber 锌白银
Ns Newtonsekunde 牛顿秒
NS Nichtantriebsseite 非驱动端
ns nichtschweißbar 不可焊接的
NS Niederspannung 低电压
Ns Nimbostratus 雨层云
n. S. normale Sicherheit 正常可靠性,标准安全性
NS. normal saline 生理盐水
NS Normalschliff 标准磨削;标准磨样,标准磨片,标准研磨
NS normal serum 正常血清
NS Notsender 紧急发射机,备用发射装置
NS Nukleinsäure 核酸
NS Nullserie 试制,小批试生产
NS Nummernschalter 拨号机;号牌式交换机
Ns Rollen-Nahtschweißen 滚焊;连续焊
NS Schiff mit Kernenergieantrieb 核动力船
NSA Nachtsignalapparat 夜间信号仪
NSA National Security Agency 【美】国家安全局,隶属于美国国防部
nsa Nummernschalter-Arbeitskontakt 拨号盘工作触点
NSAID Non steroidal anti-inflammatory drugs 非甾体抗炎药
NSAP Network-layer Service Access Point 网络层服务接入点
NSAP Network Service Access Point 网络服务访问点
NSAPI Network layer Service Access Point Identifier 网络层业务接入点标识符
NSAPI Network Service Access Point Identifier 网络业务接入点标识符
NSB National Successful Backward setup message 国内后向建立成功消息
NSC Network Security (Service, Switching) Center 网络安全(服务,交换)中心
NSC Noise Suppression Circuit 噪声抑制电路
NSC Number Sequence Code 数字序列码
Nsch Nachschub 补充物,添加物;给料推车;供给,送料,进刀
NSCK Network Subset Control Key 网络子集控制键
NSCLC Non-small-cell carcinoma 非小细胞肺癌
NSCP Network Service Control Point 网络服务控制点
NSCR nicht-selektive-katalytische Reduktion 非选择性催化还原
NSD Network Structured Database 网络结构数据库
NSDU Network Service Data Unit 网络服务数据单元
NSE Network section ensemble 网络段集合
NSE Network Service Entity 网络服务实体
NSE Network Switching Engineering 网络交换工程
NSEI Network Service Entity Identifier 网络服务实体标识
NSEP National Security & Emergency Preparedness 国家安全和应急准备
NSF National Science Foundation 【美】国家科学基金会
NSF Non-Standard Facility 非标准设施
NSF Normenausschuss Schienenfahrzeuge 轨道车辆标准协会
NSFnet National Science Foundation Network 美国国家科学基金会网络
N. S. G. Naturschutzgebiet 自然保护区
NSH Network Service Host 网络服务主机
NSHS Network Service Host System 网络服务主机系统
NSI Name Service Interface 名字服务接口
NSL Net Switching Loss 净交换损耗
NSL Network Support Layer 网络支持层
nsl Nummernschalterleerlaufkontakt 拨号机空转接点
NSLC Number Subscriber Line Circuit 数字用户线电路
NSLR Noise to Signal Loudness Ratio 噪声信号响度比
NSM Network Security Module 网络安全模块
NSM Network Space Monitor 网络空间监视器
NSM Netzschleifenwiderstands-Messgerät 网络回线电阻测试仪
Ns/m² Newtonsekunde Meterquadrat 牛吨秒/米²
NSM Normenausschuss Sachmerkmale DIN 物品特性标准委员会(属德国标准化委员会)
NS-Molybdan Non-Sag-Molybdän 不下垂钼
NSMT Normenstelle Schiffs-und Meerestechnik 船舶和海洋技术标准化局
NSMU Near Sub Multiplexing Unit 近端子复用单元
NSN National Signaling Network 国家信令网
NSN National Significant Number 国内有效号

码

NSO Name Serve Object 名字服务对象

NSP Name Service Protocol 名字服务协议

NSP National Signaling Point 国家信令点

NSP Native Signal Processing 本地信号处理

NSP Network Service Part (Process, Protocol, Provider) 网络服务部分(进程,协议,提供商)

NSP Network Signal Processor 网络信号处理器

NSP Network Support Processor 网络支持处理器

NSP Nitrozellulose-Schwarzpulver 硝化纤维黑药

NSPE Network Service Procedure Error 网络服务过程出错

NSPP Near Sub multiplexing Peripheral Processor 近端子复用外围处理器

Ns Pz Nachschubpanzer 输送坦克,供给坦克

nsr Nummernschalter-Ruhekontakt 拨号盘静接点

NSS Name Space Support 名字空间支持

NSS Network Security System 网络安全系统

NSS Network Service Sharing 网络服务分享

NSS Network Sub System 网络子系统

NSS Network Surveillance System 网络监视系统

NSS Network Synchronization Subsystem 网络同步子系统

NSS Salzsprühnebelprüfung 盐雾试验

NSSDU Normal data Session Service Data Unit 普通数据会晤业务数据单元

NSSP Network Service Support Point 网络业务支持点

NSt Nebenstelle 分机

NST Network Signaling Termination 网络信令终端

NST non-stress test 无应激试验

Nst-Anl Nebenstellenanlage 装有分机的用户设备,专用小交换机,小交换机

NSTN Non-Standard Telephone Number 非标准电话号码

NSTU Network Supervision and Test Unit 网络监视和测试单元

NSU Net Switching Unit 网交换单元

NSU Network Service Unit 网络服务单元

NSU Network Statistical Utility 网络统计应用软件,网络统计工具

NSVC Network Service Virtual Connection 网络服务虚连接

NS-VCI Network Service Virtual Connection Identifier 网络业务虚连接标识符

NS-VL Network Service Virtual Link 网络业务虚链路

NS-VLI Network Service Virtual Link Identifier 网络业务虚链路标识符

NSWC Naval Surface Weapon Center 美国海军水面武器中心

NSY Non-Sized Yarn 免浆丝

NT Nachrichtentechnik 通信技术

NT Nadelton 机械录音;针式录音

N. T. nautischeTafel 航海表

NT Nettotonne, Nettotonnage 净吨位

NT Network Terminal (Termination) 网络终端

NT Network Terminator 网络终端机

NT Network Topology 网络拓扑

NT Netzabschlusseinheit 网络终端部分

NT Netzteil 电源设备;电源部分

Nt Netzwerk am Leitungsabschluss beim Abtrennen 断路时的传输终端网络

NT Neues Testament 新约全书

NT neue Technik 新技术

nt. nichttechnisch 非技术的

NT Niederspannungstranformator 低压变压器

nt Nit 尼特(表面亮度单位)

Nt Niton 氡

NT nitriert 渗氮的(标准代号)

NT Nitriertiefe 渗氮深度,氮化深度

NT Non Transparent 非透明的

NT Normaltemperatur 标准温度,常温

NT Normteil 标准件

Nt Notification 通知

NT Nottaste, Nottaster 紧急按钮

NT Not Transparent 不透明的

Nt. thermischer Wirkungsgrad 热效率

NTA Network Terminal Adapter 网络终端适配器

NTA Neutral Torque Axis 中间轴悬置

NTAAB New Type Approval Advisory Board 新型审批咨询委员会

NTAG Network Technical Architecture Group 网络技术体系结构组

NtaL Nutzlast 有效负荷,有效载荷

NTC National Television Center 国家电视中心

NTC negativer Temperaturkoeffizient 负温度系数

NTCD Nested Threshold Cell Discarding 嵌套阈值信元丢弃

NTCM Network Topology Configuration Management 网络拓扑组成管理

NTCME Network Test Case Management Environment 网络测试用例管理环境

NTE Network Termination Equipment 网络终端设备

NTE Network Testing Environment 网络测试环境
NTe Netzteile 电源设备;电源部分
NTF nachrichtentechnische Fachberichte 电信技术专门报告,电信技术专业报导
Ntf. Naturforscher 自然科学研究人员
Ntfg. Naturforschung 自然科学研究
NTG Nachrichtentechnische Gesellschaft 信息技术协会
NTGM Nachrichtengerätemechaniker 通讯仪器机械师
NTI Network Terminating Interface 网络终端接口
NTIP Network Terminal Interface Program 网络终端接口程序
NTK negativer Temperaturkoeffizient 负温度系数
ntkm (Ntkm) Nutztonnenkilometer 有效吨/公里
Ntldg Notlandung 紧急着陆
NTM Network Terminal Manager 网络终端管理程序
NTMB Niedertemperatur-Thermomechanische Behandlung 低温热机械处理
NTMS Network Traffic Management System 网络流量管理系统
NTN Network Terminal (Termination) Number 网络终端号
NTN Neural Tree Network 神经树网络
nto netto 净重
NTO Network Terminal Option 网络终端选项
NTP Network Terminal (Terminating, Termination) Protocol (Point, Processor) 网络终端协议(点,处理器)
NTP Network Test Panel 网络测试板
NTP Network Time Protocol 网络时间协议
NTP Network Transaction Processing 网络事务处理
NTP Normal Transmitted Power 正常传输功率
NTR Network Time Reference 网络时间基准
NTR Noise Temperature Ratio 噪声温度比
NTS Network Terminal Selection 网络终端选择
NTS Network Test System 网络测试系统
NTS Network Transport Service 网络传送服务
NTSC National Television Standards Committee 国家电视标准委员会
NTSC National Television System Committee 国家电视制式委员会
NTSDB Network Test System Database 网络测试系统数据库
NTT Network Information Table/Tabelle mit Netzwerkinformationen 网络信息表
NTT Network Transfer Table 网络转移表
NTU Network Terminating Unit 网络终端单元
NTU Network Test Unit 网络测试设备
NTÜ Nevada & Texas-Utah-Vergasungsverfahren 内华达-德克萨斯-乌塔气化法
NTU number of transfer unit 传质单元数
NTV Network Television 网络电视
NTV normativ technische Vorschrift 标准技术规范
NTWOA Near-Traveling Wave Optical Amplifier 近行波光放大器
Ntx Network Termination X X=1,2,… 网络终端 X X=1,2,……
NTZ Nachrichtentechnische Zeitschrift 通讯技术杂志(德刊)
Ntzg. Nutzung 利用,使用,用途
Ntzl. Nutzlast 有效负荷,有效载荷
Ntzlstg Nutzleistung 有效功率,资用功率,实际生产率
NU Nachunternehmer 二次承包人
NÜ Nachrichtenübertrager 通讯机
NÜ Nachrichtenübertragung 信息传递,通讯
NU Nachrichtenunteroffizier 通讯士官
NÜ Nachtübertrager 夜间转发器,夜间转播机
NU Nachuntersuchung 调查,分析研究;检验;探讨,探测
NÜ Näheüberland 近郊
NU National Use 国内使用
Nu Naturumlauf 自然循环
NU Nebenuhr 子钟
NU Network Unit 网络单元
NU Network Utility 网络公用设施
NU Null 零,零度,零点,起点,零位
Nu Nummernschalter 拨号盘,号牌式交换机
Nu Nusselt-Zahl 努歇尔特(扩散)准数
NUA Network User Access 网络用户接入
NUB National Unsuccessful Backward setup message 国内后向建立不成功消息
nucl nuclear physics/Kernphysik 核物理学
Nucl nuclear technique/Kerntechnik 核工程学;核技术
NUCLEX Internationale Fachmesse und Fachtagungen für die kerntechnische Industrie 【瑞士】巴塞尔国际核工业技术博览会和会议
NUF Non-Woven Unidirectional Fiberglass mat/Endlosmatte mit Parallelliegenden Spinnfäden 非机织单向玻璃纤毡
NUI National User/USIM Identifier 国家用户/普通用户识别模块标识符

NUI Network User Identification (Identifier) 网络用户标识(标识符)
NUI Network User Identity 网络用户身份,网络用户识别
nukl. nuklear 核的,原子核的;含核的,有核的
NULUX Nukem Luxemburg GmbH 卢森堡核化学冶金公司
Num. Numerale, Zahlwort 数词
num. numerieren; numeriert 给……编号;编号的
Num. Numerierung 编号
num. numerisch 数字的,用数字表示的
NÜN Nationaler Übersetzungsnachweis 【德】国家翻译证书,国家译件检测
NUP Network User Part 网络用户部分
NURBS nichtuniformes rationales B-Spline 非均匀有理B样条,非均匀有理B样条曲线;非一致有理B样条曲线
Nutz. Nutzung 利用,使用,用途
Nützt. nützlich 有用的,有利益的,可利用的
NV Nachrichtenverarbeitung 信息处理
n. V. nach Vereinbarung 按照协商
nv nahtlos, verzinkt 无缝,镀锌的
N/V. nausea and vomiting 恶心和呕吐
Nv. Nebenvariante 次变量
NV Network Video 网络视频
nV neue Verpackung 新包装(德刊)
NV Nichtverbreitungsvertrag, Atomwaffensperrvertrag 核武器不扩散条约,禁止核武器条约
n. v. nicht veröffentlicht 未发表的,不公开的
n. v. nicht verwendungsfähig 不能使用的
NV Niederfrequenzverstärker 低频放大器
NVD Normalhub-Viertakt-Diesel 四冲程标准行程柴油机
NVE Network-Visible Entities 网络可视实体
NVH Noise Vibration Harshness 噪声和振动控制工程
NVK nutzbare Volumenkapazität 可用体积容量
NVM Node Virtual Memory 结点虚拟存储器
NVO Nachrichtenverbindungsoffizier 通讯联系军官
NVOD Near Video On Demand 准视频点播
NVP Network Voice Protocol 网络语音协议
NVR Networked Virtual Reality 连网的虚拟现实
NVRAM Non Volatile (Non-Volatility) Random Access Memory 非挥发性随机存取存储器
NVS Network Video System 网络视频系统
NVS Network Virtual Schema 网络虚拟图式
NVT Network Virtual Terminal 网络虚拟终端
NVT Normenausschuss Veranstaltungstechnik, Bühne, Beleuchtung und Ton DIN 活动举办技术、舞台、照明和音响标准委员会(属德国标准化委员会)
NVT Nullpunkt Verschiebe Tabelle 零点漂移数值表
NVV Vertrag über Nichtverbreitung von Kernwaffen 核武器不扩散条约,防止核扩散条约
NVW Nachrichtenverbindungen der Wehrmacht 军队通讯联系
NVW Nachrichtenverbindungswesen 通讯联系业务
NW (Nw) Nebenwerkstätte 附属车间
NW Nennweite 标称内径,标称宽度,公称内经,公称宽度
NW Netzwerk 网络
NW niederigster Wasserstand 最低水位
NW Niedrigwasser 低水位
NW Nockenwelle/cam shaft 凸轮轴
NW Nockenwinkel 凸轮转角
Nw Nummernwechsel 更改号码
Nw. Nachrichtenwesen 通讯业务
Nw. Wirtschafterer Nutzeffekt, Wirkungsgrad 经济效率
NWA Nachwärmeabfuhr 余热排出,余热输出
NWA Network Analyzer 网络分析仪
NWC Network Controller 网络控制器
NWDR Nordwestdeutscher Rundlfunk 德国西北部无线电广播
NWDS Nation Wide Dialing System 全国拨号系统
NWELL North West European Lowland Levelling 西北欧低地水准
NWF Nordwestdeutsches Fernsehen 德国西北电视
N. W. H. Niedrigwasserhöhe 低水位
NWK Nordwestdeutsche Kraftwerke AG 西北德意志核电厂公司
NWL Naval Weapons Laboratory/USA 美国海军武器实验所
NW-LD Nockenwelle-Lagerdeckel 凸轮轴瓦盖
NWM Normenausschuss Werkzeugmaschinen DIN 机床标准委员会(属德国标准化委员会)
NWO Nachwärmofen 再加热炉
NWO Nord-West-Ölleitung 西-北油管
NWP numerical weather prediction 数值天气预报
NWS Network Windows System 网络窗口系统
NWS Nukleares Wärmeerzeugungssystem 核供热系统
nwsl. nachweislich 可证明的,可参考的
N. W. Sp. Niedrigwasserspiegel 低水位
N. W. St Niederwasserstand 低水位

n. wt. Nettogewicht 净重
NWT Network Test 网络测试
NWT Normenausschuss Werkstofftechnologie DIN 材料技术标准委员会(属德国标准化委员会)
NWTTP Network Trail Termination Point 网络跟踪终端点
nwv non-wovens 非织造织物
NWzN Nordwest zu Nord 西北偏北
NWzW Nordwest zu West 西北偏西
nx Nox 诺克斯(弱照度单位,$=10^{-3}$勒克斯)
NZ minimaler Zeitabstand 最小时间间隔
NZ Nachrichtenzentrale 通讯中心(站)
NZ Nachrichtenzug 通讯列车
n. Z. nach Zeichnung 按图
NZ Neutralisationszahl 中和值
Nz Nitrozellulose 硝化纤维,硝化棉
Nz Nitrozellulosepulver 硝化纤维火药
NZ Normalzahl 标准数
NZ Normalzeit 正常时间,标准时间
Nz Normalzustand 标准状态
Nz. Gew. Bl. P. Nitrozellulose-Gewehr-Blattchenpulver 薄片状硝化棉枪药
Nz. P. Nitrozellulosenpulver 硝化棉火药
Nz. -Stb. -P Nitrozellulose-Stabchenpulver 硝化棉细杆状火药
NZD Nebenzipfeldampfung 旁瓣辐射衰减
NZD Normalhubzweitakt-Dieselmotor 标准行程二冲程柴油机
NZDF Non-Zero Dispersion Fiber 非零色散光纤
NZDSF No-Zero Dispersion Shifted Fiber 非零色散位移光纤
NZF normalgeglüht und entzundert 正火和除鳞
NzGewP Nitrozellulose Gewehr-pulver 轻兵器用硝化棉火药
nzl. neuzeitlich 近(现)代的
NzManMP Nitrozellulose Manöver Nudelpulver 练习弹用硝化棉条状火药
NzNP Nitrozellulose Nudelpulver 硝化棉条状火药
NzRP Nitrozellulose Röhrenpulver 硝化棉管状火药
NzStbP Nitrozellulose Stäbchenpulver 硝化棉细棒状火药
NzStP Nitrozellulose Staubpulver 硝化棉粉状火药
N. -Zug Nachrichtenzug 通讯列车
n. zul. nicht zulässig 不许可的
n. Zw. noch Zweifel 仍有怀疑

O

O oben 在上面
0 Ober 上,上方
O Oberfläche 表面;路面;地面
O oberhalb 在……上面,高于
O Oberkasten 上砂箱
O oder 或;或者
Ö Oersted 奥斯特(磁场强度单位)
o. offen 公开的;敞开的;坦白的;率直的
Ö öffentliche 公开的,公众的,官方的
Ö öffentliche Sprechstelle 公用电话亭
O O-Formstück O形件
O ohne Füllung 无填料,没有装火药
Ö Öl 油
O ölbeständig 抗油的;耐油的
0 Omnibus 公共汽车
O Operator 操作员;运算子,算符;话务员,操作人,报务员
o. ordentlich 井然有序的,井井有条的
O Ordnung 顺序,排列;规程,条例;整理,布置
O Ort 场所,地点,位置;工作面
O ortfest 位置固定的,位置不变的
O ortho 正;原;邻(位)(构词成分)
O Ost 东;东方;东部
O Osten 东方,东部地区,亚洲各国,东欧各国
Ö östlich 东方的
O ostwärts 向东
O Oszillator 振荡器,振子
O Ottomotor 汽油发动机
O Overdrive 超速传动
O Oxygenium/Sauerstoff 氧
Ö Schweröl 重油
o. a. oben angeführt 上文引用的
o. a. oben angegeben 上述的
O. A. Oberamt 管理总局
o. ä. oder ähnliches 或类似的,或其它的
o. a. oder anderes 或其它的;或另外的
OA Office Automation 办公自动化
o. A ohne Aufschlagzündung 非起爆引发的
0/a. on account 赊账
OA Optical Amplifier 光放大器

OA Organisationsanweisung 组织条例;组织说明

OA orotic acid 乳清酸

OA Ortsamt 地方当局;市内局;当地电话局

OA osteoarthritis 骨关节炎

OA Outgoing Access 向外访问

OAA Open Application Architecture 开放式应用体系结构

OACSU Off Air Call Setup 非占空呼叫建立

OADD Optically Amplified Direct Detection 光放大直接检测

OADG Open Architecture Development Group 开放体系结构开发组

OADM Optical Add [and] Drop Multiplexer 光分插复用器

OAE Office Automation Equipment 办公室自动化设备

ÖaeC Österreichischer Aero-Club 奥地利航空俱乐部

OAF Original Address Field 原始地址字段

OAF osteoclast activating factor 破骨细胞活化因子

ÖAF Österreichische Automobilfabrik 奥地利汽车制造厂

ÖAK Österreichische Apothekerkammer 奥地利药剂师公会

oAl ohne Aluminium 不含铝的

O-ALG One-way function Algorithm 单向功能算法

OAM Operations, Administration and Maintenance 运行、管理和维护;操作、管理和维护;运营、管理和维护

OAMC Operations, Administration and Maintenance Center 运行、管理和维护中心;运营、管理和维护中心

OAMC-MF OAMC Management Function 运行、管理和维护中心管理功能

OAMC-OS OAMC Operation System 运行、管理和维护中心运行系统

OAMM Operation And Maintenance Module 运行和维护模块

O_AMP O_AlarmManagementPart 操作报警管理部分

OAM & P Operation, Administration Maintenance and Provisioning 运行、管理、维护和保障

OAN Optical Access Network 光纤接入网

OAPEC Organization for Arabian Petroleum Exporting Countries/Organisation der arabischen Erdölexportierenden Staaten 阿拉伯石油输出国组织

OAR Optically Amplified Regenerator 光放大再生器

OAS Office Automation System 办公自动化系统

OAS Optical Access System 光接入系统

OAS Optical Amplifier Span 光放段

OAS Organisation der amerikanischen Staaten 美洲国家组织

OAS Originating Access Situation 始端接入情况

OAS oszillatorischer Annäherungsschalter 振荡近似开关

OAT Optical Amplified Transmitter 光放大发射机

OATM Optical ATM 光异步传输模式

OATS Optical Amplifier Transmission System 光放大器传输系统

ÖAW Österreichische Akademie der Wissenschaften 奥地利科学院

oAz ohne Aufschlagzündung 非碰炸式引发,非起爆式引发

Ob. Insp. Oberinspektor 总检查员

OB Oberbürgermeister (大城市的)市长

OB Oberflächenbehandlung 表面处理;表面加工

OB Oberste Bergbaubehörde 矿业总局

ob. Obiit 死于……,卒于……

OB. obstetrics 产科学

OB occult blood 隐血

o. B. ohne Befund (检查结果)阴性,无病变

OB Optical Bandpass 光带通 滤波

OB örtliche Batterie, Ortsbatterie 局部电池;自给电池

OB Ortsbestimmung 点坐标测定,工作面位置测定

OBA Oberbergamt 矿山技术检查管理总局,矿区管理局

OBA Optical Boosting Amplifier 光自举放大器

OBB Oberste Bergbehörde 矿务总局

o. b. B. ohne besonderen Befund 无特殊病变

ÖBB Österreichische Bundesbahnen 奥地利联邦铁路

öBBF. Örtlicher Beratungsbeamter für den Fernmeldedienst 地方电讯业务咨询官员

OB (Ob, Ob.)-Bfh. Oberbefehlshaber 总司令

OBC On-Board Computer 机载电脑

OBC On-Board Controller 机载控制器

OBCLK Octet Binary Clock 1/8 时钟

OBCS Object Based Control Structure 对象控制结构

O-BCSM Originating BCSM (Basic Call State Model) 发端基本呼叫状态模型

Obd oberes Band 上边带

OBD objektrelationale Datenhank 对象关系数据库
oBD ohne Bleidraht 无铅丝的
OBD On-Board Diagnostics 汽车在线诊断
OBD Optical Beam Deflection 光束偏转
OBD Optical Branching Device 光分支装置,光分路器
Ob. d. H.(OBH) Oberbefehlshaber des Heerens 陆军总司令
Ob. d. L. Oberbefehlshaber der Luftwaffe 空军总司令
Ob. d. M. Oberbefehlshaber der Marine 海军总司令
oBé Baumégrad 波美度
Oberk. Oberkante 上界,上缘;上限
Oberleitg. Oberleitung 上部滑接线,电车触线;架空线
OBF Optical Branching Filter 光分路滤波器
ÖBF Örtliche Bestimmungen für den Fahrbetrieb 交通运输地方规程
OBI Optical Beat Interference 光差拍干扰
Ob. -Ing. Oberingenieur 总工程师
Ob. Insp. Oberinspektor 总检查员
OBL Oberbetriebsleitung 企业总经理处
OBM Object Behavior Model 对象行为模型
OBMUX Optical Bit-interleave Multiplexing module 光比特间插复用模块
OBM-Verfahren Oxygen-Bodenblas-Maxhütte-Verfahren 氧气底吹炼钢法
Oboe Observed bombing of enemy 对敌观察轰炸系统
OBP On-Board Processing 机载处理
OBPF Optical Band Pass Filter 光带通滤波器
OBR optical bar recognition 光学条码识读
OBS organic brain syndrome 器质性脑病综合症
OBS Outdoor Base Station 室外基站
Obs Observator 观测员
OBS 天气报告,天气电报
OBT Optical Beam Transmission 光束传输
OBTW oh, by the way 噢,随便问一下
Obus Oberleitungsomnibus/Trolleybus 无轨电车
Obus Omnibus 公共汽车
ObV Oberbauvorschrift 上部结构规范
Obv-Br Oberbauvorschrift für Werkbahnen im Braunkohlenbergbau über Tage 露天采煤矿铁路地上部分建筑规程
ÖbVI Öffentlich bestellter Vermessungsingenieur 有执照的测量工程师
OBW Occupied Bandwidth 占有带宽
OBW Optical Beam Waveguide 光束波导
OC Object Code 目标代码
OC Operations Channel 操作信道
OC Operations-Charakteristik 操作特性
OC Operationscode 操作码,运算码
OC-1 Optical Carrier Level 1 光载波第1级
OC Optical Circulator 光环行器,光陀螺
OC oral contraceptive 口服避孕药
OC Overhead Channel 开销信道
OC Overload Control 过载控制
OC 氧化催化变换器
OCA Optical Channel Analyzer 光信道分析仪
OCB Outgoing Call Barred within the CUG 在闭锁用户群中禁止出局呼叫
OCB Outgoing Calls Barred 呼出禁止
OCC Operation Control Center 运行控制中心
OCC Optical Cable Connector 光缆连接器
OCC Optical Cross Connect 光交叉连接
OCC Orthogonal Convolution Code 正交卷积码
OCC Other Common Carrier 一般电信公司,普通运营商
OCCB Output CES Cells Buffer 输出通信工程标准信元缓冲器
OCCC One Connection Call Control 单个连接呼叫控制
OCCCH ODAM Common Control Channel OADM 公共控制信道
OCCRUI Out-Channel Call Related User Interaction 与呼叫相关的通路外的用户交互作用
OCD Out of cell Delineation 信元定界失步
O-CDMA Optical CDMA 光CDMA
OCDR Optical Coherence Domain Reflect meter 光相干域反射仪
OCe-Stahl Ohne-Cementation-Stahl 无渗碳体钢
OCG Optical Comb Generator 光梳状波发生器
OCG oral cholecystography 口服造影剂胆囊造影
OCGS Object Code Generation System 目标码生成系统
OCh Optical Channel 光通路,光通道
OCH Optical Channel layer 光通道层
OCHIS Optical Cell Header Interface Subsystem 光信头接口子系统
OCL Operational Cable Load 光缆操作负荷
OCL Operator Command Language 操作员命令语言
OCL Optical Confinement Layer 光限制层
OCL Overall Connection Loss 总连接损耗
OCM Ongoing Call Management 去话呼叫管理

O_CMP O_ConfigurationManagementPart 操作配置管理部分

OCN Open Computer Network 开放式计算机网络

OC-N Optical Carrier Level N 光载波第N级

OCNS Orthogonal Channel Noise Simulator 正交信道噪声仿真器

OCP Open Communication Protocol 开放通信协议

OCP Optional Calling Plan 任选呼叫方案

OCP Orbital Combustion Process 环绕燃烧过程

OCP 舱顶操纵板控制模块

OCP 车顶控制板

OCR Optical Character Reader (Recognition, Reorganization) 光学字符阅读器(识别)

OCR Originating Call Restriction/Barring 呼出限制

OCRIT Optical Character Recognition Intelligent Terminal 光字符识别智能终端

OCS Optical Character Scanner 光字符扫描器

OCS optical communication system 光通讯系统

OCS Originating Call Screening 发端呼叫筛选

OCS 器官维护系统

O-CSI O (Originating)-CAMEL Subscription Information 始发CAMEL签约信息

OCSM Optical Cell Selection Module 光信元选择模块

OCT Optical Current Transducer 光流换能器

OCT oxytocin challenge test 催产素激惹试验

OCTS Optical Cable Transmission System 光缆传输系统

OCU Office Channel Unit 局内信道单元

OCU Operational Control Unit 操作控制单元

OCWR Optical Continuous Wave Reflect meter 光连续波反射计

OD Außendurchmesser 外径

OD Oberflächendosis 表面剂量

O. D. Oculus dexter 右眼

oD ohne Datum 无日期的

od. ohne Dehnung 无伸长

öd. öldicht 防油的;不透油的

O/d. on demand 见票即付

o. d. Omni die 每日

OD optical density difference 光密度差

OD Optical Detector 光检测器

OD Optisches Drehungsvermögen 光学旋光度(旋光能力)

OD Overdose, right eye 过量用药/右眼

ODA object database adapter 对象数据库适配器

ODA Official Development Assistance 政府开发援助,指发达国家以某种方式援助发展中国家的官方机构

ODB Object Database 目标数据库

ODB Operator Determined Barring 运营者决定的闭锁

ODBC open database connectivity 开放式数据库连接

ODC ornithine decarboxylase 鸟氨酸脱氢酶

ODCCH ODMA Dedicated Control Channel ODMA 专用控制信道

ODCH ODMA Dedicated Channel ODMA 专用信道

ODCU Optical Data Collecting Unit 光数据收集单元

ODE Object Database and Environment 目标数据库与环境

o. desgl. oder desgleichen 或类似的,诸如此类

ODF Optical Distribution Frame 光纤分配架

ODGV 全向导流叶片

ODGW Ortsdienstgruppenwähler 市内业务选组器

ODI Open Data-link Interface 开放数据链路接口

ODIF Office Document Interchange Format 办公文件互换格式

ODIF Open document Interchange Format 开放文件互换格式

ODL object definition language 对象定义语言

OdL Ortsdispätcherleitung 市内调度线路

ODL Ortsdosisleistung 局部剂量率

ODLI Open Data Link Interface 开放式数据链路接口

ODM Object Data Manager 对象数据管理程序

ODMA Open Distributed Management Architecture 开放式分布管理结构

ODMA Opportunity Driven Multiple Access 机会驱动的多址

ODMG object database management group 对象数据库管理组

ODN Open Data Network 开放数据网络

ODN Optical Distribution Network 光分配网络

ODN Optical Distribution Node 光分配节点

ODP Open Distributed Processing (Processor) 开放分布式处理(处理器)

ODP Optical Distribution Point 光分配点

ODR Origin-Dependent Routing 起源相关路由

ODS Open Data Service 开放式数据服务

ODS Optical Data System 光数据系统

ODSI Optical Domain Service Interconnect 光域业务互连

o. d. T. ob der Tauber 陶伯尔河上游

ODT On-line Debugging Technique 在线调试技术

ODT Optical Data Transmission 光数据传输

ODTA Open Distribution Telecom Architecture 分布式开放的电信结构

ODTCH ODMA Dedicated Traffic Channel ODMA 专用业务信道

ODU Outdoor Device Unit 室外设备单元

ODU Outdoor Unit 室外单元

ODV Open Digital Video 开放式数字视频

ODVP Optimal Digital Voice Processor 最佳数字语音处理机

ODXC Optical Digital Cross Connect 光数字交叉连接

ÖE oil equivalent/Öläquivalent 油当量

O/E Optical/Electrical 光电(变换)

Oe Örsted 奥斯特(磁场强度单位,1 Oe = 79.577 472 A/m)

OE Oszillator im Empfänger 接收机中的振荡器

OEC Optical to Electrical Connection 光电连接

OECD Organisation for Economic Cooperation and Development/Organisation für Wirtschaftliche Zusammenarbeit und Entwicklung 欧洲经济合作和发展组织

OE-D-System oil emulsion-demister system/Öl-Emulsionsnebel-Abscheidung 油乳浊液除沫器系统

OEEC Organization for European Economic Cooperation 欧洲经济合作组织(现为 OECD)

OEEPE Organization Européene d'Etudes Photogrammétriques Expérimentales 欧洲摄影测量试验研究组织

OEFB Optoelectronic Feedback 光电反馈

OEG Obere Eingriffsgrenze 干涉极限上限

OEG obere Explosionsgrenze 爆炸上限

OEIC Opto-Electronic Integrated Circuit 光电集成电路

OEID Opto-Electronic Integrated Device 光电集成器件

Ö. E. K. V. Österreichischer Energiekonsumenten-Verband 奥地利电力用户协会

OEl örtliche Endamtsleitung 地方交换台线路;当地终端站线路

OEL Ortsempfangsleitung Radio 本地电台接收线路

OEM original equipment manufacture 原始设备制造厂家

OEO Optical-Electrical-Optical Converter 光/电/光转换器

OEOS Geodynamics Experimental Ocean Satellite 地球动力学试验海洋卫星

Oe. P. österreichisches Patent 奥地利专利

OER oil extender rubber 掺油橡胶,充油橡胶

OER Organisation Europienne de Radiodiffusion 欧洲无线电广播组织

Oerl Oerlikon 欧立肯公司制造的武器弹药上的字号

Oerl Flak Oerlikon Flugzeugabwehrkanone 欧立肯式高射炮

OE-Spinnen Offen-End-Spinnen 自由端纺纱

ÖEWAG Österreichische Elektrizitätswerke Aktiengesellschaft 奥地利发电厂股份公司

OEZ Osteuropäische Zeit 东欧时间

o. F. ohne Fehler 无误差

OF Öltransformator mit Ölumlaufkühlung 油循环冷却式变压器

OF Oszillatorfrequenz 振荡器频率

OFA Oltransformator mit Luftölkühler 风冷式油浸变压器

OFA Optical Fiber Amplifier 光纤放大器

OFA Organmitte-Filmabstand 器官中心—X射线胶卷的距离

OFAN Optical Fiber Access Network 光纤接入网

OFBD Optical Fiber Branching Device 光纤分路器

OFBG Optical Fiber Bragg Grating 光纤布拉格光栅

OFBW Ozeanographische Forschungsanstalt der Bundeswehr 【德】联邦国防军海洋研究所

OFC Office Code 局号,控制电码

OFC Optical Fiber Communication 光纤通信

OFCC Optical Fiber Cable Component 光缆元件

OFD Optical Frequency Discriminator 光鉴频器

OFDL Optical Fiber Delay Line 光纤延时线

OFDM Optical Frequency Division Multiplexing 光频分复用

OFDM Orthogonal Frequency Division Multiplex (Multiplexing, Multiplicity) 正交频分复用

OFDMA Optical FDMA 光频分多址

OFDMF Orthogonal Frequency Division Multiplexing Forum 正交频分复用论坛

OFDR Optical Frequency Domain Reflect meter 光频域反射计

OFE Optical Fiber Equalizer 光纤均衡器

OFEP Operation Function Element Program 运行功能元程序

off. offen 开启的,空的

Öff öffentlich 公开的

OFF Optical Fiber Facing 光纤端面
OFF 关机
offiz. offiziell 官方的
ofH französischer Härtegrad 法国硬度
OFHC-Kapfer oxygen-free high conductivity copper 无氧高导电铜
OFk Ortsfernkabel 长途通信电缆
OFL optischer Filmleser 光学底片阅读器
O-Flak ortfeste Flugzeugabwehrkanone 固定式高射炮
O-Flak-Battr. ortsfeste Flugabwehrkanonenbatterie 固定高炮阵地
OFLAN Optical Fiber LAN 光纤局域网
OFLW Ortsfernleitungswähler, Orts- und Fernleitungswähler 市内和长途电话选择器
OFM Optical Frequency Modulation 光频调制
OFN Ortsfernsprechnetz 市内电话网络;本地电话网络
OFP Optical Fiber Path 光纤通道
OFR Oberflächenriss 表面裂纹
OFS Oberflächenschaum 液面泡沫
OFS Optical Fiber Sensor (System) 光纤传感器(系统)
OFS Optical Frequency Shifter 光移频器
OFS Out-of-Frame Second 失帧秒,帧失步秒
OFT Oberflächenfeldeffekttransistor 表面场效应晶体管
OFTF Optical Fiber Transmission Function 光纤传输函数
OFTP ODETTE file transfer protocol 奥德特文件传输协议
OFTS Optical Fiber Transmission System 光纤传输系统
o. g. obengenannt 上述的,上面提到的
OG Obergeschoss (楼)底层上面的一层,二楼(层)
OG Object Group 对象组
OG Operationsgruppe 操作組,作业组;运算组
ÖGAAnl öffentliche Gemeinschaftsantennenanlage 公共的共用天线设备
Ögeh. ölgehärtet 油淬火的;油硬化的
ÖGEW Österreichische Gesellschaft für Erdöl-Wissenschaften 奥地利石油科学协会
ÖGI Österreichsches Gießerei Institut 奥地利铸造研究所
OGM Optical Gateway Manager 光网关管理器
Ogn Operationsgruppen 操作组,作业组;运算組
OGR Outgoing call Restriction 去话呼叫限制
OGS Obst, Gemüse und Speisekartoffel 水果、蔬菜和食用土豆
OGSIG Outgoing Signaling 去话信令
OGT Outgoing Trunk 出口中继线,出局中继线,去话中继线
OGTT. oral glucose tolerance test 口服糖耐量试验
o. GV ordentliche Generalversammlung 正式全体大会
OGW Ortsamts-GruppenwaUfer 布内电话局选组器
OGX Optical Gateway Cross connect 光纤网关交叉连接
OHboard Overhead board 开销板
OH Hydroxylzahl 羟价,羟值
oh. ohne 缺少,没有,无
oH ohne Hülse 无药筒(套管,套筒)的
o. h. (Om. hor.) Omni hora 每小时
OH Overhead 开销
OHA Overhead Access 开销接入
OHC overhead camshaft; oben liegende Nockenwelle 顶置式凸轮轴
OHCS hydroxycorticosteroid 羟皮质类固醇
17-OHCS 17-hydroxycorticosteroid 17-羟皮质类固醇
OHG Offene Handelsgesellschaft 无限责任(商业)公司
OHG Operators Harmonization Group 运营商协调组
OHP Overheadprojektor 高射投影器
OHV Overhead-Valve 顶置气门
OH-Z. Hydroxylzahl/hydroxyl number 羟基数
Ohzg Ofenheizung 炉子加热;火炉供暖
OI Optical Interconnection 光互连
OI Opto-Isolator 光隔离器
OI Origination Indicator 主叫标识
OIA Optical Interface Adapter 光接口适配器
OIB Optical Interface Board 光接口板
OIC Optical Integrated Circuit 光集成电路
OICRF Office International du Cadastre et du Régime Foncier 国际地籍及土地登记事务局
OID object identifier 对象标识符
OID Organization ID 组织标识
OID Organization Identifier 组织标识符
OIDA Original Image Data Array 原始图像数据阵列
OIF Optical Internet Forum 光互联网论坛
OIF Optical Internetworking Forum 光互联论坛
ÖI-K Ölkondensator 油浸电容器
OIM Object Information Model 对象信息模型
OIM Operations Interface Module 操作接口模块
OIM Optical Interface Module 光纤接口模块
OIM CF OIM Common Function OIM 通用功

能

OIM DF OIM Dedicated Function OIM 专用功能

OIML Organisation Internationale de Métrologie Légale/Internationale Organisation für gesetzliches Messwesen 国际法定计量组织

O.-Ing. Oberingenieur 高级工程师,主任工程师

OIPS Optical Image Processing System 光学图像处理系统

OIR Organisation Internationale de Radiodiffusion 国际无线电广播组织

OIRT Organisation Internationale de Radiodiffusion et Télévision/Internationale Rundfunk- und Fernsehen-organisation 国际广播和电视组织

OIS Office Information System 办公信息系统

OIS On-line Information Service 在线信息服务

OIS optischer Bildstabilisator 光学图像稳定器

OIS orthogonals Interpolationsfunktionensystem 正交内插函数系统

OIU Office Interface Unit 局内接口单元

OIU Optical Image Unit 光学图像单元

OIU Optical Transmit Unit 光发射单元

ÖIZ Österreichische Ingenieur-Zeitschrift 奥地利工程师期刊

ojpt optimal 最佳的,最好的,最理想的

OK obere Kulmination 上中天

OK Oberkante 上界,上限,上缘

ÖK Öffnungskontakt 开启式接触器,开启式开关

ök. ökologisch 生态学的

ök. ökonomisch 经济学的,经济的

OK Optokoppler 光电耦合器

OK Ortskabel 市内电话网电缆

OK Oxidkeramik 氧化物陶瓷

OK Ottokraftstoff 汽油

OKA Oberösterreichische Kraftwerke AG 上奥地利电力股份公司

Okat Oxidations-Katalysator 氧化催化器

ÖKIE Österreichische Kommission für die Internationale Erdmessung 奥地利国际大地测量委员会

OKK Oberkante Kiel 上缘龙骨

Okk. Okkultismus 神秘学,秘术

OKm Ortskabel-Messstelle 市内电话网电缆测试台

OKS Deutsche Kraftwagen Spedition 德国卡车货运

Okt. Oktober 十月

Okt. Oktogon 八角形,八边形

OKVSt Ortsknotenvermittlungsstelle 地方自动电话交换总局

OKW Ofenkühlwasser 炉子冷却水

Ol Lotsverbindungsleitung 市内中继线,市内连接线

o. L. oberer Lenker 上拉杆

OL Occipital Lobe 枕叶,大脑皮层的一个区域

O. L. Oculus laevus 左眼

OL Offensive Lineman 美式足球位置的进攻线球员

OL office lady 办公室职业女性

oL ohne Ladestreifen 不带弹夹,无弹夹

OL Old Lady 老女士,对中高龄女士的委婉称呼

OL Old Latin 上古拉丁语,古典拉丁语之前的拉丁语

Ol. Oleum 油

OL Olympic Games 国际性综合运动会

OL Online 在线上,在线

OL Online Game 网络游戏

OL Optical Line 光线路

OL Optical Line Board 光线路板

oL optischer Lichtweg 光学路径

ol ordered lists HTML 元素中用以建立顺序的清单代号

OL Organic Letters 有机化学通讯(期刊)

01 Ortsverbindungsleitung 市内中继线,市内连接线

ö. L. östliche Länge 东经

OL Overlay 覆盖(编程)

OLA board Optical Line Amplifier board 光线路放大器板

OLA Optical fiber Limiting Amplifier 光纤限幅放大器

OLA Optical in-Line Amplifier 光在线放大器

OLA Optical Line Amplifier 光线路放大器

OLAG Oberlandesarbeitsgericht 高等地方劳工法院

OLAN Onboard LAN 机载局域网

OLAP online analytical processing 联机分析处理

OLB Off Line Browser 离线浏览器

OLB Outer-Lead-Bonding 外引线焊接

OLC Open Logical Channel 打开逻辑通道

OLC Overload Channel 过载信道

OLC Overload Class 过载类别

OLCA Open Logical Channel Acknowledge 打开逻辑通道确认

OLCP On-Line Complex Processing 在线复合处理

OLCR On-Line Character Recognition 在线字符识别

OLCR Open Logical Channel Reject 打开逻辑通道拒绝
OLCS On-Line Computer System 在线计算机系统
OLCSS On Line Computer Shopping Services 在线电脑购物服务
OLCTP On Line Complex Transaction Processing 在线复杂交易处理
OLD obstructive lung disease 阻塞性肺疾病
OLD On-Line Debugging 在线调试
OLD On-Line Diagnostics 在线诊断
OLDS On Line Dynamic Server 在线动态服务器
OLE object linking and embedding 对象链接和嵌入
OLE Optical Line Equipment 光线路设备
OLE Originating Local Exchange 发端端局交换机
OLED Organic Light-Emitting Diode 有机发光二极管
OLED organisches Leuchtemissionsdisplay 有机发光显示器
OLEMS Object Linking Embedding Management Service 对象链接嵌入管理服务
OLG Oberlandesgericht 高等地方法院
OLH On Line Help 在线帮助
OLI Optical Line Input 光线路输入
OLI Optical Line Interface 光线路接口
Öl-K Ölkondensator 油浸电容器
OLL Open-Loop Loss 开放环路损耗
OLMM Optical Loop Mirror Multiplexer 光环路镜像复用器
OLO On-Line Operation 在线操作
OLO Optical Line Output 光线路输出
OLP On-Line Processor 联机处理器
OLR Optical Line Rate 光线路速率
OLR Overall Loudness Rating 总响度评定值
OLRTS On-Line Real-Time System 在线实时系统
OLS On Line Service 在线服务
OLS Outgoing Line Signaling 去话线路信令
OLT Optical Line Terminal (Termination) 光线路终端
OLT Optical Line Transceiver board 光线路收发板
OLTM Optical Line Terminal Multiplexer 光线路终端复用器
OLTP on-line transaction processing 联机事务处理
OLTT On-Line Terminal Testing 在线终端测试
OLÜ Ortsleitungsübertrager 市内(电话)网变压器
OLW Leitungswähler für Ortsverkehr 本地话务选线器
öLW öffentliche Luftwarnung 空袭警报
OLW Ortsverkehr-Leitungswähler 本地话务选线器
OLWS Optical Light Wave Synthesizer 光波合成器
OLXC Optical Layer Cross Connect 光层交叉连接
OM Object Management 对象管理
oM ohne Mündlochbüchse 无爆发机容器的,不带炮口制退器的
ÖM Ölmotor 燃油发动机
Om Omegaförmige Achse 拱形轴
O & M Operation and Maintenance 运行与维护
OM Operation Mode 操作模式
OM Optical Multiplexer 光复用器
o. M. ordentliches Mitglied 正式成员
OM Ortsmissweisung 当地磁偏角,位置偏差,局部偏差
OM Overlay Model 重叠模式
OMA Object Management Architecture 对象管理体系结构
OMA Open Mobile Alliance 开放移动联盟
OMA Orthogonal Multiple Access 正交多址接入
OMAP Operation, Maintenance and Administration Part 操作、维护和管理部分
OMB Operation and Maintenance Block 运行和维护块
Om. bid. Omni biduo 每2日
OMC Operation & Maintenance Center 操作维护中心,运行维护中心
OMC Operation & Management Center 运行管理中心
OMC Operations Monitoring Computer 操作监控计算机
OMC-B Operation and Maintenance Center For Base Station 基站操作维护中心
OMC-G Operation & Maintenance Center-GPRS 运行维护中心-通用分组无线业务部
OMC-R Operation & Maintenance Center-Radio 操作维护中心-无线部
OMC-S Operation and Maintenance Center For Switching Subsystem 交换子系统操作维护中心
OMC-S Operation & Maintenance Center-Switch 操作维护中心-交换部
Om. d. (**o. d.**) Omni die 每日
OME optische Merkmalerkennung 光学标志识

别

OMF Object Management Function 目标管理功能

OMF Open Media Framework 开放式媒体框架

OMF Operation Maintenance Function 操作维护功能

OMFI Open Media Framework Interchange 开放式媒体架构互换

OMG object management group 对象管理组

Om. hor. (**o. h.**) Omni hora 每小时

OMI Open Messaging Interface 开放式信息界面

OMI Operation Maintenance Interface 操作维护接口

OMI Optical Modulation Index 光调制指数

OMIN Optical Multistage Interconnected Network 光多级互联网络

OMK Obermesserkasten (提花机)上刀箱

OML object manipulation language 对象操作语言

OML Operation and Maintenance Link 操作与维护链路

OMM Operate (Operation) Maintenance Module 操作维护模块

Om. man. Omni mane 每日早晨

Omn Omnibus 公共汽车

OMN Optically Multiplexed Network 光复用网络

Om. noc. (**o. n.**) Omni nocte 每日晚上

O-MOD Optical Modulator 光调制器

OMP Open Management Protocol 开放的管理协议

OMP Operation Main Processor 操作主处理器

OMP Operation & Maintenance Processor 运行维护处理器

OMR Optical Mark Reader 光学标记阅读器

OMR optische Markierungserkennung 光学标记识别

OMS Object Management System 目标管理系统

OMS Operation & Maintenance Subsystem 操作与维护子系统

OMS Operation & Maintenance Support subsystem 运行维护支持子系统

OMS Operation and Maintenance Station 操作维护站

OMS Operation and Monitoring System 操作监测系统

OMS Opportunity Management System 机会管理系统

OMS Optical Multiplex Section 光纤复用段

OMS Optical Multiplexer Section layer 光纤复用段层

OMS Opto-electronic Multiplex Switch 光电子复用转换

OMS Oral and maxillofacxial surgery 口腔颌面外科学

OMSS Operation Maintenance Support System 运行维护支持系统

OMT Object Modeling Technique 对象建模技术

OMT Optical Multiplexing Terminal 光复用终端

OMU Operation & Maintenance Unit 操作维护单元

OMU Optical Multiplexer Unit 光多路复用器单元

Ömünz Öffentlicher Münzfernsprecher 投币式公用电话

OMUP Operations Maintenance User Part 运行维护用户部分

ÖMV Österreichische Mineralölverwaltung 奥地利石油管理局

O. N. Offizielle Name Nach Genfer Namenwahl 日内瓦命名的正式名称

o. n. (**Om. noc.**) Omni nocte 每日晚上

ON Optical Network 光网络

ON Ortsname 地名

ON Ortsnetz 市内电力网,市区电话

ÖN Österreichsches Normeninstitut 奥地利标准研究所

ÖNA Ölnebelabscheider 油雾分离器

ONA Open Network Architecture 开放式网络体系结构,开放式网络结构

ONA Optical Network Analyzer 光网络分析仪

ÖNA Österreichischer Normenausschuss 奥地利标准委员会

ONAL Off-Net Access Line 网外接入线路

ÖNB Österreichische Nationalbibliothek 奥地利国家图书馆

ONC directnumerical control 直接数字控制

ONC Off-Net Calling 网外呼叫

ONC Open Network Computing 开放式网络计算

ONDA On-line Datenverarbeitung 联机数据处理;在线数据处理

ONDA On-line-Dauerprogramm 联机持续程序,在线持续程序

ONERA Office National d'Etudes et de Recherches Aerospatiales 【法】国家航空和航天研究院

ONI Optical Network Interface 光网络接口

ONKz Ortsnetzkennzahl 市内电话网特征数,市

区电力网参数

ONL Optical Network Layer 光网络层

ONM Open Network Management 开放式网络管理

ONN Open Network Node 开放型网络节点

ONNC Optical Neural Network Computer 光学神经网络计算机

ONO Ostnordosten, Ostnordost 东北偏东

ONO over and out 结束了,走了

ÖNORM österreichische Norm 奥地利国家标准

ONP Open Network Provisioning 开放式网络配置

ONS Online Notifying Server 在线通知服务器

ONS Open Networking Support ware 开放式网络支持件

ONT Optical Network Terminal (Termination) 光网络终端

ONTM Open Nested Transaction Model 开放的嵌套事务模型

ONU Optical Network Unit 光网络单元

ONW Ortsnetz mit Wählbetrieb 自动维护市区电力网;自动工作市区电话网

OO Object-Oriented/Objektorientiert 面向对象的

o. O. ohne Ort 未注明地点

OO Originate Only 只发送(无应答功能)

OOA Object Oriented Analysis 面向对象的分析

OOAD Object Oriented Analysis and Design 面向对象的分析与设计

OOAM Object-Oriented Analysis Model 面向对象的分析模型

OOB Out Of Band 带外

OOC Optical Orthogonal Code 光正交码

OOC Over Ocean Communication 越洋通信

OOD Object-Oriented Design 面向对象设计

OODB Object-Oriented Database 面向对象的数据库

OODBMS Object Oriented Database Management System 面向对象数据库管理系统

OODM Object Oriented Development Method 面向对象开发方法

OODS Object Oriented Database System 面向对象数据库系统

OOF Operation Output Function 操作输出功能

OOF Out Of Frame 失帧,帧失步

OOGMS Object-Oriented Graphical Modeling System 面向对象的图形建模系统

OOK On-Off Key 开关键

OOK on-off keying 通断键控

OOL Object-Oriented Language (Layer) 面向对象的语言(层)

OOM Object-Oriented Memory (Method) 面向对象的存储器(方法)

OOM One to One Marketing 一对一营销

OONP Object-Oriented Network Protocol 面向对象的网络协议

OOOS Object Oriented Operation System 面向对象操作系统

OOP Object Oriented Programming/Objektorientierte Programmierung 面向对象的程序设计

OOP Output Optical Power 输出光功率

OOPL Object Oriented Programming Language 面向对象的编程语言

OOPS Object-Oriented Programming System 面向对象的程序设计系统

OORAM Object-Oriented Role Analysis Method 面向对象的角色分析方法

OOS Object-Oriented Software 面向对象的软件

OOS Out Of Service 退役,退职

OOSD Object-Oriented System Design 面向对象的系统设计

OOT Object Oriented Technology 面向对象技术

OOUI Object Oriented User Interface 面向对象用户界面

o. O. u. J. ohne Ort und Jahr 未注明地点和年份

OOWS Object-Oriented Window Software 面向对象的窗口软件

OP Oberprüfungsamt 检验总局

OP Objektprogramm 目的程序,结果程序

o. p. ohne Preis 无定价

O+P Ölhydraulik und Pneumatik 油压学与气体力学(德刊)

Op Operand 运算数,操作数

Op Operation 行动,动作,操作;战役;演算,运算

Op. Operator 操作员;运算子,算符

OP Orientierungspunkt 定向点,方位点

OP Originalverpackung 原包装

OP Ortungspunkt 定向标,方位标,定位参考点

Ö. P. Österreichisches Patent 奥地利专利

OP. out-patient 门诊病人

OPA Optical Parametric Amplification 光参量放大

OPA Optical Pre-Amplifier 光前置放大器

OPAL Optical Access Line 光接入线路

OPAL Optical Parametric Amplification Laser 光参量放大激光器

OPALS 激光通信科学光学载荷

OPB Optical Power Budget 光功率分配
OPC Optical Phase Conjugation 光相位共轭
OPC Original (Originating) Point Code 源点码
OPC. out-patient clinic 门诊
OPD Oberpostdirektion 邮政管理总局
OPD Operativdienst 外科手术工作
OPD Optical Path Difference 光程差
OPD Organization Process Definition 组织过程定义
OPDU Operation Protocol Data Unit 操作协议数据单元
OPEC Organization of Petroleum Exporting Countries 欧佩克,石油输出国组织
OPEN Optical Pan-European Network 泛欧光网络
OPEN Organisation des Producteurs d'Energie Nucleaire 【法】巴黎核能生产组织
OPEX Operation Expenditure 运营支出
OPF Organization Process Focus 组织过程焦点
OPFIL Optimierung von Filtern 过滤器(滤光器、滤波器)最佳化
OPGW Optical Power Ground Wire 光纤架空地线复合缆
OPGW Optical Power Grounded Waveguide 地线复合光缆,光纤架空地线
OPI Open Prepress Interface 开放式印前界面
Ö. P. I. Österreichisches Petroleum Institut 奥地利石油学院(研究院)
OPI Overall Performance Index 全性能指数
OPIC Oversea Private Investment Corporation 【美】海外私人投资公司
OPLL Optical Phase Lock-Loop 光锁相环路
oplm. nichtplanmäßig 不按计划的
OPM Optical Performance Monitor 光通道性能监测
O_PMP O_Performance Management Part 操作性能管理部分
ÖPNV öffentlicher Personen nah-verker 近程公共客运交通
OPOL Optimization-Oriented Language 面向优化的语言
OPP Optical Power Penalty 光(通道)功率代价
OPPM Overlapping Pulse Position Modulation 重叠脉位调制
Opr Operationsregister 操作寄存器;计算程序寄存器
OPR Operator Signal 话务员信号
OPR Optical Preamplifier Receiver 光预放大器接收机
OPREMA Optik-Rechenmaschine 光学计算机
OPRI Operational Primitives 操作原语
o. Prof. Ordentlicher Professor 正教授
OPS Off-Premises Station 楼外分机
OPS Operator Position System 操作员定位系统
OPS Optical Smoothing 光平整
Opsi Optische Zugsicherung 火车光学安全装置
OpSp Operativspeicher 操作存储器;运算存储器
OPT Open Packet Telephony 开放式分组电话
opt Optik 光学
opt. optimal 最佳的,最好的
opt. optisch 光学的,视力的
opt optische Geräte 光学仪器
opt. optimieren 使……尽可能完善
OPTA Optimal Performance Theoretically Attainable 理论上可达到的最佳性能
opt.-inakt. optisch inaktiv 光学惰性的
OPTM Optical Transmitter Module 光发射模块
OPU Overhead Processing Unit 开销处理单元
OPV Deutscher Postverband 德国邮政协会
OPV (OpV) Operationsverstärker 运算放大器
OPV oral live attenuated viruspolio vaccine Sabin 口服脊髓灰质炎减毒活疫苗(萨宾氏)
OPW Operationswerk 运算装置
OPX Off-Premises Extension 楼外分机,室外分机
OPXC Optical Path Cross Connect 光通路交叉连接
OPZ Operationszentrale 运算中心,操作中心;手术中心
OQAM Orthogonally multiplexed QAM system 正交复用 QAM 系统
OQL Object Query Language 对象查询语言
OQL On-line Query Language 在线查询语言
OQPSK Offset Quadra Phase Shift Keying 偏移四相相移键控
oR ohne Rauch 无烟的
oR ohne Rauchentwickler 无发烟器的
OR. operating room 手术室
OR Operations Research 运筹学;运算研究
OR Operator 操作员;运算子,算符,算子;话务员,操作员,报务员
OR Optical Reflectance 光反射比
OR Optimal Routing 最佳路由选择
or. orange 桔黄色,橙色
Or. Orientierung 定向,定位
OR Outgoing Route 输出路由
ORACH ODMA Random Access Channel ODMA 随机接入信道
ORB object request broker 对象请求代理
ORB Observatoire Royal de Belgique 比利时皇

家天文台

ORC Optimal Retransmission Control 最佳转发控制

ORC Originating Region Code 始发地区代码

ord. ordentlich 井然有序的,井井有条的,正式的

Ord. Ordinate 纵坐标

Ord.(Ordn.) Ordnung 顺序,排列;规则,条例;级,等级,系统;整理,布置

ORDBMS Objektrelationales Datenbankmanagementsystem 对象关系数据库管理系统

Ordn. Ordnung 顺序,排列;规则,条例;级,等级,系统;整理,布置

Ordn. Tr. Ordnungstruppe 交通指挥勤务

ORE Overall Reference Equivalent 全程参考当量

O-REP Optical Repeater 光中继器

ÖRF Österreichischer Rundfunk 奥地利广播电台

Org. Organisation 组织

ORG Organisationsprogramm 管理程序;执行程序

org. organisch 有机的,器官的

Org. Anw. Organisationsanweisung 组织条例;组织说明

Orig. Original 原型,原作,原件

ORINS Oak Ridge Institute of Nuclear Studies 【美】橡树岑原子核研究所

ORL Optical Return Loss 光功率回返损耗

ORLCF Optimal Routing for Late Call Forwarding 对滞后呼叫前转的最佳路由选择

ORM Optical Receiver Module 光接收模块,光接收机模块

ORM Output Reconfiguration Network 输出重构网络

ORMA Optical Reservation Multiple Access 光预留多址接入

O_RMP O_RightManagementPart 操作权管理部分

ORN Optic Remote Node 光远端节点

ORNL Oak Ridge National Laboratory 【美】橡树岑国立实验室

OROG Originating Outgoing 发话端去话

OROM Optical Read-Only Memory 光学只读存储器

ORP Optical Reference Point 光参考点

ORP Output Routing Pool 输出布线区,输出选路池

ORPU Orientierungspunkt 定向点

ORR Oak Ridge Research Reactor 【美】橡树岑研究反应堆

ORS oral rehydration solution 口服补水溶液

orth. orthodox 正统的,公认的,规范的

ORU Optical Receive Unit 光接收单元

OS Oberspannung 高压

OS Object Supports 对象支持

O. S. Oculus sinister 左眼

OS Office System 办公室系统

OS Offizierssäbel 军官用刀剑

ÖS Öltransformator mit Selbstkühlung 自冷式油浸变压器

OS opening snap 开瓣音

OS Operating System 操作系统

OS Optical Section 光纤段

OS Optical Sender 光发射机

OS Optical Switch 光开关

OS Originating Subscriber 始发用户

Os Osmium 锇

OS Oszillator im Sender 发射机中的振荡器

OS Oszillogramm 示波图,波形图

OS Outgoing Sender 出局发码器

O_2S Oxygen Sensor 氧气传感器

OSA Office System Automation 办公系统自动化

OSA Open Service Access (Architecture) 开放业务接入(结构)

OSA Optical Spectrum Analyzer 光谱分析仪

ÖSA(ÖSGAE) Österreichische Studiengesellschaft für Atomenergie GmbH 奥地利原子能研究协会

OSAN Optical Subscriber Access Node 光用户接入节点

OSB Output Signal Balance 输出信号平衡

OSB 多种仿型座椅/矫形椅靠背

ÖSBS Österreichische Staub-Bekämpfungsstelle 奥地利防尘研究所

OSC Operating System Control 操作系统控制

OSC Optical Supervisory Channel 光监控通路

OSC Optical Switch Core 光交换核心

OSC Oscillator 振荡器

OSC Outbound Signaling Channel 输出信令信道

OSC Outgoing Sender Connector 出局发送器连接器

OSCA Open Systems Cabling Architecture 开放系统布线结构

OSD Bildschirmanzeige 屏幕显示

OSD On Screen Display 屏幕显示

OSDM Optical Space Division Multiplexing 光空分复用

OSDP On-Site Data Processor 现场数据处理机

OSDS Operating System for Distributed Switching 分布式交换的操作系统

OSDS Optical Space Division Switching 光空分

交换

OSE Open Systems Environment 开放系统环境

OSF open software foundation 开放软件基金会

OSF Operation System Function (block) 操作系统功能(块)

OSF/MF Operations System Function or Mediation Function 操作系统功能或协调功能

OSG Obere Spezifikationsgrenze 技术条件上极限

ÖSGAE Österreichische Studiengesellschaft für Atomenergie GmbH 奥地利原子能研究协会

osgl optisch-spiegelglänzend 光学-镜面光泽的

OSHN Optical Self Healing Network 自愈光纤网络

OSI open system interconnection 开放系统互联

OSI Open System Interconnection reference model 开放系统互连参考模型

OSI Open System Interface 开放系统接口

OSI Operating System Interface 操作系统接口

OSIE Open System Interconnection Environment 开放系统互连环境

OSI/NMF OSI/Network Management Forum 开放式系统互联参考模型/网管论坛

OSI-NS OSI Network Service 开放式系统互联参考模型网络业务

OSI-R OSI Resource 开放式系统互联参考模型资源

OSI-RM Open System Interconnection Reference Model 开放系统互联参考模型

OSKA Objektschlüsselkatalog 地物代码索引，地物判读样片目录

ÖSL Ölselbstkühlung 油自冷

OSL Optical Signal Level 光信号级

OSL örtliche Schnellverkehrsleitung 本地快速直达长途通信线路

OSL Ortssendeleitung 本地传输线路

OSL 矩形座靠背

OSL-m örtliche Schnellverkehrsmeldeleitung 地区快速直达挂号线路

OSL-v örtliche Schnellverkehrsvermittlungsleitung 地区立接制通信接线线路

OSM Oscillator Strength Modulation 振子强度调制

OSM osmol 渗摩(用克分子表示的渗透压单位)

OSM Outgoing Switch Module 出局交换模块

OS/MD Operation System/Mediation Device 运行系统/协调设备

OSMF Open System Management Framework 开放式系统管理框架

OSMT Optical Surface Mount Technology 光表面贴装技术

OSN Optical Shuttle Node 光信息往返节点

OSN Optical Subscriber Network 光纤用户网

OSNC Optical Section Network Connection 光纤段网络连接

OSNL Operating System Nucleus Language 操作系统核心语言

OSNR Optical Signal [to] Noise Ratio 光信噪比

OSO Ostsüdost= Ostsüdosten 东南偏东

OSP Octet Stream Protocol 八位组流协议

OSP Online Service Provider 在线服务提供商

OSP Open Settlement Protocol 开放结算协议

OSP Optical Saturation Parameter 光饱和参量

OSP Optical Signal Processing 光学信号处理

OSP Optical-switched Service Provider 光交换业务供应商

OSP Outside Plant 外线设备

OSP Programmierung über Bildschirmmenü 屏幕菜单编程

OSPF Open Shortest Path First Protocol 开放式最短路径优先协议

OSPF Open Short (Shortest) Path First 开放式最短路径优先

OSPIHOSS Octet Stream Protocol for Internet Hosted octet stream service 用于因特网主机八位组流业务的八位组流协议

OSQL Object oriented Structure Query Language 面向对象结构查询语言

OSS One Stop Shopping Procedure for Licensing Telecommunications Services 用于许可电信业务的一站式购物程序

OSS Open Simulation System 开放式模拟系统

OSS Operating Support Subsystem 操作支持子系统

OSS Operating System Software (Storage, Subsystem) 操作系统软件(存储,子系统)

OSS Operation Support System 运行支持系统

OSS Operator Service System 话务员服务系统

OSS Operator Specific Service 运营商的具体服务

OSS Out-Slot Signaling 隙外信令

OSS-C One Stop Shopping Procedure for All Telecommunications Network and Services 全部电信网络和业务一步购物程序

OSS_FMP Oss Files Management Part OSS 文件管理部分

OSSG Optical Small Signaling 光小信号

OSSL Operating System Simulation Language 操作系统模拟语言

OSS_SCP OSS_Status Control Part OSS 状态控

制部分

OSS_SWD OSS_Software Download OSS 软件下载

OST Operationssteuerung 运算控制,操作控制

OST Optical Section Termination 光纤段终端

Österr. Österreich 奥地利

österr. österreichisch 奥地利的

OSTIV Organisation Scientifique et Technique Internationale du Vol a Voile 【法】国际滑翔科学技术组织

östl. östlich 东方的,向东

östl. L. östliche Länge 东经

ostw. ostwärts 向东,朝东

OSU Optical Subscriber Unit 光用户单元

OSU 国际证券业务分公司

OSWS Operating System WorkStation 操作系统工作站

OSZ Ortssternzeit 地方恒星时

Osz. Oszillation 振荡,振动

Osz. Oszillator 振荡器;振动子;振荡发生器

OSZE Organisation für Sicherheit und Zusammenarbeit in Europa 欧洲安全与合作组织(欧安组织)

Oszi Oszillograph 示波器

o. T. oberer Teil 上部

o. T. oberer Totpunkt 上死点

OT Obere Toleranz 公差上限

OT Object Technology 对象技术

O. T. offener Tiegel (用于测定闪点的)开杯

OT. old tuberculin 旧结核菌素

OT Optical Transponder 光转发器

OTA Over-the-Air 空中传输,无线

OTAF Over-the-Air Service Provisioning Function 空中传输服务配置功能

OTASP Over-the-Air Parameter Administration 空中传输参数管理

OTB Optical Transceiver Board 光收发板

OTC Operating Telephone Companies 运营电话公司

OTC Originating Toll Center (Circuit) 长途始发中心(电路)

OTC Originating Trunk Center 发话中心局

OTC Outgoing Trunk Circuit 出中继电路

OTC over the counter/over-the-counter 非处方(药),柜台(药)

OTC over counter market 店头交易市场,(股票)二级市场

O/T-CSI Origination/Termination-CAMEL Subscription Information 始发/终接 CAMEL 签约信息

OTD Observation Time Difference 观察时间差异

OTD Optical Time Domain 光时域

OTD Orthogonal Transmit Diversity 正交发射分集

OTDL Object Type Definition Language 对象类型定义语言

OTDM Optical Time Division Multiplexing 光时分复用

OTDM Optical Time Domain Multiplexing 光时域复用

OTDR Optical Time Domain Reflect meter 光时域反射仪

OTDR Optical Time Domain Reflect metering 光时域反射测量

OTDS Optical Time Division Switching 光时分交换

OTF on the floor 在发言,在讨论中,在拍摄中

OTF Optical Transfer Function 光传递函数

OTI Obertelegrapheninspektor 总电报检查员

ÖTI Österreichisches Textil-Forschungsinstitut 奥地利纺织研究所

OTJV Österreichischer Tonjägerverband 奥地利录音业余爱好者协会

OTM Optical Terminal 光终端/光端机

OTM Optical Terminal Multiplexer 光终端复用器

OTM Optical Transport Module 光传送模块

O_TMP O_TestManagementPart 操作测试管理部分

0t/MS (t/M. S, t/M+S) Tonnen pro Mann und Schicht 吨/工班

OTN Optical Transit Node 光过渡节点

OTN Optical Transport Network 光传送网

OTN Orthogonal Tree Network 正交树网络

Otoh on the other hand 此外

OTP One Time Programmable 一次可编程

OTR operativ-taktische Rakete 战役战术导弹

Otro Ofentrocknen 烘窑;烘炉

OTS Obertelegraphensekretär 总电报秘书

OTS On-line Terminal System 在线终端系统

OTS Optical Transmission Section 光传输段

OTS Orbit Test Satellite 轨道试验卫星

OTS-Freigabe Off Tool Sample Freigabe 工装样件认可

OTT Optical Transmission Technology 光传输技术

OTTH on the third hand 第三方面

OTTN Optical Trunk Transmission Network 光干线传输网络

OTU Optical Transponder Unit 光转发器单元

OTU-A Optical Transponder Unit-Add 上路波长转发器

OTU-D Optical Transponder Unit-Drop 下路

波长转发器
OU both eyes 双眼
O. U. Oculi utrigue 双眼
OU Organization Unit 组织单元
OUG On-line User Group 在线用户群
öÜl örtliche Überweisungsleitung 地方查询线路;就地查线,现场查线
OUP Originating User Prompter 主叫用户提示器
OUP Originating User Prompting 提醒主叫用户
OUT Optical Translator Unit 光转换器单元
OUT Output 输出(端)
OUTDEV Output Device identity 输出设备标识
OUTREG output register 输出寄存器
ÖUW Ölumlauf-Wasserkühlung 油循环-水冷却
o. V. Einstellung Einstellung ohne Verzögerung 立即校准
o. V. ohne Verzögerung 非延时的,立即,瞬发的
OV Operationsverstärker 运算放大器
oV orthographische Variante 拼写变化
OV Ortsverband 地区性联盟,地方性联合会
OV over voltage 过电压
OVCS Optical Character Reorganization/Video Coding System 光学字符识别与视频补码系统
OVD öffentliche Verwaltung und Datenverarbeitung 公共管理和数据处理
OVD Optical Video Disc 视频光盘
ÖVE Österreichische Vorschriften für die Elektrotechnik 奥地利电工标准
OVID Object-oriented Video Database 面向对象的视频数据库
OVL Ortsverlängerungsleitung 区域延长线路
OVP Over Voltage Protection 过电压保护
OVPN Optical Virtual Private Network 光虚拟专用网
OVSF Orthogonal Variable Spreading Factor 正交可变扩频因子
OVSI Ortsvermittlungsstelle 地方电话总局
o. W. obere Winkelgruppe über 45° 大于45°的射角,大于45°的仰角
O. W. Oberwasser 水库坝上的水;地面水;优势
OW Oberwasserstand 地面水位,高水位
oW ohne Antriebswelle 无驱动轴;无传动轴;无主动轴
o. W. ohne Wärmeaustauscher 无热交换器
OW Öl-in-Wasser Emulsion 水包油乳剂
ÖW Öl-und Wasserabscheider 油水分离器
OW Order Wire 挂号线,记录线,联络线,传号线,勤务线
OW Otto Wolff AG 奥托·沃尔夫股份有限公司
ÖWA Öltransformator mit Ölumlaufkühlung und äußerer Wasserkühlung 油循环冷却和外部水冷式油浸变压器
OW-ADM Optical Wavelength ADM 光波长ADM
OWB Order Wire Board 公务电话板
OWC one way communication 单向通信
OWC One-Way Channel 单向信道
OWC Optical Wavelength Convertor 光波长转换器
OWD Order Wire and Data unit 联络线与数据单元
OWDM Optical Wavelength Division Multiplexing 光波分复用
OWDS Optical Wavelength Division Switching 光波分交换
Ö/W-Emulsion Öl-in-Wasser-Emulsion 水包油型乳液
ÖWF Ölwechselfrist 换油期
OWF optimum working frequency 最佳工作频率
OWG Obere Warngrenze 警告极限上限
ÖWI Ölwechselinterval 换机油间隔时间
OWi Ordnungswidrigkeit 违反纪律,违反规定
OWPT Order Wire Phone Trunk 联络电话中继线
OWS Oberwasserspiegel 上水水位,地面水位
OWS Office WorkStation 办公室工作站
O. W. Sp. Oberwasserspiegel 地面水位,上水水位
OWT Outward Trunk 外中继线,出局中继线
OWU Order Wire Unit 公务单元
ÖWWV österreichische Wasserwirtschaftsverband 奥地利水利协会
ox Oxalat 草酸盐;乙二酸盐;草酸酯;乙二酸酯
Ox. Oxydation 氧化
Ox oxydischer Typ Elektrode 氧化型电极
Ox anodische Oxydierbarkeit mit dekorativer Wirkung 有装饰作用的阳极可氧化性
OXC Optical Cross Connect (Connector) 光交叉连接(连接器)
OXCN Optical Cross Connect Node 光交叉连接节点
Oxd. Oxydierung 氧化(作用)
oxdd oxydierend 氧化的
Oxh Oxhoft 小桶(容量约240升)
oxyd. oxydiert 被氧化的
Oxydationsm. Oxydationsmittel 氧化剂
o. Z. ohne Zeichnung 无图,不带图

o. Z. ohne Zensur 没有审查
OZ Oktanzahl 辛烷值
OZ Ölzahl 吸油率
OZ Ordnungszahl 顺序号,序数;原子序数
OZ Organisationszentrale 组织中心
OZ Ortszeit 地方时间
Oz ounce 盎司(英美商业衡量单位)
Oz Ozean 海洋
ÖZfV Österreichische Zeitschrift für Vermessungswesen 奥地利测量学杂志
ÖZH Ölzentralheizung 燃油集中供暖
OZL optischer Zeilenleser 光学行阅读器
OzN Ost zu Nord 东偏北
OzS Ost zu Süd 东偏南

P

P atrial deploration ECG wave 心房悲悼心电波性
P Druck oder Zug 压力或拉力
P Gewicht 重量
P Kraft 力
P Leichtöl 轻油
P Leistung 功率
μP mikroprozessor 微处理机
P Paar 双,对
P paarig 成对的,成副的
P Packung 包装,封装;填料,填充物
p. (**pag.**) Pagina/Seite 页,页数
P Panama 巴拿马薄呢
P Panhardstab 潘哈德杆,摆动杆
P Panorama 全景,写景图
P Panzer 装甲车,坦克
P Papier 纸
P Pappband 厚纸书面,厚纸带
P Para 巴拉橡胶
P Park 库,车场
P Parkplatz 停车场,公园场地
P partial pressure of carbon dioxide 二氧化碳分压
P partial pressure of oxygen 氧分压
P Paste 糊,纸浆,浆料;糊剂,膏
P Patent 专利;专利权;特许证
P Patrone 模型,样本;子弹;灯泡口;卡盘,筒夹
P Pegel 电平,水平面,水准;测水位器,水位尺
P Pegelbüchse 测水位器插座
P Peil 水位计
P Pentode 五极管
P3 People, Price, Product 人、价格、产品
P Per 每,由
P Perforation 穿孔,打洞,打眼
P Perimeter 周长,周围;边界
P Perlit 珠光体
P Permanent 永久的,持久的
P permanenterregt 永久磁铁励磁的
P Permanenterregung 永久磁铁励磁
P Personenzug 客运火车
P peta… 一千兆
P Pfeifton 干扰振鸣声,干扰啸叫声
P p-Formstück 塞头,封口螺丝
P Phenolphthalein 酚酞啉,还原酚酞
P Phosphate 磷酸盐,磷酸酯
P phosphorus 磷
P Pico/piko (10^{-12})微微……
P Pilaster 壁柱,半露柱
P Pilot 扩孔钻头的导杆;领航员,驾驶仪;导频
P Pipeline 管道,管线
P Pistole 手枪;焊枪;喷镀枪
P Pitch 节距,径节
P Planung 规划,计划;刨平;设计
P Plasma 等离子体,等离子区;血浆
P Platin 铂,白金
P Platte 板,平板,极板;照相底片;唱片;磁盘;平台
P Plus 相加,正数,正号
P Plusleiter 正导体
P Poise 泊(粘度单位)
P Pol 极
p polar 极的,极地的,有极性的
P Polarisation 极化,极化强度;偏振,偏振化
P poliert 抛光的,研磨的,磨光的
P Polpaarzahl 极偶数
P Pond 磅脱(重量和力的度量单位)
P Porsität 多孔性,孔隙率,孔隙度,疏松度;气孔率
P positiver Pol 正极;阳极
P Post 邮局,邮件;柱,桩,杆
P Potentiometer 电位器,电位计
P Prefocussockel 预调焦灯座
P Pressluft 压缩空气
P pressschweißbar 可压焊的(标准代号)
P Presssitz 二级精度压配合,压合座
P primary wave 地震纵波,初波
3P Privacy Preference Project 个人私隐安全平台

P pro 每一
P Probe 试样,样品;试验
P Profilradius 曲线半径,轮廓半径
P Programm 程序
P proline 脯氨酸
P properdin 备解素(补体活化旁路途径)
P(P.) Proton 质子
P Provider router 提供商路由器
P pulmonic second sound 肺动脉瓣第二音
P Puls 脉冲,脉冲串,脉冲波,脉冲序
P pulse 脉搏,脉冲,脉动
P Pulver 粉,粉末,火药,炸药,粉剂,焊药
P Pumpe 泵,唧筒,抽机
P Punkt 点,交点,要点
P Punktprobe 点采样
P Pylon 标塔,标杆
P Pyramide 三角锥,角锥体,棱锥体
P pyritisch 黄铁矿的
P Schiff Hütte, Poop 船尾楼
p short arm of chromosome 染色体短臂
p Sockel seitlich 灯头侧置
P Teilung 螺距,节距
P typographischer Punkt 印刷点
P Wirkleistung 功率
p 单位
PA Nylon 尼纶,尼龙
P. A. Panzerabwehr 反坦克
PA Pappel 杨(属);锦葵属
PA Parallelität 平行度
Pa Pascal 帕(斯卡)
P & A Password and Authentication 加密和鉴权
PA Patentamt 专利局
PA Patentanmeldung 专利登记
PA Peilantenne 定向天线,探向天线
Pa Pendelachse 摆动轴,全浮式半轴
p. A. per Adresse 由……转交
p. a. per annum 每年
PA Performance Analysis 性能分析
PA periphere Anschlüsse 外围连接,外围接线
PA pernicous anemia 恶性贫血
Pä Petroleumäther 石油醚
PA Play Announcement 播送通知
PA Polyamid 聚酰胺,聚酰胺纤维
PA Polyathylen 聚酰胺,尼龙
PA power amplifier 功率放大器
PA Primärmultiplexanschluss 原始复用接口
P/A. private account 私人帐户
p. a. pro analysis 每次分析
PA Produktionsanlage 生产装置,生产装备,生产设备
PA Program Address 程序地址
PA Program Approval 计划批准
Pa Protactinium/Protaktinium 镤
PA Prozessanweisung 过程说明,工艺说明
PA Prüfautomat 自动测试装置,自动测试设备,自动测试机
PA Prüfungsausschuss 检验委员会
PA Pufferabstand 缓冲距离
PAA Parallelausgabe 并行输出
PAA Polyacrylic acid 聚丙烯酸
p. a. a. 用于患处
PAB Allgemeine Bedingungen für Privatgleisanschlüsse 私人铁轨衔接一般条件
PAB p-Aminobenzoesäure 对-氨基苯(甲)酸;对-氨基安息香酸
3**Pab** Dreiphasen-Abtastung 三相扫描,三相探测
AB Power Amplify Board 功率放大板
PABX Private Automatic Branch exchange 专用自动交换分机
PAC Polyacryl 聚丙烯
PAC Polyacrylnitril 聚丙烯腈
PAC polycyclic aromatic Compound/polycyclische aromatische Verbindung 多环芳香化合物
PACA Priority Access and Channel Assignment 优先接入和信道分配
PACCH Packet Access Grant Channel 分组接入允许信道
PACCH Packet Associated Control Channel 分组随路控制信道
PaCO$_2$ arterieller Kohlendioxidpartialdruck/arterial carbondioxide tension 动脉二氧化碳分压
PACS Personnel Access Communication System 人员接入通信系统
PAD Packet Assembler-Disassembler 分组拆装器
Päd. Pädagogik 教育学
PAD Paketierungs-/Depaketierungseinrichtung 拆装设施
PAD PCM Adapter 脉码调制适配器
PAD Program Associated Data 与程序相关的数据
PADI PPPoE Active Discovery Initiation 以太网上运行点对点协议的积极探索开始
PADL Pager Application Development Language 寻呼机应用开发语言
PADO PPPoE Active Discovery Offer 以太网上运行点对点协议的积极探索提供
p. Adr. XperAdresseY 由Y转交X
PADR PPPoE Active Discovery Request 基于以太网上运行点对点协议(PPPoE)的积极探索

请求

PADS PPPoE Active Discovery Session Confirmation 以太网上运行点对点协议的积极探索会话确认

PADT platelet adhension test 血小板粘附试验

PADT PPPoE Active Discovery Terminate 以太网上运行点对点协议的积极探索终止

PAE Paralleleingabe 并行输人

PAe Petroleum ether/Petroleumäther 石油醚

PAE Port Access Entity 端口访问实体

PAF platelet activiting factor 血小板活化因子

PAF Polyamidfaser 聚酰胺纤维

PAF Preisanpassungsformel 价格适调公式

PAFC phosphoric acid fuel cell/Phosphorsäure-Brennstoffzelle 磷酸燃料电池

Pag Papier getränkt 浸渍纸

PAGCH Packet Access Granted Channel 分组接入允许信道

PAGE polyacrylamide gel electrophoresis 聚丙烯酰胺凝胶电泳

PAGEOS passive geodetic earth orbiting satellite 被动测地卫星,无源测地卫星

Pag. -Masch Paginiermaschine 编页码机

PAGT platelet aggregate test 血小板聚集试验

PAH para-aminohippurate 对氨基马尿酸盐(肾血浆流量测定)

PAH polycyclic aromatic hydrocarbon /polycyclische aromatische Kohlenwasserstoffe 多环芳香烃

PÄI Polyäthylenimin 聚乙烯亚胺

PAI Protocol Addressing Information 协议寻址信息

PAIS Path AIS 通道报警指示信号

Pak Panzerabwehrkanone 反坦克炮

PAK polyzyklischer aromatischer Kohlenwasserstoff 多环芳烃

Pak. Flak. Panzer- und Flugabwehrkanone 防坦克高射炮

Pak Sf Panzerabwehrkanone auf Selbstfahrlafette 防坦克自行火炮

Pal. Paletot 双排钮男大衣

Pal. Palette 调色板;集装架,货板

PAL Phase Alternating Line 逐行倒相

PAL Phase Alternation by Line system 逐行倒相制(彩色电视制式)

PAL Polyakrylnitril 聚丙烯腈

PÄl Polyäthylenimin 聚乙烯亚胺

PAL Power Alarm 电源报警

PAL Process Assembler Language 过程汇编语言

PAL Programmable Array Logic 可编程序阵列逻辑

PAL Polyacrynitril 聚丙烯腈

PALplus Phase Alternating Line plus 增强型宽屏幕 PAL 标准

PAL-TV Phase Alternation Line-TV 逐行倒相电视制式

Palv alveolar pressure 肺泡压

Palv-Pc alveolar pressure-capillary pressure 血管腔内与腔外压力差

PAM Pulsamplitudenmodulation 脉冲幅度调制

PAM Modacryl 变性聚丙烯腈纤维

PAM Moter Pol-Amplituden-Modulation-Moter 极性振幅调制电动机

PAM Polyacrylamide 聚丙烯酰胺

PAM Power Alarm Module 电源告警模块

PAM primary amebic meningoencephalitis 原发性阿米巴脑膜脑炎

PAM pulmonary alveolar macrophage 肺泡巨噬细胞

PAM Pulsamplitudenmodulator 脉冲幅度调制器,脉冲调幅器

PAM Pulse Amplitude Modulation 脉幅调制,脉冲振幅调制

PAM pyridine aldoxime methiodide 吡啶醛肟甲碘化物,解磷定(有机磷解毒药)

PAMA Polyalkylmethacrylat 聚烷基甲基丙烯酸酯

PAMA Private Automatic Message Accounting System 专用自动计费系统

PAMF Polyamidfaser 聚酰胺纤维

PAMR Public Access Mobile Radio 公共接入移动无线电

PAMS Polyamidseide 聚酰胺丝绸,尼龙丝绸

Pan. Paneel 控制板;面板;配电盘

Pan. Panorama 全景,写景图

PAN peroxyacetyl nitrate; Peroxyacetylnitrat 过氧酰基硝酸盐类

PAN personal area network 个人区域网

PAN Polyacrylnitril/Polyakrylnitril 聚丙烯腈

PAN Polyacrylnitrilfaser 聚丙烯腈纤维

PAN polyarteritis nodosa 结节性多动脉炎

PAnw Postanweisung 邮汇

Pa0$_2$ arterieller Sauerstoffpartialdruck 动脉氧分压

Pap Papanicolaou 巴氏(染色)

PAP (P & AP) Password Authentication Protocol 口令认证协议,密码验证协议

PAP post Apollo Programmes 后阿波罗计划

PAP Programmablaufplan 程序流程图

PAP prostatic acid phosphatase 前列腺酸性磷酸酶

PAP Pulmonary alveolar proteinosis 肺泡蛋白质沉积症

PAR Packet Arriving Rate 分组达到率
PAR Panzerabwehrraum 防坦克地区
PAR Panzerabwehrrohr 反坦克火箭筒
Par. Parabel 抛物线
par. parabolisch 抛物线的
Par. Paraffin 石蜡,硬石错,烷
Par. Parallaxe 视差
Par. Parallele 平行线,比较,对比
Par. Parallelismus 平行,平行论,相仿,类似,对照
Par. Parallelität 平行性,平行度
Par. Parallelogramm 平行四边形
Par. Patrone 套筒,夹头卡盘;模型;样本;子弹;灯头
PAR Peak to Average Ratio 峰值与平均值的比
PAR Präzisions-Anflug-Radargerät 精密返航雷达设备
Paraldyn parallele Dynamomaschine 并联发电机
PARI Primary Access Rights Identification 主要接入权识别
PARK Portable Access Rights Key 便携式接入权密钥
PARS Private Advanced Radio Service 专用先进无线电业务
Parsek Parallaxensekunde 视差秒(等于 3.26 光年)
part. partiell 部分的,局部的
Part. Partikel 粒子,质点,(颗)粒
Part. Partizip 分词
Parz. Parzelle 小块土地,小块地皮
PAS. p-Aminosalizylsäure 对-氨基水杨酸;对氨基邻羟基苯(甲)酸
PAS para-aminosalicylic acid/Para-Aminosalicylsäure 对位氨基水杨酸
PAS PA-System 像对准系统
PAS Pattern analysis system 图形分析系统
PAS periodic acid schiff's reaction 过碘酸-雪夫氏反应
PAS Personal Access System 个人接入系统
PAS Phasenanschnittssteuerung 相位边际控制
PAS Polyamidkunstseide 聚酰胺人造丝
PAS Protocol Analysis System 协议分析系统
PAS Prozess-Automatisierungssprache 过程自动化语言
PASC Precision Adaptive Sub band Coding 精度自适应子频带编码
Pass. Passage 通过,通行,航路,通道
Pass. Passagier 旅客,乘客
Pass. Passiv 被动态
PASS Private Automatic Switching System 专用自动交换系统
Pass. -Sch Passierschein 通行证
Pass. -Sch. Passagierschiff 客轮
PAT paroxysmal atrial tachycardia 阵发性房性心动过速
pat. patentiert 专利的;获得专利权的
Pat. Patina 帕提纳防锈层,绿锈,绿青铜氧化膜
pat. patinieren 铜绿处理
pat. patiniert 铜绿处理的
PÄT Polyäthzlenterephthalat 聚对苯二甲酸乙二酯
PATH DOS 路径设置命令
PAT-M Programmpaket Aerotriangulation mit Modellen 使用模型的空中三角测量程序包
PatR Patentrecht 专利权
Patr. Patrize (铸型等)阳模,钢模
Patr Patrone 子弹;标本;模型;灯泡口;卡盘;弹夹
Patr B Patronne, Brand 燃烧弹
PatrH Patronenhülse 弹壳,弹药筒
PatrS Patronenstreifen 弹夹
Patr St Patrone Stahl 钢药筒
Patr. T. Patronentasche 子弹盒
Patr. Tr. Patronetrommel 转轮手枪的转轮,弹盘
Patr. W. Patronwagen 弹药车
PATS Private Automatic Telephone System 专用自动电话系统
PATU Pan-African Telecommunications Union 泛非电信联盟
Pau Papier ungetränkt 非浸渍纸
PAU Power Amplifier Unit 功放单元
PAV Proportional Assist Ventilation 比例辅助通气
PAW Panzerabwehrwaffe 防坦克武器
PAW Privatausbesserungswerk für Bahnpostwagen 私营铁路邮政车修理厂
PAWP pulmonary arterial wedge pressure 肺小动脉嵌顿压
PAX Private Automatic exchange 专用自动交换机
Pb Blei 铅
PB Bruchbelastung 断裂载荷
P. b. Bruttogewicht 总重,毛重
PB Panzerbataillon 装甲营,坦克营
PB Pfeilerbolzen 柱螺栓
PB Pilot Beacon 伪导频
PB Platinenboden (提花机)底板,竖针托板,海底板
Pb Plumbum 铅
PB Polybutadien 聚丁二烯

PB Programmbibliothek 程序库
PB Prüfbericht 试验报告
PB Prüfung der Bremsen 制动器试验
PB Push-Button 按钮
PBAN Polybutadien-Acrylnitril 聚丁二烯-丙烯腈
PBB polybromiertes Biphenyl 多溴联苯
PBC primary biliary cirrhosis 原发性胆汁性肝硬变
PBC Printer Board Connector 印刷电路板连接器
PBCCH Packet Broadcast Control Channel 分组广播控制信道
Pbd. Pappband 厚纸书面
PBD Polybutadiene 聚丁二烯
PBDE polybromierter Diphenylether 多溴联苯醚
PbefG Personenbeförderungsgesetz 旅客运送法
PBG porphobilinogen 卟吩胆色素原
PBI Polybenzimidaiol 聚苯并咪唑,聚间二氮茚
PBI protein-bound iodine 蛋白结合碘
PBL peripheral blood lymphocyte 末稍血液淋巴细胞
PBM Pulsbreitenmodulation 脉冲宽度调制
PBN Packet Based Network 分组交换网络
PBN Private Branch Network 专用分支网络
PBO Produktbereich Omnibus 公共汽车和长途汽车站
PBook paper-book 讼案,证据,物证
PBOI Polybenzoxazolimide 聚苯并噁唑亚胺
PBON Passive Branched Optical Network 无源分支光网络
PBP Paging Block Periodicity 寻呼闭塞周期性
PBPV Percutaneous balloon pulmonary valvuloplasty 经皮穿刺球囊肺动脉瓣成形术
PBR polybutadiene rubber/Polybutadienkautschuk 聚丁二烯橡胶
PBR Pyridin-Butadien-Kautschuk 吡啶-丁二烯橡胶
PBS Personalized Basic Service 个人化基本业务
PBS Poly-Butadien-Styrol 聚丁二烯-苯乙烯
PBS Poly-Butadien-Styrol-Kautschuk 聚丁二烯-苯乙烯橡胶
PBS Portable Base Station 可移动式基站
PBT Polybenzothiazol 聚苯并噻唑
PBT Polybutylen 聚丁烯
PBT Polybulylen terephthalat 聚丁烯对苯二酸酯
PBT/PBTP Polybutylenglykol-Terephthalat 聚对苯二甲酸丁二醇酯,聚丁烯甘醇对苯二酸酯
PBTS Pico Base Transceiver Station 微微基站
PBU Pilot Beacon Units 伪导频单元
PBX plastic-bonded explosives 塑料胶合的炸药
PBX Private Branch exchange 专用交换分机
PBXL Private Branch exchange Line 专用交换分机线路
PC Bombe Panzerdurchschlagcylindrische Bombe 圆桶形穿甲炸弹
PC Papierchromatografie 纸上色层分离法
PC Parallaxensekunde 视差秒(等于3.26光年)
pc Parsec/parsec 秒差距(天体距离单位)
p. c. per cassa 付现金
PC Peripheral Control 外围控制
PC Personal Communication 个人通信
PC Personal Computer 个人计算机,个人电脑
P3C Personal Computer, Personal Connection, Personal Content 个人计算机、个人连接、个人信息
PC Phase Compensator 相位补偿器
PC Phase Conjugate 相位共轭
PC Phase Control 相位控制
PC phosphatidylcholine 磷脂酰胆碱
PC Phthalocyanin 酞菁(染料)
pC Picocurie 皮居里
PC Plane Connection 平面连接
PC Point Code 信令点编码
PC Polarization Controller 偏振控制器
PC polycarbonate/Polykarbonat 聚碳酸酯
PC Polyvinylchlorid 聚氯乙烯
p. c. Post cibos 饭后
PC Power Control 功率控制
P/C. price current 时价表
Pc. Prices; piece 价格/个
PC Printed Circuit 印刷电路
PC Priority Call 优先呼叫
PC Prismenlinsenscheinwerfer 凸棱镜聚光灯
P. c. pro centum 百分之……,百分数,百分比
PC Programmable Controll/programmierbare Steuerung 程序控制
P & C Prompt and Collect User Information 提示并收集用户信息
PC protein C C蛋白
PC Protocol Capability 协议能力
PC Protocol Conversion 协议转换
PC pulse code 脉冲码
PCA passive cutaneous anaphylaxis 被动皮肤过敏反应
PCA Password Call Acceptance 口令呼叫接收
PCA Password Calling Access 口令呼叫接入
PCA polar cap absorption 极盖吸收
p. cap. per capita 每个人,按人分配的
P. C. B petty cash book 零用现金簿

PCB Play Control Block 播放控制块
PCB printed circuit board 印刷电路版
PCB Process Capability Baseline 过程能力基线
PCB Protocol Control Byte 协议控制字节
p. c. board printed circuit board / Leiterplatte 印制电路板
PCC Personal Code Calling 个人代码呼叫
PCC point of common coupling 公共耦合点
PCC Program-Controlled Computer 程序控制计算机
PCC Punctured Convolution Code 删除卷积码,打孔卷积码
PCCC Parallel Concatenated Convolution Code 并行级联卷积码
PCCC pediatric critical care center 儿科重症护理中心
PCCCH Packet Common Control Channel 分组公共控制信道
PCCH Paging Control Channel 寻呼控制信道
PCCH Physical Control Channel 物理控制信道
PCCM Private Circuit Control Module 专用电路控制模块
P-CCPCH Primary Common Control Physical Channel 基本公共控制物理信道
PCD Phase Compact Disc 相变光盘
PCD Photo-CD 照片光盘
PCD plasma cell dyscrasia 浆细胞病
PCDE Peak Code Domain Error 峰值码域误差
PCE Packed Communication Equipment 分组通信设备
PCE Packet Concentration Equipment 分组集中设备
PCE Path Core Element 通路核心单元
PCE Physical Control Element 实体控制元件
PCE Picture Control Entity 图像控制实体
PCE Power Control Error 电源控制错误
PCE Power Conversion Efficiency 功率变换效率
PCF Fluoro Fasern aus Polychlortrifluoräthzlen 聚三氟氯乙烯纤维
PCF Packet Control Function 分组控制功能
PCF Plastic Cladding Fiber 塑料包层光纤
PCF Port & Core Function 端口及核心功能
PCF Program Control Facility 程序控制设备
PCF-OS Port & Core Function-Operating System 端口及核心功能-运行系统
PCF-OSF Port & Core Function-Operating System Function 端口及核心功能-运行系统功能
PCG phonocardiography 心音图
PCG Project Coordination Group 项目协调组
PCH Paging Channel 寻呼信道
PCH paroxysmal cold hemoglobinuria 阵发性冷血红蛋白尿
PCI Peripheral Component Interconnect (Interface) 外围组件互连(接口)
PCI Personal Communication Interface 个人通信接口
PCI Processor Control Interface 处理器控制接口
PCI Program Comparison and Identification 方案比较与鉴定
PCI program controlled interruption 程序控制中断
PCI Programming Communication Interface 编程通信接口
PCI Protocol Control Indicator (Information) 协议控制指示器(信息)
PCIA Personal Communication Industry Association 美国个人通信工业协会
PCIC Packet Circuit Identity Code 分组电路标识码
Pck. (Pckg.) Packung 包装,填充物,填料
PCK Personalization Control Key 个性化控制键
Pckg. Packung 包装,填充物,填料
PCl Chloratsprengstoffe 氯酸盐炸药
PCL plasma cell leukemia 浆细胞性白血病
PCL Play Control List 播放控制表
PCL polycaprolactam 聚己内酰胺
PCL Printer Command Language 打印机指令语言
PCM Parts Count Methode 零件计算法
PCM phase change material 相变材料
Pcm Pondzentimeter 磅达厘米
PCM Process Change Management 过程变更管理
PCM protein-calorie malnutrition 蛋白质热量营养不良
PCM Pulse Code Modulation 脉码调制,脉冲编码调制
PCMCIA Personal Computer Memory Card International Association 个人计算机存储卡国际协会
PCMD Pulse Code Modulation Device 脉冲编码调制器
PCME Packet Circuit Multiplication Equipment 分组电路倍增设备
PCN Pacific Communications Network 太平洋通信网络
PCN Personal Communications Network 个人通信网,专用通信网
PCO Point of Control and Observation 控制观察点
PCO syndrome polycystic ovarian syndrome 多

囊卵巢综合征
P-Code Precision Code P码
Pcoen. Post coenam 晚饭后
PCOF Plastic-Clad Optical Fiber 塑料包层光纤
PCP Packet Consolidation Protocol 分组合并协议
PCP Pentachlorphenol 五氯苯酚
PCP Peripheral Call Processing 外围呼叫处理
PCP Pneumocystis c rinii pneumonia 卡氏肺孢子虫肺炎,卡氏肺囊虫肺炎
PCP polychloroprene/Polychloropren 聚氯丁烯,氯丁橡胶
PCP Primary Connection Point 主要连接点
PCP Protocol Conversion Permission 协议变换允许
PCPCH Physical Common Packet Channel 物理公共分组信道
P-CPIH Primary Common Pilot Channel 主要公共导频信道
PCPS Private Carrier Paging System 专用载波寻呼系统
PCR Peak Cell Rate 峰值信元率
PCR Phase Conjugate Ring 相位共轭环
PCR polymerase chain reaction/Polymerase-Kettenreaktion 聚合酶链式反应
PCR Polymeric cationic resin used as retarder 用作阻化剂的聚合阳离子树脂
PCR Preventive Cyclic Retransmission 预防性循环重传
Pcr/Sek Perioden/Sekunde 周/秒
PCS Personal Communication Satellite 个人通信卫星
PCS Personal Communication Service (System) 个人通信业务(系统)
PCS Physical Coding Sub-layer 物理编码子层
PCS Portable Communication Server 可携式通信服务器
PCS Protocol Conversion Screening 协议变换筛选
PCS-fiber plastic clad silica fiber 塑包石英光纤,PCS光纤
PCSS Parallel Combinatory Spread Spectrum 平行组合扩频
PCT Portable Control Terminal 便携式控制终端
PCT Private Communications Technology 专用通信技术
PCT prothrombin consume test 凝血酶原消耗试验
PCTFE Poly-Chlor-Trifluor-Äthylen 聚氯三氟乙烯
PCTR Protocol Conformance Test Report 协议一致性测试报告
PCU Packet Control Unit 分组控制单元,数据包控制单元
PCU Parameter Control Unit 参数控制单元
PCU Polyvinylchlorid unchloriert 未氯化的聚氯乙烯
PCU Power Control Unit 功率控制单元
PCU Priority Control Unit 优先权控制单元
PCV druckkontrollierte Beatmung 压力控制通气
PCV packed cell volume 血细胞压积(同HCT)
PCV polycythemia vera 真性红细胞增多症
PCV Polyvinylcarbazole 聚乙烯咔唑
PCV positive crankcase Ventilation 曲轴箱正压通风
PD Pulsationsdämpfer 波动缓冲器
PD Packet Delay 分组延迟
PD Packet Discriminator 分组鉴别器
Pd Palladium 钯
PD Panzerdickwandige 厚壁装甲车
PD Panzerdurchschlagbombe 穿甲弹
Pd. Pappdose 厚纸盒
PD Parkinson's disease 帕金森氏症
PD Patentdokumentation 专利证书
p. d. per decretum 根据法令
p. d. per diem 每天
PD peritoneal dialysis 腹腔透析
PD Phase Detection /Phase Discrimination 鉴相
PD Phase Detector 相位检测器
PD Phase-Distortion-Synthese 相位失真合成
PD Phasendiskriminator 鉴相器,相位鉴别器
PD phosphodiesterase 磷酸二酯酶
PD Physical Delivery 物理投递
PD Polarization Dispersion 偏振色散
PD Postdampfer 邮船
PD Potentialdifferenz 电位差,电势差
PD Power Divider 功分器
PD pressure distillate 加压馏出物
PD Propadien 丙二烯
PD Proportional-Differential-Regler 比例-微分-调节器
PD Protocol Discriminator 协议鉴别器
PD Prüfdrehmomente 试验扭矩
PD Public Data 公用数据
PD Pulse Distribution 脉冲分配
PD Pumpe-Düse-System 泵-喷嘴系统
2PD Two Page Display 双页显示
PDA patent ductus arteriosus 动脉导管未闭
PDA personal data (Digital) assistant 个人数据(数字)助理
PDA personal digital assistant 个人数字助理,

掌上电脑
PDA Phasen-Doppler-Anemometer 多相多普勒风速计
PDA propane de-asphaltenizing/Propanentasphaltierung 丙烷脱沥青
PDA public displays of affection 指在公众场合卿卿我我
PDAMA Packet Demand Assignment Multiple Access 分组按需多址访问
PDAP Polydiallylphthalat 聚邻苯二甲酸二烯丙酯
PDAP Public Data Access Point 公共数据接入点
PDAU Physical Delivery Access Unit 物理传递接入单元
PDAU power data access unit/Leistungserfassungsmodul 功率数据存取单元
PDB Per domain behavior 单域转发行为
PDB Private Database 专用数据库
PDB Process Database 过程数据库
PDB Public Database 公共数据库
PD Bombe Panzerdickenwand Bombe 厚壁穿甲炸弹
PDC Park Distance Control 驻车距离控制系统
PDC Passive Dispersion Compensation (Compensator) 无源色散补偿(补偿器)
PDC Personal Digital Cellular 个人数字蜂窝手机
PDC Personal Digital Cellular telecommunication system 个人数字蜂窝通信系统
PDC Personal Digital Communication 个人数字通信
PDC Primary Domain Controller 主域控制器
PDC PTT Dispatch[ing] Client PTT 调度客户端
PDC Public Digital Cellular 公用数字蜂窝
PDCH Packet Data Channel 分组数据信道
PDCP Packet Data Convergence Protocol 分组数据汇聚协议
PDD Personal Digital Device 个人数字设备
PDD Port Dialing Delay 端口拨号延迟
PDD Power Distribution Display 功率分配显示
PDE Position Determining Entity 定位实体
PDE Pumpe-Düse-Einheit 泵-喷嘴部件,集成式喷油嘴
PDES Prüfstand-Daten-Erfassungs-Software 试验台数据采集软件
PDEVID Physical Device Identity 物理装置标识
PDF Detecting of Power Direction Forward 下行功率检测
PDF Portable Document Format 便携文档格式
PDF Probability Density Function 概率密度函数
PDFA Praseodymium-Doped Fiber Amplifier 掺镨光纤放大器
PDG Packet Data Gateway 分组数据网关
PDG Patentdokumentationsgruppe in der chemischen Industrie 化学工业中的专利文献分类
PDG Polarization-Dependent Gain 极化相关增益
PDGF platelet-derived growth factor 血小板源生长因子
PDGN Packet Data Gateway Node 分组数据网关节点
PDI Picture Description Instruction 图形描述指令
PDI Polarization Dependent Isolator 偏振相关隔离器
PDI Predelivery Inspection 出厂检验
PDK Package Development Kit 包开发工具箱
PDL Page Description Language/Seitenbeschreibungssprache 页面描述语言
PDL Picture Description Language 图像描述语言
PDL Polarization Dependent Loss 极化相关损耗,偏振相关损耗
Pdl poundal 磅达(力的单位)
PDL Protocol Description Language 协议描述语言
PDM Phase Displacement Modulation 相移调制
PDM Polarization Division Multiplexing 偏振分割复用
PDM Produktdatenmanagement 产品数据管理
PDM Produkt Detail Montageanweisung 产品详细安装说明
PDM product development management 产品开发管理
PDM Pulse Density Modulation 脉冲强度调制
PDM Pulse Dialing Method 脉冲拨号法
PDM pulse duration modulation/Pulsdauermodulation 脉冲持续时间调制,脉宽调制
PDMS polydimethylsiloxane 聚二甲基硅氧烷
PDMS Produktdatenmanagement-System 产品数据管理系统
PDN Packet (Protocol, Public, Public switched) Data Network 分组(协议、公共数、公共交换)数据网
PDO Packet Data Optimized 优化分组数据
PDOP Position Dilution of Precision 位置精度(几何)因子
PDP Packet Data Protocol 分组数据协议

PDP Plasma Display 等离子显示器
PDP plasma display panel 等离子(体)显示板
PDP Policy Decision Point 决策点
PDR Detecting of Power Direction Reverse 上行功率检测
PDR Polarization Diversity Receiver 偏振分集接收机
PDR Programmable Digital Radio 可编程数字无线电
PD-Regler Proportional-Differentia-Regler 比例-微分-调节器
PDS Passive Double Star 无源双星
PDS persistent data Services 持久性数据服务
PDS Personal Digital System 个人数字系统
PDS Physical Delivery System 物理投递系统
PDS Portable Document Software 便携文档软件
PDS Premises Distribution System 建筑物综合布线系统,宅院配线系统
PDS PTT Dispatch[ing] Server PTT 调度服务器
PDSC pressure differential scanning calorimetry 压差式扫描量热法
PDSCH Physical Downlink Shared Channel 物理下行链路共享信道
PDSN Packet Data Service (Support) Node 分组数据业务(支持)节点
PDSS Packet Data Service System 分组数据业务系统
PDSS Packet Data Switching System 分组数据交换系统
PDT photodynamic therapy 光动力学治疗
PDTCH Packet Data Traffic Channel 分组数据业务信道
PDTE Packet Digital Terminal Equipment 分组数字终端设备
PDTS Public Data Transmission Service 公众数据传输业务
PDU Packet Data Unit 分组数据单元
PDU Protocol Data Unit 协议数据单元
PDV Path Delay value 通路延迟值
PDV Produktdatenverwaltung 产品数据管理
p. e. par excellence 主要的,首先的,绝对的,无条件的
p. e. par exemple, per exemplum 例如
PE Passeinheit 公差配合单位
Pe Peclet-Zahl 贝克列准则,贝克列准数
PE Peer Entity 对等实体
P. E. Peilempfänger 无线电探向器,探向接收机
PE Performance Enhancement 性能增强
PE Periphere-Einheit 外围设备,外围部分
PE Phase Encoding 相位编码
PE Phase Equalization 相位均衡
PE Physical Entity 物理实体
PE physical examination 体格检查,体检
P. E. Plastische Sprengstoffe 可塑炸药
PE polyethylene/Polyäthylen, Polyäthen 聚乙烯
PE Polyellipsoid 多椭圆面
PE Polyester 聚酯
PE price-earnings ratio 市盈率
PE Private Equity 私募股权投资
PE Probability of Error 差错(误码)概率
PE Processor Element 处理器单元
PE Produktionseinheit 生产单位
PE Programmeinheit 程序单位
PE Protocol Entity 协议实体
PE Protocol Event 协议事件
PE Proton Exchange 质子交换
PE Provider Edge router 供应商边缘路由器
PE pulmonary embolism 肺动脉栓塞
PE Schutzleiter 保护接地
PE 电路图
PEB Poly-p-ethyleneoxybenzoat 聚对苯甲酸乙氧酯
PEC Chloriertes Polyäthylen 氯化聚乙烯
PEC Pure Empty Cell 纯空信元
PEC 歧管压力计式燃油喷注点火系统
PECT positron emission computed tomography 正电子发射计算机断层成像
PED Peripheral Equipment Data 外围设备数据
PED Protocol Encoder/Decoder 协议编译码器
Peds Pediatrics 小儿科
PEE Packet Entry Event 分组进入事件
PEE Polyester-Äther 聚酯-醚
PEEP positive end-expiratory pressure 呼气末正压给氧
PEF Polyesterfaser 聚酯纤维
PEF Polyethylene foamed 泡沫聚乙烯
PEFR peak expiratory flow rate 呼气高峰流率
PeG Peilgerät 探向器
PEG pneumoencephalography 气脑造影
PEG polyethylene glycol 聚乙二醇
PE-hart Polyäthylen-hart 硬聚乙烯
PE-HD Polyäthylen hoher Dichte 高密度聚乙烯
PE-HD/MD/ND/LD Polyäthylen hoher/mittlerer/niederer Dichte 高/中/低密度聚乙烯
PEI Polyethylenisophthalat 聚间苯二甲酸乙二酯
PE-IM Phase-Encoded Intensity Modulation 相位编码强度调制

PEL Protocol Element 协议要素
PE-LD Polyethylen niederer Dichte 低密度聚乙烯
PE-LLD Polyethylen niedriger Dichte mit linearer Struktur 线形低密度聚乙烯
PEM Privacy Enhanced Mail 增强保密的邮件
PEM protein-energy malnutrition 蛋白质-热能营养不良
PE-MD Polyethylen mittlerer Dichte 中密度聚乙烯
PEMFC Polymer-Elektrolyt-Membran-Brennstoffzelle 聚合体电解膜燃料电池
PEMFC Proton Exchange Membrane Fuel Cell/Brennstoffzelle Proton Exchange Membrane 质子交换薄膜燃料电池
Pen. Penizillin 盘尼西林,青霉素
Pen. Pentagon 五角形,五边形
PE-ND Polyäthylen niederer Dichte 低密度聚乙烯
PEN-lead protective earth neutral-lead/PEN-Leiter 保护接地中性导体
Pent. Pentagon 五角形,五边形
Pent. Pentode 五极管
Pentryl Pentaerythrittetranitrat 太安,季戊四醇四硝酸酯
PEO Polyäthylenoxid 聚氧化乙烯,聚环氧乙烷
PEP Personal Equity Plan 个人投资计划
PEP Packetized Ensemble Protocol 报文分组总体协议
PEP Path End Point 通道端点
PEP peak envelope power 包络线峰值功率
PEP persönliche Messe-Information 个人展会信息
PEP Policy Enforcement Point 策略执行点
PEPD Peripheral Environment Parameter Detection 外围环境参量检测
PEPD Peripheral Environment & Power Detect board 周围环境和电源监测板
PE. Px. physical examination 体检
PER Packed Encoding Rules 分组编码规则
PER Packet Error Rate 分组错误率
Per. Periode 周期,时期,循环
PER programmgesteuerte elektronische Rechenanlage 程序控制电子计算机
PER Pseudo Error Rate 伪误码率
Percha Guttapercha 古塔胶,杜仲胶,马来树胶
Perf. Perfekt 完成时
Perf Perforation 穿孔,打眼
Perf Perforator 凿岩机,风动凿岩机,穿孔机
Perf Perforierung 穿孔,打眼,打洞
PERL pupils equal and react to light 瞳孔等大有对光反应
Perm Permutation 排列
PERM programmgesteuerte elektronische Rechenmaschine 程序控制电子计算机
perm-dym permanent-dynamisch 永久动态的
Per/s Perioden per Sekunde 周/秒,每秒钟循环次数
PERS Personalinformationssystem 人工信息系统
Per-Stoff Grünkreuz 绿十字毒气,窒息性毒气
PERT program evaluation and review technique 计划评审技术
PES Packetized Elementary Stream 打包基本码流
PES Personal Earth Station 个人地球站
PE-S Polyäthylen-Spezialrohr 特种聚乙烯管
PES Polyellipsoid-Scheinwerfer 多椭圆面前照灯
PES Polyesterkunstseide 聚酯人造丝
PES Polyethersulfon 聚醚砜
PET (PETP) polyäthylenglykolterephthalat 聚对苯二甲酸乙二醇酯
PET Polyethylene/Polyäthylen 聚乙烯
PET Polyethylenterephthalat 聚对苯二甲酸乙二酯
PET positron emission tomography 正电子发射断层成像
PET-CT Positron emission tomography-computed tomography 正电子发射计算机断层显像,俗称派特CT,是目前肿瘤影像检查最先进的设备
PETN Pentaerythrittetranitrat 太安;季戊四醇四硝酸酯
PETP polyäthylenglykolterephthalat 聚对苯二甲酸乙二醇酯
PETP Polyäthylenterephthalat 对酞酸多乙烯醇酯
PETRA Positron-Elektron-Tandem Ringbeschleuniger-Anlage 正电子-电子串列环形加速器装置
PETS Public English Test System 全国英语等级考试
PEV Primärenergieverbrauch 原始能量消耗
PE-W Polyäthylen weich 软聚乙烯
PEX (PE-X) cross-linked polyethylene/vernetztem Polyethylen 交联聚乙烯
PEX Private line Exchange 专线交换机
Pez Platzeinflugzeichen 场内飞行标志
PF Panel of Fan 风扇面板
PF Panzerförderer 铠装输送机
P. F. Personenfähre 渡客船;摆渡船
Pf (Pfg.) Pfennig 芬尼(德国货币名)
pf pflanzlicher Faserstoff 植物纤维

PF Phenolformaldehyd 酚醛
PF Phenol-Formaldehyd Harze 酚醛树脂
PF Phenolharz 酚醛塑料,酚醛树脂,PF 树脂
PF Physical Frame 物理帧
pF Picofarad 微微法拉(电容单位)
P. F. Pionierfahrzeug 工程车
PF3/4 platelet factor 3/4 血小板第 3/4 因子
P/F Poll/Final 探询/结束
P/F Poll/Final Bit 探询/结束位
Pf. Postfach 邮政信箱
PF power factor 功率因数
PF Presentation Function 演示功能
PF Protocol Function 协议功能
PF Pulsfolgefrequenz 脉冲重复频率
PF Pulsfrequenz 脉冲频率,波动频率
PFA Postfuhramt 邮件运输局
PFAXAU Public FAX Access Unit 公共传真接入单元
PFC Passive Fiber Component 光纤无源器件
PFC Power Factor Correction 功率因数校正
PFD Passive FDM Distributor 无源 FDM 分配器
Pfd. St. Pfund Sterling 英磅(货币单位)
Pfd Zg mit Pferdzug 马拉的
PFEC Parallel FEC 并行前向纠错
PFEP Polytetrafluoräthylenperfluorpropylen 聚四氟乙烯六氟丙烯
PflVG Pflichtversicherungsgesetz (机动车辆持有人)强制保险法
PfL Prüfstelle für Luftfahrtgerät 航空器材试验场
Pfl. Pflanze 植株
Pfl. Pflege 保养,维修
PFM Paintless Film Molding 不用油漆用塑料薄膜贴在汽车部件上的一种新注塑工艺
PFM pulse frequency modulation /Pulsfrequenzmodulation 脉冲频率调制
PFM pure fucking magic 简直是魔法
PFO pyrolysis fuel oil 裂解燃料油
P. F. R. permanent flame-retardant 永久阻燃剂
PFS Peilfunkstelle 无线电测向台
Pf/t Pfennige je Tonne 芬尼/吨
PfZ Prüfeinrichtung für Zielgeräte 瞄准具检验装置
PG hydrogen jon exponent 酸碱度、氢离子浓度
Pg Paginierung 注明页数
Pg Panzergewinde 铠装螺纹
Pg. Panzergranate 穿甲弹
Pg Panzerrohr-Gewinde 铁甲管螺纹,铠装管螺纹
PG Perlitguss-stahl 珠光体铸钢
PG picogram 微微克(10～12 克),皮克
Pg Pilger 皮尔格式轧管机,往复轧管机
PG Processing Gain 处理增益
PG Programmgenerator 程序发生器
PG Programmiergerät 编程器
PG. prostaglandin 前列腺素
PG pulse generator 脉冲发生器
Pg Stahlpanzerrohrgewinde 铠装管螺纹
PGA Peripherie-Geräte-Aussteuerkarte 外围设备控制插件
PGA Professional Graphics Adapter 专业图形适配器
PGA Programmable Gain Amplifier 可编程增益放大器
PGA Programmable Gate Array 可编程门阵列
PGE Platingruppenelement 铂族元素
PGebVO Postgebührenverodnung 邮费规定
PGF Preisgleitformel 价格调整公式
PGI parameter group identifier 参数组标识符
PGL persistent generalized lymphadenopathy 持续性全身淋巴腺病(艾滋病)
Pg. Lsp. Panzergranate mit Leuchtspur 曳光穿甲弹
PGM programmable 可编程的
PGN proliferative glomerulonephritis 增殖性肾小球肾炎
PGO pyrolysis gas oil 裂解柴油
PGP Pretty Good Privacy 可靠加密
PGPS Packet-by-packet Generalized Processor Sharing 逐包通用化处理器分享
P. Gr. Panzergranate 穿甲弹
Pgt Postgut 邮递货物
Pgtk Postgutkarte 邮递货物单
PGW Protocol Gateway 协议网关
PH Packet Handler 分组(信息)处理器,包处理器
PH Packet Handling 分组处理
PH Pädagogische Hochschule 师范学院
P. H. Panzerhaubitze 自行榴弹炮;坦克榴弹炮
Ph Papphülse 厚纸筒,纸筒
p. h. par heure 每小时
PH. past history 过去史
Ph Pflanzenhaar 植物纤维
Ph Phon 方(响度单位)
Ph Phosphatschutzschicht 磷酸盐保护层
PH_3 Phosphin 磷化氢
Ph Phosphor 磷,荧光体
Ph Phot 辐透(照度单位)
Ph Photozelle 光电管
Ph Physik 物理学
pH Picohenry 微微亨利(电感单位)

PH Polyharnstoff 聚脲
PH Polyharnstoffaserstoff 聚脲纤维
PH portal hypertension 门静脉高压
PH private Haftpflichtversicherung 私人赔偿保险
pH pro Hundert 百分之几，每一百
PH Prüfhäufigkeit 检验频率
PH potentiel d'hydrogene/Wasserstoffexponent 氢离子(浓度)指数;pH值
pH Wasserstoffionkonzentration 氢离子浓度(指数)，pH值，酸碱度
PHA passive hemagglutination 被动血细胞凝集作用
PHA plant hemagglutinin 植物血凝素
Phako Phasenkontrast 相位对比
pharm. pharmazeutisch 药剂的;制药学的
Pharm. pharmazeutischen Anforderungen genügende Reagenzien 满足制药学要求的药剂
Pharm. Pharmazie, Pharmakologie 药学，药理学
Pharmaz. Pharmazie 药物学;制药学
Pharm. Ztg. Die deutsche Pharmazeutische Zeitung 德国制药报
Phas Phasenschieber 移相器
PHB Per Hop Behavior 逐跳行为，逐跳现象
PHB Polyhydroxybutyrat 聚羟基丁酸酯
PhBz Phosphorbronze 磷青铜
PHC primary health care 初级卫生保健
PHCH Physical Channel 物理信道
Ph. Dr. Philosophiae Doktor 哲学博士
PHDSL Pair High Bit-Rate Digital Subscriber Line 线对高比特率数字用户线
Phe phenylalanine/Phenylalanin 苯丙氨酸
Phenolh. Phenolharz 酚醛树脂
PHF Packet Handler Function 分组处理器功能，分组处理函数
PHG Produkthaftungsgesetz 产品责任法
ph-h Phot-Stunde 辐透一小时
PHI Packet Handing (Handler) Interface 分组处理(处理器)接口
PHI Protocol Handling Input stream 协议处理输入码流
PHI. present history illness 现病史病
PHIGS PHIGS-Schnittstelle 程序员层次交互式图形系统接口
Philol. Philologie 语文学
Philos. Philosophie 哲学
PHK Photographische Himmelskarte 摄影星图
PHM Packet Handing (Handler) Module 分组处理(处理器)模块
PHM Panzerhandmine 防坦克地雷
PHM partial hydatidiform mole 部份性葡萄胎
PHO Protocol Handling Output stream 协议处理输出码流
Phon. Phonetik 语音学，发音学
Phonogr. Phonogramm 唱片，录音
Phonol. Phonologie 音位学
Phonom. Phonometrie 声波测距法，声源标定
phosph. phosphoreszierend 发磷光的，磷光性的
Photo Photographie 摄影术，照相术
Photogr. Photogrammetrie 摄影测量学
photogr. photogrammetrisch 摄影测量术的
Photo-M-G. Photo-Maschinengewehr 照相机枪
Photom. (Photomont.) Photomontage 集成照相法，集成照片制作法
PHP personal handy phone 个人携带电话
PHP Physical Plane 物理平面
PHP Physical-layer Protocol 物理层协议
PHPDU Physical Protocol Data Unit 物理协议数据单元
PHR PTT Home Register 集群归属寄存器
PHS Packet Handling Switching 分组处理交换
PHS Personal Handy phone System 个人手持电话系统
PHS 美国公共卫生部
PHSRule PHS Rule 净荷包头抑制规则
PH-Salz Äthylendiamindinitrat 乙二胺二硝酸盐，PH-盐
PHSAP Physical Service Access Point 物理业务接入点
PhSEV Photosekundäremissionsvervielfacher 光电二次发射电子倍增器
PHSF 净荷包头抑制域
PHSI 净荷包头抑制索引
PHSM 净荷包头抑制校验
PHSS 净荷包头抑制长度
PHSV 净荷包头抑制校验
phv phasenvergleichseinrichteing 相位比较装置
PHV private Haftpflichtversicherung 私人赔偿保险
PHY Physical layer 物理层
PHY Physical Layer Device (Standard) 物理层设备(标准)
PHY Physics/Physik 物理学
Phys. Physiker 物理学家
Phys. Physiologie 生理学
phys. physisch 自然的，物体的，物质的，物理的
phys. -chem. physikochemisch 物理化学的
Physiol. Physiologe 生理学家
physiol. physiologisch 生理学的

PI isoelectric point 等电点
PI Page Indicator 寻呼指示器
PI parameter identifier 参数标识符
PI Patentingenieur 专利工程师
PI Penetrationsindex 针入度指数
PI Peripheral Interface 外部接口
PI phosphatidylinositol 磷脂酰肌醇
P. I. Photointerpretation 像片判读
PI Physical Interface 物理接口
Pi. Pionier 工兵的,工程的
Pi Pikrinsäure 苦味酸,三硝基(苯)酚,黄色炸药
Pi Pistole 手枪
PI Polarization Independent 偏振(极化)无关
PI polyimide 聚酰亚胺
PI Polyisoprene 聚异戊二烯
PI Polytechnisches Institut 综合技术研究所
PI Poly-trans-Isopren 反式聚异戊二烯
PI Presentation Indicator 展示指示器
PI Produktion-Index 生产指数
PI Produktionsinstrumente 生产工具
P. I. Produktivitätsindex 生产指标
PI program interrupt 程序中断
PI programmed instruction 程序指令
PI Programm-Identifizierung 程序识别
PI Proportional-integral 比例积分
PI proportional integral controller 比例积分控制器
PI protective isolation reverse isolation 保护性隔离反向隔离
PI Protocol Identifier 协议标识符
PI pulsatility index 脉动指数
PIA Percent IP service availability IP 业务可用性百分比
PIA Personal Information Assistant 个人信息助理
PIA Plastics Institute of America 美国塑料协会
PIA Point In Association 相关点
PIB Personal Information Bubble 个人信息泡
PIB Polyisobulylen 聚异丁烯
PIBAL Pilot balloon Observation 气球测风
PIC Parallel Interference Cancellation 并行干扰消除
PIC Peripheral Interface Channel 外围接口信道
PIC Personal Identification Code 个人识别码
PIC Personenidentifikationschip 个人身份识别芯片
PIC Pilot interference canceling 导频干扰消除
PIC Point In Call 呼叫点
PIC Processor Interface Controller 处理机接口控制器
PICA Power Industry Computer Applications Conference 电力工业计算机应用会议
PICB Peripheral Interface Control Bus 外围接口控制总线
PICC peripherally inserted central catheter 经外周静脉置入中心静脉导管
PICH Paging Indicator Channel 寻呼指示信道
PICH Pilot Channel 导频信道
PICS Protocol Implementation Conformance Statement 协议实现一致性声明
PID Packet Identification 分组识别
PID Packet Identifier 包标识符
PID Pelvic inflammatory disease 盆腔炎疾病
PID persistent identifier 持久性标识符
PID Port Identification 端口识别
PID Präimplantationsdiagnostik 预移植诊断学
PID Program ID (Identification) 程序识别
PID Proportional Integral Differential 比例-积分-微分
PID proportional integral differential controller 比例积分微分控制器
PID Protocol Identification 协议识别
PIDB Peripheral Interface Data Bus 外围接口数据总线
PIE Interstitial pulmonary emphysema 间质肺气肿
PIE pulmonary infiltration with eosinophilia 嗜酸细胞增多性肺浸润
PIF Partial Information Feedback 部分信息反馈
PIF program information file 程序信息文件
PIF prolactin inhibiting factor 泌乳素抑制因子
PIH pregnancy induced hypertension (syndrome) 妊娠高血压(综合症)
PIH prolactin inhibitory hormone 催乳激素抑制激素
PII Polarization Independent Isolator 偏振(极化)无关隔离器
PIIL Path Independent Insertion Loss 通路无关插入损耗
Pil. Pilula 丸剂
PIM Personal Identity Module 个人标识模块
PIM Personal Information Management 个人信息管理
PIM Polarization Insensitive Modulator 对偏振不敏感的调制器
PIM Power Amplifier Interface Module 功放接口模块
PIM Priority Interrupt Module 优先中断模块
PIM Processor Interface Module 处理机接口

模块

PIM product information management 产品信息管理

PIM Protocol Independent Multicast 协议无关组播

PIM-DM Protocol Independent Multicast-Dense Mode 密集模式独立组播协议

PIM-SM Protocol Independent Multicast-Sparse Mode 稀疏模式独立组播协议

PIN Personal Identify (Identification) Number 个人识别号码

PIN Personal Information Number/persönliche Identifikationsnummer 个人信息编号

PIN positive intrinsic negative 正-本征-负

PIN Postal Integrated Network 邮政综合网

PIN Public Information Network 公共信息网络

PINC Polarization Independent Narrow Channel 偏振(极化)无关窄信道

PING Packet Internet Groper 因特网包探测器

PIN-PD PIN-type Photo Diode PIN 型光电二极管

PINT PSTN Internet interworking PSTN 与 Internet 的互通

PIO parallel input output/Eingabe-Ausgabe-Einheit 并行输入输出

PIOA Polarization Insensitive Optical Amplifier 对偏振不敏感的光放大器

PIP peak inspiratory pressure/Spitzendruck 峰值吸气压

PIP Picture-In-Picture 画中画

PIP Private Intelligent Peripheral 私人智能外设

PIP Programmable Interface Processor 可编程接口处理机

PIP proximal interphalangeal 近端指(趾)间

PIR Packet Insert Rate 分组插入率

PIR Passiv-Infrarot-Bewegungsmelder 无源红外移动式报警器

PIR Polyisocyanat-Schaum 聚异氰酸酯泡沫塑料

PI-Regler Proportion-Integration-Regler 比例积分调节器

PISI pneumatic idling speed increase 气动怠速增加

PISO Parallel In/Serial Out 并行输入/串行输出

Pist Pistolenpatrone 手枪子弹

Pist Nahpatr Pistolen Nahpatrone 近程手枪子弹;低速手枪弹

PIT plasma iron transport rate 血浆铁周转率

PITA pain in the ass 眼中钉,肉中刺

PITHM Photogrammetrisches Institut der Technischen Hochschule München 慕尼黑工业大学摄影测量教研室

PIU Path Information Unit 路径信息单元

PIU Percent IP service unavailability IP 业务不可用性百分比

PIU Plug-In Unit 插件

PIV praktisch ideal veränderlich 无级的,平稳的

PIV-Getriebe praktisch ideal veränderliches Getriebe 无级传动装置,无级变速箱

PivL Pivotlafette 转动炮架

PIWM Pulse Interval Width Modulation 脉冲间隔宽度调制

PJ Petajoule 一千兆焦耳

PJ praktisches Jahr 实习年

PJC Pointer Justification Count 指针调整计数

PJE Pointer Justification Event 指针调整事件

PJS Peutz-Jeghers syndrome 黑斑息肉病,黏膜黑斑-息肉综合征

PJTF Portable Job Ticket Format 便携式作业票格式

Pk. Parkettboden 镶木地板(地面)

PK Pendelkontakt 摆动触头,摆动接触器

PK Pensionskasse 公司退休基金

PK Permanente Kommission 常设委员会

P. K Pferdekraft 马力

PK player killing 对决,源于联机游戏中的对阵双方

PK Präzisionskomparator 精密比长仪;精密比较仪

PK Private Key 专用密钥

PK Privatkonzession 私营矿山企业

PK Programmkarte 程序图

PK Prüfungskammer 检验室,试验箱

PK Public Key 公用密钥

PK Pufferkontrolle 缓冲器检查

PK Pulverkasten 弹药箱

PKA Pilotkonditionierungsanlage 试点空调厂

PKB Planungs-und Konstruktionsbüro 规划设计局

PKB Postkursbuch 邮政指南

PKB Projektierungs-und Konstruktionsbüro 规划设计局

PKC Public Key Cryptosystems 公钥密码系统

PKD polycystic kidney disease 多囊性肾病

PKD Public Key Distribution 公钥分配

PKDS Public Key Distribution System 公钥分配系统

Pkg. package 包裹

Pkg. Packung 包装,填充物,填料

PKI public key infrastructure 公开密钥基础设

施

PKLA Produktionskontroll- und Lenkungsanlage 生产控制和操作装置

PKM Parallelkinematikmaschine 并联机床

PKm Passagierkilometer 旅客公里数

Pkm Personen-Kilometer 人-公里数

PKM Projektierungs-, Konstruktions- und Montagebüro 设计安装公司

Pko Papierkondensator 纸介电容器

P. Kond Papierkondensator 纸介电容器

PK-PK Peak to Peak 峰峰值

PK reaction Prausnitz-Kstner reaction 普库二氏反应

PKS Peroxid-Kontinue-Schnellbleiche 过氧化物连续快速漂白

Pkt Paket 小包裹;束;叠板;程序包

PKt Punkt 点,交点;程度;要点

Pktk Paketkarte 包裹单

PKU phenylketonuria 苯丙酮尿症

PKU Pulverkautschuk Union 粉末橡胶联合会

P. K. V. Postkreuzungsvorschriften 送电线路与通信线路相交规程

PKV private Krankenversicherung 私人疾病保险

PKW Personenkraftwagen 小汽车,小卧车,轿车

PKZ Personenbezogenen Kennzeichnung 人员标志

P. L. Panzerlafette 装甲炮架

PL Parameter Length 参数长度

Pl PatrGer Platzpatronengerät 空包弹发射装置

PL Permanent Line 永久线路

PL Physical Level 物理级

Pl Plan 计划,规划

PL Planlauf 端面跳动

pl. planmäßig 有计划的

Pl. Plastik 塑料,电木

pl. plastisch 雕塑的,造型的,塑料的

Pl Plateau 高原,高地

Pl Platte 板

pl plattiert 经过电镀的

Pl. Platz, Plätze 位置,空间,座位,广场

PL Platzlampe 坐席指示灯

pl Plural 复数

PL Preferred Language 优选语言

PL Presentation Layer 表示层

PL Private Line 专线

PL Programmiertes Lernen 编有程序的学习

PL programming language 程序设计语言

PL Protocol Layer 协议层

PL Prüflampe 试验灯;检验灯

PL 移动台功率电平

PL 伺服门锁系统

PLA left atrial pressure 左房压

PLA Power line Access 电力线接入

PLA Programmable Logic Array 可编程逻辑阵列

PLAKO Planungskommission 计划委员会

Plani Plattennickel 镍板

PLB Power line Broadband 电力线宽带

PLC platelet count 血小板计数

PLC Position Line Circuit 坐席线路

PLC Power Line Carrier 电力载波,电力线载波

PLC Power Line Communication 电力线通信

PLC programmable logic Controller, programmable logic controll unit 可编程序逻辑控制器

PLCF Physical Layer Convergence Function 物理层会聚功能

PLCF Power line Carrier Forum 电力线载波论坛

PLCP Physical Layer Convergence Protocol 物理层会聚协议

PLCS Physical Layer Convergence Sub-layer 物理层会聚子层

PLD phase locked detector 锁相检测器

PLD phase locked discriminator 锁相鉴频器

PLD Programmable Logic Device; programmierbare Logikeinheit 可编程逻辑器件

PLD Pumpe-Leitung-Düse 油泵油管油嘴

PLE Path Length Efficiency 路径长度效率

PLFT platelet immunofluoresence test 血小板免疫荧光试验

PLG Prüfordnung für Luftfahrtgerät 航空器材试验条例

PLI POS Line Interface Pos 线接口

PLI Private Line Interface 专用线路接口

PLICF Physical Layer Independent Convergence Function 物理层独立会聚功能

P. Lief. Pulverlieferung 火药交付

PLL Permanent Link Layer 永久链路层

PLL phase lock [ed] loop 锁相环

PLM Payload Level Multiplexing 净荷级复用

PLM Payload Mismatch 净荷失配

PLM Pulse Length Modulation 脉冲长度调制

P. L. M. Pulslagenmodulation 相位脉冲调制

PLM Pulslängemodulation 脉冲宽度调制

plm. planmäßig 有计划的,按计划的

PLMN Public Land Mobile Network/ Landgestützte Mobilfunksysteme 公用陆地移动网络

PLMN Public Land Mobile Telecommunication Network 公用陆地移动通信网

PLMTS Public Land Mobile Telecommunications System 公共陆地移动通信系统
pl-Mun Platzpatronenmunition 空包弹药
PLN Path Layer Network 通道层网络
PLOKTA press lots of keys to abort 按一大堆键去取消
PLP Packet Layer Procedure 分组层规程
PLP Physical Light wave Path 物理光波通路
PLP Plättchenpulver 小的片状药
Pl. P. Plattenpulver 片状发射药
plp. Platzpatrone 空包弹
PLP Prüfordnung für Luftfahrtpersonal 航空人员考试制度
PLR Packet Loss Rate 分组丢失率
PlR Planreparatur 计划修理
PLR Positiver Lenkrollradius 正转向滚动半径
PLS Physical Layer Signaling 物理层信令
PLS please 请求(对方)
PLS Private Line Service 专线业务
PLS Prozessleitsystem 过程控制系统
Pl. Sch. Plattenschutz 片状保险丝
Plst. Pleuelstange 连杆
PLT platelet 血小板,血小板计数
PLT Platztastenlampe 座席按钮指示灯
PLT Power line Telecommunications 电力线通信
PLU Preisabruf 价格查询
PLV Preis-Leistungs-Verhältnis 性价比
PLV Presentation Level Video 显示级视频
PLV pressure limited ventilation/drucklimitierte Beatmung 压力限制的通气
PLV Production Level Video 生产级视频
Plz. Planzeiger 坐标仪
PLZ Postleitzahl 邮政编码
PLZV Planzeichnenverordnung 制图规定
PM Leichtölmotor 轻质燃油发动机
PM Papiermasse 纸浆
P. M. Papiermühle 碾纸机
PM pardon me 请原谅我
p. m. par minute 每分钟
PM2.5 particulate matter 在空中漂浮的每立方米内直径等于和小于2.5微米的可吸入颗粒物
Pm. Peilmelder 测向警报器
PM Penetration Market 市场渗入
P. -M. Pensky-Martens 平斯基-马丁(闪点)试验
P. M. Pensky-Martens-Flammpunktprüfer/Pensky-Martens flash point test 平斯基-马丁闪点试验
PM Performance Management 性能管理
PM Performance Monitoring 性能监控,性能监视
PM Permanenmagnet 永久磁铁,恒磁
p. m. per medio 至月中
p. M. (p. m) per/pro Minute 每分钟
PM Phase Modulation/Phasenmodulation 相位调制
PM Photo Multiplier 光倍增器
PM Physical Medium 物理介质
PM Physical Modeling 物理建模
pm Picometer 微微米(长度单位)
PM Polarization Maintaining 偏振保持
PM Polarization Multiplexing 偏振复用
PM Polymyositis 多发性肌炎
p. m. post meridiem 下午,午后
PM Postministerium 邮电部
PM Preventive Maintenance 预防性维护,预防性维修
PM processable mode 可处理方式
PM Project Manager 项目经理
PM Projektmanagement 项目管理
Pm Promethium 钷
p. m. pro mille 每千
PM Protocol Machine 协议机
PΔM Pulsdeltamodulation △脉冲调制
PM Pulsmodulation 脉冲调制
PM Pulvermagazin 火药库
PMA Phenylquecksilberacetat 苯汞醋酸盐(杀菌剂,用于织物消毒整理)
PMA Physical Medium Attachment 物理媒体连接
PMA Polymethacrylat 聚甲基丙烯酸酯
PMA Priority Memory Access 优先级存储器存取
PMA Program Memory Address 程序存储器地址
PMA progressive muscular atrophy 进行性肌萎缩
PMA prompt maintenance alarm 即时维护告警
PMA Reassigned Multiple Access 重新分配多址,重新分配多址接入
P-MAC Packet Media Access Controller 分组媒体接入控制器
PMAC Polymethoxyacetal 聚甲氧基缩醛
PMAN polymethacrylonitrile/Polymethacrylnitril 聚甲基丙烯腈
PMAS Polymethoxyamidopolyamidsäure 聚甲氧酰胺基多酰胺酸
PMBR PIM Multicast Border Router PIM (协议无关组播)组播边界路由器
PMBS Packer Mode Bearer Service 封隔器模式承载业务

PMBX private manual branch exchange 专用人工交换机
PMC Personal Multimedia Communication 个人多媒体通信
PMCA Poly-methvl-2-chlor-Methacryla 聚甲基-2-氯丙烯酸甲酯
PMD Physical Media Dependent 物理媒质相关
PMD Physical Medium Department 物理媒体部
PMD Polarization Mode Dispensation 偏振模式色散
PMD Program Memory Data 程序存储器数据
PMDc PMD coefficient 偏振模色散系数
PM-DSF Polarization Maintaining Dispersion-Shifted Fiber 偏振保持色散位移光纤
PMD/TC 物理媒体相关/传输会聚
PME Pflanzenmethylester 植物甲酯,植物油甲酯,生质柴油
PMECB Personal Message Exchange Control Block 个人信息交换控制块
PMF Performance Module Framework 性能模块框架
PMF Polarization Maintaining Fiber 偏振保持光纤
PMFJI pardon me for jumping in 请原谅突然加入你们的谈话
PMGA Polymethyl-2-chlor-Methacrylat 聚甲基-2-氯丙烯酸甲酯
PMH past medical history 既往病史
PMI Poly-Methacrylimid 聚甲基丙烯酸亚胺
PMI purchase management index (制造业)采购经理指数
PMIS Personal Mobile Information Service 个人移动信息服务
PmK Phosphorgeschoss mit Stahlkern 含磷钢芯子弹
PML Perfectly Matched Layer 完全匹配层
PML Physical Media Layer 物理媒体层
PML Process Modelling Language 过程建模语言
PML progressive multifocal leukoencephalopathy 进行性多灶性脑白质病
PMLR Public Land Mobile Radio 公共陆地移动无线电
PMM Power Monitor Module 电源监控器模块
PMMA Polymethylmethacrylat 聚甲基丙烯酸甲酯(俗称有机玻璃)
PMMU Paged Memory Management Unit 分页存储器管理单元
PMN polymorphonuclear neutrophilic leukocyte 多形核嗜中性白细胞
PMO Present Mode of Operation 当前运行模式
Pmo Munddruck 口压
PMOS P channel metal oxide semiconductor P沟道金属氧化物半导体
PMP Poly-4-methyl-1-penten 聚-4-甲基-1-戊烯
PMP previous menstrual period 前次月经日期
PMP Programmable Multimedia Processor 可编程多媒体处理器
PMP Protected Monitoring Point 保护监视点
PMP 进气歧管局部加热器
PMPS Point-MultiPoint System 点-多点系统
PMPX Primary MultiPleXer 一次群多路复用器
PMR Peak-to-Mean Ratio 峰-均比
PMR polymyalgia rheumatica 多发性风湿性肌痛
PMR Private Mobile radio 专用移动无线电
PMR Professional Mobile Radio 专业移动无线电
PMR Public Mobile Radio/öffentlicher Mobilfunk 公共移动广播
PMRS Private Mobile Radio System 专用移动无线系统
PMS Path Management System 通路管理系统
PMS Payphone Management System 付费电话管理系统
PMS PDE and Mobile Station 定位实体与移动台
PMS premenstrual syndrome 经前综合征
PMS 燃料喷射和点火系统
PMS-TC Physical Media-Specific TC Layer 物理媒质特定传输汇聚层
PMT part manufacturing tree 部分制造树
PMT Personal Mobile Telecommunication 个人移动通信
PMT Positioning Message Transfer 定位信息传输
PMT premenstrual tension 经前紧张症
PMT Program Map Table/Tabelle mit Hinweis auf die im Multiplex enthaltenen Programme DVB 节目映射表
PMTC Personal Multimedia multipoint TeleConference system 个人多媒体多点远程电话会议系统
PMTO Postmortales Testobjekt 死亡后的测试对象
PMU physical mock-up 物理样件
P-Mun Platzpatronenmunition 空包弹药
PMUX Programmable MUltipleXer 可编程复用器
PMV prolapse of mitral valve 二尖瓣脱垂

PMX Packet MultipleXer 分组多路复用器
PMX private manual exchange 专用人工交换机
Pn Päckchen 小包
PN Passfeder-Nut 配合弹簧一键槽
PN Pegelnull 水位标零点
PN Permanent Nucleus 核心小组,1986 年在欧洲成立,负责协调 GSM 规范的制定
PN Personal Number 个人编码/个人号码
pn. pneumatisch 气动的,风动的,有气体的
PN Polnische Norm 波兰标准
PN polyarteritis nodosa 结节性多动脉炎
P/N. promissory note 期票
PN Pseudo-Noise 伪随机噪声
PN Public Network 公共网
PNA Progressive Network Audio 渐进网络音频
PNAS Packet Network Access Subsystem 分组网接入子系统
PNC Particle Number Concentration 粒子数浓度
PNC photonitrosation of cyclohexane/Fotonitrosierung von Zyklohexan 环己烷的光致亚硝化(作用)
PNC Police Negotiation Cadre 警察谈判专家(小组)
PNC Power Reactor and Nuclear Fuel Development Corp 电力电抗器和核子燃料发展公司
PNC Preferred Noise Criteria 首选的噪声标准
PNC Project Nature Connect 工程特性连接
PNC Property and Casualty 财产
PNCH Packet Notify CHannel 分组通知信道
Pneu Pneumatik 气动力学,充气轮胎
PNG Portable Network Graphic 便携式网络图形
PNH paroxysmal nocturnal hemoglobinuria 阵发性夜间血红蛋白尿
PNIC Private data Network Identification Code 专用数据网标识码
PNL Präzisionsnadirlot 精密垂准仪
PNM Pulse Number Modulation 脉冲密度调制,脉冲数调制
PNMC Provincial Network Management Center 省网络管理中心
PNNI Private Network-to-Network Interface 专用网间接口
PNO Public Network Operation/öffentlicher Netzbetreiber 公共网运行
PNO Public Network Operator 公共网络运营商
PnP Plug and Play/Selbstkonfiguration nach dem Einschalten 即插即用
P-N-P (p-n-p) positiv-negative-positive Halbleiter P-N-P 型半导体
PNP Private Numbering Plan 个人编号计划,专用编号计划
PNP Prototypanlage Nukleare Prozesswärme 核过程热原型装置(属于利希核研究中心)
PNP 驻东排档空档位置
PNPV positive Negative Pressure Ventilation 正负压通风
PNS partial non-progressive stroke 非进行性部分中风
PNS peripheral nervous system 周围神经系统
PNS Personal Number Service 个人号码业务
PNS Projekt Nukleare Sicherheit 核安全计划(卡尔斯鲁厄)
PNSC Packet Network Service Center 分组网业务中心
PNT papulonecrotic tuberculid 丘疹坏死性结核疹
PNT Private Network Termination function 专用网终端功能
PNTR permanent normal trade rellation 永久性正常贸易地位
PNU Paging Network Unit 寻呼网单元
PNX Private Network eXchange 专用网络交换机
p. o. par ordre 在……的策动下,根据……的动议
p. o. Per os 口服
PO Poise 泊(粘度单位)
Po Polonium 钋
PO polyolefine/Polyolefin 聚烯烃橡胶
Po Position 位置
P. O. Purchuse order 汇票
PO_2 Sauerstoffpartialdruck 氧气分压
P. O. B. Post-Office Box, post office box 邮政信箱
P. O. box address Post Office box address 邮政信箱地址
POCN Passive Optical Coaxial hybrid Network 无源光纤;同轴混合网
POCSAG Post Office Code Standardization Advisory Group 英国邮政总局编码标准咨询组
PoD Print-on-Demand 按需打印
POF Plastic Optical Fiber 塑料光纤
POF Polymer Optical Fiber/Polymere optische Faser 聚合物光学纤维
POFA Polymer Optical Fiber Amplifier 聚合物光纤放大器
POH Path OverHead 通道开销
POI Point of Initialing 起始点
POI Point Of Interconnection 互连点

POINT Polymer Optical INterconnect Technology 聚合物光互连技术
Pol. Polarisation 极化,极化强度,偏振
Pol. Polarisator 极化镜.起偏振镜
pol. polarisieren, polarisiert 极化(的)
Pol. Polarität 极性
Pol Polierbarkeit 抛光性能,可抛光性
pol. polieren, poliert 抛光,抛光的
Pol. Politur 擦光油,光泽,抛光剂
Pol. Polymerisation 聚合(作用),叠合(作用)
POL Probability Of Loss 损耗概率
POL problem oriented language 面向问题的语言
POL Pulver ohne Lösungsmittel 无溶剂火药
Pol. -F Polizeifunk 警察无线电通讯
Pol. Grad. Polymerisationsgrad 聚合度
Pol. -Str. Polarisationsstrom 极化电流
POLO Parallel Optical Link Organization 并行光链路组织
Polyg. polygen 多种价元素
Polyg. polygonal 多角形的
Polyg. Polygraph 复写器
polym. polymer 聚合物
Polym. Polymerie 聚合现象
Polym. Polymerisat 聚合物
Polym. Polymerisation, Polymerisierung 聚合,聚合作用
Polym. polymerisieren 聚合
Polym. Polymeter 多能气象议
polym. polymorph 多形的,多晶型的
POM persistent object management 持久性对象管理
POM Polyoximetylen 聚甲醛
Pom. Pommern 波美拉尼亚省
POMAR 飞机观测报告
POMAR SPECIAL 飞机特殊天气报告
POMC pro-opiomelanocortin 丙鸦片黑素皮质素
POMC Provincial Operation & Maintenance Center 省级操作维护中心
POMR problem-oriented medical record 面向问题的医案记录
PON Passive Optical Network/passives optisches Netz 无源光网络
PONA Paraffin-Olefin-Naphthen-Aromaten 烷烃、烯烃、环烷烃、芳烃
Pont. Ponton 浮桥船,浮码头
POP Picture Out Picture 画外画
POP plasma oncotic pressure 血浆胶体渗透压
POP Point Of Presence 存在点
Pop. Popeline 府绸,毛葛
pop. populär 通俗的,大众的
POP Post Office Protocol 邮政办公协议
POP3 Post Office Protocol Version 3 第三版邮政办公协议
POR Point Of Return 返回点
Port. Portion 一份,一顿,配量,部分
port. (portug.) portugiesisch 葡萄牙的
POS Packet Over SDH SDH 传送包
POS Packet Over SONET SONET 传送包
POS persistent object services 持久性对象服务
POS Pivoting Optical Servo 回转光学伺服
POS Point Of Sale/Ort des Verkaufs 销售点;销售点终端机;商场电子收款机
POS Point-Of-Sale System 销售点系统
POS Point-Of-Sale terminal 销售点终端,终端取款机
POS point of sells 销售点
POS Point Of Synchronization 同步点
Pos. Posament 花边,边饰
POS Position 位置
POS positive 阳性的,正的,积极的
Pos. Positron 正电子,阳电子
Pos Positur 姿态,位置
POS Primary Operating System 主操作系统
pos. gel. positiv geladen 带正电荷的
pos. gel. T. positiv geladene Teilchen 带正电荷的质点
Posion positive Ion 正离子
Pos. Nr. Position Nummer 位号
POST POS Terminal 销售点终端
Post post mortem 算后检查,事后剖析;死后
POST Power-On Self Test/Bei Einschalten automatisch ausgelöster Selbsttest 加电自检
Postf. Postfach 信箱
Post-op. postoperation 术后
POT Point Of Terminal 终接点
POTS Plain Old Telephone Service 普通老式电话服务
POTS Plain Ordinary Telephone Service 普通电话业务
POV point of view 意见,观点
POW IP Over WDM 波分复用上的 IP 技术
POW Power 功率
POWA Planar Optical Waveguide Amplifier 平面光波导放大器
POWCBL POWer distribution CaBLe 电源分配电缆
POWERA Power Supply A 电源 A
POWERR POWER/Ring 电源/振铃
POX partial oxidation 部分氧化
POX Partial Oxidation reactor 局部氧化反应器
POX peroxidase 过氧化物酶

POY partially oriented yarn 部分取向丝
POY preoriented yarn 预取向丝
PP pancreatic polypeptide 胰多肽
PP Panzerplatte 装甲板
Pp. Pappe 厚纸板
PP Passpunkt 配合点
PP Path Protection 通道保护
P2P path to profitability 盈利渠道
P2P peak to peak 峰—峰
P2P peer-to-peer 点对点
PP pellagra preventive 抗糙皮病药(即烟酰胺和烟酸)
PP periodic paralyses 周期性麻痹
PP Peripheral Processor 外围处理器,外围单元处理器板
p. p. (**p. pa.**, **ppa.**) per procura 全权代表(用在签名以前)
P2P Person to Person 个人对个人
p. P Poise/poise 泊(粘度单位)
PP Polizeipistole 警察用手枪
PP Polypropylen 聚丙烯
PP Portable Part 便携部分
PP Postprocessor 算后信息处理机
P. P. Propan-Propylen 丙烷-丙烯
PP Prüfplan 检验计划
PP Pseudoprogramm 伪程序
ppa. (**p. p.**, **p. pa.**) per procura 代表,代理
PPA phenylpropanolamine 苯丙醇胺,N-去甲麻黄碱
Ppa pulmonary artery pressure 肺动脉压,灌注压
PPatr Pistolenpatrone 手枪子弹
Ppb (**Ppbd**) Pappband 厚纸封面
ppb parts per billion 十亿分之几
Ppbd Pappband 厚纸封面
PPC Packet Processing Complex 分组处理复合器
PPC Palm PC 掌上电脑
PPC Pay Per Channel 按信道计费
PPC Physical Port Control 物理端口控制
PPC Preemptive Priority Call 预占优先呼叫
PPC Prepaid Card service 预付卡业务
PPC Prepaid Charging 预交付费
PPCH Packet Paging Channel 分组寻呼信道
PPCI Presentation Protocol Control Information 表示层协议控制信息
PPD Partial Packet Discard 部分分组丢弃
Ppd. Prepaid 预付
PPD purified protein derivative 纯蛋白衍化物(精制结核菌素)
PPD Tuberkulintest 结核菌素测试
PPDL Point-to-Point Data Link 点对点数据链路
PPDN Public Packet Data Network 公共包数据网络
PPDU Presentation Protocol Data Unit 表示层协议数据单元
PPF Paging Proceed Flag 进行寻呼标志
PPf Papierflachgarn 扁纸带纱
PPF Polarization Preserving Fiber 偏振保持光纤
PPF Print Production Format 印刷生产格式
PPF Produktionsprozess- und Produktfreigabe 生产工艺和产品鉴定
PPG Polypropylenglykol 聚丙二醇
PPG Pulse Pattern Generator 脉冲图形发生器
PPG Push Proxy Gateway Push代理网关
PPG 测试模组程序位置
p. p. i. (**ppi**) picks per inch 每英寸纬数
PPI plan position indicator 平面位置指示器
PPI polymeric polyisocyanate 聚异氰酸酯
PPI producer price index 工业品出厂价格指数
PPI Programmable Peripheral Interface 可编程外围接口
PPIB Programmable Protocol Interface Board 可编程协议接口板
PPK PolizeiPistole, Kriminal 刑事警探手枪
PPL people 人们
Ppl. Pipeline 管道,管线
PPL Plasma-Protein-Lösung 等离子蛋白质溶液
PPL Process Pool 进程池
PPL Produktionsplan 生产计划
PPLO pleuropneumonia-like organism 类胸膜肺炎微生物
PPM Parts Per Million 百万分之几
PPM Periodic Pulse Metering 周期脉冲测定
p. p. m. (**ppm**) picks per minute 每分钟投纬数
PPM Pre Production Meeting 生产前会议
PPM Press-Piercing Mill 压轧穿孔机
PPM Protocol Process Module 协议过程模块
PPM pulse phase modulation 脉冲相位调制
PPM Pulse-Position-Modulation 脉冲位置调制
Ppmv parts per million by volume 按体积计百万分之几
PPO polyphenylene oxide 聚苯氧化物,聚苯醚
PPO-M polyphenylenoxide-modified 改性聚苯醚
PPP Parallel Push-Pull 并联推挽电路
PPP platelet poor plasma 贫血小板血浆
PPP Point to Point Protocol 点对点协议
PPPIFR PPP In Frame Relay 帧中继中的点对点协议
PPPoA Point to Point Protocol over ATM ATM

点对点协议

PPPoA PPP over ATM 在 ATM 网卡上接收 PPP 呼叫

PPPoE Point to Point Protocol over Ethernet 基于以太网的点对点协议,以太网上 PPP 协议

PPS Packet Per Second 每秒分组数

PPS Path Protection Switching 路径保护倒换

PPS Polyphenylensulfid 聚苯硫醚

PPS Ports Per Slot 每插板端口数

PPS Precise Positioning Service 精确定位服务

PPS Prepaid Service 预付费业务

PPS Produktionsplanungs- und Steuerungssystem 生产计划与控制系统

PPS Produktionsplanung und Steuerung 生产计划与控制

PPS Protocol and Parameter Select 协议和参数选择

PPS Pulse Per Second 每秒脉冲数

PPS purchaser product seller 商务交易(平台)

1PPS 1 Pulse Per Second 秒脉冲

PP2S Pulse Per 2 Second 偶秒脉冲

PPSM Polarization Preserving Single Mode 保偏单模

PPSN Public Packet-Switching Network 公共分组交换网

PPSPO PPS Program Office PPS 计划办公室

PPS-System Produktplanungs-und Steuerungs-System 产品规划与控制系统

PPSU Polyphenylensulfon 聚苯砜

PPT Pay-Per-Token 按令牌计费

PPT Poly-p-phenylenterephthalamid 聚对苯二甲酰对苯二胺

PPT precipitate 沉淀物

PPTP Point to Point Tunneling Protocol 点对点隧道协议

PPTP PPP Tunnel Protocol PPP 隧道协议

PPU Pay-Per-Use 按每次使用计费

PPV Pay-Per-View 按观看次数付费

PPV Polyphenylen-Vinyl 聚苯乙烯

PPVC Polyvinylchlorid-weich 软聚氯乙烯;增塑聚氯乙烯

PPX parylene 帕利灵;聚对二甲苯

PPY producer protected yarn 化纤厂生产的保护性丝

PQL Porsche-Qualitäts-Level 波尔舍质量水准

P-QoS Perceived Quality of Service 感知服务质量

PQOS Position Quality Of Service 定位服务质量

PR henol red 酚红

PR Packet Retransmission 分组转发

PR Paketverfahren 分组记录,分组写入

PR Path Restoration 路径恢复

PR Pattern Recognition 模式识别

PR Payload Rate 净负荷速率

PR Peer Review 同行审查

PR Pegelregler 电平调节器,电平控制器

p. r. per rectum 直肠的

PR Persönlicher Roboter 私人机器人

PR Planning Repository 规划仓库

PR Ply-Rating 线网层率

PR Postbeamter 邮局职员

Pr Prandtl-Zahl 普朗特尔准则,普朗特尔准数

Pr Praseodym 镨

PR Precedence Rate 优先级

Pr Pressling 压制品

Pr Press-stahl 压制钢

Pr Press-stoff 热压塑料

PR Primärrader 一次雷达,不带应答器的雷达

Pr Printer 印刷机,印刷装置

Pr Probe 试样,试验

Pr Probenahmestelle 取样地点

PR processor 数据处理机,中央处理器;加工机

PR Product Readiness 产品备用状态

Pr Profil 剖面图,断面

PR progestogen receptor 孕激素受体

PR Programmierer 程序编制员,程序设计器

Pr Programmierung 程序设计,编程序

Pr Projekt 设计,设计图;投影,投射

Pr Propyl 丙基

PR Protein 蛋白质

Pr Protze 前车(指拖带大炮的两轮车)

Pr Provinz 省,州

PR Prozessrechner 程序计算机(电子计算机程序编制)

PR Pseudo Random 伪随机

PR Pseudo Range 伪距

PR Public Relations 公共关系

PR Pulverraketenstrahltriebwerk 粉剂燃料火箭喷气发动机

pr. prägen 铭刻,铸造

pr. praktisch 实际的,实用的.实践的

pr. praktizieren 实行,作业,实习

pr. prall 紧的,拉紧的,有弹性的

Pr. Praxis 实践,实习

pr. präzise 精确的,精密的

Pr. Präzision 精确,准确,精密

Pr. Preis 价值,价格

pr. pressen 压,压缩

pr. prima 优良的,头等的

Pr. Prinzip 原则,原理

pr. prinzipiell 原则上的,根本的

Pr. Prisma 棱镜,棱晶,:三棱形,菱形体

Pr. Probe 试验,检验,试样,样品,标样

Pr. Problem 问题
Pr. Professer 教授
Pr. Profil 剖面图,外形,侧面,断面
Pr. Programmierer 程序设计器;程序编制员
Pr. Programmierung 程序设计,编程序
Pr. Progression 连续,发展,进展;级数
Pr. Projection 投影,射影
Pr. Projekt 设计,设计图,投影,投射
Pr. Projektor 投影机,放映机,幻灯
Pr. Promille 千分之一,千分比
Pr. Promoter 促进剂,活化剂
Pr. Proportion 比例,比率,均衡,相称
Pr. Prozent 百分比,百分率
Pr. Prozess 过程,工序
Pr. Prüfung 测试,试验;检验
PRA plasma renin activity 血浆肾素活性(同 PRC)
Pr.-A Prachtausgabe 精装版本
PRA Primary Rate Access 原始等级读取,初级速率存取
PRACH Packet Random Access Channel 分组随机接入信道
PRACH Packet Random Channel 分组随机信道
PRACH Physical Random Access Channel 物理随机接入信道
präd. prädikativ 表语的,用作表语的
PRAKLA Gesellschaft für praktische Lagerstättenforschung 有用矿物矿床物探公司
prakt. praktisch 实际的
Präp. Präparat 标本,制剂,实物,实验材料
präp. präparativ 制剂的;制备物料的;标本的
Präp. Präposition 介词
Präs. Präsens 现在时
präs präsumtiv 假定的,推测的
Prät. Präteritum 过去时
Pr.-Au. Prüfungsaufgabe 试验任务,试题
PRBS Pseudo Random Binary (Bit) Sequence 伪随机二进制(比特)序列
prbw. probeweise 用试验方法
PRC plasma renin concentration 血浆肾素浓度(同 PRA)
PRC Primary Reference Clock 主基准时钟
PRC Pseudo Random Code 伪随机码
PRCPM Partial Response Continuous Phase Modulation 部分响应连续相位调制
PRD piezoelectric radiation detector 压电辐射探测器
PRD Pseudo-Random Downstream 下行伪随机序列
PRDMD Private Directory Management Domain 专用号码簿管理域
PREAG Preussische Elektrizitäts AG 普鲁士电气公司
Pref. Preference or preferrde 优先
PrefCUG Preferential CUG 优先闭合用户群
PREM programmgesteuerte elektronische Rechenmaschine 程序控制电子计算机
PREMO Presentation Environment for Multimedia Objects 多媒体对象的表示环境
pre-op. preoperation 术前
Pressh. Pressharz 压制树脂;模制树脂
PRF prolactin releasing factor 催乳素释放因子
PRF pulse repetition frequency 脉冲重复频率
Prf. Prüfer 测试者,检验人员,试验人员,测试器
Prfg. Prüfung 考试,试验,测试,检验
PRG Pseudorandom Generator 伪随机码发生器
PrGesch Phosphorgeschoss 磷弹丸
PrGr Propagandagranate 宣传弹
PRI Primary Rate Interface 基本速率接口
PRIH prolactin release-inhibiting hormone 催乳素释放抑制激素
prim. primär 最初的;原始的;初步的;主要的;根本的;首要的
print printing/Typografie 印刷术
prinz. prinzipiell 基本的,主要的,原则上的
Prism. P. prismatisches Pulver 三棱形火药
PRIST paper radio-immuno-sorbent test 试纸放射免疫吸附试验
priv. private 私人的
PRK Phase-Reverse Keying 倒相键控
PrL Polymer-Recycling durch Lösung 聚合物的溶解再循环利用
PRL Preferred Roaming List 优先漫游列表
PRL prolactin 催乳激素
PRM Power Rectifier Module 电源整流器模块
PRM Premium rate 保险费率
prM preussische Meile 普鲁士浬(1 普鲁士浬=7.532 公里)
PRM Protocol Reference Model 协议参考模型
PRMA Packet Reservation Multiple Access 分组预约多址,分组预留多址
PRMC Premium Charging 附加计费,优惠收费
PRMD Private Management Domain 专用管理域
PRML Partial Response Maximal Likelihood 部分响应最大似然
PRML PRML-Kanal 部分响应最大似然通道
PrMun Phosphormunition 磷弹药
PRN Packet Radio Networks 分组无线网

prn (prn.) pro re nata, as needed 必要时
PRN Pseudo Random Noise 伪随机噪声
Pr.-Nr. Probenummer 试样编号
pro. Progressiv 进步的,进展的,累进的
Pro proline/Prolin 脯氨酸;氮戊环-(z)-基羧酸
PROAR 气压表表示高度的航空区域预报
PROAR AMD 气压表表示高度的航空区域订正预报
prob, probat 经过试验的,有效的
prob. probieren 试验,尝试
prob. probiert 试验的
Prod. Produkt 产物,产品;生成物;乘积
Prod. Produktion 生产,制造
Prod, Produktivität 生产效率
Prod. Produzent 生产者
prod. produzieren 生产,制造
Prod.-Arb. Produktionsarbeiter 生产工人,工作面工人
Prod.-Arb.-Std. Produktionsarbeitsstunde 生产工时
Prod.-Ausf. Produktionsausfall 生产降低
Prod. kap. Produktionskapazität 生产能力
Prod.-Plan Produktionsplan 开采计划,生产计划
Prod St Produktionssteigerung 增加生产
Prof. Professor 教授
Prof. Profil 剖面,断面,侧面,外形,轮廓
prof. profilieren 作侧面图(轮廓图,剖面图)
Prof (Profil) Profilierung 断面图,剖面图
PROFI 气压表表示高度的航空飞行预报
PROFI AMD 气压表表示高度的航空飞行订正预报
Prof. ord. ordentlicher Professor 正教授
prog. prognosis 预后
prog programmatisch 程序的,节目的,纲领的
prog. programmieren 程序化,编程,程序设计
prog. programmiert 编程序的
prog. progressiv 进步的,进展的
PröGA private öffentliche Gemeinschaftsantennenanlage 私人公用天线装置
Progn. Prognosen 预测,预报
Progr. Programm 计划,纲领;程序;图表
progr. programmatisch 程序的;节目的;进度表的;纲领的
progr. programmieren 程序化,程序设计,编程序
Progr. Programmierer 定计划者,程序员,程序设计器
progr. programmiert 编程序的
Progr. Programmierung 程序化,程序设计,编程序
Progr. Progression 前进,进行,进程,级数
progr. progressiv 进步的;进展的;累进的
Proj. Projekt 设计,规划,方案,计划,项目
Proj. Projektierung 投射,投影
Proj. Projektil 弹丸,射弹,导弹
Proj. Projektion 投影,射影,投射
Proj. Projektor 投影机,放映机,幻灯
pro lfd. m pro laufendes Meter 每延米
PROM premature rupture of the membrane 胎膜早破
PROM programmable read only memory/programmierbarer Nur-Lese-Speicher 可编程只读存储器
Prom. Promenade 林荫路,街心花园
Prom Promille 千分之……,千分比
Prom Promotor 促进剂,催化剂
Pron. Pronomen 代词
Prop. Propeller 螺旋桨;推进器;叶轮
Prop. Proportion 比例,比率
prop. proportional 比例的;成比例的,相称的
prop. proportioniert 成比例的,平衡的,相称的
PropGr (Propgr) Propagandagranate 宣传弹
PRORO 气压表示高度的航路预报
PRORO AMD 气压表示高度的航路订正预报
Pro us. ext Pro usu externo 外用
Pro. us. int. Pro usu interno 内用,内服
Pro us. med. Pro usu medicinali 药用
Pro us. vet. Pro usu veterinario 兽医用
PROV. mit Provision 含手续费,含佣金,含回扣
PROV. ohne Provision 不含手续费,不含佣金
PROX Preferential Oxidation reactor 优先氧化反应器
PROX 防撞警报
ProxyARP Proxy Address Resolution Protocol 代理地址解析协议
Proz Prozent 百分率,百分数,百分比
proz. prozentig 百分数的;百分比的;百分率的
Proz Prozess 过程,程序,经过
PRP platelet rich plasma 富血小板血浆,高浓度血小板血浆
PRP progesterone receptor protein 孕酮受体蛋白
PRP Projektionsreferenzpunkt 投影参考点
PRP prolinreiches Protein 富含脯氨酸的蛋白质
PRP Pseudorandom Process 伪随机过程
PRPC Periodical Route Performance Check 定期路由性能检验
PrPG Produktpirateriegesetz 产品盗版法
PRPP phosphoribosyl pyrophosphate 焦磷酸磷酸核糖
pr. Qu.-Z. preußischer Quadratzoll 普鲁士平

方英寸
PRR Pulse Repetition Rate 脉冲重复率
PRS Pattern Recognition System 模式识别系统
PRS Pedal Release-System 踏板释放系统
PrS Press-stoff 胶木,电木,塑胶,压塑料
PRS Primary Reference Source 主要参考源
PRS Pseudo-Random Sequence 伪随机序列
Pr. Spg. Prüfspannung 试验电压
Pr. St Prägestanze 压印模,精压模
Pr. -St. Prüfstelle 检验部位,测试站,检验站
Pr. -St Prüfstempel 检验印章
PRT plasma recalcification time 血浆复钙时间
PRT platinum resistance thermometer 铂电阻温度计
PRT printer 印刷机,打印机
PRT pulse recurrent time 脉冲周期时间
PRTCCL Protocol Common Logic 协议共用逻辑
PRTE Primary Route 主路由
Prtjgr. Programm 计划,纲领,程序,图表
PrU Presslingsumhüllung 压制包封层
PRU Pseudo-Random Upstream 上行伪随机序列
Prüf. Spg Prüfspannung 测试电压,试验电压
Prüfv. Prüfverfahren; Prüfvorschrift 测试方法,检验方法;试验规范,试验说明书
Prüfz. Prüfzeichen 检验标志
PRVC druckgeregelte volumenkontrollierte Ventilation 压力调节的体积控制的通风
PRW Panzerreparaturwerkstatt 坦克修理工场,坦克修理车间
PrW Propagandawerfer 宣传弹投掷器
PRX Receive Sequence Number 接收序列号
Prz. Porzellan 瓷器
PS Packet Sequencing 分组排序
PS Packet Switched 分组交换
PS Panzerschwer 重型坦克的
P/S Parallel/Serial conversion 并/串变换
PS Patentschrift 专利说明书
PS Pegelsender 电平发射机
PS Peilscheibe 探向器分度盘
P/S Perioden je (pro) Sekunde 周/秒
PS Periodensystem 元素周期系
PS Personal Station 个人站,个人电台
PS Photoshop 计算机图像处理软件;图像处理
PS Picosekunde 皮秒(10^{-12}秒)
PS Picture System 图像系统
PS Plattenspeicher 磁盘存储器
PS Poincare Sphere 鲍英卡勒偏振球
PS polystyrene; Polystyrol 聚苯乙烯
P. S. (PS.) Postskript 附录,后记;又及
PS Programmiersystem 程序设计系统
PS Programm-Service 节目服务
P. S. Pro Sekunde 每秒
PS Protection Switching 保护倒换
PS Protocol Stack 协议栈
PS Protonen-Synchrotron 质子同步加速器
PS pulmonary stenosis 肺动脉瓣狭窄
Ps Punktschweißen 点焊;点熔接
PS 助力转向
PSA Pacific Science Association 太平洋科学协会
PSA Phase-Sensitive Amplifier 相位敏感放大器
PSA Phthalsäureanhydrid 邻苯二甲酸酐,酞酐,苯邻二酐
PSA Postsparkassenamt 邮政储蓄所
PSA pressure-swing-adsorption 变压吸附
PsA Psoriatic arthritis 银屑病关节炎
Psab abgebremste Pferdestärke 制动马力
PSAN Poly-Styrol-Aciylnitril 聚苯乙烯丙烯腈
PSAN Styrol-Acrylnitril-Copolymere 苯乙烯-丙烯腈共聚物
PSAP Physical layer Service Access Point 物理层服务接入点
PSAP Presentation Service Access Point 表示层业务接入点
PSAP Public Security Answer Point 公众安全应答点
PSB phosphate buffer 磷酸盐缓冲液
PSB Poly-Styrol-Butadien 聚苯乙烯丁二烯
PSB Power Splitter Board 功率分配板
PSB Projekt Schneller Brüter (卡尔斯鲁厄)快中子增殖堆计划
PSBN Public Switched Broadband Network 公共交换宽带网
PSC Picture Start Code 图像开始码
PSC Position Control 位置控制
PSC Primary Synchronization Code 主同步码
PSC Protection Switching Count 保护倒换计数
PSCAF Packet Service Control Agent Function 分组服务控制代理功能
PSCC Power System Computation Conference 电力系统计算会议
PSCF Packet Service Control Function 包服务控制功能
PSCF Pure Silica Core Fiber 纯硅芯光纤
PSCH Physical Shared Channel 物理共享信道
PSch Postscheck 邮政汇票
PSchG Postscheckgesetz 邮政汇票法
PSCS Personal Space Communication Service 个人空间通信业务
PSCT Packet Switched Connection Type 分组

交换连接类型

PSD Platform Security Division 平台安全部分

PSD Power Spectral Density 功率谱密度

PSD Protection Switching Duration 保护倒换时间

PSDAU Packet Switched Data Access Unit 分组交换数据接入单元

PSDDS Public Switched Digital Data Service 公用交换数字数据业务

PSDMASK Power Spectrum Density MASK 功率谱密度模板

PSDN Packet Switched Data Network 分组交换数据网,包交换数据网

PSDN Public Switched Digital Network 公共交换数字网

PSDS Packet Switched Data Service 分组交换数据业务

PSDTN Packet Switched Data Transmission Network (Service) 分组交换数据传输网(业务)

PSDU Presentation Service Data Unit 表示层服务数据单元

PSe effektive Pferdestärke 有效马力

PSE Packet Switched (Switching) Equipment (Exchange) 分组交换机

PSE periodic system of elements/periodisches System der Elemente 元素周期表

PSE Peripherie-Serien-Eingang 外围串行输入

PSE Personal Service Environment 个人业务环境

Pse Pferdestärke, effektiv 有效马力

PSE portal-systemic encephalopathy 门体性脑病

PSE Protection Switching Event 保护倒换事件

PSE 气动控制单元

PSE 气动系统

PSEV Photo-Sekundär-Elektronen-Vervielfacher 光电倍增管

PSEV Photosekundäremissionsvervielfacher 光子二次激发倍增管

PSF Packet Switching Facility 分组交换设施

psf ponds per square foot 磅/平方英尺

PSFG Permanent Service on the Fluctuation of Glaciers 冰川变动研究常设局

PSG Phase-Shifting Grating 相移光栅

PSG pregnancy specifc glycoprotein 妊娠特异糖蛋白

PSGCF Packet Service Gateway Control Function 分组业务网关控制功能

PSGN poststreptococcal glomerulonephritis 链球菌感染后肾小球肾炎

P. S. Gr. Panzerstahlgranate 钢质穿甲弹,钢心穿甲弹

PSh Kesselfettkohle 锅炉用肥煤

PS-I high impact polystyrene 高抗冲聚苯乙烯

P. S. i (PSi) indizierte Pferdestärke 指示马力,示功马力

PSI Methylsilicon-Kautschuk mit Phenylgruppen 带苯基的甲基硅酮橡胶

PSI PCF Session ID/PCF Session Identity 分组控制功能会话标识

psi pound per Square inch 英磅/英寸^2

PSI-CELP Pitch Synchronous Innovation-Code Excited Linear Prediction 基音同步更新激励线性预测编码

PSK phase shift keying, Phasenumtastung 相移键控,移项键控

PSK Porsche-Steuerkupplung 保时捷电控多盘离合器

PSK Präzisionsstereokomparator 精密立体比较仪

PSK Produktionsselbstkosten 生产成本,开采成本

PS-Konverter Peirce-Smith Konverter 卧式转炉

PSM Packet Switching Module 分组交换模块

PSM Peripheral Switching Module 外围交换模块

PSM Pflanzenschutzmitteln 植物保护剂

PSM Phase Shift Method 相移法

PSM Plüsch-Schneidemaschine 割绒机,剪绒机

PSM Power Supplier Module 电源模块

PSM Protocol Special Module 协议专用模块

PSM Pultschreibmaschine 斜架打字机

PSN Packet Switch (Switched) Network 分组交换网络

PSN Packet Switching Node 分组交换节点

PSN Personal Server Network 个人服务器网络

PSN Personal Single Number 个人单一号码

PSN Phase Shift Network 相移网络

PSN Pressternholz 单板星形排列的木材层积塑料

PSN Processor Sharing Node 处理器共享节点

PSN Public Switched Network 公用交换网

PSNL Packet Switching Network Line 分组交换网络线路

PSNP Partial Sequence Numbers Protocol Data Unit 部分序列号协议数据单元

PSNR Peak Signal to Noise Ratio 峰值信噪比

PSOSISI 公司的商用实时嵌入系统

PSP Packet Switching Processor 分组交换处理机

PSP Packet Switching Protocol 分组交换协议

PSP Physical Service Port 物理业务端口

PSP Plattenspeicher 磁盘存储器

PSp Postsparkasse 邮政储蓄
Psp Pressspan 纸板;压板
Psp Pressspanplatte 压制板,胶木纸板
PSP Presssperrholz 单板横纹交叉排列的木材层积塑料
PSP principal state of polarization 主偏振态
PSpA Postsparkassenamt 邮政储蓄所
PSPDN Packet Switched Public Data Network 分组交换公共数据网,公共交换分组数据网
PSPDN Public Switching Packet Data Network 公共交换分组数据网
PSPR Programmiersprache 程序设计语言
PSR Path Switched Ring 通道倒换环
PSS Packet Switching System 分组交换系统
PSS Packet-switched Streaming Service 分组交换流业务
PSS Personal Sound System 个人音响系统
PSS Planungs- und Steuerungssystem 计划和控制系统
PSS Plasmastrahlschweißen 等离子束焊接
PSS Private Network Q Reference Point Signaling System 专用网络Q参考点信令系统
PSS progressive systemic sclerosis 进行性系统性硬化症
PSS Protection Switch Second 保护倒相秒
PSS Protocol Stack Subsystem 协议栈子系统
PSSD Process Unstructured Supplementary Services Data 过程非结构化补充服务数据
PSSR Process Unstructured SS Data Request 过程非结构化补充服务数据请求
PSSR Process Unstructured Supplementary Services Request 过程非结构化补充服务请求
PS-ST Pferdestärkestunde 马力小时
PST phenol sulfonphthalein test 酚红排泄试验
PST phthalylsulfathiazole 酞磺噻唑
PST Polystyrol 聚苯乙烯,聚苯乙烯纤维
PST Position Trunk 坐席中继线(干线)
PST Programmsteuerung 程序控制,程序调节
PSTC Public Switched Telephone Circuit 公共交换电话电路
PSTDD Partially Shared Time Division Duplex 部分共享时分双工
PSTN Peripheriestart negiert 外围起动求反
PSTN Public Switch Telephone Network 公共交换电话网
PSTN Public Switched Telecommunication Network 公共交换电信网
PSTN Public Switched (Switching) Telephone Network 公共交换电话网
PSTT placental-site trophoblastic tumor 胎盘部位滋养细胞肿瘤
PStz Pulverstütze 发射药支架
PSV Pulver-Slurry-Verfahren 粉末浆体工艺
PSV (PMP) 局部进气歧管预热器
PSVC Point to point Signaling Virtual Channel 点对点信令虚通道
PSVT paroxysmal supraventricular tachycardia 阵发性室上性心动过速
PSW PlanetenSchrägwalzwerk 行星式斜轧机
PSW Programmstatuswort 程序状态字
P-SWNT polymerisiertes einwandiges Kohlenstoff-Nanoröhrchen 聚合的单壁纳米碳管
Psy. psychiatry 精神病学
Psych. Psychologie 心理学
PT Packet Terminal 分组终端
Pt. Partes 部分
PT Partikel 颗粒
PT particular transfer 特别转让(股市用语),业绩不佳(股票)
PT Path Terminal (Termination) 通道终端
Pt patient 病人
PT Pattern Transfer 图形(模式)转换
PT Payload Type 净负荷种类,净荷类型
PT. physical therapy 物理疗法
Pt. Pilot 领港员;引水员;领航员;引导;驾驶
3**PT** plasma protamine paracoagulation test 血浆硫酸鱼精蛋白副凝固试验
PT Platin 铂;白金
PT Polythen 聚乙烯
P & T Posts and Telecommunications 邮电通信业
PT Powertrain Complete 动力系总成
PT Programmable Terminal 可编程终端
PT prothrombin time 凝血酶原时间
PT Protocol Type 协议类型
PT Prüftafel 测试板
PT Prüftaste 测试按钮
P/T Pulse/Tone 脉冲/音(拨号)
PT Pulvertemperatur 火药温度
PTA plasma thromboplastin antecedent factor XI 血浆凝血活酶前体(凝血因子XI)
PTA prior to admission 入院前
PTA prior to arrival 到达前
PTA-Führung Parallelogramm-Tandem-Aggregatführung 平行四连杆仿形机构
PTA Pure terephthalic acid 精对苯二甲酸
PTB Physikalisch-Technische Bundesanstalt 【德】联邦物理技术研究院
PTB Priority Token Bank 优先令牌组
PTB-SC PTB Separate Classed 部分皮层烧伤独立分类
PTB-WFQ PTB Weighted Fair Queuing PTB 加权公平排队
PTC Percutaneous transhepatic cholangiography

经皮肝穿刺胆道造影术

PTC plasma thromboplastin component factor Ⅸ 血浆凝血活酶组分(凝血因子Ⅸ)

PTC positive temperature coefficient/positiver Temperaturkoeffizient 正温度系数

p. t. c. 皮试后

PTCA Percutaneous transluminal coronary angioplasty 经皮穿刺腔内冠状动脉成形术

PTCCH Packet Timing advanced Control Channel 分组定时提前控制信道

PTCCH/D Packet Timing Control Channel/Downlink 分组定时控制信道/下传

PTCCH/U Packet Timing Control Channel/Uplink 分组定时控制信道/上传

PTC-Element positive temperature coefficient element 正温度系数元件

PTCR Positive Temperature Coefficient Resister 正温度系数电阻

PTD prozentuale Tiefendosis 百分比深度剂量

PTE Path-Terminating Equipment 路径终端设备

PTF Fluoro Faser aus Polytetrafluoräthylen 聚四氟乙烯纤维

PTFE polytetrafluoroethylene/Poly-Tetrafluor-Athylen 聚四氟乙烯

PTF-SPL selbstdichtendes kegeliges Rohrgewinde 自动密封的圆锥形管螺纹

PTH parathyroid hormone 甲状旁腺素

PTH proximal renaltubular acidosis 近端肾小管酸中毒

PTI Path Tracking Identifier 通道跟踪识别符

PTI Payload Type Identifier (Indicator) 净负荷类型标识符(指示器)

PTL Propellerturbinen-Luftstrahltriebwerk 涡轮螺旋桨式空气喷气发动机

PTM Packet Transport Mode 分组传递模式

PTM Packet Trunk Module 分组中继模块

PTM Point To Multipoint 点对多点

PTM Power Transition Module 电源转换模块

PTM Pulse Time division Multiplex 脉冲时分复用

PTM pulse time modulation 脉冲时间调制

PTM pulse transmission mode 脉冲传输模

PTM-G Point To Multi-point-Group call 点对多点群呼

PTM-M Point To Multipoint-Multicasting 点对多点组播

PTMService Point To Multi-point Service 点对多点业务

P-TMSI Packet Temporary Mobile Subscriber Identity 分组临时移动用户识别

PTMT Poly-teramethyen-Terephalat = Polybutylenglykol- Tereph-thalat 聚四甲基对苯二酸酯

PTN Personal Telecommunication (Telephone) Number 个人通信(电话)号码

PTN Private Telecommunication Number 专用通信号码

PTNX PTN exchange PTN 交换

P. T. O. Please turn pver 转下页

PTO Public Telecommunications Operator 公众电信运营商

PTP Path Termination Point 通道终接点

PTP Point to Point 点对点

PTP-CLNS Point-to-Point Connect-less Network Service 点对点无连接网络业务

PTP-CONS Point To Point-Connection Network Service 点对点连接网络业务

PTPN Peer-To-Peer Network 对等网络

PTR Physikalisch-Technische Reichsanstalt 西德国家物理技术局

PTR Pointer 指针

PTR Principal Traffic Route 主要业务路由

Ptr printer 打印机

PTR Priority Token Ring 优先级令牌环

PTS Packet Transit Switch 中转分组交换机

PTS penetration-temperature-susceptibility (沥青)针入度感温性

PTS Programmable Terminal System 可编程终端系统

PTS Protocol Test Specification 协议测试规范

PTS Protocol Type Select 协议类型选择

PTS Prüfdienststelle für Technische Schiffsausrüstung 舰船装备技术检查工作站

PTS Public Telephone Service 公众电话业务

PTS 停车防撞系统,驻车控制单元,刹车侦测系统

Pt/SWE Platin/Standardwasserstoffelektrode 铂/标准氢电极

PTT partial thromboplastin time 部分凝血活酶时间

PTT Post, Telephone and Telegraph administration 邮政、电话和电报局

PTT Press-To-Talk 按下通话

PTT Push To Talk 一按即通,一按即说,一键通

PTTXAU Public Teeter Access Unit 公共智能用户电报接入单元

PTU Parallel Transmission Unit 并行传输设备

PTU propylthiouracil 丙基硫氧嘧啶

PTV poetry TV 诗歌电视节目

PTX Transmit Sequence Number 发送序列号

PTY producers'textured yarn 化纤厂生产的变形丝,纺丝厂变形丝

PTY Programm-Typ 节目类别

3PTY Three Party Service 三方通话

PTZ Physikalisch-Technisches Zentralinstitut 工程物理中心研究所
Pu Paketumschalter 盒式旋转开关
PU Payload Unit 净荷单元,有效负载单元
PU peptic ulcer 消化性溃疡
p. u. per ultimo 至月底
P. U. Planübergang (运输线路)在一个水平上交叉
Pu Plutonium 钚
PU Polyurethan 聚氨基甲酸酯,聚氨酯
PU programmierter Unterricht 程序设计课程
pU programmierte Unterweisung 程序设计指导
PU Programmunterbrechung 程序中断
PU Pyridinunlösliches 吡啶不溶物
PUA Polyharnstoff 聚脲
publ. publizieren 公告,公布;出版,刊行
PUCT Price per Unit Currency Table 每单位货币价格表
PUESTA Pulverelektrostatik 静电粉末喷涂
PUF Polyurethanfaser 聚氨基甲酸酯纤维;聚氨酯纤维
PUK PIN Unblocking Key PIN 解锁密码
pulv. pulverisiert 粉碎的,磨碎的,研细的,成粉末的
Pulv. Pulvis 粉剂、散剂
PulvFabr Pulverfabrik 火药厂,炸药厂
Pulv. Mag. Pulvermagazin 火药舱,火药库
PUP Physical User Port 物理用户端口
PUR Polyurethane/Polyurethan 聚氨酯,聚氨基甲酸酯
PUR Polyurethankunststoff 聚氨酯塑料
PUR Programm-Umsetzer-Routine 程序转换器程序
PUR-CB-Verfahren Polyurethan Cold-Box-Verfahren 聚氨酯冷芯盒法
PURNIMA Schneller Plutonium-Nullenergiereaktor 钚零功率快堆(属印度巴巴原子研究中心)
PUS Polyurethankunstseide 聚氨酯人造丝
PUSC partial usage of sub-channels 部分子信道使用
PUSCH Physical Uplink Shared Channel 物理上传链路共享信道
PUSI 净负荷起始标识符
PUT programmable uni-junction transistor 可编程单结晶体管
Pu-U-Kreislauf Plutonium-Uranium-Kreislauf 钚-铀燃料循环
PV parameter value 参数值
PV Personalvorschriften (维护)人员须知
PV Photovoltaik 光伏
PV plasma volume 血浆容积
PV polycythemia vera 真性红细胞增多症
PV Polyvinylfaser 聚乙烯纤维
PV Porenvolumen 气孔体积;气孔容积
PV pressure of vein 静脉端压力
PV Projektverantwortlicher 项目负责人
PV Protocol Version 协议版本
PV Prüfvorschrift 检验规则
pv. pulverisiert 粉碎的;磨碎的
PVA Polyvinylacetat/polyvinyl acetate 聚醋酸乙烯酯
PVA polyvinyl alcohol/Polyvinylalkohol 聚乙烯醇
PVAC Polyvinylacetat 聚醋酸乙烯酯,聚醋酸乙烯
PVB Polyvinylbutyral 聚乙烯醇缩丁醛
PVC+ Faser aus nachchlorierten Polyvinylchlorid 后氯化聚氯乙烯纤维
PVC Permanent Virtual Call (Channel, Circuit, Connection) 永久虚呼叫(信道,电路,连接)
PVC polyvinyl chloride/Polyvinychlorid 聚氯乙烯
PVC Popular Video Coder 常用视频编码器
PVC premature ventricular contraction 室性早搏,室性期前收缩
PVC Private Virtual Channel 专用虚信道
PVCA Polyvinylchlorid-Vinylacetat 聚氯乙烯-醋酸乙烯酯
PVCA Polyvinylchlorid-Vinylacetat-Copolymere 聚氯乙烯-醋酸乙烯共聚物
PVC-C chloriertes Polyvinylchlorid 氯化聚氯乙烯
PVCC Nachchloriertes PVC 后氯化处理的聚氯乙烯
PVCD Polyvinylidenchlorid 聚偏二氯乙烯,聚偏氯乙烯
PVC-hart/weich hartes/weiches Polyvinylchlorid 硬/软质聚氯乙烯
PVC-U weichmacherfreies Polyvinylchlorid 未增塑聚氯乙烯,硬质聚氯乙烯
PVC-weich Polyvinylchlorid-weich 软聚氯乙烯,增塑聚氯乙烯
PVD Polyvinylidenchloridfaser 聚偏氯乙烯纤维,聚二氯乙烯纤维
PVD Power VSWR Detect Board 功率驻波比检测板
PVDF Polyvinylidenfluorid 聚偏二氟乙烯
PVD-Verfahren physical vapour deposition 物理蒸发沉积法
PVF Polyvinylfaser 聚乙烯纤维
PVF Polyvinylfluorid 聚氟乙烯
PVFM Polyvinylformal 聚乙烯醇缩甲醛

PVG Pegelvergleichsgerät 电平比较仪
PVH Press-Vollholz 压缩木
Pvhs. Pulverhaus 火药舱,火药库
PVI planmäßige vorbeugende Instandhaltung 有计划的预防性的维修;计划检修
PVID Polyvinylcyanid 聚乙烯基氰化物;聚丙烯腈
PVID Port VID 端口 VID
PVK Polyvinylcarbazen, Polyvinylcarbazol 聚乙烯基咔唑
PVM Multipolymerisat 共聚合物,共聚合物纤维
PVM Polyvinylmethyläther 聚乙烯甲醚
PVN Polyvinylnitrat 聚乙烯醇硝酸酯硝化聚乙烯醇
PVN Private Virtual Network 专用虚拟网
PVP Packetized Voice Protocol 分组式话音协议
PVP Permanent Virtual Path 永久虚拟路径
PVP Polyvinylpropionat 聚丙酸乙烯酯
PVP polyvinyl pyrrolidone/Polyvinylpyrrolidon 聚乙烯吡咯烷酮
PVP Programmable Video Processor 可编程视频处理器
PVR peripheral vascular resistance 周围血管阻力
PVR pulmonary vascular resistance 肺血管阻力
PVS Personal Video System 个人视频系统
PVS Polyvinylkunstseide 聚乙烯长丝
PVS Produktionsversuchsserie 实验性生产批量
PVS Produktion vor Serien 先导生产,试生产
PVS Produkt-Versuchs-Serie 产品试制系列
PvSt Pulver, Stahl 黑药,钢体(在某种引信中用,钢体指引信体)
PVT pressure-volume-temperature 压力-体积-温度
PVT-Beziehung pressure-volume-temperature-Beziehung 压力-体积-温度关系
pw. paarweise 成对的,成双的
PW Pass Word 口令
PW Peak Wavelength 峰值波长
Pw Pikowatt 皮瓦,微微瓦
PW 电动车窗
PWA Projekt Wiederaufarbeitung und Abfallbehandlung 【德】后处理和废物处置计划
PWAC PWM to Analog Convertor PWM 到模拟转换器
PWC Pulse Width Coding 脉宽编码
PWD Pulse Width Distortion 脉宽失真
PWDC PWM to Digital Convertor PWM 到数字转换器
Pwk Pumpwerk 泵站,抽水机站
PWM Panzerwurfmine 空心装药反坦克榴弹(或地雷)
PWM pokeweed mitogen 美洲商陆有丝分裂原
PWM Pulse Wavelength Modulation 脉冲波长调制
PWM Pulse-Width-Modulation 脉冲宽度调制,脉宽调制
PWM-AF Pulse Width Modulation Audio Frequency 脉宽调制音频信号
PWM-FM Pulse Width Modulated Frequency Modulation 脉宽调制调频
PWR Pressurized Water Reactor 压水堆
PWRD POWER Distributor 配电盘
PWS Power System 电源系统
PWS Private Wire Service 专用线业务
Pwt pennyweight 本尼维特(英美金衡单位)
PX Private Exchange 专用交换机
PXD Paraxylylendiamin 对苯二甲胺
PXE pseudoxanthoma elasticum 弹性假黄瘤
PXP PXP-Programm 分组交换协议程序
Py.(py) Pyridin 吡啶;氮(杂)苯
PyC Pyrokohlenstoff 热解碳
PYM pinyangmycin 平阳霉素
Pyr Pyrotechnik 烟火制造术
PZ Pädagogisches Zentrum 教育中心
Pz Panzer 甲胄;防弹装甲;坦克;装甲车
Pz Panzerkampfwagen 装甲战车
Pz. Panzerstärke 装甲厚度
Pz. Personenzug 旅客列车,普通列车
PZ Portlandzement 波兰特水泥
PZ Pressezentrum 新闻中心
PZ Produktivitätszentrale 生产率中心
PZ Prüfzeichen 校验字符,校验标志;校验信号
PZA Postzeitungsamt 递送报纸的邮局
PZA pyrazinamide 吡嗪酰胺(抗结核药)
PzAbw-Lrak Panzerabwehr-Lenkrakete 反坦克导弹
Pz. B. Panzerbüchse 防坦克枪
Pz. Bef. W(PzBefWg) Panzerbefehlswagen 装甲指挥车
Pzbr. panzerbrechend 穿甲的
Pzbrgr. -Patr. panzerbrechende Granatenpatrone 穿甲弹
pz. B. W. Panzerbeobachtungswagen 装甲侦察车
Pz. D. Panzerdeck 装甲甲板
PzF Panzerfaust 防坦克导弹发射器
P. Z. F. Panzerzielfernrohr 坦克光学瞄准具(瞄准镜)
PzFkl Panzerfaustklein 小型手动反坦克掷弹筒
Pz Flak Panzerflak 装甲高射炮

Pz Fla Rak W Panzer-FlaRaketenwerfer 装甲火箭发射架
PzFuWg Panzerfunkwagen 装甲无线电通信车
Pzg. Panzergeschoss 穿甲弹
pzg prozentig 用百分数表示的;百分比的
Pzgr Panzergranate 穿甲弹
Pzgr. Patr. Panzergranatpatrone 防坦克榴弹炮
Pzgr.(Pz. Gr.) Panzergranate 穿甲弹;防坦克榴弹
PzGrW Panzergranate Weicheisen 软铁穿甲弹壳
Pz H Panzerhaubitze 自行榴弹炮
PZI protamine zine insulin 鱼精蛋白锌胰岛素
Pz K Panzerkanone 坦克炮
Pzkpfw. Panzerkampfwagen 坦克
PZL Präzisionszenitlot 精密顶向光学垂准仪
Pzm Panzermantel 装甲外罩;装甲套筒
PZM Pulszeitmodulation 脉冲时间调制
PzMi Panzermine 反坦克地雷
Pz.-Pl. Panzerplatte 装甲板
PzSf Panzer-Selbstfahrlafette 装甲自行火炮炮架
PzSGr Panzerstahlgranate 穿甲钢弹
Pz. Spr. Gr. Panzersprenggranate 反坦克手榴弹
PzSpW Panzerspähwagen 装甲侦察车
Pz Sp. Wg. Panzerspähwagen 装甲侦察车
PZT Pb zirconate titanate 锆钛酸铅
P. Z. T. Photograph zenith tube/photozenitrohr 照相天顶筒,摄影天顶仪
pzt prozentig 用百分数表示的
Pztr. Panzertruppen 装甲坦克部队
Pz. Trp. W. Panzertransportwagen 坦克运输车,装甲运输车
PZU Peripheriezugriff 外围存取
P-Zug Personenzug 旅客列车,普通列车
PZW Programmzustandswort 程序状态字
PzWK LP Panzerwurfkörper für Leuchtpistole 信号枪用装甲抛射体
PzWkpr Panzerwurfkörper 装甲抛射体
PzWuMi Panzerwurfmine 反坦克榴弹(或地雷)
Pz. Z. Panzerziel 装甲目标
Pz. Zg. Panzerzug 坦克排;装甲列车

Q

Q Blindleistung 无功功率,无效功率
Q Elektrizitätsmenge 电量
Q elektrische Ladung 电荷
Q erhöhtes Deck/Quarterdeck 后部甲板
Q Gütefaktor 质量系数;质量因素;品质因素;品质因子
Q Güterzeichen 优质符号,质优标记
Q kaltstauchbar 可冷镦的(标准代号)
Q Q-Formstück 法兰盘弯管接头
q Quadrat 平方;正方形;方材,方钢
Q Qualität 质量;品质;特性
Q. Quartal 季度
Q Quarz 石英
q quer eingebaut 横向装入的
Q Querkraft 横向力;剪力
Q Quernaht 横焊缝,横接缝
Q querprobe 横向试样
Q Querschlag 横向镦粗,横锻粗;横向冲击,横向击打
Q Querschnitt (横)截面,(横)断面
Q Querschnittsbelastung 断面负载
Q quetschbar/kaltstauchbar Stahl 可挤压的;可冷顶锻的;可冷镦的钢材(标准代号)
Q (Quitt., Qu.) Quittung 收据;认可;应答信息
Q Quotientenmessinstrument 比率测量仪表
q Reaktionswärme 反应热
Q Resonanz 谐振;共振,共鸣
q spezifische Wärmemenge 比热容
q Staudruck 冲击压力,速度头,动压头
Q Wärme 热能,热量
Q Wärmemenge 热量
Q Wasserverbrauch 耗水量,用水量
QAM Quadraturamplitudenmodulation 正交振幅调制,正交幅度调制
QAR Quick-Access-Recorder 快速存取记录器
QB Qualitätsbewertung 质量评审
QC quality control/Qualitätskontrolle 质量控制
Qcm Quadratzentimeter 平方厘米,cm^2
QCS Qualitätskontrollensystem 质量控制体系
QD (qd, q. d.) quaque die/jeden Tag 每天,每天1次
q. 2d. 每二天一次
QDE Qualitätsdatenerfassung 质量数据采集
QDII qualified domestic institutional investor

(中国)合格境内机构投资者

qdm Quadratdezimeter 平方分米,dm^2

Q. E. Quadranteinheit 象限单位

QE (QE3) (美联储)货币试验行,第三版(金融业)量化宽松(政策)

QEK Qualitäts-und Edelstahl-Kombinat 优质钢和特种钢联合企业

Qf Förderquerschlag 运输横向巷道

Qf Qualitätsfaktor 品质因数,Q值,品质因数

Qf Querblattfeder 横钢板弹簧

QFD quality function deployment 质量功能配置

QFII qualified foreign institutional investor 合格的境外机构投资者

q. h. quaque hora/jede Stunde 每小时

QHM Quarzfaden-H-Magnetometer 石英丝水平地磁仪

QHM Quarz-Horizontal-Magnetometer 石英水平地磁仪

QIC QIC-Cartridge 1/4 英尺磁带盒;QIC 磁带盒

q. I. d. 每日四次

QK Qualitätsklasse 质量等级

qkm Quadratkilometer 平方公里

QKZ Qualitätskennziffer 质量指数

q. l. quantum libet/beliebig 随意的;任意的

Ql Querlenker 横拉杆

qm Quadratmeter 平方米

QM Qualtitätsmanagement 质量管理

QM Quantenmechanik 量子力学

QM Quermodulation 交扰调制

q. m. 每日早晨

qmm Quadratmillimeter 平方毫米

QMX quick mail express 快信

q. n. quaque nocte; jede Nacht 每夜

Qnt. quantizer 数字转换器,量化器

QO Quarzoszillator 石英振荡器,晶体振荡器

QOD Quality of Data 资料的质量

QOD Question of the Day 今日的问题

QOD Quality Of Design 设计质量

QOD Query on Date field 在(规定的)日期范围内

QOD quick-opening device 快速断开装置,快速开放策略

QOD Quick-Opening Device 快开装置

QOD (q. o. d.) 隔日一次

q. p. quantum placet/beliebig viel 任意量

qr quart 夸脱

QS quality safety/Qualitätssicherung 质量保证;质量安全

q. s. quantum satis/soviel wie nötig 适量;足量

Q. S. Quecksilbersäule 水银柱,汞柱

QSP Qualitätssicherungsprogramm 质量保证程序

QSR Sofortaufnahme 快速启动记录,直接记录,立即记录

QST Qualitätsstelle 质量检查站

QSV Qualitätssicherung Vereinbarung 质量保证协议

QT Quittungstaste 应答按钮

QTE Quecksilbertropfelektrode 滴汞电极

QTM Quantitative Metallographie 定量金相学

Q-Tr Querträger 横梁

QT/R Quertransformator 环路(调电抗负荷用)变压器

QTS Quarz-Tuning-System 石英调谐系统

QTW Quertransportwagen 横向输送小车

qu. quästioniert 成问题的,有疑问的

qu. quasi 近似,拟

Qu. Quelle 来源,源泉,电源;泉

Qu Querschlag 石门;横向巷道;横向镦粗;横击打

Qu. (Quitt., Q.) Quittung 收据;认可;应答信息

QUA Quittung-Ausgabe 应答输出

qual qualifizieren 鉴定,评定,使……具备资格

Quadr Quadrillion (英、德)百万的四次幂,(美、法)千的五次幂

quadr. quadratisch 二次方的;平方的;正方形的

Quadr. Quadratur 求积分,正交

Quadr Quadrupel 四倍,四重,(电话)四路

Qual. Qualifikation 熟练程度,技能,能力,资格,鉴定,判定,鉴定证明书

qual. qualifizieren 鉴定,评定,使……具备资格

quant. quantitativ 数量的,定量的,量的

Quart. Quartal 季度

quart. quartär 四元的;四价的

Quato. Quartaltonne 季度吨

QuBel Querschnittsbelastung 断面负载

QUE quadratisch unverzerrte Schätzer 平方无偏估计量

QUE QuitHasEingabe 输入应答

Quellungsm. Quellungsmittel 膨胀剂

Qu. -F. Quadratfuß 平方英尺

QUID (Quid, quid) quasi universal intergalactic denomination 星际游客使用的太空货币

Quitt. (Q, Qu.) Quittung 收据;认可;应答信息

Qup Quellenprogramm 电源程序

QV Qualitätsvorschriften 质量规范,质量标准

Q. v. quod vide-which see 调查阅

Qw Wetterquerschlag 通风石门,通风横向巷道

Q-Wert Q-值(热量单位)

Q. y. query 查核

q. w. d 每周

QZ Qualitätswertzahl 质量评定指标

QZ quantisiertes Zeichen 量子化标志;量子化符号

Qzlg. Qwarzlage 石英夹层

R

R Drehkreisradius 转动圆半径

R Fakultät 阶乘

R-12 Freon 氟利昂 12

R Gaskonstante 气体常数

°R Grad Reaumur 列氏(温度)度

R internationale Röntgeneinheit 国际 X 射线单位,国际伦琴射线单位

R kegeliges Rohraußengewinde 外椎管螺纹

R organisches Radikal 有机基

R. Radikal 基;根;原子团;根式;根号

R Radio 无线电(台),广播台

R Radius 半径

R Rakete 火箭

R. Rauch 烟,烟幕

R Rauchentwickler 发烟器

R rauh 粗糙的;不光滑的;未加工的;生的

R Rauhtiefe 粗糙高度;表面峰-谷高度

R. Raum, Räume 空间,体积,容积,室

R Raupenbagger 履带式挖掘机

r. rechtdrehend 右旋的

R Rechte Seite 织机右侧,织物正面

R rechter Winkel 直角

R rechts 右

R Reduzierung (管径)渐缩;还原作用;减低,减少;减速

R. Referat 报告;(书刊)评论

R Reflektor 反射器;反射镜;反射体;反射极;反光罩

R Reflexionsfaktor 反射因数,反射率

R Refraktion 折射;折射度;折光度

R Regeln 规则,调节

R Regelung 调整,调节,控制

R Regelventil 调节阀

R Regiment 统治;执政;治理

R Register 寄存器;记录器;寄发器

R Registratur 文件柜,记录处,资料室,记录室

R Regler 调整器,控制器,调速器

R Regulierungsposten 调节项目,调节站,调节工,调整员

R Reibung 磨擦

R Reibungskraft 摩擦力

R Reichweite 作用距离;射程;有效距离;传输范围

R Reihenmotor 直列发动机

R Relais 继电器

R Relaiswerkstoff 继电器材料

R. Reserve 备用,预备

R Resistance 抵抗,阻力;电阻

R Rest 剩余;残余;残余物;余数;差额

R resultierend 合成的;产生的

R Resultierende 合力;和量

R Retinit 树脂石

R Reversierungsrelais 回程继电器

R R-Formstück 一端带承插管的异径管接头

R-3 Rheintochter 3 莱茵女儿 3 型(一种无线电制导的空对空导弹)

r. richtig 正确的,对的,准确的

R. Richtkanonier 瞄准手

R. Richtkreis 方向盘,罗盘,刻度盘

R Rinnen-Profil 槽型钢材

R Rips 方格布,棱纹平布

R R-Liste 针叶锯材的商业分类

R roh 原始的,天然的,未加工的

R Rohdichte 粗密度

R Rohr 管子,钢管

R Röhre 电子管

R Röhrenpulver 管状发射药

R Rohrgewinde 管螺纹

R Rohrgewinde für im Gewinde dichtende Verbindungen 紧密螺纹连接的管螺纹

R Rolle 辊;滑轮;卷材;滚子;皮带轮

R Rolloch 溜道,岩石溜井,溜煤道,溜眼,天井,暗井

R Röntgen 伦琴(剂量单位);伦琴射线

R Röntgen-Einheit X 射线单位;伦琴射线单位

r. rot 红的

R Rücklicht 汽车尾灯

R Rück-, Rücken 背;背面

R Rückschlagventil 逆止阀

R Rückstand (筛上)剩余产品,筛余物;残渣,滤渣

R Rückstand auf dem Sieb 筛上物,筛上残余

R Rückstoßlader 后座式火炮

R Rückwärtsgang 倒挡,倒车,反向,逆行

R Ruhekontakt 常闭接点;静止接点;静接点

R ruhig 镇静的,半镇静的(标准代号)

R ruhig vergossen Stahl 镇静钢
R rund 周围;绕着……;圆的,球形的;大约
R Runddrahtbewehrung 圆导线铠装
R Rundfunk; Radio 无线电台广播;无线电收音机;无线电设备
R Rundkopfgeschoss 圆头弹
R Rüstsatz 成套军械
R Verdampfungswärme des Wassers 水的蒸发热,水的汽化热
R. Widerstand 电阻;阻力
Ra radioaktiv 放射性的
Ra Radium 镭
R-A Rakete-Abschussgranate 火箭弹
Ra Ramie 苎麻
Ra Rangiersignal 调车信号
Ra Raumlenkerachse 立体导杆轴
RA Rechnenautomat 计算机
r. A. reiner Alkohol 纯醇,纯酒精,无水酒精
RA Reparaturabteilung 修理车间,修理场
R. A. Restauftrieb 剩余升力;储备升力
RA Richtantenne 定向天线
R. A. Richtaufsatz 瞄准器
RA Risikoabstand 危险距离
RA Roaming-Abkommen 漫游协定
RA Röntgenanalyse X 射线分析
RA Ruderausschlag 控制面偏转,舵偏转
Ra Ruhe-Arbeitskontakt 静止工作接点
RA Rechnenanlage 计算机,运算装置
RAB Regeln für Geräte für aussetzenden Betrieb 断续工作设备调节
RAB Reichsautobahn 国有公路,国家级高速公路
rac. razemisch 外消旋的
RACE random access computer equipment 随机存取计算机装置
RACH Random Access Channel 随机接入信道
Racon radar beacon 雷达信标
Rad Radiant 辐射点;光点
rad roentgen-absorbed dose 拉德(照射剂量单位)
rad. radial 射线的,辐射状的,行星的,径向的
Rad. Radierung 擦去,刮去,镂蚀,蚀刻
Rad. Radix 根值数,基数
Rad- AbfV Verordnung über die Beseitigung radioaktiver Abfälle 放射性废物处置条例
Radar radio detecting and ranging 雷达,无线电探测和测距
RADAR 雷达天气观测报告
Radd Raddampfer 明轮汽船,叶轮汽船
RadfAbt Radfahrabteilung 自行车部门
Rad. Kfz. Radkraftfahrzeug 轮式汽车
RAE Royal Aircraft Establishment 【英】皇家航空研究中心
RaEm Radiumemanation 镭射气
Raff. Raffination; Raffinerie 炼制,精制;炼厂,精炼厂
raff. raffiniert 精炼的
Rag Raketenabfeuergerüst 火箭发射台
RAG Rohölgewinnungs-Aktiengesellschaft 石油开采股份公司
RAID redundant array of independent discs 独立磁盘冗余阵列
RAIM empfängereigene Integritätsüberwachung (定位)接收机自动完整性监测
Rak. Rakete 火箭
RAL Reichsausschuss für Lieferbedingungen und Gütesicherung 【德】交货条件和货物安全委员会
RAL Rodeausleselader 块茎作物挖掘、分选、装载联合作业机
RAM Arbeitsspeicher 工作存储器
r. a. m. radioaktiv markiert 放射性标志的
RAM random access memory/Random-Access-Speicher 随机存取存储器
RAM resident access method 常驻访问方法
RAM Restseitenband-Amplituden-modulation 剩余边带调幅
RAMA Rahmenmark 框标
Ramark Radar marker 雷达导航标
RAn Rangiersignalanschalter 调车信号接通装置
RAOB radiosonde Observation 无线电探空观测
RAP Rechnungsabgrenzungsposten 会计项目确定
RAP Roland Audio Producer 罗兰音乐制作人
RASEC Rear Axle Steering Electronically Controlled 电子控制的后轴转向
rat. rational 合理的
rat. rationalisieren; rationalisiert 使……合理化(的)
Rat Rationalisierung 合理化
rauch. rauchend 冒烟的
RaupFzg Raupenfahrzeug 履带式运输工具
RaupSchl Raupenschlepper 履带式牵引车
R. A. V. A. G. Radioverkehrsaktiengesellschaft 无线电广播有限公司
RAW Rationalisierungs-Ausschuss der Deutschen Wirtschaft 德国经济合理化委员会
RAW Read-after-Write-Verfahren 写后读法
RAW Reichsbahnausbesserungswerk 【前民德】国营铁道维修厂
RAWIN radar wind sounding 雷达测风
RAZ Raketenaufschlagzünder 火箭触发引信,

火箭碰炸式雷管

RB Radio Bremen 【德】不来梅广播电台

RB Reaktorbehälter 反应堆容器

Rb Reichsbahn 【德】国家铁路

R & B Ring and Ball-Methode 环球法(用于软化点测定)

Rb. Reihenbildaufnahme 连续照片拍摄

RB Rohbraunkohle 原褐煤,粗褐煤

Rb Rubidium 铷

rBattr reitende Batterie 电池

RBBau Richtlinien für die Durchführung von Bauaufgaben des Bundes 【德】联邦土木工程作业实施规范,土建施工规范

RBC 尿红细胞数

RBE relative biologische Effektivität (辐射的)相对生物效率

RBE Rückmeldung-Befehlsende 指令结束的回答信号

Rbf Rangierbahnhof 编组站,调车站

RBF-Netz Netz mit radialsystemmetrischen Basisfunktion (人工神经)径向对称基本功能网络

RBG Regalbediengerät 货架操作机

RBH Rockwell-B-Härte 洛氏硬度 B

Rbkw R & dbbaMranwerk 【前民德】国营铁道电厂

RBl Riffelblech 网纹钢板;网纹板;波纹铁板

Rbl. F Rundblickfernrohr 圆形扫描望远镜

R-Boot Minenräumboot 扫雷艇

R-Boot Räumboot 扫雷艇

RBT Rabatt 折扣

RBT Rundfunk-Betriebstechnik 无线电广播运营技术

RBV Rheinischer Braunkohlen Brikett Verkauf-Gesellschaft 莱茵褐煤砖销售公司

RB-Verfahren return-to-bias recording 归偏制记录

RBW relative biologische Wirksamkeit (辐射的)相对生物效力

RBZ Renteberechnungszentrum 养老金计算中心

RC Cassetten-Radio 盒式(无线电)收音机

R. C. radio compass 无线电罗盘

RC radio control 无线电控制

RC Whitworth-Rohrgewinde 惠氏(标准)管螺纹

RCCM Rotary Continuous Casting Machine 旋转连铸机

RCD reduced crude desulfurization/Rückstandsentschwefelung 重油脱硫

RC-gekoppelter Verstärker resistance-capacitance-coupled circuit 电阻-电容耦合电路

RCH Rockwell-C-Härte 洛氏硬度 C 级

Rcklf Rücklauf 回程,回扫;逆行

RCL Radiochemisches Laboratorium 放射化学实验室

RCL Rhein-Container-Linie 莱因集装箱船公司

RCT Ringstauchwiderstand 环形浸入式电阻

RCTC Rewritable Consumer Time Code 可重写消费者时间码

rd Rad (Masseinheit der Strahlungsdosis) 拉德(辐射剂量单位)

Rd. Rand 边,边缘

RD Rauschdiode 噪音二极管

Rd. Reduktion 还原,缩小,减少,简化,减低

Rd Reede 泊地,停泊场

R & D research and development 研究与发展

RD Reservedepot 储藏库

R. D. Rotationsdispersion 旋光色散(现象)

Rd rund 圆形的,整的,大约,围绕

Rd Rundgewinde 圆螺纹,圆形螺纹

Rd Rundprofil 圆棒材,圆型材

Rd Rutherford-Einheit 卢(瑟福)(放射性单位)

RdAc Radioaktinium 射锕,放射性锕

R-DAT Rotary head Digital Audio Tape; digitales Bandaufzeichnungsverfahren für Audiosignale mit drehendem Tonkopf 旋转磁头数字录音带

RDB Reaktordruckbehälter 反应堆压力容器

Rdbfr. Rundblickfernrohr 圆形扫描望远镜

RDBMS relationales Datenbankmanagementsystem 关系数据库管理系统

RDC rotating disc contactor 转盘式接触器

RDF radio distance finder 无线电测距仪

RdfAbt Radfahrabteilung 自行车部门

Rdfk Rundfunk 无线电广播

RDg (RDG) Raketendrahtgerät 火箭弹线网(以降落伞悬于火箭弹后的线网)

Rdm. Rudermaschine 舵机

RDMAR Renault Division Materiel Agricole Renault 【法】雷诺汽车公司农机部

RDN Radio Data Network/mobile Datenfunknetze 无线电数据网

Rd. -Nr. Randnummer 边缘号码

RDÖ Rhein Donau-Ölleitung 莱茵河-多瑙河输油管

RDP Remote Data Processing/Datenfernverarbeitung 远程数据处理

Rdr. Rechtsdrall 右捻,右旋螺纹,右向旋转

Rdr Reichsdruckerei 国家印刷业

R-Drahtgeschoss Raketendrahtgeschoss 有线火箭弹

RDS Radio Data System 无电线数据系统

Rdsch. Rundschau 评论,评述;观察,展望;周

报

Rdschr. Rundschreiben 通知,函告

RDV Raddruckverstärker 轮子压力增加装置

RDX Hexogen 黑索今炸药;环三次甲基三硝基胺;三亚甲基三硝基胺

RDZ Randdüsenzünder 边缘喷嘴点火器

Rd. -Z- Randziffer 边缘放电系数

RDZ Schaubilder für Relaxation Dauer- und Zeitfestigkeit 松弛性和疲劳强度图

RE eindrähtiger Rundleiter 单芯圆形导线

Re Rechner 计算机,计算器

RE Referenzelektrode 参考电极

RE Registriereinrichtung 记录装置

Re Regler 调节器

Re Reynoldssche Zahl 雷诺数

Re Rhenium 铼

RE Randeinheit 周边单位

Re reagent/Reagentien 试剂

RE Rechnungseinheit 计算单位

RE Rechtwinkligkeit 垂直度

Re Re-Formstück 带承插端的偏心异径管接头

Re Relais 继电器,替续器;转播,中继

RE Reparatureinheiten 修理单位

R. E. Reseau Europeen 欧洲网

RE Restexemplare 剩余样本

Re Reynoldssche Zahl 雷诺数;雷诺准则

RE Roheisen 生铁

RE Rundeisen 圆钢,圆材

RE Rundfunkempfänger 无线电广播接收机

Re Streckgrenze 屈服点,弹性极限

re. with reference to 关于

REA Rauchgasentschwefelungsanlage 废气脱硫装置

REA Regeln für elektrische Anlasser und Steuergeräte 启动器和控制器规程

REA Richtempfangsantenne 定向接收天线

REB Regeln für Maschinen und Transformatoren auf Bahnfahrzeug 牵引机用电机和变压器规程

ReB Ring ehemaliger Bergschüler 【德】矿山技术学校毕业生联合会

RECCO 美国气象侦察飞行报告

Rech. Recherchen 探求,研究

Rech. Rechercheur 探求者,研究者

Rech Rechnenmaschinen 计算机

rechtsg. rechtsgängig (钢丝绳)右捻的;(螺纹)正旋的;沿顺时针方向旋转的

Rechtsw. Rechtswesen 法律制度,法律事宜,法律性质

rechtw. rechtwinkelig 直角的,矩形的,正交的

recd. received 收到

Red. Reduktion 还原;减少,缩小;简化

red. reduplizieren 重复

red. reduzierend; reduziert 缩减的;约简的;还原的

Red. Reduzierung 还原(作用);简化;减少;减速;折合

redest. redestilliert 再蒸馏的

REDOX Reduktion und Oxydation 氧化还原

Redupi. Reduplikation 双重,重复

REF Roll Embossed Fiber 辊压花纤维

Ref. Referat 报告;评论

Ref. Referenz 参照,基准

REFA/Fefa Reichsausschuss für Arbeitsstudien 【德】劳动定额研究委员会

refl. reflektieren, reflektierend, reflektiert 反射(的)

Refl. Reflektor 反射器,反射体,反射罩

refl. reflektorisch 反射的

Refl. Reflex 反射

Refl. Reflexion 反射

refl. reflexiv 反身的

reform. reformatorisch; reformiert 改革的,革新的;经过改革的

refr Kältetechnik 制冷技术

Refr. Refraktion 折射,折射度

Reg. Regenerator 再生器,回收器,蓄热器

Reg. Regeneration 再生

Reg Registrierleitung 记录线

Reg Registrierung 登记,记录

Reg. Reglement 规则,细则,章程,规程

reg. regulär 正式的;正规的;通常的

REGAVO Regenerativwärmetauscher 蓄热式热交换器

Reg. Bez. Regierungsbezirk 行政区域

regelm. regelmäßig 合乎规律的,按照常规的

Regl. Reglement 规则,细则,章程,规程

Regl. Reglementierung 规定,章程

Reg. -Nr. Registriernummer 记录号码

Reg. -T. Registertonne (船舶)登记吨位

RegTP Regulierungsbehörde für Telekommunikation und Post/German Authority For Telecommunications and Post 德国电信和邮政局

REH Regeln für elektrische Hochspannungsgeräte 电气高压设备规程

REI Rat der Europäischen Industrieverbände 欧洲工业联合委员会

Reib. Reibung 摩擦

Reimp. Reimport 再输入,再进口

Reiseg. Reisegeld 旅费,川资

Reiseg. Reisegepäck 行李

REKAVERM die Richtlinien für die Ausführung und elektronische Verarbeitung von Katastervermessungen 地籍测量的实施和电子处理规程

rekrist. rekristalliert 再结晶的
Rekrist. Rekristallisation 再结晶;重结晶
Rel Relais 继电器
rel. relativ 相对的;比较的
rel. relativieren 相对化
Rel. Relativität 相关性,相对性
Rel. Religion 宗教,宗教信仰
Rel. Relikt 残余物,遗物
rel. Feucht. relative Feuchtigkeit 相对湿度
relig. religiös 宗教的,虔诚的
rem biologisches Röntgenäquivalent 生物伦琴当量
REM Rasterelektronenmikroskop 扫描电子显微镜
REM Regeln für die Bewertung und Prüfung von elektrischen Maschinen 电机鉴定和试验规程
rem roentgen-equivalent-man 人体伦琴当量
rep. repartieren; repartiert 比例分配(的)
Rep. Repartition 比例分配
Rep. Repetition 反复,重复
Rep. Republik 共和国
Rep. Repulsion 推斥,拒斥,斥力
rep roentgen-equivalent-physical 物理伦琴当量
rep. bed. reparaturbedürftig 需要修理的,要求修理的
Repr. Reproduktion 再生产,复制
REPROM reprogrammable read-only memory 可编程序的只读存储器
RES Elektroschlackeschweißen 电渣焊接
RES Regeln für elektrische Schaltgeräte 电器开关装置规程
Res. Reservation 保存,贮藏,保留
Res. Reserve 后备军,预备队;后备,储备
res. reservieren 保留,预定,保管,保存
Res. Reservoir 容器,水槽,水库
Res. Resistanz 抵抗力;电阻
Res. Resolution 分辨,分解,解析
Res. Resonanz 共鸣,谐振,共振
Res. Resorbens; Resorption 再吸收
res. restlich 残余的,剩余的
res. restlos 无剩余的,全部的
Res. Resultat 结果,结局,解答,成绩
RESM Regeln für elektrische Gleichstrom-Lichtbogen-Schweißmaschinen 直流电弧焊机规程
resp. respektive 各自的,各个的,分别地
Resr. Restriktion 收缩,限制,束缚
restl. restlich 残余的,剩余的
restl. restlos 彻底的,完完全全的,全部的
resubl. resublimiert 再升华的
RET Regeln für elektrische Transformatoren 电气变压器规则
Ret. Retardation 延迟,迟滞;制动;光程差
Ret. Retorte 曲径瓶,蒸馏器
RETrig Readjustment of European Triangulation Commission 欧洲三角网重新调整委员会
REUN Réseau Européen Unifie des Nivellements 欧洲统一水准网
Rev. Revier 管辖区;地区;(公安局)派出所;矿区
Rev Revolver 左轮手枪
Revi. Reflexvisier 反射指示器或瞄准器
RevK Revolverkanone 转轮炮
Rev. -Stgr. Revier-Steiger 采区工长
Rew Rauchentwickler 烟幕发生器
ReW Rechnungswesen 会计学
REW Regeln für Wandler 互感器规程
Rew Rewind 重绕,倒回(影片,录音带等)
REZ Regeln für elektrische Zähler 电计数器规程
RF radio frequency 无线电频率
RF Radiofrequenz 射频,无线电频率
RF Raised Face 凸面
RF Rechnerfamilie 计算机系列
RF Resorcin-Formaldehyd-Harz 间苯二酚甲醛树脂
RF Resorzin Formaldehyd 间苯二酚甲醛
RF Richtpunkt 目标,瞄准点
Rf. Riff 暗礁
Rf Rohrfrei 无管的,不用管的
Rf Rückhaltefaktor 迟缓系数
Rf rückstoßfrei; rücklauflos 无后坐力的
RF Rundblickfernrohr 圆形扫描望远镜
Rf Rutherfordium 104号元素铲
RFA Rohrfütterungsanlage 牲畜管道喂料装置
RFA Röntgenfluoreszenzanalyse 爱克斯射线荧光分析
RfE Rücklage für Ersatzbeschaffung 备件购置储备金
Rfest D Rundfunkentstörungsdienst 无线电广播防干扰业务
RFF Richtfunkfeuer 定向无线电指标;定向无线电信标
RFFU Rundfunk-Fernseh-Film-Union 广播电视电影协会
R. F. K (Rf. K) rückstoßfreie Kanone 无坐力炮
RFl Raumbootsflottille 扫雷艇区舰队
RfL Reichsamt für Landesaufnahme 【德】国家地形测量局
Rfl Rundfunkleitung 无线电广播线路
Rfn. Reifen 轮胎,外胎;轮缘,轮网
Rfn. (Rfnr.) Rufnummer 电话号码
rfr. frachtfrei 不收运费的,免费运送的
R-frei Rohrfrei 无管的,不用管的

RFS Röntgenfluoreszensspektrometrie 爱克斯射线荧光谱法
Rfs. Rundfunksender 无线电广播发射机
RFT rocket-flash triangulation 火箭闪光三角测量
RFT Rundfunk-Fernseh-Telekommunikation AG 无线电电视-电信股份公司
RFT Rundfunktechnik 无线电广播技术
RfVAnw Rundfunkverwaltungsanweisung 广播管理规定
RFVC Honda-Radialventiltechnik 本田摩托车径向通风技术
RfW rückstoßfreier Werfer 无后坐力发射器
RFZ Regalförderzeug 货架输送机械
Rfz Rufzeichen 呼叫信号
RFZ Rundfunk- und Fernsehtechnisches Zentralamt 无线电广播和电视技术中央局
RG Radialgeschwindigkeit 径向速度
RG Raffineriegas 精制气体
RG Rationalisierungsgemeinschaft 合理化建议协会
RG Raumgewicht 单位体积重量,松装比重
RG Raumladegitter 阴栅极;空间电荷栅
RG Raumladegitterspannung 阴栅极电压;空间电荷栅电压
RG Reaktionsgeschwindigkeit 反应速度
Rg Ring 环,轮
Rg Rotguss 炮铜;低锌黄铜(含 2～10% Zn)
Rg Rotgusslegierung 红铜铸造合金
RG rotierender Gleichrichter 旋转整流器
Rg 111 号元素錀
RGA Rauchgasanalyse 烟气分析
RGB Rot-Grün-Blau 红绿蓝
RGC Remote Gun Controll 火炮遥控
RGK Gegenkopplungswiderstand in der Kathodenleitung 阴极线路内的负反馈电阻
RGK Reaktionsgeschwindigkeitskonstante 反应速度常数
Rg. K Ringkanone 环形加农炮
rglm. regelmäßig 有规律的,按规则的
RGO Royal Greenwich Observatory 【英】格林尼治皇家天文台
Rg. P. Ringpulver 环形火药
RGr Raketengranate 火箭弹
RGS Rauchgassaugung 烟气抽吸
RGS 俄罗斯天然气协会
RGSS rapid geodetic survey system 快速大地测量系统
RgStz Ringstütze 环形支架,环形支座
Rgt. Regiment 统治;管理
RGT-Regel Reaktionsgeschwindigkeitstemperaturregel 反应速度温度定律
RGV Rationalisierungsgemeinschaft Verpackungim 包装合理化委员会(属德国经济合理化管理局)
RGW Rat für gegenseitige Wirtschaftshilfe/COMECON 经济互助委员会,经互会
RH Hilfsrelais 辅助继电器,升压继电器
RH Rechtsgewinde 右旋螺纹,右螺纹
Rh Rhein 莱茵河
Rh. Rheinmetall-Werke 莱茵金属机器制造厂
Rh Rhesusfaktor 猕猴因子
Rh Rhodium 铑
Rh rhombisch 菱形的,斜方形的,正交晶的
Rh. Rhombus 菱形,斜方形
RH Richtungsumsetzung 换向
RH Rockwell hardness/Rockwell-Härte 洛氏硬度
Rh Roßhaar 马毛(鬃毛)
RHD rechtsgesteuert 右侧驾驶
rhd. Z. Rhodanzahl 硫氰值
Rhiz. Rhizoma 根茎;地下茎
RHM Roentgen per Hour at one Meter 在离辐射源一米距离上每小时一伦琴的剂量
RhS Rheinmetall S (莱茵兵工厂造)着发引信字样
RHT Rear Heat Treatment 后热处理
R & I Fliessbilder für Leitungen und Instruments 管道与仪表流程图
RI Reaktorinstrumentierung 反应堆仪表
R. I. re-insurance 再保险
Ri Richtlinie 方向线;规则
Ri Rille 槽;声槽;凹槽;滚动轴承沟;滚道
Ri Rinderhaar 牛毛
RIA Radioimmunoassay 放射免疫测定,放射免疫分析
RIAA Recording Industry Association of America; Verband der amerikanischen Schallplatten-Industrie 美国唱片工业协会
RIAG Arbeitsgemeinschaft für radioaktive Isotope 放射性同位素协会,放射性同位素专业小组
RIAS Realtime Informations- und Auftragsauskunftssystem; Verfahrenseigenname 实时信息和订单咨询系统
RIAS Rundfunk im amerikanischen Sektor von Berlin 柏林美洲区无线电广播台
RIAT 英国皇家国际航空展
RIC Rechteckimpulscharakteristik 矩形脉冲特性,矩形脉冲特性曲线
Richt. Richtung 方向,方位
Richtstr. Richtstrecke 位移;倾向,趋势
RID radiale Immundiffusion 放射免疫扩散
riech. riechend 有气味的;剧臭的

RIFF Resource Interchange File Format/Dateiformat, speziell für Audiodateien 资源交换文件格式
RiffBl. Riffelblech 网纹板
Riffelbl. Riffelblech 网纹钢板
RiFu Richtfunk 定向通信
Rifust Richtfunkstelle 定向通信站
RIM Reaction-Injection-Moulding; Reaktionsspritzguss 反应性注塑成型,反应注射成型
RIP Raster Image Processor 光栅图像信息处理器
Rip Remote-Imaging-Protocol 【法】远距离图像协议
RIP resin-in-pulp 矿浆树脂离子交换法
RIPA Radioimmunpräzipitation 放射性免疫沉淀
RISC Reduced Instruction Set Chip 精简指令集芯片
RISC Reduced Instruction Set Computer; Computer mit eingeschränktem Befehlssatz 精简指令集计算机
RISS Ross ice shelf survey 罗斯冰架测量
RiT Richtungstaste 方向电键
Rk. Rakete 火箭
RK runde Kante 圆边
RK Randlochkarte 边穿孔卡
RK Rauchkörper 发烟体;喷烟药包(用以模拟炸点或爆炸)
RK Raumkoeffizient 空间系数
Rk. Reaktion 反应;反作用;反馈;回授;反向辐射
RK Reflexionskoeffizient 反射系数
RK Richtungskontakt 导向触点
RK Ringkanone 环形加农炮,套筒炮
RK Rohrkarre 管状炮架
RK Rückkopplung 反馈;回授
RK Ruhestromkontakt 静态电流触点
RKfB Rauchkörper für Beobachtungszwecke 观察用发烟体
RKfS Rauchkörper für Schiedsrichter 裁判员用发烟体
Rk Fzg Raketenflugzeug 火箭飞机
RKL Rufkontrollampe 振铃检查灯
RKm Reißkilometer 撕裂长度(千米)
RKM Röntgenkontrastmittel X射线造影剂
RKM Rotationskolbenmaschine 旋转活塞发动机
Rkr. Richtkreis 罗盘;量角器;刻度盘;分度盘
RKS Radialkraftschwankung 径向力波动
RKS radioaktiver Kampfstoff 放射性武器
R. K. S. Rohrkontistraße 连续式轧管机
RKTL Reichskuratorium für Technik in der Landwirtschaft 德国农业技术监察会
RKW Rationalisierungs-Kuratorium der Deutschen Wirtschaft 德国经济合理化建议委员会,德国经济合理化管理局
RKW Reichsbahnkraftwerk 【德】国家铁道发电厂
RKZ Regelkennzeichen 长途电话人工接线识别信号
RL Längsrips 长方格布,纵向棱纹织物
R. L. Räderlafette 轮式炮架
RL Radlafette 轮式炮架
RL Reallexikon 辞典,百科全书
RL Rechts/Links 右/左
RL Rechts/Links-Ware 平纹织物
RL Rodelader (块茎作物)挖掘装载联合作业机
RL Rohrlänge 管子长度
RL Rundlauf 径向跳动,循环;回转,同心性
RLC Run-Length Coding/Kompressionsverfahren 扫描宽度编码
RLG (RLg) Raketen Leuchtgerät 火箭照明器
RLG Rotorlagegeber 转子位置发送器
RLGS Raketen Leuchtgerät Scheingeschoss 火箭照明模拟弹
RLK Ringlaserkreisel 环状激光陀螺仪
RLL begrenzte Lauflänge (计算机)游长受限,游长受限(码)
RLL lauflängenlimitierter Code 游长受限码
RLN die Räte für Landwirtschaft und Nahrungsgüterwirtschaft 【德】农业与食品经济委员会
RLP Radio Link-Protokoll 无线链路协议
RLR revised local reference 订正的局部参考
RLTu Rechts/Links-Tuch 经平绒组织
RM mehrdrähtiger Rundleiter 多芯圆形导线
RM Rechnenmaschine 计算机,运算器
RM Regelmaschine 调整机
RM Remanenzmagnetisierung 剩磁
RM Reprographiemanagement 复制管理
RM Restseitenbandmodulation 剩余边带调制
RM Richtmaschine 矫直机
RM Richtmaß 标准,规范,校准器,标准量具
RM Ringmodulator 环形调制器,双平衡调制器
RM Rohrmulde 管子凹陷
RM Rollenmeißel 滚轮钻头,牙轮钻头
Rm Rotmetall 赤金属
RM Rudermaschine 舵机,转向传动装置
RM Rumpfmotor 短发动机
Rm. Raum 空间,体积,容积,室
RMA erforderliche Bearbeitungszugaben 要求的加工余量
RMA Rohrmelkanlage 管道式挤奶装置

RMdl Reichsminister des Inneren 【德】内政部长
RME Rapsälmethylester 菜油,甲基酯
RMG Rechtsmittelgesetz 使用法律手段的规定
RMI remote method invocation 远程方法调用
RMi Riegelmine 连锁雷
RMK Reihenmesskammer 连续测量摄影机
Rm m. R. Raummeter mit Rinde 包括树皮的立方米
RMP Refinerholzstoff ohne Vorbehandlung 未经预处理的精加工木材
RMR Rhein-Main-Rohrleitung 莱因河-美因河管道
RMS Reprographiemanagementsystem 复制管理系统
RMS Röntgenmonochromatorsystem 爱克斯射线单色仪系统
RMS Root Mean Square/Effektivwert 有效值,均方根
RMSE root mean square error 均方根差
R-Mun Rillenmunition 凹线子弹
Rn Radon 氡
R & N real and now 马上
RN Reyon 人造纤维,人造丝
RNA ribonucleic acid 核糖核酸
RNase Ribonuklease 核糖内切酶,核糖核酸酶
RNG Reichsnaturschutzgesetz 【德】国家自然保护法
r. n. l. (**rnl**) rechts nach links 自右向左
RNLG Rohrnutzlänge 管子有效长度,管子有用长度
RNR Rauchgasnachreinigung 烟气再净化
R. -Nr. Rechnungsnummer 会计编号
R. -Nr. Registriernummer 记录号码
R. O. Rasenoberkante 鳞状沉积上边缘
RO Rechenoperation 运算操作
r. o. rechts oben 右上
Ro Roadster 双门敞篷轿车
Ro Rohstoff 原材料,原料
Ro Rosella 玫瑰茄韧皮纤维
RÖ Rücklauföl 回流油,返回油
RO Umkehrosmose 逆渗透;反渗透
ROBMS relationales Datenbankmanagementsystem 关系数据库管理系统
rock Raketentechnik 火箭技术
Röckpro Rückprojektion 反投影
ROCOB SHIP 船舶火箭探测站云层温度和风或大气密度的报告
ROE Rohöleinheit 原油单位
ROFL rolling on the floor, laughing 笑得在地上打滚
ROFOR 航路预报
ROFOR AMD 航路订正预报
ROG Raumordnungsgesetz 区域规划法
Ro. G. Rohgas 天然气
Rohrbr. Rohrbremse 炮口驻退器
Rollko Rollenkondensator 圆柱形电容器
ROM read-only memory/Nur-Lese-Speicher 只读存储器
ROMET 米制航路预报,用米制表示的预报量
RON research octane number/Researchoktanzahl 研究法辛烷值
Röntg Röntgenologie 放射线学,爱克斯射线学
Röntg-Str. Röntgenstrahlen 伦琴射线,爱克斯射线
RöRUG (**RöntgRUG**) Gesetz über Röntgenreihenuntersuchungen 爱克斯射线连续检查法(规)
Roststr. Roststrecke 格筛平巷,分块崩落开采法的底巷
rot Rotation 旋转;转动;回转;旋光
Rot Rotor 转子
Rot. -Dr. Rotationsdruck 旋转印刷
ROTFL rolling on the floor, laughing 笑得在地板上缩成一团,笑破肚皮
rotw. rotwelsch 黑话
Ro-W Rohrbiegewerkzeug 弯管机
ROZ Research-Oktanzahl 研究法辛烷值
RP Rapid Proto Typing 快速制模法,快速原型制造
Rp Raupe 履带
R-P Reichspatent (第二次世界大战前的)德国专利
RP reinforced plastics 加强塑料,增强塑料
RP Richtpunkt 目标,瞄准点
RP Röhrenpulver 管状火药
Rp zylindrisches Rohrinnengewinde 圆柱管内螺纹
Rp 取(处方标记)
RPA Regelstabprüfanlage 控制棒检验装置
R-Patr Rauchpatrone 发烟信号弹
RPB Rental Playback 出租回放
RPb Rohrblei 制管铅
RPC remote procedure call 远程过程调用
RPEP Röhrenpulver Einheitspulver 标准管状弹药
Rp. -Fz Raupenfahrzeug 履带式车辆
RpFzg Raupenfahrzeug 履带式牵引车(汽车)
RPG report program generator 报告程序发生器
rph Radphot 辐透
RPK Röhrenpulver Konstruktion 管状发射药设计
RPL Radiophotolumineszenz 辐射光致发光

r. p. m. revolutions per minute/Umdrehungen pro Minute 每分钟转数
RPP Rapid Prototyping Prozessketten 快速原型程序链
Rpr. Reproduktion 再生产,复制
Rpr. reproduktiv 有再生能力的
RPS Ringprobensäge 环形试样切割锯
Rp. Schl. Raupenschlepper 履带式牵引车
RPZ Risikoprioritätszahl 风险优先数,风险系数
R. Pz. B. Raketenpanzerbüchse 反坦克火箭筒
RPzBGr Raketen Panzerbüchse Granate 空心装药火箭(用反坦克枪发射)
RQ Querrips 横(方)格布
RQ respiratorischer Quotient 防毒面具的呼吸商数
RQ RQ-Formstück 法兰盘异径弯管
RQL rückzuweisende Qualitätsgranzlage 拒收质量界限
RR besonders beruhigt Stahl 特殊镇静钢(特殊钢标准代号)
RR doppelte Runddrahtbewehrung 圆形导线的双铠装
RR Rechts/Rechts 右/右
R/R Rechts/Rechts gekreuzte Ware 罗纹交错针织物
R/R Rechts/Rechts Ware 罗纹针织物(DIN ISO 7839)
RR Richtrolle 矫直辊
RR Richtungsrelais 方向继电器
rr. Ruhe-Ruhekontakt 双头常闭触点
RRG Rechts/Rechts/Gekreuzt 双罗纹组织
RRIM reinforced reaction injection moulding 增强反应性注塑成型
RRIM RRIM-Verfahren 增强反应注射(成型)工艺
RRP Rotterdam-Rhein-Pipeline 鹿特丹-莱茵(输油)管道
RRS Radiation Research Society 【美】辐射研究协会
RRS Rufrelaissatz 振铃继电器装置
RR-Schmieden ROEDRER 锻造法,劳特尔全纤维曲轴镦锻法
RRT RapidRailTransit 快速轨道交通
RRTu Rechts/Rechts-Tuch 罗纹组织
rs Mikrosekunde 微秒
RS Radschlepper 轮式拖拉机
RS Raketenstart 火箭起飞
RS Rangiersignalsteller 调车信号塔
RS Rationssatz 配给比率(例)
Rs Raupenschwenkbagger 履带式回转挖掘机
RS Reaktorschutz 反应堆防护
RS Reed-Solomon; digitales Codierverfahren 里德所罗门码
Rs Reizstoff 刺激剂
Rs Relais 继电器,替续器,中继,转播
RS Relaisstelle 中继站,中继台
RS remote sensing 遥感技术
Rs. Reserve 储备,后备
RS Resonanzrelais 谐振继电器
rs Resonator 谐振器,共鸣器
rs rosa 玫瑰色的,淡红色的
Rs. Rücksicht 照顾,重视,留意
RS Rufschalter 振铃电键
RSA Reaktorschnellabschaltung 反应堆快速停堆
RSA Rivest, Shamir, Adelman 一种公共密钥体制
RsA Rundstrahlantenne 圆形辐射天线
R-Salz Cyclotrimethylentrinitrosamin R-盐,环三亚甲基三亚硝胺
RSB Raketenstartbombe 火箭发射炸弹
RSB Reaktorsicherheitsbehälter 反应堆安全壳
Rsb. Reisebüro 旅行社
RS-Boot Raketenschnellboot 火箭快艇
RSflB-Schule Reichs-Segelflugbauschule 雷希滑翔机学校
RSG Reaktionsspritzgießen 反应性注塑成型,反应注塑
RSG Repetitionsstoßgenerator 重复脉冲发生器
RSG Rohstahlgewicht 原钢重量,钢锭重量
RSK Reaktor-Sicherheitskommission 反应堆安全委员会
RSK Rückseitenkontakt 反面触点
RSM Ruf- und Signalmaschine 呼叫与信号机
RSN Rate Shaping Nozzle 流量整形喷嘴
RSN real soon now 就要来了
R. S. O. Raupen-Schlepper Ost "奥斯特"型履带式牵引车
R-Sprenggranate Raketensprenggranate 爆破火箭弹
RSRS the Radio and Space Research Station/die Radio-und Raumforschungsstation 无线电空间探测站
RSS Reaktorsicherheitssystem, Reaktorschutzsystem 反应堆安全系统,反应堆防护系统
RSSG Raketen Scheinschuss Gerät 火箭模拟发射装置
RST Rechenstanzer 计算穿孔机
RST Rohstahl 初制钢,粗钢
RST Running Status Table/DVB/SI-Tabelle 运行状态表

RSTN ROM-Start negiert Programmspeicher-Start 只读存储器起动取反的程序存储器起动
R. Str. Reichsstraße 国有公路
R. S. V. reply please 候复
RSV Rous Sarkom-Virus 肉瘤病毒
Rsz. Resonanz 共鸣;共振;谐振
RT release time/Ausklingzeit 释放时间
RT Radio-Text 无线电广播稿
RT Radiotechnik 无线电技术
RT Radiotelegraphie 无线电报学
RT Radiotelephonie 无线电话学
Rt Rauhtiefe 粗糙深度
RT Raumteile 计容分量
RT Raumtemperatur 室温
RT Raumtiefe 空间深度;容积深度
RT Regeltisch 控制台;操纵台
RT Regeltransformator 可调变压器
RT Regelungstechnik 调节技术
RT Registertaste 记录电键
RT Registertonne (商船)注册吨(=100 立方英尺)
RT Registriertaste 记录电键
RT reverse Transkriptase 逆转录酶
RT Rohteil 毛坯,坯品
rt rot 红的;红色的
RT Rückstelltaste 复位按钮;退格键;自动还原按钮
RT Ruftaste 振铃电键,呼叫电键
RTA Reaktionsthermoanalyse 反应热分折
RTB Radio/Tonband 收录机
RTC railway tank car/Kesselwagen 铁路槽车
RTC Real Time Clock/Echtzeituhr 实时时钟
RTCM Radiotechnische Kommission für Schifffahrtsdienste 船运服务无线电技术委员会
RTCP real-time control program 实时控制程序
RTD Resonanz-Tunneldiode 谐振隧道二极管
RTD-FET Feldeffekt-Transistor mit Resonanz-Tunneldiode 带谐振隧道二极管的场效应晶体管
RTE real time executive 实时执行器
RTE Route 路径
RTF Radioteilfabrik 无线电元件厂
Rtf Rottenführer 下士,长机;工长,领班
RTFT rotating thin-film-test 旋转薄膜试验
RTG Raketentauchgeschoss 火箭水下发射
RTI Rundfunktechnisches Institut 无线电广播技术学院
RTL Rodetrennlader (块茎作物)挖掘、分离、装载联合作业机
RTM Rastertunnelmikroskop 扫描隧道显微镜
RTM read the manual 去读操作手册
RTM recent tectonic movements 现代大地构造运动
RTOS real-time operating system 实时操作系统
RTP Real-Time-Transport-Protokoll 实时传输协议
RTS Reparatur-Technische Station 技术修理站
RTT Richttyptiefe 染色标准深度
rt Ü Rotüberwacher 红灯监控器
RTW relative Tiefenwirkung 相对体视效应;相对深部效果;相对立体效应
Rü In Abteilung Rüstungsindustrie 军火工业部门
rü mit Rücksprung 用回跳
r. u. rechts unten 右下
RU Reihenuntersuchung 连续检验
RU Relaisunterbrecher 脉动继电器;脉冲继电器
RU Richtungsumsetzung 换向
RU Röntgenuntersuchung X 射线检查
RÜ(Rue) Rufübertragung 呼叫传送
RU Rufumsetzer 呼唤转换开关
Ru Ruhe-Umschaltekontakt 静止-转换触点
RU Rundheit 圆度
Rü Rüstung 装备,军备
Ru Ruthenium 钌
Rü. Betr. Rüstungsbetrieb 军工企业
Rückf. Rückfahrt 归程
Rückf Rückführung 再循环;回授,反馈
Rückl. Rücklauf 回程,回扫,逆行
Rückpro Rückprojektion 反投影
Rücks. Rückseite 背面,反面
Rücks Rücksicht 背视图
Rücksp. Rückspiegel 反光镜
Rückst Rückstellung 复原,恢复;释放
Rückst. Rückstand 残渣,残余物
Rückst. Rückstoß 后坐,反冲,坐力
Rückw rückwärts 向后,倒退
rückw rückwirkend 反转的,反作用的,可逆的
Rue (Rü) Rufübertragung 呼叫传送
Rüfa Rückenfallschirm 背负式降落伞
Ruf. -Nr. Rufnummer 电话号码
Rufz Rufzeichen 呼叫信号
R. u. K. Ring- und Kugelmethode 环球法(软化点测定)
Rumpf-M. G. Rumpfmaschinengewehr 装在机身上的机枪
Rundf. Rundfunk 无线电广播
RundfG Rundfunkgesetz 无线电广播法
RundfG Rundfunkgrundsatz 无线电广播原理
Rusgeräte Rettungs-und Sicherheitsgeräte 救护和安全装置

Rüstg Rüstung 装备,军备
RüVA Rückstandsverbrennungsanlage 残渣焚烧装置
RV Recreation Vehicle 周末旅游汽车
RV Reduktionsvermögen 还原能力;还原性能
RV Redwood-Viskosität 雷氏粘度
RV Regelventil 调节阀
RV Rückschlagventil 单向止回阀,逆止阀
RVfW Raketen Vielfachwerfer 多管火箭发射架
RVM Röbrenvoltmeter 电子管电压表;电子管伏特计
R. W. Raketenwerfer 火箭发射装置
RW Rechenwerk 计算机,运算器
RW Rechenwert 计算值
RW Redwood-Viskosität 雷氏粘度
Rw Regelwiderstand 调节电阻,可变电阻
RW Reparaturwerkstatt 修理车间
RW Richtungswähler 方向选择器
RW Richtungsweiche 方向滤波器;方向性开关
RW Rückweite 回程距离
RWB Raketenwasserbombe 火箭式深水炸弹
RWDR Radial-Wellendichtring 径向轴密环封
RWE Rheinisch-Westfälisches Elektrizitätswerk 莱茵河威斯特伐利亚发电站
Rwe Rwe-Formstück 一端承插的偏心异径管接头
R-werk Resultatwerk 结果寄存器
RWg Rohrwagen 炮管车架
RWI Rheinisch-Westfälisches Institut für Wirtschaftsforschung 莱茵-威斯特法伦经济研究所(埃森)
rwK rechtweisender Kurs 真航线
RWM read/write memory 读写存储器
RWST Rechnenwerksteuerung 计算器控制,运算器控制
RWTH Rheinisch-Westfälische Technische Hochschule Aachen 亚琛莱茵-威斯特法伦技术大学
RW-Turbine Rückwärtsturbine 反转透平
RWÜ Rohrbündelwärmeübertrager 管束式传热器
RWW Rohrwalzwerk 轧管机,轧管厂
RWW Schreib-/Lese-Kontrolle 读写控制器
ry railway; Eisenbahnwesen 铁道,铁轨
RZ Datenverarbeitungszentrum 数据处理中心
Rz Rahmenzimmerung 棚式支架
RZ Raketenzünder 火箭点火器
RZ Rechnenzentrum 计算中心
R. -Z. Reparaturzug 检修列车
RZ Restzahlung 支付余额
Rz. Rohrzerspringer 管子爆裂;膛炸
RZ Rückkehr zu Null 归零制
RZ Rückzahlung 偿还
rza Ruhe-Zwillingsarbeitskontakt 双触点静止接点
RZdh Reibenzündhütchen 摩擦点火雷管
rzp. reziprok 倒数
RZP Roheisenzündpulver 生铁起爆药

S

S. Ampere Stunde 安培小时
s elektrische Sicherheit 电气安全
S Entropie 熵
S Fläche, Querschnitt 面积,截面
S Hülsensockel 套壳灯头
S Kolbenhub 活塞行程
S Konduktanz 传导性,导电性;电导
S Länge eines Stabes 棒长
S metrisches Sägengewind 米制锯齿螺纹,公制斜方螺纹
μs microsecond/Mikrosekunde 微秒,百万分之一秒
3S remote sensing, geographical information system and global positioning system 遥感技术、地理信息系统与全球定位系统
s. Sachlich 业务上的;客观的;适当的
S Sägengewinde 锯齿螺纹,斜方螺纹
S. Sammler 蓄电池;捕电器,集电器
S Sand 砂
S Satz 定理,定律,套,组
S Sauerstoffträger 载氧体
S saugend 吸入的,吸收的
S saugende Bewetterung 吸气通风
S Saugseite 吸入侧
S säurefest 耐酸的
S″ Saybolt-Sekunde 赛氏秒(粘度)
S Schäkelisoiator 蝴蝶形绝缘子
s Schalenstärke der Stollenauskleidung 隧道衬里厚度
s scharf 锐利的,尖锐的,锋利的;苛性的,腐蚀性的
S Schaum 泡沫,浮渣

S Scheinleistung 视在功率
S Scheitelwert 峰值
S Scherekraft 剪切力
S Schicht 层,矿层,岩层,班,工作班
S Schiebesitz 滑动配合,滑阀座
S Schiene 轨,钢轨
S Schirm 屏;屏蔽;灯罩;屏幕;伞
S. Schlacht 战役,会战
S schlagwettersicher 防矿井危险的
S Schleifkörper 砂轮,磨石,研磨工具
s Schlupf 滑动;转差率
S schmelzschweißbar 可熔焊的(标准代号)
S. Schneidrad-; Schabrad-; Schleifkörper 插齿刀……;剃齿刀……;砂轮(磨石,研磨物)
S Schnellbahn 高速铁道
S Schnellbus 高速汽车
S Schnellstraße 高速公路
S Schrämen 钻矿槽,截煤
S. Schrapnell 榴霰弹
S Schrapperstrecke 耙运平巷
S Schraube 螺丝;螺钉
S Schub 推力
S Schussweite 射程
S schwach 弱的,软的
S Schwärzung 涂黑;染黑;光密度;灰度
S Schwefel 硫;硫磺
S schwer 难的;重的
S Schwungmasse 飞轮质量,回转质量
S Sechsphasenstrom 六相电流
S Seelenlänge 芯子(铁芯,电缆芯,型芯,焊条芯,枪膛,炮膛)长度
S Segelschiff 帆船
S Sehleistung 视觉敏锐度
S. sehr dick umhüllt Elektrode 特厚包封焊条
S Sehschärfe 视觉敏锐度
S Seide 丝,丝绸
S Seite 页;面;侧;边
S Seitengewehr 刺刀,佩刀,佩剑
S Seitenschütter 侧倾翻自卸汽车
s sektorfömiger Leiter 扇形截面导线
S Sekunde (时间)秒;(角度)秒
S Selbstkühlung 自冷,自然冷却
S Senden; Sendung 发射;传输;广播;放送;派遣
S Sender 电台,发射台;发射机,发射设备;发送器;(高频信号)发生器;送话器
S Sendung 发射,发送
S senkrecht 垂直的
S Serie 系(列),组,型,序,串联,级数
3S 3Service 指汽车销售服务中的销售、配件、维修三项服务
S S-Formstück 偏心弯管,鸭颈管
S sicher 安全的,保险的
S Sicherheitsgrad 安全度;可靠度
S Sicherung 保险丝;保险装置;保护;安全
S Sickenleiter 空心导线
S Siebfaktor 滤波系数
S Siehe 见,参考
S Siemens 西门子,姆欧(电导的实用单位)
S Signal 信号
S Silber 银
S small 服装尺码符号,小号
s Sockel unten 灯头下置
S Sommer 夏,夏季
S Sortiment 拣选,分类,品,组,类
S Spalt 间隙,缝隙,裂缝,裂口
s. Spaltbreite 间隙宽度,缝隙宽度
S Spanndraht 拉线,拉紧绞索
S spannungsfrei geglüht 经过消涂应力退火的(标准代号)
S spezifisch 单位的
s spezifische Entropie 比熵
S spezifische Gewicht 比重
S spezifische Wärme 比热
S Spinnfaser 纺织纤维
S Spitzgeschoss 尖头弹头
S Spitzkerbprobe V形缺口试样
S Sprengbarkeit 爆破性,可爆性
S Sprengschweißen 爆炸焊
S Spülkopf 冲洗头
S Städteschnellverkehrszug 城市高速列车
S Station 站;电台,无线电台
S Steigung 坡度,斜率;增加;螺距;绕距
S Steilheit 互导;跨导;斜率;陡度
S Steller 调节器;伺服电动机
S Steuerwagen 操纵车
S Stopplicht (汽车)停车光信号
S Strahlungsdichte 辐射密度;照射密度
S Stratus 层云
S Streckgrenze 屈服点;屈服极限
S Streumatrix 杂散矩阵
S Stromdichte 电流密度
S Stückprüfung 例行试验,个体试验
S Stuttgart 斯图加特
S Substitution 代替;置换(作用)
S Süden 南(方向)
S Sulphur, Schwefel 硫
S Summe 总额,总计,合计,和
S Super 超外差接收机
S Symmetrie 对称,相称,均匀
s. symmetrisch 对称的,均匀的
S undae secundae 横向地震波
S Wanddicke 壁厚
s Weg 方法;路径,路途;信息;途径

SA akustischer Signalgeber 声音信号发送器
Sa Ansaugen 吸气,进气
SA Sachverständigenausschuss 专家鉴定委员会
SA Sammelanschluss 业务接线
Sa Sammler 蓄电池,集电器,捕电器
SA Schießarbeit, Sprengarbeiten 爆破作业,爆破工作
S. A. Schiffsarzt 随船医生;船医
S2A Shiftzähler in Ausgaberichtung 输出方向的移位计数器
SA schwere Abwurfbombe 高爆炸弹
SA schwere Artillerie 重炮兵
S. A. Selbstanlasser 自动起动器;自动起动装置
SA Selbstanschluss 自动连接,自动接线
SA Selbstanschlusstechnik 自动接线技术
SA Selective Availability 选择可用性
SA Senderantenne 发射机天线
SA Sicherheitsabstand 安全距离
s. a. siehe auch 另见
s. a. sine anno 无出版年份
SA Sonderabdruck 选印,单行本
Sa. Sonnabend 星期六
SA Sonnenaufgang 日出
SA Sowjetisches Atomkraftwerk 苏联核电厂
SA spezifische Arbeit 单位功
S. A. Staatliche Aktiengesellschaft 国家股份公司
Sa Starrachse 实心轴,刚性轴
SA Status-Adrsse 状态地址
SA Sulfatasche 硫酸化灰分
SA Summa 总额;总数
SAA Schweizerische Astronautische Arbeitsgemeinschaft 瑞士宇宙航行协会
Säb Säbel 剑,佩刀
SABA (Saba) Schwarzwälder Apparatebauanstalt 黑森林仪器制造工厂
s. Abb. siehe Abbildung 请看图,见图
SABR 可变敏捷波束雷达
SAC Self-Adjusting-Clutch 自调节离合器
SACCH Slow Associated Control Channel 慢速相关控制信道
SACD Super-Audio-CD 超级音频光盘
SachBezV Sachbezugsverordnung 德国实物工资条例
Sachv. Sachverständiger 专家
SACS Suzuki Advanced Cooling System 铃木先进的冷却系统
SADARM 搜索与摧毁装甲弹药
SAE Society of Automotive Engineers 美国汽车工程师学会
SAE Sowjetische Antarktische Expedition 苏联南极考察
SAEE Siganl Anforderung-Eingabe-Ende 请求-输入-结束信号
SAF Schüttgutannahmeförderer 散装物料输送带
SAF Süddeutsche-Apparate-Fabrik 德国南部电气设备厂
SAFE Sicherheitsanalyse für Ernstfälle 紧急情况安全保障分析
SAFRAN Anlage in Saclay der Framatome zur Analyse von Schwingungen in Druckwasserreaktoren 【法】法马通压水堆振动分析装置
SAG Schweizerische Astronomische Gesellschaft 瑞士天文学会
SAG Sozialistische Arbeitsgemeinschaft 社会主义工作组
SAG Staatliche Aktiengesellschaft 国家股份公司
SAH Hauptschalter 主操作开关;总开关
SAK Sakel-Baumwolle 萨克尔棉
SAK Schweizerische Studienkommission für Atomenergie 瑞士原子能研究委员会
SAK Steinkohlenaktivkoks 无烟煤活性炭
SAKS Meter-Kilogramm-Sekunde 米-千克-秒(制)
SALLR scientific applications of lunar laser ranging 月球激光测距的科学应用
Salp. Salpeter 硝石,硝酸钾
Salzgew. Salzgewinnung 采盐,盐的开采
SAM Siemens Apparate- und Maschinen Werke 西门子仪表机器制造厂
S. A. M. Silizium-Aluminium-Mangan 硅铝锰
Samml. Ger. Sammlergerät 集电器设备
Sam. Sch. Sammelschutz 集中保护
sämt sämtlich 全部的
San. Sanitäts- 卫生的
SAn Signalanschalterelais 信号控制继电器
SAN Strong Acid Number 强酸值
SAN Styrol-Acrylnitril-Copolymere 苯乙稀-丙烯腈共聚物
SAN Styrolakrylnitril 苯乙烯-丙烯腈,苯乙烯-丙烯腈共聚物
SAN Styrol-Acrylonitril 苯乙烯丙烯腈
San. Transp. Sanitätstransport 救护车辆,救护运输工具
S Anh Sattelanhänger 半挂车,半拖车
Sankra Sanitätskraftwagen 救护车
SAO Session-at-Once-Verfahren 区段一次刻录法
SAO Smithsonian Astrophysical Observatory USA 【美】史密松天体物理观测台
S. A. P. Sintern-Aluminium-Pulver 烧结铝粉
SAQ Schweizerische Arbeitsgemeinschaft für

Qualitätsförderung 瑞士质量要求专业小组
SAR Schweizerische Autorennsport Club 瑞士汽车竞赛俱乐部
SAR storage address register 存储地址寄存器
SAR System der selbsttätigen Regelung 自动调节系统,自动控制系统
SARS severe acute respiratory syndrome 非典,非典型肺炎,严重呼吸急性综合征
S.-Arb. Sicherungsarbeit 安全工作
Sas Sandsack 砂袋
s. a. S. siehe auch Seite 另见……页
SASCHA Schmelzanlage für schwache Aktivitäten 弱放射性物质熔化设备
SAT Satellitenantenne 卫星天线
sat. Satiniert 光泽的
SAT schwerer Artillerieträger 重型火炮托架
SATNAV Satellitennavigation 卫星导航
SATSTAT Satellitenstatus 卫星状况
S. A. U. surface agricole utile 农业利用面积
SAV Sonderabfallverbrennungsanlage 有害废物焚烧炉
SAW spannungsabhängiger Widerstand 压变电阻,压敏电阻
SAWF spannungsabhängiger Widerstand für Freiluftaufstellung 户外安装用压敏电阻
SaZgm Sattelzugmaschine 牵引车,载拖式牵引车
Sb Antimon 锑
SB Schappenbohrprobe 勺形钻头钻孔试样
Sb Schaubild 图表,图式
Sb Scheibenbremse 圆盘制动器
sB Schlichtbohrung 精钻钻孔
SB schneller Brüter 快中子增殖堆
SB Seidenbaumwolldraht 丝包纱包线
sb. selbständig 独立的,自主的
SB Selbstbeteiligung (保险)自留额
SB Siedebeginn 初馏点,初沸点
SB Signalbatterie 信号电池
SB Signalbuch 电码本,信号本
Sb. Sitzungsberichte 会议报告
S. B. Sonderbezeichnung 特殊标志
SB Sound blaster 声霸卡
SB Splitterbombe 杀伤炸弹;蝶雷
SB Sprengbombe 高爆炸弹,爆破炸弹
SB Stahlbeton 钢筋混凝土
S. B. Steuerbord 右舷
Sb Stilb 熙提(表面亮度单位,等于1坎德拉/厘米^2)
SB Styrolbutadien 苯乙烯丁二烯
SB Styrolbutadien-Copolyere mit überwiegendem Styrolanteil 苯乙烯占主要成分的苯乙烯-丁二烯共聚物
Sb. Sublimieren 升华
s. B. südlicher Breite 南纬
SBA Straßenbauabteilung 筑路工程处
SBA Straßenbauamt 筑路工程局,筑路局
SBA Straßenbeauftragter 【前民德】公路负责人
SBA-system standard beam approach system 标准射束进场系统
S-Bahn Schnellbahn 高速铁路
SBAO Schiffahrtsbesetzungs- und Ausbildungsordnung 航海任职和培训规章
SbauB Schutzbaugesetz 建筑保护法
SBB Schweizerische Bundesbahnen 瑞士联邦铁道
SBCB Sprengbrandcylindrische Bombe 高爆燃烧圆柱形炸弹
Sbd. Sammelband 文集,文选;带式集矿运输机
S BeB Splitter Beton Bombe 混凝土碎片炸弹
SBI so be it 就这么着
SBI Soundblaster-Instrumentenbank 声霸卡指令库,SB指令库
SBIRS 天基红外系统
SBK Schweizerisches Beleuchtungs-Komitee 瑞士照明委员会
SBK Seidenbaumwollkabel 丝包纱包电缆
SBK Seidenbaumwollkabel für trockene Räume auf Putz 装在干燥室粉刷墙壁上的丝包纱包电缆
SBK Sinclair-Baker-Kellogg-Reforming 辛克莱-倍克-凯洛格(催化)重整
SBK Styrol-Butadien-Kautschuk 丁苯橡胶,丁二烯和苯乙烯共聚橡胶
SBl. Sammelblatt 合刊
SBL Sonderblatt 特刊
SBL Styrol-Butadien-Latex 丁苯胶乳
SB-Laden Selbstbedienungsladen 超市
SBM Seidenbaumwollkabel mit Bleimantel für trockene Räume auf Putz 装在干燥室粉刷墙壁上的铅皮包封丝包纱包电缆
SBM Single Buoy Mooring 单浮筒系泊
SBN Schweizerischer Bund für Naturschutz 瑞士自然保护联合会
SBN Standard-Buchnummer 标准书号
SBN Strong Base Number 强碱中和值
S. Bo. schweres Bombenflugzeug 重型轰炸机
Sbp Sublimationspunkt 升华点,升华温度
SBR Butadien-Styrol-Kautschuk 丁二烯—苯乙烯橡胶
SBR schneller Brutreaktor 快中子增殖堆
SBR styrene butadiene rubber/Styrolbutadienkautschuk 丁苯橡胶
SBrCB Sprengbrandcylindrische Bombe 高爆燃烧圆柱形炸弹

SBS Sick-Building-Syndrom 病态建筑综合症
SBT Schiffbautechnik 船舶工程技术,造船技术
SBT Shot Blast Texturing 喷丸毛化
SBV Säurebindungsvermögen 酸性粘结能力
SBV-Wehr Stahlbeton-Verbundwehr 钢筋混凝土混合坝堰
Sc. Sättigungsgrad 饱和度
Sc scandium 钪
Sc Schalthebel 板键开关杆,刀形开关杆;移动杆,齿轮变换杆
SC Siliciumkarbid 碳化硅
SC Sound Canvas 软音源
SC Sprengzylindrische 圆桶形(炸弹)
SC Squeeze Casting 模压铸造,挤压铸造
SC Strategie Confirmation 战略论证
Sc Stratocumulus 层积云
SC Sub-Committee 委员会分会
s. c. subcutaneous/subkutan 皮下的
SCADA 数据采集与监视控制系统
SCAR Scientific Committee on Antarctic Research 南极研究科学委员会
SCARA Selective Compliance Assembly Robot Arm 多关节型机器人臂
SCB Sprengcylindrische Bombe 圆筒形炸弹
scbm. schmelzbar 可熔化的,可熔融的
Sc cas Stratocumulus castellanus 堡状层积云
Sc cug Stratocumulus cumulogenitus 积云性层积云
SCDB Sprengcylindrischdickwandige Bombe 厚壁、高爆、圆筒形炸弹
Sc du Stratocumulus duplicatus 复层积云
Sch Grad Scheiner 沙伊纳感光度
Sch Schaltschrank 开关柜,配电箱
Sch. Schaltung 接线,连接,电路,线路,布线,接线法
Sch Schaufelradbagger 斗轮式挖掘机
Sch Schaumbehälter 起泡槽
Sch. Schein 光线;外表;证件
Sch. Scheinergrad 沙伊纳感光度
Sch Scheinwerfer 探照灯
Sch (**Sch.**) Schicht 层,矿层,工作班
Sch schief 倾斜的
Sch Schiefer 页岩,板岩
Sch. Schiene 铁轨,铁条;汇流排,汇流条,母线
Sch schlagwettergeschützt 防爆的
sch. (**Sch**) schlagwettersicher 无瓦斯爆炸危险的
Sch Schlauch 软管,水龙带,橡皮管;内胎
Sch Schleppschiff 拖曳船
Sch Schlitzprobe 槽口试样;缺口试样
Sch/100 **tv. F.** Schichten pro 100 Tonnen verwertbarer Förderung 每采100吨商品煤所需工班
sch. schön 晴朗的;美丽的,好看的;悦耳的
Sch Schuh-Formstück 带支管的偏心弯管,三通管接头
Sch. Schuppen 棚,棚厂;车库;飞机库
Sch. Schütze 保护继电器;闸门;列兵,(枪,炮)射手
Sch Schweißbarkeit 可焊性
SCH Synchronisation Channel 同步声道
Schacht. Bst. Bestimmungen für Arbeiten in Schächten und über deren Öffnungen 井内及井口上部作业规程
Schado Schaltdose 分线盒,配电盒;插座
Schalld Schalldämpfer 消音器
Schall. Geschw. Schallgeschwindigkeit 声速,音速
Schallm. Schallmessung 测声
Schallpl. Schallplatte 唱片
Schb Scheibe 圆盘,垫片,垫圈;度盘;靶
SchBG Schutzbereichsgesetz 保护区法
Schbw. Schießbaumwolle 火棉,硝化纤维
Sch. D Schulterdecker 高翼单翼机
Sch-Dreh-Wd. Schichtdrehwiderstand 薄膜可变电阻,薄膜电位器
Scheib. Zg. Anh. Scheibenzuganhänger 圆盘式牵引拖车
schem. schematisch 图解的,公式化的,概略的
Scherf. Scherenfernrohr 潜望镜
scherzh. scherzhaft 开玩笑的,打趣地,戏弄的
scheu gescheuert 擦亮的;磨光的
Sch. F. Scherenfernrohr 潜望镜
Sch/h Schaltungen pro Stunde 开合次数/小时,每小时关合次数
Schichtl. Schichtlinie 层线,等高线
Schießb Schießbecher 爆破圆筒
Schießb HlGr Schießbecher Hohlladung 空心装药爆破圆筒
Schießmstr. Schießmeister 放炮工长
Schieß. Pl. Schießplatz 射击场,靶场
Schießst. Schießstand 室内靶场,射击棚;射击场,靶场
Schieß-Verf. Schießverfahren 射击方法
Schießw Schießwesen 弹道学;射击学
Schiffb. Schiffbarkeit 可通航性
Schiffb Schiffbau 造船业
SchiffsKegVfg. Schiffsregisterverfügung 船舶登记规定
SchiffsRegO Schiffsregisterordnung 船舶登记制度
SchiffsRG Gesetz über Rechte an eingetragenen Schiffen und Schiffsbauwerken 已注册的船舶和造船厂权利法

SchK Schaltkasten 配电箱
Schl Schiebelokomotive 推进机车
Schl. Schlacke 渣,矿渣,炉渣,熔渣
Schl. Schlamm 泥浆
Schl. Schlauch 软管,水龙带
Schl. Schleife 环线,回线;短线;循环;周期
Schl. Schlepper 拖拉机;牵引车,牵引装置;拖船
Schl. Schleuse 水闸
Schl. Schlichtung 上浆,整理
Schl. Schliff 磨光,研磨,磨削,磨片
Schl. Schlitten 滑台,滑板,滑架,雪橇
Schl. Schloss 锁,锁栓;枪机
Schl. Schlosser 钳工,装配工
Schl. Schlussbetrag 最后合计,总共
Schlavo Schlangenvorwärmer 蛇形预热器
Schl.-Betr. Schlussbetrachtung 结论
Schleppd Schleppdampfer 拖轮
schliff geschliffen 磨削的
Schlkw. Schnellastkraftwagen 高速载重汽车
Schl-M Motorschlepper 机动拖船
Schl. M. G. Schlittenmaschinengewehr 滑撬机枪
Schl.-Ndschr. Schlussniederschrift 最后记录
Schl.-Nr. Schlüsselnummer 电键号码
Schl Pz Schlepp-Panzer 装甲牵引车,坦克牵引车
Schl Sch Schlachtschiff 战列舰
Schlw Schleppwagen 拖车
Schl. Z. Schr. Schlagzündschraube 触发螺钉
Schm. Schmelzen 熔化;熔炼
Schm schmelzend 熔化的
Schm. Schmiede 锻工场,锻造车间
Schm. Schmiermittel 润滑剂
Schm. Schmierung 润滑,涂油
SchMi Schützenmine 穿甲地雷
schm. W. schmutziges Wasser 污水
Schn. Schnecken 螺旋运输机,蜗杆;蜗牛,耳蜗,耳轮
Schn. Schneider 裁缝;切割机,切断机
Schn. Schneiderei 裁缝铺,成衣店
Schn. Schnitt 切口,切痕,截断,截面
Schn. Schnürschuss 塞绳射击
Schnellf. Schnellfeuer 急射.连射,速射
Schn.-P. Schnittpunkt 截点,交叉点
Scho Schoner 双桅帆船,多桅帆船
Scho Schott 舱壁
Scho wasserdichtes Schott 防水舱壁
Sch. P. Scheitelpunkt 弹道最高点,顶点
Sch. P. Schmelzpunkt 熔点
Schp Schwerpunkt 重心;重点,中心
Sch. Pl. Schießplatz 射击场,靶场
Sch-Pz Schwimmpanzer 水陆两用坦克;两栖装甲车
SchR Schaufelradbagger 斗轮式挖掘机
Schr Schraube/Propeller 螺旋;螺丝钉;叶轮;螺旋桨
Sch R SchR-Formstück 带支管的异径三通管
schr. schräg 倾斜的,不正的
Schr. Schrapnell 榴霰弹
Schr. Schraubenfeder 螺旋弹簧
Schr. Schreiber 记录器,电报打字机;打字员
Schr. schrifttlich 书面的
Schrapperstr. Schrapperstrecke 耙运平巷
Schr. Bz. Schrapnell-Brennzünder 榴霰弹点火引信
Sch. Rew. Scheinbewegung 佯攻
SchrPatr Schrapnellpatrone 榴霰弹弹药筒
Schr.-R Schriftenreihe 文献顺序
Schr.-Verz. Schriftenverzeichnis 文献目录
Schr v. u. h. Schrauben Propeller vorn und hinten 将推进器前后旋紧
SchSVO Schiffssicherheitsverordnung 船舶安全制度
Scht. Schacht 井筒,矿井
Sch T Schubtransformator 可动铁心式变压器
Sch. Tf Schusstafel 射击板,靶板
Schtz. Schütze 列兵,(枪,炮)射手
SchtzBtl Schützenbataillon 步兵营
Schubf. Schubfestigkeit 抗切强度,抗剪强度
Schuko Schutzkontakt 保护触点
Schulw. Schulwesen 教育事业
Schümine Schützenmine 穿甲地雷
Schürfv. Schürfverordnungen 探井规程
Schuss-E Schussentfernung 射程
Schuss/Min Schuss in der Minute 发/分,每分钟发射弹数
Schussw. Schusswaffe 射击武器,火器
Sch.-W. Schätzwert 估计值
Sch. W. Scheinwerfer 探照灯,聚光灯,反射器
Sch. W. Schiffswerft 造船厂
schw. schwach 弱的;微弱的;虚弱的
Schw. Schwaden 烟云,热蒸汽,炉气,爆炸烟气
Schw schwankend 动摇的,摇摆的
Schw. Schwankung 摇动,波动;不稳定
Schw. Schweden 瑞典
Schw. Schwefel 硫,硫磺
Schw Schweißeisen 焊铁;熟铁;可锻铁
schw schweißen 焊接,熔接
Schw. Schweißer 焊接工,焊接器
schw schwenken 旋转,摆动
Schw. Schwenkung 振荡,摇摆,旋转,偏差
schw. schwer 重的,重型的;困难的
schw. schwingend 振动的,振荡的,摇摆的

Schw. Schwingung 振动,振荡,波
Schw. Schwund 减少,消失,收缩
Sch-Wd. Schichtwiederstand 薄膜电阻
Schwed. P. schwedisches Patent 瑞典专利
Schwefla schwerstes Flachfeuer 重炮兵的平射火力
schweiz. schweizerisch 瑞士的
schw. Feldh. schwere Feldhaubitze 重型野战炮
Schwf. Ger. Scheinwerfergerät 探照灯,探照灯设备
Schwg Schwingung 振动,摆动;交变量;波
Schwkwk Schwenkwerk 回转机械,回转装置
schw. v. schwer verwundet 重伤的
schwwgd. schwerwiegend 重大的,重要的,严重的
SCI science citation index 科学引文索引
SCL Superscape Command Language Superscape 命令语句
Sc la Stratocumulus lacunosus 网状层积云
Sc len Stratocumulus lenticularis 荚状层积云
SCM supply chain management/Organisation der Zulieferkette 供应链管理
Sc op Stratocumulus opacus 蔽光层积云
SCOR Scientific Committee on Oceanic Research 海洋研究科学委员会
SCOSTEP Special Committee on Solar Terrestrial Physics 太阳地球物理学特别委员会
SCOT Shell-Claus-Off-Gas-Treating 壳牌-克劳斯法尾气处理
SCOT support coated open tubular column 涂载体开口管柱
Sc pe Stratocumulus perlucidus 漏隙层积云
SCR selektive katalytische Reduktion 选择性催化还原
Scr. Serife (字母字体的)衬线
SCR silicon-controled rectifier 可控硅整流器
SCR Stereo-Cassette-Radio 盒式立体声无线电广播
SCR Styrol-Chloropren-Kautschuk 苯乙烯-氯丁二烯橡胶
Sc ra Stratocumulus radiatus 辐射状层积云
SCS Stop Control System 停车控制系统
SCSA SCS-Architektur 信号计算系统结构
SCSI SCSI-Schnittstelle CSI 接口,小型计算机系统接口
Sc str Stratocumulus stratiformis 层状层积云
Sc tr Stratocumulus translucidus 透光层积云
SCu Kupferschweißdraht 铜焊线
S-Cu Stratocumulus 层积云
Sc un Stratocumulus undulatus 波状层积云
Sd Sandstein 砂岩
SD Schaltdruck 进给压力,开关操作压力
SD Schiebedach 天窗,滑动天窗
s/D Schlagweite/Kugeldurchmesser 放电距离/铜球直径
SD semi-dull 半无光
S. D. Sichtwechsel 即期票据
SD Spieldauer 唱片放唱时间;工作循环时间
SD Sprengdickewand 爆破厚墙壁
SD sprengdickwandige 爆破厚墙壁的
SD Streifendrucker 纸带式电报机
SD Superdruck-Teilturbine 巨型高压涡轮机
sd. siedend 沸腾的
Sd. Sonder 特别的,特殊的,专门的
SDA Schweizerische Depeschenagentur 瑞士电讯社
SDA SLOW DOWN-Anzeige 减速指示,减速显示
Sd. Anh. Sonderanhänger 专用挂车,专用拖车
Sd. -Ausf. Sonderausführung 特殊类型,特种设计,特殊构造
Sd. -Ausg. Sonderausgabe 单行本,特刊
Sd. Ausr. Sonderausrüstung 特种装备
SdB Sonderbericht 特别报告
SdB Sonderbezeichnung 特别名称,特殊标志
SDB Spreng, dickwandige Bombe 厚壁高爆炸弹
Sd. -Bd.(Sdbd.) Sonderband 单行本,特刊
SDC Halbtiefbett 半低机架
SDC Society of Dyers and Colourists 英国染色工作者协会
SDCCH Standalone Dedicated Control Channel 独立专用控制信道
SD-CD Super-Density Compact Disc 超密度光盘
SDD standard depth dyeing 标准深度染色
SDHL-B Spreng, dickwandige Hohlladung Bombe 高爆、空心装药、厚壁炸弹
SDI Saugdiesel-Direkteinspritzmotor 直喷式吸气柴油发动机
SdKart Sonderkartusche 特种药筒
SdKfz Sonderkraftfahrzeug 特种载重车辆
SdKfz Sprengdienst Kraftfahrzeug 爆破服务机车
sdl südlich 南的,南部的,南方的,向南的
SDLWR quellunterstützter LWR 源驱动轻水反应堆
SDM Slow-Down-Mode 减速模式
Sdp. Sendepause 发射间歇,发射间断
SDR special drawing rights 特别提款权
Sdr Sonder- 专门的,特殊的
SDR Süddeutscher Rundfunk/former German Broadcasting Organisation 前南德意志广播电视台(现为 SWR 西南德广播电视台)

SDRAM Synchrononous Dynamic Random Access Memory; Speicherbaustein, der in einem festen Takt synchron angesprochen wird 同步动态随机存取存储器
SdrGesch Sondergeschoss 特种弹
SDS Sample Dump Standard 取样转存标准
SDS Seedienstschlüssel 海上勤务电码
SDS Sodium-Dodecyl-Sulfat 十二烷基硫酸钠
SDS 十二水合硫酸钠
Sdsch. Sandschiefer 砂质页岩
SDSS Selbst- Durchflutung mit Stromstoss 电流脉冲自磁势
SDT Service Description Table/DVB/SI-Tabelle mit Beschreibung gesendeter Dienste 维修记录表
SDT simultaneously draw-textured 同时拉伸变形
SDTI Serial Data Transport Interface; serielle Datentransport Schnittstelle 串行数据传输接口
SDTP Super Desktop Publishing 超级桌面排版
SDTV Standard Definition Television; Fernsehen mit üblicher Bildauflösung 标准清晰度电视
SDTY spining draw textured yarn 纺丝拉伸变形丝
SDVR Speaker Dependent Voice Recognition/individuelle Spracherkennung 依靠发音者的语音识别
SDW SLOW DOWN-Warnleuchte 减速警告灯
SDW Sonderdrahtwiderstand 特种线阻
SDW Stifterverband für die Deutsche Wissenschaft 德国科学创始人协会
SDWR Schwerwasser-Druckwasserreaktor 重水压水堆
SDZ Solardachziegel 太阳能屋顶瓦片
Sdz Sonderzug 特别列车
SE eindrähtiger Sektorleiter 扇形截面单股导线
SE elektrische Schweißung 电焊
SE Schaltelement 开关元件;线路元件;换流元件
SE Schutzeinheit 保护单元,防护件
SE Schweißeisen 熟铁
SE Schweißung, elektrische 电焊
S. E. Seitenentleerer 侧卸式矿车
SE Seitenverbesserung für Entfernungsänderungen 距离变化时的侧向改进
SE Sekundärelektron 二次电子,次级电子
SE Sekundäremission 二次电子发射,二次发射
SE Selbsterregung 自激(发)
Se Selen 硒
SE seltene Erde 稀土
Se Sender 发射机,发送机,发话器,发射台
SE Sender-Empfänger 收发两用机;发射-接收机
SE Sende- und Empfangsgerät 收发信机,收发装置
Se Sendung 发射,传输,广播
SE Sicherheitserde 安全地
SE Siedeende 终沸点,终馏点
SE simultaneous engineering 同步工程
SE Software Enginneering 软件工程
SE Spannungseinheit 应力单位;电压单位
SE Standard Earth 标准地
SE Symmetrieebene 对称面
SE System-Engineering 系统工程
SEA Gemeinschaftausschuss für sichere Elektrizitätsanwendung 安全电力使用联合委员会
SEA Stromerzeugeraggregat 发电机机组
SEATA Südostasienpaktorganisation 东南亚条约组织
SEB Stahl-Eisen-Betriebsblatt 钢铁生产报
sec. secondary/sekundär 次级的,第二的,二次的
sec. section 部份
sec sekante 正割
SEC wait a second 稍待片刻
SECAM Sequentielle Communication ä Memoire 有序通讯记录或报告
SECOR Sequential Collation of Range 塞可尔(连续校正距离)系统
SED Sozialistische Einheitspartei Deutschlands 德国统一社会党
S. E. E. A. Sociètè Europèenned, Energie Atomique 欧洲原子能协会
Seeflgz Seeflugzeug 水上飞机
SeefrachtO Seefrachordnung 海上货运法
Seeh. Seehafen 海港
Seek. Seekarte 海图
Seek. Seekunde 航海学
Seekdt. Seekadett 乘舰练习生;海军士官候补生
Seel. A. Seelenachse 炮膛轴线
SeelolG Gesetz über das Seelotswesen 海域测深法规
Seem. Seemine 水雷
Seem. Seemole 防波堤
SEEOBS 海上天气报告
SeeSchStrO Seeschiffahrtsstraßen-Ordnung 航道规则
Seetr. Seetransport 海(上)运(输)

Seew. Seewarte 海洋气象台,灯塔
Seew. Seewesen 航海事业,海事
SEF Sekundäremissionsfaktor 二次发射系数
SEF self extinguishing fibre 自熄纤维
SEF Sojabohnen eiweiß faser 大豆蛋白纤维
SEFI Europäische Gesellschaft für Ingenieurausbildung 欧洲工程师教育协会
SEFI Sequential Fuel Injection 顺序燃油喷射
SEG Standard Elektrizitäts-Gesellschaft 标准电气公司
S. E. Gerät Sende-u. Empfangsgerät 发射接收机
Sehkr. Sehkraft 视力
Sehl. Bt. Schlauchboot 橡皮艇
Sehn. Schnecken 耳轮;螺旋运输机;蜗杆
Sehn Schneider 切割机
Sehn Schnitt 切口,切痕,截断,断面,剖面图,切削
Sehn. Pfl. Schneepflug 除雪机
Sehr Sehrohr 潜望镜;瞄准镜
Seilf. Bl. Bergpolizeiverordnung in Blindschächten 盲井提升安全规程
Seilf. Hsch. Bergverordnung für Hauptseilfahrtanlagen 主井人员升降设备技术操作规程
Seilf. VO Seilfahrtverordnung 矿井人员升降规程
Seipa Seitenparallaxe 方位视差
Seit. Abw. Seitenabweichung 偏流,偏差
Seit. Sch. Seitenschutz 侧方防御
seitw. seitwärts 向侧面,向旁侧,向旁边
Sek. Sekante 正割
sek. sekundär 次生的;二次的;次级的;次要的;其次的;副的
SEK Sondereinzelkosten 特殊直接费用
SEK Styrol-Butadien-Kautschuk 丁苯橡胶;丁二烯和苯乙烯共聚橡胶
SEL Deutsche Stahl und Eisenliste 德国钢铁目录
SEL Selbstlade-Einstecklauf 次口径自动武器
SEL Stahleinlage Litze 钢丝股线
SEL. Stahl Eisen Liste 钢铁目录
SEL Standard Elektrik Lorenz 洛仑兹标准电气设备
Selbst. selbständig 独立的,单独的
selbstv. (**selbstverst.**) selbstverständlich 明显的,当然的
SELf Selbstlade-Einstecklauf 自动装药插入式枪管
sen. senior 年长者,老前辈
SEN Steam Emulsion Number 水蒸气乳化度,蒸气乳化值
Send. Sender 发射机,电台
Senkr (**senkr.**) senkrecht 垂直的
Senkt. -Sl. Senkrechtstarter 垂直起动器,垂直起降飞机
sep. separate 个别的,分别的
Sep. Separation 分离,隔离
SEP Siedeendpunkt 终沸点,终馏点,干点
SEP sphärische Irrtumswahrscheinlichkeit 球形误差概率
SEP Stahl-Eisen-prüfungblatt 钢铁检验标准(活页)
SEP Standard-Einbauplatz 标准安装位置
S. E. P. C. O. Services Electronic Parts Coordinating Committee 电子部件服务协调委员会
SEPL Südeuropaische Pipeline 南欧输油管
SEPMAG Separate Magnetic sound track; Film mit magnetischer Tonspur 分离的磁音轨
SE-Prüfkopf Sender-Empfänger-Prüfkopf 发射-接收探头
Sept. September 九月
Ser. Serie 系列,组,型,序,串联,级数
Ser Serin 丝氨酸;羟基丙氨酸
SER Symbol Error Rate; Symbolfehlerrate 信号错误率
Ser. B. Serienbau 成批生产
Ser. -Nr. Seriennummer 序数,序号
Servol. Servolenkung 伺服控制
SES Gemeinschaftsausschuss sicherer Elektrizitätsanwendung 安全用电委员会
SES Standardliste Eisen-und Stahl 钢铁标准目录
SES Standards Engineers Society 【美】标准工程师协会
SET secure electronic transaction 安全电子交易协议
SET Simultaneous Engineering Team 同步工程小组
SEU Sende-Empfangs-Umschalter 收发转换开关
SEV Schweizerischer Elektrotechnischer Verein 瑞士电工联合会
SEV Sekundärelektronenvervielfacher 次级电子倍增器
SEV Sendereingangsverstärker 发射机输入放大器
SEW Stahl-Eisen-Werkstoffblatt 钢铁材料标准
SEWL Stahl-Eisen-Werkstoff-Lieferbedingungen 钢铁材料供货条件
Sext. Sextant 六分仪
Sf Plattenführungsschnitt 带导板冲头
Sf. Sanitätsfahrzeug 救护车
SF Saugfähigkeit 吸入能力,抽气能力;吸收率,吸收性

SF Saugfräsanlage 吸尘式铣削设备
SF Schadenfreiheitsklasse 无故障等级
S. F. Scherenfernrohr 潜望镜
Sf Schraubenfeder 螺旋弹簧
SF Schussfaden 纬纱
SF Schutzfeder 保险弹簧
SF Seefunk 海上无线电通讯,船用无线电台
sf selbstfahrend 自行的,自走的
Sf Selbstfahrlafette 自行炮架,自行火炮
SF Semifusinit 炼焦半丝炭体
SF Serienfeuer 连发射击
S. F. Sicherheitsfaktor 安全因素,安全系数,保险系数
SF Signalfrequenz 信号频率
SF Sonnenschutzfaktor 防晒因子
SF Systemfamilie 系统,系列
SFAM synthetic fibrous anisotropic material/ Endlosmatte mit spezieller Vorbehandlung 合成纤维各向异性材料
SFAZI 天电方位报告
SFAZÜ 24小时内任何时段用方位表示的天电分布详细报告
SFB Senderfernbesprechung 发射机与发话站的通话
SFB Sender Freies Berlin/German broadcasting organisation 自由柏林电台
SFB Sonder Forschungsbereich 特殊科研领域
SFB Sonderforschungsbereich Satellitengeodäsie der TU München 【德】慕尼黑技术大学卫星大地测量学专题研究组
SFBI Shared Frame Buffer Interconnect 共享帧缓存器互连
SFDA Food and Drug Administration 美国食品和药物管理局
SFE Speicher-Einschub 存储器抽屉
SFF Selbstfahrfähre 自行渡船
SFG Segelflug-Funksprechgerät 滑翔飞行无线电话机
SFH self extinguishing fibre 自熄火纤维
s. F. H. m. F. schwere Feldhaubitze mit Federvorholer 带弹簧式复进机的重型野战榴弹炮
s. F. H. m. L. schwere Feldhaubitze mit Luftvorholer 带气体式复进机的重型野战榴弹炮
s. F. h. M. W. schwerer Feldhaubitzen-Munitionswagen 重型野战榴弹炮弹药车
sfinb. symbolisch 象征的
SFK aramidfaserverstärkter Kunststoff 芳纶纤维增强塑料
SFK arylamine fiber reinforced plastics 芳胺纤维增强塑料
S. F. K. Schnellfeuerkanone 快速点火加农炮
SFK schweres Feldkabel 重型野外电缆,重型军用电缆
Sfk Seefunk 海上无线电通信;船用无线电台
SFK Selbstgesteuerter, selbststeuernder Flugkörper 自控飞行器
SFK Signaltechnik-Fernmeldetechnik-Kybernetik 信号技术-电信技术-控制论
Sfl Schwimmerflugzeug 浮筒式水上飞机
SFL Selbstfahrlafette 自行炮架
Sfl. Segelflieger 滑翔飞行员
Sfl. Segelflug 滑翔飞行
S. -Flak Sockelflak 底座高射炮
Sfl. Art. Selbstfahrlafettenartillerie 自行火炮
SFLOC 天电地理位置报告
SFN Single-Frequency Network/Gleichwellennetz 单频网
SFO Seefrachtordnung 海运危险货物规定
SFO 【英】重大诈骗案监察局
SFP Schwerefestpunkt 难固定点
SFRJ Sozialistische Föderative Republik Jugoslawien 南斯拉夫社会主义联邦共和国
Sfs Säulenführungsschnitt 有导向柱的冲模
SFS Schnellfrequenzbohrmaschine für Sprenglöcher 炮眼的快速打眼钻机
SFS Selbst-Durchflutung mit Stromstoß 脉冲自动磁化
Sfsg Gesamtschnitt mit Säulenführung 有导向柱的综合冲模;有导向柱的复式冲模
s. F. St. schwere Funkstelle 重型电台
SFT Simple File Transfer; einfache Datenübertragung 简单文件传输
Sfv Folgeschnitt; Schnitt mit Vorlocher 连续切割;连续切模
SFV Segelflugverein 滑行飞行协会
SFV Staatliche Flughafenverwaltung 国家机场管理局
SFW Selbst-Durchflutung mit Wechselstrom 交流自动磁化
SFX Special Effect 特殊效果,特效
SFZ Satellitenfahrzeug 卫星式运输机械
Sfzg Gesamtschnitt mit Zylinderführung 有气缸导向的综合冲模(复式冲模)
Sg. Sachgebiet 专业范围
Sg Sandgrube 采砂场
Sg. Sättigungsgrad 饱和度
SG Schaltgetriebe 变速箱,变速齿轮
sG Schlichtgleitsitz 三级精度滑动配合
Sg Schnellgüterzug 高速货物列车
SG Schutzgasschweiß 保护气体焊接
Sg Seaborgium 106号元素𬭳
SG Senkungsgeschwindigkeit 下降速度
SG Sichtgerät 指示器,目测式仪表

S. G. Siehtgeräte 光学仪器
Sg.(Sing.) Singular 单数
s. g.(sog./sogen) sogenannt 所谓的
Sg. Spannung 电压,应力,张力,压力,弹性,扩张
SG specific gravity = relative density/relative Dichte 比重,相对密度
sg spinngefärbt 纺前染色的,原液染色的
Sg Spritzguss legierung 压铸合金
SG Studiengesellschaft 研究学会
SG Summierungsgerät 相加器;累加器
SGA Schweizerische Gesellschaft für Automatik 瑞士自动化公司
SGAE Studiengesellschaft für Atomenergie Österreich 奥地利原子能研究协会
S. Gb. Brandgranate mit Sprengsatz 燃烧弹
SGCO$_2$ Schutzgaslichtbogenschweißen mit CO_2 二氧化碳气体保护电弧焊接
Sgd. signed 已签署
SGE Sammelgesprächseinrichtung 会议电话设备
S-GE Spätgetreideernte 晚秋谷物收获
S. -Geb. Seitengebäude 附属建筑物,分馆,侧楼
S-Ger Sondergerät 专用仪器,特种仪器
S. -Gerät. Suchgerät 探测仪
S-Gesch(S. Geschoss) Spitzgeschoss 尖头弹丸
SgFl Segelflieger 滑翔机
SGG Schweizerische Geologische Gesellschaft 瑞士地质学学会
SGH$_2$ Schutzgaslichtbogenschweißen mit H_2 氢气保护电弧焊
SGH$_2$ Schutzgasschweißen mit H_2 氢气保护焊
SGK Schweizerische Geodätische Kommission 瑞士大地测量委员会
s. gl. Lkw. schwerer geländegängiger Lastkraftwagen 重型越野载重汽车
Sglz spiegelglänzend 镜面光泽的
SGML standard generalized markup language 标准通用标记语言
SGP Simmering-Graz-Pauker Graz-Pauker 封口圈(密封环)
S. -Gr. Granate mit günstiger Spitzenform 流线型榴弹
Sgr Sandgrube 采砂场
SGR Synthesegasreaktor 合成气体反应器
SgRG Schneidegreiferräumgerät 切割扫雷具
s. Gr. W. schwerer Granatwerfer 重型掷弹筒,重型火箭筒
SGS Soviet Geodetic System 苏联大地测量系统
SgSn Zinnspritzgusslegierung 锡压铸合金
SGW Schnellamtsgruppenwähler 加急长途电话站选组器
SH geschält (棒材)粗车过外圆的
S & H Sample & Hold-Modul 采样保持模块
Sh Schutzhaltsignal 停车警告信号
S. H Seehöhe 海拔高度
S. H. Sennhütte 牧人小屋;高山守林岗(军用地图所用缩写)
S. H. Shore hardness 肖氏硬度,邵氏硬度
s. h. siehe hinten 见后面
SH Signal Horaire 正点信号,规定时间进行祈祷的信号
SH Sitzheizung 座椅加热器
SH Starthilfe 起动器;起动辅助装置
SH Superheterodyne 超外差接收机
SHA siderischer Stundenwinkel 恒星时角
Shb. Seehandbuch 航海指南,航海手册
SHD Seehydrographischer Dienst 海洋水文站,海洋水文地理学服务
S. H. D. Sicherheits- und Hilfsdienst 安全救生服务
SHF Staatssekretariat für das Hoch-und Fachschulwesen 高等专业教育国务秘书处
SHF superhohe Frequenz 3 000 bis 30 000 MHz 超高频(3000 至 30000 MHz)
ship Schiffahrt 航海
Ship Schiffbautechnik 造船技术
SHIP 船舶地面天气报告
Shr. share 股份
Shoran short range navigation 短程导航
SHR Super High Resolution 超高分辨率
SHRED 船舶地面天气报告简式
SHT schwere Haubitze-in-Turm 在炮塔中的重型榴弹炮
S. H. W. Sommerhochwasserstand 夏季洪水位
SHZ Sulfathüttenzement 硫酸盐水泥
SI Internationales Einheitensystem 国际单位体系
SI Methylsiliconkautschuk 甲基硅酮橡胶
SI Schräglenker 斜拉杆
SI Selbstinduktivität 自感,自感量,自感系数
SI Sicherheitsinspektion 安全检查
Si Sicherung 保险丝;保险装置,保安器;保护,防护
Si Silicone; Methylsiliconkautschuk 硅有机橡胶;甲基硅酮橡胶
Si Silikat 硅酸盐结合,硅酸盐粘合剂
Si Silizium 元素硅
Si Sisal 西沙尔麻,剑麻
SR Satellitenrechner 卫星计算机,外围计算机
SI Standisolator 固定绝缘子
SI Strategie Intent 战略意向
SI System internationaler Einheiten 国际单位

制

S. I. A. der Internationale Landwirtschaftssalon 国际农业展览会

SIA Schweizerischer Ingenieur und Architekten-Verein 瑞士工程师和建筑师联合会

SIA Sociéte des Ingenieurs del Automobile 【法】汽车工程师协会

Sial Silizium-Aluminium 硅铝

Sial Silizium + Aluminium overster Teil der Erdkruste 地壳最上层的硅+铝

SIB Steuerbord 控制板

sicc. wasserfrei 无水的;不含水的

Sich Sicherung 安全装置,保险丝

Sich. Sicherheit 安全性,可靠性

Sich. -Abst. Sicherheitsabstand 安全距离(间隔)

Sicherh. -Insp. Sicherheits-Inspektion 安全检查

Sich. -Insp. Sicherheits-Inspektor 安全检查员

Sichtw Sichtweite 视界,直视距离,能见度,能见距离

Sich. -Vorschr. Sicherheits-Vorschriften, Sicherungs-Vorschriften 安全操作规程

SID Side-Impact-Dummy 侧面碰撞试验假人

SID Streuzusatzdosis 散射附加量

s. I. d. 每日一次

SIE Schiebezäbler-Eingabe 移位计数器输入

Sie Steuereinheit 控制部分,控制单元

sied. siedend 沸腾的,煮沸的

SIELOMAT Siemens-Lastverteilungs-Optimierungsautomat 西门子公司负荷最佳分配自动控制器

Siem. Siemens-Gebrauch/Siemens usage 西门子公司专用

SIF Schiften 移位

SIF Spannungsintensitätsfaktor 应力强度因子

SIF 敌我识别器

Sifa Sicherheitsfahrschaltung 安全行驶时的控制器线路

sIG schweres Infanteriegeschütz 重型步兵炮

SIG Sichtgerät 目视指示器,目视仪

Sig (Sign) Signal 信号

SIG signature 签名

SIG special interest group 特别兴趣小组

Sig. Sign; signal 标记,用法;信号

SigR Signalrakete 信号弹

SigW Signalwerfer 信号弹发射器

SIK Selbstinduktionskoeffizient 自感系数

SiKE Siegfried Kanone Eisenbahn 西格弗里铁道炮

Sikk Sikkativ 催干剂;干燥剂

Siliko-Tbc Siliko-Tuberkulose 矽肺病

Sim. Simulation 模拟

Sim. Simulator 摸拟器,模拟电路,模拟装置

SIM subscriber identification module/Subskribenten-Identifikationsmodul 用户识别模块,用户身份识别(卡)

SIMA der Internationale Landmaschinensalon 国际农业机械展览会

Sima Silizium-Magnesium 硅镁

Sima Silizium + Magnesium untere Schicht der Erdkruste 地壳下层的硅+镁

SIM- Karte subscriber identity module-carte/Handy-Karte SIM 卡,用户身份识别卡

SIMM Single-Inline-Memory-Modul 单列直插内存模块

SIMS secondary ion mass spectrometer/Sekundärionen-Massenspektroskopie 二次离子质谱仪

SIMB synchronisierte intermittierende mandatorische Beatmung 同步间歇人工呼吸

S. -In Schwefel-Inhalt 硫含量

sin Sinus 正弦

SINAD Signal; Rauschen plus Verzerrungen 信号噪声失真比

SINAD signal-to-noise and distortion/Signal; Rauschen plus Verzerrungen 信号噪声和失真

Sing. (Sg) Singular 单数

sinh Hyperbelsinus 双曲线正弦

SINPO Kode zur Kennzeichnung der Sendegüte von Funksendungen 无线电发射质量标志电码

S1NS ship's inertial navigation system 舰艇惯性导航系统

SINT gesintert 烧结的

SIOK Schienenoberkante 轨面标高,轨头上棱

SIP Single in-line package 单排封装,单列直插式封装

SIPRI 斯德哥尔摩国际和平研究所

Sir Sirene 汽笛,报警器,信号笛

Sir. Struktur 结构,构造

SIR Styrol-Isopren Kautschuk 苯乙烯异戊二烯橡胶

SIR Submarine Intermediate Reactor 潜水艇反应堆

SIR Systéme International de Référence 国际基准坐标系统

SIRL Service International Rapide Latitude 国际互联网络的纬度服务

SIS Schwedisches Standardisierungs-Kommission 瑞典标准化委员会

SIS Staatliche Ingenieurschule 国立工程学校

SISRW strahlungsinduziertes spontanes Riesenwachstum 辐射诱导自发巨增量

SiSt Siliziumstahl 硅钢

SIT Sicherheitstechnik 安全技术
SITC südliche intertropische Konvergenzzone 南半球热带间的收敛区
SITD still in the dark 还是不懂哎
Sitzpl. Sitzplatz 座，座位
sjsL systematisch 系统的，系统化的
SK Sachverständigenkreis 专家组
SK Sammelkontakt 开关线路接点
Sk. Sandkasten 砂箱
SK Schafkamelwolle 羊驼毛
SK Schaltkasten 配电箱
SK scharfe Kanten Stahl 锐棱钢
SK Schaumkopf 泡沫除尘喷头
SK Schiffskanone 舰炮
S. K. Schnellfeuerkanone 速射加农炮
S. K. schwerer Kreuzer 重型巡洋舰
SK Schwerkraftschweißen 重力焊
SK Sechskant 六角形
SK Segerkegel 塞格锥；高温锥
Sk Sendekontakte am Fernschreiber 电传打字机发送电键；印字电报机发报电键
SK Sicherheitskoeffizient 安全系数
Sk. Skala 分(刻，标)度；刻度尺
Sk Skizze 草图，略图，简图；图，图表；轮廓
SK Skot 斯科特(光的测量单位)
Sk Sockel 底座，支座，插座
SK Speicher Kammer 储油室
SK Sprengkapseln 雷管
SK Stabkraft 杆力，线棒轴向力
SK Steinkohle 硬煤；煤；石炭
SK Streitkräfte 武装力量
SK Synchrokomparator 同步比较器；同步比长仪；同步比较电路
SK Synthesekautschuk 合成橡胶
SK systematischer katalog 系统目录
SKA Sorptionskälteanlage 吸收式制冷机
skand. skandinavisch 斯堪的纳维亚的
S-Kar Sonderkartusche 特种弹药筒
SKAT Schwerflüssigkeitsblasenkammer 重液体气泡室
SKB Steinkohlenbergwerk 煤矿，石炭矿
SKD Semiknocked down 半散件
SKE Steinkohleneinheit 单位煤燃料；单位燃料
SKET Schwermaschinenbaukombinat Ernst Thälmann 恩斯特·泰尔曼重型机器制造联合企业
SKF Schwedische Kugellager Fabrik 瑞典滚珠轴承厂
SKF Schwerkugelfabrik 重型滚珠轴承厂
SKF Seekriegsflotte 海军舰队
SKH Horndruckring 喇叭按压环
SKHB Sicherheit gegen kritische Heizflächenbelastungen 对临界热表面负荷的安全性
SKI Schwerkleinwagen 重型小矿车
Ski. Sektor 区段，段落，扇形
SKK Staatliches Komitee für Kernenergie 【罗马尼亚】国家核能委员会
SKK Sulzer-KSB-Kernkraftwerkspumpen GmbH 苏尔策-克莱因·山策林和贝克尔核电厂泵公司
SK L/45 Schiffskanone Lauflänge 45 炮膛长为口径45倍的舰炮
SKL Schlusskontrollampe 后侧灯，尾灯，话终指示灯，检验灯，回铃灯，控制灯
SK L/55 Schnellade-Kanone L/55 炮膛长为口径55倍的速射加农炮
SKL Sockellafette 底座式炮架
SKM Schneider-Koordinaten-Messgerät 施奈德坐标测量仪
SKP Kippschalter 翻转开关；搬扭开关；闸刀开关
S-Krad Solokraftrad 无边车的摩托车
SKS Sick-Köchen-Syndrom 厨房厌恶综合症
SK-Stahl Sauerstoffkonverter-Stahl 氧气转炉钢
Skt Skalenteil 刻度尺分度，刻度盘分度
Skt Skalenteilung 刻度盘分度
SKW schwere Kohlenwasserstoffe 重烃
Skw Skalenwert 刻度值
SKZ Siedekennziffer 沸点指数
SKZ Süddeutsches Kunststoffzentrum 南德意志塑料中心
SL Langwellensender 长波发射机；长波发射台
sL sandiger Lehm 含砂粘土
S. L. Schirmlafette 有屏蔽的炮架
SL Schlackenfasern 矿渣纤维
S. L. Schleifringläufer 滑环式转子
sL- Schlichtlaufsitz 三级精度转动配合
SL Schlusslampe 后侧灯；尾灯；话终指示灯；检验灯
SL Schnellverkehrsleitung 加急电话线路
Sl Schräglenker 斜拉杆
SL Schrapplader 耙斗装载机，耙运装置
SL Schutzleitung 保护线路；安全引线
sl. schwer löslich 难溶解的
SL See- und Landflugzeug 水陆两用飞机
SL Seitenleitwerk 方向舵组
S. L. seizure load 最大无卡咬负荷
SL Signallampe 信号灯
s. l. sine loco 无出版地点
SL Slalomverstärker 吸收壁放大器，阻壁放大管
SL Sparlüfter 排除乏风的工作面扇风机

SL Special Ledge 特殊胎圈座,安全凸边,安全凸起
Sl Störträger 干扰载波
SL Stückliste 零件明细表
Sl Sturz 坠落,急降,枕梁
SL Langwellensender 长波发射机
Sl. Stärke 强度,厚度
SLALOM satellite laser low orbit mission 卫星激光低轨飞行任务
SLAM-ER 增程型超音速低空导弹
Slat. Stato 定子,定片
SLB Start- und Landebahn 起飞与着陆跑道
Slckz. Stückzahl 件数,块数,只数
SLD sea level datum 海平面基准
sLdgW schwerer Ladungswerfer 重型抛射武器(迫击炮等)
s. l. e. a. sine loco et anno 无出版地点及年份
SLF Shredderleichtfraktion 粉碎轻质组分
SLK Schnelladekanone 快速装填炮
s. l. l. sehr leicht löslich 极易溶解的
SLOM Société d'Optique, Précision, Electronique et mécanique 【法】光学电子精密机械公司
SLR satellite laser ranging 卫星激光测距
SLR Säulenreihe 一排顶柱,一排支柱,一排放顶支柱
SLR Single-Channel Linear Recording 单通道线性记录
SLR skalierbare Linearaufzeichnung 可标度的线性记录
Slr. gr Streckgrenze 屈伏极限
SlrlSchV Strahlenschutzverordnung 辐射防护条例
SLS Schreib-Lese-Spalte 写读列
SLS selektives Laser-Sintern 选择性激光焙烧
SLS Single-Layer-Steel 单层钢片(密封垫)
SLSK Schreib-Lese-Spalte-Kontrolle 写读列检查
SLV Schweißtechnische Lehr- und Versuchsanstalt 焊接技术教学实验所
Slv. Selektivität 优先性,选择性
SL W Sammelanschlussleitungswähler 业务接线线路选择器
SLW Sammelleitungswähler 多线路用户终接器,寻线选择器
SLW 水平尾翼;垂直尾翼;方向舵组
SM Blockschloss 连锁式锁,分段锁
SM mehrdrähtiger Sektorleiter 多股扇形截面导线
Sm. mittlere spezifische Wärme 平均比热
Sm Samarium 钐
SM Sammelmagazin 各种材料堆放场,矿用仓库
Sm. Schmelzpunkt 熔点
SM Schreibmaschine 打字机
SM Schwermetall 重金属
sm Seemeile (1sm = 1852 m) 海里
Sm. Sekundenmeter 米/秒
SM Servomotor 伺服马达;伺服电动机
SM Siemens-Martin 西门子-马丁(方法)
SM Sortiermaschine 拣分机,分类机
SM Supermodulation 过调制
SM Synchronmaschine 同步机
SM Synchronmotor 同步电动机,同步马达
SMA Shape Memory Alloys 形状记忆合金
SMAP Schlüsselmesspunkt aller Anlagenbereiche 各种设备的关键测量点
S-Matrix Streuungsmatrix 散射矩阵
SMC sheet molding compounds 片材成型化合物
SMD Schiffsmeldedienst 船舶通信服务
S. m. D. Segelschiff mit Dampfmaschine 蒸汽机驱动的帆船;机帆船
SMD surface mounted device/ oberflächenmontierter Baustein 表面安装器件
SmE Spitzgeschoss mit Eisenkern 铁心尖头弹丸
SMES superleitender magnetischer Energiespeicher 超导磁能存储
SMF Standard-MIDI-File 标准 MIDI 文件
Sm-FAZ Sammel-Fernanrufzeichen 通播拍发呼叫信号,通播拍发振铃信号
SMg Magnesiumgussschweißdraht 铸镁焊丝
sMG schweres Maschinengewehr 重机枪
SMG sequentielles manuelles Schaltgetriebe 顺序手动变速器
SmH Schiff mit Hilfsantrieb 带辅助驱动装置的船只
sm/h Seemeilen in der Stunde 海里/小时;节
S-Mi Schützenmine 穿甲地雷
S/min Schlagen pro Minute 打击次数/分钟
S-Mine Schleudermine 迫击炮弹
S-Mine Schrapnellmine; Spreng- und Schrapnell Mine 榴霰弹地雷;炸雷和榴霰弹雷
S. m. K. Spitzgeschoss mit Stahlkern 钢心尖头弹丸
SMK Stereomesskammer 立体测量摄影机
S. m. K. H Spitzmunition mit Kern Hart 硬质合金弹心的尖头弹丸
SmKL'spur Spitzgeschoss mit Stahlkern und Leuchtspur 钢心尖头曳光子弹
SML Sachmerkmal-Leiste 事物特性表
SMM Schalt-Modell-Magazin 开关模型插件盒

SmM Segelschiff mit Motor 机动帆船
Sm-MAZ Sammel-Meldeanrufzeichen 多路总机呼叫信号,多路总机振铃信号
SMO (S.-M.-Ofen) Siemens-Martin-Ofen 西门子马丁炉,平炉
SMP Schallmessposten 测声端子
SMP Schlüsselmesspunkt 关键测量点
SMR Solid Moderated Reactor 固体慢化反应堆(英国温弗里斯)
SMS Schloemann-Siemag 斯罗曼西马克公司
SMS Short Message Service 短消息服务,短信服务
SMS Spulen-Magnetisierung mit Stromstoß 脉冲磁化螺线管
SMS Styrol-α-Methylstyrol-Copolymere 苯乙烯-α-甲基苯乙烯共聚物
SM-Stahl Siemens-Martin-Stahl 平炉钢
SMTP simple mail transfer protocol 简单邮件传输协议
S. M. Tr. Schallmesstrupp 声音测量小组
S-Mun scharfe Munition 实弹
S-Munition Spitzmunition 尖头弹
SMVA Sondermüllverbrennungsanlage 有害废物焚烧处理厂,有害废物焚烧炉
s. M. W. schwerer Minenwerfer 重迫击炮
S. M. W. Sommermittelwasser 夏季平均水位
SMW Speichermischwähler 存储式混合选择器
SMW Spulen-Magnetisierung mit Weckselstrom 交流磁化螺旋管
Sn Sunn 印度麻,菽麻
Sn Zinn 金属锡
SNAM 意大利斯纳姆公司
SnBz Zinnbronze 锡青铜
SNCR selective non-catalytic reduction 选择性非催化还原
SNEAK Schnelle Nullenergie-Anordnung Karlsruhe 卡尔斯鲁厄快堆零功率装置
SNG satellite news gathering 卫星新闻采集,特指装载全套 SNG 设备的卫星新闻采访车
SNG Substitute natural gas, synthetic natural gas/synthetisches Erdgas 天然气代用品,合成天然气
SNi Nickelschweißdraht 镍焊条;镍焊丝
SNr Sammelnummer 电话总机号码,共用电话号码
SNR schneller natriumgekühlter Brutreaktor 钠冷快中子增殖堆
SNR schneller natriumgekühlter Reaktor 钠冷快堆
SNR selektive nicht katalytische Reduktion 选择性非催化还原
SNR signal-to-noise ratio 信号噪声比
S-Nr Stoffnummer 材质代号
SNS Neusilberschweißdraht 德银焊丝,铜镍锌焊丝
SNS social network service 社交网络服务
SNS social network site 社交网站,社交网
SNV Schweizerische Normenvereinigung 瑞士标准委员会
SO optischer Signalgeber 光信号发送器
SO Schienenoberkante 轨面标高,轨头上棱
SO Schleifenoszillograph 回线示波器
S. O. siehe oben 见前,看上面
SO Signalordnung 信号规则
SO Solloberfläche 理论表面积
So Sondertyp 特种类型
So. Sonntag 星期天
SO Sortierer 分拣器,分类器
sö südöstlich 东南的
SOA sicherer Arbeitsbereich 启动安全范围
So-Bz Sonderbronze 特殊青铜
SockLaf Sockellafette 底座式炮架
SOD Superoxide Dismutase 超氧化物歧化酶,别名肝蛋白、奥谷蛋白
SODIS solare Trinkwasserdesinfektion 饮用水的日光消毒
södl. Br. südliche Breite 南纬
sof. sofort 立刻
SOF Soluble organic fraction 可溶有机成分
SOFC Solid Oxide Fuel Cell/Feststoffoxid-Brennstoffzelle 固体氧化物燃料电池
sog. (s. g., sogen) sogenannt 所谓的,所称的,所指的
So-GMs Sondergussmessing 特种铸青铜
SoG-Si Solarsilizium 太阳能电池硅板
SOHC oben liegende Nockenwelle 单顶置式凸轮轴
SOHF sense of humor failure 毫无幽默感
SOHO small office home office 小型家居办公室
SOK Super-Ottokraftstoff 优质汽油
Sol. Solidität 坚固,结实
solv. solvent 有溶解能力的,溶剂的
SOM space oblique Mercator projection; Raum-Mercator-Projektion 空间斜轴墨卡托投影
SoMs Sondermessing 特种黄铜
Sonar sound navigation and ranging 声纳(声波导航与测距)
sond sonder 特别的,特殊的
SondKart Sonderkartusche 特种药筒
SONG space oceanographical navigation and geodynamics 空间海洋导航及地球动力学
SOP standard operating procedure 标准操作程序,标准作业程序

SOP Start of Production 生产开始
SORA Software for offline rectification, Avioplan 离线校正软件,Avioplan 软件
SORPTEX Reinigung der Abgase durch Sorption bei der Wiederaufarbeitung ausgedienter Brennelemente 【法】辐照燃料元件后处理时吸附净化废气
SOS Save Our Ship/Internationales Seenotzeichen 国际通用的海上呼救信号或符号
SOS Save Our Souls/internationales Notsignal (国际通用的)呼救信号,莫尔斯电码
SOS Silicon on sapphire 硅-蓝宝石技术,蓝宝石上外延硅,硅-蓝宝石集成电路
sowj. (sowjet.) sowjetisch 苏联的
SOx Schwefeloxid 硫氧化物,氧化硫
SOZ Straßenoktanzahl 道路辛烷值
Soziol. Soziologie 社会学
SozO Südost zu Ost 东南偏东
SOzS Südost zu Süd 东南偏南
S. P. Löslichkeitsprodukt 溶度积
SP Schaltposten 接线端子
SP Schiffspeilung 船舶定向(装置)
SP Schlammpumpe 泥浆泵
SP Schmelz-Press Schweißen 熔(化)(加)压焊接
SP Schusspunkt 爆破点
SP Schützenpanzer 装甲车;装甲人员输送车
SP Schweißplan 焊接图纸
S. P. Seitenpeilung 方位探向
SP Sicherheitsprüfung 安全检查
Sp. Spalte 隙缝,裂口
SP Spaltprodukte 裂变产物
Sp Span 切屑;金属屑;木屑;碎片
Sp. Spannung 应力,张力,电压,弹性,扩张
Sp Spätherbstarbeiten 秋耕
Sp Speicher 蓄电池,存储器,记忆装置,堆放场,仓库;记录器
Sp. Sperre/Sperrung 封锁,连锁装置,闭锁装置
sp speziell 特殊的,专门的
sp spezifisch 单位的;比的;特殊的
Sp. Sprengstoffladung 装炸药
Sp Spindel 轴,转轴,心轴;纺锭
SP Splitter 碎片,裂片;杀伤弹
Sp. Sport 体育
Sp. Sprengpunkt 爆炸点;原子爆炸中心
Sp. Spule 筒子,卷筒,线团
sp. spürbar 有迹的,可显迹的
Sp Spuren 微量;痕迹;轨迹
Sp Spurweite 轨距
SP Standard-Play 标准播放
SP Südpole 南极
Sp Superprogramm 高级程序
SPA Solus Por Aqua 放松保养疗法,也称水疗法
SPAER spaceborne earth applications ranging system 飞船上的地球应用测距系统
s. Pak. schwere Panzerabwehrkanone 重型反坦克炮
Spaltprod Spaltprodukt 分裂产物
SpAnh Spezialanhänger 专用挂车
S-Patrone Spitzpatrone 尖头弹
SPB SplitterBomb 杀伤炸弹
Sp. Ball. Sperrballon 拦阻气球
sPBu schwere Panzerbüchse 重型反坦克枪
SPC speicherprogrammierbares Steuergerät 程序存储控制器,可编程控制器
SPC Statistical process control/Statistische Prozessregelung 统计过程控制
SPCC Spritzbeton mit Kunststoffzusatz 掺有塑料添加物的喷射混凝土
SPD Sozialdemokratische Partei Deutschlands 德国社会民主党
SPDIF Sony/Philips Digital Interface 索尼/飞利浦数字接口
SPE solid phase extraction 固相萃取
S-PE Sonderqualität Polyäthylen 特种质量聚乙烯
SPE Speicher-Einschub 存储器抽屉
SPE Speicher-Prozessor-Einheit 存储器处理器单元
SPEAR 斯波尔(美国斯坦福正电子-电子非对称环)
SPECI 选定的特殊航空天气报告
spektr spektroskopisch 分光镜的
Sper Sperrung 阻挡,联锁(装置),闭锁(装置),制动
SPERT Special Power Excursion Reactor Tests 特殊的功率剧增反应堆试验
SPESH 船舶特殊天气报告
Spez. Spezialisten 专家
spez. speziell 特别的,专门的
spez. spezifisch 比的;单位的;特殊的
spez. spezifiziert 详细指明的,逐一说明的,逐一记载的
Spez.-Ausf. Spezialausführung 特种装置,特种类型
Spez.-Beh. Spezialbehandlung 特别处理/加工
spf. superfein 超等的,极精细的;特级的
SP-Feld Schwerepunktfeld 重力点场
SPFK Spaltstoff-Flusskontrolle 裂变物质流量控制
Sp.-Fl. Spezialflasche 特种瓶
Sp.-Fl. Spezialflugzeug 专用飞机

Sp. Fl. Sportflieger 竞技飞行员
sp. -Fl. Sportflugzeug 竞技用飞机
Spg Spannung 电压;应力;张力;压力;弹性;扩张
sp. G. spezifisches Gewicht 比重
SpG Spritzguss 压铸件;压力铸造
SPG Staubprüfgerät 灰尘检测器
Sp. -Gr Spezialgröße 比值,比容
Spgr Spurgtanate 曳光弹
SpgrL Sprenggranateladung 高爆装药
SpgrZmK Sprenggranatenzünder mit Klappensicherung 带保险盖的爆破榴弹引信
Sp. -H. Spezialflasche 特种瓶
sph. sphärisch 球状的
SPh Spitzgeschoss Phosphor 含磷的尖弹
SPH Sumpfphasehydrierung 液相氢化
SpHw Springhochwasser 涨潮
Spi Spionage 侦察;间谍活动
SPI 社会进步指数
Spin Spinnerei 纺纱,纺丝,纺纱厂
Spindasyn Spindelantrieb mit Asynchronmotor 由异步电动机驱动的丝杠传动装置
Spir. Spirale 螺旋,螺旋线,螺线
spir. spiralenförmig, spiralig 螺旋形的,螺旋状的
Spir Spiritus 酒精
SPK. Staatliche Plankommission 【前民德】国家计划委员会
SpKps Sprengkapsel 雷管
SPL Empfindlichkeit 灵敏度
SPL Schalldruckpegel 声压级,声压电平
Spl. Splitt 碎石;砂砾;磨料
Spl. Splitter 碎片,裂片
Spl. Supplement 补足,补遗,增补,增刊
SplB Splitter Bombe 杀伤炸弹
SplBeB Splitterbeton Bombe 混凝土破片杀伤弹
SplBo Splitterbombe 杀伤炸弹
Spl. Gr. Splittergranate 杀伤榴弹,杀伤迫击炮弹
SPL-PTF selbstdichtendes kegeliges Rohrgewinde 自密封锥管螺纹
SPM Servo Power Modul 伺服动力模块
SpM Sperrmagnet 锁定电磁铁,自保电磁铁
SpM Sperr- und Meldeeinrichtung 闭锁和信号装置
SPM Stück pro Minute 每分钟件数,每分钟根数
SpNw Springniedrigwasser 落潮
SPO Spaltproduktoxide 裂变产物氧化物
Sp. ö Spülung öffnet 扫气口打开,吹洗开始
SPOOL simultaneous peripheral operations on-Line/Programm Steuersystem für gleichzeitiges Arbeiten der Ein-Ausgabe, während ein anderes rechenintensives Programm läuft 外围联机并行操作,假脱机(输入输出)操作
SPP Song-Position-Pointer 曲目位置指示器
SPP Spaltprodukte 裂变产物
SPPF solid phase pressure forming 固相压力成型
Sp Pz Spähpanzer 装甲侦察车,侦察坦克
Spr Sprache 语言
spr. sprengen 炸毁,爆炸,爆破
Spr Sprechzeug (话务员用)送受话器,话筒
SPr Spreng 炸药
spr. spritzen 喷洒,喷射,注射,飞溅
SPR Spurregister 磁道寄存器
SPR Statistische Prozessregelung 统计过程控制
SPR Sumpfphasereaktor 液相反应釜
SPR Symmetrical Phase Recording 对称相位记录
Sprachw. Sprachwissenschaft 语言学
SprB Sprengbombe 高爆炸弹
SprB Sprengbüchse 爆破筒
SprBr Sprengbrand 爆燃
Sprengl. Sprengloch 炮眼
Sprengm. Sprengmittel 炸药,爆破器材
SprengstG (SprG) Sprengstoffgesetz 炸药使用规程;炸药管理规程
Spr. G. Sprenggeschoss 爆破弹
Sprgr Sprenggranate 爆破榴弹,空炸榴弹
Sprgr mK Sprenggranate mit Klappensicherung 带保险盖的爆破榴弹
Spr. Gr. Patr. Sprenggranatenpatrone 爆破榴弹药筒
SprgrPatr KP Sprenggranate Patrone für Kampfpistole 作战手枪用的爆破榴弹药筒
Spr. H. W. Springhochwasser 大潮,高潮
Sprichw. Sprichwort 谚语,俗语
Spritzg. Spritzguss 压铸件;压力铸造
Spritzm. Spritzmasse 喷涂料
SprK Sprengkapsel 雷管
Sprk. Sprengkörper 炸药包,爆破管
SprKab Sprengkabel 爆炸引线
Spr. Kpr. Sprengkörper 炸药包,爆破管
Spr. Laf. Spreizlafette 支撑炮架
Sprldg. Sprengladung 装药,雷管装药
Spr. M. Sprengmunition 爆破弹药
Spr. P. Sprengpulver 炸药粉,火药
Spr. Patr. Sprengpatrone 爆破筒
SprSchwP Sprengschwarzpulver 爆炸黑药
Spr. Wk. Sprengwurfkörper 爆炸抛射体
Sprzlaf Spreizlafette 支撑炮架

SPS Schubpferdestärke (涡轮喷气发电机)推进功率马力数
SPS speicherprogrammierbare Steuerung 可编程逻辑控制器
sp. S Spezialschlauch 专用软管,特种软管
SP. S Spülung schließt 吹洗结束,扫气孔关闭
SPS Standard Positioning Service 标准定位服务
SPS Symbol-Programm-System 符号-程序-系统
SPS synchrones Produktionssystem 同步生产系统
SpST Speichersteuerung 存储器控制
Sp. -St Sperrstunde 禁止时间
SpSte Speicherstelle 存储位置
SpStV Verordnung über die Sperrstunde 对禁止时间的规定
SpT Spannungsteiler 分压器
Spt. Spant 船肋;框架,构架
SpT Spartransformator 自耦变压器
SpT Sperrtaste 止动按钮,锁定按钮
SPT subpolare Tiefdruckrinne 副极地低压槽
SPTI Sowjetisches Physikalisch-Technisches Institut 苏联物理技术研究所
SpÜG Synchronimpulsüberwachungsgerät 同步脉冲监控器
S-Pulver Pulver für scharfe Munition 实弹用火药
SPV Spezialpumpversuch 特种泵试验;专用泵试验
sp. V. spezifisches Volumen 比容、单位质量的体积
SpV Spülventil 扫气阀,吹洗阀
S-PVC PVC-Suspensions-Polymerisat 聚氯乙烯-悬浮聚合物
SPW Schützenpanzerwagen 装甲运输车
Sp. W. Spannweite 跨度,跨距,翼展
SPW Speicherwerk 存储器,存储设备
Spw Speisewasser 供水;给水
sp. W. spezifische Wärme 比热
Sp. Wg. Spähwagen 侦察汽车
SPz Schützenpanzer 装甲运输车
SPz Spähpanzer 侦察坦克
Spz. Spätzerspringer 延迟爆裂
SpZ Speicherzelle 存储单元
SpZ Sperrzeichen 联锁信号;停止信号
sPzB schwere Panzerbüchse 重型反坦克枪
sPzKpfWg schwerer Panzerkampfwagen 重型坦克,重型装甲车
SQ Summe der Quadrate 平方和
sq. square 平方,平方的
SQK statistische Qualitätskontrolle 统计学的质量检测
SQL structured query language 结构化查询语言
Squ Squalan 鲨鱼烯
SR Ruhestromschalter 静止电流开关
SR Saarländischer Rundfunk 【德】萨尔州无线电台
SR Satellitenrechner 卫星计算机,外围计算机
Sr Saugraum 吸入室
S. R. Scherenfernrohr 潜望镜
SR schneller Reaktor 快中子堆
Sr Schraubenmuffenverbindung 螺纹套管连接
Sr Schraublenkerachse 螺旋转向轴
SR Schweizerischer Rundspruchdienst 瑞士广播服务
SR Schwellenrücker 轨枕移动装置
SR Schwendregelung 增益控制,增益调整
SR schwenkbarer Raupenbagger 履带式回转挖掘机
SR Sehrohr 潜望镜,望远镜
SR Sekundärradar 二次雷达
SR Selbstretter 自救器
SR Selbstretter mit Regeneration 再生自救器
SR Senderrelais 发射继电器;发送继电器
SR sicherheitstechnische Regel 安全技术规程
SR sicherheitstechnische Richtlinien für Dampfkessel 蒸汽锅炉技术安全法规
S/R Signal-Rausch-Verhältnis 信号噪声比,信噪比
SR soil-release 去污
SR Sollwertregler 额定值调整器
SR Sonderbezeichnung 特殊标记
SR Sperrelais 闭锁继电器
sr Steradiant 立体弧度;球面度;立体角
SR straight run 直馏产品
SR Streureaktanz 漏电抗
Sr Strontium 锶
SR Synthesekautschuk 合成橡胶
SR System Release/Softwareversion 系统发行版本
SRA Ausnahmebestimmungen zu den Schweizerischen Regeln für elektrische Maschinen einschließlich Transformatoren 瑞士电机(包括变压器)规程的特殊条例
SRA Signal/Rausch-Abstand 信噪比,噪声容限,噪声安全系数
SRA Systemstudie Radioaktiver Abfälle in der Bundesrepublik Deutschland 联邦德国放射性废物系统研究
SRAM Static Random Access Memory/statisches RAM 静态随机存取存储器
SRB straight run benzine/Destillatbenzin 直馏

汽油,馏分汽油
SRD soil redepostion 污物再沉积
Sre. Säure 酸
SREM Schweizerisch Regeln für elektrische Maschineneinschliesslich Transformatoren 瑞士电机(包括变压器)规程
SRFK Staatliches Rundfunkkomitee 【德】国家无线电广播委员会
SRg Rotgussschweißdraht 红铜焊丝
SRG Schweizerische Radio-und Fernsehgesellschaft 瑞士广播电视公司
SRH subtropisch-randtropischer Hochdruckgürtel 副热带-热带边缘高压带
Srk Schraubkappe 螺帽
SRK Seenotrettungskreuzer 海上救护巡洋舰
SRK Spannungsrisskorrosion 应力裂纹腐蚀
SRK Staatliches Rundfunkkomitee 【德】国家无线电广播委员会
SRPT Sowjetischer Reaktor für Physikalisch-Technische Versuche 苏联物理技术试验堆
SRs schwenkbarer Schaufelradbagger auf Raupen 旋转斗轮式履带挖掘机
SRS Sound Retrieval System 声音检索系统
SRT Schule für Rundfunktechnik/school for broadcasting technology 广播技术学校
SRV Speisewasserrückschlagventil 给水止回阀
SRW Streckreduzierwalzwerk 低延展轧机
SRZ Schlammrückhaltezeit 泥浆保留时间
SS Dampfschiff 汽轮;汽船
SS Sammelschienen 母线,汇流排
SS Satellitensystem 卫星系统
Ss. Scharfschütze 狙击手,特等射手
Ss Scheibenspule 盘形线圈,蛛网形线圈,扁平线圈
SS Schleppscheibe 拖盘
SS Schnellarbeitsstahl 高速钢;锋钢;高速钢车刀
SS Schnellstahl 高速钢
S. S. Schraubenschiff 螺旋推进的轮船
sS schweres Spitzgeschoss 重尖弹
SS schwer schweißbar 难焊的
SS schwerste, überschwere 最重的,超重型
Ss sehr schwach 很弱的
SS Seilsäge 钢丝锯
S/S Seite an Seite 并列,并排
SS Sendesieb 传输滤波器,发送滤波器
s. S. siehe Seite 见第……页
SS Signalsteller 集中信号装置
SS Sommersemester 夏季学期
SS Spaltprodukttransport und Strahlenbelastung 裂变产物输运和射线照射量
s-s Spitze-Spitze 峰峰值
SS Spread Spectrum 扩展频谱
SS Sprengschnüre 导爆索
SS Sprengstoff 炸药
SS Steuerschalter 控制开关
SS Stickstoff 氮气
SS Störschutz 防止干扰
SS Stromschutz 电流保护
SS Switching System 交换系统
Ss Zeitschrift für das gesamte Schieß- und Sprengstoffwesen 德国火药和炸药杂志(现改名为“Explosivstoffe”炸药杂志)
SS 紧急制动
ss-Amplitude (峰至谷的)振幅
SS-Anlage 总线系统,母线系统;汇流排系统
ssA schwerste Artillerie 重型炮
SSA SSA-Schnittstelle 创新存储接口,SSA 接口
SSB Sachverständigenkommission für Fragen der Sicherung des Kernbrennstoffkreislaufs 核燃料循环安全问题专家委员会
SSB Single Sideband/Einseitenband 单边带
SSB-AM single sideband amplitude modulation 单边带调幅
SSC shape selective catalysis 择形催化
Ssch Sandschiefer 砂页岩
SschSO Seeschiffsfahrtsstraßenordnung 远洋轮船航道条例
S. Sch. S. V. O. Seeschiffsfahrtsstraßen verkehrsordnung 远洋轮船航道条例
SSD solid state disk 固态硬盘
SSD Stahlschiebedach 钢滑动顶盖
SSE Sicherheitserdbeben 安全地震
SSEE Signal-Sirene-Eingabe 报警信号输入
SSF Siemens-Selenflachgleichrichter 西门子硒片整流器
SSFD Solid-State-Floppy-Disk 固态软盘
SSG Sauerstoffschutzgerät 氧气保护装置
SSG SpezialStudiengruppe 专门研究小组
SSI Supplementary Scheduling Information; zusätzliche Sendeplaninformation 增补播出计划信息
S. Sign. Schallsignal 音响信号
SSK Seestreitkräfte 海军
SSK Spezialstudienkommission 专门研究委员会
SSL Secure Sockets Layer/Übertragungs protokoll, das die Sicherheit von Browsern durch Verschlüsselung erhöht 加密套接层
SSL security socket layer 安全套接层
s. S. M. schwere Spitzmunition 重型尖头弹头
SSM Signalsendemodler 信号发射调制器
SSM Slow-Shutter-Modus 慢快门方法
SSM 地对舰导弹

ss. M. G. sehr schweres Maschinengewehr 重机枪
sSmK schweres Spitzgeschoss mit Kern 带芯的重尖头弹
SS-Munition schwere Spitzmunition 尖头重弹
SSMVA Sondermüllverbrennungsanlage 有害废物焚烧处理厂,有害废物焚烧炉
s. s. M. W. sehr schwerer Minenwerfer 超重迫击炮
SSO Seestraßenordnung 海上航道法
SSO Südsüdost 东南南方,东南南地区
SSP Simultanspeicher 同时存储器,共用存储器
SSPB Swedish State Power Board 瑞典国家电力局
SSPD selbstabtastendes Photodiodenarray 自扫描光电二极管阵列
SSPS Satellitenkraftwerk 人造卫星太阳能发电
SSR Scheinsignalrakete 假信号弹
SSS Segelschulschiff 帆船教练船
SSS Sicherheitsbehälter-Sprühsystem 安全容器-喷射系统
SSS side-scan-sonar system 旁向扫描声纳系统
Sst Sandstein 砂岩
SST satellite-to-satellite tracking 卫星-卫星跟踪
S-St Schnittstanze 冲裁模
SSt schweißbarer Stahl 可焊钢;焊接钢
SST sea surface temperature 海面温度
SST sea surface topography 海面地形
SSV Schiffssicherheitsverordnung 船舶安全条例
SSV Schnellschlussventil 快速关闭阀
SSV Strahlenschutzverordnung 辐射防护条例
SSVB Systematische Schadensverhütung und -bekämpfung 系统地防止和排除故障
SSVO Strahlenschutzverordnung 射线防护条例,射线防护规章
SSW Siemens-Schuckert Werke 西门子舒克特电机公司
SSW Sonderschichtwiderstand 特种薄膜电阻
SSW Südsüdwesten 西南南方,西南南地区
SSYST Programmsystem zur Berechnung des Brennstabverhaltens bei Kühlmittelverluststörfallen 冷却剂流失事故时燃料棒性能计算程序体系
St Gesteinsfasern 岩石纤维
ST Sammelstelle 集中地,集合地
sT sandiger Ton 含砂粘土
St. Sankt (加在德语人名地名前)圣(例如～Antonn 圣安东)
ST Satellitentriangulation 卫星三角测量
ST Schiffstechnik 造船技术
ST Schlusstaste 结束键
ST Schnelltransporter 高速运输机
St Schweißträger 焊接钢梁,焊接工字梁
s/t Sekunden je Tonne 秒/吨
st. selbsttragend 自携的
ST self twist 自捻
s. t. sine tempore 不延迟的,准时开始
ST special treatment 连续亏损、业绩不好,要做特别处理的股票(股市用语)
st. staatlich 国家的;国有的
St. Stab 司令部,参谋部;棒杆,杖;试棒
St. Stabilität 稳定度,稳定性,安定性,安定度
St. Stadium 时期;阶段
St. Stadt 城市
st. Städtisch 城市的;市立的
St. Staffel 阶段,步骤
St. stählern 钢制的,钢的
St. Stamm 干,茎;宗系,主干,种族
St. Stand 地位;位置;情况;状态
St. Ständer 台架,柱脚
st. Ständig 固定的;不变的
St. Standort 位置
St. Stange 棒,拉杆,活塞杆
St Stanzer 凿孔机,冲床
st stark 强的,粗大的,坚固的,牢固的,重的
St Stärke 强度;浓度;厚度
St. Start 起飞,起跑
st Starter 起动器;起动装置
St stat 斯达(放射性单位,等于 3.63×10^{-7} 居里)
St Station 站;无线电台;所;台;位置
St. Stationer 文具店,文具商
st. stationär 固定的,不动的,不变的,静止的,稳定的
st. statisch 静力学的,静止的,静力的
st. statistisch 统计(学)的
St Staubabscheidegerät 捕尘器,粉尘分离器
St. Staut 法规;章程
St Stecker 插头,插塞
St Steckerstift 插销
St steif 刚性的,硬的
St. Stelle 地点,场所,位置
St. Stellung 位置,地方;放置,装置;调节
ST Stellungsanzeige für Stellglied 调节元件的位置指示
St Stern 星,星号,星轮;轮辐盘
St Steuerrelais 控制继电器
St Steuerung 控制,操纵;调节;操纵机构,控制机构
St. Stift 平头钉,销钉
St. Stock 棒,棍;层
St Stokes 斯托克斯(粘度单位)

St Stollen 平硐,隧道;柱,支柱
St. Stopper 制动器,固定装置
St Stöpsel 插头,插座;软木塞
ST Störträger 干扰载波
St. Stoß, stöße 打击,撞击
St Stratus 层云
ST Streuung 散射,杂散;漏磁;数值分散
ST strukturierter Text 结构化文本
St. Stück 个,件,块
St Sturz 坠落,急降
St. Stütze 支柱,支架
St Stützenisolator 针形绝缘子,装脚绝缘子
St Südsüdwest 西南南
ST 国际焊接技术
St! (**Stat.!**) 立即
Sta. Statolith 耳沙,耳石
stab. stabil 稳定的;稳态的
Stab. Stabilisator 稳定器,稳压器,稳压管
Stab. Stabilität 稳定度,稳定性,安定性,安定度
StabG (**Stab.-Ges.**) Stabilitätsgesetz 稳定定律
Stabo-B Stachelbombe 有齿炸弹
Stad. Stadium 时期,阶段
S/Tag Schichten je Tag 班/日
StAGN Ständige Ausschuss für geographische Namen 地名命名常设委员会
Stahlw Stahlwerk 钢厂
Staku Stahl-Kupfer 钢-铜
StalBA Statistisches Bundesamt 联邦统计局
Stalpeth Stahl-Aluminium-Polyäthylen 钢-铝-聚乙烯
Stalu Stahl-Aluminium 钢-铝
Stamag. Stahlindustrie und Maschinenbau Aktiengesellschaft 【德】钢铁和机器制造工业股份公司
Stand Standardisierung 标准化
Standard-VHS Standard Video Home System 标准家用录像系统
St. Ang. statistische Angaben 统计数据
Stapa Stahlpanzer 钢铠甲
Stapa Stahlpanzerrohr 钢铠装管子
STARK Schnell-thermischer Argonaut-Reaktor, Karlsruhe 卡尔斯鲁厄阿贡诺快-热堆
STAS sicherheitstechnisches Auslösesystem 技术安全断电(脱扣)系统
Stasi Staatsicherheitsdienst 国家安全局
Stat. Stativ 支架,三角架
Stat. Statolith 耳沙,耳石
Stat. Stator 定子
Stat. Statoskop 微动气压计,变压计
Stat BA Statistisches Bundesamt 联邦统计局
stat. Best. statisch Bestimmung 静态测定
StatG (**StatGes.**) Gesetz über die Statistik für Bundeszwecke 联邦统计法
StatLA Statistisches Landesamt 国家统计局
stat. unbest. statisch unbestimmt 静态不确定的
Stau Staustrahltriebwerk 冲压式空气喷气发动机
Stb Biegestanze 弯曲模
STB Set-Top-Box/Beistelldecoder 机顶盒
Stb Steinbank 石櫈;石层
St B (**StBr**) Steinbruch 采石场
StB Steuerbord 控制盘;(船)右舷
StB Streuung nach der Breite 按宽度分布
Stba Biegestanze mit Auswerfer 带推料器的弯曲模
StBauFG Städtebauförderungsgesetz 城市建筑促进法
StBauFG Städtebauforschungsgesellschaft 城市建筑研究协会
StBB Stabbrandbombe 棍状燃烧炸弹
Stbk Biegestanze mit Keiltrieb 键传动的弯曲模
Stb.-Maschine Steuerbordmaschine 船用右舷发动机
StbP Stäbchenpulver 短管形火药
Stb-Rohr Stahlbetonrohr 钢筋混凝土管
Stbua Biegestanze mit beweglichem Unterteil und Auswerfer 有移动下模和顶出器的弯曲模
StBV Steinkohlenbergbauvorschriften 煤矿建设规程
StBV Vorschriften für die technische Sicherheit und den Arbeitsschutz im Steinkohlenbergbau 煤矿技术安全和劳动保护规定
StBz Stahlbronze 钢青铜
STC Standard Test Conditions/Standardtestbedingungen 标准试验条件
STD sexually transmitted disease 性传播疾病
Std. Stand 地位,位置;情况,状态
Std. Standard 标准,规格,规范
Std. standard 本价
StD Streuzusatzdosis 散射附加量
STD System Target Decoder; hypothetischer MPEG-2-Referenzdecoder 系统目标解码器
stdl. stündlich 每小时
StdMi Strandmine 海滩地雷;岸上地雷
Stdn. Stunden 小时(复数)
St. Dr. Stacheldraht 刺线
Stdr. Stahldrahttau 钢丝绳,钢索
STE Sendetasteinrichtung 发报电键装置
StE. Stärkeeinheit 强度单位
Ste Steuereinheit 控制部分,控制单元
StE Streuung 散射;杂散;漏磁;散逸;数值分散

STE Systemforschung und Technologische Entwicklung 系统研究和技术开发(属于利希核研究中心)
STEAG Steinkohlen-Elektrizitäts AG (埃森)煤炭电力公司
Stehpl. Stehplatz 停车场;站立位置
STEIFAB Steuerstab-Einfahrbegrenzung 控制棒插入限制
Steig. Steigerung 提高,增长
Steig Steigung 斜坡,斜度;螺距;增加
Steilf. Steilfeuer 曲射火力,曲射
Steinkohlenb. Steinkohlenbergwerk 煤矿
Steinkohlengew. Steinkohlengewinnung 烟煤开采,采煤
Steinm. Steinmetz 石匠,石工
Stekz. Stückzahl 件数
Stellg. Stellung 阵地;姿势,姿态;位置,地位;校准
stellv. stellvertretend 代表的,代理的,副职的
STEM 科学、技术、工程和数学
STEP standard for exchange of product model data 产品模型数据交换规范
STEREO 美国航天局日地关系天文台
steril. sterilisiert 杀菌的;消毒的
Steu Steuerschalter 序轮机;配电器;控制开关;控制器
StF Gesteinsfaser 岩石纤维
St fra Stratus fractus 碎层云
STG Schiffbautechnische Gesellschaft 造船协会
Stg Stahlguss 钢铸件,铸钢
Stg Stahlgussgranate 铸钢弹
stg. steigend 上升的,增加的
Stg. Steigung 上升;增加;螺距;斜坡;坡度
StG Steuergenerator 主振振荡器,主控振荡器;控制发电机
Stg Steuergerät 控制装置,控制仪器
Stg. Steuerung 操纵,控制,调整,调整装置
Stg. Stielgranate 棒状手榴弹
StGK Staatliche Geologische Kommission 国家地质委员会
stg. m steigender Meter 正在增加的米数
Stgr. Steiger 采矿工长;登山者;冒口,出气口
StH Streuung in der Höhe 高度变化
Sthg. (St. -H. Gr., Sthg.) Stielhandgranate 有柄手榴弹
St. Jb. Statistisches Jahrbuch 统计年鉴
StK Stahlkern 钢心
StK Stammkarte 主卡,穿孔卡样板,矩阵式穿孔卡
Stk steinkohle 烟煤,石煤
Stk. stock 存费
Stk Stück 件,块
St. K. Sturmkanone 自行加农炮
Stkm Stundenkilometer 公里/小时
St. Kn Steuerknüppel 操纵杆,操纵手柄
St. K. Reg Studienkommission für die Regelung großer Netzverbände 大型联合电网调节研究委员会
StL Stammleitung 干线,主要管线
STL Stereolithographie-Datenformat 立体石版印刷术数据格式
STL Steuerloch 控制孔
StLB Standardleistungsbuch 标准功率手册
Stllg Stellung 放置,装置;调节;位置,地方
STM Standardmerkmal 标准标记
Stm Starkstrommeistern 强电流控制
StM Stellenmaschine 按位编址计算机
St/m² Stempel je Quadratmeter 根数/平方米(支柱密度)
STM Synchronous Transfer Mode/synchroner Übertragungsmodus bei SDH 同步传输模式
STN Staatliche Trigonometrische Netze 国家三角网
St neb Stratus nebulosus 薄幕层云
St. O. Standort 地点,位置,区位
Stö Stößel 杵,顶杆,挺杆,滑枕
STOL short take-off and landing/Kurzstartflugzeug (飞机)短距起落
Sto-Mi Stockmine 棍状地雷
St op Stratus opacus 蔽光层云
STP Standardprogramm 标准程序
StP Sternenpulver 星形火药
STP Steuerprogramm 控制程序
STP Steuerpult 控制台,操纵台
Stp. Stützpunkt 支点,支撑点
STPD Standard Temperature, Pressure, Dry 干燥状态下标准温度和压力
Stpl Planierstanze, Flachstanze 扁平冲模
St. -Pl. Stellenplan 位置平面图
STPS Steuerpferdestärke 可控马力
Str Rollstanze 卷边模
STR schneller thermischer Reaktor 快-热(中子)堆
Str Steradiant 立体弧度,球面角,立体角
Str. Strafe 处罚;罚款
Str. Strahl 光线,射线,电子束,光束
Str. Straße 路,道路,公路,街道
Str. Straßenbahn 有轨电车
Str Strecke 平巷,水平巷道;距离;跨距;直线;(铁路)线段
Str. Streifen 条纹,条子,横挡条痕;磁带,频带
Str Streifenkohle 带状暗亮煤,带状煤
Str streng geheim 绝密的

Str Streuwiese 畜用铺垫草草场
Str. Strich 线条,笔划,地带,划线,条痕,虚线
Str. Strom 流;河流;电流;气流;风流
Str. Strossenbau 下向阶段式回采,正台阶回采,露天矿段回采
Str. Struktur 结构,构造
STR Submarine Thermal Reactor 潜水艇用热中子反应堆
Stra Rollstanze mit Auswerfer 有顶料器的卷边机
StraßbBauBetrO Straßenbahn-Bau- und Betriebsordnung 有轨电车建造和经营制度
Straßenb Straßenbau 道路建设
Strat. Stratosphäre 平流层
Str.-B Straßenbahn 有轨电车
Str.-B Straßenbau 道路工程,道路建设
Strebb. Strebbau 全面采矿法,长壁工作面回采法
Streuf. Streufeuer 散布射,面积射
Strg Streuung 漏磁;杂散;漏泄;散逸;数值分散
Str. gr Streckgrenz 屈服极限
str. Gr. Streitige Grenze 有争议的边界
Strk Rollstanze mit Keiltrieb 有楔传动机构的卷边机
Strk Streifenkohle 带状暗亮煤,带状煤,层状煤
Str. Kr. Straßenkreuzung 交叉路口;十字路口
StrlSchV Strahlenschutzverordnung 辐射防护条例
Str.-Mstr. Straßenmeister 筑路工长
Str.-Mstr. Streckenmeister 工段长
StrO Straßenordnung 道路管理规则
Str. P. Streifenpulver 带状火药
StrR Stromlinienruder 流线型桨
Str. Tr. Streckenträger 轧机机列支座
Str VG Straßenverkehrsgesetz 道路交通管理法
Strw. Streifenwagen 巡逻警车
Sts Stauschütz 防水闸门
St. Sch. Staubschutzbeutel 防尘罩,防尘套
StSchAnw Starkstromschutzanweisung 强电防护指南
StSi Siliziumstahl 硅钢
StSt Startstellung 起动位置;开始位置
St. St. Staubstation 集尘设备
StSt Stauchstanze 镦锻模
Stt Stautür 蓄水池门,水坝门
STT Umwandlung gesprochener Sprache in Textdateien 语音到文本的转换
St tr Stratus translucidus 透光层云
St. U. Stellungsunterschied 位置差异
St. U. Stoppuhr 秒表
StuA Sturmartillerie 突击火炮
StÜB Steuerüberleitungsbilanz 调整超导性平衡
Stud. Studentensprache 大学生用语
StUe Stromstoßübertragung 脉冲传输,电流脉冲传输
StUe Stromstoßumsetzer 脉冲变换器
STUFA Studiengesellschaft für Automobilstraßenbau 德国汽车公路研究协会
StuG Sturmgeschütz 自行突击炮,自行火炮
StuG Sturmgewehr 自动步枪
Stu. H. Sturmpanzerhaubitze 自行榴弹炮
Stu. IG. Sturm-Infanteriegeschütz 自行步兵炮
Stu. K Sturmpanzerkanone 自行加农炮
St un Stratus undulatus 波状层云
Stu. Pz Sturmpanzer 冲锋坦克
StUs Stromstoßumsetzer 脉冲变换器
StuStSr Stößel und Stößelschraube 挺杆和挺杆螺钉
Stuto Stundentonne 吨/小时
STUVA Stdiengesellschaft für unterirdische Verkehrsanlagen 地下交通设备研究协会
Stuvi Sturzvisier 俯冲瞄准具
STV Schweizerischer Techniker-Verband 瑞士技师协会
Stv Stahlverzug 钢的扭曲变形
StV Steckverbinder 接插件
STV Straßenverkehr 市内交通
StVA Straßenverkehrsamt 城市交通局
StVG Straßenverkehrsgesetz 公路交通法;城市交通法
StVk Stützen-Vollkernisolator 实心支柱绝缘子
StVO Straßenverkehrsordnung 公路交通条例;城市交通条例
StVZO Straßenverkehrszulassungsordnung 市内交通规则,城市交通规则
StW Staubwertzahl 粉尘指标
Stw. Stellwerk 校正装置;集控站;调节机构
Stw. Sternwarte 天文台
StZ Stechzünder 插入点火药
Stzb Sturzbomber 俯冲轰炸机
StzSr Stützschraube 支撑螺栓
St. Zt. Steigzeit 上升时间
Su Nutzschaltabstand 有效控制距离
Su Schluff 淤泥;劣质粘土;细沙
SU see you 再见
s. u. siehe unten 参见下面,见下面
SU Sonnenuntergang 日落
SU Strahlenschutz 辐射防护
Su Summer 蜂音器,蜂鸣器
SUA Siemens-Unterrichts-Anordnung 西门子教学计划
SUAK Schnelle Unterkritische Anordnung Karlsruhe 卡尔斯鲁厄快中子亚临界装置
Sub Subtraktion 减法,减

Subl. sublimiert 升华的
Subrt. Subtropen 亚热带，副热带
Subst. Substantiv 名词
Subst. Substanz 物质；材料
subtr subtrahieren, subtrahiert 减（的），减去（的）
subtr. subtropisch 亚热带的
südl. Br. südliche Breite 南纬
südl. L südliche Länge 南面长度
s. u. d. T. siehe unter dem Titel 见标题下
südw. südwärts 向南，往南，朝南
SUF-Verfahren side upset forging method 侧面镦粗锻造法
Sulfittri Sulfittrinitrotoluol 用亚硫酸盐处理的三硝基甲苯
SUM Sprung und Umspeichern 跳跃和转存
summ. summarisch 总括的
Superl. Superlativ 最高级
SUPO Super Power Water Boiler 超高功率水锅炉
Suppl. Supplement 补充，补充物；增刊
Suppl. -Bd. Supplementband 补遗本
SUR Siemens-Unterrichtsreaktor 西门子教学培训用反应堆
SURGE Seasat Users Research Group of Europe 欧洲海洋资源卫星用户研究组
SUS Saybolt-Universalsekunde 赛氏通用粘度秒
SÜS Schwingungsüberwachungssystem 振动监控系统
SÜS Stoßimpulsüberwachungssystem 冲击脉冲监控系统
Susp. Suspendierung 悬浮
Susp. Suspension 悬浮液，悬浮
SUT Sandvik-Universal Tube GmbH 桑德维克通用管股份有限公司
SuUB Staat- und Universitätsbibliothek 国家图书馆暨大学图书馆
SUV Sport Utility Vehicle 运动型多功能车，越野车
Sv Bremskraftverstärker 制动力放大器
SV Sachverständiger 专家
SV Schaltventil 开关阀
SV Schneidflächenverschleiß 门齿表面磨损
S. V. Seilfahrtsverordnung 钢索绞车运行规程
SV Sendeverstärker 发送放大器，送信放大器
SV Sendeverteiler 发射分配器
SV Sicherheitsventil 安全阀，安全活门
SV Sicherheitsvorschriften 安全规程
sV sicherungstechnische Vorschrift 安全技术规程
s. v. siehe vorn! 见上！见前面！
SV Signalverschlussrelais 信号闭锁继电器
SV Silbenverständlichkeit 音节清晰度，音节可懂度
SV Sonderverkauf 特殊订货
SV Sozialversicherung 社会保险
SV Stifterverband für die Deutsche Wissenschaft 德意志联邦共和国科学基金委员会
SV Stromversorgungseinrichtung 供电装置
Sv 西维特，希伟特，希（沃特）（核物理剂量当量单位）
SVA Glühanlassschalter 退火起动开关；加热起动开关
SVA Schweizerische Vereinigung für Atomenergie 瑞士（伯尔尼）原子能协会
SVA subjective valuation approach 主观评价法
SVB selbstverdichtender Beton 自密实混凝土
SVB Straßenverkehrsdirektion 市内交通管理处
SVCC Schweizerische Verein der Chemiker-Colouristen 瑞士化学家及染色家协会
SVD Schweizerische Vereinigung für Dokumentation 瑞士文献协会
SVF Schweizerische Vereinigung von Färbereifachleuten 瑞士染色工作者协会
SVGA Super-VGA 高级视频图像阵列
S. V. -Handrad Seitenverbesserungshandrad （瞄准具）方向分划修正量转轮
S-VHS Super-VHS 超级家用录像系统
S-VHS-C Super-VHS-Compact 超级小型家用录像系统
SVI smoke volatility index 烟挥发性指数
SVK Staatliche Vorratskomission 国家储备委员会
SVK Streckenvortriebskombine 巷道掘进康拜因，巷道联合掘进机
SVM Streckenvortriebsmaschine 平巷掘进机
SVMT Schweizerischer Verband für Materialprüfungen der Technik 瑞士工程材料检验协会
SVO Seilfahrtverordnung 【前民德】矿井人员升降规程
SVO Seilverordnung 绳索使用规程
SVO Strahlenschutzverordnung 防辐射条例
SVP Schachtvermessung mit polarisiertem Licht 偏振光矿井测量
SVR Super Video Recording 超级录像，超级录像系统
SVS Schweizerischer Verein für Schweißtechnik 瑞士焊接技术协会
SVS Speditionsversicherungsschein 承包运送保险单
SVS Voluminösität-Stabilität des Texturiereffek-

tes-Schlingenhäufigkeit （变形纱）膨松度-变形效果稳定度-丝圈频率值
SVVK Schweizerischer Verein für Vermessungswesen und Kulturtechnik 瑞士测量与农垦联合会
svw. soviel wie 如同……，同……一样多
S. W. Sägewerk 锯木厂，锯装置
S. W. Scheinwerfer 探照灯；聚光灯；反射器；投射器；汽车前大灯；车头灯
SW Schichtwiderstand 薄膜电阻
SW Schlüsselweite 扳手尺寸，扳手开口宽度
Sw Schraubenwelle 螺旋桨轴；船推进器轴
SW Schrittschaltwerk 步进传动装置
sw schwarz 黑色的
s/w schwarz weiß 黑白
SW schwerer Werfer 重型迫击炮，重型发射器
SW Software 软件
SW Sollwerteinstellung 额定值整定
SW Sonderwerkzeuge 专用工具
SW Strömungswächer 流量监控器
SW Sudwähler 选择器；寻线机
S. W. südwesten 西南
SW Synthesewert 合成值
SwB Schwenkbahnbettung 回转道床
SWE Schrittschaltwerk am Empfänger 接受器的步进选择器
SWE Schwelleneinheit 阈值单位
SWF Südwestfunk 西南无线电（电台）
SWFD öffentliches Selbstwählferndienstnetz 公共交换电话网络
SWFD Selbstwählferndienst 自动长途通信业务
SWFY Selbstwählfernverkehr 长途自动电话通信
SwG Schweißgroßvorrichtung 大型焊接设备
sWG schweres Wurfgerät 重型发射装置
SWGGR Schwerwassermoderierter gasgekühlter Reaktor 重水慢化气冷堆
SWGR Switchgear 开关设备，开关装置
SWIFT Society Worldwide Interbank Financial Telecommunication 世界银行金融电信协会
Swissair Swiss International Air Lines/Schweizerischer Luftweg A. G. 瑞士国际航空公司
S. -Wk.（Swk.） Sammelwerk 文集，汇编
Swkw Schwimmkraftwagen 水陆两用汽车
swl. sehr weng löslich 极少溶解的
sWL weiter Schlichtlaufsitz 进一步三级精度滑动配合
SWO Seewasserstraßenordnung 航道交通条例
s. w. o. siehe weiter oben 再往上看
SwPz Schwimmpanzer 水陆两用坦克
s. W. R schwerer Wurfrahmen 重型框式发射器
SWR Schwerwasserreaktor 重水反应堆
SWR Stehwellenverhällnis 驻波比
Sw. R. C. Schweres Räumgerät 重型扫雷器
Sws Schwimmsand 流沙
SWSF stationäre Wirbelschichtfeuerung 固定流化床燃烧
SWT Schabewärmetauscher 挂板式换热器
s. w. u siehe weiter unten 继续往下看
SWuR schwere Wurfrahmen 重型框架式发射器
SWV Schweizerischer Wasser-wirtschaftsverband 瑞士水利协会
SWW Schrägwalzwerk 斜轧机
SWzS Südwest zu Süd 西南偏南
SWzW Südwest zu West 西南偏西
SY Symmetrie 对称，匀称，平衡
Sy Synchronisierung 同步
Sy Synonym 同义词
Sygas Ammoniaksynthesegas 合成氨气体；氨气
sym.（symm） symmetrisch 对称的，平衡的
SYM Synchronmotor 同步电动机
syn synoptisch 概括的，摘要的
syn. synthetisch 合成的；综合的；组合的
synchr. synchronisieren，synchronisiert 使同时发生（的）
synchr. synchronistisch 同步的，同期的
SYNOP 陆地观测站地面天气报告
SYNOP ANT 南极地区陆地观测站地面天气报告
synth synthetisch 合成的；综合的；组合的
SYS see you soon 待会儿见
syst. systematisch 系统的，系统化的
Sy-Sy synchron-synchron 同步-同步
SZ Säurezahl 酸值，酸价
SZ Schauzeichen （保护继电器上的）指示器
S-Z Schnitt-Zug-Verbundwerkzeug 切-拉组合工具
Sz Schusszähler 发射弹数计算器
SZ Schwärzungszahl 灰度指数
s. Z. seinerzeit 当时，其时
SZ Selbstzerleger 自毁装置
Sz. Seitenzahl 页数
SZ Sommerzeit 夏令时（间）
SZ Sonderzeichen 专用标记，专用标志
SZ Spannungszuschlag 电压增量；电压裕量
SZ Spulen Zündung，Spulenzündung 线圈点火，点火线圈
SZ Steuerzentrale 控制中心
SZ Synchronisierungszeichen 同步信号
SZA Sauenzuchtanlage 仔猪产养设施
SZA Shiftzähler in Ausgaberichtung 输出方向的移位计数器

SZB Signalisieren-Zentralisieren-Blockieren 信令中心化分块
SZB-Schema Signalisations-Zentralisations- und Blockierungsschema 信令中心化分块线路图
SZD Streuzusatzdosis (射线)散射附加量
SZE Schiebezähler-Eingabe 移位计数器输入
SZfV Schweizerische Zeitschrift für Vermessungswesen Kulturtechnik und Photogrammetrie 瑞士测量、种植技术与摄影杂志
SZM Sattelzugmaschine 鞍式牵引车,半挂式牵引车
SZMK Schweinezucht und Mastkombinat 养猪与育肥联合设施
SzO (S zu O) Süd zu Ost 南偏东
SZR Scheibenzwischenraum 轮盘(圆片,垫片,玻璃片)间的空间
SZR Sonderziehungsrechte 特别提款权
SZS Staatliche Zentrale für Strahlenschutz 【前民德】国家辐射防护中心
S-Z-St Schnitt-Zug-Stanze 切削-拉拔-冲模
SZTU-Schaubild Schweiß-Zeit-Temperatur-Umwandlungs-Schaubild 焊接时间温度转变(曲线)图
SZW Schweißzusatzwerkstoffe 焊接添加料
SzW (S zu W) Süd zu West 南偏西

T

T absolute Temperatur 绝对温度
T Drehmoment 转矩,扭矩
T Drehzahl 转数;转速
t½ Halbwertzeit (放射性物质)半衰期
T Magerkohle 贫煤,瘦煤
T Nadelteilung 针间距
T Periodendauer 周期时间,周期
T (T.) Tag 日,白天;日
T Tagebau 露天矿,露天开采,露天采矿
T Tageslicht 日光
t. täglich 每天的
T. Takt 冲程;行程;节拍;循环
t tangential- 切线……;正切……
T Tangentialkraft 切向力,切线力
T Tank 贮油器;贮水池;槽,桶,罐;坦克;振荡槽路
T Tanker 油船;加油车,水车;坦克手
T Tankschiff 油船
T Tankstelle 加油站,贮油所
T T-Antenne 丁字形天线
T Tara 车皮净重
t. tariflich 按税率的,按收费表规定的
T Taste 按钮
T Tauchtiefe 浸入深度,插入深度,潜水深度
T. Tausch 交换
T Tsd. Tausend 千,10^3
T. Technik 技术;工程;技巧,技能
t. technisch 技术的
T. Teil 部分,部件,零件;篇,卷,集
T Teilchen 微粒;小部分;质点;粒子
T Teilchenzahl 粒子数,质点数
T. Teilung 分割,间隔,分划,区分
T Telefon, Telephon 电话(机)
T Telefonie 电话学;电话术
T Telegraf 电报;电报机
T Telegrafie 电报术
T Telinit 结构凝胶体;结构凝胶煤岩
t Temperatur (摄氏)温度,℃
T Tera 太(拉),亿万,万亿,兆兆,10^{12}
T Termin 日期,限期
T Tesla 特(斯拉)(国际磁通密度单位)
T Test 试验;检验;测试
T Teufe 深度(矿工用语)
T. Textilien 纺织品
T T-Formstück 三通,T形管接头
T Thomas Stahl 托马斯钢;碱性转炉钢(标准代号)
T Thymidin 胸(腺嘧啶脱氧核)苷
T Thymin 胸腺嘧啶
T tief 深的
T (t) Tiefbagger 下向挖掘机,反向铲
T Tiefbohranlage 深孔钻机
T Tiefbohrung 钻深孔
T Tiefdruck 低压
T Tiefenregler 低音调节器
T Tiefgang; Konstruktionstiefgang; Rechnungstiefgang (船舶的)吃水深度;设计吃水深度;计算或理论吃水深度
T Tiefgang ohne Kiel 不包括龙骨的吃水深度
T Tiefschnitt 大进刀切削
t time/Dauer 时间
T time exposure/Zeitaufnahme 定时摄影,定时曝光摄影,长感光摄影
T Tisch 桌子,台子,工作台;选矿台;洗砂床;淘汰盘
T Ton 粘土

T Tonband 录音磁带
T Tonbandgerät 录音机
t tonig 粘土的
t Tonne 吨
T. Torpedo 鱼雷
T (tor) Torr 毛(1 毛=1 毫米水银柱)
t. (tot.) total 全部的,完全的,总的
T Totkaliber 空轧孔型
T. Toxizität 毒性,毒力
T T-Profil 丁字型材
T Träger 梁;支架,支座;载体;载波;载频;载流子
T Trägerschwingung 载波振荡,载体振荡
T Tragfähigkeit 承载能力;载重能力
T Trägheit 惯性;惯量
T Tragmast (架空线)撑杆
T Transformator 变压器,变量器
T Transistor 晶体(三极)管
T Transparenz 透明度,透明性
T Transport 运输
T Trefferzahl 命中弹数
T Treibsitz 迫合,过盈配合
T Trennlage 切断状态
2,4,5-T 2,4,5-Trichlorphenoxyessigsäure 2,4,5-涕;2,4,5-三氯苯氧基乙酸
T Triebwagen 自行矿车
T Triebwagenzug 载客列车
T Trimmer 微调电容器,微调整器
T Triode 三极管
T Tritium 氚(氢的同位素)
T Trommel 卷筒,滚筒,转筒,线盘
T Tropengebiet 热带地区
T Trübe 泥浆,悬浮液,混浊液,矿浆
T Tür 门
T Turbine 涡轮,涡轮机,透平机,汽轮机
T. Turm 塔
T. Turnus 顺序;循环,周期;回转
T. Typ 型,类型;Type 铅字,型号;Typus 型,式样
T Typenprüfung 抽样检验
4T Viertakt 四冲程
T* Wärmegrad der absoluten Skala 绝对标度温度
T Zeitkonstante 时间常数
2T Zweitakt 二冲程;二冲程发动机
T! 皮试!
Ta. Tafel 表格,图表;操纵盘,开关盘;方块;板,厚片
TA Tanne 枞属植物
Ta Tantal 钽
Ta Tara 皮重,配衡体
Ta Tasche 袋,公文包
Ta Taste/Tastatur 键,键盘
TA Technische Abteilung 技术科
TA Technische Akademie 技术科学院
TA technische Anleitung 技术说明
TA Technische Arbeitsgemeinschaft 技术协会
TA Technischer Angestellter 技术员
TA Technischer Ausschuss 技术委员会
TA Teilamt 支局
Ta teilausgehärtet 部分硬化的
TA Telegrafenamt 电报局
TA Telegrammadresse 电报挂号
TA Temperaturmessapparat 温度测量仪,测温仪
TA Temps Atomique 原子时
TA Terminaladapter 终端适配器
TA Thermometrische Analyse 测温分析
TA Tiefenablese am Echolot 在回波测距仪上读到的深度
T. A. Tiefenapparat 测深仪
TA toleriert Abweichung 容许偏差
TA Tonabnehmer 拾音器,拾声器,电唱头
Ta Torsionskurbelachse 扭转轴
TA Trennarbeit 分离功
TA Triazetatfaserstoff 三醋酯纤维;三醋酸纤维素纤维
TA Verkehrsdurchsagekennung 交通广播确认
TA thinks again 多谢,多谢
TAB Parallel-Tableau 并列数组
tab. Tabellarisch 制成表格的,列表方式的
Tab Tabelle 表格,表
Tab. Tabellierer 制表人
TAB Tabulation 制表,列表
Tab Tabulator 制表机,制表员
TAB Technische Anschlussbedingungen für Starkstromanlagen 强电流设备接线技术条件
TAB Technische Aufsichtsbehörde 技术监督局
TAB Technisches Außenbüro 对外技术局
Tabl. Tablett 片剂,药片
Tabu Taschenbuch 袖珍本,小册子
TAC tranlator assembler compiler 翻译汇编编译程序
TACAN Tactical Air Navigation System 战术空中导航系统
Tacho Tachometer 转数计;速度计
TAE Telefonanschlusseinheit 电话线连接标准插座
TAE Technische Akademie in Esslingen 【奥】埃斯灵根技术科学院
TAE Trennarbeitseinheit 分离功单位
TAF 航站预报
TAF AMD 航站订正预报
TAFN thats all for now 到此为止

TAFOR 航站预报全式

TAGN Triaminoguanidinnitrat 三氨基硝酸胍

TAGT Trennschalteranreizgruppentaste 隔离开关的成组按钮

TAI Temps Atomique International 国际原子时

Tak. Tankabwehrkanone 防坦克炮

takt taktisch 战术的,有策略的

TAL Transalpine Erdölleitung 阿尔卑斯山北边的输油管道

TALOS 战术攻击轻便作战服,又称塔罗斯

TaM Tarnmittel 伪装器材

TAME tert-amyl methyl ether/Methyl-Tertiär-Amyläther 甲基叔戊基醚

TAMET terminal forecast 航站预报

tan Tangens 正切

TaN. Tarnnetz 伪装网

TAN technischbegründete Arbeitsnorm 按技术要求制定的劳动定额,技术定额

TAN Total Acid Number 总酸值

tang. Tangential 切线的;正切的

tanh Hyperbeltangens 双曲正切

Tanzk. Tanzkunst 舞蹈艺术

TAO Spurverfahren 轨道一次写入,轨道写入方式,轨道刻录

TAR Thermische Abluft Reinigung 热废气净化

TAS Tastenschalter 琴键开关,按钮开关

TAS Technische Akademie Südwest 【德】西南技术科学院

Taschenkal. Steink. Taschenkalender für Grubenbeamte des Steinkohlenbergbauers 煤矿职工袖珍日历

TaschMun Taschenmunition 袋装轻兵器弹药

TASKA Tandem-Spiegel-Maschine Karlsruhe 卡尔斯鲁厄串列磁镜机

Tast. Tastatur 键,键盘

TATB 1,3,5-triamino-2,4,6-trinitrobenzol 1,3,5-三氨基-2,4,6-三硝基苯

TA-TEA Takt-Teiler in Ausgaberichtung 输出方向的脉冲分配器

TA-TEE Taktteiler-Eingabe 脉冲分配器输入

tato Tausend Tonnen 千吨

Tato (tato) Tagestonne 吨/日

tats. tatsächlich 真实的,事实上的

TAW Technische Arbeitsgemeinschaft für Wissenschaft 科学技术协会

TB rundkantiger breitfüßiger T-Stah 圆棱宽边T型钢

TB Technischer Bericht 技术报告

TB technisches Büro 技术处

TB Telegrafenbatterie 电报用电池

TB Terabyte 1000千兆字节,兆兆字节

Tb Terbium 铽

Tb Trommelbremse 鼓式制动器

Tb Tuberkulose 肺结核

TBA t-Butanol, tertiär-Butanol 特丁醇,叔丁醇

TBA Telegrafenbauamt 电报机制造局

TBA Tert.-Butylalkohl 叔丁醇(用作抗爆添加剂)

TBAng Technischer Bundesbahn-Angestellter 联邦铁路技术员工

TBBA Tetrabrombisphenol A 四溴双酚A

TBBI Technische Bezirksbergbauinspektion 地区矿山开采技术监督处

TBC Time Base Corrector 时基校正器

TBC to be continued 待续;见下文

TBG Telegrafenbaugerät 电报机制造设备

TBK Trockenbraunkohle 干褐煤

Tbl. Tabulator 制表机

TBM Tunnelbohrmaschine 隧道钻机

TBN Total Base Number/Totalbasenzahl 总碱值

T-Boo Torpedoboot 鱼雷艇

TBp Transport-Bahnpost 运输-铁道邮政

TBS technische Beobachtungsstelle 技术观察所

TBS Technische Betriebsschule 企业技术学校

TBS Tetrapropylenbenzolsulfonat 四丙烯苯磺酸酯

TBT Tributylzinn 三丁基锡

T. Büro technisches Büro 技术处,技术办公室

Tc kritische Temperatur 临界温度

T. C. temperature coefficient 温度系数

TC Thermokompression 热压缩

TC Traction Control 牵引控制

TCA Textile Council of Australia 澳大利亚纺织协会

TCA tomografische Verbrennungsanalyse 层析X射线摄影燃烧分析

TCC Thermofor-Catalytic Conversion 塞摩福流动床催化转化

TCC Thermophor-Catalytic cracking 塞摩福流动床催化裂化

TCEF Trichloräthylphosphat 磷酸三氯三乙酯

TCF Trikresyl-Phosphat 磷酸三甲苯酯

T/cm3 Teilchenanzahl je cm^3 粒子(质点,微粒)数/立方厘米

TCNQ tetracyanoquinodimelhane 四氰代二甲基苯醌

TCO die total costs of ownership 磨具的所有权总成本

TCO transparentes, leitfähiges Oxid 透明的传导氧化物

TCP Thermofor continuous percolation/Ther-

mofor-Prozess 塞摩福流动床连续渗滤
TCP Trikresyl-Phosphat 磷酸三甲苯酯
TCP/IP transmission control protocol/internetwork protocol 传输控制协议/网际协议
TCR Thermofor Catalytic Reforming 塞摩福流动床催化重整
TCS Traction Controll System 牵引力控制系统
t. c. s. 皮试
TCT Thinprep cytologic technik 新柏氏液基细胞学技术
TCT Thinprep cytologic test 新柏氏液基细胞学检测
TCT 液基薄层细胞检测,通常用于妇科检查
Tct. Tinctura 酒剂,药剂
Tct tincture 酊剂
TD Drehtrenner 旋转隔离开关
TD Tachodynamo 测速发电机
TD Tachometerdynamo 测速发电机,转速计发电机
TD Technische Diagnostik 技术诊断
TD Technischer Dienst 技术服务,技术工作
TD Technischer Direktor 技师长
TD Telegrafendienst 电报业务
TD Testdaten 试验数据
TD Tiefendosis 射线深度剂量
Td. Titer Denier 旦制纤度
TD Transportdienst 运输服务
TD Tuneldiode 隧道二极管
Td. Hb. Tidenhub 潮汐差,潮幅
Td. S Tidenstieg 涨潮;潮差,潮幅
TD/CDMA time division/code division multiple access 时分/码分多路访问
TDA Technische Dienstabteilung 技术服务处
TDA Temperaturdämpfungsausgleich 温度衰耗补偿
TDA Temperaturdämpfungsausgleicher 温度衰耗补偿器
TDC Transparent Data Channel; transparenter Datenkanal RDS 透明数据信道
TDD time division duplex 分时双工
TDD-Modus time division duplex-Modus 分时双工模
TDI Toluoldiisocyanat 甲苯二异氰酸酯
TDI Turbodieselmotor mit Direkteinspritzung 蜗轮增压直喷式柴油机
TDI Turbodirekt Injekt 蜗轮增压直喷式
TDM Tausend Deutsche Mark 一千德国马克
TDM time division multiplex 时分多路复用
TDMA Time Division Multiple Access/Mehrfachzugang über Zeitmultiplex/Vielfachzugriff im Zeitmultiplex 时分多址,时分复用
TD-Nickel thoria-dispersed Nickel 氧化钍分散镍
TDOP Time Dilution of Precision 时间精度因子
TDP Textile Data Processing 纺织数据加工
TDR Time-Domain Reflectometer test 时域反射计测试
TDS time delay spectrometry/Laufzeit-Spektrometrie 时延光谱测定法
TDS Tubing mit Dichtsitz und Stoß 带密封面和接缝的油管
TDSt Telegrafenstelle 电报站
TDT Time and Date Table/DVB/SI-Tabelle mit aktueller Zeit und Datum 时间数据表
T-D-Volumenmodell three-dimensional-volumenmodell 三维立体模型
tdw Tonnen Deadweight/Tonnen Tragfähigkeit 载货吨
T. E Tageseinflüsse 大气/气象影响
TE Tail End 尾端,结束
t. E. taktische Einheit 战术单位
TE Teileinheit 元件
TE Teilentladung 局部放电
TE T-Eisen 丁字钢,丁字铁
Te Tellur 碲
Te Temperguss 可锻铸铁
TE terminal equipment/Endgerät 终端设备,终端装置
Te Tetrode 四极管
T. E. Tornisterempfänger 背囊式接收机
TE Trägerfrequenzerzeuger 载频振荡器
T. E. Truppeneinheit 部队;战斗单位
TEA triethanolamine 三乙醇胺
TEB Tageslicht-Ergänzungsbeleuchtung 日光补充照明
Tebst. Treibstoff 燃料
Tech. Technik 技术,工程
techn. technisch 技术的,工程的
techn. technologisch 工艺的
Technol. Technologie 工艺;技术
TED Teledialogsystem; teledialogue computer 电视对话计算机
TEE Trans-Europa-Express 欧洲联运特别快车
TeG handelsüblicher weißer Temperguss 商业用白口可锻铸铁
TeG Temperguss 可锻铸铁
TEG thermoelektrischer Generator 热电发电机
TeG weißer Temperguss 白口可锻铸铁
TEGN Triäthylenglykoldinitrat 二缩三乙二醇二硝酸酯
TEH Trägerfreuquenz über Hochspannungsleitung 高压线路载频

teihv. teilweise 部分地,局部地
TeiIVSl Teilvermittlungsstelle 电话分局
Teilkart Teilkartusche 分弹药筒
Teilkr. Teilkreis 刻度盘;度盘;齿轮节圆
Teilstr. Teilstrecke 分段,分段线路,接力段
TEK Türkiye Elektrik Kurumu 土耳其电业管理局
TEL Bleitetraäthyl 四乙铅
Tel drahtlose Telegrafie 无线电报术
Tel. telephone/Telegraf, Telegrafie, Telegramm 电话,电报机,电报学,电报
TEL Telegramm 电报
Tel Telegraph 电报;电报机
Tel Telescopium 望远镜星座
TEL tetraethyllead; Bleitetraäthyl 四乙基铅
Tel. -Adr. Telegrammadresse 电报挂号
Telbr. Telegrammbrief 电信,电报通信
Telec Fernmeldetechnik 通讯工程
telef. Telefonieren 打电话
TELEG Telegraphiewesen 电报学
telev Fernsehtechnik 电视技术
TELEX Telegraphiedienst 电报业务
TELI Technisch-Literarische Gesellschaft 【德】技术文献协会
TelO Telegraphenordnung 电报规则
Tel. -Sa. -Nr. Telefonsammel-nummer 电话号码汇编
Tel. -Verb. Telefon Verbindung 电话连接
Tel. -Verz. Telefonverzeichnis 电话目录
TelWG Telegraphenwegegesetz 电报报路法
TEM Transmissionselektronenmikroskopie 透射电子显微镜
temp. temperieren 调和,调节,调温
TEMP 陆地观测站高空压、温、湿和风的报告
TEMP SHIP 海洋观测站高空压、温、湿和风的报告
TEM-Welle transversal-elektromagnetische Welle 横向电磁波
Tend. Tendenz 倾向,趋势
TEND 着陆趋势预报明文报文
TeNN Tetranitronaphthalin 四硝基萘
Teno technische Nothilfe 技术救援
TENQ Toroidales Experiment mit nichtkreisförmigem Querschnitt 【德】非圆形截面环形实验(属于利希核研究中心)
TEP Thermoelektroprojekt 热电工程方案
Term. Termin 日期,期限
Term. Terminal 终端,接头,引线,接线柱,端子,终端设备,终点站
term. Terminieren 限期,终结
Termin. Terminierung 限期,终结
tern. ternär 三元的
tert tertiär 特;叔;连上三个碳原子的;第三的;第三纪的;三代的
TER-Verfahren Thyssen Henrichshütte-Extrem-Rechtkant Verfahren 梯森极限矩形锻造法(属德国梯森亨利钢厂)
TES Turboelektroschiff 涡轮电动船
TESPE Toroidales Energiespeicherexperiment 环形储能实验
Tet Tetranitromethylanilin 特屈儿,三硝基苯甲硝胺
tetan Tetranitromethan 四硝基甲烷
tetr. tetragonal 四角晶形的
TETR Tokamak Engineering Test Reactor 【美】托卡马克工程试验堆
Tetra. Tetrachlorkohlenstoff 四氯化碳
TEU Twenty Feet Equivalent Unit 20英尺当量单位
TEV Thermosol-Einbad-Verfahren 热浴一浴染色法
TEWA Volkseigene Betriebe Technischer Eisenwaren 【前民德】国营工业金属制品企业
TEX Transit Exchange; Durchgangsvermittlung 转接局,变换站
text Textiltechnik 纺织技术,纺织工程
Text. Textil 纺织品
Text. Textur 织物,组织,构造
Textilw. Textilwesen 纺织业
TEXTOR Torus-Experiment für technologisch orientierte Forschung 【德】工艺研究用环面实验(属于利希核研究中心)
TF Bielefeld Textilforschung Bielefeld e. V. 【德】比勒菲尔德纺织研究协会
tf feinstfädig, feinstfaserig 最细支纱的,最细纤度的
Tf. Telefonist 接线员;交换员
TF Temperaturfühler 温度传感器
t. F. textile Flächengebilde 纺织纤维制成的纺织品统称
T. F. Tidenfall 落潮
Tf Tiefeinbrandelektrode 深熔焊条
T. F. Tiefenfeuer 纵深射击
Tf Torf 泥炭,泥煤
TF Trägerfrequenz/carrier frequency 载频
TF Transformator 变压器;变量器
TF Trockentransformator mit Fremdlüftung 外部通风干式变压器
TFA Trifluoroessigsäure 三氟乙酸
T-Falle Tankfalle 坦克陷阱
TF-Boot Tragflächenboot 水翼艇
TFCE Trifluorochloroäthylen 三氟氯乙烯
TFE Tetrafluoroäthylen 聚四氟乙烯
TF-F Trägerfrequenzfernsprechen 载频电话;

载波电话
TFFK Trägerfrequenzfernkabel 载频长途电缆
Tfg. Tiefgang 吃水;吃水深度
TFH technische Fachhochschule 专科工学院
TfH（TFH） Trägerfrequenz über Hochspannungsleitungen 高压线路上的载波频率
TFI Deutsches Teppich-Forschungsinstitut 德国地毯研究所
TFI Technischer Fernmeldeinspektor 电信技术检查员
TFk Feuchtkugeltemperatur 湿球温度
Tfk Telefunk 远距离传送
TFK Transportfliegerkräfte 运输航空兵
Tfl Torsionsfeder, längs 纵向扭转弹簧
TFLIM Trasverse-Fluss-Liniar-Induktion Motor 横向磁通线性感应电动机
Tfm tausend Festmeter 千立方米
TFOI Technischer Fernmeldeoberinspektor 电讯总技术检查员
TFOT thin film oven test 薄膜烘箱试验
TFOT thin film oxygen test 薄膜氧试验
T. F. P. I. textile fibre products identify 纺织纤维制品鉴别
Tfq Torsionsfeder, quer 横向扭转弹簧
TFS Turbinenfährschiff 涡轮机轮船
T. F. T. Telegraphen- und Fernsprechtechnik 电报和电话技术
TFT Thin Film Transistor/Dünfilmtransistor 薄膜晶体管
TFT Trägerfrequenztelefonie 载频电话
TFTS Terrestrisches Flugtelekommunikations-System 陆地航空通信系统
Tg geschweißtes T-Formstück 焊接的三通
Tg glass transition temperature 玻璃化温度
TG Tagebaulokomotive für Gleichrichterbetrieb 带整流装置的露天采矿用牵引机车
TG Taktgeber 脉冲发生器;节拍发生器
Tg Tangens Delta 介质损失角正切
TG Task Group; Arbeitsgruppe 任务组
TG Technische Grundsätze 技术原则
TG Temperaturgrenze 温度极限
Tg Tiefgang （船舶)吃水深度
TG Tonfrequenzgenerator 音频振荡器,音频信号发生器
TG Transduktorgerät 饱和电抗器;磁放大器
TG Triglyceride 甘油三酯
TG Turmgeschütz 炮塔炮
TGA Targa-Format 塔尔嘎格式(计算机)
TGA technisch gewerbliches Ausbildungszentrum 工艺技术培训中心
TGA thermogravimetrische Analyse 热重分析
TGA True vision Graphics Array 真正的视觉图形阵列
Tgb Tagebau 露天开采;露天采矿
Tgb Tagebuch 日记
TGBM tide gauge benchmark 验潮仪基准
Tgb. -Nr. Tagebuchnummer 日志编号
TGeb Telefongebühr 电话费用
T-Geschoss Tankabwehrgeschoss 反坦克弹
TGF-β 转化生长因子
Tgh Hyperbeltangens 双曲线正切
Tgh Tiefgang hinten (船)后部吃水深度
TgHV Telegrafenhauptvermittlung 电报主连线
TGI Trockengleichrichter 干式整流器
Tgl täglich 每天的,每日的
TGL Technische Normen, Gütevorschriften und Lieferbedingungen 技术标准,质量规范和供货条件(前民德国家标准)
TGL Technische Geschäftsleitung 技术业务管理
TGL Technische Güte und Lieferbedingung 产品质量和供货技术条件,前民德国家标准
Tg-Nelz Telegrafennetz 电报网
Tgr Grenztiefe 极限深度
TGT Trennschaltergruppentaste 隔离开关的群按钮
Tgv Tiefgang vorn; Tiefgang am vorderen Lot (船)前部吃水深度
Tgwk Tagewerkskopf 工日;日班定员
TGZ Teilchengrößenzählgerät 颗粒度计数器;颗粒大小计数器
TH Technische Hochschule 技术(工业)大学,工学院
Th Theodolit 经纬仪
Th. Theorie 理论
th Therm 千卡
Th. Thermometer 温度计
Th. Thermostat 恒温槽,恒温器
Th Thorium 90号元素钍
T. H. Tidenhub 潮差,潮幅
Th Tierhaare 兽毛,动物毛
t/24h Tonnen pro Tag 吨/日
TH Transport Stream Header; Datenkopf des Transportstroms 传输流标头
T. H. Turmhaubitze 炮塔榴弹炮
THAAD 末端高空区域防御系统
THC Tetrahydrocannabinol 四氢大麻醇
THC total hydrocarbon/Gesamt-Kohlenwasserstoffe 总烃
THD Technische Hochschule Darmstadt 达姆施塔特技术大学
ThD Thermodiffusion 热扩散
THD Total Harmonic Distortion/Gesamtklirrfaktor 全谐波失真

THD＋N Total Harmonic Distortion + Noise/ Gesamtklirraktor einschließlich Rauschen 总谐波失真加噪声
Theat. Theater 剧院
The. K thetischer Kautschuk 合成橡胶
THEKAR Programmversionen zur Untersuchung des thermohydraulischen Verhaltens der Kernschmelze 堆芯熔化热液压行为研究程序版本
Theol. Theologie 神学
theor. theoretisch 理论的
therapeut. therapeutisch 治疗上的
Therm. Thermisch 热的,温度的
Therm. Thermograph 温度(自动)记录器
therm Wärmelehre 热力学,热学理论
thermon. thermonuklear 热核的
THF Tetrahydrofuran 四氢呋喃,氧杂环戊烷,四甲撑氧
THF Thymic Humoral Factor 胸腺体液因子
THG tetrahydrogestrinone 一种新型兴奋剂
THHann Technische Hochschule, Hannover 汉诺威工业大学
Thk Theodorkanone 忒奥多加农炮
THM Textilhilfsmittel 纺织助剂
THO Tritiertes Wasser 氚水
THOREX Verfahren zur Thorium-Extraktion bei der Wiederaufarbeitung ausgedienter Brennelemente 钍雷克斯工艺或方法(废释热元件后处理钍提取流程)
THPC Tetrakis- hydroxymethyl-phosphonium-chlorid 四羟甲基氯化鏻
Thr Threonin 苏氨酸;3-羟基-2-氨基丁酸;3-羟基丁胺酸
Th. -Sl. Thomasstahl 碱性转炉钢,托马斯钢
THTR Thorium-Hochtemperaturreaktor 钍高温(反应)堆
THW Technisches Hilfswerk 技术辅助工作
T. H. W. Hochwasserstand im Tidegebiet 潮区高水位
THW (Thw) Tidehochwasser[stand] 高潮位
Thx thyroxin[e] 甲状腺素
THX Tomlinson Holman Experiment, Kino-Tonwiedergabe-Standard 汤姆林森-霍尔曼试验(电影-声音回放标准)
Thy Thymin 胸腺嘧啶
THY Thyratron 闸流管
THz Terahertz (1 THz = 10^{12} Hz) 兆兆赫兹
TI Technische Inspektion 技术监督
TI Technischer Inspektor 技术检查员
TI Technologisches Institut 工艺研究所
TI Telegrapheninspektor 电报检查员
TI Telephon-Interview/telephone interview 电话采访
TI Texas Instruments 【美】得州仪器公司
TI Thallium 铊
Ti Tiege stahl 坩锅钢(标准代号)
Ti Titanoxid-Typ Elektrode 氧化钛型焊条
TIA 全息认知,全面信息认知
TIB Technische informationsbibliothek Hannover 汉诺威技术情报图书馆
Tibet. tibetanisch 西藏的,藏族的
TiC Titankarbid 碳化钛
TIC tongue in cheek 顺便说说,假心假意地说
TIC transfer in channel 通道传送
TID THREAD Identifier 线程控制符
TID, t. I. d. 一天3次,每天三次
TID (比亚迪汽车的)涡轮增压、缸内直喷、双离合技术
Tiefbg Tiefbagger 下向挖掘机,反向铲
Tief. St. Tiefenstaffelung 深度分级
TIFA Tidal Institute flexible analysis 潮汐研究所的灵活分析
TIFF tagged image file format 标记图像文件格式
TIG tungsten-inert-gas welding 钨极惰性气体保护焊
TIGA Texas Instruments Graphics Architecture 德州仪器图形结构
TIM technical information management 技术信息管理
TiO_2 Titandioxid 二氧化钛
TIOTM Triisooctyl-Trimellitat 三异辛基偏苯三(甲,羟)酸盐
TIP Total Isomerization Process 总的异构化过程
TIROS Television and Infrared Radiation Observation Satellite 电视及红外辐射观测卫星(美国气象卫星)
TIS Technische Informationssystem 技术信息系统
Tit. -Bl. Titelblatt 封面
TITÖD Taschenbuch für Ingenieure und Techniker im öffentlichen Dienst 公职工程师与技术员手册
TITUS Textile Information Treatment Users Service 纺织信息处理用户服务
Tit-Verz. Titelverzeichnis 标题目录
TIUC Textile Information Users Council 纺织情报应用者理事会
t/J Tonne/Jahr 吨/年
TK Klapptrenner 闸刀摆动式隔离开关
TK Taktkontrolle 节拍检查
TK Tank 贮油器;贮水池;槽,桶,罐;坦克;振荡槽路
TK Technische Kommission 技术委员会

TK Technische Konstruktion 技术结构
TK Technische Krankenkasse 疾病技术保险机关
TK Technisches Komitee 技术委员会
TK Technische Kurzbeschreibung 技术上的简要说明,技术说明书
TK Technisches Komitee 技术委员会
TK Teilkaskoversicherung 运输工具部分保险
TK Telekommunikation 电信,远程通信
TK Temperaturkoeffizient 温度系数
TK Temperaturkompensation 温度补偿
TK Theodolitkreisel 经纬仪回转器;经纬仪陀螺
t/K Tonne/Km 吨/公里
TK Totalkapazität 总功率,总容量
Tk Turbokompressor 涡轮压缩机,涡轮增压器
TK. Turmkanone 炮塔加农炮
TKB Technische Kurzbeschreibung 技术上的简要说明
TKB Teilkettbaum 分条整经轴
TKD Technischer Kundendienst 技术售后服务
TKG Tausendkorngewicht 千粒重
TKL Teilnehmerklinke 用户插口
Tkm tausend Kilometer 千公里
TKM Tausendkornmasse 千粒质量
TKO Technische Kontrollorganisation 技术监督组织,技术监督组织
tKo (t. K. o.) techinischer Knock-out 技术淘汰
TKP Trikresyl-Phosphat 磷酸三甲苯酯
TKr Teilkraft 分力
TKS Tangentialkraftschwankung 切向力变化
TKS thanks 谢谢
TKSt. Tankstelle 加油站
TKT teflonummanteltes Kapton 特氟龙涂层聚酰亚氨
TKV Thermosol-Kaltverweil-Verfahren 热熔冷堆染色法
TKW Straßentankwagen 罐车
TKW Trockknittererholungswinkel/dry recovery angle 干折皱恢复角
TL Gewichtsteil 计重分量
TL Tanklager 燃料仓库,油库
TL Technische Leitung 技术领导
TL Technischer Leiter 技术负责人
TL technische Lieferungsbedingungen 供货技术条件
t. l. teilweise löslich 部分溶解的
Tl Thallium 铊
Tl Tillandsia 路易斯安娜苔藓,地衣
Tl Tillandsiafaser 苔藓纤维
tL toniger Lehm 粘土
TL Traglast 负荷,载荷
TL Trapezlenkerachse 梯形导杆轴
TL tube luminescent 荧光灯管
TL Turbinenluftstrahltriebwerk 涡轮空气喷气发动机
TL Turbolader 涡轮压缩机;涡轮增压器
TL Turbolokomotive 涡轮牵引机车
TLA technische Liefer- und Abnahmebedingungen 供货和验收技术条件
TL. -Batt. Taschenlampenbatterie 手电筒电池
TLC Dünnschicht-Chromatographie 薄层色谱法
TLD Thermoluminescence-Dosimeter 热释光剂量计
TLEV Transitional Low Emission Vehicle 过渡型低排放汽车
TLF Tanklöschfahrzeug 油槽灭火车
Tll Technische Überwachung 技术监督
Tln. Teilen 除;划分;区分;分度
Tln Teilnehmer (电话)用户;订户;参加者
TLR Technische Luftrüstung 航空技术装备
TLTR Translator 转换器,翻译程序,翻译器
TL-Triebwerk Turbinenluftstrahl Triebwerk 涡轮喷气发动机
TLÜ-Kabel Tieftemperatur-Leistungs-Übertragungs-Kabel 低温输电电缆
Tlw teilweise 部分地
Tm Tonnenmeter 吨/米
TM Tankmotorschiff 油槽摩托艇
TM Tausend Marke 【前民德】千马克
TM Technische Mitteilungen 技术报告
TM Technisches Museum 技术陈列馆
tm. Teilmotorisiert 部分摩托化的
T. M. telegraph money order 电汇票
Tm Thulium 铥
tm tiefmatt 暗淡无光的
TM Tonmodulation 音频调制
TM Tragschienenmutter 支撑轨道螺母
TM Transmembranprotein 跨膜蛋白质
TMA Try Manufacturing Agreement 试制协议
Tmax maximaler Tiefgang 船体最大吃水
TMB thermomechanische Behandlung 热机械处理
TMC Traffic Message Channel 交通信息频道
TMD Tactical Missile Defense 战术导弹防御
TMD Tagesmaximaldosis 每天的最大剂量
TMD Technical Management Division 技术管理部;工艺管理部
TMD Theater (Theatre) Missile Defense 【美】战区导弹防御(系统)
TME Tausendstel Masseneinheit 千分之一原子质量单位

TMEL tetramethyl ethyl lead 四甲基乙基铅
TMF Tonfrequenz-Multiplex-Fernsteuerung 音频多路传输遥控装置
TMG Turmmaschinengewehr 炮塔机枪
TMi Tellermine 盘形地雷
T/Min Touren in der Minute 转数/分
TMiZ Tellerminenzünder 盘形地雷引信
TMK Terrestrische Messkammera 地面测量用摄影机
TML tetra methyl lead/Bleitetramethyl 四甲基铅
TMM Trimethoxymethylmelamin 三羟甲基三聚氰胺
TMO thermomagnetooptische Aufzeichnung 热磁光记录,TMO记录
tmot teilweise motorisiert 部分机械化的,部分摩托化的
TMOT trust me on this 关于这一点请信任我
TMP Refinerholzstoff mit thermischer Vorbehandlung 热预处理的精磨纸浆
t/M. S Tonnen pro Mann und Schicht 吨/工·班
TMSI temporäre Funkkennung 临时无线电识别
TMTT too much to type 要打的字太多了
T-Munition tränenreizende Munition 催泪弹
TN Netztafel 网状列线图
TN Tagesnorm 日定额
T. N. Technische Nothilfe 紧急技术救护
TN Teilenummer 部件序号
Tn Thoron 钍射线
TNA Trinitroanilin 三硝基苯胺
TNB Trinitrobenzoesäure 三硝基苯甲酸
TNC-1,3,6,8 Tetranitrokarbazol 1,3,6,8 四硝基咔唑
TNL technische Norm der Luftfahrtindustrie 航空工业技术标准
TNM Tetranitromethan 四硝基甲烷
TNO Organisation für industrielle Forschung 工业研究组织
TNO-2,2′,4,4′ Tetranitrooxanilid 四硝基酰苯胺
T. -Nr. (**TN**) Telefonnummer 电话号码
TNS Taylor Nelson Sofres 特恩斯(市场研究公司),也称索福瑞集团,一家全球性的市场研究与资讯集团。
TNS Trägheitsnavigationssystem 惯性导航系统
TNT trinitrotoluene/Trinitrotoluol 三硝基甲苯,梯恩梯炸药
α-TNT α-Trinitrotoluol 梯恩梯,三硝基甲苯
TNT-EA TNT-Energie-Äquivalent 三硝基甲苯当量,梯恩梯当量
TNW Tideniedrigwasser 低潮汐,低水位
TNX Trinitro-m-Xylo l 三硝基间二甲苯
To Eispunkt 冰点
TO Technische Oberschule 中等技术学校
T. O. Teerofen 炼焦厂;焦炉
TO Telegrafenordnung 电报条例
To Tonabnehmer 拾音器
To Wärmegrad der absoluten Skale 绝对标度温度
TOA Empfangszeitpunkt 收到时间
TOC gesamter organisch gebundener Kohlenstoff 总有机碳
TOEFL Test of English as a Foreign Language 托福
Tofuli Tornisterfunklinie 便携式电台电路
TOG Transportordnung für gefährliche Güter 危险物品的运输规则
TOI Technischer Oberinspektor 高级技术监督员,技术总监
Toil. (**toil.**) Toilette/toilet 厕所,卫生间,洗手间
TÖK Technisch-Ökonomische Kennziffer 技术经济指标
TOM technisch-organisatorische Maßnahmen 技术组织措施
TOM Time Division Multiplex/Zeitmultiplex 时分复用
ToMi Topfmine 罐状地雷
Ton gr Tongrube 陶矿
Tonn. Tonnage 吨数,装载吨数,吨位
Tonn Bl Tonnenblech 制桶薄钢板
TOP Tagesordnungspunkt 议程项目
Top. Topographie 地貌,地形学,地形测量学
top. (**topogr.**) Topographisch 地形学的,地形测量的
Top. Topologie 地志学,拓扑学
TOP Tri-Octyl-phosphat 三辛硫酸酯
TOPM Tetraoctyl-Pyromellitat 均苯四酸四辛基酯
Toran third order range navigation 第三阶范围导航
Tor. Fug. Tornisterfunkgerät 便携式无线电台
TOS tape operating system 磁带操作系统
TOST turbine oil stability test 透平油稳定性试验
Tot. -V Totalverlust 总损失
TOW Tube-launched Optically tracked Wire-guided "陶式"反坦克导弹,管式发射光学跟踪有线制导反坦克导弹
tox. toxisch 有毒的,毒性的
TÖZ technisch-ökonomische Zielstellung 技术经济目标,提出技术经济目标

TP Teleprinter Fernschreiber 印字电报机，电传打字机
TP Testpilot 试飞员
TP Testprogramm 检验程序
TP thermoplastics 热塑性塑料
TP Tiefpass 低通（滤波器）
TP Trigonometrischer Punkt 三角点
Tp Tropenmunition 热带弹药
TP Tropfpunkt 成滴温度；滴点
TP Verkehrsfunksenderkennung 交通无线电发射机信号
TPA terephthalic acid Terephthalsäire 对苯二甲酸
TPA Tierproduktionsanlage 动物生产设备
TPE Technologieprogramm Energie 能源工艺方案
TPE thermoplastisches Elastomer 热塑性弹性体
TPF Tiefpassfilter 低通滤波器
T. P. G. triphenyl guanidine 三苯胍（橡胶硫化促进剂）
Tpi Spuren pro Zoll 每英寸磁道数
TPM Total Productive Maintenance/Allumfassende Produktive Instandhaltung 全面生产维护
T. P. M.（TpM） Touren pro Minute 转数/分
tpm Transmutation Zerfall pro Minute 每分钟衰变数
TPO thermoplastische Olefine 热塑性聚烯烃
TPP 4-tertiary pentyl phenol 4-叔戊基苯酚
TPP Triphenyl-Phosphat 磷酸三苯酯
TPP Trans- Pacific Partnership Agreement 跨太平洋伙伴关系协议，源自跨太平洋战略经济伙伴关系协定（TPSEP）
TPR 1.5-Trans-Polypentenamer-Kautschuk 1.5-反式-聚戊烯橡胶
TPS thermoplastische Sortierung 热塑料分类
TPSEP Trans-Pacific Strategic Economic Partnership 跨太平洋战略经济伙伴关系协定，现为跨太平洋伙伴关系协议（TPP）
TPS-Stahl T-Stahl mit parallelen Flansch-und Stegseiten 带有平行翼缘和腹板的丁字钢
TPT Triphenylzinn 三苯基锡
TPV thermoplastische Vulkanisate 热塑性硫化橡胶
TQ Tageslichtquotient 日光光照系数
TQM Total Quality Management 全面质量管理
Tr flaches metrisches Trapezgewinde 公制粗牙梯形螺纹
TR Rundtischeinheit 圆工作台单位
TR taktische Rakete 战术火箭
Tr Tastenrelais 按钮继电器
TR Technische Richtlinien 技术方针
TR Telefonrundspruch 电话网有线广播
TR Temperaturregler 温度调节器
TR Thorium-Reaktor 钍（反应）堆
T. R. Torpedorohr 鱼雷发射管
TR toter Raum 死界；（雷达）盲区
Tr Transformator 变压器，变量器
TR Transportrolle 输送辊
Tr Trapezgewinde 梯形螺纹
TR Treiberröhre 推动（电子）管，激励（电子）管
Tr Treibladung 推进剂，发射药
Tr Trennschärfe 选择性；（显微镜）分辨能力；（型砂试验）筛分率
Tr Trennschnitt 断面，切面
Tr Trimm 吃水差，纵倾，倾差
Tr（Trans） Transmitter 发送器，发射机；发报机；传送机
Tr. Tracht 特性，惯态，常态，形态
Tr. Trakt 边楼，侧翼
Tr. Traktor 拖拉机
Tr. Transistor 晶体管，晶体三极管
Tr. Transit 通过，中天，中星仪
tr. Transitiv 及物的
Tr. Transmitter 发送器，发射机
Tr. Trapez 梯形
Tr. Trasse 线路，道路，航路，（水声仪器的）笔道
Tr. Treffen 打中，击中，中的
Tr. Trennschnitt 断面；切面
Tr. Trennung 分离，分裂，隔离
Tr. Tresse 金银丝带，金银线绶带；金属过滤网，细目钢网
Tr. Trieb 动力，主动齿轮，传动机构
tr. Trocken 干的，干燥的
Tr. Tromme 鼓，滚筒，转筒，卷筒，鼓轮，转鼓，线盘
Tr. Tropfen 滴，水滴
tr. tropisch 热带的
Tr A Treppenlichtautomat 楼梯照明自动开关
trad. Traditionell 传统的，习惯的
tragb. tragbar 可携带的，可移动的，轻便的
Tragf. Tragfähigkeit 负荷量；承载能力；允许负荷
Tragk. Tragkraft 起重力；负荷力；浮力；（磁体）吸力
Tragschr. Tragschrauber 旋翼飞机
Tragw. Tragweite 喷射距离，射程，有效距离；效果，影响
Tranet Tracking Net 卫星跟踪网
TRANGAC transistorized automatic computer 晶体管自动计算机

Transf. Transfiguration 变形
transf. Transformieren 转换，转变，变化，变换，变形
Transit Transit-Satellitennavigationssystem 子午仪卫星导航系统
Transl. Translation 翻译，转变，转化
Transl Translocation 易位，迁移
Transp. Transparent 透明，透彻
Transp. Transparenz 透明度，透明性
Transp. Transpiration 蒸发
transp. Transpirieren 蒸发
Transp. Transponierung 变频，换频，换位，移项
transp. Transportabel 可运输的，可搬运的
Transp.（**Trst.**） Transporter 运输者，运输机
Transp.（**Trst.**） Transporteur 半圆量角规
transp. Transportieren 运输，搬运
Transp Transportwesen 运输业
Transp. Transposition 换位，移项，变频，变调
Transrapid Magnetschwebebahn 磁悬浮列车
Traw. Tragwerk 支承结构，承力面，负荷面
Tr. Bef. Truppenbeförderung 军队运输
TRbF Technische Regeln für brennbare Flüssigkeiten 易燃液体的技术规程
Trbldg Treibladung 推进剂；发射药；火药装药
T. Rbl. F. Turmrundblickfernrohr 环视瞄准镜（坦克用的）
Trbst Treibstoff 动力燃料，火箭推进剂
TRD Technische Regeln für Dampfkessel［des Deutschen Dampfkesselausschusses］（德国蒸汽锅炉委员会）蒸汽锅炉技术规程
Tr-F metrisches ISOTrapez-Feingewinde 公制国际标准梯形细螺纹
TRF Technische Richtlinien für Flüssiggasanlagen 液化气体设备的技术规范
Tr. Fz. Truppenfahrzeug 工程车辆
TRG Technische Regeln Druckgase 【德】压缩气体技术规程
Trgschr. Tragschrauber 旋翼飞机
Trgw. Tragweite 作用距离，射程，喷射距离
Trgw. Tragwerk 承载结构，承力面，负荷面
Tri Triangulum 三角形(星座)
Tri Trichloräthylen 三氯乙烯
tri. Triklin 三斜晶的
Tri Trinatriumphosphat 磷酸(三)钠
Tri Trinitrotoluol 三硝基甲苯
trig. trigonal 三角系的；断面呈三角的
trig. trigonometrisch 三角学的
Trik. Trikot 特里克经编织物
trild. triklin; triklinisch 三斜(晶)的
TRINA trigonometrical net adjustment 三角网平差
TRIP Transformation-Induced-Plasticity Feinblech 相变诱发塑性薄板
TRISTAN Thermoelektrische Radioisotopenbatterie für terrestrische Anwendung 陆地用放射性同位素热电池
T. R. J. Textile Research Journal 纺织学报（美刊）
TrK Trockenkohle 干煤
Tr. Ldgr. Treibladung 炸药
Tr. Lsch. Truppenluftschutz 部队防空
TrMi Treibmine 漂雷
Trockentemp. Trockentemperatur 干燥温度
tROE Tonne Rohöleinheiten 吨原油单位
TROP Trassenoptimierung 线路最优化
Tr. -P.（**Trp.**） Treffpunkt 会合点，相遇点，命中点，弹着点
TRS Trennsäge 切锯
Tr. S. Trockensubstanz 干燥物质
TrT Trennschaltertaste 隔离开关按钮
TRU Tonfrequenz-Ruf-Umsetzer 音频振铃转换器
TrV Trennstreckverteiler 隔离间隔分配器
Trw. Treffwahrscheinlichkeit 命中概率
Tr W Treibwerkzeug 传动机构，传动装置
Try Tryptophan 色氨酸；ß-氮(杂)茚丙氨酸
TS Artillerieteilstrich 大炮分度线
TS Gesamttrockenmasse 总固体含量
TS Schalttischeinheit 回转工作台装置
TS Schubtrenner 闸刀移动式隔离开关
TS Talseite （建筑物)下游面，山谷一面
TS Tagebaulokomotive für Stromrichterbetrieb 带机械整流器的露天采矿用牵引机车
TS Tagessatz 每日费率
TS Talseite （水利建筑工程的)底面
Ts Tankspritze 坦克加油器；油箱注油器
TS Taucherstation 潜水站
TS Tauchspulerelais 动圈继电器
TS Technische Schule 技术学校
TS technische Sicherheit 技术安全
TS Teilnehmerschaltung 用户线络
TS Ternärsystem 三元系统
Ts Thermitschweißen 热剂焊
TS Thermosets 热固性材料
TS Thermostat 恒温器
T. S. Tidenstieg 潮差，潮幅
ts Titerschwankung 纤度偏差，纤度不匀
ts tonig-sandig 粘土砂的
TS Tonsender 音频信号发射机，伴音发射机
TS Torpedoschießen 鱼雷射击
TS total solids/Gesamttrockenmasse 总固体含量
TS Transportschiff 货轮，运输船

TS Treibspiegel 炮弹软壳(发射次口径炮弹时用)
TS Treibspiegelgeschoss 次口径炮弹
TS Trennschalter 隔离开关;断路开关
TS Trennschleuder 离心式分离器
TS Trennschutzschalter 隔离保护开关
TS Trockensubstanz 固体物质,干燥物质
TS Trockentransformator mit Selbstlüftung 自然通风干式变压器
Ts Tussahseide 柞蚕丝
TSB technische Sicherheit im Bergbau 矿山开采技术安全
TSC Turn-und Sportklub 体操及体育运动俱乐部
tschech. tschechisch 捷克的
Tsd Tagesdurchschnitt 日平均
TSD Terephthalsäuredichlorid 对苯二酰氯
TSE Test of Spoken English 英语口语考试
TSF Texaco Selective Finishing 德士古选择性整理
TS-Gehalt Trockensubstanzgehalt 干燥物质的含量
T. -Sp.（Tsp.） Talsperre 坝,蓄水坝;水库
TSP Trommelspeicher 磁鼓存储器
Tsp Tussahschappe 柞蚕绢丝
Tsp. Kw. Transportkraftwagen 载重汽车,运输车辆
TSS Teilestammsatz 零件基本记录
TSS toxisches Schock-Syndrom 中毒引起的休克综合症
TSS transport system 运输系统
TST Taktgeneratorsteuerung 节拍发生器控制
tst（TsT） Tausend Stück 千件
TSt Telegraphenstelle 电报局
Tst Test 测试,检验,试验
TSTa Signaltafel für Torpedoschießübung 训练鱼雷射击信号表
TStBpw Technische Stelle für Bahnpostwagen 邮政列车技术服务站
TSV Technische Sicherheitsvorschriften 技术安全操作规范
TSZ Tonerdeschmelzzement 矾土水泥,高铝水泥
TSZ Transistor-Spulenzündung 晶体管线圈点火
TSZ-h Transistorspulen-Zündung mit Hallgeber 霍尔传感器晶体管点火系统
Tt Tachymetertheodolit 测速经纬仪
Tt Taschentanks 袋式油船
TT（T/T） telegaphic Transfers 电汇汇票
tt Teppich-Typ 地毯类型
Tt Tex-System 特克斯制(纤度)
TT Thermotransferdruck 热转移打印,热转移印刷
TT Tieftemperatur 低温
TT Tischtennis 乒乓球
TT Tonträger 载声体;伴音载波,伴音载频
TT Transistortechnik 晶体管技术
TT Trenntaste 断路键,断路按钮
TT TT-Formstück 法兰盘四通管接头
TTA Technic Transfer Agreement 技术转让协议
TTA Teletype-Ansteuerung 电传打字机控制
TTA-Kurve time-temperature-austenitization-diagram 时间-温度-奥氏体化曲线
TTC triphenyltetrazolium chloride 氯化三苯基四唑
TTFN ta ta for now 回头见
TTH Tieftemperaturhydrierung 低温氢化,低温加氢
TTIP 跨大西洋贸易和投资伙伴关系协定
Tt/Jahr Tausend Tonnen pro Jahr 千吨/年
TT Kug TT Kug-Formstück 法兰盘的球形四通管接头
TTL transistor-transistor-logic 晶体管-晶体管逻辑
TTM tactical target materials 战术目标材料
TTM turbulent transfer model/turbulentes Übertragungsmodell 湍流传递模型
TTMP Transit Time Magnetic Pumping 渡越时间磁抽运
TTR Thermal Test Reactor 热中子试验反应堆
Ttr Trockentemperatur 干燥温度
TTS Umwandlung von Textdateien in gesprochene Sprache 文字到语音的转换
TTT Tieftemperaturteer 低温焦油
TTT- curve time-temperature-transformation curve 时间-温度变化曲线
TTY teletypewriter 电传打字机
TTY throwster textured yarn 捻丝厂生产的变形丝
TTYL talk to you later 待会儿再跟你说
TTYTT thank you the truth 谢谢你讲了实话
TU Tagebaulokomotive für Umformerbetrieb 变流机传输用的露天采矿电机车
TU Tantalum 钽
TU Tara 车皮净重
TÜ Technische Überwachung 技术监督
TU technische Universität 工学院,工业大学
TU Technische Unterlagen 技术参考资料
TU technische Untersuchung 技术检查
Tu Thulium 铥
TU toluolunlöslich 甲苯不溶的
Tu. Tube 管,电子管

Tu Tuch 布；织物
Tu Turm 塔，铁塔，天线塔，炮塔
Tü Übergangstemperatur 转变温度
TÜA Technische Überwachungsamt 【德】技术监督局
TUB Technische Universität Berlin 【德】柏林工业大学
TUD Technischer Überwachungsdienst 技术监督工作
Tufgeschütz Tank- und Fliegerabwehrgeschütz 高射-反坦克炮
TÜK Topographische Übersichtskarte 地形鸟瞰图
TUM Technische Universität München 慕尼黑工业大学
TuMg Turmmaschinengewehr 炮塔机枪
tunl. tunlichst 最可行的，最合适的
TUR Transformatoren- und Röntgenwerk （德累斯顿）变压器和X射线机工厂
Turb. Turbulenz 涡（紊，湍）流
Turn. Turnus 顺序；交替，轮流；循环；班次
TUS Tastenumschalter 琴键式转换开关
TÜSt Telegrafieübertragungsstelle 电报发送站
TÜV Technischer Überwachungsverein 【德】技术监督联合会
TU-Wien 维也纳工业大学
TV Tagesverbesserungen 射击条件偏差修正量
TV Technische Verordnung 技术规程
TV Technische Verwaltung 技术管理
TV technische Vorschrift 技术规程，技术规范
TV Telefonverbindung 电话通讯
TV television/Television 电视，电视机
TV Teravolt 太拉伏，10^{12}伏
TV Textilveredlung 纺制品整理
TV Trennventil 离合阀
TVA Technische Versuchsanstalt 技术试验研究所
TVAufz. Technische Verordnung über Aufzugsanlägen 提升机的技术（操作）规程
TVB technologische Betriebsmittelvorbereitung 工艺器材准备
TVbF Technische Verordnung über brennbare Flüssigkeiten 关于可燃液体的技术（操作）规程
TVE Transrapid Versuchsanlage Emsland 【德】埃姆斯兰德地区超速试验装置
TVF technologische Fertigungsvorbereitung 工艺制作准备
tvF（**t v. F.**） Tonne verwertbare Förderung 有效运输吨（位），商品煤吨数
TVG Tarifvertragsgesetz 集体合同法
TVG Technische Vereinigung Gauß Berlin 柏林高斯技术联合会
TVH Tränkvollholz 浸渍的木材
TVM Teleskop-Ventil-Motor 具有伸缩式气门的发动机
TVO Technische Durchführungsverordnung 技术实施规定
TVO Tiefbohrverordnung 深孔钻进技术规程
TVP True-Vapour-Phase 真汽相
TVP True-Vapour-Pressure 真蒸汽压
TVÜ Tagesverkehrsübersicht 日间交通一览表
TW Tagebaulokomotive für Widerstandsfahrt 反抗阻力行驶的露天矿电机车
TW Teilnehmerwählfernschreiben 用户拨号电传打字
TW Teilnehmerwähltelegrafie 用户拨号电报
TW Terawatt 兆兆瓦（1 TW = 10^{12} W）
TW Textilhilfsmittel und Waschgrundstoff 纺织助剂和洗涤原料
TW. （Tw） Triebwerk 传动机构；传动装置；驱动装置
T. W. Turmwärter 岗楼
TWA technisch-wissenschaftliche Anwendung 技术科学应用
TWB Taschenwörterbuch 袖珍辞典
TWB Temperatur Wechselbeständigkeit 耐急冷急热性，热稳定性
TWBA Tiefwasserbelüftungsanlage 深水充气装置
TWG Telefonwählgerät 电话拨号盘，自动电话拨号盘
TWG Telegraphenwegegesetz 电报报路法
TWh Terawattstunden 太瓦小时
TWK technisch-wirtschaftliche Kennziffern 技术经济指标
TWL Technische Werkleitung 车间技术管理
TWS Teletypewriter Service 电传打字机服务
T. W. Sp. tiefster Wasserspiegel 最低水位
TWV Technisch-Wissenschaftlicher Verein 技术科学协会
TWV Technisch-Wissenschaftliche Veranstaltungen（Vereinigung, Vortragswesen） 科学技术活动（联合会，报告）
TwwF technisch-wissenschaftliche und wirtschaftliche Förderung 科学技术与经济促进
TWZ Technisch-Wissenschaftliche Zusammenarbeit 科学技术合作
TWZA Technisch-Wissenschaftliches Zentralamt 科学技术中心局
TX Telex 电传，直通电报
TX Transmitter 发射机，发送机，发报机
TxAs Telexanschluss 电传电报接通

TXRF total reflection X-ray fluorescence 全反射X射线荧光

TxVSt Telexvermittlungsstelle 电传电报交换机总局

typ. Typisch 典型的，独特的

Typ. Typographie 印刷术，印刷工艺

typ. Typographisch 印刷的

Tyr Tyrosin 酪氨酸；3-对羟苯基丙氨酸

TYVM thank you very much 非常感谢

TZ Technischer Zeichner 技术绘图员

TZ Technisches Zeichen 技术符号

TZ Technische Zentralstelle 技术中心站

TZ Teilwortzähler 部分字计数器

TZ Teilzahlung 分期付款

TZ Tourenzähler 转速表

TZ Tränkzeit 浸渍时间

TZ Transistorzündung 晶体管点火

TZB Technische Zentralbibliothek Hannover 汉诺威技术中心图书馆

TZB Temperatur des Zersetzungsbeginns 分解起始温度

TZF Technische Zentralstelle der deutschen Forstwirtschaft 德国林业技术中心管理局

T. Z. F. Turmzielfernrohr （装于）炮塔内的光学瞄准具

TZ-H Transistorzündung mit Hallgeber 霍尔感应器晶体管点火

TZ-I Transistorzündung mit Induktionsgeber 感应式传感器晶体管点火

TZ-K kontaktgesteuerte Transistorzündung 触点控制的晶体管点火

TZK the transportable zenith camera 便携式天顶仪

U

U. benetzter Umfang eines Querschnittes （木材）横截面湿周，润周

U Blausignal-Luminanzsignal 蓝色信号-亮度信号

U elektrische Spannung 电压

U Haken-oder Gabelumschalter 钩式或叉式转换开关

U innere Energie 内能

U Läuten 发响，鸣；按铃，响铃

U mikroohm 微欧（姆）

U mit Unterlegscheibe 带垫圈（垫片）

U Spannung 电压，应力，张力

u spezifische innere Energie 比内能

U Strahlungsenergie 辐射能

Ü. teilweiseauflöslich 部分溶解的

ü. über 越过，经由；在……上方；关于

Ü Übergang 过渡，转移；跃迁；转变；（半导体）结

ü Überkopf Schweißen 仰焊，高空焊接

Ü Überlastwert 过负荷值

U Übersetzung 翻译；转换；变压比；变速比

ü Übersetzungsverhältnis 变换比；变压比；变流比；传动比；变换系数

Ü Übertrag 进位，移位，传递

Ü Übertrager 变压器，变量器；转发器；增音器，扩音机；继电器；发报机；载运体

Ü Übertragung 传输，传播；转播；发射，发送；传输，送电

U Überwachungsrelais 监控继电器

ü. übrig 其余的，剩下的，多余的

U U-Formstück U 形件

2/2 **U** 2/2 U-Formstück 非金属固定对开管接头

U Uhr 钟，表

U Umdrehung 回转，扭转；转数

U Umdrehungen 转（数）

U Umfang 范围，容量，周长，周边

U Umfangsgeschwindigkeit 圆周速度

U Umfangsrichtung 切线方向

U Umformer 变换器；变量器；变流机；变流器

U. Umlauf 返回；旋转；循环；转速；环流

U Umleitung 变更方向，围管，回线管，旁通管

U Umschaltekontakt 换接点，复合接点

U Umschalter 转换开关；转换器；交换机

U. Umschlag 转接，变换；包络线；（指示剂）变色；卷边

ü. Umstellung 转变，转换，转向，换位；移项

U. Umweg 绕道；弯路

U unbehandelt 未经处理的（标准代号）

u. und 和，与，同

U. Undichtigkeitsgrad 孔隙度，松度，不严密度

U Universität 大学

U Unland 荒地，不毛之地

U unmittelbar 直接的

U unreine Kohle 杂质煤，高灰分煤

U unruhig 沸腾的（标准代号）

U unruhig vergossen 沸腾浇铸

u. unten, unter 在下面，在……之下

U Unterbrecherrelais 断路继电器
U Untergrundbahn 地下铁道
U Unterkasten 底箱;下砂箱
U Unterlafette 火炮下架
U Unterrichtsgeschoss 教练弹
U Unterscheidungsstrecke 区分范围
U Unterseeboot 潜水艇
U. Untersuchung 调查;研究;检查
U Unterwasserzünder 水下点火装置;水下雷管
U U-Profil/U-Eisen 槽钢,U 型钢
U Uracil 尿嘧啶;二氧嘧啶
U Uranium 92 号元素铀
u vereinheitlichte atomare Masseeinheit 统一的原子质量单位($1\ u = 1.660277 \times 10^{-27}$ kg)
Ua Anodenspannung 阳极电压
ü. a. über alles 最大尺寸
Uä Überschlagspannung 闪络电压,飞弧电压
2/2UA 2/2UA-Formstück 带法兰盘支管的非金属固定对开管接头
Ua Umschalt-Arbeitskontakt 转换工作接点
u. ä. und ähnliches 与此类推,诸如此类
u. a. und anderes 此外,其中,及其他
uÄ unsere Ära 本世纪
UA unsinnige Adresse 无意义地址
ÜA Unterabschnitt 分节,分段
u. a. unter anderen 此外,尚有;其中
UA Unterausschuss 分委员会,分会
UA Unterseebootabwehr 反潜水艇
u. a. a. und alle anderen 以及其它;等等
u. a. a. O. und an anderen Orten 以及,在其它处
ÜAL Übergabeanruflampe 拍发呼叫灯
u. ä. m und ähnliches mehr 等等;其它
UART Universal Asynchronous Receiver Transmitter 通用异步收发器
u. a. s. und andere solche 诸如此类,等等
UATI Union des Associations Techniques Internationales 国际技术协会联合会
UAW United Auto Workers 美国汽车工人联合会
U. A. w. g. Um Antwort wird gebeten. 请求给予答复。
Ü. B. Übergangsbogen 过渡曲线,缓和曲线;异径肘管
UB Überhitzungs-Benetzungsverfahren (煤砖的)过热和湿润法
ÜB Überrollbügel 防滚架
Üb Überschreitfähigkeit 超越能力
Üb Übersicht 概观,梗概,一览表
Üb Übertragung 发射,发送,传递,传动,转播
2/2ÜB 2/2UB-Formstück 带承插支管的非金属固定对开管接头
Üb Übungsgelände 军事演习场地,操场
UB Universalbagger 万能挖掘机,通用挖掘机
UB Unterirdischer Bolzen 地下栓水准标志
UB Untertrocknung des Brikettiergutes 煤砖料干燥不足
U-Bahn Untergrundbahn 地下铁道,地铁
Üb. -Anl. Übungsanlage 练习装置,教练装置
Üb. B. Übungsbrisanz 教练榴弹
uBd unteres Band 下边带
U-Bd-Flgz Unterseebootsbordflugzeug 潜艇飞机
Überf. Überfahrt 渡过;驶过
Überf. Überführung 转换,变换,换算;转移;跳线,跨接;高架桥
Überh. Überholung 检修,检查,修理
ÜberK. über Koaxialkabel 通过同轴电缆
Überl. Überlänge 超长,过长
Überl. Überleitung 超导;转移
Überpr. Überprüfung 审查,检查,考核
Übers Übersicht 梗概;一览表
Übers Übersichtskarte 略图,简图,一览表
übersätt. übersättigt 过饱和的
Übersch. Überschall 超声,超音
Übersch. Überschuss 剩余量,过剩,过量
Übersch. -Geschw. Überschallgeschwindigkeit 超音速
Überschl überschlägig, überschläglich 大约的,大概的
überschw. M. G. überschweres Maschinengewehr 超重机枪
Übertr. Übertrag 进位;指令进位;移位;传送
übertr. Sin. übertragenen Sinn (词的)转义
überw. überwiesen 提交的,交付的,转交的
überz überzählig 多余的
überz überzeugend, überzeugt 确信(的),确证(的)
Überz. Überzug 覆盖物
Übgr Übungsgranate 练习或实习弹
übl. üblich 普通的,通常的
Üb. Ldg. Übungsladung 演习装药,实习装药
üblw. üblicherweise 普通方法的,普通方式的
ÜbMi Übungsmine 练习地雷
Übn. Übernahme 验收,接收,承受
U-Boot Unterseeboot 潜水艇
übpl überplanmäßig 超过计划的,超额的
Ubr Unterbrechung 中断,断路,断开;(断路器)释放
Ubr. F. unterbrochenes Feuer 断续射击
UBS Unterbrechungssignal 中断信号
Übsch überschüssig 剩余的,过剩的
Üb. Schall-Gesch. Überschallgeschwindigkeit 超音速

ÜbsprK Übungssprengkörper 教练用炸弹或炸药包
Übst. Übergangsstelle 转换点，转变点，会合点，交叉点
übw. üblicherweise 普通方法的
ÜbW Übungsgeschoss, Weiß 白烟教练弹
UCLA 加利福尼亚大学洛杉矶分校
UCLASS 航母起飞无人空中监测和打击
uCO CO-Wert unverdünnt 未稀释的一氧化碳值
UCPTE Union pour la Coordination de la Production et du Transport de l'Electricité 【法】发电和输电协调联合会
UCR Unterfarbenkorrektur 底色修正
UCS Uniform Container Symbol 统一集装箱符号
Ud dünn umhüllt Elektrode 薄包封的焊条
Ud Durchschlagspannung 击穿电压
Ud Spannungsabfall 电压降
U. D. Ultradezimeterwelle 超分米波
UD Umschmelzdruckguss 重熔压铸
UD Universal-Duo- Gerüst 通用二辊式轧机机架
UDC universal decimal Classification 国际十进位分类法
u. dergl. und dergleichen 诸如此类，等等
UDF UDF-Format 通用光盘格式，UDF 格式
u. d. f. und die folgenden 如下的
u. dg. m. und dergleichen mehr 类似；与……相似
u. d. L. unter der Leitung von ... 在……领导下
ü. d. M. über dem Meeresspiegel 海拔
u. d. M. unter dem Meeresspiegel 海平面以下，海拔以下
udM unter dem Mikroskop 显微镜下
UDP user datagram protocol 用户数据报协议
Üds Überführungsdose 转换插座
UDS Unfalldatenschreiber 事故数据记录器
UdSSR Union der Sozialistischen Sowjetrepublik 苏维埃社会主义共和国联盟，苏联
UDT Unterdecktonne 下甲板吨位
u. d. T. unter dem Titel 在……标题下，称为；命名为
UDY undrawn yarn 未拉伸丝
UE Polyurethan-Kautschuk 聚氨酯橡胶
u. E. unseres Ermessens 按照我们的推测
ÜEA Überfall- und Einbruchmeldeanlage 事故和盗窃报警装置
UECP Universal Encoder Communication Protocol; Kommunikationsprotokoll 通用编码器通信协议
UED Ultrarotemissionsdiagnostik 红外线放射诊断
UEG untere Explosionsgrenze 爆炸下限
UEG Untere Eingriffsgrenze 干涉极限下限
UEG untere Explosionsgrenze 爆炸下限
Ü. Einr. Überwachungs-Einrichtung 监视装置，监控装置
U. E. L. N. [the] unified European levelling network 欧洲统一水准网
UEP Unequal Error Protection; ungleicher Fehlerschutz 不等误码保护
UER Union Europeenne de Radiodiffusion; Union der europäischen Rundfunkorganisation; European Broadcasting Union 欧洲广播联盟
UF Harnstoff-Formaldehyd-Harze 尿素-甲醛树脂
uF Mikrofarad 微法(拉)
üf überfeinfaserig 超细纤维的
ÜF Überlagerungsfrequenz 本机振荡频率，外差频率
ÜF Überweisungsfernamt 长途转接局
UF ultrafiltrate 超滤液
U. F. unterirdische Festlegung 秘密规定，地下规定
UF Ureaformaldehyd 脲醛塑料，脲醛树脂
UF Unterwasser-Fernsehen 水下电视
ÜFB Ubertragungsfrequenzbereich 传输频率范围
UFC Ultra-Fast Ceramic 超快陶瓷
UFESt Überseefunkempfangsstelle 远洋无线电接收站
u. ff. und folgende 以及以下的
UFK ungelenkter Flugkörper 不可控飞行体
UFO unidentified flying object/unbekanntes Flugobjekt 飞碟；不明飞行物
UFS Unterwasserfernsehen 水下电视
ÜFusst Überseefunksendestelle 远洋无线电发射台
Ufw Umformerwerk 变电站
Ug Gilterspannung 栅(极电)压
u-g ungerade-gerade 奇-偶的
UG Untergeschoss 底层
ugd ungedämpft 无阻尼的；不衰减的
UGE Untergrund-Effekt 地下效果
ugf. ungefähr 大约，差不多
UGGI Union Géodésique et Geophysique Internationale 【法】国际大地测量学和地球物理学联合会
ugs. umgangssprachlich 口语的，口语中使用的
ÜGU Übergruppenumsetzer 超(大)群变频器(变换器，译码器)
ÜGVt Übergruppenverteiler 超(大)群分配器

U/h Umdrehungen pro Stunde 每小时转数
UH Unterhitze 加热下限
UHD Ultra High Definition 超高清晰型(电视),高清(电视)
UHF Ultrahochfrequenz/Ultra High Frequency 超高频,特高频分米波段
UHMPE Linear-Polyälhylen mit ultrahohem Molgewicht 超高分子量线性聚乙烯
UHR Ultra High Resolution 超高分辨率
UHT Ultra-Hocherhitzung 超高温处理
UHV Ultrahochvakuum 超高真空
U/I Spannung/Stromverhältnis 电压-电流比
UIE Union Internationale pour l'Etude de l'Electrothermie 【法】国际电热研究协会
UIE Universalinterface-Einheit 万能接口单元
UIL user interface language 用户界面语言
U. I. P. P. A. Union Internationale de Physique Pure et Appliquée 【法】国际理论和应用物理协会
UIT Internationeler Fernmeldeverein 国际电信协会
U. I. T. Union Internationale des Télécommunications/Weltnachrichtenverein 国际电信联盟
UJT Unijunctiontransistor 单结晶体管
ÜK Übersichtskarte 简图,略图;一览表
Uk Klemmenspannung 端电压
ÜK Überwachungskontakt 监视接点,监控接点
UK Ultrakurz 超短波的
U. K. (UK) United Kingdom 联合王国,英国
UK Unterkante 下边缘;底边
UK (Uk) Umzugskosten 迁移费
U. K. A. E. A. United Kingdom Atomic Energy Authority 联合王国原子能管理局
U-KAT ungeregelter Katalysator 不均匀催化剂
UKE Ultrakurzwellenempfänger 超短波接收机
Ukg Ultraschallkardiogramm 超声波心电图
UKK Unterkante Kiel 龙骨下边缘;龙骨底边
UKML Ultrakurz-, Kurz-, Mittel- und Langwellenbereich 超短波、短波、中波和长波波段
ÜKr Übertragungskörper 发射体
ukr. Ukrainisch 乌克兰的,乌克兰语的
UKW Ultrakurzwelle 超短波
UKW Ultrakurzwelle Frequenzbereich 超短波频率区
UKWE Ultrakurzwellenempfänger 超短波接收机
UKWS Ultrakurzwellensender 超短波发射机
ÜKZ Übergangskenzeichen 瞬态标志
UL Spannungs-Längencharakteristik 应力-长度特性
ÜL Überlandlinie 长途线
Ül Überlappung 叠加,重叠,交叠;跳弧;搭接
ÜL Überwachungslampe 控制灯;监视灯
Ül Überweisungsleitung 查询线
u. L. unter Lenker 下导杆
ULA 美国联合发射联盟公司
ULD Luftfrachtcontainer 空中货运集装箱
Üldg Übertragungsladung 发射火药
ULEV Ultra Low Emission Vehicle 超低排放汽车
Ülm(ÜL-m) Meldeleitung 挂号线,记录线
ULMS Undersea Long-Range Missile System 海底远程导弹系统
ULSAB Ultralight Steel Auto Body 超轻钢板汽车车身
ULTRA-VIS 城市引领者战术响应、感知和显像系统
ÜLVst Überleitungsvermittlungsstelle 转接站
Um Leilungsmeister 线路工段长
Um mittelstark umhüllt [Elektrode] 中等厚度包封的(电极)
ÜM Überfallmelder 突发事件报警装置
ü. M über Meer 超出海平面
ÜM Überwachungsrelais-Minus 负极控制继电器
Um Unfallmeldedienst 事故报警服务
UM Untersuchungen und Mitteilungen 研究与通报(德刊)
UM Unzustellbarkeitsmeldung 邮件无法投递的通知
ÜMA Überfallmeldeanlage 突发事件报警装置
Umarb. Umarbeitung 改作,改造,改制
UMAS Universal-Mess-Auswerte und Steuersprache 测量-处理-控制通用语言
Umb. Umbau 重建,改建
umb. Umbauen 改建,改造
UmD Unfallmeldedienst 事故通知服务(处)
Umdr min (U/min) Umdrehungen pro Minute 每分钟转速
Umdr/Sek Umdrehungen je (pro) Sekunde 每秒转速,转/秒
UMF Umformer 变流器,变换器,转换器
umf umfunktioniert 变换作用的
Umf wö Umfang durchschnittlich wöchentlich 每周的平均范围
Umf. Umfang 尺寸,圆周,范围,规模
Umf. Umformer 变流器,变换器,变量器
Umf. Umformung 变换,变形,成型,转变
umf. Umfunktionieren 变换作用
Umfg (Umf.) Umfang 范围;圆周
umg umgearbeitet 再加工的,改进的
umg. umgangssprachlich 口语的,口语中使用的

umgeb. umgebaut 改造的;翻造的;重建的
umgek. umgekehrt 相反的,颠倒的
UMI Universal-Messinstrument 通用测试仪表,万能测量工具
UMK Universalmesskamera 通用测量摄影机
Umk. Umkehrung 倒转,逆转,反向,换向,反演,求逆
umkr. umkristallisieren 再结晶,重结晶
uml umlaboriert 装备,经过装备的
Uml Umladung 再充电;重新装填;电荷交换
Uml Umlauf 旋转;循环
Umr Umrechnung 折算,换算
Umr. Umriss 轮廓,草图
Ums. Umsetzer 变换器;转发器;换能器;译码器
Ums. Umsetzung 转换,变换;换位;交换量;反应
Umsch. Umschalter 转换开关
Umsetz. Umsetzung 转换,变换;换位;交换量;反应
UMTS universal mobile telecommunications system 通用移动通信系统
UMZ-Relais unabhängiges Maximal-strom-Zeit-relais 独立的最大电流定时继电器
12 **UN** Unified-12-Gang-Gewindereihe 统标12头螺纹系列
UN(**Unna**) United Nations/Vereinte Nationen 联合国
Un Unterbrecher 断续器,断路器
u. N. unter Normal 标准以下,低于标准
u. N unter Null 零以下,低于零
UNAEC United Nations Atomic Energy Commission 联合国原子能委员会
Unbeb unbebildert 无插图的
unbest. unbestimmt 未定
unbr. unbrennbar 不可燃的
UNC Unified-Grobgewinde 英制粗螺纹
UNCITRAL United Nations Committe on International Trade Law 联合国国际贸易法委员会
UNCOL Universal Computer Oriented Language 通用计算机语言
UNCTAD United Nations Conference on Trade and Development 联合国贸易和发展会议
undekl. undeklinierbar 无格的变化的
UNDP United Nations Development Programme 联合国开发计划署
UNEDIFACT united nations rule for electronic data interchange for administration, commerce and transport 联合国用于管理、贸易及交通运输电子数据交换的规定
UNEF Unified-Extra-Feingewinde 英制特细牙螺纹
U. N. E. P. United Nations Environment Programme 联合国环境计划署
UNESCO United Nations Educational, Scientific and Cultural Organization 联合国教科文组织
Unf. Unfall 事故
UNF Unified-Feingewinde 标准细牙螺纹
Unf. -R. Unfallrente 事故抚恤金
ung. ungefähr 大约,差不多
ungeb ungebunden 散装的,未经装订的
ungegl. Ungeglüht 未经退火的
unget ungeteilt 整体的,未拆卸的
ungl. ungleichmäßig 不均匀的,不整齐的
Ungt. Unguentum 软膏,药膏,油膏
Unh Unnilhexium 106号元素镇
UNI User Network Interface; Schnittstelle Netz/Teilnehmer bei ATM 用户网络接口
UNIDO Organisation der Vereintennation für industrielle Entwirklung 联合国工业发展组织
Unimog Universalmotorgerät 通用电动机设备
UNIPEDE Union Internationale des Producteurs et Distributeurs d'Energie Electrique 【法】国际电力能源生产商和分销商联合会
Univ. Universalität 一般性,普遍性
Univ. Universum 宇宙
UNIX Uniplexed Information and Computing System; Betriebssystem UNIX 尤尼克斯操作系统,信息与计算系统
UNM Unified-Miniaturgewinde 英制微螺纹
ü. NN über Normalnull 标准零点以上
UNO United Nations Organization 联合国组织,联合国机构
Uno Unniloctium 108号元素鏍
Unp Unnilpentium 105号元素钍
Unq Unnilquadium 104号元素铲
unr. unrein 含杂质的,不纯的,含灰分的
unreg(**unregelm.**) unregelmäßig 不规则的,不正常的,无次序
UNS Unified-Sondergewinde 英制特殊螺纹
Uns Unnilseptium 107号元素铍
UNSCC United Nations Standards Coordinating Committee 联合国标准协调委员会
Unt. Untersuchung 研究,检验,勘探,勘察
Untergb. Untergebener 从属者,下级
Unterst. Unterstand 避难所,避弹所,防空壕
unterw. Unterwegs 中途;途中;半路
unv. unverändert 不变化的
unv. unvollständig 不完全的,不充分的
unw unwegsam (道路)崎岖的;不通行的
Unz. Unzahl 无数,巨额
unz. unzahlbar 无数的,不可数的
ÜO Übertragungsoperation 传输操作
UO Umschaltbetrieb ohne Unterbrechung 不间

断地转换操作
u. o. und oft 经常
UOP Universal Oil Products Company 环球油品公司
8up Acht-Seiten-Format 8印版规格
UP Übersetzungsprogramm 翻译程序;转换程序
ÜP Übersichtschaltplan 总电路图
ÜP Überwachungsrelais-Plus 正极监视继电器,正极控制继电器
UP Umwälzpump 循环泵
Up. Umwandlungspunkt 临界点,相变点,转化点,转变点
Up (UP) ungesättigte Polyester 不饱和聚酯
UP ungesättigte Polyester-Harze 不饱和聚酯树脂
Up Universalitätsprinziph 普遍性原理
UP Unterprogramm (电子计算机)子程序
UP Unter-Pulver 在焊药层下面
UP Unter-Pulver Schweißen 埋弧焊
Ü. P Unterputz 埋装,暗装;暗线
4up Vier-Seiten-Format 四印版开本大小,四印版平板
2up Zwei-Seiten-Format 双印板开本大小,双印板平板
UPC universal product code 通用产品代码
UPI United Press International 合众国际社
UPID Unique Programme Identifier/eindeutiger Programmidentifizierer 惟一程序标识符
Ü-pl. Übungsplatz 教练场,演习场,靶场
UpM (UPM, U. p. m) Umdrehungen pro Minute 每分钟转速
UPo Umlaufenpotentiometer 旋转式电位器
UPS Uninterruptable Power Supply/unterbrechungsfreie Stromversorgung 不间断电源
UPS universal polar Stereographic projection 通用极球面投影
UP-Schweißen Unter-Pulver-Schweisen 埋弧焊
UPU Union Postale Universelle 世界邮政协会
UPU universal post union/Weltpostverein 万国邮政联盟
UPVC Hart-Polyvinylchlorid 未增塑的聚氯乙烯;硬聚氯乙烯
UR Polyurethan-Kautschuk 聚氨酯橡胶
UR Uhr 钟表
UR ultrarot 红外的,红外线的
UR Unfallrente 事故抚恤金
U. R. Unterrichtsraum 教室
Ur Urena (Aramina, Kongo-Jute) 肖梵夫花韧皮纤维
UR Urkundenregister 证明文书索引
URA Universalringantenne 通用环形天线
Uras Ultrarotabsorptionsschreiber 红外线吸收记录仪
Urdor Urdox-Resistor/Urdox-Widerstand 二氧化铀电阻,稳流电阻
Urdox Urandioxid 二氧化铀
UR-Gröt Ultrarotgerät 红外线仪器
Urk. Urkunde 证书
URL Internetadresse 互联网地址,网址
URL uniform resource locator 统一资源定位器
Urs Ursache 原因,起因
UrS Urschablone 原样板,主模版,原型板
URSI Union Radio-Scientifique Internationale 国标无线电科学联合会
urspr. ursprünglich 开始的,原来的,最初的
US American usage/Amerikanischer Gebrauch 美国英语用法
Us stark ummantelt 厚包皮的
ÜS Übergabeschalter 传输电键,发报电键
Ü. S. Übergangsschiene 过渡钢轨
US Ultraschall 超声
US Ultraschall-Bewegungsmelder 移动式超声报警器
US Ultraschallschweißen 超声波焊接
US Unterschienenschweißen 躺焊(将焊条躺置接缝上熔焊)
USA United States of America/Vereinigte Staaten von Amerika 美利坚合众国,美国(汽车附件标记)
US Unterspannung 低压;欠(电)压;电压不足
USAEC United States Atomic Energy Commission 美国原子能委员会
USB universal serial bus 通用串行总线
USB upper sideband 上边带
USB-Anschluss universal serial bus-Anschluss 通用串行总线接口
USB-Stick universal serial bus-Stick 通用串行总线棒
USCG US Coastguard 美国海岸巡逻队
USE Union des Syndicats de l'Electricit é 法国电力工会联盟
USF unbewegliches Sperrfeuer 不动拦阻射击
usf. (u. s. f.) und so fort 等等
USG untere Spezifikationsgrenze 技术规格下限
ÜSL Übergabeschlusslampe 发信末级管
USNO U. S. Naval Observatory 美国海军天文台
USP Ultraschall-Prüfsystem 超声波检验系统,超声波探伤系统
USP Ultraschall-Prüfung 超声波检验,超声波探伤

U. S. P.（US pat） United States Patent 美国专利
USP United States Pharmacopeia 美国药典
USP Unique Selling Proposition 独特销售观念
US-Schweißen Unterschienenschweißen 躺焊（将焊条躺置在接缝上熔焊）
Ust Stehspannung 耐受电压
UstDV Umsatzsteuer Durchführungsverordnung 销售税条例
USTOL-Flukzeug ultrashort take-off and landing plane 超短程起飞和着陆飞机
U-Strab（Ustrab） Unterpflasterstraßenbahn 浅层地下铁道
USV Unterbrechungsfreie Strom-Versorgung 连续供电
USW. Ultraschallwellen 超声波
usw. und so weiter 等等
USWB United States Weather Bureau 美国气象局
ÜT Überlagerungstelegrafie 超音频电报
ÜT übertrag 进位
UT Umlegetaste 转换开关电键
UT universal time 世界时，格林尼治平均时
u. T. unmodulierte Telegrafie 非调制电报
u. T unter Totpunkt 下死点
UT Untere Toleranz 公差下限
UT Unterlagerungstelegraphie 幻象电路电报，亚声频电报
u. T unter Tage 井下；地下
UT Unterwassertelegraphie 水底电报学
UTA Urantrennarbeit 铀分离功
UTC coordinated universal time/koordinierte Weltzeit 协调的世界时，世界标准时间
UTD Untertagedeponie 有害废物地下存放
UTF Unterlagerungstelegrafie auf Freileitungen 明线亚音频电报；架空线幻象电路电报
U-Th-Kreislauf Uranium-Thorium-Kreislauf 铀-钍循环
UTM universal transversal Mercator [projection] 统用横轴墨卡托投影
UTP Untertageprämie 井下奖金(额外津贴)
UtRAM Uni-Transistor-RAM 单一晶体管随机存取存储器，单一晶体管 RAM
UTV Untertagevergasung 地下气化
Uü Überschlagspannung 闪络电压，飞弧电压
u-u ungerade-ungerade 奇-奇的
u. U. unterirdischer Unterstand 地下掩蔽所
u. U. unter Umständen 在一定条件下，遇有机会时，在必要时
Uub Ununbium 112 号元素
UUCPNET UNIX-to UINX Copy Network 从 UNIX 到 UINX 的复制网络
Uuh Ununhexium 116 号元素
Uun Ununnilium 110 号元素
Uuo Ununoctium 118 号元素
Uuq Ununquadium 114 号元素
Uuu Unununium 111 号元素
UV ultraviolet/Ultraviolett 紫外线
Uv Ultraviolettes Licht 紫外光
UV Umlaufvermögen 流动资金
UV unabhängige Variable 自变数
UV Unfallversicherung 事故保险
UV Untersuchungsstelle für Verkehrstauglichkeit 交通适用能力检查站
UV Unterverband 分会
u. V. unter Vorbehalt 在保留条件下
u. V. a. unter Verzicht auf … 在放弃……情况下
UVASER Ultraviolettlaser 紫外线激光器
UV-Bandenspektrum Ultraviolett-Bandenspektrum 紫外线带状光谱
UV-Dosimeter Ultraviolettdosimeter 紫外线剂量计
UVES 紫外光及可见光阶梯光栅摄谱仪
UV-Lichtquelle Ultraviolett-Lichtquelle 紫外线光源
ÜVO Übertragungsverordnung 转播规定
UVP Umweltverträglichkeitsprüfung 环境影响评价，环境兼容性测试
uvsf. Unverseifbar 不可皂化的
UVV Unfallverhütungsvorschrift 事故防护规范
UVW-Regel Recht-Hand-Regel, Ursache-Vermittlung-Wirkung 右手定则
Uw. Teilweise 部分地
UW Uhrwerk 钟表装置
UW Umsteuerwähler 转换寻线机
UW Unterwasser 水下，地下水；堤堰下流出的水
U. W. Unterwasserstand 下游水位
UW Unterwerk 分站，支局，用户话机
Üwa Überwachung 观察，检查
U-Werk Umdrehungszählwerk 转数计数机构
UWG Untere Warngrenze 警告极限下限
UWL Unterwasserlabor 水下试验室
UWM Unterwassermotorpumpe 水下电动泵；潜水电动泵
UWR Unterwasserrillenpatrone 水下有凹槽的弹药筒
UWZ Uhrwerkzünder 机械定时引信
ÜZ Übermittlungszentralle 输电中心，传输中心
U. Z. Uhrwerkzünder 机械定时引信
UZ Uhrzeit 钟表时

U. Z. Uhrzünder 定时雷管，定时引信
UZ Ultrazentrifuge 超速离心机
u. Z. unserer Zeitrechnung 公元
u. Z. unter Zersetzung 随着分解，一起分解
UZ Ursprungszeugnis 产地证明书
Uzn Umschmelzzink 再熔锌
UZO Unterseebootzieloptik 潜水艇用瞄准镜
u. zw. und zwar 亦即，也就是，更确切地说

V8 Achtzylinder-V-Motor 8缸V型发动机
V Anfangsgeschwindikeit 初速
V Diesel-Elektrofahrzeug 柴油机电动车辆
V Diesel-Elektrolokomotive 柴油机电动机车
V elektrisches Potential 电位，电势
v. Feuer verteilen 火焰分布
V Geschwindigkeit 速度
V Glanzkohle Vitrit 亮煤；无烟煤，镜煤
V Leistungsverlust 功率损失
V maximale Schiffsgeschwindigkeit 最大船速
μV Mikrovolt 微伏(特)
v mit Vorsprung 领先；占优势
V Relativgeschwindigkeit 相对速度
V Rotsignal-Luminanzsignal 缺蓝(色)亮度信号
v Spannungsverstärkung 电压放大
v spezifisches Volumen 比容
V Umfangsgeschwindigkeit 圆周速度
V Vakuum 真空；真空度
V Valuta 比价，牌价，货币兑换值，外汇
V Vanadium 钒
V variable Region 可变区
V Variante 变种，变形，方案
V Variation 变化；变动
V Ventil 阀门，活门
16V 16-Ventil-Motor 16V发动机/内燃机，16气门(四缸发动机)
20V 20-Ventil-Motor 20V发动机/内燃机，20气门发动机
V Veränderung 改变，变化；改进
V. Verb 动词
V Verband 协会，联合会，联盟，绷带，接合
v verbessert 改进的，改善的
V Verbindung 化合物；联系；结合
V Verbrennungsmotor 内燃机
V Verbundgeschoss 复式炮弹
V Verdichter 压缩机
V Verdrängung 排水；Verdrängungsvolumen 排水量；Wasserverdrängung in m^3 以立方米为单位的排水量
V Verdünnung 稀释，稀释度
V Verdunstung 气化；蒸发
V vereinfacht 简化的
V. Verfasser 作者
V Vergeltungswaffe 复仇的工具
V vergütet 调质的(钢的标准代号)
V vergütet Stahl 调质钢
V Verlust 损失；损耗；漏泄
V Verlustziffer 磁滞损耗因数，损耗系数
V. Vermessung 测量，丈量
V. Vermitteilungsfernsprecher 话务员用电话机，交换机
V Verordnung 指令，指示，命令，程序，规程
V Versatz 充填，充填料；配方，配料；(频率)偏差
V verschleißfest 耐磨的
v versetzt 偏心的；位移的
V Verstärker 放大器，增强器，增强剂
V Verstärkung 放大，放大率；增益，增强
V Verstimmung 失调；失谐
V Versuch 试验
V. versus-against 对，相反
V Verteiler 分配器，配电盘，分线架，分压器
V vertikal 垂直的
v Verzögerungsleitung 延迟线
V8/8 Video- 8/8 mm 8 mm录像带
V Vierer 幻象电路；(电缆)四芯线，四线组，四芯电缆
V Vierer Kabel 四芯线；四线组
V Viertaktmotor 四冲程发动机
V V-Motor V型发动机
V Volt 伏，伏特
V Voltmeter 电压表，伏特计
V Volumen 体积，容积；卷，册
V% Volumenprozent 容积百分比
v Voreil 赶在前头
V Vorgabe 最小抵抗线；预先给定值
V Vorhaltepunkt 提前点
V Vorschub 走刀；送进；送料；进给
V Wasserstand 水平，水位
V8 等待，即英文"wait"的谐音
Va Variometer 可变电感器
VA Verbraucheranalyse 客户分析
VA Verfahrensanweisung 工艺指导文件，工作

方法说明

VA Verifikationsabkommen zum NVV 不扩散核武器条约核实协定

VA Verkaufsabteilung 门市部

V. A. Verkehrsamt 交通管理处

VA Versorgungsamt 供应局

V. A. Versuchsanstalt 实验所,实验站,实验准备

VA Vinylacetat 醋酸乙酯,乙烯乙酸酯

VA Voltampere 伏安

v. a. vor allem 首先

VA Vorderachse 前桥,前轴

VA vorläufige Arbeitsnorm 临时的工作定额

VA Vorläufige Technische Auslieferungsbedingungen 临时交货技术条件

VABP volume average boiling point 体积平均沸点

Vabt Versuchsabteilung 实验部门

VAD vacuum arc decarburization 真空电弧脱碳法

VAD vacuum arc degassing 真空电弧脱气法

VAD Sprechpausenerkennung 话音中断鉴别

VAF Vorschriften über die Sicherheit von Elektroschall, Elektrobild, Nachrichten und Fernmeldetechnik 电声、电视和电信技术安全规程

VAFC VESA Advanced Feature Connector 视频电子标准协会高级特性连接器

VAG Versicherungsaufsichtsgesetz 保险监督法

VAK Versuchsatomkraftwerk (Kahl) (卡尔)试验核电厂

Val Grammäquivalent 克当量

Val Valin 缬氨酸

VAN value added network 增值网

VAN vorläufige Arbeitsnorm 暂行工作定额

VAnw Verwaltungsanweisung 管理规程

Var. Variante 变形(体,种)

VAsec Volt-Ampere-Sekunde 伏(特)-安(培)-秒

VASS Video-Address-Suchlauf-System 视频地址搜索系统

VA-Stahl Vakuum-Stahl 真空钢

VAT Volumenausgleichstank 容积平衡槽

VAT Vorderachsträger 前轴支座

v. aut. vollautomatisch 完全自动化的

VAW Vereinigte Aluminium-Werke 【德】联合铝厂

VAWK Vertikalachswindkraftanlage 垂直轴风力发电装置

VAZ voraussichtliche Ankunftszeit 预计的到达时间

Vb. Verbindung 化合物;化合;结合,联系

Vb. Verbrauch 消耗;使用

VB Verbundkarte 双穿孔卡片,复式卡片

VB Verhandlungsbasis 谈判基础,贸易基础,底价

VB Verschleißmarkenbreite 月牙洼宽度,刀具磨损槽宽

VB Versuchsbericht 实验报告

VB Verwaltungs-Bezirk 行政管理区

V. B. Visierbereich 瞄准距离,瞄准射程;高低角范围

vb Vollverbolzung 全螺栓连接

VB vorgeschobener Beobachter 先遣观察员

Vbd Vielband 多频带

Vbdg. Verbindung 连接,接合;化合,化合物;通讯,联络

VbF Verordnung über brennbar Flüssigkeit 可燃液体管理条例

Vbf Verschiebebahnhof 编车站,调车场

VBG Verband der Berufsgenossenschaften 同业工伤事故保险联合会社团

Vb. G. Verbindungsgraben 交通壕

VBI Verband Beratender Ingenieure 顾问工程师协会

V-biock Bohrprisma 玻尔棱镜

VB1 Verordnungsblatt 命令和决议公报

VBM Vereinigung Betrieblicher Marktforscher 企业市场调查员协会

VBN vermitteles Breitband-Netz 中继宽带网

Vbr Verbrauch (er) 消耗(者),消费(者),用户;磨损

VBS Vereinigung der Bergbauspezialgesellschaften 矿业专业协会联合会

VBS vergüteter Bergbau-Stahl 矿用调质钢

VBS Vollstahl-Baggerseil 挖掘机用全钢钢丝绳

vc. kritisches Volumen 临界体积

VC Spannungssteuerung 电压控制

VC venture capital 风险投资商

VC Vinylchlorid 氯乙烯

VCA Analogverstärker 模拟放大器

VCB vacuum circuit breaker 真空断路器

VCC Veba-Combi-Cracking-Verfahren 德国韦巴石油公司联合裂化方法

VCD video compact disc/Video Compact Disk 视像光碟,一种在光碟上存贮视频信息的格式标准

VCF Analogfilter 模拟滤波器

V. C. G. vor Christi Geburt 公元前,纪元前

v. Chr. vor Christus 公元前,纪元前

VCI Verband der Chemischen Industrie eV. 【德】化学工业联合会

V/cm Volt/Zentimeter 伏/厘米

VCO Analogoszillator 模拟振荡器

VCO spannungsgesteuerter Oszillator 压控振荡

器

VCR Videocassettenrecorder 盒式录像带录像机

VCXO spannungsgesteuerter Quarzoszillator 压控石英振荡器

VD Vordrossel 串联扼流圈

VDA Verband der Automobilindustrie 【德】汽车工业联合会

VDA Verband Deutscher Automobilhersteller 德国汽车制造商协会

VDA Verein Deutscher Eisengießereien 德国铸铁厂协会

VDA-FS Verband der deutschen Automobilindustrie- Freiform（VDA)-Flächenschnittstelle 德国汽车工业协会无模锻造表面接口

VDA_PS Verband der deutschen Automobilindustrie Programmschnittsfelle 德国汽车工业协会程序接口

VDB Verband Deutscher Betriebwirte 德国企业经济学家协会

VDB Visuelle Datenbasis 目视数据基准

V. d. Ch.（VDCH） Verein deutscher Chemiker 德国化学工作者协会,德国化学家协会

VDE Verband Deutscher Elektrotechniker 德国电工技术人员联合会

VDE Verein Deutscher Eisenhüttenleute 德国冶金工作者协会

VdeG Van de Graaff 范德格喇夫静电加速器

VDEh Verein Deutscher Eisenhüttenleute 德国冶金工作者协会

VDEI Verband Deutscher Eisenbahn-Ingenieure 德国铁道工程师联合会

VDEW Vereinigung Deutscher Elektrizitätswerke 德国发电厂联合会

VDF Verband Deutscher Flugleiter 德国飞机领航员联合会

VDG Verein Deutscher Giesserei-fachleute 德国铸造专家协会

Vdg Verordnung 指令,指示,命令,程序,规程

VDH Volldruckhöhe （飞机发动机)极限升高高度

VDI Verein Deutscher Ingenieure 德国工程师协会

VDI-Verlag Verein Deutscher Ingenieure Verlag 德国工程师协会出版社

VDK Viskositäts-Dichte-Konstante 粘（度）-（比)重常数

VdL Vierdrahtleitung 四线线路

VDLU Verband Deutscher Luftfahrtunternehmen 德国航空公司联合会

VDM Vereinigte Deutsche Metallwerke 德国金属联合公司

VDMA Verband Deutscher Maschinen- und Anlagenbau 德国机械和设备制造协会

VDMA Verein Deutscher Maschinenbauanstalten 德国机器制造商联合会

VDMG Verband Deutscher Meteorologischer Gesellschaften 德国气象学会联合会

VDOP Vertical Dilution of Precision 垂直精度因子

VDP Verband Deutscher Papierfabriken 德国造纸厂联合会

VDPG Verband Deutscher Physikalischer Gesellschaften 德国物理协会联合会

Vdr Vierdraht 四线

VDR voltage dependent resistor 压敏电阻

v. d. R. vor der Regelung 调节前

VDSI Verein Deutscher Sicherheitsingenieure 德国安全技术工程师协会

VdTUV Vereinigung der Technischen Überwachungsvereine e. V. （埃森)技术监督协会联合会

VDV Verband Deutscher Vermessungsingenieure 德国测量工程师联合会

VDW Verband Deutscher Wissenschaftler 德国科学家协会

VDW Verein Deutscher Werkzeug-Maschinenbau Anstalten 德国机床制造厂协会

VDZ Verband Deutscher Zeitschriftenverleger 德国期刊出版商联合会

VDZV Verein Deutscher Zeitungsverleger 德国报刊出版商联合会

Ve. Endgeschwindigkeit 末速

Ve Ventil pro Zylinder 每缸气门数

VE Verkehrseinheit 交通单位

VE Verrechnungseinheit 结算单位

Ve Verstärker 放大器,增强器,增强剂

VE Verteilereinspritzpumpe 分配喷油泵

Ve Vollentsaltzen 完全脱盐

v. E. vom Endwert 取最終值;最終值的

v. E. von Einstellbereich ... 调节范围的

VE Voreinströmung 提前流入

VEB Volkseigene Betriebe 【前民德】国营企业

VEBA Vereinigte Elektrizitäts und Bergwerks-Aktiengesellschaft 电力和矿山联合企业股份公司

VEB BBG Volkseigener Betrieb Bodenbearbeitungsgeräte 【前民德】国营耕作机械厂

VEG Volkseigenes Gut 国营农场

VEI Volkseigene Industrie 国营工业

VEK Volkseigenes Kombinat 国营联合企业

VEM Volkseigene Betriebe des Elektro-Maschinenbaus 【前民德】国营电气机械制造企

业

VEM Volkseigener Elektro-Maschinenbau 国营电气机器制造

VEMNO Vorentwicklung Messnetz Nordsee/Ostsee 北海/波罗的海预开发测量网

V-engine V-Motor V型发动机

Venn. Tr. Vermessungstrupp 测量队

VEÖ Verband der Elektrizitätswerke Österreichs 奥地利电厂联合会

VERA Versuchsanlage für die Verfestigung von hochradioaktiven Abfallösungen 【德】(卡尔斯鲁厄)高辐射废液固化试验装置

Verb. Verband 协会,联合会

verb. Verbessert 修改,修订,修正

VerbA Verbundamt 中继站,中间站

Verbr. Verbrauch 耗用;使用,应用

Verbr. Verbrennung 燃烧;燃烧过程

verd. Verdünnt 变细的;变薄的;稀释的

Verd. Verdünnung 稀释;冲淡;稀疏;减薄

Verdr. Verdrängung 位移;置换;取代;渗滤

vereinf. Vereinfacht 简化的

Verf Verfahren 方法;手续,程序,过程;处理,处置

Verf. Verfasser 作者,编者

Verfl. Verflüssigkeit 液化性

verf. Sch. verfahrene Schichten 作完的工班,完成作业的工班

Verg. Vergaser 气化器;化油器;汽化器

Verg. Gr. Vergütungsgruppe 工资等级表的工资等级

Verg. Kw. Vergiftungskraftwagen 防化学战斗车辆

Vergl. Vergleich 比较,参照,对照

Verg. Mot. Vergasermotor 汽化器发动机

Vergr vergrößert 放大的

Vergr. Vergrößerung 放大;扩大;放大率,放大倍数

Verh. Verhalten 举止;行为;态度;反应;性能

Verh. Verhältnis 比例,比率;关系;情况

verh. verheiratet 已婚的

Verk. Verkehr 交通;交际;流通

Verk. Verkehrtechnik 交通工程

verk. verkürzt 简化的,简略的,缩短的

VerkA Verkehrsamt 交通局

verkl. verkleinert 缩小的,约简的

VerkMin. Verkehrsministerium 交通部

Verl Verlade 装载

Verl Verlag 出版社

Verl Verlust 损失,耗损;逸散,渗漏

Verl. Verladung 装运

Verl. Verlängerung 延长,加长

Verl. Bhf Verladebahnhof 装运车站,发货车站

verlg. Verlängert 加长的;延长的

verm. Vermehrt 增多的

Verm. Vermessung 测量,丈量

Verm. Vermessungswesen 测量业

verm. Vermindert 减少的

Verm A Vermessungsamt 测量局

Verm. Ausw. Kw. Vermessungsauswerte-Kraftwagen 测量评估用车辆

VermGBLn Gesetz über das Vermessungswesen in Berlin 柏林测量法

Verm-Ing. Vermessungsingenieur 测量工程师

verm. Ldg. vermehrte Ladung 加强充电,强化充电

Verm. Tr. Vermessungstruppe 测量队

vern. Vernachlässigt 忽略不计的

Verp. Verpackung 包装,打包

Verp. Mat-Lager Verpacktes Materiallager 包装料仓库

Verrgl Verriegelung 闭锁,闭塞,封闭

Vers Versager 失效,故障;失效机器,失效元件

Vers Versatz 充填,充填物;配方,配料

Vers. Versuch 试验;实验

Vers. Abt. Versuchsabteilung 实验部门

Vers. -Anst. Versuchsanstalt 试验机构

VersAnst Hdfw Versuchsanstalt für Handfeuerwaffen 轻兵器实验站

VersBt Versuchsboot 实验艇

VerschwLaf Verschwindlafette 收缩炮架

Vers K Kanalverstärker 信道放大器

Vers. K. Versuchskanone 试验(加农)炮

Vers. Sch. Versuchsschießen 试射

Verst. Verständigung 通知;说明;协议

Verst. Versteifung 增强,加固,硬化

Verst. Verstoß, Verstöße 违反;犯规

Verst A Verstärkeramt 增音站

Verst Be Breitbandendverstärker 宽频带终端放大器

Verst Bst Breitband-Steuerverstärker 宽频带控制放大器

Verst K Kanalverstärker 信道放大器

Verst Z Zwischenverstärker 中间放大器

vert. vertagen 延期

vert. Verteidigen 保卫,防卫

Vert. Verteidigung 保卫,防卫;辩护人;后卫

Vert. Verteiler 分配器;配电盘;(电缆)分线架;分压器

Vert. St. Verteidigungsstellung 防御阵地

Vert. Syst Verteidigungssystem 防御体系

Vert. Z. Verteidigungszone 防御区域

verw. Verwalten 管理;经理

Verw. Verwaltung 管理,管理部门

verw. verweigern 拒绝;不接受
verw. Verwittert 风化的
Verw. Verwitterung 风化作用
VerwV Verwaltungsvorschriften 管理规章
Verz. Verzeichnis 清单,表格,目录,索引
verz verzinkt 镀锌的
Verz. Z. Verzögerungszünder 延期引信
VESA Video Electronics Standards Association 视频电子标准协会
VESTA Vereinigte Stahlbetriebe 【德】钢铁联合企业
Vet. Veterinärmedizin 兽医学
VEW Vereinigte Edelstahlwerke 联合特殊钢厂
VEW Vereinigte Elektrizitätswerke, Westfalen 韦斯特法伦联合电力公司
VEZ vollelektronische Zündung 全电子点火
VEZ Voreinflugzeichen 外航路指点标,进场导航信号
VF variabler Fokus 可变焦距
Vf vereinfacht 简化的
VF Verteilfernamt 中心长途局
vF verwertbare Förderung 可用开采量
VF Videofrequenz 视频
v-F vor Einstellungsbereich 调节范围之外,超出调节范围
Vf. Vorfahrt 优先行驶权
VF Vorwärtsfahrt 向前行驶
VF Vulkanfiber 纤维板;硬化纸板
VfB Verein für Bürowirtschaft 行政经济管理协会
VFC VESA-Feature-Connector 视频电子标准协会高频特性连接器
VFO variable frequency oscillator 可变频率振荡器
VFR Sichtflugregeln 目视飞行调节
VfT Verkaufsvereinigung für Teererzeugnisse 煤焦油产品销售联合会
V. f. v. Vermittelungsstelle für Vertragsforschung bei der deutschen Forschungsgemeinschaft 德国研究联合会的合同研究代办处
VfVB Verwaltung für Volkseigene Betriebe 【前民德】国营企业管理局
VfVK Verband für Vermessungswesen und Kartographie DDR 【前民德】测量与制图联合会
VFW-Fokker Verenigte Flugtechnische Werke-Fokker GmbH 联合航空技术-福克公司
V. F. Z. Voreinflugzeichensender (导航)进场导航信号发送器
Vg Gruppengeschwindigkeit (波)群速(度)
Vg Gruppenverteiler 组合分配器;组合配线架
Vg. Höchstgeschwindigkeit 最大速度
Vg Schlauchventilgewinde 软管阀门螺纹
Vg Ventilgewinde 阀门螺纹
Vg. Vereinigung 联合会,协会;化合
VG very good 很好
VG Verzögerungsglied 迟延网络,迟延节
VG Vibrationsgalvanometer 振荡检流器
VG Vibrationsguss 振动浇铸
VG Viskositätsgrad 粘度指数
Vg. Vorgang 过程
VG Vorschubgetriebe 进刀传动装置;走刀传动装置
VGA viedo graphics array; Videografikbereich 视频图像阵列
VGA-Adapter viedo graphics array adapter 视频图像阵列适配器,维奇艾适配器
VGB technische Vereinigung der Großkraftwerksbetrieber 大型发电厂经营者技术协会
vgl vergleichen 参照,对照
Vgl. a. vergleiche auch 也参照
vgl. o. vergleiche oben 参照上述
Vgl. Z. Vergleichsziel 试射点
VGO vacuum gas oil 真空瓦斯油
Vgr. Vergaser 汽化器
v. Gr. von Greenwich 距格林威治……,从格林威治……
v. , g. , u. vorgelesen, genehmigt, unterschrieben 已经宣读、同意、签字
Vh Hauptverteiler 主分配器,主配电盘
VH hydraulische Vorschubantriebseinheit 进给液压传动部分
vH vom Hundert 百分之……
VHB Verkauf Hessischer Braunkohlen-Gesellschaft 赫森褐煤销售公司
VHD-Bildplattensystem 甚高密度幻灯片
Vhdlg. Verhandlungen 协商,谈判
VHE Virtual Home Environment 虚拟家庭环境
VhF Fernamtsverteiler 长途电话局分线架
VHF Meterwellenbereich 甚高频率范围,甚高频率段
VHF very high frequency/vielhoch Frenquenz 甚高频
v. h. n. v. von hinten nach vorn 从后至前
VHR Very High Resolution 甚高分辨率
VHS Video Home System 家用录像系统
VHS Volkshochschule 大众学院
VHS-C VHS-Compact 小型家用录像系统
VHS HQ VHS High Quality System 高质量家用录像系统
VHZ Volkseigene Handelszentrale 【前民德】国营贸易中心

V. i. intransitives Verb 不及物动词
v. i. vide infra 见后，参看后面
VI Viskositätsindex 粘度指数
Vi Vikunjawolle 骆马毛，骆马绒
VIA Verbundintiative Automobil 汽车联盟发起会
VIAG Vereinigte Industrie Unternehmungen AG 联合工业企业股份公司，菲亚格股份公司
VIAG Vereinigte Industrieunternehmen-Aktiengesellschaft 工业联合企业股份公司
Vid. vide-see 参阅
VIE Viskositätsindex-Extension 粘度指数延伸值
VIE 可变利益实体
Vierig Vierling 四管火炮
ViKiS Videokonferenz mit integriertem Simultandolmetschen 具有同声传译的视频会议
VIP vasoactive intestinal polypeptide 血管活性肠多肽
VIP Vereinigung der Industriefilmproduzent 工业胶卷制造商联合会，工业膜制品商联合会
VIP Very Important Person 重要人物，要员；贵宾，贵客
VIP video interface port 视频接口端口
VIP viral inhibitory protei 病毒抑制性蛋白
V. I. P. 真空隔绝板
VIS Variable Intake System 可调进气系统
Vis. Visier 瞄准具
Vis. Einr. Visiereinrichtung 瞄准装置
Visk. Visosität 粘(滞)性；粘度
Vis. L. Visierlinie 瞄准线，观测线
Vis. Sch. Visierschuss 瞄准射击
Vis. Sch. W. Visierschussweite 瞄准射击距离
VISS VHS Index Search System 家用录像索引搜索系统
Vis. W. Visierwinkel 观测角，高角，瞄准角
VITC Vertical Interval Time Code 垂直间隔时间码
Viz. Videlicet-namdely 即
VizeAdm. Vizeadmiral 舰队副司令
vj vierteljährlich 按季的
Vj. -Ber. Vierteljahresbericht 季度报告
Vj. 1 Vierteljahr 季(度)，三个月
VK Verbindungsschaltknopf 通讯开关按钮
VK Variabilitätskoeffizient 可变系数
Vk Vektorelektrokardiograf 心电向量图
VK Verbrennungskammer 燃烧室
VK Verbundkurbelsieb 复合曲柄振动筛
VK Vereinfach-Kontinuierlich 简化-连续地
VK Vergaserkraftstoff 气化器燃料
VK Verkehrskart 交通图
VK Verkehrskontrolle 交通管理
VK Verkehrskreis 流通范围
vk verkürzt 缩短了的
Vk. Verteilerkasten 分配槽，配电箱
VK Vollkaskoversicherung 运输工具全险
VK Vorderkante 前切削刃
Vk Vorkammer (柴油机)预燃室；(水力发电装置的)前室
VK Vorkammerverfahren 预热室法
VK Vorkante 前角；前缘；前棱
VK Vorkühler 预冷器
VKA Verbrennungskraftanlage 内燃机装置
VKA Vierkugelapparat 四球机(用于评价润滑油的润滑性能)
VKB Vollkern-Bahnisolator 铁道用实心绝缘子
VKB Vollkern-Langstabisolator 实心长棒绝缘子
VkeO Verkehrsordnung 交通规则
VKG Vektorelektrokardiografie 矢量心电图
VKG Verband der Kraftfahrzeug-Ersatzteil-und-Zubehör- Großhändler 汽车备件和配件批发商联合会
VKI Verband der Körperpflegenmittel-Industrie 保健品工业联盟
VKI Verein für Konsumenteninformation 消费者信息协会
VKI Von Karman Institut 【比利时】冯·卡门流体动力学研究所(属北大西洋公约组织)
Vkkh Verkürztekammerhülse 缩短的枪膛
VKL Vollkern-Langstabisolator 实心长棒绝缘子
VKL Vollkernisolator in Langstabausführung 长棒形实心绝缘子
vkL'spur verkürzte Leuchtspur 缩短了的曳光弹痕迹
VKm Vergaserkraftstoffmotor 汽化器燃料发动机
VKMin Verkehrsministerium 交通部
VKOM Vorwärmekammer-Originalmodell 预热室原型
VKS Vereinigung Deutscher Kraftwagen-spediteure 德国汽车运输者协会
VK-Stahl Vakuum-Stahl 真空钢
vkt vierkantig 四方形的，四边形的
VKU Verband kommunaler Unternehmen e. V. 地方企业联合会
VKW Vereinigte Kesselwerke AG 锅炉联合公司(杜塞尔多夫)
VL Veränderungsliste 变化清单
VL Verbindungsleitung 连接管道，连接导线
VL Verlängerungsleitung 加长线路
VL Verzögerungsleitung 延迟线

Vl Vierlenkerachse 四拉杆轴
VL vorderes Lot 前垂线
VL Vorzugslehrenlänge 最佳量规长度
Vla Verbundlenkerachse 复合拉杆轴
VLB VESA-Localbus VESA 本地总线
VLBI very long baseline interferometry 甚长基线干涉测量
VLC Variable Length Coding/Codierung mit variabler Wortlänge 可变字长编码
VLC Variable Lift Control 可变升程控制
VLD sichtbare Laserdiode 可见光激光二极管
VLdg Verbesserteladung 校正装药
VLDL Very-Low-Density-Lipoprotein 极低密度脂蛋白
VLF Großformat 大型,大尺寸
vlg. Vorläufig 暂时的,目前的
vll. Vielleicht 可能,或许
v. l. n. r. von links nach rechts 从左到右
VLP Video Long Play 密纹影碟
VLR Besucherdatei 访问用户数据
VLSI Very Large Scale Integration/Halbleitertechnologie 超大规模集成
VM mechanische Vorschubantriebseinheit 机械进给传动装置
VM Veränderungsmitteilung 变化通知书
vm. vermessen 测量;丈量
Vm Vermittlung 连接,接线,发射,发送,中继
VM virtuelle Maschine 虚拟机
VM Volksmarine 人民海军
V/m Volt/Meter 伏/米
v. M vorigen Monats 上个月
Vm. Vormittag 上午
vm. vormittags 在午前
VM 车载移动终端
VMC VESA-Media-Channel 视频电子标准协会媒体通道
VMC visual meteorological conditions 目视气象条件
VME Verstärkerungsmesseinrichtung 增益测量设备
VMI vendors'management inventory 卖主管理存货
Vmo viermotorig 四发动机的
VMPA Verband der Materialprüfungsämter 材料检验工作者联合会
VM-stoff Victor Meyer Stoff 维克多迈耶-材料
VN Veränderungsnachweis (土地)变动证明
VN Verbundnetz 联合电网
Vn Zwischenleitungsverteiler/intermadiate distributing frame 中间配线架
Vo Variationskoeffizient 变化系数
VO Verkehrsordnung 交通规则
VO Verordnung 指令,指示,命令,程序,规程
VO Verwaltungsoffizier 行政官员
VO Vollzugsordnung 贯彻实施细则
VoB Verband oberer Bergbeamten 采矿工业管理工作者联合会
VOB Verdingungsordnung für Bauleistungen 签订建筑工程劳务合同的条例
VOC Kohlenwasserstoffverbindung 碳氢化合物
VOC Stickoxid- und Emissionenflüchtiger organischer Verbindung 二氧化氮及挥发性有机化合物
VOC Volatile Organic Carbon 挥发性有机碳
VOC Volatile Organic Compounds/flüchtige organische Verbindung 挥发性有机化合物
VOCS 挥发性有机物
VOD vacuum oxygen decarburization 真空氧脱碳
VOD Video-on-Demand/brufdienst für Videofilme
VoD (VOD) video on demand/brufdienst für Videofilme 视频点播
VoDSL voice over digital subscriber line 利用数字用户线传输话音
VOE Verband oberer Augestellter der Eisen- und Stahlindustrie 钢铁工业高层职员联合会
VÖEST Vereinigte Österreichische Eisen- und Stahlwerke 奥地利钢铁联合公司
VoFvnk Vollzugsordnung für den Funkdienst 实施无线电服务的规定
VÖG Verein Österreicher Gießereifachleute 奥地利铸造专家联合会
VOG. vollautomatische ozeanographische Gerät 全自动海洋学仪器
VÖI Verband österreichischer Ingenieur 奥地利工程师协会
VoIP Internet-Telefonie 网络电话
VoIP Voice over IP/Übertragung im Internet 通过互联网传输声音信号
VÖKST Vereinigte Österreichische Eisen- und Stahlwerke 奥地利钢铁联合公司
VOL Verdingungsordnung für Leistungen 签订工程劳务合同的规则
Vol Volume 体积,容量;音量;卷,册
Vol. -% Volumen-% 体积百分比,容积百分比
Völkerk. Völkerkunde 人类文化学,民族学
volksetym. Volksetymologisch 民族语源学的
Volksk. Volkskunde 民俗学
vollaut vollautomatisch 全自动的
Vollbhf. Vollbahnhof 干线铁路车站
vollst vollständig 完备的,完整的;完全的,彻底的,充分的

VOLMET 飞机飞行中的气象报告
Vol. T. Volumenteil 体积分量,容积分量
Volvo Volvo Group of Companies 沃尔沃集团公司
VOR Vermessungsoberrat 高级测量顾问
vor. voraus 在前,优先
VOR VOR-Navigationssystem 甚高频全向信标导航
Vor. Vorrat 存料,存货,备用品,储备
Vorf. Vorfahrt 优先行驶权
Vorf. Vorfall 事件;事故
Vorf. Vorfeld 停机坪;前沿阵地;前部地带;准备阶段;前视场
Vorg. Vorgang 过程
Vorh Vorholer 火炮复进机构
Vork. Vorkommen 出现,存在;蕴藏
Vorl Vorlage 托板,扶手;接受器;原件,原图;方案
Vorl Vorlauf 预运转;进刀;初馏;超前
vorl. Vorläufig 暂时的,目前的
vorm. Vormals 从前,过去
Vorr. Vorrat 存料,存货,库存
Vorr. Vorrede 前言,写在前面的话
Vorr. Vorreinigung 预净化,粗洗
Vorr. Vorrichtung 装置,设备
Vorr. Sach. Vorratssachen 储备品
vors. vorsichtig 小心的,谨慎的
Vors. Vorsilbe 前缀
Vors. Vorsitzender 主席
Vorsch. Vorschriften 规章,规程;规范
vorschw. Vorschriftswidrig 违反规范的
Vorsig Vorsignal 预告信号
Vorst. Vorstadt 市郊,郊区
Vorst. Vorstecker 插销
Vorvers. Vorversuch 预试
v. o. T. vor dem oberen Totpunkt 在上死点之前
v. O. W. vom Oberwasser 自上游
Vp Verarbeitungsprogramm (信息)处理程序
VP Verkaufspreis 销售价格
VP Verkehrspolitisches Programm 交通政策规划
VP Verkehrspolizei 交通警察
Vp Verpackungsgeschoss 包封的子弹头
vP versenkte Aufbauten 下沉的建筑
Vp Versuchsprodukt 试验品
VP Versuchsprogramm 试验程序
VP Virtual Path/virtueller Pfad bei ATM 虚拟路径
VP Volkspolizei 【前民德】人民警察
VP Vollpublidation 全文发表,全文刊载
VpD Verarbeitung personenbezogener Daten 个人状况信息处理
VPDM virtual product development management 虚拟产品开发管理
Vp. -Fl. Vorpostenflottille 巡逻舰队
VpGesch Verpackungsgeschoss 包封的子弹头
VPI vapour phase inhibitor/Dampfphaseninhibitor 汽相缓蚀剂
VPK Verkehrstechnische Prüfungskommission 交通技术检查委员会
VPK Vermessung, Photogrammetrie, Kulturtechnik 测量,摄影测量,农垦(瑞刊)
VPM Vierpolmessgerät 四端网络测量仪器
VPN Virtual Private Network/vertrauliche Datenübertragung im Internet 虚拟专用网络,即在公用网络上建立专用网络的技术
VPRT Verband Privater Rundfunk und Telekommunikation/association of private broadcasting and telecommunications 私人广播电信协会
VPS vacuum pipe-still/Vakuum-Pipestill 减压管式蒸馏装置
VPS Video Programme System/Video-Steuerung zur zeitsynchronen Aufzeichnung 视频节目系统
VPT Videorecorder-Progrommierung mit Teletext/VCR Programming by Teletext 通过图文电视进行录像编程
VPV vereinfachter Pumpversuch 简易泵试验
VR vacuum residuum residue/Vakuumrückstand 减压渣油残渣
VR Verbrennungsregler 燃烧调节器
VR Verdampfter-Reaktor 蒸发反应器
VR Verdichtungsring 密封环,密封圈
VR Verhältnisregler 比值调节器
VR Vermessungstechnische Rundschau 测量技术评论
VR Vermessungswesen und Raumordnung 测量学与土地规划
VR Versuchs-Reihe 试验系列
VR virtual reality/virtuelle Realität 虚拟现实,虚拟显示
VR Volksrepublik 人民共和国
VR Vorstandsrat 理事会顾问
vrb. Verbessert 改善的,调质的
VRC vertical rendundancy check 垂直冗余校验
V. refl. reflexives Verb 反身动词
Vrel relative Verschiebung 相对位移
vrf. J. verflossenen Jahres 过去的一年
Vrg. Vergaser 气化器
Vrg. Vorgang 过程
VRIz Zusatzverstärker für Rundfunkleitungen

无线电广播线路附加放大器
VRL Verstärker für Rundfunk leitungen 无线电广播线路放大器
VRLh Hauptverstärker für Rundfunkleitungen 无线电广播线路主放大器
VRLhi Hilfsverstärker für Rundfunkleitungen 无线电广播线路辅助放大器
Vrm Vermerk 备注,备考
VRML Virtual Reality Modelling Language/ Programmiersprache zum Erstellen von 3D-Grafiken 虚拟现实建模语言
V. R. P. verkürztes Röhrchenpulver 短管状火药
Vrst. Vorstecker 插销
VRV Vor-Rückwarts-Verhältnis 定向天线系数,向前-向后比例
V-RV Vorwärts/Rückwärts-Verhältnis Antenne 定向天线系数
VRZ Vorwärts-Rückwärts-Zahler 双向计数器
VrzZt Verzugszeit 滞后时间,延迟时间;空转时间
VS Verbindungssatz 化合原理
VS Verdrehsicherung 扭转安全装置
VS Versicherungsschein 保险单
VS(**vs**) versus 相对照,相对立;或表示比赛等双方的对决,挑战,……对……
Vs Voltsekunde 伏特秒;韦伯(1 Vs=1 Weber)
Vs/A Voltsekunde je Ampere 伏特秒/安培
VSAT Very Small Aperture terminal; Satellitenempfangsanlage 甚小口径终端;卫星接收装置
VSB-AM vestigial sideband amplitude modulation 残留边带调幅
Vschr. Vorschriften 规程,规范,工作细则
V. Sch. W. Visierschussweite 瞄准射击距离
VSE Verband Schweizerischer Elektrizitätswerke 瑞士发电厂联合会
VSI Verband Schmierfett-Industrie 【德】润滑脂工业联合会
VSRT Verband Schweizerischer Radio und Televisionsfachgeschäfte 瑞士无线电和电视企业联合会
VSS Vereinigung Schweizerischer Straßenfachmänner 瑞士公路专家协会
VST Verband Schweizerischer Transportanstalten 瑞士运输机构联合会
Vst Verbindungsstöpsel 插塞,接线插塞
VST Vereinigung Schweizerischer Tiefbauunternehmer 瑞士地下工程企业主联合会
Vst Vergleichsstück 标准件,标准块规
VSt Vermittlungsstelle 中央电话局,电话总局
vst verstärkt 放大的,加厚的,变粗的
Vst versteigert 上升的,增加的
Vst Verteilungsstelle 配电室,配电箱,配电站
Vst Vordersteven 艏柱
VstHand Vermittlungsstelle mit Handbetrieb 人工操作中央电话局,人工操作电话总局
VStTW Telegrafiewählvermittlungsstelle 电报拨号交换局
VSTV Verband Schweizerischen Textilveredlungsindustrie 瑞士纺织染整工业联合会
VStW Vermittlungsstelle mit Wählbetrieb 自动维护电话局
VSVI Vereinigung der Straßenbau und Straßenverkehrsingenieure 公路建筑及公路交通工程师联合会
VSVT Verband Schweizerischer Vermessungs-Techniker 瑞士测量技术员联合会
VT Diesel-Elektrotriebwagen 柴油-电动车
V. t. transitives Verb 及物动词
VT Vergleichtest 对比试验
Vt. Verkehrstonnen 运输吨
VT Vermessungstechnik 测量技术
Vt. Viertel 四分之一
VT Vollpublikation 全文发表,全文刊载
V. T. Volumenteil 体积分量;容积分量
v. T. von Tausend 千分之几,千分率
VTA Vereinigung der Teer- und Asphaltmakadam herstellenden Firmen 焦油和沥青碎石路铺路公司联合会
VTC viscosity temperature coefficient/ Viskositäts-Temperatur-Koeffizient 粘度温度系数
VTCC Verein der Textilchemiker und Coloristen 德国纺织化学家与染色家协会
VTDI Verein Textildokumentation und Information e. V. 纺织文献与情报协会
VTG Verfahrenstechnische Gesellschaft 生产工艺技术协会
Vtl Viergelenk-Trapezlenkerachse 四活节梯形拉杆轴
vtl. vierteljährlich 每季度的,按季度的
VTL Vorläufige Technische Lieferbedingungen 临时交货技术条件
VTOL vertical take-off and landing (飞机)垂直起落
VTR video-tape-recorder 磁带录像机
VTZ Verteerungszahl 焦油值
VU Videoumschalter 视频转换开关
VÜ Vorübertrager 输入变压器
vulg. Vulgär 粗俗的,庸俗的
vulgärlat. Vulgärlateinisch 通俗拉丁语的
vulk. Vulkanisiert 硫化的
v. u. n. o. von unten nach oben 由下向上
VUW vereinfachtes Umspannwerk 简易变电站

VV Verkehrsvorschriften 交通规则
Vv Verwaltungsvorschrift 管理规程
v. v. vice versa/umgekehrt 反之亦然
VV Videoverstärker 视频放大器
v. v. vollkommen verdichtet 完全闭封的,密闭的
V/v 体积比
VVB Vereinigung Volkseigener Betriebe 【前民德】国营企业联合会
VVD Volkswagen Versicherungs-Service 大众汽车保险服务公司
VVG Versicherungsvertragsgesetz 保险合同法
VVG Verwaltung Volksseigener Güter 【德】国营货物管理局
VVK Verwaltung des Vermessungs-und Kartenwesen 测绘局
VVL variable Verzögerungslinie 可变延迟线
V. V. M. T. S. Vereinigung Volkseigener Maschienen und Traktorenstationen 【前民德】国营机器和拖拉机站联合会
VVS Variable Ventilsteuerung 气门控制变量
V. w. Visierwinkel 高角;瞄准角
VW Volkswagen 大众汽车
VW Volkswagenwerk AG 德国大众汽车股份公司
VW Vorwähler 预选器,寻线器
V. W. Vorwerk 田庄,庄园
VwGO Verwaltungsgerichtsordnung 行政法院条例
VwO Verwertungsordnung 使用规则
VWO Vorwärmofen 预热炉
VWS Versuchsanstalt für Wasserbau und Schiffbau 水工建筑与船舶工程研究所
VwVfG Verwaltungsverfahrensgesetz 行政程序法
VZ Verseifungszahl 皂化值,皂化价
VZ verteilerlose Zündung 无分点盘点火
VZ Verzahnung 装齿轮;啮合,齿耦合
V. Z. Verzögerungszünder 延迟引信
VZ Verzoner 区域提纯器
VZ Verzweigung 支路,分路;分接,分线;分裂
VZ Vorauszahlung 预付款
VZ Vorzeichen 符号,标记
VZ Vorzugszünder 优选引信
Vz Zwischenverteiler 中间配线架
VZB Vertikalzunderbrecher 立式脱鳞机
VZO Vereinfachte Zusammenstellungsoriginal 简化的装配原图,装配简图

W

W Arbeit 功;工作
W Energie 能,能量
w lichte Weite 净宽,内径,净距
μw Mikrowatt 微瓦(特)
W mit Wälzlagereinsatz 装有滚动轴承的
W nach Sonderverfahren erblasener Stahl 特种方法吹炼钢(标准代号)
w spezifische Arbeit 比功
w waagerecht/in Wannenlage 水平的,卧式的
W Waffe 武器;(复数)武装部队
W Wagen 车辆
W Wähler 选择器,拨号盘,导线机
w Walz 辊轧……;轧制……
W Wärme 热
W Wärmeaustauscher 热交换器,换热器
W Wärmemenge 热量
W Wärmeübertragung 热传递,传热
W Wärmeverbrauch 热耗
W. Warte 天文台,气象台;瞭望台,观察台
W Wasser 水
W Wasserhaltung 排水区域,排水设施
W. A. Wasserkraftanlage 水电站;水力发电装置
W Wasserspülung 水冲洗,(抽水马桶的)水箱设备
W Wasserstand 水位,水平面,水准
W Wasser-Zementwert 水和水泥的比,水灰比
W Watt 瓦(特)(功率单位与辐射通量单位)
W Wattmeter 瓦特计,功率表
W Weber 织造工;韦伯(磁通量单位)
W Wechsel 交换,变换
W Wechselspannung 交流电压
W Wechselstrom 交流电
W weich 加工特别软和韧的材料(刀具代号);软的
W Weiche 道岔
W Weicheisenkern 软铁心
W Weichenüberwachungskontakt 道岔自动转换开关的触点
W Weiß 白色
W Weite 宽度
W Welle 波;轴
w Wendel 螺纹;螺旋线
W Werfer 迫击炮;投射器

W　Werkstoff　材料
w　Werkstück　工件
W　Werkzeug　工具；刀具
W　Werkzeugbau　工具生产；工具制造
W1　Werkzeugstahl 1. Gütegrad　一级的、高质量的工具钢(标准代号)
W2　Werkzeugstahl 2. Gütegrad　二级的、质量好的工具钢(标准代号)
W3　Werkzeugstahl 3. Gütegrad　三级的、降低质量的工具钢(标准代号)
W　Wert　值，价值；重要性，意义；价格
W　Westen　西(方向)，西部
W　Wetterstrecke　通风巷，通风平巷
W　Whitworth-Feingewinde　英制细牙螺纹，惠氏标准细牙螺纹
W　Wichte　比重
W　Widerstand　阻力；抗力；电阻；阻抗；电阻器
W　Widerstandsmoment　阻力矩
W　Wiese　草地，牧场
W　Windfrisch-Stahl　吹炼钢(钢的标准代号)
W　Windkessel　气室，气包，储气器
w　Windungszahl　扭转数；匝数；线圈数
W　Winkelmast　(线路)角杆
W　Wirk　作用……；影响……
w.　wirklich　实际的，有效的
w　Wirkungshalbmesser　作用半径
W.　Wissenschaft　科学
W　Wolfram　钨
W　Wolle　羊毛
W　Wortzähler　字计数器
W12　Zwölfzylinder-W-Motor　12 缸 W 形发动机
wa　aus weichem Zustand ausgehärtet　从软态中时效硬化的
Wa　Waffen　军械，武器
wa　warmausgehärtet　高温时效的，热固化的
WA　Wärmeaustauscher　热交换器；换热器
WA　Wasseraufnahme　吸水
WA　Wasseraufnahmevermögen von Isolierstoffen　(绝缘材料的)吸水能力
Wa　Wasserfläche　水面，水平面
WA　Wasserkraftanlage　水力发电设备
WA　Wellenform-Analyser　波形分析仪
WA　Werksangehöriger　工厂员工
WA　Wertanalyse　数值分析
WA　Wiederaufarbeitung　后处理
WA　Winkel-Abspannmast　(长途线路)双撑角杆
WA　Wissenschaftlicher Ausschuss　科学委员会
WA　Wort vom Arbeitsspeicher　来自工作存储器的字
WA　Wort zum Arbeitsspeicher　去工作存储器的字
WAA　Wiederaufarbeitungs-Anlage　后处理装置
WAAS　Wide Area Augmentation System　广域增强系统
WAB　Wechselaufbau　可更换结构
Wabo　Wasserbombe　深水炸弹
WABP　weight average boiling point　重量平均沸点
waf　wasser- und aschefrei　无水无尘的；不含水和灰分的
Waf.　Wasser- und aschefreie Kohlensubstanz　不含水和灰分的碳物质
Waff Bl　Waffelblech　网纹钢板
Wag.　Wagen　车辆；汽车；车厢，车皮；床鞍，滑座，托架
WAG　wild ass guess　瞎猜
Wagen/M. S　Wagen pro Mann und Schicht　车数/工班
Wag. -Nr　Wagen-Nummer　车辆编号，车厢编号
wahrsch.　wahrscheinlich　可能的，概率的
WAIS　wide area information server　广域信息服务器
WAN　wide area net/Fernnetzwerk　广域网
WAN　wide area network/Weitverkehrsnetz　广域网，长途通信网
WANA　Wagennormenausschuss　车辆标准化委员会
Wandst.　Wandstärke　壁厚
Wanz　Wellenanzeiger　波长表；振荡检察器；检波器
WAO　Wissenschaftliche Arbeitsorganisation　科学劳动组织
WAP　wireless application protocol　无线应用协议
WarzBl　Warzenblech　凸圆点花纹钢板，滚压薄板
WAS　waschaktiver Stoff　洗涤活性剂，表面活性剂
WAS　waschaktive Substanzen　活性洗涤剂
WAS　Web Attached Storage　网络附属存储器
Wäss　wässrig　水状的；含水的
WaStrG　Bundeswasserstraßengesetz　联邦河道法
WAT　Walzenanfangstemperatur　开轧温度
WATEN　波浪"倾向"报告
WAUSD　Wärmeausdehnung　热膨胀
WAV　Wasserabscheidevermögen　脱水能力，去水能力
WAVES　大于 9.75 米的浪高报告
Wavo　Wasservorwärmer　水预热器
WB　Breitbett　宽河床；宽机架
WB　Wählbatterie　选择电池

W. B. Wasserballast 水压载;压舰用水
WB Wasserbombe 深水炸弹
Wb, Weber 韦伯(磁通量单位)
Wb Weißbach 魏斯巴赫(通风)阻力单位,等于1公斤·秒^2/米^3
WB Werkbericht 企业报告
WB Wide Base 宽基极
WB Wirkungsbereich 有效范围,作用范围
WB Wort vom Arbeitsspeicher 由工作存储器读出的字
Wb. Wörterbuch 词典,字典
WBC 白细胞
WBC 尿白细胞计数
Wbf Wertbrief 保价信
Wbh Wasserbehälter 水箱,贮水器
WBK Waffenbesitzkarte 武器或枪械持有卡或证
WBK Wahrbereichskommando (大)军区司令员
WBK Wahrbezirkskommando (省)军区司令员
WBK-Methode Wentzel-Brillouen-Kramers-Methode 文采尔-勃利柳恩-克拉美尔法,薛定谔方程的解决方法
Wbl Werknormblatt 工厂标准活页
WBN Werk für Bauelemente der Nachrichtentechnik 电信技术元件厂
WBS Warenbegleitschein 发货票,装箱单
WBS Wetterbeobachtungssatellit 气象观测卫星
WBS Wetterbeobachtungsschiff 气象观测船
WBz. Walzbronze 轧制青铜
WC water closet 盥洗室,厕所
Wc Wolframkarbid 碳化钨
WCARRD Weltkonferenz über Agrarreform und Ländliche Entwicklung 农业改革和乡村发展世界会议
WCS writeable control store 可写控制存储器
WD Wächter des Druck(e)s 压力继电器
WD Waschwasserpumpe, doppelströmige 双侧吸入式排水泵
Wd Wasserdamm 水坝,水堤
wd wasserdicht 不透水的,防水的,水封的
WD Werksdirektor 厂长
WD Westdeutschland 西部德国,西德;德国西部
WD Wirkungsdosis 有效剂量
WDC World Data Centre 世界数据中心
Wddu Wasserdampfdurchlässigkeit 水蒸气透过性
WDG Gesetz über den Deutschen Wetterdienst 德国气象服务法
Wdg Windung 匝,匝数
WDK Wächter des Druck(e)s mit Kolben 柱塞式压力继电器
WDM Wächter des Druck(e)s mit Membrane 薄膜式压力继电器
WDM Wavelength-Division-Multiplexing 波(长)分(割)复用
WDR Westdeutscher Rundfunk 西部德国无线电广播(台)
WdSS Widerstandsdraht mit Seide isoliert 丝包绝缘电阻丝
Wdst Wandstärke 壁厚
Wdst. Kr. Widerstandskraft 阻力,抗力
Wdst. Zentr. Widerstandszentrum 阻力中心
WE einströmige Waschwasserpumpe 单侧吸入式洗涤水泵
WE Wärmeeinheit 热量单位
WE Warmgasextrusionsschweiß 热气挤压焊接
We Weiche, elektrische 电分向滤波器(跨越装置,预选器,转换设备)
WE Weide 草地;牧场
WE Wetterungseinflüsse 大气作用,大气影响
WE whatever 无论什么,无论如何
WEA Windenergieanlage 风能发电设备
WEB Wareneingangsbescheinigung 到货验证书
Web. Weberei 织造,织造工艺,纺织厂,织布厂
Wefo Werkstofforschung 材料研究
WEG Wirtschaftsverband Erdölgewinnung 采油工业经济联合会
Wegw Wegweiser 路标
Weichm. Weichmacher 增塑剂;软化剂;软化器
Weing Weingeist 酒精
WEK Windenergiekonverter 风能转换器
WEL Weiße Edelmetall-Legierungen 白色贵金属合金
Well Bl Wellblech 瓦楞铁皮
WEM Waffenentgiftungsmittel 武器消毒剂
WEP Wareneingangsprüfung 货物进厂检验
WER Werkstatteinrichtung 车间设备
Werf. Werfer 迫击炮;投射器;幻灯
WERKIN Volkseigene Betriebe für Werkzeuge und Instrument 【前民德】国营工具及仪表企业
Werkst. Werkstatt 工场,车间
Werkst. Werkstoff 材料,原料
Werkst. Korros. Werkstoffe und Korrosion 材料与腐蚀(德刊)
WEST West European satellite triangulation/Westeuropäische Satellitentriangulation 西欧卫星三角网
WESZ westeuropäische Sommerzeit 西欧夏令时间
WET Walzendtemperatur 终轧温度

Wett. D. Wetterdienst 气象服务
Wett. Kw. Wetterkraftwagen 气象车
WEU WesteuropäscheUnion 西欧联盟
WEZ Wärmeeinflusszone 热影响区
W. F. Wagenfähre 车辆轮渡,车辆渡船
W. F. Wahrscheinlichkeitsfaktor 概率系数
WF Warmgasfächelschweiß 鼓入热气焊接
Wf Wartefeld (电话局)指挥台,控制台
Wf. Wasserfall 瀑布
wf wasserfrei 绝对干的;无水的
WF Werk für Fernmelde 长途电话制造厂
WF Werk für Fernmeldwesen 电信设备制造厂
WFA Wählerfernamt 人工接线自动拨号长途台
Wff Trg Waffenträger 武器载运车
Wfgr Werfergranate 迫击炮弹
Wfk Wurfkörper 抛射体
WFM Wanderfeldmagnetron 行波磁控管
WFM Weichenfreimelder 道岔未占信号装置
WFR Wanderfeldröhre 行波管
Wfs Wasserstoffschweißen 氢气焊接
W. F. S Wegfolgesystem 跟踪系统
WFSW World Federation of Scientific Workers 世界科学工作者协会
WFÜ Weichenfahrwegüberwacher 道岔驶离监控器
WFV Weltfunkvertrag 世界无线电广播条约
W. F. Z. Westeuropäische Zeit 西欧时间
WG Waage 天平,秤,秤重装置
Wg. Wagen 车,车辆
WG Wassergehalt 含水量;含湿量;水份
WG Wechselstromgenerator 交流发电机
Wg Wege 道路,线路
Wg Weingarten 葡萄园
WG Widerstandsgeber 阻抗发送器,电阻发送器
WG Wissenschaftliche Gesellschaft 科学协会
WG working group 工作组
W. G. Wurfgerät 发射装置,发射仪
WGAMS World Gravity Anomaly Map Series 世界重力异常图系列
WGB Weltgewerkschaftsbund 世界工联
Wgeh wassergehärtet 水中淬硬的
WGK Wassergefährdungsklasse, Wassergefährklasse 水险等级
Wgl. Wagenladung 车辆载重
WGL Wissenschaftliche Gesellschaft für Luftfahrt 【德】航空科学协会
WGLR Wissenschaftliche Gesellschaft für Luft und Raumfahrt e. V. 【德】航空和航天科学学会
Wgm Wagenmeldung 车辆报告
Wgr. Wurfgranate 迫击炮弹,榴弹
Wgr Nb Wurfgranate-Nebel 发烟迫击炮弹
WgrPatrLp Wurfgranate-Patrone für Leuchtpistole 信号枪发射弹
WgrZ Wurfgranatenzünder 迫击炮弹引信
WGS World Geodetic System 世界大地测量系统
WGSG Working Group for Satellite Geodesy 卫星大地测量工作组
WGT Weichengruppentaste 转辙器组合按钮
WG-Verfahren CO2-Wasserglas-Verfahren 二氧化碳水玻璃法
wh walzhart 轧后自然冷却状态的
Wh Wattstunde 瓦(特)-小时
WHF-Verfahren wide die heavy blow forging method 宽砧强力压下锻造法
WHG Wasserhaushaltsgesetz 水分平衡法则
WHHL WHHL-Kaninchen 遗传性高血脂兔子
WHIT Whitworth-Spezialgewinde 英国惠氏标准特殊螺纹
WHITE White Motor Corporation 怀特汽车公司
WHO World Health Organization/Weltgesundheitsorganisation 世界卫生组织
W. H. W. Winterhochwasser 冬汛,冬季洪水
W. H. W. Winterhochwasserstand 冬季高水位
WI Wachingenieur 值班工程师
Wi Widerstand 电阻,阻抗,阻力,变阻器
Wi Wirtschaft 经济
WI Wirtschaftsingenieurwesen 经济工程学
WIBNI wouldn't it be nice if 果真如此该多好
WID Wirtschafts-Informations-Dienst 经济情报服务
WIG Wolfram-Inertgas-Schweißverfahren 钨极惰性气体保护焊
Wi-Fi wireless fidelity 一种短距离高速无线电数据传输技术
WIM Wall-Ironing Machine/Abstreckpresse 制饮料罐机,罐壁烫压机
Wink. Winkelmast (线路)角杆
WIPO Weltorganisation für geistiges Eigentum 世界知识产权组织
wirtsch. Wirtschaftlich 经济的
Wirk. -Sch. Wirkungsschießen 有效射击
WIS Werkstoff-Informationssystem 材料信息系统;塑料数据库
WIS Wolfram-Inertgasschweißen 钨极惰性气体保护焊
WiSp Winkelspiegel 光学直角器,角形透镜,角形反射镜
Wiss. Wissenschaft 科学
wiss. Wissenschaftlich 科学的

Wissth. Wissenschaftstheorie 科学理论
Wi/Wa Scheinwerferwaschanlage 刮水/喷洗系统;前照灯清洁器(带或不带刮水器)
WjD Wirtschaftsjahresdurchschnitt 经济年度的平均值
WK Wanderkarte 徒步旅行地图
WK Wasserkraft 水力
WK Wasserrohrkessel 水管式锅炉
WK Wecker 振铃,电铃,闹钟
Wk Werk 工厂
WK Wetterkarte 天气图
WK Wetterkühler 矿井大气冷却装置,调节器
Wk Wurfkörper 抛射体
WKA Wasserkraftanlage 水力发电厂,水力装置
WKD Wirbelkammer-Dieselmotor 涡流室式柴油发动机
Wkg. Wirkung 效应;反应;影响;作用
wKh weite Kammerhülse 宽的箱式套筒
WKM Wissenschaftliche gesellschaft für Kraftfahrzeug- und Motorentechnik 汽车及发动机科技协会
Wkr. Wirkkraft 有效力,作用力
WKS Weltkoordinatensystem 世界坐标系,全球坐标系
W. K. V Wasserstraßenkreuzungsvorschriften 水路交叉规程
WKW Wasserkraftwerk 水力发电站
WL Wachleiter 警卫队长
WL Wartelampe 等待指示灯
WL Wasserlinie 吃水线
WL Weichenlagerelais 道岔位置检查继电器
WL weiter Laufsitz 松转配合
w. l. wenig löslich 不易溶的
w. L. westlicher Länge 西经(度)
WL Wurfladung 减装药
WLA Walzlosanfang 轧制批开始
WLA Weichenlageanschalter 道岔位置开关
WLB wecksellastungsbetrieb 交变负载运行
WLE Walzlosende 轧制批结束
WLP Weichenlageprüfer 道岔位置检查装置
Wltg Wasserleitung 输水管道,排水渠,自来水管,水管
WLZ Wärmeleitfähigkeitsmesszelle 导热性测量光电元件;热导率测量光电管
WM Wächtermelder 控制装置(电磁继电器,监视装置)报警器
WM Waffen und Munition 武器和弹药
WM Walzwerksmotor 轧机电动机
W. M. Waschmaß (织物)洗后尺寸
WM weather message 气象电报
WM Wechselstrommotor 交流电动机
WM Weichmacher 软化剂,增塑剂
WM Weißmetall 减摩合金,抗摩合金,巴比合金,白合金
WM Weltmeister 世界冠军
Wm Werkmeister 工长,班长
WM Werkzeugmaschine 机床
WM Wettermodell 通风网路模型,通风模型
WM Widerstandsmaterial 电阻材料
Wm Widerstandsmoment 阻力矩
W. M. Winkelmesser 测角器,量角器,角规,分度规
WM Wirtschaftsmotor 经济发动机
W. M. Wurfmine 迫击炮弹
wmf wasser- und mineralstofffrei 不含水和矿物的
Wmf. Wasser- und mineralstofffreie Kohlensubstanz 不含水和矿物的碳物质
WMF Windows Meta File 视窗元文件,WMF文件
WML Wireless Markup Language 无线标记语言
WMO Weltorganisation für Meteorologie 世界气象组织
WMO World Meteorological Organization 世界气象组织(属联合国)
WMW Werkzeugmaschinen und Werkzeuge 机床和工具(前民德机床制造管理局的代号)
WMZ Wurfminenzünder 迫击炮弹引信
WN Werknorm 工厂标准,厂标
W. Nr Werknummer 工厂编号
WNr Werkstoffnummer 材料编号
WNW Westnordwest 西北偏西
WO Wachoffizier 值班军官
W/Ö Wasser-in-Öl-Emulsion 水油乳液
w. o. weiter oben 上述,如上所述
wö wöchentlich 每周一次的
WOP werkstattsorientierte Programmierung 面向车间的编程
WORM write once, read many (multiple) 写一次,读多次
WOT Werkzeug-Oberfläche-Temperatur 工具表面温度
WOTY Word of the Year 年度词汇
WÖV Wasser-Öl-Verhältnis 水-油比例
WOZ wahre Ortszeit 真地方时
WP Warschauer Pakt 华沙条约
WP Wasserbesatzpatrone 水封炸药筒
Wp Wasserpumpe 排水泵
WP Wechselplatte 更换式磁盘
Wp Wendepol 辅助极,整流极,中间极,换向极
WP Werkstoffprüfung 材料试验,材料检验
WP White Phosphorus 白磷(燃烧弹)

WP Wirtschaftspatent 经济专利
WP Wolfram-Schutzgasschweißen 钨极气体保护电弧焊
W. P. Würfelpulver 正立方体药粒火药
W-PAN persönliches Funknetzwerk nach dem W-PAN-Standard 符合W-PAN-标准的无线个人域网
WPC World Power Conference 世界动力会议
W-PE Weich-Polyäthylen 软聚乙烯
WPG Word Perfect Graphics 字形完美图像格式,WPG格式
WPK Wagenprüfkarte 车辆检验卡
WpM Worte pro Minute 每分钟字数,字数/分钟
WPS Plasmastrahlschweißen 等离子体束焊接
WPS Warschaupakt-Staaten 华沙条约国
WPS Wellen-Pferdestärke 轴功率(马力)
WPS Word Processing System 文字编辑系统
WPT Wegpunkt 路标
WPV Weltpostverein 世界邮政联盟
WQ WQ-Formstück 有凸耳的弯管
WR Rohkohlenwert 每采一吨煤中商品煤的出量,每吨原煤费用
WR Wagenrücklauf 字盘退回(纸页式电传打字机);倒车
WR Wasserstandregler 水位调节器
Wr Wechselrichter 逆变器,反向换流器
WR Wehrmacht-Rundfunk 军用无线电广播
WR Weltrekord 世界纪录
WRA Wasserrückkühl-Anlage 回水冷却装置
WRAM Windows-RAM 视窗随机存取存储器,视窗RAM
WRC World Rallye Car 世界拉力赛车
WRDR Wellenrunddichtring 轴环形密封圈
Wrf Werfer 迫击炮;(火箭,信号弹)发射筒
Wrfk Wurfkörper 抛射体
WRG Wärmerückgewinnung 热量回收,废热回收
WRS Weckselrichter-Steuersatz 逆变器成套操纵装置,振动子换流器触发装置
WRT with respect to 关于
WRV water retention value 水分保持值,含湿量
WS Wahlschalter 选择开关
WS Wärmeschutz 热防护;绝热
WS Warteschaltungstaste 等候线路电键
Ws Wassergasschweißen 水煤气焊接
W. S. Wassersäule 水柱;水头
W. S. Wasserseite 上游面,迎水面
Ws Wattsekunde 瓦特秒
WS Waveshaping 波形形成;非线性失真;非线性相位失真
Ws Wechselspannung 交流电压
Ws Wechselstrom 交变电流,交流电
WS Weichenschalter 道岔起动继电器
WS Weichenstörungstaste 道岔区段出现故障时道岔移动按钮
WS Weltraumstation 宇宙站;空间站
WS Werkzeugstahl für Sonderzwecke 特种用途的工具钢(标准代号)
WS Wetterschacht 风井
WS Wintersemester 冬季学期
WSA Wirtschafts- und Sozialausschuss 经济及社会理事会
Wschl Weichenschloss 道岔锁闭器
WSD Wasser- und Schiffahrtsdirektion 航运管理局(处)
WSF Wirbelschichtfeuerung 流化燃烧床
WSI Wirtschaftsvereinigung der Schweißtechnischen Industrie 金属焊接工业经济协会
WSK Wandler-Schaltkupplung 变矩器换挡离合器
WSL Wirbelstromläufer 涡流转子
Wsp (W. SP.) Wasserspiegel 水面,水位,地下水位
WSP Wiederholungssperre 重复阻塞
wss. wässerig 水的,水状,含水的
Wss Widerstandsschweißen 电阻焊接;电阻接触焊
WSS Windows Sound System 视窗声音系统
Wst. Werkstatt 车间,工厂
WST Werkstattsteuerung 车间控制
W. Str. Wasserstraße 水路;海峡;航道
WStw Wärterstellwerk 维护工集中控制站
WSV Wasser- und Schiffahrtsverwaltung 航运管理局(处)
WT Wärmetauscher 热交换器
W. T. Wassertiefe 水深
W. T. Wasserturm 水塔
w. t. water-tight/wasserdicht/wasserundurchlässig 密封的;不透水的;防水的
WT Wechselstromtelegraphie 交流电报
WT Weichentaste 转辙按钮
WT Weichentastenrelais 转辙按钮继电器
Wt weight 重量
WT Werkstückträger 工件托盘
W. -T. Wickeltrommel 小绞轮;卷线轴,卷筒
Wt Wolle-Typ 毛型化纤,羊毛类型
WTA wireless telephony application 无线电话应用
WTB Welttemperaturbereich 世界温度(分布)区域
W. T. B. Wissenschaftlich Technisches Büro für

Kraftmotorenbau 汽车发动机制造业科学技术局
WTG Wissenschaftlich-Technischen Gesellschaft 科学技术协会
WTG (f) GPK Wissenschaftlich-Technische Gesellschaft für Geodäsie, Photogrammetrie und Kartographie 大地测量、摄影测量和地图学科学技术学会
wtgs. Werktags 工作日
WTO world trade organization 世界贸易组织，简称世贸组织
WTP Westtaschenpistole 袖珍手枪
WtQu. Wetterquerschlag 通风横向巷道
W. -Tr. Wassertransport 水路运输
WTZ Wissenschaftlich-Technische Zusammenarbeit 科学技术合作
WÜ Weichenüberwachungsrelais 道岔控制继电器
w. u. weiter unten 继续向下
w. ü wie üblich 如常的；和其它一样的
w. u. wie unten 如下所述
W. u. G. Waffen und Gerät 军械和技术器材
WÜK Wärmeübergangskoeffizient 导热系数
Wulst FL Wulstflachstahl 球头扁钢(标准代号)
W. u. M. Waffen und Munition 武器与弹药
Wumag (WUMAG) Wagen- und Maschinenbau-Gesellschaft 【德】车辆机器制造公司
WÜP Wagenübergabepunkt 车辆收发站
Wurfk. Wurfkörper 抛射体
Wurfldg Wurfladung 减装药
W. U. Z. (WUZ) Wärmeübergangszahl 传热系数；导热系数
WV Wählvermittlung 拨号接线，自动电话局
WV Warenverzeichnis 商品目录
WV Wärmeverbrauch (kcal/PSh) 燃料消耗量(千卡/马力小时)
WV Weichenverschlussrelais 道岔闭合继电器
Wv. Weiterverwendung 再利用；重新使用
w. v. wie vorstehend 如前(所述)
WVA (W. V. A.) Wirtschaftsverband Asbest 石棉经济协会
Wvbergbau Wirtschaftsvereinigung-Bergbau 矿山工业经济联合会
WVF Wert einer Tonne verwertbarer Förderung 每吨商品煤开采成本
WVT water vapour transmission 水蒸气透过性
WW Waffenwerkstatt 军械修配厂
W. W. Waldwärterhaus 护林所
Ww Warmewasser 热水；温水
W. W. Windwarte, Wetterwarte 气象站
WWF 世界自然基金会
W. Wir Wasserwirtschaft 计划用水(指饮用水和工业用水的计划管理)
WWR Wärmewertreserve 热值储备
WWSSN World Wide Standardized Seismograph Network 全球标准地震台网
WWT waste water treating 污水处理
WWW World Wide Web 万维网，环球信息网
WWW World Weather Watch 世界天气监视网
WYSIWYG What You See Is What You Get 所见即所得
Wz im Walzzustand 轧制状态
WZ Verseifungszahl 皂化值
WZ Wählzeichen 拨号音，拨号符
WZ Warenzeichen 商标
WZ Warmgasziehschweiß 热气体拖焊
WZ Wasserzeichen 水印，水面反射信号
W/Z Wasser-Zement-Verhältnis 水灰比
WZ. Weltzeit 格林威治时间
WZ Wurfgranatzünder 迫击炮弹引信
w. z. b. w. was zu beweisen war 要证明的就是
W. Z. F. Wasserzementfaktor 水灰比
WZG Warenzeichengesetz 商标法
Wzg. Werkzeug 工具，刀具
WzL Werkzeuglehre 工具样板，对刀样板
WzN West zu Nord 西偏北
WzS West zu Süd 西偏南

X

X Blindwiderstand 电抗，无功电阻
X extra 超出，在……之外
X Halogen 卤素
X Hochwert X 坐标
X Xenon 氙
X X-Formstück 平面法兰盘端盖
Xao Xanthosin 黄(嘌呤核)苷
XBT 抛弃式深海温度测量仪
XC kapazitiver Blindwiderstand 容性电抗，容抗
XE Siegbahnsche Einheit; X-Einheit X 射线单位(测量 X 射线波长的单位)
Xe 氙
Xerok. Xerokopie 静电复制

X EV-DO 1X Evolution Data Only 1X 增强-数据

XG Extended General MIDI Standard 扩展的通用音乐设备数字接口标准,扩展通用 MIDI 标准

XGA Extended Graphics Array 扩展图像阵列

X gew X gew-Formstück 凸面法兰盘

XJ1 Tonnen pro Tag 吨/日

XL induktiver Blindwiderstand 电感性电抗,感抗

XM Extended MIDI Standard 扩展的音乐设备数字接口标准

XMS Extended Memory Specification 扩展内存规范;扩展的存储器规格

XO extra old 白兰地规格,窖藏 40 - 75 年

XPS extruded polystyrene/Extruderschaum 挤塑聚苯乙烯(泡沫板)

XPS Röntgenphotoelektronen-SpektroskopieX 射线光电光谱学

X-Ray Röntgenstrahl X 射线;伦琴射线

XTE Kursversatz 路线偏差,航向偏差

XU x-unit X 单位(伦琴射线波长单位)

XXL extra extra large 服装尺码符号,表示特大号

Xyl Xylose 木糖;苄基纤维素

XYZ Xaviera Yolanda Zeilenzwirn 原型软件用户,恐技术用户

Y Durchbiegung 挠度,弯曲

y Japanischer Yen 日元(日本货币单位)

Y sauer 酸性的(代号)

Y saueres Futter 酸性炉衬

Y Sauerstoffaufblasstahl 氧气顶吹转炉钢(标准代号)

y Scheinleitwert 视在导纳

Y why 为什么

Y Yellow 黄色

Y Y-Formstück Y 形三通(管件)

Y Y-Koordinate Werte Y 坐标值

Y Yokto 幺(克托)

Y Yotta 尧(它)(1 尧(它) = 10^{24})

Y Yttrium 钇

YA yet another 又一个

YAA yet another acronym 还有另外缩写

YAG yttrium aluminium garnet 钇铝石榴石

YAG-Laser yttrium aluminium garnet laser 钇铝石榴石激光器

Yb Ytterblum 金属元素镱

YBC 中国青年创业国际计划

YD Stern-Dreieck 星形-三角形连接

Yd. Yard 码(1 Yd. = 91.44 cm)

YIG yttrium iron garnet 钇铁石榴石

yL 分区通话费计算器

YMC Yellow, Magenta, Cyan 黄色,洋红,蓝绿色

YMMY your mileage may vary 你的情况可能不一样

YOYO 间歇性耐力测试

YR YR-Formstück Y 形异径三通

y-St 中央电话局,电话总局

YSZ Yttria-Stabilized zirconium dioxide 钇稳定化的二氧化锆

YWIA you are welcome in advance 预先表示欢迎

YYOW you own your own words 你得为自己的话负责

Z

Z Impedanz 阻抗

Z Materialinformationszentrum 材料情报中心,材料消息中心

Z Ordnungszahl 顺序号,原子序数

Z Protonenzahl 质子数

Z Scheinwiderstand 视在阻抗

Z Schleuderguss 离心铸造;离心铸件

Z Störgröße 干扰量,干扰参数,扰动量

Z Stoßzahl 冲击系数

Z Zähigkeit 粘度;韧性

Z Zähigkeitskoeffizient 粘度系数

Z Zähler 计数器,计算机;仪表(尤指电度表、煤气表等)

Z Zählrate 计数速率

Z Zahn 牙齿;齿
Z Zapfenwellenantrieb 动力输出轴驱动
Z Zeche 煤矿,矿井
Z Zeichen 记号;标志
Z Zeichnung 制图,绘画;签字,签署
Z. Zeile 行
Z Zeitschrift 杂志,期刊
Z Zeitung 报纸
Z Zellulose 纤维素
Z Zellwolle 粘胶短纤维
Z Zement 水泥
Z Zenit 天顶
Z Zentrale 中央,中心,总厂,总站;连心线
Z zentrifugal 离心浇铸的(标准代号);离心的
Z Zentrum 中央,中心
Z Zepto- 仄(10^{-21})
z. zerlegbar 可拆的,可分离的,可分开的
Z Zerlegung 扫描,析像;分析,分解,分离;分光,色散
Z Zero 零
z. zersetzlich 可分析的;可分解的
Z. Zersetzung 分析;分解;锐变
Z Zerstörer 驱逐舰,重型歼击机
Z Zerstörungswert 破坏值;损坏值
Z. Zeuge 证人
Z. Zeugnis 证件,证明
Z Z-Formstück 带凸缘法兰管接头
Z ziehbar 适于拉伸的,可拉伸的,可拉拔的(钢的标准代号)
Z ziehbarer Stahl 可延伸的钢制品
Z Ziehstößel 拉伸滑枕
Z. Ziel 目标;靶;目的,任务,对象
Z Ziffer 数字,号码;系数
Z. Zimmer 房间,室
Z. Zitat 引证,引文
Z. Zoll 吋;关税
Z Zone (地)带,区(域);波带;晶带
Z Z-Profil 之字型材,Z 字型钢
Z Zug 拉力,拉延,引力,通风;列车
Z zugeführt 供给的,导出的,导入的
Z Zugisolator 耐张力绝缘子,拉线绝缘子
Z Zugkraft 拉力,牵引力,抽力
Z Zugkraftwagen 牵引车
Z Zündelektrode 触发电极,点火极
Z Zünder 雷管,引燃管,点火器,导火物;点火者
Z Zündpunkt 燃点,点火瞬间;发火点
Z. Zusammensetzung 成分,组成,化合物
Z Zusatz 附加,添加
Z Zustandsfunktion 状态函数
Z Zweiphasenstrom 二相电流
ZA Zahlungsabkommen 支付协定;付款协定
ZA Zahlungsanweisung 汇票,支票,汇单
ZA Zahnarzt 牙科医生
ZÄ Zahnärztin 女牙医
ZA Zentralabteilung 中央机关
ZA Zentralamt 总局,中央局
ZA Zentralarchiv 中心档案室
ZA Zentralausschuss 中央委员会
ZA Zinsabkommen 利息协定
Za Züge mit Auswerfer 有堆料器的拖车
ZA Zündanode 点火阳极
Za Zündapparat 起爆器,发火装置,点燃装置
z. A. zur Abholung 供选用
z. A zur absoluter Reinheit 至绝对纯
z. A. zur Ansicht 供试看
z. A. zur Anwendung 供使用
ZA Zusatzabkommen 附加的协定
Za Zwillingsarbeitskontakt 对偶工作接点
za Zwillingsarbeitskontakt Relais 双闭路接触点
ZAA Zentralanmeldeamt 中央专利申报处
ZAB Zeitungsausschnittbüro 剪报办公室
ZAB Zollamt am Bahnhof 车站海关
ZabfO Zollabfertigungsordnung 验关规定
ZAE Zentrum für arbeitsbedingte Erkrankungen 职业病中心
ZAED Zentralstelle für Atomenergie-Dokumentation 原子能文件汇编中心站
ZAG Zeitansagegerät 报时机
ZAG Zentralarbeitsgemeinschaft 中心工作小组,中心研究小组
ZAGG Zentrale Arbeitsgruppe Geheimnisschutz DDR 【前民德】中央保密工作小组
Zahl. Zahlungen 支付,付款
Zahl. -Bef. Zahlungsbefehl 支付指令
Zahlm. Zahlmeister 出纳员,军需官,会计
zahlr. Zahlreich 无数的,众多的
Zahlst. Zahlstelle 会计处,出纳处,缴款窗口
Zahl. -Term. Zahlungstermin 支付期限,支付日期
ZAHV zusätzliche Alters- und Hinterbliebenenversorgung 附加的养老金和对死者家属的照顾
ZAK Zentrale Ausführkontrolle 德国出口商品检验中心
ZAK Zentrum für Angewandte Kommunikationstechnologie 通讯应用技术中心
ZA-kl Zielaufklärung 目标识别
ZAM Zentrum für Angewandte Mikroelektronik der Bayerischen Fachhochschulen 巴伐利亚高等专科学校微电子应用中心
ZAM Zweiseitenband-Amplitudenmodulation 双边带调幅

ZAMG Zentralanstalt für Meteorologie und Geodynamik Österreich 【奥】气象学和地球动力学中央研究院

ZAMM Zeitschrift für Angewandte Mechanik und Mathematik 应用力学和数学杂志

ZAMOR Zentrum für ambulante und mobile Rehabilitation 门诊和流动康复中心

Z. angew. Chem. Zeitschrift für angewandte Chemie 应用化学杂志(德刊)

z. Anst. zur Anstellung 供聘用,供录用

ZAnw Zahlungsanweisung 汇票,支票,汇单,邮政汇票

ZAPO Zulassungs-, Ausbildungs- und Prüfungsordnung 允许、培训和检验规定

ZAPP Zentrum für Arzneimittelinformation und Pharmazeutische Praxis 药剂信息和制药检验中心

ZAS Zentrale Anzeigenstatistik 中心广告统计

ZAS Zylinderabschaltung 灭缸,某一气缸不工作

ZASt zentrale Abrechnungsstelle 中心票据交换所

ZASt zentrale Aufnahmestelle 中心摄影点,中心验收点

ZASt Zollaufsichtsstelle 关税检查站

ZAT Zentralverband Ambulanter Therapieeinrichtungen 巡回医疗设备总会

Z-Aufkl Zielaufklärung 目标识别

ZAV Zentralstelle für Arbeitsvermittlung 职业介绍中心站

ZB Zentralbatterie 中央蓄电池;共电蓄电池;话局蓄电池

z. B. zum Beispiel 如,例如,比如

ZB Zusatzbestimmung 附加规定

ZB Zwischenbasisschaltung 共基极接法;共基极电路;基极接地电路

Z. B. Zwischenboden 隔层

ZB Zwischenbodengeschoss 中间层

ZB Zwischenförderband 中间输送带

Zba Zusammenfassung betrieblicher Anordnungen 生产规程汇编

Z. Bergrecht Zeitschrift für Bergrecht 矿山法杂志(德刊)

ZBF Zugbahnfunk 【德】列车无线电台

ZBI Der Zentralverband Berufsständischer Ingenieurverein 职业工程师协会总联合会

Zbr. Zubringer 给料器,输送器;通向高速公路的马路;交通车

Zbr Zweidraht 双线

ZBV Zentralstelle für Bahnstromversorgung 铁路电力供应中心站

z. b. V. zur besonderen Verwendung 特种用途的,特殊用途的

ZBX zinc butyl xanthate 丁基黄酸锌,橡胶用硫化促进剂

ZCB Cementcylindrische Bombe 水泥圆柱体炸弹

Z. Chem. Zeitschrift für Chemie 化学杂志(德刊)

Zchg. Zeichnung 绘图;设计图;图样;签字;签署

Zchn. Zeichen 符号,字符,标志

Zd Zeitdrucker 时间打印机

ZD Zenerdiode 齐纳二极管,稳压二极管

Z. D. zone description 时区编号,时区标号

Zd Zünder 雷管,电雷管,电引爆剂,放炮器,引信

z. D. zur Disposition 供布置,供排列

ZD Zwangsdurchlauf 强制循环

ZDA Zentrale Direktionsabteilung 中央指导部门

z. d. A. zu den Akten 归档

ZDAW Zentralausschuss der Agrargewerblichen Wirtschaft 农业经济中央委员会

ZDDP Zinkdialkyldithiophosphat 二烷基二硫代磷酸锌(添加剂)

ZDE Zentrale Dokumentation Elektrotechnik 中央电气技术文件汇编

ZdEi Zentralverland der Elektrotechnischen Industrie 中央电气技术工业联合会

ZDF Zweites Deutsches Fernsehen 德国电视广播第二频道

Zdg Zündung 点燃;点火

Z. d. g. G. (**Z. Dtsch. Geol. Ges.**) Zeitschrift der Deutschen Geologischen Gesellschaft 德国地质协会期刊

Zdh. Zündhölzer 火柴

ZDH. (**Zdh.**) Zündhütchen 点火雷管

ZDI Zentralverband Deutscher Ingenieure 德国工程师中央联合会

ZDK Zentralverband deutsches Kraftfahrzeuggewerbe 德国汽车业中央联合会

ZDL Zentralausschuss der Deutschen Landwirtschaft 德国农业中央委员会

ZdL Zweidrahtleitung 平行双导线,双线(制)线路

Zdl (d)g. Zündladung 点火剂,引火药,传爆药

ZdldgB Zündladungsbüchse 传爆药筒

zdm Zentralverband Deutscher Milchwirtschaftler 德国牛奶经济师中央联合会

Zd. Mitt. Zündmittel 点火具,点火器材

ZDN Zentrum zur Dokumentation von Naturheilverfahren 自然疗法文件汇编中心

Zdr Zweidraht 双导线

ZdSchn Zündschnur 导火线，引爆线
Zdschr. Zündschraube 点火螺钉
ZdschrFu Zündschrauben Futter 点火螺旋卡盘
Zd. St. Zünderstellung 引信装定
ZdSt Zünderstreuung 离散点火，离散起爆
ZDTP Zinkdialkyldithiophosphat 二烷基二硫代磷酸锌
ZdV Zündverbindung 点火连接
ZDW Zentralamt des Deutschen Wetterdienst 德国中央气象(服务)局
Zdw. Zündwaren 易燃品
ZE Zahlungseinstellung 停止付款
ZE Zählwerkseinheiten 计数器装置
ZE Zein 玉蜀黍蛋白
ZE Zeinfasern 玉蜀黍蛋白质纤维
ZE Z-Eisen Z 字钢
Ze Zellulose-Typ Elektrode 纤维素型焊条
ZE Zentraleinheit 中央处理机，中央处理部件，中央处理单元，主机(包括处理器和存储器)
ZE Zentraleinheit ohne Arbeitsspeicher 不带存储器的中央处理机，基本中央处理单元
Ze Zentraleinspritzung 中央喷油
ZE Z-förmige Eisen Z 形钢
z. E zum Exempel 例如
z. E. zur Einsichtsnahme 供审阅
ZE Zusatzerreger 附加激励器
Z. E. Zyklotron-Einheit 回旋加速器单元
z. ebn. E. zu ebener Erde 在地面(高度)，在底层
ZEEP Zero Energy Experimental Pile “零”功率实验堆(加拿大)
ZEF Zentrum für Entwicklungsforschung 开发研究中心
ZEG Zentrale Einkaufsgemeinschaft 中央采购联盟
zeitgen. Zeitgenössisch 同时代的，当代的，现代的
Zeitl. Zeitlohn 计时工资
zeitl. Zeitlos 不受时代限制的，永恒的
Zeitungsw. Zeitungswesen 报业
zeitw. Zeitweilig 暂时的，短时的，有时
zeitw. Zeitweise 一时的，暂时的，有时
Zeitw. Zeitwert 折旧后的价值
ZEK zentrales Entwicklungs- und Konstruktionsbüro 中央开发和建设办公室
ZEK Zentralexekutivkomitee 中央执行委员会
ZEL Zentralersatzteillager 中央备件库
zem. Zementiert 渗碳的；硬化的；胶结的
ZEN Zentraleuropäisches Dreiecksnetz 中欧三角网
Zentr. Zentrale 中央，中心；总部，总厂；中央局，总局；连心线
zentr. Zentralisiert 集中(的)
Zentr. Zentralismus 中央集权制，集中制
zentr. Zentralistisch 集中的，集中制的
zentr. Zentriert 定中心的，对中的
zentrif. Zentrifugal 离心的
zentrip. Zentripedal 向心的
ZentrW Zentrierwulst 定心凸缘
Zer Zerspanbarkeit 可切削性；切削加工性能
zerfließl. Zerfließlich 潮解的
Zerl. Zerleger 自爆器，自炸装置；扫描器(电视)；析像器；分析器
ZerlZ Zerlegungszünder 自炸引信
Zers Zersetzung 分析；分解；蜕变
zers. Zersetzbar 可分解的，可裂解的
zers. zersetzend 分解的，裂解的
zers. zersetzlich 分解的，裂解的
Zerschl. Zerschlagung 分割，瓜分；击破，击碎
Zerspr zersprengt 散失的，杂乱的
Zerst Zerstaüber 喷雾器，喷射器
Zerst Zerstörer 驱逐舰，重型歼击机
Zerst. Zerstörung 损坏，破坏
Zerst. F. Zerstörungsfeuer 破坏性火灾
zerstr. Zerstreut 散射的，弥散的，漫射的，分散的
Zerstr. Zerstreuung 散射，漫射；发散，扩散；色散
Zertr Zertrümmerung 破坏，毁灭；分裂，裂变
ZEV Zero Emission Vehicle 零污染汽车，零排放汽车
ZEW Zentrum für Europäische Wirtschaftsforschung Mannheim (曼哈姆)欧洲经济研究中心
ZF Zeitforschung 年代学，编年史研究
ZF Zentrifuge 离心机，分离器
ZF Zero-Frequency 零频
ZF Zielfernrohr 光学远距离瞄准具，瞄准镜，瞄准筒，瞄准望远镜
ZF-4 Zielfernrohr 4-fach 步枪四倍瞄准镜
Zf Ziffer 数字；指数
zF zu Fuß 步行，徒步
Zf Zugangsfaktor 接近系数
Zf Zugführer Bahn (铁路)火车司机
Zf. Zinsfuß 利率
Zf. Zufahrt 驶向，马路，通道；入口，门口
Zf. Zufuhr 供给，补给，供给品
z. F. zur Folge 引起(造成)……的结果
Zf. Zusammenfassung 概要，文摘
ZF Zwischenfrequenz 中频
ZFA Zentral-Fachausschuss 中央专业委员会
ZFD Zeitschrift für Datenverarbeitung 数据处理杂志
z. F. d. W. zur Förderung der Wissenschaft 为了促进科学

ZFES Zwischenfrequenzendstufe 中频末级(放大)
Z. f. F Zentrale für Funkberatung 无线电技术咨询中心
ZfG Zentrale für Gasverwendung 煤气应用中心
ZfG Zentralinstitut für Gießerei 中央铸造研究所
Z. F. Gew. Zielfernrohrgewehr 带瞄准镜的步枪
Z. -Fl. Zielflug 无线电导航飞行
Z-Flottille Zerstörerflottille 驱逐舰队
zfr. Zinsfrei 免息的,免租金的;免税的
Zfs Zentralstellung für Standardisierung 中央标准化总局
ZfS-Kohle Zentralstelle für Standardisierung-Kohle 煤炭工业标准化总局
ZFU Zentralstelle für Fernunterricht 函授中心站
ZfV Zeitschrift für Vermessungswesen 测量学杂志(德刊)
ZFV Zwischenfrequenzverstärker 中频放大器
ZG Zahlengeber 数字电码脉冲发送器,电码发送器,键控脉冲发送器
ZG Zapfengelenk 铰接
ZG Zentralgerät 中央控制仪器
ZG Zentrifugenguss 离心铸造
ZG Zollgesetz 海关法
ZG Zugabe 余量;附加物
Zg. Zugang 通路,接近,增益,接触
ZGD Zollgrenzdienst 边境海关检查所
ZGDV Zentrum für Grafische Datenverarbeitung Darmstadt 图形数据处理中心(达姆施塔特)
ZGF Zentralstelle für Geo-Photogrammetrie und Fernerkundung 【德】地球摄影测量与遥感中心
Zgf. Zugführer 列车长
Zgh. Zugehörigkeit 属性
ZgHs Zeughaus 军械库,武器库
Zgkw. Zugkraftwagen 牵引车
Zgkw. Zuggeländekraftwagen 越野牵引车
Zgkw-Dienst Zugkraftwagen Dienst 牵引车服务
Zgl Ziegelei 砖瓦厂
zgl. Zugleich 同时,共同,同样
Zgm Zugmaschine 牵引机,拖拉机
z. g. R. zur gefälligen Rücksprache 经满意的磋商
z. gr. T. zum großen/größten Teil 大部分/极大部分
zgs. Zusammengesetzt 联合的,组合的,符合的
zgst. zusammengestellt 配合的,汇编的,装配的
ZgT Zahlengebertaste 电键;按钮电键
ZGV Viskosezellgarn 胶质多孔网;胶质网状线
ZGV zentrale Gasversorgung 中央供气
ZGW Zentralamtsgruppenwähler 总局组合拨号盘;总局组合选择器
ZH Zentralheizung 中心加热
Zh Ziegenhaar 山羊毛
Zh. Zielhöhenwinkel 目标仰角,目标高度角
ZH Zifferhöhe 字高,字体高度
z. H. zuhanden 致,交……亲启
z. H. zur Hälfte 一半
z. H (d). zu Händen 某某人收
zhlr zahlreich 无数的,大量的
z. H. v. zu Händen von 某某人亲启
ZI Zählimpuls 计数脉冲
ZI Zeiss Ikon 蔡司-依康光学仪器厂
ZI Zifferumschaltung 数字转接
ZI Zimmer 房间,室
Zi Zisterne 槽,油罐车,槽车
ZIAC Zentralinstitut für Anorganische Chemie 无机化学中央研究所
ZIAS Zentralinstitut für Arbeitsschutz 劳动保护中心研究所
Ziel. -F. Zielfernrohr 光学瞄准具,瞄准镜
Zielgev. T. Zielgevierttafel 正方形瞄准板
Zielgew Zielgewehr 次口径步枪
Zielmun Zielmunition 次口径弹药
ZIF Zentrallaboratorium für Fernmeldetechnik 通讯技术中心研究所
ZIG Zählimpulsgeber 计数脉冲发送器
ZIG Zentralinstitut für Gießerei 【前民德】中央铸造研究所
ZIGUV Zentrales Informationssystem der gesetz-lichen Unfallversicherung 法定的事故保险中央信息系统
Zim. Zimmer 房间,室
Zi. m. fl. w. u. k. W. Zimmer mit fließendem warmem und kaltem Wasser 备有冷热自来水的房间
ZIMT Zentral-Institut für Medizintechnik 医疗技术中央研究所
zinsl. Zinslos 免税的;免息的;免租金的
ZIOC Zentralinstitut für Organische Chemie 有机化学中央研究所
Zip Zukunftsinvestitionsprogramm 未来投资计划
ZIPC Zentralinstitut für Physikalische Chemie 物理化学中央研究所
ZIPE Zentralinstitut für Physik der Erde 【前民德】中央地球物理研究所

zirk. zirkular 循环的;圆形的
ZIS Zentralinstitut für Schweißtechnik 焊接技术中心研究所
zit. zitieren 引证,引用
ZITD Zentralinstitut für Information und Dokumentation 中央情报和文献研究所
Zi.-Temp. Zimmertemperatur 室温
ZK Zeitkontrolle 时间控制
ZK Zentralkatalog 总目录
ZK Zugangskontrolle 访问控制,存取控制
ZK Zugkrafteinheit 牵引力单位
Zk Zündkerze 火花塞
z. K. zur Kenntnis nahme 获悉,供阅
zk. Zurück 向回,返回,后退
ZK Zwischenkühler 中间冷却器
ZK Zylinderkopf 缸盖
ZKB Zimmer, Küche, Bad 房间,厨房,浴室
ZKBB Zimmer, Küche, Bad, Balkon 房间,厨房,浴室,阳台
ZKBS Zentrale Kommission für biologische Sicherheit 生态安全中央委员会
ZKD Zylinderkopfabdichtung 气缸盖密封垫
ZKF Zentralverband Karosserie- und Fahrzeugtechnik 车身和汽车技术中央联合会
z. K. g. zur Kenntnis genommen 获悉某事
ZKG Zylinderkarbelgehäuse 气缸体
ZL Zahlengeberlampe 数字电码脉冲发送器灯;电键灯
ZL Zahllast 计费负荷,限带负荷
Zl Zentralamtsleitung 电话总局线路
ZL Zentrallabor [atorium] 中心实验室
Zl. Ziel 目标,目的,靶,范围,期限
z. l. ziemlich löslich 相当可溶的
Zl Zinklegierung 锌合金
ZL Zughackenlader 耙式装载机
ZL Zündleitung 爆破导线,点火导线,放炮导线
ZL Zusatzleistung 附加功率
ZL Zusatzlenker 辅助拉杆
ZL Zusatzliste 附加明细表
ZL Zwischenlager 中间仓库
ZL Zwischenlandung 中途降落(或着陆)
ZLD Zentralstelle für Luftfahrtdokumentation 【德】航空文献中心站
ZLdgB Zündladungsbüchse 传爆药筒
ZLDI Zentralstelle für Luftfahrtdokumentation und-Information 【德】航空文献与资料中心
ZLF Zentrallaboratorium für Fernmeldetechnik 通讯技术中心实验室
ZlG Zählimpulsgeber 计数脉冲发送器
Zm. Zahlmeister 会计,出纳员
Zlg Zerlegung 扫描,析像;分析,分解,分离;分光,色散
ZLM Zündlichtschalter 点火开关;点火电闸
ZLU Zentrum für Logistik und Unternehmensplanung 后勤和管理计划中心
Zm Zeitmaß 计时单位;时间标准
Zm Zeitmessung 时间测定
ZM Zement 水泥
ZM Zementmörtel 水泥砂浆
ZM Zugmaschine 拖拉机,牵引机
Zm Zugmeldung 铁路信号
ZM Zwischenmodulation 相互调制;内调制
ZMBH Zentrum für Molekulare Biologie Heidelberg 海德尔堡分子生物学研究中心
ZMD Zentrum für Mikroelektronik Dresden 德累斯顿微电子研究中心
ZMF zahnmedizinischer Fachassistent (in) 牙医专业助理医师
ZMF Zentrale Marktforschung 市场研究中心
Zmo zweimotorig 双发动机的;双电动机的
ZMR Zentrale Messwertregistrierung 测量值记录中心
ZMS Zweimassenschwungrad 双质量飞轮,双惯量飞轮,双配重飞轮
ZMV zahnmedizinischer Verwaltungs-assistent (in) 牙科管理助理医师
Z. m. V. Zünder mit Verzögerung 延时引信
ZMX Zeitmultiplexer 时分复路器
ZmZ Zünder mit Verzögerung 延期引信
ZN Zahlungsnachweis 付款证明
Zn. Zeichen 记号,信号,符号,字符,标志
Zn. Zeitnahme 时间测量,工时测定,工时标定
ZN Zeitnorm 时间标准
ZN Zimmernummer 房间号
Zn Zink 锌
z. N. zum Nachteil 造成不利,构成缺点,不利的方面
Zn. Zunahme 增加,生长,增益
ZN Zweigniederlassung 营业所,分行,支店
Z. Naturforsch. Zeitschrift für Naturforschung 自然研究杂志(德刊)
ZnDTP Zink-Dialkyl-dithiophosphat 二烷基二硫代磷酸锌
ZNIIGAiK Das Zentrale Wissenschaftliche Forschungsinstitut für Geodäsie, Photogrammetrie und Kartographie 【前苏联】中央大地测量、摄影测量和地图学科学研究院
ZNL Zenit-und Nadirlot 双向精密光学垂准仪
ZnO Zinkoxid 氧化锌
Z. Nr. Zeichnungsnummer 图号
ZNS Zentralnervensystem 中枢神经系统
ZNT Zentrum für Neue Technologien 新技术中心
z. N. v. zum Nachteil von 造成不利,构成缺点

Zo Zusammenstellungsoriginal 编绘原图
ZOB Zentraler Omnibusbahnhof 公共汽车中心车站
ZOE Zero Oxyde Eau "零"功率重水反应堆，"卓娅"反应堆(第一个法国反应堆)
ZollG Zollgesetz 关税法，海关法
ZollT Zolltarif 关税税则
ZÖNU Zentrum für Ökologie, Natur-und Umweltschutz 生态学、自然和环境保护中心
Zool. Zoologie 动物学
Z. P. Zielpunkt 瞄准点
ZP Zusatzpatent 附加专利权
Z. phys. Chem. Leipzig Zeitschrift für physikalische Chemie 莱比锡物理化学杂志(前民德期刊)
ZPL Zebra-Programmiersprache 策博拉编程语言，斑马编程语言
ZPO Zivilprozessordnung 民事诉讼条例，民事诉讼规则
ZPS zerstörungsfreies Prüfsystem 无损检验系统，无损探伤系统
ZPV Vor-und Zwischenpompversuch 泵的初试和中间试验
Zr Zirkonium 锆
Zr Zwillingsruhekontakt 对偶静止触点
ZR Zwischenraum 间隔，空隙，空白
ZRA Zeiß-Rechenautomat 蔡司自动计算机
ZRA zentrale Reparaturabteilung 中心修配站
Zra Zwillingsruhe-Arbeitskontakt 对偶静止-工作接点
ZRW zentrale Reparaturwerkstätte 中心机修厂
ZS Zielsprache 目标语言，译文语言
z. S. zur Sache 别离正题，言归正传
z. S. zur See 海外，海军，水路
Zs. Zusage 答应，允诺
zs. Zusammen 总计，总共
zs. Zusammen 共同，一起，共计
Zs. Zusammensetzung 成分，构成
Zs. Zusätze 掺杂物，添加物，附录，补充
Zs. -Ausr. Zusatzausrüstung 附加装置
Zsb Zusammenbau 安装，装配；汇编
Zsb Zusammenbauteil 组件
ZSB Zweiseitenbandbetrieb 双边带工作制
Zsb. 组装图
Z/sek Zoll je Sekunde 寸/秒
Zsfg. Zusammenfassung 摘要，概述
Zsfg. Zusammenfügung 接合，拼合
zsges. Zusammengesetzt 装配在一起的，由……组成的
zsgest. Zusammengestellt 排在一起的，编制的
Zshg. Zusammenhang 关联，关系
ZSi Zwischensicherung 中间熔丝，中间熔断器
ZsL Zweigleitung 分支线；分支管道；支路
zs. m. zusammen mit 和……一起
ZSP Zwischenspeicher 中间存储器，缓冲寄存器，暂存器
ZSS Zeichnungsstammsatz 工程图，基本记录
Z-St Zugstanze 拉深模
Z. St. M. Zünderstellmaschine 引信定位机
ZSW Zentrale Spezial-Werkstätte 中央专门机修厂
ZT Zähltaste 计数按键；计数按钮
ZT Zentraler Takt 中央节拍
ZT Zieltext 译文
ZT Zimmertemperatur 室温，常温(一般指25℃)
z. T. zum Teil 部分，一部分
ZT Zündtransformator 点火变压器
ZT Zusatz-Transformator 辅助调压变压器
ZT Zwangstrennungstaste 强制分割电键
ZTA-Schaubild Zeit-Temperatur-Austenitisierungs-Schaubild 时温奥曲线图
ZTDSt Zentral-Telegrafendienststelle 电报总局
ZTG Zeittaktgeber 时间测量脉冲发生器，时间节拍发送器
ztl. Zeitlich 非永恒的，受时代限制的
ztl. Zeitlos 永恒的，不受时代限制的
ZTL Zweistrom-Turbinen-Luftstrahltriebwerk 双路涡轮喷气发动机
Ztn. Zeitnahme 时间测量，工时测定，工时标定
Ztn. Zeitnehmer 定时继电器，工时测量员
ZT/R Regelzusatztransformator 辅助调压变压器
Ztr Zeitrechnung 时间计算
Ztr Zentner 担(德国重量单位，1 ztr = 50 kg)
z. tr. H. zu treuen Händen 交可信赖的人
Ztr. verb. Zutritt verboten 禁止入内
Ztsch. f. Angew. Geol. Zeitschrift für Angewandte Geologie 应用地质学期刊(德刊)
Ztschr. Zeitschrift 杂志，期刊
Z-TSt Zentral-Telegraphenstelle 中央电报局，电报总局
ZTU Zeit-Temperatur-Umwandlung-Schaubild 时间-温度转变图
ZTU-Schaubild Zeit-Temperatur-Umwandlungs-Schaubild 时间温度转变图
ZTV zusätzliche technische Vertragsbedingungen/Vorschriften 附加的技术合同条件/规定
Ztw. Zeitenwende 历史时期的转折点，公元
ztw. Zeitweilig 暂时的，短时的，有时
ztw. Zeitweise 暂时的，短时的，有时
Ztw. Zeitwert 折旧价

Zt. Z. Zeitzünder 定时引信
ZtZdschn Zeitzündschnur 定时导火索(导火线,引爆线)
z. u. zeitlich untauglich 暂时不合适
Zu Zugriff 取数,存取,访问
Zü Zugüberwachung 列车运行的调度控制
Zü. Zünder 引信
z. U. zur Unterschrift 签署
zU zur Untersuchung 供研究,以便研究
Zu Zusammensetzung 成分,组成;组合,合成;组合物,化合物
ZU Zwangsumlauf 强制循环
Z. Ü. Zwischenübertrager 中间变压器,隔离变压器
Zub. Zubehör 附件,配件
Zubr. Zubringer 给料器,输送器
Zuf. Zufall 偶然事件,意外故障
zuf. Zufällig 意外的,偶然的,随机的
zuf. Zufolge 依据,按照
Zuf. Zufuhr 供给,补给,输送,供应品
Zug. Zugabe 附加物,余量
Zug. Zugang 入口,通道,进入
zug. Zugänglich 可进入的,能达到的,易接近的
Zug Zugriffszeit 存取时间
zugel. zugelassen 允许,准许,许可
zuget. zugeteilt 分配的,分派的,委派的
zugew. zugewandert 移来的,迁入的
zui. zulässig 许可的,允许的
Zul. Zulassung 允许,批准
zul. Abw. zulässige Abweichung 允许偏差
Zündw. Zündwaren 火柴,打火机等
zur. Zurück 向后,返回,退回
zus. zusammen 总共,总计
Zus. Zusammenhang 联系,关系
Zus. (Zszg.) Zusammensetzung 成分,组成;组合,合成;组合物;化合物
Zus. Zusatz 附加;添加;附加物
zus. Zusätzlich 附加的,追加的
Zus. -Best. Zusatzbestimmungen 附加的规定
zus. ges. zusammengesetzt 合成的,组成的
ZusKart Zusatzkartusche 辅助推进剂
ZusLdg Zusatzladung 补加充电
ZusSprLdg Zusatzsprengladung 装药,雷管装药
Zust. Zustand 状况,状态
Zus. z. Pat. Zusatz zum Patent 补充专利
Zus. z. Zus. Zusatz zum Zusatz 附录的附录
ZuT Zuschaltetaste 接通按钮
zuz. zuzüglich 补加,另加,附加,加上,包括
ZV Zentralverriegelung 中央闭锁装置,中央集控锁,电动门锁
z. V. zum Vorteil 有利的方面
ZV Zündverzug 点火延迟,点火滞后
z. V. zur Verfügung 听支配,供使用
ZVEI Zentralverband der Elektrotechnischen Industrie 中央电气技术工业联合会
Z. Vermessungsw. Zeitschrift für Vermessungswesen 测量学杂志
ZVG Zwangsverstergerungsgesetz 强制拍卖法
ZVK Zentrale Vorratskommission 中央储量委员会
ZVS Zeichnungsverwaltungssystem 工程图管理系统
ZW Zellwolle 人造毛;粘胶短纤维
ZW zentrale Wasserspülung 轴向冲洗
ZW Zentralwerkstatt (矿山)中央机修厂
zw. Zwar 虽然
Zw. Zweck 目标,目的;宗旨
zw. Zwecks 为了
ZW Zweiweg 全波
zw. Zwischen 在……之间
ZWA Azetatzellwolle 醋酸粘胶短纤维
zw. d. L. zwischen den Loten 垂线之间,铅垂线之间
ZWF Zement-Wasser-Faktor 水灰比
ZWG Zweiweggleichrichter 全波整流器
Zwillings-MG Zwillingsmaschinengewehr 双联装机枪,双管机枪
Zwillsk Zwillingssockel 双联插座
ZwittFz Zwitterfahrzeug 半履带式车辆
ZWK Kupferzellwolle 铜质粘胶短纤维
ZwL Zwillingslafette 双联装火炮炮架
Zw. P. Zwillingspunkt 辅助三角测量点
Zw. P. Zwischenpunkt 中间点;插点
ZwPA Zweigpostamt 邮政支局
Zw. Prod. Zwischenprodukt 中间产物
ZWS zirkulierende Wirbelschicht 循环流化床
ZWSF zirkulierende Wirbelschichtfeuerung 循环流化床燃烧
ZwSk Zwillingssockel 双联插座
ZwSu Zwischensumme 部份和,中间和,(中间)合计
ZWT Triazetatzellwolle 三乙酸酯粘胶短纤维;三醋酸酯粘胶短纤维
ZWT Zwischenwärmeaustauscher 中间换热器
ZWV Viskosezellwolle 粘胶短纤维
z. w. V. zur weiteren Verwendung 供继续使用
Z Wzs Zweiwalzenbrecher 双辊破碎机
ZY Zylinderform 圆柱形
Zyi Zylinder 圆筒;柱体;汽缸;磁鼓,磁道圆筒
Zyk Zyklus 周期,循环
ZYK Zykluszeit 周期;循环时间
zykl. Zyklisch 环形的,圆形的
Zyl. -Dmr. Zylinderdurchmesser 汽缸直径,汽

缸内径

ZylVerschl Zylinderverschluss 汽缸闭锁

ZZ Zerlegungszünder 自炸引信

Z-Z Zickzack 锯齿形;之字形,Z 字形

Zz Zinszahl 利率

ZZ Zonenzähler 区域计数器

ZZ Zugzünder 导线引信

ZZ Zündzeitpunkt 点火时间,发火时间

z. Z.(Zt.) zur Zeit 现在;目前

Zz Zylinderzahl 气缸数

ZZB blanke wasserdichte Pulverzündschnüre 裸露的防水导火索

ZZE Zeichenzähler-Eingang 符号计数器输入

Z. Z. E. Zeigerzieleinrichtung 指示瞄准具,指示瞄准装置

ZZG geschützte wasserdichte Pulverzündschnüre 有保护层的防水导火索

zzgl. zuzüglich 加上,包括

Z/Zl Zeichen/Zeile 字符/行

ZZST Zeichenzählersteuerung 符号计数器控制

ZZT geteerte Pulverzündschnüre 涂沥青的导火索

ZZW weiße Pulverzündschnüre 白色导火索

ZZZ Zeitzonenzähler 电话时区计数器

附录一　关于缩写词和缩略词

缩写词和缩略词是两类不同构词方式的词类。西文词语的缩写形式，在目前主要分为缩写词、缩略词和国际公认的标准化缩写词三大类。而在中文中与之相应的，也可分为缩写词、缩略词、西文字母缩写词及西文字母开头的缩写词。

一、西文缩写词

1. 特征

1）文本上是缩写形式，但应当念全称，比如 Abk.（缩写）、Hbf.（火车总站）、Jhrg.（年级）以及 z. B.（比如说），念出来的是完整的形式：Abkürzung、Hauptbahnhof、Jahrgang 以及 zum Beispiel。

2）一般来说，缩写词在其整体写完之后末尾要加上一个圆点，例如 Doktor – Dr. 博士；Jahrgang – Jg. 年度；Wohnung – Whg. 住处，住宅。如果一个词组中包含的都是缩写词，那么在每个缩写词后面都要加上圆点号，例如 i. A. = im Auftrag 受……委托；n. Chr. – nach Christus 公元；o. B. = ohne Befund 无病变，未见异常。也有一些两种形式表达都可以的情况，如 M. f. G 和 MfG – Mit freundlichen Grüßen 致以友好的问候。除非有些外来词，引用自原有形式，如 c. i. f = cost, insurance, freight 到岸价格；O. F. M. = Ordo Fratrum Minorum 天主教方济会；R. A. F. = Royal Air Force 皇家空军。

3）缩写词字母的大小写，通常依据原词的书写形式来确定，即首字母大写，其余字母小写（*Hbf*. = Hauptbahnhof，*Tel*. = Telefon）。

4）缩写词复数词尾大多不体现词形变化。例如：*d. J.* = *dieses Jahres*，*lfd. M.* = *laufenden Monats*。只有在缩写词尾字母和原词尾字母相同时，为便于理解，亦可在缩写词点前加复数词尾。如：*Bd.* = *Band*，*Bde.* = *Bände*；*Hr. Schulze* = *Herr Schulze*，*Hrn. Schulze* = *Herrn Schulze*。如需强调女性性别，亦可在缩写词点后加词尾，如：*Prof. in* = *Professorin*，*Verf. in* = *Verfasserin*。

2. 构词

缩写词的构词方式较为自由，考虑到空间的节省，根据原词结构，选用以下的其中一个方式：

1）保留该词原型的前半个，例如 Jahrgang 缩写为 Jahrg.；

2）取首音节中的首字母与后接音节中首字母构成，例如 Jahrgang – Jg.；

3）保留首字母，或头几个字母，例如 Seite – S.，Abteilung – Abt.；

4）取第一个和最后一个字母，例如 Doktor – Dr.；

5）取第一个及其他几个体现该词原型的字母，例如 Jahrgang – Jhg.，zu Händen – z. Hdn.。

二、西文缩略词

1. 特征

1）依照缩略形式发音；因为它们具有完整的词语形式，例如 Krad，FSME，BRD 等。

2）缩略词一般不加圆点号，例如 Krad – Kraftrad 摩托车，机器脚踏车；FSME – Frühsommer-Meningoenzephalitis 蜱传脑炎；BRD – Bergungs- und Rettungsdienst 救助和逃生。除非有些词是外来词，引自原有形式，如 c. i. f = cost, insurance, freight 到岸价格；R. A. F. = Royal Air Force 皇家空军等。

同样还有一些不加圆点号的缩略语，比如自然学科的计量单位 m = Meter 米；l = Liter 升；s = Strecke 路程；v — velocitas /Geschwindigkeit 速度；化学元素符号 Ca = Kalzium 钙，Na = Natrium 钠；空间方位 O = Osten 东，SW — Südwesten 西南；国际公认的标准化缩写形式，例如 ISO 国际标准化组织等。还有国家代码、货币代码、汽车牌照等和多项复合词的各式各样专业词汇的缩写，例如 JArbSchG – Jugendarbeits – Schutzgesetz 青年就业保护法，等等。

3）大小写不固定。通常情况下，原词若小写，该词的缩写也小写，如：*Gfds* – Gesellschaft für deutsche Sprache 德意志语言学会。但是，原词名词部分的首字母经常亦大写，例如 *BMW* – Bayerische Motorenwerke 巴伐利亚发动机厂，*TÜV* - Technischer Überwachungsverein 技术监督联合会。

4）由于缩略词的书写形式和完整单词类似，所以其也拥有复数形式。并且其复数形式的规则相对统一，所有音节缩略词或复合缩略词表复数时，一般在词尾加 s（Akkus，Diskos，Kitas，Schupos）。仅由单个字母组成的缩略词的复数形式亦如此（AKWs，Pkws/PKWs，尽管原词复数形式为 Atomkraftwerke，Personenkraftwagen）。仅个别的旧词中沿袭原复数词尾（AGs = Arbeitsgemeinschaften，现在很少用 AGen 的形式了)。但绝大多数情况下,缩略词只能加 s 表示复数形式。如:在 GmbH 一词中,其复数形式绝不能按 Gesellschaften 一词的复数词尾进行变化,因为 G 所代表的 Gesellschaft 出现在缩略词的前端,所以 GmbH 仅能有一种复数形式,即 GmbHs。

但也有像 Castor(= cask for storage and transport of radioactive material)一词例外的。该词复数多用 Castoren,其原因在于 Castor 一词一般已经不再被视为缩略词了。Castor 的复数形式,与其发音上相似词的复数形式相同,如:Faktoren,Sensoren 等。

5) 缩略词通常趋同于普通词的书写形式并将首字母大写。这一点主要适用于语音上相结合的缩略词,如:*Aids*,*Bafög*,*Castor*,*Dax*,*Nato*,*Sars*。但也有一些缩略词是按单个字母发音的,如 *Kfz*,*Lkw*,*Pkw*。

6) 可以携带冠词(der Lkw, Die Kita, das Abo),有时它们的冠词甚至和它们完整形式的冠词不同,如 Mikro 的冠词是 die,其完整形式 Mikrowellenherd 的冠词是 der;又如 das Mikrofon,缩略为 die Mikro;再如 die SMS,完整形式为 der Short Message Service。

7) 有自己的变位,有时甚至还具有不同的复数形式,如 die AGs 和 die GmbHs 完整形式的复数形式是 die Arbeitsgemeinschaften 和 die Gesellschaften。

2. 分类

缩略词又可分为:

1) 字母缩略词(Buchstabenkurzwort);

2) 音节缩略词(Silbenkurzwort);

3) 混合缩略词(Mischkurzwort)(上述 a,b 两项皆有);

4) 词素缩略词(Morphemwörter),又称"词语缩略词(Wort-Kurzwörter)"。

3. 构词

1) 字母缩略词

通常由其完整形式中各组成部分的首字母组成,如 ZDF 是三个词语 Zweites Deutsches Fernsern 的缩写;Pkw 是 Personen-kraft-wagen 的缩写,故又称"首字母词语(Initialwörter)"或"首字母缩写词(Akronyme)"。

a) 字母缩略词也可以根据其发音方法划分为:

i. 念字母本身(如 EKG,ISBN 或者 UKW)的缩略词

ii. 将其当作一个"正常的"词语来发音(如 DAX/Dax,或者 TÜV)。此类缩略词,一段时间过后,其写法会趋近于"正常词汇"的写法:AIDS 成为 Aids,DAX 成为 Dax,NATO 成为 Nato,SARS 成为 Sars,UFO 成为 Ufo,并成为唯一的写法,如 Hapag,Laser 或者 Radar。

iii. 在某些情况下,发音会在这二者之间摇摆不定,这大部分是在口语的情况下:FAZ 可以有[fats]或[ef a zet]两种,RAF 有[raf]或[er a ef], Sars/SARS 有[sars]或[es a er es]。

b) 字母缩略词也可以根据其组成部分的数量划分:

i. 三个字母组成,但也存在

ii. 两个字母的(AU,BH,KZ)

iii. 四个字母的(GmbH,SARS/Sars,StGB),甚至是五个字母的(Laser)。多余此的几乎没有,只由一个字母组成的也非常少(比如说火车站标志中的 A3)

2) 音节缩略词

只由一个音节组成的缩略词有很多(Bus,Lok,Zoo),但是由多个音节组成的其实更为常见:大部分的音节缩略词包含两个音节(Kripo,Schiri),少部分有三个(Helaba)。当缩略词由完整形式的第一部分组成时,比如说 Akku 或者 Disko,人们将其称为"首部缩略词(Kopfwörter)",如 Akku 是词语 Akkumulator 的第一部分。对应的还有由尾部组成的"尾部缩略词(Endwörter 或 Schwanzwörter)",比如 Violoncello 的缩略词 Cello。

3) 混合缩略词

由多部分组成的缩略词是很常见的——至少得有两部分,不然就不成其为"混合"了。有的混合缩略词由字母和音节组成(Azubi,EuGH,Gema),有的由字母和词语组成(H-Milch,U-Boot,U-Haft),还有的由音节/音节剩余部分和词语组成(Dispokredit,Isomatte,Pauschbetrag)。

4) 特别缩略词

还存在一种特殊的缩略语的构成形式。人们称其为"特别缩略词"或"生造术语"。它们主要在商标(产品标志)或机构名称中出现:如 Fewa(Feinwaschmittel),Haribo(Hans Riegel, Bonn),IKEA(Ingva Kamprad aus Elmtaryd bei Agunnaryd),Osram(Osmium + Wolfram),Pesil(Perborat + Silikat)。有些特别缩略词会被故意设计成缩略词本身就具有一个独立的、合适的含义,如 SAFE

(Sicherheitsanalyse für Ernstfälle)。

三、中文缩写词与缩略词

1. 特点及分类

1) 就汉字本身而言,其缩写词和缩略词统统称之为"简称",比如:

清华大学　简称　清华(可视为缩写词)

北京大学　简称　北大(相当于缩略词)

2) 就汉语拼音而言,其样式如同西文缩略词,例如:

PSC　putonghua shuiping ceshi　普通话水平测试

WSK　waiyu shuiping kaoshi　外语水平考试

JS　jianshang　奸商

3) 进入汉语文本的西文字母缩写词语,其形态完全与西文缩写词和缩略词相同,例如:

MBA　Master of Business Administration　工商管理硕士

OPEC　Organization of Petroleum Exporting Countries　石油输出国组织

NMD　National Missile Defence　国家导弹防御系统

4) 西文字母开头的词语,前部为西文单个字母或若干个字母的缩写词,后部紧跟汉语词汇。例如

VIP卡　Very Important Person ka　贵客证,贵宾卡

CR法规　child-resistance fagui　儿童防护法规

VR技术　virtual reality jishu　虚拟现实技术

2. 鉴于功能要求,本词典收入以上四条中的2)与3)两大类;第4)条中,由于开头的西文字母或西文缩写词,均以独立的西文缩写词或缩略词词条在本词典中列出,故也不收这一条中的汉外组合词语。

四、国际公认的标准化缩写词

标准化缩写词,是指一些国际公认的缩写词。比如它们一般用于尺寸和计量单位(例如 m = Meter 米,l = Liter 升)或者是一些物理量的符号(例如源自拉丁语单词 velocitas 用来表示速度的 V,以及加上同样缩写形式组成的 V_{max},表示最大速度)。然而与上述情况不同的是一些用来表示变量的字母,它们不是缩写词,没有各自完整的全称(例如用 a, b, c 分别表示一个三角形的三条边)。

国际标准的缩写词还包括化学元素的简称,以及国家代码、货币代码、互联网通信的域名后缀,等等。

(以上部分内容根据《DUDEN Das Wörterbuch der Abkürzungen》编译)

附录二　国际基本单位词头

da　deca (10^1)　十
E　exa (10^{18})　艾[可萨]
G　giga (10^9)　吉[咖]
h　hecto (10^2)　百
k　kilo (10^3)　千
M　mega (10^6)　兆
p　peta (10^{15})　拍[它]
T　tera (10^{12})　太[拉]
Y　yotta (10^{24})　尧[它]
Z　Zetta (10^{21})　泽[它]
A　Ampere　安培
cd　Candela　坎德拉
K　Kelvin　开尔文
kg　Kilogramm　千克
m　Meter　米
mol　Mol　摩尔
SI　导出单位
Bq　Becquerel (Radioaktivität)　贝克勒尔(放射性活度)
C　Coulomb (elektrische Ladung)　库伦(电荷)
℃　Grad Celsius (Temperatur)　摄氏度(温度)
F　Farad (Kapazität)　法(电容)
Gy　Gray (Absobierte Strahlen-Dosis)　戈瑞(辐射剂量)
H　Henry (Induktivität)　亨(电感)
Hz　Hertz (Frequenz)　赫兹(频率)
J　Joule (Energie, Arbeit, Wärmemenge)　焦耳(能、功、热量)
Lm　Lumen (Lichtstrom)　流明(光通量)
lx　Lux (Beleuchtungsstärke)　勒克司(光照度)
N　Newton (Kraft)　牛顿(力)
Ω　Ohm (elektrischer Widerstand)　欧姆(电阻)
Pa　Pascal (Druck, mechanische Spannung)　帕斯卡(压力、应力)
rad　Radian (ebener Winkel)　弧度(平面角)
S　Siemens (elektrischer Leitwert)　西门子(电导)
sr　Steradian (Raumwinkel)　球面度(立体角)
Sv　Sievert (Äquivalentdosis)　希沃特(当量剂量)
T　Tesla (magnetische Induktion)　特斯拉(磁感应强度)
V　Volt (elektrische Spannung)　伏特(电压)
W　Watt (Leistung)　瓦(功率)
Wb　Weber (magnetischer Fluss)　韦伯(磁通量)
d　deci (10^{-1})　分
c　centi (10^{-2})　厘
m　milli (10^{-3})　毫
μ　mikro (10^{-6})　微
n　nano (10^{-9})　纳[诺]
p　pico (10^{-12})　皮[可]
f　femto (10^{-15})　飞[母托]
A　atto (10^{-18})　阿托
z　zepto (10^{-21})　仄[普托]
y　yocto (10^{-24})　幺[科托]

附录三 各国国家标准代号

各国国家标准代号

ANSI （前 ASA、USASI）美国国家标准
AS 澳大利亚标准
BDSI 孟加拉国国家标准
BS 英国标准
CAS、CA 罗得西亚、中非标准
COSQC 伊拉克标准
C. S. 斯里兰卡标准
CSA 加拿大标准
CSK 朝鲜民主主义人民共和国标准
CSN 原捷克斯洛伐克标准
DGN 墨西哥官方标准
DGNT 玻利维亚标准
DIN 德国标准
DS 丹麦标准
ELOT 希腊标准
E. S. 埃及标准
ESI 埃塞俄比亚标准
GS 加纳标准
ICONTEC 哥伦比亚标准
INAPI 阿尔及利亚标准
INEN 厄瓜多尔标准
IOS 伊拉克标准
IRAM 阿根廷标准
IRS 爱尔兰标准
IS 印度标准
ISIRI 伊朗标准
ITINTEC 秘鲁标准
JIS 日本工业标准
JS 牙买加标准
J. S. S 约旦标准
JUS 南斯拉夫标准
KS 韩国标准
KSS 科威特标准
L. S. 黎巴嫩标准
LS 利比亚标准
MCIR 塞浦路斯标准
MS 马来西亚标准
MSZ 匈牙利标准
NB 巴西标准
NBN 比利时标准
NC、UNC 古巴标准
NCh 智利标准
NEN 荷兰标准
NF 法国标准
NHS 希腊国家标准
NI 印度尼西亚标准
NOP 秘鲁标准
NORVEN 委内瑞拉标准
NP 葡萄牙标准
NS 挪威标准
NSO 尼日利亚标准
NZS 新西兰标准
ONORM 奥地利标准
OSS 苏丹标准
PN 波兰标准
PNA 巴拉圭标准
PS 巴基斯坦标准
PTS 菲律宾标准
SABS 南非标准
SASO 沙特阿拉伯标准
S. S. 新加坡标准
SFS 芬兰标准
S. I 以色列标准
SIS 瑞典标准
SLS 斯里兰卡标准
SNIMA 摩洛哥标准
SNV 瑞士标准协会标准
SS 苏丹标准
SSS 叙利亚标准
STAS 罗马尼亚标准
STASH 阿尔巴尼亚标准
TCVN 越南民主共和国标准
TGL 原德意志民主共和国标准
TNAI 泰国标准
TS 土耳其标准
UBS 缅甸联邦标准
UNE 西班牙标准
UNI 意大利标准
UNIT 乌拉圭技术标准协会标准
VCT 蒙古国家标准
ZS 赞比亚标准
БДС 保加利亚标准
ГОСТ 原苏联标准

ISO 国际标准

API 美国石油学会标准
ANSI 美国国家标准
MSS 美国阀门和管件制造厂标准化协会标准
BS 英国国家标准
AWS 美国焊接协会标准
DIN 德国国家标准
AWWA 美国水道工作协会标准
JIS 日本工业标准
JPI 日本石油学会标准
ASME 美国机械工程师学会标准
IEC 国际电工委员会标准
ASTM 美国材料试验协会标准

附录四 国际车辆登记标志

A Austria 奥地利
ADN People's Democratic Republic of Yemen 也门民主人民共和国
AL Albania 阿尔巴尼亚
AND Andorra 安道尔
B Belgium 比利时
BDS Barbados 巴巴多斯
BG Bulgaria 保加利亚
BH British Honduras 英属洪都拉斯
BR Brazil 巴西
BRG Guyana 圭亚那
BRN Bahrain 巴林
BRU Brunei 文莱
BS Bahamas 巴哈马
BUR Burma 缅甸
C Cuba 古巴
CDN Canada 加拿大
CH Switzerland 瑞士
CI Ivory Coast 象牙海岸
CO Colombia 哥伦比亚
CR Costa Rica 哥斯达黎加
CS Czechoslovakia 捷克斯洛伐克
CY Cyprus 塞浦路斯
D Germany 德国
DK Denmark 丹麦
DOM Dominican Republic 多米尼加共和国
DZ Algeria 阿尔及利亚
E Spain 西班牙
EAK Kenya 肯尼亚
EAT Tanganyka,Tanzania 坦桑尼亚坦嘎尼卡
EAU Uganda 乌干达
EAZ Zanzibar,Tanzania 坦桑尼亚桑给巴尔
EC Ecuador 厄瓜多尔
ET Egypt 埃及
F France 法国
FL Liechtenstein 列支敦士登
GB Britain and Northern Ireland 大不列颠和爱尔兰(英国)
GBA Aldemey, Channel Islands 海峡群岛,奥尔德尼岛
GBG Guernsey,Channel Islands 海峡群岛,格恩西岛
GBJ Jersey,Channel Islands 海峡群岛,泽西岛
GBM Isle of Man 马恩岛
GBZ Gibraltar 直布罗陀
GCA Guatemala 危地马拉
CH Ghana 加纳
CR Greece 希腊
H Hungary 匈牙利
HK Hong Kong 香港
HKJ Jordan 约旦
I Italy 意大利
IL Israel 以色列
IND India 印度
IR Iran 伊朗
IRL Republic of Ireland 爱尔兰共和国
IRQ Iraq 伊拉克
IS Iceland 冰岛
J Japan 日本
JA Jamaica 牙买加
K Cambodia 柬埔寨
KWT Kuwait 科威特
L Luxembourg 卢森堡
LAQ Laos 老挝
LB Liberia 利比里亚
LS Lesotho 莱索托
M Malta 马耳他
MA Morocco 摩洛哥
MEX Mexico 墨西哥
MS Mauritius 毛里求斯
MW Malawi 马拉维
N Norway 挪威
NA Netherlands Antilles 荷属安的列斯群岛
NIC Nicaragua 尼加拉瓜
NIG Niger 尼日尔
NL Netherlands 荷兰
NZ New Zealand 新西兰
P Portugal 葡萄牙
PA Panama 巴拿马
PAK Pakistan 巴基斯坦
PE Peru 秘鲁
PI Philippines 菲律宾
PL Poland 波兰
PTM Malaysia 马来西亚
PY Paraguay 巴拉圭
R Romania 罗马尼亚
RA Argentina 阿根廷
RB Botswana 博茨瓦纳
RCB Congo 刚果
RCH Chile 智利
RH Haiti 海地
RI Indonesia 印度尼西亚
RIM Muritania 毛里塔尼亚
RL Lebanon 黎巴嫩

RM Madagascar 马达加斯加
RMM Mali 马里
RNR Zambia 赞比亚
RSM San Marino 圣马力诺
RSR Rhodesia 罗得西亚
S Sweden 瑞典
SD Swaziland 斯威士兰
SF Finland 芬兰
SGP Singapore 新加坡
SME Surinam 苏里南
SN Senegal 塞内加尔
SU Soviet Union (前)苏联
SUD Sudan 苏丹
SWA South-West Africa 西南非洲
SY Seychelles 塞舌尔群岛
SY Syria 叙利亚
T Thailand 泰国
TN Tunisia 突尼斯
TR Turkey 土耳其
TR Trinidad and Tobago 特立尼达和多巴哥
U Uruguay 乌拉圭
USA United States of America 美国
V Vatican City 梵蒂冈城
WAG Gambia 冈比亚
WAL Sierra Leone 塞拉利昂
WAN Nigeria 尼日利亚
WD Dominica, Windward Islands 温德华群岛,多米尼加岛
WG Grenada 格林纳达
WL St. Lucia, Windward Islands 温德华群岛,圣卢西亚岛
WS Western Samoa 西萨摩亚
YU Yugoslavia 南斯拉夫
YV Venezuela 委内瑞拉
ZA South Africa 南非

附录五　国家与地区缩写代码

AD, AND　Andorra　安道尔
AE, ARE　Vereinigte Arabische Emirate　阿拉伯联合酋长国
AF, AFG　Afghanistan　阿富汗
AG, ATG　Antigua und Barbuda　安提瓜和巴布达
AI, AIA　Anguilla　安圭拉岛
AL, ALB　Albanien　阿尔巴尼亚
AM, ARM　Armenien　亚美尼亚
AN, ANT　Niederländische Antillen　荷属安的列斯群岛
AO, AGO　Angola　安哥拉
AQ, ATA　Antarktis　南极洲
AR, ARG　Argentinien　阿根廷
AS, ASM　Amerikanisch-Samoa　美洲萨摩亚
AT, AUT　Österreich　奥地利
AU, AUS　Australien　澳大利亚
AW, ABW　Aruba　阿鲁巴
AZ, AZE　Aserbaidschan　阿塞拜疆
BA, BIH　Bosnien und Herzegowina　波斯尼亚和黑塞哥维那
BB, BRB　Barbados　巴巴多斯
BD, BGD **Bangladesch**　孟加拉国
BE, BEL　Belgien　比利时
BF, BFA　Burkina Faso　布基纳法索
BG, BGR　Bulgarien　保加利亚
BH, BHR　Bahrain　巴林
BI, BDI　Burundi　布隆迪
BJ, BEN　Benin　贝宁
BM, BMU　Bermuda　百慕大
BN, BRN　Brunei Darus-salam　文莱
BO, BOL　Bolivien　玻利维亚
BR, BRA　Brasilien　巴西
BS, BHS　Bahamas　巴哈马群岛
BT, BTN　Bhutan　不丹
BV, BVT　Bouvetinsel　布维岛
BW, BWA　Botsuana　博茨瓦纳
BY, BLR　Belarus (Weißrussland)　白俄罗斯
BZ, BLZ　Belize　伯利兹
CA, CAN　Kanada　加拿大
CC, CCK　Kokosinseln　科科斯群岛
CD, COD　Demokratische Republik Kongo (ehemals Zaire)　刚果民主共和国[过去的扎伊尔]
CF, CAF　Zentralafrikanische Republik　中非共和国
CG, COG　Republik Kongo　刚果共和国
CH, CHE　Schweiz　瑞士
CI, CIV　Cote d'lvoire (Elfenbeinküste)　象牙海岸
CK, COK　Cookinseln　库克群岛
CL, CHL　Chile　智利
CM, CMR　Kamerun　喀麦隆
CN, CHN　China　中国
CO, COL　Kolumbien　哥伦比亚
CR, CRI　Costa Rica　哥斯达黎加
CS, SCG　Serbien und Montenegro　塞尔维亚和黑山
CU, CUB　Kuba　古巴
CV, CPV　Kap Verde　佛得角
CX, CXR　Weihnachtsinsel　耶稣群岛
CY, CYP　Zypern　塞浦路斯
CZ, CZE　Tschechische Republik　捷克共和国
DE, DEU　Deutschland　德国
DJ, DJI　Dschibuti　吉布提
DK, DNK　Dänemark　丹麦
DM, DMA　Dominica　多米尼加岛
DO, DOM　Donimikanische Republik　多尼尼加共和国
DZ, DZA　Algerien (Al Djazair)　阿尔及利亚
EC, ECU　Ecuador　厄瓜多尔
EE, EST　Estland　爱沙尼亚
EG, EGY　Ägypten 埃及
EH, ESH　Westsahara　西撒哈拉
ER, ERI　Eritrea　厄立特里亚
ES, ESP　Spanien　西班牙
ET, ETH　Äthiopien　埃塞俄比亚
FI, FIN　Finnland　芬兰
FK, FLK　Falklandinseln　福克兰群岛
FJ, FJI　Fidschi　斐济
FM, FSM　Föderierte Staaten von Mikronesien　密克罗尼西亚联邦
FO, FRO　Färöer　法罗群岛
FR, FRA　Frankreich　法国
GA, GAB　Gabun　加蓬
GB, GBR　Vereinigtes Königreich Großbritannien und Nordirland　大不列颠及北爱尔兰联合王国
GD, GRD　Grenada　格林纳达
GE, GEO　Georgien　格鲁吉亚
GF, GUF　Französisch-Guayana　法属圭亚那
GH, GHA　Ghana　加纳
GI, GIB　Gibraltar　直布罗陀
GL, GRL　Grönland　格陵兰
GM, GMB　Gambia　冈比亚

GN, GIN Guinea 几内亚
GP, GLP Guadeloupe 瓜德罗普岛
GQ, GNQ Äquatorialguinea 赤道几内亚
GR, GRC Griechenland 希腊
GS, SGS Südgeorgien und die Südlichen Sandwichinseln 南乔治亚岛和南桑德维希群岛
GT, GTM Guatemala 危地马拉
GU, GUM Guam 关岛
GW, GNB Guinea-Bissau 几内亚比绍
GY, GUY Guyana 圭亚那
HK, HKG Hongkong 香港
HM, HMD Heard-und McDonaldinseln 赫德和麦克唐纳群岛
HN, HND Honduras 洪都拉斯
HR, HRV Kroatien 克罗地亚
HT, HTI Haiti 海地
HU, HUN Ungarn 匈牙利
ID, IDN Indonesien 印度尼西亚
IE, IRL Irland 爱尔兰
IL, ISR Israel 以色列
IN, IND Indien 印度
IO, IOT Britisches Territorium im Indischen Ozean 印度洋中的英属领地
IQ, IRQ Irak 伊拉克
IR, IRN Iran 伊朗
IS, ISL Island 冰岛
IT, ITA Italien 意大利
JM, JAM Jamaika 牙买加
JO, JOR Jordanien 约旦
JP, JPN Japan 日本
KE, KEN Kenia 肯尼亚
KG, KGZ Kirgisistan 吉尔吉斯斯坦
KH, KHM Kambodscha 柬埔寨
KI, KIR Kiribati 基里巴斯
KM, COM Komoren 科摩罗
KN, KNA St. Kitts und Nevis 圣基茨和尼维斯
KP, PRK Demokratische Volksrepublik Korea (Nordkorea) 朝鲜人民民主共和国[北朝鲜]
KR, KOR Republik Korea (Südkorea) 朝鲜共和国[南朝鲜]
KW, KWT Kuwait 科威特
KY, CYM Kaimaninseln 开曼群岛
KZ, KAZ Kasachstan 哈萨克斯坦
LA, LAO Laos 老挝
LB, LBN Libanon 黎巴嫩
LC, LCA St. Lucia 圣卢西亚
LI, LIE Liechtenstein 列支敦士登
LK, LKA Sri Lanka 斯里兰卡
LR, LBR Liberia 利比里亚
LS, LSO Lesotho 莱索托
LT, LTU Litauen 立陶宛
LU, LUX Luxemburg 卢森堡
LV, LVA Lettland 拉脱维亚
LY, LBY Libyen 利比亚
MA, MAR Marokko 摩洛哥
MC, MCO Monaco 摩纳哥
MD, MDA Republik Moldau (Moldawien) 摩尔多瓦共和国
MG, MDG Madagaskar 马达加斯加
MH, MHL Marshallinseln 马绍尔群岛
MK, MKD Mazedonien 马其顿
ML, LMI Mali 马里
MM, MMR Myanmar (ehemals Burma) 缅甸[过去的 Burma]
MN, MNG Mongolei 蒙古
MO, MAC Macau 澳门
MP, MNP Nördliche Marianen 北马里亚那群岛
MQ, MTQ Martinique 马提尼克岛
MR, MRT Mauretanien 毛里塔尼亚
MS, MSR Montserrat 蒙特塞拉特岛
MT, MLT Malta 马耳他
MU, MUS Mauritius 毛里求斯
MV, MDV Malediven 马尔代夫
MW, MWI Malawi 马拉维
MX, MEX Mexiko 墨西哥
MY, MYS Malaysia 马来西亚
MZ. MOZ Mosambik 莫桑比克
NA, NAM Namibia 纳米比亚
NC, NCL Neukaledonien 新喀里多尼亚岛
NE, NER Niger 尼日尔
NF, NFK Norfolkinsel 诺福克岛
NG, NGA Nigeria 尼日利亚
NI, NIC Nicaragua 尼加拉瓜
NL, NLD Niederlande 荷兰
NO, NOR Norwegen 挪威
NP, NPL Nepal 尼泊尔
NR, NRU Nauru 瑙鲁
NU, NIU Niue 纽埃岛
NZ, NZL Neuseeland 新西兰
OM, OMN Oman 阿曼
PA, PAN Panama 巴拿马
PE, PER Peru 秘鲁
PF, PYF Französisch-Polynesien 法属波利尼西亚
PG, PNG Papua-Neuguinea 巴布亚新几内亚
PH, PHL Philippinen 菲律宾
PK. PAK Pakistan 巴基斯坦
PL, POL Polen 波兰
PM, SPM St. Pierre und Miquelon 圣皮埃尔和密克隆岛
PN, PCN Pitcairninseln 皮特凯恩群岛
PR, PRI Puerto Rico 波多黎各
PT, PRT Portugal 葡萄牙

PW, PLW Palau 帕劳共和国
PY, PRY Paraguay 巴拉圭
QA, QAT Katar 卡塔尔
RE, REU Reunion 留尼汪岛
RO, ROU Rumänien 罗马尼亚
RU, RUS Russische Föderation 俄罗斯联邦
RW, RWA Ruanda 卢旺达
SA, SAU Saudi-Arabien 沙特阿拉伯
SB, SLB Salomonen 所罗门
SC, SYC Seychellen 塞舌尔
SD, SDN Sudan 苏丹
SE, SWE Schweden 瑞典
SG, SGP Singapur 新加坡
SH, SHN St. Helena 圣赫勒纳
SI, SVN Slowenien 斯洛维尼亚
SJ, SJM Svalbard und Jan Mayen 斯瓦巴多和杨迈因群岛
SK, SVK Slowakische Republik 斯洛伐克共和国
SL, SLE Sierra Leone 塞拉利昂
SM, SMR San Marino 圣马力诺
SN, SEN Senegal 塞内加尔
SO, SOM Somalia 索马里
SR, SUR Suriname 苏里南
ST, STP Säo Tome und Principe 圣多美和普林西
SV, SLV El Salvador 萨尔瓦多
SY, SYR Syrien 叙利亚
SZ, SWZ Swasiland 斯威士兰
TC, TCA Turks- und Caicosinseln 特克斯和凯科斯群岛
TD, TCD Tschad 乍得
TF, ATF Französische Süd- und Antarktisgebiete 法属南部和南极洲地区
TG, TGO Togo 多哥
TH, THA Thailand 泰国
TJ, TJK Tadschikistan 塔吉克斯坦
TK, TKL Tokelau 托克劳群岛
TL, TLS Timor-Leste 帝汶岛
TM, TKM Turkmenistan 土库曼斯坦
TN, TUN Tunesien 突尼斯
TO, TON Tonga 汤加
TR, TUR Türkei 土耳其
TT, TTO Trinidad und Tobago 特立尼达和多巴哥
TV, TUV Tuvalu 图瓦卢
TW, TWN Taiwan 台湾
TZ, TZA Tansania 坦桑尼亚
UA, UKR Ukraine 乌克兰
UG, UGA Uganda 乌干达
UM, UMI Amerikanisch-Ozeanien (United States Minor Outlying Islands) 边远小岛[美国外围地区]
US, USA Vereinigte Staate von Amerika 美利坚合众国
UY, URY Uruguay 乌拉圭
UZ, UZB Usbekistan 乌兹别克斯坦
VA, VAT Vatikanstadt (Heiliger Stuhl, nicht staatlich) 梵蒂冈市[非国家的梵蒂冈]
VC, VCT St. Vincent und die Grenadinen 圣文森特和格林纳丁斯
VE, VEN Venezuela 委内瑞拉
VG, VGB Britische Jungferninseln (British Virgin Islands) 英属维尔京群岛
VI, VIR Amerikanische Jungferninseln (Virgin Islands of the United States) 美国维尔京群岛
VN, VNM Vietnam 越南
VU, VUT Vanuatu 瓦努阿图
WF, WLF Wallis und Futuna 瓦利斯群岛和富图纳群岛
WS, WSM Samoa (früher Westsamoa) 萨摩亚[过去的西萨摩亚]
YE, YEM Jemen 也门
YT, MYT Mayotte 马约特
ZA, ZAF Südafrika 南非
ZM, ZMB Sambia 赞比亚
ZW, ZWE Simbabwe 津巴布韦

附录六 国家与地区互联网域名缩写代码

. ac Ascension 阿森松岛
. ad Andorra 安道尔
. ae Vereinigte Arabische Emirate 阿拉伯联合酋长国
. af Afghanistan 阿富汗
. ag Antigua und Barbuda. ai Anguilla 安圭拉岛
. al Albanien 阿尔巴尼亚
. am Armenien 亚美尼亚
. an Niederländische Antillen 荷属安的列斯群岛
. ao Angola 安哥拉
. aq Antarktis 南极洲
. ar Argentinien 阿根廷
. as Amerikanisch-Samoa 美洲萨摩亚
. at Österreich 奥地利
. au Australien 澳大利亚
. aw Aruba 阿鲁巴
. az Aserbaidschan 阿塞拜疆
. ba Bosnien-Herzegowina 波斯尼亚和黑塞哥维那
. bb Barbados 巴巴多斯
. bd Bangladesch 孟加拉国
. be Belgien 比利时
. bf Burkina Faso 布基纳法索
. bg Bulgarien 保加利亚
. bh Bahrain 巴林
. bi Burundi 布隆迪
. bj Benin 贝宁
. bm Bermuda 百慕大
. bn Brunei Darussalam 文莱
. bo Bolivien 玻利维亚
. br Brasilien 巴西
. bs Bahamas 巴哈马群岛
. bt Bhutan 不丹
. bv Bouvetinsel 布维岛
. bw Botsuana 博茨瓦纳
. by Belarus (Weißrussland) 白俄罗斯
. bz Belize 伯利兹
. ca Kanada 加拿大
. cc Kokos- (Keeling-) Inseln 科科斯群岛
. cd Demokratische Republik Kongo (ehemals Zaire) 刚果民主共和国[过去的扎伊尔]
. cf Zentralafrikanische Republik 中非共和国
. cg Republik Kongo 刚果共和国
. ch Schweiz 瑞士
. ci Cote d'lvoire (Elfenbeinküste) 象牙海岸
. ck Cookinseln 库克群岛
. cl Chile 智利
. cm Kamerun 喀麦隆
. cn China 中国
. co Kolumbien 哥伦比亚
. cr Costa Rica 哥斯达黎加
. cu Kuba 古巴
. cv Kap Verde 佛得角
. cx Weihnachtsinsel 耶稣群岛
. cy Zypern 塞浦路斯
. cz Tschechische Republik 捷克共和国
. de Deutschland 德国
. dj Dschibuti 吉布提
. dk Dänemark 丹麦
. dm Dominica 多米尼加岛
. do Donimikanische Republik 多尼尼加共和国
. dz Algerien 阿尔及利亚
. ec Ecuador 厄瓜多尔
. ee Estland 爱沙尼亚
. eg Ägypten 埃及
. eh Westsahara 西撒哈拉
. er Eritrea 厄立特里亚
. es Spanien 西班牙
. et Äthiopien 埃塞俄比亚
. fi Finnland 芬兰
. fj Fidschi 斐济
. fk Falklandinseln 福克兰群岛
. fm Föderierte Staaten von Mikronesien 密克罗尼西亚联邦
. fo Färöer 法罗群岛
. fr Frankreich 法国
. ga Gabun 加蓬
. gd Grenada 格林纳达
. ge Georgien 格鲁吉亚
. gf Französisch-Guayana 法属圭亚那
. gg Guernsey 格恩济岛
. gh Ghana 加纳
. gi Gibraltar 直布罗陀
. gl Grönland 格陵兰
. gm Gambia 冈比亚
. gn Guinea 几内亚
. gp Guadeloupe 瓜德罗普岛
. gq Äquatorialguinea 赤道几内亚
. gr Griechenland 希腊
. gs Südgeorgien und die Südlichen Sandwichinseln 南乔治亚岛和南桑德维希群岛
. gt Guatemala 危地马拉

. gu　Guam　关岛
. gw　Guinea-Bissau　几内亚比绍
. gy　Guyana　圭亚那
. hk　Hongkong　香港
. hm　Heard- und McDonaldinseln　赫德和麦克唐纳群岛
. hn　Honduras　洪都拉斯
. hr　Kroatien　克罗地亚
. ht　Haiti　海地
. hu　Ungarn　匈牙利
. id　Indonesien　印度尼西亚
. ie　Irland　爱尔兰
. il　Israel　以色列
. im　Isle of man　人岛
. in　Indien　印度
. io　Britisches Territorium im Indischen Ozean　印度洋中的英属领地
. iq　Irak　伊拉克
. ir　Iran　伊朗
. is　Island　冰岛
. it　Italien　意大利
. je　Jersey　泽西岛
. jm　Jamaika　牙买加
. jo　Jordanien　约旦
. jp　Japan　日本
. ke　Kenia　肯尼亚
. kg　Kirgisistan　吉尔吉斯斯坦
. kh　Kambodscha　柬埔寨
. ki　Kiribati　基里巴斯
. km　Komoren　科摩罗
. kn　St. Kitts und Nevis　圣基茨和尼维斯
. kp　Demokratische Volksrepublik Korea（Nordkorea）　朝鲜人民民主共和国［北朝鲜］
. kr　Republik Korea（Südkorea）　朝鲜共和国［南朝鲜］
. kw　Kuwait　科威特
. ky　Kaimaninseln　开曼群岛
. kz　Kasachstan　哈萨克斯坦
. la　Laos　老挝
. lb　Libanon　黎巴嫩
. lc　St. Lucia　圣卢西亚
. li　Liechtenstein　列支敦士登
. lk　Sri Lanka　斯里兰卡
. lr　Liberia　利比里亚
. ls　Lesotho　莱索托
. lt　Litauen　立陶宛
. lu　Luxemburg　卢森堡
. lv　Lettland　拉脱维亚
. ly　Libyen　利比亚
. ma　Marokko　摩洛哥
. mc　Monaco　摩纳哥
. md　Republik Moldau（Moldawien）　摩尔多瓦共和国
. mg　Madagaskar　马达加斯加
. mh　Marshallinseln　马绍尔群岛
. mk　Mazedonien　马其顿
. ml　Mali　马里
. mm　Myanmar　缅甸
. mn　Mongolei　蒙古
. mo　Macau　澳门
. mp　Nördliche Marianen　北马里亚那群岛
. mq　Martinique　马提尼克岛
. mr　Mauretanien　毛里塔尼亚
. ms　Montserrat　蒙特塞拉特岛
. mt　Malta　马耳他
. mu　Mauritius　毛里求斯
. mv　Malediven　马尔代夫
. mw　Malawi　马拉维
. mx　Mexiko　墨西哥
. my　Malaysia　马来西亚
. mz　Mosambik　莫桑比克
. na　Namibia　纳米比亚
. nc　Neukaledonien　新喀里多尼亚岛
. ne　Niger　尼日尔
. nf　Norfolkinsel　诺福克岛
. ng　Nigeria　尼日利亚
. ni　Nicaragua　尼加拉瓜
. nl　Niederlande　荷兰
. no　Norwegen　挪威
. np　Nepal　尼泊尔
. nr　Nauru　瑙鲁
. nu　Niue　纽埃岛
. nz　Neuseeland　新西兰
. om　Oman　阿曼
. pa　Panama　巴拿马
. pe　Peru　秘鲁
. . pf　Französisch-Polynesien　法属波利尼西亚
. pg　Papua-Neuguinea　巴布亚新几内亚
. ph　Philippinen　菲律宾
. pk　Pakistan　巴基斯坦
. pl　Polen　波兰
. pm　St. Pierre und Miquelon　圣皮埃尔和密克隆岛
. pn　Pitcairn　皮特凯恩群岛
. pr　Puerto Rico　波多黎各
. ps　Palästinensische Gebiete　巴勒斯坦领地
. pt　Portugal　葡萄牙
. pw　Palau　帕劳共和国
. py　Paraguay　巴拉圭
. qa　Katar　卡塔尔
. re　Reunion　留尼汪岛
. ro　Rumänien　罗马尼亚
. ru　Russische Föderation　俄罗斯联邦
. rw　Ruanda　卢旺达

. sa Saudi-Arabien 沙特阿拉伯
. sb Salomonen 所罗门
. sc Seychellen 塞舌尔
. sd Sudan 苏丹
. se Schweden 瑞典
. sg Singapur 新加坡
. sh St. Helena 圣赫勒纳
. si Slowenien 斯洛维尼亚
. sj Svalbard und Jan Mayen（Spitzbergen） 斯瓦巴多和杨迈因群岛[斯匹次比尔根群岛]
. sk Slowakische Republik 斯洛伐克共和国
. sl Sierra Leone 塞拉利昂
. sm San Marino 圣马力诺
. sn Senegal 塞内加尔
. so Somalia 索马里
. sr Suriname 苏里南
. st Säo Tome und Principe 圣多美和普林西
. sv El Salvador 萨尔瓦多
. sy Syrien 叙利亚
. sz Swasiland 斯威士兰
. tc Turks- und Caicosinseln 特克斯和凯科斯群岛
. td Tschad 乍得
. tf Französische Südterritorien 法属南部领地
. tg Togo 多哥
. th Thailand 泰国
. tj Tadschikistan 塔吉克斯坦
. tk Tokelau 托克劳群岛
. tm Turkmenistan 土库曼斯坦
. tn Tunesien 突尼斯
. to Tonga 汤加
. tp Timor-Leste 帝汶岛
. tr Türkei 土耳其
. tt Trinidad und Tobago 特立尼达和多巴哥
. tv Tuvalu 图瓦卢
. tw Taiwan 台湾
. tz Tansania 坦桑尼亚
. ua Ukraine 乌克兰
. ug Uganda 乌干达
. uk Großbritannien 大不列颠
. um Minor Outlying Islands（US-Außengebiete） 边远小岛[美国外围地区]
. us Vereinigte Staate von Amerika 美利坚合众国
. uy Uruguay 乌拉圭
. uz Usbekistan 乌兹别克斯坦
. va Vatikanstadt 梵蒂冈市
. vc St. Vincent und die Grenadinen 圣文森特和格林纳丁斯
. ve Venezuela 委内瑞拉
. vg Britische Jungferninseln（British Virgin Islands） 英属维尔京群岛
. vi Amerikanische Jungferninseln（Virgin Islands of the United States） 美国维尔京群岛
. vn Vietnam 越南
. vu Vanuatu 瓦努阿图
. wf Wallis und Futuna Inseln 瓦利斯群岛和富图纳群岛
. ws Samoa（früher Westsamoa） 萨摩亚[过去的西萨摩亚]
. ye Jemen 也门
. yt Mayotte 马约特
. yu Jugoslawien（Serbien und Montenegro） 南斯拉夫[塞尔维亚和黑山]
. za Südafrika 南非
. zm Sambia 赞比亚
. zw Simbabwe 津巴布韦

附录七 体检表、化验单西文缩写对照表
（附：参考值范围）

A/G albumin/globulin 白球比值 1.5～2.5

ADA adenosine deaminase 腺苷脱氨酶 0.0～12 U/L

AFU a-L-Fucoside a- L-岩藻糖苷酶 5～40 U/L

AKP alkaline phosphatase 碱性磷酸酶 20～500，或 30～500 U/L

ALB albumin 白蛋白 35～55，或 34.0～54.0，或 40～55 g/L

ALKP alkaline phosphatase 碱性磷酸酶 20～500，U/L

ALP alkaline phosphomonoesterase 碱性磷酸酶 20～500，或 40～150，U/L

ALT alanine aminotransferase 谷丙转氨酶，丙氨酸氨基转移酶 5～65，或 5～40 U/L

ALT/AST 谷丙转氨酶/谷草转氨酶比值 ＜1

ApoA1 apolipoprotein A1 载脂蛋白 A1 110～160 mg/dL

ApoB apolipoprotein B 载脂蛋白 B 69～99 mg/dL

AST aspartate aminotransferase 谷草转氨酶，(天)门冬氨酸氨基转移酶 5～40 或 1～40 U/L

BA# basophils count 嗜碱细胞计数 0～0.01(绝对值)，或 0～1%

Ca calcium 钙

CHE cholinsterase 胆碱脂酶 5000～12 000，或 4 500～10 000，或 3 278～13 200 U

CK creatine kinase 肌酸激酶，包含 MM、MB、BB 等

CKMB creatine kinase isoenzyme MB 肌酸激酶同工酶 0～31 U/L

CRP serum C-reactive protein 血清 C 反应蛋白 0～8 mg/L

Cr-S. CREA creatinine-serum S-Cr 肌酐 40～135 μmol/L

D-BIL direct bilirubin 直接胆红素 0～6.8，或 1.0～7.8 μmol/L

EO#，EOS eosinophils count 嗜酸细胞计数 0.5～5，或 0～0.7，或 0.05～0.5%，或 50～300×10^6/L(50～300 /mm^3)

ESR erythrocyte sedimentation rate 血沉 0～20 mm/1 小时(男性：0～15 mm/h.；女性：0～20 mm/h)

FG free glycerol(游离)甘油 0.032～0.189 mmol/L

FIB fibrinogen 纤维蛋白原 2.00～4.00 g/L

G-6-PD glucose～6-phosphate dehydrogenase 葡萄糖-6-磷酸脱氢酶 Zinkham(锌)法 12.1±2.09；Glock(钟罩)法 8.34±1.59

GGT gamma-glutamyltranspeptidaseγ-谷氨酰转肽酶，γ-谷氨酰基转移酶 7～32，或 15～85，或 5～50 U/L

GLB globulin 球蛋白 20～35，或 15.0～33.0 g/L

GLU glucose 血糖 3.90～6.10 mmol/L

GPT glutamic-pyruvic transaminase 谷丙转氨酶 5～65，或 5～40 U/L

HbcAb Hepatitis B core antibody 乙肝核心抗体 1～999 mIU/mL

HBDH a-hydroxybutyrate dehydrogenase a-羟丁酸脱氢酶 90～180 U/L

HbsAb Hepatitis B surface antibody 乙肝表面抗体 0～1 mIU/mL

HCT hematocrit 红细胞压积 0.37～0.48，或 0.37～0.43 L/L，或 36～50%；或，男：0.40～0.50 L/L(40%～50%)；女：0.37～0.45 L/L (37%～45%)

HDL high density lipoprotein 高密度脂蛋白

HDL-C high density lipoprotein cholesterol 高密度脂蛋白胆固醇 1.16～1.65，或 0.9～2.19 mmol/L(35～85 mg/dL)

HGB，HB hemoglobin 血红蛋白 110～150，或 110～160 g/L，或男：120～160 g/L(12～16 g/dL)；女：110～150g/L(11～15 g/dL)；儿童：120～140 g/L(12～14 g/dL)

IBIL indirect bilirubin 间接胆红素 3～15.7，或 3～14，或 2.0～22.0 μmol/L

LDH actate dehydrogenase，lactic dehydrogenase 乳酸脱氢酶 90～282 U/L

LDL low-density lipoprotein 低密度脂蛋白

LDL-C low density lipoprotein cholesterol 低密度脂蛋白胆固醇 0～3.12，或＜3.12 mmol/L (120 mg/d L)

LY# lymphocyte count 淋巴细胞计数 0.20～0.40(绝对值)，或 20～40，或 20.4～51.0%

LYM total lymphocyte 淋巴细胞总数 1.15～6×10^9/L

MCH mean corpuscular hemoglobin 平均血红蛋白含量 27～35，或 27～34 PG

MCHC mean corpuscular hemoglobin concentration 平均血红蛋白浓度 320～360，或 310～370 g/L

MCV mean corp Uscular volume 平均红细胞体积 82～95，75～98，或 80～100 fL

MO#　monocytes count 单核细胞计数 3～8，或 3～10，或 2～10%，或 0.2～0.7(绝对值)

MONO　total monocytes 单核细胞总数 0.26～0.8×109/L

MPV　mean platelets volume 平均血小板体积 6.5～12，或 9.0～13.0%，或 8.6～13.6 fL

NE#　neutrocyte count 中粒细胞计数 20～55，或 50～70，或 40.3～72.3%，或 2～7(绝对值)

NEU　total neutrocyte 中性细胞粒总数 1.08～6.7×10^9/L

P　phosphorus 磷

PA　prealbumin 前白蛋白 180～450 mg/L

PCT　platelet hematocrit 血小板压积 0.108～0.272 L/L，或 0.18～0.42%

PDW　platelet distribution width 血小板分布宽度 15.5～18.1，或 9.8～17.2，或 15.5～18.1 FL

PL　phospholipid 磷脂 1.6～3.9 g/L

PLT　platelet count 血小板计数 100～300 × 10^9/L

PT-INR　pothrombin time-international normalization ratio 血凝国际标准化比率 0.94～1.30

RBC　red blood cell count 红细胞计数 3.5～5.5 × 10^{12}/L；男性(4.0～5.5)× 10^{12}/L；女性(3.5～5.0)× 10^{12}/L；新生儿(6.0～7.0)× 10^{12}/L

RDW　red cell volume distribution width 红细胞分布宽度 11～15，或 11.6～14，或 11.5～14.5，或 11.6～16.5%

TAB　total acid bile 总胆汁酸 0～10，0～20 μmol/L

TBA　total bile acid 总胆汁酸 0～10，0～20 μmol/L

TBIL　total bilirubin 总胆红素 3～22，或 1～22，或 1.70～28.0 μmol/L

TC，CHOL　total cholesterol 总胆固醇 2.86～5.98 mmol/L(110～230 mg/dL)

Tf，STF　(serum) transferrin，(血清)转铁蛋白 2.0～4.0 g/L

TG　triglyeride 甘油三脂 中国成年人的合适水平 ≤1.69 mmol/L(150 mg/dL)

TP　total proteins 总蛋白 60～80，或 60.0～85.0 g/L

UREAN　urea nitrogen 尿素氮 2.5～6.4 mmol/L

URIC　uric acid 尿酸磷钨酸还原法：男：149～416μmol/L；女：89～357 μmol/L；尿酸酶-过氧化物酶偶联法：成人：90～420μmol/L

VLDL- C　very low density lipoprotein cholesterol 极低密度脂蛋白胆固醇 <0.78 mmol/L

WBC　total leucocyte，white blood cell count 白细胞总数　成人：4 × 10^9～10 × 10^9/L(4 000～10 000/mm^3)；新生儿：15 × 10^9～20 × 10^9/L(15 000～20 000/mm^3)

γGT　γ-glutamyl franspeptidaseγ-谷氨酰转肽酶 <40 U/L

(以上内容根据友人提供资料整理，以中国成年人的数值为主，并且各个医院参考值不一样；同一项目，不同检测方式，数值也不一样。若有疑问，请咨询相关医生。)

附录八 德英汉化学元素对照表

（以元素符号字顺排列）

元素符号	德文名称	英文名称	中文名称
Ac	Actinium	actinium	锕
Ag	Argentum/Silber	silver	银
Al	Aluminium	aluminium	铝
Am	Americium	americium	镅
Ar	Argon	argon	氩
As	Arsen	arsenic	砷
At	Astat	astatine	砹
Au	Aurum/Gold	gold	金
B	Bor	boron	硼
Ba	Barium	barium	钡
Be	Beryllium	beryllium	铍
Bh	Bohrium	bohrium/nielsbohrium	107 号元素𨨏
Bi	Bismutum	bismuth	铋
Bk	Berkelium	berkelium	锫
Br	Brom	bromine	溴
C	Carboneum/Kohlenstoff	carbon	碳
Ca	Calcium	calcium	钙
Cd	Cadmium	cadmium	镉
Ce	Cerium	cerium	铈
Cf	Californium	californium	锎
Cl	Chlor	chlorine	氯
Cm	Curium	curium	锔
Co	Cobalt	cobalt	钴
Cr	Chrom	chromium	铬
Cs	Cäsium	caesium	铯
Cu	Cuprum/Kupfer	copper	铜
Db	Dubnium	dubnium（ytterbium Yb）	105 号元素𨧀
Ds	Darmstadtium/ Policium	darmstadtium/1-1-0-ium	110 号元素鐽
Dy	Dysprosium	dysprosium	镝
Er	Erbium	erbium	铒

续表

元素符号	德文名称	英文名称	中文名称
Es	Einsteinium	einsteinium	锿
Eu	Europium	europium	铕
F	Fluor	fluorine	氟
Fe	Ferrum/Eisen	iron	铁
Fm	Fermium	fermium	镄
Fr	Francium	francium	钫
Ga	Gallium	gallium	镓
Gd	Gadolinium	gadolinium	钆
Ge	Germanium	germanium	锗
H	Hyrogenium/Wasserstoff	hydrogen	氢
He	Helium	helium	氦
Hf	Hafnium	hafnium	铪
Hg	Hydrargyrum/Quecksilber	mercury	汞
Ho	Holmium	holmium	钬
Hs	Hassium	hassium	108 号元素𬭶
I/J	Iod/Jod	iodine	碘
In	Indium	indium	铟
Ir	Iridium	iridium	铱
K	Kalium	potassium	钾
Kr	Krypton	krypton	氪
La	Lanthan	lanthanum	镧
Li	Lithium	lithium	锂
Lr	Lawrentium	lawrencium	103 号元素铹
Lu	Lutetium	lutetium	镥
Md/MV	Mendelevium	mendelevium	钔
Mg	Magnesium	magnesium	镁
Mn	Mangan	manganese	锰
Mo	Molybdän	molybdenum	钼
Mt	Meitnerium	meitnerium	109 号元素鿏
N	Nitrogenium/Stickstoff	nitrogen	氮
Na	Natrium	sodium	钠
Nb	Niob	niobium	铌
Nd	Neodym	neodymium	钕

续表

元素符号	德文名称	英文名称	中文名称
Ne	Neon	neon	氖
Ni	Nickel	nickel	镍
No	Nobelium	nobelium	鍩
Np	Neptunium	neptunium	鎿
O	Oxygenium/Sauerstoff	oxygen	氧
Os	Osmium	osmium	锇
P	Phosphor	phosphorus	磷
Pa	Protactinium	protactinium	镤
Pb	Plumbum/Blei	lead	铅
Pd	Palladium	palladium	钯
Pm	Promethium	promethium	钷
Po	Polonium	polonium	钋
Pr	Praseodym	praseodymium	镨
Pt	Platin	platinum	鉑
Pu	Plutonium	plutonium	鈈
Ra	Radium	radium	镭
Rb	Rubidium	rubidium	铷
Re	Rhenium	rhenium	铼
Rm/Rf/Unq	Rutherfordium	rutherfordium	104 号元素铲
Rg,	Roentgenium	roentgenium	111 号元素轮
Rh	Rhodium	rhodium	铑
Rn	Radon	radon	氡
Ru	Ruthenium	ruthenium	钌
S	Sulfur/Schwefel	sulphur	硫
Sb	Stibium/Antimon	antimony	锑
Sc	Scandium	scandium	钪
Se	Selen	selenium	硒
Sg	Seaborgium	seaborgium	106 号元素镨
Si	Silicium	silicon	硅
Sm/Sa	Samarium	samarium	钐
Sn	Stanum/Zinn	tin	锡
Sr	Strontium	strontium	锶
Ta	Tantal	tantalum	钽

续表

元素符号	德文名称	英文名称	中文名称
Tb	Terbium	terbium	65 号元素金
Tc	Technetium	technetium	锝
Te	Tellur	tellurium	碲
Th	Thorium	thorium	钍
Ti	Titan	titanium	钛
Tl	Thallium	thallium	铊
Tm/Tu	Thulium	thulium	铥
U	Uran	uranium	铀
Ubh	Unbihexium	unbihexium	126 号元素
Uub	Ununbeptium	ununbeptium	112 号元素
Uuh	Ununseptium	ununseptium	116 号元素
Uuo	Ununoctium	ununoctium	118 号元素
uup	Ununpeptium	ununpeptium	115 号元素
uuq	Ungeptium	unungeptium	114 号元素
Uus	Ununseptium	ununseptium	117 号元素
Uut	Ununteptium	ununteptium	113 号元素
V	Vanadium	vanadium	钒
W	Wolfram	tungsten/wolfram	钨
Xe	Xenon	xenon	氙
Y/Yt	Yttrium	yttrium	钇
Yb	Ytterbium	ytterbium	镱
Zn	Zink	zink	锌
Zr	Zircon(ium)	zirconium	锆

主要参考文献

[1] 陈钟礼. 德汉纺织工业词汇[M]. 北京：纺织工业出版社，1983.
[2] 江蓝生. 现代汉语词典[M]. 北京：商务印书馆，2013.
[3] [德]约瑟夫·韦林. DUDEN Das Wörterbuch der Abkürzungen 杜登德语缩略语词典[M]. 上海：上海译文出版社，2006.
[4] 刘海润. 新词语 10 000 条[M]. 上海：上海辞书出版社，2012.
[5] 罗沛霖. 德汉工程词典[M]. 北京：国防工业出版社，1996.
[6] 吕文超. 德汉缩写词典[M]. 北京：科学技术出版社，1981.
[7] 吕文超. 德英汉综合科技大辞典[M]. 北京：科学技术文献出版社，1988.
[8] 潘振亚. 德汉电子电信词典[M]. 北京：人民邮电出版社，1997.
[9] 宋书贤. 德汉汽车工程词典[M]. 北京：北京理工大学出版社，2000.
[10] 万钢. 德汉科技大辞典[M]. 上海：同济大学出版社，2009.
[11] 张健. 英汉缩略语大辞典[M]. 北京：商务印书馆国际有限公司，2003.
[12] 张吕鸿. 英汉化学化工缩略语词典[M]. 北京：化学工业出版社，2010.

编译后记

在纸质出版物市场日趋式微的今天，同济大学出版社以其传统的优势与大气，玉成我以古稀之年向各位读者奉献这本《英德汉常用科技缩写词大全》，感到无比高兴。这是我为劳作于德英语园地的朋友们悉心打造的第三件不起眼但也许不会闲置的耒耜。

作为职业翻译，我在这个领域努力耕耘了四十余年，如鱼饮水，冷暖自知。尽管我们这一代同仁在专业上几乎都有先天不足之毛病，但勤能补拙，同样也能为中外科技文化交流以尽绵力，同样可以得到社会的承认。2010 年，中国翻译协会发榜授予资深翻译家荣誉称号，以资表彰，除了唐闻生等译界翘楚名列其上外，还有如我辈忝列其中。这不仅让我自觉愧赧，当然更感欣慰，因为这是对我等微末一生默默献身于科技翻译一线老兵的最高褒奖。

2001 年，我结束在原系部属设计院的中国华陆工程科技公司的工作，内退来到上海。曾在上海图书馆、上海科技情报所、上海专利商标事务所、德国拜耳公司等单位任兼职翻译；在日本东洋工程（上海）公司、上海轨交公司、德国格林策巴赫（上海）公司当全职翻译。在这近十年内，凭借在工业设计院几十年积累的工程翻译经验，除了应对不常有之德语口译和英文资料翻译外，我还完成了 330 多万字的中、德文技术资料翻译，其中包括各类专利说明书、工程设计文件、设备与装置操作规程、技术标准和施工规范，以及质量管理手册等等。

自 2009 年底第二次“退休”后，我即潜心于“圆梦”。在本书付梓前，本人主编和主编译的《精编德汉化学化工词典》与《精选英德汉 · 德英汉基础词典》已分别在 2011 年和 2013 年面世。这三本书仅仅是我事业“梦”的一部分。如以“圆满”而言，则还有《汉德化学化工词典》和《汉德科技分类词典》。《德汉化工》是对同类旧版的更新和扩容；《英德汉 · 德英汉》类直至 2010 年市面上尚求之阙如；《英德汉缩写》则系在下首创版式，应是一本德、英文翻译不时亟需的工具书；《汉德化工》和《汉德科技分类》，则更是化工和其他科技文献汉译德时必备之纸质词库，但它们至今仍是空白。业心未尽，愧对来者，我只能将其拜托给以社会效益为己任的同业后人赋之成真了。

尽管我的“追梦”之搏仅三停如愿，即便如此也并非一己之功。我要感谢齐鲁石化公司的王洪祥高工、同济大学的张荣华教授和李建民教授，正是他们友好的合作，才能使词典的容量和质量，得以扩充和提高；还要感谢同济大学 2011 届德语研究生刘昊权、孙丽燕和德国美因茨大学研究生薛煜等 11 位同学，正是他们的认真参与，才能使编译的速度和工期得以加快和缩短。当然，还有内子张湘华，正是其衣食后援，才使不才得以有心力修成一二正果，不藏善、不掠美，不言谢也。

最后，我藉此机会谨向母校上海外国语学院（大学）的陆亚真老师、钱顺德老师和桂乾元老师，向北京外国语学院（大学）马宏祥老师、叶本度老师和刘芳本老师致以最崇高的敬意！是他们的师德和学养，奠基当年，润泽一世，又经数十载雨雪风霜的洗礼，立根本土的桃李终于绽放出这一缕赖以报答师恩的芬芳。

张 洋

2014 年孟冬于上海